ESSENTIAL COLLEGE
PHYSICS

SECOND EDITION

ANDREW REX & RICHARD WOLFSON 지음

필수 일반물리학 2판

일반물리학 교재편찬위원회 옮김

북스힐

Essential College Physics Volume I & II (2nd Edition)

© 2022 by Cognella, Inc.
Translation rights arranged by Cognella, Inc.
All Rights Reserved
Original version ISBN: 9781516578764 (Vol. I)
9781516548354 (Vol, II)
Authors: Andrew Rex and Richard Wolfson

Authorized translation from the English-language edition published by Cognella, Inc.

This book is Korean-language edition copyright and exclusively distributed by Book's Hill in Korea

Korean-language edition copyright © 2025 by Book's Hill with the permission to use copyrights by Cognella, Inc.

수십 년 동안 물리학을 가르쳐온 기간 동안, 대수학을 기반으로 물리학 책은 길이, 복잡성, 그리고 가격은 점점 더 커졌다. 다른 전공이나 직업을 위한 필수 과목으로 물리학을 수강하는 학생들 중 상당수가 다른 물리학 수업을 듣지 않을 정도로 교재가 부담스러울 수 있는 지경에 이르렀다. 하지만 대수학 기반 강좌를 수강하는 학생들 중에는 물리학이 일상에서 보는 것을 어떻게 설명하는지, 다른 학문과 어떻게 연결되는지, 물리학의 새로운 아이디어가 얼마나 흥미로운지 배우고 싶어 하는 학생들도 많이 보았다.

간결하고 집중된 책

이 책에서 가장 먼저 눈에 띄는 것은 대부분의 수학적 풀이 기반 교재에 비해 간결하다는 점이다. 더 짧고 집중된 책이 오늘날 학생들의 학습 요구를 더 잘 충족하는 동시에 물리학의 숙달로 더 효과적으로 안내할 수 있다고 믿는다. 깊이를 잃지 않으면서도 간결하고 매력적인 언어를 사용한다. 간결함이 학생들의 학습을 희생시킬 필요는 없다! 처음부터 이 책의 분량을 줄이는 대신 간결하고 집중되도록 책을 설계하였다. 학생들은 잘 짜여진 설명, 교육, 예술 프로그램 및 예제를 통해 책을 덜 부담스럽고 쉽게 사용할 수 있다.

연결된 접근 방식

책의 분량을 줄이면서 학생들의 이해를 돕고 물리학은 단지 사실과 공식의 나열일 뿐이라는 선입견을 없애기 위해 연결성을 강조하였다.

아이디어 연결: 주제와 서술의 구성은 아이디어 간의 연결을 강조한다. 가능한 경우, 서술은 직접 만든 예제나 다음 절을 가리킨다. 제작된 예제를 설명하는 데 사용된 이전 자료로 연결될 뿐만 아니라 다음 절에서 설명하는 아이디어를 소개함으로써 앞으로 나아가는 다리 역할을 할 수 있다. 이러한 다리는 양방향으로 작동하며, 책은 항상 앞뒤를 넘나들어 물리학 전반에 존재하는 풍부한 연결 과정을 활용한다.

물리학과 현실 세계 연결: 이 책은 단순히 물리학에 관한 사실을 서술하고 예시로 뒷받침하는 대신, 실제 현상을 관찰하여 핵심 개념을 발전시킨다. 접근 방식은 학생들이 물리학이 무엇인지, 우리 삶과 어떻게 관련되어 있는지를 이해하도록 돕는다. 또한, 많은 예제와 응용 프로그램을 통해 학생들이 물리학의 아이디어를 현실 세계와 연관시켜 탐구할 수 있도록 돕는다. 일상생활(집 난방, 비행의 물리학, DVD, 하이브리드 자동차 등), 바이오의학(심박동기, 혈류, 세포막, 의료영상), 과학과 기술의 최첨단 연구(초전도성, 나노기술, 울트라커패시터) 등 학생들의 관심을 끌 수 있는 현상과 연결하여 물리학을 응용할 수 있다. 이러한 응용 프로그램은 물리학의 특정 주제를 시연하는 데 사용될 수 있으며, 새로운 물리학 주제를 학습하는 과정에서 나타날 수도 있다. 그리고 한 가지가 다른 일로 이어진다. 그 결과 기억해야 할 사실의 백과사전이 아니라 하나의 매끄러운 전체로 간주되는 물리학의 연속적인 이야기가 만들어진다.

단어와 수학 연결: 같은 방법으로 물리학의 아이디어와 수학적 표현 사이의 연관성을 강조한다. 방정식은 물리에 대한 문장이지 마법의 공식이 아니다. 대수 기반 물리학에서는 기본을 강조하는 것이 중요하지만, 이 과목을 처음 접하는 사람들에게 문제를 흐리게 하는 무수한 세부 사항을 강조해서는 안 된다. 핵심을 더 명확하게 전달하기 위해 열거된 방정식의 수를 줄였다.

학생이 학습하는 방법 연결: 개념 예제와 장 끝의 연습문제는 학생들이 본문에서 전개된 질적 아이디어를 탐색하고 숙달할 수 있도록 고안되었다. 일부 개념 예제는 그 앞이나 뒤에 나오는 수치적 예제와 연결되어 질적 추론 능력과 양적 추론 능력을 연결해 준다. 예제의 후속 연습('연결하기')은 학생들이 더 깊이 탐구하도록 유도하며, '확인'(각 절의 끝에 있는 짧은 개념 확인 질문)은 학생이 다음 단계로 넘어가기 전에 핵심 개념을 파악하도록 도와준다.

학생들은 처음에 명확한 목표를 설정하고, 전체적으로 새로운 아이디어를 강화하며, 마무리하는 전략적 요약을 통해 구조화된 학습 경로의 이점을 누릴 수 있다. 이러한 보조 장치를 통해 학생들은 탄탄한 이해의 토대를 구축할 수 있다. 따라서 '학습 목표', '새로운 개념 검토' 주의사항 및 요약으로 한 장을 알차게 구성한다.

학생들이 교재를 사용하는 방법에 대해 연결: 읽기 능력이 약하거나 시간이 부족해서 책을 사용하는 것이 번거롭다고 느끼는 학생들이 많다. 쉽게 읽는 학생들도 설명이 명료하고 간결한 것을 선호하며, 핵심 정보를 쉽게 찾을 수 있기를 기대한다. 따라서 목표는 명확하고 간결하며 집중력 있는 책과 쉽게 찾을 수 있는 참고 자료, 팁, 예제를 제공하는 것이다. 다루기 쉬운 크기의 책이므로 책을 펴는 것이 덜 부담되고 수업에 들고 다니기에도 편리하다.

책의 언어적 설명을 보완하기 위해 그림에 상당한 정보를 직접 설명하였다. 따라서 학생들은 글과 그림을 병행하여 상호 보완적인 방법으로 자료를 이해할 수 있다. 글이 더 많은 것을 알려 주지만 종종 삽화가 특히 기억에 남고 정보를 기억하는 열쇠 역할을 할 것이다. 또한, 글의 내용이 더 어려운 학생은 그림을 보고 도움을 받을 수 있다.

단원을 숙제와 연결: 한 장을 공부한 후 학생들은 단원과 연속성을 가지고 연습문제를 통해 단원에 제공된 내용을 추론할 수 있어야 한다. 이 책은 전문가가 문제를 해결하는 방법을 지속적으로 보여 주고 모델링하며, 명확한 팁과 전략을 제공하며, 연습의 기회를 제공함으로써 도움을 준다. 학생들이 문제 해결에 능숙해지는 것이 얼마나 중요한지를 감안하여 이제 문제 해결 전략에 대해 자세히 설명한다.

문제 해결 전략

예제는 학생들에게 물리적 모델을 제공하는 3단계 접근 방식으로 일관되게 제시된다.

구성과 계획: 첫 번째 단계는 문제가 무엇을 묻고 있는지 명확하게 파악하는 것이다. 그다음 학생들은 본문에 제시된 정보를 바탕으로 개념적이고 수치적인 이전 문제 및 예제와의 유사성을 고려하여 문제를 해결하는 데 필요한 정보를 수집한다. 물리적 상황을 이해하는 데 도움이 되는 스케치가 필요한 경우, 이 단계에 스케치를 작성한다. 답을 계산하는 데 필요한 알려진 값은 이 단계의 마지막에 수집한다.

풀이: 계획을 실행에 옮기고 필요한 단계를 수행하여 최종 답을 얻는다. 계산은 학생이 처음부터 끝까지 명확한 경로를 볼 수 있도록 충분히 자세하게 제시한다.

반영: 여기서 학생이 고려해야 할 사항은 여러 가지가 있다. 가장 중요한 것은 문제의 맥락, 알려진 유사한 상황, 평범한 상식에 비추어 답이 타당한지 여부이다. 단위가 올바른지 확인하거나 명백한 특수 상황에서 기호적 답변이 합리적인 결과로 정리되는지 점검하는 단계이다. 학생은 해결된 다른 문제나 실제 상황과의 연관성에 대해 성찰할 수 있다. 때때로 문제를 풀다가 새로운 질문이 떠오르면 자연스럽게 다른 예제, 다음 절 또는 다음 장으로 이어질 수 있다.

개념 예제는 보다 간단한 2단계 접근 방식인 풀이와 반영을 따른다. 예제와 마찬가지로 반영 단계는 중요한 연결을 짚어 주는 데 자주 사용된다.

예제는 방금 해결된 문제와 관련된 새로운 문제인 '연결하기'로 이어지며, 이는 이전 자료나 다음 절에 대한 추가적인 다리 역할을 한다. '연결하기'에 대한 답은 즉시 제공되므로 문제 하나를 풀면 두 번째 예제를 얻을 수 있는 좋은 연습 문제이기도 하다.

문제 해결 전략은 예제의 접근 방식과 유사한 3단계 접근 방식을 따른다. 이를 통해 학생들은 세 단계 각각에서

해야 할 일에 대한 추가 힌트를 얻을 수 있다. 전략은 3단계 시스템 이외의 추가적인 문제 해결 도구를 제공한다.

단원 끝의 문제

연습문제는 세 가지 유형으로 이루어진다.

1. **개념 문제**는 개념 예제와 같이 학생들이 수치를 사용하지 않고 물리학과 추론에 대해 생각하도록 하는 문제이다.
2. **객관식 문제**는 세 가지 기능을 한다. 첫째, 강사가 이러한 형식을 사용하는 경우에 준비하여 학생들이 시험에 대비할 수 있도록 한다. 둘째, MCAT 시험 또는 다른 표준화된 시험을 준비하기 위해 이 강의를 수강하는 학생은 필요한 연습을 할 수 있다. 셋째, 모든 학생에게 더 많은 문제 해결 연습을 제공한다.
3. **연습문제**는 다양한 문제 유형과 난이도를 포함하며, 난이도는 ·, ··, ···으로 표시된다. 자신감을 키우는 문제부터 도전 문제에 이르기까지 적절한 난이도에 걸쳐 다양하게 구성되어 있다. 대부분의 문제는 각 장의 절 번호 아래에 나열되어 있다.

주제 구성

주제 구성은 대학에서 물리학을 가르친 적이 있는 사람이라면 누구나 친숙할 것이다.

1장의 서론을 시작으로 입자 및 계의 역학을 다루며, 중력, 유체, 파동(소리 포함)에 대해 각각 한 장씩 다룬다. 또한 그 뒤를 열역학에 대해 3개의 장에 걸쳐 다루며 마무리한다. 이어서 전기와 자기에 관한 6개의 장이 시작되며, 전자기파와 상대성 이론에 관한 마지막 장으로 마무리된다. 그다음으로는 광학에 관한 2개의 장, 즉 기하 광학과 파동 광학에 대한 장이 이어진다. 마지막 네 장은 양자, 원자, 기본 입자를 포함한 현대 물리학을 다룬다.

이 책으로 물리학을 배우게 된 것을 환영한다. 이 과정을 예비 전문가 프로그램의 필수 과목으로 수강하든, 대학 전공과 관련된 자격으로 수강하든, 호기심 때문에 수강하든, 여러분이 물리학의 경험을 즐기기를 바란다. 물리학이 풍부하고 자극적이며 자연과 공학을 모두 연결해 준다는 것을 알게 되기를 바란다.

물리학은 기초 학문이다. 물리학을 이해한다는 것은 실생활과 상상할 수 없을 정도로 크고 작은 시간과 공간의 척도로 세상이 어떻게 작동하는지 이해하는 것이다. 그렇기 때문에 여러분도 물리학에 흥미를 느끼기를 바란다. 하지만 물리학이 어렵다는 것도 알게 될 것이다. 물리학은 사고와 언어의 정확성, 보편적인 법칙의 미묘한 해석, 수학을 능숙하게 응용할 수 있는 능력을 요구한다. 하지만 물리학은 배워야 할 기본 원리가 매우 적어서 간단하기도 하다. 일단 그 원칙들을 알게 되면 이 원칙을 광범위한 자연적이고 공학적인 응용에 적용할 수 있다.

이 책은 흥미롭고 가독성을 높이기 위해 집필하였다. 그러니 꼭 읽어 봐야 한다. 그리고 공부를 시작하기 전에 꼼꼼히 읽어 보자. 이 책은 특정 문제를 풀거나 특정 질문에 답해야 할 때만 참고할 수 있는 참고서가 아니다. 오히려 다른 물리학 원리와 응용 사이의 연관성, 전공 분야를 포함한 다른 많은 분야와의 연결을 강조하는 물리학의 이야기이다.

물리학은 방정식, 수학, 수치적 해답의 핵심보다는 큰 아이디어에 관한 것이다. 이러한 세부사항도 중요하지만, 물리학의 비교적 적은 수의 큰 아이디어에서 어떻게 흘러가는지 알면 더 잘 이해하고 성공적으로 접근할 수 있다. 따라서 세부적인 내용을 파고들 때에도 큰 아이디어를 잘 염두에 두어야 한다.

물리학 문제를 해결하기 위해 수학이 필요하긴 하지만 물리학과 수학을 혼동하지 말아라. 수학은 물리학을 이해하기 위한 도구이며, 물리학 방정식은 단순히 수학이 아니라 세상이 어떻게 돌아가는지에 대한 설명이다. 물리학 방정식을 단순히 숫자를 '연결'하는 것이 아니라 물리적 현상에 대한 간결하고 강력한 진술로 이해하고 평가하는 데 익숙해져야 한다.

이 책은 물리학 학습에 도움을 주기 위해 집필되었다. 하지만 여러분은 동료 학생들로부터도 많은 것을 배울 수 있다. 물리학 개념에 대한 직관을 키우고 분석 기술을 개발하는 데 도움이 되는 활발하게 주고받기를 연습하고, 함께 노력하여 이해를 증진시키기를 바란다.

무엇보다도 물리학을 즐기고 우리 모두가 살고 있는 우주의 근간이 되는 이 기초 과학의 방대한 범위를 인식하기를 바란다.

차례
Contents

물리학에서의 측정
Measurements in Physics

학습 내용

✔ 거리, 시간, 질량에 대한 SI 단위 알아 보기

✔ 과학적 표기법과 SI 접두어 이용하기

✔ 단위계 환산하기

✔ 차원 분석 이용하기

✔ 적절한 유효숫자로 결과 나타내기

▲ 지구의 물리적 특성이 거리, 질량, 시간의 측정 단위를 확립하는 데 어떤 도움이 되었는가?

물리학은 자연의 기본 과정을 이해하도록 해 준다. 물리학은 정량적이기 때문에 **어떤** 물리량을 측정하고, **어떻게** 측정하는지 아는 것이 중요하다. 물리학 이론은 여러 가지 측정된 물리량을 연관시켜서 물리학의 궁극적인 목표인 자연의 이해를 더 깊이 있게 해 준다.

이 장에서는 물리학 과정 전반에 필요한 개념과 도구를 소개한다. 첫 번째로 거리, 시간, 질량 및 SI 단위계에 대해 논의할 것이다. 과학적 표기법을 검토하고 SI 접두어를 알아보며, 한 단위계에서 다른 단위계로 환산하는 방법을 설명할 것이다.

그다음 물리학에서 차원 분석의 사용 방법과 측정, 불확정도 및 유효숫자의 사용에 대해 논의할 것이다. 마지막으로 물리학자들이 광범위한 계산을 확인하는 방법 및 정확하게 결정하기 어려운 양을 측정하는 방법에서 크기의 정도를 어떻게 사용하는지 설명할 것이다. 이러한 기본 개념과 도구를 사용하면 2장에서 운동에 대해 공부할 준비가 될 것이다.

1.1 거리, 시간, 질량 측정

우리는 실생활에서 이미 **거리**(distance)와 **시간**(time)을 측정하는 방법을 배워 왔다. 일상에서 대부분의 활동은 거리감과 시간을 필요로 한다. 예를 들어, 낮 12시에 반 마일(약 0.8킬로미터) 떨어진 식당에서 친구와 만나 함께 점심 식사를 한다고 하자.

거리와 시간은 물리학에서 기본적인 양이다. 보통 걷는 빠르기나 차의 속력은 이동한 거리를 소요된 시간으로 나눈 것과 같음을 잘 알고 있다. 즉, 속력이 일정한 경우 다음과 같다.

$$속력 = \frac{거리}{시간}$$

거리와 시간은 운동학의 기본적인 내용이며, 이는 2장과 3장의 핵심이고, 이 책 전반에서 계속 사용할 것이다.

세 번째 기본적인 양은 **질량**(mass)이다. 여러분은 아마도 물체가 얼마나 많은 양의 물질을 포함하고 있는지, 즉 질량에 관한 감이 있을 것이다. 여기서 질량을 간단히 언급한 후 4장에서 더 논의할 것이다. 질량에 대한 정확한 이해는 거리, 시간, 질량 사이의 밀접한 연관성을 갖는 물체의 운동에서 필요하다.

SI 단위

거리, 시간, 질량의 측정은 고대부터 이루어졌다. 사람들은 아테네에서 로마까지의 거리, 낮 시간, 상품 교환을 위해 필요한 은의 양 등을 알아야 했다. 일관된 측정 기준이 부족한 탓에 고대부터 상업과 과학은 모두 차질을 빚었다.

18세기 후반의 프랑스 혁명 이후, 합리적이고 **자연스러운** 공통 단위계를 개발하는 바람이 불었다. 12인치 = 1피트와 같은 어색한 관계보다 10의 거듭제곱을 사용하는 것이 합리적이었다. 새로운 단위계는 원칙적으로 누구나 측정할 수 있는 자연에서 발견되는 것을 기본 단위 척도로 하는 것이 자연스럽다. 1피트는 한 사람의 발 길이를 기준으로 했기 때문에 사람마다 달랐다. 새로운 거리 단위인 미터는 지구의 적도에서 북극까지 호의 길이의 천만 분의 1로(그림 1.1), 질량 단위인 그램은 1세제곱센티미터(cm^3)의 물의 질량으로 정의됐다. 시간을 십진법으로 하고자 하면 100초가 1분이 되어야 하는 등 불편이 있기 때문에 60초를 1분으로, 60분을 한 시간으로 하고 24시간을 하루로 하게 되었다.

이처럼 18세기 단위는 현대의 **SI 단위계**(Systeme Internationale)(국제단위계)로 진화했다. 미터와 그램의 정의는 바뀌었지만 이들의 수치 값은 200여년 전에 정의된 것과 꽤 가깝다. 거리, 시간, 질량의 기본 단위는 각각 **미터**(m), **초**(s), **킬로그램**(kg)이다.

진공에서 빛의 속력은 SI 단위로 정확히 초당 299,792,458미터(m/s)라고 정의하는 기본 상수이다. 초(s)는 원자의 표준에 기반한다(세슘-133 원자에서 방사하는 복사 진동 주기의 9,192,631,770배인 시간을 1초로 한다). 속력(거리/시간)과 시간 단위를 정의하면 1미터는 빛이 1/299,792,458초 동안 진행한 거리와 같다.

최근까지 질량은 프로토타입 관점에서 정의됐으며, 1 kg의 백금-이리듐(Pt-Ir) 합금 원기는 프랑스 국제 도량형국에 보관되어 있고, 복제된 표준 원기는 미국 메릴랜드에 있는 국립 표준 기술 연구원에 보관되어 있다. 프로토타입(원형)의 질량은 시간이 흐르면 변할 수 있기 때문에 이를 최선의 방법으로 여기지 않았다. 수년 간의 연구 끝에 물리학자들은 2019년에 발효된 새로운 표준을 채택하였다. 이것은 정확한 전자저울로 만들어진 몇 가지 물리적 상수(플랑크 상수)와 측정에 기초한다. 이 '새로운' 킬로그램이 이전 킬로그램과 눈에 띄게 다르지는 않지만 재현 가능하고 시간

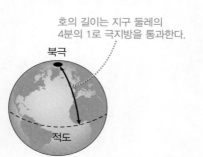

호의 길이는 지구 둘레의 4분의 1로 극지방을 통과한다.

북극

적도

그림 1.1 북극에서 적도까지의 호의 길이는 미터의 정의에 사용됐다.

▶ **TIP** 빛의 속력은 SI 단위계에서 정확히 9자리 숫자로 정의된다.

이 지나도 변하지 않는다는 점에서 더 우수한 것으로 여겨진다.

킬로그램, 미터, 초는 이 책 앞부분에서 운동, 힘, 에너지를 공부할 때 필요한 기본 단위로 사용된다. 나중에 온도에 관한 켈빈(K)과 전류에 관한 암페어(A)와 같은 SI 단위도 소개할 것이다.

▶ 새로운 개념 검토

SI 단위계에서

- 거리는 미터(m)로 측정하고
- 시간은 초(s)로 측정하며
- 질량은 킬로그램(kg)으로 측정한다.

예제 1.1 지구 측정

지구의 평균 반지름 $R_E = 6,371,000$ m를 이용하여 북극에서 적도까지의 호의 길이를 계산한 후, 18세기 미터의 정의와 비교하여라. 지구는 완전한 구에 가깝다고 하자.

구성과 계획 기하학에서 원의 둘레는 $2\pi r$(r은 반지름)이다. 북극에서 적도까지의 호의 길이는 구형 지구 둘레의 4분의 1이다(그림 1.1).

알려진 값: 평균 반지름 $R_E = 6,371,000$ m

풀이 호의 길이 d는 원의 둘레 $2\pi r$의 4분의 1이다. 따라서 다음을 얻는다.

$$d = \frac{2\pi R_E}{4} = \frac{\pi R_E}{2} = \frac{\pi(6,371,000 \text{ m})}{2} = 10,007,543 \text{ m}$$

이 답은 18세기에 정의된 10,000,000 m 값에 매우 가깝다. 비교해 보면 겨우 다음 수치만큼 더 크다.

$$\frac{10,007,543 \text{ m} - 10,000,000 \text{ m}}{10,000,000 \text{ m}} \times 100\% = 0.075\%$$

반영 지구는 정확하게 구가 아니므로 이 계산 결과는 근삿값이다. 불규칙한 산과 계곡뿐만 아니라 지구의 전체적인 모양은 극지방에서는 약간 평평하고 적도에서는 불룩하다. 그래서 유효 숫자의 개수를 기준으로 결과의 정확성을 올바르게 나타낼 수 있다. 이 내용은 1.4절에서 다룰 것이다.

연결하기 지구의 적도에서 반지름은 6,378,000 m이다. 적도 둘레의 4분의 1에 해당하는 호의 길이는 얼마인가?

답 예제와 동일한 방법으로 호의 길이를 구하면 10,018,538 m이며, 이는 극지방에서 적도까지의 호의 길이보다 크다. 이는 지구의 적도 부분이 불룩하다는 것을 의미한다.

과학적 표기법과 SI 접두어

예제 1.1은 물리학에서 좀 큰 숫자를 포함한다. 물리학에서는 종종 1보다 훨씬 작은 숫자뿐만 아니라 훨씬 더 큰 숫자가 등장한다. 과학적 표기법과 SI 접두어를 사용하면 크고 작은 숫자를 간단하게 쓸 수 있다.

지구의 평균 반지름 $R_E = 6,371,000$ m를 고려하자. **과학적 표기법**(scientific notation)은 10의 거듭제곱을 사용하여 큰 숫자를 간단한 형태로 나타낼 수 있다. 이 경우 다음과 같이 쓸 수 있다.

$$R_E = 6.371 \times 10^6 \text{ m}$$

표 1.1 미터 단위로 선택한 거리(m)

설명	거리(m)
가장 먼 은하의 거리	1×10^{26}
은하수의 지름	9×10^{20}
빛이 1년 동안 이동하는 거리	9.5×10^{15}
지구에서 태양까지의 평균 거리	1.5×10^{11}
지구의 평균 반지름	6.4×10^{6}
지구에서 가장 높은 산	8,800
일반적인 성인 키	$1.5 \sim 2.0$
가시광선의 파장	$4.0 \times 10^{-7} \sim 7.0 \times 10^{-7}$
수소 원자의 지름	1.1×10^{-10}
양성자의 (대략적인) 크기	10^{-15}

표 1.2 초 단위로 선택한 시간 간격(s)

시간 간격	시간(s)
우주의 나이	4.3×10^{17}
태양계의 나이	1.6×10^{17}
1세기	3.2×10^{9}
전형적인 대학 수업 시간	3,200
100미터 달리기 기록	9.7
'콘서트 A' 악보에서 소리 진동 사이의 시간	2.3×10^{-3}
연속 FM 전파 파고 사이의 시간	$9.3 \times 10^{-9} \sim 1.1 \times 10^{-8}$
가시광선에서 파형 파고 사이의 시간	$1.3 \times 10^{-15} \sim 2.3 \times 10^{-15}$
원자를 가로질러 이동하는 시간	4×10^{-19}

표 1.3 킬로그램 단위로 나타낸 여러 질량(kg)

전형적인 은하	10^{42}
태양	2.0×10^{30}
지구	6.0×10^{24}
대왕고래	1.5×10^{5}
성인	$50 \sim 100$
벼룩	10^{-5}
먼지 입자	10^{-14}
우라늄 원자	4.0×10^{-25}
양성자	1.7×10^{-27}
전자	9.1×10^{-31}

10의 거듭제곱과 곱하는 숫자는 1 이상 10 미만이어야 한다. 즉, 10,000,000 m는 10×10^6 m가 아닌 1×10^7 m 로 표현한다. 과학적 표기법은 매우 작은 숫자에도 유용하다. 예를 들어, 수소 원자의 반지름 0.000 000 000 053 m를 과학적 표기법으로 나타내면 5.3×10^{-11} m이다.

과학적 표기법은 표 1.1, 1.2, 1.3과 그림 1.2처럼 물리학에서 만나게 될 거리, 시간, 질량의 광범위한 범위를 이해하는 데 도움이 된다. '사람의 크기'의 눈금은 각 목록에서 (10의 거듭제곱으로 환산한) 범위의 중심 근처에 있으며, 약 $10^0 = 1$이다. 인간이 SI 단위를 정의해서 너무 크지도 작지도 않은 숫자로 일상적인 것을 측정할 수 있게 된 것은 결코 우연이 아니다. 때때로 물리학자들은 은하나 원자와 같은 매우 크고 작은 것들에 SI 단위가 아닌 다른 단위를 사용하는 것이 편리하다고 생각한다. 이 부분은 나중에 언급하기로 한다.

과학적 표기법의 대안은 SI 접두어(표 1.4)이다. 예를 들어, 1.25×10^5 m는 125 km 로 간단하게 쓸 수 있다. 가시광선 파장의 범위는 $4.0 \times 10^{-7} \sim 7.0 \times 10^{-7}$ (표 1.1 참조), 즉 400 nm ~ 700 nm이다. 대부분의 표준 접두어는 1,000 간격으로 나타낸다. 그 중 예외는 접두어 c와 d이다. 예를 들어, 보통 짧은 거리는 cm 단위가 익숙하다.

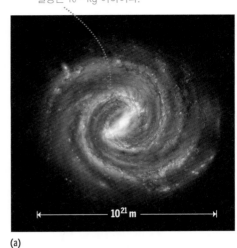

이 은하의 지름은 10^{21} m이고 질량은 10^{42} kg 이하이다.

영화는 4×10^{-7} m 크기의 '구멍'으로 이루어진 DVD에 저장된다.

(a) (b)

그림 1.2 물리학 연구는 아주 큰 것부터 아주 작은 것까지 다양하다.

표 1.4 SI 접두어[*]

10의 거듭제곱	접두어	약자
10^{-18}	아토	A
10^{-15}	펨토	F
10^{-12}	피코	P
10^{-9}	나노	N
10^{-6}	마이크로	μ
10^{-3}	밀리	m
10^{-2}	센티	c
10^{3}	킬로	K
10^{6}	메가	M
10^{9}	기가	G
10^{12}	테라	T
10^{15}	페타	P
10^{18}	엑사	E

[*] 자세한 목록은 부록 B 참조

1.2절에서 센티미터, 그램 및 SI 단위가 아닌 다른 단위의 사용을 단위 환산 맥락에서 논의할 것이다.

과학적 표기법과 SI 접두어는 모두 허용되므로 둘 중 하나를 사용할 수 있다. 과학적 표기법은 약자를 계산기에 직접 쓸 수 있어 유용하다. SI 접두어를 사용하면 비교가 더 수월해진다. 예를 들어, 6 mm와 30 mm를 비교하는 경우 두 거리가 5배만큼 차이 나는 것을 바로 알 수 있다. 다음 예제에서 알 수 있듯이 과학적 표기법과 SI 접두어를 병행하여 사용하는 방법을 아는 것이 좋다.

▶ **TIP** 아주 크거나 아주 작은 숫자에 과학적 표기법이나 SI 접두어를 사용하여라.

예제 1.2 **천문학적 거리**

지구에서 태양까지의 평균 거리는 149,600,000 km이다. 과학적 표기법으로 이 거리를 미터 단위로 나타내어라.

구성과 계획 1,000,000은 10^{6}이고 접두어 k는 10^{3}을 의미하므로 1 km = 10^{3} m이다.

알려진 값: $d = 149,600,000$ km

풀이 적절한 인자를 곱하면 다음을 얻는다.

$$d = 149,600,000 \times \frac{10^{6}}{1,000,000} \times \frac{10^{3} \text{ m}}{\text{km}} = 149.6 \times 10^{9} \text{ m}$$

$$= 1.496 \times 10^{11} \text{ m}$$

반영 SI 단위의 두드러진 특징은 이러한 종류의 환산에 10의 거듭제곱만 관련되어 있다는 것이다. 1.2절에서 환산 인자가 10의 거듭제곱이 아닌 일반적인 경우를 다룰 것이다.

....

연결하기 빨간색 레이저 광선의 파장은 6.328×10^{-7} m이다. 이 값을 일반적으로 사용하는 단위인 나노미터로 나타내어라.

답 파장을 632.8×10^{-9} m로 고친 후 SI 접두어를 써서 632.8 nm로 나타낼 수 있다. 지수를 적절하게 맞추면 과학적 표기법과 SI 접두어로 환산할 수 있다.

▶ 응용 **달까지의 거리**

빛의 속력은 과학자들이 지구에서 달까지의 정확한 거리를 결정하는 데 도움이 된다. 레이저 빛은 1969년 아폴로 11호 우주비행사가 달에 설치한 반사경을 지구를 향하게 한 후 빛의 왕복 이동 시간을 측정하여 거리를 계산할 수 있었다. 이 방법으로 약 3 cm 이내 오차의 거리(평균 385,000 km)를 얻었다!

확인 1.1절 다음 질량을 큰 순서대로 나열하여라.
(a) 0.30 kg (b) 1.3 Gg (c) 23 μg (d) 19 kg (e) 300 g

1.2 단위 환산

물리학자들은 관행에 따라 SI 단위를 사용한다. 그러나 실생활에서 쓰는 단위를 사용하기도 하는데, 여기에는 나름 이유가 있다. 예를 들어, 60 mi/h로 차를 타는 것이 어떤 것인지 알지만 약 27 m/s에 해당하는 SI 단위에 대한 감은 없을 수도 있다. 화학이나 의학에서는 부피를 측정할 때 m³보다 리터나 cm³ 단위가 편리할 것이다. 물리학자들은 은하와 은하 사이의 거리처럼 매우 크거나 원자에 의해 방출되는 에너지처럼 매우 작은 값은 SI 단위로 나타낸 것보다 SI 단위가 아닌 다른 단위가 유용하다는 것을 종종 발견한다.

SI 단위가 아닌 다른 단위를 사용하는 경우가 있으므로 이 단위와 SI 단위를 환산할 수 있어야 한다. 다음 예제와 이 장의 마지막 문제를 해결할 수 있을 때까지 환산에 익숙해져야 한다. 단, 이러한 수학적 세부 사항이 물리학을 배우는 궁극적인 목표에 방해되지 않는 것도 중요하다.

▶ **TIP** SI 단위로 생각하는 법을 배워라. 주변에서 익숙한 거리와 질량을 찾아 SI 단위로 나타내 본다.

cgs 계 및 비 SI 단위계

cgs 계인 거리 단위 센티미터(100 cm = 1 m), 질량 단위 그램(1000 g = 1 kg), 시간

단위 초를 사용하여 측정한 적이 있을 것이다. cgs 단위와 SI 단위 양 사이의 대부분의 환산은 10의 거듭제곱만 포함한다. 화학자들은 종종 cgs 단위를 사용하는데, 예를 들어 탄소 1몰의 질량으로 12.0 g을 쓰거나 물의 밀도로 1.0 g/cm^{3}를 사용한다. 측정 단위계에 관계없이 밀도(ρ, 그리스 문자 '로')는 질량/부피로 정의한다.

$$\rho = \frac{m}{V}$$

예제 1.3은 밀도를 cgs 단위 g/cm^{3}에서 SI 단위 kg/m^{3}로 환산하는 방법을 보여 준다.

영국 단위계는 여전히 미국의 과학계 밖에서 사용되고 있다. 제한 속력은 시간당 마일(mi/h), 온도는 화씨(°F)로 나타낸다. 영국 단위계는 친숙한 환경을 조성해야 할 때가 아닌 이상 사용하지 않을 것이다. 영국 단위와 SI 단위 간의 환산에서는 10의 거듭제곱이 아닌 환산 인자가 포함된다.

때때로 과학에서 사용하는 비 SI 단위를 만나게 될 것이다. 예를 들어, 천문학자들은 태양에서 다른 별까지의 거리와 같은 먼 거리를 표현하기 위해 광년을 사용한다. 천문학자들은 **시차**(parallax)를 이용하여 가까운 별까지의 거리를 찾는다. 지구가 궤도를 도는 동안 그림 1.3과 같이 근처 별들의 방향은 약간 변한다. 지구의 궤도 크기와 알려진 각도를 고려하면 별까지의 거리를 계산할 수 있다.

어떤 단위계를 사용하는지 인지하며 꾸준히 사용하는 것이 중요하다. 1999년에 잘 알려진 사건에서 화성 기후 궤도 탐사선은 항해 실수로 인해 실종됐다. 조사해 보니 우주선을 통제하는 두 과학 팀이 서로 다른 두 단위계(SI 단위계, 영국 단위계)를 사용하고 있었다. 두 단위계를 환산하는 데 실패한 결과, 우주선은 잘못된 궤도로 화성 대기권에 진입했다.

전략 1.1에서는 처음 물리량에 1과 같은 인자를 곱하여 원래 단위를 대체하는 방법을 소개한다. 다음 예제는 이 전략을 보여 준다.

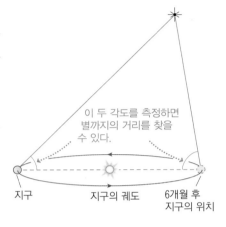

이 두 각도를 측정하면 별까지의 거리를 찾을 수 있다.

지구   지구의 궤도   6개월 후 지구의 위치

그림 1.3 시차법을 이용하여 별까지의 거리를 측정

전략 1.1   단위환산

한 단위계에서 다른 단위계로 환산하려면 처음 물리량에 1과 같은 분수를 곱하고 알려진 환산 인자로 정의된 분수를 곱한다. 1에 해당하는 인자를 곱하면 수량의 물리적 값이 변하지 않고 이전 단위가 새 단위로 바뀐다.

1.51마일(mi)을 미터(m)로 환산한다고 가정하자.

- 부록 C에서 환산 인자는 1 mi = 1609 m이며, 다음과 같이 분수로 표현된다.

$$\frac{1609 \text{ m}}{\text{mi}}$$

- 이 분수는 분자와 분모가 동일하기 때문에 1과 같다.

1.51 mi에 이 분수를 곱하면 다음을 얻는다.

$$1.51 \text{ mi} \times \frac{1609 \text{ m}}{\text{mi}} = 2430 \text{ m}$$

mi 단위가 소거되고 미터(m)만 남음을 알 수 있다.

- 필요한 경우 모든 단위가 원하는 단위로 환산될 때까지 이 과정을 반복한다.
- 환산을 다 하면 알고 있거나 상상할 수 있는 양으로 답이 타당한지 확인한다. 최종 값을 경험과 연관시킬 수 있는가? 그렇다면 숫자는 의미가 있는가?

예제 1.3 **밀도**

금의 밀도는 19.3 g/cm³로 밀도가 가장 높은 순수한 금속 중 하나이다. 이 밀도를 SI 단위로 환산하여라.

구성과 계획 질량 단위(g에서 kg)와 거리 단위(cm에서 m)에 대한 두 가지 환산이 필요하다. 거리 단위 cm가 세제곱되어 있으므로 곱셈 인자도 세제곱해야 한다.

알려진 값: 밀도 $\rho = 19.3$ g/cm³

풀이 알려진 밀도에 적절한 환산 인자를 곱한다.

$$\rho = 19.6 \text{ g/cm}^3 \times \frac{1 \text{ kg}}{1000 \text{ g}} \times \left(\frac{100 \text{ cm}}{1 \text{ m}}\right)^3 = 19,600 \text{ kg/m}^3$$

반영 이는 큰 값이지만 합리적인 표현이다. 이유가 뭘까? 입방체 모양의 금덩어리가 옆에 있다고 상상해 보자. 금은 매우 밀도가 높아서 엄청나게 무거울 것이다. 즉, 19,600 kg(큰 사람의 약 200배 질량)은 합리적이다.

연결하기 g/cm³에서 kg/m³로 밀도를 환산할 인자를 찾아라. 이 인자를 사용하여 물의 밀도(1.0 g/cm³)를 kg/m³로 환산하여라.

답 예제의 결과는 환산 인자가 1 g/cm³ = 1,000 kg/m³임을 보여 준다. 따라서 물의 밀도는 1,000 kg/m³이다. 우리 옆에 있는 입방체의 물이 얼마나 무거울지 생각해 보면 이것이 말이 된다는 것을 알게 될 것이다.

예제 1.4 **고속도로 속력**

어느 자동차가 시속 60마일로 고속도로를 주행하고 있다. 이 속력을 SI 단위(m/s)로 나타내어라.

구성과 계획 마일(mi)에서 미터(m)로, 시간(h)에서 초(s)로 두 가지 환산이 필요하다. 부록 C에서 1 mi = 1,609 m이다. 시간을 분을 거쳐 초로 나타낼 수 있다.

알려진 값: 속력 = 60 mi/h, 환산: 1 mi = 1,609 m, 1 h = 60 min, 1 min = 60 s

풀이 60 mi/h에 적절한 환산 인자를 곱한다.

$$\text{속력} = 60 \frac{\text{mi}}{\text{h}} \times \frac{1609 \text{ m}}{\text{mi}} \times \frac{1 \text{ h}}{60 \text{ min}} \times \frac{1 \text{ min}}{60 \text{ s}} = 27 \text{ m/s}$$

반영 결과는 합리적인가? 27 m는 축구장의 4분의 1 정도의 길이이고, 아주 빠른 차는 1초에 이 거리를 이동할 수 있다는 것은 말이 되어 보인다. 이 책에서는 SI 단위를 설명할 예정이므로 m/s 단위의 속력을 직관적으로 파악하는 것이 좋다. 계산 결과는 약 26.82 m/s인데, 27 m/s로 반올림했다. 1.4절에서 반올림과 유효숫자에 대해 논의할 것이다.

연결하기 캐나다와 대부분의 국가는 시간(h)을 사용하기 때문에 SI 단위가 아닌 km/h 단위로 고속도로에서 속력을 표현한다. 60 mi/h를 km/h로 환산하여라.

답 mi만 km로 바꾸고 h는 바꾸지 않아도 되므로 예제의 환산보다 간단하다. 정답은 97 km/h이다.

예제 1.5 **천문학적 거리: 광년**

천체 물리학에서 사용하는 일반적인 단위는 광년(ly)으로, 1년 동안 빛이 이동하는 거리로 정의한다. 1광년은 몇 미터인가? 가장 가까운 별인 센타우루스자리 프록시마까지의 거리 4.24 ly는 몇 미터인가?

구성과 계획 속력 = 거리/시간이므로 거리 = 속력 × 시간이다. 빛의 속력은 1.1절에 나와 있다. 일, 시간, 분, 초를 단계적으로 사용하여 년을 초로 환산하면 1년은 365.24일이다.

알려진 값: 빛의 속력 $c = 2.998 \times 10^8$ m/s, $d = 4.24$ ly

풀이 1광년에 대해 시간 $t = 1$ ly, 1 ly = ct를 이용하자. 적절한 환산 인자를 사용하여 정리하면 다음을 얻는다.

$$1 \text{ ly} = (2.998 \times 10^8 \text{ m/s})(1 \text{ y}) \times \frac{365.24 \text{ d}}{1 \text{ y}} \times \frac{24 \text{ h}}{1 \text{ d}} \times \frac{60 \text{ m}}{1 \text{ h}} \times \frac{60 \text{ s}}{1 \text{ m}}$$

m를 제외한 모든 단위를 소거하고 계산하면 1 ly = 9.461 × 10¹⁵ m이다. 그렇다면 센타우루스자리 프록시마까지의 거리는 다음과 같다.

$$d = 4.24 \text{ ly} \times \frac{9.461 \times 10^{15} \text{ m}}{1 \text{ ly}} = 2.23 \times 10^{16} \text{ m}$$

반영 거리가 너무 커서 결과가 타당한지 알아보기 쉽지 않은 경우가 있다. 이 값은 확실히 크며, 올바른 값이다. 만약 42 m 또는 3×10^{-6} m와 같은 답을 얻었다면 다시 계산해 봐야 하지 않을까?

연결하기 은하의 지름은 약 9.5×10^{20} m이다. 이를 광년으로 나타내어라.

답 예제의 환산을 사용하면 지름이 거의 100,000 ly에 가깝다. 즉, 빛이 은하를 통과하는 데 100,000년이 걸린다.

확인 1.2절 다음 속력을 큰 순서대로 나열하여라.

(a) 100 mi/h   (b) 40 m/s   (c) 135 ft/s   (d) 165 km/h

1.3 기본 상수와 차원 분석

1.1절에서 진공에서 빛의 속력이 $c = 299{,}792{,}458$ m/s로 정의되어, 이 양으로 미터를 정의한다는 것을 보였다. '진공'이라는 문구에 주목하자. 이는 빛이 공기, 물, 유리와 같은 매체에서 더 느리게 이동하기 때문이다. 다른 매체에서 빛의 속력은 빛의 굴절과 관련이 있으며, 21장에서 배울 것이다. 또한 빛의 속력이 거리 및 시간과 밀접한 관련이 있다는 것은 일리가 있다. 20장에서 보게 되겠지만 c는 전기와 자기의 기본 상수와도 관련이 있다.

표 1.3의 양성자와 전자와 같은 아원자 입자의 질량 또한 중요한 상수이다. 우리 주변의 모든 것은 기본 입자들로 이루어져 있다. 양성자와 중성자는 원자핵을 만들고, 핵과 전자는 원자를 형성한다. 원자는 분자를 만들기 위해 결합한다. 분자들은 고체, 액체, 기체 물질을 형성하기 위해 상호작용한다. 액체와 고체의 특성은 10장에서, 기체는 12 ~ 14장에서 논의할 것이다.

이 책 전반에서 걸쳐 다른 기본 상수들을 소개할 것이다. 책의 안쪽 표지에 과학적 수치를 수록해 놓았다. 이 상수들에 익숙해져야 하지만 외우려고 애쓸 필요는 없다.

차원 분석

역학은 물체의 운동 법칙을 연구하는 학문이며, 이 책의 3분의 1을 차지한다. 거리, 시간, 질량은 역학의 기본 **차원**이다. 역학의 다른 물리량은 이 세 가지 기본 차원을 결합한 것이다. 예를 들어, 속력은 거리/시간이다. 차원을 쉽게 비교하기 위해 길이는 L, 시간은 T, 질량은 M이라는 기호를 사용한다. 이 기호를 사용하면 속력(거리/시간)의 차원은 L/T이다.

서로 다른 **단위**는 동일한 차원의 수량을 설명할 수 있다. 예를 들어, 속력은 L/T 차원을 갖지만 속력의 단위는 m/s, mi/h, faths/week 또는 다른 거리 단위와 시간 단위로 표현할 수 있다. 단위는 물리량의 크기를 나타낸다는 점에서 중요하다. 예를 들어, 직사각형의 면적은 두 길이의 곱이므로 차원은 L^2이고 SI 단위는 m^2이다. 면적

▶ **TIP** 사용하는 단위를 검증하자. 계산하는 물리량에 맞지 않는 단위가 나오면 실수한 것이다.

을 계산했을 때 단위가 m 또는 m³인 경우 실수를 한 것이다. 계산이 끝나면 답의 단위를 확인해야 한다. 문제 해결 전략의 마지막 '반영' 단계에서 풀이를 검토해야 함을 자주 상기해야 한다.

종종 **차원 분석**이라 부르는 과정인 차원을 조사하는 것만으로도 문제에 대한 통찰력을 얻을 수 있다. 예를 들어, 움직이는 물체의 운동 에너지(kinetic energy)를 생각해 보자. 5장에서 보게 되겠지만 이는 ML²/T² 차원을 갖고 있다. 운동 에너지는 질량에 어떻게 의존하는가? 차원 M은 1제곱으로 나타나므로 운동 에너지는 질량에 선형적으로 의존해야 함을 주목하자. 이는 운동 에너지가 속력의 **제곱**에 의존한다는 것을 보여 주는 L²/T² 차원을 도출한다. 그러므로 운동 에너지는 mv^2(m은 질량, v는 속력)에 비례한다. 차원 분석이 무차원 인자와의 관련 여부를 밝힐 수 없기 때문에 비례하는 값이라고만 말할 수 있다. 이 경우, 계수 $\frac{1}{2}$이 있으므로 운동 에너지는 $\frac{1}{2}mv^2$이다.

개념 예제 1.6   중력 위치 에너지

5장에서 **위치 에너지**(potential energy)를 소개한다. 만약 땅 위 높이 h에서 바위가 있다면 이 바위는 위치 에너지를 갖고 있으며, 바위가 떨어질 때 위치 에너지는 운동 에너지로 바뀔 것이다. 위치 에너지는 높이 h, 바위의 가속도 g(L/T² 차원), 바위의 질량 m에 따라 달라진다. 차원 분석을 사용하여 위치 에너지의 차원이 ML²/T²일 때, 이러한 양의 조합을 통해 수식을 찾아라.

풀이 먼저 질량을 고려한다. M 차원은 1승으로 나타내므로 위치 에너지는 질량 m에 비례한다.

여기서 시간 차원을 포함하는 유일한 양은 L/T² 차원의 가속도 g이다. 위치 에너지는 시간의 −2승(1/T²)을 포함해야 하므

로 위치 에너지는 g에 비례해야 한다.

여러분은 위치 에너지가 ML/T² 차원을 갖는 m과 g의 곱에 비례한다는 것을 알고 있다. 위치 에너지는 ML²/T² 차원을 가지므로 L의 1승이 필요하다. 이는 높이 h에서 생기므로 위치 에너지는 mgh에 비례한다.

반영 차원 분석은 세 변수 m, g, h에 따라 위치 에너지가 어떻게 달라지는지 나타내지만 $\frac{1}{2}$과 같은 계수는 놓칠 수 있다. 이 경우, 누락된 숫자가 없으므로 위치 에너지 = mgh이고, 5장에서 더 다룰 것이다.

1.4 측정, 불확정도, 유효숫자

물리학에서는 종종 계산 과정에서 둘 이상의 양이 포함된다. 예를 들어, 밀도를 계산하려면 질량을 부피로 나누면 된다. 이 절에서는 이러한 계산에서 숫자를 처리하는 방법에 대해 설명한다.

측정과 불확정도

그림 1.4 디지털 화면이 있는 전자저울은 과학 실험실에서 많이 사용된다. 계측기의 정밀도는 화면에 표시되는 자릿수와 소수점의 위치에 따라 달라진다. 정확도는 기계에 허용된 값으로, 얼마나 잘 보정됐는지에 따라 달라진다.

물리량의 측정에는 불확정도가 수반된다. 체중계는 질량을 0.1 kg 이내로 읽을 수 있고, 실험실에서 사용하는 전자저울(그림 1.4)은 0.01 g(10^{-5} kg) 이내로 읽을 수 있다.

과학자들은 측정의 **정확도**와 **정밀도**를 구별한다. 정확도는 측정값이 참 또는 허용된 값에 얼마나 가까운지를 나타낸다. 정밀도는 개별 측정의 불확정도를 의미하며,

동일한 절차로 여러 번 반복하여 측정한 결과 '퍼짐'이 발생하는 경우가 많다. 매우 정밀하지만 정확성이 부족할 수도 있다. 예를 들어, 표준 킬로그램의 질량을 반복적으로 측정하고 약 1.12 kg의 값을 일관되게 얻으면 정밀도는 있지만 정확도는 없다. 그러나 다른 계측기로 측정을 반복하여 얻은 값이 0.90 kg에서 1.10 kg 사이로 퍼져 있는 경우는 정확하지만 정밀도는 없다고 한다.

유효숫자

위에서 설명한 부정확한 값을 퍼짐을 표시한 질량 값은 1.00 kg ± 0.10 kg으로 나타낸다. 즉, 실제 질량은 0.90 kg과 1.10 kg 사이라는 어느 정도 확신을 가지고 주장한다. 측정 정밀도는 측정된 양에서 **유효숫자**의 개수를 결정한다. 예를 들어, 직사각형 방의 길이를 14.25 m ± 0.03 m로 측정한다고 가정하자. 마찬가지로 방의 너비를 8.23 m ± 0.03 m로 측정하면 불확정도가 동일하더라도 이 측정값은 유효숫자가 3개만 있다.

특히 측정값에 0이 있으면 유효숫자의 개수가 명확하지 않을 수 있다. 소수점을 표시하는 앞의 0은 유효숫자가 아니다. 따라서 종이 한 장의 두께를 0.0015 m로 측정하면 2개의 유효숫자만 얻을 수 있다. 이것을 1.5 mm 또는 1.5×10^{-3} m로 표현할 수 있는데, 이는 2개의 유효숫자가 있음을 더 명확하게 한다. 그러나 소수점 뒤의 0은 유효숫자이다(그림 1.5). 예를 들어, 3.600 m는 4개의 유효숫자를 갖는다. 유효숫자를 3개 또는 2개를 가지려면 각각 3.60 m, 3.6 m로 써야 한다.

자동차의 질량이 1,500 kg이라 가정하자. 여기서 0은 유효숫자인지 아니면 단지 소수점을 표시하는지는 명확하지 않다. 유효숫자의 정확한 개수는 차량 무게를 측정하는 데 사용되는 저울의 정밀도에 따라 달라진다. 가장 가까운 킬로그램까지가 좋을까? 아니면 가장 가까운 100 kg까지가 좋을까? 이 책의 모든 수치는 유효숫자라고 가정할 수 있다. 이 경우, 1,500 kg이 4개의 유효숫자를 가지고 있음을 의미한다. 1.5×10^3 kg이라 써서 2개의 유효숫자로 측정값을 표현할 수도 있다.

그림 1.5 유효숫자를 세는 방법

계산에서의 유효숫자

유효숫자는 계산을 하고 결과를 쓸 때 중요하다. 앞서 설명한 방의 면적을 계산해 보자. 불확정도를 근거로 면적은 14.22 m × 8.20 m ≈ 116.6 m²와 14.28 m × 8.26 m ≈ 118.0 m² 사이일 수 있다. 답을 어떻게 써야 하는가?

유효숫자를 계산하는 단순한 접근법은 다음 규칙을 따른다.

> 두 양을 곱하거나 나눗셈을 할 때, 답은 두 양 중 유효숫자가 적은 것과 동일한 개수로 유효숫자를 맞춰 쓴다.

여기서 너비 8.23 m는 유효숫자가 3개이므로 3개의 유효숫자로 맞추어 쓴다. 따라서 14.25 m × 8.23 m = 117.2775 m² ≈ 117 m²로 반올림하여 3개의 유효숫자로 답을 쓴다. 이 답은 이전에 계산한 값의 사이에 존재한다는 것에 주목하자.

다음은 또 다른 유효숫자의 규칙이다.

> 두 양을 더하거나 뺄 때, 계산한 결과의 소수점 아래 자릿수가 두 양 중 소수점 아래 자릿수가 가장 작은 것과 같도록 맞추어 쓴다.

따라서 덧셈 계산을 보면 $6.459\,\text{m} + 1.15\,\text{m} = 7.609\,\text{m}$에서 $7.61\,\text{m}$로 반올림한다. $1.15\,\text{m}$ 항은 소수점 아래 2개의 유효숫자만 있기 때문에 이 개수로 맞춰 쓰는 것이다.

계산에서 사용하는 일부 숫자는 정확한 값을 갖는다. 예를 들어, 반지름이 r인 구의 부피는 다음과 같다.

$$V = \frac{4}{3}\pi r^3$$

▶ **TIP** π는 계산기에 내장된 값을 사용한다. 가능한 경우 빛의 속력과 같은 물리적 상수에도 기본으로 제공된 값을 사용한다. 이렇게 하면 많은 유효숫자를 얻을 수 있고, 수동으로 값을 입력할 때 오류가 발생할 가능성이 없어진다.

여기서 숫자 4와 3은 정확하므로 결과에 유효숫자의 규칙을 적용하지 않는다. 원주율 π는 무리수이지만 정확하다. 반지름 r 값은 원하는 만큼의 유효숫자를 사용할 수 있다. 계산기에 내장된 π 값은 측정된 양에서 볼 수 있는 것보다 더 많은 유효숫자를 갖는다. 따라서 구의 부피에 쓸 수 있는 유효숫자의 개수는 반지름 r의 유효숫자의 개수와 같다.

예제 1.7 유효숫자

한 의사가 초음파로 태아의 머리 지름을 $4.16\,\text{cm}$로 측정했다. 머리를 구형으로 취급하면 머리의 부피는 얼마나 되는가? 유효숫자를 이용하여 논하여라.

구성과 계획 부피 계산은 간단하다. 지름이 d일 때 반지름은 $r = d/2$이고, 부피는 다음과 같다.

$$V = \frac{4}{3}\pi r^3$$

알려진 값: 지름 $d = 4.16\,\text{cm}$

풀이 반지름은 $r = d/2 = 2.08\,\text{cm}$이므로 부피는 다음과 같다.

$$V = \frac{4}{3}\pi (2.08\,\text{cm})^3 = 37.694554\,\text{cm}^3$$

여기서 계산기에 표시된 모든 숫자를 다 썼다. 답에는 몇 개의 유효숫자를 포함시켜야 할까? 이 수식은 3개의 유효숫자를 연속적으로 곱하는 것을 의미하는 r^3을 포함한다. 규칙에 의해 r^3

의 값은 3개의 유효숫자에 적합해야 한다. 4, 3, π의 값은 정확하므로 이들 인자를 곱해도 유효숫자의 개수는 영향을 받지 않는다. 따라서 답은 3개의 유효숫자로 반올림하여 나타내야 한다.

$$V = 37.7\,\text{cm}^3$$

반영 반올림에서 숫자를 버리는 것은 잠재적으로 유용한 정보를 버리는 것처럼 보인다. 다른 계산에 이전에 계산된 숫자가 필요하다면 어떻게 해야 할까? 이 문제점은 다음 절에서 다룬다.

연결하기 태아 머리의 질량이 $37\,\text{g}$일 때, 밀도는 얼마나 될까?

답 밀도 $\rho = m/V$를 계산하면 $0.98\,\text{g/m}^3$이다. 이 값은 유효숫자 2개를 갖도록 반올림한 것이다. 주어진 질량의 유효숫자가 2개이기 때문이다. 또한, 물의 밀도 $1\,\text{g/cm}^3$보다 약간 작기 때문에 구한 답은 타당하다.

유효숫자와 반올림

▶ **TIP** 계산할 때 너무 일찍 반올림하지 말아라. 최종 계산이 나오는 마지막 단계까지 기다리자.

유효숫자의 적절한 개수를 얻기 위해 최종 답을 반올림해야 하는 경우가 종종 있음을 알 수 있다. 그러나 반올림할 때마다 잠재적으로 유용한 정보가 삭제된다. 따라서 계산기에서 제공하는 숫자만큼 중간 계산에서 더 많은 숫자를 유지해야 하며, 중간 결과를 확인하여 유효숫자로 반올림해야 한다. 단, 다음 계산을 진행하면서 전체 자릿수를 유지하여라.

예제 1.8   반올림의 위험성

다음 물음에 답하여 질량이 24.75 g이고 세 모서리가 1.20 cm, 1.41 cm, 1.64 cm인 직사각형 구리 블록(그림 1.6)의 밀도를 확인하여라.
(a) 블록의 부피를 계산하여라.
(b) 밀도를 계산하는 두 가지 방법이 있는데, 먼저 (a)의 부피를 계산하여 반올림 값을 사용하는 방법과 반올림을 하지 않은 값을 사용하는 방법이다. 알려진 구리 밀도 $\rho = 8.92 \times 10^3$ kg/m³ 와 값을 비교하여라.

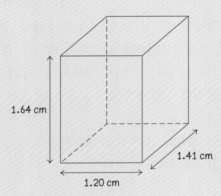

그림 1.6 예제 1.8의 구리 블록

구성과 계획 블록은 직육면체이므로 부피는 세 모서리의 길이의 곱이다. 또한 밀도 = 질량/부피, 즉 $\rho = m/V$이다.

알려진 값: 세 모서리의 길이 1.20 cm, 1.41 cm, 1.64 cm, 질량 $m = 24.75$ g, 구리의 밀도 $\rho = 8.92 \times 10^3$ kg/m³

풀이 (a) 블록의 부피는 세 모서리의 길이를 곱한 것이므로 SI 단위로 나타내면 다음과 같다.

$$V = (0.0120 \text{ m})(0.0141 \text{ m})(0.0164 \text{ m}) = 2.77488 \times 10^{-6} \text{ m}^3$$

각 모서리의 길이는 유효숫자가 3개이므로 계산된 값은 유효숫자를 3개로 맞춰 반올림하여 $V = 2.77 \times 10^{-6}$ m³가 된다.
(b) 반올림된 부피를 사용하면 밀도는 다음과 같다.

$$\rho = \frac{m}{V} = \frac{0.02475 \text{ kg}}{2.77 \times 10^{-6} \text{ m}^3} = 8.935 \times 10^3 \text{ kg/m}^3$$

유효숫자를 3개로 맞춰 반올림하면 8.94×10^3 kg/m³가 된다. 한편 (a)에서 반올림되지 않은 부피를 사용하면 다음을 얻는다.

$$\rho = \frac{m}{V} = \frac{0.02475 \text{ kg}}{2.77488 \times 10^{-6} \text{ m}^3} = 8.919 \times 10^3 \text{ kg/m}^3$$

유효숫자 3개로 맞춰 반올림하면 8.92×10^3 kg/m³이므로 알려진 값과 일치한다.

반영 첫 번째 단계에서 반올림하지 않은 숫자를 유지하면 밀도가 더 정확해진다. (b)에서 연속적으로 반올림하지 않은 값을 사용해도 (a)에 대한 정답은 반올림 값이다.

....

연결하기 불규칙한 모양의 금덩어리의 부피와 밀도는 어떻게 결정할 수 있는가?

답 배수량으로 부피를 구한다. 즉, 금덩어리를 물속에 넣고 물의 수위 상승을 측정한 후 무게를 달아 밀도를 계산한다. 10장에서 물속의 금덩어리의 무게를 측정하고 아르키메데스의 원리를 이용하여 밀도를 직접 측정하는 방법을 배울 것이다.

▶ 새로운 개념 검토: 유효숫자

- 측정값에서 유효숫자의 개수는 측정 정밀도에 따라 달라진다.
- 수량을 곱하거나 나눗셈을 할 때, 그 수량의 유효숫자 개수가 더 작은 유효숫자의 개수와 동일하게 답을 쓴다.
- 수량을 더하거나 뺄 때, 결과의 소수점 자릿수는 모든 수량의 소수점 자릿수 중 가장 작은 개수와 동일하게 한다.
- 계산기에서 마지막 답을 얻을 때까지 가능한 한 모든 숫자를 유지하지만, 답을 처리할 때는 반올림 규칙을 따른다.

크기의 정도 계산

물리학자들은 종종 물리량을 10의 거듭제곱 또는 10의 배수 이내로 나타내어 **크기의 정도를 계산**한다. 크기의 정도를 계산하면 계산이 타당한지 확인하는 데 유용하다. 예제의 '반영' 단계에서처럼 이러한 계산을 연습해야 한다. 정확한 값에 도달할 수 없는 경우도 있으므로 크기의 정도로 계산하도록 한다.

예를 들어, 친구들과 함께 미국을 가로질러 운전할 계획이고 얼마나 많은 시간이 걸리는지 알고 싶다고 가정하자. 여러분은 교대로 운전해야 하고 식사와 주유를 위해 잠시 정차할 것이다. 보통 고속도로에서 평균 속력은 약 100 km/h이지만 실제 운전을 하면 멈추었다 가는 경우가 있으므로 평균 속력을 90 km/h로 해야 한다. 거리는 노선에 따라 다르지만 지도를 확인하지 않고 5,000 km로 계산하자. 그다음 속력 = 거리/시간으로 시간을 계산하면 다음과 같다.

$$\text{시간} = \frac{5,000 \text{ km}}{90 \text{ km/h}} = 56 \text{ h}$$

이는 약 $2\frac{1}{3}$일이다. 이 계산에는 실제에서 벗어날 수 있는 부분이 많다. 정확한 거리는 확인하지 않았는데, 1,000 km가 넘지만 10,000 km는 되지 않는다. 평균 속력은 아마도 20% 이내가 좋을 것이다. 따라서 결과는 크기의 정도로 올바르게 계산할 수 있다. 하루만에 여행을 마칠 수 있는 방법은 없지만 차가 고장 나지 않는 한 열흘은 걸리지 않을 것이다!

다음 예제는 크기의 정도 계산을 이용하는 모든 양을 추측할 필요가 없다는 것을 보여 준다. 필요한 숫자는 책이나 인터넷 자료를 참조하여라.

예제 1.9 **원자는 몇 개인가?**

인체에 있는 원자의 개수를 계산하여라. 전형적인 인체의 질량은 70 kg으로 가정한다.

구성과 계획 원자들은 각각의 질량 차이가 엄청나게 크기 때문에 값을 추정하려면 신체의 구성에 대한 약간의 정보가 필요하다. 인간의 몸의 절반 이상이 물로 이루어져 있음을 들어 봤을 것이다. 인터넷 자료를 빠르게 확인하면 60%에서 70%를 H_2O로 추정할 수 있다. 따라서 대략적으로 추측하면 인체는 2/3의 수소와 1/3의 산소로 이루어졌다고 볼 수 있다.

이보다 훨씬 더 잘하는 것은 어렵다. 물을 제외하면 주로 탄소, 수소, 산소로 된 유기 분자로 구성되어 있다. 또 다른 자료 검색을 통해 인체의 거의 99%가 이 세 종류의 원자로 구성되어 있음을 알 수 있다. 그래서 물이 아닌 인체의 1/3은 수소와 산소이기도 하다. 이제 2/3가 수소이고 1/3은 산소라고 가정하여

원자의 개수를 추정할 것이다.

알려진 값: 인체의 질량 = 70 kg

풀이 주기율표(부록 D)에 따라 수소 원자의 질량은 약 1 u = 1.66×10^{-27} kg, 산소는 16 u이다. 물 분자(H_2O)의 질량은 18 u이므로 세 원자의 평균 질량은 18 u/3 = 6 u이다. 원자의 개수는 단위를 환산하여 찾을 수 있으며, 인체의 질량이 70 kg임을 이용하면 계산할 수 있다.

$$70 \text{ kg} \times \frac{1 \text{ u}}{1.66 \times 10^{-27} \text{ kg}} \times \frac{1 \text{ 원자}}{6 \text{ u}} = 7 \times 10^{27} \text{ 원자}$$

반영 이는 계산 결과가 실제 값과 다를 수 있는 한 예이다. 70 kg인 두 사람은 뼈, 근육, 지방의 양이 다를 수 있다. 하지만 크기의 정도 계산의 요점은 10배 정도 이내에서 신뢰할 만하다

는 것이다. 70 kg인 사람이 다른 사람보다 10배나 많은 원자를 가지고 있을 가능성은 거의 없다. 이 계산에 사용된 숫자를 고려할 때 결과는 10배 이내에서 정확할 가능성이 높다.

연결하기 전형적인 인체는 실제로 약 63%의 수소, 24%의 산소, 12%의 탄소를 포함한다. 이보다 더 정확한 데이터를 사용하면 크기의 정도 계산 결과는 변하겠는가?

답 탄소 원자는 12 u의 질량을 갖는다. 이 세 원자 질량의 가중 평균은 여전히 6 u이므로 크기의 정도 계산은 변하지 않을 것이다.

확인 1.4절 운동 선수의 질량이 102.50 kg일 때, 이 질량의 유효숫자는 몇 개인가?

(a) 2개 (b) 3개 (c) 4개 (d) 5개

1장 요약

거리, 시간, 질량 측정

(1.1절) SI 단위계는 측정의 표준을 세웠다.

거리는 **미터(m)**, 시간은 **초(s)**, 질량은 **킬로그램(kg)**으로 측정한다.

크고 작은 SI 양은 **과학적 표기법**이나 **SI 접두어**로 표현한다.

과학적 표기법과 SI 접두어는 매우 작거나 매우 큰 수를 간결하게 나타낸다.

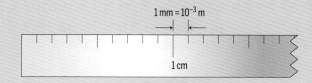

지구의 평균 반지름 = 6,400,000 m = 6.4×10^6 m = 6.4 Mm

$1\,mm = 10^{-3}$ m

1 cm

단위 환산

(1.2절) SI가 아닌 일반적인 단위계로 **cgs 계**(센티미터, 그램, 초)와 **영국계**가 있으며, 미국에서 널리 사용하고 있다.

cgs와 SI 양 사이의 **환산**은 종종 10의 거듭제곱만 포함된다. **속력과 밀도**는 이러한 환산의 일반적인 예이다.

cgs에서 SI: 100 cm/s = 1 m/s   1 g/cm^3 = 1000 kg/m^3

몇 가지 공식: 속력 $= \dfrac{거리}{시간}$ 밀도 $\rho = \dfrac{m}{V}$

물의 밀도:
$1\,g/cm^3 = 1000\,kg/m^3$

기본 상수와 차원 분석

(1.3절) 기본 상수는 빛의 속력 c, 전자와 양성자 같은 아원자 입자의 질량을 포함한다.

차원은 특정 물리량이 거리, 시간 및 질량에 따라 어떻게 달라지는지를 나타낸다. **단위**는 물리량의 차원을 나타낸다.

차원 분석은 숫자를 사용하지 않고 문제를 분석하는 데 사용할 수 있다.

몇 가지 기본 상수:

c = 299,792,458 m/s m(양성자) = 1.67×10^{-27} kg
m(전자) = 9.11×10^{-31} kg

차원 분석에 대한 기호:

길이 **L**   시간 **T**   질량 **M**

측정, 불확정도, 유효숫자

(1.4절) 정확도는 측정값이 참 또는 허용 값에 얼마나 가까운지를 나타낸다. **정밀도**는 개별 측정의 반복적인 신뢰도를 나타낸다.

유효숫자의 개수는 측정의 정밀도를 반영한다. 중간 계산에서 **반올림**하면 정확도가 떨어질 수 있으므로 유효숫자의 정확한 개수를 얻기 위해 최종 계산이 나올 때까지 반올림을 기다려야 한다.

크기의 정도 계산은 물리량을 10배 이내로 제시해야 한다. 추정 값은 계산된 양 또는 보고된 양의 타당 여부를 확인하는 데 유용하다.

유효숫자의 결정:

거리 = 0.0015 m = 1.5 mm = 1.5×10^{-3} m

이 양은 2개의 유효숫자를 갖고 있다. 소수점 표시에만 사용되는 0은 유효숫자에 포함되지 않는다.

1장 연습문제
문제의 난이도는 •(하), ••(중), •••(상)으로 분류한다.

개념 문제

1. 천문학자들은 종종 천문학 단위인 지구에서 태양까지의 평균 거리 1 AU = 1.496×10^{11} m로 거리를 측정한다. 이 단위가 태양계 내의 거리에 유용한 이유는 무엇인가?

2. 표준 킬로그램에 프로토타입(원형)을 사용하면 어떤 단점이 있는가?

3. 차원과 단위의 차이를 설명하여라.

4. 다른 단위로 된 양을 더하거나 뺄 수 있는가? 다른 단위로 된 양을 곱하거나 나눌 수 있는가?

객관식 문제

5. 다음 중 1억 kg을 나타낸 것은 무엇인가?
(a) 10^{13} g (b) 10^{11} g (c) 10^8 g (d) 10^6 g

6. 우주의 나이는 대략 13.7 Gy이다. 이 수치를 초(s)로 나타낸 것은 무엇인가?
(a) 4.3×10^{11} s (b) 4.3×10^{14} s
(c) 4.3×10^{17} s (d) 4.3×10^{20} s

7. 한 자동차가 시속 80마일로 질주하고 있다. 이 속력을 SI 단위로 나타낸 것은 무엇인가?
(a) 36 m/s (b) 38 m/s (c) 40 m/s (d) 44 m/s

8. 한 행성의 표면적은 다른 행성의 표면적의 네 배이다. 두 행성의 부피의 비율은 얼마인가?
(a) 2 (b) 4 (c) 8 (d) 16

9. 0.0053 kg은 몇 개의 유효숫자를 가지고 있는가?
(a) 2개 (b) 3개 (c) 4개 (d) 5개

연습문제

1.1 거리, 시간, 질량 측정

10. • 다음 물리량을 과학적 표기법으로 나타내어라.
(a) 20,950 m (b) 0.0000246 kg (c) 0.000 000 0349 s
(d) 1,280,000 s

11. •• 1톤(ton)은 1,000 kg으로 정의한다. 1메가톤(megaton)은 몇 kg인가?

12. •• 지구의 평균 반지름은 6,371 Mm이다. 물음에 답하여라.
(a) 지구가 완전한 구라 가정할 때, 지구의 부피는 얼마인가?
(b) 지구의 질량을 5.97×10^{24} kg이라 할 때, 지구의 평균 밀도를 계산하고, 이를 물의 밀도 1,000 kg/m³와 비교하여라.

13. •• 에베레스트 산은 해발 8,847 m이다. 이 수치와 지구 반지름의 비율을 과학적 표기법으로 나타내어라.

1.2 단위 환산

14. • 치타의 달리는 속력은 70 mi/h이다. 이 속력을 m/s로 나타내어라.

15. • 전 농구스타 야오민은 키가 7피트 6인치이다. 이 키를 미터 단위로 나타내어라.

16. •• 워싱턴 주의 호 레인 포레스트에 있는 한 장소에는 연평균 200인치의 비가 내린다. 이 수치를 미터 단위로 나타내어라.

17. •• 초기의 천문학자들은 종종 지구의 지름을 거리 단위로 사용했다. 지구의 지름을 단위로 하여 다음을 구하여라.
(a) 지구에서 달까지의 거리 (b) 지구에서 태양까지의 거리

18. •• 원자의 1몰(mole)은 아보가드로수로 6.02×10^{23} 원자이다. 탄소 원자 1몰의 질량은 정확히 12g이다. 탄소 원자의 질량을 킬로그램 단위로 나타내어라.

19. ••• 다음 단위 환산에 대한 환산 인자를 도출하여라.
(a) mi을 km로 (b) kg를 μg으로 (c) km/h를 m/s로
(d) ft³를 m³로

20. •• 적도에서 지구의 반지름은 6,378 km이다. 적도 상공 100 km의 원형 궤도에 한 우주선이 있다. 이 우주선이 86.5분마다 궤도를 한 바퀴 돌 때, 우주선의 속력은 얼마인가?

21. ••• 천문학자들은 **천문학 단위**(AU), 즉 지구에서 태양까지의 평균 거리인 1.49×10^{11} m를 사용한다. 태양에서 다음 행성까지의 거리를 AU로 나타내어라.
(a) 수성, 5.76×10^{10} m (b) 화성, 2.28×10^{10} m
(c) 목성, 7.78×10^{11} m (d) 해왕성, 4.50×10^{12} m

1.3 기본 상수와 차원 분석

22. ●● 행성 A의 반지름은 행성 B의 반지름의 두 배이다. 다음을 구하여라(단, 두 행성은 완전한 구라 가정한다).
(a) 두 행성의 표면적의 비율 (b) 두 행성의 부피의 비율

23. ● 빛이 다음 두 행성 사이의 거리를 이동하는 데 얼마나 걸리는가?
(a) 달에서 지구까지 (b) 태양에서 지구까지
(c) 태양에서 천왕성까지

24. ●● 용수철이 천장에 수직으로 매달려 있다. 용수철 끝에 있는 물체의 질량은 m이고, s 단위로 측정된 주기 T로 위아래로 진동한다. 용수철의 강성은 kg/s^2 단위를 갖는 용수철 상수 k로 설명된다. 무차원 인자를 제외할 때, 진동 주기 T는 k와 m에 어떻게 의존하는가? (이 계는 7장에서 배울 것이다)

25. ●● 높이 h의 건물 꼭대기에서 공이 정지 상태에서 떨어졌다. 지면에 부딪히는 속력은 중력 가속도 g와 높이 h에 달려 있다. 높이 h의 차원은 L이고 g의 차원은 L/T^2이다. 무차원 인자를 제외할 때, 공의 속력은 h와 g에 어떻게 의존하는가?

1.4 측정, 불확정도, 유효숫자

26. ● 다음 양의 유효숫자의 개수를 구하여라.
(a) 0.04 kg (b) 13.7 Gy(우주의 나이) (c) 0.000 679 mm/s
(d) 472.00 s

27. ●● 세 변의 길이가 15.0 cm, 20.0 cm, 25.0 cm인 직각삼각형의 면적을 구하여라. 면적의 유효숫자를 올바르게 나타내어라.

28. ●● 알루미늄 실린더를 버니어 캘리퍼스로 측정하니 길이가 8.625 cm이고 지름이 1.218 cm이었으며, 전자저울로 질량을 재니 27.13 g이었다. 이 실린더의 밀도를 구하여라.

29. ●● 평균 수명 동안의 심장박동 수를 추정하여라.

30. ●● 이 책 한 장의 두께를 크기의 정도로 추정하여라.

1장 질문에 대한 정답

단원 시작 질문에 대한 답

원래 미터는 북극에서 적도까지의 거리의 10,000분의 1이었고, 킬로그램은 1 cm³의 물의 1,000배였으며, 초는 하루의 1/86,400로 정의하였다. 오늘날 단위는 다르게 정의되지만, 이는 원래 제안한 것에 가깝다.

확인 질문에 대한 정답

1.1절 (b) > (d) > (e) = (a) > (c)
1.2절 (d) > (a) > (c) > (b)
1.4절 (d) 5개

일차원에서의 운동
Motion in One Dimension

▲ 서버는 테니스공을 똑바로 위로 던진다. 공이 자유 낙하할 때 가속도는 얼마인가?

1장은 정량적 물리학의 기본 도구를 제공했다. 2장과 3장에서 **운동학**(kinematics)이라 부르는 물리학의 한 분야인 물체의 운동을 기술하는 방법을 배울 것이다. 여기서 중요한 물리량은 위치, 속도, 가속도이다. 운동학은 원인에 대한 언급 없이 물체의 운동만 **기술**한다. 4장에서는 '원인'에 대해 살펴보고 힘과 운동의 변화 사이의 관계를 알아볼 것이다. 물리학에서는 **동역학**(dynamics)이라 하며, 뉴턴의 운동 법칙의 주요 내용이다.

2장에서는 일차원에서의 운동만 고려한다. 운동의 많은 예가 일차원적이거나 거의 유사한 것들이다. 일차원 운동을 배우면 운동학의 중요한 개념(특히 속도와 가속도)에 익숙해질 것이다. 3장에서는 일차원 운동에 대한 개념을 이차원으로 확장할 것이다.

2.1 위치와 변위

기준틀

여러분의 친구가 여러분의 집으로 가는 길을 물을 때, "너희 집에서 출발하여 그레이엄 거리에서 동쪽으로 한 블록 가라. 맥린에서 오른쪽으로 돌아 남쪽으로 세 블록 가라. 그다음 체스트넛과 맥린의 북동쪽 모퉁이에 있는 큰 하얀 집을 찾아라."와 같이 말할 수 있다. 이러한 방향은 모두에게 같은 기준틀을 전제로 한 것이며, 여기에서는 출발점, 거리 단위(도시의 한 블록) 및 동서남북 방향에 대해 모두에게 똑같이 정의된다고 가정한다.

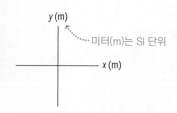

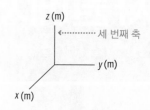

(a) 이차원 좌표계─이차원에서의 운동을 표현할 수 있다.   **(b)** 삼차원 좌표계─삼차원에서의 운동을 표현할 수 있다.

그림 2.1 좌표계의 두 가지 예

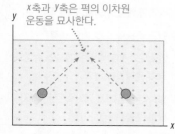

(a) 에어트랙에서 충돌된 퍽에 대한 좌표계

(b) 공을 찼을 때에 대한 좌표계

(c) 비탈에서 스키 타는 사람에 대한 좌표계

그림 2.2 세 가지 상황에 대한 좌표축 선택

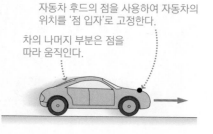

그림 2.3 점 입자로 모형화된 실제 물체 (자동차)

▶ **TIP** 점 입자를 사용하여 단일 위치에 물체를 둘 수 있다.

모두에게 똑같이 약속된 기준틀은 운동을 기술하는 데 필수적이다. 물리학자들은 일반적으로 SI 단위와 함께 직교좌표를 사용한다. 그림 2.1a의 이차원 직교좌표계는 수학에서 친숙한 것이다. 이 좌표계는 집 사이의 이동이나 야구공의 비행과 같은 이차원 운동을 기술할 때 사용할 수 있다. 비행기의 비행과 같은 삼차원에서의 운동은 그림 2.1b처럼 세 번째 축을 필요로 한다.

좌표계는 물리적 세계를 설명하기 위한 인위적 도구일 뿐이므로 상황에 맞게 좌표계를 자유롭게 선택할 수 있다. 즉, 축이 만나는 지점의 원점과 각 좌표의 0 및 좌표축의 방향을 선택한다. 에어트랙에서 퍽을 충돌시키는 실험을 할 때, x축과 y축이 설정된 이차원 좌표계를 사용할 수 있다(그림 2.2a). 야구공의 운동을 설명하기 위해 x축을 수평축, y축을 수직축으로 편리하게 선택할 수 있다(그림 2.2b). 원점은 땅이나 방망이 높이에 둘 수 있다. 스키를 타는 사람이 완만한 비탈길을 내려가는 것은 어떨까? x축을 수평으로 하고, y축을 수직으로 만들려고 할 수 있다. 틀린 것은 아니지만 더 나은 선택은 경사면을 따라 x축을 놓는 것이다(그림 2.2c). 이 선택은 스키 타는 사람의 운동을 완전히 x축을 따라 움직이게 하는 것이다. 따라서 이는 일차원 운동이 된다.

이 장에서는 일차원 운동만 다룰 것이다. 이를 통해 이차원이나 삼차원에 대한 운동학 개념을 도입할 수 있다. 현실 세계에서도 많은 경우가 일차원 운동으로 국한될 수 있다. 예를 들어, 돌을 떨어뜨리면 돌은 곧장 아래로 떨어진다. 자유 낙하 물체도 2.5절에서 배울 것이다. 이는 더 간단하고 실제 상황을 다루기 때문에 일차원 운동을 배우는 것은 운동학 공부를 시작하기에 매우 좋다.

물체와 점 입자

자동차, 별, 사람, 야구공과 같은 실제 물체는 공간에서 한 점으로 나타낸다. 좌표계의 한 지점에 물체를 둘 때, 그 물체를 모든 중요한 특성(예: 질량, 전하)이 단일 점에 집중된 **점 입자**(point particle)로 취급해야 한다.

실제 물체가 점 입자가 아니라는 사실은 생각보다 큰 문제가 되지 않는다. 나중에 물체의 운동을 일종의 평균 위치를 나타내는 특별한 점의 관점에서 설명하는 방법을 살펴볼 것이다. 지금은 위치를 고정하는 데 사용되는 점으로 사람의 코 끝 또는 자동차 후드 앞면(그림 2.3)과 같이 원하는 고정 기준점을 고려할 것이다.

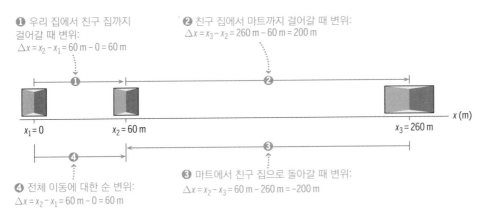

❶ 우리 집에서 친구 집까지
걸어갈 때 변위:
$\Delta x = x_2 - x_1 = 60\,m - 0 = 60\,m$

❷ 친구 집에서 마트까지 걸어갈 때 변위:
$\Delta x = x_3 - x_2 = 260\,m - 60\,m = 200\,m$

$x_1 = 0$ $x_2 = 60\,m$ $x_3 = 260\,m$ $x\,(m)$

❹ 전체 이동에 대한 순 변위:
$\Delta x = x_2 - x_1 = 60\,m - 0 = 60\,m$

❸ 마트에서 친구 집으로 돌아갈 때 변위:
$\Delta x = x_2 - x_3 = 60\,m - 260\,m = -200\,m$

그림 2.4 일차원의 변위를 보인 운동 모형

변위와 거리

길을 걷다 보면 단일 좌표축을 사용하여 자신의 위치를 설명할 수 있다. 어느 곳이든 편리한 곳에 축을 설정할 수 있고 축의 명칭도 마음대로 정할 수 있다(x축, y축 혹은 z축 등). 여기서 이 축을 x축이라 하고 출발점(이 경우 말 그대로 여행의 출발점이다)에 원점($x = 0$)을 놓는 현명한 선택을 하였다. $+x$ 방향은 걷고 있는 방향이다 (그림 2.4). 이러한 선택 중 어느 것도 물리적 현실에 영향을 미치지 않지만 수학적 묘사를 더 쉽게 할 수 있다. 예를 들어, $+x$ 방향을 선택하면 음의 위치를 피할 수 있다.

운동은 위치의 변화를 포함한다. 물리학자들은 위치 변화를 **변위**(displacement)라고 부르며, 일차원에서 Δx(그리스어 대문자 델타 Δ는 '의 변화'를 의미한다)로 표현한다. 처음 위치 x_0에서 나중 위치 x로 이동하면 변위가 생긴다.

$$\Delta x = x - x_0 \quad \text{(일차원에서 변위, SI 단위: m)} \qquad (2.1)$$

그림 2.4의 경우, 표시된 세 위치 각각에 대한 변위를 계산하는 것은 간단하다. 또한, 그림은 양의 변위가 $+x$ 방향의 운동에 해당하고, 음의 변위가 $-x$ 방향의 운동에 해당함을 보여 준다.

여기서 걷는 총 미터 수와 같은 순 **이동 거리**(distance)는 항상 양수이며 변위와 반드시 같지는 않음에 유의하여라. 친구 집으로 걸어갔다가 마트를 거쳐 친구 집으로 돌아가면 변위($x_2 - x_1$)는 60 m에 불과하지만 전체 이동 거리는 260 m + 200 m = 460 m이다. 거리와 변위 사이의 차이는 2.2절에서 평균 속도와 평균 속력을 정의할 때 매우 중요한 역할을 할 것이다.

▶ **TIP** 변위(위치의 변화)는 거리와 반드시 같지는 않다.

개념 예제 2.1 변위와 거리

네브래스카주에 있는 그랜드 아일랜드는 링컨에서 서쪽으로 160 km만큼 떨어져 있다. 두 도시 사이의 고속도로는 직선으로 근사할 수 있다. 그랜드 아일랜드와 링컨 사이를 왕복할 때, 변위와 총 이동 거리를 구하라.

풀이 좌표계를 지정하지 않았으므로 먼저 좌표를 설정해야 한

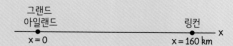

그림 2.5 개념 예제 2.1에 대한 스케치

다. 고속도로에서 서쪽으로부터 동쪽으로 자동차가 달리고 있을 때는 +x축이 동쪽을 가리키도록 하여 $x = 0$을 그랜드 아일랜드에 두는 것이 좋다(그림 2.5).

왕복으로 달리는 경우 나중 위치와 처음 위치가 같으므로 변위의 정의에 따라 $\Delta x = x - x_0 = 0$이다. 즉, 변위는 0이다. 반면, 160 km 구간을 왕복했으므로 이동 거리는 320 km가 된다.

반영 이동을 했는데 어떻게 변위가 0이 될 수 있나? 변위는 위치의 순 변화를 의미하기 때문이다. 출발 지점으로 돌아가면 거리에 관계없이 위치에 대한 순 변화가 없게 된다.

확인 2.1절 다음 중 일차원 운동에서 변위와 거리에 대해 옳은 것은?
(a) 이동 거리는 절대 음수일 수 없다. (b) 이동 거리는 항상 변위와 같다.
(c) 이동 거리는 항상 변위보다 작다. (d) 이동 거리는 항상 변위보다 크다.
(e) 이동 거리는 변위와 같거나 크다.

2.2 속도와 속력

운동 기술: 평균 속도와 평균 속력

여러분은 물리학을 배우기 훨씬 전부터 운동에 대한 직관적인 감각을 갖고 있다. 30 km/h로 운전하는 것과 60 km/h로 운전하는 것의 차이를 느낄 것이다. 이는 운동을 기술하는 데 중요한 양인 **속력**(speed)의 한 척도이다. 속력과 관련이 있지만 정확하게 동일하지는 않은 **속도**(velocity)라는 용어도 사용했을 것이다. 이 절에서는 두 용어를 신중하게 정의하고 일차원 운동에서 어떻게 사용하는지 보일 것이다.

직선 트랙에서 하는 100 m 달리기 경주를 생각해 보자. 그림 2.6a는 1.0 s 간격으

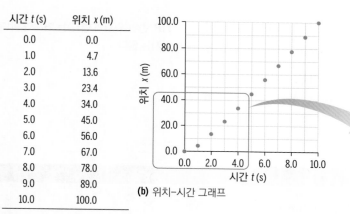

시간 t(s)	위치 x(m)
0.0	0.0
1.0	4.7
2.0	13.6
3.0	23.4
4.0	34.0
5.0	45.0
6.0	56.0
7.0	67.0
8.0	78.0
9.0	89.0
10.0	100.0

(a) 데이터

(b) 위치-시간 그래프

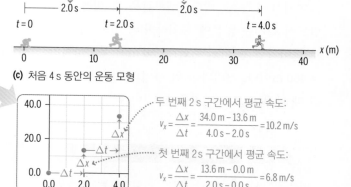

주자는 첫 번째보다 두 번째 2 s 구간에서 더 빨리 달린다.

(c) 처음 4 s 동안의 운동 모형

두 번째 2 s 구간에서 평균 속도:
$$v_x = \frac{\Delta x}{\Delta t} = \frac{34.0\,\text{m} - 13.6\,\text{m}}{4.0\,\text{s} - 2.0\,\text{s}} = 10.2\,\text{m/s}$$

첫 번째 2 s 구간에서 평균 속도:
$$v_x = \frac{\Delta x}{\Delta t} = \frac{13.6\,\text{m} - 0.0\,\text{m}}{2.0\,\text{s} - 0.0\,\text{s}} = 6.8\,\text{m/s}$$

(d) 평균 속도를 계산하는 방법

그림 2.6 단거리 경주에서 주자의 운동 분석

로 기록한 어느 주자의 위치를, 그림 2.6b는 위치-시간 데이터의 그래프를 보여 준다. 결론은 이 세계적인 선수가 10.0 s로 경주를 마쳤다는 것이다. 그래프는 주자가 처음부터 끝까지 어떻게 달렸는지 보여 주는 몇 가지 정보도 포함하고 있다.

데이터(그림 2.6a)와 그래프(그림 2.6b)를 사용하여 경주의 나머지 부분에서 주자의 운동을 분석할 수 있다. 그림 2.6c는 동일한 시간 간격으로 운동하는 물체의 위치를 보여 주는 **운동 모형**(motion diagram)이다. 주자가 첫 번째 시간 간격보다 두 번째 시간 간격 동안 훨씬 더 멀리 달린다는 것을 보여 준다. 각 시간 간격 동안 주자의 진행을 측정한 것은 **평균 속도**(average velocity)이며, 이는 물체의 변위 Δx를 변위가 발생하는 시간 간격 Δt로 나눈 값이다. 기호로 나타내면 다음과 같다.

$$\bar{v}_x = \frac{\Delta x}{\Delta t} \quad \text{(일차원 운동에 대한 평균 속도, SI 단위: m/s)} \qquad (2.2)$$

여기서 v 위의 막대($^-$)는 평균값을 나타낸다. 속도의 물리적 차원은 L/T이며, SI 단위는 m/s이다. 변위는 양, 음 또는 0일 수 있으며, 평균 속도도 마찬가지이다. 양의 속도는 $+x$ 방향의 변위에 해당하고, 음의 속도는 $-x$ 방향의 변위에 해당한다.

그림 2.6에서 주자의 운동을 다시 고려해 보자. 식 2.2를 사용하면 경주의 두 번째 2 s 간격 동안 주자의 평균 속도가 처음 2 s 간격보다 훨씬 더 큰 값임을 알 수 있다. 그림 2.6d와 같이 평균 속도는 처음 2 s의 경우 6.8 m/s이고, 다음 2 s의 경우 10.2 m/s이다.

일차원 운동에서 **평균 속력**(average speed)은 다음과 같이 정의된다.

$$\bar{v} = \frac{\text{이동 거리}}{\Delta t} \qquad (2.3)$$

2.1절에서 거리는 항상 양수임을 상기하여라. 즉, 평균 속력은 항상 양수이며, 평균 속도와 반드시 같지는 않다.

예제 2.2　마트로 가는 운동

그림 2.4의 마트로 걸어가는 것을 생각해 보자. 이는 세 부분 (1) 집에서 상점까지 3분 20초 만에 걸어간다, (2) 마트에서 5분 보낸다, (3) 친구 집까지 2분 5초만에 걸어간다로 구성되어 있다. 물음에 답하여라.
(a) 여행의 각 부분에 대한 평균 속도와 평균 속력을 구하여라.
(b) 전체 여행에 대한 평균 속도와 평균 속력을 구하여라.

구성과 계획 스케치는 그림 2.7과 같다. 평균 속도는 $\bar{v}_x = \Delta x/\Delta t$ (식 2.2)이고, 평균 속력은 $\bar{v} = $ 이동 거리$/\Delta t$ (식 2.3)이다. SI 단위의 속력과 속도를 얻으려면 시간을 초로 환산해야 한다.

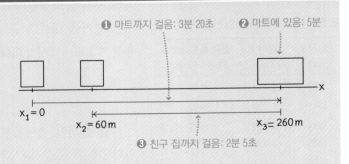

그림 2.7 평균 속도는 얼마인가?

풀이 구간 ❶에서 시간은 3 min 20 s = 180 s + 20 s = 200 s

이다. 평균 속도는 다음과 같다.

$$\bar{v}_x = \frac{\Delta x}{\Delta t} = \frac{260 \text{ m}}{200 \text{ s}} = 1.3 \text{ m/s}$$

구간 ❶에서 평균 속력은 다음과 같다.

$$\bar{v} = \frac{\text{이동 거리}}{\Delta t} = \frac{260 \text{ m}}{200 \text{ s}} = 1.3 \text{ m/s}$$

구간 ❷에서 $\Delta t = 5 \text{ min} = 300 \text{ s}$이다. 변위와 거리는 0이므로 평균 속력과 평균 속도 모두 0이다.

구간 ❸에서 $\Delta t = 120 \text{ s} + 5 \text{ s} = 125 \text{ s}$이다. $-x$ 방향으로 이동하면 변위는 -200 m이고, 거리는 200 m이다. 따라서 구간 ❸의 평균 속도는 다음과 같다.

$$\bar{v}_x = \frac{\Delta x}{\Delta t} = \frac{-200 \text{ m}}{125 \text{ s}} = -1.6 \text{ m/s}$$

구간 ❸에서 평균 속력은 다음과 같다.

$$\bar{v} = \frac{\text{이동 거리}}{\Delta t} = \frac{200 \text{ m}}{125 \text{ s}} = 1.6 \text{ m/s}$$

전체 여행 시간은 $\Delta t = 200 \text{ s} + 300 \text{ s} + 125 \text{ s} = 625 \text{ s}$이다.

이전에 변위가 $\Delta x = 60 \text{ m}$인 반면, 총 이동 거리는 460 m임을 알 수 있다. 따라서 평균 속도와 평균 속력은 각각 다음과 같다.

$$\bar{v}_x = \frac{\Delta x}{\Delta t} = \frac{60 \text{ m}}{625 \text{ s}} = 0.096 \text{ m/s}$$

$$\bar{v} = \frac{\text{이동 거리}}{\Delta t} = \frac{460 \text{ m}}{625 \text{ s}} = 0.74 \text{ m/s}$$

반영 평균 속도와 평균 속력은 일부 구간에서는 동일하지만 다른 구간에서는 동일하지 않음에 유의하여라. 또한, 마트에서 방향이 반대가 되기 때문에 전체 여행의 평균 속도와 평균 속력이 상당히 다르다.

··

연결하기 여행의 구간 ❶에서 평균 속도 1.3 m/s는 그 구간의 각 순간에 얼마나 빨리 걸었는지에 대한 어떤 정보를 전달하는가?

답 평균 속도만으로 매 순간 얼마나 빨리 걸었는지 알 수 없다. 일정한 속력으로 걷거나 교통 체증으로 인해 간헐적으로 멈춘 적이 있을 수 있다. '각 순간에서'는 훨씬 더 짧은 시간 간격에서의 상황을 의미한다.

순간 속도

1 s 간격으로 위치를 보여 주는 주자의 데이터를 다시 살펴보자(그림 2.6a). 이 데이터를 사용하여 구간의 평균 속도를 계산할 수 있다. 하지만 임의의 시간 간격에서 원하는 정보를 얻을 수 있을까? 예를 들어, $t = 1.6 \text{ s}$에서 주자의 속도에 대해 무언가 말할 수 있을까? 그러려면 더 많은 데이터, 즉 더 짧은 시간 간격의 위치가 필요하다.

1 mm(0.001 m) 이내의 위치와 0.01 s의 시간 간격을 측정할 수 있는 영상으로 주자의 시간을 측정한다고 가정하자. 출발 시간을 1초 시점이라고 가정하고 점점 짧은 시간 간격에 대해 평균 속도를 계산하는 경우를 상상해 보자. 표 2.1의 데이터를 이용하여 1.00 s에서 2.00 s까지의 평균 속도를 구하면 다음과 같다.

표 2.1 평균 속도를 포함한 데이터

시간 t (s)	위치 x (m)	평균 속도(m/s) $\Delta t = t - 1.00 \text{ s}$
1.00	4.711	6.80
1.01	4.779	6.85
1.02	4.848	6.90
1.05	5.056	7.00
1.10	5.411	7.20
1.20	6.151	7.80
1.50	8.611	8.92
2.00	13.629	9.35

$$\bar{v}_x = \frac{\Delta x}{\Delta t} = \frac{13.629 \text{ m} - 4.711 \text{ m}}{2.00 \text{ s} - 1.00 \text{ s}} = 8.92 \text{ m/s}$$

시간 간격이 줄어들면 평균 속도는 약 6.8 m/s의 특정 값에 근접하는 것으로 보인다. 더 작은 간격과 더 정확한 위치에 대한 데이터가 있으면 시간 간격 Δt가 0에 가까워질수록 평균 속도가 극한인 한 값에 접근함을 알 수 있다. 이 값을 **순간 속도**(instantaneous velocity)라 한다. 일차원 운동의 경우, 순간 속도 v_x는 수학적으로 다음과 같이 정의된다.

$$v_x = \lim_{\Delta t \to 0} \frac{\Delta x}{\Delta t} \quad \text{(일차원 운동의 순간 속도, SI 단위: m/s)} \quad (2.4)$$

미적분학에선 식 2.4가 **도함수**(derivative)의 정의이며, 간단하게 미분 기호로 나타내면 $v_x = dx/dt$이다. 이 책에서 미적분학을 사용하지 않을 것이기 때문에 순간 속도의 정확한 값을 계산하지는 않을 것이다. 반드시 기억해야 할 것은 운동하는 물체는 매 순간, 순간 속도를 갖고 있다는 것이다.

▶ **TIP** 실험실에서 영상 또는 운동 감지기를 사용하여 예제 2.3의 실험을 수행할 수 있다.

예제 2.3 낙하!

실험실에서 스파크 타이머가 떨어지는 강철 공의 위치를 0.01 s 간격으로 표시하고 있다(그림 2.8a). 공은 $x = 0$으로 지정된 테이프의 위치에서 $t = 0$, 즉 정지 상태에서 움직인다. 테이프의 더 아래에 있는 점에서 일부 데이터(위치 및 시간 측정)는 그림 2.8b에 나와 있다. 데이터를 사용하여 $t = 0.60$ s일 때, 떨어지는 공의 순간 속도를 추정하여라.

구성과 계획 순간 속도는 $v_x = \lim_{\Delta t \to 0} \Delta x / \Delta t$이다(식 2.4). 데이터가 유한한 구간에 있는 경우, 이 극한을 정확하게 계산할 수 없지만 원하는 시간(0.60 s)에 시작하는 짧은 구간을 사용하여 평균 속도로부터 추정할 수 있다. 시간 간격 Δt에 대한 평균 속도는 $\bar{v}_x = \Delta x / \Delta t$이다(식 2.2).

사용할 수 있는 시간 구간은 많다. $t = 0.60$ s에서 시작하여 0.01 s에서 0.05 s의 구간에 대해 평균 속도를 계산할 수 있다.

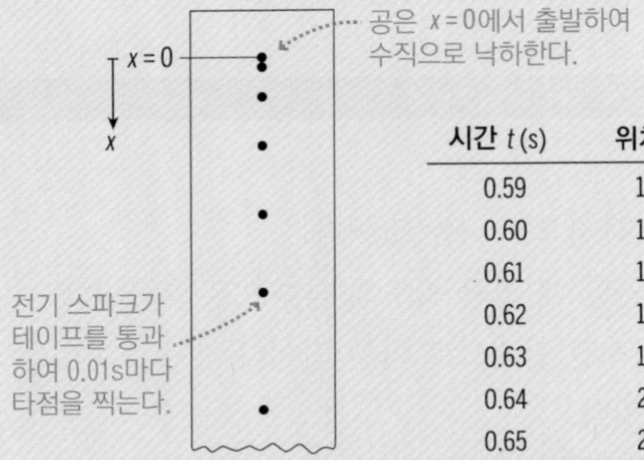

공은 $x = 0$에서 출발하여 수직으로 낙하한다.

전기 스파크가 테이프를 통과하여 0.01s마다 타점을 찍는다.

시간 t(s)	위치 x(m)
0.59	1.7057
0.60	1.7640
0.61	1.8233
0.62	1.8836
0.63	1.9445
0.64	2.0070
0.65	2.0703

(a) 낙하하는 공은 테이프에 타점을 만든다. **(b)** 테이프 아래 부분의 데이터

그림 2.8 낙하하는 물체의 운동 분석

시간 간격이 짧을수록 이러한 평균 속도 값은 $t = 0.60$ s에서 공의 순간 속도에 대한 최선의 추정값이다.

풀이 계산된 평균 속도는 다음과 같다.

처음 시간(s)	나중 시간(s)	Δx(m)	평균 속도(m/s)
0.60	0.61	0.0593	5.93
0.60	0.62	0.1196	5.98
0.60	0.63	0.1815	6.05
0.60	0.64	0.2430	6.08
0.60	0.65	0.3063	6.13

평균 속도가 시간 간격 Δt가 0에 가까워질수록 5.9 m/s에 접근하므로 $t = 0.60$ s에서 공의 속도에 대한 가장 좋은 추정값은 5.9 m/s이다.

반영 평균 속도가 5.83 m/s로 계산되는 0.59~0.60 s 간격을 살펴보자. 0.60 s 직전에 평균 속도가 5.83 m/s이고 직후에 평균 속도가 5.93 m/s이므로 $t = 0.60$ s에서 순간 속도에 대한 5.9 m/s의 추정값을 검증한다.

연결하기 이 표는 0.60~0.65 s 동안 공의 평균 속도가 약 6.13 m/s임을 보여 준다. $t = 0.65$ s에서 순간 속도가 6.13 m/s보다 작은지 큰지 확인하여라.

답 공이 떨어지면서 속도는 증가하므로 $t = 0.65$ s에서 순간 속도는 6.13 m/s보다 커야 한다. 0.60~0.65 s에서 평균 속도가 6.13 m/s이고, 순간 속도가 증가하는 경우 마지막에 순간 속도가 6.13 m/s보다 커야 한다. 확인해 보면 0.64~0.65 s에서 평균 속도가 6.33 m/s로 6.13 m/s보다 크다.

▶ **TIP** 시간 간격을 짧게 하여 순간 속도를 수치적으로 추정할 수 있다.

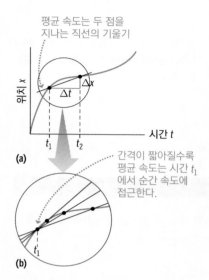

평균 속도는 두 점을 지나는 직선의 기울기

(a)

간격이 짧아질수록 평균 속도는 시간 t_1에서 순간 속도에 접근한다.

(b)

그림 2.9 평균 속도와 순간 속도의 그래프 해석

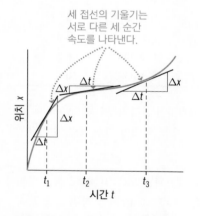

세 접선의 기울기는 서로 다른 세 순간 속도를 나타낸다.

그림 2.10 위치-시간 그래프에서 순간 속도

평균 속도와 순간 속도의 그래프 해석

위치-시간 그래프는 평균 속도와 순간 속도 모두에 유용한 면을 제공한다. 그림 2.9a는 두 점 사이에 그려진 직선(**할선**)을 보여 준다. 이 직선의 기울기는 Δx를 Δt로 나눈 값인데, $\Delta x/\Delta t$는 Δt에서 평균 속도이기도 하다. 따라서 **위치-시간 그래프의 구간에서 직선의 기울기는 시간 간격의 평균 속도를 제공한다.**

순간 속도는 시간 간격이 0으로 줄어들 때의 극한이다. 두 번째 선의 끝점을 시작점에 가깝게 이동할수록 접점 한 점으로 일치하게 되고, 구간이 접선이 될 때까지 구간이 축소된다(그림 2.9b). 그림 2.10은 **위치-시간 그래프에서 접선의 기울기는 주어진 시간에서 순간 속도를 제공한다**는 결과를 보여 준다.

순간 속력

사람들은 종종 일상에서 '속력'과 '속도'를 혼동하지만 물리학에서 둘은 분명히 다른 용어이다. 일차원 운동의 경우, **순간 속력**(instantaneous speed)은 순간 속도의 절댓값이다. 순간 속도는 방향에 의존하므로 양 또는 음이 될 수 있지만 순간 속력은 항상 양이다. 속력은 자동차의 속력계가 측정하는 것이다. 차가 얼마나 빨리 가는지 알려 주지만 방향에 대해서는 아무것도 말해 주지 않는다.

운동학에서 순간 속도와 순간 속력은 평균보다 자주 나타난다. 그래서 '순간'을 빼고 순간적인 양에 '속도'와 '속력'을 사용한다. 평균을 원할 때마다 명시적으로 '평균'이라 말하고 v 위에 막대(⁻)를 표시한다.

순간 속력은 v로 나타내며, 다음과 같이 쓴다.

$$v = |v_x| \quad \text{(일차원 운동에 대한 순간 속력, SI 단위: m/s)} \tag{2.5}$$

유의하여 표기하면 속도와 속력을 혼동하지 않을 것이다. 첨자가 없는 기호 v는 항상 속력을 의미하고, 첨자가 있는 기호 v_x는 속도를 의미한다.

> ### ▌ 새로운 개념 검토
>
> 일차원 운동에 대해
> - 구간의 평균 속도는 변위를 시간 간격으로 나눈 값이다.
> - 순간 속도는 시간 간격이 0에 접근할 때 평균 속도의 극한으로 계산된다.
> - 구간의 평균 속력은 이동 거리를 시간 간격으로 나눈 값이다.
> - 순간 속력은 순간 속도의 절댓값이다.

개념 예제 2.4 속도: 양수, 음수 또는 0?

그림 2.11은 x축으로 잡은 직선 도로를 따라 앞뒤로 움직이는 자동차의 위치를 그래프로 나타낸 것이다. 자동차의 (순간) 속

도가 언제 양인지 음인지 0인지 각각 구하여라.

풀이 임의의 점에서 순간 속도는 접선의 기울기이다. 그림 2.12

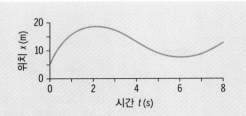

그림 2.11 자동차에 대한 위치-시간 그래프

(+): 접선의 기울기가 양수이므로 $v_x > 0$

(0): 접선의 기울기가 0이므로 $v_x = 0$

(-): 접선의 기울기가 음수이므로 $v_x < 0$

그림 2.12 자동차의 속도는 접선의 기울기와 관련된다.

에 표시된 그래프에서 답을 확인한다.

반영 속도는 위치 x가 증가할 때 양이고, x가 감소할 때 음이다.

연결하기 자동차가 +x 방향으로 최대 속도를 낼 때는 언제인가?

답 이 질문에 답하려면 가장 가파르게 상승하는 접선의 기울기를 측정해야 한다. 그래프의 시작 부분에서 기울기가 최대인 것으로 보인다.

확인 2.2절 다음 중 다음 중 오른쪽의 위치-시간 그래프와 일치하는 속도-시간 그래프는?

(a)

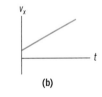

(b)

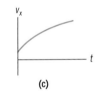

(c)

(d)

2.3 가속도

변화하는 속도

그림 2.6의 단거리 경주를 다시 살펴보자. 달리기 선수의 속도는 경주 내내 변하며 그래프의 원하는 지점에서 접선을 그려서 그 값을 찾을 수 있다. 속도가 변하고 있으므로 주자는 **가속**(accelerating)한다. (단순한 증가가 아닌) 속도의 변화는 **가속도**(acceleration)와 관련된다. 이 장의 나머지 부분에서는 가속도, 속도, 위치를 함께 사용하여 일차원 운동을 이해하는 방법을 보여 준다.

평균 가속도와 순간 가속도

속도가 위치의 변화율인 것처럼 가속도는 속도의 변화율이다. 시간 간격 Δt에 대한 **평균 가속도**(average acceleration)는 속도의 변화를 시간 간격으로 나눈 값으로 일차원 운동에 대해 다음과 같이 정의된다.

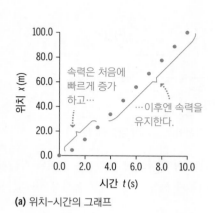

(a) 위치-시간의 그래프

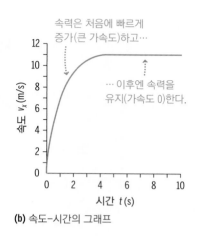

(b) 속도-시간의 그래프

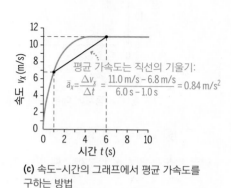

(c) 속도-시간의 그래프에서 평균 가속도를 구하는 방법

그림 2.13 달리기 선수의 위치, 속도, 평균 가속도

$$\bar{a}_x = \frac{\Delta v_x}{\Delta t} \quad \text{(일차원 운동에 대한 평균 가속도, SI 단위: m/s}^2) \qquad (2.6)$$

가속도를 시각화하는 좋은 방법은 속도–시간 그래프로 표시하는 것이다. 주자의 결과는 그림 2.13b에 나와 있다. 그 결과 평균 가속도는 그래프의 두 점 사이의 직선의 기울기가 된다(그림 2.13c). 단위는 (m/s)/s로 표현할 수 있으며, 이는 가속도가 시간(s)에 대한 속도의 변화율임을 명시적으로 보여 준다. 보통 간결하게 m/s²으로 나타낸다.

순간 가속도

속도의 경우와 마찬가지로 시간 간격이 짧을수록 평균 가속도가 순간 가속도에 가까워진다. **순간 가속도**(instantaneous acceleration)는 시간 간격 Δt가 0에 가까워질 때 평균 가속도의 극한으로 정의된다.

$$a_x = \lim_{\Delta t \to 0} \frac{\Delta v_x}{\Delta t} \quad \text{(일차원 운동에 대한 순간 가속도, SI 단위: m/s}^2) \qquad (2.7)$$

순간 속도(2.2절)와 유사하게 **속도–시간 그래프에서 접선의 기울기는 그 시간에 순간 가속도를 의미한다**(그림 2.14). 마찬가지로 순간 가속도는 '순간'을 생략하고 '가속도'로 사용한다.

가속도는 양, 음 또는 0이 될 수 있다. 그림 2.15a에 주어진 속도–시간 그래프로 도로(x축, +x 방향)를 따라 주행한다고 가정하자. 그래프는 양의 가속도에 따라 증가하는 속도, 0의 가속도에 따라 일정한 속도, 음의 가속도에 따라 감소하는 속도를 보여 준다. 조심하자! 이건 속력이 아니고 속도이다. 그림 2.15a에서 자동차가 역방향으로 주행하면 −x 방향으로 간다. 이제 그림 2.15b와 같이 변위와 속도는 음수이다.

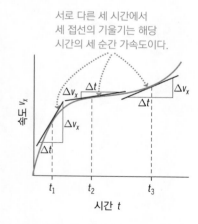

그림 2.14 속도–시간 그래프에서 순간 가속도

가속도는 어떻게 될까? 주행하면서 자동차의 속력, 즉 속도의 크기는 증가하고 있지만 속도는 음으로 변하고 있으며, 따라서 가속도 역시 음이 된다.

때때로 사람들은 '감속'이란 말로 속력의 감소를 나타내지만 그림 2.15b와 같이 이는 혼란을 야기할 수 있다. 따라서 '감속'이라는 용어 대신에 속력과 속도의 모든 변화를 정확하게 설명할 것이다. 보다시피 속력과 속도의 변화가 반드시 같지는 않다.

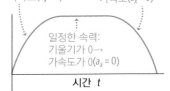

(a) +x 방향으로 이동하는 자동차

▶ 새로운 개념 검토

일차원 운동에서 가속도에 대한 몇 가지 중요한 아이디어가 있다.

■ 속도가 일정할 때, 가속도 0은 속도가 양이든 음이든 0이든 중요하지 않다.
■ 물체가 +x 방향으로 이동할 때 가속도가 양이면 속도가 빨라지고, 가속도가 음이면 속도가 느려진다.
■ 물체가 +x 방향으로 이동할 때 가속도가 양이면 더 빠른 속력을, 가속도가 음이면 더 느린 속력을 갖는다.

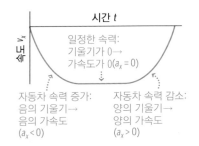

(b) −x 방향으로 이동하는 자동차

그림 2.15 속도−시간 그래프와 관련된 가속도

예제 2.5　자동차 경주

자동차 경주에 대한 속도 데이터가 주어져 있다. 트랙을 따라 20 m, 100 m, 200 m, 300 m, 400 m의 5개 지점에서 속도가 측정되며, 각 지점에서의 시간은 경주가 시작된 이후의 총 시간이다(경주는 0.25 mi, 약 402 m를 주행한다). 5개의 시간 간격과 전체 시간에 대한 평균 가속도를 구하여라.

시간(시각)	시간(s)	위치(m)	속도 v_x(m/s)
t_0	0	0	0
t_1	0.843	20	45.3
t_2	2.147	100	91.9
t_3	3.069	200	122.1
t_4	3.852	300	135.2
t_5	4.539	402	143.8

구성과 계획 평균 가속도는 속도의 변화를 시간 변화로 나눈 것이다. 위치는 가속도를 계산할 때 아무 역할을 하지 않는다. 평균 가속도는 $\bar{a}_x = \Delta v_x / \Delta t$이다. 참고로 t_0, t_1 등과 같이 시간에 첨자를 붙였다. 따라서 t_0에서 t_1까지의 평균 가속도는

$$\bar{a}_x = \frac{\Delta v_x}{\Delta t} = \frac{v_x(t_1) - v_x(t_0)}{t_1 - t_0}$$

이고, 다른 시간 간격에서도 마찬가지이다.

풀이 (구성과 계획에 기반하여) 각 시간 간격에 따른 평균 가속도를 계산하면 다음과 같다.

시간 간격	평균 가속도 $\bar{a}_x$ (m/s²)
$t_0 \sim t_1$	38.2
$t_1 \sim t_2$	35.7
$t_2 \sim t_3$	32.8
$t_3 \sim t_4$	16.7
$t_4 \sim t_5$	12.5

경주 전체에 대해 평균 가속도는 다음과 같다.

$$\bar{a}_x = \frac{\Delta v_x}{\Delta t} = \frac{143.8 \text{ m/s} - 0.0 \text{ m/s}}{4.539 \text{ s} - 0.0 \text{ s}} = 31.7 \text{ m/s}^2$$

반영 데이터는 경주를 시작할 때 평균 가속도가 가장 크다는 것을 보여 준다. 경주용 자동차가 가속화되면서 주로 공기 저항력(4장에서 설명) 때문에 자동차의 속력이 증가하는 것은 더욱 어려워진다. 전체 경주의 평균 가속도는 예상대로 최고 구간 값과 최저 구간 값 사이에 있다.

연결하기 경주용 자동차와 여러분의 자동차의 가속도를 비교해 보아라.

답 자동차 제조 업체는 0에서 60 mi/h(26.8 m/s)까지의 가속 시간을 인용한다. 중형 자동차의 일반적인 가속 시간은 약 7 s로 경주용 자동차보다 거의 10배나 낮은 평균 3.8 m/s²의 가속도를 갖는다!

확인 2.3절 그래프에서 나타내는 가속도가 각 시간 간격에서 양인지 음인지 아니면 0인지 판단하여라.
(a) A~B (b) B~C (c) C~D

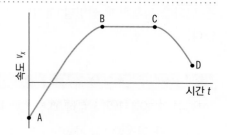

2.4 등가속도 일차원 운동

이제 일차원에서 등가속도의 특별한 경우를 고려하자. 일정하거나 거의 일정한 가속도를 갖는 운동은 일반적이며, 지구 표면 근처의 자유 낙하 물체도 한 예이다. 그런 면에서 2.5절을 할애하여 따로 기술할 만큼 중요하다. 균일한 전기장에서 움직이는 대전 입자를 포함하여 책 전반에 걸쳐 등가속도의 다른 예를 접하게 될 것이다(15장).

등가속도는 특별한 경우이며, 보통 근사적으로 접근한다. 예를 들어, 낙하하는 물체는 공기 저항력의 영향을 받으며, 저항력은 점차 가속도를 변화시킨다. 그러나 등가속도를 기술하는 것은 수학적으로 간단하며 운동에 대해 통찰력을 제공하므로 이 특별한 운동에 시간을 많이 투자할 것이다.

운동 방정식: 미래 예측

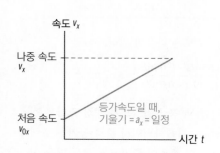

그림 2.16 등가속도에 대한 속도–시간 그래프

등가속도라는 가정에서 운동을 기술할 뿐만 아니라 가속도가 일정하게 유지되는 한 물체의 미래 위치와 속도를 예측할 수 있는 세 가지 관계식을 도출할 것이다. 이러한 관계식은 등가속도에 대한 **운동 방정식**이다.

등가속도 a_x는 0에서 t까지의 시간 간격 동안 물체의 속도를 v_{0x}에서 v_x까지 변화시킨다(그림 2.16). 등가속도에서 순간 가속도 a_x와 평균 가속도 $\bar{a}_x$는 차이가 없다. 따라서 평균 가속도의 정의에 따라 다음과 같이 표현한다.

$$\bar{a}_x = a_x = \frac{v_x - v_{0x}}{t - 0}$$

위 식을 v_x에 대해 정리하면 첫 번째 운동 방정식을 얻는다.

$$v_x = v_{0x} + a_x t \tag{2.8}$$

식 2.8을 이용하면 시간 t에서의 미래 속도를 예측할 수 있다. 26.8 m/s로 자동차가 달리고 있을 때, 브레이크를 밟아 4.5 s 동안 -1.8 m/s^{2}으로 일정하게 가속한다고 가정하자. 그 시간이 지나면 차의 속도는 다음과 같다.

$$v_x = v_{0x} + a_x t = 26.8 \text{ m/s} + (-1.8 \text{ m/s}^2)(4.5 \text{ s}) = 18.7 \text{ m/s}$$

식 2.8은 미래의 속도를 예측하는 것 외에도 처음 속도, 가속도, 시간 사이의 일반적인 관계를 보여 준다. 세 값을 알면 네 번째 값을 구할 수 있다. 다음 예제에서는 이에 관해 설명할 것이다.

예제 2.6　정지 시간

앞에서 설명한 상황에서 정지하는 데 걸리는 시간은 얼마인가? (처음 속도: 26.8 m/s) 정지할 때까지 필요한 만큼 가속이 계속된다고 가정하자.

구성과 계획　그림 2.17은 점점 느리게 운행하는 자동차의 운동 모형을 보여 준다. 자동차가 느리게 움직이므로 기준틀에서 일정 시간 후 같은 시간 간격마다 거리가 짧아진다. 식 2.8은 처음 속도, 등가속도 및 일차원 운동에 대한 시간과 관련되어 있다. 이 세 물리량이 주어지면 시간을 구할 수 있다. 시간 t는 $v_x = v_{0x} + a_x t$ (식 2.8)로 알 수 있다.

알려진 값: $v_{0x} = 26.8$ m/s, $v_x = 0$ m/s(정지), $a_x = -1.8$ m/s^2

$v_{0x} = 26.8$ m/s　　자동차가 더 느리게 이동한다.　　자동차가 정지한다.

그림 2.17 정지 상태로 서서히 느리게 주행하는 자동차의 운동 모형

풀이 시간 t에 관해 정리하여 알려진 값을 대입하면 다음을 얻는다.

$$t = \frac{v_x - v_{0x}}{a_x} = \frac{0 \text{ m/s} - 26.8 \text{ m/s}}{-1.8 \text{ m/s}^2} = 15 \text{ s}$$

반영 계산된 시간 15 s는 고속도로에서 적절한 정지 시간인 듯하다. 시간(초)을 계산하기 위해 단위와 마이너스 부호를 지우고 정리하면 양의 시간을 얻는 것에 주목하여라. 이는 속도와 가속도에 대한 정확한 부호를 갖는 것이 중요한 이유를 보여 준다.

연결하기 4 s 안에 더 빨리 멈출 수 있을까?

답 원하는 시간 안에 26.8 m/s에서 0 m/s가 되는 데 필요한 가속도를 식 2.8로 풀 수 있다. 4.0 s의 경우 가속도는 -6.7 m/s^{2}이다. 일반적인 자동차의 최대 제동 가속도는 -7 m/s^{2}과 -9 m/s^2 사이이다. 따라서 4 s는 합리적이며, 이보다 더 나은 방법은 없다.

또 다른 운동 방정식은 평균 속도의 정의에서 얻을 수 있다. 그림 2.16을 다시 참조하자. 이러한 직선의 경우, 구간의 평균은 처음 값과 나중 값의 평균일 뿐이며 다음과 같이 나타낸다.

$$\bar{v}_x = \tfrac{1}{2}(v_x + v_{0x})$$

$t = 0$, $\Delta t = t$이면 식 2.2는 다음과 같다.

$$\bar{v}_x = \frac{\Delta x}{t}$$

$\bar{v}$에 대해 두 식이 같기 때문에 다음과 같이 쓸 수 있다.

$$\frac{\Delta x}{t} = \tfrac{1}{2}(v_x + v_{0x})$$

식 2.8에 v_x를 대입하면 다음을 얻는다.

$$\frac{\Delta x}{t} = \tfrac{1}{2}(v_{0x} + a_x t + v_{0x}) = v_{0x} + \tfrac{1}{2}a_x t$$

마지막으로 양변에 t를 곱하면 변위 Δx를 얻을 수 있다.

$$\Delta x = v_{0x}t + \tfrac{1}{2}a_x t^2$$

또는

$$x = x_0 + v_{0x}t + \tfrac{1}{2}a_x t^2 \tag{2.9}$$

이는 가속도, 처음 속도 및 시간의 함수로 변위를 제공하는 두 번째 운동 방정식이다. 식 2.9는 물체의 처음 속도와 등가속도를 알면 나중 위치를 예측할 수 있는 또 다른 '미래를 예측'하는 결과이다.

예제 2.7   롤러코스터!

노츠베리팜(Knott's Berry Farm)의 'Xcelerator' 롤러코스터는 유압 드라이브를 사용하여 지상에서 코스터 열차를 2.3 s 안에 정지 상태로부터 82.0 mi/h까지 가속시킨다. 등가속도라고 가정하면 가속 시간 동안 롤러코스터의 다음 물리량을 구하여라.
(a) 가속도   (b) 변위

구성과 계획 운동 모형(그림 2.18)을 그리면 상황을 시각화하는 데 도움이 된다. 열차가 점점 빨라지므로 이동 거리는 연속적인 시간 간격에서 증가한다. 식 2.8 $v_x = v_{0x} + a_x t$에서 a_x에 대해 풀고, 변위에 대해 식 2.9를 이용하면 $\Delta x = x - x_0 = v_{0x}t + \tfrac{1}{2}a_x t^2$이다.

알려진 값: $v_{0x} = 0$, $v_x = 82.0$ mi/h, $t = 2.30$ s

SI 단위를 사용할 수 있도록 82.0 mi/h를 m/s로 환산하는 것이 좋다.

풀이 (a) 먼저 속도의 단위를 환산한다.

$$82.0 \text{ mi/h} \times \frac{1609 \text{ m}}{1 \text{ mi}} \times \frac{1 \text{ h}}{3600 \text{ s}} = 36.6 \text{ m/s}$$

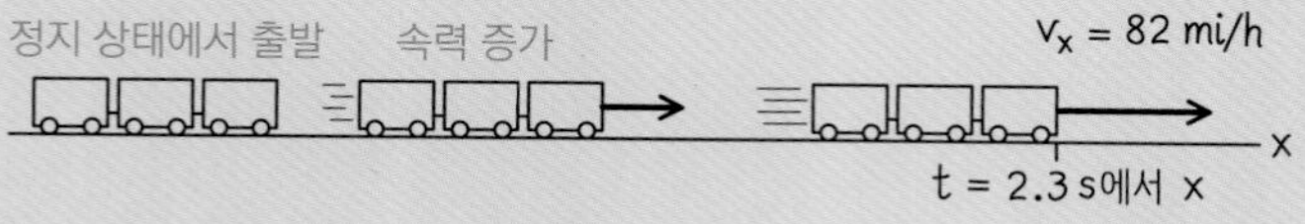

정지 상태에서 출발   속력 증가 $v_x = 82$ mi/h

t = 2.3 s에서 x

그림 2.18 롤러코스터 가속을 위한 운동 모형

가속도를 구하기 위해 식 2.8을 풀고 알려진 값을 대입하여 계산하면 다음을 얻는다.

$$a_x = \frac{v_x - v_{0x}}{t} = \frac{36.6 \text{ m/s} - 0 \text{ m/s}}{2.3 \text{ s}} = 15.9 \text{ m/s}^2$$

(b) 식 2.9를 이용하여 변위를 구하면 다음과 같다.

$$\Delta x = v_{0x}t + \tfrac{1}{2}a_x t^2 = (0 \text{ m/s})(2.30 \text{ s}) + \tfrac{1}{2}(15.9 \text{ m/s}^2)(2.30 \text{ s})^2$$
$$= 42.1 \text{ m}$$

반영 비교를 위해 상용 제트기의 이륙 가속도를 보면 약 3 m/s² 이다. 이 롤러코스터의 가속도는 5배나 되므로 분명히 탑승자의 주의를 끌 것이다! 이는 시작에 불과하다. 롤러코스터를 타는 짜릿한 경험은 놀이기구를 타는 동안 가속도가 빠르게 변한다는 사실에 크게 좌우된다. 속력이 빠르면 쾌감이 증가한다.

연결하기 이 문제의 시간을 반으로 줄인 $t = 1.15$ s에서 롤러코스터의 속도와 변위는 각각 얼마인가?

답 $a_x = 15.9$ m/s²을 갖는 식 2.8과 식 2.9을 이용하면 1.15 s 안에 $v_x = 18.3$ m/s, $\Delta x = 10.5$ m가 된다. 등가속도에서 속도는 시간 t에 따라 선형적으로 변하기 때문에 나중 속도의 절반이 된다. 그러나 변위는 t^2으로 증가하기 때문에 최종 변위의 1/4에 불과하다. 이는 예제 2.7의 운동 모형에 의해 분명해 보인다.

원칙적으로 운동학 식 2.8과 식 2.9는 등가속도라는 가정 하에 일차원 운동을 기술하는 데 필요한 모든 정보를 제공한다. 하지만 시간을 모르는 경우도 있으므로 시간을 포함하지 않는 제3의 식이 도움이 된다. 제3의 식을 얻기 위해 식 2.8을 시간 t에 대해 풀면 다음을 얻는다.

$$t = \frac{v_x - v_{0x}}{a_x}$$

t를 식 2.9에 대입하면 다음과 같다.

$$\Delta x = v_{x0}\left(\frac{v_x - v_{0x}}{a_x}\right) + \frac{1}{2}a_x\left(\frac{v_x - v_{0x}}{a_x}\right)^2$$

위 식을 정리하면 다음과 같다.

$$v_x^2 = v_{0x}^2 + 2a_x\Delta x \qquad (2.10)$$

이는 세 번째 운동 방정식이다. 물체의 처음 속도와 나중 속도를 시간에 대한 언급 없이 가속도 및 변위와 연관시키기 때문에 아주 유용한 식이다. 일차원 운동에 대한 세 가지 운동 방정식은 다음과 같다.

등가속도 운동 방정식

$v_x = v_{0x} + a_xt$	(속도 예측, SI 단위: m/s)	(2.8)
$x = x_0 + v_{0x}t + \frac{1}{2}a_xt^2$	(위치 예측, SI 단위: m)	(2.9)
$v_x^2 = v_{0x}^2 + 2a_x\Delta x$	(나중 속도와 처음 속도, 가속도 및 변위의 관계, SI 단위: (m/s)^2 또는 m^2/s^2)	(2.10)

다음 몇 가지 예제는 운동 방정식을 어떻게 사용하는지 보여 준다. 그러나 이 예제들을 푸는 걸로는 결코 완전하지 않다. 이 장의 끝에 있는 문제들로 운동학을 공부할 수 있는 더 많은 기회를 가질 것이다.

정면 충돌 한 자동차 내의 운전자는 구속되어 있지 않으므로 계기판이나 핸들에 부딪힐 때 극심한 음의 가속을 겪으며, 매우 짧은 시간 내에 주행 속도에서 정지 상태로 떨어진다. 그림과 같이 전개되는 에어백은 운전자의 신체가 정지하는 시간을 증가시켜 가속의 크기를 줄이며 부상을 최소화한다. 에어백 자체는 비정상적인 충돌 가속도를 감지하는 가속도 센서에 의해 작동된다.

▶ **TIP** 등가속도에서 위치, 가속도, 시간과 관련된 세 운동 방정식(식 2.8, 2.9, 2.10)을 사용하여라.

예제 2.8 장거리 달리기 선수

장거리 달리기 선수는 대부분 구간에서 4.9 m/s의 속력으로 달리다가 거의 마지막 5.0 s 동안 0.30 m/s^{2}의 일정한 가속도로 달린다. 물음에 답하여라.
(a) 가속 시간이 끝났을 때의 속도는 얼마인가?
(b) 이 시간 동안 선수는 얼마나 멀리 달렸는가?

구성과 계획 두 질문 모두 운동 방정식이 필요하다. (a)의 경우 나중 속도를 얻기 위해 처음 속도, 가속도, 시간을 사용한다. (b)에서는 변위를 찾는 데 (a)와 동일한 정보를 사용한다.

식 2.8의 나중 속도는 처음 속도, 가속도, 시간과 관련된다. 즉, $v_x = v_{0x} + a_xt$이다. 식 2.9는 동일한 양으로부터 변위를 구한다. 즉, $\Delta x = v_{0x}t + \frac{1}{2}a_xt^2$이다.

알려진 값: $a_x = 0.30$ m/s^2, $v_{0x} = 4.9$ m/s, $t = 5.0$ s

풀이 (a) 식 2.8은 5 s의 가속 시간이 끝났을 때 속도 v_x를 나타낸다.

$$v_x = v_{0x} + a_xt = 4.9 \text{ m/s} + (0.30 \text{ m/s}^2)(5.0 \text{ s}) = 6.4 \text{ m/s}$$

(b) 식 2.9에 주어진 양을 사용하면 다음과 같이 변위를 얻을 수 있다.

$$\Delta x = v_{0x}t + \frac{1}{2}a_x t^2 = (5.9\ \text{m/s})(2.3\ \text{s}) + \frac{1}{2}(0.30\ \text{m/s}^2)(5.0\ \text{s})^2$$
$$= 28.3\ \text{m/s}$$

따라서 달리기 선수는 6.4 m/s까지 가속하는 동안 28.3 m를 달린다.

반영 두 경우 모두 단위가 결합되어 답에 맞는 단위를 제공한다. (a)는 m/s이고 (b)는 m이다. 비교적 가속도가 작은 점을 감안하면 이 정도 속력을 내는 동안 28 m를 달리는 것이 합리적으로 보인다.

(a)에 대한 답이 주어졌을 때, 시간을 포함하지 않은 식 2.10을 사용하여 (b)를 풀 수 있었을 것이다. 운동학에서는 종종 문제를 해결하는 여러 방법이 있다.

연결하기 달리기 선수가 5 s 동안 동일한 속도로 달리면서 속도를 줄였다면 답이 어떻게 바뀌는가?

답 여기서 변한 것은 가속도의 부호이다. 따라서 $a_x = -0.30\ \text{m/s}^2$이고, 동일한 방법으로 풀면 나중 속도 $v_x = 3.4\ \text{m/s}$, 변위 $\Delta x = 21\ \text{m}$를 얻는다.

예제 2.9　활주로의 길이는 얼마나 되는가?

보잉 777 항공기가 정지 상태에서 2.80 m/s²으로 가속한 후, 295 km/h로 이륙했다. 필요한 최소한의 활주로의 길이는 얼마인가?

구성과 계획 운동 모형은 활주로에서 이동하는 항공기의 진행 상황을 보여 준다. 가속 시간이 주어지지 않았기 때문에 시간을 포함하지 않는 운동 방정식인 식 2.10이 적절할 것 같다.

　알려진 값을 통해 변위 Δx에 대한 식 2.10 $v_x^2 = v_{0x}^2 + 2a_x\Delta x$로 풀 수 있다.

알려진 값: $a_x = 2.80\ \text{m/s}^2$, $v_{0x} = 0\ \text{m/s}$, $v_x = 295\ \text{km/h} = 81.9\ \text{m/s}$ 여기서 다른 물리량과의 일관성을 위해 295 km/h를 m/s로 환산하였다.

풀이 식 2.10에서 변위에 대해 정리한 후 값을 대입하여 풀면 다음을 얻는다.

$$\Delta x = \frac{v_x^2 - v_{0x}^2}{2a_x} = \frac{(81.9\ \text{m/s})^2 - (0.0\ \text{m/s})^2}{2(2.80\ \text{m/s}^2)} = 1.20\ \text{km}$$

반영 단위는 변위에 대해 정확하게 사용했고(m, 3개의 유효숫자로 표현하기 위해 km로 환산), 거리는 합리적인 것으로 보인다. 따라서 안전을 위해 활주로는 이보다 훨씬 더 길어야 한다. 대부분의 상업적인 공항 활주로는 2 km와 4 km 사이이다.

연결하기 착륙 시 보잉 777 항공기의 속도는 이륙할 때와 거의 같고 착륙 후의 가속도는 보통 −2.0 m/s²과 −2.5 m/s² 사이이다. 이 값은 활주로의 길이에 어떤 영향을 미칠까?

답 착륙 가속도의 크기는 이륙 가속도의 크기보다 약간 작다. 가속도는 답의 분모에 표시되므로 이는 변위가 약간 더 크다는 것을 의미한다. 즉, 이륙과 착륙 시 안전을 보장하기 위해 더 긴 활주로를 제시하는 것이다.

예제 2.10　화성에 착륙!

2061년이면 여러분은 손자를 화성으로 데리고 갈 수 있을 것이다. 47.8 km 상공에서 화성 표면에 우주선이 325 m/s로 수직 낙하하고 있을 때, 물음에 답하여라.

(a) 속도가 0인 '소프트 랜딩'에 필요한 일정한 가속도는 얼마인가?

(b) 이 가속도로 47.8 km 떨어진 화성 표면까지 도달하는 데 얼마나 걸리겠는가?

구성과 계획 그림 2.19는 시작점이 $x = 0$이고 x축을 따라 움직

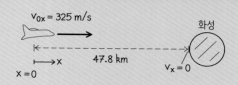

그림 2.19　우주선이 화성에 접근

이는 우주선을 보여 준다. (a)에서는 시간이 주어지지 않았으므로 식 2.10이 적합한 운동 방정식이다. 일단 가속도를 구하면 다른 운동 방정식 중 하나를 사용하여 착륙 시간을 구할 수 있

다. 따라서 문제에 주어진 값을 통해 가속도 a_x에 대한 식 2.10, 즉 $v_x^2 = v_{0x}^2 + 2a_x \Delta x$를 풀면 된다.

알려진 값: $v_{0x} = 325$ m/s, $v_x = 0.0$ m/s, $\Delta x = 47.8$ km

풀이 (a) 식 2.10을 a_x에 대해 풀고 알려진 값을 대입하면 다음을 얻는다.

$$a_x = \frac{v_x^2 - v_{0x}^2}{2\Delta x} = \frac{(0.0 \text{ m/s})^2 - (325 \text{ m/s})^2}{2(4.78 \times 10^4 \text{ m})} = -1.10 \text{ m/s}^2$$

(b) 착륙 시간을 구하기 위해 식 2.8이나 식 2.9를 사용할 수 있다. 식 2.8 $v_x = v_{0x} + a_x t$는 t에 대해 일차인 반면, 식 2.9에는 t^2이 있으므로 식 2.8이 더 간단하다. 식 2.8을 t에 관해 풀면 다음과 같다.

$$t = \frac{v_x - v_{0x}}{a_x} = \frac{0.0 \text{ m/s} - 325 \text{ m/s}}{-1.10 \text{ m/s}^2} = 295 \text{ s}$$

다시 말해 화성의 표면에 도달하는 데 5분이 채 걸리지 않을 것이다.

반영 전체적으로 적절히 조합한 단위에 유의하여라. 또한, 가속도를 검토할 수 있어야 한다. 가속이 더 오래 지속되긴 하지만 제트 항공기와 제동 자동차에서 본 것보다 훨씬 짧다.

연결하기 지구에서 화성까지 325 m/s로 전체 거리를 이동하는 데 걸리는 시간을 구하여라(이 문제에서 착륙 시에도 처음 속도와 같다).

답 여행의 실제 거리, 즉 궤도에서 지구와 화성의 상대적인 위치에 따라 상당히 다르다. 가능한 가장 짧은 거리는 두 행성의 궤도 반경의 차이이다. 부록 E의 데이터를 사용하면 그 차이는 약 7.8×10^{10} m이다. 따라서 시간은 $\frac{7.8 \times 10^{10} \text{ m}}{325 \text{ m/s}} = 2.4 \times 10^8 \text{ s}$, 즉 거의 8년이 된다. 사실 우주선은 최적의 경로를 따라 가며, 화성에 도착하는데 5~10개월이 걸린다.

문제 해결 전략 2.1   등가속도를 이용한 일차원 운동의 문제 해결

구성과 계획

- 상황을 시각화한다. 필요에 따라 좌표계를 설정하여 개략도를 작성한다.
- 가속도가 일정해야 한다.
- 수치를 포함하여 알고 있는 것을 결정한다. 가속도, 속도, 위치에 올바른 부호를 지정했는지 확인한다.
- 찾고자 하는 것을 구별해야 한다.
- 지정된 정보를 사용하여 알 수 없는 문제를 해결하는 방법을 계획한다. 고려해야 할 사항: 주어진 문제에 시간이 관련되어 있는가 아니면 알 수 없는가? 그렇다면 처음 두 운동 방정식(식 2.8, 2.9)을 사용한다. 시간이 주어지지 않거나 구할 수도 없는 경우 세 번째 운동 방정식(식 2.10)을 사용한다.

풀이

- 제공된 정보를 수집한다.
- 알 수 없는 물리량에 대한 운동 방정식을 결합하고 해결한다.
- 수치를 대입하고 적절한 단위를 사용해야 한다.

반영

- 답의 차원과 단위를 확인한다. 이들은 합리적인가?
- 문제가 비슷한 상황과 관련이 있을 때, 답이 합리적인지 생각해 본다.

2.5 자유 낙하

중력: 등가속도의 예

중력은 일상적인 경험을 할 수 있는 가장 명백한 힘 중 하나이다. 중력의 영향 아래에서 **자유 낙하**하는 물체들이 크기나 질량에 상관없이 동일한 등가속도를 갖는다는 것은 그렇게 명확하지 않다. 그 이유는 낙하하는 물체에 영향을 미치는 공기 저항 때문이다. 동전과 종이를 동시에 떨어뜨리면 동전의 속도가 훨씬 빨라진다. 이는 공기가 종이에는 큰 영향을 미치지만 동전에는 영향을 미치지 않기 때문이다. 공기 저항을 최소화하기 위해 종이를 촘촘한 공 모양으로 만들면 동전처럼 빨리 떨어지는 것을 볼 수 있을 것이다.

공기 저항 덕분에 고대인들은 아주 무거운 물체가 더 빨리 떨어진다고 확신하였다. 그러나 갈릴레오 갈릴레이(Galileo Galilei, 1564~1642)는 그렇지 않다는 것을 증명하였다. 갈릴레오는 공이 경사면 아래로 굴러 떨어지는 것을 조심스럽게 실험하였다. 그는 다른 크기의 공들이 주어진 경사각에 대해 동일한 등가속도를 갖는다는 것을 발견하였다. 갈릴레오는 수직 낙하의 경우를 추정하면서 가속도가 모든 물체에 대해 동일한 상수 값을 가져야 한다고 주장하였다. 전해오는 말에 따르면 갈릴레오는 피사의 사탑에서 서로 다른 두 개 대포알(하나는 훨씬 무거운)을 떨어뜨려서 자신의 결과를 증명했다고 한다. 갈릴레오가 실제로 이 실험을 했는지에 대한 의심은 있지만 그는 실험을 했을 때의 결과가 놀라운 정확성을 가진다고 주장하였다. 갈릴레오는 공기 저항의 영향을 받지 않는다면 깃털과 동전이 동시에 떨어질 때 둘은 함께 떨어질 것이라고 하였다. 그림 2.20은 갈릴레오의 가설을 확인하는 현대적인 실험을 보인 것이다. 이 실험에서는 깃털과 사과를 동시에 떨어뜨리면서 다중노출 촬영 기법으로 두 물체가 낙하하는 모습을 찍은 것이다.[*] 갈릴레오가 제안한 실험의 동전처럼 사과는 상대적으로 밀도가 높으며 떨어질 때 공기 저항을 거의 받지 않는 반면, 훨씬 가벼운 깃털은 상당한 공기 저항을 받는다. 하지만 공기가 없을 때, 깃털은 훨씬 더 무거운 사과와 같은 속도로 떨어진다. 이는 갈릴레오의 가설을 확인시켜 주며 그가 탁월한 관찰력이 있었음을 의미한다. 그는 스스로 실험을 수행할 수는 없었지만 무슨 일이 일어날지 이해했기 때문이다.

지구 표면 근처에서 낙하하는 물체의 중력 가속도는 약 9.8 m/s^2이다. 실제 값은 약 9.78 m/s^2에서 9.83 m/s^2까지 위치와 고도에 따라 달라진다. 이 책에서는 중력 가속도를 9.80 m/s^2으로 일관되게 사용할 것이다. 중력에 의한 가속도를 다른 종류의 가속도와 구별하기 위해 기호 g로 나타내는 것은 중요하다. 자유 낙하와 관련된 계산에 값을 대입하는 경우 $g = 9.80 \text{ m/s}^2$을 사용한다.

이 장은 일차원 운동으로 제한하지만 3장에서 이차원으로 확장할 것을 예상하며

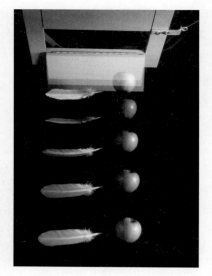

그림 2.20 실험실에서 깃털과 사과를 진공 상태에서 동시에 떨어뜨렸다. 다중노출 촬영 기법으로 촬영한 이 사진을 보면 두 물체의 가속도가 같음을 알 수 있다.

---

[*] 역자 주: 이 사진에서 노출 시간 간격은 일정하지만 움직이는 거리는 증가한다. 즉 자유 낙하 물체가 가속됨을 알 수 있다.

이제 x축이 수평이고, y축이 수직인 좌표계를 채택할 것이다. 다시 말하지만 이는 단지 관례일 뿐이다. 물리학의 법칙은 여러분이 선택한 좌표축에 의존하지 않는다. 새 좌표계에서 자유 낙하는 y 방향으로 중력의 영향을 받는 일차원 운동이다.

재검토된 운동 방정식

중력은 등가속도를 갖기 때문에 2.4절의 운동 방정식이 여전히 유효하다. 새로운 좌표를 반영하려면 x를 y로 바꿔야 한다. 이 경우 가속도는 $-g$(즉, -9.80 m/s^2)이다. $+y$축이 위쪽을 가리키도록 선택했기 때문에 가속도는 $-y$ 방향으로 진행된다. 운동 방정식에서 이러한 변화를 적용하면 일차원에서 자유 낙하 운동 방정식이 만들어진다.

g보다 더 빨리 떨어진다

놀이공원 놀이기구는 사진과 같이 상당한 가속력으로 위아래로 움직이도록 설계되어 있다. 때로는 하향 가속도가 정상 중력 가속도를 초과할 수 있다. 결과적으로 승객이 신비한 느낌을 갖게 된다. 몸이 좌석에 고정된 상태에서 자연스럽게 아래쪽으로 가속되기 때문에 떨어지는 기구에 비해 위로 당겨지는 것과 같다. 승객이 느끼는 흥분은 다음 순간까지 가속이 얼마나 될지 모르기 때문에 생긴다.

자유 낙하 운동 방정식		
$v_y = v_{0y} - gt$	(속도 예측, SI 단위: m/s)	(2.11)
$y = y_0 + v_{0y}t - \frac{1}{2}gt^2$	(위치 예측, SI 단위: m)	(2.12)
$v_y^2 = v_{0y}^2 - 2g\Delta y$	(나중 속도와 처음 속도, 가속도 및 변위 관련 SI 단위: (m/s)^2 또는 m^2/s^2)	(2.13)

g는 양수(9.80 m/s^2)로 계산함을 기억하여라. 이미 $a_y = -g$를 사용하여 아래 방향을 고려했다. 식 2.11, 2.12, 2.13을 사용하면 2.4절의 다른 일차원 등가속도 문제에 사용한 것과 동일한 일반적인 접근 방식으로 자유 낙하 문제를 해결할 수 있다.

▶ **TIP** 운동학 식은 중력 g의 일정한 하향 가속도를 가진 자유 낙하에 적용된다.

예제 2.11 **피사의 사탑**

피사의 사탑의 꼭대기 층 높이는 58.4 m이다. 갈릴레오가 말한 두 개의 공을 탑에서 떨어뜨리는 실험을 재현하였다. 물음에 답하여라.

(a) 공이 땅에 부딪치기 직전의 속도는 얼마인가?

(b) 공이 떨어지는 데 걸리는 시간은 얼마인가?

구성과 계획 그림 2.21은 공 하나가 아래로 가속될 때의 운동 모형이다. 첫 번째 질문은 시간을 포함하지 않으므로 세 번째 운동 방정식(식 2.13) $v_y^2 = v_{0y}^2 - 2g\Delta y$를 사용할 것이다. 나중 속도를 알면 다른 속도 중 하나를 사용하여 시간을 찾을 수 있다. 앞서 본 것처럼 시간에 대한 일차식을 사용하면 더 쉽게 계산된다. 이 경우 식 2.11 $v_y = v_{0y} - gt$에 해당된다.

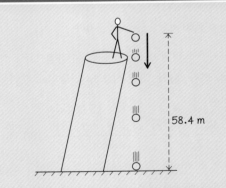

그림 2.21 갈릴레오의 실험에 대한 운동 모형

알려진 값: $g = 9.80$ m/s^2, $v_{0y} = 0$ m/s(정지 상태에서 낙하), $\Delta y = -58.4$ m(높은 y에서 낮은 y로, 즉 높이 58.4 m에서 낙

하하므로 음수임을 유의하여라)

풀이 (a) v_y에 대한 식 2.13을 풀려면 제곱근을 구해야 하며, 양수와 음수의 값을 모두 얻을 수 있다.

$$v_y = \pm\sqrt{v_{0y}^2 - 2g\Delta y}$$
$$= \pm\sqrt{(0 \text{ m/s})^2 - 2(9.80 \text{ m/s}^2)(-58.4 \text{ m})} = \pm 33.8 \text{ m/s}$$

가능한 두 가지 답(+33.8 m/s, −33.8 m/s) 중 음수를 선택한다. +y축이 연직 위를 향하기 때문에 공의 속도는 −y 방향이 된다. 따라서 답은 $v_y = -33.8$ m/s이다. 속력(속도의 절댓값)은 +33.8 m/s이다.

(b) 시간에 대한 식 2.11을 풀면 다음을 얻는다.

$$t = \frac{v_{0y} - v_y}{g} = \frac{0 \text{ m/s} - (-33.8 \text{ m/s})}{9.80 \text{ m/s}^2} = 3.45 \text{ s}$$

반영 구한 시간은 15층에서 20층 건물에 해당하는 높은 탑에서 떨어지기에 적당한 시간인 것 같다. 여기서 부호가 중요하다는 것을 유의하여라! 낙하 시간에 대한 양수의 답을 얻기 위해 v_y에서 − 부호가 반드시 필요하였다.

연결하기 공기 저항이 떨어지는 공에 영향을 미칠 때, 답은 어떻게 되는가?

답 공기 저항은 공의 속도를 감소시키기 때문에 33.8 m/s 미만의 속도로 땅에 떨어진다. 시간은 3.45 s보다 클 것이다.

예제 2.12 에어 펌프 로켓

'에어 펌프 로켓'은 장난감 로켓을 똑바로 위로 발사하는 스프링이 장착된 메커니즘으로 구성된 장난감이다. 로켓을 지상에서 12.6 m/s로 발사할 때, 물음에 답하여라.
(a) 이 로켓의 최대 높이는 얼마인가?
(b) (a)에서 구한 높이의 절반에서 로켓의 속도는 얼마인가?

구성과 계획 처음 속도와 나중 속도가 주어져 있다. 자유 낙하의 정상에서 속도는 0이며, 최종 높이는 비행에 대한 변위 Δy이다. (b)의 경우 최대 높이의 절반은 알 수 없는 속도를 찾을 수 있도록 제공된 새로운 변위이다.

변위 Δy는 식 2.13 $v_y^2 = v_{0y}^2 - 2g\Delta y$에서 처음 속도 및 나중 속도와 함께 표현된다. 시간에 대한 질문이 없으므로 두 부분 모두 동일한 식을 사용한다.

알려진 값: $g = 9.80$ m/s², $v_{0y} = 12.6$ m/s

풀이 (a) 로켓은 비행의 정상에서 순간적으로 정지한다 ($v_y = 0$ m/s). 변위 Δy에 대한 식 2.13을 풀면 로켓의 최대 높이는 다음과 같다.

$$\Delta y = \frac{v_{0y}^2 - v_y^2}{2g} = \frac{(12.6 \text{ m/s})^2 - (0 \text{ m/s})^2}{2(9.80 \text{ m/s}^2)} = 8.10 \text{ m}$$

(b) 최대 높이의 절반은 새로운 변위 $\Delta y = 4.05$ m이다. 처음 속도는 동일한 상태에서 나중 속도는 다음과 같이 계산한다.

$$v_y = \pm\sqrt{v_{0y}^2 - 2g\Delta y}$$
$$= \pm\sqrt{(12.6 \text{ m/s})^2 - 2(9.80 \text{ m/s}^2)(4.05 \text{ m})} = \pm 8.91 \text{ m/s}$$

앞의 예제와 같이 제곱근을 풀면 두 가지 값이 나오며, 이 경우 +8.91 m/s와 −8.91 m/s이다. 이번에는 둘 다 정답이다! 이 문제는 4.05 m에서의 로켓의 속도를 요구했지만 로켓이 상승하는지 하강하는지는 명시하지 않았다. 올라갈 때, 로켓은 4.05 m를 8.91 m/s의 속력으로 통과하거나 내려갈 때, 같은 속력으로 4.05 m를 지나간다. 자유 낙하 상황에서 공기 저항을 무시할 수 있는 한, 주어진 높이에서의 속력은 항상 내려가는 상태든 올라가는 상태든 같다.

반영 (a)에서 변위는 합리적인 것처럼 보이며, 2층 주택 옥상 수준이다. (b)의 속력은 높이가 최대 높이의 절반임에도 불구하고 처음 속력의 절반 이상이다. 이는 중력 가속도가 속도를 늦출 시간이 많지 않은 비행 초반에 로켓이 더 빨리 이동하기 때문이다.

연결하기 로켓이 최대 높이에 도달하는 시간과 최대 높이의 절반 4.05 m를 통과하는 시간을 각각 구하여라.

답 식 $v_y = v_{0y} - gt$를 사용한다. 최대 높이에서 $v_y = 0$, 즉 $t = 1.29$ s이다. 로켓이 상승하며 중간 지점을 지날 때, 즉 $t = 0.38$ s일 때 $v_y = +8.91$ m/s가 되고, 로켓이 다시 하강할 때 $v_y = -8.91$ m/s, $t = 2.19$ s가 된다. 두 중간 지점은 모두 로켓이 최고점에 도달할 때부터 약 0.9 s이다. 자유 낙하에서의 운동은 대칭적이다. 동일한 수직 거리를 통해 위아래로 움직이는 데 동일한 시간이 걸린다. 또한 식 2.12에 $y = 4.05$ m를 대입하여 t에 관한 이차식을 풀어 두 답을 모두 얻을 수도 있다.

확인 2.5절 다음 중 지면에서 위로 곧장 던진 돌의 속도(v_y)–시간(t) 그래프로 알맞은 것은?

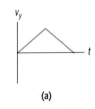
(a)

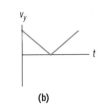
(b)

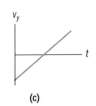
(c)

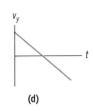
(d)

2장 요약

위치와 변위

(2.1절) **변위**는 물체 위치의 알짜 변화량이다.

전체 이동 거리는 방향에 관계없이 개별 거리의 합이다.

물체의 처음 위치 x_0에서 나중 위치 x로의 **변위**:

$$\Delta x = x - x_0$$

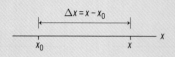

속도와 속력

(2.2절) **평균 속도**는 물체의 위치 변화를 해당 시간 간격으로 나눈 것이다.

순간 속도는 시간 간격 Δt가 0에 접근할 때 평균 속도의 극한이다.

평균 속도: $\bar{v}_x = \dfrac{\Delta x}{\Delta t}$

순간 속도: $v_x = \lim\limits_{\Delta t \to 0} \dfrac{\Delta x}{\Delta t}$

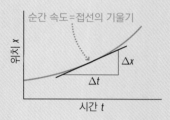

가속도

(2.3절) **평균 가속도**는 물체의 속도 변화를 시간 간격으로 나눈 것이다.

순간 가속도는 시간 간격 Δt가 0에 접근할 때 평균 가속도의 극한이다.

평균 가속도: $\bar{a}_x = \dfrac{\Delta v_x}{\Delta t}$

순간 가속도: $a_x = \lim\limits_{\Delta t \to 0} \dfrac{\Delta v_x}{\Delta t}$

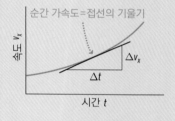

등가속도에서의 일차원 운동과 자유 낙하

(2.4절, 2.5절) **운동 방정식**은 등가속도 운동의 위치, 속도, 가속도, 시간과 관련되어 있다.

중력의 영향 아래 **자유 낙하**하는 물체는 크기나 질량에 관계없이 등가속도 운동을 한다. 물체는 중력의 영향만 받고 다른 힘은 없기 때문이다.

등가속도 운동 방정식:

$$v_x = v_{0x} + a_x t, \quad x = x_0 + v_{0x} t + \tfrac{1}{2} a_x t^2, \quad v_x^2 = v_{0x}^2 + 2a_x \Delta x$$

자유 낙하 운동 방정식:

$$v_y = v_{0y} - gt, \quad \Delta y = v_{0y} t - \tfrac{1}{2} g t^2, \quad v_y^2 = v_{0y}^2 - 2g\Delta y$$

2장 연습문제

문제의 난이도는 •(하), ••(중), •••(상)으로 분류한다. BIO로 표시된 문제는 생물학적 또는 의학적인 문제이다.

개념 문제

1. 일차원 운동에서 변위와 이동 거리가 같을 때는 언제인가? 또 언제 다른가?

2. 물체의 가속도가 0이면 속도는 음수가 될 수 있는가?

3. 물체가 0이 아닌 가속도를 가질 수 있는가? 예를 들어 보아라.

4. 일차원 운동에 대한 서로 다른 세 개의 $v_x - t$ 그래프가 주어져 있다. 위치−시간, 가속도−시간 그래프를 나타내어라.

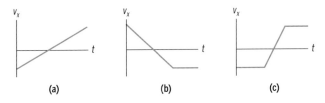

그림 CQ2.4

5. 25 m/s로 달리는 한 자동차가 같은 방향으로 20 m/s로 달리는 다른 차를 지나가고 있다. 두 자동차의 가속도에 대해 논하여라.

6. 그림 2.11를 보고 물음에 답하여라.
   (a) 자동차의 속력이 증가하는 시간 간격을 구하여라.
   (b) 자동차의 속력이 감소하는 시간 간격을 구하여라.

7. 특정 시간 간격 동안 물체의 평균 속도가 0일 때, 물체의 변위에 대해 무엇을 말할 수 있는가? 평균 가속도가 0인 변위에 대해 무엇을 말할 수 있는가?

객관식 문제

8. 지구에서 달까지(약 385,000 km) 가려면 2.8일 걸린다. 다음 중 평균 속도는?
   (a) 1.8 m/s (b) 29.7 m/s (c) 840 m/s (d) 1600 m/s

9. 1500 m 장거리 경기 중 처음 1200 m에서 주자의 평균 속도는 6.14 m/s이다. 4분 이내에 완주하기 위한 나머지 경주에서의 주자의 평균 속도는 얼마인가?
   (a) 6.73 m/s (b) 7.14 m/s (c) 8.05 m/s (d) 8.29 m/s

10. 다음 중 일차원 운동에서 변위에 대한 설명으로 옳은 것은?

(a) 음이 될 수 없다. (b) 양, 음, 0이 될 수 있다. (c) 이동 거리와 동일하다. (d) 이동 거리보다 클 수 있다.

11. 35 s 동안 우주선의 속력을 1250 m/s에서 1670 m/s로 증가시키기 위한 평균 가속도는 얼마인가?
    (a) 53.4 m/s²   (b) 25.7 m/s²
    (c) 12.0 m/s²   (d) 9.80 m/s²

12. 21.4 m/s의 속력으로 가는 화살이 정지하기 전 목표물에 3.7 5cm 정도 박혔다. 목표물에 있는 동안 화살의 가속도는 얼마인가?
    (a) −570 m/s²   (b) −1140 m/s²
    (c) −6100 m/s²   (d) −12,200 m/s²

13. 높이 h에서 떨어뜨린 어느 공이 속력 v로 지면에 도달했다. 낙하 높이를 $2h$로 바꾸면 지면에서 공의 속력은 얼마인가?
    (a) $4v$ (b) $2v$ (c) $\sqrt{2}\,v$ (d) v

14. 직선 상에서 등가속도로 움직이는 물체에 대하여 속도−시간 그래프를 나타내면 무엇이 되는가?
    (a) 수평선 (b) 대각선 (c) 포물선

연습문제

2.1 위치와 변위

15. • 그림 2.4에 설명된 예에서 친구 집에서 마트까지 왕복 이동 거리와 총 이동 거리를 각각 구하여라.

16. •• 개념 예제 2.1의 데이터를 사용하여 그랜드 아일랜드에서 링컨까지 다음 횟수만큼 왕복 주행한 변위와 이동 거리를 각각 구하여라.
    (a) 3회 (b) $3\frac{1}{2}$회 (c) $3\frac{3}{4}$회

2.2 속도와 속력

17. • 태양에서 나오는 빛이 지구에 도달하는 데 얼마나 걸리는가? 부록 E의 데이터를 이용하여라.

18. •• 100 m는 4.0 m/s로 달리고, 나머지 100 m는 5.0 m/s로 달리면 평균 속력은 얼마인가?

19. •• 시애틀에서 오클랜드를 거쳐 애너하임까지 비행기를 타고 가려고 한다. 시애틀에서 오클랜드까지는 1,100 km, 오

클랜드에서 애너하임까지는 550 km이다. 두 비행기의 평균 속력이 800 km/h이고, 오클랜드에서 경유하는 시간이 80분일 때, 다음을 구하여라.

(a) 총 여행 시간   (b) 비행기의 평균 속력

20. • 비행기가 810 km/h의 속력으로 동쪽으로 3.0 h 동안 비행한 후 방향을 돌려 735 km/h의 속력으로 서쪽으로 2.0 h 동안 비행한다. $+x$축은 동쪽을 가리킬 때, 비행기의 평균 속도와 평균 속력을 각각 구하여라.

21. •• 개썰매는 10시간 동안 9.5 m/s로 직진한다. 그러면 개들은 하루의 나머지 시간 동안 휴식을 취한다. 하루를 24 h로 할 때, 평균 속도는 얼마인가?

22. ••• 자동차의 속력계를 확인하니 크루즈 컨트롤이 활성화된 상태에서 60 mi/h를 일정하게 표시했다. 물음에 답하여라.

(a) 고속도로 이정표를 보며 4분 45초 동안 5 mi을 주행했다. 이정표가 정확하다면 속력계 수치에 어떤 오류가 있는가?

(b) 실제 속력이 65 mi/h일 때, 1 mi을 주행하는 데 얼마나 걸리는가?

23. **BIO** •• **얼룩말 사냥** 치타가 얼룩말을 쫓고 있다. 30 m/s로 달리는 치타가 14 m/s로 일직선으로 달리는 얼룩말을 쫓고 있는데 얼룩말이 35 m 앞서 출발했을 때, 치타가 얼룩말을 따라잡으려면 얼마나 걸리는가?

24. •• 1675년 덴마크 천문학자 올라프 뢰머(Olaf Römer)는 목성의 위성 일식 관측을 이용하여 빛이 지구 궤도의 지름 2억 9,900만 km를 가로지르는 데 약 22분이 걸렸다고 추정했다. 뢰머의 데이터를 사용하여 빛의 속력을 계산하고, 이 속력을 오늘날의 값 3.00×10^8 m/s와 비교하여라.

25. ••• 그래프(그림 P2.25)를 보고 전체 시간 간격의 속도–시간 그래프를 그려라.

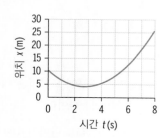

그림 P2.25

2.3 가속도

26-27. 그림 P2.26은 직선 도로에서 정지 상태에서 출발하는 자동차의 속도–시간 그래프이다.

26. •• $t = 0$에서 $t = 20$ s까지 순간 가속도의 그래프를 그려라.

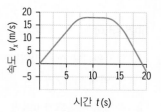

그림 P2.26

27. •• 그래프(그림 P2.26)를 보고 물음에 답하여라.

(a) 가속도가 최대인 시간 간격을 구하여라.

(b) 가속도가 최소인 시간 간격을 구하여라.

(c) 가속도가 0인 시간 간격을 구하여라.

(d) 최대 가속도와 최소 가속도를 각각 계산하여라.

28-29. 자동차가 정지 상태에서 출발($t = 0$)하여 속도 함수 $v_x = 1.4t^2 + 1.1t$에 따라 4.0 s 동안 속도가 증가하고 있다.

28. • 다음 물음에 답하여라.

(a) 4.0 s에서 자동차의 속도를 구하여라.

(b) 이 시간 간격에서 평균 가속도를 구하여라.

29. •• $t = 2.0$ s에서 순간 가속도를 구하여라.

30. •• 그림 2.15b를 사용하여 자동차 주행에 대한 운동 모형을 그려라.

2.4 등가속도 일차원 운동

31. • 50 km/h의 속력으로 달리고 있던 차가 신호등 전방 55m에서 신호가 노란색으로 바뀌어 정지하고자 브레이크를 밟았다. 다음 물음에 답하여라.

(a) 신호등에서 정지하는 데 필요한 등가속도를 구하여라.

(b) 신호등에서 정지하는 데 걸리는 시간을 구하여라. (a)에서 구한 가속도가 합리적인가?

32. •• 골프 선수가 골프공을 홀 쪽으로 똑바로 퍼팅했다. 공의 처음 속도는 2.52 m/s이며, -0.65 m/s^{2}의 가속도를 갖는다. 물음에 답하여라.

(a) 공이 4.80 m 떨어진 홀까지 갈 수 있는가?

(b) (a)의 답이 '그렇다'라면 홀에 도달했을 때의 속도는 얼마인가? (a)의 답이 '아니다'라면 공은 멈추기 전에 홀에 얼마나 가까이 접근하는가?

33. •• 처음에 16.5 m/s의 속도로 달리던 차가 6.2 s 동안 1.9 m/s^{2}으로 가속했다. 그다음 멈출 때까지 -1.2 m/s^{2}으로 가속했

다. 다음 물음에 답하여라.

(a) 처음 가속했을 때부터 정지할 때까지 얼마나 걸렸는가?

(b) 총 주행 거리는 얼마인가?

34. •• 총알이 처음 속도 310 m/s로 날아가 5.0 cm 두께의 표적에 명중했다. 물음에 답하여라.

(a) 총알이 표적 내에서 정지하기 위해 필요한 가속도는 얼마인가?

(b) 총알이 50 m/s의 속도로 표적에서 튀어 나올 때, 가속도는 얼마인가?

35. ••• 자동차가 75 mi/h(33.4 m/s)의 속력으로 주행하고 있다. 순찰차는 자동차가 순찰차를 100 m 지나자 정지 상태에서 추격을 시작했다. 순찰차가 과속 차량으로부터 1.2 km 떨어진 주 경계선 앞에서 과속 차량을 잡기 위해 필요한 가속도는 얼마인가?

36. • 제트기가 310 km/h(86.1 m/s)로 착륙하고 있다. 활주로 1,000 m에서 제트기가 정지하는 데 필요한 가속도를 구하여라.

37. •• 디즈니의 '락 앤 롤러코스터'는 출발 후 2.8 s 안에 직선 궤도에서 60 mi/h까지 속도를 높인다. 물음에 답하여라.

(a) 이 롤러코스터의 가속도를 구하여라.

(b) 처음 2.8 s 동안 얼마나 멀리 이동하는가?

2.5 자유 낙하

38. • 제리는 지상 10.5 m 높이의 3층 선반에서 화분을 떨어뜨렸다. 화분이 자유 낙하했을 때, 도로변 바닥에 부딪치기 직전의 속도는 얼마인가?

39. • 유니버셜 스튜디오 테마 파크에 있는 쥬라기 공원 놀이기구는 처음 정지 상태에서 25.6 m 아래로 곧장 떨어진다. 이 놀이기구의 낙하 시간과 바닥에서의 속도를 구하여라.

40. •• 돌을 16.5 m/s의 속도로 지상에서 곧장 연직 위로 던져 올렸다. 던진 후 지상에 도달할 때까지 돌의 속도–시간 그래프를 나타내어라.

41. •• 화성에 도착한 최초의 우주 비행사가 45.2 m 높이의 절벽에서 돌을 떨어뜨려 중력 가속도를 측정하기로 결정했다. 돌이 5.01 s 동안 떨어진다면 g_{Mars}는 얼마인가?

42. ••• 세계적인 한 배구 선수는 지면에서 수직으로 1.1 m만큼 점프할 수 있다고 한다. 이 배구 선수에 대하여 물음에 답하여라.

(a) 공중에 머무는 시간을 구하여라.

(b) 선수의 위치–시간 그래프를 나타내어라.

(c) 그래프를 사용하여 선수가 점프 상단 근처의 공중에 '걸려' 있는 것처럼 보이는 이유를 설명하여라.

43. ••• 로켓이 지상에서 15.6 m/s²으로 11.0 s 동안 곧장 연직 위로 올라갔다. 그 후 엔진이 끊어지며 로켓은 자유 낙하하게 된다. 이 로켓에 대하여 물음에 답하여라.

(a) 상승 가속이 끝나는 순간의 속도를 구하여라.

(b) 로켓의 최대 높이는 얼마인가?

(c) 로켓이 지구와 충돌하기 직전의 속도는 얼마나 되는가?

(d) 발사에서 충돌까지의 걸리는 총 시간을 구하여라.

44. ••• 실험실에서 한 학생이 30° 경사로를 따라 굴러 내려오는 공의 가속도를 3.50 m/s²으로 측정했다. 그다음 공이 45° 경사로를 따라 굴러 올라가는 공이 내려왔던 높이와 동일한 높이에 도달했다(그림 P2.44). 45° 경사로를 따라 올라간 공의 가속도를 구하여라.

이 높이에서 공이 내려오고…   … 여기서 같은 높이에 도달한다.

30°   45°

그림 p2.44

45. ••• 헬리콥터가 0.60 m/s²의 일정한 상향 가속도로 수직 상승하고 있다. 헬리콥터가 20 m 고도를 지날 때, 랜치가 문 밖으로 미끄러져 지면으로 떨어졌으며 랜치가 지면에 도달하는 순간의 속도는 4.0 m/s였다. 랜치가 헬리콥터에서 미끄러지는 순간을 $t = 0$이라 할 때, $t = 0$부터 지면에 닿을 때까지 렌치의 위치–시간 그래프와 속도–시간 그래프를 각각 그려라.

46. **BIO** ••• **추락하는 고양이** 어린 고양이들은 떨어진 후에 발로 착지할 수 있는 '직립 반사 작용'이 발달되어 있다. 착지 시에 발을 뻗고 땅에 닿은 후 웅크리면서 충격을 흡수한다. 물음에 답하여라.

(a) 6.4 m 높이의 창문에서 고양이가 떨어진 후 땅에 도달하는 속력을 구하여라.

(b) 이 고양이는 땅에 닿은 뒤 14 cm의 거리를 등가속도로 이동한 후 정지한다. 어느 고양이는 땅에 닿은 후 14 cm 높이를 쭈그리고 앉아 일정한 가속도로 정지한다. 이동하는 동안의 가속도를 구하여라.

2장 질문에 대한 정답

단원 시작 질문에 대한 답

공은 공중에 있는 동안 일정한 중력 가속도 9.80 m/s^2을 가지며, 연직 아래 방향이다.

확인 질문에 대한 정답

2.1절 (a) 이동 거리는 절대 음수일 수 없다. (e) 이동 거리는 변위와 같거나 크다.

2.2절 (d)

2.3절 (a) 양수 (b) 0 (c) 음수

2.5절 (d)

이차원에서의 운동
Motion in Two Dimensions

3

학습 내용

✓ 스칼라와 벡터 구별하기

✓ 벡터의 성분 형태와 크기 및 방향 이해하기

✓ 성분 분석 및 기하학을 이용한 벡터의 덧셈과 뺄셈 알아보기

✓ 위치, 속도, 가속도 벡터 기술하기

✓ 포물체 운동의 이해와 분석하기

✓ 등속 원운동의 이해와 분석하기

▲ 잘 친 골프공이 날아가는 것은 이차원 운동이다. 공의 비행 시간과 이동 거리를 어떻게 예측할 수 있는가?

3장에서는 운동학에 대한 공부를 평면에서의 운동으로 확장한다. 우선 삼각법을 검토할 것이고, 그다음 운동을 이차원으로 기술하기 위한 벡터를 소개할 것이다. 위치, 변위, 속도, 가속도가 벡터량임을 알게 될 것이다.

3.1 삼각법

물리학 전반에 걸쳐 삼각법이 사용된다. 삼각법에 대해 간단히 검토할 것이다. 사인, 코사인, 탄젠트함수와 직각삼각형에 익숙하다면 이 절을 건너뛰어도 된다.

삼각법은 이차원 운동에서 특히 중요하다. 서로 직각인 x축과 y축을 가진 직교좌표계를 사용하여 이러한 운동을 기술할 것이다. 좌표계의 축 사이의 각도가 90°이고 삼각법이 적용되는 모든 직각삼각형의 각도도 90°이다.

삼각함수와 역삼각함수의 정의

그림 3.1은 각도 θ의 맞은편에 있는 변 a, 각도 θ와 인접한 밑변 b, 빗변 c로 이루어진 직각삼각형을 나타낸 것이다. 각도 θ의 사인, 코사인, 탄젠트는 다음과 같이 정의한다.

$$\sin \theta = \frac{\text{높이}}{\text{빗변}} = \frac{a}{c} \quad \cos \theta = \frac{\text{밑변}}{\text{빗변}} = \frac{b}{c} \quad \tan \theta = \frac{\text{높이}}{\text{밑변}} = \frac{a}{b} \quad (3.1)$$

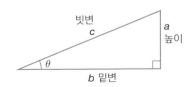

그림 3.1 삼각함수를 정의하는 데 사용되는 직각삼각형

각각의 관계는 세 가지 양, 즉 두 변과 각도 θ의 삼각함수를 포함한다. 둘 중 하나라도 알면 세 번째 양을 구할 수 있다. 예를 들어, $c = 12\,\text{cm}$, $\theta = 30°$이면 $a = c\sin30° = (12\,\text{cm})(0.50) = 6.0\,\text{cm}$이다. 계산기로 삼각함수를 계산할 수 있으며, 각도(도, 라디안 및 기타 단위)를 측정할 수 있다. 7장에서 라디안이 원운동에 유용한 이유를 알게 되겠지만, 그때까지는 도(°)를 사용하므로 지금은 계산기가 'degree(도)' 모드인지 확인해야 한다.

직각삼각형의 두 변을 아는 경우, **역삼각함수**를 사용하여 각도 θ를 구할 수 있다. 역삼각함수는 역함수로 표시하여 $\sin^{-1}\theta$, $\cos^{-1}\theta$, $\tan^{-1}\theta$ 또는 $\arcsin\theta$, $\arccos\theta$, $\arctan\theta$로 나타낸다. 그림 3.1의 직각삼각형의 경우, 역함수는 다음과 같다.

$$\theta = \sin^{-1}\left(\frac{a}{c}\right) \qquad \theta = \cos^{-1}\left(\frac{b}{c}\right) \qquad \theta = \tan^{-1}\left(\frac{a}{b}\right) \tag{3.2}$$

예를 들어, $a = 5.2\,\text{cm}$, $c = 9.5\,\text{cm}$이면 θ는 다음과 같다.

$$\theta = \sin^{-1}\left(\frac{a}{c}\right) = \sin^{-1}\left(\frac{5.2\,\text{cm}}{9.5\,\text{cm}}\right) = \sin^{-1}(0.547) = 33°$$

피타고라스 정리는 직각삼각형의 세 변 사이의 관계를 알려 준다. 그림 3.1을 보면 세 변의 관계가 다음과 같음을 알 수 있다.

$$a^2 + b^2 = c^2 \tag{3.3}$$

임의의 두 변을 알면 피타고라스 정리에 의해 세 번째 변을 구할 수 있다.

예제 3.1 **태양의 각도**

춘분일 정오, 평평한 땅 위에 키 1.85 m의 남자가 서 있었는데, 햇빛에 의해 1.98 m의 그림자가 생겼다. 이때 지평선 위 태양의 고도 각도는 얼마인가?

구성과 계획 일반적으로 개략도를 그리는 것이 도움된다. 그림 3.2는 두 변은 알고, 미지의 각도 θ로 이루어진 직각삼각형을 보여 준다. 밑변과 높이를 알고 있으므로 $\theta = \tan^{-1}(a/b)$를 구할 수 있다.

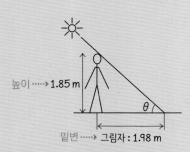

그림 3.2 태양의 고도 구하기

알려진 값: 높이 $a = 1.85\,\text{m}$, 밑변 $b = 1.98\,\text{m}$

풀이 역함수 식에 두 변의 값을 대입하면 다음을 얻는다.

$$\theta = \tan^{-1}\left(\frac{a}{b}\right) = \tan^{-1}\left(\frac{1.85\,\text{m}}{1.98\,\text{m}}\right) = \tan^{-1}(0.934) = 43.0°$$

반영 일부 특수각에 대한 삼각함수의 값에 익숙해지는 것이 좋다(표 3.1 참조). 이 중 하나는 $\tan(45°) = 1$이다. 이 문제에서 $\tan\theta = 0.934$로 θ는 45°보다 약간 작다. 만약 남자의 키와 그림

표 3.1 0°, 30°, 45°, 60°, 90°의 삼각함수*

각도 θ	$\sin\theta$	$\cos\theta$	$\tan\theta$
0°	0	1	0
30°	½	$\sqrt{3}/2 \approx 0.866$	$1/\sqrt{3} \approx 0.577$
45°	$1/\sqrt{2} \approx 0.707$	$1/\sqrt{2} \approx 0.707$	1
60°	$\sqrt{3}/2 \approx 0.866$	½	$\sqrt{3} \approx 1.73$
90°	1	0	정의되지 않음

* 무리수로 주어진 삼각함수의 경우, 대략적인 소수 값에 맞도록 세 개의 유효숫자로 주어짐에 유의하여라.

자 길이가 같다면 각도는 정확히 45°가 될 것이다.

연결하기 태양이 춘분점의 정오에 적도 바로 위에 있다는 것을 감안하여 이 예제에서 관찰자(북쪽)의 위도를 구하여라.

답 적도에 있는 관찰자 입장에서 태양–지구 라인은 지표에 수직일 것이다. 북위 1°마다 태양은 그 선으로부터 1° 만큼 이동한다. 이 예제에서 태양은 지평선과 43°를 이루므로 수직선으로부터 47°가 된다. 따라서 위도는 47°이다.

확인 3.1절 다음 삼각함수의 값을 작은 순서대로 나열하여라.

(a) $\tan 60°$ (b) $\cos 90°$ (c) $\sin 0°$ (d) $\sin 90°$ (e) $\cos 180°$ (f) $\tan 120°$

3.2 스칼라와 벡터

스칼라(scalar)는 단순한 하나의 수치(적절한 단위 포함)로 정해진 물리량이다. 예를 들어, 수영장에 채워진 물의 양(192.4 m^3), 체온($37.0°\text{C}$) 및 예제 3.1의 남성 키에 대한 그림자 길이의 비율(1.07)은 모두 스칼라이다. 처음 두 가지 예는 물리적 단위를 필요로 하고, 세 번째 예는 무차원이다.

   벡터(vector)는 크기와 방향을 갖는 물리량이다. 벡터는 물리학 전반에 걸쳐 사용된다. 평면에서의 위치가 한 예이며, 운동학에서 아주 중요한 것이다. 이차원 운동에서 위치, 변위, 속도, 가속도는 모두 벡터량이다.

위치 벡터

그림 3.3a는 어느 마을의 지도이다. "나는 2번가와 C 도로의 모퉁이에 있다."라고 말하며 적절한 거리의 이름을 대어 자신의 위치를 기술할 수 있다. 또는 그림과 같이 직교좌표인 순서쌍 (x, y)를 사용할 수 있다. 좌표를 기술하는 순서쌍은 하나의 물리

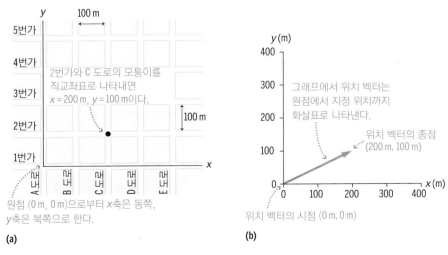

그림 3.3 직교좌표계에서 위치를 표시하는 두 가지 방법

량으로 결합되어 **위치 벡터**(position vector)를 표현한다. 위치를 벡터로 나타내려면 2개의 숫자(삼차원은 3개의 숫자)가 필요하다.

직교좌표에서 순서쌍은 위치 벡터를 나타내는 방법 중 하나이며, 그림 3.3b와 같이 그래프로 나타낼 수 있다. 그래프에서 벡터는 원점에서 위치까지의 화살표와 같다.

벡터 표기법

위치 벡터 $\vec{r}$과 같이 벡터는 기호 위에 화살표로 벡터량을 표시한다. 화살표는 이것이 스칼라가 아닌 벡터임을 나타낸다. **벡터량을 나타낼 때는 항상 화살표를 사용해야 한다!** 일부 책은 벡터를 굵은 글씨(예: **r**)로 나타내기도 하지만, 화살표는 종이나 칠판에 쓸 때 쉽게 구별할 수 있기 때문에 좀 더 편리하다.

앞의 예에서 수치 $x = 200$ m와 $y = 200$ m는 위치 벡터의 두 **성분**이다. 벡터의 성분을 추정하기 위한 두 가지 표기법이 있다. 수학에서는 종종 콤마(,)로 구성 요소를 구분한 후 괄호로 묶는다.

$$\vec{r} = (200 \text{ m}, 100 \text{ m})$$

이 책에서 **단위 벡터**(unit vector)를 기반으로 물리학의 일반적 표기법을 사용할 것이다. 단위 벡터 표기법으로 나타내면 다음과 같다.

$$\vec{r} = 200 \text{ m } \hat{i} + 100 \text{ m } \hat{j}$$

단위 벡터 $\hat{i}$와 $\hat{j}$는 각각 x 방향과 y 방향을 나타낸다. 이들은 각각 x축과 y축을 따라 일차원 단위로 크기가 1인 벡터이다. 따라서 단위 벡터는 방향에 대한 정보를 주지만 물리적 벡터량의 크기에 대한 정보는 주지 않는다. $\vec{r} = 200 \text{ m } \hat{i} + 100 \text{ m } \hat{j}$는 원점에서 시작하여 x 방향($\hat{i}$)으로 200 m, y 방향($\hat{j}$)으로 100 m를 이동하여 그 위치에 도달함을 나타낸다.

따라서 평면에서의 위치 벡터는 다음과 같다.

$$\vec{r} = x\hat{i} + y\hat{j} \tag{3.4}$$

여기서 x, y는 직교좌표이다. x, y에는 화살표를 붙이지 않음에 유의하여라. **벡터의 개별 성분은 숫자로 나타내므로 스칼라이다.**

벡터의 성분은 양수, 음수 또는 0일 수 있다. 지도에서 원점에서 정남쪽으로 6블록 떨어진 위치 벡터는 $\vec{r} = 0 \text{ m } \hat{i} - 600 \text{ m } \hat{j}$ ($x = 0$ m, $y = -600$ m)이다. 원점에서 서쪽으로 3블록, 남쪽으로 5블록 떨어진 곳에 위치한다면 위치 벡터는 다음과 같다.

$$\vec{r} = -300 \text{ m } \hat{i} - 500 \text{ m } \hat{j} \ (x = -300 \text{ m}, y = -500 \text{ m})$$

새로운 개념 검토

다음은 이차원에서의 위치 벡터에 대한 중요한 아이디어이다.

▪ 위치 벡터에는 직교좌표에 해당하는 두 개의 성분(x, y)가 있다.

▪ 기하학적으로 위치 벡터는 원점에서 해당 위치까지의 화살표이다.

■ 단위 벡터는 $\hat{i}, \hat{j}$ 기호를 사용하여 벡터를 나타낼 수 있으며, x성분은 $\hat{i}$를, y성분은 $\hat{j}$를 붙인다.

변위

이차원에서 변위의 정의는 일차원에서와 같다(2장 참조). 즉, **변위는 위치의 변화이다.** 이때 이차원에서의 변위는 위치와 마찬가지로 벡터이다(그림 3.4, 식 3.5 참조).

$$\Delta\vec{r} = \vec{r} - \vec{r}_0 \quad \text{(변위, SI 단위: m)} \tag{3.5}$$

식 3.5에서 변위를 구하려면 벡터의 뺄셈을 해야 한다. 따라서 먼저 벡터의 덧셈과 뺄셈에 대해 논의해야 한다.

벡터의 덧셈과 뺄셈

벡터의 덧셈과 뺄셈 계산은 간단하다.

두 벡터의 덧셈은 해당 성분끼리 합해서 나타내는 벡터이다. 두 벡터 $\vec{r}_1 = x_1\hat{i} + y_1\hat{j}$와 $\vec{r}_2 = x_2\hat{i} + y_2\hat{j}$의 덧셈은 다음과 같다.

$$\vec{r}_1 + \vec{r}_2 = (x_1 + x_2)\hat{i} + (y_1 + y_2)\hat{j} \quad \text{(벡터의 덧셈)} \tag{3.6}$$

두 벡터의 뺄셈도 덧셈과 유사하게 계산한다.

$$\vec{r}_2 - \vec{r}_1 = (x_2 - x_1)\hat{i} + (y_2 - y_1)\hat{j} \quad \text{(벡터의 뺄셈)} \tag{3.7}$$

예를 들어, 그림 3.5와 같이 위치 벡터 $\vec{r}_1 = -1.6\,\text{m}\,\hat{i} + 3.0\,\text{m}\,\hat{j}$와 $\vec{r}_2 = 3.5\,\text{m}\,\hat{i} + 2.9\,\text{m}\,\hat{j}$를 고려하자. 두 벡터의 덧셈을 식 3.6으로 계산하면

$$\vec{r}_1 + \vec{r}_2 = (-1.6\,\text{m} + 3.5\,\text{m})\hat{i} + (3.0\,\text{m} + 2.9\,\text{m})\hat{j} = 1.9\,\text{m}\,\hat{i} + 5.9\,\text{m}\,\hat{j}$$

이고, 식 3.7으로 뺄셈을 하면 다음을 얻는다.

$$\vec{r}_2 - \vec{r}_1 = (3.5\,\text{m} - (-1.6\,\text{m}))\hat{i} + (2.9\,\text{m} - 3.0\,\text{m})\hat{j} = 5.1\,\text{m}\,\hat{i} - 0.1\,\text{m}\,\hat{j}$$

변위는 식 3.5처럼 두 위치 벡터의 차 $\Delta\vec{r} = \vec{r} - \vec{r}_0$, 즉 위치의 변화이다. 예를 들어, 그림 3.4에서 변위는 다음과 같다.

$$\Delta\vec{r} = \vec{r} - \vec{r}_0 = 300\,\text{m}\,\hat{i} + 500\,\text{m}\,\hat{j} = (200\,\text{m}\,\hat{i} + 100\,\text{m}\,\hat{j})$$
$$= (300\,\text{m} - 200\,\text{m})\hat{i} + (500\,\text{m} - 100\,\text{m})\hat{j} = 100\,\text{m}\,\hat{i} + 400\,\text{m}\,\hat{j}$$

이는 바로 그림 3.4에 보인 결과이다.

벡터의 덧셈은 그림 3.4와 같이 나중 위치에 도달하기 위해 초기 위치에 더해야 하는 벡터가 변위 $\Delta\vec{r}$임을 보여 준다. 글로 나타내면 '처음 위치 더하기 변위는 나중 위

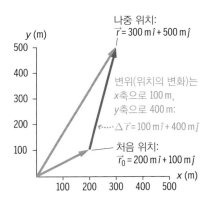

그림 3.4 변위는 위치의 변화이다.

▶ **TIP** 벡터 기호를 r 위에 표시하는 것이 보편적이며 △는 벡터를 나타내지 않는다. 앞에서와 마찬가지로 첨자 0을 사용하는 것은 '처음'을 뜻한다.

▶ **TIP** 성분을 합하는 것이 벡터의 덧셈이고, 성분을 빼는 것이 벡터의 뺄셈이다. 단위를 잊지 말아라!

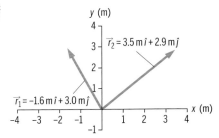

그림 3.5 두 벡터 $\vec{r}_1$과 $\vec{r}_2$

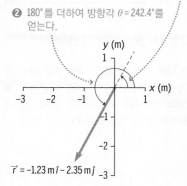

피타고라스 정리에 의한
벡터의 크기는 $r = \sqrt{x^2+y^2}$ 이다.

y

위치 벡터
$\vec{r} = x\hat{i} + y\hat{j}$

삼각비에 의한 벡터의
방향은 $\theta = \tan^{-1}(y/x)$
이다.

y

θ

x

x

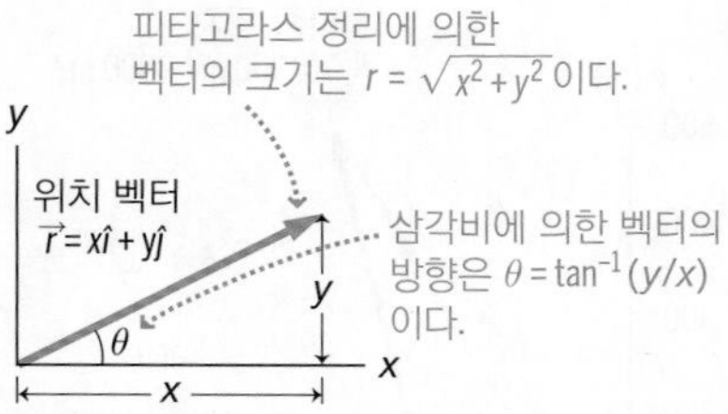

그림 3.6 위치 벡터의 크기와 방향

❶ 이 각도를 계산하면 62.4°이다.

❷ 180°를 더하여 방향각 $\theta = 242.4°$를 얻는다.

$\vec{r} = -1.23\,m\hat{i} - 2.35\,m\hat{j}$

그림 3.7 제2사분면의 각과 제3사분면의 각에 대한 계산 결과

▶ **TIP** 벡터 $\vec{r}$의 크기는 화살표 없이 r로 나타낸다.

두 벡터

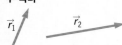

$\vec{r}_1$ $\vec{r}_2$

벡터의 덧셈

❶ $\vec{r}_1$과 $\vec{r}_2$의 시점에 종점을 잇는다 (어느 쪽이든 상관없음).

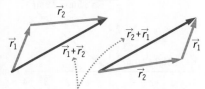

$\vec{r}_2$

$\vec{r}_1$

$\vec{r}_1 + \vec{r}_2$

$\vec{r}_2 + \vec{r}_1$

$\vec{r}_1$

$\vec{r}_2$

❷ 한 벡터의 시점에 다른 벡터의 종점을 이어 벡터를 합한다($\vec{r}_1 + \vec{r}_2 = \vec{r}_2 + \vec{r}_1$).

$\vec{r}_2$에서 $\vec{r}_1$ 빼기

❶ 두 벡터의 시점에 맞춘다.

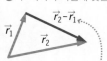

$\vec{r}_2 - \vec{r}_1$

$\vec{r}_1$

$\vec{r}_2$

❷ $\vec{r}_2 - \vec{r}_1$는 $\vec{r}_1$의 종점에서 $\vec{r}_2$의 종점을 이은 것이다.

그림 3.8 벡터의 덧셈과 뺄셈의 기하학적 방법

치'이다. 앞의 예에서 나중 위치를 구하면 다음과 같다.

$$\vec{r} = \vec{r}_0 + \Delta\vec{r} = 200\,m\,\hat{i} + 100\,m\,\hat{j} + (100\,m\,\hat{i} + 400\,m\,\hat{j})$$
$$= (200\,m + 100\,m)\,\hat{i} + (100\,m + 400\,m)\,\hat{j} = 300\,m\,\hat{i} + 500\,m\,\hat{j}$$

벡터의 크기와 방향

물리적으로 벡터량은 방향과 **크기**를 모두 갖는다. 벡터 $\vec{r}$의 크기는 화살표가 없는 동일한 변수 r로 나타낸다. x축에서 시계 반대 방향으로 잰 각도 θ에 의해 **방향각**을 정한다.

그림 3.6은 벡터 $\vec{r} = x\,\hat{i} + y\,\hat{j}$가 크기 r과 방향각 θ을 가짐을 나타낸다.

$$r = \sqrt{x^2 + y^2} \qquad \text{(벡터의 크기)} \qquad (3.8a)$$

$$\theta = \tan^{-1}\left(\frac{y}{x}\right) \qquad \text{(벡터의 방향)} \qquad (3.8b)$$

탄젠트는 값이 여러 개인 함수이므로 θ를 풀 때 주의해야 한다. 역탄젠트함수를 계산할 때 계산기는 $-90°$에서 $+90°$ 사이의 값인 '주치'를 출력한다. 제2사분면 또는 제3사분면의 점으로 이루어진 벡터의 경우, 계산기 출력에 180°를 더한다. 그림 3.7은 벡터 $\vec{r} = -1.23\,m\,\hat{i} - 2.35\,m\,\hat{j}$를 보여 준다. 계산기에 $x = -1.23$ m, $y = -2.35$ m 성분을 적용하면 다음을 얻는다.

$$\theta = \tan^{-1}\left(\frac{y}{x}\right) = \tan^{-1}\left(\frac{-2.35\,m}{-1.23\,m}\right) = 62.4°$$

이 벡터가 제3사분면을 가리키므로 180°를 더하면 $\theta = 62.4° + 180° = 242.4°$가 된다.

벡터의 방향과 크기를 구하는 직각삼각형을 이용한 기하학적 방법을 살펴보았다. 방향과 크기에서 성분을 이용하는 방법도 있다. 그림 3.6에서 두 성분 x와 y는 각각 θ에 인접하고(밑변), 맞은편에 있는(높이) 직각삼각형의 두 변이다. 식 3.1은 $\cos\theta = x/r$이고 $\sin\theta = y/r$임을 나타낸다. 따라서 벡터 성분은 다음과 같다.

$$x = r\cos\theta, \; y = r\sin\theta \qquad \text{(위치 벡터의 }x\text{성분과 }y\text{성분)} \qquad (3.9)$$

성분과 크기/방향은 벡터를 표현하는 동등한 방법이다. 두 쌍 모두 벡터를 이차원으로 완전하게 기술한다. 식 3.8, 식 3.9를 사용하면 두 표현을 오갈 수 있다.

그래프에 의한 벡터 연산 해석

벡터를 화살표로 표현하면 벡터 덧셈과 뺄셈을 그래프로 살펴볼 수 있다(그림 3.8). 이 경우 두 벡터 $\vec{r}_1$과 $\vec{r}_2$를 더하려면 $\vec{r}_2$의 시점을 $\vec{r}_1$의 종점에 놓아야 한다. $\vec{r}_1$의 시

점에서 $\vec{r_2}$의 종점으로 화살표를 그리면 벡터의 합 $\vec{r_1}+\vec{r_2}$를 얻는다. 벡터의 차 $\Delta\vec{r} = \vec{r_2} - \vec{r_1}$은 벡터 $\vec{r_1}$에 어떤 벡터를 더하면 벡터 $\vec{r_2}$를 얻느냐는 것이다. 기하학적으로 보면 **벡터 $\vec{r_1}$의 종점에서 벡터 $\vec{r_2}$의 종점으로 $\Delta\vec{r}$을 그리는 것을 의미한다.**

그래프로 벡터 연산을 표현하면 연산을 시각화할 수 있다는 장점이 있다. 그래프로 덧셈과 뺄셈을 하는 것은 성분을 사용하는 것만큼 정확하지 않다는 단점이 있다. 두 방법을 모두 아는 것은 물리학 전반의 많은 벡터 연산을 이해하는 데 도움이 될 것이다.

개념 예제 3.2 그래프에 의한 벡터의 덧셈과 뺄셈

앞의 두 벡터를 다시 살펴보자.

$$\vec{r_1} = -1.6\,\text{m}\,\hat{i} + 3.0\,\text{m}\,\hat{j}, \quad \vec{r_2} = 3.5\,\text{m}\,\hat{i} + 2.9\,\text{m}\,\hat{j}$$

그래프 방법으로 $\vec{r_1}+\vec{r_2}$와 $\vec{r_2}-\vec{r_1}$을 구하여라.

풀이 그림은 벡터 규칙에 의한 그래프 풀이를 보여 준다. 덧셈의 경우, 벡터의 시점에 다른 벡터의 종점을 연결한다(그림 3.9a). 뺄셈의 경우, 두 벡터의 시점을 연결하여 $\vec{r_1}$의 종점에서 $\vec{r_2}$의 종점을 이어 벡터의 차를 나타낸다(그림 3.9b).

반영 그래프 방법과 성분의 방법을 비교해 보자. 앞에서 성분을 구했다.

$$\vec{r_1} + \vec{r_2} = 1.9\,\text{m}\,\hat{i} + 5.9\,\text{m}\,\hat{j}$$
$$\vec{r_2} - \vec{r_1} = 5.1\,\text{m}\,\hat{i} - 0.1\,\text{m}\,\hat{j}$$

그래프 방법으로 푼 답에 동의하는가? 그래프에서 얻은 $\vec{r_1}+\vec{r_2}$를 살펴보아라. x성분은 약 2 m이고, y성분은 약 6 m이다. 마찬가지로 $\vec{r_2}-\vec{r_1}$의 x성분은 약 5 m이고, y성분은 거의 0이다. 그

래프 방법에 의한 덧셈과 뺄셈은 그림의 정확도 내에서 수치로 표시한 답과 일치한다.

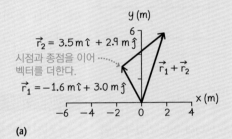

(a)

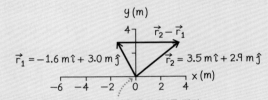

(b)

그림 3.9 (a) 그래프로 $\vec{r_1}$과 $\vec{r_2}$ 더하기 **(b)** 그래프로 $\vec{r_2}-\vec{r_1}$ 구하기

전략 3.1 벡터의 덧셈과 뺄셈

벡터의 덧셈
- 성분에 의해 벡터를 더한다. x성분끼리 더하고 y성분끼리 더하여 두 벡터의 합을 구한다.
- 그래프에서 $\vec{r_1}$의 종점에 $\vec{r_2}$의 시점을 놓고, 벡터 $\vec{r_1}$과 벡터 $\vec{r_2}$를 더한다. 따라서 $\vec{r_1}+\vec{r_2}$는 $\vec{r_1}$의 시점에서 $\vec{r_2}$의 종점을 이은 것과 같다.

벡터의 뺄셈
- 성분에 의해 벡터를 뺀다. x성분끼리 빼고 y성분끼리 빼어 두 벡터의 차를 구한다.
- 그래프에서 두 벡터를 시점을 연결하고, $\vec{r_1}$의 종점에서 $\vec{r_2}$의 종점을 잇는 차 $\vec{r_2}-\vec{r_1}$를 그린다.

벡터와 스칼라의 곱

종종 벡터에 스칼라를 곱해야 할 때가 있다. 예를 들어, 벡터 $1.9 \text{ m } \hat{i}$는 벡터 $\hat{i}$와 스칼라 1.9 m의 곱이다. 일반적으로 분배 법칙이 적용되므로 다음 식이 성립한다.

$$3(2 \text{ m } \hat{i} + 5 \text{ m } \hat{j}) = 6 \text{ m } \hat{i} + 15 \text{ m } \hat{j}$$

일반적인 벡터 $\vec{r} = x\hat{i} + y\hat{j}$에 대하여 다음이 성립한다.

$$a\vec{r} = ax \, \hat{i} + ay \, \hat{j} \quad \text{(벡터와 스칼라의 곱)} \tag{3.10}$$

기하학적으로, 벡터에 양의 스칼라를 곱하면 벡터의 크기가 a만큼 변하지만 방향은 바뀌지 않는다(그림 3.10a). 예를 들어, $\Delta\vec{r}$이 움직인 변위를 나타내면 $2.5\Delta\vec{r}$은 같은 방향으로 이동하며, 2.5배만큼 멀리 이동하는 것을 나타낸다. 음의 스칼라를 곱하면 벡터의 방향이 반대가 되며 벡터의 크기가 a의 절댓값만큼 바뀌게 된다. 벡터에 -1을 곱하면 크기는 변하지 않고 방향만 반대로 바뀌는 것이다. 최종적으로 다차원에서는 그 차원을 나타내는 벡터에 스칼라 값을 곱한다. 다음 절의 예제에서 살펴볼 것이다.

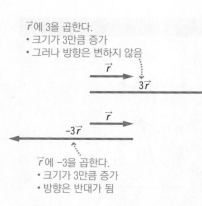

$\vec{r}$에 3을 곱한다.
• 크기가 3만큼 증가
• 그러나 방향은 변하지 않음

$\vec{r}$에 −3을 곱한다.
• 크기가 3만큼 증가
• 방향은 반대가 됨

그림 3.10 **(a)** 벡터와 양의 스칼라의 곱 **(b)** 벡터와 음의 스칼라의 곱

새로운 개념 검토

- 이차원에서의 벡터를 더하려면 성분을 각각 더한다.
- 이차원에서의 벡터를 빼려면 성분을 각각 뺀다.
- 기하학적으로, $\vec{r}_2$의 시점을 $\vec{r}_1$의 종점에 놓고 $\vec{r}_1 + \vec{r}_2$를 만든다.
- 기하학적으로, $\vec{r}_1$과 $\vec{r}_2$의 시점을 함께 놓고 $\Delta\vec{r} = \vec{r}_2 - \vec{r}_1$을 만든다. 그다음 $\Delta\vec{r} = \vec{r}_2 - \vec{r}_1$은 $\vec{r}_1$의 종점에서 $\vec{r}_2$의 종점으로 화살표를 그린다.
- 벡터에 스칼라를 곱하려면 벡터의 각 성분에 해당 스칼라를 곱한다.

확인 3.2절 다음 중 두 벡터 $\vec{r}_1$과 $\vec{r}_2$의 합을 올바르게 나타낸 것은?

(a) (b) (c) (d)

3.3 이차원에서의 속도와 가속도

2장에서 일차원 운동에서의 속도와 가속도를 정의했다. 일차원에서 속도는 '변위/시간'이고, 가속도는 '속도의 변화/시간'이다. 이 정의는 이차원 운동에서도 같다. 차이점은 이차원에서 변위를 벡터로 표기하고, 속도와 가속도 역시 벡터로 표기한다는 것이다.

이차원에서 평균 속도

그림 3.11은 사냥감을 쫓는 사자의 움직임을 보여 준다. 여기서 +x축은 동쪽, +y축은 북쪽으로 하는 좌표를 선택하였다. 2장에서 평균 속도를 변위 Δx를 해당 시간 간격 Δt로 나눈 값으로 정의하였다. 그 정의를 변위 $\Delta \vec{r}$의 이차원 운동으로 확장하면 다음과 같다.

$$\bar{\vec{v}} = \frac{변위}{시간} = \frac{\Delta \vec{r}}{\Delta t} \quad \text{(이차원 운동에서의 평균 속도, SI 단위: m/s)} \quad (3.11)$$

벡터 $\Delta \vec{r}$은 스칼라 Δt로 나눈 값이며, 3.2절에서 논의한 스칼라 곱에 의해 $1/\Delta t$을 곱한 값과 같다. Δt는 항상 양이므로 결과적인 평균 속도 $\bar{\vec{v}}$는 $\Delta \vec{r}$과 같은 방향을 갖는 벡터이다. 단위는 $\Delta \vec{r}$(m)을 Δt(s)로 나눈 값으로 속도에서 예상한 것처럼 m/s이다. 그림 3.11a에 표시된 위치와 시간의 경우, 사자의 평균 속도는 다음과 같다.

$$\bar{\vec{v}} = \frac{\Delta \vec{r}}{\Delta t} = \frac{(29.1 \text{ m } \hat{i} + 12.7 \text{ m } \hat{j}) - (13.6 \text{ m } \hat{i} + 9.2 \text{ m } \hat{j})}{8.0 \text{ s} - 3.0 \text{ s}}$$

$$= \frac{(29.1 \text{ m} - 13.6 \text{ m})\hat{i} + (12.7 \text{ m} - 9.2 \text{ m})\hat{j}}{5.0 \text{ s}}$$

$$= \frac{15.5 \text{ m } \hat{i} + 3.5 \text{ m } \hat{j}}{5.0 \text{ s}} = 3.1 \text{ m/s } \hat{i} + 0.7 \text{ m/s } \hat{j}$$

이차원에서의 순간 속도

그림 3.11a에서 계산한 평균 속도는 5 s 동안 사자의 움직임에 대한 세부 사항을 제공하지 않는다. 이러한 세부 사항을 보기 위해 그림 3.11b와 같이 사자의 움직임을 더 짧은 시간 간격으로 나눌 수 있다. 이차원 운동의 경우, 임의의 작은 구간의 극한은 순간 속도 $\vec{v}$로 다음과 같이 표현한다.

$$\vec{v} = \lim_{\Delta t \to 0} \frac{\Delta \vec{r}}{\Delta t} \quad \text{(이차원에서 순간 속도, SI 단위: m/s)} \quad (3.12)$$

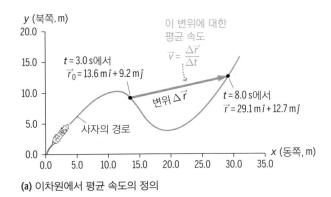

(a) 이차원에서 평균 속도의 정의

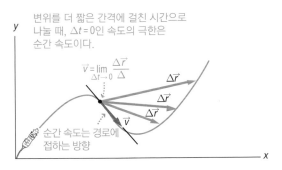

(b) 시간 간격으로 0으로 줄여 순간 속도에 접근

그림 3.11 이차원 운동에 대한 평균 속도와 순간 속도

그림 3.11b의 극한은 경로에 접하는 사자의 순간 속도를 보여 준다. 순간 속도는 특정 순간에 물체가 어떻게 움직이는지 알려 주기 때문에 해당 간격의 평균 속도보다 유용하다. 일차원 운동에서와 마찬가지로 순간 속도는 '순간'을 빼고 간단하게 '속도'로 사용할 것이다.

이차원에서의 속도, 속력과 방향

이차원 벡터와 마찬가지로 속도 벡터 $\vec{v}$를 성분으로 표현하거나 크기와 방향으로 표현할 수 있다. 속도 성분을 v_x와 v_y로 나타내며, 다음과 같이 쓸 수 있다.

$$\vec{v} = v_x \hat{i} + v_y \hat{j}$$

예를 들어, 그림 3.11의 사자의 속도는 x성분과 y성분을 갖고 있다. 다른 벡터와 같이 개별 성분 v_x와 v_y는 스칼라이므로 단위 벡터와 결합하여 이차원 벡터를 만들 수 있다(그림 3.12).

일반 벡터와 마찬가지로 피타고라스 정리를 사용하면 속도 벡터 $\vec{v}$의 크기(v)를 구할 수 있다.

$$v = \sqrt{v_x^2 + v_y^2} \qquad \text{(속력, SI 단위: m/s)} \tag{3.13}$$

크기 v는 특별한 이름을 갖는데, **속력**(speed)이라 한다. 일반적으로 '속력'과 '속도'를 혼용할 수도 있지만 물리학에서는 확실히 구별한다. 속도 $\vec{v}$는 벡터이지만 속력 v는 스칼라이기 때문이다.

속도의 방향은 위치에서 그랬던 것처럼 삼각법을 따른다. 그림 3.12는 다음을 보여 준다.

$$\theta = \tan^{-1}\left(\frac{v_y}{v_x}\right) \qquad \text{(이차원 운동에서의 방향)} \tag{3.14}$$

성분과 크기/방향은 다른 벡터와 마찬가지로 동일 속도를 표현하는 동등한 방식이다. 이차원에서 각각의 접근 방식은 두 개의 성분 또는 크기와 방향각을 필요로 한다. 식 3.13, 식 3.14는 성분에서 크기/방향을 제공한다. 그림 3.12의 삼각형은 크기/방향으로부터 성분을 알 수 있음을 보여 준다.

$$v_x = v \cos\theta \qquad v_y = v \sin\theta \qquad \begin{array}{l}\text{(이차원에서의 속도 성분,}\\ \text{SI 단위: m/s)}\end{array} \tag{3.15}$$

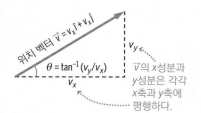

위치 벡터 $\vec{v} = v_x \hat{i} + v_y \hat{j}$

$\theta = \tan^{-1}(v_y/v_x)$

$\vec{v}$의 x성분과 y성분은 각각 x축과 y축에 평행하다.

그림 3.12 벡터 성분 v_x와 v_y

▶ **TIP** 속도와 속력은 별개이지만 밀접한 관련이 있다. 속도는 크기와 방향을 갖는 벡터이다. 속력은 스칼라이며, 속도의 크기이다.

▶ **TIP** 벡터의 성분을 알고 있다면, 식 3.13과 식 3.14는 벡터의 크기와 방향을 나타낸다. 크기와 방향을 알고 있다면 식 3.15는 성분을 보여 준다.

| 예제 3.3 | 민첩한 사자 |

사자의 움직임을 추적하기 위해 과학자들은 동쪽을 +x축으로, 북쪽을 +y축으로 하는 좌표를 설정했다. 한 순간에 사자는 +x축으로부터 $60°$ 방향으로 17.6 m/s의 속도를 갖는다. 물음에 답하여라.

(a) 사자의 속도 성분을 구하여라.

(b) 사자의 속도가 x성분은 유지하고, y성분은 10.6 m/s로 바뀌었다. 이때 속력과 방향을 구하여라.

구성과 계획 이 문제는 벡터를 크기/방향 표현과 성분 표현을 변환하는 것과 관련이 있다. 벡터 삼각형법으로 시각화하는 것이 도움이 된다.

(a)의 경우, 속력과 방향이 주어지므로 식 3.15를 사용하여 성분을 구한다(그림 3.13a).

$$v_x = v\cos\theta, \; v_y = v\sin\theta$$

(b)의 경우, 식 3.13, 식 3.14와 그림 3.13b에서 제공하는 역함수가 필요하다.

$$v = \sqrt{v_x^2 + v_y^2}, \theta = \tan^{-1}\left(\frac{v_y}{v_x}\right)$$

알려진 값: $v = 17.6$ m/s, $\theta = 60.0°$

풀이 (a) 알려진 값을 대입하여 속도 성분을 구하면 다음과 같다.

$$v_x = v\cos\theta = (17.6 \text{ m/s})\cos(60.0°) = 8.80 \text{ m/s},$$
$$v_y = v\sin\theta = (17.6 \text{ m/s})\sin(60.0°) = 15.2 \text{ m/s}$$

(b) 속도의 x성분은 같으므로 $v_x = 8.80$ m/s이고, 새로운 y성분은 $v_y = 10.6$ m/s이다. 새로운 속력과 방향은 다음과 같다.

$$v = \sqrt{v_x^2 + v_y^2} = \sqrt{(8.80 \text{ m/s})^2 + (10.6 \text{ m/s})^2} = 13.8 \text{ m/s},$$

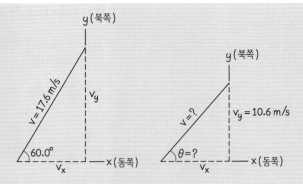

그림 3.13 예제 3.3에 대한 개략도

$$\theta = \tan^{-1}\left(\frac{v_y}{v_x}\right) = \tan^{-1}\left(\frac{10.6 \text{ m/s}}{8.80 \text{ m/s}}\right) = 50.3°$$

이제 사자는 x축에서 50.3° 방향으로 13.8 m/s로 달린다.

반영 15.2 m/s에서 10.6 m/s로 v_y를 줄이면 실제 속력은 (15.2 m/s에서 13.8 m/s로) 1.4 m/s 감소한다. 또한, 각도는 약 10° 줄어든다. 방위로 보면 사자는 동쪽으로 약간 방향을 튼 것이다.

연결하기 다시 사자가 속도 $v_x = 8.80$ m/s, $v_y = 15.2$ m/s로 달리기 시작한 후 $v_x = -8.80$ m/s, $v_y = -15.2$ m/s로 바꾸어 달린다면 사자의 속력과 방향은 어떻게 변하는가?

답 속력은 변하지 않는다. 벡터에 −1을 곱하면 방향은 180°(60° + 180° = 240°) 바뀌지만 크기는 바뀌지 않는다.

개념 예제 3.4 **속도와 속력**

물체의 속도가 변하는 동안 물체의 속력이 일정하게 유지될 수 있는가? 만약 그렇다면 예를 들어 보아라. 만약 아니라면 이유를 설명하여라.

풀이 속도가 변하면서 속력은 일정할 수 있다. 변화한 성분 v_x와 v_y의 속력은 다음과 같이 일정하게 유지된다.

$$v = \sqrt{v_x^2 + v_y^2}$$

좋은 예로 일정한 속력으로 곡선 도로를 달리는 것을 들 수 있다(그림 3.14). 속력계는 일정하게 유지되지만 운동 방향이 변하므로 속도는 일정하지 않다. 3.5절에서 원운동에 대해 논의할 것이다.

반영 이 상황의 반대는 불가능하다. 즉, 물체의 속력이 변하면 속도는 반드시 변한다.

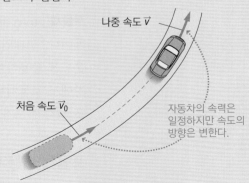

그림 3.14 속도는 변하고 속력은 일정한 경우

이차원에서의 가속도

가속도는 속도가 변할 때 생긴다. 2장에서 일차원 운동에 대해 했던 것처럼 평균 가속도와 순간 가속도를 정의할 것이다.

시간 간격 Δt 동안 평균 가속도 $\vec{a}$는 속도의 변화를 시간 간격으로 나눈 값이다.

$$\vec{a} = \frac{\Delta \vec{v}}{\Delta t} \quad \text{(이차원 운동에 대한 평균 가속도, SI 단위: m/s}^2\text{)} \quad (3.16)$$

예를 들어, 예제 3.3에서 사자의 속도는 $\vec{v}_0 = 8.80 \text{ m/s } \hat{i} + 15.2 \text{ m/s } \hat{j}$에서 $\vec{v} = 8.80 \text{ m/s } \hat{i} + 10.6 \text{ m/s } \hat{j}$로 변화한다. 속도가 변하는 데 2.0 s 걸렸다면 평균 가속도는 다음과 같다.

$$\vec{a} = \frac{\Delta \vec{v}}{\Delta t} = \frac{(8.80 \text{ m/s } \hat{i} + 10.6 \text{ m/s } \hat{j}) - (8.80 \text{ m/s } \hat{i} + 15.2 \text{ m/s } \hat{j})}{2.0 \text{ s}}$$

$$= \frac{(8.80 \text{ m/s} - 8.80 \text{ m/s}) \hat{i} + (10.6 \text{ m/s} - 15.2 \text{ m/s}) \hat{j}}{2.0 \text{ s}}$$

$$= \frac{(0 \text{ m/s}) \hat{i} + (-4.6 \text{ m/s}) \hat{j}}{2.0 \text{ s}} = -2.3 \text{ m/s}^2 \hat{j}$$

이 경우, 평균 가속도는 $-y$ 방향이다. 속도의 y성분이 감소하는 반면, x성분에는 변화가 없다는 점을 고려하면 이는 타당하다.

순간 가속도 $\vec{a}$는 시간 간격이 0에 가까워질 때 평균 가속도의 극한이 된다. 따라서 다음과 같이 나타낼 수 있다.

$$\vec{a} = \lim_{\Delta t \to 0} \frac{\Delta \vec{v}}{\Delta t} \quad \text{(이차원 운동에 대한 순간 가속도, SI 단위: m/s}^2\text{)} \quad (3.17)$$

다시 말하지만 순간 가속도는 '순간'을 빼고 '가속도'라고 간단히 나타낸다.

3.4 포물체 운동

포물체(projectile)는 초기 속도로 발사된 후 중력의 영향을 받아 공중을 날아가는 물체이다. 고대인들은 사냥에서 막대기나 돌을 포물체로 이용했다. 대포는 포물체의 운동을 응용하여 발명된 것으로 군사적으로 중요한 무기로 사용됐다. 학생들은 운동장에서 포물체를 볼 가능성이 더 높다. 포물체를 능숙하게 사용하는 모든 구기 종목을 생각해 보자!

포물체의 등가속도

이차원 운동을 분석하는 첫 번째 단계는 좌표계를 설정하는 것이다. 포물체 운동을 논리적으로 살펴보기 위해 x축을 수평으로, y축을 수직으로 선택한다. 원점은 지면에 상관없이 포물체의 발사 지점으로 선택하는 것이 좋다. 그림 3.15는 좌표계와 포물체의 곡선 궤적을 보여 준다.

포물체의 운동에 대한 현실적인 이해는 포물체 운동의 수평 성분과 연직 성분으로 기술한 갈릴레오로부터 시작됐다. 따라서 위치(x와 y), 속도(v_x와 v_y), 가속도(a_x와 a_y)의 벡터 성분을 고려하여 이 생각을 따를 것이다. 시간에 따라 변화하는 각 성분을 통해 포물체 운동을 이해할 수 있다.

그림 3.16은 갈릴레오의 합리적인 사고(추론)에 대해 보여 준다. 이 사진은 두 공을 동시에 던진 것을 보여 주는데, 하나는 정지 상태에서 떨어졌고 다른 하나는 수평으로 던졌다. 두 공의 연직 운동은 각각 중력의 영향을 받기 때문에 동일하다는 점에 주목하자. 따라서 포물체의 연직 운동은 2장에서 배운 자유 낙하 운동이며, 일정한 연직 가속도는 $a_y = -g = -9.80 \text{ m/s}^2$이다. 여기서 수평 가속도는 없고($a_x = 0$), 수평 속도 성분은 일정하게 유지된다.

그림 3.17은 포물체의 연속적인 하향 가속도가 곡선 경로를 만드는지 그래프로 보여 준다. 하향 가속도는 연직 속도 성분에 영향을 미치지만 수평 속도 성분에는 영향을 주지 않는다. 연직 속도 성분은 점차 감소하다 0으로 된 다음, 반대로 음의 값으로 점점 더 감소한다. 궤도는 사실 포물선이지만 이를 증명하지는 않을 것이다.

여기서 포물체에 대한 공기 저항의 영향은 무시한다. 자유 낙하(2.5절)와 마찬가지로 일부 물체에서는 좋은 근사적 접근이지만 다른 물체에는 그렇지 않은 경우가 있다. 갈릴레오의 대포알에는 잘 맞지만 탁구공에는 맞지 않는다. 4장에서 공기 저항에 대해 논의할 것이다.

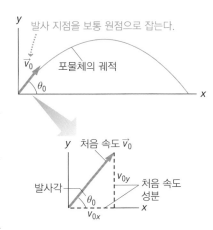

그림 3.15 포물체의 경로(궤적)

▶ **TIP** 포물체의 운동에서 x성분과 y성분을 따로 생각해 보아라.

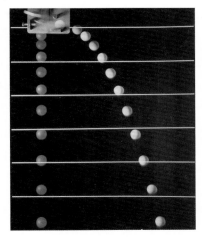

그림 3.16 동시에 던진 두 공의 스트로브 사진이다. 하나는 정지 상태에서 떨어졌고, 다른 하나는 수평으로 던졌다. 수평선은 공이 동일한 비율로 수직 아래로 가속한다는 것을 보여 준다.

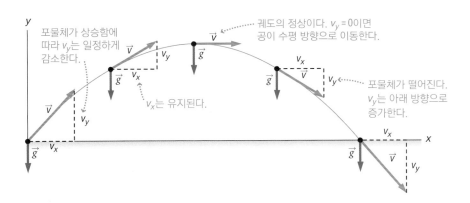

그림 3.17 포물체의 운동 모형. 수평 방향으로 등속도를 유지하고, 연직 방향으로 자유 낙하한다. 연속적인 하향 가속도 $\vec{g}$를 사용한다.

포물체의 운동 방정식

등가속도의 두 성분($a_x = 0$, $a_y = -g$)을 사용하여 수평 및 연직 운동에 대해 일차원 등가속도 운동 방정식을 별도로 적용할 수 있다. 표 3.2는 그 결과를 보여 준다.

표 3.2의 식은 포물체의 나중 위치(x와 y)와 속도(v_x와 v_y)를 예측할 수 있는 강력한 도구이다. 다음 예제에서 이 식을 사용할 수 있는 몇 가지 방법을 보게 될 것이다.

▶ **TIP** 표 3.2는 포물체 운동에 대한 운동 방정식이 주어져 있다. 이는 원점에서 출발한다고 가정한 결과이다. 즉, $x_0 = y_0 = 0$이다.

표 3.2 이차원에서의 운동 방정식

x에 대한 운동 방정식		$a_x = 0$인 포물체의 경우	
$x = v_{0x}t + \frac{1}{2}a_xt^2$	(2.9)	$x = v_{0x}t$	(3.18a)
$v_x = v_{0x} + a_xt$	(2.8)	$v_x = v_{0x}$	(3.18b)
$v_x^2 = v_{0x}^2 + 2a_x\Delta x$	(2.10)	$v_x = v_{0x}$	
y에 대한 운동 방정식		$a_y = -g$인 포물체의 경우	
$y = v_{0y}t + \frac{1}{2}a_yt^2$		$y = v_{0y}t - \frac{1}{2}gt^2$	(3.19a)
$v_y = v_{0y} + a_yt$		$v_y = v_{0y} - gt$	(3.19b)
$v_y^2 = v_{0y}^2 + 2a_y\Delta y$		$v_y^2 = v_{0y}^2 - 2g\Delta y$	(3.19c)

예제 3.5   공 가요!

골프 선수가 6번 아이언을 사용하여 39.0 m/s의 속력으로 30° 각도로 공을 쳤다. 다음 물음에 답하여라.

(a) 처음 속도의 x성분과 y성분을 구하여라.

(b) 공을 친 지 1.00 s 후 속도의 x성분과 y성분을 구하여라.

구성과 계획 그림 3.18은 처음 속도 $\vec{v}_0$과 두 성분 v_{0x}, v_{0y}에 대한 개략도이다. 표 3.2 또는 식 3.15를 적용하여 다음을 얻는다.

$$v_{0x} = v_0\cos 30°, \quad v_{0y} = v_0\sin 30°$$

처음 속도 성분이 알려진 상태에서 나중 속도의 수평 성분이 변하지 않기 때문에 $v_x = v_{0x}$ (식 3.18b)이고, 중력의 영향을 받으므로 $v_y = v_{0y} - gt$ (식 3.19b)이다.

알려진 값: $v_0 = 39.0$ m/s, $\theta = 30°$

풀이 (a) 처음 속력과 각도를 사용하면 다음을 얻는다.

$$v_{0x} = v_0\cos(30°) = (39.0 \text{ m/s})\cos(30°) = 33.8 \text{ m/s},$$
$$v_{0y} = v_0\sin(30°) = (39.0 \text{ m/s})\sin(30°) = 19.5 \text{ m/s}$$

(b) 수평 성분은 변하지 않으므로 1 s 후 $v_x = v_{0x} = 33.8$ m/s이다. 연직 성분은 $v_y = v_{0y} - gt = 19.5$ m/s $- (9.80$ m/s$^2)(1.00$ s$)$ $= 9.7$ m/s가 된다.

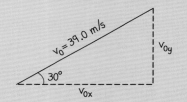

그림 3.18 처음 속도 성분과 각도 θ를 보여 주는 개략도

반영 1 s 후에도 $v_y > 0$이므로 공이 계속 올라간다. 그러나 공의 하향 가속도에 의해 v_y는 계속 감소하며, 궤적의 정점에서 $v_y = 0$이 된다. 이후에 공은 계속해서 아래로 가속되면서 떨어질 것이다.

연결하기 궤도의 정점에서 공의 연직 속도 성분은 0이다. 이 시점에서 가속도는 얼마인가?

답 가속도는 항상 크기 g를 가지며 아래를 향한다. 정점에서도 다르지 않다. 이는 공이 순간적으로 연직 운동을 하지 않는다는 사실과는 무관하다. 정점 직전에 공은 위로 올라가는 상태이며, 바로 직후 아래로 떨어질 것이다. 따라서 연직 속도 성분이 0인 순간에도 연직 속도 성분은 연속적으로 변한다.

개념 예제 3.6   속도 성분

포물체의 처음 속도 성분 v_{0x}와 v_{0y}를 알고 있다고 가정하자. 지상에서 물체를 던지고 평평한 지면에 대해 θ의 각도로 날아간다고 할 때, 포물체가 떨어지는 순간 v_x와 v_y를 구하여라.

풀이 x성분은 변하지 않으므로 $v_x = v_{0x}$이다(그림 3.19). 연직

운동은 일차원 자유 낙하와 같다. 2.5절에서 주어진 높이에서 자유 낙하하는 물체의 속력은 윗방향과 아랫방향에서 동일하다는 것을 확인했다. 따라서 하강하는 연직 속도 성분은 상승하는 속도 성분의 음의 값일 뿐이다. 즉, 포물체가 지면에 떨어질 때 $v_y = -v_{0y}$이다.

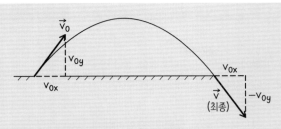

그림 3.19 포물체의 비행 시작과 끝의 속도 성분

반영 포물체의 비행은 다음 예제에서 알 수 있듯이 중간 지점(최고점)에 대해 대칭이다. 이는 포물체가 최고점에 도달하는 데 걸리는 시간이 처음 높이로 떨어지는 데 걸리는 시간과 같다는 것을 의미한다.

예제 3.7 얼마나 높고, 얼마나 멀고, 얼마나 많은 시간이 필요한가?

타자가 타석에서 배트로 친 공이 수평에서 $60°$ 방향으로 23.8 m/s로 배트에서 벗어나 날아갔다. 물음에 답하여라.

(a) 외야수가 공을 잡을 때 공이 도달하는 데 걸리는 시간은 얼마인가?

(b) 공은 얼마나 높이 올라가는가?

(c) 공은 수평으로 얼마나 멀리 가는가(포물체의 **수평 도달 거리**는 얼마인가)? 공의 처음 위치는 배트에 맞았을 때의 높이와 같다고 가정한다.

구성과 계획 처음 속도와 발사각을 알면 처음 속도의 성분을 구할 수 있다(그림 3.20 또는 식 3.15). 다른 정보는 처음 속도와 운동 방정식을 따른다(표 3.2).

예제 3.5와 같이 처음 속도 성분은 $v_{0x} = v_0 \cos 60°$, $v_{0y} = v_0 \sin 60°$이다. 개념 예제 3.6에서 공이 떨어질 때 $v_y = -v_{0y}$임을 살펴봤다. T를 총 비행 시간이라 할 때, $-v_{0y} = v_{0y} - gT$를 사용하여 식 3.19b에서 T를 구할 수 있다. 개념 예제 3.6은 또한 운동의 대칭성에 의해 공이 시간 $t = T/2$에서 최대 높이에 도달함을 보여 준다. 따라서 $t = T/2$일 때, 최대 높이는 식 3.19a, 즉 $y = v_{0y}t - \frac{1}{2}gt^2$에서 구할 수 있다. 식 3.18a는 수평 도달 거리 $x = v_{0x}T$를 도출한다.

알려진 값: $v_0 = 23.8$ m/s, 발사각 $\theta = 60°$

풀이 (a) 처음 속도의 성분은 다음과 같다.

$$v_{0x} = v_0 \cos(60°) = (23.8 \text{ m/s}) \cos(60°) = 11.9 \text{ m/s}$$

$$v_{0y} = v_0 \sin(60°) = (23.8 \text{ m/s}) \sin(60°) = 20.6 \text{ m/s}$$

따라서 $-v_{0y} = v_{0y} - gT$를 T에 관해 풀면 다음을 얻는다.

$$T = \frac{v_{0y} - (-v_{0y})}{g} = \frac{20.6 \text{ m/s} - (-20.6 \text{ m/s})}{9.80 \text{ m/s}^2} = 4.20 \text{ s}$$

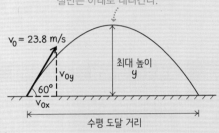

그림 3.20 날아가는 야구공의 처음 속도와 최대 높이

(b) 최대 높이는 $T/2$, 즉 $t = 2.10$ s일 때 도달한다(그림 3.20 참조). 따라서 높이는 다음과 같이 구할 수 있다.

$$y = v_{0y}t - \frac{1}{2}gt^2 = (20.6 \text{ m/s})(2.10 \text{ s}) - \frac{1}{2}(9.80 \text{ m/s}^2)(2.10 \text{ s})^2$$
$$= 21.7 \text{ m}$$

(c) (a)에서 구한 비행 시간을 이용하면 공의 수평 도달 거리는 다음과 같다.

$$x = v_{0x}t = (11.9 \text{ m/s})(4.20 \text{ s}) = 50.0 \text{ m}$$

반영 시간, 높이, 거리는 야구에 적합한 것으로 보인다. 거리는 2루에서 그리 멀지 않았으므로 외야수는 4.2초 안에 공에 도달할 수 있어야 한다!

연결하기 풀이에서 공의 처음 높이를 무시했다. 만약 그 높이가 0.5 m이고, 외야수가 공이 땅에 닿을 때 잡아야 한다면 답이 어떻게 되는가?

답 4.20 s는 공을 쳤을 때의 위치로 돌아가는 시간이다. 0.5 m($v_y \approx -v_{0y} = -20.6$ m/s)를 더 떨어뜨리는 데 약 0.024 s가 걸리므로 추가 시간은 별로 중요하지 않다.

문제 해결 전략 3.1 포물체 운동 문제 풀이

구성과 계획

- 개략도를 그려서 포물체의 비행에 관심이 있는 지점을 잘 판단한다.
- 수치를 사용하여 이미 알고 있는 것을 구체적으로 판단한다.
- 구하는 물리량을 결정한다.
- 정보를 검토하고, 알 수 없는 정보를 구하는 방법을 계획한다.

풀이

- 정보를 수집한다.
- 알 수 없는 양 또는 알고 있는 양에 대한 식을 결합해서 푼다.
- 수치를 대입하고 적절한 단위를 사용하여 계산한다.

반영

- 답의 단위가 올바른가?
- 문제는 비슷한 유형의 포물체 운동과 관련이 있다면 그 결과가 타당한가?

개념 예제 3.1 포물체의 수평 도달 거리와 경사면

한 골프 선수는 항상 같은 타격 속력과 수평 위의 각도로 공을 친다. 지형이 오르막 경사일 때 공이 날아간 거리를 평평한 지면에서의 공의 수평 도달 거리와 비교하여 설명하여라. 지형이 내리막 경사인 경우에도 그 결과를 비교하여 설명하여라.

풀이 공의 포물체 운동 궤적에 대해 생각해 보자. 공이 날아갈 때는 경사에 관계없이 궤적이 동일하다. 그림 3.21a는 오르막

경사면에서 궤적이 중단되어 공이 멀리 가지 않음을 보여 준다. 내리막 경사면의 경우는 반대이므로 공이 조금 더 멀리 날아간다(그림 3.21b).

반영 골프 선수들은 낮은 그린보다 높은 그린이 비거리가 적다는 것을 알고 경사를 고려한다. 풍속과 방향의 영향도 고려해야 한다.

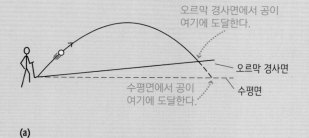

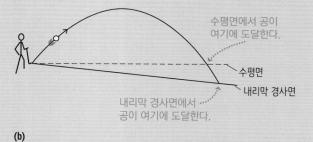

그림 3.21 오르막 경사면과 내리막 경사면에서 공의 비행 궤적의 개략도

예제 3.9 언덕에서의 골프

예제 3.5에서 $v_0 = 39.0$ m/s, $\theta = 30°$인 골프 샷을 다시 생각해 보자. 이 골프 선수가 평지로부터 2.90 m 높이의 언덕에서 공을 쳤을 때, 공은 지면에 닿기 전에 수평으로부터 얼마나 멀리 날아가겠는가?

구성과 계획 일반적으로 운동의 x성분과 y성분을 분리해서 생각한다. 구하는 양(수평 거리)은 식 3.18, 즉 $x = v_{0x}t$로 주어진다. 예제 3.5에서 이미 v_{0x}와 v_{0y}는 알고 있다. 공이 땅에 닿을 때의 위치(x)를 찾기 위해서는 공의 비행 시간이 필요하다. 공

의 위치의 y 성분에 대한 운동 방정식은 다음과 같다.

$$y = v_{0y} t - \frac{1}{2} g t^2$$

시간 t를 제외한 모든 값을 알고 있다. 식에서 알 수 있듯이 공을 친 지점이 원점이고(그림 3.22), 지면이 이 지점보다 2.90 m 아래에 있다고 가정하므로 $y = -2.90$ m를 취할 것이다.

알려진 값: $v_{0x} = 33.8$ m/s, $v_{0y} = 19.5$ m/s (예제 3.5), $y = -2.90$ m (공이 지면에 있을 때)

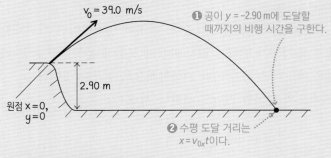

그림 3.22 수평 도달 거리 구하기

❶ 공이 $y = -2.90$ m에 도달할 때까지의 비행 시간을 구한다.

❷ 수평 도달 거리는 $x = v_{0x}t$ 이다.

$v_0 = 39.0$ m/s

2.90 m

원점 $x = 0$, $y = 0$

풀이 y에 대한 식

$$y = v_{0y} t - \frac{1}{2} g t^2$$

에 알고 있는 값을 대입하면 다음과 같다.

$$-2.90 \text{ m} = (19.5 \text{ m/s}) t - \frac{1}{2} (9.80 \text{ m/s}^2) t^2$$

이는 t에 대한 이차방정식이다. 근의 공식으로부터 해는 $t = 4.12$ s 또는 $t = -0.144$ s이다. 이 예제에서는 양의 시간만 의미가 있으므로 비행 시간은 $t = 4.12$ s이다. 따라서 수평 도달 거리는 다음과 같다.

$$x = v_{0x}t = (33.8 \text{ m/s})(4.12 \text{ s}) = 139 \text{ m}$$

반영 시간과 거리는 모두 골프공에 대해 적합해 보인다. 평평한 지면에서 동일한 공을 친 결과('연결하기' 참조)를 비교하면 공의 비행 시간과 거리가 증가한다는 것을 알 수 있다.

연결하기 평평한 지면에서 골프공이 동일한 처음 속도로 비행한 시간과 거리는 각각 얼마인가?

답 같은 방식으로 문제를 해결하면 최종 높이는 $y = 0$이고 $t = 3.98$ s, $x = 135$ m이다. 이 답은 타당하다(개념 예제 3.8 참조). 여기서 공은 공중에서 122 ms의 시간을 덜 날았고, 예제 3.9에서의 결과보다 4 m가 짧다.

확인 3.4절 한 공이 1.0 m/s로 수평 테이블에서 굴러 떨어졌다. 이때 테이블 가장자리에서 수평으로 0.5 m 떨어진 곳의 바닥에 부딪쳤다. 이때 이 공이 2.0 m/s로 같은 테이블에서 굴러 떨어질 때, 가장자리로부터 수평으로 얼마나 멀리 떨어지겠는가?

(a) 0.5 m   (b) 0.5 m 초과 1.0 m 미만   (c) 1.0 m

(d) 1.0 m 초과 2.0 m 미만   (e) 2.0 m

3.5 등속 원운동

평면 운동의 또 다른 예는 물체가 등속으로 원형 경로를 따라 움직이는 **등속 원운동**(uniform circular motion)이다. 등속 원운동은 실생활에서 흔히 볼 수 있으며 우주 공간에서도 나타난다. 지구가 태양 주위를 도는 방식이나 달이 지구 주위를 도는 방식과 비슷하다(9장에서 보게 되듯이 이 궤도들은 실제로 타원이지만 원형에 충분히 가까워서 등속 원운동이 좋은 근사이다.)

그림 3.23은 등속도 v로 반지름 R의 수평 원형 트랙을 도는 자동차를 보여 준다. 원형 트랙을 한 바퀴를 도는 시간 T를 원운동의 **주기**(period)라 한다. 한 주기에서 자동차는 원의 둘레 $2\pi R$을 돌며, 속력은 다음과 같다.

▶ **TIP** 주기를 대문자 T로 나타내어 주기와 변화하는 시간 t를 구분한다.

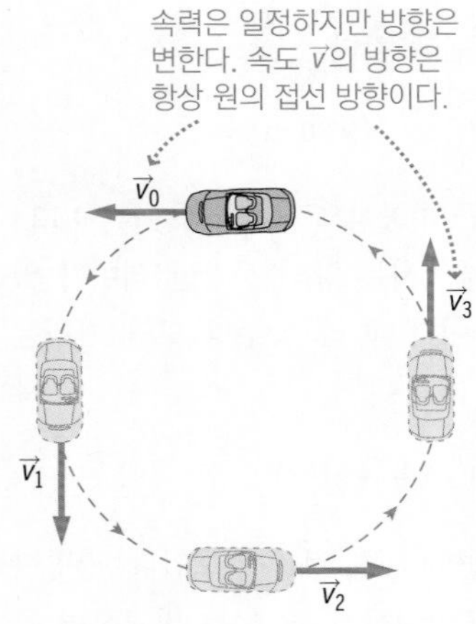

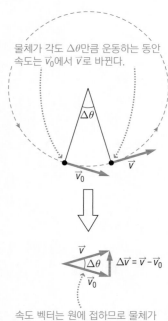

속력은 일정하지만 방향은 변한다. 속도 $\vec{v}$의 방향은 항상 원의 접선 방향이다.

그림 3.23 등속 원운동의 속도

물체가 각도 $\Delta\theta$만큼 운동하는 동안 속도는 $\vec{v}_0$에서 $\vec{v}$로 바뀐다.

속도 벡터는 원에 접하므로 물체가 원의 둘레를 따라 같은 각 $\Delta\theta$만큼 운동하면서 $\Delta\theta$만큼 방향을 바꾼다.

그림 3.24 등속 원운동을 하는 어느 물체의 속도 변화

$$v = \frac{\text{거리}}{\text{시간}} = \frac{2\pi R}{T}$$

등속 원운동에서 속력은 일정하지만 속도는 계속 변하는데, 이는 그림 3.23과 같이 속도의 방향이 변하기 때문이다. 순간 속도는 경로에 접하는 방향임을 기억하여라. 이 경우 원의 접선 방향이다. 자동차가 원을 돌 때 방향이 바뀌므로 모든 지점에서 속도가 다르다.

구심 가속도

속도를 변화시키는 것은 가속도를 의미한다. 이 경우, 속력이 일정하다면 가속도를 어떻게 구할까? 가속도의 방향 자체가 변하고 있기 때문에 포물체 운동보다 조금 더 어렵다. 따라서 이 문제점은 벡터의 성분이 아닌 기하학적으로 접근할 것이다.

이 경우, 접근 방식은 가속도의 정의를 기반으로 한다(식 3.17).

$$\vec{a} = \lim_{\Delta t \to 0} \frac{\Delta\vec{v}}{\Delta t}$$

다시 한번 자동차나 어떤 물체가 일정한 속력 v로 반지름 R의 원을 그리며 돌고 있다고 상상해 보자. Δt에 상응하는 작은 시간 간격에 대한 속도 $\Delta\vec{v}$의 작은 변화를 살펴본 다음, Δt가 0에 가까워질 때의 극한을 고려하자. 그림 3.24는 물체가 원을 중심으로 약간의 거리를 운동함에 따라 속도가 변화하는 $\Delta\vec{v} = \vec{v} - \vec{v}_0$을 구하기 위한 벡터의 뺄셈을 보여 준다.

그림 3.25는 물체가 Δt 동안 일정한 속력 v로 운동하면서 $v\Delta t$의 호를 이동한다는 것을 보여 준다. 여기서 근사 및 극한 과정이 나온다. 짧은 시간 간격의 경우 원의 호는 그림 3.25의 아래에 표시된 것처럼 직선으로 근사할 수 있다. 이 직선과 두 반지름은 그림 3.24의 속도 삼각형과 닮은 이등변삼각형을 형성하는데, 이는 $\Delta\theta$가 같기 때문이다. 기하학에서 닮은 삼각형의 변들의 비율이 같다는 것을 기억하여라. 이 경우, 비율은 다음과 같다(그림 3.24와 그림 3.25).

$$\frac{\Delta v}{v} = \frac{v\Delta t}{R}$$

이 근사는 Δt가 0에 가까워질수록 정확해진다. 따라서 극한에서 가속도의 크기는 다음과 같이 쓸 수 있다.

$$a = \lim_{\Delta t \to 0} \frac{\Delta v}{\Delta t} = \frac{v^2}{R}$$

가속도는 크기와 방향을 갖고 있는 벡터이다. 등속 원운동을 위한 가속도의 방향은 무엇인가? 그림 3.24를 다시 살펴보자. Δt가 0에 가까워지면 $\Delta\theta$도 0에 가까워지고 $\Delta\vec{v}$는 $\vec{v}$와 $\vec{v}_0$에 수직이 된다. 원에 접하는 속도에서 $\Delta\vec{v}$는 반지름을 따라 안쪽을 가리킨다. $\vec{a} = \lim_{\Delta t \to 0} \Delta\vec{v}/\Delta t$이므로 가속도 $\vec{a}$도 반지름 안쪽 방향을 가리킨다.

물리학자들은 등속 원운동의 가속도를 **구심 가속도**(centripetal acceleration)('중심

방향'의 의미)라 부르며, 기호 $\vec{a}_r$을 사용한다. 구심 가속도가 **지름** 방향의 중심에 있기 때문에 첨자는 지름 방향을 나타낸다. 요약하면, 구심 가속도는 원의 중심을 가리키며 크기가 있다.

$$a_r = \frac{v^2}{R} \qquad \text{(구심 가속도의 크기, SI 단위: m/s}^2) \qquad (3.20)$$

원의 맥락에서 등속 원운동에 대해 논의했지만 식 3.20은 일정한 속력으로 움직인 원의 호를 포함하는 모든 운동에 적용된다. 예를 들어, 경주용 자동차가 트랙을 도는 것과 자동차가 일정한 속력으로 원형 도로에서 회전하며 도는 것 모두 등속 원운동이다.

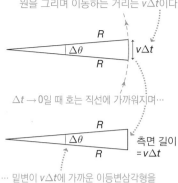

시간 간격 Δt 동안 물체가 속력 v로 원을 그리며 이동하는 거리는 $v\Delta t$이다.

$\Delta t \to 0$일 때 호는 직선에 가까워지며…

… 밑변이 $v\Delta t$에 가까운 이등변삼각형을 형성한다.

그림 3.25 $\Delta t \to 0$일 때, 등속 원운동을 하는 물체의 각도와 호의 길이

▶ **새로운 개념 검토: 구심 가속도**

(반지름이 R인 원 주위를 일정한 속력 v로) 등속 원운동을 하는 물체의 구심 가속도는

- 원의 중심을 향한다.
- 크기 $a_r = \frac{v^2}{R}$ 을 갖는다.

▶ **응용   우주 정거장의 중력: 근육과 뼈를 보호하기**

VON BRAUN'S SPACE STATION 1952
Illustration by Chesley Bonestall

MSFC-71-PD-4000-130

궤도를 선회하는 우주선(9장)의 우주 비행사들은 장기간 임무에서 뼈와 근육의 약화를 초래할 수 있는 명백한 무중력 상태를 경험한다. 따라서 원통형 우주선을 돌려서 생리학 문제를 예방할 수 있는 '인공 중력'을 만든다. 벽 안쪽에 있는 우주 비행사들은 가속도 v^2/R으로 중심을 향해 가속하는데, 여기서 v는 그 지점의 속력이고 R은 우주선의 반지름이다. 우주선을 적절한 속도로 회전시키면 지구의 g에 가까운 가속도를 얻을 수 있다!

▶ **예제 3.10   테스트 트랙**

엔지니어들은 1.2 km 반경의 원형 트랙에서 한 경주용 자동차의 최대 구심 가속도가 0.45 g라고 판단한다. 이 차는 얼마나 안전하게 돌 수 있는가?

구성과 계획 식 3.20 $a_r = v^2/R$에서 가속도와 반지름이 주어졌

고, 속력만 모른다. **최대 안전 속력** v에 해당하는 **최대 구심 가속도**가 주어져 있다. 속력에 관해 풀면 $v = \sqrt{a_r R}$이다. 속력은 양이므로 양의 제곱근이 구하는 값이다.

알려진 값: 가속도 $a_r = 0.45\, g = 0.45(9.80 \text{ m/s}^2) = 4.4 \text{ m/s}^2$,

반지름 $R = 1.2$ km $= 1200$ m

풀이 수치를 대입하면 다음을 얻는다.

$$v = \sqrt{a_r R} = \sqrt{(4.4 \text{ m/s}^2)(1200 \text{ m})} = 73 \text{ m/s}$$

반영 SI 단위에서는 a_r과 R이 속력 단위 m/s로 표시된다. 73 m/s 는 빠르긴 하지만 경주용 자동차로는 합리적이다.

연결하기 무엇이 자동차의 구심 가속도를 제한하는가?

답 4장에서 배우겠지만 타이어와 도로 사이의 마찰은 자동차가 원형 경로에서 바깥으로 미끄러지는 것을 막는다. 물이나 기름 은 마찰을 줄여서 안전 속력을 유지하지 못하게 한다. 반면, 노 면을 경사 지게 한 트랙은 필요로 하는 마찰력을 감소시켜서 커 브길을 안전하게 돌 수 있다.

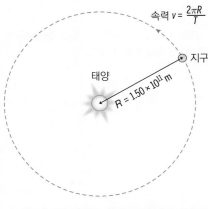

속력 $v = \dfrac{2\pi R}{T}$

태양

$R = 1.50 \times 10^{11}$ m

지구

그림 3.26 지구는 거의 원형으로 돌고 있다.

등속 원운동을 하는 모든 물체는 구심 가속도를 가지며, 이 가속도는 물체의 속력 과 원의 반지름으로 구할 수 있다. 앞에서 말했듯이 지구의 궤도는 거의 원형이다. 반지름이 1.50×10^{11} m(그림 3.26), 주기가 1년($= 3.15 \times 10^7$ s)일 때 지구의 공전 속 력은 다음과 같다.

$$v = \frac{2\pi R}{T} = \frac{2\pi(1.50 \times 10^{11} \text{ m})}{3.15 \times 10^7 \text{ s}} = 2.99 \times 10^4 \text{ m/s}$$

이는 약 30,000 m/s, 즉 30 km/s이다. 그러면 지구의 구심 가속도는 다음과 같다.

$$a_r = \frac{v^2}{R} = \frac{(2.99 \times 10^4 \text{ m/s})^2}{1.50 \times 10^{11} \text{ m}} = 5.96 \times 10^{-3} \text{ m/s}^2$$

지구의 큰 궤도 속력에도 불구하고 구심 가속도는 작다. 이는 지구가 궤도를 중심 으로 매일 약 1°의 각도로 움직이기 때문이며, 따라서 방향이 빠르게 바뀌지 않는다.

확인 3.5절 한 자동차가 원형 트랙을 일정한 속력으로 돌고 있다. 구심 가속도를 두 배로 증가시킬 수 있는 변화는 모두 무엇인가?

(a) 차량의 속력을 두 배로 증가시키는 변화

(b) 속력을 반으로 줄이는 변화

(c) 트랙의 반지름을 두 배로 증가시키는 변화

(d) 반지름을 반으로 줄이는 변화

3장 요약

스칼라와 벡터

(3.2절) **스칼라**는 한 숫자(와 적절한 단위)에 의해 기술되는 물리량이다.

벡터는 하나 이상의 숫자 또는 크기와 방향에 의해 기술되는 물리량이다. 벡터는 성분이나 기하학적으로 나타낼 수 있다.

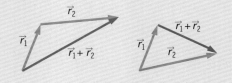

벡터의 성분: $x = r\cos\theta$, $y = r\sin\theta$

성분에 의한 벡터의 덧셈: $\vec{r_1} + \vec{r_2} = (x_1 + x_2)\hat{i} + (y_1 + y_2)\hat{j}$

성분에 의한 벡터의 뺄셈: $\vec{r_2} - \vec{r_1} = (x_2 - x_1)\hat{i} + (y_2 - y_1)\hat{j}$

이차원에서의 속도와 가속도

(3.3절) 이차원에서 위치, 속도, 가속도는 벡터이다.

평균 속도는 변위, 즉 벡터 $\Delta\vec{r}$을 시간, 즉 스칼라 Δt로 나눈 것이다.

평균 가속도는 속도의 변화를 시간의 변화로 나눈 것이다.

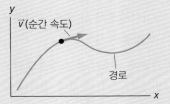

이차원에서 **순간 속도:** $\vec{v} = \lim\limits_{\Delta t \to 0} \dfrac{\Delta\vec{r}}{\Delta t}$

이차원에서 **순간 가속도:** $\vec{a} = \lim\limits_{\Delta t \to 0} \dfrac{\Delta\vec{v}}{\Delta t}$

포물체 운동

(3.4절) 포물체의 가속도는 연직 아래 방향으로 일정하며, 크기는 g이다.

포물체에 대한 운동 방정식은 위치, 속도, 시간과 관련이 있다.

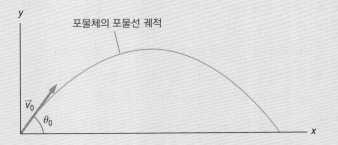

포물체에 대한 운동 방정식:

수평: $x = v_{0x}t$ $\qquad v_x = v_{0x}$

연직: $y = v_{0y}t - \frac{1}{2}gt^2$ $\qquad v_y = v_{0y} - gt$ $\qquad v_y^2 = v_{0y}^2 - 2g\Delta y$

등속 원운동

(3.5절) **등속 원운동**에서 **속력**은 일정하고, **속도**는 원의 접선 방향이다.

구심 가속도는 원의 중심을 향한다.

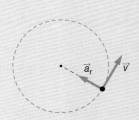

속력 v와 **주기** T 사이의 관계식: $v = \dfrac{2\pi R}{T}$

구심 가속도: $a_r = \dfrac{v^2}{R}$

3장 연습문제

문제의 난이도는 •(하), ••(중), •••(상)으로 분류한다. BIO로 표시된 문제는 생물학적 또는 의학적인 문제이다.

개념 문제

1. 다음 각 항목을 벡터 또는 스칼라로 구별하여라.
   (a) 바닥의 표면적   (b) 지구 표면의 점의 위치
   (c) 구심 가속도   (d) 이 책의 페이지 수

2. 벡터의 크기는 스칼라인가 아니면 벡터인가? (이차원에서) 벡터의 방향은 벡터인가 아니면 스칼라인가?

3. 벡터의 두 성분이 모두 세 배가 되면 벡터의 크기는 세 배가 되는가? 이유를 설명하여라.

4. 속도 벡터에 위치 벡터를 더할 수 있는가? 이유를 설명하여라.

5. 물체의 평균 속도와 특정 시간에서의 순간 속도가 같아야 하는가? 이유를 설명하거나 반례를 제시하여라.

6. 건물 꼭대기에서 발사되어 가능한 최대 수평 거리에 도달하려는 고무줄 새총이 있다. 발사 각도가 45°보다 작거나 같아야 하는가? 아니면 같거나 커야 하는가?

7. 프로펠러 날개가 일정한 속력으로 회전하고 있다. 날개 끝부분과 날개의 중간 부분에서의 구심 가속도를 비교하여라.

객관식 문제

8. 동쪽으로 30 km를 주행하다가 북쪽으로 25 km를 주행했을 때, 출발점으로부터의 이동 거리를 구하여라.
   (a) 34 km   (b) 39 km   (c) 46 km   (d) 55 km

9. 위치 벡터 $\vec{r} = -2.3\,\text{m}\,\hat{i} - 3.3\,\text{m}\,\hat{j}$의 방향각은 몇 도인가?
   (a) 60°   (b) 210°   (c) 235°   (d) 330°

10. 어느 자동차의 순간 속도가 $11.9\,\text{m/s}\,\hat{i} + 19.5\,\text{m/s}\,\hat{j}$이다. 이 차의 속력은 얼마인가?
    (a) 22.8 m/s   (b) 25.6 m/s   (c) 31.4 m/s   (d) 33.6 m/s

11. 28.4 m/s로 발사된 포물체의 최대 수평 도달 거리는 얼마인가?
    (a) 28.9 m   (b) 82.3 m   (c) 98.7 m   (d) 250 m

12. 한 포물체가 12.4 m 높이의 건물에서 14.0 m/s의 속력으로 수평으로 발사됐다. 건물 바닥에서 (수평으로) 얼마나 멀리 지면에 부딪히는가?
    (a) 22.3 m   (b) 17.7 m   (c) 12.4 m   (d) 10.9 m

13. 자동차 한 대가 반경 875 m의 원형 트랙을 돌고 있다. 구심 가속도가 $2.50\,\text{m/s}^2$을 초과하지 않을 때, 자동차의 최대 속력은 얼마인가?
    (a) 115 m/s   (b) 78.3 m/s   (c) 46.8 m/s   (d) 27.6 m/s

연습문제

3.1 삼각법

14. • 세 변이 3 m, 4 m, 5 m인 직각삼각형의 세 내각을 모두 구하여라.

15. •• 태양이 지평선 위 55°에 떠 있다. 평지에 있는 한 사람에 의해 1.12 m 길이의 그림자가 드리웠다. 이 사람의 키를 구하여라.

16. • 직각삼각형의 빗변은 25.0 cm이고, 다른 한 변은 20.5 cm이다. 이 직각삼각형에 대하여 물음에 답하여라.
    (a) 직각삼각형의 나머지 한 변을 구하여라.
    (b) 직각삼각형의 세 내각을 구하여라.

17. •• 산길의 표지판에 '주의: 앞으로 8.5 km 동안 6도 하강'이라고 쓰여 있다. 이 길을 완주한 후 고도는 얼마가 되겠는가?

18. •• 지도 상에서 +x축이 동쪽, +y축이 북쪽을 가리키고, +x축에서 시계 반대 방향으로 방향각을 잡았다. 다음 목적지의 방향각을 구하여라.
    (a) 북쪽으로 4.5 km, 서쪽으로 2.3 km
    (b) 서쪽으로 12.9 km, 남쪽으로 3.4 km
    (c) 동쪽으로 1.2 km, 남쪽으로 4.0 km

3.2 스칼라와 벡터

19-21. 두 위치 벡터 $\vec{r_1} = 2.39\,\text{m}\,\hat{i} - 5.07\,\text{m}\,\hat{j}$, $\vec{r_2} = -3.56\,\text{m}\,\hat{i} + 0.98\,\text{m}\,\hat{j}$에 대하여 물음에 답하여라.

19. • 두 벡터의 크기와 방향을 각각 구하여라.

20. • 두 벡터의 차 $\vec{r_1} - \vec{r_2}$를 구하여라.

21. •• 두 벡터 사이의 각을 구하여라.

22. • xy평면에서 다음 벡터의 성분을 구하여라.
    (a) 크기가 4.6 m이고 방향각이 80°인 벡터 $\vec{A}$

(b) 크기가 25 m이고 방향각이 30°인 벡터 $\vec{B}$

(c) 크기가 10 m이고 점들이 $-y$ 방향에 있는 벡터 $\vec{C}$

23. •• 다음 두 벡터를 더하여라(우선 그래프로 판단한 후, 성분을 이용해서 푼다). 크기가 6.0 m이고 점들이 $+x$ 방향에 있는 벡터 $\vec{R}$, 크기가 9.0 m이고 방향각이 60°인 벡터 $\vec{S}$

24. ••• 롤러코스터는 수평 아래로 10°만큼 경사진 트랙의 구간을 따라 26 m를 가고, 6° 위쪽으로 경사진 15 m 구간과 수평 트랙의 18 m 구간이 이어진다. 순 변위를 구하여라.

3.3 이차원에서의 속도와 가속도

25. •• 반지름이 250 m의 원형 트랙이 xy평면에 놓여 있고, 원점은 트랙의 중심에 있다. 어느 자동차가 점 (250 m, 0)에서 출발하여 트랙의 시계 반대 방향으로 회전했다. 자동차가 일정한 속력으로 주행하여 75 s에 한 바퀴를 완주한다. 이 자동차에 대하여 물음에 답하여라.

(a) 속력을 구하여라.

(b) 한 바퀴 반 동안의 평균 속도를 구하여라.

(c) 한 바퀴 끝 지점에서 순간 속도를 구하여라.

26. • 모눈종이 위를 기어 다니는 달팽이가 원점에서 $x = 5.6$ cm, $y = 4.3$ cm 지점까지 1분 만에 간다. 달팽이의 평균 속도와 평균 속력을 구하여라.

27. •• 지도 상에서 $+x$축이 동쪽, $+y$축이 북쪽을 가리키도록 한다. 어느 비행기가 북서쪽으로 750 km/h로 비행하고 있다. 북서쪽에서 남쪽으로 선회하는 데 45초가 걸린다면 선회하는 동안의 평균 가속도는 얼마인가?

28. •• $+x$축을 수평으로, $+y$축을 연직 위로 한다. 로켓이 지상의 정지 상태에서 발사됐다. 55 s 후 로켓의 속력은 수평으로부터 75° 위 방향으로 950 m/s이다. 물음에 답하여라.

(a) 로켓의 속도 벡터의 성분을 구하여라.

(b) 비행 후 처음 55 s 동안의 평균 가속도를 구하여라.

29. •• 32 m/s의 속력으로 수평으로 던진 야구공이 배트에 맞아 반대 방향으로 40 m/s의 속력으로 날아가고 있다. 물음에 답하여라.

(a) 야구공의 속도 변화를 구하여라.

(b) 야구공이 배트에 0.75 ms 동안 닿았다면 평균 가속도는 얼마인가? (크기와 방향을 모두 제시하여라)

30. •• $+x$축을 수평으로, $+y$축을 연직 위로 한다. 어느 스키 선수가 1.15 m/s² 의 가속도로 5.5° 경사로를 따라 미끄러져 내려가고 있다. 이 스키 선수에 대하여 물음에 답하여라.

(a) 가속도의 성분을 구하여라.

(b) 정지 상태에서 출발했을 때, 10.0 s 후 속도와 속력을 구하여라.

31. ••• 당구공이 1.80 m/s의 속력으로 45° 각도로 측면 쿠션에 접근했다. 그림 P3.31과 같이 동일한 속력으로 45° 각도로 리바운드됐다. 물음에 답하여라.

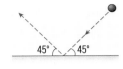
그림 P3.31

(a) 당구공의 속도 변화를 구하여라.

(b) 보다 현실적으로 당구공이 1.60 m/s의 속력으로 리바운드되면서 약간의 속력을 잃을 수 있다. 속도 변화는 얼마인가?

3.4 포물체 운동

32. •• 지면 바로 위에서 친 공이 수평에서 45° 각도로 33 m/s의 속력으로 날아갔다. 이 공에 대하여 물음에 답하여라.

(a) 공이 지면에 떨어질 때, 수평 도달 거리는 얼마인가?

(b) 공이 공중에 있는 시간은 얼마인가?

(c) 공의 최대 높이는 얼마인가?

33. •• 0.30 m/s의 속력으로 수평 테이블에서 굴러 떨어진 공이 테이블 밑면에서 수평으로 0.65 m 떨어진 곳에 떨어졌다. 물음에 답하여라.

(a) 지면으로부터 테이블의 높이는 얼마인가?

(b) 동일한 테이블에서 다른 공이 0.65 m/s의 속도로 굴러 떨어졌다면 테이블 밑면으로부터 수평 거리는 얼마인가?

34. ••• 한 포물체를 9.50 m 높이의 절벽 끝에서 16.9 m/s의 속력으로 수평 방향으로 던졌다. 이 포물체가 땅에 부딪혔을 때, 다음을 구하여라.

(a) 수평 도달 거리　(b) 경과 시간　(c) 최종 속도

35. •• 어느 소방관이 수평 위 75° 각도로 호스로 물을 뿌리고 있다. 지상에서 1.5 m 높이의 호스에서 22 m/s의 속력으로 물이 나오면 물은 어느 정도 높이에 도달하겠는가? (힌트: 물줄기는 공중에서 중력의 영향을 받는 물방울로 구성되어 있다고 가정하자)

36. •• 제이차세계대전에서 사용한 어느 전함의 대포는 15 km 떨어진 목표물을 포격할 수 있었다. 이 대포에 대하여 다음을 구하여라.

(a) 해당 범위를 도달하는 데 필요한 최소 발사 속력

(b) 이 조건에서 포탄의 비행 시간

37. •• 1971년 우주 비행사 앨런 셰퍼드(Alan Shepard)는 골프채를 가지고 달에 갔다. 달의 중력 가속도는 약 $g/6$이다. 만약 그가 지구에서 공이 120 m 수평 거리에 도달할 속력과 각도로 공을 쳤다면 달에서는 공이 얼마나 멀리 갈까?

38. BIO •• **뛰어오르는 영양** 한 영양이 2.1 m인 울타리를 뛰어넘으려 하고 있다. 뛰어오르는 각도가 45°라고 할 때, 점프하기 위한 최소 속력은 얼마인가?

39. ••• 한 축구선수가 골대에서 11.0 m 떨어진 곳에서 페널티킥을 찬다. 득점을 하려면 선수는 2.44 m 높이의 크로스바 아래로 공이 들어가게 차야 한다. 선수가 19.8 m/s로 찬다면 골로 이어지는 발사각은 얼마인가? (단, 공은 목표에 도달하기 전에 땅에 떨어질 수 있다)

40. ••• 골대로부터 20.0 m 떨어진 곳에서 한 축구선수가 골을 넣을 준비를 하며 서 있다. 키가 1.7 m이고 골대로부터 5.00 m 떨어진 곳에 있는 골키퍼가 골을 막고 있으며, 크로스바의 높이는 2.44 m이다. 선수가 골을 넣을 수 있는 각도, 즉 공이 골키퍼 위를 통과하면서 크로스바 아래를 지나는 각도는 얼마인가?

3.5 등속 원운동

41. •• 지구의 24시간 자전 주기를 고려하여 북위 42°에서 지구 표면의 점의 구심 가속도를 계산하여라. 데이터는 부록 E를 참조하여라.

42. •• 롤러코스터에서 차량이 트랙에서 떨어지지 않으려면 루프 상단에서 최소 구심 가속도는 9.8 m/s²이어야 한다. 이유가 무엇인가? 반지름이 7.3 m인 루프의 경우, 차량이 정상에서 얼마의 최소 속도를 유지해야 하는가?

43. • 반지름이 1.2 km인 원형 입자 가속기 주위에 대전 입자가 거의 빛의 속력으로 운동하고 있다. 다음을 구하여라.
(a) 대전 입자의 주기   (b) 대전 입자의 구심 가속도

44. • 어느 드럼 세탁기의 지름은 46 cm이고 분당 500바퀴를 회전한다. 이 드럼 세탁기 표면에서의 구심 가속도를 구하여라.

45. • 어느 중성자별의 반지름이 12 km이고 자전 주기는 1.0 s이다. 이 별의 적도 표면의 구심 가속도는 얼마인가?

46. •• 자전거를 탄 사람이 일정한 속력으로 원형 트랙을 시계 반대 방향으로 돌고 있다. 다음 중 자전거가 트랙의 오른쪽 가장자리에 있을 때 자전거를 탄 사람의 속도 벡터와 가속도 벡터를 정확하게 나타낸 것은 무엇인가? (그림 P3.46)

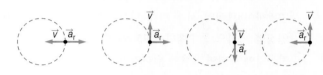

그림 P3.46

3장 질문에 대한 정답

단원 시작 질문에 대한 답

공의 처음 속도를 알고 있으면 등가속도에 대한 운동 방정식으로 공의 비행 시간을 구할 수 있다. 포물체의 수평 속도 성분은 일정하므로 비행 시간을 알면 수평 도달 거리를 쉽게 알 수 있다. 즉, 수평 속도 성분에 비행 시간을 곱하면 된다.

확인 질문에 대한 정답

3.1절 $\tan 120° < \cos 180° < \sin 0° = \cos 90° < \sin 90° < \tan 60°$
3.2절   (a)
3.4절   (c) 1.0 m
3.5절   (d) 반지름을 반으로 줄인다.

힘과 뉴턴의 운동 법칙

Force and Newton's Laws of Motion

▲ 낙하하는 스카이다이버는 낙하산이 펴질 때까지 가속이 계속될까?

학습 내용

✔ 힘과 질량 이해하기

✔ 뉴턴의 세 가지 운동 법칙 설명하기

✔ 알짜힘과 운동의 변화 관계 이해하기

✔ 마찰력과 저항력의 영향 설명하기

✔ 원운동에서 힘의 역할 이해하기

2장과 3장에서 운동학(kinematics)을 소개하였다. 지금부터 동역학(dynamics)에 대해 알아볼 것이다. 즉, 운동의 변화를 일으키는 힘에 대한 것이다. 힘의 개념을 잘 이해하면 운동뿐만 아니라 질량에 대해 좀 더 깊이 이해할 수 있다.

역학의 기초를 이루는 뉴턴의 세 가지 운동 법칙을 소개할 것이다. 뉴턴의 운동 제2법칙은 물체에 작용하는 힘과 물체의 질량 및 가속도를 관련시켜 동역학과 운동학을 연결해 준다. 그리고 몇 가지 특정한 힘(수직항력, 장력/압축력, 중력, 마찰력과 저항력 등)을 소개할 것이다. 마지막으로 등속 원운동을 하게 하는 힘도 살펴본다.

4.1 힘과 질량

앞의 두 장에서 일차원과 이차원 운동에서 위치, 속도, 가속도가 어떻게 관련되어 있는지 배웠다. 이러한 운동학적 관계는 물리학에 대한 이해에 필수이며, 물체가 어떻게 운동하는지에 대한 통찰력을 확실히 제공하였다. 하지만 운동학은 왜 물체가 운동을 하는지에 대해서는 말해주지 않았다. '왜'라는 질문에 답하기 위해 지금부터 **힘**(force)에 관심을 돌릴 필요가 있다. 힘에 대한 연구를 **동역학**(dynamics)이라고 하며, '운동학과 동역학—힘과 운동의 조합'을 **역학**(mechanics)이라 한다.

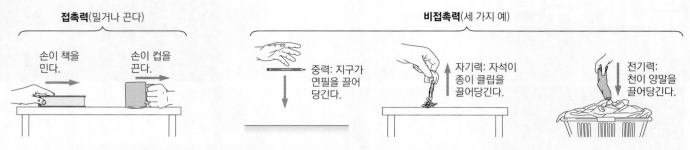

그림 4.1 힘의 몇 가지 예. 힘은 항상 손과 책, 지구와 연필 등 두 물체 사이의 상호작용을 포함한다는 점에 유의하여라.

힘이란?

일반적인 경험은 속도와 가속도를 포함한 운동학적 양에 대한 느낌을 준다. 하지만 물리학에서는 속도와 속력의 구별처럼 더 정밀한 개념이 필요한 경우가 많다는 것을 알 수 있다. 경험은 또한 힘과 그 영향에 대한 직관적인 이해를 준다. 다시 말하지만, 조심해야 한다! 힘에 대한 경험 중 일부는 실제로 오해를 낳기 때문이다. 그러나 물리학 입장으로 초점을 맞추면 이를 극복할 수 있다.

아마도 힘을 '밀기' 또는 '당기기'와 연관지을 것이다. 책을 밀거나 컵을 테이블 위에서 끌어당기는 것처럼 이들은 가장 확실한 힘이다(그림 4.1). 그 외에 다른 힘들은 눈에 잘 띄지 않는다. 연필을 떨어뜨리면 중력이 연필을 지구 쪽으로 끌어당긴다. 상호작용하는 두 물체인 지구와 연필은 서로 접촉하지 않더라도 힘이 작용한다. 물리학자들은 비접촉력을 설명하기 위해 '원거리에서 작용'이라는 용어를 사용한다. 원거리에서 작용하는 힘은 중력만이 아니다. 예를 들어, 종이 클립에 있는 자석의 보이지 않는 자기력, 양말을 건조기에서 잡아당길 때 양말을 끌어당기고 서로 달라붙게 만드는 전기력도 있다. 더 구체적으로 보면, 전기력은 원자와 분자를 함께 결합시키기도 한다. 15~18장에서 전기력과 자기력을 자세히 배울 것이다.

이러한 예에서 알 수 있듯이 힘은 항상 두 물체의 **상호작용**을 수반한다. 물체를 밀려고 하면 미는 물체와 밀리는 물체가 필요하다. 또 중력은 두 물체가 서로 끌어당기는 힘이 필요하다. 자석은 작용할 다른 자석이나 자성 물질을 필요로 한다. 힘이 한 쌍의 물체에 상호작용한다는 생각은 뉴턴의 운동 법칙의 세 번째에서 나타나는데, 다음 절에서 소개할 것이다.

힘에 대한 또 다른 중요한 사실은 힘이 벡터량이라는 것이다. 모든 힘은 크기와 방향이 있다. 벡터를 만드는 두 가지(크기와 방향) 모두를 고려하지 않고는 힘을 완전하게 설명할 수 없다.

▶ 새로운 개념 검토

힘에 대한 몇 가지 중요한 개념을 요약하면 다음과 같다.

▪ 힘은 밀거나 당기는 것처럼 두 물체가 접촉하여 작용할 수 있고, 중력, 전기력, 자기력과 같이 원거리에서 비접촉으로도 작용할 수 있다.

- 힘의 작용은 두 물체의 상호작용을 포함한다.
- 힘은 크기와 방향을 가진 벡터량이다.

질량: 물질의 양과 힘에 대한 저항

질량(mass)은 물체 내의 물질의 양을 측정하는 것으로 생각할 수 있는 또 다른 친숙한 개념이다. 버터 한 조각의 질량은 200 g이 조금 넘는다. 사람의 질량은 아마도 50 kg에서 100 kg 사이일 것이다. 하나의 숫자로 표현되기 때문에 질량은 스칼라이다.

질량의 또 다른 의미는 **운동의 변화에 대한 저항**이다. 운동의 변화에 대한 저항을 **관성**(inertia)이라 하므로 관성과 질량을 같은 의미로 사용하기도 한다. 4.2절에서 뉴턴의 운동 제2법칙을 소개한 후 운동의 변화에 대한 저항으로서 관성의 개념을 구체적으로 살펴볼 것이다.

알짜힘과 힘 도표

그림 4.2의 공과 같이 물체에 여러 힘이 작용하기도 한다. 이 힘들의 합은 **알짜힘**(net force)이며, 물체 운동의 변화에 영향을 주는 것은 알짜힘이다.

알짜힘은 물체에 작용하는 모든 힘의 벡터 합이다.

$$\vec{F}_{net} = \vec{F}_1 + \vec{F}_2 + \cdots + \vec{F}_n$$

다른 벡터와 마찬가지로 힘도 3장에서 배운 것처럼 성분 또는 도식적 방법으로 더할 수 있다. 그림 4.2는 공에 작용하는 세 힘의 합인 알짜힘을 구하는 방법을 보여준다.

힘 도표(force diagram)는 물체에 작용하는 힘을 시각화하는 데 도움을 준다. 테이블 위에 놓여 있는 책을 생각해 보자(그림 4.3a). 두 가지 힘, 즉 아래로 당기는 힘인 중력, 테이블 위로 미는 힘이 책에 작용한다. 그림 4.3b는 해당하는 힘 도표로 나타낸다. 중력과 테이블이 작용하는 힘은 각각 $\vec{w}$와 $\vec{n}$으로 나타낸다(기호 $\vec{w}$는 무게를, $\vec{n}$은 수직항력, 즉 테이블이 책에 수직으로 작용하는 힘을 의미한다. 이들 힘은 나중에 자세히 설명할 것이다).

책에 대한 알짜힘은 벡터 $\vec{F}_{net} = \vec{w} + \vec{n}$이다. 이미 알짜힘이 물체의 운동에 변화를 일으킨다는 것을 알고 있다. 하지만 여기서 책은 정지해 있고 멈춰 있으므로 알짜힘은 0이다. 이것이 힘 도표에서 두 벡터 $\vec{w}$와 $\vec{n}$의 길이를 같게 그린 이유이다. 그러나 방향은 반대이므로 벡터의 합은 0이다.

책에 나타낸 힘 도표를 **자유물체도**(free-body diagram)라고 부른다. 도표가 운동 모형에 속하는 속도 벡터, 가속도 벡터가 아닌 힘 벡터만 포함해야 한다는 것을 강조하기 위해 '힘 도표'를 더 선호한다.

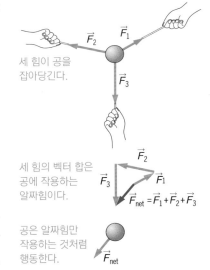

세 힘이 공을 잡아당긴다.

세 힘의 벡터 합은 공에 작용하는 알짜힘이다.

$$\vec{F}_{net} = \vec{F}_1 + \vec{F}_2 + \vec{F}_3$$

공은 알짜힘만 작용하는 것처럼 행동한다.

그림 4.2 물체에 작용하는 알짜힘은 모든 개개의 힘의 벡터의 합이다.

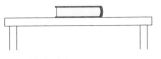

(a) 상황의 개략도

점으로 물체 표시

적절한 길이와 방향의 벡터 화살표로 물체에 작용하는 각 힘을 나타낸다.

(b) 책에 대한 힘 도표
그림 4.3 구성된 힘 도표

- 그림 4.3a와 같이 물리적 상황을 개략도로 나타낸다.
- 대상 물체에 작용하는 모든 힘을 식별한다.
- 별도의 힘 도표(그림 4.3b 참조)에서 물체를 그린 후, 그 물체에 작용하는 힘을 나타내는 벡터를 그린다(복잡한 문제는 여러 물체에 대한 다중 힘 도표가 필요할 수 있다).
  - 점을 사용하여 물체를 나타낸다. 모든 힘 벡터 시점을 한 점에 놓는다(예외: 같은 방향으로 작용하는 두 개의 힘은 합을 나타내기 위해 한 벡터의 시점을 다른 벡터의 종점 끝에 대어 합을 나타낸다.).
  - 벡터의 방향과 크기는 문제가 허용하는 만큼 정확한지 확인하면 힘이 어떻게 추가되는지 시각화하는 데 도움이 된다(힘을 알 수 없는 경우에는 힘의 길이나 방향을 추측해야 한다).
  - 각 벡터에 적절한 기호를 사용하여 첨자를 붙인다.

4.2 뉴턴의 운동 법칙

뉴턴의 운동 제1법칙

테이블 위에 놓인 책을 다시 생각해 보자. 책을 한 번 밀면 테이블을 가로질러 미끄러진다. 그림 4.4와 같이 살짝 밀고, 이제 책이 저절로 미끄러지고 있다고 가정하자. 테이블과 책 사이의 마찰력은 운동의 **변화**를 일으키는 힘으로 책의 움직임을 느리게 만든다(마찰은 이 장의 뒷부분에서 설명한다). 해당 힘 도표(그림 4.4)에서 책에 작용하는 알짜힘은 수직항력, 중력, 마찰력이 있다. $\vec{w}$와 $\vec{n}$은 책이 정지했을 때와 동일

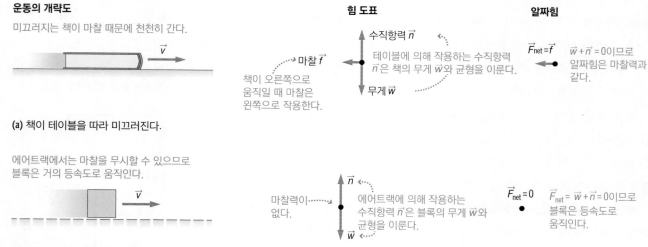

운동의 개략도

미끄러지는 책이 마찰 때문에 천천히 간다.

$\vec{v}$

(a) 책이 테이블을 따라 미끄러진다.

에어트랙에서는 마찰을 무시할 수 있으므로 블록은 거의 등속도로 움직인다.

$\vec{v}$

(b) 블록이 에어트랙에서 미끄러진다.

힘 도표

수직항력 $\vec{n}$

마찰 $\vec{f}$

테이블에 의해 작용하는 수직항력 $\vec{n}$은 책의 무게 $\vec{w}$와 균형을 이룬다.

책이 오른쪽으로 움직일 때 마찰은 왼쪽으로 작용한다.

무게 $\vec{w}$

마찰력이 없다.

$\vec{n}$

에어트랙에 의해 작용하는 수직항력 $\vec{n}$은 블록의 무게 $\vec{w}$와 균형을 이룬다.

$\vec{w}$

알짜힘

$\vec{F}_{net} = \vec{f}$

$\vec{w} + \vec{n} = 0$이므로 알짜힘은 마찰력과 같다.

$\vec{F}_{net} = 0$

$\vec{F}_{net} = \vec{w} + \vec{n} = 0$이므로 블록은 등속도로 움직인다.

그림 4.4 (a) 책은 알짜힘(마찰력)에 의해 변하는 운동(천천히 느려지는 운동)을 한다. (b) 블록은 알짜힘이 0이어서 처음 속력 그대로 운동한다(등속 운동).

하기 때문에 합은 0으로 유지된다. 따라서 이 경우 마찰력 $\vec{f}$는 알짜힘 $\vec{F}_{net}$과 같다.

　고대의 많은 오해 중 하나이자 물리학을 처음 접하는 몇몇 학생들이 항상 오해하는 것 중 하나는 운동을 유지하기 위해 힘이 필요하다는 생각이다(오해는 종종 그리스 철학자 아리스토텔레스 때문이라 여겨지지만 그에게 결코 전적인 책임이 있지는 않다). 미끄러지는 책의 예는 이러한 오해가 왜 발생하는지 보여 준다. 밀친 후 책이 미끄러지는 것을 멈추는 데 그리 오래 걸리지 않는다.

　그러나 에어트랙을 가로질러 미끄러지는 작은 블록을 생각해 보자(그림 4.4b). 마찰이 거의 없으므로 마찰력을 0으로 둘 수 있다. 그러면 블록에 작용하는 유일한 힘은 수직항력과 중력이다. 알짜힘은 $\vec{F}_{net} = \vec{w} + \vec{n} = 0$이며, 블록은 등속도로 움직인다. 이는 알짜힘이 운동 자체가 아닌 운동의 **변화**를 일으킴을 보여 준다. 알짜힘이 0이 되는 물체는 일정한 속도로 운동한다. 즉, 운동의 변화가 없다. 이 등속도는 0이 아닐 수도 있고(그림 4.4b의 미끄러지는 블록의 경우), 0이 될 수도 있다(테이블 위의 정지 상태의 책, 그림 4.3).

　앞의 예는 뉴턴의 운동 제1법칙을 표현하는 것이다.

> **뉴턴의 운동 제1법칙**(Newton's first law of motion): 물체에 가해지는 힘이 0이면 물체는 일정한 속도를 유지하려 한다.

　뉴턴의 운동 제1법칙을 좀 더 구체적으로 표현하면 속도가 0인 경우와 0이 아닌 경우를 설명할 수 있다. "정지 중인 물체는 정지 상태를 유지하고, 운동 중인 물체는 알짜힘이 작용하지 않는 한 등속도 운동을 유지하려 한다."

　역사적으로 갈릴레오는 현재 뉴턴의 운동 제1법칙이라고 부르는 것에 대한 설득력 있는 논거를 처음으로 제시하였다. '관성'이라는 용어는 물체가 정지 상태 또는 등속 운동을 유지하려는 경향을 설명하기 때문에 뉴턴의 운동 제1법칙은 '관성의 법칙'이라고도 부른다.

▶ **TIP** 속도는 벡터량이다. 속도가 일정하다는 것은 속도의 크기와 방향이 모두 일정하다는 것을 의미한다.

개념 예제 4.1　뉴턴의 운동 제1법칙

국제 우주 정거장에서 한 우주 비행사가 뉴턴의 운동 제1법칙을 시험하기 위한 실험을 했다. 우주 비행사가 끈에 공을 매달고 원을 그리며 돌렸는데, 결국 끈이 끊어졌다. 이 공의 다음 경로를 설명하여라(단, 우주 정거장의 기준틀에서는 중력을 무시할 수 있다).

추론과 풀이 끈은 공에 알짜힘을 제공하여 공의 운동 방향을 지속적으로 변화시켜 공이 원형 경로로 계속 운동하도록 한다. 끈이 끊어지면 더 이상 그 힘이 제공되지 않아 공에 적용되는 알짜힘은 0이 된다. 뉴턴의 운동 제1법칙에 따르면 공은 등속 운동, 즉 등속 직선 운동을 하게 된다.

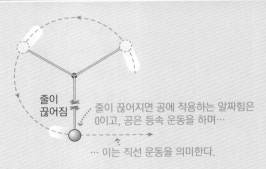

줄이 끊어짐

줄이 끊어지면 공에 작용하는 알짜힘은 0이고, 공은 등속 운동을 하며…

… 이는 직선 운동을 의미한다.

그림 4.5 공의 운동

등속도는 무엇일까? 원운동을 하는 동안 공의 속도는 원의 접선 방향이다(3.3절 참조). 따라서 공의 직선 경로는 끈이 끊어진 순간의 속도 벡터가 무엇이든 정거장의 벽에 부딪히거나 다른 힘이 작용할 때까지 운동한다(그림 4.5).

반영 지구에서 이 실험을 한다면 끈이 끊어지면 처음에는 공이 일직선으로 직진하는 것을 볼 수 있지만 중력의 영향을 받아 결국 공은 아래로 떨어질 것이다.

뉴턴의 운동 제2법칙

테니스공이 빠르게 다가오면 라켓을 뒤로 빼고 공을 칠 것이다. 물리적으로 말하면, 라켓이 공에 힘을 가해 공의 속도를 변화시켜 상대 선수를 향해 공을 다시 보내려는 것이다.

속도의 변화는 힘과 어떤 관련이 있을까? 물체의 가속도(속도의 변화율)는 물체의 질량과 가해진 알짜힘의 관계로부터 알 수 있다. 실험 결과는 다음과 같다.

- 물체의 가속도는 물체에 작용하는 알짜힘에 비례한다.
- 물체의 가속도는 질량에 반비례한다.

이러한 결과는 하나의 방정식으로 결합된다.

$$\vec{a} = \frac{\vec{F}_{net}}{m}$$

이 실험에 기초한 결과는 뉴턴의 운동 제2법칙이다. 방정식의 우변에 있는 알짜힘을 이용하여 보다 친숙한 형태로 이 힘을 다시 설명할 것이다.

뉴턴의 운동 제2법칙(Newton's second law of motion): 물체의 가속도와 물체에 작용하는 알짜힘은 비례한다.

$$\vec{F}_{net} = m\vec{a}$$

질량은 양(+)의 스칼라이므로 비례 관계는 알짜힘 벡터와 가속도 벡터의 방향이 항상 같음을 의미한다.

뉴턴의 운동 제2법칙은 강력하다. 주어진 질량의 물체에 가해지는 알짜힘을 고려할 때, 가속도($\vec{a} = \vec{F}_{net}/m$)를 결정할 수 있고 그다음 운동 방정식을 사용하여 물체의 운동을 예측할 수 있다. 반대로 물체의 가속도를 알고 있다면 물체에 작용하는 알짜힘이 결정된다.

뉴턴의 운동 제2법칙은 힘에 대한 SI 단위로서 $kg \cdot m/s^2$으로 나타낸다. SI에서는 이러한 조합을 편의상 새로운 단위로 다시 정의하는 경우가 많다. 이 경우, **뉴턴**(N)은 다음과 같은 힘의 SI 단위이다.

$$1 \text{ N} = 1 \text{ kg} \cdot \text{m/s}^2$$

질량, 관성 그리고 뉴턴의 운동 제2법칙

뉴턴의 운동 제2법칙은 질량을 관성, 즉 힘에 대한 저항으로 확장시킨다. 마찰이 없는 에어트랙 위의 블록에 수평으로 다른 힘을 가하여 가속시킨다고 상상해 보자. 그림 4.6a는 용수철저울을 사용하여 힘을 가하는 방법을 보여 준다. 저울은 힘의 크기도 측정할 수 있다. 비디오 캡처 또는 운동 감지기를 사용하여 블록의 가속도를 동시에 측정할 수 있다.

그림 4.6b는 질량이 다른 블록에 가해진 다른 힘의 결과를 그래프로 나타낸 것이다. 이 경우, 힘과 가속도 벡터의 크기만 고려하므로 뉴턴의 법칙을 스칼라량인 F_{net} $= ma$로 쓸 수 있다. 이 식은 알짜힘-가속도 그래프의 기울기가 질량 $m = F_{\text{net}}/a$임을 보여 준다. 질량이 큰 블록($m = 0.04$ kg)의 그래프의 기울기는 질량이 작은 블록($m = 0.02$ kg)의 그래프의 기울기의 두 배이다. 방금 기술한 실험은 단순히 물질의 양을 설명하는 것이 아닌 힘에 대한 물체의 반응을 측정하는 것으로서 질량을 동적으로 생각하는 새로운 방법을 제공한다.

무게와 중력 가속도

무게(weight)라고 부르는 중력은 모든 물체에 작용한다. 지구 표면 근처에서 질량이 m인 물체의 무게는 다음과 같다.

$$\vec{w} = m\vec{g} \qquad \text{(질량이 } m \text{인 물체의 무게, SI 단위: N)} \qquad (4.1)$$

질량과 무게를 구별할 때 주의하여라. 킬로그램 단위로 측정된 스칼라 양인 질량은 물체의 위치와 무관한 물체의 고유한 특성이다. 뉴턴 단위의 벡터인 무게는 물체의 질량과 위치에 따라 달라진다. 가속도 벡터 $\vec{g}$의 크기(g)는 지표 상의 위치에 따라 다르며, 고도가 높아질수록 감소한다.

식 4.1을 통해 (공기 저항을 무시한) 모든 물체는 주어진 위치에서 동일한 중력 가속도를 갖는다는 것을 보여 준다. 갈릴레오의 실험 방법에 따라 5.0 kg과 1.0 kg의 두 돌을 동시에 떨어뜨린다고 가정해 보자. 두 돌의 무게의 크기는 각각 다음과 같다.

$$w_5 = (5.0 \text{ kg})(9.8 \text{ m/s}^2) = 49 \text{ N},$$
$$w_1 = (1.0 \text{ kg})(9.8 \text{ m/s}^2) = 9.8 \text{ N}$$

자유 낙하에서 무게는 각각의 돌에 유일한 힘이며, $F_{\text{net}} = w$로 주어진다. 각 돌의 가속도 크기에 관해 식 4.1을 정리해서 풀면 다음을 얻는다.

$$a_5 = \frac{F_{\text{net}}}{m} = \frac{w}{m} = \frac{49 \text{ N}}{5.0 \text{ kg}} = 9.8 \text{ m/s}^2,$$
$$a_1 = \frac{F_{\text{net}}}{m} = \frac{w}{m} = \frac{9.8 \text{ N}}{1.0 \text{ kg}} = 9.8 \text{ m/s}^2$$

주어진 위치에서 가속도는 돌의 질량에 관계없이 항상 일정하다(g).

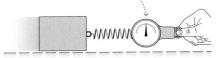

용수철 눈금은 블록에 가해지는 힘을 측정한다.

(a) 가해지는 힘 측정

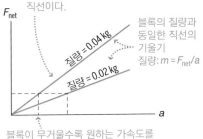

주어진 질량의 블록의 경우, 알짜힘-가속도의 그래프는 직선이다.

F_{net}

질량 = 0.04 kg

질량 = 0.02 kg

블록의 질량과 동일한 직선의 기울기 질량: $m = F_{\text{net}}/a$

a

블록이 무거울수록 원하는 가속도를 유지하려면 더 큰 알짜힘이 필요하다.

(b) 알짜힘-가속도 그래프

그림 4.6 힘에 대한 저항으로서의 질량

비행기가 활주로를 따라 가속할 때, 컵은 승객을 향해 가속된다.

$\vec{a}$

(a) 비관성 기준틀

비행기의 속도가 일정할 때 컵의 가속도는 0이다.

$\vec{a} = 0$

(b) 관성 기준틀

그림 4.7 비관성과 관성 기준틀에서의 운동. 가속도 $\vec{a}$는 승객의 비관성 기준틀에서 관측된다.

▶ **TIP** 힘의 쌍을 다룰 때는 이중 첨자를 사용하여라. $\vec{F}_{AB}$에서 첨자 AB는 A가 B에 가하는 힘을 의미한다.

▶ 응용

로켓!

로켓은 뉴턴의 운동 제3법칙의 좋은 예이다. 로켓은 엔진에서 생성된 뜨거운 가스에 힘을 가하여 빠른 속력으로 위로 올라간다. 가스는 로켓에 같은 크기와 반대 방향으로 힘을 가하며, 이 힘이 로켓을 가속시키는 것이다.

관성 기준틀

뉴턴의 운동 제1법칙과 제2법칙을 언급할 때는 조심해야 하는데, 등속으로 운동하는 기준틀에서만 성립하기 때문이다. 뉴턴의 운동 제1법칙이 관성에 관한 것이므로 일정한 속도, 즉 가속도가 0인 기준틀을 **관성 기준틀**(inertial reference frame)이라고 한다. 가속 기준틀은 **비관성 기준틀**(non-inertial frame)이다.

비행기 안에서 이륙을 기다리고 있다고 생각해 보자. 승객은 침착하게 앉아 있고, 식탁 위에 주스 한 잔을 올려 놓은 상태이다. 비행기가 활주로에 정지한 상태에서 컵은 뉴턴의 운동 제1법칙에 따라 등속도(지상을 기준으로 0인 경우)를 유지한다. 그다음 엔진이 굉음을 내며 활주로를 따라 가속된다(그림 4.7a). 컵이 승객을 향해 미끄러져 무릎에 주스가 쏟아진다! 무슨 일인가? 뉴턴의 운동 제1법칙은 가속된 비행기의 비관성 기준틀에서 더 이상 유효하지 않다. 이 기준틀에서 컵은 뉴턴의 운동 제1법칙을 명백히 위반하면서 알짜힘 없이 승객을 향해 가속하는 것처럼 보인다. 지상의 관성 기준틀에서 이 상황을 설명하는 것이 더 좋다. 여기서 비행기가 앞으로 가속하며 컵은 부착되지 않은 채 남아 있다. 비행기와 쟁반, 승객이 앞으로 가속하는 동안 컵의 관성, 즉 제자리에 머무르려는 경향으로 인해 컵은 지상에 대해 정지한 상태를 유지한다.

비행기가 일정한 순항 속도에 도달하면 주스 한 잔을 더 마실 수 있다. 이제 관성 기준틀로 다시 돌아가자. 여기에서는 뉴턴의 운동 제1법칙은 유지되고, 컵은 그대로 유지된다(그림 4.7b). 하지만 속도가 변하면 비행기의 관성 상태가 제거되므로 난기류를 조심해야 한다. 주스의 관성, 즉 순항 속도를 유지하려는 경향으로 인해 주스가 다시 쏟아질 수 있다!

뉴턴의 운동 제3법칙

힘은 상호작용하는 물체의 한 쌍(망치와 못, 자석과 클립, 지구와 낙하하는 물체 등)을 필요로 한다는 것을 알아봤다. 뉴턴의 운동 제3법칙은 힘과 관련된 쌍을 보여 준다. "모든 작용에는 반드시 동등하고 반대되는 반작용이 있다"라는 뉴턴의 운동 제3법칙을 들어 본 적이 있을 것이다. 이 말은 불편한데, 첫째는 작용이라고 하는 것은 힘과 다른 물리량이기 때문이고, 둘째는 두 벡터가 반대 방향일 경우 같지 않기 때문이다.

뉴턴의 운동 제3법칙을 더 잘 설명하는 표현은 다음과 같다.

뉴턴의 운동 제3법칙(Newton's third law of motion): 두 물체(A와 B)가 상호작용할 때, 물체 A가 물체 B에 가하는 힘 $\vec{F}_{AB}$는 물체 B가 물체 A에 가하는 힘 $\vec{F}_{BA}$와 크기가 같고 방향은 서로 반대이다. 식으로 나타내면 다음과 같다.

$$\vec{F}_{AB} = -\vec{F}_{BA}$$

여기서 이중 첨자 AB는 힘 쌍을 설명할 때 사용함에 유의하자. 첫 번째 첨자는 항상 힘을 가하는 물체를 나타내고, 두 번째 첨자는 힘을 받는 물체를 나타낸다. 따라서 $\vec{F}_{AB}$는 A가 B에 가하는 힘을 의미한다.

뉴턴의 운동 제3법칙은 힘이 어떻게 쌍으로 작용하는지를 설명한다. 한 물체가 다른 물체에 힘을 가할 때, 그 자체가 반대 방향으로 같은 크기의 힘을 갖지 않으면 안된다. 서서 벽을 민다면 벽은 민 힘과 같은 크기로 버틴다. 뉴턴의 운동 제3법칙은 상호작용하는 물체들 사이의 접촉 여부에 관계없이 생긴다. 자유 낙하하는 물체는 아래로 향하는 지구 중력을 받는다. 뉴턴의 운동 제3법칙에 따르면 물체는 지구에 같은 크기와 반대 방향, 즉 위쪽으로 힘을 가한다. 지구의 질량($\sim 6 \times 10^{24}$ kg)은 매우 크기 때문에 낙하하는 물체의 가속도 9.8 m/s^{2}에 비해 지구가 물체 쪽으로 향하는 가속도는 무시해도 될 정도이다.

개념 예제 4.2 **얼음 위의 뉴턴**

질량이 각각 $m_A = 50$ kg, $m_B = 80$ kg인 두 명의 스케이트 선수가 마찰이 없는 얼음 위에서 정지 상태에서 일정한 힘으로 서로를 밀치고 있다. 미는 중, 민 후의 운동을 설명하여라.

추론과 풀이 뉴턴의 운동 제3법칙에 따르면 두 스케이트 선수는 크기는 같지만 방향은 반대인 힘을 갖기 때문에 반대 방향으로 가속할 것이다. 힘의 크기는 동일하지만($F_{AB} = F_{BA}$) 스케이트 선수의 질량은 서로 다르기 때문에($m_A \neq m_B$) 가속도의 크기도 동일하지 않다(그림 4.8a). 뉴턴의 운동 제2법칙에 의해 다음이 성립한다.

$$a_A = F_{BA}/m_A$$
$$a_B = F_{AB}/m_B$$

$m_A < m_B$이므로 가벼운 스케이트 선수는 가속도가 더 크기 때문에 분리될 때 속력이 더 빨라진다. 분리 후, 이들 스케이트 선수는 서로 속력이 같지는 않지만 각자 일정한 속력으로 운동한다(그림 4.8b).

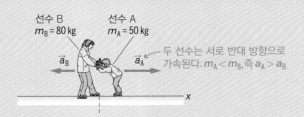

(a) 두 스케이트 선수가 서로 밀침

(b) 분리된 후 운동

그림 4.8 두 스케이트 선수의 운동

반영 이 예제는 관성의 개념을 보여 준다. 덩치가 큰 스케이트 선수의 관성이 크고 가속도는 작다는 것을 알 수 있다.

예제 4.3 **얼음 위에서의 뉴턴의 법칙: 정량적**

개념 예제 4.2의 두 스케이트 선수가 200 N의 일정한 힘으로 밀고 있다. 물음에 답하여라.

(a) 미는 동안 두 선수의 가속도를 구하여라.

(b) 0.40 s 동안 밀 때, 분리 후 두 선수의 속도를 구하여라.

구성과 계획 개념 예제 4.2와 같은 방법으로 푼다. 뉴턴의 운동 제2법칙으로 가속도를 구하고, 운동 방정식으로 가속도를 나중 속도와 연관시킨다.

가벼운 선수(A)가 +x 방향에 있도록 좌표축을 잡는다(그림 4.9a). 개념 예제와 같이 두 스케이트 선수의 가속도는 다음과 같은 크기를 갖는다.

$$a_A = F_{BA}/m_A, \quad a_B = F_{AB}/m_B$$

좌표계에서 가속도는 스케이트 선수 A의 경우 +x 방향, B의 경우 −x 방향이다.

시간 t 동안 가속도가 a_x이면 운동 방정식으로부터 나중 속도는 $v_x = v_{0x} + a_x t$이다(그림 4.9b). 여기서 둘 다 $v_{0x} = 0$이고, 두 선수의 질량은 $m_A = 50$ kg, $m_B = 80$ kg이다.

알려진 값: $m_A = 50$ kg, $m_B = 80$ kg, 힘의 크기 = 200 N

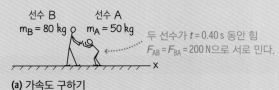

선수 B   선수 A
$m_B = 80$ kg $m_A = 50$ kg

두 선수가 t = 0.40 s 동안 힘
$F_{AB} = F_{BA} = 200$ N으로 서로 민다.

(a) 가속도 구하기

각 선수에 대해 $v_x = v_{0x} + a_x t$이다.

$\vec{v}_B$ $\vec{v}_A$

(b) 속도 구하기

그림 4.9 가속도와 속도 계산

풀이 (a) 선수 A는 +x 방향으로 가속되므로

$$a_A = \frac{F_{BA}}{m_A} = \frac{200 \text{ N}}{50 \text{ kg}} = 4.0 \text{ m/s}^2$$

이고, 선수 B는 −x 방향으로 다음과 같이 가속된다.

$$a_B = \frac{F_{AB}}{m_B} = \frac{200 \text{ N}}{80 \text{ kg}} = 2.5 \text{ m/s}^2$$

(b) 선수 A에 대해 $a_x = 4.0$ m/s²이므로 운동 방정식으로 나중 속도를 구하면 다음과 같다.

$$v_x = v_{0x} + a_x t = 0 \text{ m/s} + (4.0 \text{ m/s}^2)(0.40 \text{ s}) = 1.6 \text{ m/s}$$

선수 B에 대해 $a_x = -2.5$ m/s²이므로 같은 방법으로 구하면 다음과 같다.

$$v_x = v_{0x} + a_x t = 0 \text{ m/s} + (-2.5 \text{ m/s}^2)(0.40 \text{ s}) = -1.0 \text{ m/s}$$

반영 개념 예제에서 예측한 것처럼 가벼운 선수의 속력이 더 빠르다. 나중 속력은 질량에 반비례한다는 것에 유의하여라.

연결하기 이 문제에서 4개의 물리량(2개의 질량과 2개의 나중 속도)과 관련된 방정식이 있는가?

답 있다. 질량과 속력의 곱이 같다. 즉, $m_A v_A = m_B v_B$이다. 6장에서 운동량의 개념을 살펴보며 이 등식이 어떻게 성립하는지 살펴볼 것이다.

개념 예제 4.4 에어트랙에서 뉴턴의 운동 제3법칙

수평 에어트랙을 따라 수레 A를 밀면 A는 덜 무거운 수레 B를 밀게 된다($m_B < m_A$). 두 수레는 밀면서 접촉을 유지한다. 수평 힘만 고려하여 이 상황을 스케치한 후, 손과 두 수레에 대한 힘 도표를 그려라. 뉴턴의 운동 제3법칙에 따라 쌍을 이루는 힘을 확인하여라.

추론과 풀이 그림 4.10a는 개략도이다. 손 H는 힘 $\vec{F}_{HA}$로 수레 A를 오른쪽에서 밀어낸다(그림 4.10b). 뉴턴의 운동 제3법칙에 따르면 수레 A는 크기는 같지만 방향은 반대인 힘 $\vec{F}_{AH}$로 손을 뒤로 밀어낸다. $\vec{F}_{HA}$와 $\vec{F}_{AH}$는 하나의 힘 쌍을 이룬다. 마찬가지로 수레 A는 힘 $\vec{F}_{AB}$로 수레 B를 오른쪽으로 밀어낸다. 뉴턴의 운동 제3법칙에 따르면 수레 B는 같은 크기의 힘 $\vec{F}_{BA}$로 수레 A를 왼쪽으로 밀어낸다. $\vec{F}_{AB}$와 $\vec{F}_{BA}$는 제3법칙을 따르는 힘 쌍이다.

제3법칙에 따라 각각의 힘 쌍에서 힘의 크기는 동일하다. 그

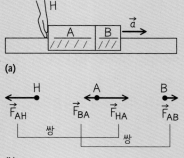

(a)

H   A   B
$\vec{F}_{AH}$ $\vec{F}_{BA}$ $\vec{F}_{HA}$ $\vec{F}_{AB}$
     쌍   쌍

(b)   **그림 4.10** 힘은 쌍을 이룬다.

러나 서로 다른 힘 쌍의 두 힘은 크기가 서로 다를 수 있다. 이 경우, $\vec{F}_{HA} = \vec{F}_{AH} > \vec{F}_{AB} = \vec{F}_{BA}$이다.

반영 뉴턴의 운동 제3법칙에 의한 힘 쌍의 두 힘은 항상 서로 다른 물체에 작용한다는 것에 유의하여라. 따라서 동일한 물체의 힘 도표에서 한 쌍의 두 힘을 찾을 수는 없다.

확인 4.2절 무게가 $\vec{w}$인 로켓이 발사 직후 곧바로 직진으로 가속한다. 배기가스가 로켓에 힘 $\vec{F}_{gas}$를 가할 때, 다음 중 로켓에 대한 올바른 힘 도표는?

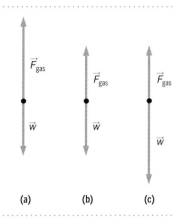

▶ **TIP** 뉴턴의 운동 제3법칙의 두 힘은 서로 다른 물체에 작용한다. 그래서 이 힘 쌍은 단일 물체의 힘 도표에 나타나지 않는다.

4.3 뉴턴의 법칙 응용

뉴턴의 운동 제2법칙: 성분별로 나타내기

동역학에서 정량적 문제를 푸는 것은 보통 뉴턴의 운동 제2법칙으로 해결한다.

$$\vec{F}_{net} = m\vec{a}$$

두 벡터가 같으면 각각의 성분도 같다. xy평면의 경우, $\vec{F}_{net}$의 x성분은 $m\vec{a}$의 x성분이고, $\vec{F}_{net}$의 y성분은 $m\vec{a}$의 y성분이다.

$$F_{net,x} = ma_x \qquad (x\text{성분}) \tag{4.2}$$
$$F_{net,y} = ma_y \qquad (y\text{성분}) \tag{4.3}$$

여기서 일반적으로 더 풀기 쉬운 두 스칼라 방정식으로 하나의 벡터 방정식을 해석하였다. 0.160 kg의 하키 퍽이 얼음(xy평면)을 알짜힘으로 밀어낸 간단한 예제로 설명할 것이다(그림 4.11).

$$\vec{F}_{net} = 1.10\ \text{N}\ \hat{i} + 1.25\ \text{N}\ \hat{j}$$

항상 그렇듯이 $\vec{F}_{net}$의 x성분과 y성분은 각각 단위벡터 $\hat{i}$와 $\hat{j}$를 곱한 양이다. 힘과 질량을 알면 퍽의 가속도 성분에 대한 방정식 4.2와 방정식 4.3을 풀 수 있다.

$$a_x = \frac{F_{net,x}}{m} = \frac{1.10\ \text{N}}{0.160\ \text{kg}} = 6.88\ \text{m/s}^2$$

$$a_y = \frac{F_{net,y}}{m} = \frac{1.25\ \text{N}}{0.160\ \text{kg}} = 7.81\ \text{m/s}^2$$

뉴턴의 운동 제2법칙은 성분 대신 크기/방향으로도 잘 나타낼 수 있다. 이 예제에서 알짜힘은 x축으로부터의 각도 $\theta = \tan^{-1}(1.25\ \text{N}/1.10\ \text{N}) = 48.7°$에서 크기 $F_{net} = \sqrt{(1.10\ \text{N})^2 + (1.25\ \text{N})^2} = 1.67\ \text{N}$을 갖는다. 따라서 뉴턴의 운동 제2법칙 $F_{net} = ma$에 의해 가속도의 크기는

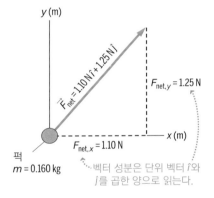

그림 4.11 힘의 성분

▶ **TIP** 다른 벡터처럼 힘은 크기/방향 또한 성분으로 표현할 수 있다.

$$a = \frac{F_{net}}{m} = \frac{1.67 \text{ N}}{0.160 \text{ kg}} = 10.4 \text{ m/s}^2$$

▶ **TIP** 3장에서 벡터와 크기에 대한 표기법을 기억하여라. F_{net}은 벡터 $\vec{F}_{net}$의 크기를 의미하고, a는 벡터 $\vec{a}$의 크기를 의미한다.

이고, 힘의 방향과 같은 방향이다. 이것이 벡터의 성분을 사용한 결과와 같아야 한다.

이 예에서는 일반적인 동역학 문제, 즉 물체의 질량과 물체에 작용하는 힘을 고려하여 가속도를 구하는 것을 보여 준다. 물론 이 문제에 대한 다른 풀이도 있다. 이 책에서는 발생할 수 있는 다양한 동역학 문제의 몇 가지 예를 제시한다. 그로써 몇 가지 일반적인 유형의 힘을 소개할 것이다.

문제 해결 전략 4.1　동역학 문제 풀이

구성과 계획
- 도표를 그려 상황을 시각화한다.
- 적합한 좌표계를 설정한다.
- 관심 물체와 작용하는 힘을 구별하고, 힘 도표를 그린다.
- 주어진 값을 이용하여 구하는 값을 결정한다.
- 찾으려는 물리량을 결정한다.
- 알고 있는 정보를 통해 알 수 없는 정보를 해결하는 방법을 계획한다.

풀이
- 미지의 양에 대한 방정식을 결합하고 푼다.
- 수치를 대입하고 계산해서 답을 얻는다.

반영
- 차원, 단위가 합리적인지 확인한다.
- 문제가 유사한 것과 관련이 있을 때, 답이 타당한지 생각해 본다.

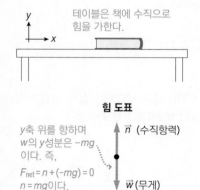

테이블은 책에 수직으로 힘을 가한다.

힘 도표

y축 위를 향하며 w의 y성분은 $-mg$이다. 즉,
$F_{net} = n + (-mg) = 0$
$n = mg$이다.

$\vec{n}$ (수직항력)

$\vec{w}$ (무게)

그림 4.12 수평면에 놓여 있는 물체의 수직항력

▶ **TIP** 예제에서 수직항력 $\vec{n}$과 무게 $\vec{w}$는 뉴턴의 운동 제3법칙의 힘 쌍을 구성하지 않는다. 수직항력은 책과 테이블 사이의 상호작용을 포함한다. 반면, 무게(중력)는 책과 지구를 포함한다.

수직항력

수직항력(normal force, $\vec{n}$)은 표면에 있는 물체에 작용하는 접촉력이다. '수직'이라는 용어는 표면이 수평이든 경사면이든 항상 그 표면에 수직으로 향하는 힘을 의미한다.

그림 4.12의 테이블 위에 놓여 있는 책을 살펴보자. 책에 작용하는 두 가지 힘은 책의 무게 $\vec{w} = m\vec{g}$와 수직항력 $\vec{n}$이다. 뉴턴의 운동 제1법칙에 의해 정지 상태에서 책에 작용하는 알짜힘은 0이다.

$$\vec{F}_{net} = \vec{w} + \vec{n} = 0$$

표시된 좌표계에서 수직항력과 중력의 y성분은 각각 $+n$과 $-mg$이다. 이 힘의 합은 0이므로

$$n + (-mg) = 0$$

이고, 힘을 정리하면 다음과 같다.

$$n = mg \tag{4.4}$$

이 간단한 예는 수직항력이 책의 무게를 균형 있게 유지하면서 mg의 크기로 똑바로 위로 향함을 보여 준다. 따라서 책은 위나 아래로 가속되지 않으면서 정지 상태를 유지한다.

경사면에서의 운동

그림 4.13은 각도가 θ인 경사면에서 썰매를 타고 마찰 없이 내려가는 사람을 나타내고 있다(이 그림에서는 4.4절 마찰의 영향을 고려한다). 뉴턴의 운동 제2법칙을 이용하면 썰매의 가속도를 알 수 있다.

지금까지 x축을 수평축으로 하고 y축을 수직축으로 설정하였다. 하지만 썰매가 경사면을 따라 직선 운동을 할 때는 관례적인 좌표축 설정이 최선은 아니다. 이 경우, 좌표축은 그림 4.13과 같이 경사면을 +x축으로 잡고, 이에 수직인 축을 +y축으로 잡는 것이 좋다.

이 좌표로 선택했을 때 장점은 다루는 운동이 (x축을 따라) 일차원이 되므로 분석하기 쉬워진다는 것이다. 항상 관례적인 좌표계를 사용해야 하는가? 아니다. 좌표계는 편의를 위해 만든 것일 뿐임을 기억하여라. 기존의 수평/수직 좌표계를 사용할 수 있지만 그렇게 하면 계산이 더 어려워진다.

기울어진 좌표계에서 수직항력이 +y 방향을 가리키지만, 중력은 x 방향과 y 방향 성분을 모두 갖고 있다. 항상 그렇듯이 중력의 크기는 mg이다. 그림 4.13은 힘 $\vec{w}$와 $-y$축 사이의 각도가 경사각 θ와 같음을 보여 준다. 평면을 수평에서 각도 θ로 회전시키면 좌표축이 동일한 각도로 회전되기 때문이다.

이제 썰매의 가속도를 구할 수 있다. 수직항력과 중력의 합이 알짜힘이고, x성분과 y성분을 나타내면 다음과 같다.

$$x\text{성분:} \quad F_{\text{net},x} = mg \sin \theta = ma_x$$

$$y\text{성분:} \quad F_{\text{net},y} = n - mg \cos \theta = ma_y$$

중력의 성분은 그림 4.13과 같은데, 이는 뉴턴의 운동 제2법칙의 두 가지 성분이다. x성분 방정식에서 질량 m을 소거하면 다음과 같다.

$$a_x = g \sin \theta \quad \text{(경사면에서의 가속도)} \tag{4.5}$$

따라서 썰매는 가속도 $g \sin \theta$로 경사면을 미끄러져 내려간다. 5° 경사에서 가속도는 $a_x = g \sin(5°) = 0.85 \text{ m/s}^2$이다. 가속도가 너무 오래 지속되지 않는 한 이 경사면에서 썰매의 속력은 상당히 안전하게 유지될 것이다.

y성분은 어떤가? 가속도를 구하는 데 필요하지는 않았지만 유용한 정보를 제공한다. y 방향으로 가속도가 0이면 힘의 합은 0이다. 따라서 $n - mg \cos \theta = 0$, 즉 $n = mg \cos \theta$이다. 따라서 중력과 수직항력에만 의존하는 마찰이 없는 경사면에 있는 물체의 경우, 수직항력은 수평면에서의 값 $n = mg$보다 작은 크기 $n = mg \cos \theta$를 갖는다. 이는 마찰력을 고려하는 4.4절에서 중요하게 다룰 것이다.

경사에서 직선 운동을 하는 경우 x축을 운동 방향으로 잡는 것이 좋다.

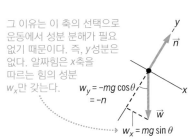

그 이유는 이 축의 선택으로 운동에서 성분 분해가 필요 없기 때문이다. 즉, y성분은 없다. 알짜힘은 x축을 따르는 힘의 성분 w_x만 갖는다.

$w_y = -mg \cos \theta$
$= -n$
$w_x = mg \sin \theta$

그림 4.13 경사 좌표계가 경사면에서 직선 운동이 가장 적합한 이유

▶ **TIP** 경사면을 따라 움직이는 데 적합한 좌표계를 선택한다. 보통 x축이 경사를 따라 내려가고, y축이 수직이 되는 것을 의미한다.

▶ **TIP** 수직항력을 $n = mg$라고 가정하지 말아라. 수직항력의 크기는 상황에 따라 다르다. 수직항력의 방향은 물체가 놓인 표면에 수직이지만 연직 방향일 필요는 없다.

개념 예제 4.5 **경사면: 완만한 경사와 가파른 경사**

방금 물체가 크기 $g \sin \theta$의 가속도로 마찰이 없는 경사로를 미끄러지는 것을 살펴봤다. 이 결과를 차원적으로 분석하고 가능한 가장 작고, 가장 큰 경사 각도에서의 운동을 확인하여라.

추론과 풀이 차원에서 방정식은 완벽하게 일치한다. 삼각함수 (여기서 $\sin \theta$)는 삼각형의 두 변의 비율을 나타내므로 차원이 없다. 중력에 의한 가속도 g의 차원은 m/s²이어야 한다.

여기서 극단적인 사례는 $\theta = 0°$(평탄한 수평면, 그림 4.14a)와 $\theta = 90°$(수직면, 그림 4.14b)이다. $\theta = 0°$일 때, 가속도는 평평한 표면에서 예상되는 것처럼 $a_x = g \sin(0°) = 0$이 된다. $\theta = 90°$일 때, 가속도는 $a_x = g \sin(90°) = g$가 된다. 다시 한번 말하지만, 수직면 아래로 '미끄러지는' 것에는 표면이 어떤 힘도 작용하지 않으므로 자유 낙하와 같다.

반영 차원 분석과 극단적인 사례 분석은 풀이를 확인하는 좋은 방법이다. 풀이가 옳다는 것을 **증명**하지 않겠지만 모든 것을 확인하고 정량화한 수치가 합리적이라면 답이 옳을 가능성이 높다.

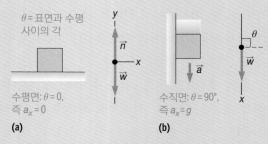

$\theta =$ 표면과 수평 사이의 각

수평면: $\theta = 0$, 즉 $a_x = 0$

(a)

수직면: $\theta = 90°$, 즉 $a_x = g$

(b)

그림 4.14 물체가 미끄러지는 특별한 경우

장력

또 다른 힘으로 **장력**(tension, $\vec{T}$)이 있으며, 이는 끈, 밧줄, 몸 근육의 힘줄과 같은 길고, 신축성 있는 구조물을 통해 전달되는 힘이다. 예를 들어, 책상에서 노트북을 들어 올릴 때, 노트북을 지탱하는 것은 주로 이두박근의 장력이다.

그림 4.15는 작업자가 상자를 끄는 모습을 보여 준다. 밧줄의 장력은 상자를 움직이게 한다. 이때, 작업자의 근육은 밧줄에 힘을 가하게 된다. 상자의 움직임을 분석하여 알짜힘을 결정한 다음, 뉴턴의 운동 제2법칙을 사용하여 가속도를 구할 수 있다. 이 예에서 바닥은 매우 매끄럽기 때문에 마찰은 무시한다.

그림 4.15의 힘 도표는 상자에 작용하는 세 가지 힘을 나타낸다. 상자가 수직으로 움직이지 않으므로 구성된 수직(y) 힘의 합은 0이다.

$$F_{\text{net},y} = n + (-mg) = ma_y = 0$$

여기서 $n = mg$이다.

수평(x 방향)에서는 다음과 같다.

$$F_{\text{net},x} = T = ma_x$$

여기서 T는 벡터 $\vec{T}$의 크기를 의미한다. 그러므로 상자의 가속도는 다음과 같이 주어졌을 때 $+x$ 방향이다.

$$a_x = \frac{T}{m}$$

작업자가 420 N(약 무게의 절반)의 힘으로 당기고 있으면 상자의 질량은 120 kg이고, 가속도는 다음과 같다.

$$a_x = \frac{T}{m} = \frac{420\,\text{N}}{120\,\text{kg}} = 3.5\ \text{m/s}^2$$

상자에 장력을 가하는 밧줄

$\vec{T}$

마찰 무시

수레

상자에 대한 힘 도표

선택한 축은 $\vec{T}$가 $+x$ 방향을 가리키고 $\vec{n}$이 $+y$ 방향을 가리킨다.

그림 4.15 장력을 이용하여 상자를 움직인다.

예제 4.6	상자 끌기

상자의 예에서 밧줄은 수평이었다. 좀 더 현실적으로 생각하면 작업자는 수직으로 서서 위쪽 각도로 당길 수 있다. 예를 들어, 동일한 질량인 120 kg 상자를 수평으로부터 25.0° 각도로 장력이 420 N인 밧줄로 당긴다고 가정할 때, 다음을 구하여라.
(a) 바닥과 상자 사이의 수직항력 (b) 상자의 가속도

구성과 계획 문제 해결 전략 4.1에 따라 도표부터 시작한다(그림 4.16). 상자에 작용하는 세 개의 힘을 구별하고 힘 도표를 그릴 수 있다. 다음으로 힘 성분에 대한 운동 방정식을 작성한다.

$$F_{\text{net},x} = ma_x$$
$$F_{\text{net},y} = ma_y = 0$$

가속도의 y성분이 0이므로 상자는 수직으로 움직이지 않는다.

알려진 값: $T = 420\ \text{N}, \quad m = 120\ \text{kg}, \quad \theta = 25.0°$

풀이 (a) y 방향의 힘의 성분을 합하면 다음과 같다.

$$F_{\text{net},y} = T\sin\theta + n - mg = ma_y = 0$$

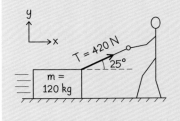

상자는 바닥에서 들어 올려지지 않으므로 $F_{\text{net},y} = 0$이다.

그림 4.16 상자에 힘을 가하기

n에 대해 풀면 다음을 얻는다.

$$n = mg - T\sin\theta$$
$$= (120\ \text{kg})(9.80\ \text{m/s}^2) - (420\ \text{N})\sin(25.0°)$$
$$= 999\ \text{N}$$

(b) x 방향의 힘의 성분을 합하면 다음을 얻는다.

$$F_{\text{net},x} = T\cos\theta = ma_x$$

따라서 수평 방향의 가속도는 다음과 같다.

$$a_x = \frac{T\cos\theta}{m} = \frac{(420\ \text{N})\cos(25.0°)}{120\ \text{kg}} = 3.17\ \text{m/s}^2$$

반영 밧줄이 수평이 아닌 상태에서는 수직항력과 가속도가 모두 다르다. 밧줄 장력의 수직 성분은 상자를 지지하는 데 도움이 되므로 수직항력이 덜 필요하다. 또한, 밧줄 각도를 변화시키면 장력의 수평 성분이 감소하여 가속도가 감소한다.

연결하기 현실적인 상황에서 밧줄을 위쪽으로 당기는 것이 더 쉬운 이유를 설명하여라.

답 답변에 부분적으로 해부학과 생리학이 포함된다. 똑바로 서 있으면 허리와 다리 근육을 쉽게 사용할 수 있다. 또 다른 미묘한 부분은 마찰을 수반한다. 이 장의 후반부에서 마찰력의 크기가 수직항력의 크기에 비례한다는 것을 알게 될 것이다. 따라서 수직항력을 줄이는 것은 마찰을 극복하는 데 도움이 된다.

예제 4.7	수직항력에서의 무게

65 kg인 사람이 엘리베이터에서 저울 위에 서 있다고 가정하자. 저울이 실제로 측정하는 것은 저울 위에 있는 모든 것의 수직항력이다. 엘리베이터가 다음과 같이 운동할 때, 저울의 눈금을 구하여라.
(a) 2.25 m/s²으로 위쪽으로 가속
(b) 등속으로 운동
(c) 2.25 m/s²로 아래쪽으로 가속

구성과 계획 사람에게 작용하는 두 가지 힘이 있다. 수직항력은 위쪽으로 작용하고 무게는 아래쪽으로 작용한다(그림 4.17). 이러한 힘의 합은 뉴턴의 운동 제2법칙에 의해 주어진 것처럼 가속도를 갖는다. +y축이 위쪽을 가리키도록 하면 뉴턴의 운동

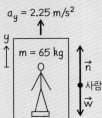

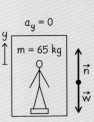
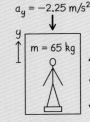

(a) 엘리베이터가 위로 이동　**(b)** 등속도　**(c)** 엘리베이터가 아래로 이동

그림 4.17 엘리베이터를 타고 이동

제2법칙의 수직 성분은 다음과 같다.

$$F_{\text{net},y} = n + (-mg) = ma_y$$

수직항력의 크기 n를 계산하면 다음을 얻는다.

$$n = ma_y + mg, \text{ 즉 } n = m(a_y + g)$$

알려진 값: $m = 65 \text{ kg}$

풀이 (a) 위로 가속될 때(그림 4.17a), $a_y = 2.25 \text{ m/s}^2$이다. 따라서 수직항력 n은 다음과 같다.

$$n = m(a_y + g) = (65 \text{ kg})(2.25 \text{ m/s}^2 + 9.80 \text{ m/s}^2) = 783 \text{ N}$$

(b) 등속도로 움직이는 경우(그림 4.17b), $a_y = 0$이다. 수직항력은 n은 다음과 같다.

$$n = m(a_y + g) = (65 \text{ kg})(9.80 \text{ m/s}^2) = 637 \text{ N}$$

(c) 아래로 가속될 때(그림 4.17c), $a_y = -2.25 \text{ m/s}^2$이므로 수직항력은 다음과 같이 계산된다.

$$n = m(a_y + g) = (65 \text{ kg})(-2.25 \text{ m/s}^2 + 9.80 \text{ m/s}^2) = 491 \text{ N}$$

반영 저울이 없어도 엘리베이터가 움직이기 시작하고, 일정한 속력으로 움직이며, 정상에서 정지할 때까지 이러한 차이를 느낄 수 있다. 이처럼 저울에 나타난 눈금인 수직항력을 겉보기 무게라고 한다. 엘리베이터가 가속하는 동안 확실히 더 무겁거나 더 가벼워질 것이다. 그러나 엘리베이터의 움직임에 관계없이 중력이 작용하는 실제 무게는 $mg = 637 \text{ N}$이다.

연결하기 여러분이 높은 건물의 맨 위에서 아래로 가속되는 엘리베이터를 탔을 때, 겉보기 무게의 변화를 설명하여라.

답 엘리베이터가 내려가기 시작하는 순간 내부의 사람은 더 가볍게 느끼게 된다. 엘리베이터가 등속도인 경우에는 내부의 사람은 정상 몸무게를 느끼게 된다. 아래에서 멈추는 순간은 위쪽으로 가속하는 것을 의미하기 때문에 더 무겁게 느껴진다. 속도의 방향은 전혀 중요하지 않다. 위로 움직이기 시작하든 아래로 움직여서 멈추든 위쪽으로 가속하는 것이 더 무겁게 느껴진다.

확인 4.3절 그림 4.13의 경사면에 있는 썰매의 경우, 다음 중 어느 힘이 더 큰가? (a) 수직항력 (b) 무게 (c) 둘 다 크기가 같다.

4.4 마찰과 저항

지금까지 마찰력과 저항력을 무시했지만 마찰은 대부분의 상황에서 부정확하거나 심지어 터무니없는 해결책이 될 정도로 모든 운동에 존재한다. 뉴턴의 법칙을 사용하여 운동 문제를 해결하는 방법을 살펴봤으므로 이제는 마찰과 저항을 포함시킬 차례이다.

마찰과 저항은 둘 다 물체의 운동에 반대로 작용한다. **마찰력**(frictional force)은 물체와 접촉면 사이의 상호작용에서 발생한다. 예를 들어, 얼음에서 미끄러지는 하키 퍽, 테이블 위에서 미끄러지는 책, 걸을 때 바닥을 미는 신발이 여기에 해당한다. **저항력**(drag force)은 낙하하는 스카이다이버나 물속을 헤엄치는 수영 선수와 같이 유체를 통해 운동하는 물체에 영향을 미친다.

마찰의 원인

마찰은 궁극적으로 두 물체의 접촉면에 있는 원자에 대한 전기적 힘에서 비롯한다. 표면 거칠기가 중요한 역할을 하지만 표면이 매끄러워 보이는 경우에도 마찰은 존재한다. 이 장의 뒷부분과 15장에서 전기력의 근본적인 특성에 대해 자세히 논의할 것이다.

마찰에는 세 가지 중요한 유형이 있다. **운동 마찰**(kinetic friction)은 물체와 표면 사이에서 작용한다. **굴림 마찰**(rolling friction)은 둥근 물체가 표면 위로 굴러갈 때 발생한다. **정지 마찰**(static friction)은 물체가 표면에 정지해 있을 때 작용하며, 물체가 미끄러지는 것을 방지할 수 있다. 이제 각각의 마찰을 정량화하는 방법을 살펴본 다음, 다른 힘과 마찬가지로 마찰의 효과를 뉴턴의 법칙으로 분석할 것이다.

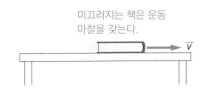

미끄러지는 책은 운동 마찰을 갖는다.

운동 마찰

그림 4.18은 테이블 위에서 미끄러지는 책을 보여 준다. 이때 세 가지 힘 무게 $\vec{w}$, 수직항력 $\vec{n}$, 운동 마찰력 $\vec{f_k}$가 책에 작용한다. 운동 마찰은 운동 방향에 반대로 작용하기 때문에 책의 속도와 반대로 그렸다. 다른 힘과 구별하기 위해 마찰력을 나타낼 때 소문자 벡터 $\vec{f}$와 크기 f를 사용할 것이다.

마찰을 미시적으로 보면 복잡한 상호작용을 하지만, 이런 상호작용은 대략적으로 단순한 관계로 귀결된다. 운동 마찰력 f_k의 크기는 수직항력의 크기 n에 비례한다.

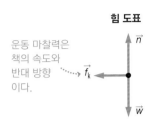

힘 도표

운동 마찰력은 책의 속도와 반대 방향 이다.

그림 4.18 미끄러지는 물체에 작용하는 운동 마찰

$$f_k = \mu_k n \quad \text{(운동 마찰력, SI 단위: N)} \tag{4.6}$$

f_k가 n에 비례하는 이유를 그림 4.19에 나타냈다. 식 4.6에서 μ_k(그리스문자 '뮤')는 **운동 마찰 계수**(coefficient of kinetic friction)이다. μ_k는 수학적으로 운동 마찰력 f_k와 수직항력 n 사이의 비례 관계를 나타내는 상수이다. 계수 μ_k는 무차원이고, 이 값은 표면의 거칠기에 의존한다. 미끄러운 표면은 μ_k 값(보통 0.2 미만)이 작은 반면, 거칠거나 끈적거리는 표면은 1 이상의 값을 갖는다. 표 4.1에 몇 가지 대표적인 값이 나와 있다.

관절 활액막(무릎)에는 뼈와 뼈 사이에 마찰을 줄이고 움직임을 용이하게 하는 연골이 있다(표 4.1 참조). 연골이 닳으면 통증이 생기고 운동 능력이 상실된다. 심각한 경우 의사들은 연골 대신 마찰 계수가 작은 플라스틱을 사용하여 무릎 관절을 치료한다. 인공 무릎의 운동 마찰 계수는 0.05~0.10으로, 건강한 관절의 마찰보다는 크지만 플라스틱으로 대체하면 병든 관절의 계수보다는 작아진다.

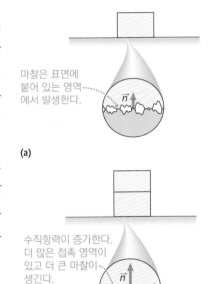

마찰은 표면에 붙어 있는 영역에서 발생한다.

(a)

수직항력이 증가한다. 더 많은 접촉 영역이 있고 더 큰 마찰이 생긴다.

(b)

그림 4.19 마찰력과 수직항력 사이의 관계

표 4.1 몇 가지 물질의 마찰 계수(근삿값)

물질	운동 마찰 계수 μ_k	정지 마찰 계수 μ_s
콘크리트 위의 (건조된) 고무	0.80	1.0
콘크리트 위의 (젖은) 고무	0.25	0.30
눈 위의 나무(스노우보드/스키)	0.06	0.12
강철 위에 (건조된) 강철	0.60	0.80
강철 위에 (기름칠된) 강철	0.05	0.10
나무 위의 나무	0.20	0.50
얼음 위의 강철(스케이트)	0.006	0.012
테플론 위의 테플론	0.04	0.04
인체 관절 활액막	0.003	0.10

예제 4.8 미끄러지는가?

책을 실험실 테이블 위에 놓고 1.8 m/s의 속력으로 +x 방향으로 미끄러뜨렸다. 책과 테이블 사이의 운동 마찰 계수가 0.19일 때, 물음에 답하여라.

(a) 책의 가속도는 얼마인가? (b) 책이 1.0 m 떨어진 테이블 가장자리에 도달하겠는가?

구성과 계획 다른 동역학 문제와 마찬가지로 전략은 힘을 식별하고 개략도와 힘 도표를 그리는 것이다(그림 4.20). 그다음 뉴턴의 법칙을 적용하여 문제를 해결한다. 이 경우, 알짜힘을 알면 가속도를 구할 수 있다(뉴턴의 운동 제2법칙, $\vec{F}_{net} = m\vec{a}$). 가속도가 알려진 상태에서 운동 방정식은 책이 얼마나 멀리 미끄러지는지를 결정한다.

설정한 좌표계에서 뉴턴의 법칙의 성분들은 힘 도표로부터 다음과 같이 나타낸다.

$$F_{net,x} = -f_k = ma_x \quad \text{(힘이 } -x \text{ 방향에 있으므로 음수)}$$

$$F_{net,y} = n + (-mg) = ma_y = 0 \quad \text{(수직 운동이 없으므로 0)}$$

운동 마찰력을 갖는 식이 하나 더 있다(식 4.6).

$$f_k = \mu_k n$$

알려진 값: $\mu_k = 0.19$, 처음 속력 = 1.8 m/s

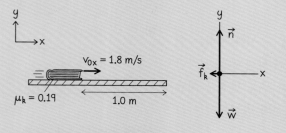

그림 4.20 예제 4.8에 대한 개략도

풀이 (a) $a_y = 0$인 경우, y성분의 식은 $n = mg$이다. 마찰력에 대한 식 4.6의 결과를 사용하면 다음과 같은 x성분의 식을 얻는다.

$$ma_x = -f_k = -\mu_k n = -\mu_k\, mg$$

질량 m을 소거하고 정리하면 가속도를 구할 수 있다.

$$a_x = -\mu_k\, g = -(0.19)(9.80 \text{ m/s}^2) = -1.9 \text{ m/s}^2$$

예상한 대로 마찰로 인한 가속도는 책의 속도 방향과 반대인 $-x$ 방향이다.

(b) 이제 가속도와 거리를 알고 있으므로 운동 방정식 $v_x^2 = v_{0x}^2 + 2a_x(x - x_0)$을 사용해서 거리를 구할 수 있다. $x - x_0$을 구하여 책이 어디까지 이동하는지 구한다.

$$x - x_0 = \frac{v_x^2 - v_{0x}^2}{2a_x} = \frac{(0 \text{ m/s})^2 - (1.8 \text{ m/s})^2}{2(-1.9 \text{ m/s}^2)} = 0.85 \text{ m}$$

다행히 책은 가장자리에서 멈추기 때문에 테이블에서 떨어지지는 않는다.

반영 떨어지는 물체의 가속도가 질량과 무관하다는 것과 거의 같은 이유로 답은 책의 질량에도 의존하지 않는다. 더 큰 질량을 가지면 더 큰 수직항력이 생기고, 이때 마찰력은 더 큰 값을 가질 것이다. 큰 질량을 갖는 물체를 멈추게 하려면 더 큰 힘이 필요하기 때문에 가속도는 그대로 유지된다.

연결하기 여기서 마찰 계수 μ_k에 대해 무엇을 가정하고 있는가?

답 암묵적인 가정은 전체 경로에서 마찰 계수 μ_k가 동일하다는 것이다. 이 가정의 적합 여부는 테이블 표면이 얼마나 균질한지에 따라 달라진다. 책이 거칠거나 매끄러운 부분에 접촉되면 μ_k 값이 변화하며 가속도도 변한다.

예제 4.9 눈썰매 운동 다시 보기

4.3절에서 마찰이 없는 5° 경사면에서 썰매의 운동을 분석했다. 보다 현실적인 운동을 고려해서 운동 마찰 $\mu_k = 0.035$가 있다고 가정하자. 이때 썰매의 가속도를 구하고, 마찰이 없는 경우와 비교해 보아라.

구성과 계획 경사면에서 운동할 때, +x축이 아래쪽 경사를 가리키는 것이 좋다는 것을 알고 있다(그림 4.21). 썰매가 +x축 방향으로 운동하면 운동 마찰력은 -x 방향이 된다. 따라서 힘

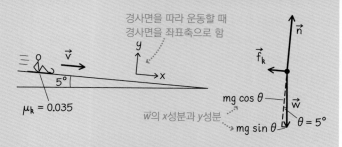

그림 4.21 경사각이 5°인 경사면 아래로 미끄러지는 썰매

성분을 통해 뉴턴의 운동 제2법칙에 따라 가속도를 구한다. 힘 도표(그림 4.21)를 참조하면 다음을 얻는다.

$$F_{net,x} = mg \sin\theta - f_k = ma_x$$
$$F_{net,y} = n - mg \cos\theta = ma_y$$

여기서 마찰력은 $f_k = \mu_k n$이다.

알려진 값: $\mu_k = 0.035$, 경사각 $\theta = 5°$

풀이 y 방향으로 운동하지 않으므로 $a_y = 0$이고, y축에서 운동 방정식은 다음과 같다.

$$n - mg \cos\theta = 0, \ 즉 \ n = mg \cos\theta$$

이 결과를 사용하여 x성분에 대한 운동 방정식을 구하면 다음과 같다.

$$ma_x = mg \sin\theta - f_k$$
$$ma_x = mg \sin\theta - \mu_k n$$
$$ma_x = mg \sin\theta - \mu_k mg \cos\theta$$

질량 m을 소거하여 가속도를 구하면 다음과 같다.

$$a_x = g \sin\theta - \mu_k g \cos\theta$$

일반적인 경우, 마찰이 없는 경사면에서 중력 외에 다른 힘은 없다. 일단 위의 가속도 식에 수치를 대입해서 계산하면 다음을 얻는다.

$$a_x = g \sin\theta - \mu_k g \cos\theta$$
$$= (9.80\ m/s^2)(\sin 5°) - (0.035)(9.80\ m/s^2)(\cos 5°)$$
$$= 0.51\ m/s^2$$

이는 마찰이 없는 경우인 $a_x = 0.85\ m/s^2$보다 훨씬 낮은 수치이다.

반영 이 예제의 답은 질량과 무관하다. 마찰력을 포함했지만 공기 저항력은 무시했다. 올림픽 루지나 봅슬레이 선수처럼 썰매 선수의 경우, 덩치가 큰 선수에게는 저항력의 영향이 적기 때문에 질량이 중요하다.

연결하기 0의 가속도를 가질 만큼 마찰 계수가 충분히 클 수 있는가?

답 예제에서 $a_x = 0$을 설정하면 눈 위의 강철(썰매 날)의 경우 선수들에게 $\mu_k = 0.087$은 무리가 아니다. 가속이 전혀 없는 상태에서 썰매를 처음에 밀어 주면 이후 일정한 속도로 언덕을 내려가게 된다.

굴림 마찰

평평한 바닥 위에서 공을 굴리면 결국 멈춘다. 운동 마찰과는 물리적으로 상당히 다른 과정인 **굴림 마찰**의 영향 때문이다. 굴림 마찰의 한 가지 원인은 타이어에서와 같은 변형이다(그림 4.22). 변형력은 운동 마찰과 마찬가지로 운동의 반대 방향으로 작용한다. 굴림 마찰의 또 다른 원인은 구르는 물체의 접촉점이 순간적으로 정지되어 두 표면 사이에 분자 결합이 발생하기 때문이다. 이러한 결합을 끊는 데 필요한 힘이 굴림 마찰로 나타난다.

그림 4.22 굴림 마찰의 원인

정량적으로 볼 때, 굴림 마찰은 운동 마찰과 유사하다. 마찰력 $\vec{f_r}$이 구르는 물체의 속도와 반대 방향으로 작용하며, 크기 f_r은 수직항력에 비례한다.

$$f_r = \mu_r n \quad \text{(굴림 마찰력, SI 단위: N)} \quad (4.7)$$

여기서 μ_r은 **굴림 마찰 계수**(coefficient of rolling friction)이다. 운동 마찰과 굴림 마찰의 큰 차이는 비교 가능한 표면의 굴림 마찰이 훨씬 작다는 것이다. 이것이 바퀴가 그렇게 대단한 발명품이었던 이유이다. 자동차가 (브레이크 없이 중립 상태에서) 미끄러질 때, 얼마나 빨리 멈추는지와 비교하여 얼마나 멀리 굴러가는지 생각해 보자. 정량적으로 μ_k는 μ_r 보다 40배나 크다. 즉, 마른 콘크리트 위의 고무의 경우 μ_r은 약 0.02이지만 μ_k는 0.80이다.

정지 마찰

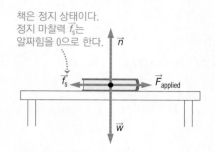

책은 정지 상태이다. 정지 마찰력 $\vec{f_s}$는 알짜힘을 0으로 한다.

그림 4.23 정지 마찰력

책상 위에 놓인 책에 작용하는 힘은 중력과 수직항력의 두 가지이다(그림 4.12). 이들을 합하면 0이므로 뉴턴의 운동 제2법칙에 의해 가속되지 않는다. 살짝 수평 힘을 가해도 책은 여전히 움직이지 않는다(그림 4.23). 그 이유는 (정지 마찰을 포함한) 모든 힘의 합력을 유지하기 위해 조절되는 힘인 **정지 마찰**(static friction) 때문이다.

힘껏 밀면 책은 가속되는데, 이는 정지 마찰력에 대한 최대 크기가 있다는 것을 암시한다. 다시 말하자면, 이 최댓값은 수직항력에 비례한다. 정지 마찰에 대한 이러한 조건은 다음 부등식을 만족한다.

$$f_s \leq \mu_s n \qquad \text{(정지 마찰력, SI 단위: N)} \tag{4.8}$$

식 4.8은 $\vec{f_s}$의 크기를 보여 준다. 이 마찰력의 방향은 물체에 대한 알짜힘을 0으로 만드는 것이다.

정지 마찰은 접촉면에 있는 원자 간의 인력에 의해 발생된다. 이러한 힘은 일반적으로 운동하는 표면의 힘보다 강하므로 동일 표면에서 μ_s가 μ_k보다 더 크다. 표 4.1에서 두 마찰 계수의 값을 나타냈다.

응용 잠금 방지 브레이크

구르는 바퀴의 접점은 순간적으로 정지하기 때문에 바퀴의 속력 변화와 관련된 마찰은 바퀴가 구르는 동안에는 정지 마찰에 해당한다. 그러나 브레이크를 세게 밟으면, 특히 구형 자동차는 바퀴가 잠기게 된다. 더 이상 굴러가는 것이 아니라 미끄러지게 되므로 이제 운동 마찰이 작용한다. $\mu_k < \mu_s$이므로 결과적으로 정지 거리가 길어진다. 그러나 요즘은 ABS 시스템이 브레이크가 잠기는 것을 방지한다. 이렇게 하면 정지 마찰이 더 크게 유지되고 정지 거리가 짧아진다. 더욱 중요한 것은 바퀴가 잠겨 제어 불가능한 상태로 미끄러지는 것을 방지한다는 것이다.

예제 4.10 정지 마찰 측정

물체와 나무판의 표면 사이의 정지 마찰 계수를 측정하는 한 가지 방법은 나무판에 동전을 놓고 판을 수평에서 천천히 한쪽 끝을 들어 올려 기울이는 것이다. 동전이 미끄러지기 시작하는 순간 나무판의 기울기 각도를 측정한다. 각도가 23°에 도달하면

동전이 미끄러진다고 가정하자. 동전과 나무판 사이의 정지 마찰 계수는 얼마인가?

구성과 계획 먼저 상황의 개략도를 그려서 힘 도표를 나타낸다(그림 4.24). 정지 마찰력이 경사면을 따라 증가하게 된다. 다

른 힘($\vec{w}$와 $\vec{n}$)의 합이 경사 방향으로 작용하기 때문이다. 정지 마찰력은 동전에 알짜힘을 주지 않기에 충분하다. 정지 마찰력은 동전이 미끄러지는 순간 최댓값에 도달하므로 $f_s = \mu_s n$이 된다.

이러한 문제에 적합한 좌표를 선택하여 $+x$축이 경사면에 평행하도록 한다. 동전이 정지해 있을 때, 알짜힘의 각 성분은 0이다. 뉴턴의 법칙에서 힘의 성분은 $F_{\text{net},x} = mg \sin \theta - f_s = ma_x = 0$과 $F_{\text{net},y} = n - mg \cos \theta = ma_y = 0$이다. 또한 정지 마찰의 최댓값 관계식은 $f_s = \mu_s n$이다.

알려진 값: $\theta = 23°$일 때 미끄러지기 시작한다.

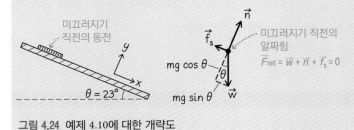

그림 4.24 예제 4.10에 대한 개략도

풀이 $f_s = \mu_s n$을 x축으로 잡고, 축에서 방정식은 다음과 같다.

$$mg \sin \theta - \mu_s n = 0$$

y축에서 $n = mg \cos \theta$이고, 이를 방정식에 대입하면 다음과 같다.

$$mg \sin \theta - \mu_s mg \cos \theta = 0$$

위 식에서 mg를 소거하고 μ_s에 대해 풀면 다음을 얻는다.

$$\mu_s = \tan \theta$$

$\theta = 23°$이므로 이 각을 대입하면 다음을 얻는다.

$$\mu_s = \tan 23° = 0.42$$

반영 함수와 마찰계수 μ는 모두 무차원이기 때문에 결과는 차원적으로 정확하다.

연결하기 동전이 미끄러지기 시작하면 계속 가속이 되는가?

답 그렇다. $\mu_k < \mu_s$이기 때문이다. 일단 운동 마찰이 동전에 대한 0이 아닌 알짜힘을 갖기 때문에 계속 가속된다.

마찰과 함께하는 운동

마찰이 운동하는 물체를 느리게 하지만 또한 일반적인 운동을 가능하게 한다. 걷기는 발과 땅 사이의 정지 마찰력을 필요로 한다(그림 4.25). 순간적으로 정지한 발로 뒤로 밀면 정지 마찰이 일어나고, 뉴턴의 운동 제3법칙에 의해 땅이 발을 앞으로 밀게 된다. 정지 마찰이 좋으려면 μ_s가 0.5를 초과하는 것이 바람직하다. 미끄러운 잔디, 흙 또는 진흙에서 하는 스포츠에서 스파이크는 표면을 파고들어 정지 마찰을 향상시킨다.

운전도 비슷하다. 엔진이 바퀴를 구동하여 타이어가 순간적으로 정지된 접점을 뒤로 밀게 된다. 제3법칙에 따른 반응은 자동차가 도로를 앞으로 밀고 나간다는 것이다. 제동은 마찰력이 앞으로 향하고, 도로에서 받치는 힘은 반대 방향인 뒤로 민다.

발은 땅을 뒤로 밀므로… … 땅이 발을 앞으로 민다.

그림 4.25 정지 마찰력은 걷기에 필수

저항력

저항력(drag force)은 공기나 물과 같은 유체를 통해 운동하는 물체를 지연시키는 '유체 마찰(fluid friction)'이다. 수영장에 뛰어들면 물의 저항력이 바닥에 부딪치는 것을 막아 준다. 공기 저항은 자전거의 속력을 제한하고, 자동차의 연비를 떨어뜨린다. 두 경우 모두 공기 역학적 설계가 저항을 감소시킨다.

저항은 일정하지 않지만 물체의 속력에 의존하는데, 어떤 경우에는 속력에 (선형적으로) 비례하고($F_{\text{drag}} \propto v$), 어떤 경우에는 속력의 제곱에 비례한다($F_{\text{drag}} \propto v^2$). 어느 쪽이든 미적분학 없이 뉴턴의 운동 제2법칙을 푸는 것은 불가능하다.

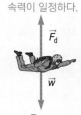
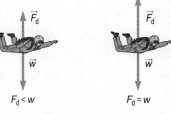

낙하 초기 상승
저항력은 스카이다이버의
무게보다 작아서
가속된다.

낙하 후 저항력은
무게와 같으므로
스카이다이버는
속력이 일정하다.

$\vec{F}_\text{d}$ $\vec{F}_\text{d}$

$\vec{w}$ $\vec{w}$

$F_\text{d} < w$ $F_\text{d} = w$

그림 4.26 스카이다이버의 저항력

▶ **TIP** 운동 마찰력과 유체 저항력의 중요한 차이점은 저항력은 속력이 증가함에 따라 더 커진다는 것이다.

저항력의 한 측면은 미적분학 없이 설명할 수 있다. 수직으로 떨어지는 스카이다이버를 생각해 보자(그림 4.26). 저항력은 속력에 따라 달라지므로 스카이다이버가 아래로 가속할수록 증가한다. 어느 시점에서 저항력의 크기는 중력의 크기와 같아지므로 알짜힘은 0이 된다. 이 시점에서는 가속이 없고, 스카이다이버는 일정한 속력으로 떨어진다.

이 일정한 속력을 **종단 속력**(v_t)이라 한다. 스카이다이버의 종단 속력은 몸의 자세에 따라 속력은 50 m/s에서 80 m/s 정도이다. '날개를 편 독수리'가 떨어지면 더 큰 저항이 발생하고 종단 속력도 감소한다. 낙하산을 펴면 저항력이 크게 증가하여 안전하게 착륙할 수 있을 만큼 종단 속력이 급격히 감소한다.

확인 4.4절 어느 타자가 처음 속도가 수평 위 45°를 향하는 야구공을 쳤다. 공이 비행의 정점에 있을 때, 저항력의 방향은 어느 쪽인가?
(a) 위로 (b) 아래로 (c) 수평으로

▬▬ **새로운 개념 검토**

서로 다른 네 가지 형태의 마찰을 요약하면 다음과 같다.
- 미끄러지는 물체에 의해 생기는 운동 마찰력 $f_\text{k} = \mu_\text{k} n$
- 굴림 마찰력 $f_\text{r} = \mu_\text{r} n$
- 변하는 힘으로 물체를 정지시키는 정지 마찰력 $f_\text{s} \leq \mu_\text{s} n$
- 운동 방향과 반대로 속도에 의존적이고, 유체를 통해 운동하는 물체에 작용하는 저항력

4.5 뉴턴의 법칙과 등속 원운동

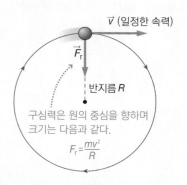

$\vec{v}$ (일정한 속력)

$\vec{F}_\text{r}$

반지름 R

구심력은 원의 중심을 향하며
크기는 다음과 같다.

$F_\text{r} = \dfrac{mv^2}{R}$

그림 4.27 등속 원운동에 필요한 구심력

▶ **TIP** 원운동에 대한 힘 도표를 그릴 때 구심력에 대한 별도의 힘 벡터를 나타내지 말아라. 작용하는 모든 물리적 힘의 벡터 합(알짜힘)이 구심력이다.

3.5절(식 3.20)에서 반지름이 R인 등속 원운동에서 속력 v로 움직이는 물체는 원의 중심을 향하는 가속도 $a_\text{r} = v^2/R$을 가짐을 기억하여라. 뉴턴의 운동 제2법칙에 따르면 원의 중심을 향하는 크기 $\vec{F}_\text{net} = m\vec{a}$의 알짜힘이 있어야 한다(그림 4.27). 이 힘이 중심을 향하므로 등속 원운동을 일으키는 힘으로 다음과 같은 힘을 **구심력**(centripetal force)이라고 한다.

$$F_\text{r} = \frac{mv^2}{R} \qquad \text{(구심력, SI 단위: N)} \qquad (4.9)$$

'구심력'은 수직항력, 장력, 중력과 같은 또 다른 힘의 범주에 속하는 것이 아님을 아는 것이 중요하다. 그보다는 물체에 작용하는 모든 힘의 합력인 알짜힘이 원운동을 일으킬 때의 힘이 바로 구심력이다.

등속 원운동을 하는 물체가 일정한 속력을 갖더라도 방향이 계속 변하므로 등속도

가 아니다. 즉, 가속하고 있으며, 뉴턴의 운동 제2법칙에 따르면 등속 원운동에 작용
하는 알짜힘이 있어야 한다. 이것이 바로 구심력이다.

예제 4.11 빙빙 도는 퍽

0.25 m의 끈으로 0.325 kg의 퍽을 마찰이 없는 에어트랙의 중
앙에 있는 못에 연결했다. 끈의 장력이 25.0 N일 때, 퍽의 구심
가속도와 속력을 구하여라.

구성과 계획 그림 4.28과 같이 테이블 위에 원형 경로와 끈을
포함하여 개략도를 그린다. 힘 도표는 퍽에 작용하는 세 가지
힘을 보여 주는, 퍽이 접근하는 측면도이다.

수직항력은 중력과 평형이므로 끈의 장력만으로 알짜힘을 갖
는다. 등속 원운동의 경우, 알짜힘(장력)은 구심력이다. 즉, 다
음이 성립한다.

$$T = F_r = ma_r = \frac{mv^2}{R}$$

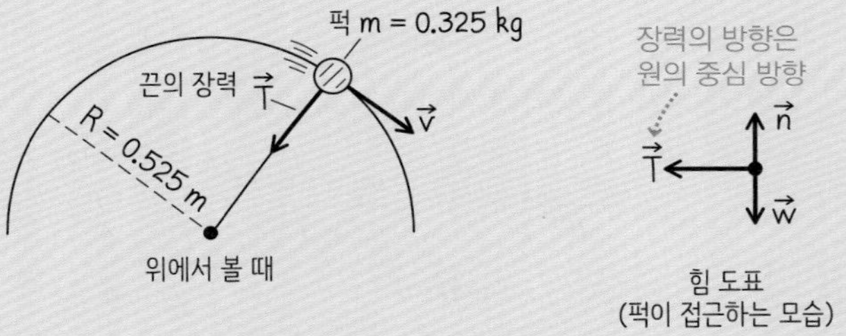

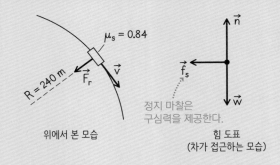

그림 4.28 퍽의 원운동

이 식은 가속도 a_r과 속력 v 둘 다 알 수 없는 것을 포함한다.
반지름 R은 끈의 길이이다.

알려진 값: $R = 0.525$ m, $m = 0.325$ kg, $T = 25.0$ N

풀이 구심 가속도에 대해 풀면 다음과 같다.

$$a_r = \frac{T}{m} = \frac{25.0 \text{ N}}{0.325 \text{ kg}} = 76.9 \text{ m/s}^2$$

따라서 $a_r = v^2/R$이므로 다음이 성립한다.

$$v = \sqrt{a_r R} = \sqrt{(76.9 \text{ m/s}^2)(0.525 \text{ m})} = 6.35 \text{ m/s}$$

반영 이 속력에서는 주기가 $2\pi R/v = 0.52$ s로 초당 약 2회 정도
회전하므로 퍽이 끈에 매여 원운동하는 것은 아주 합리적이다.

연결하기 퍽과 에어트랙 사이에 작은 마찰 계수가 있다고 가정
하여 퍽에 가해지는 힘을 그려라.

답 그림에는 끈의 장력과 퍽의 속도에 반대되는 운동 마찰력이
있다. 알짜힘은 더 이상 중심을 향하지 않으므로 퍽은 등속 원
운동을 할 수 없다. 마찰이 퍽을 느리게 하기 때문이다.

예제 4.12 곡선 그리기

자동차 타이어와 평평한 도로 사이의 정지 마찰 계수는 0.84이
다. 반지름이 240 m일 때, 자동차가 안전하게 달릴 수 있는 최
대 속력을 구하여라.

구성과 계획 그림 4.29에서 힘 도표는 차 앞에서 본 모습으로,
무게와 수직항력은 수직으로 작용하고, 정지 마찰력은 유일하
게 수평으로 작용한다. 따라서 마찰력은 전체 구심력을 제공한
다. 이 힘과 반지름을 고려하면 속력을 알 수 있다. 최대 속력은
정지 마찰 $f_s = \mu_s n$이 최대일 때 가능하다.

풀이 수직 방향으로 이전의 수직항력 $n = mg$를 유지한다. 따라
서 $f_s = \mu_s n = \mu_s mg$를 만족한다. 마찰력이 구심력 mv^2/R을 가
지므로 뉴턴의 법칙의 수평 성분은 다음과 같다.

그림 4.29 정지 마찰로 인해 차가 계속 트랙을 돌게 한다.

$$\mu_s mg = mv^2/R$$

이 식에서 최대 속력 v를 계산하면 다음과 같다.

$$v = \sqrt{\mu_s R g} = \sqrt{(0.84)(240 \text{ m})(9.80 \text{ m/s}^2)} = 44 \text{ m/s}$$

반영 구한 속력은 시속 100마일에 가까운 빠른 속력이다. 이를 초과하면 더 큰 반지름의 도로로 미끄러져 도로를 벗어나거나 옆 차선으로 미끄러질 수 있다.

⋯⋯⋯⋯⋯⋯⋯⋯⋯⋯⋯⋯⋯⋯⋯⋯⋯⋯⋯

연결하기 왜 굴림 마찰이나 운동 마찰이 아닌 **정지** 마찰이 이

상황에 영향을 주는가?

답 굴림 마찰과 운동 마찰은 모두 운동 방향과 반대로 작용한다. 그러나 정지 마찰은 자동차의 불필요한 운동을 **방지**하는 역할을 한다. 차는 트랙을 돌지만 **반지름** 방향으로 미끄러지거나 구르지는 않는다. 따라서 타이어가 미끄러지지 않도록 하는 것이 정지 마찰이다.

예제 4.13   경사 진 곡선 도로

고속도로나 경주 트랙 곡선은 흔히 경사면으로 되어 있기 때문에 수직항력은 구심력에 기여하고, 자동차는 마찰에 의존할 필요가 없다. 데이토나(Daytona) 국제 고속도로는 가장 가파른 경사 곡선 중 하나로, 반경 320 m의 곡선에서 최대 각도가 31°나 된다. 마찰이 없다고 가정할 때, 이 곡선 도로에서의 최대 속력은 얼마인가?

구성과 계획 그림 4.30은 물리적 상황과 힘 도표를 보여 준다. 마찰이 없으면 자동차에 작용하는 힘은 두 가지, 즉 수직항력 $\vec{n}$과 자동차의 무게 $\vec{w}$뿐이다. 자동차는 수평으로 원을 그리며 돌기 때문에 $\vec{n}$의 수직 성분은 무게와 평형을 유지하고, 수평 성분은 구심력을 갖는다. 뉴턴의 운동 제2법칙의 두 가지 성분을 쓰면 구심력과 속력을 연관시킬 수 있다.

알려진 값: $R = 320 \text{ m}, \theta = 31°$

풀이 뉴턴의 운동 제2법칙의 수평(x) 성분은 $F_r = ma_r$이므로

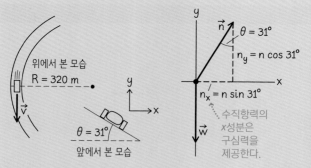

그림 4.30 경사 트랙에서 자동차 분석

$$n \sin\theta = \frac{mv^2}{R}$$

이고, 수직(y) 성분은 다음과 같다.

$$n \cos\theta + (-mg) = 0$$

n에 대한 두 번째 식을 풀면

$$n = \frac{mg}{\cos\theta}$$

이고, n을 x성분의 방정식에 대입하면 다음을 얻는다.

$$\frac{mv^2}{R} = n \sin\theta = \frac{mg \sin\theta}{\cos\theta}$$
$$= mg \tan\theta$$

따라서 질량을 소거하여 최대 속력 v를 구하면 다음과 같다.

$$v = \sqrt{Rg \tan\theta} = \sqrt{(320 \text{ m})(9.80 \text{ m/s}^2) \tan(31°)} = 43 \text{ m/s}$$

반영 다시 생각해 보면, 경주용 자동차는 실제로 이 속력의 약 두 배까지 빨라진다. 타이어와 도로 사이의 마찰력이 구심력에 기여하기 때문이다.

⋯⋯⋯⋯⋯⋯⋯⋯⋯⋯⋯⋯⋯⋯⋯⋯⋯⋯⋯

연결하기 경사면 각도가 증가함에 따라 최대 속력은 어떻게 변할까?

답 분석 결과 속력은 $v = \sqrt{Rg \tan\theta}$이다. 탄젠트함수는 각도 θ가 증가할수록 커지며, $\theta \to 90°$이면 무한대가 된다. 경사 각도가 적절하게 증가하면 더 빠른 속력을 갖는다.

확인 4.5절 예제 4.11과 같이 끈에 매달린 퍽은 에어트랙 위에서 등속 원운동을 유지한다. 다음 그림을 보고 장력의 크기가 작은 순서대로 나열하여라.

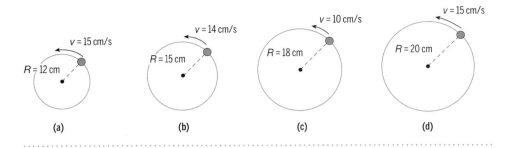

(a)   (b)   (c)   (d)

4장 요약

힘과 질량

(4.1절) **힘**은 밀거나 당기는 것 또는 원격 작용과 같이 두 물체 사이의 상 호작용이다.

질량(관성)은 운동의 변화에 대한 저항이다.

알짜힘: $\vec{F}_{\text{net}} = \vec{F}_1 + \vec{F}_2 + \cdots + \vec{F}_n$

뉴턴의 운동 법칙

(4.2절) **뉴턴의 운동 제1법칙:** 알짜힘이 0인 것은 일정한 속도를 의미한다.

뉴턴의 운동 제2법칙: 알짜힘은 가속도에 비례한다.

뉴턴의 운동 제3법칙: 힘은 크기가 같고 반대 방향으로 한 쌍을 이룬다.

뉴턴의 운동 제2법칙: $\vec{F}_{\text{net}} = m\vec{a}$

뉴턴의 운동 제3법칙: $\vec{F}_{AB} = -\vec{F}_{BA}$

뉴턴의 법칙 응용

(4.3절) 물체의 질량과 물체에 작용하는 힘으로부터 가속도를 구할 수 있다.

성분별 뉴턴의 운동 제2법칙: $F_{\text{net},x} = ma_x \ F_{\text{net},y} = ma_y$

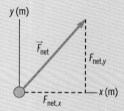

마찰과 저항

(4.4절) **마찰력**은 물체가 다른 물체에 놓이거나 움직이는 표면 사이의 상 호작용으로부터 발생한다.

저항력은 공기나 물과 같은 유체를 통해 물체의 운동을 지연시킨다.

운동 마찰력: $f_k = \mu_k n$

굴림 마찰력: $f_r = \mu_r n$

정지 마찰력: $f_s \leq \mu_s n$

뉴턴의 법칙과 등속 원운동

(4.5절) **등속 원운동**에서 물체에 가해지는 알짜힘인 **구심력**은 원의 중심을 향한다.

구심력: $F_r = \dfrac{mv^2}{R}$

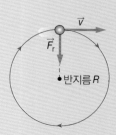

4장 연습문제

개념 문제

1. 골프 경기에서 골프공의 최대 질량을 45.93 g으로 규정했다. 왜 더 무거운 공을 사용하지 않도록 하는가?

2. 스카이다이버가 낙하산을 펴는 순간부터 땅에 닿기 직전까지 중력, 저항력, 알짜힘, 속력, 가속도가 각각 시간이 지남에 따라 어떻게 변하는지 설명하여라.

3. 트랙의 바깥쪽에서 더 가파른 각도의 경사면 도로로 만드는 것이 바람직한 이유를 설명하여라.

4. 그림 CQ4.4와 같이 당구공 A가 정지된 당구공 B와 충돌한다. 충돌 후 당구공 B의 속도는 당구공 A의 처음 움직임과 30° 방향으로 운동한다. 짧은 충돌 동안 일정한 힘이 작용한다고 가정할 때, 당구공 A에 작용하는 힘의 방향은 어디인가? 추론을 설명하여라.

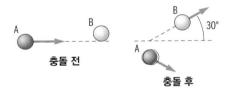

충돌 전

충돌 후

그림 CQ4.4

5. 야구공의 속도가 수평 위 25°를 향하는 지점에서 공에 가해지는 중력과 저항력을 보여 주는 힘 도표를 그려라.

6. 마찰력이 걷는 데 어떤 도움을 주는가? 운동 마찰력인가 정지 마찰력인가?

7. 낙하산을 펼친 지 얼마 되지 않아 스카이다이버가 일정한 속도로 떨어지고 있다. 낙하산이 스카이다이버에게 가하는 힘의 크기를 스카이다이버의 몸무게와 비교하여 설명하여라.

8. 롤러코스터가 트랙을 따라 언덕과 계곡을 넘어간다. 이 중 어느 지점에서 가장 큰 힘이 드는 곳과 가장 적은 힘이 드는 곳을 찾고, 그 이유를 설명하여라.

객관식 문제

9. 힘 $\vec{F_1} = 105\,\text{N}\,\hat{i} - 87\,\text{N}\,\hat{j}$로 질량 1.4 kg인 상자를 밀었다.

이때 생기는 가속도는 얼마인가?

(a) $75\,\text{m/s}^2\,\hat{i} - 62\,\text{m/s}^2\,\hat{j}$ (b) $54\,\text{m/s}^2\,\hat{i} - 39\,\text{m/s}^2\,\hat{j}$

(c) $-75\,\text{m/s}^2\,\hat{i} + 62\,\text{m/s}^2\,\hat{j}$ (d) $97\,\text{m/s}^2$

10. 크기가 각각 $F_1 = 32\,\text{N}$, $F_2 = 51\,\text{N}$인 두 힘이 물체에 작용한다. 다음 중 알짜힘 F_{net}의 크기의 범위는?

(a) $32\,\text{N} \leq F_{\text{net}} \leq 51\,\text{N}$ (b) $0\,\text{N} \leq F_{\text{net}} \leq 83\,\text{N}$

(c) $19\,\text{N} \leq F_{\text{net}} \leq 83\,\text{N}$ (d) $32\,\text{N} \leq F_{\text{net}} \leq 51\,\text{N}$

11. 다음 중 10° 경사면에서 마찰 없이 미끄러져 내려가는 얼음 덩어리의 가속도는 얼마인가?

(a) $9.8\,\text{m/s}^2$ (b) $4.9\,\text{m/s}^2$ (c) $3.4\,\text{m/s}^2$ (d) $1.7\,\text{m/s}^2$

12. 평평한 지면에서 자동차가 속력이 22 m/s로 반지름 275 m의 곡선을 회전하기 위해 필요한 마찰 계수는 얼마인가?

(a) 0.18 (b) 0.24 (c) 0.28 (d) 0.32

13. 하키 퍽이 $\mu_k = 0.015$로 얼음 위를 미끄러지고 있다. 퍽이 링크의 61 m 길이를 통과하기 위해 필요한 처음 속력은 얼마인가?

(a) 16.2 m/s (b) 5.7 m/s (c) 4.0 m/s (d) 2.8 m/s

14. 810 kg의 소형차가 25 m/s로 수평 곡선을 돌고, 2,430 kg의 SUV는 같은 곡선을 12.5 m/s로 회전한다. 소형차와 SUV의 구심력의 비율은 얼마인가?

(a) 3.00 (b) 1.33 (c) 0.75 (d) 0.67

연습문제

4.1 힘과 질량

15. • 수평면에서 상자의 오른쪽으로 13.7 N, 왼쪽으로 15.5 N의 두 힘이 상자에 동시에 가해진다. 상자에 가해진 알짜힘을 구하여라.

4.2 뉴턴의 운동 법칙

16. •• 로켓의 엔진에 의해 2.8 kg의 장난감 로켓에 95.3 N의 일정한 힘이 위쪽 연직 방향으로 작용했다. 로켓의 가속도를 구하여라.

17. •• $t = 0\,\text{s}$일 때 0.230 kg의 에어트랙 수레가 2.0 m/s로 오른쪽으로 이동하고, $t = 4.0\,\text{s}$일 때 1.2 m/s로 왼쪽으로 이동한

다. 이 시간 간격 동안 수레에 작용한 일정한 힘의 크기와 방향을 구하여라.

18. • 질량이 150 g인 물체가 가속도 $\vec{a} = -0.255 \text{ m/s}^2 \hat{i} + 0.650 \text{ m/s}^2 \hat{j}$로 가속되기 위해 필요한 힘의 크기와 방향을 구하여라.

19. • 테니스공을 똑바로 위로 던지면 점점 느려지면서 최고 정점인 높이 H에 도달한다. 공기 저항은 무시할 때, 물음에 답하여라.

(a) 제시된 지점에서 공에 작용하는 알짜힘을 벡터로 그려라.
(i) 던진 직후 (ii) $H/2$ 지점을 올라갈 때 (iii) 정점 H에 도달할 때 (iv) $H/2$ 지점을 내려올 때 (v) 제자리로 내려올 때

(b) (a)의 다섯 지점에서 공의 속도 벡터를 그려라.

20. •• 지구 상공에서 자유 낙하하는 2,000 kg 물체로 인한 지구의 (상향) 가속도를 구하여라(힌트: 뉴턴의 운동 제3법칙).

21. •• 920 kg의 대포가 105 m/s의 속도로 3.55 kg의 포탄을 발사했다. 이때 대포의 반동 속력을 구하여라.

4.3 뉴턴의 법칙 응용

22. • 보잉 777기의 이륙 질량은 247,000 kg이다. 항공기가 평평한 활주로를 따라 3.2 m/s²의 가속도를 내는 데 필요한 힘을 구하여라.

23. •• 처음 정지 상태에 있는 7.2 kg의 블록에 알짜힘 150 N을 가했다. 2.5 s 후 블록의 속력을 구하여라.

24. •• 35.2 N $\hat{i}$의 일정한 힘은 3.5 s 동안 어느 공의 속도를 -3.25 m/s에서 $+4.56$ m/s로 변화시킨다. 공의 질량을 구하여라.

25. •• 질량이 24 kg인 카트에 두 힘이 작용하여 카트가 가속도 $\vec{a} = -5.17 \text{ m/s}^2 \hat{i} + 2.5 \text{ m/s}^2 \hat{j}$로 움직였다. 이때 한 힘은 $\vec{F_1} = 32 \text{ N} \hat{i} - 48 \text{ N} \hat{j}$이다. 두 번째 힘 $\vec{F_2}$를 구하여라.

26. •• 올림픽 봅슬레이는 정지 상태에서 출발하여 마찰이 없는 7.5° 경사면을 미끄러져 내려간다. 25 s 후 최종 속력을 구하여라.

27. BIO •• **탈출!** 침수된 주택에서 65.0 kg인 여성이 $0.5g$로 위쪽으로 가속하는 헬기의 밧줄에 의해 구조되고 있다. 그녀는 두 손으로 밧줄을 잡고 있다. 일반적으로 사람의 머리는 몸무게의 6.0%를 차지하고 다리와 발을 합치면 34.5%를 차지한다. 다음 부분에 가해지는 힘을 구하여라(힌트: 각 부분에 대한 힘 도표를 이용한다).

(a) 그녀의 양손이 붙잡고 있는 밧줄
(b) 그녀의 머리
(c) 그녀의 엉덩이 관절의 각 다리

28. •• 230 g의 에어트랙 수레가 마찰이 없는 도르래 위에 매달린 줄에 연결되어 있다(그림 P4.28). 끈의 다른 쪽 끝에는 질량이 100 g인 물체가 달려 있다. 물음에 답하여라.

(a) 수레와 매달린 물체에 대한 힘 도표를 각각 그려라.
(b) 각각의 가속도를 구하여라.

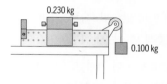

그림 P4.28

29. BIO •• **추락** 68.0 kg의 사람이 1.60 m 높이(발에서 측정)에서 똑바로 떨어지면서 양쪽 발에 무게가 균등하게 분산된 상태로 착지했다. 충격을 완화하기 위해 무릎을 구부리므로 일단 발이 땅에 닿으면 멈추는 데 0.750 s가 걸린다. 물음에 답하여라.

(a) 그가 멈추는 동안 바닥이 각 발에 가하는 힘은 얼마인가?
(b) 다리가 뻣뻣한 상태로 착지해서 겨우 0.100 s 만에 멈춘다면 바닥이 각 발에 가하는 힘은 얼마인가?
(c) (a)와 (b) 중 어느 경우에 부상을 입을 가능성이 더 큰가? 그 이유는 무엇인가?

30. •• 올림픽 스켈레톤 썰매 선수들은 40 m/s의 속력을 낼 수 있다. 마찰을 무시하고 30 s를 달린 후, 그 속력에 도달하는 데 필요한 경사각을 구하여라.

31. BIO •• **목 보호대** 목을 다친 환자는 그림 P4.31에 나타낸 줄과 도르래 장치를 사용하여 목 보호대에 일정한 수직 상향 힘을 가하면서 똑바로 앉아야 한다. 그림에서 $w = 100$ N일 때, 이 장치가 목 보호대에 미치는 상향 알짜힘을 구하여라.

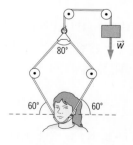

그림 P4.31

32. ••• 질량이 각각 m_1, m_2, m_3인 세 블록이 그림 P4.32와 같이 수평면에 접촉하고, 세 블록에 36 N의 수평 힘이 가해진다. 물음에 답하여라.

(a) 세 블록의 가속도를 각각 구하여라.

(b) 세 블록의 알짜힘을 각각 구하여라.

(c) 각 블록이 앞의 블록을 미는 힘을 구하여라.

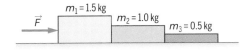

그림 P4.32

33. •• 갈릴레오는 58.4 m의 피사의 사탑에서 2.5 kg의 대포알을 떨어뜨렸다. 대포알이 땅에 0.150 m 깊이의 구멍을 만든다면 땅이 대포알에 가하는 평균 힘을 구하여라.

34. BIO •• **목발로 지탱하기** 다리가 부러진 환자가 목발을 짚고 서 있다. 목발은 78 kg인 환자 체중의 75%를 지탱한다. 물음에 답하여라.

(a) 각 목발이 환자에게 가하는 힘을 구하여라. 이때 수직으로 지탱한다고 가정한다.

(b) 목발을 환자의 옆구리에서 약간 바깥쪽을 향하게 하여 각각 수직에서 15° 각도를 이룬다고 하자. 이때 목발이 환자에게 가하는 힘을 구하여라.

35. •• 강철 케이블이 350 kg의 콘크리트 블록을 수직으로 들어 올리고 있다. 최대 안전 케이블 장력은 4,200 N이다. 블록의 최대 상향 가속도를 구하여라.

4.4 마찰과 저항

36. • 한 골프 선수가 2.45 m/s로 공을 쳤다. 굴림 마찰 계수가 0.060일 때, 물음에 답하여라.

(a) 공의 가속도를 구하여라.

(b) 공이 멈추기 전에 얼마나 멀리 이동하는지 구하여라.

37. •• 컬링에서는 19 kg의 화강암 돌이 28.4 m 떨어진 표적에 가도록 돌을 얼음 위에 놓고 미끄러뜨린다. 1.7 m/s로 밀면 돌은 운동 마찰력이 일정하게 작용하여 정지하게 된다. 물음에 답하여라.

(a) 힘 도표를 그려 돌의 가속도를 구하여라.

(b) 돌이 정지하는 데 얼마나 걸리는가?

(c) 운동 마찰 계수를 구하여라.

38. •• 나무토막이 가속도 3.85 m/s²로 28° 경사면을 따라 미끄러져 내려가고 있다. 물음에 답하여라.

(a) 나무토막에 대한 힘 도표를 그려라.

(b) 운동 마찰 계수를 구하여라.

39. •• 15° 만큼 기울어진 나무판 위에 질량이 2.25 kg인 책이 놓여 있다. 물음에 답하여라.

(a) 이 책에 작용하는 각각의 힘을 확인하고 힘 도표를 그려라.

(b) (a)에서 확인한 각 힘의 크기를 구하여라.

40. •• 자동차가 속력 50 km/h로 평탄한 도로를 중립 상태에서 제동 없이 주행하고 있다. 굴림 마찰 계수가 0.023일 때, 차가 멈출 때까지 얼마나 멀리 이동하는가?

41. •• 젖은 도로에서 1,000 kg 자동차와 2,000 kg 트럭 둘 다 운동 마찰 계수는 $\mu_k = 0.25$이다. 물음에 답하여라.

(a) 두 차 모두 처음 속력이 50 km/h일 때, 자동차와 트럭의 정지 거리를 각각 구하여라.

(b) 처음 속력이 50 km/h인 1,000 kg의 자동차와 처음 속력이 100 km/h인 또 다른 1,000 kg의 자동차의 정지 거리를 비교하여라.

42. •• 한 학생이 질량 18 kg인 여행 가방을 일정한 속도로 끌면서 공항을 통과했다. 수평 위 50° 각도로 가방 손잡이를 끌 때, 물음에 답하여라.

(a) 가방과 바닥 사이의 마찰력이 75 N일 때, 학생이 끄는 힘은 얼마인가?

(b) 마찰 계수는 얼마인가?

43. •• 질량이 0.300 kg인 나무토막이 수평 테이블 위에 놓여 있고, 테이블 가장자리의 마찰이 없는 도르래 위에 수직 방향의 15° 위로 걸려 있는 끈에 연결되어 있다. 끈의 다른 쪽 끝에는 질량 0.100 kg인 물체가 매달려 있다. 물음에 답하여라.

(a) 나무토막과 테이블 사이의 최소 정지 마찰 계수는 얼마인가?

(b) $\mu_k = 0.150$일 때, 나무토막의 가속도를 구하여라.

44. •• 한 아이가 40 m 길이의 7.5° 경사면을 따라 내려간 뒤, 수평으로 뻗은 곳을 가로질러 썰매를 타고 있다. 썰매와 아이를 합친 질량은 35 kg이고, 운동 마찰 계수는 0.060이다. 물음에 답하여라.

(a) 썰매＋어린이가 언덕과 수평면으로 뻗은 구간 각각에 대한 힘 도표를 그려라.

(b) 경사면 바닥에서 썰매의 속력을 구하여라.

(c) 썰매가 멈추기 전에 수평면을 따라 얼마나 멀리 이동하는가?

(d) 썰매를 타는 총 시간을 구하여라.

45. ▪▪ 밧줄로 질량이 173 kg인 상자를 바닥을 가로질러 당기고 있다. 정지 마찰 계수는 0.57이며 최대 900 N의 힘을 가할 수 있다. 물음에 답하여라.

(a) 수평으로 잡아당겨도 상자를 움직일 수 없음을 보여라.

(b) 900 N의 힘으로 계속 당기면서 밧줄의 각도를 천천히 증가시키면 상자는 어느 각도에서 움직이기 시작하는가?

46. ▪▪ 트럭이 평평한 짐칸 바닥 위에서 질량이 3.0 kg인 사과 상자를 나른다. 상자와 트럭 바닥 사이의 정지 마찰 계수는 0.38이다. 물음에 답하여라.

(a) 상자가 미끄러지지 않을 경우, 평평한 도로에서 트럭의 최대 가속도는 얼마인가?

(b) 트럭이 4.5° 상향 경사를 갖는 언덕을 향해 주행하고 있을 때, (a)의 조건을 만족하는 가속도는 얼마인가?

47. ▪▪ 그림 P4.47과 같이 3개의 블록이 가벼운 끈으로 연결됐다. 힘 $\vec{F}$의 크기는 10 N이며, 표면과 마찰은 운동 마찰 계수 $\mu_k = 0.10$을 갖는다. 물음에 답하여라.

(a) 전체 시스템의 가속도를 구하여라.

(b) 10 kg과 6.0 kg 블록 사이의 줄의 장력을 구하여라.

(c) 6.0 kg과 4.0 kg 블록 사이의 줄의 장력을 구하여라.

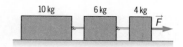

그림 P4.47

4.5 뉴턴의 법칙과 등속 원운동

48. ▪▪ 다음 물음에 답하여라.

(a) 부록 E의 천문학 데이터를 사용하여 달을 지구 궤도에 유지시키는 중력을 구하여라.

(b) (a)에서 구한 답을 지구를 태양 주위의 궤도에 유지시키는 중력과 비교하여라.

49. ▪▪ 자동차가 반지름이 250 m의 평평한 원형 트랙을 돌고 있다. 타이어와 트랙 사이의 정지 마찰 계수가 0.65일 때, 물음에 답하여라.

(a) 자동차의 힘 도표를 그려라.

(b) 트랙에 머무르기 위한 자동차의 최대 속력은 얼마인가?

50. ▪▪ 태양은 금성에 5.56×10^{22} N의 중력을 가한다. 금성의 궤도가 반지름이 1.08×10^{11} m인 원형이라고 가정하고 금성의 공전 주기를 구하여라. 관찰된 주기가 약 225일일 때

구한 답과 이를 비교하여라.

51. ▪▪▪ 비행기가 90 m/s의 일정한 속력으로 수직 원을 그리며 비행하고 있다. 질량이 m인 조종사의 힘 도표를 사용하여 물음에 답하여라.

(a) 조종사가 원의 맨 꼭대기에서 '무중력'이 되도록 하는 원의 반지름을 구하여라.

(b) 이 조건에서 원의 바닥에서 조종사의 겉보기 무게는 얼마인가?

52. ▪▪▪ 68 kg의 전투기 조종사가 조종석의 저울 위에 앉아 있다. 물음에 답하여라.

(a) 비행기가 등속으로 수평 비행을 할 때, 저울의 눈금은 얼마인가?

(b) 비행기가 일정한 속도 235 m/s로 비행하면서 반지름이 1.85 km인 수직 원형 운동을 할 때, 비행기가 바닥에 있을 경우 저울의 눈금은 얼마인가?

(c) 비행기가 (b)의 조건으로 비행할 때, 비행기가 맨 위에 있을 경우 저울의 눈금은 얼마인가?

53. **BIO** ▪▪ **최대 보행 속력** 실험에 따르면 걷는 사람의 엉덩이는 지면과의 접촉점을 중심으로 다리의 길이 L과 동일한 반지름을 갖는 원형 호를 나타낸다 (그림 P4.53). 사람의 질량 중심(6장에서 자세히 설명)이 엉덩이 근처에 있으므로 보행기를 반지름 L의 원호를 그리며 움직이는 질량 M으로 모델링할 수 있다. 이 경우 엉덩이 위의 질량 M은 대략 이 사람의 총 질량이다. 최대 속력에서는 중력만으로도 구심력을 제공하기에 충분하다. 물음에 답하여라.

질량 중심

그림 P4.53

(a) 뉴턴의 운동 제2법칙을 적용하여 이 모델에 따라 사람이 걸을 수 있는 최대 속력이 $v_{max} = \sqrt{Lg}$ 임을 보여라 (더 빨리 움직이려면 뛰어야 한다).

(b) 75 kg의 전형적인 성인 남성의 가장 빠른 보행 속력은 얼마인가? 본인이나 친구의 측정값을 사용하여 L을 확인해 보자.

54. ▪▪▪ 원뿔 진자는 한쪽 끝이 천장에 매달려 있고 다른 쪽 끝에 공이 부착된 길이 L의 줄로 구성된다(그림 P4.54). 끈이 수직에 대해 일정한 각도 θ를 이루는 상태에서 공은 수평 원운동을 한다. 물음에 답하여라.

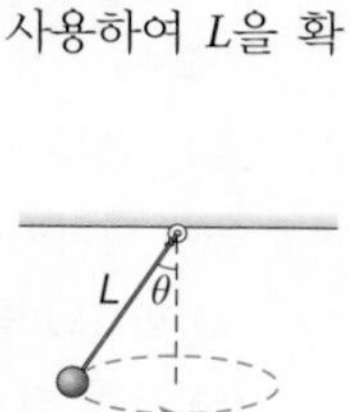

그림 P4.54

(a) 공에 대한 힘 도표를 그려라.

(b) 원운동의 주기를 L, θ, g의 함수로 구하여라.

(c) $\theta \to 0$일 때 (b)의 극한값을 구하여라.

4장 질문에 대한 정답

단원 시작 질문에 대한 답

아니다. 공기 저항은 낙하산을 펴지 않아도 스카이다이버가 내려오면서 속력을 감소시킨다. 그가 충분한 시간 동안 떨어진다면 종단 속력에 도달할 것이고, 이 시점에서 가속도는 0이다.

확인 질문에 대한 정답

4.2절   (a)

4.3절   (b) 무게

4.4절   (c) 수평으로

4.5절   (c) < (d) < (b) < (a)

일과 에너지
Work and Energy

학습 내용
- ✔ 일과 계산 방법 이해하기
- ✔ 일과 운동 에너지의 관계 이해하기
- ✔ 위치 에너지와 운동 에너지 알아보기
- ✔ 역학적 에너지의 보존 원리 응용하기
- ✔ 일률과 에너지의 차이점 구별하기

▲ 산악자전거를 타고 산을 오르는 사람들은 중력을 거슬러 일을 한다. 이 일은 선택한 경로에 의존하는가?

이 장에서는 에너지의 개념과 에너지와 밀접한 관계가 있는 일을 소개한다. 에너지는 물리학에서 기본적인 물리량이며, 힘과 운동에 관련된 문제의 해결에 대한 지름길을 제공한다.

운동 에너지는 움직이는 물체의 에너지를 말한다. 다른 형태의 에너지로는 열에너지, 전기에너지, 원자력 에너지 등이 있다. 에너지가 한 형태에서 다른 형태로 전환되어도 에너지의 총량은 변하지 않는다. 에너지 보존이라고 알려진 이 원칙은 물리학 전반에 걸쳐 핵심적인 역할을 한다. 이 장에서 에너지 보존을 소개할 것이고, 책 전체에서 자주 사용할 것이다. 에너지의 사용과 전환은 현대 문명과 삶 자체의 핵심이라는 것을 알게 될 것이다.

그다음 계의 물리적 구성과 관련된 위치 에너지를 소개한다. 어떤 상황에서는 운동 에너지와 위치 에너지의 합인 역학적 에너지가 보존된다(그 값은 일정하게 유지된다). 위치 에너지와 운동 에너지 사이의 상호작용은 역학에 대한 새로운 통찰력을 줄 것이다. 마지막으로 행해진 일 또는 에너지가 사용된 비율인 일률을 고려할 것이다.

5.1 일정한 힘이 한 일

일(work)은 일상생활에서 몇 가지 의미를 가지고 있다. 그러나 물리학에서 물체에 대한 **일**은 물체에 가해지는 힘과 물체의 변위에 따라 달라지는 중요한 물리량이다. 먼저 일정한 힘으로 끌어당긴 물체의 단순한 경우를 살펴볼 것이다.

일정한 힘이 한 일

그림 5.1은 평평한 눈 위에서 썰매를 끄는 소년을 보여 준다. 썰매가 움직이는 방향

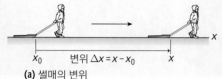

(a) 썰매의 변위

x_0 변위 $\Delta x = x - x_0$ x

수직항력
$\vec{n}$

밧줄 장력
$\vec{T}$

운동 마찰력
$\vec{f_k}$

무게 $\vec{w}$

(b) 썰매에 대한 힘 도표

그림 5.1 일차원에서 썰매의 운동

일 $W = F_x \Delta x$의 부호는 Δx와 F_x의 부호에 따라 달라진다.

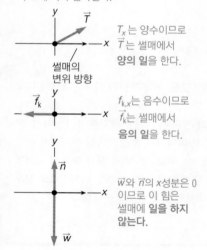

y $\vec{T}$

x

썰매의 변위 방향

T_x는 양수이므로 $\vec{T}$는 썰매에서 **양의 일**을 한다.

$\vec{f_k}$ y

x

$f_{k,x}$는 음수이므로 $\vec{f_k}$는 썰매에서 **음의 일**을 한다.

y

$\vec{n}$

x

$\vec{w}$

$\vec{w}$와 $\vec{n}$의 x성분은 0 이므로 이 힘은 썰매에 일을 하지 않는다.

그림 5.2 그림 5.1의 각 힘이 썰매에 가한 일

으로 $+x$축을 잡고, 변위는 $\Delta x = x - x_0$이 되도록 썰매가 x_0에서 x로 움직인다고 생각하자. 그림 5.1은 운동 마찰을 포함하여 썰매에 작용하는 네 가지 힘이 있음을 보여 준다. 이 예에서는 모든 힘이 일정하게 유지된다.

x축을 따라 움직이는 물체에 일정한 힘 F가 가하는 일 W는 힘(F_x)의 x성분에 변위를 곱한 것과 같다.

$$W = F_x \Delta x \quad \text{(일차원 운동에서 일정한 힘이 한 일, SI 단위: J)} \quad (5.1)$$

대략적으로 일은 힘 곱하기 변위이다. 정확하게 식 5.1은 일이 변위 방향에서의 힘의 성분만 포함한다는 것을 보여 준다. 일은 스칼라량이다. SI 단위 힘(N)과 변위(m)를 곱하면 일의 단위는 N·m이다. 이 조합은 다음과 같이 새로운 SI 단위인 **줄**(joule, J)을 정의한다.

$$1\,\text{J} = 1\,\text{N} \cdot \text{m}$$

줄은 일과 에너지의 개념을 발전시키는 데 도움을 준 영국 물리학자 제임스 줄(James Joule, 1818~1889)의 이름을 따서 명명됐다.

식 5.1에서 F와 Δx는 둘 다 스칼라이며 양, 음, 또는 0의 부호를 갖는다. 그림 5.2와 예제 5.1, 예제 5.2에서 이 상황을 정량적으로 분석한다.

알짜일

식 5.1은 물체에 작용하는 **개별적인 힘**(예: 썰매에 가해지는 네 가지 힘)이 한 일로 정의한다. 종종 개별적인 힘이 한 일의 합을 아는 것이 유용하다. 물체에 n개의 힘이 작용한다면 **알짜일**은 다음과 같이 나타낸다.

$$W_{\text{net}} = W_1 + W_2 + \cdots + W_n \quad \text{(여러 힘이 한 일, SI 단위: J)} \quad (5.2)$$

각각의 일의 값(W_1, W_2 등)은 식 5.1에 의해 정의되며, 알짜일에 대한 또 다른 표현은 다음과 같다.

$$W_{\text{net}} = F_{1x} \Delta x + F_{2x} \Delta x + \cdots + F_{nx} \Delta x$$
$$= (F_{1x} + F_{2x} + \cdots + F_{nx}) \Delta x$$

괄호 안의 양은 물체에 작용하는 알짜일의 x성분이므로 다음과 같다.

$$W_{\text{net}} = F_{\text{net},x} \Delta x \quad \text{(여러 힘이 한 알짜일, SI 단위: J)} \quad (5.3)$$

식 5.2, 식 5.3은 알짜일을 이해하고 계산하는 두 가지 방법을 제공한다. 즉, 개별 힘이 한 일을 합하거나 알짜힘의 x성분에 물체의 변위를 곱한 값으로 표현하는 것이다.

| 예제 5.1 | 썰매 끌기 |

그림 5.1a의 썰매는 질량이 6.35 kg이며, 5.00 m 동안 일정한 속도로 썰매를 당긴다. 밧줄의 장력은 10.6 N이고 밧줄은 수평으로 30° 각도를 이루고 있다. 썰매의 힘 도표를 그리고, 네 개의 힘이 각 썰매에 한 일과 알짜일을 구하여라.

구성과 계획 힘 도표(그림 5.3)는 썰매의 네 가지 힘을 보여 준다. 일은 각 힘의 x성분에 변위를 곱한 것이다. 수직항력 $\vec{n}$과 중력(무게 $\vec{w}$)의 x성분은 0이다. 장력의 x성분은 삼각함수 $T_x = T\cos\theta$로 표현된다. 따라서 x성분의 합은 다음과 같다.

$$F_{net,x} = T_x + f_{k,x}$$

이때 마찰력이 주어지지 않았다. 그러나 썰매의 속도는 일정하므로 썰매에 가해지는 알짜힘은 0이다. 따라서 $T\cos\theta + f_{k,x} = ma_x = 0$, 즉 $f_{k,x} = -T\cos\theta$가 된다. $-$부호는 마찰로 인해 밧줄의 장력의 수평 성분과 평형을 이룬다는 것을 보여 준다.

알려진 값: $m = 6.35$ kg, $T = 10.6$ N, $\theta = 30°$, $\Delta x = 5.00$ m

풀이 x성분이 없는 수직항력과 중력은 한 일이 없다. 즉, $W_n = 0$, $W_g = 0$이다(중력이 한 일은 계속 W_g로 표기할 것이다). 장력이 한 일은

$$W_T = T_x\Delta x = T\cos\theta\,\Delta x$$

이고, 수치를 대입하여 계산하면 다음을 얻는다.

$$W_T = (10.6\text{ N})(\cos 30°)(5.00\text{ m}) = 45.9\text{ N}\cdot\text{m} = 45.9\text{ J}$$

마지막으로 마찰력이 한 일은 다음과 같다.

$$W_f = f_{k,x}\cos\theta\,\Delta x = -T\cos\theta\,\Delta x = -45.9\text{ J}$$

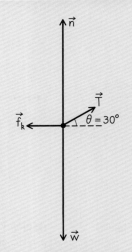

그림 5.3 썰매에 대한 힘 도표

따라서 알짜일은 다음과 같다.

$$W_{net} = W_n + W_g + W_T + W_f$$
$$= 0\text{ J} + 0\text{ J} + 45.9\text{ J} - 45.9\text{ J} = 0\text{ J}$$

반영 최종 결과는 명확해야 한다. 썰매는 일정한 속도로 움직이기 때문에 알짜힘이 없다. 따라서 변위에 관계없이 행한 알짜일은 0이다.

연결하기 이 예제의 데이터를 썰매와 눈 사이의 운동 마찰 계수를 찾는 데 사용할 수 있는가?

답 그렇다. 다시 $f_k = \mu_k n$을 기억하자. 두 식 $F_{net,x} = 0$과 $F_{net,y} = 0$을 분석하면 $n = 56.9$ N, $\mu_k = 0.16$이 된다.

| 예제 5.2 | 썰매의 가속! |

한 소년이 예제 5.1과 같은 밧줄 방향과 장력을 사용하여 6.35 kg의 썰매를 평평한 눈 위에서 5.00 m 더 당겼다. 다음 경우에 각 힘이 한 일과 알짜일을 구하여라.
(a) 썰매가 얼어 있는 눈 위에서 0.390 m/s²의 가속도로 빨라진다.
(b) 썰매가 녹은 눈 위에서 −0.390 m/s²의 가속도로 느려진다.

구성과 계획 그림 5.4는 각 경우에 대한 힘 도표를 보여 준다. 다시 말하지만, 수직항력과 중력이 한 일은 없다. 두 경우 모두 밧줄의 장력은 앞의 예제와 동일하므로 장력이 한 일도 같다.

그러나 마찰력은 다르기 때문에 마찰력이 한 일과 알짜일은 다를 것이다.

운동 마찰에 초점을 맞출 것이다. 이것이 유일하게 다른 힘이기 때문이다. 뉴턴의 법칙의 x성분은 이전 예제와 같지만 가속도가 0이 아니다.

$$F_{net,x} = T_x + f_{k,x} = T\cos\theta + f_{k,x} = ma_x$$

$f_{k,x}$에 대해 풀면 다음을 얻는다.

$$f_{k,x} = ma_x - T\cos\theta$$

알려진 값: $T = 10.6$ N, $m = 6.35$ kg, $\theta = 30°$

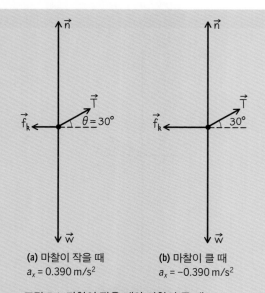

(a) 마찰이 작을 때
$a_x = 0.390 \, \text{m/s}^2$

(b) 마찰이 클 때
$a_x = -0.390 \, \text{m/s}^2$

그림 5.4 마찰이 작을 때와 마찰이 클 때

풀이 (a) $a_x = 0.390 \, \text{m/s}^2$일 때, 마찰력의 성분은 다음과 같다.

$$f_{kx} = ma_x - T\cos\theta = (6.35 \, \text{kg})(0.390 \, \text{m/s}^2) - (10.6 \, \text{N})(\cos 30°)$$
$$= -6.70 \, \text{N}$$

여기서 −부호는 마찰이 썰매의 움직임과 반대로 작용한다는 것을 의미한다.

그렇다면 마찰력이 한 일은 다음과 같이 계산된다.

$$W_f = f_{kx}\,\Delta x = (-6.70 \, \text{N})(5.00 \, \text{m}) = -33.5 \, \text{J}$$

다른 힘에 의한 일은 앞의 예제와 같이 $W_T = 45.9 \, \text{J}$, $W_n = W_g$

$= 0 \, \text{J}$이다. 따라서 알짜일은 다음과 같다.

$$W_{\text{net}} = W_n + W_g + W_T + W_f = 0 \, \text{J} + 0 \, \text{J} + 45.9 \, \text{J} - 33.5 \, \text{J} = 12.4 \, \text{J}$$

(b) $a_x = -0.390 \, \text{m/s}^2$일 때, 유사한 계산 결과를 보면 다음과 같다.

$$f_{kx} = ma_x - T\cos\theta = (6.35 \, \text{kg})(-0.390 \, \text{m/s}^2) - (10.6 \, \text{N})(\cos 30°)$$
$$= -11.66 \, \text{N}$$

$$W_f = f_{kx}\,\Delta x = (-11.66 \, \text{N})(5.00 \, \text{m}) = -58.3 \, \text{J}$$

다른 일 W는 변화되지 않고 유지되므로 알짜일을 계산하면 다음과 같다.

$$W_{\text{net}} = W_n + W_g + W_T + W_f = 0 \, \text{J} + 0 \, \text{J} + 45.9 \, \text{J} - 58.3 \, \text{J} = -12.4 \, \text{J}$$

반영 물체에 행한 알짜일은 가속도의 함수로 속력이 증가하면 양의 일이고, 속력이 느려지면 음의 일임을 유의하여라. 여기서 크기는 같지만 부호가 반대인 가속도는 알짜일에 상응하여 크기는 같지만 부호가 반대이다.

연결하기 이 예제에서 μ_k를 계산할 수 있는가? (a)와 (b)의 값을 비교할 수 있는가?

답 (a)의 얼어 있는 눈 위에서는 양의 가속도이고 (b)의 마찰 계수를 의미하며, 여기서 마찰은 썰매를 느리게 할 정도로 크다. 이는 계산을 통해 확인할 수 있다. $f_k = \mu_k n$일 때 결과는 (a) $n = 56.7 \, \text{N}$이고 $\mu_k = 0.12$이며 (b) $n = 56.9 \, \text{N}$이고 $\mu_k = 0.20$이다.

새로운 개념 검토

마지막 두 예제는 물체에 행한 알짜일과 그 움직임의 변화 사이의 중요한 관계를 보여 준다.

- 양의 알짜일($W_{\text{net}} > 0$) → 속력 증가
- 알짜일이 0($W_{\text{net}} = 0$) → 속력 일정
- 음의 알짜일($W_{\text{net}} < 0$) → 속력 감소

이 형태를 특정한 예제에서만 살펴봤지만 이는 일반적으로 사실이다. 5.3절에서는 알짜일과 속력의 변화 사이의 정확한 수학적 관계를 표현하는 **일-에너지 정리**(work-energy theorem)를 증명할 것이다.

일의 계산: 종합 규칙

힘과 변위가 같은 방향이 아닐 때 일이 힘과 변위의 **방향**과 관련이 되는 다른 형태의 식이 있을 것으로 생각할 수 있다. 그림 5.2를 다시 참조하자. 힘과 변위 사이의 각도

θ가 90° 미만이면 일은 양수이며, 이는 일반적으로 맞는 말이다. $\theta < 90°$일 때, F_x와 Δx는 부호가 같기 때문에 일은 양수이다. 마찬가지로 $\theta > 90°$일 때, F_x와 Δx는 부호가 반대이므로 일은 음수이다. 또한 힘과 변위가 수직($\theta = 90°$)인 경우 힘의 변위 방향 성분이 없기 때문에 일은 0이다.

이 형태는 힘이 한 일을 계산하는 다른 방법을 제시한다. 일반적으로 힘의 x성분은 다음과 같다.

$$F_x = F \cos \theta$$

여기서 F는 크기이고 θ는 $\vec{F}$와 +x축 사이의 각도이다. 따라서 일의 정의(식 5.1)에 따르면 다음이 성립한다.

$$W = (F \cos \theta) \, \Delta x \quad \text{(일차원 운동에서 일정한 힘이 한 일 (기하학적 관점), SI 단위: J)} \quad (5.4)$$

식 5.4는 힘의 크기, 변위 및 힘과 변위 사이의 각도 θ의 기하학적 관점에서 힘이 한 일을 계산하는 방법을 제공한다.

▶ **TIP** 성분(식 5.1) 또는 힘의 크기와 방향(식 5.4)을 사용하여 힘이 한 일을 계산할 수 있다.

개념 예제 5.3　등속 원운동

일정한 속력으로 원을 그리며 공전하는 행성에서 태양의 중력이 한 일은 얼마인가?

추론과 풀이 태양의 중력은 행성에서 일을 하지 않는다. 행성의 속도와 작은 간격에서의 변위는 항상 원에 접하므로 이는 중심 방향의 중력에 수직이다(그림 5.5). 힘이 변위에 수직일 때마다 그 힘에 의한 일은 없다(그림 5.2와 식 5.4 참조).

반영 이 예제는 매우 작은 간격에서의 변위가 속도 방향임을 보여 준다. 따라서 물체의 속도에 항상 수직인 힘은 물체에 일을 하지 않는다. 등속 원운동의 구심력이 그렇다. 어떤 힘이든(중력, 장력, 마찰력, 자기력) **등속 원운동에서 구심력에 의한 일은 없다.**

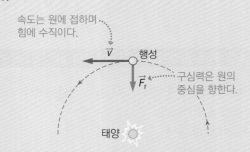

그림 5.5 원을 그리며 공전하는 행성에서 태양의 중력이 한 일은 없다.

힘에 의한 일이 없는 또 다른 경우는 물체의 변위가 0일 때이다. 움직일 수 없는 차를 밀고 있는데 꼼짝하지 않는다고 가정해 보자. 힘껏 밀어서 몸은 지치고 있지만 $\Delta x = 0$이므로 차에 한 일은 $W = 0$이다. 이는 '일'의 일상적인 의미가 물리학적 정의와 다른 한 예이다.

일과 관련된 한 가지 일반적인 규칙은 식 5.4와 그림 5.2를 따른다. **운동 마찰력 또는 저항력에 의해 한 일은 항상 음이다.** 이러한 힘은 항상 운동의 반대 방향으로 작용한다. 따라서 식 5.4의 각도 θ는 180°이다. $\cos 180° = -1$이므로 일은 음수이다. 13장에서 마찰이 어떻게 상호작용하는 표면의 온도를 높이거나 얼음을 녹이는지 배울 것이다.

중력이 한 일

2장에서 지구 근처에서 질량이 m인 물체의 중력은 $\vec{w} = m\vec{g}$이고, $\vec{g}$는 아래를 가리키며 크기는 $g = 9.80$ m/s²임을 살펴봤다(9장에서 지구와 다른 행성과의 거리가 멀어서 g가 일정하지 않은 경우를 다룬다).

수평으로 x축, 연직으로 y축의 좌표계를 설정할 것이다. 그러면 중력 $\vec{w}$는 y 방향이다. 식 5.1은 일차원에서 일정한 힘에 의한 일을 정의한다. 이 식에서 Δx가 아닌 Δy를 사용하면 중력에 의한 일은 $W_g = w_y \Delta y$이다. $\vec{w}$가 y 방향을 가리키고 크기 mg, $w_y = -mg$를 가지므로 일은 다음과 같이 나타낸다.

$$W_g = -mg\Delta y \quad \text{(중력에 의한 일, SI 단위: J)} \tag{5.5}$$

4.5 kg의 돌이 2.0 m 높이에서 낙하하면(그림 5.6) $\Delta y = -2.0$ m이며, 중력이 한 일은 다음과 같다.

$$W_g = -mg\,\Delta y = -(4.5\text{ kg})(9.80\text{ m/s}^2)(-2.0\text{ m}) = +88.2\text{ kg·m}^2/\text{s}^2 = 88.2\text{ J}$$

떨어지는 물체에 대한 일이 양수라는 것이 말이 되는가? 그렇다. 힘과 변위가 같은 방향(그림 5.6)이므로 양의 일을 한다. 반대로 위쪽으로 향하는 발사체는 힘(아래쪽)과 변위(위쪽)의 방향이 반대이기 때문에 중력에 의한 일은 음의 일을 갖는다. 계산으로 보면 위쪽으로 움직이는 물체는 변위가 $\Delta y > 0$이지만 $w_y < 0$이므로 식 5.5의 일 W_g는 음수이다.

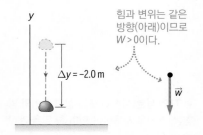

힘과 변위는 같은 방향(아래)이므로 $W > 0$이다.

$\Delta y = -2.0$ m

$\vec{w}$

그림 5.6 중력이 떨어지는 돌에 한 일

▶ **TIP** 중력이 한 일은 물체가 아래로 떨어질 때는 양수이고, 위로 올라갈 때는 음수이다.

예제 5.4 **위로 올라가는 야구공에서의 일**

질량이 0.145 kg인 야구공이 21.4 m/s로 바닥에서 위로 튀어 올라갔다. 물음에 답하여라.
(a) 야구공의 최대 높이는 얼마인가?
(b) 야구공이 위쪽으로 올라가는 동안 중력이 한 일을 구하여라.
(c) 바닥에서 튀어 오른 야구공이 다시 바닥에 부딪힐 때까지 중력이 한 일을 구하여라.

구성과 계획 중력이 한 일은 $W_g = -mg\,\Delta y$이므로 두 질문에 답하려면 Δy가 필요하다. (b)에서 위쪽으로 올라가는 경우, Δy는 최대 높이이다(그림 5.7a). 이를 구하는 것은 식 2.13을 이용한 일차원 운동학 문제이다.

$$v_y^2 = v_{0y}^2 - 2g\Delta y$$

(c)에서 공이 바닥으로 다시 돌아온다(그림 5.7b). 즉, $\Delta y = 0$이다.

알려진 값: $m = 0.145$ kg, $v_{0y} = 21.4$ m/s

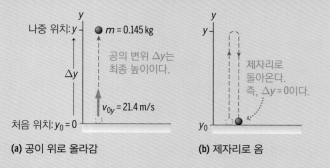

나중 위치: y $m = 0.145$ kg
공의 변위 Δy는 최종 높이이다.
Δy
$v_{0y} = 21.4$ m/s
처음 위치: $y_0 = 0$
(a) 공이 위로 올라감

제자리로 돌아온다. 즉, $\Delta y = 0$이다.
y_0
(b) 제자리로 옴

그림 5.7 중력이 야구공에 한 일

풀이 Δy에 대한 식 2.13을 풀고, 맨 꼭대기에서의 값 $v_y = 0$을 대입하면 최대 높이를 얻는다.

$$\Delta y = \frac{v_{0y}^2 - v_y^2}{2g} = \frac{(21.4\text{ m/s})^2 - (0\text{ m/s})^2}{2(9.80\text{ m/s}^2)} = 23.4\text{ m}$$

(b) 위로 올라가는 동안 중력이 한 일은 다음과 같다.

$$W_g = -mg\,\Delta y = -(0.145\ \text{kg})(9.80\ \text{m/s}^2)(23.4\ \text{m})$$
$$= -33.2\ \text{kg}\cdot\text{m}^2/\text{s}^2 = -33.2\ \text{J}$$

(c) 다시 바닥에 닿으면 $\Delta y = 0$이다. 따라서 다음이 성립한다.

$$W_g = -mg\,\Delta y = 0\ \text{J}$$

즉, 전체 일은 0이다.

반영 왕복 운동에서 일이 0이라는 것은 올라갈 때 중력이 한 일은 음의 일이고, 내려갈 때 중력이 한 일은 양의 일을 하는 것을 의미하며, 일의 크기는 같다. 공이 시작점 아래로 떨어져야 전체 중력에 의한 일이 양의 일이 된다.

연결하기 야구공에 의한 알짜일의 부호와 속력의 변화 사이에 어떤 연관성이 있는가?

답 음의 알짜일이 속력의 감소를 의미함을 알게 됐다. 공이 올라가는 동안 일은 음수이고, 공의 속력은 느려진다. 내려갈수록 일은 양수가 되고 속력은 빨라진다. 공이 바닥에 닿으면 공에 대한 총 일은 0이며, 공의 속력은 처음 올라갈 때와 같다. 5.3절에서는 일과 속력의 변화의 관계를 보다 명확하게 설명할 것이다.

이차원 운동에서의 일

그림 5.8과 같이 야구공을 비스듬히 던지면 앞의 예는 어떻게 달라지겠는가? 중력에 의한 일의 경우, 차이가 없다. Δy는 야구공 변위의 y 성분인 식 5.5와 같이 여전히 $W_g = -mg\,\Delta y$이다. 수평 변위는 중력에 수직이므로 관련된 일이 없다.

지금까지 오직 한 방향의 운동만 고려했고, 그 방향의 힘의 성분만 일에 기여한다는 것을 알았다. 보다 일반적으로, 힘과 변위는 모두 다른 방향의 성분을 가질 수 있으며, 변위 성분은 곡선 경로의 운동에 따라 달라진다. 이제 일정한 힘 $\vec{F}$가 가한 일의 정의를 이차원으로 확장한다. 일반적으로 힘 $\vec{F}$은 F_x와 F_y의 성분을 가지며 변위 성분은 Δx와 Δy이다. 따라서 일은 다음과 같이 표현한다.

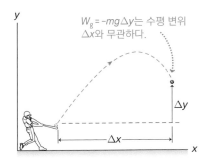

그림 5.8 이차원 운동에서의 일

$$W = F_x\,\Delta x + F_y\,\Delta y \quad \text{(이차원 운동에서의 일, SI 단위: J)} \quad (5.6)$$

확인 5.1절 피아노가 강철 케이블에 매달려 있다. 3층 아파트에서 지상으로 내려가는 동안 케이블이 피아노에 한 일의 부호는?
(a) 양 (b) 음 (c) 0 (d) 추가 정보 없이 결정할 수 없다.

5.2 변하는 힘이 한 일

5.1절에서는 일정한 힘만 고려하였다. 그러나 대부분의 힘은 위치에 따라 다르다. 상자를 들어 올리는 것과 같은 간단한 일에서도 가하는 힘은 아마도 운동하는 내내 변화할 것이다. 이 절에서는 변하는 힘이 한 일에 대해 일반적으로 생각하는 방법을 제시하고, 그다음 용수철의 경우에 집중할 것이다.

힘-위치 그래프로부터의 일

그림 5.9a는 물체의 운동 방향으로 가한 성분인 일정한 힘 F_x에 대한 힘-위치 그래프

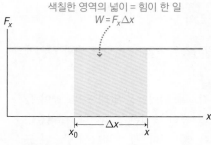

색칠한 영역의 넓이 = 힘이 한 일
$W = F_x \Delta x$

(a) 일정한 힘이 한 일

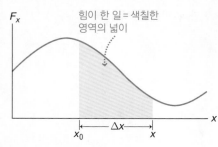

힘이 한 일 = 색칠한 영역의 넓이

(b) 변하는 힘이 한 일

그림 5.9 힘이 한 일은 $F_x - x$ 그래프 아래 넓이와 같다.

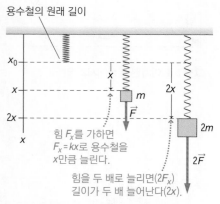

용수철의 원래 길이

힘 F_x를 가하면 $F_x = kx$로 용수철을 x만큼 늘린다.

힘을 두 배로 늘리면($2F_x$) 길이가 두 배 늘어난다($2x$).

(a) 훅의 법칙에 따르면 매달린 무게추가 가하는 힘은 용수철을 늘어나게 한다.

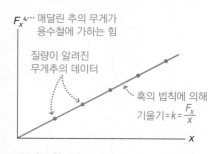

매달린 추의 무게가 용수철에 가하는 힘

질량이 알려진 무게추의 데이터

훅의 법칙에 의해 기울기 = $k = \dfrac{F_x}{x}$

(b) 용수철 상수 k 결정

그림 5.10 훅의 법칙은 용수철에 가해지는 힘과 용수철의 늘어난 길이(또는 압축된 길이)와 관계있다.

를 보여 준다. 물체의 변위가 Δx일 때, 이 힘이 한 일은 다음과 같다.

$$W = F_x \, \Delta x$$

그림 5.9a에서 알 수 있듯이 이는 모든 힘에 대해 그대로 유지되므로 힘이 일정하든 그렇지 않든 일차원 운동이 된다. 즉, x성분에 의한 일은 $F_x - x$ 그래프 아래의 넓이와 같다. 이 중요한 점을 다음과 같은 특수한 경우가 잘 보여 주고 있다.

변하는 힘: 용수철

용수철을 늘리거나 압축하려면 변하는 힘이 필요하다. 따라서 용수철 저울은 힘을 측정하는 도구이다. 가해진 힘이 클수록 용수철 끝의 변위가 커지며, 이 변위는 저울의 다이얼에 나타나거나 디지털 계측기에 표시된다.

용수철 변위는 힘에 따라 어떻게 변하는가? 그림 5.10의 설정을 통해 이를 확인할 수 있다. 대부분의 용수철의 경우, 결과는 간단하다. 용수철 끝의 늘어나지 않는(평형) 위치로부터의 변위 x는 가해진 힘 F_x에 비례한다.

$$F_x = kx \quad \text{(훅의 법칙, SI 단위: N)} \tag{5.7}$$

이는 뉴턴과 함께 힘과 운동에 대해 연구한 영국의 물리학자 로버트 훅(1635~1703)의 이름을 딴 **훅의 법칙**(Hooke's law)이다. 이 법칙은 근본적인 법칙이 아니라 많은 용수철에 대해 거의 성립한다는 것을 강조한다. 훅의 법칙이 어느 정도까지 적용되더라도 너무 많이 늘어나면 용수철은 탄성을 잃게 된다.

식 5.7의 k는 **용수철 상수**(spring constant)이며, SI 단위는 N/m이다. 용수철에 서로 다른 질량을 매달고 늘어난 길이를 측정하여 k를 알 수 있다(그림 5.10a). $F_x - x$ 그래프는 기울기가 k인 직선이어야 한다(그림 5.10b). 0.250 kg의 질량이 용수철을 0.120 m까지 늘린다고 가정하자. 그러면 용수철 상수는 다음과 같다.

$$k = \frac{F_x}{x} = \frac{mg}{x} = \frac{(0.250 \, \text{kg})(9.80 \, \text{m/s}^2)}{0.120 \, \text{m}} = 20.4 \, \text{N/m}$$

용수철 상수는 용수철의 강성을 측정하며, 이는 결과적으로 물리학 실험실에서 사용하는 용수철의 상당히 일반적인 값이다. 자동차 서스펜션에 사용되는 강성 용수철은 k의 값이 훨씬 크다. 예를 들어, 동일한 용수철 4개로 지지되는 1,040 kg의 자동차가 자동차 무게에 따라 3.5 cm(0.035 m)를 압축한다고 가정하자. 그러면 용수철 상수는 자동차 무게의 4분의 1($mg/4$)을 지탱한다.

$$k = \frac{F_x}{x} = \frac{mg/4}{x} = \frac{(1040 \, \text{kg})(9.80 \, \text{m/s}^2)}{4(0.035 \, \text{m})} = 7.28 \times 10^4 \, \text{N/m}$$

이 값은 70 kN/m가 넘는 매우 단단한 용수철이다.

용수철에 한 일

용수철에 가하는 힘으로 얼마나 많은 일이 이루어지는가? 그림 5.9의 방법을 사용하면 일은 $F_x - x$ 그래프 아래의 넓이를 의미한다. 훅의 법칙을 따르는 용수철의 경우, 삼각형의 넓이이다. 그림 5.11은 일이 다음과 같음을 보여 준다.

$$W = \frac{1}{2}(x)(kx)$$

즉, 다음이 성립한다.

$$W = \frac{1}{2}kx^2 \quad \text{(늘어난 용수철에 한 일, SI 단위: J)} \tag{5.8}$$

식 5.8은 용수철을 평형 위치($x = 0$으로 표시)에서 거리 x까지 늘어나는 동안 용수철에 한 일을 제공한다. 용수철이 이미 x_A 위치까지 늘어났다면 x_A에서 x_B까지 늘어나는 데 필요한 일은 $W = \frac{1}{2}kx_B^2 - \frac{1}{2}kx_A^2$이다.

$k = 20.4$ N/m인 그림 5.10의 용수철을 고려해 보자. 용수철에 500 g의 물체를 매달고 이것이 멈출 때까지 기다린다. 훅의 법칙 $F_x = kx$에 의해 용수철의 끝부분의 변위 x는 다음과 같다.

$$x = \frac{F_x}{k} = \frac{mg}{k} = \frac{(0.500 \text{ kg})(9.80 \text{ m/s}^2)}{20.4 \text{ N/m}} = 0.240 \text{ m}$$

그다음 용수철을 늘이는 동안 용수철에 한 일은 식 5.8을 따른다.

$$W = \frac{1}{2}kx^2 = \frac{1}{2}(20.4 \text{ N/m})(0.240 \text{ m})^2 = 0.588 \text{ J}$$

500 g을 추가하면 0.240 m만큼 더 늘어나 $x_B = 0.480$ m가 된다. 이때 추가된 일은 다음과 같다.

$$W = \frac{1}{2}kx_B^2 - \frac{1}{2}kx_A^2 = \frac{1}{2}(20.4 \text{ N/m})(0.480 \text{ m})^2 - 0.588 \text{ J} = 1.76 \text{ J}$$

여기서 $\frac{1}{2}kx_A^2$은 방금 계산한 0.588 J이다. 두 번째로 0.240 m만큼 늘리는 데 필요한 일은 첫 번째로 늘릴 때보다 크다. 이것은 이미 늘어난 용수철이 더 큰 힘을 가하기 때문이다.

용수철은 늘어나든 압축되든 같은 용수철 상수를 갖는다(그림 5.12). 이를 '이상적인 용수철'의 특성으로 받아들일 것이다. 늘어남과 압축에 대해 동일한 힘 상수를 갖는 훅의 법칙을 따르는 것이다. 훅의 법칙은 여전히 만족하지만, 압축의 경우 x는 음수이고 힘의 방향은 반대이다.

용수철과 뉴턴의 운동 제3법칙

손으로 당겨 용수철을 늘리면 용수철은 같은 크기와 반대 방향의 힘으로 뒤로 당겨진다. 가하는 힘과 용수철의 힘은 뉴턴의 운동 제3법칙의 힘 쌍을 구성한다. 가해진 힘이 $F_{\text{applied},x} = kx$이면 용수철의 힘은 $F_{\text{spring},x} = -kx$이다. 용수철의 힘은 평형 상태로 복원하려는 경향을 갖기 때문에 이 힘을 **복원력**(restoring force)이라 한다. 복

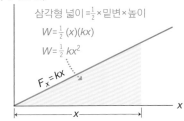

그림 5.11 늘어나는 용수철에 한 일

그림 5.12 압축된 용수철

▶ **TIP** 또한 '이상적인 용수철'은 질량을 무시한다. 실제로 모든 용수철은 질량을 갖고 있으므로 훅의 법칙은 용수철에 작용하는 힘이 용수철 자체의 무게보다 훨씬 클 때만 수직 용수철에 대한 근삿값이 된다.

원력은 용수철이 늘어나든 압축되어 있든 동일하게 작용한다. 그림 5.12와 같이 용수철을 왼쪽으로 밀면 복원력 $-kx$가 오른쪽으로 작용한다.

　용수철의 복원력이 한 일은 무엇인가? 복원력은 동일한 크기로 반대를 향하기 때문에 복원력이 한 일은 작용된 힘의 음수일 것이다. 즉, 식 5.8을 사용하면 용수철이 한 일은 $W = -\frac{1}{2}kx^2$이다. 이때 용수철이 한 일은 용수철에 가해진 일의 음수일 뿐이다.

▶ **새로운 개념 검토**

- 평형 상태에서 거리 x만큼 늘리는 데 작용하는 힘은 $F_{\text{applied},x} = kx$이다.
- 용수철의 복원력은 $F_{\text{spring},x} = -kx$이다.
- 용수철을 평형 상태에서 늘리기 위해 외부 힘이 한 일은 $W_{\text{applied}} = \frac{1}{2}kx^2$이다.
- 용수철의 복원력이 한 일은 $W_{\text{spring}} = -\frac{1}{2}kx^2$이다.

확인 5.2절 그림과 같이 각 용수철을 평형 상태에서 변위 x까지 늘릴 때 용수철이 한 일을 큰 순서대로 나열하여라.

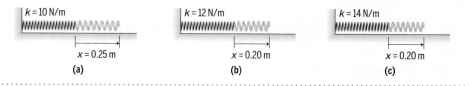

5.3 운동 에너지와 일–에너지 정리

알짜일이 변화하는 속력과의 관계

5.1절에서 알짜일과 변화하는 속력 사이의 연관성을 설명했다. 이제 이 연관성을 정량적으로 유용하게 만드는 관계로 발전시킬 것이다.

　어떤 물체에 힘 $F_{\text{net},x}$가 작용하여 그 물체가 Δx만큼 변위한다고 가정하자. 식 5.3은 물체에 작용하는 알짜일을 나타낸다.

$$W_{\text{net}} = F_{\text{net},x}\Delta x$$

뉴턴의 운동 제2법칙에 따르면 $F_{\text{net},x} = ma_x$이다. 이 알짜힘을 대입하면 다음을 얻는다.

$$W_{\text{net}} = ma_x\Delta x$$

앞에서 배운 운동 방정식 2.10에서 a_x를 본 적이 있다.

$$v_x^2 = v_{0x}^2 + 2a_x\Delta x$$

따라서 $a_x\Delta x = \frac{1}{2}\left(v_x^2 - v_{0x}^2\right)$이므로 이 식을 알짜일에 대한 식에 대입하면 다음과 같다.

$$W_{\text{net}} = \frac{1}{2}m\left(v_x^2 - v_{0x}^2\right)$$

일차원 운동에서 v_x의 제곱은 속력 v의 제곱과 같으므로 속도의 성분 v_x와 v_{0x}를 각각 속력 v와 v_0으로 쓸 수 있다.

$$W_{net} = \tfrac{1}{2}m(v^2 - v_0^2)$$

즉, 다음이 성립한다.

$$W_{net} = \tfrac{1}{2}mv^2 - \tfrac{1}{2}mv_0^2 \quad (\text{일–에너지 정리, SI 단위: J}) \qquad (5.9)$$

식 5.9는 **일–에너지 정리**(work-energy theorem)라 한다. 물리량 $\tfrac{1}{2}mv^2$은 질량이 m인 물체가 속력 v로 운동할 때의 **운동 에너지**(kinetic energy, K)이다.

$$K = \tfrac{1}{2}mv^2 \quad (\text{운동 에너지, SI 단위: J}) \qquad (5.10)$$

운동 에너지는 스칼라이고 일처럼 줄(J)의 SI 단위를 갖는다. 일–에너지 정리는 운동 에너지에 대한 정의를 사용하여 처음 운동 에너지 K_0과 나중 운동 에너지 K로 다시 표현할 수 있다.

$$W_{net} = K - K_0 = \Delta K \quad (\text{다시 표현된 일–에너지 정리, SI 단위: J}) \qquad (5.11)$$

즉, 일–에너지 정리는 **물체에 의한 알짜일이 운동 에너지의 변화와 같다**고 말한다. 식 5.11은 양의 알짜일은 운동 에너지의 증가하는 것이고, 음의 알짜일은 운동 에너지가 감소한다는 것을 의미한다.

일–에너지 정리는 일차원에서 유도했지만 일차원, 이차원, 삼차원 모두에 적용된다. 따라서 일–에너지 정리는 물체에 한 알짜일을 물체의 변화하는 속력과 연관시키는 데 사용할 수 있는 강력한 도구이다. 이는 뉴턴의 운동 제2법칙이 제공하는 구체적인 운동의 기술에 대한 대안으로, 일부 문제를 훨씬 쉽게 해결할 수 있게 해 준다. 다음 예제에서는 이 도구의 활용 방법을 살펴볼 것이다.

운동 에너지 $K = \tfrac{1}{2}mv^2$은 물체의 속력의 제곱에 따라 증가한다. 주행 속력이 두 배로 빨라지면 운동 에너지는 네 배로 증가한다! 70 km/h에서 100 km/h로 약간만 증가해도 운동 에너지는 두 배 이상 증가한다. 속력에 따른 운동 에너지의 급격한 증가는 과도한 속력이 위험한 이유 중 하나이다. 차를 멈추려면 브레이크가 음의 일을 하여 차의 운동 에너지를 없애야 한다. 따라서 속력을 조금만 높여도 브레이크를 밟는 것이 훨씬 더 힘들어진다.

▶ **TIP** 운동 에너지는 물체가 움직일 때 생기는 에너지이다. 모든 움직이는 물체는 운동 에너지를 갖고 있다. 이는 질량과 속력의 제곱에 의존한다. 정의로부터 운동 에너지는 항상 양수이다. 다른 형태의 에너지는 양수이거나 음수일 수 있다.

개념 예제 5.5 **변화하는 운동 에너지**

물체에 양의 일을 하는 알짜힘의 예를 제시하고, 그 결과 운동이 일–에너지 정리와 일치함을 보여라. 그리고 알짜일이 0인 알짜힘과 음의 알짜일을 하는 알짜힘도 보여라.

추론과 풀이 양의 알짜일: 공을 떨어뜨리면(그림 5.13a) 중력이 이 공에 대한 알짜일을 제공한다. 중력과 변위는 방향이 같으므로 알짜일이 양수이고, 공이 떨어질수록 증가한다. 공의 속력

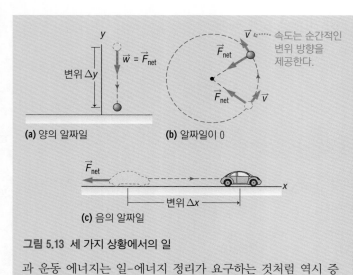

(a) 양의 알짜일

(b) 알짜일이 0

속도는 순간적인 변위 방향을 제공한다.

(c) 음의 알짜일

그림 5.13 세 가지 상황에서의 일

가한다.

알짜일이 0: 좋은 예로 등속 원운동이 있다(그림 5.13b). 알짜힘, 즉 구심력이 변위에 수직임을 알 수 있다. 따라서 이는 일을 하지 않는다. 등속 원운동의 속력은 일정하며, 알짜일이 없을 때는 일-에너지 정리와 일치한다.

음의 알짜일(그림 5.13c): 정지 중인 차량이 좋은 예이다. 마찰로 인한 알짜일은 음수이다. 운동 에너지의 변화 또한 속력이 감소하기 때문에 음수이다.

반영 이 예들 중 어느 것도 일정한 가속도를 요구하지 않는다. 특히 원운동의 경우 매우 모호한데, 여기서 가속도가 계속해서 방향을 바꾼다는 것을 알 수 있다. 일-에너지 정리는 일정한 가속도의 가정에서 벗어날 수 있다.

과 운동 에너지는 일-에너지 정리가 요구하는 것처럼 역시 증

일-에너지 정리 이용

일-에너지 정리는 처음 속력과 나중 속력만을 포함한다. 운동이 시간에 따라 어떻게 변하는지에 대한 세부 사항을 생략하므로 흔히 뉴턴의 운동 제2법칙을 적용하는 것보다 더 쉬운 방법을 제공한다. 일과 에너지가 스칼라이고, 뉴턴의 운동 제2법칙은 벡터 방정식이므로 일-에너지 정리를 사용하는 것이 수학적으로도 더 쉽다.

문제 해결 전략 5.1   일-에너지 정리

일-에너지 정리를 적용하는 단계 중 일부는 다른 문제 해결 전략의 단계와 유사하지만 다음에 강조한 다른 단계는 일-에너지 문제에만 적용된다.

구성과 계획
- 문제 상황을 시각화하고 개략적인 힘 도표를 만든다.
- 존재하는 힘(중력, 용수철 힘, 마찰력 등)을 이해한다.
- 행한 알짜일에 알짜힘을 연관시킨다.
- 알짜일이 운동 에너지와 같게 한다.
- 아는 정보를 검토하고, 문제를 푸는 방법을 계획한다.

풀이
- 정보를 모은다.
- 구하는 물리량에 대한 일-에너지 정리에 따른 방정식을 결합하여 푼다.
- 수치를 대입하여 푼다.

반영
- 답의 차원과 단위를 확인한다. 합리적인가?
- 익숙한 문제와 관련이 있는 경우, 답이 타당한지 평가한다.

예제 5.6   절벽에서 공 던지기

절벽에서 23.4 m/s의 처음 속력으로 공을 던졌다. 절벽의 높이는 지면으로부터 수직으로 12.0 m이다. 공기 저항은 무시할 때, 공이 지면에 닿았을 때의 속력은 얼마인가?

구성과 계획 이 예제는 일–에너지 정리에 적합한 문제이다. 알짜일(이 경우, 중력이 한 일)은 운동 에너지의 변화로 이어진다. 여기서 중력은 양의 일을 한다. 왜냐하면

$$W_{net} = W_g = -mg\Delta y$$

이고, $\Delta y = -12.0$ m(그림 5.14)이다. 알짜일은 운동 에너지의 변화량, 즉 다음과 같다.

$$-mg\Delta y = \frac{1}{2}mv^2 - \frac{1}{2}mv_0^2$$

알려진 값: $v_0 = 23.4$ m/s

풀이 위 식에서 질량을 소거하고, 나중 속력 v를 구하면 다음과 같다.

$$v = \sqrt{v_0^2 - 2g\Delta y} = \sqrt{(23.4 \text{ m/s})^2 - 2(9.80 \text{ m/s}^2)(-12.0 \text{ m})}$$
$$= 28.0 \text{ m/s}$$

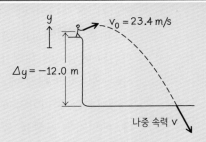

그림 5.14 중력이 포물체에 한 일

반영 예상대로 공을 던졌을 때보다 지면에 닿을 때 속력이 더 빠르다. 이 결과는 발사 각도와 무관하다는 것에 주목하자.

연결하기 포물체의 나중 속력은 던지는 각도와 무관한데, 나중 속도와도 무관한가?

답 아니다. 공의 속도는 수직 성분에 의해 지면에 부딪힌다. 공을 똑바로 아래로 던지면 공은 처음 수평 속도와 수직 속도를 갖기 때문에 수직 성분 속도는 똑바로 아래로 던질 때보다 더 작은 크기로 부딪힌다. 두 경우 모두 속력(스칼라)은 같지만 속도(벡터)는 다르다.

개념 예제 5.7   포물체 운동의 저항력

야구공을 평평한 지면에서 위쪽 각도로 타구했다. 일–에너지 정리를 이용하여 공기 저항력이 있는 궤적과 없는 궤적을 비교하고 설명하여라.

추론과 풀이 저항력이 없을 때 포물선 운동을 하고(3장), 최고점에서 대칭적이다(그림 5.15). 올라가는 경우 중력은 음수이고, 내려오는 경우 중력은 양수로 작용한다. 즉, 중력이 한 일은

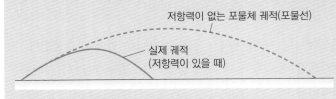

그림 5.15 저항력이 있는 경우와 없는 경우의 포물체 운동

없다. 그러나 저항력은 공의 속도를 거스르기 때문에 날아가는 동안 음수로 작용하여 공의 속도의 두 성분을 감소시킨다. 따라서 저항하는 만큼 공이 높이 올라가지 않으며, 수평 변위가 작아진 후에 최고 높이가 발생한다.

공기 저항력은 공이 내려가는 동안 계속해서 음의 일을 한다. 공이 지면에 닿으면 (중력과 저항력을 합한) 알짜일은 음수이므로 처음 던질 때보다 더 느리게 움직인다. 결과적으로 공이 더 높이 더 멀리 날아가지 못한다는 것이다.

반영 일–에너지 정리는 이러한 종류의 정성적 분석을 위한 강력한 물리적 도구이다. 따라서 정량적인 분석을 하려면 저항력에 대한 보다 세부적인 정보가 필요하다.

에너지에 대한 고찰

'에너지'는 "나는 오늘 많은 에너지가 있다"라고 말하는 것처럼 일상 대화에서 자주 사용하는 용어 중 하나이다. 물리학에서 의미하는 에너지는 무엇일까?

운동 에너지(물체가 운동으로 인해 갖는 에너지)는 자주 접하게 될 여러 형태의 에너지 중 하나이다. 5.4절과 5.5절에서 위치 에너지와 총 역학적 에너지를 정의한다. 이후 단원에서는 열에너지와 전기에너지뿐만 아니라 중력장, 전기장, 자기장과 관련된 에너지에 대해 살펴볼 것이다. 또 상대성 이론에는 정지 상태의 질량에 해당하는 에너지인 정지 에너지가 있다.

에너지는 물리학의 핵심으로, 질량과 함께 우주를 구성하는 기본 양으로 작용한다. 에너지는 사물을 움직이게 하는 원동력이라 생각하면 에너지가 없다면 운동도, 활동도, 변화도 없을 것이다. 가장 중요한 원리 중 하나는 **에너지 보존의 원리**(principle of conservation of energy)이며, 이는 에너지가 한 형태에서 다른 형태로 바뀔 수 있지만 총 에너지 양은 일정하게 유지된다는 것이다. 5.5절에서 이 중요한 원리가 어떻게 작동하는지 확인할 것이다.

확인 5.3절 0.20 kg의 공이 정지 상태로부터 떨어지고 있다. 공기 저항력을 무시할 때, 공이 2.5 m 거리까지 떨어진 후 공의 운동 에너지는 얼마인가?

(a) 2.5 J   (b) 4.9 J   (c) 7.7 J   (d) 12.3 J

5.4 위치 에너지

보존력과 비보존력

어떤 경로를 택하든 $W_g = -mg\Delta y$이다.

그림 5.16 중력이 한 일은 경로에 무관하다.

언덕 아래에 있는 깡통을 겨냥하여 돌을 던졌다. 이때 처음 속도에 따라 돌의 궤적이 달라진다(그림 5.16). 그러나 돌에 대한 중력이 한 일은 수직 변위 Δy에만 의존하므로 모든 궤적에서 동일하다. 같은 이유로, 중력이 어떤 두 점 사이를 움직이는 물체에 한 일은 선택된 경로와 무관하다는 것을 확인할 수 있다. 경로에 무관하게 작용하는 힘은 **보존**(conservative)력이다.

> **보존력**(conservative force): 두 점 사이를 움직이는 물체에 가해지는 힘에 의한 일이 선택한 경로에 의존하지 않으면 그러한 힘은 보존력이다.

모든 힘이 보존적인 것은 아니다. 돌의 예에서 공기 저항력은 돌에도 작용한다. 저항력은 속도에 따라 달라지므로 경로에 따라 일이 동일하지 않다. 따라서 저항력은 **비보존**(non-conservative)력이다.

> **비보존력**(non-conservative force): 두 지점 사이를 움직이는 물체에 가해지는 힘에 의한 일이 두 점 사이의 경로에 따라 달라지는 경우, 이 힘은 비보존력이다.

개념 예제 5.8   보존력과 비보존력

다음 힘을 보존력과 비보존력으로 분류하여라.
(a) 운동 마찰력 (b) 훅의 법칙을 만족하는 용수철의 힘

추론과 풀이 (a) 운동 마찰력에 의한 일은 경로에 따라 달라진다(그림 5.17a). 무거운 상자를 A에서 B로 바닥을 가로질러 미끄러뜨리면 마찰력은 어디에서나 똑같다. 최단 경로인 직선에서 일을 덜 하게 되며, 만약 장애물을 우회해야 한다면 더 많은 일을 할 것이다. 따라서 일은 경로에 따라 다르므로 이 경우 힘은 비보존력이다.

(b) 물체를 용수철에 매달고 용수철을 압축한 후 놓았다(그림 5.17b). 물체는 여러 번 같은 지점을 통과하면서 앞뒤로 진동한다. 5.2절에서 용수철이 위치 x_A에서 x_B로 이동할 때, 용수철에 한 일은 다음과 같다.

$$W_{\text{on spring}} = \tfrac{1}{2}kx_B^2 - \tfrac{1}{2}kx_A^2$$

5.2절에서 논의한 것처럼 용수철이(by) 한 일은 **용수철에**(on) 한 일에 음의 부호를 붙인 값이다.

$$W_{\text{by spring}} = -W_{\text{on spring}} = \tfrac{1}{2}kx_A^2 - \tfrac{1}{2}kx_B^2$$

이 경우 물체가 앞뒤로 얼마나 진동했는지(즉, 물체가 이동한 경로)에 대한 언급이 없다. 여기서 일은 경로에 무관하고, 이때의 힘은 보존력이다.

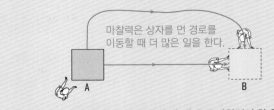

마찰력은 상자를 먼 경로를 이동할 때 더 많은 일을 한다.

(a) 두 경로를 따라 A에서 B까지 밀 때 운동 마찰력이 한 일

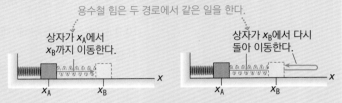

용수철 힘은 두 경로에서 같은 일을 한다.

상자가 x_A에서 x_B까지 이동한다.

상자가 x_B에서 다시 돌아 이동한다.

(b) 상자가 x_A에서 x_B까지 움직일 때 용수철이 한 일

그림 5.17 두 위치를 따라 (a) 운동 마찰력이 한 일 (b) 용수철이 한 일

반영 (b)에서 일이 동일하다는 사실은 마찰이 없는 용수철의 물체에 대해 오른쪽이든 왼쪽이든 주어진 지점에서 속력이 동일하다는 것을 알려 준다. 자유 낙하와 같이 주어진 지점에서 물체가 상승할 때와 하강할 때 속력이 같은 이유는 이 운동이 대칭적이기 때문이다.

위치 에너지의 정의

공을 똑바로 위로 던진다. 공이 올라가면서 운동 에너지가 감소하며, 공이 떨어지면서 운동 에너지가 돌아오는, 마치 저장되었다가 되돌아오는 것과 같은 현상이 일어난다. 이때 저장된 에너지를 **위치 에너지**(potential energy)라 부른다. 위치 에너지(U)는 물체의 상대적인 위치(이 경우, 지구에 대한 공의 상대적 위치)로 인해 계가 가지는 에너지이다.

보존력이 물체에 작용한다고 가정하자. 이에 따른 위치 에너지 ΔU의 변화를 이 힘에 의한 일에 음의 부호를 붙인 값으로 정의한다.

$$\Delta U = -W_{\text{보존}} \quad \text{(위치 에너지의 정의, SI 단위: J)} \tag{5.12}$$

중력 위치 에너지

중력에 의한 위치 에너지의 한 예를 보자. 야구공을 위로 던지면 높이가 Δy만큼 바뀐다(그림 5.18). 그러면 중력은 공에 $W = -mg\Delta y$로 작용한다. 따라서 식 5.12의

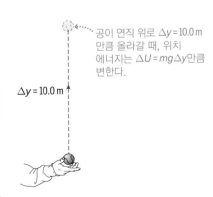

공이 연직 위로 $\Delta y = 10.0\,\text{m}$ 만큼 올라갈 때, 위치 에너지는 $\Delta U = mg\Delta y$만큼 변한다.

$\Delta y = 10.0\,\text{m}$

그림 5.18 야구공의 위치 에너지는 높이에 따라 변화한다.

정의에 따라 공의 위치 에너지 변화량은 다음과 같다.

$$\Delta U = -W_g = mg \, \Delta y \quad \text{(중력 위치 에너지, SI 단위: J)} \tag{5.13}$$

일, 운동 에너지와 마찬가지로 위치 에너지는 SI 단위가 J인 스칼라이다. 질량이 145 g인 야구공을 연직 위로 던져 변위가 10.0 m인 경우, 위치 에너지의 변화량은 다음과 같다.

$$\Delta U = mg \, \Delta y = (0.145 \text{ kg})(9.80 \text{ m/s}^2)(10.0 \text{ m}) = 14.2 \text{ J}$$

10.0 m의 높이를 통해 내려오는 동일한 야구공이 다음과 같은 위치 에너지의 변화를 가짐에 유의하라.

$$\Delta U = mg \, \Delta y = (0.145 \text{ kg})(9.80 \text{ m/s}^2)(-10.0 \text{ m}) = -14.2 \text{ J}$$

▶ **TIP** 일과 에너지는 (어떤 형태로든) 항상 스칼라량이다.

따라서 공이 처음 높이로 돌아올 때 위치 에너지의 전체적인 변화량은 14.2 J − 14.2 J = 0 이다.

탄성 위치 에너지

이상적인 용수철은 보존력과 이와 관련된 위치 에너지의 또 다른 예를 제공한다. 그림 5.19a는 $k = 55$ N/m인 용수철이 평형 위치 x_A에서 x_B까지 0.10 m의 거리를 이동함을 보여 준다. 5.2절에서는 용수철이 x_A에서 x_B까지 늘어날 때 한 일이 다음과 같음을 보여 준다.

$$W_{\text{by spring}} = \tfrac{1}{2} k x_A^2 - \tfrac{1}{2} k x_B^2$$

용수철의 위치 에너지 변화량은 다음과 같다.

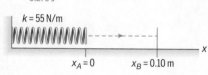

❶ 용수철이 x_A에서 x_B로 늘어날 때,
$\Delta U = \tfrac{1}{2} k x_B^2 - \tfrac{1}{2} k x_A^2$
$\quad = \tfrac{1}{2}(55 \text{ N/m})(0.10 \text{ m})^2 - \tfrac{1}{2}(55 \text{ N/m})(0 \text{ m})^2$
$\quad = 0.275$ J

$k = 55$ N/m

$x_A = 0 \qquad x_B = 0.10$ m

(a)

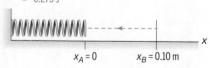

❷ 용수철이 x_B에서 x_A로 돌아갈 때,
$\Delta U = \tfrac{1}{2} k x_A^2 - \tfrac{1}{2} k x_B^2$
$\quad = -0.275$ J

$x_A = 0 \qquad x_B = 0.10$ m

❸ 원래대로 돌아오면 알짜 변화량은
$\Delta U = 0.275 \text{ J} + (-0.275 \text{ J}) = 0$

(b)

그림 5.19 (a) 용수철이 늘어나면 위치 에너지는 증가한다. (b) 용수철이 평형 위치로 돌아올 때 위치 에너지는 감소한다.

$$\Delta U = -W_{\text{net}} = -W_{\text{by spring}} = \tfrac{1}{2} k x_B^2 - \tfrac{1}{2} k x_A^2 \quad \text{(탄성 위치 에너지, SI 단위: J)} \tag{5.14}$$

식 5.14는 용수철이 늘어나거나 압축될 때 위치 에너지가 증가하고(그림 5.19a), 평형 위치($x = 0$, 그림 5.19b)를 향해 이완될 때 위치 에너지가 감소함을 보여 준다. 마지막 상황과 같이 위치 에너지의 감소가 증가와 균형을 이루므로 공이 시작 높이로 돌아온 중력의 경우와 마찬가지로 전체적인 변화는 0이 된다.

영점 위치 에너지

식 5.12는 위치 에너지를 절대적인 양이 아닌 변화의 관점에서 정의한다(반면, 운동 에너지 $\tfrac{1}{2} mv^2$은 항상 양수인 명확한 양이다). 위치 에너지가 0인 위치를 정하면 위치의 함수로 위치 에너지를 정의할 수 있다. 영점은 임의적이지만 일단 지정한 다른 모든 위치 에너지의 값은 영점으로부터의 변화로 정의된다.

예를 들어, 중력과 관련된 문제의 경우 지면($y = 0$)을 위치 에너지가 0인 곳으로 정할 수 있다. 중력에 대한 $\Delta U = mg\,\Delta y$를 사용하면 임의의 높이에서 위치 에너지는 $U = mg(y - 0)$, 즉 다음과 같다.

$$U = mgy \quad \text{(중력 위치 에너지, SI 단위: J)} \tag{5.15}$$

$y = 0$에서 $U = 0$으로 지정된 지상 12.5 m 높이에 있는 질량이 18.8 kg인 콘크리트 벽돌은 다음과 같은 위치 에너지를 갖는다.

$$U = mgy = (18.8\text{ kg})(9.80\text{ m/s}^2)(12.5\text{ m}) = 2300\text{ J}$$

식 5.15는 지구 표면 근처에서만 유효하며, 여기서 g는 본질적으로 일정하다. 9장에서 중력 위치 에너지를 더 일반화할 것이다.

용수철과 관련된 문제에서는 $x = 0$에서 $U = 0$으로 지정하는 것이 최선이다. 즉, 용수철의 평형 위치이다. 따라서 위치 x에서 위치 에너지는 다음과 같이 나타낸다.

$$U = \tfrac{1}{2}kx^2 - \tfrac{1}{2}k(0)^2$$

즉, 다음이 성립한다.

$$U = \tfrac{1}{2}kx^2 \quad \text{(용수철에 대한 위치 에너지, SI 단위: J)} \tag{5.16}$$

예를 들어, 용수철이 $k = 1250$ N/m이고 평형 상태로부터 늘어난 길이가 0.15 m이면 위치 에너지는 다음과 같다.

$$U = \tfrac{1}{2}kx^2 = \tfrac{1}{2}(1250\text{ N/m})(0.15\text{ m})^2 = 14\text{ J}$$

위치 에너지에 대한 영점의 지정은 매우 임의적이다. 주어진 문제에서 다른 영점을 지정(예: 포물체의 발사 지점이 지면 위)할 수 있다. 물리학에서 딱딱하고 빠른 정의에 익숙해져서 어쩌면 이것이 너무 당연한 것처럼 보일 수 있다! 그러나 이는 궁극적으로 일과 관련된 에너지의 **변화**이며, 따라서 운동과 관련이 있다. 위치 에너지의 변화는 영점을 선택하는 위치와 무관하다. 다음 절의 예에서 이 문제를 다시 확인할 것이다.

보존력에 대한 위치 에너지 함수

위치 에너지는 위치에만 의존하므로 이 개념이 의미가 있으려면 영점과 다른 점 사이의 위치 에너지 차이가 선택한 경로와 무관한 경우여야 한다. 이는 보존력에 대해서만 해당하므로 위치 에너지를 정의할 수 있는 것은 보존력에서만 가능하다. 물리적으로 보존력인 힘에 대해 한 일을 위치 에너지로 저장하고 운동 에너지로 되돌려줄 수 있기 때문이다. 비보존력은 에너지를 무작위 열운동으로 소모시키므로 이 에너지는 사용할 수 없게 된다.

확인 5.4절 그림과 같이 동일한 네 개의 공이 떨어지고 있다. 위치 에너지가 큰 순서대로 나열하여라.

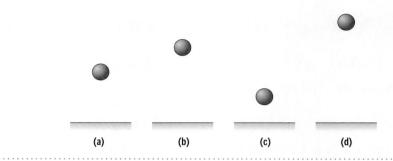

(a)   (b)   (c)   (d)

5.5 역학적 에너지 보존

지금까지 운동 에너지와 위치 에너지의 변화를 일과 연관지어 설명하였다. 이제 이 관계를 이용하여 운동 에너지와 위치 에너지를 직접 연결할 것이다.

5.3절(식 5.11)의 일-에너지 정리는 알짜일이 어떻게 운동 에너지의 변화가 생기게 하는지를 보여 준다.

$$W_{net} = K - K_0 = \Delta K$$

5.4절(식 5.12)의 위치 에너지의 정의는 위치 에너지의 변화에 대한 보존력이 한 알짜일과도 관계가 있다.

$$\Delta U = -W_{net}$$

두 관계식을 연립하면 다음을 얻는다.

$$W_{net} = \Delta K = -\Delta U$$

위 식의 두 번째 등호 $\Delta K = -\Delta U$를 재정리하면 다음이 성립한다.

$$\Delta K + \Delta U = 0 \quad \text{(운동 에너지와 위치 에너지 변화, SI 단위: J)} \qquad (5.17)$$

이 식은 무엇을 의미하는가? 보존력에만 의존하는 물체에 대한 운동 에너지와 위치 에너지 변화량의 합은 0이다. 즉, 운동 에너지와 위치 에너지의 합은 일정하다. 운동 에너지의 변화는 위치 에너지의 변화에 의해 상쇄되어야 하므로 이는 식 5.17과 직접적으로 일치한다. 운동 에너지와 위치 에너지의 합은 **총 역학적 에너지**(total mechanical energy) E이다. 따라서 다음이 성립한다.

$$E = K + U = \text{상수} \quad \text{(총 역학적 에너지, SI 단위: J)} \qquad (5.18)$$

이 식은 **역학적 에너지 보존**(conservation of mechanical energy)의 원리로 알려져 있다. 위치 에너지의 함수로 알려진 보존력을 다룰 때 운동 문제를 해결하기 위한 강력한 도구이다. 다음 예들은 이 중요한 원리를 이해하는 데 도움이 될 것이다.

문제 해결 전략 5.2   역학적 에너지 보존

역학적 에너지 보존과 관련된 문제에 대한 전략을 소개한다. 이전 전략과 다른 단계를 강조했다.

구성과 계획

- 상황을 시각화하고 개략적인 도표를 만든다.
- 존재하는 힘(중력, 용수철, 마찰 등)을 이해한다. 이 힘이 보존력인지 확인한다.
- 계에 있는 모든 물체의 운동 에너지 및 위치 에너지에 대한 정보를 수집한다.
- 운동의 서로 다른 두 위치에서 총 역학적 에너지(운동 에너지 + 위치 에너지)를 동일하게 한다.

풀이

- 미지의 물리량에 대한 에너지의 에너지 보존을 나타내는 식을 결합하고 푼다.
- 수치를 대입하고 계산한다.

반영

- 답의 차원과 단위를 확인하고, 합리적인지 판단한다.
- 유사한 문제와 관련이 있으면 답이 타당한지 평가한다.

예제 5.9   롤러코스터

롤러코스터 차량이 지상 20.0 m 높이의 트랙 꼭대기에서 정지 상태에서 출발한다. 마찰을 무시할 때, 물음에 답하여라.

(a) 10.0 m 높이에서 차량의 속력을 구하여라.

(b) 지상에 도달했을 때, 차량의 속력을 구하여라.

구성과 계획 중력은 보존력이고, 마찰을 무시하므로 차량의 총 역학적 에너지 E는 보존된다. 트랙의 맨 위에서 E를 구할 수 있고, 어떤 높이에서도 위치 에너지 U를 구할 수 있다. 에너지 보존은 운동 에너지 K를 제공하므로 그 결과 차량의 속력을 알 수 있다.

차량은 트랙 상단의 정지 상태에서 출발하므로 여기서 $K = 0$ (그림 5.20)이다. 중력 위치 에너지(식 5.15)는 $U = mgy$이며, 지상에서 y를 측정하기로 설정한다. $h = 20.0$ m에서 차량의 총

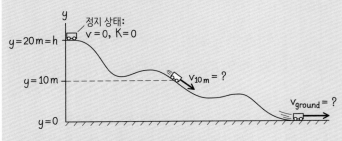

그림 5.20 롤러코스터 차량에 대한 에너지 보존

역학적 에너지는 다음과 같다.

$$E = K + U = 0 + mgy = mgh$$

다른 높이 y에서 차량의 운동 에너지는 $K = \frac{1}{2}mv^2$이며, 총 에너지는 다음과 같다.

$$E = K + U = \frac{1}{2}mv^2 + mgy$$

총 역학적 에너지가 보존되기 때문에 맨 꼭대기에서 E는 항상 mgh이다. 따라서 다음과 같이 나타낼 수 있다.

$$mgh = \frac{1}{2}mv^2 + mgy$$

알려진 값: 처음 차량의 높이 $h = 20.0$ m

풀이 속력 v에 대해 풀면 다음을 얻는다.

$$v^2 = 2g(h - y)$$

$y = 10$ m와 지상($y = 0$)에서 속력을 구한다.

(a) $v_{10\,m} = \sqrt{2g(h-y)}$
$$= \sqrt{2(9.80 \text{ m/s}^2)(20.0 \text{ m} - 10.0 \text{ m})} = 14.0 \text{ m/s}$$

(b) 지상($y = 0$)에서 속력은 다음과 같다.

$v_{지상} = \sqrt{2g(h-y)}$
$$= \sqrt{2(9.80 \text{ m/s}^2)(20.0 \text{ m} - 0.0 \text{ m})} = 19.8 \text{ m/s}$$

반영 그림 5.20에서 트랙의 기울기가 변화한다는 것은 트랙을 따라 차량의 가속도가 일정하지 않음을 의미하므로 일정한 가속도에 대한 운동 방정식으로는 이 문제를 해결할 수 없다. 하지만 강력한 에너지 보존 원리가 이 모든 세부 사항을 잘라내고 트랙의 어느 지점에서든 속력을 쉽게 계산할 수 있게 해 준다는 점에 주목하자.

연결하기 나중에 선로 구간이 20.0m 높이까지 올라간다면 차량은 그곳에서 얼마나 빨리 움직일 수 있을까?

답 이 높이에서는 시작할 때와 마찬가지로 위치 에너지가 총 역학적 에너지와 같다. 따라서 운동 에너지는 0이고 속력도 0이다. 실제로 마찰이 차량의 에너지를 '빼앗아' 출발 높이로 돌아가지 못할 것이다.

롤러코스터는 역학적 에너지 보존의 좋은 예이다. 이 차량은 여러 번 오르내린다. 올라갈 때마다 위치 에너지를 얻고 운동 에너지를 잃는다. 아래로 내려가면 운동 에너지를 얻고 위치 에너지를 잃게 된다. 그림 5.21은 높이의 함수로서 롤러코스터의 운동 에너지와 위치 에너지의 그래프를 보여 준다. 어떤 높이에서도 운동 에너지와 위치 에너지의 합은 일정하여 총 역학적 에너지의 보존을 잘 나타내고 있다.

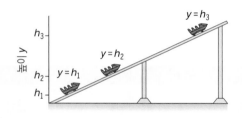 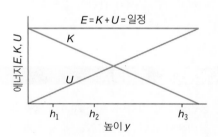

그림 5.21 보존계에서 총 역학적 에너지 E는 일정하다.

예제 5.10 | **코뿔소 진정시키기**

한 생물학자가 지상 5.64 m 높이의 나무에 앉아 용수철이 달린 총을 사용하여 코뿔소에게 진정제 다트를 쏘고 있다. 용수철이 압축된 상태로 다트가 놓여 있다. 방아쇠를 당기면 용수철이 풀리고 다트가 발사된다. 용수철 상수 $k = 740$ N/m, 용수철이 압축된 길이 $d = 12.5$ cm가 주어졌을 때, 질량이 38.0 g인 다트에 대하여 물음에 답하여라.

(a) 다트가 총을 떠날 때의 속력을 구하여라.

(b) 다트가 지상 1.31 m에서 코뿔소를 맞힐 때의 속력을 구하여라.

구성과 계획 (a) 용수철 힘과 중력 모두 보존력이므로 역학적 에너지 보존의 원리가 적용된다. 용수철의 위치 에너지는 다트의 운동 에너지로 전환된다. 따라서 다음이 성립한다.

$$\tfrac{1}{2}kd^2 = \tfrac{1}{2}mv_0^2$$

여기서 v_0은 다트가 총을 떠날 때의 속력이다. 미지의 v_0에 대해 이 식을 풀 수 있다.

(b) 발사 후, 최종 운동 에너지와 속력을 구하기 위해 총 역학적 에너지 보존의 원리를 적용할 수 있다. 발사 시 다트의 높이는 $y_0 = 5.64$ m이다(그림 5.22). 다트가 $y = 1.31$ m 높이에서 코뿔소에 도달했을 때, 속력은 v이다. 처음 에너지와 나중 에너지는 같다.

$$E = K + U = \tfrac{1}{2}mv_0^2 + mgy_0 = \tfrac{1}{2}mv^2 + mgy$$

다른 모든 물리량을 알고 있으면 다트의 최종 속력 v를 구할 수 있다.

알려진 값: $k = 740$ N/m, $m = 0.0380$ kg, $d = 0.250$ m, $h = 5.64$ m $- 1.31$ m $= 4.33$ m

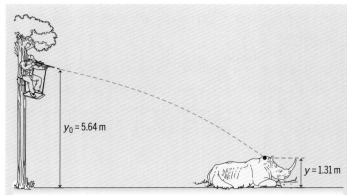

$y_0 = 5.64\,\mathrm{m}$

$y = 1.31\,\mathrm{m}$

그림 5.22 코뿔소 진정시키기

풀이 (a) $\frac{1}{2}kd^2 = \frac{1}{2}mv_0^2$에서 v_0에 대해 풀면 다음을 얻는다.

$$v_0 = \sqrt{\frac{kd^2}{m}} = \sqrt{\frac{(740\ \mathrm{N/m})(0.125\ \mathrm{m})^2}{0.0380\ \mathrm{kg}}} = 17.4\ \mathrm{m/s}$$

(b) 식 $\frac{1}{2}mv_0^2 + mgy_0 = \frac{1}{2}mv^2 + mgy$에서 질량 m을 소거하고, 식을 정리하면 다음과 같다.

$$\frac{1}{2}v_0^2 + gy_0 = \frac{1}{2}v^2 + gy$$

최종 속력 v에 대해 풀면 다음과 같다.

$$
\begin{aligned}
v &= \sqrt{v_0^2 + 2g(y_0 - y)} \\
&= \sqrt{(17.4\ \mathrm{m/s})^2 + 2(9.8\ \mathrm{m/s}^2)(5.64\ \mathrm{m} - 1.31\ \mathrm{m})}
\end{aligned}
$$

즉, $v = 19.7\ \mathrm{m/s}$이다.

반영 용수철의 위치 에너지가 중력 위치 에너지의 변화보다 상당히 크기 때문에 다트가 떨어져도 속력이 많이 증가하지 않는다. 여기서 발사 각도는 중요하지 않지만, 엄밀히 말하면 수평이 아닌 발사에서는 용수철이 압축할 때 중력 에너지의 변화를 고려해야 하는데, 이 경우는 무시할 수 있는 양이다.

연결하기 이 계의 총 역학적 에너지는 얼마인가?

답 용수철의 처음 에너지, 발사 시 다트의 총 역학적 에너지, 코뿔소에 맞았을 때 등 모든 단계에서 구할 수 있다. 세 가지 방법을 모두 시도해 보자. 답은 약 5.78 J이다.

예제 5.11   **골프공의 궤적**

한 골프 선수가 9번 아이언으로 45.7 g의 공을 $v_0 = 30.9\ \mathrm{m/s}$의 속력과 수평선 위 $\theta = 42°$ 각도로 쳤다. 지상에서 위치 에너지는 0이고, 공기 저항은 무시할 때, 다음을 구하여라.

(a) 공의 총 역학적 에너지

(b) 궤적의 정점에서의 운동 에너지

(c) 공의 최대 높이

구성과 계획 공기 저항을 무시하고, 중력은 공이 골프채를 떠난 후에 작용하는 유일한 힘이므로 총 역학적 에너지는 날아가는 동안 보존된다. 궤적의 정상에서 공은 수평으로 날아가므로 이 시점에서 속력은 $v = v_x$이다(그림 5.23). 이 사실은 운동 에너지와 높이를 구하는 데 사용할 수 있다.

총 역학적 에너지는 $E = K + U$이며, 중력 위치 에너지는 $U =$ mgy이다. (처음 공을 칠 때의 조건에서) 속도의 x성분은 $v_x = v_0\cos\theta$이며, 이 속력은 궤적의 정상에서의 속력이기도 하다. 이 속력으로부터 정상에서 운동 에너지를 얻을 수 있다. 따라서 위치 에너지는 $U = E - K$이고, $U = mgh$이므로 h를 구할 수 있다.

알려진 값: $m = 0.0457\ \mathrm{kg}$, $v_0 = 30.9\ \mathrm{m/s}$, $\theta = 42°$

풀이 (a) 공을 처음 칠 때의 조건을 사용하면 총 역학적 에너지는 다음과 같이 계산된다.

$$
\begin{aligned}
E = K + U &= \tfrac{1}{2}mv^2 + mgy \\
&= \tfrac{1}{2}(0.0457\ \mathrm{kg})(30.9\ \mathrm{m/s})^2 + (0.0457\ \mathrm{kg})(9.80\ \mathrm{m/s}^2)(0.0\ \mathrm{m}) \\
&= 21.8\ \mathrm{J}
\end{aligned}
$$

(b) 에너지 보존의 원리에 의해 정상($y = h$)에서 총 역학적 에너지는 여전히 21.8 J이다. 공의 속력은 다음과 같다.

$$v = v_x = v_0\cos(42°) = (30.9\ \mathrm{m/s})(\cos 42°) = 23.0\ \mathrm{m/s}$$

따라서 정상에서의 운동 에너지는 다음과 같다.

$$K = \tfrac{1}{2}mv^2 = \tfrac{1}{2}(0.0457\ \mathrm{kg})(23.0\ \mathrm{m/s})^2 = 12.1\ \mathrm{J}$$

(c) 위치 에너지는 $U = E - K = mgh$이므로 h에 대해 풀면 다

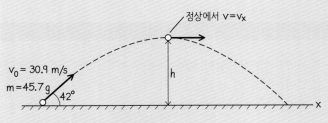

정상에서 $v = v_x$

$v_0 = 30.9\ \mathrm{m/s}$
$m = 45.7\ \mathrm{g}$
$42°$
h
x

그림 5.23 골프공에 대한 에너지 보존

음과 같다.

$$h = \frac{E - K}{mg} = \frac{21.8\,\text{J} - 12.1\,\text{J}}{(0.0457\,\text{kg})(9.80\,\text{m/s}^2)} = 21.7\,\text{m}$$

반영 운동 방정식을 사용하여 (c)에 답할 수 있다. 그러나 역학적 에너지 보존의 원리가 대안을 제공한 것이다.

....

연결하기 좀 더 현실적으로 공이 날아가는 동안 역학적 에너지의 15%를 잃는다고 가정하자. 지면에 부딪혔을 때의 속력은 얼마인가?

답 이 경우 총 역학적 에너지는 $(0.85)(21.8\,\text{J}) = 18.5\,\text{J}$이다. 이 값은 $U = 0$이므로 공이 지면에 부딪힐 때의 운동 에너지가 된다. $E = 18.5\,\text{J} = K = \frac{1}{2}mv^2$을 사용하면 $v = 28.5\,\text{m/s}$가 되는데, 이는 처음 공을 칠 때의 속력보다 작은 속력이다.

장대높이뛰기

장대높이뛰기 선수는 여러 번의 에너지 전환을 거친다. 처음에는 선수가 운동 에너지를 갖는다. 선수는 장대를 짚고 운동 에너지를 장대의 위치 에너지로 전환시킨다. 그리고 장대를 곧게 펴서 선수 자신을 막대 위로 들어올려 탄성 위치 에너지를 중력 위치 에너지로 전환시킨다. 그다음 선수는 중력 위치 에너지와 운동 에너지를 교환하면서 매트 위로 떨어진다. 마지막으로 착지하면서 충격을 흡수하며 운동 에너지가 소모된다.

비보존력

5.4절에서 위치 에너지는 오직 보존력에 대해서만 정의할 수 있다고 강조하였다. 여기서 역학적 에너지 $E = K + U$의 보존 원리를 사용하여 문제에 위치 에너지의 개념을 적용하였다. 위치 에너지가 비보존력을 포함하는 문제에서는 쓸모가 없다고 생각할 수 있다. 예를 들어 설명하겠지만, 다행히도 사실은 그렇지 않다.

예제 5.11의 골프공을 생각해 보자. '연결하기'에서 비보존력인 저항력이 포함되어 있다. 이 힘은 공에 음의 작용을 하여 위치 에너지를 증가시키지 않고 운동 에너지를 감소시킨다. 따라서 **마찰력 또는 공기 저항력은 계의 총 역학적 에너지를 감소시킨다.** 이 결과를 방정식의 형태로 기술하면 다음과 같다.

$$E_{\text{final}} = E_{\text{initial}} + W_{\text{f}} \quad \text{(에너지 보존, SI 단위: J)} \tag{5.19}$$

여기서 W_{f}는 마찰력 또는 공기 저항력에 의한 일이다. W_{f}는 음수이므로 저항이나 마찰이 있는 경우 E_{final}은 E_{initial}보다 작다.

골프공의 경우, 위치 에너지는 비행의 시작과 끝에서 동일하다. 그러나 위치 에너지의 변화와 관련된 문제에도 식 5.19를 적용할 수 있다. 그 이유는 식 5.19의 W_{f}는 비보존력이 한 일에만 의존하고, 보존력이 한 일은 위치 에너지의 변화에 의해 설명되기 때문이다. 다음 예제에서 이를 설명할 것이다.

예제 5.12 마찰과 스키

65 kg인 활강 스키 선수가 수직으로 120 m 떨어지는 경사면의 정상에서 정지 상태에서 출발한다. 맨 아래에서는 이 선수가 32.5 m/s로 움직이고 있다. 마찰력이 한 일을 구하여라.

구성과 계획 이 문제는 마찰력으로 인한 역학적 에너지의 변화와 관련이 있다(식 5.19). 총 역학적 에너지는 여전히 $E = K + U$로 주어진다. 스키 선수는 정지 상태에서 출발하므로 선수의 처음 운동 에너지는 0이다. 경사면의 하단을 $y = 0$으로, 상단을 $y = h = 120\,\text{m}$로 설정하여 상단과 하단의 위치 에너지를 구할

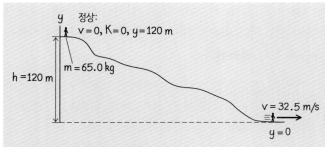

그림 5.24 스키를 탈 때 에너지 손실

수 있다(그림 5.24).

알려진 값: $m = 65.0$ kg, $h = 120$ m, 나중 속력 $v = 32.5$ m/s

풀이 처음 에너지는 모두 위치 에너지이다.

$$E_{\text{initial}} = K + U = 0 + mgh = mgh$$

나중 에너지는 모두 운동 에너지이다.

$$E_{\text{final}} = K + U = \tfrac{1}{2}mv^2 + 0 = \tfrac{1}{2}mv^2$$

식 5.19에서 이들 에너지는 다음과 같이 계산된다.

$$W_f = E_{\text{final}} - E_{\text{initial}} = \tfrac{1}{2}mv^2 - mgh$$
$$= \tfrac{1}{2}(65.0\ \text{kg})(32.5\ \text{m/s}^2) - (65.0\ \text{kg})(9.8\ \text{m/s}^2)(120\ \text{m})$$
$$= -42.1\ \text{kJ}$$

반영 역시 마찰로 인한 일은 음수이다. 여기서 '마찰'은 표면 마찰과 공기 저항을 모두 포함하며, 계산에서 각각 얼마나 기여하는지 드러나지 않는다.

연결하기 이 예제에서 마찰이 한 일과 중력이 한 일을 비교하여라.

답 중력이 한 일은 $mgh = 76.4$ kJ이다. 마찰이 한 일의 절댓값은 이것의 절반이 조금 넘는다. 중력이 한 일과 마찰이 한 일의 합인 알짜일은 일-에너지 정리에 따라 양수이다.

> **새로운 개념 검토**

SI 단위계에서
- 운동 에너지: $K = \tfrac{1}{2}mv^2$
- 일-에너지 정리는 물체에 의한 알짜일이 물체의 운동 에너지의 변화량과 같다.
- 총 역학적 에너지: $E = K + U$
- 보존력이 존재할 때, $E = K + U$는 일정하다.
- 마찰력과 저항력이 존재할 때, $E_{\text{final}} = E_{\text{initial}} + W_f$이다.
- 비보존력이 한 일은 항상 음수이다.

확인 5.5절 표시된 네 위치에서 롤러코스터 차량의 속력을 느린 순서대로 나열하여라. 이때 마찰은 무시한다.

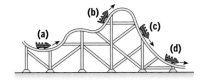

5.6 일률

단거리 선수는 짧은 시간에 많은 에너지를 소모하는 반면, 장거리 달리기 선수는 오랜 시간 동안 적당한 에너지를 소모하며 유지한다. 차의 엔진은 평지에서 주행하는

충격흡수기

자동차의 충격흡수기 계는 비보존력을 효과적으로 사용한다. 충격흡수기는 도로의 요철에 의해 전달되는 운동 에너지를 탄성 위치 에너지로 전환하는 데 도움이 되는 용수철을 사용한다. 또한 별도의 실린더 내부에 있는 용수철 또는 피스톤을 중유에 담가 두어 용수철이 이완되면서 계의 에너지를 분산시킨다. 결과적으로 승차감이 더 부드러워진다.

것보다 언덕을 오르는 일의 비율이 더 크다. 이 모든 경우, 일이나 에너지의 총량이 아닌 에너지가 소모되거나 일이 완료되는 비율에 대해 이야기하고 있다. 이 비율을 **일률**(power, P)이라 하며, 다음과 같이 정의한다.

$$일률\ P = \frac{일}{시간} = \frac{전달\ 에너지}{시간} \quad (일률의\ 정의,\ SI\ 단위:\ W) \quad (5.20)$$

식 5.20에서 일 또는 에너지와 관련된 대체 표현은 일–에너지 정리 및 역학적 에너지 보존의 원리에서 표현된 바와 같이 일과 에너지 사이의 밀접한 관계에서 비롯한다.

일이든 에너지이든 일률에 대한 SI 단위는 **와트**(watt, W)이다.

$$1\ W = 1\ J/s$$

와트는 스코틀랜드의 엔지니어이자 발명가인 제임스 와트(James Watt, 1736~1819)의 이름을 따서 명명된 것으로, 엔진에 대한 연구를 통해 기계적 일과 에너지의 이해를 발전시켰다. 와트는 말의 전형적인 지속된 일의 비율로 추정되는 **마력**(horse power, hp)을 직접 정의하였다. 물리학에서는 SI 단위를 일관되게 사용하지만, 자동차와 다른 기계의 출력을 마력으로 표현하는 것을 볼 수 있다. 단위 환산은 1 hp = 745.7 W이다.

예를 들어, 건설 크레인이 건물 골조를 만들기 위해 13,200 kg의 강철 빔을 35.0 m 위로 똑바로 들어 올린다고 가정하자. 크레인이 14.7 s 동안 일정한 속력으로 들어 올리는데, 일정한 속력으로 들어올리기 위해서는 강철 빔의 중량 mg와 동일한 상향 당김이 필요하다. 당김 방향과 변위($\Delta y = 35.0$ m) 방향이 동일한 경우, 일은 $W = F_y\,\Delta y = mg\,\Delta y$이며 필요한 일률은 다음과 같다.

$$P = \frac{일}{시간} = \frac{mg\Delta y}{t}\ \frac{(13{,}200\ \text{kg})(9.80\ \text{m/s}^2)(35.0\ \text{m})}{14.7\ \text{s}} = 3.08 \times 10^5\ \text{J/s} = 308\ \text{kW}$$

일 또는 에너지의 차원은 일률에 시간을 곱한 것임을 유의하여라(SI에서 1 J = 1 W·s). 전기요금은 1시간 동안 1 kW(1,000 W)의 비율로 소비되는 에너지인 킬로와트시(kWh) 단위로 지불하는데, 한국의 일반적인 요금은 약 60원/kWh(연도에 따라 다르다). 또한, 100 kWh를 초과할 때마다 요금 체계가 달라진다. 주로 전기에너지에 사용되지만 kWh는 모든 형태의 에너지에 대해 적용되는 단위이다. 1 h = 3,600 s이므로 kWh와 J 사이의 환산은 다음과 같다.

$$1\ \text{kWh} = (1000\ \text{W})(3600\ \text{s}) = 3.6 \times 10^6\ \text{W·s} = 3.6 \times 10^6\ \text{J}$$

평균 일률과 순간 일률

5.1절에서 물체가 일차원에서 움직일 때 일정한 힘에 의한 일은 $W = F_x\,\Delta x$임을 살펴봤다. 이 일을 하는 데 걸리는 시간이 Δt라면 일률은 다음과 같다.

$$P = \frac{일}{시간} = \frac{F_x \Delta x}{\Delta t} \qquad (5.21)$$

이 표현을 해석하는 두 가지 방법이 있다. $\Delta x / \Delta t$는 평균 속도 $\overline{v_x}$이므로 식 5.21의 왼쪽에 해당하는 양이 평균 일률 $\overline{P}$이다.

$$\overline{P} = F_x \overline{v_x} \quad \text{(평균 일률, SI 단위: W)} \qquad (5.22)$$

시간에 따라 힘이 변하면 일률도 변한다. 즉, **순간 일률**(instantaneous power) 개념이 필요하다. 다른 순간적인 물리량과 마찬가지로 이는 시간 간격 Δt가 0에 가까워질 때의 극한을 취하여 구한다. 운동학에서 순간 속도는 다음과 같다.

$$v_x = \lim_{\Delta t \to 0} \frac{\Delta x}{\Delta t}$$

따라서 순간 일률은 다음과 같이 나타낼 수 있다.

$$P = F_x v_x \quad \text{(순간 일률, SI 단위: W)} \qquad (5.23)$$

속도 측면에서 이 일률을 알면 문제 해결을 단순화할 수 있다. 건설 크레인의 예에서 빔은 일정한 속도로 들어 올려졌다.

$$v_y = \frac{\Delta y}{\Delta t} = \frac{35.0 \text{ m}}{14.7 \text{ s}} = 2.38 \text{ m/s}$$

식 5.23(수직 운동에 y 사용)에 의해 순간 일률은 다음과 같다.

$$P = F_y v_y = (13{,}200 \text{ kg})(9.80 \text{ m/s}^2)(2.38 \text{ m/s}) = 3.08 \times 10^5 \text{ W}$$

이는 예에서 구했던 것과 같은 답이다.

예제 5.13 언덕이 많은 샌프란시스코

샌프란시스코의 필버트와 리븐워스 거리의 모퉁이 근처에서 필버트의 경사는 약 17°이다. 1,120 kg의 자동차가 이 언덕을 50 km/h(13.9 m/s)의 일정한 속력으로 오르면서 890 N의 마찰력과 저항력을 동시에 받는다고 가정하자. 이 조건에서 필요한 일률을 구하여라.

구성과 계획 그림 5.25는 차량에 작용하는 힘을 보여 준다. 구동 휠은 차량을 상승시키는 작용력을 (+x 방향으로) 제공한다. 네 개의 힘을 합하면 0이 되어 자동차의 속도가 일정해진다. 그렇다면 모든 힘의 x성분의 합은 다음과 같다.

$$F_{\text{applied}} - mg \sin\theta - f = 0$$

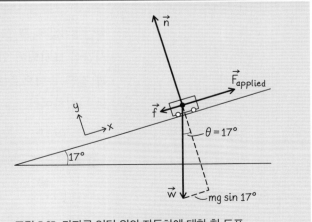

그림 5.25 가파른 언덕 위의 자동차에 대한 힘 도표

여기서 중력과 마찰력은 경사면 아래를 향하므로 x성분은 음수이다. 작용하는 힘에 대해 $F_{applied} = mg \sin\theta + f$이므로 일률은 $P = F_{applied}\, v_x$이다.

알려진 값: $m = 1120$ kg, $v = 13.9$ m/s, $f = 890$ N

풀이 작용한 힘을 계산하면 다음을 얻는다.

$$F_{applied} = mg \sin(17°) + f = (1120\text{ kg})(9.80\text{ m/s}^2)\sin(17°) + 890\text{N}$$
$$= 4.1\text{ kN}$$

따라서 필요한 일률은 다음과 같다.

$$P = F_{applied}\, v_x = (4.1\text{ kN})(13.9\text{ m/s}) = 57\text{ kW}$$

반영 대부분의 일률은 중력을 극복하는 데 필요하며, 마찰을 극복하는 데 사용되는 일률은 훨씬 적다. 저항력은 안정적인 속력을 유지하기 위해 자동차의 최대 일률이 필요한 고속도로 속력에서 점점 더 중요해지고 있다.

연결하기 이 차의 정격 동력이 최대 150마력(hp)이면 사용된 일률(hp)은 얼마인가?

답 57 kW = 76 hp로, 사용 가능한 일률의 절반에 불과하다.

예제 5.14 **고에너지 사회**

전체 국가의 연간 에너지 소비량은 종종 쿼드(Q, 영국의 열 단위(Btu)의 일천 조배, 1 Q $= 10^{15}$ Btu, 1 Btu $= 1054$ J)로 표현된다. 미국의 연간 소비량은 약 100 Q로 세계 총 소비량의 약 1/3이다. 약 3억 3천 만 명의 미국 인구를 고려하여 1인당 에너지 소비율을 와트 단위로 나타내어라.

구성과 계획 연간 에너지 소비량을 J로 변환한 다음, 1년의 초 수로 나누어 와트를 얻는다. 마지막으로 인구수로 나눈다.

알려진 값: 연간 에너지 소비량 $= 100$ Q $= 100 \times 10^{15}$ Btu, 1 Btu $= 1054$ J

풀이 미국의 총 에너지 소비율은 다음과 같다.

$$P = \frac{\text{에너지}}{\text{시간}} = \frac{(100\text{ Q})(10^{15}\text{ Btu/Q})(1054\text{ J/Btu})}{(365.25\text{ d/y})(24\text{ h/d})(3600\text{ s/h})}$$
$$= 3.3 \times 10^{12}\text{ J/s} = 3.3 \times 10^{12}\text{ W}$$

그러면 1인당 에너지 소비율은 다음과 같다.

$$\frac{\text{일률}}{\text{인구}} = \frac{3.3 \times 10^{12}\text{ W}}{330 \times 10^{6}\text{ 명}}$$
$$= 10 \times 10^{3}\text{ W/명} = 10\text{ kW/명}$$

반영 이 답은 인간 신체의 평균 일률 100 W, 즉 0.1 kW의 약 100배이다. 이는 우리가 고에너지 사회에서 사는 것을 의미한다.

연결하기 우리는 이 모든 에너지를 잘 활용하고 있을까? 14장에서 물리학은 한 형태의 에너지를 전환할 수 있는 효율성에 분명한 제한을 두고 있다는 사실을 알게 될 것이다. 부분적으로는 이러한 이유 때문이기도 하지만 피할 수 있는 비효율성 때문에 에너지 소비의 절반 이상이 낭비되고 있다.

확인 5.6절 다음 그림에서 동일한 차량이 표시된 네 개의 언덕을 오르는 데 걸리는 시간이 표시되어 있다. 각 자동차는 일정한 속력으로 운전하지만, 반드시 다른 차들과 같은 속력으로 가는 것은 아니다. 마찰을 무시할 때, 필요한 일률이 작은 순서대로 나열하여라.

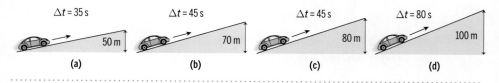

$\Delta t = 35$ s / 50 m (a)　　$\Delta t = 45$ s / 70 m (b)　　$\Delta t = 45$ s / 80 m (c)　　$\Delta t = 80$ s / 100 m (d)

5장 요약

일정한 힘이 한 일

(5.1절) 물체에 한 **일**은 가해진 힘과 물체의 변위에 의존한다.

(일차원에서) 일정한 힘이 한 일: $W = F_x \Delta x$

(이차원에서) 일정한 힘이 한 일: $W = F_x \Delta x + F_y \Delta y$

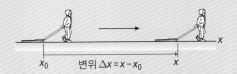

변하는 힘이 한 일

(5.2절) 일차원에서 변하는 힘이 한 일은 $F_x - x$ 그래프 아래의 넓이이다.

용수철에 대한 훅의 법칙: $F_x = -kx$

용수철에 한 일: $W = \frac{1}{2}kx^2$

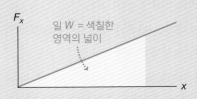

운동 에너지와 일–에너지 정리

(5.3절) 물체의 **운동 에너지**(K)는 물체의 질량 m과 속력 v에 의존한다.

일–에너지 정리는 물체에 한 알짜일이 운동 에너지의 변화량과 같다는 것이다.

운동 에너지: $K = \frac{1}{2}mv^2$

일–에너지 정리: $W_{\text{net}} = \Delta K$

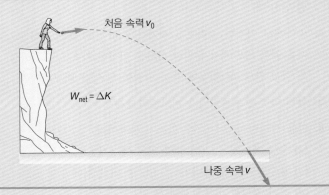

위치 에너지

(5.4절) 위치 에너지(U)는 계 내의 물체의 상대적 위치로서 계에 저장된 에너지이다.

정의된 위치 에너지: $\Delta U = -W_{\text{net}}$

역학적 에너지 보존

(5.5절) 운동과 위치 에너지의 합을 **총 역학적 에너지** E라 한다.

역학적 에너지 보존의 원리는 총 역학적 에너지가 보존력을 받는 물체에 대해 일정하다는 것이다.

총 역학적 에너지: (보존력에 대해) $E = K + U =$ 일정

역학적 에너지와 비보존력: $E_{\text{나중}} = E_{\text{처음}} + W_{\text{f}}$

여기서 W_{f}는 마찰력 또는 저항력에 의한 일이다.

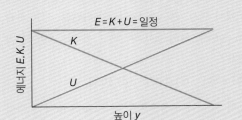

일률

(5.6절) **일률**은 단위 시간당 일이다.

일률: $P = \dfrac{\text{일}}{\text{시간}} = \dfrac{\text{전달 에너지}}{\text{시간}}$

5장 연습문제

문제의 난이도는 ●(하), ●●(중), ●●●(상)으로 분류한다. BIO로 표시된 문제는 생물학적 또는 의학적인 문제이다.

개념 문제

1. 한 학생이 산을 오른 후 출발점으로 내려갈 때, 중력이 학생에게 미치는 총 일은 얼마인가? 이 결과를 감안할 때, 등산한 학생이 피로해 보이는 이유는 무엇인가?

2. 평범한 대화에서의 '일'이라는 단어가 물리학에서의 의미와 어떻게 다른지 예를 들어 설명하여라.

3. 어떤 물체에 0이 아닌 알짜힘을 가해도 운동 에너지는 변하지 않았다. 이 힘이 물체의 속도에 수직이어야 하는 이유를 설명하여라.

4. 바닥에서 일정한 속력으로 상자를 2 m 정도 끌고 간다. 그 다음 같은 바닥에서 동일한 상자를 일정한 가속도로 2 m 정도 끌고 간다. 두 경우에 운동 마찰이 한 일을 비교하여라.

5. 굴림 마찰은 보존력인가 비보존력인가?

6. 다음 물리량이 음수일 수 있는지 논하여라.
   (a) 운동 에너지   (b) 중력 위치 에너지
   (c) 용수철의 위치 에너지   (d) 총 역학적 에너지
   (e) 공기 저항력이 포물체에 한 일

7. 장대높이뛰기에서 선수가 바 아래의 쿠션에 착지할 때까지의 에너지 전환에 대해 설명하여라.

객관식 문제

8. 0.75 kg인 포물체가 $y = 12.5$ m에서 $y = 1.5$ m로 떨어질 때, 중력이 한 일은 얼마인가?
   (a) 5.5 J (b) 27 J (c) 54 J (d) 81 J

9. '데드 리프트'에서 역도 선수가 185 kg의 바벨을 잡고 바닥에서 0.550 m 높이로 들어 올린다. 역도 선수는 얼마나 많은 일을 하는가?
   (a) 997 J (b) 498 J (c) 249 J (d) 102 J

10. 훅의 법칙을 따르는 어느 용수철은 $k = 250$ N/m의 용수철 상수를 갖는다. $x = 0.30$ m에서 $x = 0.40$ m로 늘리는 데 필요한 일은 얼마인가?
    (a) 17.5 J (b) 20.0 J (c) 25.0 J (d) 40.0J

11. 한 순간에 전자는 속력 v와 운동 에너지 K로 오른쪽으로 움직인다. 나중에 같은 전자가 속력 $2v$로 왼쪽으로 움직일 때, 전자의 운동 에너지는 얼마인가?
    (a) $2K$ (b) $-2K$ (c) $4K$ (d) $-4K$

12. 60 kg인 산악인이 해발 8,850 m인 에베레스트 정상에 오르는 위치 에너지의 변화량은 얼마인가?
    (a) 8850 J (b) 6.2×10^5 J (c) 2.6×10^6 J (d) 5.2×10^6 J

13. 공기 저항을 무시하고 14.8 m만큼 상승하는 1.25 kg 발사체의 운동 에너지의 변화량은 얼마인가?
    (a) -16 J (b) -136 J (c) -181 J (d) $+136$ J

14. 어느 상자가 수평 바닥을 가로질러 오른쪽으로 미끄러지고, 알짜힘은 왼쪽으로 작용한다. 다음 중 사실이 아닌 것은 무엇인가?
    (a) 상자가 느려지고 있다.
    (b) 상자에 한 일은 음수이다.
    (c) 중력이 한 일은 음수이다.
    (d) 상자는 무한정 계속 이동하지 않는다.

연습문제

5.1 일정한 힘이 한 일

15. ● 무거운 상자를 밀면서 상자가 바닥을 가로질러 3.5 m를 미끄러지는 동안 상자가 움직이는 방향으로 440 N의 수평 힘을 가한다. 이때 얼마나 많은 일을 하는가?

16. ●● 1,320 kg의 자동차가 고속도로를 따라 처음 속력 29.0 m/s로 $+x$ 방향으로 움직인다. 일정한 제동력과 저항력을 가정하여 다음을 구하여라.
    (a) 220 m 거리에서 자동차를 정지시키는 데 필요한 힘
    (b) 220 m 거리에서 자동차를 정지시키는 데 필요한 일

17. ●● 1.52 kg의 책이 평평한 표면을 따라 1.24 m만큼 미끄러진다. 책과 표면 사이의 운동 마찰 계수가 0.140일 때, 마찰력이 한 일을 구하여라.

18. ●● 평평한 바닥의 시멘트 벽돌에 $\vec{F} = 2.34$ N $\hat{i} + 1.06$ N $\hat{j}$의 힘을 가했다. 벽돌의 변위가 다음과 같을 때, 이 힘이 한 일을 구하여라.
    (a) 2.50 m $\hat{i}$ (b) -2.50 m $\hat{i}$ (c) 2.50 m $\hat{i} + 2.50$ m $\hat{j}$

19. •• 질량 1.85 kg의 모형 로켓이 지면에서 정지 상태에서 출발하여 엔진의 힘 55.0 N으로 위로 가속한다. 로켓이 발사되어 100 m 높이에 도달할 때까지 로켓 엔진에 대하여 물음에 답하여라.

(a) 로켓 엔진이 한 일 (b) 중력이 한 일 (c) 알짜일

20. •• 1.25 kg의 블록을 마찰이 없는 15°의 경사면에서 일정한 힘 $\vec{F}$를 가하여 경사면 위로 일정한 속력으로 끌어올린다. 물음에 답하여라.

(a) 블록에 작용하는 모든 힘을 나타내고, 뉴턴의 운동 제1법칙을 사용하여 $\vec{F}$를 구하여라.

(b) 블록이 경사면 위로 0.60 m만큼 이동할 때, $\vec{F}$가 한 일을 구하여라.

(c) 동일한 경로에서 중력이 한 일을 구하여라.

(d) 결과를 결합하여 블록에 한 알짜일을 구하여라.

21. ••• 마찰이 없는 수평 에어트랙의 수레(질량 $m_1 = 0.15$ kg)는 도르래 위의 가벼운 끈으로 수직으로 매달린 금속 블록(질량 $m_2 = 0.10$ kg)과 연결되어 있다(그림 P5.21). 물체가 정지 상태에서 0.50 m 이동했을 때, 물음에 답하여라.

(a) 물체의 가속도를 구하여라.

(b) 각각의 물체에 한 알짜일을 구하여라.

(c) 각각의 끈이 한 일을 구하여라.

(d) 매달린 물체에 중력이 한 일을 구하여라.

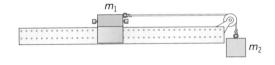

그림 P5.21

5.2 변하는 힘이 한 일

22. • 상단이 고정된 상태에서 훅의 법칙을 따르는 용수철이 수직으로 걸려 있다. 0.150 kg의 질량을 하단에 걸면 용수철이 0.125 m만큼 늘어난다. 물음에 답하여라.

(a) 용수철 상수를 구하여라.

(b) 용수철에 1.00 kg의 질량이 매달리면 얼마나 늘어나겠는가?

23. • 17.5 J의 일로 용수철을 2.37 cm만큼 압축할 때, 용수철 상수는 얼마인가?

24. • $k = 150$ N/m인 용수철을 $x = 0.10$ m에서 $x = 0.30$ m으로 늘일 때, 일을 구하여라.

25. •• 그림 P5.25의 $F_x - x$ 그래프를 참조하여 다음 변위에 대해 힘이 한 일을 구하여라. 또한, 10 cm에서 0 cm까지 변위에 대해 힘이 한 일은 얼마인가?

(a) 0 cm ~ 10 cm   (b) 5 cm ~ 10 cm

(c) 0 cm ~ 15 cm

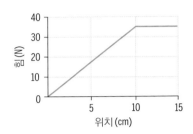

그림 P5.25

26. •• 그림 5.26의 힘-위치 그래프를 참조하자. 힘은 x 방향이며, 위치는 $+x$축을 따라 측정된다. 다음 변위에 대해 힘이 한 일을 구하여라. 또한 2 m에서 0 m까지 변위에 대해 힘이 한 일은 얼마인가?

(a) 0 ~ 2 m   (b) 2 ~ 3 m   (c) 3 ~ 5 m

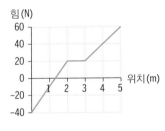

그림 P5.26

27. •• $k = 63.4$ kN/m인 4개의 동일한 용수철이 차량의 중량을 균등하게 배분하여 지지하고 있다. 차량의 중량이 887.6 N일 때, 자동차에 90 kg의 승객 4명이 탑승하면 용수철은 얼마나 압축되는가?

28. ••• $k = 25.0$ N/m의 용수철이 한쪽 끝이 지면에 고정된 상태에서 수직 방향을 향해 있다. 용수철 위에 질량이 0.100 kg인 물체를 놓아 용수철이 압축됐다. 각각의 경우에 용수철의 최대 압축력을 구하여라.

(a) 용수철을 부드럽게 압축하는 동안 물체를 잡고, 물체를 살며시 놓으니 용수철 위에 정지해 있을 때

(b) 압축되지 않은 용수철 위에 물체를 놓았을 때

(c) 물체를 용수철 위 10.0 cm에서 떨어뜨릴 때

5.3 운동 에너지와 일-에너지 정리

29. • 돌멩이가 운동 에너지 305 J을 갖고 12.4 m/s의 속력으로 공중을 날아가고 있다. 물음에 답하여라.

(a) 돌멩이의 질량은 얼마인가?

(b) 돌멩이의 속력이 2배일 때, 운동 에너지는 얼마인가?

(c) 속력이 1/2이 되면 운동 에너지는 얼마인가?

30. •• 만재한 737 여객기의 질량은 68,000 kg이다. 물음에 답하여라.

(a) 저항력을 무시하고 250 km/h의 속력으로 이륙하기 위해 엔진이 얼마나 많은 일을 해야 하는가?

(b) 1.20 km의 거리에서 이륙하기 위해 엔진이 공급해야 하는 최소 힘은 얼마인가?

(c) 여객기가 각각 117 kN의 힘을 낼 수 있는 두 개의 엔진을 구동할 때, 두 엔진의 힘은 (b)의 조건을 만족하기에 충분한가?

31. •• 질량이 0.145 kg인 야구공이 39.0 m/s로 투구됐다. 18.4 m만큼 떨어진 홈 플레이트에 도달했을 때, 그때의 속력이 36.2 m/s이었다. 감속이 전적으로 저항력에 때문일 때, 다음을 구하여라.

(a) 저항력이 한 일   (b) 저항력의 크기

32. •• 0.145 kg의 야구공이 지상 1.20 m 높이에서 방망이에 맞아 28.8 m/s의 속력으로 곡선을 그리며 날아갔다. 물음에 답하여라.

(a) 공이 방망이를 벗어날 때 공의 운동 에너지는 얼마인가?

(b) 공이 최대 높이에 도달하면 중력이 한 일은 얼마인가?

(c) (b)에서 구한 답을 사용하여 최대 높이를 구하여라.

(d) 공이 방망이에 맞아 날아가서 지면에 떨어질 때까지 중력이 한 일을 구하여라.

(e) 공기 저항을 무시할 때, (d)에서 구한 답을 사용하여 지면에서의 공의 속력을 구하여라.

33. •• 돌이 10 m 높이의 절벽에서 떨어졌다. 물음에 답하여라.

(a) 돌이 땅에 부딪힐 때의 속력은 얼마인가?

(b) (a)에서 구한 속력이 절반인 경우, 절벽의 높이는 얼마인가?

34. •• 처음 속력이 310 m/s인 25 g의 총알이 나무를 22 cm 뚫고 들어가 멈추기 전에 총알을 멈추기 위해 가해지는 평균 힘은 얼마인가?

35. •• 크레인이 750 kg의 강철 빔을 12.5 m 들어 올린다. 다음 경우에 크레인이 하는 일을 구하여라.

(a) 일정한 속력으로 들어 올리는 경우

(b) 상향 가속도 1.20 m/s²으로 들어 올리는 경우

36. •• 그림 P5.25에 표시된 힘이 마찰이 없는 수평면에서 $x = 0$으로 정지한 상태에서 1.8 kg 상자에 가해진다. 이때 상자가 $+x$ 방향으로 1.0 m/s 의 속력을 가질 때, 다음 경우에 상자의 속력을 구하여라.

(a) $x = 5$ cm   (b) $x = 10$ cm   (c) $x = 15$ cm

5.4 위치 에너지

37. • 해수면에서 레이니어 산(Mt. Rainier)의 정상 4,390 m까지 오르는 65 kg 여성의 중력 위치 에너지의 변화량을 구하여라.

38. • $k = 125$ N/m인 용수철이 처음 평형 상태에서 $d = 0.125$ m만큼 압축된 후 원래 길이가 됐다. 위치 에너지의 변화량은 얼마인가?

39. **BIO** •• **음식 에너지** 에너지는 분자의 전기 결합의 위치 에너지로 음식에 저장된다. 사람의 몸은 음식 에너지를 역학적 에너지와 열로 변환한다. 음식 에너지는 '칼로리'로 표시되며, 실제로는 킬로칼로리(kcal, 1 kcal = 4.186 J)이다. 물음에 답하여라.

(a) 240 kcal인 아침 시리얼은 몇 줄인가?

(b) 저지방 우유 한 잔에는 130 kcal가 들어 있다. 62 kg인 사람이 125 m 높이의 언덕을 오르는 데 필요한 에너지를 얻으려면 우유 몇 잔을 마셔야 하는가? (단, 우유의 모든 에너지가 사람의 위치 에너지로 바뀐다고 가정한다)

40. **BIO** •• **운동 프로그램** 헬스장에서 웨이트 머신을 이용해 팔을 들어 올리는 운동을 하고 있다. 한 번 들어 올릴 때마다 16.0 N의 무게를 45 cm만큼 들어 올린다. 이 운동을 몇 회 해야 100 kcal를 소모할 수 있는가? 이는 합리적인 운동인가? 음식 에너지의 20%가 역학적 에너지로 전환된다고 가정하자.

5.5 역학적 에너지 보존

41. • 땅을 위치 에너지의 영점으로 잡을 때, 물음에 답하여라.

(a) 지상 23.4 m 상공에서 39.5 m/s로 날아가는 45.9 g의 골프공의 총 역학적 에너지를 구하여라.

(b) 공기 저항력을 무시할 때, 공이 다시 지면에 부딪힐 때의 공의 속력은 얼마인가?

42. •• 두 명의 남자가 4.5 kg의 '메디신 볼(medicine ball)'을 앞 뒤로 패스하고 있다. 물음에 답하여라(메디신 볼: 운동용으로 던지고 받는 무겁고 큰 공).

(a) 한 남자가 0.50 m 상공에서 138 N의 수평 방향으로 힘을 주어 정지 상태에서 밀어 공을 던진다면 공이 그의 손을 떠날 때 공의 속력은 얼마인가?

(b) 다른 남자가 공을 멈추려면 얼마만큼의 일을 해야 하는가?

43. • 롤러코스터가 처음 속력 19.2 m/s로 언덕을 향해 출발하여 달리고 있다. 마찰을 무시할 때, 수직으로 12.2 m 상승 후 속력은 얼마인가?

44. •• $k = 1520$ N/m 인 용수철이 한쪽 끝이 지면에 부착된 상태에서 수직 방향으로 세워져 있다. 7.27 kg의 볼링공이 용수철 꼭대기 1.75 m 위에서 떨어뜨린다. 용수철의 최대 압축 길이를 구하여라.

45. •• 고무공이 지면의 4.8 m 위에 정지 상태에서 떨어졌다. 물음에 답하여라.

(a) 공이 지면에 닿을 때의 속력을 구하여라.

(b) 지면에 부딪쳐 튕겨 나가면서 공은 역학적 에너지 25%를 잃었다. 튕겨 올라간 높이를 구하여라.

46. ••• 3.6° 경사면에서 질량이 980 kg인 자동차의 주차 브레이크가 고장이 났다. 굴림 마찰계수는 0.030이고, 차는 정지 상태에서 경사면을 따라 35 m만큼 굴러간다. 다음을 구하여라.

(a) 마찰력 (b) 중력이 한 일 (c) 자동차의 나중 속력

47. ••• $k = 42.0$ N/m인 용수철이 1.20 m 높이의 테이블 가장자리에 수평으로 연결됐다(그림 P5.47). 용수철은 5.00 cm로 압축되어 있고, 끝에 25.0 g의 탄알이 장착되어 있다. 용수철이 풀리면 탄알이 테이블 가장자리에서 얼마나 멀리 (수평으로) 나아가 바닥에 떨어질까?

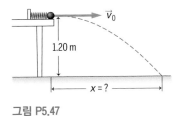

그림 P5.47

48. •• 고양이 한 마리가 수평면 위 75° 각도로 0.95 m 높이의 옷장 위로 뛰어올랐다. 고양이의 속력은 최소 얼마여야 할까?

49. ••• 엘리베이터 케이블이 끊어질 경우, 충격을 최소화하기 위해 엘리베이터 샤프트 하단에 대형 용수철이 설치되어 있다. 적재된 차량은 질량이 480 kg이고, 용수철 위 최대 높이는 11.8 m이다. 충격을 최소화하기 위해 용수철에 부딪친 후 차량의 최대 가속도는 $4g$이다. 용수철 상수 k는 얼마인가?

5.6 일률

50. • 30 s 동안 일정하게 8.5 kW로 작동한 모터가 한 일을 구하여라.

51. •• 아프리카 빅토리아 폭포는 108 m 높이에서 떨어지는데, 우기에는 분당 5억 5천만m³의 물이 폭포에서 쏟아져 나온다. 폭포의 총 일률은 얼마인가? (**힌트:** 물의 밀도는 1,000 kg/m³이다)

52. •• 30° 기울어진 계단을 따라 전동 리프트가 운행된다. 물음에 답하여라.

(a) 리프트가 75 kg의 사람과 22 kg의 의자를 들어 올리는 일을 구하여라. 이때 트랙의 길이는 5.6 m이다.

(b) 사람이 12 s 안에 아래에서 위로 올라가려면 얼마의 일률이 전달되어야 하는가?

53. •• 1,320 kg인 스포츠카에 280 hp의 엔진이 40% 효율을 갖는다고 가정하자. 4.0 s 간 정지 상태에서 가속된 후 차량의 최대 속력을 구하여라.

54. ••• 한 남자가 하루에 8.4 MJ의 음식 에너지를 소비한다. 그러고 나서 그는 일주일에 5번 8 km의 거리를 달리기 시작한다. 그가 12 km/h로 달리는 동안 450 W의 에너지를 소비할 때, 일정한 체중을 유지하려면 매일 얼마나 더 많은 음식 에너지를 소비해야 하는가?

55. •• 0.150 kg의 사과가 2.6 m 아래로 땅에 떨어졌다. 물음에 답하여라.

(a) 중력이 한 일을 구하여라.

(b) 전체 낙하 동안 중력에 의해 가해진 일률을 시간의 함수로 그래프를 그려라.

(c) 중력이 한 일은 평균 일률에 낙하 시간을 곱한 것과 같음을 보여라.

56. **BIO** **심장** 사람은 일반적으로 밀도가 1.05 g/mL인 5.0 L의 혈액을 유지한다. 휴식 중일 때, 이 모든 혈액을 온몸으로 펌프질 하는 데 보통 1분 정도 걸린다. 물음에 답하여라.

(a) 1.85 m의 거리인 발에서 뇌까지 이 모든 혈액을 끌어올리기 위해 심장은 얼마나 많은 일을 하는가?

(b) 이 과정에서 심장이 소비하는 평균 일률은 얼마인가?

(c) 휴식 중인 사람의 경우 심장의 실제 소비 일률은 일반적으로 6.0 W이다. 이 수치가 (b)의 일률보다 큰 이유는 무엇인가? 혈액을 끌어올리는 위치 에너지 외에 이 일률은 어디에서 사용되는가?

5장 질문에 대한 정답

단원 시작 질문에 대한 답

중력에 대한 일은 고도 변화에 따라 달라지지만 정확한 경로는 아니다. 총 중량이 80 kg인 자전거를 탄 사람은 500 m 높이의 언덕을 오르는 경로에 관계없이 중력에 맞서 약 400 kJ(100 kcal)의 일을 한다. 이런 언덕을 20분 안에 오르려면 일률이 300 W를 초과해야 한다.

확인 질문에 대한 정답

5.1절 (b) 음

5.2절 (a) > (c) > (b)

5.3절 (b) 4.9 J

5.4절 (d) > (b) > (a) > (c)

5.5절 (b) < (c) < (a) < (d)

5.6절 (d) < (a) < (b) < (c)

운동량과 충돌
Momentum and Collisions

학습 내용

✓ 운동의 기본 척도로서의 운동량 이해하기

✓ 운동량 보존의 원리가 적용되는 조건을 알고, 사용하기

✓ 탄성, 비탄성, 완전 비탄성 충돌 구분하기

✓ 에너지와 운동량 보존 원리를 사용하여 탄성 충돌 설명하기

✓ 질량 중심을 구하고 운동량과의 관계 이해하기

▲ 다이버가 공중을 날 때, 신체의 대부분은 복잡한 궤적을 따라 움직인다. 그러나 하나의 특별한 지점은 포물선을 그린다. 이 지점은 무엇이며, 왜 이것이 특별할까?

이 장에서는 뉴턴의 운동 제2법칙에서 비롯된 운동량의 개념을 소개한다. 외력이 없을 때 운동량이 보존된다는 것을 증명할 것이고 이 사실을 물체 사이의 충돌을 분석하는 데 사용할 것이다. 운동 에너지가 보존되는 탄성 충돌과 운동 에너지가 손실되는 비탄성 충돌을 모두 고려할 것이다. 또한, 질량 중심에 대하여 간략하게 논의한다.

6.1 운동량 소개

4장에서 소개한 것처럼 뉴턴의 운동 제2법칙 $\vec{F}_{net} = m\vec{a}$는 힘과 가속도의 관계를 보여 주므로 동역학의 근간이 된다. 5장에서 뉴턴의 운동 제2법칙은 일과 운동 에너지 사이의 관계를 유도하는 데 결정적이었다.

뉴턴의 법칙을 또 다른 방법으로 고려하면 새로운 개념과 문제 해결 도구로 이어진다. 이 접근의 중심은 **운동량**(momentum)이다. 일상적으로 사용되는 용어이지만 물리학적으로는 더 정밀한 의미가 있다. 운동량은 하나의 물체나 전체 계 모두에 적용된다. 계의 운동량을 이용하여 물체가 어떻게 상호작용하는지 살펴볼 것이다.

알짜힘 다시 살펴보기

뉴턴의 운동 제2법칙은 한 물체에 작용하는 알짜힘과, 그 물체의 질량과 가속도의 관계에 대한 것이다. 가속도가 일정할 때(3.3절) 임의의 시간 간격 Δt의 가속도는 $\vec{a} = \Delta\vec{v}/\Delta t$이다. 그러면 뉴턴의 운동 제2법칙을 아래와 같이 나타낼 수 있다.

$$\vec{F}_{\text{net}} = m\vec{a} = m\frac{\Delta\vec{v}}{\Delta t}$$

질량 m이 일정할 때 질량 m을 Δ 안으로 넣을 수 있다.

$$\vec{F}_{\text{net}} = \frac{\Delta(m\vec{v})}{\Delta t} \tag{6.1}$$

이때 물리량 $m\vec{v}$가 이 물체의 **운동량** $\vec{p}$이다. 어떤 물체의 운동량은 그 물체의 질량과 속도의 곱이다.

$$\vec{p} = m\vec{v} \quad \text{(운동량의 정의, SI 단위: kg·m/s)} \tag{6.2}$$

이 정의를 사용하여 뉴턴의 운동 제2법칙(식 6.1)을 다음과 같이 표현할 수 있다.

$$\vec{F}_{\text{net}} = \frac{\Delta\vec{p}}{\Delta t} \quad \text{(운동량으로 표현된 뉴턴의 운동 제2법칙)} \tag{6.3}$$

▶ **TIP** 운동량은 벡터량이며, 속도 벡터와 방향이 같다.

이 논의는 일정한 가속도, 즉 일정한 알짜힘을 가정한 것임을 기억하자. 알짜힘이 일정하지 않으면 순간 알짜힘은 Δt가 0에 수렴할 때, $\Delta\vec{p}/\Delta t$의 극한값이다.

결과 해석

운동량이 중요한 이유는 식 6.3을 보면 알 수 있다. 운동량은 물체에 알짜힘이 가해질 때마다 변한다. 사실 식 6.3은 질량이 변하지 않는 물체에만 유효한 $\vec{F}_{\text{net}} = m\vec{a}$보다 더 일반적인 형태의 뉴턴의 운동 제2법칙이다. 보다 일반적으로 물체의 운동량 $\vec{p} = m\vec{v}$는 속도, 질량 또는 둘 다의 변화에 따라 달라질 수 있다. 대표적인 예로 그 질량 일부를 배기 가스의 형태로 방출함으로써 추진력을 얻는 로켓(그림 6.1)이 있다.

로켓의 운동량은 로켓의 질량과 그 속도 둘 다에 달려 있다.

로켓은 배기 가스를 뒤로 분출하면서 질량을 잃는다.

로켓이 가속하고, 따라서 속도도 변한다.

그림 6.1 로켓의 질량과 속도 변화

운동량의 기본적인 것들

운동량 $\vec{p} = m\vec{v}$는 벡터이다. 질량 m은 양의 스칼라이므로 운동량 $\vec{p}$는 항상 속도 $\vec{v}$와 같은 방향이다(그림 6.2). 다른 벡터처럼 운동량은 크기와 방향을 갖는다. 이때 크기 p는 다음과 같다.

$$p = mv \tag{6.4}$$

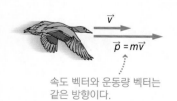

$\vec{v}$

$\vec{p} = m\vec{v}$

속도 벡터와 운동량 벡터는 같은 방향이다.

그림 6.2 운동량 벡터의 방향

따라서 한 물체의 운동량의 크기는 그 물체의 질량과 속력을 곱한 것과 같다. 운동량의 SI 단위는 kg·m/s이다. 이 단위 조합에 대한 구체적인 명칭은 없다.

운동량과 힘 사이의 본질적인 관계를 살펴봤다(식 6.3). 운동량은 운동 에너지와도 관련이 있다. 운동 에너지 $K = \frac{1}{2}mv^2$과 운동량의 크기 $p = mv$는 모두 질량과 속도에 달려 있다. K의 식에 $v = p/m$를 대입하면 다음과 같다.

$$K = \tfrac{1}{2}mv^2 = \tfrac{1}{2}m\left(\frac{p}{m}\right)^2$$

즉, 다음이 성립한다.

$$K = \frac{p^2}{2m} \tag{6.5}$$

운동 에너지는 스칼라이므로 이 표현은 벡터 $\vec{p}$의 방향이 아닌 운동량의 크기 p에만 의존한다.

예제 6.1   운동량 벡터

당구 게임에서 162 g인 당구공이 그림 6.3a와 같이 +x축에 대해 25° 각도로 3.24 m/s로 구른다(당구대 가장자리를 좌표축으로 정한다). 이때 공의 운동량의 성분을 구하여라.

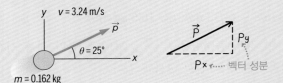

(a) 운동량 벡터   (b) 성분으로 분해된 운동량 벡터

그림 6.3 운동량은 성분을 갖는 벡터이다.

구성과 계획 그림 6.3b에 표시된 운동량 벡터의 성분은 이차원의 다른 벡터와 마찬가지로 삼각법에서 나온다. 직각삼각형의 기하학에서 다음을 얻는다.

$$p_x = p\cos\theta, \; p_y = p\sin\theta$$

여기서 $p = mv$는 운동량의 크기이다.

알려진 값: 질량 $m = 0.162$ kg, 빠르기 $v = 3.24$ m/s, 각도 $\theta = 25°$

풀이 각 성분 식에 수치를 대입하면 다음과 같다.

$$p_x = p\cos\theta = (0.162 \text{ kg})(3.24 \text{ m/s})(\cos 25°) = 0.476 \text{ kg·m/s}$$
$$p_y = p\sin\theta = (0.162 \text{ kg})(3.24 \text{ m/s})(\sin 25°) = 0.222 \text{ kg·m/s}$$

반영 그림 6.3b를 보면 운동량의 x성분이 y성분보다 커야 하며 이는 결과와 일치한다. 실제 당구 게임에서는 공의 회전이 중요하다. 회전하는 공은 각운동량을 갖고 있는데, 이에 대하여는 8장에서 논의할 것이다.

연결하기 운동량의 성분 p_x와 p_y가 주어졌을 때, 운동량 벡터 $\vec{p}$의 크기와 방향은 어떻게 구하는가?

답 다른 벡터와 마찬가지로 피타고라스 정리 $p^2 = p_x^2 + p_y^2$에서 크기는 $p = \sqrt{p_x^2 + p_y^2}$이다. 이 예제에서 결과는 $p = 0.525$ kg·m/s이다. 이는 식 6.4 $p = mv$를 이용해서 얻은 결과와 일치한다. 그림 6.3b는 방향각 θ가 $\theta = \tan^{-1}(p_y/p_x)$임을 보여 준다.

충격량

야구 방망이를 들고 있는데 공이 날아온다고 상상해 보자(그림 6.4). 여러분의 목표는 물리학적 용어로 표현하면 **야구공의 운동량을** 변화시키는 것이다. 방망이를 사용하여 힘을 작용함으로써 이를 수행할 것이다. 처음에 공의 운동량은 투수로부터 홈 플레이트로 향하는 방향이다. 공의 운동량을 변화시켜 공이 여러분으로부터 빨리 멀어지게 하려고 한다. 이 변화는 알짜힘과 그 힘이 작용하는 시간에 달려 있다. 식 6.3으로 나타내면 다음과 같다.

$$\vec{F}_{\text{net}} = \frac{\Delta\vec{p}}{\Delta t} \tag{6.6}$$

$\vec{p}_{\text{initial}}$

타격 시 방망이는 시간
간격을 두고 힘을 주어
공의 운동량을 변화시킨다.

$\vec{p}_{\text{final}}$

쳐서 공의
운동량의
방향을
바꾼다.

그림 6.4 방망이는 야구공의 운동량을 변화시킨다.

그림 6.5 공에 힘을 작용하는 방망이

여기서 평균 알짜힘($\vec{F}$ 위의 막대로 표시)을 사용했는데, 이는 힘이 작용하는 시간 동안 변할 수 있기 때문이다. 알짜힘과 그 힘이 작용한 시간이 **충격량**(impulse, $\vec{J}$)을 정의한다.

$$\vec{J} = \overline{\vec{F}}_{\text{net}}\Delta t \quad \text{(충격량의 정의, SI 단위: kg·m/s)} \tag{6.7}$$

식 6.6과 식 6.7을 비교하면 다음을 알 수 있다.

$$\vec{J} = \Delta\vec{p} \quad \text{(충격량과 운동량, SI 단위: kg·m/s)} \tag{6.8}$$

즉, 알짜힘으로부터의 충격량은 운동량의 변화량과 같다. 이것이 **충격량-운동량 정리**(impulse-momentum theorem)이다. 이는 예를 들어, 공과 방망이 같은 두 물체의 매우 짧은 접촉 시간에 작용한 힘을 추정할 때 유용하다. 야구공(0.15 kg)이 방망이에 32 m/s로 수평으로 접근했다가 38 m/s로 반대 방향으로 날아간다고 가정해 보자. 접근 방향이 $-x$가 되도록 잡으면 방망이에 맞은 공은 $+x$ 방향으로 이동한다. 그러면 공의 x성분 운동량(여기서 유일하게 0이 아닌 성분)의 변화는 다음과 같다.

$$(0.15 \text{ kg})(38 \text{ m/s} - (-32 \text{ m/s})) = 10.5 \text{ kg·m/s}$$

충격량-운동량 정리에 의해 이 경우 충격량은 $J = \overline{F}_{\text{net}}\Delta t$이다. 만일 접촉 시간이 0.50 ms이면 방망이가 공에 작용하는 평균 힘은 다음과 같다.

$$\overline{F}_{\text{net}} = \frac{J}{\Delta t} = \frac{\Delta p}{\Delta t} = \frac{10.5 \text{ kg·m/s}}{0.50 \times 10^{-3} \text{ s}} = 21 \text{ kN}$$

이렇게 크지만 짧은 시간 동안 작용하는 힘은 직접 측정하기가 어렵다. 우리가 단지 **평균** 힘만 계산했다는 것에 유의하여라. 실제 힘은 접촉 시간 동안 공이 찌그러짐에 따라 증가하면서 크게 변한다(그림 6.5). 그림 6.6a는 이 변화를 나타낸 그래프이고, 그림 6.6b는 힘-시간 그래프 아래의 면적이 일차원 운동에서 충격량이라는 것을 보여 준다. 이렇게 힘-시간 그래프가 있다면 변하는 힘에 대한 충격량을 구할 수 있다.

그림 6.5는 물체의 본질에 대한 중요한 점을 제시하기도 한다. 겉보기에 고체인 물체도 가해진 힘에 의해 변형될 수 있다. 이는 그림 6.5의 소프트볼에서 잘 드러나지만 손으로 꽉 쥐는 것만으로도 소프트볼을 약간 변형시킬 수 있다는 점을 감안하면 그렇게 예상할 수도 있다. 슬로우 모션 비디오를 보면 훨씬 더 단단하게 느껴지는 나무나 금속 방망이도 소프트볼이나 야구공에 닿으면 구부러지면서 변형되는 것을 알 수 있다. 물체의 탄성에 대해서는 10.2절에서 자세히 설명할 것이다.

■ 새로운 개념 검토

- 운동량은 $\vec{p} = m\vec{v}$로 정의되는 벡터이다.
- 알짜힘이 일정할 때, 운동량과 알짜힘의 관계는 뉴턴의 운동 제2법칙 $\vec{F}_{\text{net}} = \dfrac{\Delta\vec{p}}{\Delta t}$ 이다.

- 충격량은 운동량의 변화량과 같다. 즉, $\vec{J} = \Delta\vec{p} = \vec{F}_{net,average}\,\Delta t$이다.
- 충격량은 힘-시간 그래프 아래의 넓이와 같다.

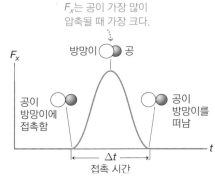

F_x는 공이 가장 많이 압축될 때 가장 크다.

방망이 ○○ 공

공이 방망이에 접촉함

공이 방망이를 떠남

Δt
접촉 시간

(a) 공을 때리는 방망이의 힘-시간 그래프

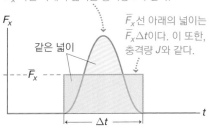

F_x 곡선 아래의 넓이는 충격량 J와 같다.

$\overline{F}_x$선 아래의 넓이는 $\overline{F}_x\Delta t$이다. 이 또한, 충격량 J와 같다.

같은 넓이

$\overline{F}_x$

Δt

(b) 충격량은 곡선 아래의 넓이와 같음

그림 6.6 그래프로 충격량 구하기

6.2 운동량 보존

운동량 보존의 원리

그림 6.7은 우주선 밖에 있는 우주 비행사를 보여 준다. 둘 다 자유 낙하 상태에 있으므로 9장에서 보게 되듯이 이 기준틀에서는 중력을 무시할 수 있다. 우주 비행사가 표시된 것처럼 우주선을 살짝 밀면서 힘 $\vec{F}_{12}$를 가한다. 뉴턴의 운동 제3법칙에 따르면 우주선은 $\vec{F}_{21} = -\vec{F}_{12}$의 힘으로 우주 비행사를 밀어낸다.

식 6.3은 이 두 힘을 해당 운동량 변화율과 연결한다.

$$\frac{\Delta\vec{p}_1}{\Delta t} = -\frac{\Delta\vec{p}_2}{\Delta t}$$

접촉 시간 Δt는 우주 비행사와 우주선 모두에서 동일하기 때문에 다음과 같이 나타낸다.

$$\Delta\vec{p}_1 = -\Delta\vec{p}_2 \tag{6.9}$$

식 6.9는 '두 물체가 상호작용할 때, 두 물체의 운동량의 변화량은 그 크기는 같고, 방향은 반대이다'라고 말할 수 있다. 이는 나중에 두 물체가 충돌할 때 무슨 일이 일어나는지 이해하는 데 도움이 될 것이다.

식 6.9를 정리하면 또 다른 중요한 결과를 제공한다.

$$\Delta\vec{p}_1 + \Delta\vec{p}_2 = 0 \tag{6.10}$$

즉, 운동량의 변화량의 합은 0이다. 두 물체의 상호작용에서 총 운동량 $\vec{p}_1 + \vec{p}_2$는 변화하지 않는다는 것을 의미한다.

> ▶ **TIP** 4장에 있는 뉴턴의 운동 제3법칙을 검토해 보아라. 이는 운동량 보존과 밀접하게 관련되어 있다.

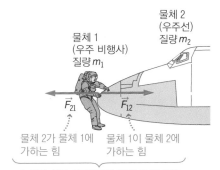

물체 2 (우주선) 질량 m_2

물체 1 (우주 비행사) 질량 m_1

$\vec{F}_{21}$ $\vec{F}_{12}$

물체 2가 물체 1에 가하는 힘

물체 1이 물체 2에 가하는 힘

뉴턴의 운동 제3법칙에 의해 이 두 힘은 크기가 같고 방향이 반대이다.

그림 6.7 우주선으로부터 튕겨 나오는 우주 비행사

$$\vec{p}_1 + \vec{p}_2 = 일정 \qquad \begin{array}{l}\text{(알짜 외력이 없는 계의 운동량 보존,}\\ \text{SI 단위: kg}\cdot\text{m/s)}\end{array} \tag{6.11}$$

이 결과를 **운동량 보존**(conservation of momentum)의 원리로 알려진 일반적인 원리로 기술할 것이다. 두 물체가 상호작용할 때, 외력이 없으면 총 운동량이 보존된다.

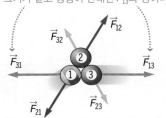

힘은 뉴턴의 운동 제3법칙을 따르는 힘 쌍으로 작용한다. 예를 들어, $\vec{F}_{31}$은 크기가 같고 방향이 반대인 $\vec{F}_{13}$과 쌍이다.

그림 6.8 당구공 3개가 충돌할 때, 각 쌍의 공들 사이에 작용하는 힘

스카이다이버가 떨어질 때 운동량은 증가한다.

지구는 스카이다이버와 같은 크기의 윗방향 운동량을 갖지만 지구 질량이 크기 때문에 속력의 변화는 무시할 수 있을 만큼 작다.

지구

그림 6.9 운동량은 지구 + 스카이다이버 계에서 보존된다.

운동량 보존에 대한 보다 넓은 관점

운동량 보존의 원리는 세 개 이상의 물체 또는 입자를 가진 계로 확장할 수 있다. 이러한 계에서 운동량 보존은 우리가 지금까지 본 바와 같이 상호작용하는 모든 입자 쌍 사이에 유지된다. 각 상호작용 쌍의 운동량이 보존되면, 계의 총 운동량도 보존된다.

이를 이해하는 또 다른 방법은 입자계 내에서 작용하는 힘을 고려하는 것이다. 이러한 모든 힘에 대해 뉴턴의 운동 제3법칙은 그림 6.8의 충돌하는 당구공 그림과 같이 크기는 같지만 방향은 반대인 두 번째 힘을 요구한다. 전체 계에서 알짜힘은 모든 쌍의 합을 포함하며, 제3법칙에 의해 운동량의 합은 항상 0이다. 따라서 작용하는 유일한 힘이 내부의 힘인 한, 계의 총 운동량은 변하지 않는다.

운동량 보존의 일반적인 원리는 알짜 외력의 영향을 받지 않는 입자계에 대해 총 운동량이 보존된다라고 말할 수 있다.

알짜 외력이 없다는 조건은 중요하다. 계 밖에서 작용하는 힘들도 뉴턴의 운동 제3법칙의 적용을 받지만, 이들과 쌍을 이루는 힘이 고려 대상인 계에는 작용하지 않으므로 외력을 상쇄시키지 않는다. 따라서 외력은 계의 운동량을 변화시킬 수 있다. 운동량 보존을 적용하려면 서로 상호작용하지만 외부 세계와의 상호작용은 무시할 수 있는 입자계를 선택해야 한다.

운동량 보존의 원리는 직접적인 접촉이 있든 없든 모든 종류의 힘에 작용한다. 스카이다이버가 처음에는 운동량이 없는 상태로 지구를 향해 떨어지기 시작한다고 상상해 보자(그림 6.9). 스카이다이버 + 지구 계의 총 운동량은 처음에 0이다. 중력이 스카이다이버를 가속시켜 떨어지는 동안 그의 운동량을 증가시킨다. 그러나 중력은 계의 두 구성 요소인 스카이다이버와 지구 사이에 작용하므로 이는 내부의 힘이며, 계의 총 운동량은 보존된다. 따라서 지구는 전체 운동량을 일정하게 유지하기 위해 윗방향의 운동량을 얻어야 한다. 지구가 낙하하는 물체를 만나기 위해 위로 솟구치는 것을 느끼지 못하는 이유는 지구의 질량이 너무 커서 아주 작은 속력($p = mv$)으로도 큰 운동량을 가질 수 있기 때문이다. 중력과 마찬가지로 운동량 보존은 전기력 및 자기력을 포함한 다른 원거리 작용 힘들에도 적용된다.

예제 6.2 우주 유영

그림 6.7에서 우주선(4,620 kg)과 우주 비행사(우주복 포함 135 kg)는 처음에 (궤도 기준틀에 대해) 정지 상태이다. 우주 비행사는 우주선에서 밀려나온 후 1.42 m/s로 움직이고 있다. 이때 우주선의 속도는 얼마인가?

구성과 계획 밀기 전 우주선과 우주 비행사 모두 정지 상태이므로 계의 총 운동량은 0이다. 작용하는 유일한 힘은 미는 힘인데, 이는 내부 힘이다. 따라서 운동량은 보존되고, 밀어낸 후의 총 운동량은 여전히 0이어야 한다. 이 사실과 우주 비행사의 운

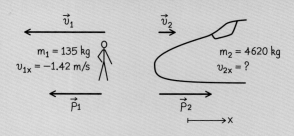

그림 6.10 우주에서 운동량 보존

동량을 이용하여 우주선의 알려지지 않은 속도를 구할 수 있다.

오른쪽을 향하는 방향을 $+x$ 방향으로 정하면 우주 비행사가 왼쪽, 즉 $-x$ 방향으로 운동하므로(그림 6.10) $v_{1x} = -1.42$ m/s 이다. 그리고 두 운동량 벡터를 합해서 처음 운동량과 같이 0이 므로 우주선은 $+x$ 방향으로 움직여야 한다.

운동량 보존의 원리로부터 $p_{1x} + p_{2x} = 0$이다. $\vec{p} = m\vec{v}$이므로 다음이 성립한다.

$$m_1 v_{1x} + m_2 v_{2x} = 0$$

알려진 값: $m_1 = 135$ kg, $v_{1x} = -1.42$ m/s, $m_2 = 4620$ kg

풀이 v_{2x}에 대해 풀면 다음과 같다.

$$v_{2x} = -\frac{m_1 v_{1x}}{m_2} = -\frac{(135 \text{ kg})\,(-1.42 \text{ m/s})}{4620 \text{ kg}} = 0.0415 \text{ m/s}$$

따라서 $+x$ 방향으로 약 4.15 cm/s의 속력을 갖는다.

반영 예상한 대로 무거운 물체는 더 느리게 뒤로 물러난다. 실제로 두 물체가 정지 상태에서 출발할 때는 언제나 속력 비율이 질량 비율의 역수임을 알 수 있다.

연결하기 어떻게 하면 우주 비행사가 우주선으로 돌아갈 수 있는가?

답 우주 비행사에게 다른 운동량의 변화가 필요하다. 로켓 팩을 들고 다닐 수도 있고, 우주선이 엔진을 가동하여 우주 비행사에게 접근할 수도 있다. 절박하면 우주선의 방향과 반대 방향으로 연장 하나를 던질 수도 있다. 그 연장에 충분한 운동량을 주면 자신의 운동 방향을 바꿀 수 있을 것이다.

운동량 보존의 몇 가지 응용

로켓 추진은 운동량 보존을 이용한다. 그림 6.11은 중력과 같은 외력을 무시할 수 있는 기준틀에서 처음에 정지 상태로 있는 로켓을 보여 준다.

엔진이 점화되기 전에 로켓과 연료 계의 운동량은 없다. 로켓 엔진은 연소 과정을 통해 뒷방향의 운동량을 가진 뜨거운 가스를 배출한다. 운동량을 보존하기 위해 로켓의 나머지 부분은 앞으로 가속한다. 지구 기준틀에서 분석하는 지구에서의 발사는 중력을 고려해야 하기 때문에 더 복잡할 것이다. 그러나 두 경우 모두 상세한 분석 결과 로켓이 가스 분자를 밀어서 배출하고, 그 가스가 다시 로켓을 밀어서 가속하는 것으로 나타난다.

운동량 전달은 대부분의 구기 경기에서 필수적인 역할을 한다. 골프채가 정지된 골프공을 쳐서 운동량을 제공한다. 테니스와 야구에서 선수는 날아오는 공을 쳐서 방향을 바꾸고, 속력을 증가시킬 수도 있다(그림 6.4). 중력과 근력을 포함한 외력이 작용할 수 있지만, 충격의 접촉력이 훨씬 크기 때문에 운동량은 거의 보존된다. 따라서 클럽, 배트, 라켓은 모두 공이 얻는 운동량을 잃게 된다.

점화 전

정지한 로켓+연료

점화 후

엔진은 연료를 연소시켜 뜨거운 가스를 형성하고 이 가스는 빠른 속력으로 배출된다.

로켓은 전진 운동량을 증가(가속)시켜 배기의 높은 운동량의 균형을 유지한다.

그림 6.11 운동량 보존을 사용하여 가속하는 로켓

문제 해결 전략 6.1   운동량 보존

운동량 보존을 적용하려면 익숙한 문제 해결 전략을 수정할 필요가 있다. 여기서는 운동량 보존과 관련된 지침을 강조한다.

구성과 계획

- 문제 상황을 시각화한다. 운동량이 보존되도록 외력이 없는 계를 설정했는지 확인한다.
- 고려 중인 운동에 적합한 좌표계를 설정한다.
- 개략도를 그린다. 계의 운동량이 일정하게 유지되는 동안 각

물체의 운동량이 상호작용을 통해 어떻게 변화하는지 보여 주는 '전'과 '후' 그림을 고려한다.

- 처음('전') 운동량과 나중('후') 운동량은 항상 같다고 식을 세운다.

풀이

- 정보, 특히 질량과 속도를 수집한다.
- 운동량 보존 식을 미지의 양(들)에 대한 식으로 바꾼다.
- 수치를 대입하고 계산한다.

반영
- 답의 차원과 단위를 확인한다. 합리적인지 확인한다.

- 만일 문제가 알고 있는 다른 것과 관련이 있다면 답이 타당한지 평가한다.

예제 6.3　오징어의 추진력

13.1 kg의 오징어가 물을 뿜어서 100 ms 동안 평균 가속도 19.6 m/s²으로 움직인다. 물음에 답하여라.

(a) 충격량을 구하여라.

(b) 오징어가 정지 상태에서 출발한다고 가정할 때, 운동량의 변화량과 나중 속력은 얼마인가?

구성과 계획 오징어의 질량과 가속도가 주어졌으므로 뉴턴의 법칙을 사용하여 힘을 구할 수 있다. 이 힘에 Δt를 곱하면 충격량을 얻는다. 충격량-운동량 정리에 따르면 충격량은 운동량의 변화량과 같다. 운동량은 질량과 속도의 곱으로, 속력을 구할 수 있다.

오징어가 운동하는 방향을 양의 x 방향으로 정하여(그림 6.12) 가속도, 속도, 충격량의 x성분이 양수가 되도록 한다. 충격량은 다음과 같다.

$$J_x = F_x \Delta t = ma_x \Delta t$$

따라서 충격량-운동량 정리에 의해 다음이 성립한다.

$$J_x = \Delta p_x = p_x$$

이는 처음 운동량이 0이기 때문이다. 마지막으로 $p_x = mv_x$를 풀어 일차원 속력인 v_x를 구한다.

알려진 값: $m = 13.1$ kg, $a_x = 19.6$ m/s², $\Delta t = 0.100$ s

풀이 (a) 충격량을 계산하면 다음과 같다.

$$J_x = F_x \Delta t = ma_x \Delta t = (13.1 \text{ kg})(19.6 \text{ m/s}^2)(0.10 \text{ s}) = 25.7 \text{ kg·m/s}$$

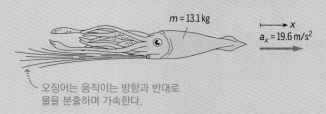

오징어는 움직이는 방향과 반대로 물을 분출하며 가속한다.

그림 6.12 가속하는 오징어

(b) 충격량-운동량 정리에 의해 운동량의 변화량은 25.7 kg·m/s이다. 오징어가 정지 상태에서 출발하므로 나중 운동량은 $p_x = mv_x$이다. 따라서 속도의 x성분은 다음과 같다.

$$v_x = \frac{p_x}{m} = \frac{25.7 \text{ kg·m/s}}{13.1 \text{ kg}} = 1.96 \text{ m/s}$$

반영 운동량 보존과 충격량-운동량 정리를 사용하여 구한 오징어의 나중 속력은 일차원 운동의 식과 일치한다. 이 경우, $v_x = a_x \Delta t$과 일치한다.

연결하기 오징어의 최대 속력과 비교했을 때, 약 2 m/s인 이 속력은 얼마나 빠른가?

답 오징어는 최고 속력이 10 m/s 이상인 가장 빠른 해양 무척추동물이다. 오징어는 촉수의 움직임과 함께 반복적인 물의 방출로 이 속력에 도달한다. 물의 끌림힘은 오징어가 더 빨리 움직이는 것을 방해한다.

예제 6.4　얼음 위의 뉴턴, 다시 보기

질량이 각각 $m_A = 50$ kg, $m_B = 80$ kg인 예제 4.3의 스케이트 선수 2명을 다시 고려해 보자. 그들은 정지한 채 함께 서 있다가 0.40 s 동안 200 N의 힘으로 서로를 민다. 운동량 개념을 사용하여 스케이트 선수들이 분리될 때, 각 선수의 속도를 구하여라.

구성과 계획 예제 4.3과 같이 몸이 가벼운 스케이트 선수 A가 $+x$ 방향으로 움직이고, 스케이트 선수 B가 $-x$ 방향으로 움직

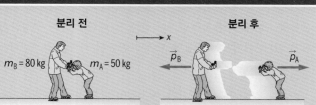

분리 전　　**분리 후**

정지 상태에서 두 선수가 $\Delta t = 0.40$ s 동안 $F_{AB} = F_{BA} = 200$ N의 힘으로 서로 민다.

두 선수의 운동량은 크기가 같고 방향은 반대이다. 총 운동량은 $\vec{p}_A + \vec{p}_B = 0$으로 유지된다.

그림 6.13 스케이트 선수들은 얼음 위에서 운동량이 보존된다.

이도록 한다(그림 6.13). 선수들이 서로 미는 짧은 시간 동안 마찰을 무시할 때, 스케이트 선수들은 알짜 외력이 없는 고립계이므로 운동량 보존이 적용된다.

밀기 전에는 두 선수 모두 정지 상태이기 때문에 계의 총 운동량은 0이다. 따라서 두 선수가 분리된 후 총 운동량은 다음과 같다.

$$\vec{p}_A + \vec{p}_B = 0, \text{ 즉 } \vec{p}_B = -\vec{p}_A$$

즉, 두 스케이트 선수는 크기는 같지만 방향은 반대인 운동량을 갖는다. 각 선수들의 운동량은 아래의 크기와 같은 충격량에서 나온다.

$$\Delta p = F\Delta t$$

운동량과 질량을 알면 속도를 알 수 있다.

알려진 값: $m_A = 50 \text{ kg}$, $m_B = 80 \text{ kg}$, $F = 200 \text{ N}$, $\Delta t = 0.40 \text{ s}$

풀이 각 스케이트 선수의 충격량의 크기는 다음과 같다.

$$\Delta p = F\Delta t = (200 \text{ N})(0.40 \text{ s}) = 80 \text{ kg}\cdot\text{m/s}$$

각각 정지 상태에서 시작했기 때문에 이는 또한 선수들이 서로 민 후의 운동량의 크기이다.

그러므로 두 선수의 속도는 다음과 같다.

스케이트 선수 A: $v = \dfrac{p}{m} = \dfrac{80 \text{ kg}\cdot\text{m/s}}{50 \text{ kg}} = 1.6 \text{ m/s}$ (+x 방향)

스케이트 선수 B: $v = \dfrac{p}{m} = \dfrac{80 \text{ kg}\cdot\text{m/s}}{80 \text{ kg}} = 1.0 \text{ m/s}$ (−x 방향)

반영 답은 예제 4.3과 일치한다. 뉴턴의 운동 제3법칙과 운동량 보존의 원리는 같은 결과를 나타낸다.

연결하기 $\Delta p = F\Delta t$에서 세 가지 양(Δp, F, Δt)이 두 스케이트 선수에게 동일해야 하는가? 그 이유는 무엇인가?

답 그렇다. Δp는 운동량 보존 때문에 동일하다. 뉴턴의 운동 제3법칙에 의해 힘의 크기 F가 같다. 그리고 두 선수의 접촉 시간이 같기 때문에 Δt도 같다.

확인 6.2절 그림과 같이 0.5 kg의 공이 벽에서 튕겨 나온다. 공의 운동량 변화량은 얼마인가?
(a) 0 (b) 2.0 kg·m/s (c) 6.0 kg·m/s
(d) 10.0 kg·m/s

6.3 일차원 충돌과 폭발

충돌(collision)은 강한 상호작용을 수반하는 물체들 사이의 매우 짧은 시간 동안의 접촉으로, 하나 또는 두 물체 모두의 움직임에 갑작스럽고 극적인 변화를 초래한다. 자연에서의 충돌은 아원자 입자 충돌에서부터 은하 충돌에 이르기까지 다양하다. 일상적인 충돌은 물건을 치거나 발로 차거나, 부딪치거나 몽둥이로 때리는 것에서 발생한다. 고속도로에서도 충돌 사고가 발생한다. 운동량 보존의 원리는 충돌을 이해하는 열쇠이다.

일부 충돌은 일차원에서 발생한다. 가장 간단한 충돌이므로 이 절에서 이러한 충돌부터 먼저 설명하고, 6.4절에서 이차원 충돌을 논의할 것이다.

충돌의 종류

일반적으로 충돌을 하는 물체 사이의 힘은 매우 강해서 외부 힘은 무시해도 될 정도이며, 따라서 운동량 보존은 매우 잘 성립한다. 그러나 총 역학적 에너지는 보존될 수도 있고 그렇지 않을 수도 있다. 이러한 차이가 충돌을 다음과 같이 세 가지 유형으로 구분한다.

탄성 충돌(elastic collision)에서는 충돌하는 물체들의 총 역학적 에너지가 보존된다.

비탄성 충돌(inelastic collision)에서는 물체 계의 총 역학적 에너지가 보존되지 않는다.

완전 비탄성 충돌(perfectly inelastic collision)에서는 충돌하는 물체들이 서로 달라붙는다. 물체 계의 총 역학적 에너지는 보존되지 않는다.

일차원 완전 비탄성 충돌

일차원 완전 비탄성 충돌이 가장 간단하므로 먼저 분석하겠다. 이런 유형의 충돌은 한 차가 다른 자동차를 추돌하여 두 자동차가 접촉할 때 발생한다. 보다 안전하게 에어트랙의 수레 범퍼에 벨크로를 부착하여 완전 비탄성 충돌을 실험할 수 있다.

에어트랙 위에서 질량이 m_1인 수레가 정지한 채 있는 질량이 m_2인 두 번째 수레에 접근한다고 가정하자(그림 6.14a). 움직이는 수레의 속도를 v_{1xi}(i는 '처음')라고 하면 운동량은 $p_{1xi} = m_1 v_{1xi}$이다. 질량이 m_1인 수레만 움직이기 때문에 이것이 총 운동량이다. 두 수레가 함께 달라붙어 속도 v_{xf}(그림 6.14b에서 f는 '나중')로 움직인다. 결합된 질량이 $m_1 + m_2$이므로 운동량은 $p_{xf} = (m_1 + m_2)v_{xf}$이다. 충돌 전 총 운동량은 충돌 후 총 운동량과 같다(운동량 보존의 원리). 즉, 다음이 성립한다.

$$m_1 v_{1xi} = (m_1 + m_2)v_{xf}$$

두 수레의 질량과 처음 속도를 알면 v_{xf}를 구할 수 있다.

$$v_{xf} = \frac{m_1 v_{1xi}}{m_1 + m_2}$$

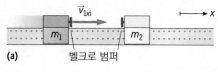

충돌 전
정지한 수레에 다른 수레가 접근

(a) 벨크로 범퍼

수레들에 작용하는 알짜 외력이 0이므로 운동량은 보존된다.

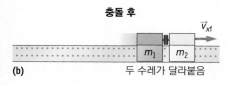

충돌 후

(b) 두 수레가 달라붙음

그림 6.14 에어트랙에서의 완전 비탄성 충돌

예제 6.5   트럭과 승용차 충돌

질량 3,470 kg의 트럭이 11.0 m/s로 멈춰 있는 승용차에 충돌한다. 이때 승용차의 질량은 975 kg이다. 충돌 후 두 차는 접촉하여 트럭이 달리던 방향으로 같이 움직인다. 충돌 직후의 속력은 얼마인가?

구성과 계획 충돌 '직전'과 '직후'의 개략도로 시작한다(그림 6.15). 이는 에어트랙 위의 수레와 같은 물리적 상황이다. 운동량 보존의 원리를 사용하여 같은 방법으로 푼다. 본문에서와 같이 질량들과 다가오는 트럭의 처음 속도로부터 충돌 후 속도를 구할 수 있다.

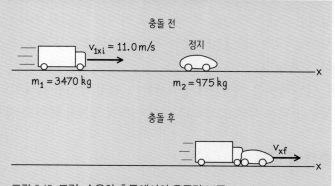

그림 6.15 트럭-승용차 충돌에서의 운동량 보존

$$v_{xf} = \frac{m_1 v_{1xi}}{m_1 + m_2}$$

알려진 값: 트럭 질량 $m_1 = 3{,}470 \text{ kg}$, 승용차 질량 $m_2 = 975 \text{ kg}$, 트럭의 처음 속도 $v_{1xi} = 11.0 \text{ m/s}$

풀이 주어진 값을 대입하여 나중 속도를 계산하자.

$$v_{xf} = \frac{m_1 v_{1xi}}{m_1 + m_2} = \frac{(3470 \text{ kg})(11.0 \text{ m/s})}{3470 \text{ kg} + 975 \text{ kg}} = 8.59 \text{ m/s}$$

반영 다음 개념 예제에서 설명하는 것과 같이 합쳐진 차량의 나중 속도는 트럭의 처음 속도보다 크게 작지 않다.

연결하기 현실적으로 트럭–승용차 결합이 8.59 m/s로 얼마나 이동하는가?

답 문제에 '충돌 직후'라는 문구가 있다. 빙판길에서 충돌하지 않는 한 마찰은 결합된 두 차를 빠르게 감속시킬 것이다.

개념 예제 6.6 나중 속도?

그림 6.14의 완전 비탄성 충돌을 고려해 보자. 물체의 질량이 다음과 같을 때, 결합된 물체의 나중 속도와 처음 속도를 비교하여라.

(a) $m_1 = m_2$ (b) $m_1 > m_2$ (c) $m_1 < m_2$

추론과 풀이 직관이 좋은 지침이 될 수 있지만 확실하게 하기 위해 본문에서 유도한 v_{xf}의 식으로 생각해 본다.

$$v_{xf} = \frac{m_1 v_{1xi}}{m_1 + m_2}$$

(a) $m_1 = m_2$일 때, 질량 비율은 $m_1/(m_1 + m_2) = \frac{1}{2}$이다. 그러므로 나중 속도는 수레가 처음 움직인 속도의 절반이다.

(b) $m_1 > m_2$일 때, 질량 비율은 $m_1/(m_1 + m_2) > \frac{1}{2}$이므로 나중 속도는 처음 속도의 절반보다 크다.

(c) $m_1 < m_2$일 때, 질량 비율은 $m_1/(m_1 + m_2) < \frac{1}{2}$이므로 나중 속도는 처음 속도의 절반보다 작다.

반영 처음에 정지해 있던 물체와 완전 비탄성 충돌을 하는 경우, 물체는 뒤로 튕겨나갈 수 없다. 결합된 물체는 운동량 보존의 원리에 의해 계속 앞으로 움직인다.

완전 비탄성 충돌에서 충돌 전에 한 물체가 정지해 있어야 하는 것은 아니다. 그러나 다음 예제에서 알 수 있듯이 운동량 보존의 원리는 여전히 적용된다.

예제 6.7 다른 질량, 다른 속도

에어트랙에서 질량이 $m_1 = 0.150 \text{ kg}$인 수레 1이 35.2 cm/s로 오른쪽으로 운동하다가 질량이 $m_2 = 0.100 \text{ kg}$이고 44.7 cm/s로 왼쪽으로 운동하는 수레 2와 충돌하여 두 수레가 서로 달라붙었을 때, 충돌 후 결합된 수레들의 속도는 얼마인가?

구성과 계획 그림 6.16은 '직전'과 '직후'를 표시한 개략도이다. 외력은 무시해도 될 정도여서 운동량이 보존된다. 충돌 전 두 수레의 총 운동량은 충돌 후 결합된 수레들의 운동량과 같다. 오른쪽을 $+x$ 방향으로 정하고, 충돌 전후 운동량의 x성분을 같게 하여 다음 관계식을 얻는다.

$$p_{1xi} + p_{2xi} = p_{xf}$$

충돌 후에는 질량이 $m_1 + m_2$인 물체가 하나만 존재하므로 식

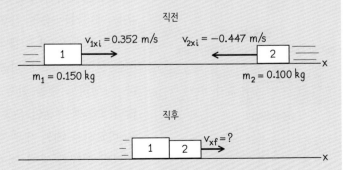

그림 6.16 에어트랙에서 충돌한 두 개의 수레

에는 한 개의 '나중' 항만 남는다. 각 수레에 대해 $p_x = mv_x$로 다음 식을 나타낸다.

$$m_1 v_{1xi} + m_2 v_{2xi} = (m_1 + m_2)v_{xf}$$

알려진 값: $m_1 = 0.150$ kg, $v_{1xi} = 0.352$ m/s, $m_2 = 0.100$ kg, $v_{2xi} = -0.447$ m/s (−부호는 왼쪽으로 운동함을 의미)

풀이 v_{xf}에 대해 풀면 다음을 얻는다.

$$v_{xf} = \frac{m_1 v_{1xi} + m_2 v_{2xi}}{m_1 + m_2}$$

$$= \frac{(0.150 \text{ kg})(0.352 \text{ m/s}) + (0.100 \text{ kg})(-0.447 \text{ m/s})}{0.150 \text{ kg} + 0.100 \text{ kg}}$$

$$= 0.0324 \text{ m/s}$$

반영 나중 속도가 양의 값인데, 이는 수레가 오른쪽으로 운동함을 의미한다. 결과는 달랐을 수도 있다. 수레 2가 조금 더 빨리 움직였다면 총 운동량이 왼쪽을 향했을 수도 있다. 또는 속도 조합이 적절하다면 두 수레가 충돌한 후 멈출 수도 있다.

연결하기 두 수레가 충돌 후 멈추려면 충돌 전 수레 2의 속도는 얼마여야 하는가?

답 계의 총 운동량이 0이어야 한다. 즉 $m_1 v_{1xi} + m_2 v_{2xi} = 0$이다. v_{2xi}에 대해 풀면 $v_{2xi} = -0.528$ m/s로 원래 문제의 속도보다 조금 더 빠르다.

우리가 고려한 비탄성 충돌에서 운동 에너지가 보존되지 않는 것을 보일 수 있다. 예제 6.7의 두 수레들의 충돌 전 운동 에너지는

$$K = \tfrac{1}{2}mv_{1xi}^2 + \tfrac{1}{2}mv_{2xl}^2 = \tfrac{1}{2}(0.150 \text{ kg})(0.352 \text{ m/s})^2 + \tfrac{1}{2}(0.100 \text{ kg})(0.447 \text{ m/s})^2 = 0.019 \text{ J}$$

이고, 충돌 후 결합된 수레의 운동 에너지는 다음과 같다.

$$K = \tfrac{1}{2}mv_{1xi}^2 + \tfrac{1}{2}mv_{2xi}^2 = \tfrac{1}{2}(0.150 \text{ kg})(0.0324 \text{ m/s})^2 + \tfrac{1}{2}(0.100 \text{ kg})(0.0324 \text{ m/s})^2$$

$$= 1.3 \times 10^{-4} \text{ J}$$

▶ **TIP** 비탄성 충돌에서 운동 에너지는 보존되지 않는다.

이 충돌 과정에서 상당한 양의 운동 에너지가 손실된 것이 분명하다. 손실 비율은 충돌하는 물체들의 질량과 속도에 따라 다르다.

일차원 탄성 충돌

놀이공원에서 두 대의 범퍼카가 충돌하는 경우를 생각해 보자. 용수철 범퍼에서 에너지가 손실되지 않는 것이 이상적이다. 따라서 충돌은 탄성이다. 탄성 충돌에서 총 운동 에너지는 충돌 전후 동일하게 유지된다.

탄성 충돌은 방금 분석한 완전 비탄성 충돌보다 복잡하다. 탄성 충돌에서는 충돌하는 물체가 서로 달라붙지 않으므로 두 물체의 나중 속도를 결정해야 하기 때문이다. 다행히도 충돌 전후 총 운동 에너지가 동일하기 때문에 사용할 수 있는 정보도 많다(충돌하는 동안 운동 에너지는 잠시 동안 위치 에너지가 되지만 '전'과 '후' 상황을 비교하는 데는 세부 정보가 필요하지 않다).

그림 6.17과 같이 정지한 상태인 질량이 m_2인 물체와 탄성 충돌을 하는 질량이 m_1인 물체를 가정하자. 정면 충돌의 경우, 두 물체 모두 질량이 m_1인 물체의 처음 속도 방향으로 정해진 직선을 따라 이동하게 된다. 이것이 일차원 탄성 충돌이고, 처음 속도로 x축을 정한다.

접근하는 질량이 m_1인 물체의 처음 속도는 v_{1xi}이다. 이 속도와 두 물체의 질량을

충돌 전
정지한 수레에 접근하는 움직이는 수레

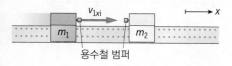

용수철 범퍼

수레들이 탄성 충돌하기 때문에 충돌하는 동안 손실되는 운동 에너지는 없다.

충돌 후

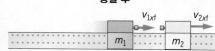

그림 6.17 에어트랙에서의 일차원 탄성 충돌

알면 두 물체의 나중 속도를 예측할 수 있다. 이 경우, 두 개의 미지수 v_{1xf}와 v_{2xf}를 구해야 한다. 여전히 충돌하는 동안 외력은 무시할 수 있으므로 계의 총 운동량은 보존된다. 처음 운동량과 나중 운동량 성분이 같다고 하면 다음이 성립한다.

$$m_1 v_{1xi} = m_1 v_{1xf} + m_2 v_{2xf}$$

탄성 충돌에서 역학적 에너지도 보존되므로 처음 운동 에너지와 나중 운동 에너지가 동일하다.

$$\frac{1}{2} m_1 v_{1xi}^2 = \frac{1}{2} m_1 v_{1xf}^2 + \frac{1}{2} m_2 v_{2xf}^2$$

v_{1xf}와 v_{2xf}에 대한 이 두 식을 풀려면 약간의 대수가 필요하다. 이 부분은 이 장의 끝 부분에 문제로 남겨 두고 다음 결과를 제시한다.

$$v_{1xf} = \frac{m_1 - m_2}{m_1 + m_2} v_{1xi} \tag{6.12}$$

$$v_{2xf} = \frac{2m_1}{m_1 + m_2} v_{1xi} \tag{6.13}$$

$m_1 = m_2$인 특수한 경우에 유의하여라(큐볼이 같은 질량의 정지된 공에 정면으로 부딪힐 때 일어나는 일이므로 '당구대'의 경우라고 생각하자). $m_1 = m_2$일 때, 식 6.12와 식 6.13은 $v_{1xf} = 0$, $v_{2xf} = v_{1xi}$가 되므로 큐볼은 멈추고, 표적구는 충돌 전 큐볼이 가졌던 속도를 얻는다.

개념 예제 6.8 ｜ 탄성 충돌의 사례

처음에 정지 상태인 m_2와의 정면 탄성 충돌의 경우, $m_1 > m_2$와 $m_1 < m_2$일 때 무슨 일이 일어나는지 탐구하여라. 또한 $m_1 \gg m_2$와 $m_1 \ll m_2$인 극단적인 경우도 생각해 보자.

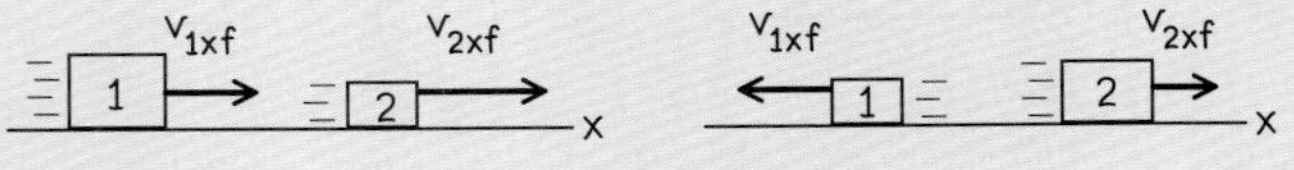

추론과 풀이 $m_1 > m_2$와 $m_1 < m_2$의 큰 차이점은 들어오는 물체의 나중 속도에 있다. $m_1 > m_2$이면 식 6.12는 $v_{1xf} > 0$이 되어 들어오는 m_1이 충돌 후에도 계속 오른쪽으로 이동한다는 것을 보여 준다(그림 6.18a). 그러나 $m_1 < m_2$이면 $v_{1xf} < 0$이 되므로 m_1은 왼쪽으로 반동하게 된다(그림 6.18b). 두 경우 모두 $v_{2xf} > 0$이므로 왼쪽을 받은 물체가 오른쪽 이외의 방향으로 움직이는 것은 불가능하다.

$m_1 \gg m_2$일 때, 식 6.12에서 $\frac{m_1 - m_2}{m_1 + m_2}$ 는 거의 1이므로 들어오는 물체의 속도는 거의 변하지 않는다. 무거운 물체의 속도는 훨씬 가벼운 물체에 부딪혀도 큰 영향을 받지 않으므로 당연한 결과이다. 공을 치는 무거운 골프채가 좋은 예이다. $m_1 \gg m_2$이

(a) $m_1 > m_2$ 　　**(b)** $m_1 < m_2$

그림 6.18 질량이 다른 두 경우에 대한 결과

므로 식 6.13의 m_2를 무시할 수 있는데, 이는 v_{2xf}가 대략 $2v_{1xi}$임을 보여 준다.

$m_1 \ll m_2$일 때, $v_{1xf} < 0$이며 대략 $-v_{1xi}$이다. 따라서 가벼운 물체는 처음과 거의 같은 빠르기로 되튀어 나온다(벽에서 튀어 나온 공을 생각하자). 한편, v_{2xf}는 양수이지만 무시할 수 있을 정도로 작다. 때문에 가벼운 물체가 충돌로 훨씬 무거운 물체를 움직이기는 어렵다.

반영 운동, 경기, 일상생활에서 무거운 물체와 가벼운 물체가 충돌하는 다른 예를 생각해 보자. 여기서 설명한 규칙을 따르는지 확인해 보자.

충돌한 물체들이 변형되는 과정에서 항상 에너지가 손실되기 때문에 거시적인 세계에서 탄성 충돌은 이상적인 현상이다. 그러나 다음 예제에서 알 수 있듯이 아원자 세계에서는 탄성 충돌이 흔히 발생한다.

예제 6.9 원자로의 내부

한 원자로가 흑연(고체 탄소)을 사용하여 중성자를 느리게 하여 핵분열을 강화한다. 2.88×10^5 m/s로 움직이는 중성자(질량: 1.67×10^{-27} kg)가 멈춰 있는 탄소 핵(질량: 1.99×10^{-26} kg)과 탄성 충돌한다고 가정하자. 충돌 후, 두 입자의 속도를 구하여라.

구성과 계획 충돌하는 짧은 시간 동안에 외력을 무시하므로 운동량이 보존된다. 이 충돌은 탄성이므로 역학적 에너지도 보존된다. 편의를 위해 중성자의 충돌 전 운동 방향을 +x 방향으로 정한다(그림 6.19).

운동량과 에너지가 모두 보존되고, m_2가 처음에 정지 상태인 경우 충돌 후 속도는 식 6.12와 식 6.13으로 해결할 수 있다.

알려진 값: 중성자 질량 $m_1 = 1.67 \times 10^{-27}$ kg, 탄소 질량 $m_2 = 1.99 \times 10^{-26}$ kg, 중성자의 처음 속도 $v_{1xi} = 2.88 \times 10^5$ m/s

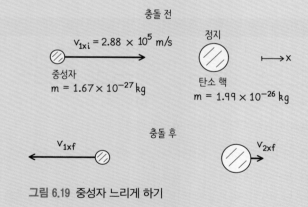

그림 6.19 중성자 느리게 하기

풀이 두 입자의 나중 속도를 계산하면 다음과 같다.

$$v_{1xf} = \frac{m_1 - m_2}{m_1 + m_2} v_{1xi}$$

$$= \left(\frac{1.67 \times 10^{-27}\,\text{kg} - 1.99 \times 10^{-26}\,\text{kg}}{1.67 \times 10^{-27}\,\text{kg} + 1.99 \times 10^{-26}\,\text{kg}} \right)(2.88 \times 10^5\,\text{m/s})$$

$$= -2.43 \times 10^5\,\text{m/s}$$

$$v_{2xf} = \frac{2m_1}{m_1 + m_2} v_{1xi}$$

$$= \left(\frac{2(1.67 \times 10^{-27}\,\text{kg})}{1.67 \times 10^{-27}\,\text{kg} + 1.99 \times 10^{-26}\,\text{kg}} \right)(2.88 \times 10^5\,\text{m/s})$$

$$= 4.46 \times 10^4\,\text{m/s}$$

예상대로 탄소는 적당히 속력을 얻는 반면, 가벼운 중성자는 되튄다.

반영 중성자의 속력은 16% 정도 감소한다. 탄소는 중성자 감속 물질로서 몇 가지 장점이 있지만 중성자에 비해 질량이 크므로 충분한 감속을 위해 많은 충돌이 필요하다는 것을 의미한다.

연결하기 원자로에서 중성자를 느리게 하는 물질을 감속재라고 한다. 흑연보다 더 적합한 감속재는 무엇인가?

답 $m_1 = m_2$인 두 입자의 정면 충돌은 입사 입자를 완전히 정지시킨다. 따라서 중성자의 질량에 더 가까운 질량을 가진 입자가 좋다. 그러한 입자 중 하나가 수소 핵을 구성하는 양성자이며, 실제로 많은 원자로에서 보통 물(H_2O)을 감속재로 사용한다.

이 절에서는 한 물체가 처음에 정지해 있는 특수한 경우의 탄성 충돌만을 다뤘다. 이 장의 마지막에 있는 문제들에서는 처음에 두 물체가 모두 움직이는 경우를 살펴볼 수 있다.

폭발

예제 6.7에서 두 물체가 충돌 후 정지하는 것이 가능하다고 제안하였다. 이는 총 운동량이 0인 완전 비탄성 충돌에서 일어날 수 있다.

이제 운동량이 0인 충돌 과정을 시간을 되돌려 거꾸로 생각해 보자. 두 물체가 서로 붙어 있는 것으로 시작할 것이다. 그리고 이것들은 갑자기 떨어져 날아간다. 이것이 바로 **폭발**(explosion)이며, 그림 6.20은 간단한 예를 보여 준다.

폭발은 완전 비탄성 충돌의 역과정으로 생각하면 된다. 가장 큰 차이는 (충돌과 폭발 과정에서 0인) 운동량이 아닌 에너지이다. 총 운동량이 0인 충돌에서 두 물체의 모든 운동 에너지는 서로 다른 형태(예: 열과 소리)로 전환된다. 그 반대 과정인 폭발은 물체에 운동 에너지를 주기 위한 에너지원을 필요로 한다. 그림 6.20에서는 용수철이 이를 제공한다. 보다 전형적인 폭발은 많은 입자를 포함하며 화학 에너지에 의해 발생한다.

두 입자 폭발의 중요한 예로 원자핵이 더 작은 핵과 알파 입자(헬륨 핵)로 자발적으로 분리되는 방사성 붕괴의 일종인 **알파 붕괴**(alpha decay)가 있다. 많은 무거운 방사성 핵들이 이 과정을 거친다. 알파 붕괴는 25장에서 더 논의할 것이다.

에너지원(용수철)은 수레들에게 운동 에너지를 준다.

그림 6.20 분리된 두 수레

▶ **TIP** 폭발은 완전 비탄성 충돌의 역과정이다.

예제 6.10 우라늄의 알파 붕괴

정지 상태의 우라늄-238 핵은 방사성 붕괴를 하여, 질량이 6.64×10^{-27} kg인 알파 입자(헬륨 핵)와 질량이 3.89×10^{-25} kg인 토륨 핵으로 분열된다. 알파 입자의 측정된 운동 에너지는 6.73×10^{-13} J이다. 토륨 핵의 운동량과 운동 에너지를 구하여라.

구성과 계획 중성자 감속 예제(예제 6.9)와 같이 운동량은 보존되지만 비탄성 과정에서 운동 에너지는 보존되지 않는다. 알파 입자의 운동 에너지로부터 알파 입자의 운동량을 구할 수 있다. 운동량 보존의 원리를 이용하여 토륨 핵의 운동량을 구하고 그로부터 토륨 핵의 운동 에너지를 구할 수 있다. 식 6.5 $K = p^2/2m$은 운동량과 운동 에너지의 관계식이다.

$+x$ 방향을 알파 입자의 운동 방향으로 선택한다(그림 6.21). 이 계의 총 운동량은 붕괴 전의 상태이므로 0이다. 따라서 토륨의 운동량은 알파 입자의 운동량과 크기가 같고 방향이 반대이다.

알려진 값: $m_\alpha = 6.64 \times 10^{-27}$ kg, $m_{Th} = 3.89 \times 10^{-25}$ kg, $K_\alpha = 6.73 \times 10^{-13}$ J

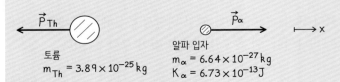

그림 6.21 우라늄-238의 알파 붕괴

풀이 운동량 p에 대한 식 6.5를 풀면

$$p_\alpha = \sqrt{2 m_\alpha K_\alpha} = \sqrt{2\,(6.64 \times 10^{-27}\ \text{kg})\,(6.73 \times 10^{-13}\ \text{J})}$$
$$= 9.45 \times 10^{-20}\ \text{kg·m/s}$$

이며, $+x$ 방향이다. 따라서 토륨 핵은 크기 $p_{Th} = 9.45 \times 10^{-20}$ kg·m/s의 운동량을 갖지만, $-x$ 방향이다. 토륨의 운동 에너지는 다음과 같다.

$$K_{Th} = \frac{p_{Th}^2}{2 m_{Th}} = \frac{(9.45 \times 10^{-20}\ \text{kg·m/s})^2}{2(3.89 \times 10^{-25}\ \text{kg})} = 1.15 \times 10^{-14}\ \text{J}$$

반영 토륨의 운동 에너지는 알파보다 훨씬 작다. 이는 운동량 보존의 결과이다. 즉, 입자들이 정지 상태에서 시작했기 때문에 더 무거운 입자들은 훨씬 더 느리게 움직인다.

연결하기 이 운동 에너지를 가진 알파 입자에 맞는 것을 걱정해야 하는가?

답 이것은 세포의 DNA에 심각한 손상을 입혀 돌연변이나 암을 유발할 가능성이 있는 충분한 에너지이다. 단, 하나의 알파 입자로 그렇게 되지는 않을 것이다. 그러나 U-238과 같은 방사성 알파 방출 물질에 계속 노출되면 건강에 심각한 위험을 초래할 수 있다.

확인 6.3절 선로에서 이동 중인 열차 차량이 처음에는 정지해 있던 더 무거운 차량과 충돌한다. 탄성 충돌과 비탄성 충돌 두 경우를 비교하라. 어느 충돌이 더 무거운 차량에 더 많은 운동량을 전달하는가?
(a) 탄성 충돌 (b) 비탄성 충돌 (c) 둘 다 같은 양의 운동량을 전달한다.

새로운 개념 검토

충돌에서

- 고립계의 운동량은 보존된다.
- 탄성 충돌에서 총 역학적 에너지(보통은 운동 에너지)가 보존된다.
- 총 역학적 에너지는 비탄성 충돌에서 보존되지 않는다.

폭발은 완전 비탄성 충돌의 역과정이다.

6.4 이차원 충돌과 폭발

일차원 충돌에서 적용한 것과 동일한 원리가 이차원 충돌에도 적용되는데, 매우 짧은 접촉에서 운동량이 여전히 보존되기 때문이다. 그러나 운동량이 벡터라는 사실은 이차원 충돌을 더 복잡하게 만든다.

운동 에너지는 이차원 충돌에서 보존될 수도 있고 보존되지 않을 수도 있으며, 6.3절의 분류(탄성, 비탄성, 완전 비탄성)가 여전히 적용된다. 다시 한번 완전 비탄성 충돌부터 시작할 것이다. 완전 비탄성 충돌은 충돌 후 결합된 물체에서만 일어나기 때문에 이해하기 쉽다.

이차원 비탄성 충돌

그림 6.22는 이차원 완전 비탄성 충돌을 보여 준다. 처음 속도가 하나의 직선을 따르지 않으므로 이차원이다.

운동 에너지는 완전 비탄성 충돌에서 보존되지 않으므로 여기에 적용할 수 있는 유일한 원칙은 운동량 보존이다. 여전히 짧은 시간 동안의 충돌은 외력을 무시할 수 있다고 가정함으로써 충돌 전후의 총 운동량이 같기 때문에 다음과 같이 나타낼 수 있다.

$$m_1\vec{v}_{1i} + m_2\vec{v}_{2i} = (m_1 + m_2)\vec{v}_f \qquad (6.14)$$

이차원이므로 여기서 벡터 표기는 필수이다. 완전 비탄성 충돌에서 물체들이 서로 달라붙으므로 나중 속도는 하나이다. 이 속도를 아래와 같이 구할 수 있다.

$$\vec{v}_f = \frac{m_1\vec{v}_{1i} + m_2\vec{v}_{2i}}{m_1 + m_2} \qquad (6.15)$$

다음 예제에서는 이 식을 사용하는 방법을 보여 준다.

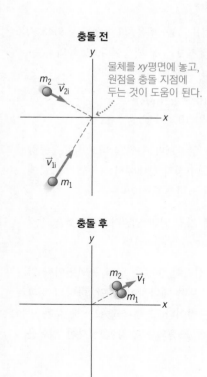

충돌 전

물체를 xy평면에 놓고, 원점을 충돌 지점에 두는 것이 도움이 된다.

m_2 $\vec{v}_{2i}$

$\vec{v}_{1i}$ m_1

충돌 후

m_2 $\vec{v}_f$ m_1

그림 6.22 이차원 완전 비탄성 충돌

예제 6.11   교차로에서의 사고

질량이 925 kg인 1호차는 동쪽으로 11.2 m/s로 이동하고 있고, 질량이 1,150 kg인 2호차는 13.4 m/s로 북쪽으로 이동하고 있다. 두 차가 교차로에서 충돌해서 달라붙었을 때, 충돌 직후 속도를 구하여라.

구성과 계획 짧은 시간 동안의 이 충돌에서 외력을 무시하면 운동량이 보존되는 완전 비탄성 충돌이다. 이 문제를 해결하기 위해 필요한 것은 운동량의 보존뿐이다. 어떤 이차원 문제든지 적절한 좌표계를 사용하여 충돌 전후 개략도를 그리는 것이 도움이 된다. 동쪽을 $+x$ 방향으로, 북쪽을 $+y$ 방향으로 정한다(그림 6.23).

완전 비탄성 충돌에서의 나중 속도는 식 6.15로 구한다.

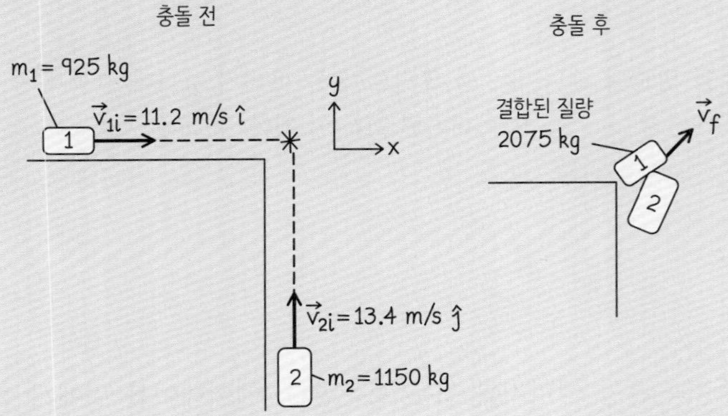

그림 6.23 교차로에서 충돌

$$\vec{v}_\text{f} = \frac{m_1 \vec{v}_{1i} + m_2 \vec{v}_{2i}}{m_1 + m_2}$$

벡터의 합이므로 속도를 단위 벡터 표기법으로 나타내는 것이 편리하다.

알려진 값:

1호차: $m_1 = 925$ kg, $\vec{v}_{1i} = 11.2$ m/s $\hat{i}$

2호차: $m_2 = 1150$ kg, $\vec{v}_{2i} = 13.4$ m/s $\hat{j}$

풀이 주어진 값을 대입하여 계산하면 다음과 같다.

$$\vec{v}_\text{f} = \frac{m_1 \vec{v}_{1i} + m_2 \vec{v}_{2i}}{m_1 + m_2} = \frac{(925\,\text{kg})(11.2\,\text{m/s}\,\hat{i}) + (1150\,\text{kg})(13.4\,\text{m/s}\,\hat{j})}{925\,\text{kg} + 1150\,\text{kg}}$$

$$= (4.99\,\text{m/s}\,\hat{i} + 7.43\,\text{m/s}\,\hat{j})$$

반영 나중 속도는 x성분보다 y성분이 크다. 처음에 y 방향으로 이동하는 2호차가 질량이 더 크고 속력이 더 빨라서 1호차보다 더 많은 운동량을 갖기 때문에 이는 당연한 결과이다.

연결하기 충돌 직후 어느 방향으로 향하겠는가?

답 나중 속도의 각도는 $\theta = \tan^{-1}(v_{fy}/v_{fx}) = \tan^{-1}(7.43/4.99) = 56.1°$(동북쪽)이다.

이차원 폭발

폭발이 이차원이 되려면 셋 이상의 조각이 다른 방향으로 이동해야 한다. 일차원에서와 마찬가지로 폭발을 완전 비탄성 충돌 과정의 역과정으로 생각해 보자. 운동량은 보존되지만 운동 에너지는 보존되지 않는다. 폭발하는 물체가 처음에 정지 상태이면 총 운동량은 0이다. 물체가 처음에 움직이고 있었다면 폭발 전의 운동량은 모든 조각의 알짜 운동량과 같다.

▶ **TIP** 이차원 충돌에서는 운동량의 두 성분을 모두 사용한다.

예제 6.12   불꽃놀이

정지 상태의 질량 M의 폭죽이 세 조각으로 폭발한다. 하나(질량: $M/4$)는 16.8 m/s로 $-y$ 방향으로 날아가고, 두 번째 조각(질량: $M/4$)은 11.4 m/s로 $-x$ 방향으로 날아간다. 세 번째 조각의 속도는 얼마인가?

구성과 계획 그림 6.24는 개략도를 보여 준다. 외력이 없으면 운동량은 보존되지만 폭발에 의해 생긴 조각에 운동 에너지가 전달되기 때문에 운동 에너지는 보존되지 않는다. 미지의 속도를 구하기 위해 운동량 보존을 적용하는 것으로 충분하다.

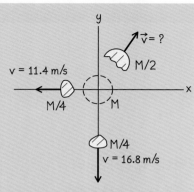

그림 6.24 파편들의 운동

질량이 보존되므로 세 번째 조각의 질량은 $M - M/4 - M/4 = M/2$이다. 폭발 전에 폭죽이 정지해 있었기 때문에 계의 총 운동량은 0이다. 운동량은 보존되므로 세 조각의 알짜 운동량은 0이다.

알려진 값: 두 개의 $M/4$ 조각의 처음 속도: $-11.4 \text{ m/s } \hat{i}$와 $-16.8 \text{ m/s } \hat{j}$

풀이 운동량 보존 원리에 의해 다음이 성립한다.

$$\left(\frac{M}{4}\right)(-11.4 \text{ m/s } \hat{i}) + \left(\frac{M}{4}\right)(-16.8 \text{ m/s } \hat{j}) + \left(\frac{M}{2}\right)\vec{v} = 0$$

여기서 $\vec{v}$는 세 번째 조각의 속도이다. 이 식을 $\vec{v}$에 대해 풀면 다음과 같다.

$$\vec{v} = \left(\tfrac{1}{2}\right)(11.4\text{m/s } \hat{i}) + \left(\tfrac{1}{2}\right)(16.8 \text{ m/s } \hat{j}) = 5.7 \text{ m/s } \hat{i} + 8.4 \text{ m/s } \hat{j}$$

반영 세 조각의 운동량을 합하여 세 조각의 알짜 운동량이 실제로 0인지 확인할 수 있다. 이는 그림 6.24의 $-y$ 방향, $-x$ 방향 및 제1사분면의 세 벡터를 합하면 명확하게 0이 될 수 있기 때문에 타당하다.

....

연결하기 $M = 2.8 \text{ kg}$일 때, 폭발에서 방출된 에너지는 얼마인가?

답 방출된 에너지는 세 조각의 운동 에너지로 나타난다. 운동 에너지 $\frac{1}{2}mv^2$을 모두 더하면 216 J이 된다.

이차원 탄성 충돌

이차원 탄성 충돌은 운동량과 운동 에너지를 모두 보존한다. 에어테이블 위에서 충돌하는 퍽을 사용하여 이 상황을 실험적으로 살펴볼 수 있다.

그림 6.25는 질량이 각각 m_1과 m_2인 두 당구공이 충돌하는 모습을 보여 준다. 이차원 운동의 경우, 두 물체의 처음 및 나중 속도 벡터를 x성분과 y성분으로 나타낸다. 표 6.1은 충돌 전후 물체의 속도를 요약해 놓은 것이다.

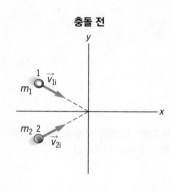

그림 6.25 이차원 탄성 충돌

표 6.1 충돌 전후 물체의 속도

물체	질량	충돌 전 속도	충돌 후 속도
1	m_1	$\vec{v}_{1i} = v_{1xi}\hat{i} + v_{1yi}\hat{j}$	$\vec{v}_{1f} = v_{1xf}\hat{i} + v_{1yf}\hat{j}$
2	m_2	$\vec{v}_{2i} = v_{2xi}\hat{i} + v_{2yi}\hat{j}$	$\vec{v}_{2f} = v_{2xf}\hat{i} + v_{2yf}\hat{j}$

운동량 보존의 원리는 각 성분에 적용되므로 충돌 전후의 x성분과 y성분이 각각 같다.

$$m_1 v_{1xi} + m_2 v_{2xi} = m_1 v_{1xf} + m_2 v_{2xf} \qquad (6.16)$$

$$m_1 v_{1yi} + m_2 v_{2yi} = m_1 v_{1yf} + m_2 v_{2yf} \qquad (6.17)$$

이 탄성 충돌에서 운동 에너지도 보존된다.

$$\frac{1}{2}m_1 v_{1i}^2 + \frac{1}{2}m_2 v_{2i}^2 = \frac{1}{2}m_1 v_{1f}^2 + \frac{1}{2}m_2 v_{2f}^2 \qquad (6.18)$$

식 6.18의 속도는 식 6.16과 식 6.17의 속도 성분이 아니다. 이는 운동 에너지가 속도의 크기에 따라 달라지는 스칼라이기 때문인데, 속도의 크기는 다음과 같다.

$$v_{1i}^2 = v_{1xi}^2 + v_{1yi}^2$$

다른 세 개의 속력도 마찬가지이다.

식 6.16, 6.17, 6.18은 이차원 탄성 충돌의 운동량과 에너지의 보존을 나타낸다. 구해야 하는 나중 속도의 성분이 4개인데, 식은 3개뿐이므로 다른 정보—나중 속력, 나중 속도 성분 중 한 개 또는 나중 속도들 사이의 각도 등—하나가 더 필요하다.

어떤 경우에는 속도를 성분이 아닌 크기와 방향으로 표현하는 것이 도움이 되기도 한다. 식 6.18에 속도의 크기, 즉 속력이 나타나기 때문이다. 다음 예제는 이를 보여 준다.

예제 6.13 당구공 충돌

0.42 m/s로 움직이는 120 g의 큐볼이 같은 질량을 가진 정지 상태의 표적구에 부딪힌다. 충돌 후 큐볼은 원래 운동 방향과 $60°$를 이루는 방향으로 0.21 m/s로 이동한다. 탄성 충돌을 가정할 때, 표적구의 나중 속도를 구하여라. 크기(속력)와 방향을 표현하여라.

구성과 계획 이는 탄성 충돌이므로 운동량과 운동 에너지가 모두 보존된다. 운동량의 경우 x성분과 y성분이 각각 보존된다.

그림 6.26과 같이 큐볼의 운동량(계의 총 운동량)이 $+x$ 방향으로 $v_{1i} = 0.42$ m/s이 되도록 좌표계를 정하는 것이 편리하다.

큐볼이 $60°$ 틀어진 방향으로 운동하려면 표적구의 중심에서 벗어나야 하는데, 그림과 같이 해당 각도를 x축 아래 θ_1로 선택한다. 따라서 표적구는 충돌 후 계의 운동량 y성분을 0으로 유지하기 위해 $+x$축 위의 어떤 각도 θ_2로 이동한다.

운동량 보존에 관한 x성분의 식은 다음과 같다.

$$mv_{1i} = mv_{1xf} + mv_{2xf}$$

다시 각도를 이용하여 나타내면 첫 번째 식은

$$mv_{1i} = mv_{1f}\cos\theta_1 + mv_{2f}\cos\theta_2$$

이고, 두 번째로 y성분에 대한 운동량 보존 식도 비슷하게 나타낼 수 있다.

$$0 = -mv_{1f}\sin\theta_1 + mv_{2f}\sin\theta_2$$

또한, 운동 에너지의 보존으로 세 번째 식을 얻는다.

$$\frac{1}{2}mv_{1i}^2 = \frac{1}{2}mv_{1f}^2 + \frac{1}{2}mv_{2f}^2$$

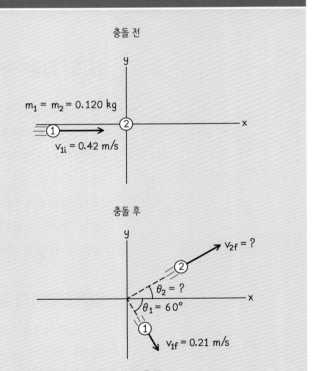

충돌 전

$m_1 = m_2 = 0.120$ kg

$v_{1i} = 0.42$ m/s

충돌 후

$v_{2f} = ?$

$\theta_2 = ?$

$\theta_1 = 60°$

$v_{1f} = 0.21$ m/s

그림 6.26 당구공의 탄성 충돌

알려진 값: $m = 0.120$ kg, $v_{1i} = 0.42$ m/s, $v_{1f} = 0.21$ m/s, $\theta_1 = 60°$

풀이 세 식에서 m은 소거되므로 질량을 알 필요가 없다. 제시된 속력을 이용하면 운동 에너지 보존 식으로부터 표적구의 속력 v_{2f}를 구할 수 있다.

$$v_{2f} = \sqrt{v_{1i}^2 - v_{1f}^2} = \sqrt{(0.42\text{ m/s})^2 - (0.21\text{ m/s})^2} = 0.364\text{ m/s}$$

이제 v_{2f}를 이용하여 두 운동량 보존 식으로 θ_2를 구할 수 있다. y성분의 운동량 보존 식이 쉬우므로 이 식을 이용한다.

$$\sin\theta_2 = \frac{v_{1f}\sin\theta_1}{v_{2f}} = \frac{(0.21 \text{ m/s})\,[\sin(60°)]}{0.364 \text{ m/s}} = 0.500$$

따라서 $\theta_2 = 30°$이다.

반영 충돌 후 두 공의 속도 사이의 각도는 90°임에 유의하여라. 이것은 우연이 아니라 질량이 같기 때문에 나타난 결과이다. 한 물체가 정지한 상태일 때 질량이 같은 물체가 그 물체와 이차원 충돌하는 경우 나중 속도는 항상 수직이다. 이제 당구 선수의 비밀을 알게 됐다!

연결하기 충돌 후 두 공의 속력이 같을 때, 두 공의 방향은 x축을 기준으로 어떻게 되는가?

답 y성분의 운동량이 0이라는 것과 함께 90° 규칙을 적용하면 공이 x축의 위와 아래로 45° 각도로 이동한다는 것을 알 수 있다.

확인 6.4절 똑같은 구슬 3개가 서로 붙어 있다가 작은 폭발이 일어나서 세 구슬이 흩어졌다(그림 참조). 그림과 같이 두 구슬은 같은 속력인 v_0으로 수직으로 움직인다. 세 번째 공의 속력은 얼마인가? (a) 0 (b) v_0보다 작다. (c) v_0보다 크다. (d) 추가 정보 없이 결정할 수 없다.

6.5 질량 중심

한 손가락으로 접시의 균형을 잡는다고 생각해 보자. 접시의 모양이 대칭이라면 본능적으로 손가락을 접시의 중심에 최대한 가깝게 놓을 것이다. 이제 야구 방망이나 빗자루와 같은 대칭이 아닌 물체의 균형을 잡는다고 해 보자. 물체가 단지 하나의 점에서 균형을 이루는 것을 발견할 것인데, 그 점이 **질량 중심**(center of mass)이다. 여기서 입자계에 대한 질량 중심을 먼저 일차원에서 정의한 후 그 이상의 차원에서 정의할 것이다. 몇 가지 응용을 살펴본 후 질량 중심이 운동량 및 충돌과 어떤 관련이 있는지 설명할 것이다.

일차원에서의 질량 중심

먼저 x축에 (점 입자로 볼 수 있을 만큼 충분히 작은) 여러 물체가 있을 때 질량 중심을 고려한다(그림 6.27). 질량 중심 위치는 가중 평균(weighted average)으로 정의되는데, 질량이 큰 물체에는 비례적으로 더 많은 가중치가 부여된다.

$$\text{질량 중심} = X_{cm} = \frac{m_1 x_1 + m_2 x_2 + m_3 x_3 + \cdots + m_n x_n}{m_1 + m_2 + m_3 + \cdots + m_n} \tag{6.19}$$

이 식은 다음과 같이 간결하게 표현된다.

$$\text{질량 중심} = X_{cm} = \frac{\sum_{i=1}^{n} m_i x_i}{\sum_{i=1}^{n} m_i}$$

분모가 x축 위에 있는 물체들의 총 질량 M, 즉 $M=\sum_{i=1}^{n} m_i$ 임을 이용하여 일차원에서 질량 중심은 다음과 같이 나타낼 수 있다.

$$\text{질량 중심} = X_{\text{cm}} = \frac{1}{M}\sum_{i=1}^{n} m_i x_i \quad \text{(일차원에서 질량 중심, SI 단위: m)} \qquad (6.20)$$

질량 중심이 SI의 미터 단위로 측정된 위치라는 것은 분명하다. 그림 6.27의 예에서 알 수 있듯이 해당 위치에 입자가 있을 수도 있고 없을 수도 있다.

$m_1 = 2$ kg
$m_2 = 2$ kg
$m_3 = 4$ kg
x
$x_1 = -2$ m
$x_2 = 0$
X_{cm}
$x_3 = 3$ m
입자계의 질량 중심은 질량에 의해 가중된 각 입자 위치의 평균이다.
$X_{\text{cm}} = \dfrac{m_1x_1+m_2x_2+m_3x_3}{m_1+m_2+m_3}$
$= \dfrac{(2\text{ kg})(-2\text{ m})+(2\text{ kg})(0)+(4\text{ kg})(3\text{ m})}{2\text{ kg}+2\text{ kg}+4\text{ kg}}$
$= 1$ m

그림 6.27 일차원에서의 질량 중심

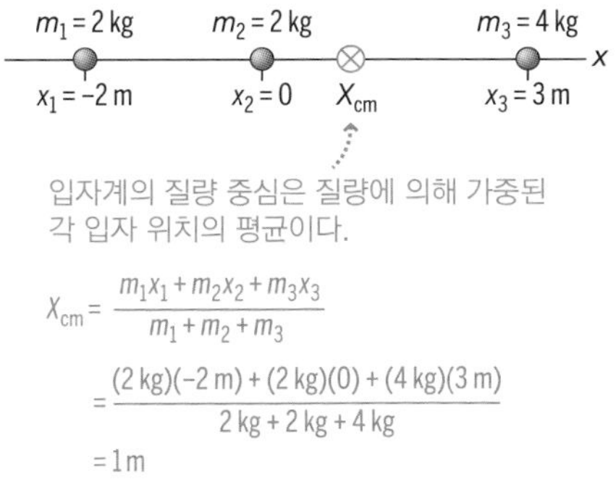

이차원과 삼차원에서의 질량 중심

질량 중심의 정의를 이차원으로 확장하는 것은 간단하다. 그림 6.28은 xy평면에 있는 몇 개의 점 입자를 보여 준다. 이차원에서 질량 중심은 성분이 X_{cm}과 Y_{cm}인 위치 벡터로 정해진다. X_{cm}은 일차원 질량 중심의 정의와 똑같고, Y_{cm}은 개별 입자 위치의 y성분을 사용하여 유사하게 정의한다. 즉, 다음과 같다.

$$X_{\text{cm}} = \frac{1}{M}\sum_{i=1}^{n} m_i x_i,\; Y_{\text{cm}} = \frac{1}{M}\sum_{i=1}^{n} m_i y_i \qquad (6.21\text{a, b})$$

삼차원으로 확장하면 세 번째 성분이 다음과 같이 정해진다.

$$Z_{\text{cm}} = \frac{1}{M}\sum_{i=1}^{n} m_i z_i \qquad (6.22)$$

이 입자계의 질량 중심은 계 내부 어딘가에 있을 것이다.
y
m_2
(x_2, y_2)
m_3
(x_3, y_3)
m_1
(x_1, y_1)
x
m_4
(x_4, y_4)
m_6
(x_6, y_6)
m_6
$(x_5 = 0, y_5)$

그림 6.28 이차원에서의 질량 중심

예제 6.14 우주 정거장

우주 정거장은 정삼각형을 이루는 3개의 모듈로 구성되며, 길이가 L이고 그 질량을 무시할 수 있는 얇은 버팀목으로 연결된다. 두 모듈의 질량은 m이고, 나머지 모듈의 질량은 $2m$이다. 우주 정거장의 질량 중심을 구하여라.

구성과 계획 우주 정거장은 본질적으로 이차원이므로 식 6.21로 질량 중심의 위치를 구할 수 있다.

$$X_{\text{cm}} = \frac{1}{M}\sum_{i=1}^{n} m_i x_i\,,\quad Y_{\text{cm}} = \frac{1}{M}\sum_{i=1}^{n} m_i y_i$$

y
2m
L
$\theta = 30°$
$L\cos\theta$
x
m
x = 0
m

그림 6.29 우주 정거장의 개략도

그림 6.29와 같이 우주 정거장의 개략도를 그리고, 가장 무거운 모듈이 y축에 있도록 좌표계를 설정한다.
y축에 대하여 대칭이므로 $X_{\text{cm}}=0$이고, Y_{cm}만 계산하면 된다.

알려진 값: $m_1 = m_2 = m$, $m_3 = 2m$, $y_1 = y_2 = 0$, $y_3 = L\cos\theta$, $\theta = 30°$ (정삼각형의 반각)

풀이 질량 중심 Y_{cm}을 구하면 다음과 같다.

$$\begin{aligned} Y_{\text{cm}} &= \frac{1}{M}\sum_{i=1}^{n} m_i y_i \\ &= \frac{1}{4m}\{(m)\,(0\text{ m})+(m)\,(0\text{ m})+(2m)\,[L\cos(\theta)]\} \\ &= \frac{\sqrt{3}}{4}L \approx 0.43L \end{aligned}$$

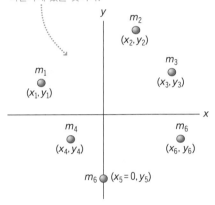

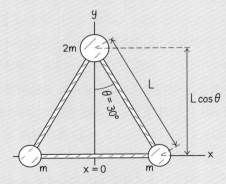

반영 $\cos(30°) = \sqrt{3}/2$이므로 그림 6.29의 위쪽 모듈은 아래쪽 두 모듈 사이의 중간에 위치한다. $y = 0$에 $2m$, $y = \sqrt{3}L/2$에 $2m$의 질량이 분포하므로 이는 놀랄 만한 일이 아니다.

....

연결하기 두 모듈의 질량이 $2m$이고 다른 하나의 질량이 m일 때, 질량 중심은 어디인가?

답 질량 중심은 질량이 $2m$인 모듈을 연결하는 선에 더 가까워졌을 것이다. x축에 무거운 모듈 두 개가 있고, y축에 가벼운 모듈이 있게 좌표축을 정한 후 이전과 유사한 계산을 하면 $Y_{cm} = \sqrt{3}L/8$이 된다.

확장된 물체의 질량 중심

일상생활에서 물체는 점 입자가 아니다. 축구공이나 축구 선수와 같이 확장된 물체의 질량 중심을 어떻게 구할 수 있는가?

대칭성이 도움이 된다. 축구공은 구형이고 공의 가죽 껍질에 있는 모든 입자는 중심에서 거의 같은 거리에 있다. 따라서 질량 중심은 공의 중심에 있어야 한다. 축구 선수는 좀 복잡하다. 선수가 서 있을 때 인체가 거의 대칭을 이루므로 질량 중심의 수평 위치는 신체를 이등분하는 수직면에 가까워진다. 질량 중심의 수직 성분은 찾기가 더 어려운데 체형과 질량 분포에 따라 달라진다. 다음 규칙은 이러한 계산에 도움이 된다.

> **확장 물체에 대한 규칙:** 확장된 물체 여러 개의 질량 중심을 찾아야 하는 모든 예제에서 각 개별 물체를 해당 물체의 질량 중심에 위치한 점 입자로 취급할 수 있다.

확장 물체와 관련된 문제를 해결할 때는 이 규칙을 기억하여라.

많은 물체가 대칭이거나 거의 대칭이다. 이 절의 시작 부분에서의 접시, 앞서 언급한 축구공 등이 좋은 예이다. 질량 중심이 물체를 구성하는 질량의 가중 평균 위치라는 점을 감안하면 이 규칙은 다음과 같다.

> **대칭 물체에 대한 규칙:** 완벽하게 대칭인 물체의 질량 중심은 물체의 기하학적 중심에 위치한다.

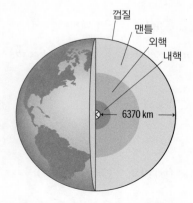

그림 6.30 지구의 내부 층은 거의 대칭적이다.

완벽하게 대칭을 이루는 거시적 물체는 없으므로 실제로 이 규칙은 대략적인 질량 중심 위치를 알려 준다. 자연은 우리가 서 있는 지구와 같이 거의 대칭에 가까운 물체를 제공한다. 지구는 적도가 약간 부풀어 있고(8장 참조) 표면에 산이 있지만 거의 구형이라 할 수 있다. 산과 계곡은 지구의 전체 크기에 비해 작기 때문이다. 또한 지구는 양파처럼 여러 층이 있고, 각 층의 성분과 밀도가 상당히 다르지만 이 층들은 상당히 대칭적인 구각(spherical shell) 모양이다(그림 6.30). 달뿐만 아니라 다른 많은 행성과 항성들도 거의 구형이라고 보아도 무방하다. 이들 모두에서 질량 중심은 본질적으로 기하학적 중심이다.

일부 물체는 단일 선이나 평면으로 제한된 대칭성을 갖는다. 예제 6.14의 우주 정거장이 그 예이다. 그림 6.29는 수직선, 여기에서는 y축에 대한 대칭을 보여 주므로 질량 중심은 x 방향으로 중앙에 있어야 해서 $X_{cm} = 0$이 된다. 그러나 대칭의 수평선이 없으므로 Y_{cm}을 계산해야 한다.

질량 중심과 충돌

질량 중심은 운동량, 충돌과도 밀접한 관련이 있다. 그 이유를 알기 위해 질량 m_1과 질량 m_2 사이의 일차원 충돌을 생각해 보자. 어떤 순간에도 질량 중심은 일반적인 관계

$$X_{cm} = \frac{1}{M}\sum_{i=1}^{n} m_i x_i = \frac{1}{M}(m_1 x_1 + m_2 x_2)$$

로 주어진다.

입자들이 각각의 변위가 Δx_1과 Δx_2가 되도록 이동하면 질량 중심 위치도 다음과 같이 변할 것이다.

$$\Delta X_{cm} = \frac{1}{M}(m_1 \Delta x_1 + m_2 \Delta x_2)$$

이를 위치가 변하는 데 걸린 시간 간격 Δt로 나누면

$$\frac{\Delta X_{cm}}{\Delta t} = \frac{1}{M}\left(m_1\frac{\Delta x_1}{\Delta t} + m_2\frac{\Delta x_2}{\Delta t}\right)$$

이고, Δt가 0에 가까울 때의 극한에서 $\Delta x/\Delta t$는 속도가 되어 다음과 같이 나타낼 수 있다.

$$V_{cm,x} = \frac{1}{M}(m_1 v_{1x} + m_2 v_{2x})$$

여기서 $V_{cm,x}$는 질량 중심의 속도이다. 괄호 안의 항은 두 물체의 운동량, 즉 $m_1 v_{1x}$와 $m_2 v_{2x}$임에 유의하여라. 따라서 괄호 안의 합은 계의 총 운동량이며, 이는 외력을 무시할 수 있는 충돌에서 보존된다는 것을 알고 있다. 총 질량 M 역시 일정하므로 왼쪽 항(질량 중심 속도)은 일정하다. 이는 이차원과 삼차원에서도 유효한 일반적인 규칙으로 명시할 것이다.

> 알짜 외력이 0인 계에서 질량 중심의 속도는 일정하다.

계에 알짜 외력이 작용하면 질량 중심은 어떻게 될까? 예를 들어, 발사체의 포물선 궤적을 따라가는 로켓을 생각하자. 로켓이 비행 중에 폭발하면 모든 파편들로 구성된 계의 질량 중심은 로켓이 따라가던 것과 같은 포물선 궤도를 따라 계속 이동한다(그림 6.31). 이는 또 다른 일반적인 원칙의 한 예이며, 그 원칙은 다음과 같다.

> 총 질량이 M인 계에서 질량 중심은 알짜 외력 $\vec{F}_{net}$에 의해 가속도가 $\vec{A}_{cm}$인 운동을 한다. 이 가속도는 $\vec{F}_{net} = M\vec{A}_{cm}$으로 뉴턴의 운동 제2법칙을 따른다.

질량 중심과 균형

한 발로 균형을 잡으려면 몸의 질량 중심이 그 발 위쪽에 있어야 한다. 발레리나가 한쪽 다리로 지지한 채 팔과 다른 쪽 다리를 뻗고 있다. 발레리나는 지탱하는 발가락 위쪽에 질량 중심이 있게 하기 위해 팔과 다리의 위치를 조금씩 조정하는 방법을 배워야 한다.

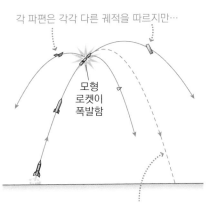

각 파편은 각각 다른 궤적을 따르지만…

모형 로켓이 폭발함

… 모든 파편의 질량 중심은 로켓의 원래 궤도를 따른다.

그림 6.31 중력이 작용할 때 로켓의 질량 중심 운동

이 원칙은 단일 물체의 경우와 각각 운동하는 물체들로 이루어진 계를 구별하지 않는다는 것에 주목하여라. 질량 중심에 중요한 것은 전체 계에 작용하는 알짜힘이다. 우리가 예로 든 폭죽 로켓의 총 질량은 M이므로 중력 $M\vec{g}$가 작용한다. 여기서 $\vec{g}$는 중력 가속도이다. 그러면 $\vec{F}_{net} = M\vec{A}_{cm} = M\vec{g}$이므로 폭발 전과 후 모두 질량 중심의 가속도는 $\vec{A}_{cm} = \vec{g}$이다. 그래서 질량 중심이 원래 포물선 궤도를 따르는 것이다.

같은 원리로 이 장의 시작 부분에 나온 다이버의 움직임을 이해할 수 있다. 다이버는 다이빙을 하면서 몇 번의 공중제비와 비틀기를 할 수 있다. 내부 근육의 힘은 그의 몸이 여러 자세를 취할 수 있도록 도와주지만 유일한 외력은 중력뿐이다. 그러므로 다이버는 포물체와 같으며, 그의 질량 중심은 포물선 경로를 따른다.

운동량 소개

(6.1절) 어떤 물체의 **운동량**은 그 물체의 질량과 속도의 곱이다.

운동량은 뉴턴의 법칙에 설명된 바와 같이 물체에 알짜힘이 가해졌을 때 변화한다.

운동량: $\vec{p} = m\vec{v}$

운동량으로 표현된 뉴턴의 운동 제2법칙: 일정한 힘의 경우, $\vec{F}_{net} = \dfrac{\Delta \vec{p}}{\Delta t}$

운동량과 운동 에너지: $K = \dfrac{p^2}{2m}$

알짜힘으로부터 주어진 충격량은 운동량의 변화량과 같다. $\vec{J} = \vec{F}_{net}\Delta t = \Delta \vec{p}$

운동량 보존

(6.2절) **운동량 보존**: 두 물체가 상호작용할 때, 외력이 작용하지 않으면 계의 총 운동량은 보존된다.

두 물체 사이의 상호작용에서 두 물체의 운동량 변화는 크기는 같지만 방향은 반대이다.

운동량 보존(외력이 없을 때): 두 물체의 상호작용에 대하여 $\Delta\vec{p}_1 = -\Delta\vec{p}_2$이다.

$\vec{p}_1 + \vec{p}_2 =$ 일정, 즉 상호작용하는 두 물체의 총 운동량은 보존된다.

일차원 충돌과 폭발

(6.3절) **탄성 충돌**하면 역학적 에너지와 운동량이 보존된다.

비탄성 충돌하면 역학적 에너지는 보존되지 않지만 운동량은 보존된다.

완전 비탄성 충돌하면 충돌한 두 물체가 달라붙는다.

운동 에너지는 탄성 충돌에서는 보존되지만 비탄성 충돌에서는 보존되지 않는다.

충돌 전

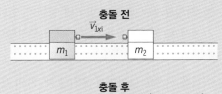

충돌 후

한 물체가 정지한 일차원 탄성 충돌에서 운동량과 에너지 보존:

$$v_{1xf} = \frac{m_1 - m_2}{m_1 + m_2} v_{1xi} \qquad v_{2xf} = \frac{2m_1}{m_1 + m_2} v_{1xi}$$

이차원 충돌과 폭발

(6.4절) 이차원 충돌에서 운동량이 보존되는 경우, 두 성분은 각각 보존된다.

운동 에너지는 일차원 충돌에서와 마찬가지로 이차원 충돌에서 보존될 수도 있고 그렇지 않을 수도 있다.

외력이 없는 이차원 탄성 충돌에서는 운동 에너지와 운동량의 두 성분이 모두 보존된다.

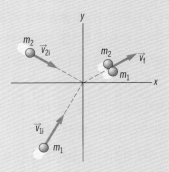

이차원 완전 비탄성 충돌: $m_1\vec{v}_{1i} + m_2\vec{v}_{2i} = (m_1 + m_2)\vec{v}_f$

이차원 탄성 충돌: $m_1 v_{1xi} + m_2 v_{2xi} = m_1 v_{1xf} + m_2 v_{2xf}$
$$m_1 v_{1yi} + m_2 v_{2yi} = m_1 v_{1yf} + m_2 v_{2yf}$$

질량 중심

(6.5절) 어떤 물체의 **질량 중심**은 물체를 구성하는 모든 질량의 위치의 가중 평균이다.

일차원에서의 질량 중심: $X_{cm} = \dfrac{1}{M} \sum\limits_{i=1}^{n} m_i x_i$

이차원에서의 질량 중심: $X_{cm} = \dfrac{1}{M} \sum\limits_{i=1}^{n} m_i x_i$, $Y_{cm} = \dfrac{1}{M} \sum\limits_{i=1}^{n} m_i y_i$

$m_1 = 2\,kg$ $m_2 = 2\,kg$ $m_3 = 4\,kg$

$x_1 = -2\,m$ $x_2 = 0$ X_{cm} $x_3 = 3\,m$

6장 연습문제

문제의 난이도는 ●(하), ●●(중), ●●●(상)으로 분류한다. BIO로 표시된 문제는 생물학적 또는 의학적인 문제이다.

개념 문제

1. 벽면을 향해 공을 던졌다. 공이 벽에 붙는 경우와 공이 튕겨져 나가는 경우 중 어느 쪽이 벽에 가하는 충격량이 더 큰가?

2. 입자 계의 운동량이 0이라면 계의 운동 에너지도 반드시 0인가? 입자의 운동 에너지가 0이면 계의 운동량도 반드시 0인가?

3. 한 회의론자는 로켓을 밀어낼 공기가 없기 때문에 우주 공간에서 로켓이 작동하지 못한다고 주장한다. 어떻게 생각하는가?

4. 속력을 서서히 높이면서 운전할 때, 차의 운동량과 운동 에너지 중 어느 것이 더 빠르게 증가하는가? 이유를 설명하여라.

5. 골프와 테니스 코치들이 공을 칠 때 강한 '팔로우 스루(follow through)'를 추천하는 이유는 무엇인가? (팔로우 스루: 공을 치고 난 후 팔을 쭉 뻗는 행동)

6. 달걀이 깨지지 않게 가장 높은 곳에서 떨어뜨리는 사람이 이기는 '에그 드롭'은 '물리 올림픽'의 대표적인 종목 중 하나이다. 달걀을 감싸는 용기를 설계할 때 어떤 물리적 원리를 고려해야 하는가? 용기가 어떤 특성을 갖도록 만들어야 하는가?

7. 장대높이뛰기 선수의 질량 중심이 가로 막대(bar)를 넘을 필요가 있는가? 이유를 설명하여라.

8. 두 물체의 질량 중심이 두 물체를 잇는 직선 위에 있어야 하는 이유는 무엇인가? 세 물체의 질량 중심은 세 물체에 의해 결정되는 평면에 있어야 하는가?

9. 뉴턴의 요람으로 알려진 물리학 장난감에서 하나의 강철 공이 흔들리면서 다른 공을 친다(그림 CQ6.9). 반대쪽 끝에 있는 공이 이에 반응하여 튀어 올라간다. 두 개의 공을 옆으로 당겼다가 놓으면 반대편에 있는 두 개의 공이 튀어 오르는 것을 알 수 있다. 운동량 보존을 고려하면 가장 오른쪽 하나의 공이 부딪친 한 쌍의 공 속력의 두 배로 튀어 오를 수도 있다. 그런데 왜 이런 일이 일어나지 않는가?

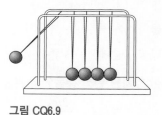

그림 CQ6.9

객관식 문제

10. 20 m/s로 달리는 960 kg의 자동차를 15 s 내에 멈추려면 얼마만큼의 평균 힘이 작용해야 하는가?

(a) 1,280 N   (b) 2,140 N

(c) 6,400 N   (d) 20,000 N

11. 16.0 m 높이의 탑에서 떨어진 5.00 kg 돌이 지면에 닿을 때 운동량 크기는 얼마인가?

(a) 76.7 kg·m/s   (b) 88.5 kg·m/s

(c) 120 kg·m/s   (d) 588 kg·m/s

12. 75 g의 공이 14 m/s로 벽에 수평으로 부딪쳐서 10 m/s로 반대 방향으로 튀어나온다. 공의 운동량의 변화량의 크기는 얼마인가?

(a) 0.180 kg·m/s (b) 0.75 kg·m/s
(c) 0.90 kg·m/s (d) 1.80 kg·m/s

13. 에어트랙에서 처음 속력 0.350 m/s로 움직이는 177 g의 수레가 정지해 있는 133 g의 수레와 완전 비탄성 충돌을 할 때, 결합된 수레의 나중 속력은 얼마인가?

(a) 0.200 m/s (b) 0.300 m/s
(c) 0.400 m/s (d) 0.500 m/s

14. 2개의 동일한 점토 덩어리가 2.50 m/s로 서로 수직으로 이동하다가 완전 비탄성 충돌한다. 충돌 후 합쳐진 점토 덩어리의 속력은 얼마인가?

(a) 5.00 m/s (b) 3.54 m/s
(c) 2.10 m/s (d) 1.77 m/s

15. 2.00 m의 막대기를 따라 서로 다른 지점에 3개의 물체가 놓여 있다. 0.8 m에는 0.45 kg인 물체, 1.10 m에는 0.60 kg의 물체, 1.60 m에는 1.15 kg인 물체가 놓여 있을 때, 질량 중심은 어디인가? (단, 막대기의 질량은 무시한다)

(a) 1.1 m (b) 1.2 m
(c) 1.3 m (d) 1.4 m

16. 0.20 kg의 공과 0.40 kg의 공이 서로 마주 보며 접근한다. 처음에 0.20 kg인 공은 오른쪽으로 3.0 m/s로, 0.40 kg인 공은 왼쪽으로 2.0 m/s로 운동한다. 충돌(비탄성일 수 있다) 후 0.20 kg인 공이 왼쪽으로 3.0 m/s로 이동할 때, 0.40 kg인 공의 속력과 방향은 무엇인가?

(a) 정지 (b) 오른쪽으로 1.0 m/s
(c) 오른쪽으로 1.5 m/s (d) 오른쪽으로 2.0 m/s

연습문제

6.1 운동량 소개

17. • 정지하고 있던 자전거와 라이더(총 질량 105 kg)가 8.0 s 동안 18 m/s로 가속하기 위한 최소 힘은 얼마인가? 이때 계의 운동량은 얼마인가?

18. • 64 kg인 사람이 7.3 m/s의 속력으로 달릴 때, 운동량의 크기는 얼마인가?

19. • 145 g의 야구공이 30.5 m/s의 속력으로 타자를 향해 수평으로 날아간다. 공이 반대 방향으로 39.2 m/s의 속력으로

방망이를 떠났을 때, 공에 전달된 충격량은 얼마인가?

20. • 모형 로켓 엔진이 전달하는 총 충격량의 단위가 N·s로 측정된다. 물음에 답하여라.

(a) 1 N·s가 운동량에 사용한 단위인 kg·m/s와 동일함을 보여라.

(b) 7.5 N·s을 전달하는 엔진이 발사가 끝났을 때, 질량이 140 g인 로켓의 속력은 얼마인가?

21. **BIO** •• **곤충의 이동** 220 μg의 벼룩이 수직으로 점프하는 것을 찍은 고속 사진은 점프가 1.2 ms 동안 지속되고 수직 평균 가속도가 1000 m/s²임을 보여 준다. 다음을 구하여라.

(a) 점프하는 동안 땅이 벼룩에게 가하는 평균 힘

(b) 점프하는 동안 땅이 벼룩에게 가하는 충격량

(c) 점프하는 동안 벼룩의 운동량 변화량

22. •• 170 g인 하키 퍽에 4.50 s 동안 $0.340\,\text{N}\hat{i} + 0.240\,\text{N}\hat{j}$의 알짜힘이 가해졌다. 물음에 답하여라.

(a) 퍽이 처음에 정지해 있었을 때, 퍽의 나중 운동량을 구하여라.

(b) 퍽이 처음에 $2.90\,\text{m/s}\hat{i} + 1.35\,\text{m/s}\hat{j}$의 속도로 움직이고 있었을 때, 퍽의 나중 운동량을 구하여라.

23. •• 55.8 m 높이의 피사의 사탑에서 질량이 각각 1.50 kg, 4.50 kg인 대포알 2개를 떨어뜨렸다. 물음에 답하여라.

(a) 각 대포알이 땅에 부딪힐 때의 운동량을 구하여라.

(b) (a)에서 구한 답을 이용하여 땅에 부딪히기 직전, 각 대포알의 운동 에너지를 구하여라.

24. •• 64 kg인 달리기 선수가 반지름이 63.7 m인 원형 트랙을 일정한 빠르기 4.50 m/s로 회전한다. 이 선수가 다음과 같이 돌고 난 후 운동량 변화량의 크기를 구하여라.

(a) 반 바퀴 (b) 4분의 1바퀴 (c) 한 바퀴

25. •• 1.67 m/s로 이동하는 160 g의 당구공이 테이블 측면 쿠션에 30° 각도로 부딪힌 후, 같은 각도로 튀어 나왔다. 다음 각 경우에 당구공의 운동량 변화량을 구하여라.

(a) 쿠션에 부딪힌 후 공의 속력이 변화가 없을 때

(b) 쿠션에 부딪힌 후 속력이 1.42 m/s로 감소할 때

(c) 두 경우 모두에 대하여 쿠션이 공에 가하는 평균 힘을 구하여라. 단, 쿠션과 공의 접촉 시간은 25 ms이다.

26. ••• 120 g의 얼음 덩어리가 그림 P6.26의 곡선 1에 표시된 힘에 따라 혜성에서 방출된다. 물음에 답하여라.

(a) 0 s에서 0.5 s와 0.5 s에서 1.0 s의 시간 동안 얼음 덩어리에 주어진 총 충격량을 구하여라.

(b) 얼음 덩어리가 처음에 정지 상태였다면 1.0 s일 때의 속도를 구하여라.

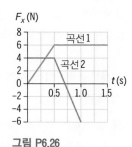

그림 P6.26

27. BIO ▪▪ **돌격하는 코뿔소** 야생 생물학자들이 0.81 m/s로 돌격하는 코뿔소를 멈추기 위해 20 g의 고무 총알을 발사한다. 고무 총알이 코뿔소에 맞고 수직으로 땅에 떨어진다. 생물학자들의 총은 초당 15발의 총알을 73 m/s로 발사하며, 코뿔소가 멈추는 데 34 s가 걸린다. 물음에 답하여라.

(a) 각 고무 총알이 전달하는 충격량은 얼마인가?

(b) 코뿔소의 질량은 얼마인가? (단, 코뿔소와 땅 사이의 힘은 무시한다)

6.2 운동량 보존

28. ▪ 115 g의 유성(우주 암석)이 원점에 정지해 있다가 내부 압력으로 2개로 쪼개져서 질량 55 g의 한 조각은 +x 방향으로 0.65 m/s로 떨어져 나간다. 다른 한 조각의 속도를 구하여라.

29. ▪▪ 24.2 m/s로 수평으로 움직이는 250 g인 골프채 헤드가 정지한 45.7 g의 골프공을 친다. 공은 37.6 m/s로 골프채가 처음 운동하던 방향으로 날아간다. 접촉 직후 헤드의 속력을 구하여라(단, 골퍼의 추가된 힘은 없다고 가정한다).

6.3 일차원 충돌과 폭발

30. ▪ 3.4 m/s로 달리던 1,030 kg 승용차가 주차된 1,200 kg 승용차의 범퍼를 들이받은 후 두 차량이 붙어서 이동한다. 충돌 직후 붙은 차량의 속력을 구하여라.

31. ▪ +x 방향으로 움직이는 60.0 kg의 스케이트 선수가 처음에 정지해 있던 87.5 kg의 스케이트 선수와 탄성 충돌한다. 충돌 후 두 선수의 속도를 구하여라.

32. ▪▪▪ 질량이 각각 m_1, m_2인 두 물체가 정면으로 탄성 충돌한다고 생각해 보자. 충돌 전 속도는 $v_{1xi}\hat{i}$와 $v_{2xi}\hat{i}$이고, 충돌 후 속도는 $v_{1xf}\hat{i}$와 $v_{2xf}\hat{i}$이다. 물음에 답하여라.

(a) 운동량 보존과 에너지 보존을 나타내는 식을 작성하여라.

(b) (a)에서 작성한 식을 이용하여 $v_{1xi} - v_{2xi} = -(v_{1xf} - v_{2xf})$임을 보여라.

(c) (b)의 결과를 논의하여라.

33. ▪▪ 달리는 차가 멈춰 있던 같은 질량의 차를 그대로 들이받고 두 대가 서로 붙었다. 운동 에너지가 보존되지 않음을 명시적으로 보여라(힌트: 운동량은 보존된다).

34-35. 다음 두 문제는 총알의 속력을 구하는 데 사용되는 **탄도진자**(ballistic pendulum)와 관련이 있다. 총알을 정지한 나무토막에 발사하면 나무토막이 진자처럼 흔들리게 된다(그림 P6.34). 나무토막의 수직 상승 높이를 이용하여 총알의 초기 속도를 구할 수 있다.

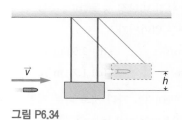

그림 P6.34

34. ▪▪ 에너지 보존의 관점에서 탄도 진자를 평가하라. 이 과정의 어느 부분에서 역학적 에너지가 보존되는가? 어느 부분에서 역학적 에너지가 보존되지 않는가?

35. ▪▪▪ 나무토막의 질량은 M이고 총알의 질량은 m이다. 총알의 처음 속력이 v일 때, 물음에 답하여라.

(a) 총알이 나무토막에 박혀 정지한 직후 총알/나무토막 조합의 속력 V를 구하여라.

(b) 총알의 처음 속력 v를 m, M, h로 나타내어라. (단, 중력 가속도는 g이고, h는 총알이 박힌 나무토막이 흔들려 올라간 높이이다)

36. BIO ▪▪ **독수리의 급강하** 대머리 독수리가 먹이를 찾아 급강하할 때 322 km/h의 속력에 도달할 수 있다. 322 km/h로 수평으로 날아가던 6.0 kg의 독수리가 정지해 있는 2.8 kg의 산토끼를 발톱으로 순간적으로 움켜쥐었다고 가정하자. 물음에 답하여라.

(a) 산토끼를 잡은 직후 독수리의 속력은 얼마인가?

(b) 이 과정에서 독수리의 운동 에너지는 몇 % 손실되는가?

(c) 산토끼가 처음에 2.0 m/s로 대머리 독수리를 향해 달려온 경우에 독수리의 나중 속력은 얼마인가?

37. ▪▪▪ 질량이 916 g인 방망이와 145 g인 야구공의 탄성 충돌을 가정해 보자. 처음에 공은 32 m/s로 방망이를 향해 던져

졌고, 충돌 이후에는 40 m/s로 반대 방향으로 날아간다. 충돌 전후 방망이의 속력을 구하여라.

38. •• 복원 계수(COR)는 충돌 후 남은 초기 운동 에너지의 비율이다. 탄성 충돌의 경우 COR = 1, 비탄성 충돌의 경우 COR < 1이다. 지면에서 튕기는 어떤 공의 COR이 0.82이다. 이 공이 정지 상태에서 떨어졌을 때, 세 번 튕긴 후 이 공은 원래 높이의 몇 분의 일까지 튀어 오르겠는가?

39. •• 0.95 m/s로 움직이는 크로켓 공이 멈춰 있던 동일한 공에 부딪힌다. 이것이 원래 운동 에너지의 10%가 손실된 일차원 비탄성 충돌일 때, 두 공의 나중 속도를 구하여라.

6.4 이차원 충돌과 폭발

40. •• 2개의 동일한 점토 덩어리가 동일한 속력인 1.45 m/s로 서로 수직으로 움직이다가 완전 비탄성 충돌한다. 충돌 후 뭉쳐진 점토 덩어리의 속도는 얼마인가?

41. •• 두 대의 동일한 차량이 교차로에서 완전 비탄성 충돌했다. 한 대가 처음 11.2 m/s(25 mi/h)로 동쪽으로 이동하고 있었던 것으로 알려졌다. 다른 한 대는 북쪽으로 가고 있었다. 스키드 마크는 충돌 직후 잔해가 동북쪽 54° 각도로 이동했음을 보여 준다. 두 번째 차가 제한 속도 30 mi/h를 초과했는가?

42. •• +x 방향으로 1.65 m/s로 움직이는 당구공이 정지해 있던 동일한 공과 충돌한다. 충돌 후 한 공은 x축 위 45° 방향으로 이동한다. 두 공의 충돌 후 속도를 구하여라.

43. •• 콤프턴 산란에서 광자는 정지 상태인 전자와 탄성 충돌한다. 입사 광자의 운동량이 1.0×10^{-21} kg·m/s $\hat{i}$ 라고 가정하자. 산란된 (충돌 후) 광자의 운동량은 1.8×10^{-22} kg·m/s $\hat{i}$ $- 3.1 \times 10^{-28}$ kg·m/s $\hat{j}$ 일 때, 반동하는 (충돌 후) 전자의 운동량을 구하여라.

44. ••• 25.0 kg의 박격포탄이 수평과 60° 각도를 이루는 방향으로 31.5 m/s의 속도로 지면에서 발사된다. 궤적의 꼭대기에서 포탄이 세 조각으로 폭발한다. 10.0 kg의 파편은 38.0 m/s로 앞으로 날아가고, 또 다른 10.0 kg의 파편은 11.5 m/s의 속도로 똑바로 위로 날아오른다. 남은 한 파편의 속도는 얼마인가?

6.5 질량 중심

45. • 질량을 무시할 수 있는 미터 자 위에 2개의 물체를 올려놓는다. 0.200 m에 0.250 kg, 0.800 m에 0.500 kg을 배치했을 때, 이 계의 질량 중심은 어디인가?

46. • 태양과 목성을 완전한 구로 취급하여 목성-태양계의 질량 중심을 구하여라. 태양 표면과 관련하여 이 점은 어디에 있는가?

47. •• 시소 위에 28 kg인 어린이가 시소의 중앙에서 2.8 m 떨어진 곳에 앉아 있다. 34 kg의 어린이가 어디에 앉아야 질량 중심이 시소의 중앙에 있겠는가?

48. •• 에어트랙에서 2개의 동일한 수레가 오른쪽으로 이동하고 있는데, 왼쪽의 수레는 0.350 m/s, 오른쪽의 수레는 0.250 m/s로 이동한다. 물음에 답하여라.
(a) 두 수레의 질량 중심의 속도는 얼마인가?
(b) 더 빠른 수레가 더 느린 수레에 부딪힐 때 탄성 충돌이 일어난다. 충돌 후 두 수레의 속도를 구하여라.
(c) (b)의 답을 사용하여 충돌 후 질량 중심의 속도를 구하고, (a)의 답과 비교하여라.

49. • 축구장 한쪽 구석을 원점으로 하여 좌표 (24.3 m, 35.9 m)에 59.0 kg의 선수가 서 있고 좌표 (78.8 m, 21.5 m)에 71.5 kg의 선수가 서 있다. 이 두 선수의 질량 중심은 어디인가?

50. BIO ••• **다리 들기** 질량이 M인 사람이 바닥에 누워 다리를 들어올린다. 이 사람의 다리는 95 cm이며 엉덩이에서 회전한다. (발을 포함한) 두 다리를 체중의 34.5%를 차지하는 균일한 원통으로 취급하고, 몸의 나머지 부분을 나머지 체중으로 구성된 균일한 원통으로 취급한다. 이 사람이 양다리를 수평 위로 50.0°만큼 들어올릴 때, 물음에 답하여라.
(a) 양다리의 질량 중심은 어디까지 올라가는가?
(b) 몸 전체의 질량 중심은 어디까지 올라가는가?
(c) 몸의 질량 중심이 상승하는 것은 외력이 작용하는 것을 보여 준다. 이 힘은 무엇인가?

51. ••• 본문에서 기술한 이 규칙을 증명하여라. 총 질량이 M인 입자 계에 알짜힘 $\vec{F}_{net}$가 작용할 때, 계의 질량 중심은 뉴턴의 운동 제2법칙인 $\vec{F}_{net} = M\vec{A}_{cm}$에 따라 가속한다. **도움말:** 질량 중심의 속도 식을 쓰고, 그 식을 Δt로 나누시오.

6장 질문에 대한 정답

단원 시작 질문에 대한 답

다이버의 질량 중심은 포사체의 단순한 포물선 경로를 따른다. 뉴턴의 법칙에서 알 수 있듯이 다이버의 질량은 모두 질량 중심에 집중된 것처럼 행동하기 때문이다.

확인 질문에 대한 정답

6.1절   (b) $<$ (a) $<$ (d) $<$ (c)

6.2절   (d) $10.0 \text{ kg} \cdot \text{m/s}$

6.3절   (a) 탄성 충돌

6.4절   (c) v_0보다 크다.

진동
Oscillations

▲ 처음 뛰어내린 후 번지점프한 사람은 위아래로 진동하면서 경치를 감상한다. 이러한 진동의 진동수가 얼마인지, 진동이 얼마나 빨리 소멸되는지 어떻게 정할 수 있는가?

이 장에서는 진동 운동을 소개한다. 이상적인 용수철에서 진동하는 물체로 대표되는 단조화 운동의 중요한 특성을 자세히 살펴볼 것이다. 이 모형의 경우 질량과 용수철 상수에 따라 진동 주기가 어떻게 달라지는지 알아본다. 또한, 시간에 따라 위치, 속도, 가속도가 어떻게 변하는지도 살펴볼 것이다. 이러한 개념들은 단조화 운동에 대한 에너지 보존을 논의하면서 자연스럽게 다루어진다.

다음은 단진자이다. 작은 각도로 흔드는 경우 근사적이지만 역시 단조화 운동을 한다. 마찰은 흔히 진동을 감쇠시키므로 이런 감쇠 과정을 탐구할 것이다. 마지막으로 강제 진동수가 진동기의 고유 진동수와 일치할 때 공명 현상으로 이어지는 강제 진동을 공부할 것이다.

7.1 주기 운동

자연과 공학에는 동일한 궤적을 반복적으로 따르는 **주기 운동**(periodic motion)의 많은 예가 있다. 달의 공전 궤도와 같은 등속 원운동(3장)이 좋은 예이며, 혜성의 반복 타원 궤도도 마찬가지이다. 시계의 진자는 앞뒤로 흔들리는 주기 운동을 한다. 보다 현대적인 시계인 배터리로 구동되는 시계에는 초당 32,768회의 주기 운동을 하는 아주 작은 수정이 들어 있다.

주기와 진동수

주기 운동의 **주기**(period)는 전체 궤도를 통해 1바퀴를 도는 데 걸리는 시간이다. 지구의 공전 주기는 1년이고, 심장이 뛰는 주기는 약 1 s이다. 3.5절(등속 원운동)에 따라 주기를 나타낼 때 변화하는 시간 t와 구별하기 위해 T를 사용하며, 주기 운동의 **진동수**(frequency) f는 주기의 역수이다.

▶ **TIP** 진동수는 (a) 주기의 역수 또는 (b) 단위 시간 동안 반복되는 진동의 횟수로 생각할 수 있다.

$$f = \frac{1}{T}$$

이 식에 따르면 진동수의 단위는 s^{-1}이지만, 과학자와 공학자는 보통 진동수 f를 **헤르츠**(hertz)(1887년 처음 전파를 입증한 독일 물리학자 하인리히 헤르츠의 이름을 딴 Hz) 단위로 측정한다. 수학적으로 1 Hz는 1 s^{-1}와 정확히 같지만 Hz를 사용할 때는 초당 사이클 수를 설명하는 것으로 이해하면 된다. 단위가 s^{-1}로 나타나는 다른 종류의 진동수의 척도가 있음을 곧 알게 될 것이다.

진동수는 주기 운동이 반복되는 비율, 즉 초당 사이클 수로 생각할 수 있다. $T = 0.25$ s, $f = 1/T = 4$ Hz의 주기로 농구공을 튕긴다고 가정하면 초당 4번 공을 튕긴다는 뜻이다. Hz 단위가 일반화되기 전에는 진동수를 '초당 사이클'로 표시하였다. 이는 헤르츠와 동일하다.

예제 7.1　주기와 진동수

다음 물음에 답하여라.
(a) 지구는 365일마다 태양 주위를 돈다. 이 운동의 진동수를 헤르츠(Hz) 단위로 구하여라.
(b) '음계 A'(중간 C 위의 A음)로 설정된 소리굽쇠는 440 Hz로 진동한다. 이 운동의 주기는 얼마인가?

구성과 계획 여기서 필요한 것은 주기와 진동수 사이의 관계이다. 주어진 진동수나 주기는 다른 하나의 역수이다. 즉, 다음과 같다.

$$f = \frac{1}{T}$$

Hz 단위의 진동수를 얻으려면 주기가 s 단위여야 한다. 지구의 365일 주기는 3.15×10^7 s로 환산된다.

풀이 (a) 지구 궤도의 진동수는 주기 $T = 3.15 \times 10^7$ s의 역수이다.

$$f = \frac{1}{T} = \frac{1}{3.15 \times 10^7 \, \text{s}} = 3.17 \times 10^{-8} \, \text{s}^{-1} = 3.17 \times 10^{-8} \, \text{Hz}$$

(b) 소리굽쇠의 주기는 진동수의 역수이므로 다음과 같이 계산한다.

$$T = \frac{1}{f} = \frac{1}{440 \, \text{Hz}} = \frac{1}{440 \, \text{s}^{-1}} = 2.27 \times 10^{-3} \, \text{s}$$

반영 (b)에서 진동수 440 Hz와 10^{-3} s 정도의 주기는 음계의 중간에 가깝기 때문에 일반적으로 가청음에 사용된다. 11장에서 소리와 인간의 청각 범위에 대해 배울 것이다.

연결하기 어느 행성의 궤도가 지구보다 진동수가 높은가? 어느 행성의 궤도가 지구보다 진동수가 낮은가?

답 핵심은 진동수와 주기 사이의 관계이다. 수성과 금성은 지구보다 공전 주기가 짧으므로 진동수가 더 높다. 외행성들(화성, 목성과 그 너머의 행성)은 지구보다 주기가 더 길므로 더 낮은 진동수를 갖는다.

진동

진동(oscillation)은 동일한 경로를 따라 앞뒤로 진행되는 운동이다. 두 갈래로 나누어져 있는 소리굽쇠의 한 갈래의 진동이 한 예이며 진자의 흔들림, 용수철 완충기에서 튕기는 자동차, 뛰는 심장의 근육 움직임 등도 진동에 해당한다.

모든 주기 운동이 진동하는 것은 아니다. 닫힌 트랙을 계속 도는 자동차는 주기 운동을 하지만 진동 운동은 아니다. 그러나 차가 트랙을 따라 시계 방향으로 돌다가, 후진하여 출발 지점으로 반시계 방향으로 돌아간다면 이는 진동이다.

....

확인 7.1절 벌새가 71 Hz의 진동수로 날갯짓을 하고 있다. 이 새의 날갯짓의 진동 주기는 약 얼마인가?

(a) 71 s (b) 0.71 s (c) 0.14 s (d) 0.014 s

....

7.2 단조화 운동

그림 7.1은 세 가지 진동 운동을 그래프로 나타낸 것이다. 각각은 동일한 최대 위치와 최소 위치 사이를 주기적으로 왕복하므로 진동 기준을 충족한다. **사인파 진동**(sinusoidal oscillation)은 특히 중요하다. 위치–시간 그래프는 사인함수 또는 코사인함수의 부드럽고 물결치는 모양을 갖는다. 사인과 코사인은 유사한 그래프로 1/4주기만큼의 차이가 난다. 여기서는 코사인이지만 두 경우 모두 **사인파**라는 용어를 사용한다.

시간의 사인파 함수를 설명하는 계는 **단조화 진동자**(simple harmonic oscillator)이며, 이런 운동을 **단조화 운동**(simple harmonic motion, SHM)이라 한다. SHM은 자연의 기본 진동이며, 공학에서 흔히 다루곤 한다.

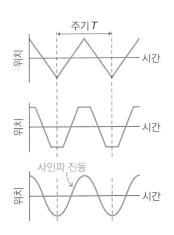

그림 7.1 이들 곡선은 진동을 나타낸다. 최소 위치와 최대 위치 사이를 반복하여 왕복한다.

SHM에서 진폭과 각진동수

단조화 진동자의 이론적 모형은 이상적인 용수철에 달린 질량이 m인 물체이다(그림 7.2). 5.2절부터 이상적인 용수철은 훅의 법칙 $F = -kx$를 따르며, 이 힘을 복원력(restoring force)이라 한다. 이 힘은 평형으로부터의 변위에 비례한다. 훅의 법칙에서 힘의 대칭성은 물체가 평형의 양쪽에서 동일한 거리를 이동한다는 것을 나타낸다. 이 거리는 **진폭**(amplitude) A이다. 분명한 것은 변위와 힘 사이의 선형 관계가 운동을 사인파로 만드는 것, 즉 질량–용수철 계가 SHM이 되도록 보장하는 요소라는 것이다.

질량–용수철 계가 SHM을 만족함을 보이려면 미적분학이 필요하지만 영상이나 운동 감지기로 운동을 추적하여 실험적으로 검증할 수도 있다. $x = +A$에서 $x = -A$까지의 진동은 $+1$에서 -1까지 변화하는 코사인함수로 설명한다. 코사인은 시간을 $t = 0$으로 하여 $x = A$ 위치에서 물체를 놓을 때 적용된다. 물체의 단조화 운동은 다

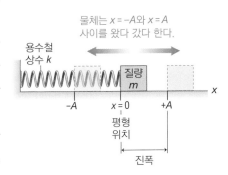

그림 7.2 단조화 운동을 설명하는 이상적인 용수철에 달린 물체

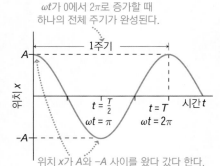

ωt가 0에서 2π로 증가할 때 하나의 전체 주기가 완성된다.

위치 x가 A와 −A 사이를 왔다 갔다 한다.

그림 7.3 단조화 운동에 대한 위치−시간 그래프

음과 같이 설명한다.

$$x = A \cos(\omega t) \quad \text{(단조화 운동에서의 물체의 위치) (SI 단위: m)} \tag{7.1}$$

여기서 ω(그리스어 소문자 오메가)는 m, k와 관계된 상수이다. 그림 7.3은 이 운동을 그래프로 나타낸 것이다. 물체가 $x = 0$에서 시작하기로 선택했다면 코사인 대신 사인을 사용한다.

상수 ω는 **각진동수**(angular frequency)이며, 주기 T와 밀접한 관련이 있다. ωt가 0에서 2π까지 증가하면서 코사인함수가 전체 주기를 완성하기 때문이다. 진동자는 $t = 0$에서 $t = T$로 시간이 지나게 되면 한 주기로 하나의 전체 사이클을 완성한다. 따라서 식 7.1에 따르는 진동자의 경우 $\omega T = 2\pi$, 즉 다음이 성립한다.

$$\omega = \frac{2\pi}{T} \tag{7.2}$$

진동자 진동수 f는 주기의 역수($f = 1/T$)이므로 각진동수는 다음과 같이 나타낼 수 있다.

$$\omega = 2\pi f$$

나중에 왜 ω를 각진동수라고 부르는지 물리적으로 살펴볼 것이다. 지금은 보통 사인과 코사인에 대한 인수를 각으로 간주하고, 완전한 원에는 2π라디안의 각도가 있다는 점에서 ω가 각과 관련이 있다는 힌트를 얻을 수 있다. 이 관계에 대해서는 7.4절에서 자세히 설명할 것이다.

예제 7.2 단조화 운동

용수철에 매달린 물체는 진폭이 A, 변위가 $x = A \cos(\omega t)$인 단조화 운동을 한다. 다음에 해당되는 물체의 위치는 어디인가?

(a) 용수철에 가한 힘이 0일 때

(b) 힘의 크기가 최대일 때

(c) 물체의 속력이 0일 때

(d) 속력이 가장 최대일 때

풀이 그림 7.4에 해답이 나와 있다.

(a) 물체에 가해지는 복원력은 $F_x = -kx$이다. 따라서 $x = 0$일 때 힘은 0이다.

(b) 힘 $-kx$는 x의 크기가 가장 클 때 최대 크기의 힘을 가지며, $x = A$와 $x = -A$에서 발생한다.

(c) 물체의 속력은 방향이 바뀌는 동안, 즉 $x = \pm A$일 때 멈추므로 순간적으로 0이다. 이는 그림 7.3의 위치-시간 그래프와 일치한다. 속도는 위치-시간 그래프에서 접선의 기울기임을 기억하자. 위치 $x = \pm A$는 코사인 곡선의 극대와 극소

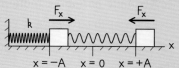

$x = -A$와 $x = +A$에서 물체는 순간적으로 멈추고($v = 0$), 용수철로부터 (밀거나 당기는) 최대 힘을 느낀다.

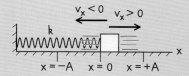

$x = 0$에서 (용수철이 순간적으로 이완되므로) 물체는 힘을 느끼지 않으며, 가장 빠르게 움직인다.

그림 7.4 논의한 네 가지 경우에 대한 해답

이고, 여기서 접선의 기울기는 0이다. 이는 해당 지점에서 속도가 0이고, 속력이 0임을 의미한다.

(d) 속력은 $x = 0$에서 최대이다. $x = A$에서 놓인 물체는 물리적으로 $x > 0$에 대해 $-x$ 방향의 힘 $-kx$를 받는다. 물체는 왼쪽으로 가속되면서 속력이 빨라진다. 그러나 $x < 0$ 영역

에 진입하면 힘이 오른쪽으로 작용하여 물체를 느리게 만든다. $x = -A$에서 시작하는 사이클이 바뀌는 부분에서 이 과정이 역으로 일어난다.

반영 진동자에 대한 운동 방정식과 훅의 법칙에서 얻을 수 있는 정보는 매우 풍부하다! 이 절의 뒷부분에서 속도와 속력에 대한 질문으로 돌아가겠다.

단조화 진동자의 주기

그림 7.5와 같이 용수철을 연직으로 매달아 마찰을 방지하여 단조화 진동자를 만들고자 한다. 7.5절에서 논의할 (공기 저항력을 포함한) 마찰력은 진동의 진폭을 점차 감소시키겠지만 지금은 저항력을 무시할 것이다.

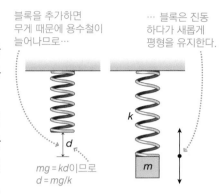

블록을 추가하면 무게 때문에 용수철이 늘어나므로…

… 블록은 진동하다가 새롭게 평형을 유지한다.

$mg = kd$이므로 $d = mg/k$

그림 7.5 수직 단조화 진동자

중력은 진동자에 어떤 영향을 미치는가? 그림 7.5와 같이 중력은 평형 위치를 거리 d만큼만 변화시킨다. 새로운 평형에 대한 진동은 수평 진동자에 대한 진동과 정확히 동일하게 발생한다. 이는 중력이 일정한 반면, 진동은 용수철의 다양한 힘에 의해 발생하기 때문이다. 따라서 연직 진동자의 주기 T는 수평 진동자의 주기와 동일하다.

다양한 용수철과 다양한 질량으로 실험해 보면 곧 주기가 용수철 상수 k와 물체의 질량 m에 따라 다름을 알 수 있다. 좀 더 강한 용수철은 k가 크므로 힘과 가속도가 증가하여 주기를 단축시킨다. 물체의 질량이 클수록 관성이 강해져 주기가 길어진다. 충분한 실험을 통해 주기가 다음과 같음을 확인할 수 있다.

$$T = 2\pi\sqrt{\frac{m}{k}} \quad \text{(단조화 운동의 주기, SI 단위: s)} \tag{7.3}$$

식 7.3은 질량이 없고 훅의 법칙을 따르는 이상적인 용수철에 대해서만 성립한다. 그러나 용수철의 질량이 진동 질량보다 훨씬 작거나 용수철이 힘과 변위에 비례하는 범위를 초과하여 늘어나지 않을 때는 좋은 근사가 된다. 뉴턴의 운동 제2법칙과 미적분학을 이용하면 식 7.3은 이상적인 용수철에 대해 정확함을 증명할 수 있다. 미적분은 식 7.2를 통해 수학적으로 각진동수가 중요한 역할을 함을 보여 준다.

$$\omega = \frac{2\pi}{T} = \frac{2\pi}{2\pi\sqrt{m/k}}$$

즉, 다음이 성립한다.

$$\omega = \sqrt{\frac{k}{m}} \quad \text{(조화 진동자의 각진동수, SI 단위: s}^{-1}\text{)} \tag{7.4}$$

▶ **새로운 개념 검토**

단조화 운동에 대한 중요한 아이디어

- 훅의 법칙을 만족하는 용수철에 매달린 물체는 단조화 운동으로 진동한다.
- 단조화 운동에서 위치는 시간에 대한 사인파 함수로 표현된다.
- 질량이 m인 물체와 용수철 상수 k를 갖는 단조화 진동자의 주기는 $T = 2\pi\sqrt{m/k}$ 이다.

예제 7.3 나쁜 충격!

충격흡수기가 고장 난 자동차는 사실상 질량–용수철 계로, 충돌하면 진동이 시작된다. 질량이 1,240 kg인 자동차는 질량의 4분의 1을 용수철 상수가 14.0 kN/m인 충격흡수기가 지탱한다. 진동의 주기, 진동수, 각진동수를 구하여라.

구성과 계획 주기는 알려진 변수인 k 및 m과 관련이 있다. 유효 질량은 자동차 질량의 1/4, 즉 $m = 1240\,kg/4 = 310\,kg$이다. 주기를 알면 주기, 진동수, 각진동수 간의 기본 관계를 통해 문제를 해결할 수 있다.

주기는 다음과 같다.

$$T = 2\pi \sqrt{\frac{m}{k}}$$

진동수는 주기의 역수, 즉 $f = 1/T$이다. 각진동수 ω는 $\omega = 2\pi f$를 만족한다.

알려진 값: $k = 14.0\,kN/m$, 유효 질량 $m = 310\,kg$

풀이 주기를 구하면 다음과 같다.

$$T = 2\pi \sqrt{\frac{m}{k}} = 2\pi \sqrt{\frac{310\,kg}{15 \times 10^3\,N/m}} = 0.903\,s$$

따라서 진동수는 다음과 같다.

$$f = \frac{1}{T} = \frac{1}{0.903\,s} = 1.11\,s^{-1} = 1.11\,Hz$$

각진동수는 다음과 같다.

$$\omega = 2\pi f = 2\pi(1.11\,s^{-1}) = 6.97\,s^{-1}$$

반영 울퉁불퉁한 도로에서 자동차가 튕기는 데 1 s 정도의 주기가 적당해 보인다. 또한 식 7.4를 사용하여 각진동수를 직접 계산할 수도 있다.

연결하기 1 s 이상의 주기를 얻으려면 차에 승객이 추가로 탑승하거나 내려야 하는가?

답 주기는 질량의 제곱근에 비례하므로 주기를 늘리려면 더 많은 질량이 필요하다.

응용 우주 비행사의 '질량' 측정

겉보기 무게가 0인 궤도를 도는 우주선의 자유 낙하 상태에서는 기존의 무게 측정이 불가능하지만 단조화 운동으로 측정할 수 있다. 사진은 우주 비행사 카렌 나이버그가 국제우주정거장에서 '우주 선형 가속도 질량 측정 장치(SLAMMD)'를 착용하고 있는 모습이다. 이 장치는 우주 비행사가 끈으로 묶여 있는 썰매로 구성되어 있으며, 썰매는 알려진 용수철 상수를 가진 용수철에 부착되어 우주 비행사를 가속시키는 데 사용된다. 그다음 우주 비행사의 질량은 뉴턴의 운동 제2법칙인 $m = F/a$를 이용하여 계산된다.

개념 예제 7.4 원자 진동

5장에서 분자에서 별에 이르기까지 다양한 계가 용수철과 같은 움직임을 보인다는 것에 주목했다. 따라서 이러한 계는 단조화 운동을 하게 된다. 고체에 대한 유용한 모형은 규칙적인 패턴으로 배열되고 용수철로 연결된 원자로 구성되어 있다(그림 7.6). 원자 간 힘은 실제로 전기력이지만 작은 진동에 대해 이러한 '용수철'은 훅의 법칙을 상당히 잘 만족한다. 전기력은 짧은 범위에서 강하므로 유효 용수철 상수가 크다. 원자 질량은 매우 작다. 이는 진동 주기와 진동수에 대해 무엇을 의미하는가?

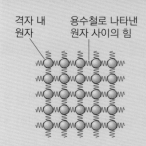

격자 내 원자 · 용수철로 나타낸 원자 사이의 힘

그림 7.6 단조화 운동을 하는 고체 내 원자

풀이 큰 용수철 상수 k와 작은 질량 m을 가진 SHM에 대한 식 7.3은 짧은 주기 T와 그에 상응하는 높은 진동수 $f = 1/T$을 의미한다. 실제 고체에서 진동 진동수는 일반적으로 테라헤르츠 (THz = 10^{12} Hz) 정도이며, 따라서 주기는 피코 초(ps = 10^{-12} s)

정도이다. 고체의 원자 진동은 매우 빠르다!

반영 높은 진동수는 원자 규모에서만 합리적이며, 질량은 10^{-27} kg 에서 10^{-25} kg 정도이다. 물체의 질량이 주기 공식에서는 분자에, 진동수 공식에서는 분모에 나타난다는 점에 주목하여라.

주기와 진폭

식 7.3은 진폭 A를 포함하지 않으며, 이는 단조화 운동의 주기가 진폭에 의존하지 않음을 보여 준다. 진폭이 클수록 진동자가 더 먼 거리를 움직여야 하기 때문에 의외일 수 있다. 그러나 진폭이 클수록 복원력이 커지고 가속도도 커지므로 진폭에 관계없이 더 먼 거리를 빠르게 움직여서 주기는 같아진다. 이는 단조화 운동의 특별한 특징이며, 계를 평형으로 복원하려는 힘이 변위에 대해 선형일 때만 발생한다.

▶ **TIP** 조화 진동자의 주기는 (a) 질량이 증가하면 증가하고, (b) 용수철 상수가 커지면 감소하며, (c) 진폭과는 무관하다.

확인 7.2절 다음 5개의 진동자의 주기를 작은 것에서 큰 순서로 나열하여라.

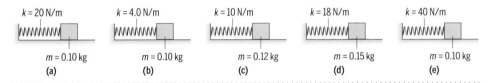

7.3 단조화 운동에서의 에너지

5장에서 보존력을 받는 계에서 역학적 에너지가 보존된다는 것을 살펴보았다. 이상적인 용수철의 힘은 보존력이므로 단조화 진동자는 보존되는 계이다. 마찰을 무시한 단조화 진동자의 총 역학적 에너지는 일정하게 유지된다.

총 역학적 에너지

5장의 계의 총 역학적 에너지 E는 운동 에너지 K와 위치 에너지 U의 합, 즉 $E = K + U$이다. 조화 진동자에서 운동 에너지는 속력 v로 움직이는 물체의 질량 m으로 결정된다(그림 7.7).

$$K = \tfrac{1}{2}mv^2$$

용수철에서 위치 에너지는 변위 x에 의존한다.

$$U = \tfrac{1}{2}kx^2$$

따라서 진동자의 총 역학적 에너지는 다음과 같다.

$$E = K + U = \tfrac{1}{2}mv^2 + \tfrac{1}{2}kx^2 \tag{7.5}$$

용수철이 작용한 힘은 보존력이므로 E는 일정하다. 그 값은 얼마인가? 운동의 끝

진동자는 물체의 질량과 관련된 운동 에너지 $K = \tfrac{1}{2}mv^2$을 갖는다.

진동자는 용수철과 관련된 위치 에너지 $U = \tfrac{1}{2}kx^2$을 갖는다.

그림 7.7 단조화 운동에서의 에너지

점인 $x = A$를 고려하면 쉽게 답할 수 있다. 이 지점에서 질량은 방향을 반대로 하기 위해 순간적으로 멈추므로 속도와 운동 에너지는 모두 0이다. 그러면 총 에너지는 용수철의 위치 에너지가 된다.

$$E = \tfrac{1}{2}kA^2$$

단조화 진동자의 총 역학적 에너지는 용수철 상수 k와 진동 진폭 A에만 의존한다.

속력과 속도

진동자의 총 역학적 에너지를 알면 위치 함수로 속력 v를 구할 수 있다. 식 7.5에서 $E = \tfrac{1}{2}kA^2$을 대입하면 다음을 얻는다.

$$\tfrac{1}{2}kA^2 = \tfrac{1}{2}mv^2 + \tfrac{1}{2}kx^2$$

v^2에 대해 풀면

$$v^2 = \frac{k}{m}(A^2 - x^2)$$

이고, 제곱근을 취하여 v를 얻을 수 있다.

$$v = \sqrt{\frac{k}{m}(A^2 - x^2)} \quad \text{(조화 진동자의 속력, SI 단위: m/s)} \quad (7.6)$$

속력이 항상 양(또는 0)이므로 양의 제곱근을 택하였다.

그림 7.8은 식 7.6에서 구한 위치 x의 함수로서 속력 v를 나타낸다. 진동자의 평형 위치 $x = 0$을 통과할 때 생기는 최대 속력은 식 7.6에 $x = 0$을 대입하여 얻는다.

$$v_{\max} = \sqrt{\frac{k}{m}}\,A \qquad (7.7)$$

7.2절의 결과 $\sqrt{k/m} = \omega$를 이용하면 각진동수 ω의 관점에서 최대 속력에 대한 다른 표현을 얻을 수 있다.

$$v_{\max} = \omega A$$

일차원 운동에서 속력은 속도 v_x의 절댓값이다. 따라서 다음과 같이 나타낸다.

$$v = \pm\sqrt{\frac{k}{m}(A^2 - x^2)} \quad \text{(조화 진동자에 대한 속도–위치, SI 단위: m/s)} \quad (7.8)$$

여기서 +부호는 물체가 오른쪽(+x 방향)으로 움직일 때 적용되고, −부호는 물체가 왼쪽으로 움직일 때 적용된다. 최대 속력 $v_{\max} = \sqrt{k/m}\,A$가 주어지면 속도는 두 개의 극값을 갖는다.

$$v_{x,\max} = \sqrt{\frac{k}{m}}A, \quad v_{x,\min} = -\sqrt{\frac{k}{m}}A$$

이러한 현상은 진동자가 $x = 0$을 통과하여 각각 오른쪽과 왼쪽으로 움직일 때 생긴다.

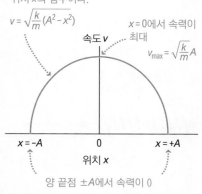

단조화 진동자의 속력은 위치 x의 함수이다.

$v = \sqrt{\dfrac{k}{m}(A^2 - x^2)}$

속도 v

$x = 0$에서 속력이 최대

$v_{\max} = \sqrt{\dfrac{k}{m}}A$

$x = -A$　　0　　$x = +A$

위치 x

양 끝점 $\pm A$에서 속력이 0

그림 7.8 위치의 함수로 표현된 조화 진동자의 속력

$k = 10.0$ N/m, $m = 250$ g인 단조화 진동자를 생각해 보자. 진동 진폭이 3.5 cm인 경우, 최대 속도는 다음과 같다.

$$v_{x,\text{max}} = \sqrt{\frac{k}{m}}A = \sqrt{\frac{10.0 \text{ N/m}}{0.250 \text{ kg}}}(0.035 \text{ m}) = 0.22 \text{ m/s}$$

이 경우, 진폭을 두 배로 늘리면 최대 속도가 두 배로 증가하여 0.44 m/s가 된다.

▶ **TIP** 조화 진동자의 최대 속력은 평형 위치($x = 0$)를 통과할 때 생긴다.

속도-시간

식 7.8은 속도를 위치 함수로 나타내었다. 그러나 단조화 운동에서 식 7.1은 위치를 시간의 함수 $x = A\cos(\omega t)$로 나타내었다. 식 7.7에서 다음 식을 사용하면 속도를 시간의 함수로 구할 수 있다.

$$v_x = \pm\sqrt{\frac{k}{m}\left(A^2 - A^2\cos^2(\omega t)\right)} = \pm\sqrt{\frac{k}{m}A^2\left(1 - \cos^2(\omega t)\right)}$$

여기서 A^2을 제곱근 밖으로 꺼내고 $\omega = \sqrt{k/m}$를 이용하면 다음과 같이 간단히 나타낼 수 있다.

$$v_x = \pm\omega A\sqrt{1 - \cos^2(\omega t)}$$

삼각함수에서 항등식 $\sin^2\theta + \cos^2\theta = 1$은 $\sin\theta = \pm\sqrt{1 - \cos^2\theta}$로 쓸 수 있다. 이 결과를 속도 식에 적용하면 다음을 얻는다.

$$v_x = \pm\omega A\sin(\omega t)$$

어느 부호가 올바른가? 여기서는 음의 **부호**이다. $x = A\cos(\omega t)$에서 코사인을 선택한 것은 질량이 $x = A$에서 정지할 때 시간 $t = 0$을 의미한다. $-x$축 방향인 왼쪽으로 이동하여 시간 t가 0에서 증가함에 따라 v_x가 음수가 됨을 보여 준다(그림 7.9). 따라서 속도-시간 함수는 다음과 같다.

$$v_x = -\omega A\sin(\omega t) \quad \text{(조화 진동자의 속도-시간, SI 단위: m/s)} \quad (7.9)$$

속도는 삼각함수에서 사인함수를 따르므로 진동자는 각 사이클의 절반 동안 왼쪽으로 이동한 후, 나머지 절반 동안 오른쪽으로 이동한다. 그림 7.9는 시간에 따른 속도의 사인파 함수 그래프를 나타낸 것이다.

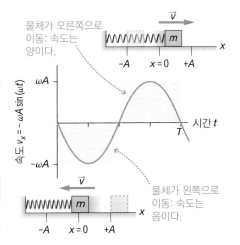

그림 7.9 단조화 진동자에 대한 속도-시간 그래프

개념 예제 7.5 **속도와 최대 속력**

속도 $v_x = -\omega A\sin(\omega t)$(식 7.9)가 에너지 보존으로부터 얻은 최대 속력을 동일하게 나타냄을 보여라.

풀이 속도 함수는 다음과 같다.

$$v_x = -\omega A\sin(\omega t)$$

일차원 운동에서 속력 v는 속도 v_x의 절댓값이다. 사인이 ± 1 사이에서 변하므로 v_x는 $\pm\omega A$ 사이에서 변한다. 에너지 보존의 원리를 이용하여 최대 속력(속도의 절댓값)을 구하면 다음과 같다.

$$v_{\text{max}} = \omega A$$

반영 차원을 확인해 보자. 이 식은 속력 또는 속도의 올바른 단위를 갖는다. 각진동수의 단위는 s⁻¹이고 진폭의 단위는 m이므 로 그 둘을 곱한 단위는 m/s이다.

에너지의 또 다른 관점

단조화 진동자의 속도와 위치를 시간의 함수로 알면 한 주기 동안 진동자의 에너지가 어떻게 변하는지 알 수 있다. 일반적으로 총 역학적 에너지는 운동 에너지와 위치 에너지의 합이다.

$$E = K + U = \tfrac{1}{2}mv^2 + \tfrac{1}{2}kx^2$$

여기서 ($v = |v_x|$이므로, 양변을 제곱하면) $v^2 = v_x^2$이다. v_x에 대한 식 7.9와 위치에 대한 식 $x = A\cos(\omega t)$를 이용하여 총 에너지를 구하면 다음이 성립한다.

$$E = \tfrac{1}{2}m\omega^2 A^2 \sin^2(\omega t) + \tfrac{1}{2}kA^2 \cos^2(\omega t)$$

$\omega = \sqrt{k/m}$이므로, 제곱하여 정리하면 $m\omega^2 = k$이므로 이를 에너지 식에 대입하면 간단하게 정리된다.

$$E = \tfrac{1}{2}kA^2 \sin^2(\omega t) + \tfrac{1}{2}kA^2 \cos^2(\omega t) = \tfrac{1}{2}kA^2 \left[\sin^2(\omega t) + \cos^2(\omega t)\right] \quad (7.10)$$

이렇게 조화 진동자의 총 역학적 에너지 E를 시간의 함수로 나타낼 수 있다. 삼각함수 항등식 $\sin^2\theta + \cos^2\theta = 1$을 이용하면 총 역학적 에너지가 실제로 일정하다는 것을 알 수 있으며, 이는 $E = \tfrac{1}{2}kA^2$으로 주어진다. 또한, 식 7.10의 중간 등식은 운동 에너지(왼쪽 항)와 위치 에너지(오른쪽 항)가 시간에 따라 각각 어떻게 달라지는지 보여 준다. 그림 7.10은 단조화 진동자에 대한 운동 에너지, 위치 에너지 및 총 에너지를 그래프로 나타낸 것이다. 여기서 운동 에너지와 위치 에너지가 지속적으로 교환되는 멋진 대칭을 볼 수 있다.

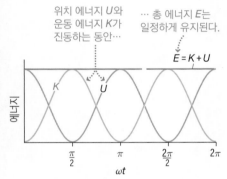

그림 7.10 시간의 함수로서의 (운동과 위치) 에너지

▶ **TIP** 마찰력이 없으면 단조화 진동자의 총 역학적 에너지는 일정하다. 운동 에너지와 위치 에너지는 각각 시간에 따라 반대 사인파로 변화하므로 그 합은 일정하다.

예제 7.6 운동 에너지와 위치 에너지의 교환

주기가 T인 단조화 진동자가 주어졌을 때, 에너지가 다음 형태가 되는 $t = 0$ 이후 첫 번째 시간을 구하여라(단, 주기 T로 나타낸다).
(a) 모두 운동 에너지   (b) 모두 위치 에너지

구성과 계획 운동 에너지와 위치 에너지는 모두 알려진 시간의 함수이다(그림 7.10). 두 함수는 사인함수의 제곱 또는 코사인함수의 제곱을 포함하므로 각각은 사인함수 또는 코사인함수가 최댓값인 1에 도달할 때 최대이다.

식 7.10으로부터 진동자는 운동 에너지 $K = \tfrac{1}{2}kA^2\sin^2(\omega t)$와 위치 에너지 $U = \tfrac{1}{2}kA^2\cos^2(\omega t)$를 갖는다. 이 문제를 해결하려면 (a) $\sin^2(\omega t)$와 (b) $\cos^2(\omega t)$가 처음 1에 도달하게 되는 $t = 0$ 이후 첫 번째 시간이 필요하다.

풀이 운동 에너지는 $\sin^2(\omega t) = 1$일 때 최대이며, $\omega t = \pi/2$일 때 생긴다(그림 7.10 참조). $\omega = 2\pi/T$이므로 t는 다음과 같다.

$$t = \frac{\pi}{2\omega} = \frac{\pi}{2(2\pi/T)} = \frac{T}{4}$$

즉, 운동 에너지는 주기의 4분의 1 이후 최대가 된다.

함수 $\cos^2(\omega t)$는 $t = 0$일 때 최댓값을 가지며, $\omega t = \pi$일 때 다시 최댓값을 갖는다. 따라서 $t = 0$ 이후

$$t = \frac{\pi}{\omega} = \frac{\pi}{(2\pi/T)} = \frac{T}{2}$$

일 때, 즉 주기의 2분의 1 이후 최대가 된다.

반영 분석적으로 결정된 이러한 결과는 그림 7.10의 그래프에서 운동 에너지와 위치 에너지의 증가량과 감소량이 일치한다.

연결하기 운동 에너지와 위치 에너지 식이 한 주기가 경과한 후에도 여전히 작동하는가? ($t > T$)

답 그렇다. t의 모든 값에 대해 삼각함수가 정의되어 있으며, 주기가 동일하므로 $t > T$일 때에도 문제가 없다. 마찰이 없다면 단조화 운동은 지속적으로 진행할 것이다.

위치, 속도, 가속도

지금까지 SHM에서 위치와 속도의 시간 의존성을 탐구하였다. 가속도는 어떠한가? 이는 일차원에서 다음과 같은 뉴턴의 운동 제2법칙에 따른다.

$$F_{\text{net},x} = ma_x$$

단조화 진동자의 경우, 알짜힘은 복원력 $-kx$이며, 여기서 $-$ 부호는 용수철이 평형을 향해 계를 당기거나 밀어내는 것을 나타낸다. 뉴턴의 법칙에서 복원력을 사용하면 $-kx = ma_x$를 얻을 수 있다.

$$a_x = -\frac{k}{m}x$$

위치는 $x = A\cos(\omega t)$이므로 가속도는 다음과 같다.

$$a_x = -\frac{k}{m}A\cos(\omega t)$$

마지막으로 $k/m = \omega^2$으로부터 다음을 얻는다.

▶ **TIP** 단조화 진동자의 위치, 속도, 가속도는 모두 시간에 따라 사인파 형태로 변화한다.

$$a_x = -\omega^2 A\cos(\omega t) \quad \text{(조화 진동자에 대한 가속도-시간, SI 단위: m/s}^2) \quad (7.11)$$

놀랍게도 위치, 속도, 가속도는 모두 시간에 대한 사인파 함수이다(그림 7.11). 그림 7.11의 그래프를 그림 2.10 및 그림 2.14와 비교하면 일반적으로 속도는 위치-시간 그래프의 기울기이고, 가속도는 속도-시간 그래프의 기울기임을 알 수 있다.

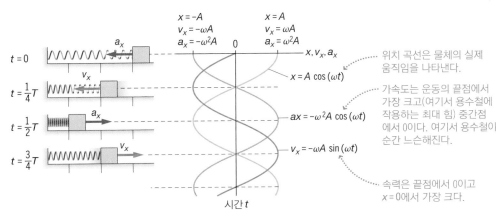

그림 7.11 단조화 진동자에 대한 위치, 속도, 가속도-시간 그래프. 그래프는 진동하는 물체-용수철 계의 운동 관계를 보여 주기 위해 시계 반대 방향으로 90°만큼 회전된 것이다.

예제 7.7 흔들리는 마천루!

고층 건물은 유연하며 바람에 의해 흔들릴 때 단조화 운동을 하게 된다. 한 초고층 건물의 최상층이 SHM 상태이며, 진동수 $f = 0.15$ Hz, 진폭 $A = 1.7$ m로 흔들린다고 가정하자. 최상층에 있는 사람이 느끼는 최대 속력과 최대 가속도를 구하여라.

구성과 계획 식 7.7은 SHM에서 최대 속력 $v_{max} = \omega A$를 제공한다. 최대 가속도는 가속도에 대한 일반 식(식 7.11)을 따른다. 이 값은 $\cos(\omega t) = -1$일 때 발생하며, $a_{x,max} = \omega^2 A$가 된다. 두 결과 모두 표 7.1의 극값에 해당한다. 각진동수 ω를 구하려면 $\omega = 2\pi f$를 기억해야 한다.

표 7.1 한 주기 동안 위치, 속도, 속력, 가속도
(T = 주기, ω = 각진동수, A = 진폭)

시간 t	위치 x	속도 v_x	속력 v	가속도 a_x
0	A	0	0	$-\omega^2 A$
$T/4$	0	$-\omega^2 A$	$\omega^2 A$	0
$T/2$	$-A$	0	0	$\omega^2 A$
$3T/4$	0	$\omega^2 A$	$\omega^2 A$	0
T	A	0	0	$-\omega^2 A$

알려진 값: $f = 0.15$ Hz, $A = 1.7$ m

풀이 먼저 각진동수 ω를 구하면 다음과 같다.

$$\omega = 2\pi f = 2\pi(0.15 \text{ Hz}) = 0.9425 \text{ s}^{-1}$$

따라서 다음과 같이 속력과 가속도를 구할 수 있다.

$$v_{max} = \omega A = (0.9425 \text{ s}^{-1})(1.7 \text{ m}) = 1.6 \text{ m/s},$$
$$a_{x,max} = \omega^2 A = (0.9425 \text{ s}^{-1})(1.7 \text{ m}) = 1.5 \text{ m/s}^2$$

반영 최대 가속도는 약 $0.15g$이며, 가속도가 지속적으로 변하므로 건물에 있는 사람들이 멀미를 느낄 수 있다!

연결하기 고층 건물에서 흔들림을 최소화하는 방법은 무엇인가?

답 건물을 더 단단하게 만들 수 있지만 이는 더 큰 규모의 공사와 큰 비용이 수반되며, 실제로 지진 발생 시 건물의 안전성이 떨어질 수 있다. 보다 지능적인 접근 방식을 바로 뒤의 응용 부분(동조 질량 감쇠기)에서 설명한다.

응용 동조 질량 감쇠기

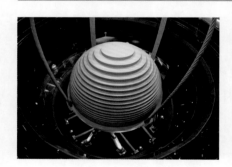 

현대의 고층 건물은 건물의 자연스러운 흔들림 주기에 맞춘 거대한 질량과 주기를 가진 단조화 진동자인 **동조 질량 감쇠기**를 사용한다. 감쇠기는 건물과 위상이 반대이기 때문에 건물이 왼쪽으로 흔들리면 감쇠기는 오른쪽으로 이동한다. 이렇게 하면 건물의 질량 중심이 이동하여 건물이 똑바로 서려는 경향이 있다. 동조 질량 감쇠기는 건물에 거주하는 사람들을 더욱 편안하게 해줄 뿐만 아니라 지진 피해를 최소화한다. 사진은 세계에서 가장 큰 동조 질량 감쇠기와 이 장치가 설치된 건물인 대만의 타이페이 101 고층 빌딩이다.

확인 7.3절 다음 진동자의 진폭은 각각 10 cm이다. 진동자의 총 에너지가 작은 것에서 큰 순서로 나열하여라.

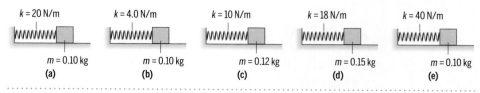

$k = 20$ N/m	$k = 4.0$ N/m	$k = 10$ N/m	$k = 18$ N/m	$k = 40$ N/m
$m = 0.10$ kg	$m = 0.10$ kg	$m = 0.12$ kg	$m = 0.15$ kg	$m = 0.10$ kg
(a)	(b)	(c)	(d)	(e)

7.4 SHM과 등속 원운동

이 절에서는 각을 측정할 때 (육십분법 대신) **라디안**(radian)을 사용하는 것이 편리하다는 것을 알게 될 것이다. 각도의 라디안 측정값은 반지름에 대한 호의 길이의 비율이다.

$$\theta\ (\text{라디안}) = \frac{\text{호의 길이}}{\text{반지름}} = \frac{s}{r} \tag{7.12}$$

두 거리의 비율로 정의되는 각도는 차원이 없는 양이다. '단위' 라디안은 단위가 없는 것과 같다. 라디안(*rad*)으로 쓰여지는, 이 특정한 무차원의 수치가 각도를 나타낸다는 것을 기억하길 바란다.

그림 7.12a는 지구가 태양 주위를 도는 모습, 즉 3장에서 공부한 등속 원운동이다. 그림 7.12b는 지구의 궤도면에서 지구를 바라보는 모습을 보여 준다. 지구는 진동 운동으로 좌우로 움직이는 것처럼 보일 것이다. 우리가 보고 있는 것은 지구의 원운동의 한 부분, 즉 원운동 전체를 선에 투영한 것으로 이를 *x*축으로 간주할 것이다. 이제 투영된 운동이 단조화 운동임을 보일 것이다.

한 주기 *T*에서 지구 또는 등속 원운동을 하는 물체는 360° 또는 2π라디안으로 전체 원을 그리며 회전한다. 물체의 속력이 일정하므로 임의의 각도 θ를 통과하는 시간 *t*는 θ가 2π일 때 주기 *T*가 되는 것과 관련이 있다.

$$\frac{t}{T} = \frac{\theta}{2\pi}, \quad \text{즉 } \theta = \frac{2\pi}{T}t$$

앞에서 2π/*T*를 본 적이 있다. 바로 단조화 운동에서 각진동수 ω이다. 각진동수 ω를 사용하면 물체의 위치가 *x*축과 이루는 각도는 다음과 같다.

$$\theta = \omega t$$

그림 7.13은 등속 원운동에서 원 위의 물체의 위치는 시간에 따라 증가하는 각도 θ로 기술된다는 것을 보여 준다. 물체의 위치 *x*성분은 $x = A\cos\theta$이며, 여기서 *A*는 원의 반지름이다. 이때 $\theta = \omega t$이므로 *x*성분은 다음과 같이 나타낸다.

$$x = A\cos\omega t$$

이는 바로 단조화 운동을 기술한 것이다! 여기서 살펴본 것은 **등속 원운동을 원의 지름에 투영하면 단조화 운동이 된다는 것이다.**

이제 ω를 각진동수라고 부르는 이유를 알 수 있다. 일차원 SHM에는 실제 각도가 없지만 항상 관련된 원운동을 상상할 수 있고, ω*t* 양을 원형 경로에 있는 물체의 각도 위치로 생각할 수 있다. ω 자체는 원운동의 속력이며, 초당 라디안으로 표현되거나 라디안은 무차원이므로 그냥 s⁻¹로 표현된다. 마찬가지로 실제 각도는 없지만 SHM 주기의 4분의 1을 90° 또는 π/2 라디안이라고 말한다.

원운동과 일차원 SHM의 관계에는 실용적인 측면이 있다. 많은 역학적 장치가 한

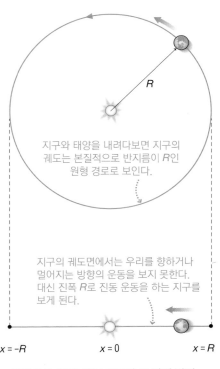

지구와 태양을 내려다보면 지구의 궤도는 본질적으로 반지름이 *R*인 원형 경로로 보인다.

지구의 궤도면에서는 우리를 향하거나 멀어지는 방향의 운동을 보지 못한다. 대신 진폭 *R*로 진동 운동을 하는 지구를 보게 된다.

$x = -R$ $x = 0$ $x = R$

그림 7.12 지구 궤도 운동의 두 가지 관점

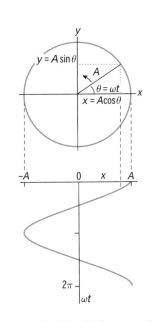

그림 7.13 반지름 *A*와 각도 $\theta = \omega t$를 갖는 등속 원운동

종류의 운동을 다른 종류의 운동으로 전환시킨다. 자동차 엔진이나 오래된 증기기관차에서 피스톤의 앞뒤 운동은 바퀴 회전으로 전환된다. 그 반대의 현상은 재봉틀과 유정(oil wels)에서 발생하는데, 여기서 원운동은 재봉 바늘이나 오일 펌프 기계 장치의 상하 진동 운동으로 전환된다.

7.5 단진자

수 세기 전, 갈릴레오는 흔들리는 샹들리에의 진동 주기가 진폭과 무관해 보인다는 것을 발견하고, 진자가 좋은 타이머가 될 수 있다고 생각하였다. 그 후 그는 운동학 실험에서 진자를 타이머로 사용하였다. 진자시계는 갈릴레오 시대 직후에 나타났고, 그 이후로 계속 사용되어 왔다.

진자가 좋은 타이머인 이유는 무엇일까? 어떻게 작동하는가? 진자의 주기는 단조화 진동자처럼 정말 진폭에 의존하지 않는가? 단진자를 탐구하면서 이러한 질문에 답할 것이다.

단진자에 가해지는 힘의 분석

단진자(simple pendulum)는 길이가 L인 줄이나 막대에 매달린 질량이 m인 점 입자(추, 진자)로 정의한다. 실제 진자는 (1) 길이 L에 비해 진자가 작고, (2) 줄이나 막대의 질량이 진자의 질량보다 훨씬 작으며, (3) 줄이나 막대는 곧게 유지되고 늘어나지 않는 경우에 이상적인 단진자로 근사할 수 있다. 진자를 옆으로 당기고 놓으면 진자가 좌우로 흔들린다. 진자의 중심축에서 공기 저항과 마찰을 무시하면 진동은 주기적인 것으로 볼 수 있다.

그림 7.14a는 진자가 줄의 길이 L과 반지름이 같은 원형 호에서 흔들리는 것을 보여 준다. 줄이 연직과 각도 θ를 이룰 때, 물체의 변위는 연직 평형에서 거리 $s = L\theta$(θ는 라디안)로 주어진다. 그림 7.14b는 해당 지점에서 진자에 작용하는 두 가지 힘, 즉 중력과 줄의 장력을 보여 준다. 이러한 힘을 호에 접하는 부분과 연직인 부분으로 나눌 것이다. 연직 성분의 합은 진자를 원형 경로를 유지하는 구심 가속도 v^2/L을 일으킨다. 호에 접하는 힘 성분, 즉 호를 따라 가속을 일으키는 힘 성분에 더 관심이 있는데, 그림 7.14b에서 $-mg \sin\theta$로 표시된다. 이때 $-$부호가 중요한 이유는 접선 성분의 힘이 진자의 변위와 반대로 작용한다는 것을 보여 주기 때문이다. 즉, 뉴턴의 운동 제2법칙의 접선 성분은 다음과 같다.

$$F_s = ma_s = -mg \sin\theta$$

여기서 s는 호를 따라 측정된 진자의 위치이므로 s 첨자는 호를 따르는 방향의 성분을 나타낸다.

뉴턴의 운동 제2법칙의 이 표현은 단조화 운동을 설명하는 정확한 방정식이다. 사

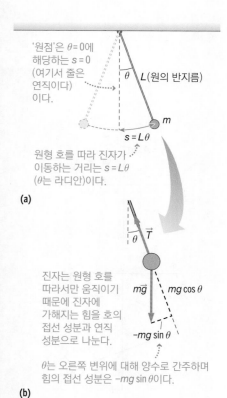

'원점'은 $\theta = 0$에 해당하는 $s = 0$ (여기서 줄은 연직이다) 이다.

L(원의 반지름)

m

$s = L\theta$

원형 호를 따라 진자가 이동하는 거리는 $s = L\theta$ (θ는 라디안)이다.

(a)

$\vec{T}$

진자는 원형 호를 따라서만 움직이기 때문에 진자에 가해지는 힘을 호의 접선 성분과 연직 성분으로 나눈다.

$m\vec{g}$ $mg \cos\theta$

$-mg \sin\theta$

θ는 오른쪽 변위에 대해 양수로 간주하며 힘의 접선 성분은 $-mg \sin\theta$이다.

(b)

그림 7.14 (a) 진자는 원형 호를 따라 흔들린다. (b) 단진자에 대한 힘 모형

인 항 때문에 단조화 진동자 식이 아니며, 고급 수학이 없다면 이 방정식을 그대로 사용할 수 없다. 하지만 많은 상황에서 정확한 근사법이 있다. 이를 '작은 각도 근사(small-angle approximation)'라고 하는데, 진자가 작은 각도로만 흔들리기만 하면 충분히 좋은 근사가 된다. 이렇게 하면 단진자가 단조화 진동자처럼 동작하여 SHM 분석 결과를 적용할 수 있다.

작은 각도 근사

계산기를 라디안 모드로 전환하고 사인함수를 탐구해 보자. 작은 각도 ($\theta \ll 1$)의 경우 θ와 $\sin \theta$가 거의 같다는 것을 알게 될 것이다. 예를 들어, $10°(\theta \approx 0.1745)$에서 $\sin \theta \approx 0.1736$로, 차이가 거의 0.5%밖에 나지 않는다. $10°$ 미만의 각도에서는 차이가 훨씬 더 작다. 그림 7.15는 그 이유를 보여 준다. 인수의 작은 값의 경우, 함수 $f(\theta) = \sin \theta$는 직선 $f(\theta) = \theta$와 거의 구분할 수 없다. 만약 진자의 최대 각도 변위가 작다면 진자에 대한 뉴턴의 법칙의 표현에서 $\sin \theta$를 θ로 근사할 수 있다.

$$ma_s = -mg\theta$$

질량 m을 소거하고, $s = L\theta$을 이용하면 다음을 얻는다.

$$a_s = -\frac{g}{L}s$$

이제 단조화 진동자의 가속도와 비교해 보자(7.3절).

$$a_x = -\frac{k}{m}x$$

두 식은 가속도가 변위에 비례하는 정확히 같은 형태를 가지고 있으므로 유사한 물리적 행동을 기술해야 한다. 따라서 다음이 성립한다.

> 작은 각도 근사에서 단진자는 단조화 진동자와 같이 행동한다.

단조화 진동자의 주기 $T = 2\pi\sqrt{m/k}$ 과 유사하게 단진자의 주기도 다음과 같이 나타낼 수 있다.

$$T = 2\pi\sqrt{\frac{L}{g}} \quad \text{(단진자의 주기, 작은 각도 근사, SI 단위: s)} \quad (7.13)$$

또한, 단진자에 대한 운동 방정식은 다음과 같다.

$$\theta = \theta_{max} \cos(\omega t) \quad (7.14)$$

여기서 진폭 θ_{max}는 줄이 연직으로 이루는 최대 각도이며, $\omega = 2\pi/T = \sqrt{g/L}$ 는 각진동수이다. 따라서 진자는 그림 7.16처럼 각도 θ가 $-\theta_{max}$에서 θ_{max}까지 좌우로 흔들린다.

여기에 제시된 수학적 결과는 작은 각도 근사치에서만 유효하다. 표 7.2는 길이가

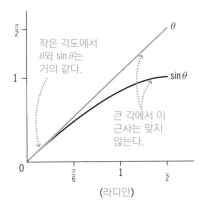

그림 7.15 $\theta \ll 1$이면 $\sin \theta$는 θ와 거의 같다.

▶ **TIP** 각도 θ를 라디안으로 측정하는데, 호의 길이를 반지름과 연관시킬 수 있기 때문이다.

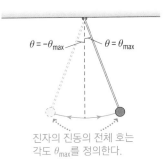

그림 7.16 진자의 운동에서 끝점

▶ **TIP** 단진자는 작은 각도 진동에 대해서만 단조화 진동자와 같이 작용한다.

표 7.2 실제 진자의 주기 대 진폭

진폭 θ_{max} (라디안)	진폭 θ_{max} (각도)	주기 T(s)
0.1	5.73	1.80
0.2	11.5	1.81
0.4	22.9	1.82
0.6	34.4	1.84
0.8	45.8	1.88
1.0	57.3	1.92
1.2	68.8	1.98
1.4	80.2	2.05
$\pi/2 (\approx 1.57)$	90	2.13

80.0 cm인 실제 진자의 주기에 대한 일부 측정값을 보여주며, 이에 대한 식 7.13은 다음과 같다.

$$T = 2\pi\sqrt{\frac{L}{g}} = 2\pi\sqrt{\frac{0.800 \text{ m}}{9.80 \text{ m/s}^2}} = 1.80 \text{ s}$$

(작은 진폭의 경우) 측정된 처음 몇 주기는 이 값에 가깝지만 진폭이 클수록 주기가 크게 증가한다. 따라서 실제 진자는 최대 각도 변위가 작을 때만 단조화 진동자처럼 작동하며, 그 외의 경우에는 그렇지 않다.

새로운 개념 검토: 단진자

- 단진자는 $-\theta_{max}$에서 θ_{max}까지 진동한다.
- 작은 진동에 대해 단진자의 주기는 $T = 2\pi\sqrt{\frac{L}{g}}$로 근사한다.
- 작은 진폭에서만 단진자의 운동을 단조화 운동으로 근사할 수 있다.

예제 7.8 흔들리는 단진자

다음 물음에 답하여라.

(a) 작은 진동 주기가 2.00 s가 되려면 단진자의 길이는 얼마이어야 하는가?

(b) 이 진자를 달에 가져간다면 달에서의 주기는 얼마가 되는가? ($g_{Moon} = 1.60 \text{ m/s}^2$)

구성과 계획 식 7.13 $T = 2\pi\sqrt{L/g}$는 단진자의 길이와 주기를 연관 짓는다. 각 천체에 대한 올바른 가속도 g가 필요하다.

알려진 값: $T_{Earth} = 2.00 \text{ s}$, $g_{Moon} = 1.60 \text{ m/s}^2$

풀이 (a) g_{Earth}를 이용하여 길이를 구하면 다음과 같다.

$$L = \frac{gT^2}{4\pi^2} = \frac{(9.80 \text{ m/s}^2)(2.00 \text{ s})^2}{4\pi^2} = 0.993 \text{ m}$$

(b) (a)의 결과를 이용하여 T_{Moon}을 구하면 다음과 같다.

$$T_{Moon} = 2\pi\sqrt{\frac{L}{g_{Moon}}} = 2\pi\sqrt{\frac{0.993 \text{ m}}{1.60 \text{ m/s}^2}} = 4.95 \text{ s}$$

반영 지구에서 1 m 길이의 진자가 약 2 s의 주기를 갖는 것은 흥미롭지만 이는 단순히 우연이다. 달에서의 주기는 거의 5 s로 증가한다. 진자는 중력에 의해 움직이므로 그 주기는 중력의 크기에 따라 달라진다.

연결하기 우주선이 궤도를 돌면서 경험하는 자유 낙하의 무중력 상태에서 진자는 어떻게 작동하겠는가?

답 우주선이 중력을 흉내 내기 위해 회전하지 않는 한 진자가 작동하지 않을 것이다.

확인 7.5절 다음 네 진자의 주기를 작은 것에서 큰 순서로 나열하여라.

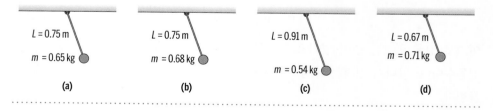

(a)	(b)	(c)	(d)
$L = 0.75$ m, $m = 0.65$ kg	$L = 0.75$ m, $m = 0.68$ kg	$L = 0.91$ m, $m = 0.54$ kg	$L = 0.67$ m, $m = 0.71$ kg

7.6 감쇠 및 강제 진동

물체−용수철 계를 진동시키거나 진자가 흔들리기 시작하면 진동은 결국 사라진다. 모든 진동계는 마찰, 저항 또는 기타 에너지 손실의 영향을 받아 진동이 감쇠된다. 공학자들은 많은 경우, 에너지를 공급하여 이러한 손실을 극복할 수 있도록 계를 설계해야 한다. 예를 들어, 진자시계는 상승된 무게추의 위치 에너지에 의해 구동된다. 에너지원과 관련된 힘은 때로는 진동의 진폭을 증가시킬 수 있다. 여기서는 감쇠 및 강제 진동자의 현상을 논의하고, 몇 가지 실제 응용을 고려할 것이다.

표 7.3 저감쇠, 임계 감쇠, 과감쇠 조건

감쇠 형태	감쇠 상수 b
저감쇠	$b^2 < 4mk$
임계 감쇠	$b^2 = 4mk$
과감쇠	$b^2 > 4mk$

감쇠 조화 운동

4장에서 물체의 저항력이 반대 방향으로 운동을 하고, 어떤 경우에는 물체의 속도에 비례함을 알아보았다.

$$\vec{F}_{\text{drag}} = -b\vec{v}$$

여기서 b는 저항의 크기와 관계되는 상수(감쇠 상수)이다.

만약 감쇠력이 너무 크지 않다면 진동이 발생하지만 진폭은 지수적으로 감소할 것이다. 이것은 **저감쇠**(light damping)이다(표 7.3, 그림 7.17a). 감쇠 상수 b를 증가시키면 계가 더 이상 진동하지 않는 **임계 감쇠**(critical damping)에 도달하게 되는데, 임계 감쇠인 물체−용수철 계를 교란시키면 부드럽게 평형 상태로 돌아간다(그림 7.17b). b를 더 증가시키면 증가된 감쇠력이 여전히 진동을 못 하게 하지만 물체의 평형으로의 복귀를 지연시킨다. 이것을 **과감쇠**(heavy damping)라고 한다(그림 7.17c).

저감쇠 해

저감쇠는 가장 흔한 경우이다. 이 경우 뉴턴의 법칙을 풀기 위해 미적분을 사용하면 저감쇠 단조화 진동자에 대한 위치−시간 그래프를 얻는다.

$$x = Ae^{-bt/2m}\cos(\omega_{\text{damped}}t) \tag{7.15}$$

진동 진동수는 다음과 같다.

$$\omega_{\text{damped}} = \sqrt{\frac{k}{m} - \frac{b^2}{4m^2}} \tag{7.16}$$

식 7.15는 두 가지 요소, 즉 지수적으로 감소하는 진폭 $Ae^{-bt/2m}$과 사인파 진동 $\cos(\omega_{\text{damped}}t)$의 곱으로 생각하는 것이 타당하다. 그림 7.18은 진폭 $Ae^{-bt/2m}$이 진동에 '포락선'으로 중첩된 위치 함수를 그래프로 나타낸 것이며, 진폭이 감소하더라도 일정한 주기로 계속 진행한다.

식 7.16에서 감쇠 진동수 ω_{damped}는 감쇠가 없는 경우의 진동수 $\omega = \sqrt{k/m}$보다 작다. 감쇠 진동 주기는 $T_{\text{damped}} = 2\pi/\omega_{\text{damped}}$로 감쇠가 없는 경우의 주기보다 크다는 것에 유의하여라. 정리하면, 저항력은 진동을 느리게 하고 진폭을 감쇠시킨다.

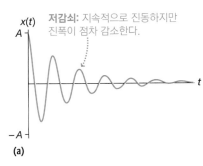

저감쇠: 지속적으로 진동하지만 진폭이 점차 감소한다.

(a)

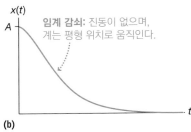

임계 감쇠: 진동이 없으며, 계는 평형 위치로 움직인다.

(b)

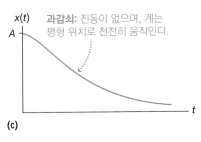

과감쇠: 진동이 없으며, 계는 평형 위치로 천천히 움직인다.

(c)

그림 7.17 세 가지 감쇠에 대한 위치−시간 그래프

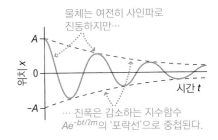

물체는 여전히 사인파로 진동하지만…

… 진폭은 감소하는 지수함수 $Ae^{-bt/2m}$의 '포락선'으로 중첩된다.

그림 7.18 저감쇠하는 위치−시간 그래프

개념 예제 7.9   저감쇠와 임계 감쇠

임계 감쇠에 가까워질수록 진동수와 주기는 어떻게 되는가? 구한 답이 임계 감쇠에 대한 설명과 어떻게 일치되는지 설명하여라.

풀이 표 7.3은 $b^2 = 4mk$일 때 임계 감쇠가 발생한다는 것을 보여 준다. b가 이 값에 접근할수록 저감쇠 진동수(식 7.16)에 가까워진다.

$$\omega_{\text{damped}} = \sqrt{\frac{k}{m} - \frac{b^2}{4m^2}} \rightarrow \sqrt{\frac{k}{m} - \frac{4mk}{4m^2}} = \sqrt{\frac{k}{m} - \frac{k}{m}} = 0$$

진동수가 0에 접근할 때, 주기($T = 2\pi/\omega$)는 무한대가 된다. 이는 임계 감쇠에 대한 비주기적 움직임과 일치한다.

반영 과감쇠의 경우 제곱근 안의 식이 음수이다. 음수의 제곱근은 허수이며, 이는 과감쇠하는 진동 진동수가 없다는 것을 의미한다. 관찰된 것과도 일관성이 있는 부분이다.

▶ **TIP** 단조화 진동자가 감쇠되면 저감쇠인 경우에만 진동이 발생한다.

감쇠의 응용

감쇠가 반드시 나쁜 것은 아니며, 일부 응용 분야에서는 상당히 유용하다. 자동차의 충격흡수기가 그 예이다. 각 충격흡수기에는 무거운 유체에 담긴 피스톤이 들어 있고, 일반적으로 차량 서스펜션 용수철 내부에 장착된다. 그 결과 용수철 진동이 빠르게 감쇠한다(자동차 후드를 누르고 손을 때 보면 진동이 빠르게 멈추는 것을 관찰할 수 있다). 충격흡수기가 없으면 차가 턱을 지나고 한참 후까지 위아래로 튕길 것이다! 이상적으로, 충격흡수기는 진동을 최대한 빨리 감소시키기 위해 임계 감쇠를 제공해야 한다. 임계 감쇠 조건은 차량의 중량 및 승객과 화물 적재량에 따라 다르기 때문에 실제로는 이 감쇠는 가능하지 않다. 거대하지만 개념적으로 유사한 충격흡수기는 건물과 다리에서 지진으로 인한 진동을 감쇠시키는 데 사용된다.

이 장의 시작 부분에 있는 사진 속의 번지 점프 선수는 뛰어 올라 내려오며, 용수철이 있는 번지 줄 위에서 수직으로 진동한다. 이 움직임은 공기 저항과 번지 줄 내부의 비보전력으로 인해 약간 감쇠된다. 저감쇠는 진동의 진폭을 점진적으로 감소시킨다. 일단 진폭이 충분히 작아지면 요동치는 것이 끝난다!

강제 진동

놀이터 그네에서 아이를 밀고 있다. 아이가 이미 움직이고 있는 방향으로 밀면 에너지가 추가된다. 적절한 힘으로 에너지 손실을 보상하여 그네는 일정한 진폭을 유지한다. 더 세게 밀면 계의 에너지가 증가하며, 진동의 진폭이 증가하고 더 높이 올라간다! 이것은 **강제 진동**(driven oscillation)의 한 예이다.

강제 진동은 자연과 공학에서 광범위하게 나타난다. 이 진동은 유익할 수도 있고 해로울 수도 있다. 음악 스피커는 음파를 내게 하는 진동수로 전자기적으로 강제되어 진동한다(소리에 대한 자세한 내용은 11장을 참조하여라). 바람과 지진은 건물에서 잠재적으로 위험한 진동을 유발하며, 이 효과에 대응하기 위한 두 가지 접근법을 살펴보았다. 다리, 비행기 날개 그리고 공학적 구조물 또한 강제 진동의 영향을 받는다. 개별 원자에서의 강제 진동은 빛의 반사와 하늘의 푸른색과 같은 다양한 자연 현상과 관계가 있다.

공명

다시 한번 그네를 탄 아이를 생각해 보자. 그네의 진자와 같은 진동에는 '자연적인' 진동수가 있다(7.4절). 동일한 진동수로 밀면 진폭이 급속히 증가한다. 이것은 강제 진동의 강제(또는 구동) 진동수가 진동자의 고유 진동수와 일치할 때 발생하는 **공명**(resonance)이다. 다른 진동수로 밀면 진동의 진폭을 증가시키기 더 어렵다.

그림 7.19는 이 현상을 정량화한 것이다. 이 그림은 일반적인 **공명 곡선**으로, 진동의 진폭을 강제 진동수의 함수로 나타낸 그래프이다. 대부분의 강제 진동수의 경우 진폭이 낮다. 이는 강제력이 항상 계가 '원하는' 이동 방식과 일치하는 것은 아니기 때문이다. 그러나 강제 진동수가 자연 진동수와 일치하는 경우, 진폭을 더 크게 하는 데 적절한 방향으로 작용한다.

공명은 재앙이 될 수 있다. 유명한 예로 타코마 다리(그림 7.20)가 있는데, 이 다리는 개통된 지 불과 몇 달 만인 1940년 11월에 폭풍으로 인해 공명 진동이 발생하여 파괴되었다. 그 후 1950년에는 훨씬 더 단단한 지지 구조대를 사용하여 이러한 공명 진동이 일어나지 않도록 새로운 다리가 그곳에 지어졌다. 이 다리는 세월의 시험대에 서 있다.

공명은 미시적인 계에서도 발생한다. 기후 변화의 근본적인 물리학은 이산화탄소 분자의 공명 진동을 포함하며, 이 분자의 자연 진동수는 지구가 열을 방출하는 적외선 복사 범위에 있다. 대기 중의 이산화탄소가 많을수록 적외선 흡수가 증가하고, 이로 인해 표면 온도가 상승한다.

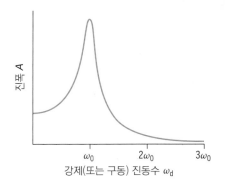

그림 7.19 공명 곡선. ω_0은 고유 진동수 $\sqrt{k/m}$와 같다.

▶ **TIP** 공명은 진동자가 자연 진동 진동수 또는 그 근처에서 강제(구동)될 때 발생한다.

그림 7.20 1940년 11월 타코마 다리의 붕괴는 진폭이 큰 진동의 공명에 따라 개통 후 불과 4개월 만에 무너졌다.

새로운 개념 검토: 감쇠 및 강제 진동

- 단조화 운동에 가해지는 감쇠력은 감쇠력의 세기에 따라 저감쇠, 임계 감쇠 및 과감쇠가 일어난다.
- 강제 진동수가 계의 고유 진동수와 일치할 때, 강제 진동은 공명에 접근한다.

7장 요약

주기 운동

(7.1절) **주기 운동**은 동일한 경로를 반복적으로 이동한다. **주기**는 경로를 왕복하는 데 걸리는 시간이다. **진동수**는 주기의 역수이며, 주기 운동이 반복되는 비율이다. **진동 운동**은 앞뒤로 경로를 반복하는 주기 운동이다.

주기 운동의 진동수: $f = \dfrac{1}{T}$

단조화 운동

(7.2절) **단조화 운동**은 시간에 따라 사인파 형태로 변화하며, 이의 모형은 물체–용수철 계이다. 물체는 평형 위치 $x = 0$에서 어느 방향으로든 최대 변위 A(**진폭**)를 가지며 진동한다. **각진동수** ω는 단조화 운동에서 진동수를 대체하는 측정값이며, 단조화 진동자의 주기는 용수철 상수 k와 질량 m에 따라 달라지지만 진폭에는 의존하지 않는다.

단조화 운동: $x = A \cos(\omega t)$

단조화 운동의 주기: $T = 2\pi \sqrt{\dfrac{m}{k}}$

각진동수: $\omega = \sqrt{\dfrac{k}{m}} = \dfrac{2\pi}{T} = 2\pi f$

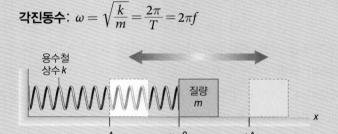

단조화 운동에서의 에너지/SHM과 등속 원운동

(7.3절, 7.4절) 마찰이 없으면 단조화 진동자의 **총 역학적 에너지** E(운동 + 위치)가 보존된다. 단조화 진동자의 최대 속도는 물체가 $x = 0$을 통과할 때 발생한다. 단조화 진동자의 속도, 가속도, 위치는 모두 시간에 따라 사인파 형태로 변화한다. **등속 원운동**을 원의 지름에 투영하면 단조화 운동이 된다.

총 역학적 에너지: $E = K + U = \dfrac{1}{2}mv^2 + \dfrac{1}{2}kx^2$

위치 함수로서 진동의 속력: $v = \sqrt{\dfrac{k}{m}(A^2 - x^2)}$

시간 함수로서 진동의 속도: $v_x = -\omega A \sin(\omega t)$

진동자의 가속도: $a_x = -\omega^2 A \cos(\omega t)$

단진자

(7.5절) **단진자**는 작은 진동에 대해 단조화 진동자와 같게 움직인다. 진폭이 작은 단진자의 주기는 중력과 진자의 길이에 따라 달라지지만 진폭이나 질량에는 의존하지 않는다.

단진자 주기: $T = 2\pi \sqrt{\dfrac{L}{g}}$

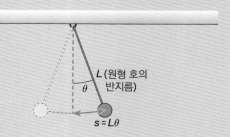

감쇠 및 강제 진동

(7.6절) 감쇠 조화 진동자에서는 마찰력 또는 저항력이 진동자의 움직임을 지연시킨다. **저감쇠**인 계는 진폭이 감소하면서 진동한다. **임계 감쇠** 및 **과감쇠** 계는 진동을 멈춘다. 고유 진동수로 조화 진동자를 강제(또는 구동)하면 **공명**이 발생한다.

저감쇠 진동자에 대한 위치-시간 그래프: $x = Ae^{-bt/2m}\cos(\omega_{\text{damped}}t)$

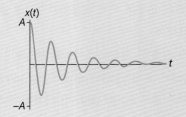

7장 연습문제

문제의 난이도는 •(하), ••(중), •••(상)으로 분류한다. BIO로 표시된 문제는 생물학적 또는 의학적인 문제이다.

개념 문제

1. 주기 운동은 하지만 진동은 하지 않는 운동의 예를 들어 보아라.

2. 진동하는 주기 운동에서 단조화 진동자의 가속도가 0이 되는 위치는 어디인가? 속도가 0인 위치는 어디인가?

3. 단조화 운동을 하는 물체-용수철 계에서 용수철 상수가 두 배가 되면 주기는 어떻게 되는가?

4. 궤도를 돌고 있는 우주선이 무중력 상태에 있다. 이때 단조화 운동이 우주 비행사의 질량을 결정하는 데 어떻게 사용될 수 있는지 설명하여라.

5. 단조화 진동자에서 한 주기 동안 용수철이 한 알짜일은 얼마인가? 주기 동안 용수철이 언제 양의 일을 하고 언제 음의 일을 하는가?

6. 길이가 고정되어 있을 때, 진폭이 두 배가 된다면 다음 조건에서 주기는 어떻게 되는지 비교해 보아라.
   (a) 2°에서 4°로 (b) 20°에서 40°로

7. 단진자의 주기를 반으로 줄이려면 길이를 어떻게 변화시켜야 하는가?

8. 번지점프를 하는 사람이 다리에서 뛰어내린 후, 번지 줄에서 진동한다. 어떤 형태의 에너지가 존재하고, 그 에너지가 뛰어내림과 진동을 통해 어떻게 변화하는지에 대해 논의하여라.

객관식 문제

9. 250 Hz에서 진동하는 소리굽쇠의 주기는 얼마인가?
   (a) 250s (b) 0.4s (c) 0.004s (d) 0.002s

10. 주기가 T인 단조화 진동자의 위치는 $x = A\cos\left(\dfrac{2\pi}{T}t\right)$이다. 진동자가 $x = A$에서 $x = 0$으로 이동하는 데 걸리는 시간은 얼마인가?
    (a) $T/8$ (b) $T/4$ (c) $T/2$ (d) T

11. 질량이 $m = 1.50$ kg, 용수철 상수가 $k = 25.0$ N/m, 진폭이 $A = 2.00$ m인 단조화 진동자의 최대 속력은 얼마인가?
    (a) 4.08 m/s (b) 8.16 m/s (c) 11.3 m/s (d) 16.2 m/s

12. 물체-용수철 계의 주기는 5.00 s인 경우, 질량이 두 배로 증가할 때 주기는 얼마가 되는가?
    (a) 3.54 s (b) 5.00 s (c) 7.07 s (d) 10.0 s

13. 물체-용수철 계인 단조화 진동자의 주기는 다음 중 어느 것이 커질 때 증가하는가?
    (a) 용수철 상수 (b) 진동 진폭 (c) 비율 k/m (d) 질량

14. 길이가 9.45 m인 단진자의 주기는 얼마인가?
    (a) 6.17 s (b) 7.35 s (c) 8.21 s (d) 12.1 s

15. 새로운 행성을 탐험하는 우주 비행사들이 1.20 m의 진자의 주기를 2.40 s로 측정하였다. 이때 행성의 중력 가속도는 얼마인가?
    (a) 2.00 m/s² (b) 2.62 m/s² (c) 5.24 m/s² (d) 8.22 m/s²

연습문제

7.1 주기 운동

16. • (a) 지구의 궤도 운동은 주기 운동인가? 진동 운동인가? 아니면 둘 다인가?

(b) 지구의 궤도 운동의 진동수는 Hz 단위로 얼마인가?

17. • 음계 표기법에서 프레스토(Presto)는 분당 160박자 정도의 진동수로 빠른 템포를 나타낸다. 한 박자의 주기는 얼마인가?

18. • 제트 엔진의 터빈이 16 kHz의 진동수로 회전한다. 다음을 구하여라.

(a) 주기　(b) 각진동수

7.2 단조화 운동

19. •• 단조화 진동자의 주기는 용수철 상수 k와 질량 m에만 의존한다. 차원 분석을 사용하여 시간 단위를 갖는 두 매개변수의 유일한 조합이 $\sqrt{m/k}$임을 보여라.

20. BIO • **진동하는 거미** 1.4 g의 거미 한 마리가 거미줄에 수직으로 매달려 1.5 Hz의 연직으로 진동을 하며 줄 끝에 매달려 있다. 거미줄의 용수철 상수는 얼마인가?

21. •• 번지점프 선수가 진폭이 7.5 m, 진동수가 0.125 Hz인 단조화 운동을 한다. $x = A \cos(\omega t)$를 따를 때, 다음 시간에 점프 선수의 위치를 구하여라.

(a) 0.25 s　(b) 0.50 s　(c) 1.0 s

22. • 물체–용수철 계가 질량이 0.975 kg이고 0.600 s의 주기로 진동할 때, 용수철 상수를 구하여라.

23. •• 질량이 $m = 0.200$ kg인 물체–용수철 계가 0.55 s의 주기로 단조화 운동을 한다. 질량을 Δm만큼 추가하면 주기가 20 %만큼 증가할 때, Δm을 구하여라.

24. •• $k = 110$ N/m이고 $m = 1.45$ kg인 물체–용수철 계가 단조화 운동을 할 때, 진동의 진폭이 0.50 m라고 하자. $x = 0.50$ m에서 정지 상태에서 진동이 시작됐다고 할 때, 처음 두 주기 동안 위치–시간 그래프를 그려라.

25. •• 위치가 $x = A \cos(\omega t + \pi/2)$로 주어진 진동자에 대하여 물음에 답하여라.

(a) $t = 0$에서 $t = T$까지 한 주기에 대한 위치–시간 그래프를 그려라.

(b) 이 진동자는 단조화 운동을 하는가? 설명하여라.

26. •• 천장에 용수철을 연직으로 매달고 끝에 질량이 540 g인 물체를 달았다. 이 물체가 정지 상태일 때 용수철의 길이는 d이다. 물체를 아래로 당겼다가 놓으면 1.04 s의 주기로 진동한다. 길이 d를 구하여라.

27. ••• 그림 P7.27과 같이 $k = 25$ N/m인 용수철에 질량이 0.23 kg인 물체가 부착되어 있다. 물체는 마찰이 없는 수평면을 따라 미끄러진다. 0.23 kg인 물체 위에 0.11 kg인 물체가 놓여 있고, 물체 간 정지 마찰 계수는 0.14이다. 물음에 답하여라.

(a) 두 물체가 하나의 질량처럼 함께 움직인다면 진동 주기는 얼마인가?

(b) 위에 있는 물체가 미끄러지지 않도록 허용되는 최대 진폭을 구하여라.

그림 P7.27

7.3 단조화 운동에서의 에너지

28. •• 주기가 T인 단조화 진동자에서 운동 에너지와 위치 에너지를 반반씩 갖는 $t = 0$ 이후의 첫 번째 시간을 구하여라.

29. •• 단조화 진동자의 최대 속력과 최대 가속도가 각각 0.9 m/s와 2.15 m/s²이다. 이 진동의 진폭을 구하여라.

30. ••• $k = 94.0$ N/m이고 $m = 1.06$ kg인 단조화 진동자의 진폭이 0.560 m이다. 물음에 답하여라.

(a) 총 역학적 에너지를 구하여라.

(b) $x = -0.210$ m일 때, 진동자의 속력을 구하여라.

(c) $x = 0.500$ m일 때, 역학적 에너지의 몇 분의 몇이 운동 에너지인가?

31. •• $k = 8.0$ N/m이고 $A = 0.75$ m인 단조화 진동자의 경우, 최대 속도와 최대 가속도 사이의 시간 간격이 2.50 s이다. 다음을 구하여라.

(a) 진동 주기　(b) 질량　(c) 최대 속도와 최대 가속도

32. •• $k = 14$ N/m인 용수철에서 0.60 kg의 물체가 단조화 운동을 한다. 진동자의 속력은 $x = 0.22$ m일 때 0.95 m/s이다. 다음을 구하여라.

(a) 진동의 진폭　(b) 총 역학적 에너지

(c) $x = 0.11$ m일 때, 진동자의 속력

7.4 SHM과 등속 원운동

33. •• 증기기관차는 구동 막대의 왕복 운동을 통해 지름이 1.42 m인 바퀴를 회전시킨다. 막대의 진동은 바퀴의 1회전에 해당한다. 기관차가 20 m/s로 움직일 때, 막대의 진동 진동수는 얼마인가?

34. •• 어떤 바퀴가 450 rpm으로 회전한다. 가장자리에서 보면 바퀴의 한 지점이 SHM을 하는 것을 볼 수 있다. 다음을 구하여라.

(a) Hz 단위의 진동수　(b) SHM에 대한 각진동수

7.5 단진자

35. •• 그네에서 35 kg인 소녀가 4.1 s의 주기와 작은 진폭으로 진동한다. 물음에 답하여라.

(a) 그네를 지탱하는 밧줄의 길이는 얼마인가?

(b) 소녀 대신 48 kg인 남동생으로 대체하면 주기에 영향을 미치는가?

36. •• 한 진자가 32 s 동안 25번 진동한다. 물음에 답하여라.

(a) 주기를 구하여라.

(b) 작은 진동을 가정할 때, 진자의 길이를 구하여라.

37. •• 길이가 1.50 m인 단진자가 5°에서 정지 상태로부터 흔들린다. $t = 0$ s에서 $t = 10$ s까지 각 위치를 그래프로 나타내어라.

38. ••• 시계추의 길이가 열팽창에 의해 5.0×10^{-5}의 비율로 증가한다. 이 조건에서 시간 기록의 오차는 하루 동안 얼마나 누적되는가?

39. •• 해수면에서 g는 적도 부근에서는 약 9.78 m/s², 북극 부근에서는 약 9.83 m/s²으로 값이 조금씩 다르다. 각 위치에서 길이가 2.00 m인 단진자를 관찰할 때, 작은 진폭에 의한 두 진자의 주기의 차를 구하여라.

7.6 감쇠 및 강제 진동

40. • $m = 1.50$ kg, $k = 80.0$ N/m인 단조화 진동자의 감쇠 상수가 $b = 2.65$ kg/s이다. 이 운동이 저감쇠인지 임계 감쇠인지 과감쇠인지 판단하여라.

41. •• $m = 3.15$ kg, $k = 150.0$ N/m인 단조화 진동자의 감쇠 상수가 $b = 8.15$ kg/s이다. 물음에 답하여라.

(a) 이 운동이 저감쇠 운동임을 보여라.

(b) 진동 주기를 구하고 동일한 계에 대한 감쇠가 없는 경우의 진동 주기와 비교하여라.

(c) 약 몇 번의 진동 후 진폭이 초깃값의 절반으로 떨어지는가?

42. •• $m = 0.50$ kg이고 $k = 18$ N/m인 조화 진동자의 진폭이 12회 진동 주기 후 초깃값의 절반으로 떨어진다. 감쇠 상수 b를 구하여라.

43. •• 70 kg인 번지점프 선수가 다리에서 뛰어내려 8.50 m의 진폭, 3.75 s의 주기로 연직으로 진동하고 있다. 물음에 답하여라.

(a) 번지 줄의 k를 구하여라.

(b) 감쇠 상수가 $b = 4.50$ kg/s일 때, 진동의 진폭이 반으로 감소하는 데 얼마나 걸리는가?

7장 질문에 대한 정답

단원 시작 질문에 대한 답

유연한 줄은 흔들리는 용수철과 같은 역할을 한다. 진동 진동수는 줄의 강성(용수철 상수)과 점프 선수의 질량에 따라 달라진다. 진동은 감쇠시키는 마찰력, 특히 공기 저항력의 영향을 받는다.

확인 질문에 대한 정답

7.1절　(d) 0.014 s

7.2절　(e) < (a) < (d) < (c) < (b)

7.3절　(b) < (c) < (d) < (a) < (e)

7.5절　(d) < (a) = (b) < (c)

회전 운동
Rotational Motion

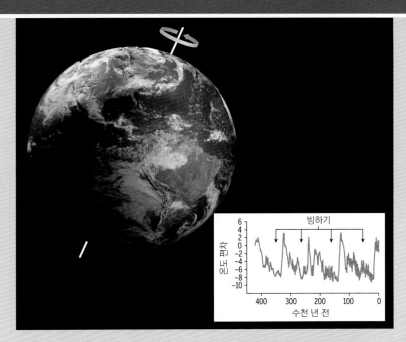

▲ 지구는 회전하는 물체의 좋은 예이다. 그러나 지구의 회전축의 방향은 점차 변한다. 그 이유는 무엇이며, 이것이 지구의 온도를 420,000년 동안의 기록에서 명확하게 나타나는 빙하기와 어떤 관련이 있는가?

이 장에서는 회전하는 물체의 운동학과 동역학을 검토할 것이다. 먼저 일차원 운동에서 이해할 수 있는 유사한 물리량을 활용할 것이다. 힘의 회전 유사성인 돌림힘(토크)을 배울 것이고, 뉴턴의 운동 제2법칙을 회전 운동에 적용할 것이다. 그리고 알짜힘이 0이고 알짜 돌림힘이 0이 되어야 하는 정적 평형을 살펴본다. 마지막으로 회전 물리량을 벡터로 취급하는 보다 복잡한 상황을 간략하게 살펴볼 것이다.

학습 내용

- ✔ 각속도와 각가속도 설명하기
- ✔ 등각가속도인 회전 운동에 대한 운동 방정식 인식하기
- ✔ 회전 운동을 기술하는 물리량과 일차원 운동의 해당 물리량 사이의 유사성 이해하기
- ✔ 가속도의 지름 성분과 접선 성분 구별하기
- ✔ 회전하는 물체의 운동 에너지 결정하기
- ✔ 회전 관성을 설명하고, 이것이 물체의 모양에 따라 어떻게 달라지는지 설명하기
- ✔ 구르는 물체에 일-에너지 정리 적용하기
- ✔ 돌림힘을 회전 운동에서의 힘으로 이해하기
- ✔ 회전 운동에서 뉴턴의 제2법칙 기술하기
- ✔ 물체가 역학적 평형이 되기 위한 조건 기술하기
- ✔ 각운동량 이해하고, 이것이 보존되는 조건 이해하기
- ✔ 각운동의 물리량을 벡터로 기술하기
- ✔ 세차 운동 설명하기

8.1 회전 운동학

회전과 병진

우리 주위에는 회전하는 것들이 많다. 영화 정보가 담긴 DVD는 레이저가 내용을 읽을 때 회전한다. 이것은 고정된 물체를 중심으로 회전하는 **순수한 회전**(pure rotation)이다. 자동차 바퀴는 회전하면서 동시에 앞으로 나아간다. 이것은 **회전 운동**(rotational motion)과 **병진 운동**(translation motion)의 조합이다. 야구공은 병진 운동으로 홈 플레이트를 향해 던져지지만 투수가 스핀을 줘서 회전도 한다. 지구는 동시에 태양 주위를 공전하면서 자전한다.

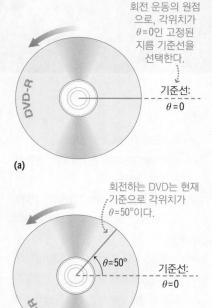

기준선: θ = 0

(a)

회전하는 DVD는 현재 기준으로 각위치가 θ = 50°이다.

θ = 50°

기준선: θ = 0

(b)

그림 8.1 회전하는 물체의 각위치는 고정 기준에 상대적으로 정의되며, 직교좌표계의 원점과 동일한 기능을 한다.

이 절에서는 일차원 병진 운동에서 익숙한 위치, 속도, 가속도를 회전 운동에 적용하여 회전만 하는 경우를 살펴볼 것이다.

각위치

회전하는 콤팩트디스크 또는 DVD는 강체 회전의 예이다. 디스크의 반지름을 표시하는 선과 처음에 표시된 반지름과 일치하는 고정 기준을 그리는 것을 상상해 보자 (그림 8.1a). 디스크가 회전하면(그림 8.1b) 표시된 반지름이 기준과 증가하는 각도 θ 를 이룬다. 이 각도 θ를 **각위치**(angular position)라고 정의한다.

$\theta = 0$을 기준으로 해서 시계 반대 방향(CCW)을 양의 방향으로, 시계 방향(CW) 을 음의 방향으로 정한다. 이는 다소 임의적인 선택이며, 지면 앞에서 보이는 시계 반대 방향 회전은 지면 뒤에서 시계 방향으로 보인다. 각도에 양의 방향을 선택하는 것은 직교좌표계의 $+x$ 방향을 선택하는 것과 같다. 7.4절에서 살펴봤듯이 원운동에 서 각위치를 각도가 아닌 **라디안**으로 사용하는 것이 유리하다. 각도의 단위인 라디안 은 반지름에 대한 호의 길이의 비율이다.

$$\theta(\text{라디안}) = \frac{\text{호의 길이}}{\text{반지름}} = \frac{s}{r} \tag{8.1}$$

이 방법으로 정의한 각도(두 거리의 비율)는 무차원임을 기억하여라. 라디안은 단위 가 없다. 라디안 기호 rad을 사용하여 특정한 무차원 수치가 각도를 나타낸다는 것 을 상기하여라. 예를 들어, 반지름이 2.0 m인 호를 따라 13.0 m를 이동한다고 가정하 자. 이때 각도는 다음과 같다.

$$\theta = \frac{s}{r} = \frac{13.0 \text{ m}}{2.0 \text{ m}} = 6.5 \text{ rad}$$

여기서 미터(m)가 없어지고, 각도이므로 'rad'라는 이름이 붙은 무차원 결과가 남는다.

라디안의 장점 중 하나는 식 8.1을 이용하여 호의 길이 s 또는 반지름 r을 구할 수 있다는 것이다. 예를 들어, DVD의 바깥쪽 가장자리에 있는 점은 반지름 $r = 6.0$ cm 거리에 있다. 디스크가 한 바퀴($\theta = 2\pi$ rad)를 돌면 가장자리의 한 점이 이동한 거리 는 다음과 같다.

$$s = r\theta = (0.06 \text{ m})(2\pi \text{ rad}) = 0.38 \text{ m}$$

▶ **TIP** 식 8.1은 θ가 라디안인 경우에만 적용된다.

여기서 단위에 주목하여라. 라디안은 차원이 없기 때문에 최종 답에서 제거되어 미 터 단위의 거리만 남은 것이다. 이 경우, 한 바퀴를 완전히 돌면 원호의 길이는 원 의 둘레가 된다. 각위치는 때때로 회전(rev)으로 나타낸다. 환산 인자는 1 rev = 360° = 2π rad이다.

예제 8.1   회전하는 행성

지구는 24시간마다 한 번씩 자전한다. 지구에 고정된 기준틀에서 적도의 한 지점은 1시간 동안 얼마나 이동하는가?

구성과 계획 원호(그림 8.2)를 따라 이동하는 거리는 $s = r\theta$이다. 부록 E에서 지구의 반지름 $R_E = 6.37 \times 10^6$ m를 제시한다. 각도 θ는 24분의 1 회전이며, 이를 라디안으로 환산해야 한다.

알려진 값: $R_E = 6.37 \times 10^6$ m

풀이 지구가 $\theta = 1/24$ rev, 즉

$$\frac{1}{24} \text{ rev} \times \frac{2\pi \text{ rad}}{1 \text{ rev}} = 0.262 \text{ rad}$$

으로 회전한다. 그러면 식 8.1에 의해 다음이 성립한다.

$$s = r\theta = (6.37 \times 10^6 \text{ m})(0.262 \text{ rad}) = 1.67 \times 10^6 \text{ m}$$

반영 답은 합리적인가? 1,670 km이며, 이는 덴버에서 시카고까지의 거리와 비슷하다. 덴버와 시카고는 1시간의 시간 차이가 나므로 합리적으로 보인다. 그러나 이는 대략적인 값에 불과

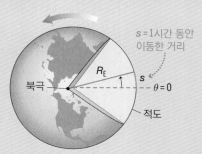

그림 8.2 적도에서 호를 따라 이동한 거리 구하기

하다. '연결하기'를 참조하여라.

연결하기 미국의 지역들은 매 시간 동일한 거리를 이동하는가?

답 아니다. 적도에서 멀어질수록 이동하는 원의 둘레는 작아지기 때문이다. 미국의 모든 장소 중 알래스카에서는 가장 작은 원을 따라 이동한다.

각변위와 각속도

그림 8.3은 처음 각위치 θ_0에서 회전하는 DVD를 보여 주며, 나중에 새로운 각위치 θ에 있는 것을 보여 준다. **각변위**(angular displacement)를 두 각위치 사이의 차로 정의한다.

처음 위치

$$\Delta\theta = \theta - \theta_0 \quad \text{(각변위, SI 단위: rad)} \tag{8.2}$$

이 정의는 일차원 운동에서의 변위의 정의와 유사하다(식 2.1). 2장에서 평균 속도는 변위를 해당 시간 간격 Δt로 나눈 값으로 정의하고, 평균 각속도도 유사하게 정의한다.

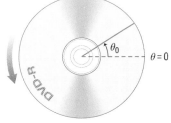

나중 위치

각변위 = 나중 각위치와 처음 각위치의 차:
$\Delta\theta = \theta - \theta_0$

$$\overline{\omega} = \frac{\Delta\theta}{\Delta t} \quad \text{(평균 각속도, SI 단위: rad/s)} \tag{8.3}$$

앞 장에서 각진동수에 사용한 것과 동일한 그리스 소문자 오메가(ω)를 사용한다. 이는 7.4절에서 단조화 운동과 원운동의 관계를 반영한 것이다. 각변위는 rad이고 시간은 s이므로 각속도의 단위는 rad/s이다. 또한, 각속도는 초당 회전수(rev/s), 분당 회전수(rad/min 또는 rpm) 또는 초당 도(deg/s)로 측정할 수 있다.

평균 각속도는 구간의 종점 정보만을 사용하기 때문에 움직임에 대한 자세한 정보를 제공할 수 없다. 이러한 세부 정보를 얻으려면 계속해서 시간 간격을 줄여야 한다. 직선 운동에 대한 순간 속도(식 2.4)와 유사하게, **순간 각속도**(instantaneous

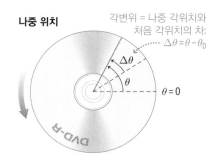

그림 8.3 각변위의 정의

angular velocity)는 시간 간격이 0에 가까워질 때 평균 각속도의 극한으로 정의하고, 다음과 같이 나타낸다.

$$\omega = \lim_{\Delta t \to 0} \frac{\Delta \theta}{\Delta t} \quad \text{(순간 각속도, SI 단위: rad/s)} \tag{8.4}$$

순간 각속도(또는 각속도)는 각위치 θ가 증가할 때 양이고 θ가 감소하면 음이며, 물체가 회전하지 않으면 0이다.

등각속도

등속 일차원 운동에서와 마찬가지로 **등각속도**의 특수한 경우에는 평균 각속도 값과 순간 각속도 값이 같으며, 둘 다 $\omega = \Delta\theta/\Delta t$로 주어진다. 따라서 매 한 바퀴 회전은 동일한 시간 동안 이루어지며, 이 시간을 회전 운동의 **주기**로 정의한다. 한 주기 T 동안 물체의 각 점이 2π 각도만큼 회전하므로 각속도는 다음과 같다.

$$\omega = \frac{2\pi}{T} \quad \text{(등각속도)} \tag{8.5}$$

등각속도의 예로는 자동차가 일정한 속력으로 이동할 때의 자동차 바퀴, 전형적인 각속력이 33⅓ rpm인 옛날 축음기, 모든 크기의 모터, 다음 문단에서 설명할 생물학적 모터 등이 있다. CD와 일부 DVD의 경우, 등각속도로 회전하지 않는데 그 이유는 나중에 설명할 것이다.

회전 운동은 역학적 계나 천체에서 흔하지만 생물학에서는 덜 명확하다. 여기서 가장 익숙한 예는 어깨, 무릎, 엉덩이, 팔꿈치 관절 주위 지점의 제한된 회전이다. 하지만 놀랍게도 실질적 회전은 세포 수준에서도 일어난다. 박테리아 대장균에서 추진 기관인 편모를 움직이는 메커니즘은 약 100 rev/s 또는 600 rad/s 이상으로 회전하는 박테리아를 액체를 통해 약 25 μm/s의 속력으로 이동하게 한다.

각가속도

2장에서 가속도를 속도의 변화율로 정의했다. **각가속도**(angular acceleration)도 유사하게 정의한다. 식 2.6과 유사하게 평균 각가속도는 다음과 같이 나타낸다.

$$\bar{\alpha} = \frac{\Delta \omega}{\Delta t} \quad \text{(평균 각가속도, SI 단위: rad/s}^2\text{)} \tag{8.6}$$

이것은 각가속도는 그리스 소문자 알파(α)로 나타낸다. 그다음 일반적인 극한을 취해 순간 각가속도를 정의한다.

$$\alpha = \lim_{\Delta t \to 0} \frac{\Delta \omega}{\Delta t} \quad \text{(순간 각가속도, SI 단위: rad/s}^2\text{)} \tag{8.7}$$

각가속도의 단위는 rad/s²이며 양 또는 0 또는 음의 값을 갖는다.

예제 8.2 빨라지는 회전!

컴퓨터 하드 드라이브는 회전하는 디스크에 자기적으로 정보를 저장한다. 노트북 드라이브는 배터리 에너지를 절약하기 위해 사용하지 않을 때는 회전 속력을 줄여 정지시키며, 필요할 때는 빠르게 회전한다. 보통 디스크는 7,200 rpm으로 작동하며 회전 속력을 높이는 데 65 ms가 걸린다. 다음을 구하여라.

(a) 최대 속력으로 한 바퀴 도는 데 걸리는 시간
(b) 회전 속력을 높이는 동안 평균 각가속도

구성과 계획 한 바퀴 도는 데 걸리는 시간은 주기 T이며, 식 8.5 는 각속도 ω와 관련이 있다. 평균 각가속도는 각속도의 변화를 회전 시간으로 나눈 값이다. 표준 단위로 결과를 얻으려면 각속도를 rpm에서 rad/s로 환산해야 한다.

알려진 값: $\omega = 7,200$ rpm, $\Delta t = 65$ ms $= 65 \times 10^{-3}$ s

풀이 (a) 각속도의 단위를 rpm에서 rad/s로 환산하면 다음과 같다.

$$7200 \text{ rev/min} \times \frac{1 \text{ min}}{60 \text{ s}} \times \frac{2\pi \text{ rad}}{\text{rev}} = 754 \text{ rad/s}$$

따라서 식 8.5는 다음과 같이 계산된다.

$$T = \frac{2\pi}{\omega} = \frac{2\pi \text{ rad}}{754 \text{ rad/s}} = 8.33 \times 10^{-3} \text{ s}$$

(b) 식 8.6으로 평균 각가속도를 계산하면 다음과 같다.

$$\bar{\alpha} = \frac{\Delta\omega}{\Delta t} = \frac{754 \text{ rad/s}}{65 \times 10^{-3} \text{ s}} = 1.16 \times 10^4 \text{ rad/s}^2$$

반영 계산 결과는 디스크가 한 바퀴 도는 데 100분의 1초도 걸리지 않음을 보여 준다. 가속도는 매우 크지만 데이터를 빨리 읽기 위해 필요하다.

⋯⋯⋯⋯⋯⋯⋯⋯⋯⋯⋯⋯⋯⋯⋯⋯⋯⋯⋯⋯⋯⋯⋯⋯⋯⋯⋯⋯⋯⋯⋯

연결하기 디스크가 회전 속력을 늦추는 데 1.3 s가 더 걸릴 때, 평균 각가속도는 얼마인가?

답 이제 처음 각속도는 754 rad/s이고 나중 각속도는 0이다. 즉, $\Delta\omega = 0 - 754$ rad/s $= -754$ rad/s이므로 평균 각가속도는 $\bar{\alpha} = -754$ rad/1.3 s $= -580$ rad/s^{2}이다. 각속도가 양에서 0으로 감소했기 때문에 각가속도는 음이다.

개념 예제 8.3 강체와 유동체

이 절의 시작 부분에서 **강체** 회전에 대한 개념을 소개했다. 강체 회전 장치의 특징은 무엇인가? 회전하는 **유체**와 어떻게 다른가?

풀이 회전하는 CD 또는 자전거 바퀴와 같은 강체 회전 장치에서 모든 점이 주어진 시간 동안 동일한 각변위를 갖는다. 따라서 강체의 모든 점은 동일한 각속도와 동일한 각가속도를 갖는다.

그러나 (그림 8.4의 허리케인과 같은) 유체에서는 견고한 연결이 없으므로 서로 다른 점에서 각가속도와 가속도가 다를 수 있다. 기체 상태의 태양이 대표적인 예이다. 지구와 달리 태양은 극지방보다 적도에서 더 큰 각속도로 회전한다.

반영 강체 회전 장치의 공통 각속도와 각가속도가 모든 점이 동일한 **선형** 속도를 갖는다는 것을 의미하지는 않는다. 예를 들어, 자전거 스포크의 바깥쪽 끝은 안쪽 끝보다 더 빨리 이동한다. 마찬가지로 DVD의 바깥쪽 트랙은 주어진 각속도에서 안

그림 8.4 허리케인은 비강체 회전 장치의 한 예이다.

쪽 트랙보다 빠르게 움직인다. 일정한 속도로 정보를 '읽기' 위해서는 트랙에서 점점 바깥쪽으로 정보를 읽으면서 DVD의 회전 속도가 느려진다. 이 장의 뒷부분에서 각속도와 선속도 사이의 관계를 다룰 것이다.

- 평균 각속도는 각변위를 해당 시간 간격으로 나눈 값이다.
- 순간 각속도는 시간 간격이 0에 가까워질 때 평균 각속도의 극한이다.
- 평균 각가속도는 각속도의 변화를 해당 시간 간격으로 나눈 값이다.
- 순간 각가속도는 시간 간격이 0에 가까워질 때 평균 각가속도의 극한이다.

확인 8.1절 바퀴가 속도를 줄이면서 시계 방향으로 회전한다. 각속도 ω와 각가속도 α의 부호는 무엇인가?
(a) 둘 다 양 (b) ω는 양, α는 음 (c) ω는 음, α는 양 (d) 둘 다 음

8.2 회전 운동에 대한 운동 방정식

표 8.1 병진과 회전의 물리량

병진 운동	회전 운동
위치 x	각위치 θ
변위 Δx	각변위 $\Delta\theta$
속도 v_x	각속도 ω
각가속도 a_x	각가속도 α
시간 t	시간 t

2.4절에서 등가속도의 경우 위치, 속도, 가속도와 관련된 운동 방정식(식 2.8, 식 2.9, 식 2.10)을 살펴봤다. 각속도와 각가속도에 대한 정의는 2장의 병진 속도 및 가속도의 정의와 매우 유사하다. 따라서 표 8.1에 요약한 것처럼 각 병진 변화를 해당 회전 변화로 대체하는 것만으로도 등가속도에 대한 운동 방정식을 얻을 수 있다.

표 8.2는 이러한 유사성으로 등가속도에 대한 운동 방정식의 회전 버전을 표현한다. 등가속도 운동학 문제를 해결하는 전략은 병진 운동에 대해 이미 알고 있는 것과 동일하다. 다음 전략 8.1은 몇 가지 힌트와 주의 사항을 제공한다.

표 8.2 등가속도 운동 방정식

병진 운동 방정식		회전 운동 방정식	
$v_x = v_{0x} + a_x t$	(2.8)	$\omega = \omega_0 + \alpha t$	(8.8)
$x = x_0 + v_{0x}t + \frac{1}{2}a_x t^2$	(2.9)	$\theta = \theta_0 + \omega_0 t + \frac{1}{2}\alpha t^2$	(8.9)
$v_x^2 = v_{0x}^2 + 2a_x\Delta x$	(2.10)	$\omega^2 = \omega_0^2 + 2\alpha\Delta\theta$	(8.10)

문제 해결 전략 8.1 등각가속도 운동학 문제

구성과 계획
- 회전하는 물체를 보여 주는 그림을 그린다.
- 가능하면 해당되는 기준을 선택하고 양의 회전 방향을 설정한다.
- 알고 있는 물리량과 구하려는 물리량을 검토한다. 사용할 운동 방정식을 찾는 데 도움이 된다.

풀이
- 주어진 정보를 수집하고 필요한 운동 방정식을 선택한다.

- 이 운동 방정식은 등각가속도 α에만 유효함을 기억하여라.
- 알려지지 않은 값을 구한다.
- 수치를 대입하고 답을 계산한 후, 적절한 단위를 지정한다. 필요한 경우 라디안(rad)이 나타나거나 사라지는 위치를 기록한다.

반영
- 답의 수치와 단위가 올바른지 검토한다.
- 익숙한 문제와 관련된 문제라면 답이 타당한지 생각해 본다.

예제 8.4 키 큰 잔디

한 여성이 1,500 rpm으로 회전하는 전기 예초기로 잔디를 깎고 있다. 그녀는 키 큰 잔디와 마주해 등각가속도로 3.40 s에 걸쳐 2,000 rpm으로 속력을 올렸다. 물음에 답하여라.

(a) 각가속도는 얼마인가?

(b) 가속하는 동안 날은 몇 바퀴를 돌았는가?

구성과 계획 날의 회전 방향을 양의 방향으로 정의한다. 각속도가 증가하면 날의 각가속도는 양수가 될 것이다. 알려진 물리량은 처음 각속도(ω_0) 및 나중 각속도(ω)와 시간이다. 이러한 물리량이 주어지면 식 8.8으로부터 각가속도를 구할 수 있다. 그다음 다른 운동 방정식 중 하나를 사용하여 날의 각변위를 구할 수 있다. 또한 각속도를 rpm에서 rad/s로 바꾸어야 한다.

알려진 값: $\omega_0 = 1500$ rpm(rev/min), $\omega = 2000$ rpm(rev/min), $t = 3.40$ s

풀이 (a) 먼저 rpm을 rad/s로 환산하자.

$$\omega_0 = 1500 \text{ rev/min} \times \frac{1 \text{ min}}{60 \text{ s}} \times \frac{2\pi \text{ rad}}{\text{rev}} = 157 \text{ rad/s},$$

$$\omega = 2000 \text{ rev/min} \times \frac{1 \text{ min}}{60 \text{ s}} \times \frac{2\pi \text{ rad}}{\text{rev}} = 209 \text{ rad/s}$$

따라서 각가속도에 대한 식 8.8에 값을 대입하여 풀면 다음을 얻는다.

$$\alpha = \frac{\omega - \omega_0}{t} = \frac{209 \text{ rad/s} - 157 \text{ rad/s}}{3.40 \text{ s}} = 15.3 \text{ rad/s}^2$$

(b) 다른 식 중 하나는 각변위 $\Delta\theta$를 구한다. 식 8.9로부터 다음이 성립한다.

$$\Delta\theta = \theta - \theta_0$$
$$= \omega_0 t + \frac{1}{2}\alpha t^2$$
$$= (157 \text{ rad/s})(3.40 \text{ s}) + \frac{1}{2}(15.3 \text{ rad/s}^2)(3.40 \text{ s})^2$$
$$= 622 \text{ rad}$$

날이 몇 바퀴 회전했는지 구해야 하므로 622 rad을 회전수로 환산하면 다음과 같다.

$$622 \text{ rad} \times \frac{1 \text{ rev}}{2\pi \text{ rad}} = 99 \text{ rev}$$

반영 99번의 회전수가 정답인가? 등각속도일 때, 평균 각가속도는 1,750 rpm이다. 분당 평균 회전수를 고려하면 3.4 s에 99번 회전하는 것은 적당하다.

연결하기 동일한 값인 처음 1,500 rpm과 각가속도 −15.3 rad/s² 에서 날이 정지하는 데 얼마나 걸리는가?

답 ω_0과 ω를 알면 각가속도 α와 함께 식 8.8을 풀어 $t = 10.3$ s 를 쉽게 구할 수 있다.

예제 8.5 회전하고 있는 DVD

8배속 재생 모드로 실행되는 DVD는 11,200 rpm으로 회전하기 시작하여 재생 시간이 끝나면 4,640 rpm으로 떨어진다. 이렇게 하면 초당 약 1,100만 바이트의 정보가 일정한 속도로 디스크에서 '읽힌다'. 디스크가 −0.0954 rad/s²의 일정한 각가속도를 받을 때, 다음을 구하여라.

(a) 각변위 (b) 시간

구성과 계획 여기서 시간이 주어지지 않는다. 이는 시간을 포함하지 않는 식 8.10이 각변위를 제공할 수 있음을 시사한다. 또한, 처음 각속도 및 나중 각속도와 각가속도가 주어졌으므로 $\Delta\theta$를 풀 수 있다.

　(b)의 경우 시간에 대한 다른 식 중 하나를 풀 수 있다. 식 8.8은 t^2이 아닌 t를 포함하므로 사용하기 더 쉽다.

알려진 값: $\omega_0 = 11,200$ rev/min, $\omega = 4640$ rev/min, $\alpha = -0.0954$ rad/s²

풀이 (a) 각속도를 rad/s로 환산하면 다음을 얻는다.

$$\omega_0 = 11,200 \text{ rev/min} \times \frac{1 \text{ min}}{60 \text{ s}} \times \frac{2\pi \text{ rad}}{\text{rev}} = 1173 \text{ rad/s},$$

$$\omega = 4640 \text{ rev/min} \times \frac{1 \text{ min}}{60 \text{ s}} \times \frac{2\pi \text{ rad}}{\text{rev}} = 486 \text{ rad/s}$$

따라서 각변위 $\Delta\theta$에 대한 식 8.10을 풀면

$$\Delta\theta = \frac{\omega^2 - \omega_0^2}{2\alpha} = \frac{(486 \text{ rad/s})^2 - (1173 \text{ rad/s})^2}{2(-0.0954 \text{ rad/s}^2)}$$
$$= 5.97 \times 10^6 \text{ rad}$$

이고, 약 950,000회전한다.

(b) 시간 t에 대한 식 8.8을 풀면 다음과 같다.

$$t = \frac{\omega - \omega_0}{\alpha} = \frac{486 \text{ rad/s} - 1173 \text{ rad/s}}{-0.0954 \text{ rad/s}^2} = 7200 \text{ s}$$

반영 (b)에 대한 답은 맞다. 즉, DVD의 일반 재생 시간은 2시간이다. (a)에 대한 답은 엄청나게 커 보일 수 있지만 DVD의

정보를 담고 있는 트랙의 간격이 10^{-6} m 미만이므로 전체 디스크를 재생하려면 많은 회전이 필요하다.

연결하기 (b)에서 식 8.9는 시간 t에 대해 동일한 답을 제공하는가?

답 그렇다. 직접 확인해 보아라. (a)의 $\Delta\theta$가 필요하므로 이차 방정식을 풀어야 한다.

8.3 회전 운동과 접선 운동

접선 속도와 접선 속력

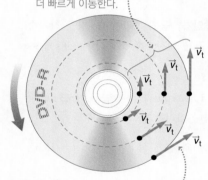

중심으로부터 멀리 있는 점은 지정된 시간 내에 더 멀리 이동해야 하므로 더 빠르게 이동한다.

회전하는 물체의 점의 속도 벡터는 항상 원에 접하므로 접선 속도 $\vec{v}_t$라 한다.

그림 8.5 회전 DVD의 다른 지점에서의 접선 속도

회전하는 DVD는 강체이므로 DVD의 모든 지점의 입자들은 같은 각속도를 갖는다. 그러나 그림 8.5는 서로 다른 점들의 병진 속도는 방향과 크기 모두 다를 수 있음을 보여 준다. DVD의 각 점은 원을 그리며 이동하며, 등속 원운동에서 알 수 있듯이 속도 벡터는 항상 원에 접한다. 이러한 이유로 회전하는 물체의 점의 병진 속도를 **접선 속도**(tangential velocity) $\vec{v}_t$라 한다.

접선 속도의 크기, 즉 **접선 속력**(tangential speed) v_t는 얼마인가? 속력은 속도의 크기이므로 일반적으로 서로 다른 점들은 속력이 다르다. 회전축에 가까운 점이 더 느리게 이동하고, 먼 점은 더 빠르게 움직인다. 이는 모든 점이 이동 거리에 관계없이 한 바퀴를 도는 데 동일한 시간이 걸리기 때문이다. DVD가 일정한 각속도 ω로 회전한다고 가정하자. 접선 속력은 임의의 호의 길이를 이동하는 데 필요한 시간으로 나누어 계산할 수 있다. 한 바퀴를 완전히 돌면 거리는 원의 둘레 $2\pi r$이고, 시간은 주기 $T = 2\pi/\omega$(그림 8.5)이다. 이러한 결과를 결합하면 다음이 성립한다.

$$\text{접선 속력 } v_t = \frac{\text{거리}}{\text{시간}} = \frac{2\pi r}{T} = \frac{2\pi r}{2\pi/\omega} = r\omega$$

즉, 다음과 같다.

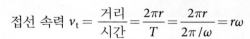

$$v_t = r\omega \qquad \text{(접선 속력, SI 단위: m/s)} \tag{8.11}$$

예를 들어, 예제 8.5에서 DVD의 바깥쪽 반지름 6.0 cm 지점은 디스크가 최대 각속도 1,173 rad/s(11,200 rpm)로 회전할 때, 다음 접선 속력으로 갖는다.

$$v_t = r\omega = (0.060 \text{ m})(1173 \text{ rad/s}) = 70.4 \text{ m/s}$$

반면, 축에서 불과 2.5 cm 떨어진 지점(가장 안쪽 정보를 담고 있는 트랙)의 접선 속력은 다음과 같다.

$$v_t = r\omega = (0.025 \text{ m})(1173 \text{ rad/s}) = 29.3 \text{ m/s}$$

접선 속력은 모든 회전 강체의 반지름에 비례한다. 여기서 등각속도를 가정했지만

식 8.11은 ω가 일정하지 않아도 성립한다.

이제 정보를 '읽는' 레이저가 바깥쪽으로 이동함에 따라 CD 또는 DVD의 각속도가 감소하는 이유를 이해할 수 있다. 이상적으로는 레이저 픽업이 일정한 비율로 정보를 제공해야 한다. 즉, 접선 속력이 일정해야 한다. 일정한 속력 $v_t = r\omega$는 r이 증가하면 각속도 ω는 감소해야 한다. DVD 플레이어에 창이 있는 경우 이를 쉽게 관찰할 수 있다. 첫 번째 트랙(DVD의 안쪽 부분)에서 DVD가 더 빠른 속력으로 회전하고 마지막 트랙(DVD의 바깥쪽 부분)에서는 느린 속력으로 회전한다. 예제 8.5에서 이를 확인할 수 있다. 디스크가 11,200 rpm으로 회전할 때 2.5 cm 지점은 약 29 m/s로 돌고, 6.0 cm 지점은 4,640 rpm에서 동일한 접선 속력을 갖는다.

접선 가속도

접선 속력이 변화하면 그 변하는 비율은 **접선 가속도**(tangential acceleration) a_t이다.

$$a_t = \lim_{\Delta t \to 0} \frac{\Delta v_t}{\Delta t}$$

$v_t = r\omega$를 이용하여 수식을 간단히 하면 다음과 같다.

$$a_t = \lim_{\Delta t \to 0} \frac{\Delta(r\omega)}{\Delta t} = r \lim_{\Delta t \to 0} \frac{\Delta \omega}{\Delta t} = r\alpha$$

여기서 접선 가속도는 회전축으로부터 고정된 거리 r에 있는 지점에 대한 것이다. 마지막으로 각가속도 α의 정의를 사용하였다(식 8.7). 식을 정리하면 다음과 같다.

$$a_t = r\alpha \qquad \text{(접선 가속도, SI 단위: m/s}^2\text{)} \qquad (8.12)$$

회전 강체에서 모든 점은 동일한 각가속도 α를 갖지만 접선 가속도는 r에 비례한다. 접선 속도도 r에 비례하고(식 8.11), 접선 가속도는 접선 속력의 변화율이므로 이는 타당하다. 식 8.12를 사용하면 접선 가속도 a_t와 각가속도 α 사이의 관계를 알 수 있다.

접선 가속도와 구심 가속도

회전하는 물체의 점은 원운동을 하고 있으므로 3장에서 배운 것처럼 이들 점은 구심 가속도 $a_r = v_t^2/r$을 가지며, 여기서 r은 회전축으로부터의 거리이다. 이때 접선 속력 v_t를 사용하는데, 회전하는 점의 병진 속력이기 때문이다. $v_t = r\omega$(식 8.11)를 사용하면 구심 가속도는 다음과 같다.

$$a_r = \frac{v_t^2}{r} = \frac{(r\omega)^2}{r} = r\omega^2 \qquad (8.13)$$

일반적으로 회전하는 물체의 점은 구심 성분 a_r과 접선 성분 a_t로 이루어진 가속도 벡터를 갖는다(그림 8.6). 회전 속력이 일정하면 각가속도 α와 접선 가속도 a_t 모두 0이다. 그러나 회전이 있는 한, 구심 가속도는 0이 아니다.

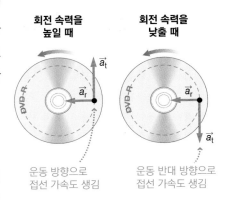

회전 속력을 높일 때 / **회전 속력을 낮출 때**

운동 방향으로 접선 가속도 생김 / 운동 반대 방향으로 접선 가속도 생김

등속력으로 회전할 때

구심 가속도만 생김

그림 8.6 회전하는 물체는 구심 가속도와 접선 가속도를 가질 수 있다.

어떤 아이가 회전목마를 밀고 있다. 회전축에서 2.50 m 떨어진 바깥쪽 가장자리에 다른 아이가 타고 있다. 이때, 회전목마의 각속도와 각가속도가 각각 1.35 rad/s와 0.75 rad/s²인 순간에 어린이의 구심 가속도와 접선 가속도는 각각 얼마인가?

구성과 계획 각속도, 각가속도 및 반지름을 알고 있다(그림 8.7). 구심 성분과 접선 성분은 $a_r = r\omega^2$, $a_t = r\alpha$에 의존한다.

알려진 값: $\omega = 1.35$ rad/s, $\alpha = 0.75$ rad/s², $r = 2.50$ m

풀이 주어진 값을 이용해서 구심 가속도를 구하면 다음과 같다.

$$a_r = r\omega^2 = (2.50 \text{ m})(1.35 \text{ rad/s})^2 = 4.56 \text{ m/s}^2$$

라디안 단위(rad)는 답에 포함되지 않는데, 단위가 m/s²인 구심 가속도에 맞지 않는 무차원의 양이기 때문이다.

접선 가속도는 다음과 같다.

$$a_t = r\alpha = (2.50 \text{ m})(0.75 \text{ rad/s}^2) = 1.88 \text{ m/s}^2$$

마찬가지로 라디안 단위는 쓰지 않는다.

반영 두 답 모두 합리적으로 보인다. 구심 가속도는 거의 g의 절반이기 때문에 붙잡고 있기 다소 어렵다(일부 어린이는 재미있어 할 것이다).

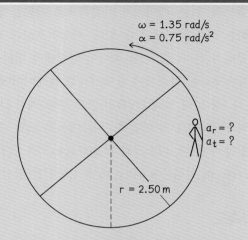

그림 8.7 구심 가속도와 접선 가속도 구하기

연결하기 각속도가 두 배로 빨라지면 구심 가속도는 어떤 요인으로 증가하게 되는가?

답 접선 가속도와 각속도의 관계는 $a_r = r\omega^2$이다. 각속도가 제곱되어 있으므로 각속도가 두 배가 되면 구심 가속도는 네 배로 증가한다. 여기에 주어진 수치로 계산하면 $a_r = 18$ m/s², 즉 g의 두 배에 가까운 값이다.

어느 도공의 돌림판이 각속도 ω와 각가속도 α로 회전한다. 그림 8.8은 회전축으로부터 서로 다른 거리에 있는 두 지점 P_1과 P_2의 점토 덩어리를 보여 준다. 각변위, 각속도, 각가속도, 접선 가속도, 구심 가속도를 고려해 보자. 이 중 어느 물리량들이 두 지점에서 동일하고, 어느 물리량들이 다른가?

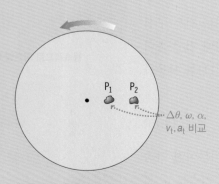

그림 8.8 돌림판에 있는 두 점 비교

풀이 주어진 시간 간격에서 강체의 모든 점은 동일한 각변위를 통해 회전한다. 따라서 각속도 ω와 각가속도 α는 돌림판의 모든 곳에서 동일하다. 접선 속력은 $v_t = r\omega$이다. 각속도 ω가 모

표 8.3 주요 회전 물리량과 관계식

물리량	단위	관계식
각변위 $\Delta\theta$	rad	$\Delta\theta = \theta - \theta_0$
각속도 ω	rad/s	$\omega = \lim\limits_{\Delta t \to 0} \dfrac{\Delta\theta}{\Delta t}$
각가속도 α	rad/s²	$\alpha = \lim\limits_{\Delta t \to 0} \dfrac{\Delta\omega}{\Delta t}$
접선 속력 v_t	m/s	$v_t = r\omega$
접선 가속도 a_t	m/s²	$a_t = r\alpha$
구심 가속도 a_r	m/s²	$a_r = r\omega^2$

든 곳에서 동일할 경우 접선 속력은 반지름 거리 r에 비례하여 증가한다.

마찬가지로 접선 가속도는 $a_t = r\alpha$이므로 모든 곳에서 각가속도가 동일할 경우 접선 가속도도 비례하여 증가한다. 마지막으로 구심 가속도는 $a_r = r\omega^2$이므로 모든 곳에서 각속도 ω가 동일할 경우 구심 가속도도 비례하여 증가한다.

반영 병진 운동 속도와 두 가속도 성분과 관련된 양은 반지름 위치에 따라 달라진다. 그러나 각 물리량인 각속도와 각가속도는 그렇지 않다. 표 8.3은 회전 물리량과 이들 사이의 관계를 요약한 것이다.

확인 8.3절 자전거 바퀴가 그림과 같이 시계 방향으로 회전하며 속력을 내고 있다. 다음 중 가장자리의 P지점에서 접선 가속도와 구심 가속도를 올바르게 나타낸 것은?

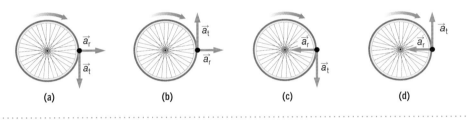

8.4 운동 에너지와 회전 관성

5장에서 일과 에너지의 개념을 사용하여 역학 문제를 간단히 분석하는 방법을 배웠다. 이제 이러한 개념을 회전 운동에 적용해 보자. 첫 번째로 운동 에너지를 고려하면, 병진 속력 v를 갖는 점 질량 m에 대해 $K = \frac{1}{2}mv^2$이다. 그림 8.9의 DVD와 같이 회전하는 물체의 운동 에너지는 얼마인가? DVD는 다양한 반지름의 지점과 같은 질량으로 구성되어 있으므로 접선 속력이 다르기 때문에 답이 명확하지 않다. 예를 들어, DVD 외부 근처에 주어진 질량은 축에 가까운 동일한 질량보다 더 많은 운동 에너지를 갖는다. 디스크의 질량, 차원 및 회전 속력의 함수로서 **총** 운동 에너지를 어떻게 구할 수 있는가?

그림 8.9에 표시된 지점 중 하나인 회전축에서 반지름 r에 있는 질량 m의 작은 조각을 고려하자. 이는 반지름 r인 원을 접선 속력 v_t로 움직인다. 따라서 운동 에너지는 다음과 같다.

$$K = \tfrac{1}{2}mv_t^2 \quad \text{(점 질량 } m \text{의 운동 에너지)}$$

운동 에너지는 디스크를 구성하는 질량의 모든 조각의 에너지의 합이다.

$$K = \sum_{i=1}^{n} \tfrac{1}{2}m_i v_{t,i}^2 \quad \text{(회전에서 점 질량의 모임에 대한 운동 에너지)}$$

여기서 디스크는 개별 질량 m_i와 속력 $v_{t,i}$를 가진 n개의 조각으로 구성된다고 생각한다. 식 8.11에서 $v_{t,i} = r_i\omega$ (r_i는 축으로부터 i번째 조각의 거리)임을 알고 있으므로

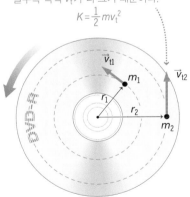

m_1과 m_2의 질량이 같다고 가정할 때, m_2의 운동 에너지가 더 크다. 반지름이 클수록 속력 v_t가 더 크기 때문이다.

$$K = \tfrac{1}{2}mv_t^2$$

그림 8.9 DVD의 여러 지점의 속도를 이용하여 운동 에너지를 구한다.

운동 에너지는 다음과 같다.

$$K = \sum_{i=1}^{n} \tfrac{1}{2} m_i r_i^2 \omega^2$$

여기서 디스크 각 지점의 각속도 ω는 같으므로 식을 정리하면 다음과 같이 나타낼 수 있다.

$$K = \tfrac{1}{2}\left(\sum_{i=1}^{n} m_i r_i^2\right)\omega^2$$

이 식의 괄호에 있는 합은 디스크의 **회전 관성**(rotational inertia) I로 정의한다.

$$I = \sum_{i=1}^{n} m_i r_i^2 \quad \text{(회전 관성, SI 단위: kg·m}^2\text{)} \tag{8.14}$$

회전 관성의 SI 단위는 kg·m²이다. 회전 관성의 관점에서 강체의 운동 에너지는 다음과 같이 나타낸다.

$$K = \tfrac{1}{2} I \omega^2 \quad \text{(회전 운동 에너지, SI 단위: J)} \tag{8.15}$$

따라서 회전하는 물체의 회전 관성 I와 각속도 ω를 알면 운동 에너지 $K = \tfrac{1}{2}I\omega^2$을 쉽게 계산할 수 있다. 식 8.14의 합산이 까다로운 부분이다. 공통 대칭 물체의 경우, 미적분학은 총 질량 M과 크기의 함수로 I를 계산할 수 있다. 예를 들어, 질량이 M이고 반지름이 R인 속이 꽉 찬 원통(또는 디스크)이 대칭축을 중심으로 회전하는 경우, 회전 관성은 $I = \tfrac{1}{2}MR^2$이다. 질량이 M이고 반지름이 R인 속이 꽉 찬 구가 중심을 통해 축을 중심으로 회전하는 경우, $I = \tfrac{2}{5}MR^2$이다. 회전 관성은 존재하는 질량의 양과 질량이 기하학적으로 분포하는 경우에만 의존하기 때문에 이러한 간단한 식으로 표현된다. 여러 모양의 균질한 강체의 회전 관성이 표 8.4에 나열되어 있다.

회전 관성의 이해

회전 운동 에너지에 대한 식 8.15 $K = \tfrac{1}{2}I\omega^2$은 병진 운동 에너지에 대한 $K = \tfrac{1}{2}mv^2$과 매우 유사하다. 회전식에서 각속력 ω가 병진 속력 v를 대체하고, 회전 관성 I가 질량 m을 대체한다. 이것이 물리학자들이 관성이라는 용어를 사용하여 운동의 변화에 대한 저항을 나타내는 이유이다. 질량이 클수록 물체의 가속이 어려워지듯이, 회전 관성이 클수록 물체의 각가속도를 부여하기 어려워진다. 8.6절에서 회전 관성과 각가속도 사이의 연관성을 자세히 다룰 것이다.

식 8.14와 표 8.4는 회전 관성이 물체의 질량뿐만 아니라 회전축을 중심으로 그 질량이 어떻게 분포되는지에도 의존함을 보여 준다. 개념 예제 8.8은 이러한 사실을 강조한다. 표 8.4에 표시된 모든 물체는 균일한 밀도를 갖는다고 가정했으며, 이로 인해 회전 관성의 결과 값이 결정된다. 예를 들어, 지구의 액체와 고체 금속으로 이루

표 8.4 여러 모양의 균질한 강체의 회전 관성

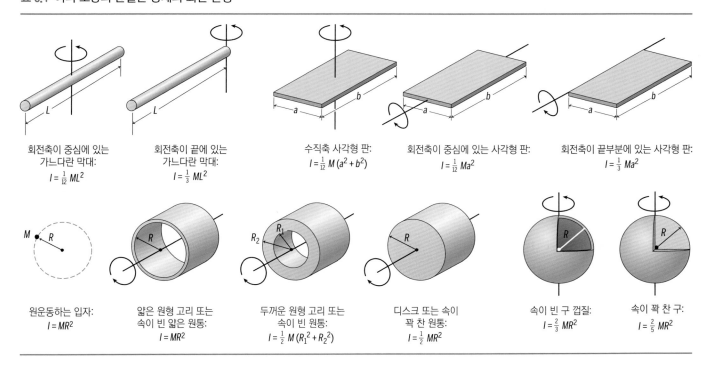

회전축이 중심에 있는
가느다란 막대:
$I = \frac{1}{12} ML^2$

회전축이 끝에 있는
가느다란 막대:
$I = \frac{1}{3} ML^2$

수직축 사각형 판:
$I = \frac{1}{12} M (a^2 + b^2)$

회전축이 중심에 있는 사각형 판:
$I = \frac{1}{12} Ma^2$

회전축이 끝부분에 있는 사각형 판:
$I = \frac{1}{3} Ma^2$

원운동하는 입자:
$I = MR^2$

얇은 원형 고리 또는
속이 빈 얇은 원통:
$I = MR^2$

두꺼운 원형 고리 또는
속이 빈 원통:
$I = \frac{1}{2} M (R_1^2 + R_2^2)$

디스크 또는 속이
꽉 찬 원통:
$I = \frac{1}{2} MR^2$

속이 빈 구 껍질:
$I = \frac{2}{3} MR^2$

속이 꽉 찬 구:
$I = \frac{2}{5} MR^2$

어진 핵은 맨틀과 지각보다 밀도가 훨씬 높다. 결과적으로 지구의 회전 관성은 균일
한 고체 구에 대한 표 8.4의 $I = \frac{2}{5} MR^2$보다 작다.

개념 예제 8.8 서로 다른 회전축

표 8.4의 질량 M과 길이 L의 얇은 막대에 대해 두 회전 관성
인 중심에 대한 회전 관성 $I = \frac{1}{12} ML^2$과 한쪽 끝에 대한 회전
관성 $I = \frac{1}{3} ML^2$을 고려해 보자. 두 번째 값이 더 큰 이유를 설
명하여라.

풀이 먼저 얇은 막대를 중심을 축으로 돌렸다가 한쪽 끝을 축으
로 돌려 보자. 후자가 더 회전이 어렵다는 것을 알 수 있다. 중
심을 회전축으로 돌리면 얇은 막대의 양쪽 절반이 회전 관성에
동일한 양을 기여하기 때문이다. 이 양을 I_0이라 하자. 반면, 끝
을 회전축으로 돌리면 회전축에 가까운 막대의 절반은 회전 관
성에 동일한 I_0을 기여하지만, 바깥쪽 절반은 더 **많이** 기여한다.
회전축으로부터 멀리 떨어져 있어서 더 빨리 이동하기 때문이
다(그림 8.10). 이로써 끝을 회전축으로 회전할 때 막대의 회전

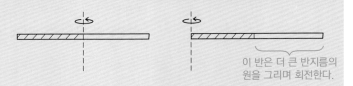

이 반은 더 큰 반지름의
원을 그리며 회전한다.

그림 8.10 (회전축이 서로 다른) 회전하는 얇은 막대

관성이 더 높다는 것이 증명된다.

반영 막대 끝을 회전축으로 한 회전 관성이 중심에 회전축으로
한 회전 관성의 두 배가 아닌 이유는 무엇인가? 질량은 바깥쪽
으로 두 배 확장되지만 식 8.14에 따르면 그 효과가 거의 **제곱**
만큼 확장된다. 그 결과, 끝부분에 대한 회전 관성이 중심 부분
에 대한 회전 관성의 네 배로 커진다.

예제 8.9   DVD의 회전 관성

18 g인 DVD의 내부 반지름은 0.62 cm이고 외부 반지름은 6.0 cm이다. 다음을 구하여라.

(a) 중심축에 대한 디스크의 회전 관성
(b) 40 rad/s로 회전할 때의 운동 에너지

구성과 계획 표 8.4에서 올바른 모양은 무엇인가? 내부 반지름 R_1 및 외부 반지름 R_2, 회전 관성 $I = \frac{1}{2} M (R_1^2 + R_2^2)$을 갖는 '두꺼운 원형 고리 또는 속이 빈 원통'이다. 운동 에너지는 $K = \frac{1}{2} I \omega^2$이다.

알려진 값: $R_1 = 0.62$ cm, $R_2 = 6.0$ cm, $M = 0.018$ kg, $\omega = 40$ rad/s

풀이 주어진 값을 이용하여 DVD의 회전 관성을 구하면 다음과 같다.

$$I = \frac{1}{2} M (R_1^2 + R_2^2) = \frac{1}{2} (0.018 \text{ kg}) \left((0.0062 \text{ m})^2 + (0.060 \text{ m})^2 \right)$$
$$= 3.27 \times 10^{-5} \text{ kg} \cdot \text{m}^2$$

따라서 운동 에너지는 다음과 같다.

$$K = \frac{1}{2} I \omega^2 = \frac{1}{2} (3.27 \times 10^{-5} \text{ kg} \cdot \text{m}^2)(40 \text{ rad/s})^2$$
$$= 0.026 \text{ kg} \cdot \text{m}^2 / \text{s}^2 = 26 \text{ mJ}$$

반영 운동 에너지 계산에서 단위가 어떻게 작용했는지 알아본다. 라디안은 무차원이므로 지워도 된다. 그다음 $\text{kg} \cdot \text{m}^2/\text{s}^2$은 줄의 정의에 따라 J로 쓴다. DVD의 회전 관성은 매우 작기 때문에 작으며, 재생 중 일반적인 회전 속력에서 에너지가 mJ로 측정된다.

....

연결하기 이 DVD가 동일한 운동 에너지를 가지려면 어느 정도의 병진 속력이 필요한가?

답 병진 운동 에너지는 $K = \frac{1}{2} m v^2$이므로 $K = 26$ mJ 및 $m = 0.018$ kg으로 속력을 풀면 $v = 1.7$ m/s가 된다.

8.5 구르는 강체

구르는 물체는 바퀴와 같이 병진 운동과 회전 운동을 결합한다. 여기서는 미끄러짐 없이 구른다고 가정할 것이며, 그러기 위해서는 구르는 물체와 물체의 표면 사이에 마찰이 필요하다. 또한 구르는 물체가 기하학적 중심에 대해 대칭이라고 가정할 것이다. 이를 통해 회전축을 질량 중심에 놓고 운동을 질량 중심의 병진과 질량 중심의 회전으로 나눌 수 있다(그림 8.11).

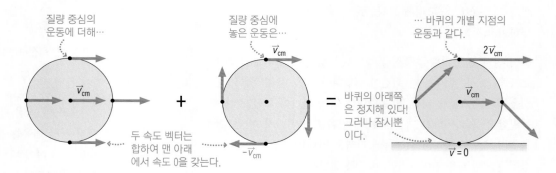

그림 8.11 구르는 바퀴의 운동 = 바퀴의 병진 운동 + 질량 중심에 대한 바퀴의 회전 운동

굴림의 운동학

그림 8.12는 반지름이 R인 구르는 바퀴를 보여 준다. 바퀴가 미끄러지지 않고 굴러가기 때문에 1회전 하는 동안 바퀴의 둘레인 $2\pi R$을 이동하며, 각변위는 $\Delta \theta = 2\pi$

이다. 이 회전이 시간 Δt 동안에 일어난다면 질량 중심의 속력은

$$v_{cm} = \frac{거리}{시간} = \frac{2\pi R}{\Delta t}$$

이고, 바퀴의 각속력은 다음과 같다.

$$\omega = \frac{각변위}{시간} = \frac{2\pi}{\Delta t}$$

두 식으로부터 다음을 얻는다.

$$v_{cm} = \omega R \qquad (8.16)$$

미끄러지지 않고 구르는 물체의 경우, 병진 속력 v_{cm}과 회전 각속력 ω 사이에 직접적인 관계가 있다.

그림 8.12 완전한 1회전을 하는 굴러가는 바퀴

구르는 운동에서의 운동 에너지

5장에서 에너지 보존을 사용하여 낙하하는 물체와 관련된 문제에 대한 해결책을 제시하였다. 여기서는 구르는 강체에도 동일한 방법을 적용할 것이다.

그림 8.11의 구르는 물체를 다시 참조하자. 이는 속이 꽉 찬 원통, 원형 고리, 딱딱한 공 등과 같이 둥글고 굴러갈 수 있는 것들이다. 이들 운동은 질량 중심의 병진 운동과 질량 중심에 회전축을 놓은 회전 운동의 결합이라 할 수 있으므로 이는 병진 운동 에너지와 회전 운동 에너지를 모두 갖고 있다. 이것의 총 에너지는 다음과 같다.

$$K_{rolling} = K_{translational} + K_{rotational} = \tfrac{1}{2}mv_{cm}^2 + \tfrac{1}{2}I_{cm}\omega^2$$

여기서 운동 에너지의 병진과 회전 부분에 대한 표준 식을 사용했다.

회전 관성은 질량 중심을 중심으로 한 회전이기 때문에 I_{cm}이다. 운동 에너지는 I_{cm}에 의존하므로 물체의 모양, 즉 질량이 어떻게 분포되어 있는지가 회전할 때 운동 에너지에 영향을 미친다. 몇 가지 예를 들어 설명하겠다.

(갈릴레오 시절로 거슬러 올라가는) 한 실험은 속이 꽉 찬 공을 경사면 아래로 굴려 보는 것이다. 공의 질량 중심의 속력이 v_{cm}일 때, 공의 운동 에너지는 $K_{rolling} = \tfrac{1}{2}mv_{cm}^2 + \tfrac{1}{2}I_{cm}\omega^2$이다. 표 8.4는 질량이 m이고 반지름이 R인 속이 꽉 찬 공에 대한 회전 관성이 $I_{cm} = \tfrac{2}{5}mR^2$이며, 공이 미끄러지지 않고 구르기 때문에 식 8.16의 $v_{cm} = \omega R$이다. 따라서 다음과 같이 계산한다.

$$K_{rolling} = \tfrac{1}{2}mv_{cm}^2 + \tfrac{1}{2}I_{cm}\omega^2 = \tfrac{1}{2}mv_{cm}^2 + \tfrac{1}{2}\left(\tfrac{2}{5}mR^2\right)\left(\frac{v_{cm}}{R}\right)^2$$

$$= \tfrac{1}{2}mv_{cm}^2 + \tfrac{1}{5}mv_{cm}^2 = \tfrac{7}{10}mv_{cm}^2$$

즉, 구르는 공의 운동 에너지는 $\tfrac{7}{10}mv_{cm}^2$이고, 이는 병진 운동의 $\tfrac{1}{2}mv_{cm}^2$, 회전 운동의 $\tfrac{1}{5}mv_{cm}^2$을 더한 것이다.

일-에너지 정리의 재검토

5장에서 배운 일-에너지 정리는 순수한 병진 물체뿐만 아니라 구르는 강체에도 적용된다. 다음 예제에서 설명할 것이다.

예제 8.10 굴림 운동에서 일-에너지 정리

딱딱한 공이 높이 h의 경사로에서 정지 상태에서 굴러 내려온다. 바닥에서 속력은 얼마인가? (단, 굴림 마찰 및 저항력으로 인한 에너지 손실은 무시한다)

구성과 계획 이 문제는 일-에너지 정리로 해결하기 좋은 문제이다. 중력이 한 일은 공이 수직으로 h만큼 떨어질 때 mgh이며 (그림 8.13), 이 알짜일은 공의 운동 에너지 변화와 같다. 구르는 공의 운동 에너지 $K_{rolling} = \frac{7}{10}mv_{cm}^2$을 사용하면 나중 속력 v_{cm}를 구할 수 있다.

풀이 중력이 한 알짜일 mgh는 운동 에너지의 변화와 같다. $W_{net} = \Delta K$, 즉 다음과 같다.

$$mgh = K - K_{initial} = \frac{7}{10}mv_{cm}^2 - 0$$
$$= \frac{7}{10}mv_{cm}^2$$

질량을 소거하고 속력에 대해 풀면 다음을 얻는다.

$$v_{cm} = \sqrt{\frac{10gh}{7}}$$

반영 이 결과는 중력에 의한 운동에서 예상한 것처럼 질량과 경사각과는 무관하다. 흥미롭게도 이는 공의 질량 m이나 반지름

그림 8.13 경사면 아래로 공이 구른다.

R에 의존하지 않는다. 큰 공이나 작은 공은 경사면을 굴러 내려갈 때 같은 속력을 유지해야 한다. 이를 쉽게 확인할 수 있다!

연결하기 위 문제에서 공을 속이 빈 공으로 바꾸면 나중 속력이 같은가?

답 아니다. 속이 빈 공의 질량이 모두 바깥쪽 가장자리에 있으므로 더 큰 회전 관성인 $I = \frac{2}{3}mR^2$을 갖는다. 이 값을 사용하면 나중 속력이 $v_{cm} = \sqrt{\frac{6}{5}gh}$가 된다. 이는 속이 꽉 찬 공보다 느리며, 굴러가지 않고 미끄러지는 물체의 $v = \sqrt{2gh}$보다 훨씬 느리다. 왜 이러한 차이가 생기는가? 회전 관성이 클수록 더 많은 에너지가 회전 운동에 들어가고, 따라서 병진 에너지가 줄어들게 된다. 다음 예제에서 유사한 상황을 설명한다.

개념 예제 8.11 굴림 경기

속이 꽉 찬 공과 속이 꽉 찬 원통이 경사면에서 정지 상태에서 아래로 구른다. 둘 중 어떤 것이 바닥에 먼저 굴러 내려올까?

풀이 이미 공의 나중 속력 $v_{ball} = \sqrt{\frac{7}{10}gh}$를 알고 있다. 원통의 회전 관성은 $I_{cm} = \frac{1}{2}mR^2$이고, 운동 에너지는 다음과 같이 계산된다.

$$K_{cylinder} = \frac{1}{2}mv_{cm}^2 + \frac{1}{2}I_{cm}\omega^2 = \frac{1}{2}mv_{cm}^2 + \frac{1}{2}\left(\frac{1}{2}mR^2\right)\left(\frac{v_{cm}}{R}\right)^2$$
$$= \frac{1}{2}mv_{cm}^2 + \frac{1}{4}mv_{cm}^2 = \frac{3}{4}mv_{cm}^2$$

일-에너지 정리를 적용하면 $mgh = \frac{3}{4}mv_{cm}^2$이다. 따라서 원통의

속력은 다음과 같다.

$$v_{cylinder} = \sqrt{\frac{4gh}{3}}$$

이는 v_{ball}보다 속력이 조금 작으므로 공이 작은 차이로 먼저 내려온다.

반영 공과 원통의 모양을 비교하자. 원통은 외부 반경 근처에 질량이 조금 더 집중되어 있다. 이로 인해 약간 더 큰 회전 관성이 발생하므로 중력에 의한 일 중 일부는 공보다는 원통의 회전에 더 많이 주어진다.

확인 8.5절 동일한 경사면에서 미끄러지지 않고 굴러가는 다음 강체 중 가장 빨리 내려오는 순서대로 나열하여라.

(a) 속이 빈 공 (b) 속이 꽉 찬 원통 (c) 속이 빈 고리 (d) 속이 꽉 찬 공

8.6 회전 동역학

4장에서 힘과 운동에 대한 동역학을 소개하였다. 여기에서는 그 동역학을 회전 동역학으로 확장할 것이다.

돌림힘과 회전 운동

그림 8.14는 문을 여는 간단한 동작을 보여 준다. 힘 $\vec{F}$로 문을 누르면 문이 열린다. 이 장의 언어로 표현하면 문에 각가속도를 주어 회전 운동을 만든 것이다. 문의 열림에 영향을 미치는 힘의 크기뿐만 아니라 힘의 방향과 문의 어느 위치에 적용되는지도 말해 줄 것이다. 이 세 가지 요소를 고려하여 회전 동역학의 초석이 되는 뉴턴의 법칙과 유사한 개념을 사용할 것이다.

첫째, 힘의 크기 F가 중요하다. 더 세게 누르면 문의 각가속도가 증가한다. 즉, α가 F에 비례한다는 것을 나타낸다. 둘째, 어디를 미느냐가 중요하다. 최소한의 노력으로 본능적으로 문의 경첩으로부터 먼 지점을 밀어낸다(그림 8.14). 이는 각가속도는 회전축에서 힘을 가하는 지점까지의 거리 r에 비례하기 때문이다. 마지막으로 $\vec{F}$의 방향도 중요하다. 문에 수직으로 미는 것이 가장 효율적이다. 실험 결과, 회전축에서 힘 적용 지점까지의 선과 $\vec{F}$ 사이의 각도인 θ가 $\sin\theta$에 비례함을 보여 준다(그림 8.14).

이러한 결과를 결합하여 **돌림힘**(torque) τ라고 하는 물리량을 정의한다.

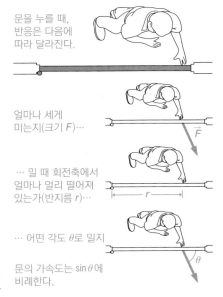

문을 누를 때, 반응은 다음에 따라 달라진다.

얼마나 세게 미는지(크기 F)⋯

⋯ 밀 때 회전축에서 얼마나 멀리 떨어져 있는가(반지름 r)⋯

⋯ 어떤 각도 θ로 밀지

문의 가속도는 $\sin\theta$에 비례한다.

그림 8.14 돌림힘의 개념

$$\tau = rF\sin\theta \quad \text{(돌림힘, SI 단위: N·m)} \tag{8.16}$$

돌림힘의 SI 단위는 N·m이다. 이는 줄(Joule)을 정의하는 것과 동일한 조합 단위이지만 돌림힘은 에너지 및 일과 물리량이 다르기 때문에 돌림힘에는 N·m를 사용한다. 식 8.16은 돌림힘을 정의하지만, 돌림힘이란 무엇인가? 문을 열면 돌림힘의 각가속도가 결정된다. 돌림힘의 이런 설명은 힘이 가속도를 결정한다는 뉴턴의 운동 제2법칙과 유사하다.

먼저 질량 m인 입자가 반지름 r인 원을 움직인다고 하자. 힘 $\vec{F}$가 입자에 작용하면 접선 성분 $F_t = F\sin\theta$를 갖는다(그림 8.15). 뉴턴의 운동 제2법칙으로부터 다음이 성립한다.

$$F_t = ma$$

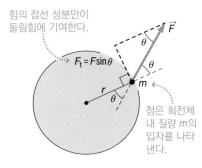

힘의 접선 성분만이 돌림힘에 기여한다.

$F_t = F\sin\theta$

점은 회전체 내 질량 m의 입자를 나타낸다.

그림 8.15 회전 운동 중인 단일 입자의 가속

따라서 입자의 돌림힘은 다음과 같다.

$$\tau = rF\sin\theta = rF_t = rma_t$$

식 8.12는 $a_t = r\alpha$가 되므로 식을 다시 정리할 수 있다.

$$\tau = rm(r\alpha) = mr^2\alpha$$

이 식은 단일 입자에 대한 것이다. (그림 8.14의 문처럼) 강체의 회전은 다양한 반지름 r_i에서 동일한 각가속도 α로 구성된 많은 입자 m_i로 이루어져 있다. 따라서 계의 돌림힘은 다음과 같이 나타낼 수 있다.

$$\tau = \sum_{i=1}^{n} m_i r_i^2 \alpha = \left(\sum_{i=1}^{n} m_i r_i^2\right)\alpha$$

괄호 안의 최종 합은 회전 관성 I(식 8.14)이다. 따라서 돌림힘은 다음과 같이 간단히 할 수 있다.

$$\tau = I\alpha \qquad \text{(돌림힘과 각가속도, SI 단위: N·m)} \qquad (8.17)$$

식 8.17은 회전 동역학의 핵심 관계이다. 가해진 돌림힘 τ와 계의 각가속도 α를 뉴턴의 운동 제2법칙($\vec{F} = m\vec{a}$)이 힘과 가속도를 연관시키는 방식과 유사하게 연관시킨다. 표 8.5는 이 유사성을 보여 준다.

표 8.5 병진 동역학과 회전 동역학

병진	회전
질량 m	회전 관성 I
가속도 $\vec{a}$	각가속도 α
힘 $\vec{F}$	돌림힘 τ
뉴턴의 법칙: $\vec{F} = m\vec{a}$	뉴턴의 법칙 회전 유사성: $\tau = I\alpha$

예제 8.12 문 열어!

큰 문은 균일한 직사각형 판으로 높이가 2.45 m, 폭이 1.15 m 이며 질량이 36.0 kg이다. 이 문을 각가속도 0.30 rad/s²으로 열기 위한 최소 힘은 얼마인가?

구성과 계획 최대 효과를 위해 돌림힘의 정의는 그림 8.14와 같이 문에 수직으로 미는 것을 제안한다. 따라서 $\theta = 90°$, 즉 $\sin\theta = 1$ 이다. 또한 문의 바깥쪽 가장자리를 누르면 r이 최대가 된다. 그렇게 하면 $r = 1.15$ m가 된다.

돌림힘은 $\tau = I\alpha$에 의해 각가속도와 관련이 있다. 표 8.4는 문의 회전 관성을 $\frac{1}{3}Ma^2$로 표시하며, 여기서 문의 경우 $a = 1.15$ m, $M = 36.0$ kg이다. 따라서 돌림힘을 찾고 이를 통해 필요한 힘을 구할 수 있다.

알려진 값: 질량 $M = 36.0$ kg, 폭 $a = r = 1.15$ m, 각가속도 $\alpha = 0.30$ rad/s²

풀이 $\tau = I\alpha$에 $\tau = rF\sin\theta$와 $I = \frac{1}{3}Ma^2$을 대입하면 다음과 같다.

$$rF\sin\theta = \frac{1}{3}Ma^2\alpha$$

힘 F에 대해 풀고 값을 대입하여 계산한다.

$$F = \frac{Ma^2\alpha}{3r\sin\theta} = \frac{(36.0\text{ kg})(1.15\text{ m})^2(0.30\text{ rad/s}^2)}{3(1.15\text{ m})(1)} = 4.1\text{ N}$$

반영 이것은 큰 힘이 아니다. 하지만 많은 문에는 문을 닫힌 상태로 유지하기 위해 용수철이 설치되어 있으며, 문을 열려고 하면 이 힘과 경첩 마찰을 극복해야 한다.

. . . .

연결하기 이 문의 각가속도를 구하여라.

(a) 경첩으로부터 문의 중간 위치를 밀어냈을 때

(b) 문 바깥쪽 가장자리에 45° 각도로 동일하게 누를 때

답 (a) 돌림힘은 회전축에서 힘의 작용 지점까지의 거리에 비례한다. 따라서 돌림힘은 절반이 되고 $\tau = I\alpha$이므로 각가속도도 절반이 된다. 즉, 0.15 rad/s²이다.

(b) 이제 돌림힘(과 각가속도)이 이전의 sin 45° ≈ 0.707로 감소하므로 $\alpha = (0.30\text{ rad/s}^2)(0.707) = 0.21\text{ rad/s}^2$이다.

돌림힘의 방향

지금까지는 돌림힘의 크기만 고려하였다. 그러나 돌림힘에도 방향이 있다. 그림 8.16a를 살펴보자. 어린이 두 명이 회전목마를 시계 반대 방향으로 밀어서 가속시킨다. 회전목마의 알짜 돌림힘은 두 어린이의 돌림힘을 합한 것이다.

그러나 그림 8.16b에서 한 어린이는 회전목마를 시계 반대 방향으로 가속시키려 하고 다른 어린이는 시계 방향으로 가속시키려 한다. 아이들의 노력이 서로 미는 것 같은 경향이 있으므로 회전목마의 알짜 돌림힘은 이제 작거나 심지어 0이 된다.

이 경우 알짜 돌림힘을 계산하려면 양의 회전 방향을 선택한다(시계 반대 방향을 양으로 보는 것은 각변위에 대한 이전의 관례와 일관성이 있다). 각가속도가 양의 방향이 되게 하는 돌림힘은 양(+)의 돌림힘으로 하고, 각가속도가 음이 되게 하는 돌림힘은 음(−)의 돌림힘으로 정한다.

예를 들어, 그림 8.16b와 같이 두 어린이가 축에서 1.8 m 떨어진 회전목마의 테두리에 접하는 방향으로 힘을 가한다고 가정해 보자. 왼쪽에 있는 아이는 60 N의 힘으로 밀치고 오른쪽에 있는 아이는 85 N의 힘으로 밀친다. 그러면 두 돌림힘은 다음과 같다.

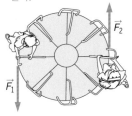

(a)

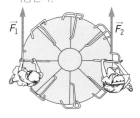

(b)

그림 8.16 돌림힘의 방향성

$$\text{왼쪽 어린이: } \tau = -rF\sin\theta = -(1.8\text{ m})(60\text{ N})(1) = -108\text{ N·m}$$

$$\text{오른쪽 어린이: } \tau = +rF\sin\theta = (1.8\text{ m})(85\text{ N})(1) = 153\text{ N·m}$$

회전목마의 알짜 돌림힘은 두 돌림힘의 합이다.

$$\text{알짜 돌림힘} = 153\text{ N·m} - 108\text{ N·m} = 45\text{ N·m}$$

여기서 양의 부호는 알짜 양의 돌림힘을 나타내며, 회전목마가 시계 반대 방향으로 가속되려고 한다.

병진 동역학에서 가속도를 발생시키는 것은 **알짜힘**이다($\vec{F}_\text{net} = m\vec{a}$). 마찬가지로 각가속도를 일으키는 것은 **알짜 돌림힘**이다. 식 8.17을 다시 쓰면 다음과 같다.

$$\tau_\text{net} = I\alpha \quad \text{(알짜 돌림힘과 각가속도, SI 단위: N·m)} \tag{8.18}$$

식 8.18이 더 일반적이기 때문에 회전체에 여러 돌림힘이 작용할 수 있으며, 각 운동의 변화를 만들어내는 것은 알짜 돌림힘이다.

돌림힘의 응용

돌림힘은 물리학, 공학, 생리학 등 많은 분야에서 다양하게 응용된다. 엔진은 돌림힘을 만들어 기어와 휠을 회전시켜 역학적 일을 수행한다. 일반적인 자동차 엔진은 약 250 N·m의 돌림힘을 낸다. SUV는 오프로드 주행과 견인을 위해 약 400 N·m의 돌림힘을 낼 수 있으며, 스포츠카는 500 N·m의 돌림힘을 낼 수 있다.

회전 운동의 모든 변화는 돌림힘 때문이다. 이는 볼트를 돌리는 상황만 생각해도 쉽게 이해되며, 렌치를 사용하면 돌림힘이 작용된다. 렌치가 길수록 식 8.16에서 r이 커져 더 큰 돌림힘을 만들어낸다. 몸무게가 800 N인 배관공이 40 cm 렌치 끝에 온 몸의 무게를 실으면 돌림힘은 (800 N)(0.40 m) = 32 N·m로, SUV 엔진과 비슷하다!

엉덩이, 어깨, 목 관절은 모두 회전을 할 수 있다. 아래팔을 들어 올리면 팔꿈치를 통해 회전축을 중심으로 회전하게 된다. 다음 예제에서 팔꿈치 관절의 역학을 살펴보자.

예제 8.13   이두박근!

그림 8.17과 같이 위팔을 수직으로, 아래팔을 수평으로 잡고, 팔꿈치 회전축에서 4.0 cm 떨어진 곳에 크기 F의 상향 힘이 이두박근에 의해 가해진다고 가정하자. 아래팔의 질량이 2.25 kg이고 팔꿈치에서 손끝까지의 거리가 50.0 cm인 경우, 힘 F를 계산하여라.

구성과 계획 식 8.19는 $\tau_{net} = I\alpha$이다. 여기서 팔은 정지 상태($\alpha = 0$)이므로 알짜 돌림힘은 0이다. 아래팔에는 2개의 돌림힘이 작용한다. 하나는 이두박근으로 인해 팔을 위로 당겨서 그림 8.17에서 시계 반대 방향으로 회전시키는 경향이 있다. 다른 돌림힘은 팔의 무게가 아래로 쏠리면서 팔이 시계 방향으로 회전시키는 경향이 있다. 이 추정을 위해 아래팔의 질량 중심이 팔꿈치에서 약 절반 정도 떨어진 곳에 있다고 가정하자. 즉, 무게로 인한 돌림힘 식에서 $r = 25$ cm이다. 알짜 돌림힘을 0이라 하면 이두박근의 힘 F를 구할 수 있다.

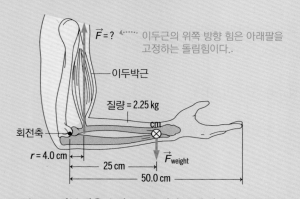

그림 8.17 하부 팔을 수평으로 유지하는 데 사용되는 돌림힘

이두근의 위쪽 방향 힘은 아래팔을 고정하는 돌림힘이다..

알려진 값: $r_{biceps} = 4.0$ cm, $r_{arm} = 25$ cm = 0.25 m, $m_{arm} = 2.25$ kg

풀이 부호를 편하게 정하면 이두박근의 돌림힘은 양이고, 무게 돌림힘은 음이다. 그렇다면 이들의 합은 다음과 같다.

$$\tau_{net} = +r_{biceps} F_{biceps} \sin\theta - r_{weight} F_{weight} \sin\theta$$

$$\tau_{net} = +(0.04 \text{ m})(F)(1) - (0.25 \text{ m})(2.25 \text{ kg})(9.80 \text{ m/s}^2)(1) = 0$$

따라서 다음과 같이 주어진 값을 대입하여 F를 계산한다.

$$F = \frac{(0.25 \text{ m})(2.25 \text{ kg})(9.80 \text{ m/s}^2)}{0.04 \text{ m}} = 138 \text{ kg·m/s}^2 = 138 \text{ N}$$

즉, 위쪽 방향 힘은 138 N이다.

반영 답을 쉽게 설명하자면, 138 N은 138 N/g = 14 kg의 질량을 머리 위로 똑바로 들고 있을 때 가해지는 힘이다. 팔을 뻗은 상태를 유지하는 것은 손에 추가 무게를 지탱하는 경우 더 어려워지므로 필요한 돌림힘과 힘이 크게 증가한다.

연결하기 팔을 수평 위치에서 시작한 후 들어 올린다면 어느 정도의 힘이 필요한가? 팔을 내린다면 어떠한가?

답 팔을 올리려면 알짜 양의 돌림힘이 필요하다. 즉, 이두박근에 더 많은 힘을 가해야 한다. 반대로 팔을 내리기 시작하면 알짜 음의 돌림힘이 필요하다. 즉, 이두박근에 가해지는 힘이 줄어든다. 팔을 일정한 속력으로 움직일 경우, 팔의 기울어진 방향은 두 경우 모두 무게 돌림힘이 작다는 것을 의미하므로 이두박근의 힘 역시 작아진다.

예제 8.13에서 질량 중심에 작용하는 무게(크기 mg)를 사용하여 무게로 인한 돌림힘을 계산한 방법에 주목하여라(질량 중심은 6.5절에서 정의되어 있다). 이 규칙은 다음 절에서 회전 평형에 대한 것을 다룰 때 유용하게 사용할 것이다.

> ### ▶ 새로운 개념 검토: 돌림힘
>
> - 가해진 힘 F에 의한 돌림힘은 $\tau = rF \sin \theta$이다.
> - 돌림힘이 양이면 시계 반대 방향의 각가속도가 발생하고, 돌림힘이 음인 경우에만 시계 방향의 각가속도가 발생한다.
> - 알짜 돌림힘은 각가속도와 관련이 있다. 즉, $\tau_{net} = I\alpha$

8.7 역학적 평형

4장에서 평형을 물체에 대한 알짜힘이 0이 되는 상태로 정의하였다. 회전의 맥락에서는 평형에 더 많은 조건이 있다. 그림 8.18은 두 어린이가 동일한 크기와 반대 방향의 힘으로 회전목마를 밀고 있는 모습을 보여 준다. 회전목마의 알짜힘은 0이지만 두 힘은 분명히 알짜 돌림힘이 발생한다.

가능한 세 가지 상황을 고려해 보자.

- **병진 평형**은 물체에 대한 알짜힘이 0일 때 발생한다.
- **회전 평형**은 물체에 대한 알짜 돌림힘이 0일 때 발생한다.
- **역학적 평형**은 알짜힘과 알짜 돌림힘이 모두 0일 때 발생한다.

정지 상태의 물체가 완전한 평형 상태가 되려면 이 물체의 알짜힘과 알짜 돌림힘이 모두 0이어야 한다. 이것이 정지한 물체가 회전하지 않고 정지 상태를 유지하기 위해 필요한 역학적 평형 조건이다.

시소에서 균형을 이루는 두 어린이는 역학적 평형의 한 예이다(그림 8.19). 시소 보드는 일반적으로 보드의 중간 지점에서 고정된 축인 **받침점**에 놓인다. 균일한 보드의 경우 질량 중심은 받침점에 있다. 받침점은 보드와 탑승자의 무게를 균형 잡는 상향 힘을 가하므로 병진 평형의 조건이 충족된다. 그러나 여전히 회전에 대해 생각해야 한다.

아이들의 질량이 각각 30 kg과 40 kg이라 가정하자. 더 가벼운 아이가 보드의 한쪽 끝에 앉는다면 다른 아이는 어디에 앉아야 할까? 회전 평형이려면 알짜 돌림힘이 0이어야 한다. 받침점에 대한 알짜 돌림힘을 구하면 다음과 같다.

$$\tau_{net} = \tau_{30\,kg\,child} + \tau_{40\,kg\,child} + \tau_{weight} = 0$$

$\tau = rF \sin \theta$를 사용하여 돌림힘을 계산한다. 각 어린이는 아래쪽으로 힘 $F = mg$를 가한다. 이때 왼쪽 어린이의 경우 양의 돌림힘(시계 반대 방향)이 발생하고, 오른쪽 어린이는 음의 돌림힘이 발생한다. 보드의 질량 중심이 회전축에 있으므로 보드의 돌림힘은 0이 된다. 그림 8.19는 알려지지 않은 거리를 어떻게 풀어야 할지 보여 준다. 즉, 무거운 어린이가 받침점에 더 가까이 앉아 있어야 가벼운 어린이의 돌림힘을 상쇄할 수 있다.

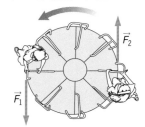

미는 두 힘은 크기가 같고 방향은 반대이므로 알짜힘은 0이지만…

… 밀면 회전목마가 돌아가기 때문에 이들이 가하는 알짜 돌림힘은 0이 아니다.

그림 8.18 알짜힘은 0이지만 알짜 돌림힘은 0이 아닌 경우

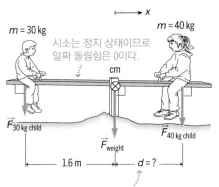

시소는 정지 상태이므로 알짜 돌림힘은 0이다.

알짜 돌림힘 = 0을 이용하여 거리 d를 구한다.

$\tau_{net} = \tau_{30\,kg\,child} + \tau_{40\,kg\,child} + \tau_{weight} = 0$

각 돌림힘은 $rF\sin\theta$이다. $r = 0$이므로 중력에 의해 보드에 작용하는 돌림힘 τ_{weight}는 0이다. 식을 정리하여 d에 대해 풀면 다음이 성립한다.

$\tau_{net} = (1.6\,m)(30\,kg)(9.8\,m/s^2)(\sin 90°)$
$\quad - d(40\,kg)(9.8\,m/s^2)(\sin 90°) = 0$
$d = 1.2\,m$

그림 8.19 역학적 평형의 예

예제 8.14 체조

체조 선수는 링 운동의 '크로스' 자세에서 팔을 수평으로 뻗고 각 링에 한 손씩 움직이지 않은 채 매달려 있다. 링은 1.66 m 떨어져 있으며, 체조 선수의 질량은 62.4 kg이다. 체조 선수의 질량 중심이 링 사이의 중간에 있는 수직선에 위치한다고 가정한다. 물음에 답하여라.

(a) 체조 선수의 손에 있는 각 링의 상향 힘은 얼마인가?

(b) (a)에 대한 답을 사용하여 회전 평형에 필요한 각 링에 대한 알짜 돌림힘이 0임을 보여라.

구성과 계획 체조 선수에게 작용하는 세 가지 힘, 즉 중력에 의한 하향 힘과 각 링에서의 상향 힘이 있다(그림 8.20). 평형 상태에서 알짜힘은 0이다. 대칭성을 통해 각 링은 체조 선수의 무게의 절반을 지탱한다.

세 힘이 알려져 있으면 각 힘에 대해 $\tau = rF\sin\theta$를 이용하여 각 링의 돌림힘을 계산할 수 있다.

알려진 값: $m = 62.4$ kg, 링 간격 = 1.66 m

풀이 각 링에서의 상향 힘은 체조 선수 무게의 절반이므로 다음과 같다.

$$F = \frac{mg}{2} = \frac{(62.4 \text{ kg})(9.80 \text{ m/s}^2)}{2} = 306 \text{ N}$$

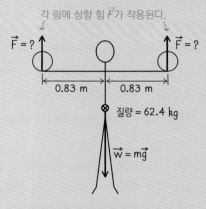

그림 8.20 체조 선수의 힘 분석

왼쪽 링에 대한 돌림힘을 계산한다. 왼쪽 링의 힘은 $r = 0$에서 작용하므로 알짜 돌림힘에 기여하지 않는다. 무게는 $r = (1.66 \text{ m})/(2) = 0.83$ m에서 작용되며 힘은 $mg = 612$ N이고, 음의 돌림힘을 생성한다. 오른쪽 링의 양의 돌림힘은 $r = 1.66$ m에서 작용되는 306 N의 상향 힘으로 인해 발생한다. 따라서 알짜 돌림힘은 예상한 대로 다음과 같다.

$$\tau_{\text{net}} = -(0.83 \text{ m})(612 \text{ N})(\sin 90°) + (1.66 \text{ m})(306 \text{ N})(\sin 90°)$$
$$= -508 \text{ N·m} + 508 \text{ N·m} = 0$$

비슷한 계산을 통해 오른쪽 링에 대한 돌림힘도 0이 된다.

반영 두 링 모두 알짜 돌림힘은 0이다. 이것은 또한 링 사이의 중간점에 대해 0이라는 것을 스스로 확인해 봐야 한다. 사실 선택한 어느 축에 대해서도 0이며, 이는 중요한 사실이다. 병진 평형 상태에 있는 계의 경우, **임의의 축 하나**에 대한 알짜 돌림힘이 0이라는 것은 **모든 축**에 대한 알짜 돌림힘이 0임을 의미한다. 이제 한 축에 대한 회전 평형만 확인하면 되며, 그것은 각자의 선택이다.

연결하기 체조 선수는 어떻게 다시 움직이기 시작하는가?

답 정지 상태에서 움직이려면 알짜힘 또는 돌림힘을 적용해야 한다. 체조 선수는 링에 더 큰 상향 힘으로 강하게 밀거나, 링에 가하는 힘을 줄여 중력에 의해 스스로를 들어 올릴 수 있다. 선수는 몸을 위나 아래로 회전시키는 돌림힘을 통해 옆으로 밀 수 있다.

예제 8.15	기울어진 사다리

사다리가 연직으로부터 16° 각도로 벽에 기대어 있다. 사다리의 길이는 $L = 3.64$ m, $m = 18.2$ kg이며 벽에는 마찰이 없지만 바닥면에는 마찰이 있다. 사다리에서 벽의 수직항력을 구하여라.

구성과 계획 처음에는 병진 평형을 사용할지 회전 평형을 사용할지 또는 둘 다 사용할지 명확하지 않다. 사다리에는 네 가지 힘, 즉 사다리의 무게 $\vec{w} = m\vec{g}$, 벽으로부터 수직항력 $\vec{n}_w$, 바닥에서 수직항력 $\vec{n}_f$, 사다리가 바닥에서 미끄러지는 것을 방지하는 지면에서의 정지 마찰력 $\vec{f}_s$가 작용한다(그림 8.21).

이 중 사다리의 무게만 주어졌다. 알려지지 않은 힘이 너무 많기 때문에 병진 평형만으로는 문제를 해결할 수 없다. 그러나 사다리의 바닥에 대한 돌림힘을 합하여 회전 평형을 적용할 수 있다. 그러면 해당 지점에 작용하는 두 힘은 $r = 0$이므로 돌림힘에 기여하지 않는다. 이로 인해 벽의 힘으로 인한 양의 돌림

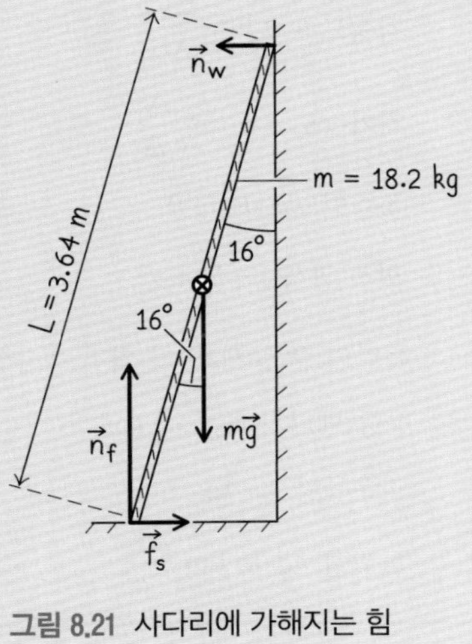

그림 8.21 사다리에 가해지는 힘

힘과 사다리의 무게로 인한 음의 돌림힘이 생긴다. 이들은 평형 상태에서 합력이 0이 된다.

풀이 사다리가 균질하다고 가정할 때, 사다리의 무게는 아래에서 $L/2$의 중심에서 작용하고, 무게 벡터는 이 지점에서 반지름에 대해 16°를 이룬다. 벽의 힘은 바닥으로부터 거리 L에서 작용하며 $90° - 16° = 74°$의 각도를 이룬다. 따라서 알짜 돌림힘은 다음과 같다.

$$\tau_{\text{net}} = -(L/2)(mg)(\sin 16°) + (L)(n_w)(\sin 74°)$$

벽면의 수직항력에 대한 풀이는 다음과 같다.

$$n_w = \frac{mg \sin 16°}{2 \sin 74°} = \frac{(18.2 \text{ kg})(9.80 \text{ m/s}^2)\sin 16°}{2 \sin 74°} = 25.6 \text{ N}$$

반영 각도 변화가 답변에 어떤 영향을 미치는지 알아보자. 각도를 작게 하면 사다리의 수직 힘이 줄어들며, 수직 사다리의 경우 0에 도달한다. 그러나 각도를 크게 하면 수직항력이 증가하며, 평형을 위해서는 그에 상응하는 큰 마찰력이 필요하다. '연결하기'를 참조하여라.

연결하기 이 예제의 답을 바탕으로 바닥의 수직항력과 마찰력을 구하여라.

답 무게 $mg = 178$ N이 유일한 수직력이므로 바닥의 수직항력도 178 N이어야 한다. 반면, 마찰력은 벽의 수직항력의 평형을 맞추기 위해 수평으로 향해야 하며 25.6 N이어야 한다. 마찰 계수가 너무 작으면 μmg가 충분히 크지 않아 사다리가 미끄러진다.

돌림힘 상쇄;
사람은 평형이고
안정적이다.

$\vec{n}$ $\vec{w}$ $\vec{n}$

가능한 회전축

(a)

$\vec{w}$ $\otimes$

$\vec{n}$ $\vec{n}$ $\vec{w}$

살짝 밀면 돌림힘이
추가되어 사람을
넘어뜨린다.

회전축

(b)

그림 8.22 발 위치를 바꾸면 균형을
잃을 수 있다.

평형, 균형, 질량 중심

축구에서 발레, 요가에 이르기까지 신체 활동은 평형과 균형에 의존한다. 이미 체조에서 효과적인 예를 봤다. 많은 스포츠 선수들은 발을 넓게 벌리고 몸을 약간 웅크린 채 일반적인 '준비' 자세를 취한다. 질량 중심은 발 사이의 수직선 위에 있다. 이렇게 하면 선수는 어느 방향으로든 움직일 준비가 되어 있고 넘어지거나 쓰러질 가능성이 적다.

회전 평형을 분석하면 그 이유를 알 수 있다. 그림 8.22a와 같이 지면은 각 발에 위쪽으로 수직항력을 가한다. 무게가 한 방향으로 돌림힘을 생성하고 지면의 수직항력이 다른 방향으로 돌림힘이 생기므로 각 발에 대해 돌림힘 0을 달성하는 데 문제가 없다. 그러나 발이 너무 가까이 붙어 있고 몸이 약간 기울어진 경우(그림 8.22b), 돌림힘이 상쇄되지 않고 합산된다. 알짜 돌림힘이 0이 아닌 상태가 되어 넘어지게 된다.

8.8 각운동량

이 장에서 병진 물리량과 회전 물리량 사이의 유사점을 확인할 수 있었다. 예를 들어, 각속도와 각가속도는 일차원에서의 병진 속도 및 병진 가속도와 유사하다. 회전 관성이 질량을 대신하고, 돌림힘이 힘을 대신한다. 표 8.6은 이 관계를 요약한 것이다.

표 8.6 병진 물리량과 회전 물리량

병진 물리량	회전 물리량
위치 x	각위치 θ
속도 $v_x = \lim\limits_{\Delta t \to 0} \dfrac{\Delta x}{\Delta t}$	각속도 $\omega = \lim\limits_{\Delta t \to 0} \dfrac{\Delta \theta}{\Delta t}$
가속도 $a_x = \lim\limits_{\Delta t \to 0} \dfrac{\Delta v_x}{\Delta t}$	각가속도 $\alpha = \lim\limits_{\Delta t \to 0} \dfrac{\Delta \theta}{\Delta t}$
힘 $\vec{F}$	돌림힘 $\tau = rF \sin \theta$
질량 m	회전 관성 $I = \sum\limits_{i=1}^{n} m_i r_i^2$
뉴턴의 운동 제2법칙 $\vec{F}_{\text{net}} = m\vec{a}$	뉴턴의 운동 제2법칙 회전 유사성 $\tau_{\text{net}} = I\alpha$
운동 에너지 $K_{\text{trans}} = \frac{1}{2}mv^2$	운동 에너지 $K_{\text{rot}} = \frac{1}{2}I\omega^2$
운동량 $\vec{p} = m\vec{v}$	각운동량 $L = I\omega$
힘 $\vec{F}_{\text{net}} = \lim\limits_{\Delta t \to 0} \dfrac{\Delta \vec{p}}{\Delta t}$	돌림힘 $\tau_{\text{net}} = \lim\limits_{\Delta t \to 0} \dfrac{\Delta L}{\Delta t}$

표 8.6의 마지막 두 행에 새로운 개념이 나와 있다. 6장에서는 질량과 속도의 곱으로 정의되는 운동량 $\vec{p} = m\vec{v}$를 소개했는데, 이를 선형 운동량 또는 병진 운동량이라고

한다. 해당 회전 물리량(회전 관성 및 각속도)을 사용하여 회전체의 **각운동량**(angular momentum) L을 유사하게 정의한다.

$$L = I\omega \qquad \text{(각운동량, SI 단위: J·s)} \tag{8.19}$$

각운동량의 단위는 $(\text{kg·m}^2)(\text{rad/s})$이며, rad은 무차원이므로 $\text{kg·m}^2/\text{s} = \text{J·s}$로 줄여서 나타낸다.

각운동량의 보존

뉴턴의 법칙은 알짜힘을 운동량의 변화율로부터 구한다. 즉, 다음과 같다.

$$\vec{F}_{\text{net}} = \lim_{\Delta t \to 0} \frac{\Delta \vec{p}}{\Delta t}$$

알짜 돌림힘과 각운동량 사이에 유사한 관계가 있다는 것은 놀라운 일이 아니다. 각운동량의 변화율을 생각해 보자.

$$\lim_{\Delta t \to 0} \frac{\Delta L}{\Delta t} = \lim_{\Delta t \to 0} \frac{\Delta(I\omega)}{\Delta t}$$

회전 관성 I가 일정한 강체의 경우, 다음을 만족한다.

$$\lim_{\Delta t \to 0} \frac{\Delta L}{\Delta t} = I \lim_{\Delta t \to 0} \frac{\Delta \omega}{\Delta t} = I\alpha$$

여기서 각가속도의 정의를 사용했다. 그러나 $I\alpha$는 계의 알짜 돌림힘과 동일하기 때문에 다음이 성립한다.

$$\tau_{\text{net}} = \lim_{\Delta t \to 0} \frac{\Delta L}{\Delta t} \tag{8.20}$$

이는 병진 운동에 대한 뉴턴의 운동 제2법칙과 유사하다.

6장에서 뉴턴의 운동 제2법칙의 운동량 형태를 이용하여 알짜 외력이 0인 계에서의 운동량 보존을 정당화하였다. 마찬가지로 계에 외부 돌림힘이 0이면

$$\tau_{\text{net}} = \lim_{\Delta t \to 0} \frac{\Delta L}{\Delta t} = 0$$

이며, **외부 돌림힘이 0인 계에서 각운동량이 보존된다는 것을 보여 준다**. 이것은 병진 운동량의 보존과 정확하게 유사하며 문제 해결에도 비슷하게 사용될 수 있다.

그림 8.23은 회전하는 스케이트 선수를 보여 준다. 얼음은 본질적으로 마찰력이 없기 때문에 돌림힘을 발생시키지 않으며, 따라서 각운동량이 보존된다. 첫 번째 장면에서 스케이트 선수의 팔이 뻗어 있다. 그녀가 팔을 안으로 가져오면 어떻게 되는가? 회전축 주변의 회전 관성은 감소한다. 그녀의 질량 일부가 더 작은 원으로 회전하기 때문이다. 그러나 각운동량 $L = I\omega$가 보존되므로 I가 감소하면 ω가 증가하여 각운동량 $I\omega$는 일정하다. 이 스케이트 선수는 팔을 집어넣으며 더 빨리 회전한다.

팔과 다리가 축에서 먼 위치에 있을 때 I는 증가, ω는 감소

질량이 축에 가까이 있을 때 I 감소, ω 증가, $L = I\omega$는 일정

그림 8.23 선수의 각운동량이 보존되어 있기 때문에 팔을 잡아당기며 빨리 회전한다.

또 다른 예는 떨어지는 고양이인데, 고양이는 외부 돌림힘이 0이기 때문에 각운동 량을 변화시킬 수 없다. 하지만 교묘하게 몸의 다른 부분을 동시에 비틀어서 발을 먼 저 착지하는 결과를 얻는다.

예제 8.16   점토 던지기

도공의 돌림판이 질량 42 kg, 반지름 28.0 cm의 균일한 돌판으로 구성되어 있다. 판이 4.10 rad/s로 자유롭게 회전하고 있을 때, 3.2 kg의 점토 덩어리가 바퀴의 바깥 테두리에 떨어졌다. 돌림판의 새로운 각속도는 얼마인가?

구성과 계획 돌림판이 자유롭게 회전하면 외부 돌림힘이 없으므로 각운동량이 보존된다. 처음 각운동량은 (주어진 정보로부터 계산 가능한) 돌림판의 회전 관성과 주어진 각속도의 곱이다. 점토를 추가하면 회전 관성은 변하지만 각운동량은 변하지 않으므로 곱 $I\omega$는 일정하다. 새로운 회전 관성을 결정하면 각속도를 구할 수 있다.

알려진 값: 돌림판 질량 $M = 42$ kg, 점토 질량 $m = 3.2$ kg, 돌림판 반지름 $R = 0.28$ m, $\omega_0 = 4.10$ rad/s

풀이 돌림판은 강체 원통형 얇은판으로 표 8.4에서 처음 회전 관성은 $I_0 = \frac{1}{2}MR^2$이다. 점토를 떨어뜨리면 회전 관성에 mR^2이 추가된다(표 8.4, 점토를 단일 입자로 근사함). 나중 값은

$I_f = \frac{1}{2}MR^2 + mR^2 = \left(\frac{1}{2}M + m\right)R^2$이다. 각운동량 보존에 의해 $L_0 = L_f$, 즉 $I_0\omega_0 = I_f\omega_f$이며, ω_f에 대해 풀면 다음과 같다.

$$\omega_f = \frac{I_0\omega_0}{I_f} = \frac{\frac{1}{2}MR^2\omega_0}{\left(\frac{1}{2}M + m\right)R^2}$$

$$= \frac{\frac{1}{2}(42 \text{ kg})(0.28 \text{ m})^2(4.10 \text{ rad/s})}{\left(\frac{1}{2}(42 \text{ kg}) + 3.2 \text{ kg}\right)(0.28 \text{ m})^2} = 3.56 \text{ rad/s}$$

반영 예상한 대로 회전 관성을 증가시키면 각속도가 감소하여 각운동량이 보존된다.

⋯⋯⋯⋯⋯⋯⋯⋯⋯⋯⋯⋯⋯⋯⋯⋯⋯⋯⋯⋯⋯⋯⋯⋯⋯⋯⋯

연결하기 점토가 회전축에 가까이 떨어졌을 때, 예를 들어 반쯤 들어갔을 때, 답은 어떻게 달라지는가?

답 추가 질량을 회전 반경이 더 작은 곳에 놓게 되면 회전 관성이 덜 추가되어 각속도가 현저하게 감소되지 않는다. 이제 회전 관성을 다시 계산하면 $I_f = \frac{1}{2}MR^2 + mr^2$이다. 여기서 $r = 0.14$ m이다. 따라서 새로운 각속도는 3.80 rad/s이다.

돌림힘과 변화하는 각운동량

지금까지 물체의 알짜 돌림힘은 0인 경우를 고려했으므로 각운동량이 보존되었다. 0 이 아닌 알짜 돌림힘이 있다면 식 8.20에서 $\tau_{net} = \lim_{\Delta t \to 0}(\Delta L / \Delta t)$이며, 이는 각운동 량이 변한다는 것을 의미한다. 변하는 각운동량을 계산하여 알짜 돌림힘이 회전에 어떤 영향을 미치는지 이해하는 데 사용할 수 있다. 이는 다음 예제에서 설명한다.

응용   스포츠 전략과 각운동량

쿼터백은 회전을 가하며 풋볼을 던진다. 이로써 풋볼은 상당한 각운동량을 갖게 된다. 작은 기류로 인한 돌림힘은 각운동량을 크게 변화시킬 수 없다. 결과적으로 안정적인 궤도를 얻을 수 있다. 비슷하게, 회전이 있는 야구공은 약간의 곡선으로 안정적으로 날아간다. 하지만 '너클볼(느린 변화구)' 투수는 의도적으로 아주 적은 회전으로 던진다. 각운동량이 작으면 공기 중의 무작위한 돌림힘으로 인해 공이 불규칙한 비행을 하게 되어 타자가 어려움을 겪게 된다.

예제 8.17 회전하는 우주선

반지름 $R = 2.8$ m의 우주선은 중심축을 중심으로 회전 관성 $I = 70$ kg·m²을 갖는다. 우주선은 우주 공간에 있고 처음에는 회전하지 않았다. 그다음 바깥쪽 가장자리에 있는 로켓이 20 N의 접선력을 가해 발사된다. 다음을 구하여라.

(a) 2.0s 후 우주선의 각운동량 (b) 2.0s 후 우주선의 각속도

구성과 계획 식 8.20은 돌림힘과 각운동량 변화와 관련이 있다. 여기서 돌림힘은 $\tau = rF_t$이다. 각운동량을 알면 $L = I\omega$로부터 각속도를 얻을 수 있다.

알려진 값: $R = 2.8$ m, $I = 70$ kg·m², $F_t = 20$ N, $\Delta t = 2.0$ s

풀이 (a) 돌림힘은 $\tau = rF_t$이고, 식 8.20에 의해 다음과 같이 나타낸다.

$$\tau_{net} = rF_t = \frac{\Delta L}{\Delta t}$$

일정한 힘을 가하면 $\Delta L/\Delta t$는 일정하므로 극한을 구할 필요가 없다. ΔL에 대해 풀면

$$\Delta L = rF_t\Delta t = (2.8\ m)(20\ N)(2.0\ s) = 112\ J·s$$

이고, 우주선은 처음에 $L = 0$이므로 나중 각운동량은 112 J·s 이다.

(b) $L = I\omega$를 이용해서 각속도를 구한다.

$$\omega = \frac{L}{I} = \frac{112\ J·s}{70\ kg·cm^2} = 1.6\ rad/s$$

반영 여기서 우주선의 회전 관성이 주어졌으므로 우주선의 모양에 대한 세부 사항이 필요하지 않았고 표 8.4를 참조하지 않았다.

....

연결하기 또 다른 접근법이 있다. $\tau_{net} = I\alpha$이므로 주어진 정보를 사용하여 돌림힘과 각가속도를 계산할 수 있다. 그러면 회전 운동 방정식은 나중 각속도 ω를 제공할 것이다. 이를 확인하고 이 값을 구하여라.

답 이 접근 방식을 따르면 $\tau = 56$ N·m와 $\alpha = 0.80$ rad/s²이 나온다. 그다음 운동 방정식 $\omega = \omega_0 + \alpha t$에서 $\omega = 1.6$ rad/s이다.

8.9 벡터량을 갖는 회전 운동

병진 물리량과 회전 물리량을 보여 주는 표 8.6을 살펴보자. 두 열 사이에는 한 가지 중요한 차이점이 있다. 병진을 위해 벡터량인 속도, 힘, 운동량을 사용했는데, 그에 상응하는 회전량이 모두 스칼라로 표시되어 있다. 이유가 무엇인가? 각가속도, 돌림힘, 각운동량도 벡터여야 하지 않는가? 이제부터 보이겠지만 실제로는 벡터이다.

지금까지 고정된 축을 중심으로 한 회전만을 고려했기 때문에 회전량의 벡터 특성을 무시할 수 있었다. 따라서 각속도는 부호가 회전 방향을 나타내는 스칼라로 간주할 수 있다. 이는 x축을 따른 일차원 병진 운동과 유사하며, 속도 v_x는 부호가 방향을 나타내는 스칼라와 유사하다. 각속도가 스칼라인 경우, 돌림힘이나 각운동량에 벡터를 사용할 필요가 없다.

이제 회전축이 변경될 수 있는 상황을 고려해 본다. 이를 위해서는 각속도, 돌림힘, 각운동량을 벡터로 취급해야 한다.

벡터 각속도, 벡터 각가속도 및 돌림힘

그림 8.24는 회전하는 디스크를 보여 준다. 알다시피 디스크의 모든 점은 접선 속도가 다르더라도 동일한 각속도를 갖는다. 디스크의 모든 점의 공통점은 회전축이므로

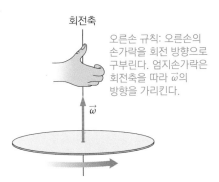

회전축

오른손 규칙: 오른손의 손가락을 회전 방향으로 구부린다. 엄지손가락은 회전축을 따라 $\vec{\omega}$의 방향을 가리킨다.

$\vec{\omega}$

그림 8.24 오른손 규칙은 각가속도의 방향을 정해 준다.

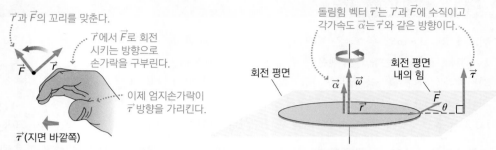

(a) 돌림힘의 방향에 대한 오른손 규칙

(b) 돌림힘에 의해 생기는 각가속도의 방향

그림 8.25 돌림힘과 각가속도

이 축을 따라 각속도 벡터 $\vec{\omega}$를 정의하는 것은 자연스럽다. 하지만 이는 두 가지 가능한 방향을 갖는다. 어느 쪽이든 가능하지만 그림 8.24에 설명된 **오른손 규칙**(right-hand rule)을 따르는 것이 일반적이다.

각속도 벡터를 정의하면 벡터 각가속도도 식 8.7의 벡터 표현을 자연스럽게 따른다.

$$\vec{\alpha} = \lim_{\Delta t \to 0} \frac{\Delta \vec{\omega}}{\Delta t} \tag{8.21}$$

그림 8.24의 디스크를 다시 생각해 보자. 각속도가 증가한다면 $\Delta \vec{\omega}$(따라서 $\vec{\alpha}$)는 각속도 $\vec{\omega}$와 같은 방향이어야 한다. 그러나 각속도는 감소하고 있고 $\vec{\alpha}$는 $\vec{\omega}$와 반대 방향을 향한다. 이것은 돌림힘에 잘 맞는다. 그림 8.25a에 표시된 또 다른 오른손 규칙을 사용하여 돌림힘 방향을 정의한다. 돌림힘은 일부 반지름 r에 가해지는 힘 F로 인해 발생하며, $\tau = rF \sin \theta$임을 기억하여라. 그러면 돌림힘 벡터의 방향은

- 반지름과 힘 벡터 모두에 수직이고
- 그림 8.25a의 오른손 규칙에 의해 주어진다.

새롭게 정의된 돌림힘과 각가속도 벡터는 동역학 식 $\tau_{net} = I\alpha$로 제시된다. 즉, 다음과 같다.

$$\vec{\tau}_{net} = I\vec{\alpha} \tag{8.22}$$

여기서 회전 관성 I는 그에 대응하는 질량 m과 마찬가지로 스칼라로 유지된다.

그림 8.24의 바퀴가 정지한 상태에서 시작하여 그림 8.25a와 같이 돌림힘을 적용한다고 상상해 보자. 돌림힘 벡터는 위쪽 방향이다. 바퀴는 시계 반대 방향으로 가속하므로 각속도와 각가속도의 방향도 위쪽을 향한다(그림 8.25b). 이는 식 8.22와 일치한다. 식의 양쪽 벡터가 동일한 방향을 가리켜야 하기 때문이다. 이제 바퀴가 회전하는 상태에서 반대 돌림힘를 가하여 속도를 늦춘다. 돌림힘의 방향이 역전되고 각가속도도 역전된다. 이때 식 8.22가 다시 성립한다.

벡터 각운동량

각운동량은 각속도와 동일한 오른손 규칙에 의해 정의된다. 이는 $L = I\omega$의 벡터 표

현이 다음과 같기 때문에 타당하다.

$$\vec{L} = I\vec{\omega} \tag{8.23}$$

따라서 회전하는 물체의 각운동량은 각속도와 같은 방향을 가리킨다. 각운동량 벡터의 유용성은 식 8.20을 벡터량으로 다시 작성하여 얻을 수 있다.

$$\vec{\tau}_{net} = \lim_{\Delta t \to 0} \frac{\Delta \vec{L}}{\Delta t} \tag{8.24}$$

이 식은 바퀴의 회전 속도와 감속을 다루지만 각운동량의 방향이 바뀌는 경우도 설명한다. 이로 인해 새롭고도 놀라운 현상이 나타나는데, 이를 세차 운동이라 한다.

세차 운동

회전하는 자이로스코프를 바닥에 놓고 회전축을 약간 기울여 놓는다(그림 8.26). 자이로스코프는 그림과 같이 각운동량이 축을 향한다. 기울어져 있기 때문에 자이로스코프의 바닥과의 접촉에 대한 돌림힘이 있다. 돌림힘은 힘(이 경우 중력이 아래로 향함)과 (여기서 회전축을 따라 접촉점에서 질량 중심까지) 반지름 모두에 수직이다.

중요한 것은 이 돌림힘이 수평이라는 것이다. 따라서 식 8.24에 따르면 각운동량의 변화 $\Delta\vec{L}$은 위나 아래가 아닌 수평이다. 이것이 자이로스코프가 이런 상황에서 '떨어지지 않는' 이유이다. 오히려 회전축은 수직을 중심으로 회전하며, **세차 운동**(precession)이라 부르는 원뿔 운동을 한다. 세차인 자이로스코프가 중력을 거스르는 것 같다. 이것은 사실 단순히 회전 동역학의 규칙을 따르는 것이다!

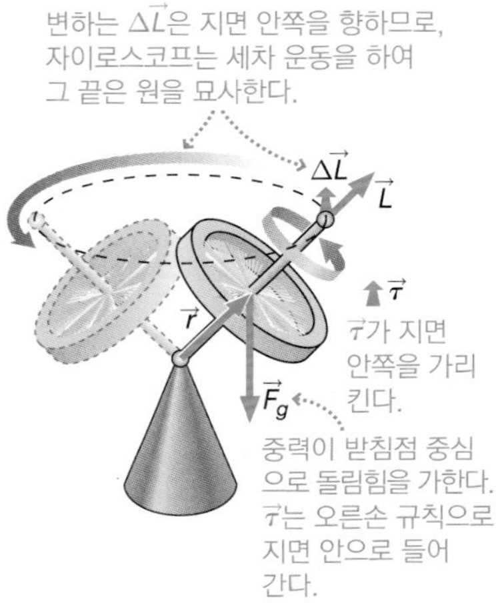

▶ **응용   빙하기!**

지구의 자전은 적도에서 지구가 부풀어 오르게 하고, 그 결과 태양의 중력으로 인한 돌림힘을 발생시킨다. 따라서 지구의 자전축이 기울어지는 주기는 약 26,000년이다. 기울어진 자전축은 계절의 원인이 되며, 지구의 공전 궤도는 완벽하게 원형이 아니기 때문에 계절 주기 중 지구가 태양에 가장 가까울 때 세차 운동이 영향을 미친다. 그 결과 극지방의 태양 에너지 분포에 변화가 생기고, 이는 다른 궤도 변화와 함께 빙하기를 유발한다. 이 장의 첫 이미지는 이러한 효과를 보여 주고 있다.

변하는 $\Delta\vec{L}$은 지면 안쪽을 향하므로, 자이로스코프는 세차 운동을 하여 그 끝은 원을 묘사한다.

$\vec{\tau}$가 지면 안쪽을 가리킨다.

중력이 받침점 중심으로 돌림힘을 가한다. $\vec{\tau}$는 오른손 규칙으로 지면 안으로 들어간다.

그림 8.26 회전하는 자이로스코프가 넘어지지 않는 이유는 무엇인가?

8장 요약

회전 운동학

(8.1절) 라디안은 반지름에 대한 호의 길이의 비율이다. 회전하는 물체는 **각위치**에 의해 특정지어진다. **각변위**는 두 각위치 사이의 차이고, **각속도**는 각위치의 변화율이다. **각가속도**는 각속도의 변화율이다. 순수 회전에서는 강체가 고정된 축을 중심으로 회전하며, 물체의 모든 부분이 동일한 각속도를 갖는다.

각위치: θ(라디안) $= \dfrac{\text{호의 길이}}{\text{반지름}} = \dfrac{s}{r}$

각속도: $\omega = \lim\limits_{\Delta t \to 0} \dfrac{\Delta \theta}{\Delta t}$

각가속도: $\alpha = \lim\limits_{\Delta t \to 0} \dfrac{\Delta \omega}{\Delta t}$

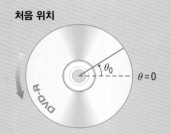
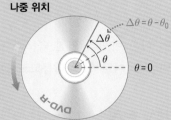

처음 위치   나중 위치

$\Delta\theta = \theta - \theta_0$

회전 운동에 대한 운동 방정식

(8.2절) 회전 운동에 대한 운동 방정식은 일차원에 대한 운동 방정식과 유사하다. 회전 변수는 일차원 병진 변수와 유사하다. 각위치 θ를 위치 x에, 각속도 ω를 속도 v_x에, 각가속도 α를 가속도 a_x에 대입한다.

등각가속도에 대한 운동 방정식:

$$\omega = \omega_0 + \alpha t \qquad \theta = \theta_0 + \omega_0 t + \tfrac{1}{2}\alpha t^2 \qquad \omega^2 = \omega_0^2 + 2\alpha\Delta\theta$$

회전 운동과 접선 운동

(8.3절) 회전체의 모든 점에는 구심 가속도가 있으며 **접선 가속도**가 있을 수도 있다. 회전체에서 점의 병진 속도는 **접선 속도** $\vec{v}_t$이다. 접선 가속도 a_t는 접선 속도의 변화율이다. 회전체의 어느 지점에서든 구심 가속도는 회전축을 가리키며, (0이 아닌 경우) 접선 가속도는 원형 경로에 접한다.

회전 속력을 높일 때   회전 속력을 낮출 때

접선 속도: $v_t = r\omega$ **접선 가속도**: $a_t = r\alpha$

운동 에너지와 회전 관성

(8.4절) 강체의 **회전 운동 에너지**는 질량, 크기 및 회전 속력의 함수이다. 회전 관성은 질량이 어떻게 분포되었는지에 따라 달라진다. 흔히 볼 수 있는 회전체의 **회전 관성**은 각각 다르게 주어진다(표 8.4).

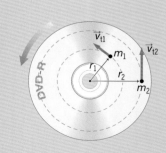

점 질량 m의 운동 에너지: $K = \tfrac{1}{2}mv_t^2$

회전하는 점 질량 집합의 운동 에너지: $K = \sum\limits_{i=1}^{n} \tfrac{1}{2}m_i v_{t,i}^2 = \tfrac{1}{2}I\omega^2$

회전 관성: $I = \sum\limits_{i=1}^{n} m_i r_i^2$

구르는 강체

(8.5절) 굴림은 병진과 회전을 결합한 운동이다. 굴림 강체의 **총 운동 에너지**는 병진 운동 에너지와 회전 운동 에너지의 합이다. **일−에너지 정리**는 회전 운동에도 적용된다.

미끄러지지 않고 구름: $v_{cm} = \omega R$

구르는 강체의 운동 에너지: $K = \frac{1}{2}mv^2 + \frac{1}{2}I\omega^2$

일−에너지 정리: $W_{net} = \Delta K$

회전 동역학

(8.6절) 돌림힘은 회전의 힘 개념으로, 회전축에서 일정 거리 떨어진 위치에 가해지는 힘에서 발생한다. **알짜 돌림힘**은 각가속도를 일으킨다.

돌림힘: $\tau = rF\sin\theta$

알짜 돌림힘: $\tau_{net} = I\alpha$

역학적 평형

(8.7절) 병진 평형은 강체에 가해지는 알짜힘이 0일 때, **회전 평형**은 알짜 돌림힘이 0일 때, **역학적 평형**은 둘 다 0일 때 발생한다. 회전 평형이려면 모든 고정축에 대한 돌림힘의 합이 0이어야 한다.

역학적 평형:

$$\vec{F}_{net} = \vec{F}_1 + \vec{F}_2 + \cdots = \sum \vec{F}_i = 0$$

$$\tau_{net} = \tau_1 + \tau_2 + \cdots = \sum \tau_i = 0$$

각운동량

(8.8절) 회전 강체의 **각운동량**은 회전 관성과 각속도의 곱이다. 계의 알짜 돌림힘이 0이면 각운동량은 보존된다. 알짜 돌림힘이 0이 아니면 각운동량의 변화가 발생한다.

I 증가, ω 감소

I 감소, ω 증가 $L = I\omega$는 일정

각운동량: $L = I\omega$

돌림힘: $\tau_{net} = \lim\limits_{\Delta t \to 0} \dfrac{\Delta L}{\Delta t}$

벡터량을 갖는 회전 운동

(8.9절) 회전축이 변하는 경우 각속도, 돌림힘, 각운동량은 **벡터**로 고려해야 한다. 각속도 $\vec{\omega}$가 증가하면 각가속도 $\vec{\alpha}$는 $\vec{\omega}$와 같은 방향이고, 각속도 $\vec{\omega}$가 감소하면 $\vec{\alpha}$는 $\vec{\omega}$의 반대 방향이다. 평행하지도 반대 방향이지도 않은 돌림힘과 각가속도는 각운동량 $\vec{L}$의 방향을 변화시킨다. **세차 운동**이 한 예이다.

알짜 돌림힘 벡터: $\vec{\tau}_{net} = I\vec{\alpha}$

각운동량 벡터: $\vec{L} = I\vec{\omega}$

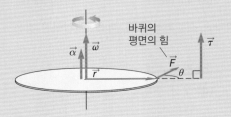

바퀴의 평면의 힘

각가속도 벡터: $\vec{\alpha} = \lim\limits_{\Delta t \to 0} \dfrac{\Delta \vec{\omega}}{\Delta t}$

8장 연습문제

문제의 난이도는 ●(하), ●●(중), ●●●(상)으로 분류한다. BIO로 표시된 문제는 생물학적 또는 의학적인 문제이다.

개념 문제

1. 회전하는 지구 위에 서 있을 때, 구심 가속도는 적도에서 더 큰가, 북위 45°에서 더 큰가? 접선 가속도는 어떠한가?

2. 콤팩트디스크가 가장자리 근처에서 정보를 읽을 때 가장 빨리 회전하는 이유는 무엇인가?

3. 야구 방망이는 양끝에 수직인 축을 중심으로 회전하는 것과 동일한 회전 관성을 가지고 있는가? 아니면 어느 쪽 끝을 중심으로 회전할 때 회전 관성이 더 큰가?

4. 바퀴가 미끄러지지 않고 질량 중심 속력 v_{cm}으로 구르고 있다. 바퀴의 아랫부분(지면과 접촉한 부분)의 순간 속도는 얼마인가? 바퀴의 맨 윗부분의 순간 속도는 얼마인가?

5. 지구의 핵은 표면에 가까운 층보다 밀도가 높다. 회전 관성이 $\frac{2}{5}MR^2$보다 커야 하는가 작아야 하는가? 설명하여라.

6. 팽이가 바닥에 점을 찍고 회전축이 약간 기울어진 상태에서 회전한다. 이후의 움직임을 설명하여라. 왜 넘어지지 않는가?

7. 질량이 M이고 반지름이 R인 바퀴의 회전 관성은 $I = \frac{9}{10}MR^2$이다. 이는 속이 꽉 찬 디스크에 더 가까운가? 아니면 대부분의 질량이 테두리에 있는 자전거 바퀴에 더 가까운가?

객관식 문제

8. 지구는 24시간 동안 한 번 자전한다. 지구의 각속도는 얼마인가?
(a) 1.16×10^{-5} rad/s (b) 0.042 rad/s
(c) 1.39×10^{-5} rad/s (d) 7.27×10^{-5} rad/s

9. 도자기 돌림판이 각속도 2.4 rad/s로 시작하여 2.0 s 동안 4.8 rad/s로 일정한 각가속도로 가속한다. 이 동안 돌림판의 회전 각도는 얼마인가?
(a) 6.0 rad (b) 7.2 rad
(c) 0.95 rad (d) 4.8 rad

10. 바퀴가 일정한 각가속도로 회전할 때, 다음 중 일정한 것은 무엇인가?
(a) 각속도 (b) 접선 속도
(c) 접선 가속도 (d) 구심 가속도

11. 46 g인 골프공의 반지름이 2.13 cm이고 균일한 밀도를 가정할 때, 이 공의 회전 관성은 얼마인가?
(a) 8.3×10^{-6} kg·m² (b) 2.1×10^{-5} kg·m²
(c) 1.3×10^{-5} kg·m² (d) 4.3×10^{-6} kg·m²

12. 지름이 69 cm인 바퀴가 달린 자전거가 40 km/h로 달리고 있다. 바퀴가 미끄러지지 않고 굴러갈 때, 각속도는 얼마인가?
(a) 4 rad/s (b) 9 rad/s
(c) 16 rad/s (d) 32 rad/s

13. 중장비 바퀴의 회전 관성은 25 kg·m²이고 반지름은 0.75 m이다. 이 중장비는 처음에 정지 상태에 있으며, 35 N의 접선력이 5.0 s 동안 가장자리에 가해진다. 각속도는 얼마인가?
(a) 0.86 rad/s (b) 1.7 rad/s
(c) 5.3 rad/s (d) 10.6 rad/s

14. 자동차의 구동렬에서 회전 관성이 26.0 kg·m²인 플라이휠은 410 rad/s로 회전한다. 클러치가 맞물리면서 플라이휠의 회전 관성이 절반인 디스크를 플라이휠에 대고 누르면 둘이 하나로 회전한다. 둘 다 돌림힘이 없는 경우, 결합된 계의 회전 속력은 얼마인가?
(a) 155 rad/s (b) 206 rad/s
(c) 273 rad/s (d) 310 rad/s

15. 바퀴는 회전축을 수직으로 하고 위에서 봤을 때 시계 반대 방향으로 회전한다. 바퀴의 각운동량 방향은 어디인가?
(a) 똑바로 위로 (b) 똑바로 아래로 (c) 바퀴의 회전에 접하는 방향 (d) 바퀴의 반대 회전에 접하는 방향

연습문제

8.1 회전 운동학

16. ● 목성의 반지름은 7.14×10^7 m이고 9시간 50분마다 한 바퀴씩 돈다. 목성의 자전으로 인해 목성의 적도에 있는 한 점은 초당 얼마나 멀리 이동하는가?

17. BIO ●● **박테리아 회전율** 실험실의 원심분리기가 3,200 rpm으로 회전한다. 8.1절에서 설명한 대장균의 편모와 비교하여라.

18. • 잔디깎이 날이 85 rad/s²으로 가속된다. 정지 상태에서 시작하여 2.5 s 경과 후 각속도는 얼마인가? rad/s와 rpm으로 답하여라.

19. ••• 조수는 에너지를 분산시켜 지구의 자전을 느리게 한다. 약 40억 년 전, 지구의 자전 주기는 14시간이었던 것으로 추정된다. 이 40억 년 동안 지구의 평균 각가속도를 구하여라.

8.2 회전 운동에 대한 운동 방정식

20. •• 치과용 드릴이 정지 상태에서 시작하여 2.10 s 동안 615 rad/s²으로 가속한 다음, 7.50 s 동안 일정한 각속도로 작동한다. 드릴의 총 회전수는 얼마인가?

21. •• 초기에 8,000 rpm으로 회전하는 원심분리기가 3.50 s 동안 일정한 각가속도로 5,000 rpm으로 감속한다. 물음에 답하여라.
(a) 각가속도는 얼마인가?
(b) 감속 중 회전수는 얼마인가?
(c) 이 시간 동안 원심분리기 가장자리의 한 점(반지름 9.40 cm)이 회전한 횟수를 이동한 거리로 계산하여라.

22. ••• 지구의 자전 속도는 조석력으로 인해 느려지고 있으며, 하루의 길이는 약 2.3 ms/세기씩 증가하고 있다. 지구의 각가속도를 구하여라.

8.3 회전 운동과 접선 운동

23. • 토네이도의 회전 반경 18 m에서 풍속이 310 km/h인 경우, 이 지점에서 토네이도의 각속도는 얼마인가?

24. •• 반경 2.50 cm의 도르래에 끈이 감겨 있고, 반대쪽 끝에 물체가 매달려 있다. 물체는 3.40 m/s²의 일정한 가속도로 떨어진다. 물음에 답하여라.
(a) 도르래의 각가속도는 얼마인가?
(b) 물체가 바닥에서 1.30 m 위에 정지 상태에서 시작할 경우, 물체가 바닥에 부딪힐 때 도르래의 각속도는 얼마인가?

25. BIO •• **인간의 구심 가속도와 각가속도** 우주 비행사들은 발사 중 극한의 가속을 시뮬레이션하기 위해 직경 10.5 m의 대형 원심분리기에서 훈련을 받는다. 물음에 답하여라.
(a) 원심분리기가 회전하여 한쪽 팔 끝에 있는 우주 비행사가 5.5 g의 구심 가속도를 받는다면, 그 지점에서 우주 비행사의 접선 속도는 얼마인가?

(b) 25 s 후, (a)의 속도에 도달하는 데 필요한 각가속도를 구하여라.

26. ••• DVD 버너(DVD에 데이터를 기록하는 장치)는 예제 8.5에서 DVD 플레이어에 대해 설명한 것과 동일한 일정한 접선 속력 모드에서 작동한다. 6배속 레코딩(예: 정상 재생 데이터 속력의 6배)의 경우, 회전축에서 2.6cm 떨어진 가장 안쪽 데이터 트랙에서 회전 속력이 가장 높다(8,400 rpm). DVD의 정보는 반경 2.6 cm에서 5.7 cm 사이의 영역의 연속적인 나선형 트랙에 저장된다. 나선형의 개별 회전 간격은 0.74 μm이다. 물음에 답하여라.
(a) 전체 트랙의 길이를 구하여라.
(b) 한 바이트 정보의 평균 길이가 2.3 μm인 경우, DVD에는 몇 바이트가 있는가?

27. BIO •• **독수리 날개** 날개 폭이 1.8 m인 대머리 독수리는 1분에 20번씩 날개를 앞뒤로 퍼덕이며, 퍼덕일 때마다 수평 위 45°에서 아래 45°까지 펼쳐진다. 아래쪽과 위쪽 날개의 퍼덕임은 동일한 시간이 걸린다. 주어진 아래를 향한 날개의 퍼덕임에 대하여 다음을 구하여라.
(a) 날개의 평균 각속도
(b) 날개 끝의 평균 접선 속도

8.4 운동 에너지와 회전 관성

28. •• 지구를 속이 꽉 찬 구로 가정할 때, 부록 E를 이용하여 지구의 회전 운동 에너지를 구하여라.

29. •• 전동 톱의 원형 날의 운동 에너지는 64 J이다. 회전 속력이 절반이 되면 운동 에너지는 얼마가 되는가?

30. •• 질량이 145 g인 야구공의 반지름이 3.7 cm이다. 물음에 답하여라.
(a) 밀도가 균일하다고 가정할 때, 회전 관성은 얼마인가?
(b) 공은 30 m/s의 속도와 20 Hz의 회전율로 투구된다. 공의 병진 운동 에너지와 회전 운동 에너지를 구하고, 비교하여라.

8.5 구르는 강체

31. • 자전거는 69 cm 지름의 바퀴를 갖고 있다. 자전거가 45 km/h로 달릴 때, 미끄러지지 않고 굴러간다. 바퀴의 각속도는 얼마인가?

32. •• 바퀴가 미끄러지지 않고 굴러가기 위한 조건은 식 8.16 ($\omega = v_{cm}/R$)에 의해 설명된다. 자동차 타이어가 다음 조건

을 만족할 때, 무슨 일이 일어나는지 설명하여라.

(a) $\omega > v_{cm}/r$ (b) $\omega < v_{cm}/r$

33. • 드래그 레이서는 지름 76.2 cm의 바퀴를 사용한다. 드레그 레이서가 160 km/h로 달릴 때, 바퀴는 얼마나 빨리 회전하는가?

34. •• 속이 꽉 찬 원통이 경사면에서 정지 상태에서 내려온다. 원통이 바닥에 도달했을 때, 총 운동 에너지에서 병진 운동 에너지와 회전 운동 에너지의 비율을 각각 구하여라.

35. •• 미터자가 한쪽 끝에서 자유롭게 회전한다. 수평 위치에서 놓았을 때 수직을 통과할 때의 각속도를 구하여라. 미터자를 균일한 얇은 막대로 취급한다.

36. ••• 일차원 운동에 대한 운동 방정식과 함께 본문의 일−에너지 정리를 이용하여 θ 각도로 기울어진 경사로를 따라 굴러가는 속이 꽉 찬 구의 병진 가속도를 θ와 g로 표현하여 구하고, 같은 경사로를 따라 마찰 없이 미끄러지는 물체의 가속도인 $a = g\sin\theta$와 비교하여라.

37. ••• 예제 8.11의 '굴림 경기'를 생각해 보자. 공이 경사로를 따라 위에서 아래로 1.00 m를 이동한다고 가정하자. 물음에 답하여라.

(a) 같은 시간 동안 원통은 얼마나 멀리 이동하는가?

(b) (a)의 답은 경사각에 따라 달라지는가? 설명하여라.

8.6 회전 동역학

38. • 자동차 정비사가 35 cm 길이의 렌치 끝에 72 N의 힘을 가한다. 최대 돌림힘은 얼마인가?

39. **BIO** •• **박테리아 돌림힘** 대장균에서 편모를 구동하는 셀룰러 모터는 편모에서 일반적으로 400 pN·nm의 돌림힘을 가한다(8.1절의 설명 참조). 이 돌림힘이 반지름이 12 nm인 편모의 외부에 접선 방향으로 가해지는 힘에서 비롯된 것이라면, 그 힘의 크기는 얼마인가?

40. ••• 질량이 각각 32 kg, 40 kg인 두 아이가 질량 25 kg의 길이 3.4 m의 시소의 양쪽 끝에 앉아 있고, 받침점이 중간점에 있다. 시소가 수평인 상태에서 물음에 답하여라.

(a) 시소에 걸리는 알짜 돌림힘

(b) 시소의 각가속도

8.7 역학적 평형

41. •• 질량을 무시할 수 있는 미터자가 35 cm 지점에 0.20 kg의 질량이 놓여 있으며, 75 cm 지점에 0.40 kg의 질량이 놓

여 있다. 미터자가 평형을 맞추려면 받침점이 어디에 있어야 하는가?

42. ••• 예제 8.15의 사다리를 생각해 보자.

(a) 75 kg의 남자가 사다리의 중간 지점에서 서 있을 때, 수직항력을 구하여라.

(b) 75 kg의 남자가 사다리의 5분의 4 지점에 서 있을 때, 수직항력을 구하여라.

43. •• 그림 P8.43에서 미터자의 질량은 0.160 g이고 줄의 장력은 2.50 N이다. 계가 평형을 이루고 있다. 다음을 구하여라.

(a) 물체의 질량 m

(b) 받침점이 미터자에 가하는 상향 힘

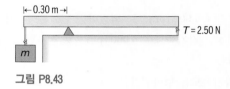

그림 P8.43

8.8 각운동량

44. • 부록 E의 데이터를 이용하여 궤도 운동으로 인한 지구의 각운동량을 계산하여라.

45. •• 회전 관성이 0.275 kg·m²인 턴테이블이 3.25 rad/s로 회전하고 있다. 갑자기 회전 관성이 0.104 kg·m²인 디스크가 회전축을 중심에 두고 턴테이블 위에 떨어진다. 외력이 작용하지 않는다고 가정할 때, 턴테이블과 디스크의 공통 회전 속도는 얼마인가?

8.9 벡터량을 갖는 회전 운동

46. •• 회전 관성이 44 kg·m²인 회전목마가 1.3 rad/s로 시계 방향으로 회전한다. 다음을 구하여라.

(a) 회전목마의 각운동량의 크기와 방향

(b) 10 s 이내에 회전목마를 멈추는 데 필요한 돌림힘의 크기

47. • 렌치 손잡이는 +y 방향으로 위쪽을 향한다. 정비사가 렌치 상단 끝에 +x 방향으로 힘을 가한다. 렌치에 가해지는 돌림힘 방향은 어디인가?

48. •• 지구의 자전 속도가 느려지고 있다. 이 현상을 일으키는 데 필요한 돌림힘의 방향은 무엇인가? 연습문제 22의 데이터를 사용하여 돌림힘의 크기를 계산하여라.

8장 질문에 대한 정답

단원 시작 질문에 대한 답

자전축은 26,000년 주기에 걸쳐 방향을 바꾼다. 이는 햇빛의 강도와 계절의 관계를 변화시켜 빙하기를 유발한다.

확인 질문에 대한 정답

8.1절 (c) ω는 음, α는 양

8.3절 (c)

8.5절 (d) 속이 꽉 찬 공 (b) 속이 꽉 찬 원통 (a) 속이 빈 공, (c) 속이 빈 고리

중력
Gravitation

▲ 이 나선 은하는 어떻게 보이지 않는 '암흑 물질'의 존재를 드러낼 수 있는가?

학습 내용

✔ 인류가 행성 운동을 이해한 역사를 요약해 보기
✔ 뉴턴의 중력 법칙 설명하기
✔ 뉴턴의 법칙을 사용하여 중력 가속도가 고도에 따라 어떻게 변화하는지 설명하기
✔ 타원의 기본 특성 설명하기
✔ 행성 운동에 관한 케플러의 법칙 설명하기
✔ 중력 위치 에너지 이해하기
✔ 중력 문제에서 역학적 에너지 보존 활용하기
✔ 원 궤도의 특성 이해하기
✔ 탈출 속력 설명하기
✔ 조수의 원인 설명하기
✔ 겉보기 무중력 상태 설명하기

중력은 우주 전체를 대규모로 지배하는 기본적인 힘이며, 중력에 대한 이해는 통신 위성에서 위성 위치 확인 시스템(GPS), 행성 탐사에 이르는 우주 기술을 가능하게 한다. 중력에 대한 연구로는 물리학의 핵심 개념인 힘, 에너지, 원운동, 각운동량이 있다.

거의 모든 실제 응용 분야에서 중력은 17세기에 개발된 **뉴턴의 중력 법칙**(Newton's law of gravitation)에 의해 정확하게 설명된다. 뉴턴의 법칙은 행성과 그 위성, 혜성, 소행성 및 기타 천체의 움직임과 조수와 같은 효과를 설명하는 놀라운 업적이다. 블랙홀 주변과 같은 극단적인 천체 물리학적 상황이나 위성 위치 확인 시스템에서와 같이 정교한 정확성이 필요할 때만 뉴턴의 이론은 아인슈타인의 일반 상대성 이론으로 대체된다.

9.1 뉴턴의 중력 법칙

배경과 역사

중력에 대한 새로운 이해는 종교적이고 실용적인 의미를 가진 천체의 움직임에 대한 고대 사람들의 관심에서 시작된다. 스톤헨지는 천문학적 관측을 바탕으로 세워진 가장 잘 알려진 고대 구조물로 전 세계 곳곳에 수많은 구조물이 존재하였다. 천문학은 또한 농사를 짓는 데 꼭 필요한 달력을 만들 수 있게 해 주었다.

고대의 천문학자들은 물론 일반인들도 태양, 달, 행성, 별들이 매일 지구를 동쪽에서 서쪽으로 돌고 있는 것을 보았다. 별들은 고정된 패턴을 유지하지만, 다른 것

223

그림 9.1 지구에서 바라본 2003년 화성의 역행 운동

역행 운동에 관한 고대 그리스 모형

궤도상의 이 지점에서 행성이 '보통 서쪽에서 동쪽으로' 움직이는 것을 본다.

그러나 여기서 작은 원의 움직임은 (동쪽에서 서쪽으로) 순 역행 운동을 생성한다.

행성은 작은 원 주위를 돌고 이것은 차례로 지구를 돈다.

그림 9.2 고대 그리스의 지구 중심 모형

들은 비교적 매일 조금씩 서쪽에서 동쪽으로 움직인다. 태양은 하루에 약 1도씩 동쪽으로 이동하여 1년 후에 원래 위치로 돌아오고, 달은 하루에 12도씩 동쪽으로 이동하여 대략 한 달에 한 번씩 주기를 마친다. 행성들은 더 복잡하다. 가끔씩 그러나 정기적으로 행성들은 몇 주 또는 몇 달 동안 동쪽에서 서쪽으로 이동하는 **역행 운동**(retrograde motion)을 보이기도 한다(그림 9.1).

고대 그리스인들은 행성의 움직임을 예측하기 위한 정교한 모형을 개발하였다. 지구는 정지해 있고 우주의 중심에 있으며, 천체는 지구 주위를 돌고 있다고 설명하였다. 이는 합리적으로 보인다. 우리는 우리가 움직이는 것을 느끼지 못하고 천체는 우리 위를 돌고 있는 것처럼 보이기 때문이다. 역행 운동은 행성들이 지구 주위를 도는 큰 원에 붙어 작은 원으로 움직이는 것으로 설명되었다(그림 9.2). 2세기의 천문학자 클라우디우스 프톨레마이오스(Claudius Ptolemy)는 이 모델을 세밀하게 조정하여 예측이 상당히 정확하였다.

수 세기 동안 프톨레마이오스의 연구는 행성 천문학의 표준이었다. 이는 부분적으로는 이론의 수학적 정확성 때문이고, 중세 유럽 사상가들이 더 큰 세계관의 일부였던 지구 중심 우주에 의문을 제기하는 것을 꺼렸기 때문이다.

1543년 폴란드 천문학자 니콜라스 코페르니쿠스(Nicholas Copernicus, 1473~1543)가 지구와 다른 행성들이 고정된 태양 주위를 공전한다는 태양 중심설을 발표하면서 변화가 시작되었다. 코페르니쿠스 모형은 중첩된 원을 사용하여 행성의 움직임을 추정하는 프톨레마이오스 모형을 공유하였다. 사실 코페르니쿠스 모형은 좌표계가 바뀌었을 뿐 수학적으로 프톨레마이오스의 체계와 동일하다. 하지만 16세기 사상가들은 지구 중심적인 관점을 고수했기 때문에 처음에는 널리 받아들여지지 않았다.

17세기 초, 갈릴레오는 천문학에서 망원경을 최초로 사용하였다. 목성의 달, 금성의 위상, 태양 흑점 등을 관측한 그는 태양 중심의 우주를 지지하는 주장을 뒷받침하였다. 갈릴레오는 과학계에서 널리 찬사를 받았지만 고국인 이탈리아에서는 가톨릭 교회의 검열을 받았다. 그는 자신의 견해를 공개적으로 철회할 수밖에 없었고, 마지막 10년 동안 가택 연금에 처해졌다. 1992년이 되어서야 갈릴레오는 공식적으로 무죄 판결을 받았다.

갈릴레오와 동시대 독일 천문학자이자 수학자인 요하네스 케플러(Johannes Kepler, 1571~1630)는 덴마크 천문학자 티코 브라헤(Tycho Brahe, 1546~1601)와 함께 행성 운동을 정밀하게 측정하였다. 케플러는 브라헤의 데이터를 사용하여 행성의 궤도가 코페르니쿠스 모형의 원 조합보다 타원에 더 잘 맞다는 것을 보여 주었다. 이 장의 뒷부분에서 케플러의 업적에 대해 자세히 설명할 것이다.

코페르니쿠스, 갈릴레오, 케플러 그리고 다른 사람들 덕분에 행성이 고정된 태양을 중심으로 타원을 그리며 움직인다는 견해는 17세기 중반까지 널리 받아들여졌다. 이러한 타원 궤도의 원인은 무엇일까? 뉴턴 이전의 과학자들은 만족할 만한 답을 찾지 못하였다. 뉴턴이 성공할 수 있었던 이유는 역학에 대한 명확한 이해(4장)와 행성 운동 문제를 해결하기 위해 미적분학을 개발하였기 때문이다.

뉴턴의 이론

뉴턴이 떨어지는 사과를 보고 사과를 아래로 당기는 힘과 동일한 힘이 달의 궤도를 유지한다는 사실을 깨달았다는 이야기가 있다. 사실 여부와 상관없이 이 이야기는 지구에서 익숙한 중력이 지구 주위를 도는 달과 태양 주위를 도는 행성의 궤도 운동에 작용한다는 뉴턴의 중요한 깨달음을 요약하고 있다.

뉴턴은 자신의 제2법칙 $\vec{F}_{net} = m\vec{a}$를 사용하여 떨어지는 사과의 가속도와 공전하는 달의 가속도를 비교하였다. 원운동의 운동학(3장)은 달이 거의 원 궤도 운동을 한다는 것을 적용하였다. 뉴턴은 이 두 가지 가속도를 비교하면 두 가속도를 일으키는 힘에 대해 어떤 것을 알려 줄 수 있다는 것을 알고 있었다.

예제 9.1   사과와 달

뉴턴의 입장에 따라 공전하는 달의 구심 가속도를 계산하고, 떨어지는 사과의 가속도인 $g = 9.80 \text{ m/s}^2$과 비교하여라. 달의 공전 궤도의 반지름이 $R = 3.84 \times 10^8 \text{ m}$(뉴턴 시대에는 상당히 잘 알려진 값)이고 주기가 $T = 27.3$일인 원운동이라고 가정한다.

구성과 계획 원 운동학으로부터 구심 가속도는 $a_r = v^2/r$이다. 달의 공전 속력은 거리/시간이고, 거리는 원의 둘레 $2\pi R$, 시간은 주기 T이다. 주기의 SI 단위는 s이다.

알려진 값: $g = 9.80 \text{ m/s}^2$, $R = 3.84 \times 10^8 \text{ m}$, $T = 27.3 \text{ d}$

풀이 s로 주기를 환산하면 다음과 같다.

$$T = 27.3 \text{ d} \times \frac{86{,}400 \text{ s}}{1 \text{ d}} = 2.36 \times 10^6 \text{ s}$$

따라서 달의 구심 가속도는 다음과 같이 계산된다.

$$a_r = \frac{v^2}{R} = \frac{(2\pi R/T)^2}{R} = \frac{4\pi^2 R}{T^2}$$

$$= \frac{4\pi^2 (3.84 \times 10^8 \text{ m})}{(2.36 \times 10^6 \text{ s})^2} = 2.72 \times 10^{-3} \text{ m/s}^2$$

g와 비교하면 다음을 얻는다.

$$\frac{g}{a_r} = \frac{9.80 \text{ m/s}^2}{2.72 \times 10^{-3} \text{ m/s}^2} = 3600$$

반영 사과의 가속도는 달의 가속도의 3,600배이며, 둘 다 지구를 향하고 있다. 분명히 중력은 지구에 더 가까운 물체에 더 강한 힘을 작용한다.

- -

연결하기 사과와 달의 질량은 3,600이라는 계수에서 어떤 역할을 하는가? 달의 질량이 반으로 줄어들면 어떻게 되는가?

답 질량은 중요하지 않다. 지구 근처의 모든 물체는 질량에 관계없이 $g = 9.80 \text{ m/s}^2$으로 떨어진다는 것을 알고 있다. 마찬가지로 달의 질량도 가속도에 영향을 미치지 않아야 한다. 뉴턴의 이론은 이러한 사실을 반영해야 하였다.

뉴턴은 사과와 달의 가속도를 비교하면서 거리가 멀어질수록 중력은 약해진다고 알게 되었다. 뉴턴은 지구와 같은 대칭적인 물체는 지구의 전체 질량이 중심에 집중된 것처럼 다른 물체를 끌어당기기 때문에 지구의 중심이 거리의 출발점이 되어야 한다고 추론하였다. 따라서 떨어지는 사과의 '지구까지의 거리'는 대략 지구의 반지름 $R_E = 6.37 \times 10^6 \text{ m}$이고, 달의 거리는 궤도 반지름인 $R = 3.84 \times 10^8 \text{ m}$이며, 거리 비는 다음과 같다.

$$\frac{R}{R_E} = \frac{3.84 \times 10^8 \text{ m}}{6.37 \times 10^6 \text{ m}} = 60$$

사과의 가속도는 달의 가속도의 3,600 = 60²배이다. 뉴턴은 이를 통해 중력이 거리의 역제곱에 따라 달라진다는 결론을 내렸다.

$$F \propto \frac{1}{r^2}$$

뉴턴은 운동 제2법칙 $F_{\text{net}} = ma$를 통해 중력이 질량에 비례해야 한다는 것을 깨달았다. 뉴턴의 운동 제3법칙은 두 물체가 중력으로 상호작용할 때 서로 같은 크기의 힘으로 끌어당기므로 중력은 두 물체의 질량에 비례한다는 것을 제안한다.

$$F \propto \frac{m_1 m_2}{r^2}$$

이를 방정식으로 만들려면 비례상수가 필요하다. 이는 **만유인력 상수**(universal gravitation constant)인 G이며, 실험적으로 결정된 값은 $G = 6.67 \times 10^{-11} \, \text{N} \cdot \text{m}^2/\text{kg}^2$이다. 따라서 뉴턴의 법칙에 따르면 거리 r로 분리된 두 질량 m_1과 m_2 사이의 중력은 다음과 같다.

$$F = \frac{G m_1 m_2}{r^2} \qquad \text{(뉴턴의 중력 법칙, SI 단위: N)} \qquad (9.1)$$

▶ **TIP** 구형 물체의 경우, 중심에서 중심까지의 거리를 사용하여 중력을 구한다.

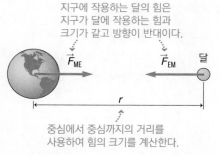

지구에 작용하는 달의 힘은 지구가 달에 작용하는 힘과 크기가 같고 방향이 반대이다.

$\vec{F}_{\text{ME}}$ $\vec{F}_{\text{EM}}$ 달

r

중심에서 중심까지의 거리를 사용하여 힘의 크기를 계산한다.

그림 9.3 지구–달 계의 힘

뉴턴은 지구와 달을 고려하여 식 9.1을 도출했지만, 자신의 법칙이 우주에 있는 두 물체 사이의 인력을 암시하는 진정한 보편적 법칙이라고 주장하였다. 엄밀히 말하면 식 9.1은 점 입자에만 적용되며, r은 두 입자 사이의 거리이다. 그러나 뉴턴은 미적분을 사용하여 이 법칙이 대칭 구에 대해서도 정확하다는 것을 보여 주었다. 여기서 r은 중심과 중심 사이의 거리이다(그림 9.3). 따라서 식 9.1을 행성과 별을 포함한 많은 천체에 적용할 수 있다. 또한, 지구에서 떨어지는 사과까지의 적절한 거리가 지구 반경에 불과하다는 뉴턴의 가정을 정당화한다.

힘은 크기와 방향을 가진 벡터이다. 중력의 방향은 항상 인력이며, 한 물체에서 다른 물체를 향해 중력 쌍으로 작용한다(그림 9.3). 이는 상호작용하는 두 물체에 작용하는 힘은 크기가 같고 방향이 반대여야 한다는 뉴턴의 운동 제3법칙을 만족시킨다.

예제 9.2 **중력 가속도**

지구를 질량이 $M_E = 5.98 \times 10^{24}$ kg, 반지름이 $R_E = 6.37 \times 10^6$ m인 구라고 가정하자. 뉴턴의 중력 법칙을 사용하여 지구 표면 근처에서 자유 낙하하는 질량이 0.10 kg인 사과의 중력을 계산하여라. 또한, 중력 이외의 힘이 존재하지 않는다고 가정하여 사과의 가속도를 구하여라.

구성과 계획 뉴턴의 중력 법칙인 식 9.1은 중력 F를 제공한다.

지구에 가까운 물체의 적절한 거리는 지구의 반지름 R_E이다(그림 9.4). 그러면 뉴턴의 운동 제2법칙에 의해 사과의 가속도는 $a = F/m$이다.

알려진 값: $M_E = 5.98 \times 10^{24}$ kg, $R_E = 6.37 \times 10^6$ m, 사과의 질량 $m = 0.10$ kg

풀이 식 9.1을 풀면 다음과 같이 힘을 계산할 수 있다.

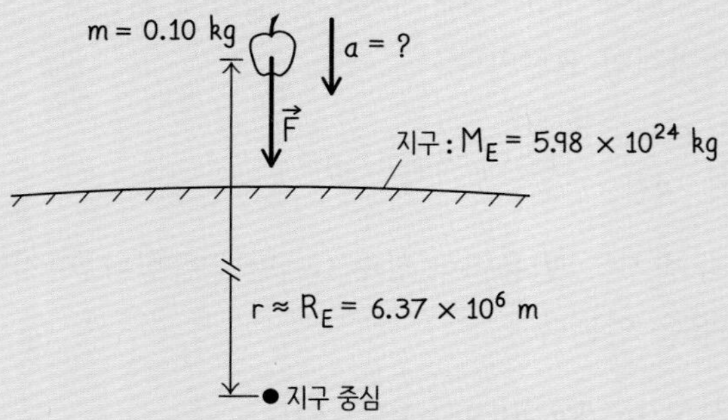

$m = 0.10$ kg $a = ?$

$\vec{F}$

지구 : $M_E = 5.98 \times 10^{24}$ kg

$r \approx R_E = 6.37 \times 10^6$ m

● 지구 중심

그림 9.4 지구로 떨어지는 사과

$$F = \frac{Gm_1 m_2}{R_E^2}$$

$$= \frac{(6.67 \times 10^{-11} \text{ N} \cdot \text{m}^2/\text{kg}^2)(5.98 \times 10^{24} \text{ kg})(0.10 \text{ kg})}{(6.37 \times 10^6 \text{ m})^2} = 0.98 \text{ N}$$

그러면 사과의 가속도는 다음과 같다.

$$a = \frac{F}{m} = \frac{0.98 \text{ N}}{0.10 \text{ kg}} = 9.8 \text{ m/s}^2$$

반영 예상한 대로 익숙한 값인 $g = 9.8$ m/s²이 나왔다. 또한, 사과의 무게인 중력도 익히 알고 있는 $w = mg$, 즉 0.98 N과 일치한다. 이것은 단지 1 N 정도이다. 매우 적절하다!

연결하기 사과가 떨어지는 동안 사과가 지구에 가하는 중력은 얼마인가? 그로 인한 지구의 가속도는 얼마인가?

답 뉴턴의 운동 제3법칙에 따르면 지구상의 힘은 사과를 향해 0.98 N의 동일한 크기를 갖는다. 지구의 가속도는 이 힘을 M_E로 나눈 값, 즉 약 10^{-25} m/s²이다. 그렇기 때문에 지구가 떨어지는 사과를 만나기 위해 위로 돌진하는 모습이 보이지 않는 것이다.

개념 예제 9.3 구형이 아닌 물체

뉴턴의 법칙은 점 입자나 균일한 구형 물체에 대해서만 만족한다. 구형이 아닌 사과나 구형이 아닌 사람에게도 뉴턴의 법칙이 적용되는 이유는 무엇인가?

풀이 중요한 것은 상대적인 크기이다. 사과나 사람은 지구의 반지름, 즉 힘 계산에 사용되는 거리인 지구 반경에 비해 매우 작다. 따라서 이 물체들은 대략적으로 점 입자처럼 작동한다.

반영 점-입자 근사가 적용되지 않는 경우가 있다. 20 m 길이의 불규칙한 소행성 위에 서 있는 우주 비행사를 생각해 보자(그림 9.5). 소행성의 질량 중심에서 사람의 질량 중심까지 측정하고 그 거리를 이용하여 중력을 계산하려는 경향이 있을 수 있다. 하지만 그리 정확하지는 않을 것이다. 두 물체 모두 구와 같은 모양이 아니며, 크기에 비해 너무 가까워서 점 입자로 간주되지

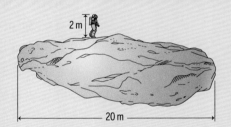

그림 9.5 식 9.1은 우주 비행사와 소행성 사이의 힘을 정확하게 제공하지 않는다. 이들의 크기는 질량 중심 사이의 거리에 비해 작지 않기 때문이다.

않는다. 예를 들어, 우주 비행사가 소행성에서 1 km 떨어진 곳에 있다면 점-입자 근사가 적합할 것이다.

자유 낙하 가속도

예제 9.2의 결과는 지구 근처의 물체가 질량에 관계없이 가속도 $g = 9.8$ m/s²으로 떨어지는 이유를 보여 준다. 식 9.1의 중력 F는 무게에 불과하며, 지구 근처에서는 mg이다. 뉴턴의 법칙(식 9.1)에 $m_1 = m$(낙하하는 물체), $m_2 = M_E$(지구), $r = R_E$를 대입하면 다음과 같이 표현된다.

$$F = mg = \frac{GmM_E}{R_E^2}$$

위 식을 정리하면 질량 m이 소거되어 자유 낙하 가속도가 질량에 의존하지 않음을 알 수 있다. 다음은 g에 대한 일반적인 표현이다.

$$g = \frac{GM_E}{R_E^2} \quad \text{(중력 가속도 g)} \tag{9.2}$$

중력 가속도는 지구의 질량과 반지름, 만유인력 상수 G에만 의존한다. 마지막으로 직접 계산하여 확인해 보면 다음을 얻는다.

$$g = \frac{(6.67 \times 10^{-11}\,\text{N} \cdot \text{m}^2/\text{kg}^2)(5.98 \times 10^{24}\,\text{kg})}{(6.37 \times 10^6\,\text{m})^2} = 9.8\,\text{m/s}^2$$

예상한 대로 뉴턴의 중력 법칙은 갈릴레오가 처음 측정한 자유 낙하 가속도와 같다.

식 9.2에 대한 표현은 달과 같은 다른 구형 대칭 물체에 대한 중력 가속도를 제공한다. 부록 E의 달의 질량과 반지름을 이용하여 달 표면에서의 중력 가속도를 구하면 다음과 같다.

$$g_{\text{Moon}} = \frac{(6.67 \times 10^{-11}\,\text{N} \cdot \text{m}^2/\text{kg}^2)(7.35 \times 10^{22}\,\text{kg})}{(1.74 \times 10^6\,\text{m})^2} = 1.6\,\text{m/s}^2$$

이 값은 지구의 중력 가속도의 약 1/6이다. 달 위를 걸었던 아폴로 우주 비행사들은 1960년대 후반과 1970년대 초반에 이 값을 확인하였다.

식 9.2의 또 다른 예측은 중력 가속도가 지구 중심에서 멀어질수록 감소한다는 것이다. 실제로 지구에서 멀리 떨어져 있는 달의 가속도는 지구 표면의 약 1/3,600에 불과하다는 것을 이미 알았다. 다음 예제는 달까지 가지 않고도 g의 변화를 감지할 수 있음을 보여 준다.

예제 9.4   더 높은 고도, 더 낮은 g

해발 고도가 $h = 4{,}390$ m인 레니에 산에서 멀지 않은 곳에 퓨젯 사운드(태평양의 긴 만)가 있다. 두 위치 간의 중력 가속도 차이를 계산하여라.

구성과 계획 식 9.2는 g를 지구 중심에서 측정한 r의 함수로 제공한다. r_1과 r_2를 각각 퓨젯 사운드와 레이너 산에 해당한다고

$$\Delta g = g_1 - g_2 = \frac{GM_E}{r_1^2} - \frac{GM_E}{r_2^2}$$

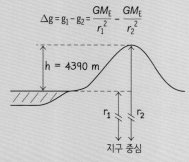

그림 9.6 산의 높이는 지구의 중심까지의 거리와 관련이 있다.

가정하면(그림 9.6) g의 차이는 다음과 같다.

$$\Delta g = g_1 - g_2 = \frac{GM_E}{r_1^2} - \frac{GM_E}{r_2^2}$$

알려진 값: $h = 4{,}390$ m, $M_E = 5.98 \times 10^{24}$ kg, $R_E = 6.37 \times 10^6$ m

풀이 Δg를 대수적으로 간단히 한 후, 수치를 대입하여 쉽게 계산하면 다음과 같다.

$$\Delta g = GM_E \left(\frac{1}{r_1^2} - \frac{1}{r_2^2} \right) = \frac{GM_E}{r_1^2 r_2^2} (r_2^2 - r_1^2)$$
$$= \frac{GM_E}{r_1^2 r_2^2} (r_2 - r_1)(r_2 + r_1)$$

이제 $r_2 - r_1 = h = 4390$ m(그림 9.6)이다. 근사하면 $r_2 + r_1 = 2R_E$, $r_1^2 r_2^2 = R_E^4$이다. 이 근삿값을 이용하면 다음을 얻는다.

$$\Delta g \approx \frac{GM_E}{R_E^4}(h)(2R_E) = \frac{2GM_Eh}{R_E^3}$$

$$= \frac{2(6.67 \times 10^{-11} \text{ N·m}^2/\text{kg}^2)(5.98 \times 10^{24} \text{ kg})(4390 \text{ m})}{(6.37 \times 10^6 \text{ m})^3}$$

$$= 0.0135 \text{ m/s}^2$$

반영 공을 떨어뜨릴 때 0.01 m/s²의 차이를 알지 못하지만 지질학자들의 **중력계**는 이보다 훨씬 작은 차이를 감지한다. 지질학자는 중력계를 사용하여 석유를 찾을 수 있는데, 밀도가 낮기 때문에 석유 매장지 위의 g는 주변 지형보다 약간 작다. 이 경우 g에 영향을 미치는 것은 지구 중심으로부터의 거리 변화가 아니라 지역적인 질량 차이이다. 마찬가지로 이 예제의 계산은 레이너 산의 질량을 고려하지 않았기 때문에 대략적인 값일 뿐이다.

연결하기 고도 1 km당 g의 대략적인 변화는 얼마인가?

답 동일한 절차를 따르지만 $h = 1$ km를 사용하면 고도 변화에 대한 g의 변화는 0.0031 m/s²/km이고, 이 값은 지구의 반지름보다 훨씬 작은 고도 변화를 의미한다.

g와 위도

중력 가속도는 위도에 따라서도 달라진다. 해발 고도는 적도에서는 약 9.78 m/s², 극지방에서는 9.83 m/s²이다. 이러한 변화에는 몇 가지 이유가 있다. 첫째, 자전하는 지구는 적도에서 약간 돌출되어 있는데, 적도 반경은 극지방보다 약 21 km 더 크다. 레이너 산의 예에서 볼 수 있듯이 이는 적도에서의 중력을 감소시킨다. 둘째, 돌출로 인해 적도 지역에서 더 많은 질량을 가지며, 이는 증가된 반경이 감소하는 만큼은 아니지만 g가 증가하는 경향이 있다. 마지막으로, 적도 위에 정지해 있는 물체는 원운동을 하고 있으므로 위쪽의 수직항력과 아래쪽의 중력의 벡터 합으로부터 알짜 구심력을 받는다. 따라서 용수철 눈금으로 측정한 **겉보기 무게**가 실제 무게 mg보다 작아진다. 이 효과는 식 9.2에서 계산한 것처럼 실제로 g를 변화시키지는 않지만, 구심 가속도는 v^2/R_E에 의해 유효한 g가 낮아진다. 접선 속력 v는 적도에서 가장 크므로 이 효과는 적도에서 가장 크다. 이러한 효과의 대략적인 크기는 적도 돌출부는 -0.34 m/s²이고, 적도 질량은 $+0.049$ m/s², 구심 효과는 -0.066 m/s²이므로 알짜 효과는 -0.051 m/s²이다.

G의 측정

중력과 중력 가속도를 계산할 때는 만유인력 상수 G와 지구의 질량 M_E에 대한 지식이 있어야 한다. 이 두 가지 양을 어떻게 알 수 있을까? 지구 표면 근처에서 g를 측정한다고 가정하자. 식 9.2에 따르면 다음이 성립한다.

$$GM_E = gR_E^2$$

이 실험에서는 G와 M_E의 개별 값이 아닌 결과물인 GM_E만 알 수 있다. 마찬가지로 달의 궤도 반지름과 주기를 사용하여 GM_E를 구할 수 있지만 G와 M_E를 따로 구할 수는 없다. 따라서 G를 측정하려면 다른 실험이 필요하다. G와 GM_E를 알면 지구의 질량을 구할 수 있다. 이러한 실험은 알려진 질량 m_1과 m_2의 두 구 사이의 힘 F를 거리 r로 측정할 것이다. 그러면 뉴턴의 법칙(식 9.1)으로부터 다음을 얻는다.

$$G = \frac{Fr^2}{m_1 m_2}$$

하지만 이 실험은 쉽지 않다! 질량이 46 g, 반지름이 2.1 cm인 두 골프공의 상호 중력을 생각해 보자. 두 공이 접촉되어 있다면 뉴턴의 법칙에 따라 중심에서 중심까지의 거리는 반지름의 두 배인 0.042 m가 되고, 인력은 다음과 같이 계산된다.

$$F = \frac{Gm_1 m_2}{R_E^2} = \frac{(6.67 \times 10^{-11} \text{ N} \cdot \text{m}^2/\text{kg}^2)(0.046 \text{ kg})^2}{(0.042 \text{ m})^2} = 8.0 \times 10^{-11} \text{ N}$$

이러한 작은 힘을 측정하는 것은 심각한 실험 과제를 안고 있다. 뉴턴의 생전에는 G가 잘 알려지지 않았다. G에 대한 최초의 정확한 실험 측정은 뉴턴이 중력에 대한 연구를 발표한 지 1세기 이상 지난 1798년 헨리 캐번디시가 수행하였다. 이 실험은 그림 9.7에 표시된 **캐번디시 저울**(Cavendish balance)을 사용하였다. 가능한 많은 질량을 집중시키기 위해 납으로 만든 질량 m의 두 구를 막대로 연결하였다. 막대는 얇은 섬유에 매달려 있다. 계가 정지한 상태에서 그림과 같이 각각 질량 M인 서로 다른 두 구가 배치된다. 한 쌍의 질량 m과 M 사이의 중력이 섬유에 돌림힘을 발생시켜 작지만 측정 가능한 비틀림이 발생한다. 이 비틀림을 돌림힘에 의한 비틀림과 비교하면 구 사이의 인력이 드러난다. 이 힘과 구의 질량과 분리 거리를 알면 실험자는 G의 값을 구할 수 있다.

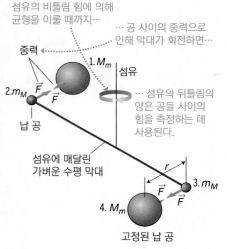

섬유의 비틀림 힘에 의해 균형을 이룰 때까지…

중력

… 공 사이의 중력으로 인해 막대가 회전하면…

1. M_m

섬유

2. m_M $\vec{F}$ $\vec{F}$

납 공

… 섬유의 뒤틀림의 양은 공들 사이의 힘을 측정하는 데 사용된다.

섬유에 매달린 가벼운 수평 막대

r

3. m_M

$\vec{F}$ $\vec{F}$

4. M_m

고정된 납 공

그림 9.7 사용 중인 캐번디시 저울

개념 예제 9.5 목성의 질량

목성에 가지 않고 어떻게 목성의 질량을 알 수 있는가?

풀이 목성에는 많은 자연 위성, 즉 달이 있다(가장 큰 4개의 위성은 갈릴레오가 발견했다). 각 위성의 공전 주기는 정기적으로 관측하면 쉽게 알 수 있으며, 궤도 반지름은 위성의 겉보기 위치와 목성까지의 알려진 거리로부터 알 수 있다. 나머지는 역학과 뉴턴의 중력 법칙이다. 목성의 질량을 M_J, 달의 질량을 m이라 하자. 반지름이 R인 원 궤도에 대하여 중력은 구심력을 제공한다.

$$\frac{GM_J m}{R^2} = \frac{mv^2}{R}$$

달의 질량 m이 소거되고, 달의 속력은 궤도 둘레를 주기로 나눈 값, 즉 $v = 2\pi r/T$이므로 다음을 얻는다.

$$\frac{GM_J}{R} = v^2 = \left(\frac{2\pi R}{T}\right)^2 = \frac{4\pi^2 R^2}{T^2}$$

M_J에 대해 풀면

$$M_J = \frac{4\pi^2 R^3}{GT^2}$$

이고, 관측된 양으로 목성의 질량을 계산할 수 있다.

반영 이 방법은 행성의 주기와 궤도 반지름을 사용하여 태양의 질량도 제공한다. 하지만 금성처럼 위성이 없는 행성의 질량을 어떻게 구할 수 있는가?

새로운 개념 검토

중력에 대한 몇 가지 중요한 아이디어

- 두 점 입자 또는 구형 물체 사이의 힘은 뉴턴의 중력 법칙 $F = \frac{Gm_1 m_2}{r^2}$에 의해 주어진다.
- 지구 근처의 중력 가속도는 $g = \frac{GM_E}{R_E^2}$이다. 그리고 유사한 관계가 모든 구형 물체에 적용된다.
- G는 만유인력 상수이며 캐번디시 저울을 이용하여 측정할 수 있다.

중력은 약하다!

오늘날 중력 상수 G는 유효숫자 5개로 알고 있다. 정확해 보이지만 다른 기본 상수와 비교하면 부정확하다. G를 측정하기 어려운 이유는 중력이 자연의 기본 힘 중 가장 약한 힘이기 때문이다. 경험에 따르면 중력이 강하다고 생각하겠지만, 이는 6×10^{24} kg의 행성에서 사는 것에서 비롯된다!

　4장에서는 네 가지 기본 힘을 간략히 소개하였다. **중력**(gravitation)은 이 장의 주제이다. 또 하나는 이 책의 후반부 대부분을 차지하는 **전자기력**(electromagnetic force)이다. 전자기력은 물질을 서로 붙잡는 등 대부분의 일상적인 상호작용을 담당한다. **핵력**(또는 **강한 힘**)(neclear force)은 원자핵 내에서 양성자와 중성자를 결합한다(26장). **약한 힘**(weak force)은 특정 핵 붕괴를 중재한다(26장). 힘의 정확한 비교는 어렵지만 표 9.1은 비슷한 거리에서 작용하는 유사한 입자에 대한 크기를 비교한 것이다.

표 9.1 기본 힘의 대략적인 상대적 강도

힘	상대적 강도
핵	1
전자기	10^{-2}
약한	10^{-10}
중력	10^{-42}

원격작용과 보편적 법칙

4장에서 설명한 것처럼 중력은 비접촉식 '원격작용' 힘이다. 식 9.1은 중력의 범위가 원칙적으로 무한하다는 것, 즉 중력이 우주의 어떤 두 물체도 상호 인력을 통해 연결한다는 것을 시사한다. 이것은 놀라운 것으로 보이며, 뉴턴 이후로 물리학자들을 어리둥절하게 하기도 하였다. 나중에 원격작용력에 대한 다른 원리적 접근을 보게 될 것이다.

　뉴턴은 먼 거리에 작용하는 힘에 대한 생각으로 물리학의 **보편적 법칙**(universal laws)에 대해 깊이 생각하게 되었다. 뉴턴은 자신의 중력 법칙이 떨어지는 사과와 궤도를 도는 행성들을 설명하는 데 매우 효과적이었기 때문에 이 법칙이 우주의 모든 곳에 적용될 것이라 상상했고, 이는 실제로 사실인 것 같다. 즉, 뉴턴의 법칙이 수십억 개의 별을 포함하는 은하, 심지어 전체 은하단의 움직임을 설명할 수 있다. 지구와 하늘에 모두 적용되는 물리 법칙은 철학적 돌파구를 제시하였다. 오늘날 보편적 법칙은 당연해 보이지만, 17세기에는 종교적이고 철학적 전통에 따라 지상과 천상을 명확히 구분할 필요가 있었다. 주의 깊은 관찰과 이성을 통해 인간이 우주를 지배하는 근본적인 법칙을 이해할 수 있다는 생각은 뉴턴을 추종한 과학자와 철학자들에게 큰 영향을 미쳤다. 뉴턴의 사상은 유럽을 지배하고 미국 혁명에 기여한 계몽주의로 알려진 지적 운동을 형성하는 데 도움이 되었다.

⋯⋯⋯⋯⋯⋯⋯⋯⋯⋯⋯⋯⋯⋯⋯⋯⋯⋯⋯⋯⋯⋯⋯⋯⋯⋯⋯⋯⋯⋯⋯⋯⋯⋯

확인 9.1절 다른 행성의 질량이 지구의 두 배이고 반지름이 지구의 두 배라고 가정해 보자. 지구의 중력 가속도가 g이면 다른 행성에서의 중력 가속도는 얼마인가?

(a) $4g$　(b) $2g$　(c) g　(d) $g/2$　(e) $g/4$

⋯⋯⋯⋯⋯⋯⋯⋯⋯⋯⋯⋯⋯⋯⋯⋯⋯⋯⋯⋯⋯⋯⋯⋯⋯⋯⋯⋯⋯⋯⋯⋯⋯⋯

9.2 행성 운동과 케플러의 법칙

지금까지 행성과 위성에 대한 원 궤도만 고려하였다. 하지만 이들의 실제 궤도는 타원*이다.

타원 기하학

그림 9.8a는 중심이 원점에 있는 타원을 보여 준다. a와 b는 각각 **반장축**(semimajor axis)과 **반단축**(semiminor axis)을 정의한다. a와 b가 같으면 타원은 원이 된다. a와 b가 다를수록 타원은 더 길어진다.

2개의 특수한 점, 즉 **초점**(foci) f_1과 f_2는 장축에 있다. 그림 9.8b에서 알 수 있듯이 타원은 두 초점으로부터의 거리의 합이 일정한 점들의 집합이다. 타원은 이런 식으로 고정된 끈을 양 끝점에 고정하고, 연필로 팽팽하게 당긴 끈을 움직여 그리는 것으로 배웠을 것이다. 초점이 일치하면 타원은 원이 되고, 초점이 멀어질수록 타원은 더 길어진다. 그림 9.8b를 사용하면 끈의 길이 $d_1 + d_2$가 $2a$와 같다는 것을 스스로 확인할 수 있다.

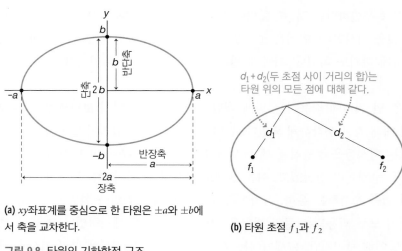

(a) xy좌표계를 중심으로 한 타원은 $\pm a$와 $\pm b$에서 축을 교차한다.

(b) 타원 초점 f_1과 f_2

그림 9.8 타원의 기하학적 구조

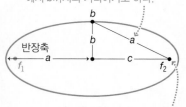

$d_1 + d_2 = 2a$이므로 반장축 a는 초점에서 b까지의 거리이기도 하다.

$a^2 = b^2 + c^2$이므로 결과적으로 직각삼각형에서 초점을 구한다.

(a) 이심률이 큰 타원

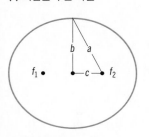

(b) 이심률이 작은 타원

그림 9.9 이심률이 다른 두 타원

그림 9.9와 같이 타원의 모양은 타원의 중심에서 각 초점까지의 거리 c에 따라 달라진다. 양적으로, 타원은 다음과 같이 정의되는 **이심률**(eccentricity)에 의해 특정된다.

$$e = \frac{c}{a} = \sqrt{1 - \left(\frac{b}{a}\right)^2} \quad \text{(이심률)} \tag{9.3}$$

원은 $e = 0$이고, e의 최댓값은 1이다. e가 1에 가까운 타원은 매우 길고 얇으며, $e \rightarrow 1$의 극한에서는 직선이 된다.

---

* 별 주위를 도는 하나의 행성은 타원형 궤도를 가질 것이다. 여러 행성으로 이루어진 태양계에서 각 행성의 실제 궤도는 여러 가지 요인, 주로 태양계의 다른 행성에 대한 행성의 인력에 의해 약간 교란되는 타원형이다.

개념 예제 9.6　타원

그림 9.9의 두 타원을 측정하여 각 타원의 이심률을 결정하여라.

풀이 각 경우 이심률은 $e = c/a$로 주어진다. 직접 측정하면 타원 (a)의 경우 약 0.95, (b)의 경우 약 0.41의 이심률을 얻을 수 있다.

반영 이심률이 0.41 정도인 두 번째 타원은 원과 크게 다르지 않은 것으로 보인다. 이심률이 더 작은 타원, 특히 0.1보다 작은 타원은 거의 원에 가깝다.

케플러의 법칙

케플러는 티코 브라헤의 관측 자료를 사용하여 행성의 궤도가 타원형이라는 사실을 입증하는 과정에서 상당한 어려움을 극복하였다. 첫째, 행성의 이심률이 작아서 궤도를 원과 구별하기 어려웠다. 둘째, 브라헤의 관측은 당시로서는 훌륭했지만, 하늘에서 각도를 측정하는 데 기껏해야 1분(1도의 1/60) 정도밖에 되지 않는 육안 정확도로 한계가 있었다. 셋째, 케플러의 타원 궤도를 도는 행성에서 그의 위치 때문에 추론이 복잡해졌다. 케플러는 특히 이심률이 0.09로 대부분의 행성보다 높은 화성에 대한 좋은 관측 자료를 이용해 추론에 성공하였다. 케플러의 행성 운동에 대한 설명은 세 가지 법칙으로 구성되며, 처음 두 가지 법칙은 1609년에 공식화되었다.

1. 각 행성의 궤도는 태양을 한 초점으로 하는 타원이다.
2. 주어진 시간 동안 행성은 이 궤도의 어느 위치에 있든지 휩쓰는 면적은 같다.

　그림 9.10a는 제1법칙, 즉 태양이 한 초점에 있는 행성 궤도를 보여 준다. 그림 9.10a는 제2법칙, 즉 행성이 태양에 가까워질수록 어떻게 더 빨리 이동하여 주어진 시간 동안 항상 동일한 면적을 쓸어내는 것을 보여 준다. 그림 9.10b는 태양에서 가장 가까운 점과 먼 지점인 **근일점**(perihelion)과 **원일점**(aphelion)을 보여 준다.

　북반구의 겨울이 조금 더 짧아진 것은 케플러의 제2법칙 덕분이다. 지구는 1월에 근일점에 도달하고 7월에 원일점에 도달한다. 근일점에서 더 빨리 움직이기 때문에 겨울은 여름보다 며칠 더 짧다.

　궤도 속력의 변화는 각운동량의 보존과 일치한다(8장). 외부 돌림힘이 없으면 태양에 대한 행성의 각운동량은 일정하다. 각운동량은 $L = I\omega$이며, 여기서 I는 행성의 회전 관성이고 ω는 행성의 각속도(식 8.19)이다. 행성이 태양에 가까워지면 회전 관성이 감소한다. 따라서 각운동량을 일정하게 유지하기 위해 각속도가 증가한다.

　1619년 케플러는 **조화의 법칙**(harmonic law)이라 부르는 제3법칙을 제시하였다.

3. T가 행성의 공전 주기이고 a가 타원 궤도의 반장축이면 다음과 같다.

$$\frac{a^3}{T^2} = C$$

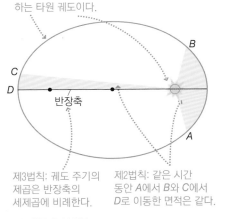

제1법칙: 태양을 초점으로 하는 타원 궤도이다.

반장축

제3법칙: 궤도 주기의 제곱은 반장축의 세제곱에 비례한다.

제2법칙: 같은 시간 동안 A에서 B와 C에서 D로 이동한 면적은 같다.

(a) 케플러의 법칙

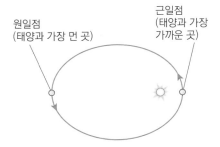

원일점 (태양과 가장 먼 곳)

근일점 (태양과 가장 가까운 곳)

(b) 타원 궤도에서 행성에 대한 원일점과 근일점

그림 9.10 행성 궤도의 기술

여기서 C는 태양을 공전하는 모든 물체에 대해 상수이다. SI에서 $C = 3.36 \times 10^{18}\ \text{m}^3/\text{s}^2$이다.

케플러의 제3법칙에 따르면 반장축의 세제곱은 주기의 제곱에 비례한다. 이 법칙은 행성뿐만 아니라 소행성, 혜성, 태양 궤도를 도는 우주선을 포함한 태양계의 다른 천체에도 적용된다. 나중에 C가 태양의 질량에 따라 어떻게 달라지는지 살펴볼 것이다.

부록 E에는 행성과 그 궤도에 대한 데이터가 나열되어 있다. 모든 행성의 장축과 주기를 사용하여 케플러의 제3법칙에서 C의 값을 확인할 수 있다. 대부분의 행성 이심률은 작으며, 이는 궤도가 원형에서 거의 벗어나지 않음을 의미한다. 행성 궤도가 **황도면**(ecliptic plane)이라 하는 거의 동일한 평면에 있다는 사실은 여기에 드러나 있지 않다. 그러나 행성의 장축은 정렬되어 있지 않다.

예제 9.7 근일점과 원일점

지구의 궤도 데이터를 사용하여 태양에서 지구의 근일점과 원일점의 거리를 구하여라.

구성과 계획 그림 9.11에서 알 수 있듯이 근일점 거리는 $d_p = a - c$이고 원일점 거리는 $d_a = a + c$이다. 이심률의 정의로부터 $e = c/a$, 즉 $c = ea$이다. 거리 식에 $c = ea$를 대입하면 반장축 및 이심률에 따른 근일점과 원일점 거리가 나오며, 이는 부록 E에 나와 있다.

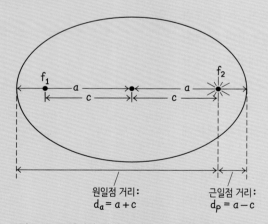

원일점 거리: $d_a = a + c$

근일점 거리: $d_p = a - c$

그림 9.11 근일점과 원일점 거리. 실제와 비례하지 않음.

알려진 값: 반장축 $a = 1.496 \times 10^{11}$ m, $e = 0.0167$ (부록 E)

풀이 수치를 대입하여 근일점 거리를 구하면 다음과 같다.
$$d_p = a - c = a - ea = (1 - e)a$$
$$= (1 - 0.0167)(1.496 \times 10^{11}\ \text{m}) = 1.47 \times 10^{11}\ \text{m}$$

마찬가지로 원일점 거리를 구하면 다음과 같다.
$$d_a = a + c = a + ea = (1 + e)a$$
$$= (1 + 0.0167)(1.496 \times 10^{11}\ \text{m}) = 1.52 \times 10^{11}\ \text{m}$$

반영 근일점과 원일점 거리는 약 5×10^9 m, 즉 5×10^6 km만큼 차이가 난다. 이는 달의 궤도 반지름의 10배가 넘는 거리지만 차이는 약 3%에 불과하다.

연결하기 지구가 7월보다 1월에 태양에 훨씬 더 가깝다면 왜 북반구는 1월에 겨울이고 7월에 여름인가?

답 지구의 자전축이 황도면에 수직인 선에서 23° 기울어져 있기 때문에 계절이 생긴다. 이로 인해 북반구는 여름에 훨씬 더 많은 햇빛과 직사광선을 받게 된다. 물론 남반구에서는 그 반대이다.

예제 9.8 핼리혜성

핼리혜성은 주기 $T = 75.3$년, 이심률 $e = 0.967$로 태양 주위를 공전한다. 혜성의 장축의 길이를 구하고 행성들의 궤도와 비교하여라.

구성과 계획 케플러의 제3법칙은 궤도의 주기와 반장축을 연관시킨다.
$$\frac{a^3}{T^2} = C$$

SI에서 C를 사용하려면 주기를 초로 환산해야 한다.

알려진 값: $C = 3.36 \times 10^{18}$ m³/s², $T = 75.3$ y, $e = 0.967$

풀이 주기를 환산하면 다음과 같다.

$$T = 75.3 \text{ y} \times \frac{3.15 \times 10^7 \text{ s}}{1 \text{ y}} = 2.37 \times 10^9 \text{ s}$$

따라서 케플러의 제3법칙으로부터 반장축을 계산하면 다음을 얻는다.

$$a = (CT^2)^{1/3} = \left[(3.36 \times 10^{18} \text{ m}^3/\text{s}^2)(2.37 \times 10^9 \text{ s})^2 \right]^{1/3}$$
$$= 2.57 \times 10^{12} \text{ m}$$

이것은 토성과 천왕성의 반장축 사이에 있다.

반영 궤도 이심률은 이 계산에 포함되지 않는다. 핼리의 궤도 모양은 '연결하기'를 참조하자.

연결하기 예제 9.7과 같이 핼리혜성의 근일점과 원일점을 구하여라.

답 이 예제의 데이터에 의하면 $d_p = (1-e)a = 8.48 \times 10^{10}$ m, $d_a = (1+e)a = 5.06 \times 10^{12}$ m이다. 이제 큰 이심률을 볼 수 있다. 근일점에서 핼리혜성은 금성 궤도 안에 있다(부록 E 참조). 하지만 원일점에서는 해왕성 너머에 있다! 궤도면은 황도면에 기울어져 있기 때문에 혜성은 결코 외행성 근처를 지나가지 않는다.

케플러와 뉴턴

케플러의 법칙은 뉴턴의 중력 법칙을 따르지만 이를 증명하려면 미적분학이 필요하다. 그러나 원형 궤도의 특수한 경우에는 케플러의 제3법칙이 우리가 알고 있는 물리학의 법칙을 따른다.

질량이 M인 태양 주위를 반지름 R의 원형 궤도로 도는 질량이 m인 행성이 있다고 가정해 보자. 4장에서 행성의 구심력은 mv^2/R이며, 태양과 행성 사이의 중력이 이 힘을 제공한다. 따라서 다음과 같다.

$$\frac{mv^2}{R} = \frac{GMm}{R^2}$$

행성의 질량을 소거하여 정리하면 다음을 얻는다.

$$v^2 = \frac{GM}{R}$$

속력 v는 궤도 둘레를 주기로 나눈 값, 즉 $v = 2\pi R/T$이다. 따라서

$$\left(\frac{2\pi R}{T} \right)^2 = \frac{GM}{R}$$

이므로 다시 정리하면 케플러의 제3법칙과 같은 결과를 얻는다.

$$\frac{R^3}{T^2} = \frac{GM}{4\pi^2} \tag{9.4}$$

원은 $e = 0$ 및 $R = a$인 타원임을 상기하자. 따라서 식 9.4는 원형 궤도에 대한 케플러의 제3법칙을 설명한 것이다. 우변은 상수 C이고 M은 태양의 질량이다. 수치를 확인하여 스스로 확신할 수 있다.

뉴턴은 고정된 중심(예: 태양)의 역제곱 힘이 원뿔형 궤도로 이어진다는 것을 보였다(그림 9.12). 행성들이 타원형 경로를 따르지만 일부 소행성과 혜성은 쌍곡선 경로

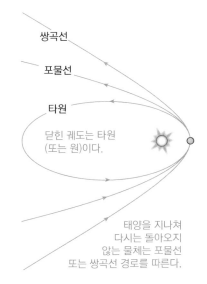

쌍곡선

포물선

타원

닫힌 궤도는 타원
(또는 원)이다.

태양을 지나쳐
다시는 돌아오지
않는 물체는 포물선
또는 쌍곡선 경로를 따른다.

그림 9.12 행성과 일부 소행성 및 혜성의 궤도는 타원형이다. 하지만 많은 소행성과 혜성들은 쌍곡선 궤도를 갖는다.

를 따른다. 이러한 천체는 궤도가 닫혀 있지 않기 때문에 멀리서 와서 태양계 내부를 통과한 후 영원히 사라진다.

뉴턴의 중력 법칙은 보편적이기 때문에 식 9.4는 다른 천체의 원형 궤도를 설명한다. 따라서 M을 지구의 질량으로 보면 식 9.4는 달의 본질적인 원형 궤도를 설명한다. 그리고 달에 대해 계산한 것과 동일한 상수 C를 사용하여 지구를 중심으로 원형 궤도를 도는 우주선을 설명한다. 중력 에너지를 탐구한 후 우주 비행에 대해 자세히 살펴볼 것이다.

응용 외계 행성

행성이 하나뿐인 별을 상상해 보자. 외력이 없으면 이 계의 질량 중심은 고정되어 있으므로 별과 행성 모두 질량 중심을 공전해야 한다. 별의 질량이 행성의 질량 보다 훨씬 크면 별은 크게 움직이지 않을 것이다. 태양계에서 목성의 질량은 태양의 약 0.001배이다. 이것은 태양이 목성의 약 0.001배의 작은 궤도를 갖도록 하는 데 충분하다. 멀리서 태양을 관찰하는 관측자는 목성의 공전 주기에 따라 태양이 약간 '흔들거리는' 것

을 볼 수 있다. 이 효과로 인해 천문학자들은 다른 별 주위에 수백 개의 행성을 발견할 수 있었다. 예를 들어, 예술가의 구상 속 행성과 별과 같은 것들 말이다. 이러한 별들의 주기적인 '흔들림'을 관찰하면 보이지 않는 행성의 물리적 특성을 알 수 있다. 외계 행성, 특히 생명체가 존재할 수 있는 행성에 대한 전망은 매우 흥미롭다!

새로운 개념 검토: 케플러의 법칙

- 케플러의 세 가지 법칙은 태양 주위를 도는 행성을 포함하지만 이에 국한되지 않는 궤도를 도는 물체의 움직임도 설명한다.
- 이심률 e는 타원 궤도의 모양을 정량화한다.

예제 9.9 케플러의 법칙을 따르는 달

달은 지구를 공전하면서 케플러의 제3법칙을 따르며, 지구의 질량 $M_E = 5.98 \times 10^{24}$ kg을 사용하여 계산된 상수 $C = GM/4\pi^2$을 따른다. C를 계산한 후, 달의 궤도 반지름 $R = 3.84 \times 10^8$ m 및 주기 $T = 27.3$일을 사용하여 달이 케플러의 제3법칙을 따르는지 확인하여라(참고: 이 경우 달의 궤도가 대략적으로 원형이라고 가정한다).

구성과 계획 케플러의 제3법칙에 의하면 다음과 같다.

$$\frac{R^3}{T^2} = \frac{GM}{4\pi^2}$$

주어진 양을 사용하면 양변을 각각 계산하여 달이 케플러의 제3법칙을 따르는지 확인할 수 있다.

알려진 값: $M_E = 5.98 \times 10^{24}$ kg, $T = 27.3$ d, $R = 3.84 \times 10^8$ m

풀이 우변은 지구의 질량과 관련이 있다.

$$\frac{GM_E}{4\pi^2} = \frac{(6.67\times10^{-11}\ \text{N·m}^2/\text{kg}^2)(5.98\times10^{24}\ \text{kg})}{4\pi^2}$$
$$= 1.01\times10^{13}\ \text{m}^3/\text{s}^2$$

달의 궤도 반지름과 주기를 포함한 좌변은 다음과 같다. 예제 9.1로부터 주기는 $T = 27.3\ \text{d} \times \dfrac{86{,}400\ \text{s}}{1\ \text{d}} = 2.36\times10^6\ \text{s}$이다.

$$\frac{R^3}{T^2} = \frac{(3.84\times10^8\ \text{m})^3}{(2.36\times10^6\ \text{s})^2} = 1.02\times10^{13}\ \text{m}^3/\text{s}^2$$

좌변과 우변의 값은 오차 범위 내에 있고, 이 결과 케플러의 법칙이 검증되었다.

반영 원형 궤도를 가정했다. 수치 결과의 근접성은 이것이 좋은 근사치임을 시사한다. 실제로 달의 궤도 이심률은 약 0.05이다.

연결하기 반지름이 달 궤도의 절반인 지구 원형 궤도에 있는 위성의 주기는 얼마인가?

답 주기의 제곱은 궤도 반경의 세제곱에 비례하므로 새로운 주기는 $27.3\ \text{d}\ (1/2)^{3/2} = 9.65\ \text{d}$이다.

9.3 중력 위치 에너지

5장에서 중력은 보존력임을 배웠다. 중력의 보존적 특성을 통해 중력 위치 에너지 함수 $U = mgh$를 구한 후, 역학적 에너지인 $E = K + U$의 보존을 적용할 수 있다.

이제 우리는 여전히 보존력인 뉴턴의 만유인력을 통해 중력에 대한 이해의 폭을 넓혔다. 일반적으로 중력에 대한 위치 에너지 함수 U가 있다. 더 이상 일정한 중력 가속도 g를 가정하지 않기 때문에 5장의 $U = mgh$가 아닐 것이다. 이 새로운 위치 에너지 함수를 도출하기 위해서는 미적분학이 필요하므로 다음 결과를 얻을 것이다. 거리 r로 분리된 두 점 질량 m_1과 m_2의 **중력 위치 에너지**(gravitational potential energy) U는 다음과 같다.

$$U = -\frac{Gm_1m_2}{r} \quad \text{(중력 위치 에너지, SI 단위: J)} \tag{9.5}$$

이 식은 뉴턴의 중력 법칙을 따르므로 물체가 하나 또는 둘 다 구형일 때도 적용된다. 예를 들어, 자연 위성과 인공 위성에 적용할 수 있다. 식 9.5의 중력 위치 에너지가 음수라는 사실에 놀라지 말아라. 5장에서 위치 에너지의 변화만이 의미가 있었으며, 위치 에너지의 0은 어디든 자유롭게 설정할 수 있다는 것을 상기하자. 식 9.5는 두 물체가 무한한 거리만큼 떨어져 있을 때 $U = 0$이라고 가정한다는 것을 분명히 알 수 있다. 그렇지 않으면 위치 에너지는 음수이며 물체가 가까워질수록 감소한다.

중력 위치 에너지는 음수이거나 최대 0이지만 물체의 총 에너지는 어떤 값이라도 가질 수 있다. 타원 궤도에 있는 물체의 경우, 닫힌 경로는 다른 물체에 중력으로 묶여 있음을 의미한다(그림 9.12). 결과적으로 계의 총 에너지는 음수가 된다. 예를 들어, 태양 주위를 도는 지구는 총 에너지가 음수이므로 지구가 태양에 묶여 있다는 뜻이다. 총 에너지가 양수인 경우, 물체는 경계가 없고 궤도는 쌍곡선이다. 에너지가 0인 경우는 그 중간이며 포물선 궤도를 그린다.

중력 위치 에너지가 있으면 5장에서 배운 것처럼 운동 및 위치 에너지와 관련된

▶ **TIP** 구형 물체의 경우, 중력과 마찬가지로 중심과 중심 사이의 거리를 사용하여 위치 에너지를 구한다.

문제를 해결할 수 있다. 이 새로운 형태의 위치 에너지(식 9.5)는 보편적으로 적용할 수 있으며, $U = mgh$가 되는 지구에 가까운 경우처럼 g가 거의 일정한 상황에만 국한되지 않는다. 에너지 보존 상황에서 식 9.5를 사용하는 전략은 5장에서 배운 내용과 동일하며, 위치 에너지의 형태만 바뀌었다.

예제 9.10 아주 높은 곳에서의 낙하

총 질량이 m인 두 위성이 충돌하여 서로 달라붙는다. 두 위성은 지구의 반지름과 같은 고도에서 정지 상태에서 시작하여 지상으로 급강하한다. 공기 저항을 무시한다면 잔해의 충격 속력은 얼마가 되는가?

구성과 계획 이 문제는 에너지 보존을 사용해야 가장 잘 해결된다. 잔해가 지구에 충돌할 때 초기 역학적 에너지를 총 역학적 에너지와 같다고 설정한다. 지구 중심에서 측정된 초기 r은 $r_0 = 2R_E$이고, 최종 값은 $r = R_E$이다(그림 9.13).

알려진 값: $M_E = 5.98 \times 10^{24}$ kg, $R_E = 6.37 \times 10^6$ m

풀이 역학적 에너지 보존의 원리로부터 다음이 성립한다.

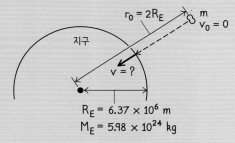

그림 9.13 급강하하는 잔해

$$K_0 + U_0 = K + U$$

정지 상태, 즉 $K_0 = 0$으로부터 잔해가 떨어지기 시작한다. 따라서

$$K = U_0 - U$$

또는

$$\frac{1}{2}mv^2 = -\frac{GmM_E}{2R_E} - \left(-\frac{GmM_E}{R_E}\right) = \frac{GmM_E}{2R_E}$$

이며, 질량 m을 소거하고 충돌 속력 v에 대해 풀면 다음과 같다.

$$v = \sqrt{\frac{GM_E}{R_E}} = \sqrt{\frac{(6.67 \times 10^{-11} \text{ N·m}^2/\text{kg}^2)(5.98 \times 10^{24} \text{ kg})}{6.37 \times 10^6 \text{ m}}}$$
$$= 7.91 \text{ km/s}$$

반영 중력 가속도는 이 낙하 고도에 따라 크게 달라지므로 g를 일정한 값으로 계산하면 엄청난 차이가 난다(직접 확인해 보자. 11 km/s가 넘는 오차가 나올 것이다!). 하지만 여기서 공기 저항을 무시하는 것은 비현실적이다.

- -

연결하기 위성의 초기 고도에서 중력 가속도 g는 얼마인가?

답 15.1절로부터 $g = GM_E/r^2$이다. $r = 2R_E$인 경우, g는 해수면 값의 $\frac{1}{2^2} = \frac{1}{4}$로 줄어들어 약 2.5 m/s^{2}이 된다.

예제 9.11 로켓 발사

로켓이 지구 표면에서 2,100 m/s의 속력으로 곧바로 발사된다. 공기 저항을 무시하고 로켓이 도달하는 최대 높이는 얼마인가?

구성과 계획 공기 저항을 무시하고 에너지 보존을 다시 적용한다. 발사 시 총 에너지를 최대 높이 h의 총 에너지와 동일하게 설정한다. 여기서 로켓은 순간적으로 정지해 있기 때문에(그림 9.14) 운동 에너지는 0이다. 발사 시 위치 에너지는 다음과 같다.

$$U_0 = -\frac{GmM_E}{R_E}$$

그리고 높이 h(그림 9.14 참조)에서 위치 에너지는

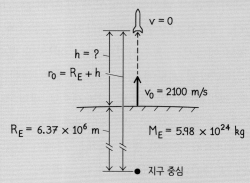

그림 9.14 로켓의 최대 높이 구하기

$$U = -\frac{GmM_E}{R_E + h}$$

이고, 여기서 M_E와 R_E는 지구의 질량 및 반지름이다.

알려진 값: $M_E = 5.98 \times 10^{24}$ kg, $R_E = 6.37 \times 10^{6}$ m, $v_0 = 2100$ m/s

풀이 역학적 에너지 보존의 원리로부터 다음이 성립한다.

$$K_0 + U_0 = K + U$$

최고 정점에서 $K = 0$이다. 따라서 $K_0 = U - U_0$, 즉

$$\frac{1}{2}mv_0^2 = -\frac{GmM_E}{R_E + h} - \left(-\frac{GmM_E}{R_E}\right)$$

이다. 질량 m을 소거하고 h에 대해 풀면 다음을 얻는다.

$$h = \frac{1}{\dfrac{1}{R_E} - \dfrac{v_0^2}{2GM_E}} - R_E$$

또는

$$h = \frac{1}{\dfrac{1}{6.37 \times 10^{6}\ \text{m}} - \dfrac{(2100\ \text{m/s})^2}{2(6.67 \times 10^{-11}\ \text{N·m}^2/\text{kg}^2)(5.98 \times 10^{24}\ \text{kg})}} - 6.37 \times 10^{6}\ \text{m}$$

$$= 233\ \text{km}$$

반영 이는 지구 대기권보다 훨씬 높은 상공으로, 2,100 m/s의 발사 속력이 일반적인 상업용 항공기의 10배라는 점을 감안하면 합리적인 수치이다. 상수 $g = 9.80$ m/s^{2}인 $U = mgh$를 사용하여 이 문제를 풀려고 했다면 답은 225 km가 될 것이며, 이는 상당한 오류임에 유의하자.

연결하기 로켓이 지구로 다시 떨어질 때, 충돌 시 속력은 얼마인가?

답 공기 저항을 무시하면 총 역학적 에너지가 보존된다. 지상에서 내려온 로켓은 발사 당시와 같은 위치 에너지를 가지므로 운동 에너지가 초기 운동 에너지와 같아야 하며 속력은 2,100 m/s이다. 실제로는 공기 저항으로 인해 로켓이 올라갈 때와 내려올 때 모두 속력이 느려져 최대 높이와 충돌 속력이 감소한다.

로켓을 똑바로 쏘아 올리면 대기 상공에 머무는 시간이 짧지만 이러한 비행은 비교적 저렴하고 천문학 및 대기 과학 분야에서 널리 사용된다. 그러나 연속 궤도에 도달하면 우주에서 무한한 시간을 보낼 수 있다.

9.4 인공위성

뉴턴은 중력 법칙을 사용하여 달과 행성의 움직임을 분석한 후 인공위성을 발사할 수 있을 것이라고 추론하였다. 그림 9.15는 뉴턴이 직접 그린 그림으로, 산 정상에서 발사체를 수평으로 발사하는 상황을 상상한 것이다. 발사 속력이 느리면 발사체가 지구로 추락하지만, 공기 저항이 없다고 가정할 때 속력이 빨라지면 연속 궤도에 도달한다. 9.1절에서 살펴본 것처럼 궤도가 원형이 되려면 중력과 구심력을 일치시키는 속력이 적절하다. 뉴턴의 그림은 타원형 궤도를 가진 위성도 보여 준다.

위성의 주기

케플러의 제3법칙(9.2절)은 공전 주기와 반장축의 길이에 관계한다. 반장축의 길이 a가 반지름 R인 원형 궤도에 집중할 것이다. 케플러의 제3법칙(식 9.4)에 따르면 다음이 성립한다.

$$\frac{R^3}{T^2} = \frac{GM_E}{4\pi^2}$$

뉴턴은 연속적으로 더 빠른 초기 속력으로 산에서 수평으로 대포알을 발사하는 상상을 했다.

처음에는 공은 산기슭에서 점점 더 멀리 지구로 떨어진다(D–G 지점).

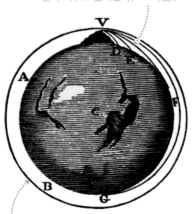

그러나 충분히 빠른 속력에서는 공은 지구를 한 바퀴 다 돌아 대포의 뒤를 맞추게 된다. 이것이 궤도 운동이다.

그림 9.15 인공 지구 위성 발사에 대한 뉴턴의 제안

개념 예제 9.12 지구 동기 위성

지구 동기 위성은 24시간 주기로 적도 위를 공전한다. 지구는 24시간에 한 번 자전하므로 이러한 위성은 지구에 대해 정지 상태를 유지한다. 왜 적도 위를 공전해야 하는가?

풀이 지구 주위를 도는 원형 궤도의 중심은 반드시 지구이어야 한다. 예를 들어, 위도가 45°로 고정된 궤도를 도는 위성은 있을 수 없다. 궤도가 적도와 평행하지 않으면 위성은 적도의 어느 쪽으로든 회전할 것이고 하늘에 고정된 것처럼 보이지 않을 것이다(그림 9.16).

지구의 적도 위에 위치한 지구 동기 위성은 고정되어 있다. 이것은 송신 및 수신 안테나가 영구적으로 위성을 겨냥할 수 있음을 의미하기 때문에 지구 동기 궤도는 특히 통신에 유용하다. TV 위성 안테나가 적도 상공 36,000 km의 위성을 가리키고 있다(예제 9.13 참조). 텔레비전, 대륙 간 전화 신호 및 일부 인터넷 트래픽은 일상적으로 지구 동기 위성을 통과한다. 날씨 모니터링도 지구 동기 위성의 또 다른 용도로, 이 기술은 최근 수십 년 동안 날씨 예측을 개선하는 데 도움이 되었다.

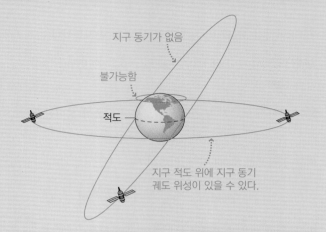

그림 9.16 지구 동기 위성이 지구의 적도와 평행해야 하는 이유

반영 적도 36,000 km 상공의 지구 동기 위성에 대한 수요가 높아지면서 적도 상공이 혼잡해지고 있다는 사실은 놀라운 일이 아니다. 국제 협약은 이러한 궤도 교통 체증을 관리하여 새로운 위성을 배치할 수 있는 위치를 규정하고 있다.

예제 9.13 지구 동기 위성의 고도

지구 동기 위성의 고도는 얼마인가?

구성과 계획 케플러의 제3법칙에 따라 다음이 성립한다.

$$\frac{R^3}{T^2} = \frac{GM_E}{4\pi^2}$$

알려진 주기 $T = 24\ h = 86{,}400\ s$를 사용하면 궤도의 반지름을 구할 수 있다. 그다음 고도는 이 반지름과 지구 반지름의 차인 $h = R - R_E$이다.

알려진 값: $M_E = 5.98 \times 10^{24}\ kg$, $R_E = 6.37 \times 10^6\ m$, $T = 24\ h = 86{,}400\ s$

풀이 반지름 R에 대한 케플러의 법칙을 풀면 다음을 얻는다.

$$R = \left(\frac{GM_E T^2}{4\pi^2} \right)^{1/3}$$
$$= \left(\frac{(6.67 \times 10^{-11}\ N \cdot m^2/kg^2)(5.98 \times 10^{24}\ kg)(86{,}400\ s)^2}{4\pi^2} \right)^{1/3}$$
$$= 4.22 \times 10^7\ m$$

따라서 지구 표면 위의 고도는 다음과 같다.

$$h = R - R_E = 4.22 \times 10^7\ m - 6.37 \times 10^6\ m = 3.58 \times 10^7\ m$$

반영 이는 지구 반지름의 다섯 배가 넘는 36,000km에 달하는 거리이다. 여기에서는 선택의 여지가 없다. 지구 동기 위성을 원한다면 이러한 고도의 궤도에 올려야 한다.

연결하기 지구 주위를 도는 원형 궤도에 있는 위성의 가능한 최소 주기를 추정하여라.

답 케플러의 제3법칙에 따르면 최소 주기는 가장 낮은 궤도에 해당한다. 뉴턴의 산을 넘는 궤도의 경우, $R \approx R_E = 6.37 \times 10^6\ m$이므로 케플러의 법칙에 의해 주기는 $T = 5{,}060\ s$, 즉 약 84분이다. 실제로 산 정상 궤도는 대기 마찰이 너무 심하다. 가장 짧은 실제 궤도는 이보다 조금 더 긴 약 90분이다.

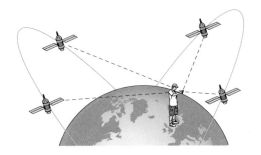

GPS(Global Positioning System)는 현대 생활에 필수적인 요소로 빠르게 자리 잡고 있다. GPS는 자동차, 보트, 항공기의 내비게이션을 돕고, 상업용 배송을 추적하며, 농부들의 연료를 절약한다. 생물학자들이 야생동물과 이들의 부모를 추적하고, 긴급 상황에 휴대폰의 위치를 파악하고, '지오캐싱(geocaching)' 스포츠를 가능하게 한다. 그 목록은 길고 지금도 늘어나고 있다.

GPS는 12,000마일 상공의 원형 궤도에 있는 약 31개의 위성으로 구성된 '위성군'을 사용하며, 궤도 주기는 약 12시간이다. 궤도는 적도를 향해 55° 기울어져 있으므로 위성은 사람이 거주하는 대부분의 위도를 통과한다. 모든 GPS 사용자는 주어진 시간에 최소 4개의 위성을 '볼 수 있다'(그림 참조). 위성의 무선 신호의 정교한 타이밍은 사용자의 위치를 수 미터 이내로 알려 준다. 원칙적으로 이러한 세 신호는 '삼각형(triangulate)'으로 만들기에 충분하다. 실제로는 오류를 수정하기 위해 네 번째 신호가 사용된다. GPS와 알려진 지상 위치를 비교하면 위치를 수 센티미터 이내로 측정할 수 있다.

탈출 속력

야구공을 똑바로 위로 던지면 지구로 돌아온다. 빨리 던질수록 더 높이 날아간다. 하지만 **탈출 속력**(escape speed) 이상으로 발사된 물체는 지구의 중력을 완전히 벗어날 것이다.

에너지 원리를 이용하여 v_{esc}를 구할 수 있다. 로켓이 초기 운동 에너지 K_0으로 발사된다고 가정하자(그림 9.17). 그러면 에너지의 보존에 의해 다음이 성립한다.

$$K_0 + U_0 = K + U$$

식 9.5에 따르면 임의의 점 r에서 위치 에너지는 다음과 같다.

$$U = -\frac{GM_E m}{r}$$

여기서 M_E는 지구의 질량, m은 로켓의 질량이다. 지구의 표면($2 = R_E$)에서 발사하는 경우 초기 위치 에너지는 다음과 같다.

$$U_0 = -\frac{GM_E m}{R_E}$$

탈출에 필요한 최소한의 에너지를 가진 로켓의 경우에 관심이 있다. 즉, 로켓이 지구에서 먼 거리에 도달해야 하며, 최종 위치 에너지를 제공해야 한다.

$$U = -\frac{GM_E m}{r} \rightarrow 0$$

여기서 r은 무한대로 커진다.

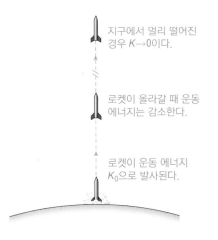

지구에서 멀리 떨어진 경우 $K \rightarrow 0$이다.

로켓이 올라갈 때 운동 에너지는 감소한다.

로켓이 운동 에너지 K_0으로 발사된다.

그림 9.17 지구에서 탈출 속력 결정하기

운동 에너지는 어떠한가? 운동 에너지는 로켓이 지구에서 멀어질수록 감소한다. 최소한 먼 거리에서는 느리게 움직이게 되므로 최종 운동 에너지는 0에 가까워진다. 따라서 로켓의 총 역학적 에너지는 다음과 같다.

$$K + U = 0 + 0 = 0$$

에너지가 보존되므로 초기 에너지도 0이다. $K_0 = \frac{1}{2}mv_{esc}^2$이고, 주어진 초기 위치 에너지를 사용하여 다음과 같이 나타낸다.

$$K_0 + U_0 = \frac{1}{2}mv_{esc}^2 - \frac{GM_E m}{R_E} = 0$$

질량 m을 소거하고 v_{esc}에 대해 풀면 다음과 같다.

$$v_{esc} = \sqrt{\frac{2GM_E}{R_E}} \quad \text{(탈출 속력)} \tag{9.6}$$

지구의 질량과 반지름을 이용하여 탈출 속력을 계산하면 다음을 얻는다.

$$v_{esc} = \sqrt{\frac{2GM_E}{R_E}} = \sqrt{\frac{2(6.67 \times 10^{-11}\ \text{N} \cdot \text{m}^2/\text{kg}^2)(5.98 \times 10^{24}\ \text{kg})}{6.37 \times 10^6\ \text{m}}} = 11.2\ \text{km/s}$$

이는 빠르지만 더 작은 화물을 실은 로켓으로 달성할 수 있는 속력이다. 태양계 바깥쪽으로 향하는 우주선은 발사 당시에는 아니지만 일상적으로 탈출 속력을 초과한다. 아폴로 13호처럼 문제가 발생하더라도 우주선이 지구에 중력으로 묶여 있을 수 있도록 아폴로 우주선의 속력을 탈출 속력보다 작게 유지하였다.

식 9.6을 도출하면서 지구에서 발사하는 것을 상상하였지만 적절한 질량과 반지름을 대입하면 다른 물체에도 동일한 식이 적용된다. 예를 들어, 달 표면으로부터의 탈출 속력은 2.4 km/s에 불과하다.

▶ **TIP** 탈출 속력의 계산에서 공기 저항은 무시한다.

궤도 에너지

질량이 m이고 속력이 v, 지구 중심으로부터 거리가 r인 위성의 총 역학적 에너지는 다음과 같다.

$$E = K + U = \frac{1}{2}mv^2 - \frac{GM_E m}{r}$$

중력이 구심력을 제공하기 때문에 원형 궤도의 에너지를 더 간단히 할 수 있다.

$$\frac{mv^2}{r} = \frac{GM_E m}{r^2}$$

양변에 $r/2$을 곱하면 다음을 얻는다.

$$\frac{1}{2}mv^2 = \frac{GM_E m}{2r}$$

이는 위성의 운동 에너지이다. 총 역학적 에너지 식에 대입하면 다음이 성립한다.

$$E = \frac{1}{2}mv^2 - \frac{GM_Em}{r} = \frac{GM_Em}{2r} - \frac{GM_Em}{r} = -\frac{GM_Em}{2r}$$

따라서 지구를 중심으로 반지름 r의 원형 궤도에 있는 위성의 총 역학적 에너지는 다음과 같다.

$$E = -\frac{GM_Em}{2r} \qquad (9.7)$$

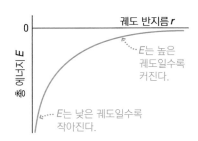

그림 9.18 궤도에 진입한 위성의 총 에너지 E

위성의 에너지가 궤도 반지름에 따라 어떻게 달라지는지 주목하여라(그림 9.18). 예상할 수 있듯이 궤도가 클수록 더 많은 에너지가 필요하며, 궤도 반지름이 무한대에 가까워질수록 (음의 값에서) 0을 향해 상승한다. 이는 탈출에 필요한 최소 총 에너지가 0인 탈출 속력 개념과 일치한다.

식 9.7로 이어지는 분석은 위성의 운동 에너지도 알려 준다.

$$\frac{1}{2}mv^2 = \frac{GM_Em}{2r}$$

이것은 위성이 반지름이 큰 궤도에서 느리게 이동한다는 것을 보여 준다. 위성이 더 큰 궤도로 이동하면 운동 에너지는 감소하지만 위치 에너지는 훨씬 증가하여 전체적인 에너지가 증가한다. 태양을 공전하는 행성의 속력에도 같은 원리가 적용된다. 즉, 외행성은 내행성보다 더 느리게 이동한다.

확인 9.4절 다음 중 지구 주위를 원형 궤도로 12시간 공전하는 위성의 궤도 반경은 무엇인가?

(a) $2R_E$　　(b) $3R_E$　　(c) $4R_E$　　(d) $5R_E$

9.5 중력 때문에 생기는 다른 현상

여기에서는 중력과 관련된 다양한 주제를 제시할 것이다. 중력이 보편적이기 때문에 꽤나 광범위한 효과가 있다. 지구에서 시작된 중력의 다른 측면을 살펴볼 것이다.

조수

뉴턴의 중력은 해양 조수에 대한 간단한 설명을 제공한다. 그림 9.19는 달을 향한 지구 측면이 지구의 '평균' 위치보다 달에 더 가깝다는 것을 보여 주며, 그 결과 중력이 더 강하다는 것을 보여 준다. 동시에 달에서 멀리 떨어진 쪽은 평균보다 약한 힘을 경험한다. 이러한 힘의 차이는 지구 반대편에는 만조를 형성하는 물의 돌출부를 만들고, 그 중간에는 간조를 형성한다. 태양도 조수에 영향을 미치지만 그 효과는 미미하다. 즉, 초승달과 보름달처럼 태양, 달, 지구가 일직선 상에 있을 때 조수가 비정상적으로 높거나 매우 낮다. 조수는 태양과 달의 중력이 지구를 기준으로 수직일 때인 반달이 뜰 때 가장 작다.

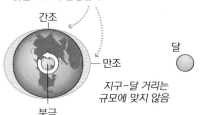

그림 9.19 달로 인한 조수. 실제로 이 간단한 그림은 대륙의 영향으로 인해 상당히 복잡하다.

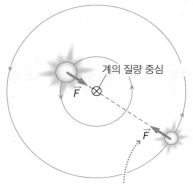

두 별 모두 질량이 더 큰 별에 더 가까운 공통 질량 중심을 공전한다.

계의 질량 중심

중력은 질량 중심까지의 반지름을 따라 작용하기 때문에 계에 돌림힘을 가하지 않는다. 따라서 각운동량은 일정하다.

그림 9.20 쌍성계의 동역학

쌍성과 은하

많은 별들이 쌍을 이루어 공통된 질량 중심을 공전하는 것으로 관측된다(그림 9.20). 7장에서 질량 중심이 더 무거운 별에 가깝다는 것을 알았다. 그러므로 이 궤도는 더 작다. 그러나 두 별은 질량 중심을 항상 같은 위치에 유지하기 위해 같은 주기로 공전한다. 또한, 그림 9.20에서 알 수 있듯이 쌍성계에는 돌림힘이 없으므로 각운동량은 일정하다.

우리는 10^{11}개 이상의 별들이 모여 있는 은하수에 살고 있다. 우리은하는 이 장의 첫 페이지에 있는 것과 같은 나선형 은하이다. 이 유형의 은하에 있는 별들은 중력에 의해 은하 중심으로 이끌려 마치 별 주위를 도는 행성처럼 그 중심을 공전한다. 거리가 매우 멀고 공전 주기도 태양의 경우 약 2억 년에 달할 정도로 길지만 은하의 항성 운동을 기술하는 것은 여전히 뉴턴의 역제곱 법칙이다. 흥미롭게도 관측된 항성 운동에 대한 뉴턴의 설명은 은하에서 볼 수 없는 질량의 존재를 필요로 한다. 우주의 대부분을 구성하는 이른바 암흑 물질이며, 그 성질에 대해서는 거의 알려진 바가 없다.

겉보기 무중력 상태

우주 비행사들은 국제 우주 정거장 주변을 무중력 상태로 자유롭게 떠다닌다. 흔히 오해하는 것은 '우주에는 중력이 없으므로 당연히 우주 비행사와 다른 물체는 무중력 상태'라는 것이다. 말도 안 되는 소리! 뉴턴의 법칙은 지구의 중력이 먼 거리까지 영향을 미친다는 것을 보여 준다. 또한, 중력을 받지 않는 우주 비행사나 우주선은 궤도에 있지 않고 직선으로 이동하며 지구 근처로 돌아오지 않을 것이다. 지구 가까운 궤도에서는 사람이 탑승한 우주선의 중력(무게)이 사실상 지표면 값의 **90%** 이상이다.

그런데 왜 '무중력 상태'일까? '무게'가 중력을 의미한다는 것을 고려할 때, 실제로는 **겉보기 무중력 상태**(apparent weightlessness)일 뿐이며, (식에서 m이 소거되는 것을 여러 번 봤듯이) 중력 가속도는 질량과 무관하기 때문에 발생한다. 예를 들어, 우주 정거장 근처에 있는 모든 물체는 동일한 가속도로 자유 낙하하므로 중력이 없다면 서로와 자유 낙하 기준틀에 대해 정지 상태를 유지한다.

우주에 있는 것이 무중력 상태를 유발하는 것이 아니라 중력만이 작용하는 자유 낙하 상태이기 때문에 무중력 상태가 된다. 공기 저항 때문에 사실상 우주에 있다는 것을 의미한다. 궤도 역시 우주가 아니라 중력만으로 움직이는 것이다. 공기 저항이 없다면 야구공도 지구를 중심으로 한 타원형 궤도를 도는 공전 궤도에 있을 것이다. 공이 지구에 부딪혀 중력이 아닌 힘이 작용하면 궤도 운동은 끝난다. 하지만 공기가 없고 매끄러운 행성에서 적절한 속력으로 야구공을 수평으로 던지면 공은 표면 바로 위에서 끝없는 원형 궤도를 따라 움직일 것이다.

아인슈타인의 중력

1915년 알버트 아인슈타인(Albert Einstein)은 중력을 힘이 아닌 공간과 시간의 변화하는 기하학으로 취급하는 완전히 새로운 이론을 발표하였다. 아인슈타인의 **일반 상대성 이론**(general theory of relativity, GR)은 중력이 상대적으로 약한 태양계에서 뉴턴의 이론과 거의 동일한 예측을 한다. 아인슈타인 시대에는 수성의 궤도 운동에서 작은 차이만 있어도 이를 설명하기 위해 GR이 필요하였다. 오늘날에도 뉴턴의 이론은 정교한 정밀도가 필요한 경우, 중력이 매우 강한 경우, 또는 우주 전체를 고려해야 하는 경우를 제외하고는 잘 작동한다.

여러 위성이 보내는 신호의 타이밍에 따라 지구상의 위치를 수 미터 이내로 정확하게 측정하는 위성 위치 확인 시스템(GPS)를 활용하면 더욱 정밀하게 위치를 파악할 수 있다. 상대성 이론을 고려하지 않았다면 GPS의 정확도는 매일 1 km씩 오차가 발생하였을 것이다.

강한 중력의 경우, 탈출 속력이 빛의 속력에 근접하는 곳을 살펴보자. 태양의 질량이 수 킬로미터 반경에 밀집되어 있는 붕괴된 별인 중성자별이 한 예이다. 훨씬 더 큰 조상 별이 붕괴할 때 각운동량 보존의 결과로 빠르게 회전하는 중성자별은 매우 규칙적인 전자기 복사 펄스가 강한 중력을 연구하는 데 이상적인 펄서이다. 더 기이한 것은 빛조차 빠져나갈 수 없을 정도로 응축된 물체인 블랙홀이다. 일부 블랙홀은 무거운 별이 수명이 다해 붕괴할 때 형성된다. 수백만 개의 별 질량을 가진 거대한 블랙홀은 우리은하를 포함한 대부분의 은하 중심에 숨어 있다.

마지막으로 대규모 구조와 진화가 일반 상대성 이론의 지배를 받는 우주 전체를 살펴보자. GR과 뉴턴의 중력 이론은 모두 우주의 팽창이 내용물의 상호 중력으로 인해 느려져야 한다는 것을 시사한다. 하지만 여기서 우리는 겸손해야 한다. 1998년 발견으로 우주 팽창이 실제로 가속되고 있다는 사실이 밝혀졌다. 그 결과, 중력의 본질과 우주의 구성을 완전히 이해하는 것은 21세기 과학의 가장 큰 도전 중 하나가 되었다.

9장 요약

뉴턴의 중력 법칙

(9.1절) **뉴턴의 중력 법칙**은 우주에서 두 질량 사이의 인력에 대한 보편적인 설명이다. 뉴턴의 법칙은 점 질량과 구형 물체에 정확히 적용된다.

중력 가속도는 고도에 따라 달라진다. 뉴턴의 중력 법칙과 뉴턴의 운동 제2법칙은 중력 가속도에 질량이 M인 구형 물체의 중심으로부터 거리 r을 부여한다. 물체 표면의 g에 대해 r은 물체의 반지름 R이 된다.

뉴턴의 중력 법칙: $F = \dfrac{Gm_1m_2}{r^2}$ **중력 가속도:** $g = \dfrac{GM}{r^2}$

행성 운동과 케플러의 법칙

(9.2절) **케플러의 법칙**은 행성 운동을 설명하며 뉴턴의 중력 법칙과 운동 법칙에서 파생될 수 있다.

케플러의 제1법칙: 행성의 궤도는 태양을 한 초점으로 하는 타원이다.

케플러의 제2법칙: 행성의 궤도 운동은 같은 시간에 동일한 영역을 쓸어낸다.

케플러의 제3법칙: 반장축의 세제곱은 주기의 제곱에 비례한다. $\dfrac{a^3}{T^2} = C$

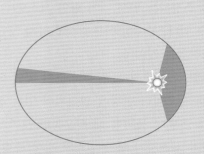

중력 위치 에너지

(9.3절) 중력을 받는 한 쌍의 물체의 **중력 위치 에너지** U는 음이거나 최대 0이며, 무한히 떨어져 있을 때는 $U = 0$이다. 중력은 보존력이므로 물체가 중력을 통해서만 상호작용할 때 총 역학적 에너지가 보존된다.

중력 위치 에너지: $U = -\dfrac{Gm_1m_2}{r}$

역학적 에너지 보존: $K_0 + U_0 = K + U$

인공위성

(9.4절) **탈출 속력**은 물체가 중력을 받는 물체로부터 완전히 탈출하는 데 필요한 발사 속력이다. 지구 표면에서의 탈출 속력은 약 11 km/s이다.

원형 궤도는 이미 알고 있는 동역학을 이용하여 정량적으로 분석된다. 특수한 원형 궤도는 24시간 주기로 지구 적도 위 한 지점에 우주선이 고정되어 있는 **지구 동기 궤도**이다. 질량이 M인 물체의 중력을 받고 중심으로부터 거리 r에

있을 때 **탈출 속력** $v_{esc} = \sqrt{\dfrac{2GM}{r}}$

원형 궤도에서 에너지:

$E = K + U = -\dfrac{GMm}{2r}$ $K = \tfrac{1}{2}mv^2 = \dfrac{GMm}{2r}$ $U = -2K = -\dfrac{GMm}{r}$

중력 때문에 생기는 다른 현상

(9.5절) **겉보기 무중력 상태**는 우주에 중력이 없기 때문이 아니라 자유 낙하하는 모든 물체가 동일한 가속도를 갖기 때문에 발생한다.

조수는 물체의 한쪽과 다른 쪽의 중력 가속도 차이로 인해 발생한다. 달의 중력은 지구의 해양 조수의 주요 원인이다. 뉴턴의 중력 이론은 중력을 시공간의 기하학적 측면으로 취급하는 아인슈타인의 **일반 상대성 이론**에 대한 근사치이며, 탈출 속력이 빛의 속력에 근접하는 강한 중력의 영역에서는 뉴턴의 이론과 차이가 난다.

9장 연습문제

문제의 난이도는 •(하), ••(중), •••(상)으로 분류한다. BIO로 표시된 문제는 생물학적 또는 의학적인 문제이다.

개념 문제

1. 중력 가속도 g가 극지방보다 적도에서 더 작은 이유를 설명하여라.

2. 위성이 지구 주위를 타원형 궤도로 돈다. 위성의 궤도 중 어느 지점에서든 지구가 위성에 일을 하는가? 원형 궤도에 대해서도 답하여라.

3. 공기 저항력을 고려할 때, 지구로부터의 탈출 속력은 증가하는가 감소하는가? 아니면 그대로 유지하는가?

4. 위성을 서쪽이 아닌 동쪽으로 발사하면 어떤 이점이 있는가? 플로리다나 알래스카에서 위성을 궤도에 올리는 것이 더 쉬운가?

5. 탈출 속력은 발사 각도에 따라 달라지는가?

6. 지구에서 달까지의 여행하는 데 필요한 연료와 귀환하는 데 필요한 연료를 비교하여라.

7. 왜 로켓의 탈출 속력은 질량에 따라 달라지지 않는가?

8. 행성의 공전 주기는 행성의 질량에 따라 달라지는가?

객관식 문제

9. 화성의 질량은 $6.42 \times 10^{23}\,kg$이고 반지름은 $3.37 \times 10^6\,m$이다. 화성 표면에서의 중력 가속도는 얼마인가?
(a) $3.8\,m/s^2$ (b) $4.9\,m/s^2$ (c) $6.2\,m/s^2$ (d) $9.8\,m/s^2$

10. $150\,kg$인 위성이 다른 행성 주위를 반지름 $7.1 \times 10^6\,m$의 원형 궤도로 돌고 있다. 공전 주기가 4시간일 때, 행성의 질량은 얼마인가?
(a) $10^{27}\,kg$ (b) $10^{26}\,kg$ (c) $10^{25}\,kg$ (d) $10^{24}\,kg$

11. 한 위성이 지구 주위를 도는 반지름 $9,000\,km$의 원형 궤도에 있다. 위성이 원래의 두 배 주기로 새로운 궤도로 이동하는 경우, 새로운 반지름은 얼마인가?
(a) $10,000\,km$ (b) $11,100\,km$
(c) $14,300\,km$ (d) $19,800\,km$

12. 공기 저항을 무시하고 $500\,km$ 고도에서 정지 상태에서 떨어뜨린 공이 지면에 닿을 때의 속력은 얼마인가?
(a) $1500\,m/s$ (b) $2200\,m/s$ (c) $3000\,m/s$ (d) $3400\,m/s$

13. 태양에 가장 가까운 행성의 위치는 어디인가?
(a) 원일점   (b) 근일점   (c) 단축   (d) 이심률

14. 지구 표면에서 $4,000\,km$ 상공의 원형 궤도를 도는 위성의 주기는 얼마인가?
(a) 1.5시간   (b) 2.9시간   (c) 3.8시간   (d) 5.1시간

연습문제

9.1 뉴턴의 중력 법칙

15. • $115\,kg$의 축구 선수 두 명이 $15.0\,m$ 간격으로 서 있을 때, 대략적인 중력을 구하여라.

16. • 질량이 각각 $2.3 \times 10^{30}\,kg$과 $6.8 \times 10^{30}\,kg$인 두 별이 성간 거리가 $8.8 \times 10^{11}\,m$인 쌍성계를 형성하고 있다. 물음에 답하여라.
(a) 두 별 사이의 힘의 크기를 구하여라.
(b) (a)에서 구한 힘을 지구와 태양 사이의 힘과 비교해 보아라.

17. • 수소 원자에서 양성자와 전자는 $5.29 \times 10^{-11}\,m$만큼 떨어져 있다. 두 입자 사이의 중력은 얼마인가?

18. • 부록 E의 데이터를 사용하여 토성과 목성의 표면에서 중력 가속도 g를 계산하여라.

19. •• 데이모스(Deimos)는 화성의 두 개의 작은 위성 중 하나이다. 데이모스는 반지름 $23,500\,km$의 원형에 가까운 궤도를 돌며 1.26일 주기로 화성을 공전한다. 이 데이터에서 화성의 질량을 확인하고 부록 E의 값과 비교하여라.

20. ••• 그림 9.7과 같이 전형적인 캐번디시 실험에서는 막대에 달린 2개의 작은 납 공이 2개의 큰 납 공에 끌린다. 작은 공과 큰 공의 지름은 각각 $1.0\,cm$, $3.4\,cm$이고, 납의 밀도는 $11,350\,kg/m^3$이다. 물음에 답하여라.
(a) 작은 공과 큰 공의 **표면**이 $1.2\,cm$ 떨어져 있을 때, 그 사이의 인력을 구하여라.
(b) 2개의 작은 공을 연결하는 막대의 길이가 $15\,cm$일 때, 기구에 가해지는 돌림힘을 구하여라.

21. •• 지구 표면 위 어느 높이에서 중력 가속도가 해수면 값의

몇 %로 감소하는가?

(a) 0.1%   (b) 1.0%   (c) 10%

9.2 행성 운동과 케플러의 법칙

22. • 장축이 단축의 두 배인 타원의 이심률을 구하여라.

23. •• 부록 E의 화성 데이터를 사용하여 궤도의 기하학적 중심에서 태양(타원의 한 초점)까지의 거리를 구하여라.

24. • 수성, 금성, 토성의 궤도에 대한 상수 $C = a^3/T^2$을 계산하여라.

25. •• 위성 A와 위성 B가 지구를 중심으로 원형 궤도를 돌고 있으며, A는 지구 중심에서 B보다 두 배 더 멀리 떨어져 있다. 두 위성의 공전 주기는 어떻게 다른가?

26. •• 한 위성이 지구 표면 위 R_E 높이의 원형 궤도에 있다. 물음에 답하여라.

(a) 궤도 주기를 구하여라.

(b) 주기가 (a)에서 구한 주기의 두 배인 원형 궤도에 필요한 높이는 얼마인가?

27. ••• 호만 타원(Hohmann ellipse)은 우주선이 한 행성에서 다른 행성으로 이동할 때 가장 적은 에너지를 필요로 하는 궤도이다. 이 타원은 한 행성의 궤도에는 근일점이 있고 다른 행성의 궤도에는 원일점이 있다(그림 P9.27). 이 궤도를 따라 지구에서 목성까지의 이동 시간을 구하고, 구한 답을 해당 행성의 공전 주기와 비교하여라.

그림 P9.27

9.3 중력과 위치 에너지

28. • 다음 물음에 답하여라.

(a) 태양–목성계 위치 에너지를 구하여라.

(b) 태양–토성계의 위치 에너지를 구하여라.

(c) (a)와 (b)의 위치 에너지를 비교하여라.

29. •• 공기 저항을 무시하고 다음 높이에서 정지 상태에서 떨어진 후 땅에 떨어진 질량 1 kg인 공의 속력을 구하여라.

(a) 10 km   (b) 1000 km   (c) 10^7 m

30. •• 지구–태양계에서 근일점에서 원일점으로 이동할 때, 위치 에너지의 변화량은 얼마인가? 구한 답과 에너지 보존을 사용하여 지구의 궤도 속력에 해당하는 차이를 구하여라.

31. • 지구 표면 1,500 km 상공의 원형 궤도에 있는 1,200 kg 위성의 총 역학적 에너지는 얼마인가?

32. •• 달 표면에서 아주 멀리 떨어진 곳에서 낙하하는 암석이 달에 부딪히는 속력은 얼마인가?

9.4 인공위성

33. • 48시간 주기로 지구 원형 궤도를 도는 위성의 궤도 반지름은 얼마인가? 구한 답을 예제 9.13에서 구한 지구 동기 위성의 궤도 반지름과 비교하여라.

34. •• 타원형 지구 궤도의 경우, 가까운 곳과 먼 곳을 각각 근지점과 원지점이라 한다. 지구 표면 200 km와 1600 km 상공에서 근지점과 원지점에서 위성의 주기를 구하여라.

35. • 다음 물음에 답하여라.

(a) 질량이 1.07×10^{23} kg, 반지름이 2.40×10^6 m인 목성의 위성 칼리스토(Callisto)로부터 탈출 속력을 구하여라. (b) 질량이 태양과 같고 반지름이 7.5 km인 중성자별로부터 탈출 속력을 구하여라.

36. •• 달의 자전 주기는 27.3일이다. 달을 공전하는 '달 동기식' 위성이 달 관측자 기준으로 하늘에 고정되어 나타날 때, 위성의 높이는 얼마인가? 구한 답을 달의 반지름과 비교하여라.

37. ••• 쌍성계는 거리 d로 분리된 동일한 질량 M의 별 2개로 구성되며, 공통된 질량 중심으로 공전한다. 물음에 답하여라.

(a) 궤도 운동의 주기를 구하여라.

(b) (a)의 결과를 같은 반지름 d의 원형 궤도에서 같은 질량 M의 고립된 별을 공전하는 작은 행성($m \ll M$)의 주기와 비교해 보아라.

38. •• 달 궤도에서 다음을 구하여라.

(a) 운동 에너지   (b) 위치 에너지   (c) 총 역학적 에너지

39. ••• 지구 상공 1,000 km의 원형 궤도에 있는 위성의 총 역학적 에너지가 -4.0×10^{10} J일 때, 다음을 구하여라.

(a) 운동 에너지   (b) 질량   (c) 속력

40. •• 1968년 프랭크 보먼, 짐 로벨, 빌 엔더스는 인류 최초로 달 궤도를 돌았다. 이들의 궤도는 달 표면에서 59.7~60.7 mi

(1 mi = 1.609 km) 상공까지 거의 원형에 가까웠다. 궤도 주기를 구하여라.

9.5 중력 때문에 생기는 다른 현상

41. • 9.9×10^{30} kg인 블랙홀의 중심으로부터 25 km 떨어진 곳에서 중력 가속도를 구하여라(이 정도는 뉴턴 물리학을 적용할 수 있다).

42. •• 지구와 달 중심의 평균 거리는 3.84×10^8 m이다. 물음에 답하여라.
   (a) 지구에서 가장 가까운 쪽에 있는 물방울의 중력 가속도를 계산하여라.
   (b) 달에서 가장 먼 쪽에 있는 물방울의 중력 가속도를 계산하여라.
   (c) 이 두 가속도의 차이를 계산하여라. 이는 달의 조석 효과를 측정하는 척도이다.

43. •• 조석력은 행성에 너무 가깝게 돌고 있는 천체를 분리하여 토성과 같은 고리를 만들 수 있다. 토성 중심에서 75 Mm 떨어진 반지름 500 km의 소행성을 생각해 보자. 소행성 양쪽의 중력 가속도의 차이는 얼마인가?

9장 질문에 대한 정답

단원 시작 질문에 대한 답

은하 중심 주위를 도는 별들의 자전 속력은 뉴턴의 중력 법칙으로 예측한 것보다 훨씬 빠르며, 눈에 보이는 모든 천체의 질량만으로 예측할 수 없다. 이를 통해 은하계에서 보이지 않는 물질이 얼마나 많은지 유추할 수 있다.

확인 질문에 대한 정답

9.1절 (d) $g/2$
9.4절 (c) $4R_E$

고체와 유체

Solids and Fluids

▲ 수심이 깊어질수록 다이버에 작용하는 압력은 왜 증가하는가?

이 장에서는 입자가 너무 많아서 개별적으로 다룰 수 없는 고체와 유체에 대해 알아본다. 그럼에도 불구하고 뉴턴 역학의 아이디어가 이러한 물질의 특성을 어떻게 설명하는지 보여 줄 것이다. 고체가 외력에 어떻게 변형되는지, 액체와 기체가 부력, 유체 흐름과 같은 현상을 일으키는 압력을 어떻게 발생시키는지 살펴볼 것이다. 압력과 유체 흐름을 에너지와 힘이라는 익숙한 개념과 연관시키고, 마찰이 유체 흐름에 어떤 영향을 미치는지 알게 될 것이다.

10.1 물질의 상태

우리는 일상에서 **고체**, **액체**, **기체**라는 세 가지 물질 상태를 접하게 된다. 거시적 규모에서는 분명히 다르지만 궁극적으로는 분자 수준의 힘이 이들을 구별한다.

- **고체**는 분자가 각 위치에 고정되어 있어 외력에 의해 변형될 수 있지만 형태를 유지하려고 하는 물질이다.
- **액체**에서는 분자간 힘이 분자를 서로 가깝게 유지하지만 분자는 자유롭게 움직일 수 있다. 따라서 액체는 용기의 모양에 따라 쉽게 흐르지만 액체의 밀도는 거의 일정하게 유지된다.
- **기체**에서 분자들은 멀리 떨어져 있고 상호작용이 약하다. 기체는 흐르고 밀도

표 10.1 일반적인 고체, 액체, 기체의 밀도

물질	밀도 (kg/m³)	물질	밀도 (kg/m³)
고체		**액체**	
얼음(0℃)	917	가솔린	680
		에탄올	790
(전형적인) 콘크리트	2,000	벤젠	900
알루미늄	2,700	(순수한) 물	1,000
철 또는 강철	7,800	바닷물	1,030
황동	8,600	혈액	1,060
구리	8,900	수은	13,600
은	10,500	**기체**(1기압, 0℃)	
납	11,300	헬륨	0.179
금	19,300	공기	1.28
백금	21,400	아르곤	1.78
우라늄	19,100	수증기	0.804

가 쉽게 변하기 때문에 용기를 채우기 위해 팽창한다.

고체, 액체, 기체의 구분은 일반적으로 명확하며, 전이가 일어나는 온도와 압력 값이 잘 정의되어 있다(13장에서 상전이에 대해 자세히 알아본다). 하지만 예외되는 물질도 있다. 고압에서는 액체와 기체는 초유체로 합쳐진다. 오랜 시간이 지나면 유리와 일부 다른 고체는 실제로 흐르면서 변형된다. 전하를 띤 입자의 기체는 매우 특이하게 행동하기 때문에 종종 플라즈마라고 부르는 물질의 네 번째 상태로 간주된다. 보스–아인슈타인 응축수라고 부르는 특이한 양자 상태는 모든 개별 입자가 본질적으로 함께 작용한다.

물질의 중요한 특성은 **밀도**(density) ρ이며, 1장에서 부피당 질량, 즉 $\rho = m/V$으로 정의하였다. 밀도의 SI 단위는 kg/m³이지만 화학자들은 종종 g/cm³를 사용한다. 위상을 결정하는 분자간 힘도 밀도에 영향을 미치며, 강하게 결합된 고체가 가장 밀도가 높고, 액체는 약간 밀도가 낮으며, 기체는 밀도가 훨씬 낮다. 그러나 예외적인 물질이 물인데, 고체(얼음)가 액체보다 밀도가 낮다. 알다시피 얼음이 물에 뜨는 것이 이 때문이다.

밀도가 비슷하기 때문에 고체와 액체는 때때로 **응집 물질**(condensed matter)로 분류되기도 한다. 액체와 기체를 **유체**(fluid)로 분류하는 것은 이들의 유동 능력 때문이다. 다음 절에서 고체의 탄성 특성을 고려한 후, 이 장의 나머지 부분에서는 유체에 치중하여 설명할 것이다.

확인 10.1절 그림과 같이 O라고 표시된 금속의 입방체가 그림과 같이 A와 B로 나누어져 있다. A가 B의 두 배 크기인 경우, 다음 중 원래 입방체와 두 조각의 밀도를 순서대로 나열한 것은?

(a) O > A > B   (b) O > A = B   (c) O = A = B

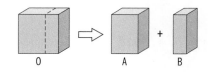

10.2 고체와 탄성률

나무토막은 충분히 단단해 보인다. 하지만 나무 다이빙 보드의 끝에 서 있으면 체중에 의해 구부러진다. 힘을 더 가하면 결국 휘어지며 부러질 수도 있다. 태권도 선수는 이를 알고 있기 때문에 한 번의 타격으로 나무판을 부술 수 있다(개념 예제 10.3 참조). 어떤 고체는 나무보다 더 강하며 쉽게 구부러지거나 부러지지 않는다. 여기에서는 고체의 탄성 특성을 특성화하고 정량화할 것이다.

변형력과 변형

먼저 일차원에서 탄성을 고려하겠다. 그림 10.1a는 길이 L, 단면적 A의 단단한 막대를 보여 준다. 그림과 같이 양 끝에 동일한 크기 F의 힘이 가해져 막대가 ΔL만큼 늘어난다. 힘은 막대의 전체 단면에 걸쳐 작용된다. 결과적인 변형을 결정하는 것은 단위 면적당 힘이며, 그 양은 **변형력**(stress) F/A이다. 막대는 **변형**(strain) $\Delta L/L$이라고 하는 부분적인 길이 변화로 반응한다. 그림 10.1a에 표시된 바깥쪽 당김의 경우, 물질은 **장력**(tension)을 받고 **인장 변형력**(tensile stress)을 나타낸다. 또한, 안쪽으로 **압축**(compression)해 밀어 넣어 **압축 변형력**(compression stess)을 발생시킬 수 있다 (그림 10.1b).

작은 변형력의 경우, 변형은 변형력에 비례한다. 이는 고체의 분자 결합이 작은 훅의 법칙을 따르는 용수철 역할을 하기 때문이다(그림 10.2). 그러나 소위 **탄성 한계** (elastic limit)보다 큰 변형력의 경우, 변형은 더 이상 변형력에 비례하지 않으며 충분히 큰 변형력으로 고체가 부서진다.

탄성 한계 내에서 변형력과 변형은 선형 방정식 '변형력 $= Y \times$ 변형'을 따른다. 여기서 Y는 특정 고체에 대한 상수인 **영률**(Young's modulus)이다(표 10.2). Y가 클수록 더 강한 물질을 의미한다.

변형력과 변형의 정의에 의해 변형력–변형 식은 다음과 같다.

$$\frac{F}{A} = Y\frac{\Delta L}{L} \quad \text{(영률, SI 단위: N/m}^2\text{)} \tag{10.1}$$

예를 들어, 단면적이 $1\ \text{cm}^2$인 $10\ \text{cm}$ 길이의 알루미늄 막대에 $1\ \text{kN}$의 힘을 가하면 막대가 다음과 같이 늘어난다.

$$\Delta L = \frac{FL}{YA} = \frac{(1000\ \text{N})(0.1\ \text{m})}{(7\times10^{10}\ \text{N/m}^2)(10^{-4}\ \text{m}^2)} = 1.4\times10^{-5}\ \text{m} = 0.014\ \text{mm}$$

표 10.2 몇 가지 물질의 영률과 부피 탄성률

물질	영률(N/m²)	부피 탄성률(N/m²)
알루미늄	7×10^{10}	7×10^{10}
콘크리트	3×10^{10}	
구리	11×10^{10}	14×10^{10}
수은		3×10^{10}
강철	20×10^{10}	16×10^{10}
피질골(장력)	1×10^{10}	
피질골(압축)	2×10^{10}	
삼각골(장력)	0.3×10^{10}	
삼각골(압축)	0.1×10^{10}	
물		0.2×10^{10}
철	15×10^{10}	12×10^{10}

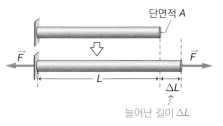

단면적 A

늘어난 길이 ΔL

(a) 인장 변형력

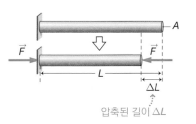

압축된 길이 ΔL

(b) 압축 변형력

그림 10.1 막대에 가해지는 두 종류의 변형력. 각각은 변형 $\Delta L/L$을 초래한다.

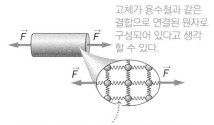

고체가 용수철과 같은 결합으로 연결된 원자로 구성되어 있다고 생각할 수 있다.

고체가 변형력을 받으므로 처음에 결합은 훅의 법칙 용수철처럼 반응한다. 따라서 변형력은 변형에 비례한다.

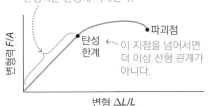

파괴점

탄성 한계

이 지점을 넘어서면 더 이상 선형 관계가 아니다.

변형력 F/A

변형 $\Delta L/L$

그림 10.2 가해진 힘에 대한 고체의 반응은 선형이지만 탄성 한계까지만 가능하다. 그 이상의 경우 반응은 비선형적이며 파괴점이 생긴다.

이는 큰 힘에 비해 작은 늘림으로 알루미늄이 단단한 물질이라는 것을 보여 준다. 식 10.1은 장력과 압축 모두에 적용되는데, F와 ΔL은 모두 크기이므로 두 경우 모두 양수이기 때문이다.

일반적으로 영률은 장력과 압축에서 거의 같다. 예외는 표 10.2에 나타나 있는데, 뼈에 대한 영률은 장력과 압축 사이에 차이가 있다. 삼각골은 많은 뼈의 내부에 있는 더 부드러운 뼈 조직인 반면, 밀도가 높은 피질골은 외부가 더 단단하다. 단단한 피질골은 압축을 받는 Y가 큰 반면, 삼각골은 장력을 받는 Y가 더 크다. 두 가지 유형을 모두 포함하는 실제 뼈의 영률 측정 값은 표 10.2의 나열된 값 사이에 있다.

예제 10.1 역도 선수

벤치 프레스(의자에 누워서 역기를 들어 올리는 운동)를 하는 역도 선수가 340 kg의 역기를 머리 위로 들고 있다. 이 위치에서 0.15 mm씩 압축되는 각 상완골(팔 윗부분)의 변형력, 변형 및 영률을 계산하여라. 상완골의 길이는 25 cm이고 평균 지름은 3.0 cm이다.

구성과 계획 여기서 각 팔에 가해지는 힘은 무게의 절반, 즉 $F = mg/2$이다. 뼈의 단면적은 $A = \pi r^2$이므로 변형력 F/A를 구할 수 있다. 그다음 변형 $\Delta L/L$을 계산하면 변형력과 변형의 비율인 영률을 얻을 수 있다.

알려진 값: $\Delta L = 0.15$ mm, $L = 25$ cm, 뼈 지름 $= 3.0$ cm

풀이 지름의 절반인 반지름 $r = 0.015$ m로 주어진 수치를 이용하여 변형력을 구한다.

$$변형력 = \frac{F}{A} = \frac{mg/2}{\pi r^2} = \frac{(340 \text{ kg})(9.8 \text{ m/s}^2)}{2\pi(0.015 \text{ m})^2} = 2.4 \times 10^6 \text{ N/m}^2$$

또한, 변형은 다음과 같다.

$$변형 = \frac{\Delta L}{L} = \frac{1.5 \times 10^{-4} \text{ m}}{0.25 \text{ m}} = 6.0 \times 10^{-4}$$

따라서 영률은 다음 식으로 계산할 수 있다.

$$Y = \frac{변형력}{변형} = \frac{2.4 \times 10^6 \text{ N/m}^2}{6.0 \times 10^{-4}} = 4.0 \times 10^9 \text{ N/m}^2$$

반영 뼈가 압축을 받고 있다는 점에 유의하자. 영률은 두 뼈 유형에 대해 나열된 압축 값 사이에 있고 이 값은 적절하다고 볼 수 있다.

연결하기 체중이 위로 가속되는 동안 변형력은 증가하는가, 감소하는가? 아니면 변화가 없는가?

답 이제 역기에 가해지는 알짜 상향 힘은 mg보다 커야 하므로 변형력이 증가한다.

부피 압축과 부피 탄성률

변형력과 변형은 삼차원에서도 발생한다. 그림 10.3은 모든 방향으로 안쪽으로 밀리는 단단한 정육면체를 보여 준다. 여전히 각 표면의 단위 면적당 힘인 변형력을 F/A라고 부를 것이다. 하지만 여기서는 **부피 변형** $\Delta V/V$를 고려한다. 일차원에서와 마찬가지로 이 변형은 무차원이다.

분자 결합은 탄성 한계까지 가해진 힘에 선형적으로 반응하여 식 10.1과 유사한 변형력-변형 관계를 제공한다.

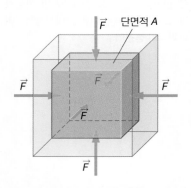

그림 10.3 입방체가 압축 변형력에 반응하여 부피 변화 ΔV가 생긴다.

$$\frac{F}{A} = -B \frac{\Delta V}{V} \quad \text{(부피 탄성률, SI 단위: N/m}^2\text{)} \qquad (10.2)$$

여기서 B는 **부피 탄성률**(bulk modulus)이다. 식 10.2의 음의 부호는 내부 힘에 의한 음의 부피 변화를 나타낸다. 삼차원에서의 부피 변형률은 일차원에서 영률과 동일한 역할을 한다. 표 10.2에 부피 탄성률이 포함되어 있다.

▶ **TIP** 압축 시 부피가 줄어들기 때문에 ΔV는 음수이다.

예제 10.2 심해

해저 깊은 곳에 있는 철제 블록이 3.0×10^7 N/m²의 변형력을 받는다. 부피의 변화율은 얼마인가?

구성과 계획 표 10.2의 알려진 변형력과 B를 사용하여 식 10.2에 주어진 부피 변형 $\Delta V/V$를 계산한다.

알려진 값: $F/A = 3.0 \times 10^7$ N/m², $B = 12 \times 10^{10}$ N/m²

풀이 식 10.2로부터 부피 변형을 계산한다.

$$\frac{\Delta V}{V} = -\frac{1}{B}\frac{F}{A} = -\frac{1}{12 \times 10^{10} \text{ N/m}^2}(3.0 \times 10^7 \text{ N/m}^2)$$
$$= -2.5 \times 10^{-4}$$

반영 물의 힘이 커 보일 수 있지만, 물의 상당한 밀도는 다음 절에서 배우겠지만 깊이에 따라 증가하는 큰 힘을 가하는 것을 의미한다. 큰 변형력에도 불구하고 부피 변형은 1% 미만이다.

연결하기 각 변의 길이가 1 m인 철 정육면체의 경우, 이 조건에서 모서리의 길이는 얼마나 변하는가?

답 원래 부피는 정확히 1 m³이므로 새로운 부피는 $V = 1$ m³ $- 2.5 \times 10^{-4}$ m³ $= 0.99975$ m³이다. 정육면체의 모서리의 길이는 부피의 세제곱근 또는 0.999917 m이다. 각 변이 1 m $- 0.999917$ m $= 8.3 \times 10^{-5}$ m로 줄어들었다.

개념 예제 10.3 나무판 부러뜨리기

태권도 선수가 어떻게 한 번의 타격으로 나무판을 부술 수 있는가?

풀이 여기에는 몇 가지 개념이 적용된다. 나무판은 끝이 지지되어 있으므로 손이 부딪히면 끝이 팽팽해진다. 나무는 압축 상태보다 장력 상태의 변형력이 작을 때 부러진다. 변형력 한계가 더 큰 손뼈는 부러지지 않는다. 나무판이 구부러질 때 바닥에서 최대 장력이 발생하기 때문에 그곳에서 부러지는 것이지 손 자

체가 나무판을 직접적으로 부러뜨리지는 않는다. 각 나무판은 부서지면서 다음 나무판을 아래로 밀어내어 손의 힘을 전달한다. 따라서 판자 2개를 부수는 것이 두 배로 힘들고 3개를 부수는 것이 세 배로 힘든 일이 **아니다**. 나무판 사이에 힘이 전달되는 한, 연쇄적으로 부러뜨릴 수 있다.

반영 콘크리트는 나무보다 단단하며, 탄성 한계와 부피 탄성률이 높다. 초보자는 나무로 시작하는 것이 좋다.

확인 10.2절 크기와 모양이 각각 같은 구리, 알루미늄, 강철 막대의 끝에 동일한 외력이 가해질 때, 막대가 크게 늘어나는 순서대로 나열하여라.

▶ 새로운 개념 검토

탄성에 대한 중요한 아이디어:

- 일차원에서 변형력 F/A와 변형 $\Delta L/L$은 영률 Y에 의해 관계된다.

$$\frac{F}{A} = Y\frac{\Delta L}{L}$$

- 삼차원에서 변형력 F/A와 변형 $\Delta V/V$는 부피 탄성률 B에 의해 관계된다.

$$\frac{F}{A} = -B\frac{\Delta V}{V}$$

10.3 유체 압력

타이어, 고무보트, 에어 매트리스에 공기를 주입하고, 다이빙이나 비행을 하면서 고막에 압력을 느끼며, 기상학자가 기압이 날씨에 미치는 영향을 보고하는 것을 듣는 등 일상적인 경험을 통해 기압을 느끼게 된다. 가압식 스프레이 캔을 사용하거나 압력솥으로 요리해 본 적이 있을 것이다.

액체나 기체가 담긴 용기에 구멍을 뚫으면 유체가 빠져나간다. 이는 유체가 용기 벽에 힘을 가한다는 것을 보여 준다. 단위 면적당 유체에 작용하는 힘을 **압력**(pressure)이라고 한다.

$$압력 \quad P = \frac{F}{A} \qquad\qquad (10.3)$$

압력의 SI 단위는 N/m^2으로 **파스칼**(pascal, Pa)이라고 정의한다. 해수면의 표준 대기압은 $1.013 \times 10^5\,Pa$이다. 따라서 대기압(atm)은 $1\,atm = 1.013 \times 10^5\,Pa$의 일반적인 비 SI 압력 단위이다.

힘에는 방향이 있지만 압력은 스칼라 양이다. 유체는 용기 벽, 심지어 용기에 담긴 유체는 인접한 유체와 같이 접촉하는 모든 물질에 압력과 관련된 힘을 가한다(그림 10.4). 흐르지 않는 **정지 유체**(static fluid)의 경우 유체의 힘은 표면에 수직이어야 한다. 뉴턴의 운동 제3법칙에 따르면 표면은 유체에 동일한 크기의 힘을 가하지만 유체가 표면에 가하는 힘과는 반대 방향으로 힘을 가한다. 이 힘이 표면에 수직이 아니라면 유체에 가해지는 힘의 접선 성분으로 인해 유체가 흐르게 되고, 유체는 정적이지 않을 것이다.

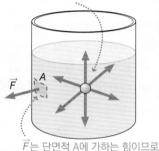

유체는 용기뿐만 아니라 내부에도 압력을 가한다. 내부 압력은 모든 방향에서 동일하다.

$\vec{F}$는 단면적 A에 가하는 힘이므로 압력은 $P = F/A$이다.

그림 10.4 단위 면적당 힘인 압력은 모든 방향에서 동일하게 작용한다.

▶ **TIP** 압력 단위 Pa과 N/m^2은 동일하므로 둘 다 사용할 수 있다.

개념 예제 10.4 내부 유체 압력

유체는 인접 유체를 포함하여 물질 접촉부에 압력을 가한다. 이 힘은 어느 방향인가?

풀이 유체는 그림 10.4의 용기 벽에 표시된 임의의 표면과 같이 접촉하는 모든 표면에 수직으로 힘을 가한다. 유체의 힘은 접촉하는 모든 표면에 수직이므로 유체 압력은 모든 방향으로 힘을 가한다는 결론을 내릴 수 있다.

반영 인접한 유체에 가해지는 유체의 힘으로 인해 유체가 가속되지 않는 이유는 무엇일까? 그 이유는 정지 유체에서 모든 부피가 유체에 가해지는 알짜힘이 0이기 때문이다. 이 힘은 주변 유체, 용기 벽 또는 유체 부피가 접촉하는 다른 물질에서 발생한다.

압력과 깊이

유체 압력은 깊이에 따라 증가한다. 수중 다이빙을 하거나 산길을 운전할 때 귀로 압력이 증가하는 것을 느낄 수 있다. 그림 10.5는 유체의 무게가 압력 증가의 원인이 되는 방법을 보여 준다. 밀도가 ρ인 액체를 원통 용기에 깊이 h까지 채운다. 단면적이 A인 유체 기둥을 강조하여 표시하였다. 기둥의 무게는 mg이므로 하단에 압력

$P = F/A = mg/A$가 생긴다. 유체 질량은 $m = \rho V$이며, 기둥의 부피는 $V = Ah$이다. 이 결과를 종합하면 다음을 얻는다.

$$P = \frac{mg}{A} = \frac{\rho(Ah)g}{A} = \rho gh$$

여기서 수정해야 할 것이 있다. 기둥 상단에 이미 대기압과 같은 압력이 있을 수 있다. 우리가 계산하는 것은 실제로 기둥의 아래쪽과 위쪽의 압력차이다. 상단의 압력이 P_0일 때 하단의 압력은 다음과 같다.

$$P = P_0 + \rho gh \text{ (깊이 } h\text{에서의 액체 압력, SI 단위: Pa)} \qquad (10.4)$$

이 계산에서 h가 아래로 내려가는 것으로, 양수로 측정되는 깊이라고 가정한다. h가 증가하면 압력 P도 증가하고, 액체를 통해 위로 이동하면 h도 감소한다. 따라서 압력도 감소한다.

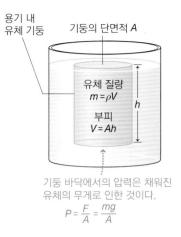

용기 내 유체 기둥
기둥의 단면적 A

유체 질량 $m = \rho V$

부피 $V = Ah$

기둥 바닥에서의 압력은 채워진 유체의 무게로 인한 것이다.
$P = \frac{F}{A} = \frac{mg}{A}$

그림 10.5 깊이에 따른 유체 압력

예제 10.5   심해 잠수부

스쿠버 다이버는 일반적으로 40 m 이상 깊숙이 들어가지 않는다. 이 수심에서 담수의 압력은 어느 정도인가?

구성과 계획 식 10.4는 압력을 깊이의 함수로 나타낸다. 여기서 담수의 밀도는 1,000 kg/m³이다. 표면 압력은 대기압 1.01×10^5 Pa이다.

알려진 값: $P_0 = 1.01 \times 10^5$ Pa, $\rho = 1000$ kg/m³, $h = 40$ m

풀이 식 10.4를 풀면 다음을 얻는다.

$P = P_0 + \rho gh = 1.01 \times 10^5 \text{ Pa} + (1000 \text{ kg/m}^3)(9.80 \text{ m/s}^2)(40 \text{ m})$
$= 4.93 \times 10^5$ Pa

반영 SI 단위를 사용했으므로 ρgh의 단위는 Pa이어야 하지만 직접 확인해 보자. 답은 거의 5기압이며, 다음 '응용'을 통해 더 깊은 수심과 그에 따른 압력이 왜 위험한지 알 수 있다.

연결하기 공기를 통해 40 m 아래로 내려갈 때 공기 압력이 얼마나 증가하는가?

답 이 문제는 공기 밀도가 1.28 kg/m³(표 10.2)에 불과하다는 점을 제외하고는 예제와 동일하다. 따라서 공기의 압력 변화는 $\rho gh = 500$ Pa, 즉 0.005기압에 불과하다. 압력 변화는 유체 밀도에 크게 의존한다.

응용   감압증

깊은 수심까지 모험하는 다이버는 공기 중의 질소 가스가 혈액을 포함한 체액으로 용해될 정도로 큰 압력을 경험한다. 다이버가 너무 빨리 수면 위로 떠오르면 탄산음료 병을 딸 때 보이는 기포처럼 용해된 질소가 갑자기 기체로 나타난다. 그 결과 고통스럽거나 심지어 치명적일 수도 있다. 이를 방지하기 위해 다이버는 천천히 수면 위로 올라오거나 압력을 1기압으로 천천히 낮추는 감압실을 사용할 수 있다. 어느 쪽이든 용존 질소는 천천히 그리고 고통 없이 방출된다.

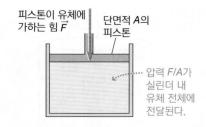

피스톤이 유체에 가하는 힘 $\vec{F}$
단면적 A의 피스톤
압력 F/A가 실린더 내 유체 전체에 전달된다.

그림 10.6 힘을 가하면 유체 압력이 증가한다.

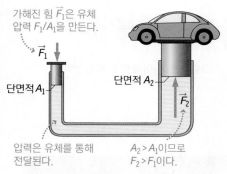

가해진 힘 F_1은 유체 압력 F_1/A_1을 만든다.
$\vec{F}_1$
단면적 A_1
단면적 A_2
$\vec{F}_2$
압력은 유체를 통해 전달된다.
$A_2 > A_1$이므로 $F_2 > F_1$이다.

그림 10.7 유압 리프트

파스칼의 원리

중력뿐만 아니라 외력도 유체 압력을 증가시킬 수 있다. 그림 10.6은 가동 피스톤이 있는 유체가 채워진 실린더를 보여 준다. 힘 F로 피스톤을 누르면 유체 전체의 압력이 F/A만큼 증가한다. 여기서 A는 실린더의 단면적이다. **파스칼의 원리**(Pascal's principle)는 다음과 같다.

파스칼의 원리: 밀폐된 유체에 가해지는 외부 압력은 유체 전체에 전달된다.

파스칼의 원리는 유체 외부에서 가해지는 압력을 증가시키는 것이다. 그 결과 압력 증가는 깊이에 따른 ρgh 압력 증가와 같이 존재할 수 있는 다른 압력 변동에 추가된다.

그림 10.7에 표시된 유압 리프트에 파스칼의 원리가 일반적으로 적용된다. 이 장치의 핵심은 두 피스톤의 단면적 차이이다. 힘은 $F = PA$이므로 좌측 피스톤에 상대적으로 작은 힘이 가해지면 우측 피스톤의 무거운 차량을 들어 올릴 수 있다. 파스칼의 원리를 적용하려면 본질적으로 압축되지 않는 액체가 필요하다. 그러나 기체는 부피가 변하기 때문에 높이 들어 올릴 수 없다.

예제 10.6 자동차 정비 리프트

그림 10.7에서 차량을 고정하는 피스톤의 면적을 다른 피스톤의 20배라 하자. 두 피스톤의 높이가 같을 때, 1,200 kg 차량을 들어 올리려면 왼쪽 피스톤에 얼마의 힘을 가해야 하는가?

구성과 계획 두 피스톤의 높이가 같으면 ρgh의 압력 차이가 없으므로 양쪽의 압력은 동일하다. 이 압력은 대기압 P_0에 피스톤으로 인한 압력 F/A를 더한 값이다.

알려진 값: 면적비 = 20, 자동차 질량 = 1,200 kg

풀이 (1) 왼쪽과 (2) 오른쪽의 압력을 같다고 놓으면 $P_0 + F_1/A_1 = P_0 + F_2/A_2$이다. 대기압 P_0을 소거하면 $F_1/A_1 = F_2/A_2$이고, $F_1 = (A_1/A_2)F_2$로 감소한다. F_2는 자동차의 무게이므로 $A_1/A_2 = 1/20$을 이용하여 F_1을 계산하면 다음을 얻는다.

$$F_1 = (A_1/A_2)F_2 = \frac{1}{20}(mg) = \frac{1}{20}(1200 \text{ kg})(9.80 \text{ m/s}^2) = 590 \text{ N}$$

반영 필요한 힘은 자동차 중량의 1/20에 불과하다. 질량이 60 kg 이상인 사람이 한쪽 피스톤에 앉아 다른 쪽 피스톤에 놓인 차를 들어올릴 수 있다!

연결하기 여기서 뭔가 얻은 것이 있는가? 에너지 보존의 원리에 위배되는 것이 아닌가?

답 아니다. 작은 피스톤은 차가 올라가는 것보다 훨씬 더 많이 움직여야 한다. 피스톤을 움직이는 힘과 피스톤이 움직이는 거리의 곱은 큰 피스톤에 가해지는 더 큰 힘에 더 작은 이동 거리를 곱한 값과 같다. 이 일은 결국 자동차의 위치 에너지를 증가시킨다. 차량이 상승하기 시작하면 유체를 왼쪽 피스톤 높이 이상으로 올리기 위해 힘이 추가로 필요하다.

일반적으로 유압 시스템은 널리 사용된다. 중요한 응용 분야 중 하나는 자동차 브레이크이다. 브레이크를 밟으면 바퀴로 연결되는 유압 유체에 압력이 가해진다. 이 압력은 브레이크 패드를 회전 디스크에 밀어 넣는다. 그 결과 마찰이 발생하여 바퀴의 회전이 느려진다.

압력 게이지

압력–깊이 관계는 그림 10.8에 표시된 **수은 기압계**를 포함한 일부 압력 게이지의 원리이다. 기둥의 수은 상단에 있는 압력 P_0은 0이고, 대기압은 열린 액체를 밀어낸다. 식 10.4에 따르면 수은 기둥의 높이 h는 대기압 $P_{atm} = P_0 + \rho g h$, 즉 $P_{atm} = \rho g h$와 관련이 있다. 표준 대기압 $P_{atm} = 1.013 \times 10^5$ Pa이고 수은 밀도가 13,600 kg/m³인 경우, 다음을 만족한다.

$$h = \frac{P_{atm}}{\rho g} = \frac{1.013 \times 10^5 \text{ Pa}}{(13,600 \text{ kg/m}^3)(9.80 \text{ m/s}^2)} = 0.760 \text{ m}$$

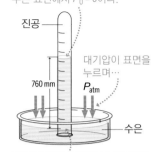

진공은 압력이 0이므로 관의 수은 표면에서 $P_0 = 0$이다.

진공

760 mm

대기압이 표면을 누르며…

P_{atm}

수은

… 수은의 무게와 압력의 균형이 맞을 때까지 수은을 관 위로 밀어 올린다.

그림 10.8 수은 기압계

수은 기압계는 압력의 단위로 수은 밀리미터(mmHg 또는 torr)를 사용하며, 표준 대기압은 760 mmHg이다.

일기예보에서 대기압을 자주 들을 것이다. 기압이 높으면 일반적으로 맑은 날씨, 낮으면 폭풍우와 관련이 있기 때문이다. 기압은 고도에 따라 달라지기도 한다. 하지만 공기의 밀도는 고도에 따라 달라지기 때문에 비압축성 액체에 대해 유도된 식 10.4의 압력–깊이 관계를 사용할 수 없다. 예를 들어, 고도가 1.6 km인 덴버의 정상 기압은 해수면보다 17% 낮다.

다른 압력 게이지는 기계식 용수철 또는 전자 센서를 사용하며, 타이어 공기압을 측정할 때 두 가지 유형 중 하나를 사용했을 수 있다. 우리는 상당히 일정한 대기압에서 살고 있기 때문에 타이어 게이지가 측정하는 **게이지 압력**은 타이어 내부 공기의 **절대 압력**과 대기압의 차이다. 타이어에 팽창 압력이 206 kPa로 지정되어 있다면, 예를 들어 그것은 게이지 압력이다. 대기압이 101 kPa인 경우, 절대 타이어 공기압은 206 kPa + 101 kPa = 307 kPa이다.

개념 예제 10.7 자전거 타이어

자전거 타이어의 권장 게이지 압력은 일반적으로 자동차 타이어보다 훨씬 높다. 대부분의 자동차 타이어는 게이지 압력을 약 200 kPa로 명시하는 반면, 자전거 타이어는 600 kPa까지 올라간다. 자전거 타이어의 압력이 왜 이렇게 높아야 하는가?

풀이 핵심은 압력이 단위 면적당 힘이라는 것이다($P = F/A$). 자동차 타이어는 자전거 타이어보다 훨씬 더 많은 무게를 지탱하지만 자전거 타이어는 훨씬 더 작다(그림 10.9). 1,000 kg 자동차(중량 10,000 N)의 경우 각 타이어는 2,500 N을 지탱하므로 도로에 닿는 타이어 표면적은 $A = F/P = 0.013$ m²이어야 한다. 자전거의 경우, 자전거와 라이더의 합계는 100 kg(중량 1,000 N)이며, 두 타이어는 각각 500 N을 지탱한다. 또한, 도로와 접촉하는 표면적은 $A = F/P = 0.00083$ m²이다. 이는 더 작

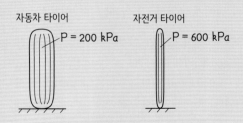

자동차 타이어 $P = 200$ kPa

자전거 타이어 $P = 600$ kPa

그림 10.9 자동차 타이어와 자전거 타이어

은 표면적으로 더 높은 압력과 관련이 있다. 훨씬 더 작은 질량에서도 말이다.

반영 제조 업체는 차량에 명시된 타이어 공기압을 권장한다. 타이어를 보면 '최대 권장 압력'은 하중과 온도 변화를 고려하여 다소 높게 설정되어 있다.

압력에 대한 중요한 아이디어:

- 압력은 단위 면적당 힘이다. $P = F/A$
- 밀도 ρ가 일정한 유체에서 압력은 깊이에 따라 선형적으로 증가한다. $P = P_0 + \rho g h$
- 파스칼의 원리는 밀폐된 유체에 가해지는 모든 압력은 유체 전체에 전달된다는 것이다.

혈압

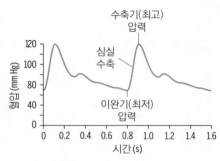

그림 10.10 수축기 혈압과 이완기 혈압

의사는 혈압이 '120/70' 정도라고 말할 수 있다. 이 수치는 수은의 mm 단위 게이지 압력이다. 그림 10.10은 혈압 대 시간 그래프와 두 숫자가 나타나는 이유를 보여 준다. 대부분의 경우 혈압은 최저 **이완기 압력** 근처에 있다. 심장 심실이 수축하여 혈액이 동맥을 통과하도록 할 때, 혈압은 **수축기 압력**이라고 부르는 최고점까지 올라간다. 혈압이 정상보다 높으면 혈관 벽에 더 큰 힘이 가해져 시간이 지남에 따라 혈관이 손상되고 심장 질환과 뇌졸중을 유발할 수 있다.

혈압 측정은 상부 팔에 있는 팽창식 커프를 사용하여 혈액 흐름을 잡아낸다. 커프가 천천히 수축되고 손목에 있는 청진기나 전자 센서가 커프 압력이 수축기 혈압 아래로 떨어지면서 돌아오는 맥박을 감지한다. 커프 압력은 계속 떨어지고, 이완기 혈압 아래로 떨어지면 혈류가 원활해지고 맥박이 감소한다. 따라서 이 장치는 수축기 혈압과 이완기 혈압을 모두 측정한다. 오늘날 혈압 측정 장비는 커프가 주기적으로 팽창하고 압력이 전자적으로 감지되는 완전 자동인 경우가 많다.

개념 예제 10.8 혈압을 측정하는 위치

혈압을 측정할 때, 의료 전문가들은 팔에 있는 커프를 심장 근처의 수직 위치에 놓는다. 그 이유는 무엇인가?

풀이 혈액이 흐르고 있지만 이것의 평균 압력은 여전히 식 10.4 $P = P_0 + \rho g h$에 의해 대략적으로 주어진다. 표 10.1에서 혈액의 밀도는 1,060 kg/m³이므로 키가 1.8 m인 사람의 머리부터 발끝까지 혈압 차이는 다음과 같다.

$$\Delta P = \rho g h = (1060 \text{ kg/m}^3)(9.80 \text{ m/s}^2)(1.8 \text{ m}) = 19 \text{ kPa}$$

이는 약 140 mm 수은으로 큰 차이이다! 정확한 측정을 위해서는 혈압 커프를 심장 높이에서 몇 센티미터 이내로 두는 것이 중요하다.

반영 중력은 매번 같은 자세를 취하지 않으면 측정된 혈압이 측정할 때마다 달라질 수 있는 이유 중 하나이다. 또한 가청 맥박이 시작되고 멈추는 시점을 판단할 때 약간의 불확실성이 존재한다. 전자 혈압 센서는 이러한 추측을 없애 준다.

확인 10.3절 다음 압력을 낮은 순서대로 나열하여라.

1 atm,   1 mmHg,   1 Pa,   1 torr,   1 kPa

10.4 부력과 아르키메데스의 원리

물에 떠 있는 물체를 지탱하는 힘은 **부력**(buoyant force)이다. 부력은 유체에 잠긴 물체에 작용하지만 중력을 극복하기에 항상 충분하지는 않다. 심지어 주변 공기에서 위로 작용하는 부력도 있다. 여기서 부력의 기원에 대해 탐구할 것이다.

아르키메데스의 원리

부력은 유체에 완전히 또는 부분적으로 잠긴 물체에 대해 상승력으로 작용한다. 그림 10.11은 유체에 잠긴 물체에 작용하는 부력의 기원을 보여 준다. 유체 압력은 물체의 모든 면에 힘을 가하지만 물체의 밑면에서 압력이 크기 때문에 알짜 상향력이 발생한다. 측면의 유체 힘은 쌍으로 상쇄되어 알짜 부력(윗방향) $F_B = F_{bottom} - F_{top}$만 남는다. 힘은 압력과 단면적의 곱이므로 $F_B = P_{bottom}A - P_{top}A = (P_{bottom} - P_{top})A$ 이다. 액체에서 압력차 $P_{bottom} - P_{top}$은 식 10.4 $P_{bottom} - P_{top} = \rho gh$를 따른다. 여기서 h는 물체의 높이이다. 식 10.4 자체는 대기와 같은 기체에는 적용되지 않지만 작은 높이의 압력차에 대해 매우 좋은 근사치를 유지한다. 따라서 두 경우 모두 $F_B = \rho_{fluid} ghA$가 된다. 여기서 hA는 유체에 잠긴 물체의 부피를 의미한다. 다시 말해, 이는 잠긴 물체의 부피만큼 위로 밀려난 유체의 부피 V이다. 질량 = 밀도 × 부피를 사용하면 $\rho_{fluid} hA = \rho_{fluid} V = m_{displaced\ fluid}$를 물체에 의해 밀려난 유체의 질량으로 볼 수 있다. 결과적으로 밀려난 유체의 무게는 mg이다.

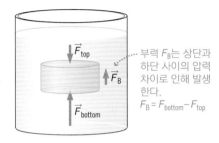

그림 10.11 부력은 유체 압력이 깊이에 따라 증가하기 때문에 발생한다.

$$F_B = w_{displaced\ fluid} = \rho_{fluid}\, gV \quad \text{(아르키메데스의 원리, SI 단위: N)} \quad (10.5)$$

식 10.5는 기원전 3세기 이후에 그리스 수학자 아르키메데스가 처음으로 제안한 **아르키메데스의 원리**(Archimedes's principle)이다. 아르키메데스의 원리는 다음과 같이 표현한다.

> **아르키메데스의 원리**: 유체에 잠긴 물체에 대한 부력은 이 물체에 의해 밀려난 유체의 무게와 같다.

아르키메데스의 원리에 따르면 모든 물체에는 부력이 작용한다. 물체가 뜨거나 가라앉는 것은 유체에 대한 물체의 밀도에 따라 달라진다. 나무토막을 물 속으로 밀어 넣으면 부력을 느낄 수 있다(그림 10.12a). 아르키메데스의 원리에 따르면 부력은 밀려난 물의 무게와 같다. 물은 나무보다 밀도가 높기 때문에 부력이 나무의 무게보다 크고, 이것이 나무가 뜨는 이유이다.

이제 동전을 물에 넣는다(그림 10.12b). 동전은 물보다 밀도가 높기 때문에 동전의 무게가 밀려난 물의 무게보다 크다. 따라서 동전의 무게가 상승 부력보다 커서 동전은 가라앉는다.

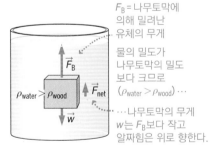

(a) 물 속에 잠긴 나무토막

(b) 물 속에 잠긴 동전

그림 10.12 물에 잠긴 두 물체에 가해지는 힘

예제 10.9 헬륨 풍선

다음 물음에 답하여라.

(a) 지름 30.0 cm의 헬륨 풍선이 공기 중에 있을 때의 부력은 얼마인가?

(b) 고무풍선의 질량이 7.0 g일 때, 위로 향하는 알짜힘은 얼마인가?

구성과 계획 개략도는 그림 10.13에 나와 있다. 아르키메데스의 원리에 따르면 풍선의 부력은 밀어낸 공기의 무게와 같으며, 알짜힘은 헬륨을 포함한 풍선의 아래쪽 무게와 부력의 차이이다. 주어진 풍선의 지름을 통해 구형 풍선의 부피인 $V = \frac{4}{3}\pi r^3$을 구할 수 있다. 또한, 질량 = 밀도×부피와 $w = mg$이다. 표 10.1에서 공기의 밀도는 $\rho_{air} = 1.28 \text{ kg/m}^3$이고 헬륨의 밀도는 $\rho_{He} = 0.18 \text{ kg/m}^3$이다.

알려진 값: $\rho_{air} = 1.28 \text{ kg/m}^3$, $\rho_{He} = 0.18 \text{ kg/m}^3$, 풍선 지름 = 30.0 cm(반지름 15 cm), 고무풍선 질량 = 7.0 g

풀이 (a) 풍선의 부피는 다음과 같이 계산한다.

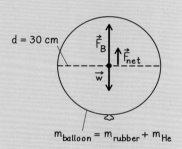

$$d = 30 \text{ cm}$$

$$m_{balloon} = m_{rubber} + m_{He}$$

그림 10.13 풍선에 작용하는 힘

$$V = \frac{4}{3}\pi r^3 = \frac{4}{3}\pi (0.150 \text{ m})^3 = 0.0141 \text{ m}^3$$

아르키메데스의 원리로부터 부력은 F_B = 밀어낸 공기의 무게 = $m_{air}g = \rho_{air}Vg$, 즉 다음과 같다.

$$F_B = \rho_{air}Vg = (1.28 \text{ kg/m}^3)(0.0141 \text{ m}^3)(9.80 \text{ m/s}^2) = 0.177 \text{ N}$$

(b) 헬륨의 무게와 고무풍선의 무게를 합하면 다음과 같다.

$$w = \rho_{He}Vg + m_{rubber}g$$
$$= (0.18 \text{ kg/m}^3)(0.0141 \text{ m}^3)(9.8 \text{ m/s}^2)$$
$$+ (7.0 \times 10^{-3} \text{ kg})(9.8 \text{ m/s}^2) = 0.093 \text{ N}$$

따라서 풍선에서 위로 작용하는 알짜힘은 다음과 같다.

$$F_{net} = 0.177 \text{ N} - 0.093 \text{ N} = 0.084 \text{ N}$$

반영 (a)는 풍선의 질량에 의존하지 않다는 것을 주목하여라. 지름 30 cm의 구형 풍선은 위쪽으로 부력을 작용하며 이 힘은 심지어 납으로 된 구도 마찬가지일 것이다. 그러나 공기보다 밀도가 높은 구형 풍선의 경우 **알짜힘**은 매우 다를 것이다.

연결하기 이 문제의 데이터를 이용하여 풍선을 놓는 순간 가속도를 계산하여라. 이 계산에 문제점이 있는가?

답 헬륨의 질량 $m = \rho_{He}V = 0.0025 \text{ kg}$과 풍선의 고무 껍질(0.0070 kg)을 더하면 총 질량 $m = 0.0095 \text{ kg}$이 된다. $F_{net} = ma = 0.084 \text{ N}$의 경우 가속도는 8.8 m/s^2이다. 가속도에 대한 이 답은 초깃값으로는 합리적이지만 가벼운 풍선의 저항력이 가속도를 감소시키고, 곧 풍선이 위쪽 방향의 일부 종단 속력에 접근한다(4.4절 참조).

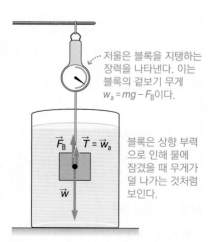

저울은 블록을 지탱하는 장력을 나타낸다. 이는 블록의 겉보기 무게 $w_a = mg - F_B$이다.

블록은 상향 부력으로 인해 물에 잠겼을 때 무게가 덜 나가는 것처럼 보인다.

그림 10.14 수중에서 저울로 밀도 측정하기

밀도 측정

물체의 밀도를 측정하는 한 가지 방법은 물 속에서 무게를 측정하는 것이다. 이는 물체의 겉보기 무게, 즉 실제 무게 mg와 부력 F_B의 크기의 차를 결정하는 과정이다(그림 10.14). 여기서 저울은 물보다 밀도가 큰 블록을 평형 상태에서 지탱하며, 블록의 겉보기 무게 w_a와 동일한 상향력으로 블록에 0의 알짜힘을 부여한다. 수직력 성분을 합하면 $F_{net} = F_B + w_a - mg = 0$이며, 보통 부력은 $F_B = \rho_{water}Vg$이므로 $F_{net} = \rho_{water}Vg + w_a - mg = 0$이다. 블록의 부피 V에 대한 방정식은 다음과 같다.

$$V = \frac{mg - w_a}{\rho_{water}g} \quad \text{(잠긴 부피)} \tag{10.6}$$

공기 중에서 측정한 실제 무게 mg를 알면 질량을 알 수 있으므로 밀도 $\rho = m/V$을 구할 수 있다.

물 속에서 무거운 벽돌을 들어 올리면 공기 중보다 훨씬 쉽다는 것을 알게 될 것이다. 하지만 공기 중에서도 일반적인 물체의 겉보기 무게는 실제로 mg보다 약간 작으며, 밀도가 매우 작은 물체의 경우 훨씬 작다.

예제 10.10   체지방

체지방의 밀도는 약 900 kg/m³이고, 무지방 '제지방' 조직은 평균 약 1,100 kg/m³이므로 몸의 밀도는 사람의 체지방 구성을 나타내는 지표가 된다. 65.4 kg의 여성이 물 속에 있을 때 겉보기 체중 $w_a = 36.0$ N을 갖고 있다고 가정한다. 다음을 구하여라.

(a) 여성의 부피   (b) 여성의 밀도

구성과 계획 그림 10.15는 개략도를 보여 준다. 식 10.6은 알려진 양과 측정된 양으로 부피를 제공한다. 물의 밀도는 $\rho_{water} = 1{,}000$ kg/m³이다. 일단 여성의 부피 V를 알면 $\rho = m/V$로부터 밀도를 얻는다.

알려진 값: 체지방 밀도 = 900 kg/m³, 제지방 밀도 = 1,100 kg/m³, $m = 65.4$ kg, $w_a = 36.0$ N

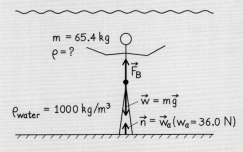

m = 65.4 kg
ρ = ?
$\vec{F}_B$
ρ_{water} = 1000 kg/m³
$\vec{w} = m\vec{g}$
$\vec{n} = \vec{w}_a \, (w_a = 36.0 \text{ N})$

그림 10.15 수중 저울을 이용한 몸의 밀도 구하기

풀이 주어진 값으로 여성의 부피를 계산하자.

$$V = \frac{mg - w_a}{\rho_{water}\, g} = \frac{(65.4 \text{ kg})(9.80 \text{ m/s}^2) - 36.0 \text{ N}}{(1000 \text{ kg/m}^3)(9.80 \text{ m/s}^2)} = 0.617 \text{ m}^3$$

따라서 여성의 밀도는 다음과 같다.

$$\rho = \frac{m}{V} = \frac{65.4 \text{ kg}}{0.0617 \text{ m}^3} = 1060 \text{ kg/m}^3$$

반영 이 값은 제지방 밀도에 훨씬 가까우며, 이는 여성이 상당히 체지방이 적은 몸을 갖고 있다는 것을 나타낸다.

연결하기 수중에서 체중을 측정할 때에는 폐에서 가능한 많은 공기를 배출하는 것이 중요하다. 그 이유가 무엇인가?

답 두 가지 이유가 있다. (1) 대부분의 사람들은 폐의 저밀도 공기 때문에 몸이 뜨는 것이 일반적이다. 물 속에서 무게를 재려면 물 속에 잠긴 물체가 필요하다. 폐에서 최대한의 공기를 배출하는 것은 사람을 뜨게 하기에 충분하지 않은 소량의 잔류 공기량만을 남긴다. (2) 공기의 밀도가 너무 작기 때문에 폐에 있는 공기는 신체의 평균 밀도를 실제보다 작아 보이게 한다. 따라서 공기를 더 많이 배출하면 측정이 더 정확해진다.

10.5 유체 운동

지금까지 정적인 유체를 고려했지만 종종 움직이는 유체를 경험하게 된다. 바람은 지구 표면을 가로질러 공기를 운반하고, 강과 해류는 방대한 양의 물을 이동시킨다. 심장은 순환계를 통해 혈액의 흐름을 유도하고, 뜨거운 공기나 물은 순환하여 겨울에 집을 따뜻하게 유지한다. 이 장의 나머지 부분에서는 유체 운동에 대해 설명한다.

이상 유체

우리는 마찰이 없는 계를 가정하여 운동학과 동역학에 대한 연구를 시작하였다. 마찬가지로 유체 흐름을 이해하기 위해서는 몇 가지 단순화된 가정이 필요하다. **이상**

유체(ideal fluid)는 다음과 같은 특성을 갖는 것으로 정의한다.

1. 유체는 비압축성이다. 일반적으로 부피 탄성률이 큰 액체의 경우 좋은 가정이다 (10.2절). 기체는 더 쉽게 압축되지만 흐름 속력이 기체 내 음속보다 훨씬 낮게 유지되는 한 본질적으로 압축이 불가능한 것으로 취급할 수 있다.

2. 유체의 흐름은 **정상류**이다. 즉, 유체의 각 지점에서의 속력은 시간에 따라 변하지 않는다. 느리게 흐르는 강은 거의 일정한 흐름을 보이지만 끊임없이 변하기 때문에 일정하지 않다. 급류의 흐름은 난류이기 때문에 시간에 따라 변화할 뿐만 아니라 불규칙한 방식으로 변화한다.

3. 유체는 비회전성이다. 여기에는 물이 싱크대 배수구로 내려갈 때 보이는 '소용돌이' 동작이 제외된다. '비회전성'의 정확한 정의는 이 과정의 범위를 벗어나지만 다음 테스트를 상상할 수 있다. 작은 잎을 유체에 떨어뜨리면 흐름이 비회전 상태가 되어 잎이 이동하면서 회전하지 않는다.

4. 액체는 비점성이다. 즉, **점성**이나 유체 마찰은 흐름에 영향을 주지 않는다. 점성은 유체와 유량 영역의 크기에 따라 달라진다. 좁은 빨대를 통해 흐르는 밀크셰이크는 점성이 있는 흐름이고, 같은 빨대를 통해 흐르는 물은 본질적으로 비점성이다. 점성에 대해서는 10.6절에서 살펴본다.

흐름이 일정하다고 해서 흐름의 모든 점이 동일한 속력을 갖는 것은 아니다. 그러나 그림 10.16과 같이 흐름이 **유선**(streamlines)이라고 하는 연속적인 선을 따른다는 것을 의미한다. 임의의 점에서 유체 속력은 유선에 접하므로 유선은 흐름 모형을 시각화하는 데 도움이 된다.

유선이 가까울수록 흐름 속력은 빨라진다.

그림 10.16 유선은 흐름 모형과 속도를 나타낸다.

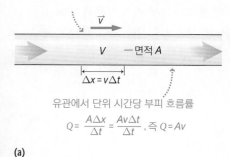

호수 입구의 면적을 줄이면 흐름 속력이 증가한다.

그림 10.17 호수의 입구 크기가 흐름 속력에 미치는 영향

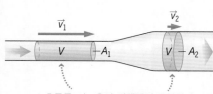

$\vec{v}$

V ─면적 A

$\Delta x = v\Delta t$

유관에서 단위 시간당 부피 흐름률

$Q = \dfrac{A\Delta x}{\Delta t} = \dfrac{Av\Delta t}{\Delta t}$, 즉 $Q = Av$

(a)

$\vec{v_1}$ $\vec{v_2}$

V ─A_1 V ─A_2

흐름률 Q는 유관 전체에서 동일하다. 유체 부분은 관의 두 부분에서 동일한 부피 V를 갖는다. 그러나 속력 v는 단면적 A에 반비례한다.

(b)

그림 10.18 (a) 지름이 고정된 유관의 전체 흐름 (b) 지름이 변하는 유관의 유체 흐름

연속 방정식

엄지손가락을 정원 호스 끝부분에 대면 물이 더 빨리 나오고 더 멀리 뿜어져 나온다 (그림 10.17). 왜 그럴까?

물과 같은 비압축성 유체는 부피가 변하지 않으므로 정상류에서 단위 시간당 호스의 각 지점을 통과하는 물의 부피는 동일해야 한다. 이 양은 **부피 흐름률**(volume flow rate) Q이다. 그림 10.18a는 Q가 단면적 A 및 흐름 속력 v와 어떻게 관련되어 있는지 보여 준다($Q = Av\Delta t/\Delta t$, 즉 $Q = Av$). 이 곱은 호스의 모든 곳에서 동일하므로 그림 10.18b와 같이 단면적이 다른 지점의 흐름을 비교할 수 있다. 부피 흐름률은 Av와 같고 흐름 전체에서 동일하기 때문이다.

> 부피 흐름률 $Q = Av = $ 일정 (연속 방정식, SI 단위: m^3/s) (10.7)

식 10.7은 모든 이상적인 흐름에 유효한 **연속 방정식**(continuity equation)이다. 연속 방정식은 정원 호스 상황을 설명한다. 호수 끝을 엄지손가락을 대면 단면적 A가 작아지므로 물의 속력 v가 비례적으로 커져서 단면적과 속력의 곱 Av가 일정하게 유

지된다. 또 다른 예는 그림 10.19의 수도꼭지이다. 물이 떨어지면 속력이 빨라지므로 면적 A가 감소해야 한다. 따라서 물줄기가 좁아진다.

예제 10.11 소방 호스

호스 안쪽 지름(내경)이 12.7 cm인 소방 호스는 분당 340 L의 물을 공급한다. 다음을 구하여라.

(a) 호스에 있는 물의 속력

(b) 지름이 1.91 cm인 노즐에서 나오는 물의 속력

구성과 계획 연속 방정식 $Q = Av$는 부피 흐름률을 단면적 A 및 흐름 속력 v와 관계한다. 두 부분 모두 지름에서 면적을 구한 후, 연속 방정식을 사용하여 흐름 속력을 구할 수 있다. 흐름률은 SI 단위로 표시해야 한다.

알려진 값: 호수의 지름(내경) $d_1 = 12.7$ cm, $Q = 340$ L/min, 노즐 지름 $d_2 = 1.91$ cm

풀이 (a) 흐름률을 SI 단위로 환산하면 다음과 같다.

$$\frac{340\,\text{L}}{\text{min}} \times \frac{1\,\text{min}}{60\,\text{s}} \times \frac{10^{-3}\,\text{m}^3}{\text{L}} = 5.67 \times 10^{-3}\,\text{m}^3/\text{s}$$

호수의 반지름은 $d_1/2$, 즉 6.35 cm이다. 따라서 $Q = Av$이므로

흐름 속력은 다음과 같다.

$$v_1 = \frac{Q}{A_1} = \frac{5.67 \times 10^{-3}\,\text{m}^3/\text{s}}{\pi(0.0635\,\text{m})^2} = 0.448\,\text{m/s}$$

(b) 관계식 $Q = Av$는 모든 곳에서 유지되므로 노즐에서 흐름 속력 v_2는 다음과 같다.

$$v_2 = \frac{Q}{A_2} = \frac{5.67 \times 10^{-3}\,\text{m}^3/\text{s}}{\pi(0.00955\,\text{m})^2} = 19.8\,\text{m/s}$$

반영 이 답은 합리적으로 보인다. 약 20 m/s의 속력으로 흐르는 물은 길 건너편이나 건물 위까지 도달할 수 있다.

⋯⋯⋯⋯⋯⋯⋯⋯⋯⋯⋯⋯⋯⋯⋯⋯⋯⋯⋯⋯⋯⋯

연결하기 이 노즐에서 나오는 물이 도달할 수 있는 최대 높이는 얼마인가?

답 운동학 방정식을 사용하면 19.8 m/s의 속력으로 직진하는 물줄기는 최대 높이인 $v^2/2g = 20.0$ m에 도달한다. 이는 일반적인 건물의 5~6층에 해당하는 높이이다.

베르누이의 방정식

소방 호스가 지상 소화전에 연결되어 있고 소방관들이 화재 진압을 위해 다른 쪽 끝을 건물 2층으로 들고 올라간다고 가정해 보자. 정지 유체에 대한 연구에 따르면 고도 변화로 인해 호스의 수압이 감소할 것으로 예상할 수 있다. 그리고 역학적 에너지 보존의 원리를 고려하면 2층의 흐름 속력이 지상보다 작을 것으로 예상할 수 있다. 이제 목표는 이러한 양(압력, 속력, 높이)을 이상 유체의 운동과 연관시키는 것이다.

그림 10.20은 이상 유체의 흐름을 전달하는 지름이 다른 좁은 유관의 개략도를 보여 준다. 유관에 들어갔다가 나오는 유체 부피가 표시되어 있다. 이상 유체는 압축할 수 없으므로 유체 부피 V는 그대로 유지된다. 따라서 $V = A_1 x_1 = A_2 x_2$이다.

이제 이 유체 흐름에 일과 에너지를 적용해 보자. 일은 그림 10.20과 같이 왼쪽($\vec{F}_1$)과 오른쪽($\vec{F}_2$)에 인접한 유체의 힘에 의해 외부에서 이루어진다. 이러한 외력에 의해 수행되는 알짜 일 W_{ext}는 유체의 역학적 에너지의 변화와 같다.

$$W_{\text{ext}} = \Delta E = \Delta K + \Delta U \tag{10.8}$$

외부 일 W_{ext}는 힘 $\vec{F}_1$에 의한 일 W_1과 힘 $\vec{F}_2$에 의한 일 W_2의 합이다. 압력은 단위 면적당 힘이므로 $W_1 = F_1 \Delta x_1 = P_1 A_1 \Delta x_1 = P_1 V$이다. 마찬가지로 $W_2 = -P_2 V$이

그림 10.19 연속 방정식에 의해 물 흐름의 지름은 속력이 증가함에 따라 감소한다.

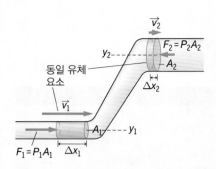

그림 10.20 동일한 유체 요소가 관으로 들어오고 나가는 것을 보여 주는 유관이다. 외력에 의한 일은 유체 요소의 역학적 에너지 변화와 같다.

며, 여기서 힘과 유체의 변위는 반대 방향이므로 W_2는 음이 된다. 따라서 외부 일은 $W_{ext} = W_1 + W_2 = P_1 V - P_2 V$이다. 이는 식 10.8의 일부분을 보여 준다. 다음으로 점 1과 점 2 사이의 유체 운동 에너지 차이는 다음과 같다.

$$\Delta K = \frac{1}{2} m v_2^2 - \frac{1}{2} m v_1^2$$

질량 = 밀도 × 부피이므로 다음이 성립한다.

$$\Delta K = \frac{1}{2} \rho V v_2^2 - \frac{1}{2} \rho V v_1^2$$

마지막으로 위치 에너지 차는 다음과 같다.

$$\Delta U = m g y_2 - m g y_1 = \rho V g y_2 - \rho V g y_1$$

이 결과를 식 10.8에 대입하면 다음이 성립한다.

$$P_1 V - P_2 V = \frac{1}{2} \rho V v_2^2 - \frac{1}{2} \rho V v_1^2 + \rho V g y_2 - \rho V g y_1$$

이 식에서 부피 V를 소거하고 정리하면 다음을 얻는다.

$$P_1 + \frac{1}{2} \rho v_1^2 + \rho g y_1 = P_1 + \frac{1}{2} \rho v_2^2 + \rho g y_2 \quad \text{(베르누이의 방정식, SI 단위: Pa)} \quad (10.9)$$

식 10.9는 우리가 찾고자 하는 관계식이다. 이 식은 두 지점의 유체의 압력, 속력, 높이와 함께 비압축성 유체의 경우 일정한 밀도 ρ를 포함한다. 이것은 **베르누이의 방정식**(Bernoulli's equation)이며, 1738년 스위스 수학자 다니엘 베르누이의 이름을 딴 것이다.

베르누이의 방정식은 어려워 보일 수 있지만, 두 가지 특수한 경우에는 익숙한 결과로 축소된다. 첫째, 정지 유체의 경우 $v_1 = v_2 = 0$이므로 $P_1 + \rho g y_1 = P_1 + \rho g y_2$이며, 이는 정압에 대한 식 10.4와 같다. 둘째, 압력 P_1과 압력 P_2가 같으면 유체에 대한 외부 일이 행해지지 않으므로 역학적 에너지가 보존된다. $P_1 = P_2$, $\rho = mV$를 이용하면 베르누이의 방정식은 $\frac{1}{2} m v_1^2 + m g y_1 = \frac{1}{2} m v_2^2 + m g y_2$이다. 이는 역학적 에너지 보존에 대한 친숙한 표현이다(5장).

▶ 응용 자동차의 유선

신차를 설계하는 엔지니어들은 차량이 공기와 어떻게 상호작용하는지 연구할 때 연기를 이용하여 유선을 추적한다(사진 참조). 차량 표면의 공기압이 낮아지면 저항력이 줄어들므로 연비가 향상된다.

예제 10.11의 호스는 (게이지) 수압이 75 psi(515 kPa)인 노상 소화전에 연결되어 있다. 소방관들은 노즐을 지상 7.8 m 높이의 3층으로 가져갔다. 이 소화전은 여전히 분당 340 L의 물을 배출한다. 다음을 구하여라.

(a) 노즐을 통과하는 흐름 속력   (b) 노즐의 압력

구성과 계획 연속 방정식은 여전히 유효하므로 흐름 속력은 예제 10.11과 같다. 베르누이의 방정식에 알려진 속력을 대입하여 3층 압력(그림 10.21)을 다른 매개변수와 연관시킨다.

알려진 값: 노상 소화전 압력 = 515 kPa, Δy = 7.80 m, v_1 = 0.448 m/s, v_2 = 19.8 m/s

풀이 베르누이의 방정식을 사용하여 3층의 수압 P_2를 구한다.

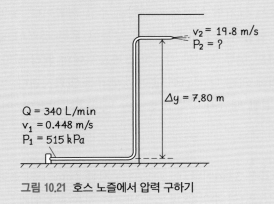

Q = 340 L/min
v_1 = 0.448 m/s
P_1 = 515 kPa

v_2 = 19.8 m/s
P_2 = ?

Δy = 7.80 m

그림 10.21 호스 노즐에서 압력 구하기

소화전 압력은 P_1 = 515 kPa이며, 흐름 속력은 v_1 = 0.448 m/s와 v_2 = 19.8 m/s이다. 베르누이의 방정식으로 P_2을 풀면 다음과 같다.

$$P_2 = P_1 + \tfrac{1}{2}\rho v_1^2 + \rho g y_1 - \tfrac{1}{2}\rho v_2^2 - \rho g y_2$$
$$= P_1 - \tfrac{1}{2}\rho(v_2^2 - v_1^2) - \rho g(y_2 - y_1)$$

물의 밀도 1000 kg/m^{3}와 함께 수치를 대입하여 계산하면 다음이 성립한다.

$$P_2 = 5.15 \times 10^5 \text{ Pa} - \tfrac{1}{2}(1000 \text{ kg/m}^3)\left[(19.8 \text{ m/s})^2 - (0.448 \text{ m/s})^2\right]$$
$$- (1000 \text{ kg/m}^3)(9.80 \text{ m/s}^2)(7.80 \text{ m}) = 2.43 \times 10^5 \text{ Pa}$$

반영 이것은 노상 소화전 압력의 절반 미만이다. 증가된 흐름 속력과 높은 고도는 모두 3층 수준의 압력 감소에 기여한다. 노상 소화전 압력이 게이지 압력이었기 때문에 답도 대기압보다 과도한 압력이다.

연결하기 동일한 노상 소화전 압력을 가정할 때, 이 호수가 물을 공급할 수 있는 최대 높이는 얼마인가?

답 최대 높이는 유량이 중단될 때이므로 노즐의 게이지 압력과 흐름 속력이 0이어야 한다. 그다음 베르누이의 방정식은 $P_1 + \rho g y_1 = \rho g y_2$가 된다. 높이 $h = y_2 - y_1$에 대해 풀면 h = 52.6 m를 얻는다.

식 10.9에서 제시된 바와 같이 베르누이의 방정식은 유체의 두 지점에서의 압력, 속력, 높이와 관련이 있다. 그러나 베르누이의 방정식을 보존 법칙으로 생각할 수 있는 또 다른 방법도 있다. 베르누이의 방정식에 따르면 $P + \tfrac{1}{2}\rho v^2 + \rho gh$의 양은 이상 흐름의 어느 곳에서나 동일하다. 즉, 다음과 같다.

$$P + \tfrac{1}{2}\rho v^2 + \rho gh = \text{일정}$$

이 형태에서 베르누이의 방정식은 이상 유체의 에너지 보존에 대한 것이다. 방정식의 모든 항에는 에너지 밀도의 단위, 즉 J/m^{3}가 있다는 것을 확신할 수 있다. 방정식은 P, v, h 중 하나가 증가하면 다른 하나 또는 둘 다 감소해야 한다는 것을 보여 준다.

베르누이의 원리

앞에서 흐름 속력이 0이고 두 지점에서 압력이 동일한 두 가지 특수한 경우를 고려하였다. 이제 세 번째 특수한 경우는 유체의 두 지점이 동일한 높이에 있을 때 발생

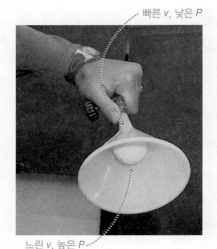

빠른 v, 낮은 P

느린 v, 높은 P

그림 10.22 하향 하강 공기에 의해 지지되는 탁구공. 좁은 부분 안쪽에서 고속으로 흐른다.

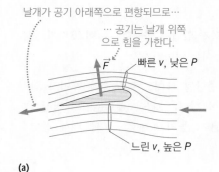

날개가 공기 아래쪽으로 편향되므로…

… 공기는 날개 위쪽으로 힘을 가한다.

$\vec{F}$

빠른 v, 낮은 P

느린 v, 높은 P

(a)

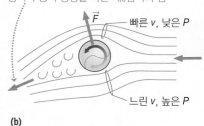

공기가 공의 방향을 바꾼 제3법칙의 힘

$\vec{F}$

빠른 v, 낮은 P

느린 v, 높은 P

(b)

그림 10.23 베르누이의 원리와 뉴턴의 운동 제3법칙은 비행기의 비행과 곡선 경로를 설명하는 데 도움이 된다. (a) 날개의 측면도는 아래의 높은 압력에서 발생하는 힘 $\vec{F}$를 보여 준다. 다른 흐름 속력과 연관된 낮은 위아래쪽 공기 편향은 날개에 위쪽 힘이 있어야 한다는 것을 확인시켜 준다. (b) 회전하는 야구공의 윗면도 비슷한 효과를 보여 준다. 공을 옆으로 꺾는 것이다. 한쪽 흐름 속력이 빨라지는 것은 공의 스핀 때문이다.

한다. 그러면 $\rho g h$를 소거하고 남는 양을 정리하여 다음을 얻는다.

$$P_1 + \tfrac{1}{2}\rho v_1^2 = P_2 + \tfrac{1}{2}\rho v_2^2$$

이 형태는 압력과 흐름 속력 사이의 균형을 보여 주는 **베르누이의 원리**를 구현한 것이다. 흐름 속력 v를 높이면 압력 P가 떨어지고, 반대의 경우도 마찬가지이다. 베르누이의 원리는 직관적이지 않은 많은 유체 현상을 설명하며(그림 10.22), 유체 흐름을 측정하는 계측기에 널리 사용된다. 그림 10.22에 표시된 깔때기의 테이퍼는 깔때기가 좁은 곳에서 흐름 속력이 빨라지게 한다. 따라서 깔때기의 넓은 쪽 끝의 압력이 더 높고, 그쪽의 압력이 높을수록 공이 떨어지는 것을 방지할 수 있다. 이 원리는 비행기가 어떻게 날고 공이 어떻게 휘어지는지 설명하는 데도 도움이 된다. 그러나 그림 10.23에서 알 수 있듯이 완벽한 설명을 위해서는 반드시 뉴턴의 운동 제3법칙이 필요하다.

유체의 흐름은 인체의 순환계와 같은 생물계 전체에서 발견된다. 대동맥은 몸통을 통해 수직으로 흐르는 정원 호스 크기의 동맥으로 인체의 주요 혈관이다. 동맥류는 대동맥벽이 약화되는 것으로, 혈압이 상승하면 동맥이 부풀어 올라 동맥이 넓어진다. 연속 방정식에 의해 동맥류의 혈류 속력이 감소하고 베르누이의 원리에 따라 혈압이 상승한다. 이는 결국 압력에 의해 더 부풀어 올라 동맥류를 악화시킨다. 안타깝게도 대부분의 대동맥류는 파열될 때까지 아무런 증상이 나타나지 않으며, 이는 대개 치명적인 결과를 초래한다.

확인 10.5절 매립 수도관의 지름은 3 cm이다. 이 수도관은 지름 2 cm의 지상 배관과 연결되어 있다. 지하(P_1)와 지상(P_2)의 수압을 바르게 비교한 것은 무엇인가?
(a) $P_1 > P_2$ (b) $P_1 < P_2$ (c) $P_1 = P_2$ (d) 주어진 정보로 판단하기 어렵다.

새로운 개념 검토

부력과 유체 흐름에 대한 몇 가지 중요한 아이디어:
- 아르키메데스의 원리는 유체에서 물체에 대한 부력은 물체에 의해 밀려난 유체의 무게와 같다고 말한다.

$$F_\text{B} = W_\text{displaced fluid} = \rho_\text{fluid} g V$$

- 비압축성 유체의 경우, 연속 방정식은 흐름 속력 및 단면적과 관계된다.

$$A_1 v_1 = A_2 v_2$$

- 비압축성 유체의 압력, 속력, 높이는 베르누이의 방정식과 관계된다.

$$P_1 + \tfrac{1}{2}\rho v_1^2 + \rho g y_1 = P_2 + \tfrac{1}{2}\rho v_2^2 + \rho g y_2$$

10.6 표면 장력과 점성도

지금까지 이상적인 유체만 고려해 왔다. 비이상적인 흐름(예: 압축성 유체)를 연구하려면 이 책의 범위를 벗어나는 고급 수학이 필요하다. 이 절에서는 아주 간단하게 설명할 수 있는 두 가지 중요한 비이상적인 현상만 소개할 것이다.

표면 장력

잔잔한 물 위를 걷는 곤충을 본 적이 있을 것이다. 이 곤충들은 왜 물에 빠지지 않는가? 자세히 보면 곤충의 다리가 마치 탄성 막처럼 수면을 누르고 있는 것을 볼 수 있다(그림 10.24). 유체가 이런 식으로 움직이면 **표면 장력**(surface tension)이 나타난다고 말한다.

그림 10.25는 표면 장력의 이면에 있는 물리학을 보여 준다. 물 분자는 반 데르 발스 힘(van der Waals forces)이라고 부르는 전기적 상호작용을 통해 약하게 끌어당긴다. 물 속의 분자는 모든 방향의 이웃 분자들에 의해 동등하게 끌어당기는 평형 상태에 있다. 표면에 있는 분자도 평형 상태에 있지만 위에 물이 없으므로 표면과 평행한 힘이 지배한다. 이러한 표면 힘은 장력을 받아 늘어나는 용수철처럼 작용하여 표면을 탄력적으로 만들고 작은 물체를 지탱할 수 있다. 표면 장력은 물과 다른 액체가 구형 물방울을 형성하는 경향을 보이는 이유이기도 한데, 표면 힘은 구형의 모양에서 불룩한 부분이나 왜곡된 부분을 잡아당기기 때문이다.

눈금이 표시된 원통 유리관으로 액체의 부피를 측정하면 가장자리에서 액체가 위쪽으로 휘어지는 것을 볼 수 있다. 이 원통 안 액체의 요철(meniscus)은 표면 장력과 관련된 현상인 **모세관 작용**(capillary action) 때문이다. 액체와 유리 사이의 인력은 표면 장력보다 강하다. 따라서 액체는 가장자리 주변으로 당겨진다. 모세관 작용은 액체의 앞쪽 가장자리가 유리관 내부 표면에 끌리기 때문에 액체가 좁은 관을 통해 천천히 움직이게 할 수도 있다(따라서 모세관이라는 이름이 붙여졌다).

그림 10.24 표면 장력이 소금쟁이를 지탱한다. 곤충의 다리가 수면에 닿는 움푹 들어간 부분에 주목하여라.

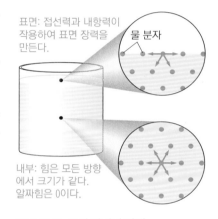

표면: 접선력과 내항력이 작용하여 표면 장력을 만든다.

물 분자

내부: 힘은 모든 방향에서 크기가 같다. 알짜힘은 0이다.

그림 10.25 표면 장력의 발생

점성도

이상 유체는 근사적으로 마찰을 무시한다. 그러나 실제 액체는 흐름을 방해하는 유체 마찰인 **점성**을 갖는다. 그림 10.26은 유관을 통과하는 점성 흐름을 보여 준다. 유체와 유관의 내부 벽 사이의 마찰은 벽의 흐름 속력을 감소시킨다. 벽에서 멀리 떨어진 곳의 유체는 영향을 덜 받지만 벽에 인접한 유체와의 상호작용으로 여전히 속력이 느려진다. 따라서 흐름 속력은 관의 중심에서 가장 빠르다.

점성도는 유체의 에너지를 흡수하여 흐름이 진행됨에 따라 압력을 떨어뜨린다. 이 점성이 있는 압력 강하는 혈액이 순환계를 통과하기 위해 심장의 수축기 압력이 필요한 이유이며, 송유관에 압력을 가해 석유 흐름을 유도해야 하는 이유이기도 하다.

대부분의 경우 관을 통과하는 부피 흐름률 Q는 관 끝 사이의 압력차에 비례한다.

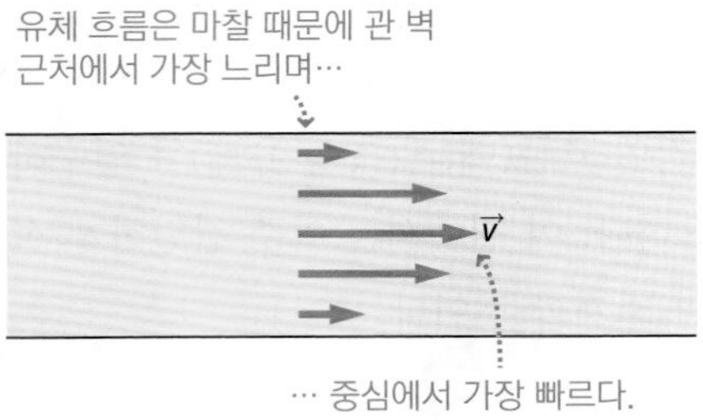

유체 흐름은 마찰 때문에 관 벽
근처에서 가장 느리며…

$\vec{v}$

… 중심에서 가장 빠르다.

그림 10.26 점성 흐름

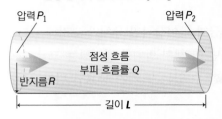

유체가 관을 통해 흐름에 따라
점성 압력이 떨어진다. $P_1 > P_2$

압력 P_1 압력 P_2

점성 흐름
부피 흐름률 Q

반지름 R 길이 L

그림 10.27 점성 흐름에서 압력차

표 10.3 일반 유체의 점성도
(단위: Pa·s)

유체	점성도 $\eta(\text{Pa·s})$
글리세린(20°C)	1.5
엔진 오일, SAE 20 (20°C)	0.13
물(20°C)	1.0×10^{-3}
물(100°C)	2.8×10^{-4}
에탄올(20°C)	1.2×10^{-3}
혈액(37°C)	1.7×10^{-3}
수은(20°C)	1.6×10^{-3}
공기(20°C)	1.8×10^{-5}
공기(100°C)	2.2×10^{-5}

푸아죄유의 법칙(Poiseuille's law)은 이 관계를 설명한다.

$$Q = \frac{\pi R^4 (P_1 - P_2)}{8\eta L} \quad \text{푸아죄유의 법칙} \tag{10.10}$$

푸아죄유의 법칙에서 물리량 η(그리스어 에타)는 **점성도**(viscosity)를 나타내며, 단위는 Pa·s이다. 다른 물리량은 그림 10.27에 나와 있다. 부피 흐름률은 점성도에 반비례하므로 점성도가 높을수록 흐름에 대한 저항이 크다는 것을 알 수 있다. 표 10.3은 일반 유체의 점성도를 보여 준다.

액체의 점성도는 온도가 증가함에 따라 급격히 감소한다. 반면, 대부분의 기체는 온도가 증가함에 따라 점성도가 약간 높아진다. 그러나 일반적으로 기체는 밀도가 낮기 때문에 예상대로 액체보다 점성도가 훨씬 낮다.

물질의 상태

(10.1절) **밀도**는 단위 부피당 질량으로 기술한다. 밀도는 고체의 경우 가장 크고, 액체의 경우 약간 작으며(물은 예외), 기체의 경우 훨씬 작은 경향이 있다.

밀도: $\rho = \dfrac{m}{V}$

고체와 탄성률

(10.2절) 고체는 **영률**(일차원 변화) 또는 **부피 탄성률**(삼차원 변화)에 의해 설명된 바와 같이 외력의 영향을 받아 팽창 및 압축된다.

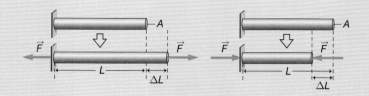

영률: $\dfrac{F}{A} = Y \dfrac{\Delta L}{L}$ **부피 탄성률:** $\dfrac{F}{A} = -B \dfrac{\Delta V}{V}$

유체 압력

(10.3절) **압력**은 유체에 작용하는 단위 면적당 힘으로 기술한다. 일반적으로 압력은 모든 방향에서 동일하다.

비압축성 유체의 압력은 깊이에 따라 증가한다.

$P = P_0 + \rho g h$

부력과 아르키메데스의 원리

(10.4절) **아르키메데스의 원리**는 유체 속에 잠긴 물체에 위로 향하는 부력이 그 밀려난 유체의 무게와 같다는 것이다. 그 원리에 의하면 물체가 유체 속에 잠기거나 유체 위에 뜨는 것은 그 밀도가 유체의 밀도보다 크냐 작으냐에 달려있다.

아르키메데스의 원리: $F_B = w_{\text{displaced fluid}} = \rho_{\text{fluid}} g V$

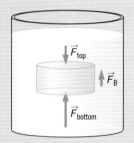

유체 운동

(10.5절) **연속 방정식**에 따르면 비압축성 유체의 부피 흐름률 Q는 유관 전체에서 동일하다. 따라서 흐름 속력 v는 관의 면적 A의 변화에 따라 달라진다.

베르누이의 방정식은 유체 압력, 흐름 속력, 높이와 관련하여 이상 유체에서의 에너지 보존을 기술한다.

연속 방정식: $Q = A_1 v_1 = A_2 v_2$

베르누이의 방정식: $P_1 + \frac{1}{2}\rho v_1^2 + \rho g y_1 = P_1 + \frac{1}{2}\rho v_2^2 + \rho g y_2$

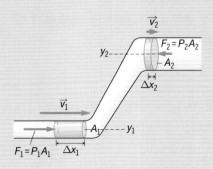

표면 장력과 점성도

(10.6절) 점성도 또는 유체 마찰은 유체 흐름을 방해하여 유관을 통해 일정한 흐름을 유도하기 위해 압력차가 필요하다는 것을 의미한다.

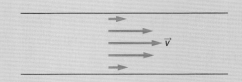

푸아죄유의 법칙: $Q = \dfrac{\pi R^4 (P_1 - P_2)}{8\eta L}$

10장 연습문제

문제의 난이도는 ▪(하), ▪▪(중), ▪▪▪(상)으로 분류한다. BIO로 표시된 문제는 생물학적 또는 의학적인 문제이다.

개념 문제

1. 기체가 액체 상태의 동일한 물질보다 밀도가 작을 것으로 예상되는 이유를 설명하여라.

2. 진공 펌프로 물을 끌어올릴 수 있는 최대 높이는 약 10m이다. 이유가 무엇인가? 15m 높이까지 물을 끌어올려야 한다면 어떻게 해야 하는가?

3. 강철은 물보다 훨씬 밀도가 큰데 왜 강철 선체가 물에 뜨는가?

4. 잠수함이 물에 완전히 잠긴 경우, 부력은 잠수함의 수심에 따라 달라지는가?

5. 갑자기 앞으로 가속하는 차 안에 앉아 있을 때, 좌석에 다시 던져지는 느낌을 받는다. 동시에 차 안에 떠 있는 헬륨 풍선에 무슨 일이 일어나는가?

6. 비이상적인 유체의 세 가지 예를 제시하고, 각 경우에 비이상적인 동작을 구별하여라.

7. 종이 한쪽 끝을 잡고 다른 쪽 끝을 아래로 내린다. 그러고 나서 종이 위쪽을 불면 종이가 위로 올라가는 것을 볼 수 있다. 이유가 무엇인가?

객관식 문제

8. 알루미늄의 밀도는 $2{,}700 \text{ kg/m}^3$이다. 질량이 15 kg인 고체 구형 알루미늄의 반지름은 얼마인가?

    (a) 0.9 mm   (b) 2.3 cm

    (c) 9.6 cm   (d) 11 cm

9. 지름 1.0 cm, 길이 25 cm의 원통형 금속 봉을 850 N의 힘으로 바깥쪽으로 당긴다. 봉 막대에 가해지는 변형력은 얼마인가?

    (a) $2.1 \times 10^6 \text{ N/m}^2$ (b) $1.1 \times 10^7 \text{ N/m}^2$

    (c) $3.3 \times 10^7 \text{ N/m}^2$ (d) $6.6 \times 10^7 \text{ N/m}^2$

10. 바닷물의 밀도는 $1{,}030 \text{ kg/m}^3$이다. 해저 2.5 km 깊이의 압력은 얼마인가?

    (a) $2.5 \times 10^5 \text{ Pa}$ (b) $2.5 \times 10^6 \text{ Pa}$

    (c) $2.5 \times 10^7 \text{ Pa}$ (d) $2.5 \times 10^8 \text{ Pa}$

11. 잠수함의 외형은 4.2 MPa의 압력을 견뎌내고 잠수할 수 있다. 이 잠수함의 최대 수심은 얼마인가?

    (a) 4,200 m   (b) 2,100 m   (c) 840 m   (d) 430 m

12. 물은 지름 1.5 cm의 호스를 통해 5.2 L/min의 속력으로 흐른다. 흐름 속력은 얼마인가?

    (a) 0.24 m/s   (b) 0.37 m/s   (c) 0.49 m/s   (d) 0.67 m/s

연습문제

10.1 물질의 상태

13. ▪ 1 L의 물을 끓일 때 생성되는 수증기의 부피는 얼마인가? (표 10.1에 제시된 온도 및 압력을 참고한다)

14. ▪ 핵분열성 동위원소가 변형된 우라늄은 단단하고 밀도가 높기 때문에 방탄복을 관통하는 총알에 사용된다(약간의 방사능이 있어 논란의 여지가 있다). 우라늄 총알은 같은 크기

와 모양의 납 총알의 몇 배로 무거운가?

15. BIO ••• **공기와 밀도** 65 kg인 사람의 밀도는 990 kg/m³이고 폐에 2.4 L의 공기가 들어 있다. 밀도를 물의 밀도인 1,000 kg/m³로 만들려면 얼마나 많은 공기를 배출해야 하는가? (이 계산에서는 공기의 질량을 무시한다)

10.2 고체와 탄성률

16. • 78 kg인 남성이 28 cm 두께의 콘크리트 벽돌 위에 올라갔다. 이 벽돌은 얼마나 압축되는가?

17. • 고정된 지지대에 강철봉이 수직으로 매달려 있다. 봉의 길이는 1.5 m이고, 지름은 1.2 mm이다. 어떤 물체를 봉에 매달았더니 0.40 mm만큼 늘어났다. 봉에 매달린 물체의 질량은 얼마인가?

18. • 길이 73 cm, 지름 0.15 mm의 강철 기타 줄이 있다. 1900 N의 장력을 받는다면 줄은 얼마나 늘어나는가?

10.3 유체 압력

19. •• 기압계에서 수은 대신 물을 사용한다면 압력이 1기압일 때 물기둥의 높이는 얼마인가? 물 기압계는 실용적인가?

20. •• 난파된 후 단단한 강철 숟가락이 수면 아래 3.75 km의 바다 밑바닥에 놓여 있다. 물음에 답하여라.
(a) 이 깊이에서 수압은 얼마인가?
(b) 압축력에 의한 숟가락의 부피 변화율을 구하여라.

21. • 다이버가 3기압의 압력을 느끼는 바다 깊이는 얼마인가?

22. ••• 강철공의 부피가 0.10% 감소하는 수심은 얼마인가?

23. BIO •• **수혈** 수혈을 하는 동안 신체의 이완기 압력과 같은 압력으로 혈액을 주입하는 것이 가장 좋다. 70 mmHg인 경우, 삽입 지점보다 얼마나 높은 곳에 혈액 공급 장치를 배치해야 하는가? 혈액의 밀도는 표 10.1을 참조하여라.

24. •• 유압 리프트에 면적이 각각 0.05 m²과 5.60 m²인 피스톤이 있으며 높이가 같다. 작은 피스톤에 2.5 kN의 힘이 가해지면 큰 피스톤이 얼마나 많은 질량을 지탱할 수 있는가?

10.4 부력과 아르키메데스의 원리

25. • 부피 215 m³의 잠수함이 바다에 완전히 잠겼을 때 부력을 구하여라.

26. •• 밀도가 1,050 kg/m³인 70 kg의 낙하산 대원이 자유 낙하 중이다. 공기로 인한 부력을 구하고, 낙하산 대원의 무게와 비교해 보아라.

27. ••• 질량이 7,500 kg, 밀도가 931 kg/m³인 빙산이 밀도 1,030 kg/m³의 바닷물에 떠 있다. 다음을 구하여라.
(a) 빙산의 부력   (b) 빙산에 의해 밀려난 물의 부피
(c) 빙산의 부피 중 해수면 아래에 차지하는 비율

28. •• 단단한 나무 공이 순수한 물 위에 정확히 절반의 부피로 떠 있다. 나무의 밀도는 얼마인가?

29. •• 물에 완전히 잠긴 69.5 kg의 사람이 22.0 N이라고 표시된 저울 위에 앉아 있다. 이 사람의 밀도는 얼마인가?

30. •• 알루미늄의 밀도는 2,700 kg/m³이다. 한 변이 7.0 cm인 알루미늄 정육면체가 저울 위에 올려져 있다. 물음에 답하여라.
(a) 이 정육면체가 완전히 공기 중에 있을 때, 저울의 눈금은 얼마인가?
(b) 이 정육면체가 완전히 물 속에 있을 때, 저울의 눈금은 얼마인가?

31. •• 예제 10.10에 있는 사람의 체지방 비율을 계산하여라.

32. ••• 잠수함은 빌지 탱크(잠수함 밑 저장소)에 여분의 해수를 저장하여 잠수 상태를 유지한다. 부피가 180 m³인 잠수함이 탱크에서 1.5 m³의 바닷물을 배출할 때 정지 상태에서 물에 잠겼다고 가정한다. 이후 잠수함의 상승 가속도는 얼마인가?

10.5 유체 운동

33. • 지름 2.75 cm의 호스를 통해 0.750 m/s의 속력으로 물이 흐른다. 이때 부피 흐름률은 얼마인가?

34. •• 지름 2.75 cm의 호스를 통해 0.32 m/s의 속력으로 물이 흐른다. 다음을 구하여라.
(a) 부피 흐름률
(b) 지름 0.30 cm인 노즐에서 나오는 물의 속력

35. •• 물이 지름 2.0 cm의 파이프를 통해 1.20×10^{-4} m³/s의 속력으로 흐르며 지름 1.0 cm의 파이프 2개로 갈라진다. 작은 파이프의 흐름률을 구하여라.

36. •• 파이프라인을 통과하는 오일은 게이지 압력 180 kPa인 상태에서 1.55 m/s의 속력으로 A 지점을 통과한다. B 지점에서 파이프의 고도가 7.50 m 더 높고 유속은 1.75 m/s이다. B 지점에서 게이지 압력을 구하여라.

37. ••• 물이 가득 담긴 커다란 원통형 용기가 있다. 수면 아래 1.25 m 지점에 용기 측면에 작은 구멍이 뚫려 있다. 이 구멍

에서 물이 나오는 속력을 구하여라.

38. ▪▪ 폭풍이 치는 날 90 km/h의 바람이 4.5 m² 면적의 창문 표면에 평행하게 분다. 창문에 가해지는 힘의 크기와 방향을 구하여라.

10.6 표면 장력과 점성도

39. BIO ▪▪ **동맥 혈류** 동맥 혈류량이 10% 감소하려면 동맥벽의 내경이 몇 퍼센트까지 감소해야 하는가?

40. ▪▪ 50°C의 물이 양수장에서 2.50 km 떨어진 가정집까지 지름 10 cm의 배수관을 따라 12 L/min의 속력으로 흘러 들어간다. 이 배수관 파이프 양 끝 사이의 압력차를 구하여라.

10장 질문에 대한 정답

단원 시작 질문에 대한 답

수심이 깊어지면 다이버 위에서 더 많은 유체가 아래로 밀려나면서 수심에 따라 압력이 선형적으로 증가한다.

확인 질문에 대한 정답

10.1절   (c) $O = A = B$

10.2절 $\Delta L(강철) < \Delta L(구리) < \Delta L(알루미늄)$

10.3절 $1\ Pa < 1\ torr = 1\ mmHg < 1\ kPa < 1\ atm$

10.5절   (a) $P_1 > P_2$

파동과 소리
Waves and Sound

▲ 이것은 무엇이며, 화석 연료에 대한 의존도를 어떻게 줄일 수 있는가?

이 장에서는 익숙한 물결파와 음파를 포함한 파동에 대해 알아볼 것이다. 주기, 진동수, 파장, 진폭을 포함한 일반적인 파동의 성질부터 살펴본다. 다음으로 2개 이상의 파동이 같은 위치에서 겹치면서 간섭이 발생할 경우 어떤 일이 일어나는지 본다.

이 장의 대부분은 매일 경험하는 파동 현상인 소리에 집중되어 있다. 두 가지 음량을 보여 줄 것이다. 그다음 소리의 특성이 악기의 디자인에 어떻게 활용되는지 살펴본다. 마지막으로 도플러 효과(파원과 관찰자가 상대적으로 움직일 때 관찰되는 진동수의 변화)에 대해 논의할 것이다. 도플러 효과는 소리, 빛과 무선통신을 포함한 다른 파동에도 다양하게 응용된다.

11.1 파동의 성질

물결파는 아마도 가장 친숙한 파동 현상일 것이다. 연못에 돌을 던지면 파도가 일렁이는 것을 볼 수 있다. 바다에 가면 반복적으로 해안으로 밀려오는 파도를 관찰할 수 있다.

소리와 빛 또한 파동에 의해 전달된다. 소리는 우리 생활에서 중요하며, 이 장의 많은 부분을 소리에 할애할 것이다. 빛도 중요하지만 광파를 이해하려면 전자기학 지식이 필요하다. 이 내용은 15~20장에서 다룰 것이다. 그다음 21~23장에서 빛과 광학에 대해 알아볼 것이다.

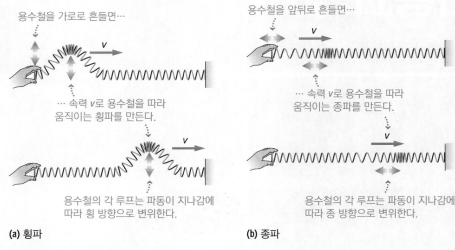

용수철을 가로로 흔들면…

… 속력 *v*로 용수철을 따라
움직이는 횡파를 만든다.

용수철의 각 루프는 파동이 지나감에
따라 횡 방향으로 변위한다.

(a) 횡파

용수철을 앞뒤로 흔들면…

… 속력 *v*로 용수철을 따라
움직이는 종파를 만든다.

용수철의 각 루프는 파동이 지나감에
따라 종 방향으로 변위한다.

(b) 종파

그림 11.1 횡파와 종파

기본적으로 파동은 물질이 아닌 에너지를 전달하는 이동 교란이다. 부표는 파도가 지나 갈 때 위아래로 움직이지만 파동과 함께 해안 쪽으로 이동하지는 않는다. 여러분이 말할 때, 공기 압력의 변화를 일으켜 듣는 사람의 귀에 파동으로 전파된다. 하지만 공기 자체는 듣는 사람에게로 이동하지 않는다. 파동은 물질을 운반하지 않지만 에 너지를 전달하는 것은 분명하다. 이 장의 첫 번째 사진에서 볼 수 있듯이 파도에서 에너지를 추출하여 전기를 생산할 수 있고, 귀는 소리 에너지를 흡수하여 궁극적으로 뇌에서 감지하고 처리한다.

횡파와 종파

그림 11.1은 근본적으로 다른 두 가지 파형 형상을 보여 준다. **횡파**(transverse wave) (그림 11.1a)에서 진동은 파동 진행 방향에 수직이다. **종파**(longitudinal wave)(그림 11.1b)에서는 진동이 파의 진행 방향과 평행하다. 슬링키(촘촘하고 탄성 있는 용수 철 장난감)와 같은 코일 용수철은 두 종류의 파동을 발생시킬 수 있다.

우리는 자연에서 두 가지 파동을 모두 발견할 수 있다. 소리는 종파, 빛은 횡파이 다. 그림 11.2에서 알 수 있듯이 물결파는 두 파의 결합이다. 물결파가 해안에 접근 할 때, 바닥과 접촉하면 이 파동이 종 방향으로 '파괴'된다. 해안 근처의 해초 조각이 주로 종 방향으로 앞뒤로 흔들리는 것을 볼 수 있다.

주기적인 파동

많은 파동은 **주기적**이며, 동일한 교란의 긴 파열(wave train)로 되어 있다. 그림 11.3 은 팽팽한 끈에서 주기적인 횡파를 발생시키는 역학적 발진기를 보여 준다. 파동 특 성을 시각화하기 쉬운 횡파를 먼저 고려하자. 파동에는 일련의 **마루**(crest-top)와 **골** (trough-bottom)이 있다. 건드리지 않은 끈을 기준으로 한 파동의 높이는 파동의 **진 폭**(amplitude) *A*이다. 여기서 '진폭'은 기본적으로 단조화 진동자에서의 진폭과 같

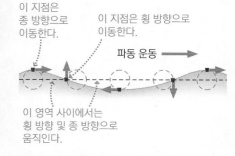

이 지점은
종 방향으로
이동한다.

이 지점은 횡 방향으로
이동한다.

파동 운동 →

이 영역 사이에서는
횡 방향 및 종 방향으로
움직인다.

그림 11.2 물결파는 횡과 종파 성분 둘 다 가진다.

은 의미를 갖는다. 실제로 역학적 발진기의 진폭은 주기적인 파동의 진폭과 같다(그림 11.3a).

주기적인 파동은 규칙적인 **진동수**(frequency)를 갖는다. 진동수는 이전에 등속원운동(3장)과 단조화 운동(7장)에서 설명하였다. 진동수는 단위 시간당 진동 횟수이며, SI 단위는 헤르츠(Hz)이다. 즉, 1 Hz = 1 rev/s이다. 그림 11.3의 파동의 경우 진동수는 일정한 위치를 통과하는 단위 시간당 완전 파동 주기의 수라고 생각한다(그림 11.3b). 연속적인 파동의 통과 시간을 측정하여 파동의 진동수를 측정할 수 있다. 앞에서 본 것처럼 진동수 f는 주기 T의 역수, 즉 $f = 1/T$이다.

또 다른 중요한 특성은 **파장**(wavelength) λ(그리스 소문자 람다)이며, 연속적인 파동의 골과 골 사이의 거리이다(그림 11.3b). 소리와 빛에 대한 우리의 인식은 파장에 따라 크게 달라진다는 것을 알게 될 것이다.

진동수와 파장과 관련된 마지막 특성은 파동 **속력**(speed) v이다. 그림 11.3의 팽팽한 끈과 같이 균일한 매질에서 파동 속력은 일정하다(나중에 파동 속력이 끈의 장력과 밀도에 따라 어떻게 달라지는지에 대해 논의할 것이다). 이 경우 속력은 단순하게 '거리/시간'이므로 속력은 하나의 완전한 파동 사이클의 길이인 λ를 완전한 사이클을 통과하는 데 걸리는 시간 T로 나눈 값, 즉 $v = \lambda/T$이다.

$f = 1/T$이므로 파동 속력은 다음과 같다.

$$v = \lambda f \quad \text{(주기적인 파동의 속력, SI 단위: m/s)} \tag{11.1}$$

식 11.1은 모든 주기적인 파동에 대한 기본 관계식이며 파동 속력, 파장, 진동수를 연결한다. 진동수는 초당 파동의 수이므로 단위인 헤르츠(Hz)는 SI 단위의 s^{-1}와 같다. 따라서 식 11.1의 우변에 있는 단위는 $\text{m} \cdot \text{s}^{-1} = \text{m/s}$이며, 이는 속력에 대한 올바른 단위이다. Hz와 s^{-1}는 서로 호환해서 사용할 수 있다.

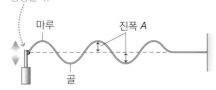

진동기는 일정한 진동수의 단조화 운동으로 위아래로 진동한다. 끈의 주기적인 파동을 생성한다.

마루   진폭 A
골

(a) 끈에서 주기적인 파동을 생성한다.

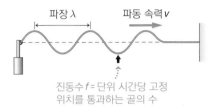

파장 λ 파동 속력 v

진동수 f = 단위 시간당 고정 위치를 통과하는 골의 수

(b) 주기적인 파동의 파장, 속력 및 진동수

그림 11.3 주기적인 파동

예제 11.1   소리의 파장

인간은 약 20 Hz에서 20 kHz까지의 진동수를 가진 소리를 들을 수 있다. 소리는 표준 대기 조건인 공기 중에서 343 m/s의 속력으로 이동한다. 이 최소 및 최대 진동수와 관계되는 파장은 각각 얼마인가?

구성과 계획 식 11.1 $v = \lambda f$는 속력, 파장, 진동수 사이의 관계를 제공한다.

알려진 값: $v = 343$ m/s, $f_{min} = 20$ Hz, $f_{max} = 20$ kHz

풀이 식 11.1로부터 파장을 구하면 $\lambda = v/f$이다. $f = f_{min} = 20$ Hz인 경우의 파장은 다음과 같다.

$$\lambda = \frac{v}{f} = \frac{343 \text{ m/s}}{20 \text{ Hz}} = 17 \text{ m}$$

여기서 1 Hz가 s^{-1}와 같으므로 s가 소거됐다.
$f = f_{max} = 20$ kHz이므로 다음을 얻는다.

$$\lambda = \frac{v}{f} = \frac{343 \text{ m/s}}{2.0 \times 10^4 \text{ Hz}} = 0.017 \text{ m} = 17 \text{ mm}$$

반영 이 계산에서 시간 단위는 소거되고(Hz = s^{-1}), 파장에 대한 길이 m가 남는다. 높은 진동수는 짧은 파장을 갖고, 낮은 진동수는 긴 파장을 갖는다.

연결하기 인간의 청력 크기의 끝에 있는 이 파장을, 음파를 모으고 처리하는 귀의 크기와 비교하여라.

답 높은 진동수에 해당하는 짧은 파장은 귀의 크기에 가까운 1.7 cm에 불과하다. 낮은 진동수에 해당하는 긴 파장은 듣는 사람의 키보다 훨씬 크다. 인간의 귀는 이 큰 규모의 파장 범위에 대한 민감도가 뛰어나다. 소리와 청각에 대해서는 잠시 후 논의할 것이다.

지진파

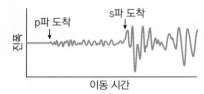

지진은 지각판이 갑자기 이동할 때 발생한다. 에너지는 지각변동이 일어나는 땅속의 '진원지'에서 파동을 통해 외부로 방출된다. 1차파(p파)는 종파이고, 2차파(s파)는 횡파이다. 이 파동은 지각을 통해 다른 속력으로 이동하며, p파는 약 6 km/s, s파는 약 4 km/s의 속력으로 이동한다. 따라서 여기 지진계 추적에서 볼 수 있듯이 p파와 s파 사이에는 지연이 있다. 지질학자들은 다양한 지진 관측소의 측정값을 비교하여 원래 발생한 (깊이를 포함한) 위치를 확인할 수 있다.

확인 11.1절 A와 B의 두 파동은 같은 매질을 통해 같은 속력으로 이동한다. 파동 A의 파장은 λ_A이고 진동수는 f_A이다. 파동 B의 파장은 $\lambda_B = 3\lambda_A$일 때, 파동 B의 진동수는 얼마인가?
(a) $f_A/9$ (b) $f_A/3$ (c) f_A (d) $3f_A$ (e) $9f_A$

11.2 간섭과 정상파

연못에 떨어진 돌에 의해 생기는 파동을 고려해 보자. 이제 거리를 두고 2개의 돌을 동시에 떨어뜨리자. 두 쌍의 파동을 볼 것이다. 이들 파동은 서로 통과하는 것처럼 보인다. 그러나 두 파동이 만나는 공간(그림 11.4)에서 **간섭**하며 상당히 다른 파동 형태를 만들어낸다. 이를 어떻게 설명할 수 있을까?

파동의 간섭과 중첩의 원리

간섭(interference)은 모든 파동의 기본 현상이다. 그림 11.4의 이차원 물결파는 복잡한 **간섭 형태**(interference pattern)를 생성한다. 그림 11.5의 끈과 같이 일차원 파동의 간섭을 시각화하고 이해하는 것이 더 쉽다.

2개의 동일한 파동 펄스가 만나서 간섭하는 것으로 시작해 보자. 그림 11.5a는 두 펄스를 결합하는 순간적으로 큰 펄스가 생기는 **보강 간섭**(constructive interference)을 보여 준다. 그러나 파동의 교란이 반대 방향으로 일어나면 펄스가 순간적으로 상쇄되면서 **상쇄 간섭**(destructive interference)이 발생한다(그림 11.5b). 두 경우 모두 펄스는 상호작용 후에도 변함 없이 계속된다.

간섭파 펄스의 예는 많은 파동에 적용되는 일반적인 원리를 보여 준다.

중첩의 원리(principle of superposition): 2개 이상의 파동이 간섭할 때, 결과적인 파동 교란은 개별 파동의 교란의 합과 같다.

그림 11.5에서 중첩을 볼 수 있다. 여기서 파동 교란은 늘어난 끈의 변위이다. 그림 11.5a에서 두 변위 모두 양이므로 두 변위를 더하면 더 큰 변위, 즉 보강 간섭이 된다. 그림 11.5b에서는 한 변위는 양이고 다른 변위는 음이므로 두 변위를 더하면 상쇄 간섭이 발생한다.

중첩의 원리는 그림 11.4의 이차원 파동에도 적용된다. 파동이 겹치는 곳에서 수

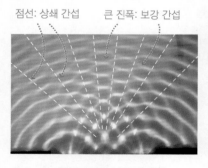

점선: 상쇄 간섭   큰 진폭: 보강 간섭

그림 11.4 물결파에서 파동의 간섭

면의 알짜 변위는 두 파동의 변위의 합이다. 서로 다른 지점, 서로 다른 시간의 간섭은 보강일 수도 상쇄일 수도 그 중간일 수도 있다. 2개의 골이 만나면 결합된 파동이 2개의 음의 변위의 합, 즉 알짜 음의 변위가 커지기 때문에 보강 간섭이 된다.

　모든 파동은 간섭을 일으키며, 대부분의 경우 중첩의 원리를 따른다(파동의 교란에서 비선형적으로 반응하는 물질에서는 예외가 발생한다). 23장에서는 빛의 간섭에 대해 배울 것이고, 다음 예제에서 음파의 간섭에 대해 알아볼 것이다.

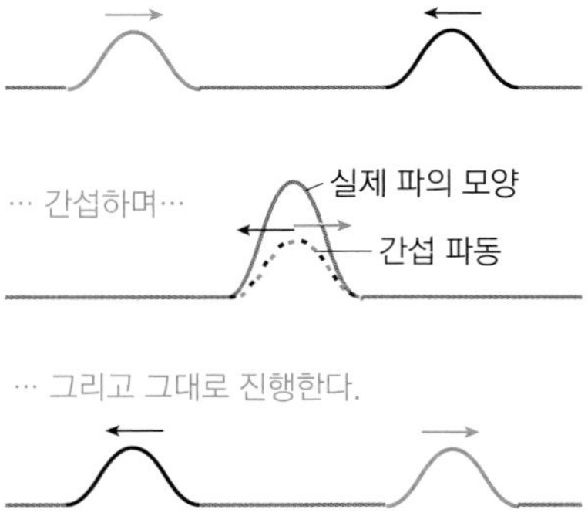

개념 예제 11.2 　난청 지역

여러분은 같은 진동수의 음파를 내는 2개의 확성기가 있는 방에 있다. 방에 소리가 특히 희미하게 들리는 '난청 지역'이 있는 이유를 설명하여라. 파동이 같은 진동수를 갖는 것이 왜 중요한가?

풀이 난청 지역은 상쇄 간섭으로 인해 발생한다. 스피커 A의 파동이 스피커 B의 파동과 동시에 귀에 도달하면(그림 11.6) 결과적으로 상쇄 간섭으로 인해 진폭(음량)이 감소하게 된다.

　진동수가 같으면 A의 파는 항상 B의 파와 같은 순간에 귀에 도달하여 상쇄 간섭 형태가 계속된다. 진동수가 다르면 마루와 골은 점차 동기화되지 않고 결국 간섭은 보강이 될 것이다. 진동수가 동일하지 않지만 매우 가까우면 진폭이 주기적으로 점점 커지고 부드러워지는 것을 알 수 있다. 맥놀이라고 알려진 이 현상은 곧 논의할 것이다.

　음파는 기압의 종 방향 교란이므로 그림 11.4, 그림 11.5의 횡파처럼 설명할 수 없다. 그럼에도 중첩의 원리는 음파에서 높은 압력(밀)과 낮은 압력(소)의 영역인 파동으로 마루와 골처럼 적용된다.

반영 난청 지역은 얼마나 클까? 이는 파장에 따라 다르다. 예제 11.1은 소리의 파장이 cm에서 m까지 다양하다는 것을 보여 준다. 난청 지역의 크기는 파장과 대략 비슷하다. 덧붙여서 이 예제는 전자레인지에서 음식을 회전시키는 것이 왜 좋은지를 보여 준다. 전자레인지의 파장은 약 12 cm이며, 반사된 파동의 간섭은 오븐에서 '온 점(hot spot)'과 '냉 점(cold spot)'의 형태를 형성하는데, 음식을 회전시키면 음식이 고르게 가열된다.

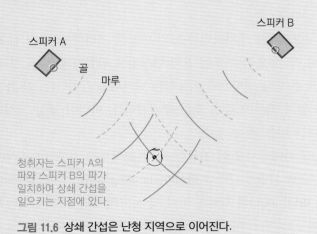

청취자는 스피커 A의 파와 스피커 B의 파가 일치하여 상쇄 간섭을 일으키는 지점에 있다.

스피커 A
골
마루
스피커 B

그림 11.6 상쇄 간섭은 난청 지역으로 이어진다.

파동이 접근하고…

… 간섭하며…
실제 파의 모양
간섭 파동

… 그리고 그대로 진행한다.

(a) 보강 간섭

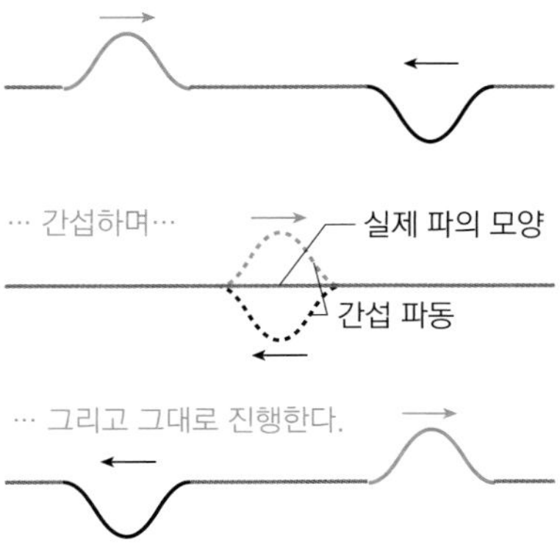

파동이 접근하고…

… 간섭하며…
실제 파의 모양
간섭 파동

… 그리고 그대로 진행한다.

(b) 상쇄 간섭

그림 11.5 파동의 중첩은 보강 간섭과 상쇄 간섭을 일으킨다.

개념 예제 11.2에 설명된 방에서는 전혀 들리지 않는 지점을 찾기 어렵다. 파동이 완전히 상쇄되는 것을 방지하는 데 도움이 되는 한 가지는 벽이나 다른 물체로부터의 반사이다. 스피커에서 직접 나오는 파동뿐만 아니라 이러한 반사도 들을 수 있다. 여러 지점에서 반사된 파가 정확하게 상쇄될 가능성은 낮다. 진동하는 끈에 대한 간섭을 설명할 때 볼 수 있듯이 반사와 그에 따른 간섭은 몇 가지 흥미로운 효과를 가져올 수 있다.

맥놀이

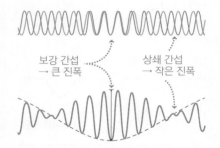

보강 간섭 → 큰 진폭

상쇄 간섭 → 작은 진폭

그림 11.7 맥놀이는 진동수가 약간 다른 두 파동의 중첩에서 발생한다.

고정된 간섭 형태를 사용하려면 간섭파의 진동수가 정확히 같아야 한다. 그렇지 않으면 이들의 파동은 점차 서로 상대적으로 이동할 것이고, 주어진 점에서의 간섭은 점차 보강 간섭과 상쇄 간섭 사이에서 흔들릴 것이다. 그림 11.7은 진동수가 가까울 때 결합된 파형의 전체 진폭이 느리게 변한다는 것을 보여 준다. 이것이 음파라면 느린 진폭 변화, 즉 **맥놀이**라고 하는 현상이 발생한다.

맥놀이는 작은 진동수 차이를 감지하고 수정하는 방법을 제공한다. 2개의 엔진이 장착된 항공기의 경우, 엔진이 거의 동일하지는 않지만 거의 동일한 진동수로 작동하기 때문에 맥놀이를 들을 수 있다. 맥놀이 진동수를 0으로 낮추면 조종사는 임의로 엔진을 동일한 회전율에 가깝게 조정할 수 있다. 음악가들은 악기를 조율할 때 맥놀이를 사용하며, 맥놀이는 전자기파를 이용한 매우 정밀한 몇몇 측정 기술의 기초가 된다.

줄 위에서의 정상파

반사는 기본적인 파동의 성질이다. 거울을 볼 때나 실제로 조명이 있는 물체를 볼 때마다 반사를 사용한다. 빛의 파동 반사에 대해서는 22장에서 자세히 논의할 것이다. 지금은 단일 펄스파가 끈에 반사되는 것을 생각하자. 그림 11.8a는 파형 펄스가 고정단에서 반사될 때 발생하는 현상을 보여 주고, 그림 11.8b는 자유단에서 반사되는 현상을 보여 준다.

다음으로 고정단에서 주기적인 파동의 반사를 고려하자. 그림 11.8a의 단일 펄스와 마찬가지로 각 개별 마루 또는 골이 반사되고 뒤집히게 된다. 결과적으로 왼쪽에서 입사한 파동은 반대 방향으로 이동하는 반사파를 간섭한다. 이 파동들은 속력, 진동수, 파장이 같기 때문에 중첩 또한 주기적이다. 따라서 보강 간섭과 상쇄 간섭이 번갈아 일어나는 것을 볼 수 있다.

고정된 두 끝 사이에서 끈이 진동할 때, 시각적으로 인상적인 특별한 상황이 발생한다. 이것은 그림 11.9에 나타낸 **정상파**(standing wave)이다. 정상파는 끈의 움직임이 전혀 없는 **마디**(node)와 각각의 마디 쌍 사이의 중간 지점에 있는 **배**(antinode)가 존재하는 것이 특징이다. 여기서 진폭이 최대이다.

그림 11.9에서 알 수 있듯이 정상파는 끈의 길이 L과 관련된 특정 파장에 대해서

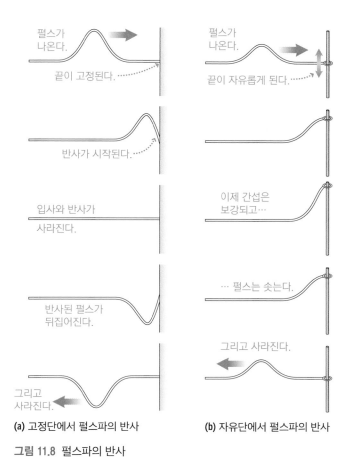

펄스가
나온다.

끝이 고정된다. ⋯⋯⋯

반사가 시작된다. ⋯⋯

입사와 반사가
사라진다.

반사된 펄스가
뒤집어진다.

그리고
사라진다.

(a) 고정단에서 펄스파의 반사

펄스가
나온다.

끝이 자유롭게 된다. ⋯⋯

이제 간섭은
보강되고⋯

⋯ 펄스는 솟는다.

그리고 사라진다.

(b) 자유단에서 펄스파의 반사

그림 11.8 펄스파의 반사

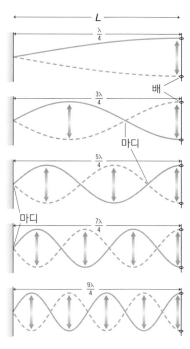

그림 11.9 양쪽 고정단에서의 정상파, 기본음과 4개의 배음이 표시되어 있다. 배 사이의 거리는 항상 $\lambda/2$이다.

만 가능하다. 물리적으로 이것은 끈의 두 끝이 고정되어 있으므로 마디여야 하기 때문이다. 마디 사이의 거리는 끈의 길이의 일부분인 L/n이며, 여기서 n은 정수로, n개의 배가 있는 정상파 형태를 제공한다.

그림 11.9는 또한 인접한 마디 사이의 거리가 파장의 절반, 즉 $\lambda/2$임에 불과하다는 것을 보여 준다. 하지만 마디 간격이 L/n이므로 $L/n = \lambda/2$임을 방금 확인하였다. 따라서 정상파가 가능한 파장은 다음과 같다.

$$\lambda = \frac{2L}{n} \quad \text{(끈에서 정상파의 파장, } n = 1, 2, 3, \cdots, \text{ SI 단위: m)} \quad (11.2)$$

가능한 가장 긴 파장은 **기본 파장**(fundamental wavelength) λ_f이다. 이는 $n = 1$인 정상파에 해당하므로 $\lambda_f = 2L$이다. 모든 가능한 파장(**조화**(harmonics)라 함)은 기본 파장을 정수로 나눈 것과 같다. 첫 번째 조화($n = 1$)는 파장이 가장 길고, 두 번째 조화($n = 2$)는 다음으로 긴 파장을 갖는다. 기본보다 파장이 짧은 진동은 **배음**(overtone)이다. 기타, 바이올린과 같은 현악기는 기본음과 배음의 조합으로 진동한다(11.4절).

그림 11.10은 끈의 한쪽 끝이 자유로울 때의 정상파 형태를 보여 준다. 여기서 고정단은 마디이고 자유단은 배이다. 이로 인해 끈의 길이 L은 4분의 1 파장($\lambda/4$)의 홀

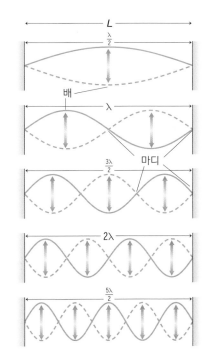

그림 11.10 한쪽은 고정단이고 다른 쪽은 자유단인 경우, 끈은 홀수의 4분의 1 파장만 허용한다.

수 배가 된다. 양쪽 끝이 고정된 현악기에서는 이 형태를 볼 수 없다. 하지만 한쪽 끝이 닫혀 있고 한쪽 끝이 열려 있는 오르간 파이프에서 유사한 형태를 볼 수 있다.

개념 예제 11.3 **기본 진동수**

양쪽 끝이 고정된 끈의 기본 파장에 해당하는 기본 진동수는 얼마인가? 조화 진동수는 기본 진동수와 어떤 관계가 있는가?

풀이 식 11.1 $v = \lambda f$는 파장과 진동수에 관한 것이다. 기본 파장이 $\lambda_f = 2L$로 주어지면 해당 기본 진동수는 다음과 같다.

$$f_f = \frac{v}{\lambda_f} = \frac{v}{2L}$$

따라서 기본 진동수는 끈의 길이와 끈의 파형 속력에 따라 달라진다. 조화 파장은 $\lambda = 2L/n$이므로 진동수는 다음과 같다.

$$f = \frac{v}{\lambda} = \frac{v}{2L/n} = n\frac{v}{2L} = nf_f$$

즉, 각 조화의 진동수는 기존 진동수의 정수 배이다.

반영 기본 진동수는 끈의 길이에 반비례한다는 것에 유의하여라. 기타리스트는 끈의 일부를 아래로 밀면 기본 진동수를 효과적으로 높인다는 사실을 알고 있다.

> **새로운 개념 검토**

- 정상파 형태는 마디와 배가 번갈아가며 나타난다.
- 마디에서는 진동이 없고, 배에서는 진동이 최대 진폭을 갖는다.
- 기본 파장은 정상파에 대해 가능한 가장 긴 파장이다. 해당 기본 진동수는 가능한 가장 낮은 진동수이다.

파동의 속력, 장력, 밀도

진동하는 끈의 기본 진동수가 파동 속력에 따라 어떻게 달라지는지 살펴보았다. 그렇다면 특정 끈의 파동 속력은 무엇이 결정하는가? 실험적으로나 미적분학을 통해 두 가지 요인, 즉 끈의 장력 T와 선밀도 μ가 파동 속력에 영향을 미친다는 것을 알았다. 파동 속력은 다음과 같이 주어진다.

$$v = \sqrt{\frac{T}{\mu}} \tag{11.3}$$

SI 단위에서 장력은 N이고 선밀도는 kg/m이다. 이 조합이 속력을 m/s 단위로 제공한다는 것을 확인할 수 있다.

개념 예제 11.4 **바이올린 줄**

길이와 장력은 거의 같지만 굵기가 다른 바이올린의 4개 현에 대한 기본 진동수를 비교한다. 가장 얇은 줄과 가장 굵은 줄 중에서 기본 진동수가 가장 낮은 것은 무엇인가?

풀이 굵은 줄은 선밀도가 크다. $v = \sqrt{T/\mu}$에서 줄이 굵을수록 파동 속력이 느려진다. 줄의 길이가 같으므로 기본 파장이 같다. $f = v/\lambda$에서 속력이 가장 느린 줄, 즉 가장 굵은 줄이 가장 낮은 기본 진동수를 갖는다.

반영 오케스트라의 다른 주요 현악기인 비올라, 첼로, 베이스에는 모두 현이 있다. 기본 파장이 길수록 해당 진동수는 낮아진다.

예제 11.5 줄의 진동수와 장력

길이가 0.750 m인 강철 줄의 선밀도는 2.51×10^{-4} kg/m이다. 물음에 답하여라.

(a) 이 줄의 파동 속력을 구하여라.

(b) 중간 C($f = 256$ Hz)를 기본 진동수로 만들려면 줄의 장력은 어떻게 해야 하는가?

구성과 계획 그림 11.11은 끈의 개략도이다. 개념 예제 11.3에서 볼 수 있듯이 기본 진동수는 $f_f = v/\lambda_f = v/2L$이다. 따라서 파동 속력은 $v = 2Lf_f$이다. 또한, $v = \sqrt{T/\mu}$에서 파동 속력은 장력과 선밀도에 따라 달라진다.

따라서 (a)에서 먼저 구할 수 있는 속력 관점에서 장력은 $T = \mu v^2$이다.

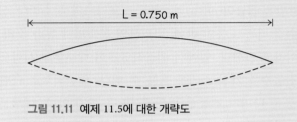

그림 11.11 예제 11.5에 대한 개략도

알려진 값: $L = 0.750$ m, $\mu = 2.51 \times 10^{-4}$ kg/m, $f = 256$ Hz

풀이 (a) 주어진 값을 대입하여 파동 속력을 계산하면 다음과 같다.

$$v = 2Lf_f = 2(0.750 \text{ m})(256 \text{ s}^{-1}) = 384 \text{ m/s}$$

(b) 따라서 장력은 다음과 같다.

$$T = \mu v^2 = (2.51 \times 10^{-4} \text{ kg/m})(384 \text{ m/s})^2$$
$$= 37.0 \text{ kg·m/s}^2 = 37.0 \text{ N}$$

반영 힘의 SI 단위인 N을 사용한다. 이 장력은 나사로 당기거나 끈의 한쪽 끝에 37 N(3.8 kg)인 물체를 매달아서 발생할 수 있으므로 답은 타당하다.

연결하기 줄의 직경은 어떻게 되는가?

답 단위 길이당 질량은 밀도에 단면적 πr^2을 곱한 값이다. 표 10.1에서 강철의 선밀도는 7800 kg/m³이다. 따라서 직경은 0.20 mm이다. 이 값은 표준 두께를 갖는 32번 게이지인 가는 줄이 된다.

지금까지 현에서의 파동을 살펴보고 음악적 의미를 암시해 보았다. 악기와 화음에 대한 자세한 내용은 이 장의 후반부에서 살펴보겠다. 우선 음악적 청각을 모두 이해할 수 있는 환경을 제공하는 소리의 기초가 필요하다.

확인 11.2절 길이가 L, 장력이 T, 선밀도가 μ인 줄이 기본 진동수로 진동한다. 다음 중 기본 진동수를 증가시키는 것은? (2개 이상)

(a) T의 증가   (b) T의 감소   (c) L의 증가

(d) L의 감소   (e) μ의 증가   (f) μ의 감소

11.3 음파

나뭇잎이 부드럽게 바스락거리는 소리부터 록 콘서트의 쿵쿵거리는 소리까지 소리는 우리 삶을 가득 채운다. 여기에서는 음파의 중요한 특성을 소개하고 몇 가지 응용을 제공할 것이다.

소리의 속력

일반적으로 소리가 공기를 통해 이동할 때 소리를 듣는다. 소리는 액체와 고체뿐만 아니라 다른 기체를 통해서도 전달된다. 매질이 무엇이든 음파는 그림 11.12와 같

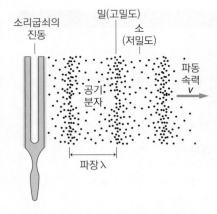

소리굽쇠의 진동 | 밀(고밀도) | 소(저밀도) | 공기 분자 | 파동 속력 v | 파장 λ

그림 11.12 소리굽쇠에 의해 발생하는 음파

▶ **TIP** 주기적인 파동에서 음파인 경우 $v = \lambda f$ 관계를 이용한다.

▶ **TIP** 소리의 속력은 공기 온도에 의존한다. 온도가 낮을수록 속력이 느려진다.

표 11.1 몇 가지 매질에서 소리의 속력

매질	속력(m/s)
공기(0°C)	331
공기(20°C)	343
공기(100°C)	387
헬륨(0°C)	970
산소(0°C)	316
에탄올	1,170
물	1,480
구리	3,500
유리	5,200
화강암	6,000
알루미늄	6,420

주의: 별도의 언급이 없는 한 속력은 20°C에서의 값이다.

이 항상 종 방향이다. 파동은 소리를 유발하는 모든 것에서 발생하며 매질의 압축된 밀(compression)과 소(rarefaction)인 두 요소로 구성된다. 주기적인 음파는 파장(소에서 소 또는 밀에서 밀 사이의 거리), 진동수, 속력을 갖는다. 표 11.1은 선택한 매질의 음파의 속력을 나타낸다. 음파의 속력, 파장, 진동수 사이의 관계는 식 11.1 $v = \lambda f$에서 배운 것처럼 주기적인 파동의 경우와 동일하다.

표 11.1은 온도가 증가함에 따라 감소하는 공기 중의 음속을 보여 준다. 일상적인 온도에서는 그 의존도가 거의 선형적으로 변한다.

$$v(T) = 331 \text{ m/s} + 0.60\, T \tag{11.4}$$

여기서 T는 섭씨 온도이다.

소리의 진동수

소리의 진동수를 인식하는 방법을 **음높이**(pitch)라 한다. 소프라노의 목소리나 심판의 호루라기 같은 높은 진동수 소리는 고음인 반면, 바리톤의 목소리나 튜바 소리 같은 낮은 진동수 소리는 저음이라고 말한다. 앞에서 언급하였듯이 대부분의 사람들은 약 20Hz에서 20kHz까지의 진동수를 가진 소리를 들을 수 있다. 일반적으로 극단적인 진동수 근처에서 귀의 반응은 나머지 진동수 범위에서만큼 좋지 않다. 대부분의 사람들은 아주 작은 진동수 차이를 구분할 수 있으며, 이는 귀의 진동수 감각 기능이 좋다는 것을 의미한다.

20 kHz 이상의 진동수는 **초음파**(ultrasonic)이다. 일부 동물은 의사소통과 반향정위(echolocation)에 모두 초음파를 사용한다. 박쥐는 입이나 코에서 초음파를 낸다. 박쥐는 반사된 파동을 감지하여 어두운 곳에서도 곤충과 같은 작은 물체를 발견하고 동굴의 작은 틈 사이를 날아다닐 수 있다. 돌고래와 고래를 포함한 해양 포유류도 반향정위를 사용한다. 그들은 머리에 지방으로 채워진 기관인 멜론에서 딸깍거리는 소리를 내며, 턱에 있는 또 다른 지방으로 채워진 감지기를 통해 반사된 딸깍거리는 소리를 감지한다.

응용   초음파 영상

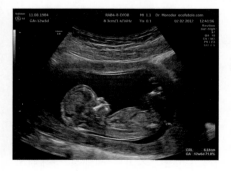

초음파 영상은 (관, 침을 이용하지 않는) 비침습적인 진단 장비이다. 높은 진동수 파동은 대부분의 신체 조직을 쉽게 통과하지만 일부 진동수는 다른 종류의 조직, 액체 또는 뼈에 의해 다른 것보다 더 많이 반사된다. 검사 중인 영역을 다양한 진동수로 스캔하고 반사파를 컴퓨터로 처리하여 사진에 나타난 것과 같은 영상을 만들어낸다.

인간은 신체를 촬영하고 반향정위를 하는 의료 초음파를 포함한 기술적 응용 분야에서 초음파를 사용한다. 20 Hz 미만의 음파는 **아음속**(subsonic) 또는 **초저음**(infra-sonic)이다. 진폭이 높으면 이것들은 신체 내에서 위험한 공명을 일으킬 수 있다(7장의 공명에 대한 논의를 기억하자).

예제 11.6 경기 소리

홈 플레이트에서 138 m 떨어진 오른쪽 필드 너머 위쪽 관람석에서 야구 경기를 보고 있다. 날씨가 20℃라고 가정할 때, 공이 배트에 맞는 것을 본 후 소리가 들을 때까지 얼마나 많은 시간이 걸리는가?

구성과 계획 빛의 속력은 3.00×10^8 m/s로 소리 속력의 거의 백만 배이다. 따라서 이 문제에서는 빛이 즉시 눈에 도달한다고 가정해도 무방하다. 반면, 소리는 343 m/s로 이동한다. 이 직선상에서 움직이는 경우, 속력 = 거리/시간, 즉 $v = d/t$이다.

알려진 값: $d = 138$ m, $v = 343$ m/s

풀이 소리의 이동 시간은 다음과 같다.

$$t = \frac{d}{v} = \frac{138 \text{ m}}{343 \text{ m/s}} = 0.402 \text{ s}$$

기본적으로 빛이 도달하는 데 시간이 걸리지 않기 때문에 공이 배트에 맞는 것을 보는 것과 듣는 것의 시간 차이는 402 ms이다.

반영 스포츠나 콘서트를 관람할 때 큰 경기장에서 이 정도의 시간 차이는 쉽게 감지할 수 있다.

⋯⋯⋯⋯⋯⋯⋯⋯⋯⋯⋯⋯⋯⋯⋯⋯⋯⋯⋯⋯⋯⋯⋯⋯

연결하기 번개를 보고 천둥소리를 듣기까지의 시간이 5.0 s일 때, 번개는 얼마나 멀리 떨어져 있는가?

답 거리 = 속력 × 시간이므로 약 1.7 km가 조금 넘는 거리이며 몸을 숨겨야 할 정도로 가까운 거리이다. 번개와 천둥의 5초 차이는 여러분과 번개 사이의 거리가 1.7 km임을 의미한다는 것은 기억해두면 좋은 수치이다.

소리의 세기

소리의 또 다른 명백한 특성은 소리의 **크기**(loudness)이다. 파동은 에너지를 전달하며, 음량(소리)은 에너지 흐름률, 특히 단위 면적당 일률, 즉 **세기** I와 관계된다(그림 11.13). 따라서 다음과 같다.

$$I = \frac{P}{A} \quad \text{(소리 세기, SI 단위: W/m}^2\text{)} \quad (11.5)$$

여기서 일률 P는 면적 A에 분산된다. 일률은 단위 시간당 에너지이며, 단위는 와트(5장으로부터 1 W = 1 J/s)이고, 세기의 단위는 W/m²이다. 단위 면적당 일률은 고정된 면적을 가진 우리 귀가 들을 수 있는 소리를 결정하기 때문에 소리의 세기는 총 일률보다 유용하다. 그림 11.13에서 볼 수 있듯이 점 파원에 대한 세기는 파원으로부터 거리의 제곱에 따라 감소한다. 파원으로부터 두 배 멀리 이동하면 소리의 세기는 $\frac{1}{4}$로 감소한다.

소리의 세기 준위와 데시벨

청력이 좋은 사람은 일반적으로 10^{-12} W/m² 정도의 세기로 소리를 들을 수 있다(정

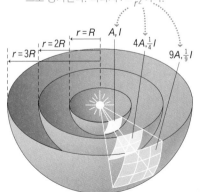

거리 $r = R$에서 세기 $I = \frac{P}{A} = \frac{P}{4\pi r^2}$이다. 거리 r이 증가하면 면적 A가 $A = 4\pi r^2$으로 증가한다. 따라서 $I \propto \frac{1}{r^2}$이다.

그림 11.13 $1/r^2$에 비례하므로 소리의 세기는 감소한다.

▶ **TIP** 점 파원으로부터 소리의 세기는 거리의 역제곱에 의해 감소한다.

확한 임계값은 진동수에 따라 다르다). 우리는 광범위한 세기 범위에서 소리를 들을 수 있으며, 통증이 발생하기 전 편안한 최대 세기는 약 1 W/m²이다. 그러나 우리가 느끼는 소리의 강도는 세기와 직접적으로 일치하지 않는다. 오히려 주어진 요인에 의해 세기가 증가할 때마다 동일한 양만큼 소음이 증가하는 것을 느낀다. 이러한 이유로 소리의 세기는 종종 **소리 세기의 준위**(sound intensity level)라고 하는 로그 값으로 측정된다. 이 세기 준위 β는 $\beta = \log(I/I_0)$로 정의한다. 여기서 $I_0 = 10^{-12}$ W/m²이고, 인간 청각의 대략적인 임계값이다. β는 무차원이지만, 알렉산더 그레이엄 벨(Alexander Graham Bell)의 이름을 딴 벨(B)이라는 단위가 주어졌다. 이 단위는 라디안(rad)이 무차원 각도를 나타내는 데 사용되는 것과 같은 방식으로 적용된다. 전화기 발명 외에도 벨은 인간 청각에 대한 연구를 통해 청각 장애인의 삶을 개선하기 위해 많은 일을 하였다.

더 친숙한 단위는 0.1 B = 1데시벨(dB)이다. 모든 B에 대해 10 dB을 갖는 세기 준위는 다음과 같이 정의한다.

$$\beta(\text{dB}) = 10 \log\left(\frac{I}{I_0}\right) \tag{11.6}$$

예를 들어, 세기 $I = 1.0 \times 10^{-6}$ W/m²는 다음 세기 준위에 해당된다.

$$\beta = 10 \log\left(\frac{I}{I_0}\right) = 10 \log\left(\frac{10^{-6}\text{ W/m}^2}{10^{-12}\text{ W/m}^2}\right) = 10 \log(10^6) = 10 \cdot 6 = 60\text{ dB}$$

로그 데시벨 값을 사용하면 실제 세기가 10배 증가할 때마다 세기 준위는 10 dB씩 증가한다. 예를 들어, 세기가 1.0×10^{-6} W/m²에서 1.0×10^{-5} W/m²로 증가하면 세기 준위는 60 dB에서 70 dB로 증가한다. 표 11.2는 대표적인 세기 준위를 나타내며, 그림 11.4는 사람의 귀의 반응을 보여 준다.

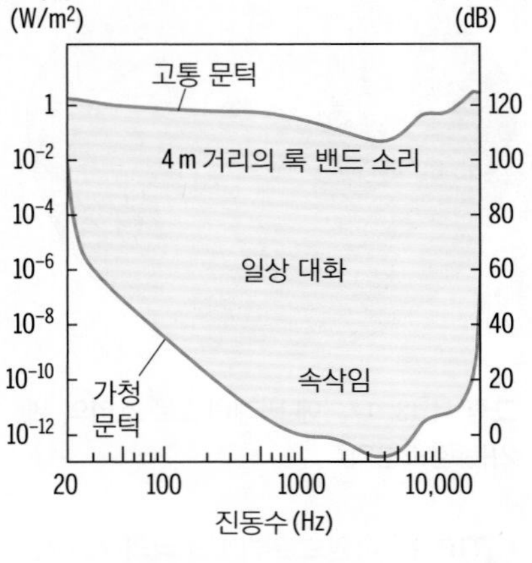

표 11.2 전형적인 세기 준위

소리 세기 준위(dB)	소리의 표현
0	거의 들리지 않는 소리
20	속삭임
40	멀리서 들리는 일상 대화
60	밀폐된 방에서 일반 수준의 TV 소리
80	혼잡한 거리
100	4 m 거리의 록 밴드 소리
120	이륙 중인 제트기(활주로 옆에서 청취)
160	고막이 터짐

그림 11.14 다양한 진동수에서의 인간 청력

전략 11.1 세기 준위와 데시벨

식 11.6은 두 가지 소음 측정, 세기 I와 세기 준위 β의 관계식이다.

$$\beta(\text{dB}) = 10 \log\left(\frac{I}{I_0}\right), \quad I_0 = 10^{-12}\text{ W/m}^2$$

이 정의를 사용하면 세기와 세기 준위 사이를 오가며 작업할 수 있다.

1. 세기에서 세기 준위로 변환하는 것은 간단하다. 세기 I를 식에 대입하기만 하면 된다.
2. 세기 준위에서 세기로 변환하려면 밑수 10인 로그를 사용하는 방법을 기억해야 한다. 정의에 따르면 $10^{\log x} = x$이다. 따라서 세기 준위 β의 관점에서 세기를 구하려면 식 11.6을 $\beta/10 = \log(I/I_0)$로 정리하면 된다. 양변이 같으므로 각 변의 거듭제곱으로 10을 취했을 때도 값이 같다. 즉, $10^{\beta/10} = 10^{\log(I/I_0)} = I/I_0$이므로 $I = I_0 10^{\beta/10}$이다.

예를 들어, 세기 준위가 $\beta = 90$ dB이라 하면 다음이 성립한다.

$$I = I_0 10^{\beta/10} = (1.0 \times 10^{-12}\text{ W/m}^2)10^{90/10} = (1.0 \times 10^{-12}\text{ W/m}^2)10^9 = 1.0 \times 10^{-3}\text{ W/m}^2$$

예제 11.7 스피커

스피커에서 4.0 m 떨어진 곳에서 소리의 세기는 6.2×10^{-5} W/m^2 이다. 물음에 답하여라.

(a) 이 지점에서 세기 준위는 얼마인가?

(b) 스피커에서 방출되는 총 일률은 얼마인가?

구성과 계획 세기 준위는 식 11.6 $\beta = 10 \log(I/I_0)$에 의해 주어진다. 세기는 일률/면적, 즉 $I = P/A$이다. 면적 $A = 4\pi r^2$의 구면을 통해 바깥쪽으로 발산하며, 여기서 r은 점 파원으로부터의 거리이다.

알려진 값: $I = 6.2 \times 10^{-5}$ W/m^2, $r = 4.0$ m

풀이 (a) 세기 준위는 다음과 같이 계산한다.

$$\beta = 10 \log\left(\frac{I}{I_0}\right) = 10 \log\left(\frac{6.2 \times 10^{-5} \text{ W/m}^2}{1.0 \times 10^{-12} \text{ W/m}^2}\right) = 10(7.79) = 77.9 \text{ dB}$$

(b) 주어진 값을 이용하여 스피커의 일률을 구하면 다음과 같다.

$$P = IA = I(4\pi r^2) = (6.2 \times 10^{-5} \text{ W/m}^2)4\pi(4.0 \text{ m})^2 = 0.0125 \text{ W}$$

반영 78 dB은 시끄럽지만 귀가 아플 정도는 아니므로(표 11.2 참조) 구한 세기 준위는 합리적이다. 오디오 앰프의 정격전력이 100 W 이상일 수 있다는 점을 고려하면 전원이 너무 낮다는 사실에 놀랄 수 있다. 하지만 이는 전력 출력이며, 일반적인 스피커는 전기 에너지를 소리로 변환하는 효율이 약 1%에 불과하다. 게다가 이 엄청난 전력 용량은 가장 시끄러운 음악 구절에만 필요하다.

연결하기 점 파원으로부터 떨어진 거리를 절반(2 m)으로 줄일 때, 세기와 세기 준위를 구하여라.

답 세기는 거리의 제곱에 반비례한다($I = P/A = P/4\pi r^2$). 따라서 거리가 절반으로 줄면 세기는 약 2.5×10^{-4} W/m^{2}인 네 배로 증가한다. 그러나 세기 준위 β는 84 dB로 6 dB만 증가한다.

예제 11.8 조용히 해 주세요!

위 예제에서 세기 준위를 적당한 58 dB로 낮추려면 스피커에서 얼마나 멀리 이동해야 하는가?

구성과 계획 전략 11.1은 새로운 거리에서의 세기가 $I = I_0 10^{\beta/10}$임을 보여 준다. 위 예제의 일률 P를 사용하면 $P = IA = 4\pi r^2 I$로부터 거리를 구할 수 있다.

알려진 값: $\beta = 58$ dB, $P = 0.0125$ W

풀이 58 dB의 감소된 준위로 세기는 다음과 같다.

$$I = I_0 10^{\beta/10} = (1.0 \times 10^{-12} \text{ W/m}^2)10^{58/10} = 6.31 \times 10^{-7} \text{ W/m}^2$$

그다음 $P = IA = 4\pi r^2 I$를 이용하여 구하려는 거리 r을 얻는다.

$$r = \sqrt{\frac{P}{4\pi I}} = \sqrt{\frac{0.0125 \text{ W}}{4\pi(6.31 \times 10^{-7} \text{ W/m}^2)}} = 40 \text{ m}$$

연결하기 세기 준위가 원래의 값에서 10 dB 증가하려면 얼마나 가까이 이동해야 하는가?

답 같은 이유로 거리를 $\sqrt{10}$ 배 감소시켜 $4 \text{ m}/\sqrt{10} = 1.26$ m로 줄여야 한다.

확인 11.3절 다음 세기 및 세기 준위를 큰 순서대로 나열하여라.

(a) 54 dB (b) 61 dB (c) 5.6×10^{-7} W/m^2 (d) 1.0×10^{-6} W/m^2 (e) 60 dB

11.4 악기와 조화

11.2절에서 현에서 정상파가 어떻게 형성되는지 배웠다. 여기에서는 현과 공기 기둥에서 발생하는 정상파를 더 자세히 살펴볼 것이다. 이는 많은 악기의 기초가 되므로 음악 소리의 몇 가지 개념을 소개할 것이다.

현악기

현악기는 그림 11.9와 같이 양 끝에 줄이 고정된 상태로 구성된다. 가능한 정상파는 그림 11.9의 윗부분에 나타낸 고조파 또는 배음에 의한 기본파이다.

줄을 당기면 일반적으로 기본 진동수와 배진동의 결합된 소리가 들린다. 각각의 악기는 독특한 조화의 형태로 인해 고유한 소리를 낸다. 서로 다른 두 악기가 동일한 기본음을 연주하는 경우, 귀는 이들의 조화로운 형태를 쉽게 구별할 수 있다. 주변 구조물(보통 나무 상자)은 악기의 조화로운 형태를 강화한다. 바이올린과 기타 계열의 악기에서 줄은 상자의 구멍을 통과한다. 피아노의 경우 줄은 상자 안에 있으며, 닫혀 있거나 부분적으로 열려 있을 수 있다. 또한, 다른 배진동은 줄이 진동하도록 설정된 방식에서 발생한다. 피아노는 두드리지만 바이올린은 보통 활을 사용한다. 활의 섬유는 특정한 배진동을 만들어내는데, 바이올린 줄을 당길 때 들리는 매우 다른 소리에서 분명하게 드러난다.

음악적 조화

수금(lyre)과 류트(lute) 같은 현악기는 고대에 그 기원을 두고 있다. 그리스의 피타고라스 학파의 구성원들은 무려 2,500년 전부터 진동하는 현의 조화에 매료되었다. 피타고라스 학파는 길이만 다르고 다른 것은 동일한 2개의 줄을 동시에 당길 때, 현의 길이가 2:1과 같이 특정한 비율을 가질 때 기분 좋은 '조화로운(harmonious)' 소리가 난다는 사실을 발견하였다. '동일하게 준비됐다(identically prepared)'라는 것은 이제 두 줄의 장력과 밀도가 동일하여 두 줄의 파동 속력이 동일하다는 의미이다. 따라서 줄의 길이의 비가 2:1이면 기본 진동수의 비도 2:1이다.

2:1 진동수 간격을 **옥타브**(octave)라 한다. 표준 음계에서 옥타브마다 장음 7개(A에서 G까지) 세트가 반복된다. 예를 들어, 협주곡 A음의 진동수는 440 Hz이다. 한 옥타브 위인 $f = 880$ Hz는 또 다른 A음이다. 한 옥타브 아래는 $f = 220$ Hz이다.

피타고라스 학파는 다른 조화로운 비율을 발견하였다. 3:2 비율은 '5도'로 C와 그보다 높은 G까지 분리한다. '장3도(C부터 E까지의 작은 단계)'는 진동수 비율이 5:4이다. C, E, G를 함께('토닉 코드') 연주한다면, 여러 비율을 동시에 즐길 수 있다!

음악가들은 각 옥타브에 (플랫(flat)과 샵(sharp)을 포함한) 총 12단계를 맞추도록 표준 음표 진동수를 조정하였다. 일반적으로 샵과 플랫을 가진 전체 척도는 C, C-샵, D, E-플랫, E, F, F-샵, G, A-플랫, A, B-플랫, B, C이다. 연속된 두 음의 진동수 비율이 같으려면 해당 비율이 2의 12거듭제곱근($\sqrt[12]{2} \approx 1.05946$)이어야 한다. 따라서 C에서 G까지의 단계는 $2^{7/12} \approx 1.4983$으로, 다섯 번째 비율이 정확하게 3:2는 아니지만 매우 가깝다.

▶ **TIP** 음악적 조화는 특정 정수 비율의 기본음 진동수가 함께 연주될 때 발생한다.

관악기

관의 공기의 공명 진동은 금관악기와 목관악기 그리고 장엄한 오르간의 음이 만들어낸다. 그림 11.15는 세 가지 관의 간단한 모형을 보여 준다. 이들 관에서는 횡파보다 종파에 의한 정상파를 유지한다. 그러나 허용되는 파장을 지배하는 규칙은 여전히 간단하다. 닫힌 끝에서는 공기의 변위가 0이 되어 마디를 만든다. 열린 끝에서는 최대 공기 변위를 가진 배가 된다. 현에 고정된 파동과 마찬가지로 각 경우에는 기본 진동수가 있으며, 이는 관의 길이와 배진동에 따라 달라진다.

실제 악기는 그림 11.15의 균일한 기둥처럼 단순하지 않으며, 플루트(flute)가 이에 가까운 악기이다. 길이는 약 70 cm이고 한쪽 끝이 열려 있다. 다른 쪽 끝에서 몇 cm 떨어진 곳에는 연주자가 바람을 불어 정상파를 만드는 구멍이 있다. 연주자는 플루트에 있는 여러 구멍 중 일부를 선택적으로 닫아 다양한 음을 연주할 수 있다. 모든 구멍이 닫히면 플루트는 양쪽 끝이 열린 균일한 기둥 모양이 된다. 그림 11.15c의 정상파는 기본 파장이 플루트 길이 L의 두 배인 $\lambda = 2L$ 형태이다. 이 구성에서 연주되는 음은 중간 C음 아래 B음이며, 진동수는 $f = 247$ Hz이다. 상온에서 $v = \lambda f$이고 음속 $v = 343$ m/s인 경우, 이는 실제 플루트의 대략적인 길이인 유효 공기 기둥 길이

$$L = \frac{\lambda}{2} = \frac{v}{2f} = \frac{343 \text{ m/s}}{2(247 \text{ s}^{-1})} = 0.694 \text{ m}$$

를 의미한다. 구멍을 더 많이 열면 파장이 더 짧은 정상파가 만들어지므로 진동수가 더 높아진다. 플루트의 가장 높은 음은 낮은 B음보다 두 옥타브 이상 높다!

예상할 수 있듯이 다른 목관악기는 음역대가 낮다. 공기 기둥을 길게 만들면 파장이 길어지고 음높이가 낮아진다. 가장 극단적인 예로 바순(bassoon, 저음 목관 악기)은 2 m가 넘는 접힌 공기 기둥이 있어 음높이가 훨씬 낮아진다. 금관악기 역시 정상파에 의존하지만 금관악기의 복잡한 굴곡으로 인해 균일한 공기 기둥 형태가 될 수 없다.

파동의 물리학은 악기의 연주가 끝났을 때에도 영향을 준다. 공연장을 설계할 때 음향 엔지니어는 난청 지역이 없는지 확인해야 한다(개념 예제 11.2 참조). 이를 위해서는 상쇄 간섭을 줄이기 위해 여러 물체에 대한 음향 반사가 필요하다. 하지만 반사가 너무 많으면 성가신 메아리가 만들어진다. 소리는 파장과 크기가 비슷한 물체에 가장 쉽게 반사된다. 따라서 고음의 피콜로(piccolo) 음은 작은 조명 기구와 상호작용하는 반면, 베이스 음은 발코니의 면에서 흩어질 수 있다.

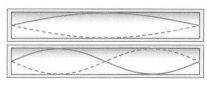

(a) 양쪽 끝이 닫힌 관은 양쪽 끝에 마디가 있다.

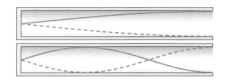

(b) 한쪽 끝이 닫힌 관은 한쪽 끝에 마디, 열린 끝에 배가 있다.

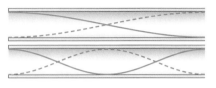

(c) 양쪽 끝이 열린 관은 양쪽 끝에 배가 있다.

그림 11.15 악기의 정상파 형태. 닫힌 양 끝에는 마디, 열린 양끝에는 배가 생긴다. 이 그림은 횡파가 아닌 종파의 음파 형태를 나타낸다.

예제 11.9 **소리 속력 측정**

소리 속력을 측정하는 한 가지 방법은 그림 11.16과 같이 부분적으로 물이 채워진 수직 기둥을 사용하는 것이다. 수위를 변경하면 공기 기둥의 길이가 달라진다. 기둥의 상단을 소리굽쇠로 치면 공기 기둥의 높이가 정상파를 허용할 때 음량이 눈에 띄게 증가한다. 510 Hz 소리굽쇠를 사용하여 측정한 결과, 수위

가 33.5 cm 떨어질 때마다 최대 음량이 들린다. 이때 소리의 속력은 얼마인가?

구성과 계획 수위가 낮아짐에 따라 뒤이어 빈 공간에는 정상파 형태인 하나의 마디와 배를 더 갖게 된다(그림 11.16). 따라서

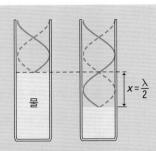

그림 11.16 물의 수위를 낮추면 정상파 모양이 바뀐다.

공기 기둥의 추가 길이 x는 반 파장에 해당한다. 즉, $x = \lambda/2$이다. 속력, 파장, 진동수는 친숙한 식 $v = \lambda f$로 관계된다.

알려진 값: $x = 335$ cm, $f = 510$ Hz

풀이 $\lambda = 2x$인 경우 속력은 $v = \lambda f = 2xf$가 된다. 주어진 값을 대입하면 다음을 얻는다.

$$v = 2xf = 2(0.335 \text{ m})(510 \text{ s}^{-1}) = 342 \text{ m/s}$$

반영 이 측정값은 20°C에서 343 m/s의 값에 상당히 가깝다. 이것은 음속의 온도 의존성을 고려하면 이 측정이 이루어졌을 때 속력이 342 m/s였을 수 있음을 의미한다.

연결하기 음속이 실제 342 m/s인 경우, 온도가 20°C보다 높은가, 낮은가? 이 음속은 몇 도일 때 발생하는가?

답 식 11.4는 온도가 감소함에 따라 음속이 감소함을 보여 준다. $v = 342$ m/s인 경우 온도에 대한 식 11.4를 풀면 $T = 18.3$°C이다. 20°C보다 조금 낮다는 것을 알 수 있다.

개념 예제 11.10 반만 열린 기둥

공기 기둥의 한쪽 끝은 열려 있고 다른 쪽은 닫혀 있다. 주어진 진동수 f와 속력 v의 파동의 경우, 정상파가 생기는 기둥의 길이는 무엇인가?

풀이 그림 11.15b는 L이 한 마디에서 다음 배까지의 거리 또는 기본 파장의 4분의 1임을 보여 준다. 따라서 $L = \lambda_1/4$이다. $\lambda = v/f$인 경우, $L = v/4f_1$가 된다. 다음 조화의 경우 전체 마디

간 거리가 추가되었으므로 관의 길이는 기본값의 세 배가 되어야 한다. 그러면 $L = 3v/4f$가 된다. 세 번째 조화는 마디간 거리를 하나 더 추가하므로 $L = 5v/4f$이다. 따라서 여기에는 규칙성이 있다. 기둥 길이는 $L = nv/4f$이고, n은 홀수이다.

반영 두 개의 연속 조화 사이의 거리 변화 ΔL은 예제 11.10의 결과와 일치하는 $v/2f$이다.

확인 11.4절 양쪽 끝이 닫힌 공기 기둥에서 기본값에 대한 두 번째 조화 진동수의 비율은 얼마인가?

(a) 1.5 (b) 2 (c) 3 (d) 4

11.5 도플러 효과

소방차가 지나갈 때 길가에 서 있으면 지나가면서 사이렌 소리가 높은 음에서 낮은 음으로 떨어지는 것을 들을 수 있다. 이러한 진동수의 변화는 **도플러 효과**(Doppler effect)이며, 관찰자에 대한 음원의 움직임으로 인해 발생한다. 여기서는 도플러 효과가 어떻게 발생하는지 보여 줄 것이다.

　그림 11.17은 두 명의 고정 관찰자인 관찰자 A와 관찰자 B를 보여 주며, 이들 사이에 진동수 f로 음파를 방출하는 음원을 보여 준다. 음원이 정지해 있을 때 두 관찰자는 동일한 진동수를 듣는다(그림 11.17a). 음원이 관찰자 B 쪽으로 움직이면 그

림 11.17b는 관찰자 B의 경우 연속적인 파장 사이의 거리, 즉 파장 λ가 짧아진다는 것을 보여 준다. $f = v/\lambda$이고 파동은 일정한 속력 v로 공기를 통과하므로 파장이 짧을수록 진동수가 높아진다. 반대로 관찰자 A의 경우 파장은 길어지고 진동수는 낮아진다.

도플러 효과: 정량적

도플러 진동수 변화는 관찰자 B와 관찰자 A가 측정한 서로 다른 파장에서 비롯된다. 음원이 진동수 f로 파동을 방출하므로 주기는 $T = 1/f$이다. 이것은 연속적인 파동 방출의 골 사이의 시간 간격이다. 음원이 관찰자 B를 향해 속력 v_s로 움직인다고 가정하자. 그다음 일반적으로 vT인 파동의 골 사이의 거리는 $vT - v_s T = (v - v_s)T$가 된다. 이 거리를 관찰자 B의 파장인 λ'이라고 하자. 그다음 관찰자 B가 듣는 진동수는 $f' = v/\lambda'$, 즉 다음과 같다.

$$f' = \frac{v}{\lambda'} = \frac{v}{(v - v_s)T} = \frac{v}{(v - v_s)}f$$

분모와 분자를 v로 나누면 다음을 얻는다.

$$f' = \frac{f}{1 - v_s/v} \quad \text{(음원이 접근할 때 도플러 효과, SI 단위: Hz)} \quad (11.7)$$

식 11.7은 $v_s < v$에서 듣는 진동수 f'이 음원 진동수 f보다 크다는 것을 보여 준다. 관찰자 A의 상황도 이와 유사하며, 이제 파장이 $v_s T$만큼 증가하여 듣는 진동수 f'은 다음과 같다.

$$f' = \frac{f}{1 + v_s/v} \quad \text{(음원이 멀어질 때 도플러 효과, SI 단위: Hz)} \quad (11.8)$$

여기서 $f' < f$이므로 관찰자 A는 더 낮은 진동수를 듣게 된다. 이 모든 것은 지나가는 소방차 소리를 들은 경험과 일치한다.

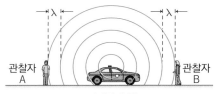

음원이 정지할 때, 듣는 두 관찰자는 파장과 진동수가 같다.

관찰자 A   정지된 음원   관찰자 B

(a)

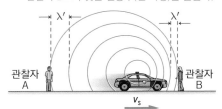

음원이 오른쪽으로 움직일 때, 관찰자 A는 관찰자 B보다 낮은 진동수(긴 파장)를 듣는다.

관찰자 A   관찰자 B

v_s

속력 v_s로 움직이는 음원

(b)

그림 11.17 도플러 효과로 인해 관찰자 A와 관찰자 B가 다른 진동수로 소리를 듣게 된다.

예제 11.11 구급차!

구급차 한 대가 시속 80.0마일(35.8 m/s)의 속력으로 도로를 질주하며, 사이렌을 1.20 kHz로 울리고 있다. 구급차가 관찰자 B에게 다가왔다가 관찰자 A에게서 멀어진다면 각 관찰자에게 들리는 진동수는 얼마인가? 주변 온도는 20°C이다.

구성과 계획 관찰자 B는 높은 진동수를 듣는다. 식 11.7에 따라 $f' = f/(1 - v_s/v)$인 반면, 관찰자 A는 식 11.8에서 $f' =$ $f/(1 + v_s/v)$로 진동수가 더 낮다.

알려진 값: $v = 343$ m/s(20°C), $f = 1.20$ kHz

풀이 주어진 값을 이용하여 관찰자 B와 관찰자 A가 듣는 진동수를 계산하면 다음과 같다.

$$f' = \frac{f}{1 - v_s/v} = \frac{1.20 \text{ kHz}}{1 - 35.8 \text{ m/s}/343 \text{ m/s}} = 1.34 \text{ kHz (관찰자 B)}$$

$$f' = \frac{f}{1 + v_s/v} = \frac{1.20\,\text{kHz}}{1 + 35.8\,\text{m/s}/343\,\text{m/s}} = 1.09\,\text{kHz (관찰자 A)}$$

반영 진동수의 변화는 관찰자의 귀에 분명히 감지된다. 진동수 변화는 음원에서 관찰자까지의 거리가 아니라 움직임에만 의존한다는 점에 유의하여라.

연결하기 T가 20°C를 초과하는 더운 날에 진동수 변화는 더 커지는가?

답 식 11.4는 온도가 상승함에 따라 음속이 증가함을 보여 준다. 이로 인해 도플러 식의 비율 v_s/v가 20°C일 때보다 작아져 진동수 변화는 작아진다.

개념 예제 11.12   움직이는 관찰자

공기에 대해 정지해 있는 음원을 기준으로 움직이는 관찰자의 소리의 진동수는 얼마인가?

풀이 그림 11.18은 정지된 음원에 접근하는 관찰자가 파의 골에 더 자주 접한다는 것을 보여 준다. 따라서 관찰자는 더 높은 진동수를 감지한다. 반대로 음원으로부터 멀어지는 관찰자는 더 낮은 진동수를 감지한다.

정량적으로 파의 골은 접근하는 관찰자를 더 빠른 속력인

정지된 음원에 접근하는 관찰자가 파의 골에 더 자주 접한다. 따라서 높은 진동수를 듣는다($f' > f$).

정지된 음원으로부터 멀어지는 관찰자는 파의 골에 자주 접하지 못한다. 따라서 낮은 진동수를 듣는다($f' < f$).

그림 11.18 정지된 음원과 움직이는 관찰자에 대한 도플러 효과

$v + v_0$으로 통과한다. 여기서 v는 음속이고 v_0은 관찰자의 속력이다. 그러나 음원은 공기에 대해 정지하고 있기 때문에 파장은 변화하지 않는다. 따라서 $f = v/\lambda$를 이용하면 관찰자가 듣는 진동수는 $f' = (v + v_0)/\lambda$이다. 그러나 λ는 $\lambda = v/f$에 의한 음원의 진동수 f와 관계되므로 $f' = (v + v_0)/(v/f) = f(1 + v_0/v)$이다. 멀어지는 관찰자의 경우에도 마찬가지로 $f' = f(1 - v_0/v)$으로 나타낸다.

반영 이 식은 움직이는 음원에 대한 식과 좀 다르다. 이들은 움직이는 음원이나 관찰자의 속력이 파동 속력에 비해 작을 때 본질적으로 동일해진다. 음원이 **공기에 대해** 정지 상태임을 지정해야 한다는 점에 유의하자. 그 이유는 공기가 음파가 이동하는 매체이기 때문이다. 빛과 다른 전자기파는 매개체가 없기 때문에 움직이는 것이 음원인지 관찰자인지 구별할 방법이 없다. 빛에 대한 도플러 식은 빛의 속도에 비해 작은 속력에 대해 우리가 도출한 공식으로 축소되기는 하지만 서로 다르다. 빛의 경우, 아인슈타인의 상대성 이론의 핵심 개념인 상대성 운동만이 중요하다.

예제 11.13   토네이도 경보!

정지된 경적이 470 Hz로 울리며 이 지역에 토네이도가 발생할 것을 경고한다. 경적을 향해 운전하면 그 진동수가 510 Hz로 들린다. 차의 속력은 얼마인가? 공기는 20°C라고 가정한다.

구성과 계획 개념 예제 11.12는 이 경우의 이동 진동수가 $f' = f(1 + v_0/v)$으로 주어진다는 것을 보여 준다. 이 식은 차의 속력 v_0에 대해 풀 수 있다.

알려진 값: $v = 343$ m/s(20°C), $f = 470$ Hz, $f' = 510$ Hz

풀이 정리된 도플러의 식은 $f' - f = f(v_0/v)$, 즉 다음과 같이 정리한다.

$$v_0 = \left(\frac{f'}{f} - 1\right)v = \left(\frac{510\,\text{Hz}}{470\,\text{Hz}} - 1\right)(343\,\text{m/s}) = 29.2\,\text{m/s}$$

반영 이는 시속 65마일의 합리적인 고속도로 속력이다.

연결하기 이 경우 최대로 듣는 진동수에 제한이 있는가? 음원에서 멀어지는 경우에는 어떠한가?

답 예제 11.13의 결과에서 접근하는 관찰자에 대한 제한이 없다는 것을 알 수 있다. v_0이 증가함에 따라 f'이 계속 증가하기 때문이다. 그러나 멀어지는 관찰자에 대한 결과는 $v_0 > v$일 때 문제가 있음을 암시한다. 무의미한 음의 진동수를 얻기 때문이다. 이 경우 실제로 소리를 '앞지르고' 있는 것이다!

도플러 효과는 다양한 용도로 사용된다. 의사는 혈류를 측정하기 위해 이 효과를 사용한다. 장치는 약 1 MHz에서 10 MHz의 진동수를 가진 초음파를 방출하는데, 흐르는 혈액의 입자에서 반사되는 파동은 도플러 진동수가 변화되는 것을 알 수 있다. 이 변화를 측정하면 혈류 속력을 계산할 수 있고 동맥 경화와 같은 혈관 질환을 진단하는 데 도움이 될 수 있다. 도플러 혈류 분석은 장기 이식뿐만 아니라 혈관 또는 정형외과 수술의 회복을 관찰하는 데에도 유용하다.

경찰이 과속 차량을 발견하는 데 사용하는 레이저 건이나 날씨를 예측하는 데 사용하는 도플러 레이더 시스템과 같은 다른 응용 분야에서는 빛에 대한 도플러 효과를 사용하는데, 이는 소리에 대한 도플러 효과와 비슷하지만 수학적으로 약간 다르다. 하지만 소리를 위해 개발한 도플러 식은 음원과 관찰자 속력이 빛의 속력보다 훨씬 낮다는 가정 아래 빛에도 적용된다. 20~22장에서 광파에 대해 더 많은 도플러 응용 분야를 설명할 것이다.

충격파와 폭발음

음원이 음속보다 빠르게 이동하면 어떻게 되는가? $v_s > v$의 경우 식 11.7은 음의 진동수를 예측하는데, 이는 물리적으로 의미가 없다. 식 11.7을 자세히 살펴보면 음원 속력이 음속에 가까워질수록 진동수 f'이 무한대로 증가하여 음속에서 무한대가 된 다음 음수가 됨을 알 수 있다.

그림 11.19는 비행기와 같은 음원이 접근하여 음속을 초과할 때 어떤 일이 일어나는지 보여 준다. 비행기의 속력 v_s가 음속 v에 가까워지면 음파가 비행기 앞에 쌓여 비행기가 통과하기 어려운 항력이 증가하는 **음향 장벽**(sound barrier)이 만들어진다. 일단 통과하면 파동이 중첩되어 매우 강력한 원뿔 모양의 **충격파**(shock wave)

(a) 정상 속력으로 비행

(b) 음속보다 약간 작은 속력으로 비행

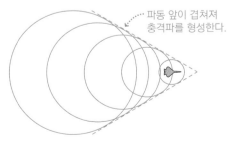

파동 앞이 겹쳐져 충격파를 형성한다.

(c) 초음속 비행

그림 11.19 충격파 형성

를 형성한다. 충격파가 지상의 관찰자를 통과할 때 발생하는 갑작스런 **폭발음**(sonic boom)은 매우 독특하며, 이것은 많은 에너지를 전달하고 심지어 손상을 입힐 수도 있다.

　충격과 같은 현상은 물체가 매질 내의 파동 속력보다 빠른 속력으로 매질을 통과할 때마다 발생한다. 보트에서 대각선으로 밀려오는 뱃머리 파도가 한 예이다. 진공 상태에서 빛보다 빠르게 이동하는 것은 없지만, 특히 물과 같은 매체에서는 아원자 입자를 빛보다 빠른 속력으로 가속시킬 수 있다. 그 결과 발생하는 충격파는 강렬한 광선을 생성하는 데 사용할 수 있다.

파동의 성질

(11.1절) **파동**은 에너지를 전달하지만 물질은 전달하지 않는 이동 교란이다. **횡파**에서 교란은 파동 이동 방향에 수직이다. **종파**에서 교란은 이동 방향의 밀도 변화로 구성되며 파동 이동 방향에 평행하다.

주기적 파동은 반복적이고 동일한 교란으로 구성된다. 파동의 속력, 파장, 진동수의 관계는 단순하다.

주기적 파동의 속력: 속력 = 파장 × 진동수, $v = \lambda f$

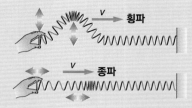
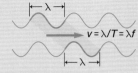

간섭과 정상파

(11.2절) **파동의 간섭**은 2개 이상의 파동이 만날 때 발생한다. 간섭파는 **중첩의 원리**를 따른다. 즉, 전체 교란의 합이다. **보강 간섭**은 전체 파형 진폭을 증가시키고, **상쇄 간섭**은 진폭을 감소시킨다.

정상파는 막힌 구조에서 반사되는 파동의 간섭으로 인해 발생한다.

양 끝이 고정된 줄에서 정상파의 파장: $\lambda = \dfrac{2L}{n}$ (n은 정수)

줄에서 파동 속력: $v = \sqrt{\dfrac{T}{\mu}}$

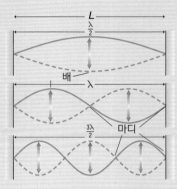

음파

(11.3절) **음파**는 공기 및 다른 매질에서의 종파이다. 대부분의 사람들은 20 Hz~20 kHz의 진동수를 가진 소리를 듣는다. 20 kHz 이상의 진동수는 **초음파**이며, 20 Hz 미만의 진동수는 **아음속** 또는 **비음속**이라고 한다. 음파의 진동수는 종종 **음높이**라고 부른다.

소리 세기는 단위 면적당 일률이다.

소리 세기 준위는 로그에서 **데시벨**로 측정한다.

소리 세기: $I = \dfrac{P}{A}$

소리 세기 준위: $\beta(\text{dB}) = 10\log\left(\dfrac{I}{I_0}\right)$

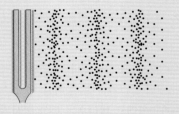

악기와 조화

(11.4절) 소리 진동수의 정수 비율은 음악적 조화를 이룬다. 2:1 진동수 간격은 장음 7개를 포함하는 **옥타브**라 한다. 악기의 크기와 모양은 정상파가 형성되는 방식과 위치를 결정하여 음높이에 영향을 미치고, 조화의 혼합에 따라 악기의 고유한 소리가 결정된다.

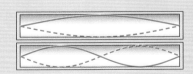

도플러 효과

(11.5절) 도플러 효과는 음원과 관찰자의 상대적인 움직임으로 인해 발생하는 파동의 진동수 변화를 말한다. 두 관찰자가 접근하면 진동수가 증가하고, 멀어지면 진동수는 감소한다.

물체가 음속보다 빠르게 움직이면 음파가 쌓여 원뿔 모양의 **충격파**를 형성한다. 물체가 파동 속력보다 빠르게 매질을 통과할 때마다 유사한 현상이 발생한다.

음원이 접근할 때, 도플러 효과: $f' = \dfrac{f}{1 - v_s/v}$

음원이 멀어질 때, 도플러 효과: $f' = \dfrac{f}{1 + v_s v}$

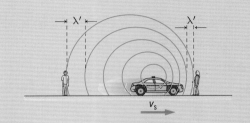

11장 연습문제

문제의 난이도는 ●(하), ●●(중), ●●●(상)으로 분류한다. BIO로 표시된 문제는 생물학적 또는 의학적인 문제이다.

개념 문제

1. 물탱크에 있는 파동의 진동수가 세 배로 증가하면 파장은 얼마가 되는가?

2. 지나가는 보트로 인해 물결파의 진폭이 갑자기 50% 증가하면 진동수와 파장은 어떤 영향을 받는가?

3. 두 파동이 완전히 보강 간섭으로 겹쳐지는 순간(그림 11.5b), 파동의 진폭은 0이 된다. 두 파동의 에너지는 어디로 갔는가?

4. 등산용 밧줄이 천장에 수직으로 매달려 있다. 밧줄의 바닥을 흔들어 펄스를 위로 보내면 펄스가 위로 올라갈 때 펄스의 속력은 어떻게 변하는가? 아래로 내려오는 동안 반사된 펄스의 속력은 어떻게 되는가?

5. 동일한 장력을 받는 동일한 길이의 강철 줄 2개가 있다. 기본 진동수를 정확히 1옥타브 간격으로 진동시키려면 줄의 지름 비율이 어떻게 되어야 하는가?

6. 음원과의 거리를 세 배로 늘리면 소리의 세기는 어떻게 달라지는가? 세기 준위는 어떻게 되는가?

7. 트롬본의 슬라이드가 음높이를 바꾸는 이유는 무엇인가?

8. 도플러 이동이 음원과(또는) 관찰자의 움직임에 따라 달라지지만 이들 사이의 거리에는 영향을 미치지 않는 이유는 무엇인가?

객관식 문제

9. 물결파의 진동수는 0.40 Hz, 파장은 3.0 m이다. 이때 파동의 속력은 얼마인가?

(a) 7.5 m/s   (b) 1.2 m/s

(c) 1.0 m/s   (d) 0.80 m/s

10. 물결파의 진동수는 0.50 Hz, 진폭은 0.35 m, 파장은 2.6 m이다. 진폭이 0.70 m까지 증가하면 파장은 얼마인가?

(a) 5.2 m   (b) 2.6 m

(c) 1.3 m   (d) 1.0 m

11. 줄에서의 정상파에 대해 제3조화에서 배는 몇 개 생기는가?

(a) 2개   (b) 3개   (c) 4개   (d) 6개

12. 세기가 4.0×10^{-7} W/m²인 클라리넷 소리가 들린다. 해당 세기 준위는 얼마인가?

(a) 50 dB   (b) 53 dB

(c) 56 dB   (d) 59 dB

13. 열차가 1.13 kHz의 기적을 울리며 25 m/s로 접근하고 있다. 관찰자가 듣는 기적 소리의 진동수는 얼마인가?

(a) 1.15 kHz　　　(b) 1.22 kHz

(c) 1.27 kHz　　　(d) 1.30 kHz

14. 한쪽 끝이 닫힌 오르간 파이프의 기본 진동수는 220 Hz이다. 첫 번째 배음의 진동수는 얼마인가?

(a) 110 Hz　　　(b) 330 Hz

(c) 440 Hz　　　(d) 660 Hz

연습문제

11.1 파동의 성질

15. • 물결파의 파장이 1.55 m, 진동수가 0.465 Hz이다. 물음에 답하여라.

(a) 파동의 속력을 구하여라.

(b) 두 배의 진동수를 가질 때, 파동의 속력을 구하여라.

16. • 오보에 연주자는 협주곡 A($f = 440$ Hz)를 연주하여 오케스트라를 조율한다. 소리 속력이 343 m/s라면 해당 파장은 얼마인가?

17. •• 지진 P파는 약 6 km/s로 이동하고 S파는 4 km/s로 이동한다. 지진계가 이 두 파동이 도달하는 시간을 24초 간격으로 기록할 때, 이 두 파동을 발생시킨 지진은 얼마나 멀리 떨어져 있는가?

18. ••• $+x$ 방향으로 이동하는 횡방향 사인파는 $y(x, t) = A\cos(kx - \omega t)$ 형태이며, 여기서 A, k, ω는 상수이다. 물음에 답하여라.

(a) 시간 $t = 0$에서 파동 변위 y를 그래프로 표시하야라.

(b) 상수 k(파수라 함)가 파장과 $k = 2\pi/\lambda$의 관계가 있음을 보여라.

(c) 상수 ω는 $\omega = 2\pi/T = 2\pi f$로 주어짐을 보여라.

(d) 파동 속력을 k와 ω로 나타내어라.

19. ••• 18번의 결과를 이용하여 $-x$ 방향으로 이동하는 횡방향 사인파를 기술하는 식을 구하여라. y 방향에서 진폭 A, 파장 λ와 주기 T를 갖는다.

11.2 간섭과 정상파

20. • 식 11.3의 $\sqrt{T/\mu}$에 대한 SI 단위가 m/s인지 확인하여라.

21. •• 동일한 92.0 파장의 소리를 내는 두 스피커 사이의 중간에 있으면 보강 간섭을 경험한다. 난청 지역을 찾으려면 한 스피커 쪽으로 얼마나 멀리 이동해야 하는가?

22. •• 바이올린 G현의 길이는 60.0 cm이고 기본 진동수는 196 Hz이다. 물음에 답하여라.

(a) 이 현의 파동 속력은 얼마인가?

(b) 현의 장력이 49 N이라면 선밀도는 얼마인가?

23. •• 다음 표는 바이올린 4현의 진동수와 장력을 나타낸 것이다. 각 줄의 길이는 60 cm이다. 이 표를 이용하여 각 줄의 처음 2배진동의 진동수를 구하여라.

현	기본 진동수(Hz)	장력(N)
G	196	49
D	294	53
A	440	60
E	659	83

24. •• 구리선이 끊어지기 전 최대 변형력은 331 MPa이며, 구리의 밀도는 8,890 kg/m³이다. 물음에 답하여라.

(a) 한계점에서 구리선의 횡파의 속력을 구하여라.

(b) 구리선의 지름에 따라 답이 달라지지 않는 이유는 무엇인가?

25. ••• 두 대의 바이올린이 440 Hz로 협주곡 A를 연주해야 한다. 한 대는 정확히 맞지만 다른 한 대의 진동수는 439.4 Hz이다. 바이올리니스트들이 듣는 맥놀이 진동수는 얼마인가?

26. •• 개념 예제 11.2에서 각 스피커에서 나오는 소리의 파장이 1.20 m라고 가정하자. 두 스피커에서 동시에 골이 생성된다고 하자(파원의 위상은 같다). 보강 간섭을 들으려면 각 스피커를 기준으로 어느 위치에 서 있어야 하는가? 또한, 상쇄 간섭을 들으려면 어느 위치에 서 있어야 하는가?

11.3 음파

이 절에서는 별도의 언급이 없는 한 온도가 20°C라고 가정한다.

27. •• 45 m 깊이의 잠수함이 수중 음파 탐지기에서 음파를 방출한다. 파동은 바닥에서 반사되어 방출된 지 0.86초 후 잠수함으로 돌아온다. 이 지점에서 바다는 얼마나 깊은가?

28. •• 20°C의 공기 중에서 음파가 두 지점 사이를 이동하는 데 35.0 s가 걸린다. 물음에 답하여라.

(a) 두 지점 사이의 거리는 얼마인가?

(b) 0°C에서 이동 시간은 얼마인가?

29. **BIO** •• **고막** 인간의 고막은 대략 지름 1.0 cm의 원형이다. 고막에 85 dB의 소리가 들어올 때, 고막에 충격을 주는 총 일률을 구하라.

30. ▪▪ 세기 준위가 3 dB 떨어질 때, 소리 세기가 감소하는 비율을 구하여라.

31. ▪▪▪ 야외 파티에서 밴드가 7.0 W의 비율로 소리 에너지를 내보내고, 25 m 떨어진 이웃이 소음에 대해 불평하고 있다. 물음에 답하여라.
(a) 이웃집의 세기 준위는 얼마인가?
(b) 이웃집의 소리 준위를 15 dB까지 낮추려면 밴드가 원래 값의 몇 %까지 출력을 줄여야 하는가? 소리는 모든 방향으로 확산된다고 가정하자.

32. ▪▪ 음원으로부터 거리가 다음과 같이 증가하면 세기 준위는 각각 얼마나 변하는가?
(a) 2배   (b) 10배   (c) 100배

33. ▪▪▪ 스피커가 150 mW의 비율로 소리 에너지를 출력한다. 물음에 답하여라.
(a) 청각이 뛰어난 사람이 진동수 1000 Hz 음인 소리를 들었다면 이 사람과 음원 사이의 거리는 얼마인가?
(b) 소리 진동수가 100 Hz 음을 간신히 들을 정도라면 이 사람과 음원 사이의 거리는 얼마인가?

34. BIO ▪▪ **난청** 사람 A는 특정 진동수에서 2.4 dB의 세기 준위인 소리를 간신히 듣는다. 난청이 있는 사람 B는 같은 진동수의 9.4 dB 음을 간신히 듣는다. 이 두 청각 임계값에서 소리 세기의 비율을 구하여라.

11.4 악기와 조화

35. ▪ 본문에서 설명된 저음 B를 연주하는 플루트의 경우, −5°C인 날씨에 플루토를 밖에서 연주한다면 진동수는 어떤 영향을 받는가?

36. ▪ 4.30m 길이의 오르간 파이프의 한쪽 끝이 열려 있고, 다른 쪽 끝은 닫혀 있다. 기본 진동수와 3배진동의 진동수를 구하여라.

37. ▪▪ 기본 진동수가 다음과 같을 때, 한쪽 끝이 닫힌 오르간 파이프의 길이를 구하여라.
(a) 56 Hz   (b) 262 Hz(중간 C)
(c) 523 Hz(중간 위 C)   (d) 1200 Hz

38. ▪▪ 한쪽 끝이 닫힌 오르간 파이프가 기본 진동수 512 Hz를 갖는다. 닫힌 끝이 열리면 1배진동의 진동수는 얼마인가?

11.5 도플러 효과

이 절에서는 공기 중 음속이 343 m/s라고 가정한다.

39. ▪ 출발/결승선에 접근하는 달리기 선수가 한 바퀴가 남았음을 알리는 벨소리를 듣는다. 벨은 352 Hz의 신호음을 내고 달리기 선수는 359 Hz의 신호음을 듣는다. 이 선수는 얼마나 빨리 달리고 있는가?

40. ▪▪ 13.0 m/s의 속력으로 날아오는 거위가 꽥꽥거리는 소리를 내며, 이 소리는 257 Hz의 진동수로 들린다. 물음에 답하여라.
(a) 거위가 방출하는 진동수는 얼마인가?
(b) 거위가 같은 속력으로 날아가면서 같은 꽥꽥거리는 소리를 낼 때, 들리는 진동수는 얼마인가?

41. ▪▪ 낙하산 대원이 공중에 떠 있는 헬리콥터에서 뛰어내리고 4.0 s 간의 자유 낙하 후 헬리콥터를 향해 다시 소리친다. 이 함성이 425 Hz로 울릴 때, 헬리콥터에서 들리는 진동수는 얼마인가?

42. ▪▪ 제트기가 음속의 99%로 날고 있으며, 엔진은 1,200 Hz의 음을 방출한다. 물음에 답하여라.
(a) 제트기가 날아올 때, 들리는 음의 진동수와 파장을 구하여라.
(b) 제트기가 멀어질 때, 들리는 음의 진동수와 파장을 구하여라.

43. ▪▪ 정지된 음원을 향해 얼마나 빨리 이동해야 방출되는 진동수의 두 배로 소리를 들을 수 있는가?

11장 질문에 대한 정답

단원 시작 질문에 대한 답

이것은 바다의 파도에서 에너지를 추출하여 전기 에너지로 변환하는 장치이다. 이 장치는 750 kW의 비율로 에너지를 생산한다. 유럽 연안에서 운영하는 여러 단위의 '파도 양식장'은 각각 수 메가와트의 에너지를 생산한다.

확인 질문에 대한 정답

11.1절   (b) $f_A/3$
11.2절   (a) T의 증가, (d) L의 감소, (f) μ의 감소
11.3절   (b) > (d) = (e) > (c) > (a)
11.4절   (c) 3

온도, 열팽창, 이상 기체

Temperature, Thermal Expansion, and Ideal Gases

12

학습 내용

✔ 온도의 의미와 열에너지와의 관계 이해하기

✔ 온도 측정 방법과 섭씨, 켈빈, 화씨 눈금 설명하기

✔ 고체와 액체가 온도 상승에 따라 어떻게 팽창하는지 설명하기

✔ 물의 비정상적인 열팽창 설명하기

✔ 이상 기체 근사에 대해 설명하기

✔ 이상 기체 법칙 설명하기

✔ 운동 이론이 이상 기체 법칙을 어떻게 설명하는지 논의하기

✔ 이상 기체에서 분자 속력의 분포 설명하기

✔ 확산 과정 설명하기

▲ 해수면 상승은 해안 지역에 영향을 미칠 수 있는 기후 변화의 위험 중 하나이다. 해수면 상승의 주요 원인은 무엇인가?

이 장은 열 물리학에 관한 세 단원 중 첫 번째 단원이다. 온도와 열에너지, 즉 무작위 분자 운동 에너지의 기본 개념에서부터 시작한다. 일반적인 온도 눈금과 그것이 물의 녹는점과 끓는점 같은 물리적 특성에 어떻게 관련되는지에 대해 배울 것이다. 다음으로 고체와 액체의 열팽창에 대해 탐구할 것이며, 물의 녹는점 근처에서 발생하는 중요한 예외 현상에 주목할 것이다. 또한, 여러분은 이상 기체 법칙으로 설명되는 기체 압력, 부피, 온도 사이의 관계를 포함하여 이상 기체의 거동을 배울 것이다. 마지막으로 기체 내의 개별 분자의 운동을 기체 전체의 특성과 연관시킬 것이다.

12.1 온도와 온도계

여러분은 일상적인 경험을 통해 **온도**(temperature)에 익숙해져 있다. 추위와 더위를 구분하고, 열이 나는 것을 경험하고, 냉동실에서 음식을 얼리고, 가스레인지에서 찌개를 끓이고, 오븐에서 빵을 굽는 등 다양한 활동을 통해 온도를 경험해 본 적이 있을 것이다. 전 세계적으로 지구의 온도 상승에 대한 우려가 커지고 있다. 비록 온도를 직관적으로 이해하고 있지만, 온도를 정의하라고 하면 어려움을 겪을 것이다. 물리적으로 온도는 미묘한 개념이다.

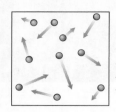

단순 기체의 열에너지는 원자가 무작위로 운동하기 때문에 생긴다.

(a)

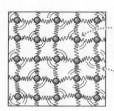

고체의 열에너지는 원자가 무작위로 운동하기 때문에 생긴다.

⋯⋯ 분자 결합의 위치 에너지에 의한 것이다.

(b)

그림 12.1 기체와 고체에서 열에너지

온도란 무엇인가?

온도를 이해하기 위해 먼저 **열에너지**(thermal energy)를 소개한다. 그림 12.1에서 볼 수 있듯이 단순한 기체와 고체에서의 열에너지는 개별 분자나 원자와 관련된 운동 에너지 및 위치 에너지이다. 운동 에너지는 무작위적인 원자와 분자 운동에서 비롯되며, 위치 에너지는 분자 결합의 이완에서 온다. 열에너지의 전부 또는 일부가 분자 운동에 의한 것이지만 열에너지는 물체의 운동 에너지와 구별된다. 5장에서 배운 것처럼 움직이는 공의 운동 에너지는 $K = \frac{1}{2}mv^2$이며, 여기서 v는 공의 속력이다. 또한, 공은 분자의 무작위 운동으로 인한 열에너지도 가지고 있다. 이것은 날아다니는 공의 전체적인 움직임에 추가된다. 공이 정지해 있는 운동 에너지가 0인 상태에서도 열에너지는 존재한다.

열에너지의 개념을 바탕으로 온도를 생각하는 몇 가지 방법을 소개한다.

- 일반적으로 온도는 원자 또는 분자당 평균 열에너지와 밀접한 관련이 있다. **평균 열에너지가 높을수록 온도가 높아진다.** 12.4절에서 이상 기체의 온도와 열에너지 간의 직접적인 관계를 확인할 수 있다. 다른 물질의 경우 정량화하기 어렵지만 연관성은 여전히 존재한다.
- 열에너지를 교환할 수 있는 물질을 **열 접촉 상태에 있다**라고 한다. 온도가 서로 다른 물질들이 열 접촉할 때, 에너지는 더 따뜻한 물질에서 차가운 물질로 흐른다.
- 두 물질이 오랫동안 열 접촉을 한 후, 같은 온도에 도달한 다음 **열평형 상태**에 놓인다.

온도와 열을 구별하는 것은 중요하다. 13장에서 열이 서로 다른 온도에 있는 물체 사이를 흐르는 열에너지라는 것을 알게 될 것이다. 온도와 열은 물리적으로 다른 양이며, 단위도 다르다. 13장에서 이 둘의 관계를 살펴볼 것이다.

온도 눈금

▶ **TIP** 온도는 평균 열에너지와 관련이 있다. 평균 열에너지가 높을수록 온도가 높아진다.

화씨 온도 눈금(Fahrenheit temperature scale)(°F)은 미국에서 일상적으로 사용한다. 독일 물리학자 다니엘 파렌하이트(Daniel Gabriel Fahrenheit, 1686~1736)는 1724년에 이러한 온도 눈금을 고안하였는데, 0°F는 포화 상태 소금물의 어는점으로 설정하였고 32°F는 순수한 물의 녹는점으로 설정하였다. 이후 32°F를 하나의 기준점으로 유지하였으나, 물의 끓는점인 212°F를 다른 기준점으로 사용하여 조정되었다. 이 눈금에서 사람의 정상 체온은 98.6°F이다. 건강한 사람의 실제 체온은 일반적으로 97.0°F와 98.6°F 사이이다.

과학자들은 물의 대기압(1기압)에서 순수한 어는점과 끓는점을 각각 0°C와 100°C로 설정한 **섭씨 온도 눈금**(Celsius temperature scale)(°C)를 사용한다. 화씨에서 섭씨로의 변환은 다음과 같다.

$$T_C = \frac{5}{9}(T_F - 32°)$$

예를 들어, 77°F인 따뜻한 날의 섭씨 온도는 다음과 같다.

$$T_C = \frac{5}{9}(77° - 32°) = \frac{5}{9}(45°) = 25°C$$

또 다른 중요한 눈금은 **켈빈 눈금**(kelvin scale)(K)이다(켈빈은 °K가 아닌 SI 단위 켈빈이다). 켈빈과 섭씨 온도는 크기가 같지만 0점은 273.15 K 차이가 난다. 따라서 섭씨와 켈빈 사이의 변환은 다음과 같다.

$$T = T_C + 273.15$$

켈빈 눈금(K)은 스코틀랜드 물리학자 윌리엄 톰슨(William Thomson, 1824~1907)을 기리기 위해 만들어졌다. 톰슨은 1848년에 절대온도 눈금을 제안하였으며, 그의 과학 업적에 대한 보상으로 켈빈 남작 작위를 받았다.

켈빈 눈금은 **절대 0도**로 알려진 가장 낮은 가능한 온도를 0 K로 정의한다. 절대 0도일 때, 물질은 더 이상 열에너지를 낼 수 없다. 양자역학에 따르면 0K에서도 열에너지가 조금은 있지만 외부에 공급할 수 없어서 대부분의 경우 이 에너지는 무시할 수 있는 수준이다. 21세기 초까지 물리학자들은 10^{-9} K(또는 1 nK)까지 낮은 온도를 달성하였다.

그림 12.2는 세 가지 온도 눈금을 비교한 것이다. 켈빈은 SI 온도 단위이지만 과학자들은 일상적인 온도에 더 작은 수치를 사용하기 위해 종종 °C로 연구한다. 예를 들어, 실온의 경우 293 K가 아니라 20°C이다. 과학에서 사용되는 다른 단위와 마찬가지로 °C와 K의 온도에 대한 '느낌'을 익혀 두는 것이 좋다.

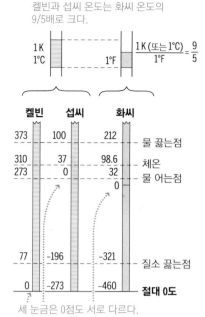

그림 12.2 세 온도 눈금들 사이의 관계

예제 12.1 체온

건강한 사람의 체온은 약 37.0°C라는 사실을 어릴 때부터 잘 알고 있을 것이다. 이 온도는 화씨와 켈빈 온도로 얼마인가?

구성과 계획 섭씨에서 화씨로의 변환은 다음과 같다.

$$T_F = \frac{9}{5}T_C + 32°$$

섭씨에서 켈빈으로 변환하면 $T_K = T_C + 273.15$이다.

알려진 값: $T = 37.0°C$

풀이 화씨로 변환하면 다음과 같다.

$$T_F = \frac{9}{5} \times 37.0° + 32° = 98.6°F$$

켈빈 온도는 $T_K = (37.0 + 273.15)$ K $= 310$ K이다.

반영 다른 나라에서 병에 걸렸는데 체온이 30도 후반대라고 해서 놀라지 말아라!

....

연결하기 다음 지역은 현재 지구에서 기록된 최저 및 최고 화씨 온도이다. 이 온도를 섭씨 온도로 나타내어라.

−128.6°F (남극)과 +134.0°F (데스 밸리, CA)

답 변환 식을 이용하면 이들 극한 온도는 −89.2°C와 +56.7°C 이다.

온도계

온도계는 온도에 따라 변하는 물리적 성질을 이용하는 장치이다. 예를 들어, 물질의 열팽창, 기체 압력, 전기적 특성이 있다. 많은 최신 온도계는 전기 저항을 사용하며

귀 체온계는 온도에 따라 방출하는 고막의 적외선(IR)을 감지한다 (흑체 방사선에 대한 24장 참조). 고막은 체온을 조절하는 뇌 부위인 시상하부와 열적으로 연결되어 있다. 고막법은 구강 또는 직장 측정법보다 매우 빠르고 침습성이 낮다.

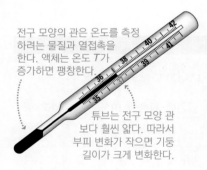

전구 모양의 관은 온도를 측정하려는 물질과 열접촉을 한다. 액체는 온도 T가 증가하면 팽창한다.

튜브는 전구 모양 관보다 훨씬 얇다. 따라서 부피 변화가 작으면 기둥 길이가 크게 변화한다.

그림 12.3 액체관 온도계

디지털 판독 기능을 갖추고 있다.

모든 온도계는 정확성을 위해 보정(calibration)이 필요하다. 물의 어는점과 끓는점인 0°C와 100°C는 좋은 기준을 제공한다. 온도계가 온도에 따라 선형적으로 변하는 특성을 사용하는 경우, 두 지점에서 보정하는 것만으로도 합리적인 범위에서 정확도를 보장할 수 있다.

확인 12.1절 다음 온도를 높은 순서대로 나열하여라.

(a) 270 K   (b) −20°C   (c) 25°F   (d) 물이 어는점

12.2 열팽창

'온도계'를 생각하면 그림 12.3의 장치를 떠올릴 수 있는데, 온도를 표시하는 좁은 관에 유리관이 연결되어 있다. **액체관 온도계**(liquid-bulb thermometer)는 1709년 파렌하이트에 의해 발명되었다. 그는 처음에는 관의 작동 유체로 알코올을 사용했지만 곧 수은으로 대체하여 최근까지 표준이 되었다. 오늘날에는 수은의 독성 때문에 알코올을 더 많이 사용하고 있다. 액체관 온도계의 개념은 단순하다. 온도가 상승하면 **열팽창**(thermal expansion)으로 인해 관 내 액체의 부피가 증가하여 좁은 관 안으로 밀어 넣는다. 열팽창은 온도에 따라 부피가 거의 선형적으로 증가하기 때문에 균일한 간격의 온도 표시로 변환된다. 이제 열팽창에 대해 좀 더 일반적으로 살펴보겠다.

선팽창계수

도로를 걷다 보면 1미터 정도마다 콘크리트에 틈이 있는 것을 볼 수 있다. 왜 그럴까? 콘크리트는 온도가 상승함에 따라 열팽창이 일어나고, 따라서 팽창할 곳이 필요하다. 다리 끝을 보면 다리가 팽창하고 수축할 수 있도록 손가락 모양의 강철 이음새를 볼 수 있다.

대부분의 물질은 열을 가하면 팽창한다. 넓은 온도 범위에서 팽창은 온도 변화에 거의 비례하며, 다음과 같이 표현한다.

$$\frac{\Delta L}{L} = \alpha \Delta T \quad \text{(선팽창)} \tag{12.1}$$

여기서 L은 물질의 원래 길이이고 ΔL은 온도 변화 ΔT로 인해 변형된 길이이다. 계수 α는 주어진 물질의 특성인 **선팽창계수**(coefficient of linear expansion)이다. 온도를 °C로 표시할 때, α의 단위는 °C^{-1}이다. 여러 물질이 서로 다른 비율로 팽창하므로 α의 값이 서로 다르다(표 12.1 참조). 대부분의 고체에서 α의 값은 10^{-5}°C^{-1} 정도로 작다. 하지만 콘크리트 보도와 다리처럼 신중한 설계가 필요한 경우에는 그 값이 충분히 크다.

표 12.1 20°C에서 열팽창계수

물질	선팽창계수 $\alpha(°C^{-1})$	부피팽창계수 $\beta(°C^{-1})$
고체		
알루미늄	2.4×10^{-5}	7.2×10^{-5}
놋쇠	2.0×10^{-5}	6.0×10^{-5}
구리	1.7×10^{-5}	5.1×10^{-5}
콘크리트	1.2×10^{-5}	3.6×10^{-5}
유리(일반)	$4.0 \times 10^{-6} \sim$	$1.2 \times 10^{-5} \sim$
	9.0×10^{-6}	2.7×10^{-5}
유리(파이렉스)	3.3×10^{-6}	9.9×10^{-6}
납	2.9×10^{-5}	$8.7 \times 10-5$
수정	4.0×10^{-7}	1.2×10^{-6}
은	1.9×10^{-5}	5.7×10^{-5}
강철	1.2×10^{-5}	3.6×10^{-5}
액체		
에탄올		7.5×10^{-4}
글리세린		4.9×10^{-4}
수은		1.8×10^{-4}
메탄올		1.2×10^{-3}
물(1°C)		-4.8×10^{-5}
물(20°C)		2.1×10^{-4}
물(50°C)		5.0×10^{-4}

예제 12.2 철도 작업

표준 11.9 m 길이의 강철 철도 선로가 온도 변화에 따라 팽창 및 수축한다. 선로 온도가 겨울철 −20°C에서 뜨거운 여름 햇빛 아래 45°C로 변할 때 얼마나 팽창하겠는가?

구성과 계획 그림 12.4와 같이 문제의 개략도를 그린다. 식 12.1 $\Delta L/L = \alpha \Delta T$는 선팽창을 나타낸다. 여기서 온도 변화는 $\Delta T = 65°C$이고 강철에 대한 열팽창계수는 표 12.1에서 $1.2 \times 10^{-5} °C^{-1}$로 주어져 있다.

알려진 값: $L = 11.9$ m, $\Delta T = 65°C$, $\alpha = 1.2 \times 10^{-5} °C^{-1}$(표 12.1에서 강철 참조)

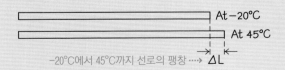

그림 12.4 선로의 열팽창

풀이 ΔL의 경우 식 12.1을 풀면 다음과 같이 계산된다.

$$\Delta L = \alpha L \Delta T = (1.2 \times 10^{-5} °C^{-1})(11.9 \text{ m})(65°C)$$
$$= 0.0093 \text{ m} = 9.3 \text{ mm}$$

반영 오래된 철로는 철로 구간 사이의 간격에 이러한 팽창을 고려해야 한다. 이러한 간격으로 인해 열차에서 특유의 '덜컹 덜컹' 소리가 난다. 최신 용접 선로의 경우 선로를 견고하게 고정하여 큰 팽창 없이 변형되지 않도록 만들 수 있다.

연결하기 온도가 −20°C일 때 최대 온도 45°C를 대비하여 선로 마디의 간격을 어떻게 만들어야 하는가?

답 선로는 예제에서 계산한 양의 절반만큼 각 방향으로 균등하게 늘어난다. 인접한 선로도 동일한 양으로 팽창한다. 이 예제에서 계산한 ΔL과 같은 9.3 mm 간격 크기를 적용하면 온도가 45°C에 도달할 때 선로가 접촉하게 된다.

표 12.1의 일반 유리에 비해 파이렉스 유리의 값이 훨씬 작다는 것에 주목하여라. 일반 유리 용기에 끓는 물을 부으면 고르지 않은 열팽창으로 인해 유리가 깨질 수 있기 때문에 끓는 물을 부어서는 안 된다. 하지만 파이렉스 유리는 거의 팽창하지 않으므로 주방이나 화학 실험실에서 사용하기에 더 안전하다.

부피 열팽창

온도가 상승하면 고체는 모든 방향으로 팽창하고 액체는 용기에 의해 허용된 방향으로 팽창한다. 부피 변화는 온도 변화에 비례하며 다음 식에 의해 주어진다.

$$\frac{\Delta V}{V} = \beta \Delta T \quad \text{(부피 열팽창)} \tag{12.2}$$

여기서 V는 팽창 전의 부피, ΔT는 온도 변화, β는 **부피팽창계수**(coefficient of volume expansion)이다. 부피팽창 식 12.2는 선팽창 식 12.1과 유사하다. 온도를 °C 단위로 측정할 때 β의 단위는 °C^{-1}이다. 표 21.1에 β 값이 포함되어 있다. 개념 예제 12.4는 작은 팽창에 대하여 $\beta \approx 3\alpha$임을 보여 준다.

예제 12.3 **수은 온도계**

수은 온도계는 20°C에서 정확히 수은 1 cm^{3}를 포함하고 있다. 온도가 −30°C로 떨어지면 수은의 부피는 얼마나 변하겠는가?

구성과 계획 수은은 액체이고 열팽창계수는 표 12.1에 주어져 있다. 식 12.2 $\Delta V/V = \beta \Delta T$는 부피 변화를 나타낸다. 여기서 온도가 떨어지므로 ΔT는 음수이고 $\Delta T = -50$°C이다. 따라서 부피 변화 ΔV 역시 음수이다(그림 12.5).

알려진 값: $\Delta T = -50$°C, $\beta = 1.8 \times 10^{-4}$ °C^{-1}(표 12.1), $V = 1.00$ cm$^3 = 1.00 \times 10^{-6}$ m^3

풀이 식 12.2로부터 부피 변화는 다음과 같다.

$$\Delta V = \beta V \Delta T = (1.8 \times 10^{-4}\ °\text{C}^{-1})(1.00 \times 10^{-6}\ \text{m}^3)(-50°\text{C})$$
$$= -9.00 \times 10^{-9}\ \text{m}^3$$

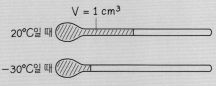

$V = 1$ cm^3

20°C일 때

−30°C일 때

그림 12.5 온도계에서 액체 수은의 수축

즉, 부피는 9.00×10^{-9} m^{3}만큼 감소한다.

반영 이 결과는 m^3 단위를 고려했을 때 값이 작아 보인다. 대신 9.00×10^{-3} cm^3, 즉 원래 부피의 1% 미만이 감소했다고 생각해 본다. 이제 그렇게 대수로워 보이지 않는다.

....

연결하기 이 예제에서 온도계에 관을 따라 2 mm마다 온도 눈금 표시가 있다고 가정하자. 관 내부의 단면이 원형인 경우, 내부 지름은 얼마인가?

답 단면적 A의 경우 부피 변화는 $\Delta V = A \Delta L$이며, 여기서 ΔL은 수은이 관을 따라 팽창하는 길이이다. 1도 변화가 2 mm에 해당할 때, 50도 변화는 $\Delta L = 100$ mm $= 0.10$ m에 해당한다. 단면적은 $A = \Delta V/\Delta L = 9.00 \times 10^{-8}$ m^{2}이며, 0.34 mm의 내부 지름이 필요하다. 유리도 팽창하는지 궁금하지 않은가? 표 12.1에서 유리의 팽창계수가 수은의 팽창계수보다 훨씬 작으므로 이 효과는 무시할 수 있다.

개념 예제 12.4　부피와 길이

고체에 대한 선팽창계수와 부피팽창계수 α와 β는 어떻게 관계되어 있는가?

풀이 한 변이 L인 고체 입방체를 고려할 수 있으며, 선팽창계수가 α인 물질로 만들어진 부피는 L^3이다. 온도 변화 ΔT에서 식 12.1은 각 변이 $\Delta L = L\alpha\Delta T$만큼 팽창한다는 것을 보여 준다. 그러면 새 부피는 $(L + \Delta L)^3 = (L + L\alpha\Delta T)^3$이다. 따라서 이 식을 전개하면 다음을 얻는다.

$$L^3(1+\alpha\Delta T)^3 = L^3\left(1+3\alpha\Delta T+3(\alpha\Delta T)^2+(\alpha\Delta T)^3\right)$$

길이 변화 ΔL은 원래 길이보다 작으며, $\alpha\Delta T$가 1보다 훨씬 작다는 것을 의미한다. 또 $(\alpha\Delta T)^2$ 및 $(\alpha\Delta T)^3$의 항은 아주 작다(예: $\alpha\Delta T = 0.01$이면 제곱은 10^{-4}이고 세제곱은 10^{-6}이다). 따라서 이러한 작은 항을 무시하면 새롭게 계산된 부피는 $L^3(1+3\alpha\Delta T)$로 근사한다.

원래 부피가 $V = L^3$이므로 부피는 $\Delta V = 3L^3\alpha\Delta T = 3V\alpha\Delta T$만큼 증가한다. 따라서 다음과 같이 나타낼 수 있다.

$$\frac{\Delta V}{V} = 3\alpha\Delta T$$

$\beta = 3\alpha$라 하면 이는 식 12.2와 연결된다. 따라서 고체의 부피팽창계수는 선팽창계수의 세 배에 불과하다.

반영 액체에 대한 선팽창을 논하지 않는 이유는 무엇인가? 액체는 용기의 모양을 고려해야 하고, 모든 방향으로 자유롭게 팽창할 수 없기 때문이다. 예를 들어, 액체관 온도계에서 부피팽창은 얇은 튜브를 따라 일차원에서만 발생하도록 제한된다. 그래서 표 12.1에서 액체에 대한 α가 표시되지 않은 것이다.

응용　건축물 및 교량의 이음새 팽창

교량과 마천루는 특히 열팽창에 취약하다. 극단적인 크기 때문에 길이가 약간만 변해도 아주 위험해진다. 교량이나 건축물은 구조물에 손상을 줄 수 있는 균열을 방지하기 위해 표시된 것과 같이 이음새를 통해 팽창 및 수축하여 온도 변화에 대응해야 한다.

물의 열팽창

물은 특이하게도 온도가 상승한다고 해서 항상 팽창하는 것은 아니다. 표 12.1을 보면 물이 1°C일 때 음의 팽창계수인 것을 확인할 수 있으며, 그림 12.6에서 자세히 살펴볼 수 있다. 4°C에서 100°C까지 물은 다른 물질과 동일하게 온도가 상승함에 따라 부피가 증가한다(그림 12.6b). 그러나 0°C에서 4°C에서는 이러한 거동이 반대로 작용한다. 4°C에서 물의 부피는 최소이므로 밀도는 최대이다(그림 12.6c).

온도 (℃)	물 1 g의 부피 (cm³)	밀도 (g/cm³)
0	1.0002	0.9998
4	1.0000	1.0000
10	1.0003	0.9997
20	1.0018	0.9982
50	1.0121	0.9881
75	1.0258	0.9749
100	1.0434	0.9584

(a) 온도에 따른 물 1 g의 부피

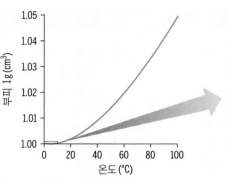

(b) 온도 변화에 따른 물 1 g의 부피의 변화

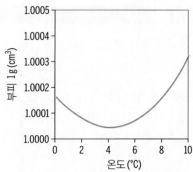

(c) 그림 **(b)**에서 곡선 왼쪽 하단을 확대하고 재조정한 세부 그래프

그림 12.6 물은 어는점(0℃)에서 4℃로 따뜻해지면서 약간 수축했다가 온도가 상승함에 따라 팽창한다.

이러한 특이한 특성은 얼음의 구조와 관련이 있다. 고체 상태에서 수소 결합은 개방형 형태를 형성하여 액체 상태인 물보다 밀도가 현저히 낮아진다. 이것이 바로 얼음이 물에 뜨는 이유이다. 얼기 직전의 온도에서는 이러한 끊어진 결합으로 인해 액체 밀도가 낮아지는데, 결합이 끊어지면서 온도가 4℃가 될 때까지 물의 밀도가 감소한다.

물의 특이한 열적 거동은 담수 생물에게 중요한 영향을 미친다. 가을이 되면 수면 온도가 0℃로 떨어지면서 가장 차가운 물은 밀도가 낮아지므로 수면 위에 떠다니게 된다. 얼음이 형성되고, 얼음은 액체 상태의 물보다 밀도가 낮기 때문에 물 위에 뜨게 되는 것이다. 얼음은 아래의 물을 단열하여 얼음 층의 성장을 늦추고 수중 생물이 생존할 수 있도록 한다. 여름에는 가장 뜨거운 물이 맨 위에 있고, 가장 밀도가 높은 물은 4℃에 가깝다. 일 년에 두 번, 봄과 가을에는 전체적으로 기온이 거의 같고 호수가 '뒤집어지면서' 수면과 바닥의 물이 섞인다. 이는 수심 깊은 곳의 영양분이 올라와 수중 생물이 유지되는 데 도움이 된다.

▎ **새로운 개념 검토**

▪ 대부분의 물질은 온도가 상승하면 팽창한다.
▪ 선팽창과 부피팽창은 모두 온도 변화에 비례한다.
▪ 물은 4℃에서 최대 밀도로서 특이하게 행동한다.

확인 12.2절 온도계에서 수은의 부피를 1% 증가시키려면 온도를 몇 도만큼 상승시켜야 하는가?

(a) 24℃   (b) 36℃   (c) 44℃   (d) 56℃

12.3 이상 기체

기체는 항상 용기를 채우며 팽창한다는 점에서 액체나 고체와는 다르다. 부피 V, 압력 P, 온도 T를 포함한 **상태 변수**(state variable)를 사용하여 기체를 설명할 것이다. 이 변수는 관측하기 어려운 개별 분자가 아닌 기체의 거시적 상태를 특성화한다. 일반적으로 너무 크지 않은 용기의 경우 기체 전체에서 압력과 온도가 일정하다. 이는 개별 분자가 용기 전체에 열에너지를 전달하여 균일한 압력과 온도를 가진 평형 상태를 만들기 때문이다.

여기서 분자 사이의 힘이 무시할 수 있을 정도로 입자 밀도가 낮은 **이상 기체**(ideal gas)를 고려한다(그림 12.7). 중요한 상호작용은 분자와 용기 벽 사이에 있다. 실제로 벽에 가해지는 압력은 이러한 충돌로 인해 발생한다. 평형 상태에서 충돌은 탄성 충돌이고 기체가 에너지를 얻거나 잃지 않는다. 그러나 다른 온도의 기체가 담긴 용기가 열 접촉에 놓이면 열에너지는 벽을 통해 교환되어 온도는 변화한다. 이 내용은 12.4절에서 설명한다. 지금은 평형 상태의 이상 기체를 고려할 것이다.

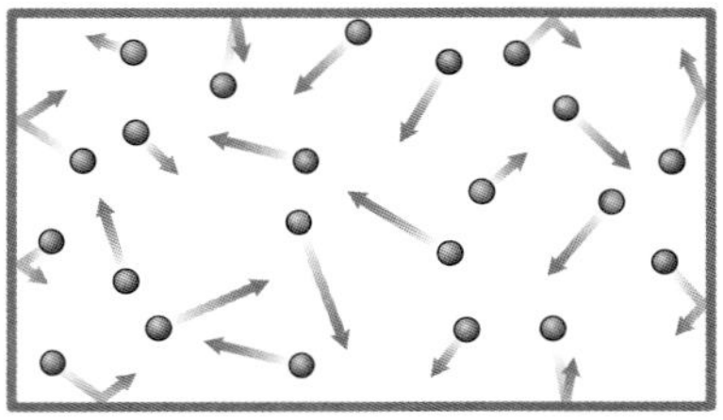

대부분의 일반 기체는 일상적인 온도와 압력에서 거의 이상적인 행동을 나타낸다. 기체는 냉각되거나 압축되면 밀도가 증가하여 이상적이지 않게 된다. 끓는점 바로 위의 기체는 이상적으로 작용하지 않을 수 있다. 공기 중에서 가장 흔한 기체인 질소, 산소, 아르곤은 모두 끓는점이 100 K 미만이므로 정상적인 조건에서 거의 이상적이다.

그림 12.7 직사각형 상자에 담긴 기체 분자. 분자들은 상호작용하지 않지만 용기 벽과 충돌한다.

기체의 양

압력, 부피, 온도 외에 또 다른 상태 변수는 기체의 양이다. 이를 설명하는 몇 가지 방법이 있다. 총 질량을 고려할 수도 있지만 분자 수 N 또는 몰 수 n을 사용하는 것이 더 편리하다. 1몰(mole)은 아보가드로의 수 N_A개이며, 여기서 $N_A = 6.022 \times 10^{23}$이다. 따라서 N과 n은 $N = N_A n$의 관계를 갖는다. 예를 들어, 2.85 mol 시료의 분자 수는 $N = N_A n = (6.022 \times 10^{23})(2.85) = 1.72 \times 10^{24}$분자이다.

이상 기체의 질량은 분자 수 또는 몰 수와 **몰 질량**(molar mass)에 따라 달라진다. 예를 들어, 산소(O_2) 1몰은 $m_{molar} = 32.0$ g이다. 원자 산소(O)가 몰당 16 g으로 나열된 주기율표에서 얻을 수 있으므로 O_2는 그 두 배인 32.0 g/mol이다. 산소 기체 2몰의 질량은 64.0 g이다. 일반적으로 $m = nm_{molar}$이다.

▶ **TIP** 몰 질량은 킬로그램이 아닌 그램이므로 주기율표에 있는 원자량을 사용할 수 있다.

> ▷ **새로운 개념 검토**
>
> ■ 기체의 양은 몰 수 n, 분자 수 N 또는 질량 m에 의해 설명할 수 있다.
> ■ 몰 수와 분자 수의 관계는 $N = N_A n$이다.
> ■ 질량 m과 몰 질량 m_{molar}의 관계는 $m = nm_{molar}$이다.

예제 12.5 **이산화탄소**

이산화탄소(CO_2)의 시료 77.0 g에 있는 분자 수를 구하여라.

구성과 계획 주기율표와 분자식 CO_2에서 몰 질량을 구한다. CO_2는 탄소 1몰과 산소 원자 2몰의 합이다. 몰 수와 분자 수의 관계는 다음과 같다.

$$m = nm_{molar} \text{과} \quad N = N_A n$$

알려진 값: 질량 $m = 77.0$ g

풀이 주기율표(부록 D)로부터 몰 질량은 탄소 12 g, 산소 16 g 이다. 따라서 이산화탄소(CO_2)의 몰 질량은 다음과 같다.

$$m_{molar} = 12.0 \text{ g} + 2(16.0 \text{ g}) = 44.0 \text{ g}$$

$m = 77.0$ g인 경우 시료에 대한 몰 수 n은 다음과 같다.

$$n = \frac{m}{m_{molar}} = \frac{77.0 \text{ g}}{44.0 \text{ g/mol}} = 1.75 \text{ mol}$$

이다. 그러면 분자 수 N은 다음과 같이 계산된다.

$$N = N_A n = (6.022 \times 10^{23} \text{ molecules/mol})(1.75 \text{ mol})$$
$$= 1.05 \times 10^{24}$$

반영 과학자들이 물질의 양을 측정하기 위해 몰(mole)을 사용하는 이유는 몰 수가 분자 수보다 작아 훨씬 다루기 쉽기 때문이다.

연결하기 공기는 78% 질소(N_2), 21% 산소(O_2), 1% 아르곤(Ar) 으로 구성되어 있다. 공기의 평균 몰 질량은 얼마인가?

답 세 기체의 몰 질량은 각각 28.0 g, 32.0 g, 39.9 g이다. 가중 평균을 구하면 29.0 g이 된다.

이상 기체 법칙

압력, 부피, 온도, 기체의 양은 모두 서로 관련이 있다. 하나의 상태 변수를 변경하면 하나 이상의 다른 변수도 변경될 수 있다. 상태 변수 간의 관계를 **상태 방정식**(equation of state)이라 한다.

역사적으로 상태 방정식은 하나의 변수를 체계적으로 변경하고, 그 결과 다른 변수 중 하나만 변하도록 하여 실험적으로 개발되었다. 그림 12.8은 이러한 실험에 사용된 피스톤–실린더 계를 보여 준다. 작용하는 피스톤은 실린더 내에 기체를 가두고 기체의 양을 일정하게 유지한다. 예를 들어, 피스톤을 고정하여 부피를 일정하게 유지할 수 있다. 온도를 올리면 온도에 따라 압력이 어떻게 변하는지 알아볼 수 있다.

다음은 방금 설명한 것을 포함한 실험 결과를 요약한 것이다.

보일의 법칙(Boyle's law): 기체의 양과 온도는 일정하고, 압력과 부피가 변화한다.

$$PV = \text{상수 (보일의 법칙)}$$

샤를의 법칙(Charles's law): 기체의 양과 압력은 일정하고, 부피는 온도에 비례한다.

$$V \propto T \text{ (샤를의 법칙)}$$

게이-뤼삭의 법칙(Gay-Lussac's law): 기체의 양과 부피는 일정하고, 압력은 온도에 비례한다.

$$P \propto T \text{ (게이-뤼삭의 법칙)}$$

마지막으로 일정한 부피와 온도에서 압력은 기체의 양에 비례한다. 즉, $P \propto n$이다.

기체의 양은 일정하지만 부피, 온도, 압력은 변할 수 있다.

그림 12.8 기체의 특성을 밝히는 실험을 할 때 사용하는 피스톤–실린더 계

이 결과를 결합하면 네 가지 변수를 모두 포함하는 **이상 기체 법칙**(ideal-gas law)을 얻을 수 있다.

$$PV = nRT \quad \text{(이상 기체 법칙)} \tag{12.3}$$

식 12.3에서 R은 **몰 기체 상수**(molar gas constant)이다. 실험적으로 결정된 값은 $R = 8.315\ \text{J·mol}^{-1}\text{·K}^{-1}$이다.

R이 $\text{J·mol}^{-1}\text{·K}^{-1}$로 표현된 경우, 방정식의 우변($nRT$)은 줄(J)의 단위를 갖는다. 이는 압력(Pa) 및 부피(m^3)에 대한 SI 단위를 포함하고 있다. 이상 기체 법칙을 사용할 때 온도를 켈빈(K)으로 표현하는 것도 중요하다. 이것은 샤를의 법칙과 게이-뤼삭의 법칙의 정비례 관계가 절대 0도에서 측정된 온도에서만 성립하기 때문이다. 게다가 이상 기체 법칙은 음의 온도에 대해 성립하지 않는다. 이 법칙의 다른 어떤 양도 음의 값을 갖지 않기 때문이다.

예제 12.6   몰 질량 부피

표준 조건($T = 0°C$, $P = 1\ \text{atm}$)에서 이상 기체 1몰의 부피를 구하여라.

구성과 계획 이상 기체 법칙 $PV = nRT$는 매개변수의 함수로서 부피 V를 제공한다.

알려진 값: $n = 1\ \text{mol}$, $T = 0°C = 273\ \text{K}$, $P = 1\ \text{atm} = 1.013 \times 10^5\ \text{Pa}$

풀이 부피 V에 대한 이상 기체 법칙과 SI 값을 대입하여 계산한다.

$$V = \frac{nRT}{P} = \frac{(1\ \text{mol})(8.315\ \text{J·mol}^{-1}\text{·K}^{-1})(273\ \text{K})}{1.013 \times 10^5\ \text{Pa}} = 0.0224\ \text{m}^3$$

여기서 온도를 켈빈으로, 압력을 파스칼로 변환하는 데 주의를 기울였다. 부피의 SI 단위는 m^3이다.

반영 기체 유형에 대해 언급한 적이 없다는 점을 유의한다. 표준 조건에서 이상 기체 1몰의 부피는 기체의 종류에 관계없이 동일하다.

연결하기 이상 기체의 몰 부피를 리터 단위로 표현하고, 이 정도의 기체가 들어 있는 구형 풍선의 지름을 구하여라.

답 $1\ \text{m}^3 = 1{,}000\ \text{L}$이므로 부피는 22.4 L이며, 화학에서 익히 알고 있는 수치이다. 구형 풍선의 반지름을 r이라 하면 $V = 4\pi r^3/3$에서 $r = 0.175\ \text{m}$이다. 따라서 풍선의 지름은 35.0 cm이다.

개념 예제 12.7   등적 기체 온도계

게이-뤼삭의 법칙은 기체 압력을 온도의 함수로 측정하는 **등적 기체 온도계**를 사용하여 탐구한다. 그림 12.9a는 이 계측기의 몇 가지 대표적인 데이터를 보여 준다. 데이터가 이상 기체 법칙을 따르는가? 이 계측기를 사용하여 어떻게 절대 0도를 결정할 수 있는가? 이 계측기를 온도계라고 부르는 이유는 무엇인가?

풀이 이상 기체 법칙에 따르면 기체의 양과 부피가 일정한 경우, 압력은 시료의 온도에 비례한다. 즉, $P = (nR/V)T$이다. 괄호 안의 양이 일정한 상태에서 P–T 그래프는 nR/V의 기울기와 $T = 0\ \text{K}$에서의 절편을 가진 직선이어야 한다. 따라서 그래프를 다시 0압력(그림 12.9b)으로 외삽하면 $T = 0\ \text{K}$, 즉 절대 0도가 결정된다. 그래프는 이 지점을 $T = -273°C$로 보여 주며, 이전의 절대 0도에 대한 정의와 일치한다. 그래프의 직선 특성은 데이터가 실제로 이상 기체 법칙을 따르고 있음을 보여 준다.

압력을 측정하면 $P = (nR/V)T$ 식을 사용하여 온도 값을 얻을 수 있으므로 이 계측기는 온도계이다.

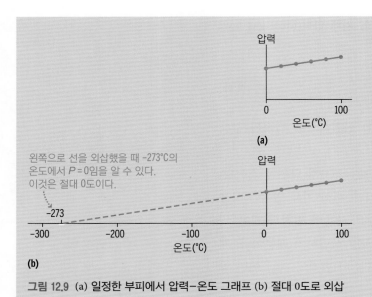

그림 12.9 (a) 일정한 부피에서 압력−온도 그래프 (b) 절대 0도로 외삽

왼쪽으로 선을 외삽했을 때 −273℃의 온도에서 $P=0$임을 알 수 있다. 이것은 절대 0도이다.

반영 액체 관 또는 전자식 온도계와 비교하면 이는 매우 실용적인 온도계처럼 보이지 않을 수 있다. 그러나 등적 기체 온도계는 매우 광범위한 온도 범위에서 작동되며 이상 기체는 동일하게 작동하기 때문에 쉽게 재현 가능한 온도 표준을 제공한다.

예제 12.8 헬륨의 밀도

이상 기체 법칙을 이용하여 $T=25℃$와 $P=1$ atm에서 헬륨의 밀도를 계산하여라.

구성과 계획 밀도 = 질량/부피, 즉 $\rho=m/V$이다. 이상 기체 법칙은 밀도와 직접적으로 관련이 없지만 단위 부피당 몰 수를 제공한다. 그다음 $m=nm_{molar}$를 사용하여 몰을 질량으로 변환할 수 있다. 헬륨(단원자 기체)의 경우 부록 D에서 $m_{molar}=4.00$ g이다.

알려진 값: $T=25℃=298$ K, $P=1$ atm $=1.013\times10^5$ Pa

풀이 이상 기체 법칙 $PV=nRT$를 이용하여 단위 부피당 몰수를 계산하면 다음을 얻는다.

$$\frac{n}{V}=\frac{P}{RT}=\frac{1.013\times10^5 \text{ Pa}}{(8.315 \text{ J·mol}^{-1}\text{·K}^{-1})(298 \text{ K})}=40.9 \text{ mol/m}^3$$

$m=nm_{molar}$에서 밀도는 다음과 같다.

$$\rho=\frac{m}{V}=\frac{nm_{molar}}{V}=\frac{n}{V}m_{molar}$$

값을 대입하기 전에 양 n/V이 mol/m³ 단위로 표현된다는 점

에 주목하여라. 따라서 SI 단위와 cgs 단위가 혼용되지 않도록 몰 질량을 킬로그램 단위로 나타내는 것이 좋다. 즉, $m_{molar}=4.00\times10^{-3}$ kg이고, 밀도는 다음과 같이 계산된다.

$$\rho=\frac{n}{V}m_{molar}=(40.9 \text{ mol/m}^3)(4.00\times10^{-3} \text{ kg/mol})$$
$$=0.164 \text{ kg/m}^3$$

헬륨은 가벼운 기체이기 때문에 예상대로 밀도가 매우 낮다.

반영 이 온도에서 공기의 밀도는 1.2 kg/m³로 훨씬 크다. 이것이 헬륨으로 채워진 풍선이 부력을 갖는 이유이다.

연결하기 표 10.3에는 헬륨의 밀도가 2개의 유효숫자 0.18 kg/m³로 표시되어 있다. 이 값과 예제의 결과값 사이의 차이점을 어떻게 설명할 수 있는가?

답 표 10.3을 자세히 보면 표시된 밀도가 이 예제에서 사용된 25℃가 아니라 0℃ = 273 K임을 알 수 있다. 온도가 낮을수록 기체의 밀도는 증가한다. 이 예제를 0℃에서 다시 계산하면 $\rho=0.179$ kg/m³가 되며, 2개의 유효숫자로 나타내면 표의 값과 일치한다.

이상 기체 법칙: 분자 모형

이상 기체 법칙을 몰 수 n 대신 기체 분자 수 N으로 표현하는 것이 더 편리할 때가 있다. $n=N/N_A$이고, 여기서 N_A는 아보가드로 수이므로 이상 기체 법칙은

$PV = nRT = NRT/N_A$가 된다.

양 R/N_A는 **볼츠만 상수**(Boltzmann's constant) k_B로 정의하므로 이상 기체 법칙은 다음과 같이 된다.

$$PV = Nk_BT \qquad \text{(이상 기체 법칙, 분자 모형)} \qquad (12.4)$$

볼츠만 상수의 값은 $k_B = 1.38 \times 10^{-23}$ J/K이다. 이 상수는 $PV = nRT$에서 몰 기체 상수 R과 같은 역할을 하는 **분자 기체 상수**(molecular gas constant)라고 생각하면 된다.

물리학자들은 몰을 거의 사용하지 않으므로 보통 식 12.4로 이상 기체를 표현한다. 예제 12.9는 이 형식을 사용한 한 가지 예시를 보여 준다. 즉, **수밀도**(number density) 또는 입방미터당 분자 수를 계산하는 것이다.

열기구는 이상 기체 법칙을 적용하기 좋은 예이다. 열기구는 어떻게 떠오르는가? 뜨거운 공기는 차가운 공기보다 밀도가 작기 때문에 풍선은 부력을 받는다. 그러나 이상 기체 법칙에 따르면 온도가 증가함에 따라 PV가 증가하면 된다. 그렇다면 부피 V가 증가하여 밀도가 감소하는 이유는 무엇인가? 이는 풍선이 주변 공기와 압력 평형에 매우 가깝기 때문에, 이 경우 T가 증가해도 P는 거의 변하지 않아서 V가 T에 비례하기 때문이다. 내부에 밀도가 낮은 공기가 있을 경우 풍선과 바구니를 들어 올리는 상승 부력(10.4절)이 발생한다.

▶ **TIP** 식 12.4를 이상 기체 법칙의 분자 모형으로 생각하고 식 12.3을 몰 모형으로 생각한다.

예제 12.9   공기의 수밀도

상온(25°C)과 1기압에서 수밀도를 계산하여라. 기존 결과를 이용하여 각 분자가 차지하는 평균 부피를 구하여라.

구성과 계획 이상 기체 법칙이 적용될 정도로 공기 온도가 높다. 수밀도(단위 부피당 분자 수)는 양 N/V이다. N과 V는 모두 식 12.4의 이상 기체 법칙 $PV = Nk_BT$에 나타나며, N/V를 풀 수 있다. 각 분자와 관련된 부피는 수밀도의 역수인 V/N이다.

알려진 값: $T = 25°C = 298$ K, $P = 1$ atm $= 1.013 \times 10^5$ Pa

풀이 수밀도 N/V에 대한 식 12.4를 풀면 다음을 얻는다.

$$\frac{N}{V} = \frac{P}{k_BT} = \frac{1.013 \times 10^5 \text{ Pa}}{(1.38 \times 10^{-23} \text{ J/K})(298 \text{ K})}$$
$$= 2.46 \times 10^{25} \text{ molecules/m}^3$$

각 분자가 차지하는 평균 부피는 다음과 같다.

$$\frac{V}{N} = \frac{1}{N/V} = \frac{1}{2.46 \times 10^{25} \text{ molecules/m}^3}$$
$$= 4.06 \times 10^{-26} \text{ m}^3\text{/molecule}$$

반영 입방미터당 분자 수는 예상하는 것처럼 매우 크다. 해수면의 공기와 세제곱미터당 1개의 수소 원자밖에 없는 수밀도의 은하계 공간을 비교하는 것은 흥미로운 일이다. '분자'와 '원자'는 차원이 없기 때문에 종종 수밀도의 단위를 간단히 m^{-3}으로 표현한다.

연결하기 예제의 결과를 사용하여 공기 분자 사이의 평균 거리를 추정하고, 분자의 크기를 10^{-10} m와 비교하여라.

답 각 분자가 방금 계산한 부피로 입방체를 차지하고 있다고 상상해 보자. 그러면 입방체의 한 모서리의 길이는 분자들 사이의 전형적인 거리이다. 이 길이는 $(4.06 \times 10^{-26} \text{ m}^3)^{1/3}$, 즉 약 3.4×10^{-9} m이다. 이는 분자 하나의 크기보다 훨씬 크기 때문에 공기는 분자 간 상호작용이 거의 없는 이상 기체처럼 행동한다.

12.4 기체의 운동론

상태 변수와 이상 기체 법칙은 기체의 거시적인 행동을 설명하지만 개별 기체 분자에 대해서는 설명하지 않는다. 기체를 구성하고 궁극적으로 기체의 특성과 행동을 결정하는 것은 개별 분자이다. 물리학의 다른 분야와 마찬가지로 상태 변수에서 나타나는 거시적인 특성을 개별 분자의 미시적인 행동과 연결해 보자. 이 연결을 통해 이상 기체가 왜 그렇게 행동하는지 이해할 수 있다. 13장에서 열용량을 공부할 때 거시적 특성과 미시적 특성의 연결을 다시 활용할 것이다.

기체의 운동론(kinetic theory of gases)은 우리가 추구하는 연결 고리를 제공한다. 운동론의 가정은 다음과 같다.

- 이상 기체로 가정한다. 즉, 분자 간 상호작용을 무시할 수 있는 희박한 기체와 용기 벽과의 에너지가 보존되는 빈번한 충돌이다.
- 용기 벽에 가해지는 압력은 기체 분자와 용기 벽 사이의 충돌로 인해 발생한다.
- 기체는 어떤 범위의 속력 내에서 임의의 방향으로 움직이는 많은 분자로 구성되어 있다.

▶ **TIP** 운동론은 기체가 이상적이라고 가정한다. 그러나 일반적인 조건에서 대부분의 기체에 대해 잘 근사할 수 있다.

여기에서는 기체 압력이 분자 질량 및 속력과 어떻게 관련되어 있는지, 그리고 이들 속력이 온도와 어떤 관계를 가지는지 알아본다. 또한 분자 속력의 범위가 온도에 따라 어떻게 변하는지도 알아보자.

압력, 운동 에너지, 온도

기체 분자는 강체 용기의 벽과 탄성 충돌하여 운동 에너지의 변화 없이 반동한다. 그러나 충돌 후 다른 방향으로 이동하기 때문에 운동량이 변화한다(그림 12.10). 뉴턴의 운동 제2법칙에 따르면 벽은 분자의 운동량을 변화시키는 힘을 가했을 것이고, 뉴턴의 운동 제3법칙에 따르면 분자는 벽에 힘을 가했을 것이다. 엄청난 수의 분자들이 벽에 가하는 힘이 합쳐져 기체의 압력이 생기게 한다. 압력은 분자 수, 속력, 질량, 분자가 차지하는 부피에 따라 달라진다. 계산은 마지막 문제에 맡기고, 결과를 나타내면 다음과 같다.

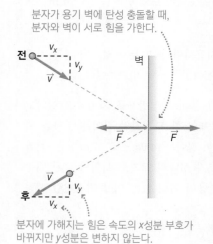

분자가 용기 벽에 탄성 충돌할 때, 분자와 벽이 서로 힘을 가한다.

분자에 가해지는 힘은 속도의 x성분 부호가 바뀌지만 y성분은 변하지 않는다.

그림 12.10 용기 벽에 탄성 충돌하고 있는 분자

$$P = \frac{Nm\overline{v^2}}{3V} \quad \text{(기체 압력, SI 단위: Pa)} \tag{12.5}$$

여기서 V는 용기의 부피, N은 기체 분자 수, m은 분자 질량이다. $\overline{v^2}$은 **제곱 평균**

속력(mean-square speed)이라 하는 양이다. 일반적으로 글자 위 막대(−)는 평균을 나타내며, 이는 분자 속력의 제곱의 평균(즉, 제곱 평균)을 의미한다. $\overline{v^2}$의 제곱근을 **제곱-평균-제곱근 속력**(root-mean-square speed, **rms 속력**) v_{rms}, 즉 $v_{rms} = \sqrt{\overline{v^2}}$라 한다. 제곱-평균-제곱근 속력은 기체 분자의 일반적인 속력으로 생각할 수 있다.

예제 12.10 RMS 속력

온도 25°C와 압력 1기압에서 산소 분자의 rms 속력을 구하여라.

구성과 계획 식 12.5 $P = Nm\overline{v^2}/3V$에서 다른 값이 주어지면 rms 속력을 구할 수 있다. N과 V가 주어지지 않았지만 예제 12.9에서 주어진 조건에서 수밀도 $N/V = 2.46 \times 10^{25}$ m^{-3}를 식에 대입할 수 있다.

알려진 값: $P = 1$ atm, $T = 25$°C, $N/V = 2.46 \times 10^{25}$ m^{-3}

풀이 식을 정리하여 $\overline{v^2}$를 구한 후, 제곱근을 취해 v_{rms}를 구한다.

$$\overline{v^2} = 3PV/Nm, \quad v_{rms} = \sqrt{\overline{v^2}} = \sqrt{3PV/Nm}$$

O_2의 몰 질량이 32 g이므로 분자 질량은 다음과 같다.

$m = 32$ g$/6.022 \times 10^{23} = 5.31 \times 10^{-23}$ g, 즉 5.31×10^{-26} kg

N/V을 알고 있으므로 식을 간단히 하면 다음을 얻는다.

$$v_{rms} = \sqrt{\frac{3P}{m(N/V)}} = \sqrt{\frac{3(1.013 \times 10^5 \text{ Pa})}{(5.31 \times 10^{-26} \text{ kg})(2.46 \times 10^{25} \text{ m}^{-3})}}$$
$$= 482 \text{ m/s}$$

반영 이 값은 크지만 상온에서 기체 분자의 일반적인 속력이다.

연결하기 동일한 조건에서 헬륨 분자(He)가 산소(O_2)보다 v_{rms}가 더 빠른지, 느린지 구하여라.

답 분자 질량은 v_{rms} 식의 분모에 있다. 그러므로 헬륨과 같은 가벼운 분자는 평균적으로 더 빨리 이동한다. 동일한 조건에서 헬륨의 경우 $v_{rms} = 1350$ m/s를 확인할 수 있다.

예제 12.10에서 온도가 나타나지 않았지만 중요한 것으로 보인다. 하지만 이상 기체 법칙에 압력, 부피, 분자 수의 세 가지 양이 나타나기 때문에 온도는 암묵적으로 존재한다. 이상 기체 법칙의 분자 모형을 식 12.5와 비교하여 명시적으로 나타낼 수 있다. 후자를 다시 정리하면 $PV = Nm\overline{v^2}/3$이고, 이상 기체 법칙(식 12.4)은 $PV = Nk_BT$가 된다. PV에 대한 두 식이 같으므로 $m\overline{v^2} = 3k_BT$가 된다.

좌변은 운동 에너지 $\frac{1}{2}mv^2$과 매우 비슷해 보인다. 실제로 $\overline{K} = \frac{1}{2}m\overline{v^2}$이므로 이는 **평균 분자 운동 에너지**(average molecular kinetic energy) $\overline{K}$의 두 배이다. 따라서 평균 분자 운동 에너지는 다음과 같이 나타낼 수 있다.

$$\overline{K} = \frac{3}{2}k_BT \quad \text{(평균 분자 운동 에너지, SI 단위: J)} \tag{12.6}$$

이것은 놀라운 결과이다. 이상 기체 분자의 평균 운동 에너지는 온도에만 직접적으로 의존한다는 것이다. 즉, 이상 기체의 경우 온도는 본질적으로 분자 에너지의 척도이다. 식 12.6에는 분자 질량에 대한 언급이 없다. 따라서 모든 이상 기체에 대한 평균 분자 운동 에너지는 주어진 온도에서 동일하다. 이는 동일한 용기에 다른 기체의 분자가 들어 있는 경우에도 마찬가지이다.

▶ **TIP** 평균 운동 에너지에 대해 식 12.6을 사용할 때 절대 온도(켈빈 단위)를 사용해야 한다. 평균 운동 에너지는 온도가 0에 가까워질수록 0에 가까워진다.

예제 12.11 분자 운동 에너지

20°C에서 이상 기체 분자의 평균 운동 에너지를 구하여라. 이를 수소의 이온화 에너지 2.18×10^{-18} J과 비교하여라(이온화 에너지는 원자에서 전자를 제거하는 데 필요한 에너지이다).

구성과 계획 모든 기체 분자의 평균 운동 에너지는 식 12.6 $\overline{K} = \frac{3}{2} k_B T$에 주어져 있다.

알려진 값: $T = 20°C = 293$ K

풀이 볼츠만 상수가 $k_B = 1.38 \times 10^{-23}$ J/K인 경우, 평균 운동 에너지는 다음과 같다.

$$\overline{K} = \frac{3}{2} k_B T = \frac{3}{2}(1.38 \times 10^{-23} \text{ J/K})(293 \text{ K}) = 6.07 \times 10^{-21} \text{ J}$$

이것은 이온화 에너지 2.18×10^{-18} J보다 훨씬 작다.

반영 평균 열에너지(운동 에너지)가 이온화 에너지보다 훨씬 작다는 사실은 열에너지만으로는 실온에서 많은 원자가 이온화되지 않는다는 것을 의미한다.

연결하기 평균 운동 에너지가 수소의 이온화 에너지와 같으려면 온도가 얼마나 높아야 하는가?

답 온도에 대해 식 12.6을 풀면 $T = 1.6 \times 10^5$ K이다. 이러한 온도에서 대부분 원자의 전자가 핵으로부터 완전히 분리되며, 별 내부에서 이러한 온도 조건이 만들어진다. 이렇게 이온화된 기체의 상태를 플라즈마(plasma)라고 한다.

열에너지

지금까지 기술한 운동론은 기체의 거시적 관점과 미시적 관점 간의 중요한 연결 관계를 확립한다. 기체의 평균 분자 운동 에너지(식 12.6)를 알고 있다면 N개의 분자를 포함하는 시료의 총 열에너지 E_{th}는 평균 운동 에너지의 N배이다.

$$E_{th} = N\overline{K} = \frac{3}{2} N k_B T \quad \text{(총 열에너지, SI 단위: J)} \quad (12.7)$$

한 가지 주의할 점: 식 12.7은 He 또는 Ar과 같은 단원자 이상 기체에 대해서만 유효하다. O_2 및 N_2를 포함한 이원자 기체의 경우 분자의 회전과 진동에 열에너지가 있을 수 있다. 이 문제는 13장에서 다룰 것이다. 하지만 이러한 복잡한 문제가 있다고 해서 여기서 가장 중요한 결론이 바뀌지는 않는다. 모든 이상 기체의 총 열에너지는 온도에 정비례한다. 분자의 종류에 따라 달라지는 것은 식 12.7의 계수 3/2이다.

분자 속력 분포

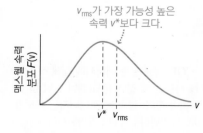

그림 12.11 이상 기체에 대한 맥스웰 속력 분포

식 12.5에 포함된 평균 제곱근 속력과 식 12.6의 운동 에너지는 **평균**이다. 개별 분자의 실제 속력과 에너지는 이 절의 시작 부분에 있는 운동론 가정에 따라 달라진다. 분자 속력의 분포는 스코틀랜드 물리학자 제임스 클러크 맥스웰(James Clerk Maxwell)에 의해 1870년에 유도되었으며 **맥스웰 분포**(Maxwell distribution)라고 부른다.

맥스웰 분포는 특정 속력 v를 갖는 분자의 상대적 확률을 제공하는 함수 $F(v)$이다.

$$F(v) = 4\pi \left(\frac{m}{2\pi k_B T} \right)^{3/2} v^2 e^{-\frac{mv^2}{2k_B T}} \tag{12.8}$$

여기서 m은 온도 T에서 기체의 분자 질량이다. 맥스웰 분포는 수학적으로 복잡하므로 그림 12.11과 같이 그래프로 표시하는 것이 더 유용하다. **가장 가능성이 높은 속력**(most probable speed) v^*는 분포의 정점에서 생기며, 그 값은 $v^* = \sqrt{2k_B T/m}$이다. 그러나 분포는 정점에 대해 대칭이지 않으므로 그림 12.11에서 알 수 있듯이 가장 가능성이 높은 속력은 rms 속력보다 작다.

서로 다른 온도에서 동일한 기체에 대한 맥스웰 분포를 비교하는 것은 유용하다. 온도가 상승하면 전체 분포가 오른쪽으로 이동하여 더 빠른 속력을 갖는다(그림 12.12). 온도가 높을수록 분자 운동 에너지가 커지므로 일반적으로 기체 분자가 더 빨리 이동하기 때문이다.

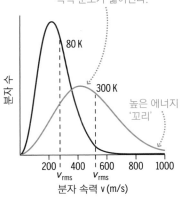

그림 12.12 80 K 및 300 K 온도에서 질소 (N_2) 기체에 대한 맥스웰 분포

▶ **TIP** 제곱-평균-제곱근 속력(v_{rms})은 온도에 상관없이 가장 가능성이 높은 속력 (v^*)보다 크다.

예제 12.12   빠른 산소

실온($T = 20°C = 293$ K)에서 산소 분자에 대한 가장 가능성이 높은 속력을 구하여라. 또한, 예제 12.10에서 계산한 rms 속력과 비교하여라.

구성과 계획 가장 가능성이 높은 속력은 $v^* = \sqrt{2k_B T/m}$이다. 단원자 분자의 질량 m은 $m = m_{molar}/N_A$와 같이 몰 질량(여기서 32 g)을 아보가드로의 수로 나눈다.

알려진 값: $T = 20°C = 293$ K. 다시 한번 SI 단위 사용에 대해 강조한다. 온도는 켈빈(K)이고 질량은 kg이다.

풀이 분자 질량을 구하면 다음과 같다.

$$m = \frac{m_{molar}}{N_A} = \frac{0.032 \text{ kg}}{6.022 \times 10^{23}} = 5.31 \times 10^{-26} \text{ kg}$$

가장 가능성이 높은 속력은 다음과 같이 계산한다.

$$v^* = \sqrt{\frac{2k_B T}{m}} = \sqrt{\frac{2(1.38 \times 10^{-23} \text{ J/K})(293 \text{ K})}{5.31 \times 10^{-26} \text{ kg}}} = 390 \text{ m/s}$$

이는 예제 12.10에서 482 m/s인 rms 속력보다 다소 작은 속력이다.

반영 단위를 조합하여 m/s 단위로 속력이 나오는지 확인해야 한다. 가장 가능성이 높은 속력이 rms 속력보다 꽤 작지만 여전히 빠르다. 대부분의 기체 분자는 정상적인 조건에서 초당 수백 미터를 이동한다.

연결하기 산소의 가장 가능성 높은 속력이 두 배인 780m/s가 되려면 온도가 얼마이어야 하는가?

답 제곱근 때문에 온도가 네 배 증가하여 1,172 K이 되어야 한다.

개념 예제 12.13   가장 가능성이 높은 속력과 rms 속력

맥스웰 분포를 따르는 기체에서 rms 속력이 가장 가능성이 높은 속력보다 항상 큰 이유를 설명하여라. 이 두 속력의 비율은 얼마인가?

풀이 맥스웰 분포 곡선의 모양에 해답이 있다. 이 곡선은 대칭이 아니며, 속도가 높은 쪽으로 확장되는 더 긴 '꼬리'를 가지고 있다. 따라서 rms 속력을 제공하는 평균이 정점 속력보다 큰 속력으로 치우쳐 있으며, 이 때문에 rms 속력이 가장 가능성이 높은 속력보다 크다.

둘 다 온도에 어떻게 의존하는지 알기 때문에 가장 가능성이 높은 속력에 대한 rms 속력의 비율을 구하는 것은 간단하다.

본문에 나타난 바와 같이 $v^* = \sqrt{2k_BT/m}$와 식 12.6에 의해 $v_{rms} = \sqrt{3k_BT/m}$이다. 그러므로 두 속력의 비율은 다음과 같다.

$$\frac{v_{rms}}{v^*} = \frac{\sqrt{\dfrac{3k_BT}{m}}}{\sqrt{\dfrac{2k_BT}{m}}} = \sqrt{\frac{3}{2}} \approx 1.225$$

반영 이 비율이 온도와 무관하다는 것은 흥미로운 사실이다. 오히려 맥스웰 분포의 모양에만 의존한다.

확산

향수병의 코르크 마개를 열거나 빵을 굽는 동안 오븐을 열면 곧 방 건너편에 있는 친구들이 냄새를 맡는다. 이는 특유의 냄새를 담당하는 분자가 **확산**(diffusion)에 의해 공기를 통해 이동하기 때문이다.

기체 속의 분자는 용기 속 전체에서 끊임없이 움직이고 있다. 이상 기체 모형에서 분자 간의 상호작용을 무시하였다. 실제로 분자 간 충돌이 일어나지만 이러한 충돌이 이상 기체에 대한 결과를 바꾸지는 않는다. 하지만 이러한 상호작용이 확산에 큰 역할을 한다는 것을 알 수 있다. 향수병을 열었을 때, 실온에서 기체 분자가 보통 초당 수백 미터씩 움직이지만 향기가 방을 가로질러 이동하는 데는 몇 초 이상이 걸린다. 향수 분자가 방해물 없이 이동한다면 몇 밀리 초 안에 방을 가로지를 것이다. 하지만 향수 분자는 공기 분자와 충돌하기 때문에 향기의 진행 속도가 느려진다.

확산은 물질의 농도를 고르게 하는 경향이 있다. 분자 운동은 무작위적이지만 농도가 높은 영역에서 농도가 낮은 영역으로 이동하는 분자는 반대로 이동하는 분자보다 더 많다(그림 12.13). 결과적으로 분자는 농도가 높은 영역에서 낮은 영역으로 이동하여 결국 농도가 균일해진다.

확산은 액체에서도 발생하며 기체보다 더 쉽게 그 과정을 파악할 수 있다. 그림 12.14는 물에 잉크 방울을 떨어뜨린 모습을 보여 준다. 잉크 분자는 물과 섞이면서 천천히 확산된다. 결국 잉크는 균일한 농도에 도달한다. 기체의 확산도 비슷하다. 향수병을 잠깐 열었다가 닫으면 향기가 몇 분 안에 꽤 균일하게 방을 채운다. 몇 시간이 지나면 열린 문이나 창문을 통해 향기가 확산된다.

그림 12.15와 같이 확산은 다공성 장벽을 사용하여 제어할 수 있다. 기공의 구멍이 작다면 크기가 더 작거나 거동이 더 빠른 분자가 더 빨리 확산되어 반대쪽에 있는 해당 종의 농도가 더 높아질 것이다. 역사적으로 중요한 응용 중 하나는 우라늄 동위원소의 분리이다. 천연 우라늄은 약 99.3%의 U-238과 0.7%의 U-235이지만 대부분의 원자로와 무기에서 사용되는 것은 U-235 핵분열뿐이다. 제2차 세계 대전 말 히로시마를 파괴한 우라늄 핵분열 무기는 먼저 우라늄을 육불화우라늄(UF$_6$)으로 변환한 뒤, 다공성 장벽을 통과시켜 만들었다. 운동론에서 알 수 있듯이 가벼운 우라늄 동위원소로부터 형성된 UF$_6$ 분자는 약간 더 빨리 움직이며, 따라서 장벽을 넘으면 농도

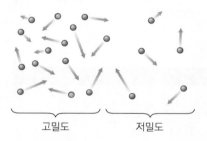
분자는 무작위로 움직이지만 밀도차에 의해 고밀도 영역에서 저밀도 영역으로 이동하며, 밀도차가 없어질 때까지 이동한다.

고밀도   저밀도

그림 12.13 확산으로 인해 농도가 균일해지는 이유

그림 12.14 물에서 잉크의 확산

빠른 분자는 느린 분자보다 장벽과 더 자주 마주치기 때문에 장벽을 더 자주 통과한다.

다공성 장벽

그림 12.15 다공성 장벽을 통한 확산

가 증가한다. 이 과정을 수백 번 반복하면 무기급 U-235 혼합물이 만들어진다. 오늘날 원심분리기는 우라늄 동위원소 분리를 위해 기체 확산 방식을 대체했지만 미국에서는 여전히 원자로 연료의 생산을 기체 확산 공정에 의존하고 있다.

약물이 전달되는 방식은 주로 확산에 의해 이루어진다. 경구 투여된 약물은 소화기 계통의 벽을 통해 혈액으로 확산된다. 그다음 약물은 혈류 전체로 확산되고 목표 부위로 순환한다. 피하 주사는 전체 용량을 직접 혈류에 투입하여 여러 확산 과정 중 첫 번째 과정을 생략함으로써 약물을 더 빨리 전달한다. 경피 패치는 약물을 체내에 서서히 전달한다. 막을 통해 피부로 확산되는 것을 제어하여 약물이 혈류로 흡수되면서 계속 전달되는 방식으로 작동한다. 가장 큰 장점은 용량을 상당히 일정하게 유지하면서 약물을 지속적으로 투여할 수 있다는 것이다. 경피적으로 전달되는 약물로 피임약, 니트로글리세린(심장 통증 치료제), 니코틴(금단 증상 완화제), 진통제 등이 있다.

확인 12.4절 동일한 온도에서 다음 분자의 rms 속력을 느린 순서대로 나열하여라.

(a) 질소(N_2) (b) 산소(O_2) (c) 헬륨(He) (d) 아르곤(Ar)

12장 요약

온도와 온도계

(12.1절) **열에너지**는 무작위로 움직이는 분자의 운동 에너지이다.

온도는 열에너지의 척도이다. SI 온도 측정에서는 절대 0도인 켈빈 눈금을 사용한다. 과학자들은 **섭씨 눈금**(°C)을 사용하는 반면, 미국에서는 일반적으로 **화씨 눈금**(°F)을 사용한다. 온도계는 온도를 측정하기 위해 열팽창 또는 전기적 성질의 변화를 이용한다.

화씨에서 섭씨로의 변환: $T_C = \frac{5}{9}(T_F - 32°)$

섭씨에서 켈빈으로의 변환: $T_K = T_C + 273.15$

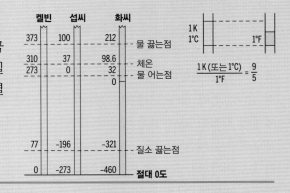

열팽창

(12.2절) 대부분의 고체와 액체는 온도 변화에 비례하는 **열팽창**을 한다. 길이 팽창은 **선팽창**인 반면, **부피팽창**은 고체가 모든 방향으로 팽창하며, 액체는 용기에 의해 허용된 만큼 팽창한다. 각 물질에는 고유한 **열팽창계수**가 있다.

물은 어는점 0°C에서 4°C의 최대 밀도에 도달할 때까지 부피가 감소하는 특이한 성질을 보인다.

선팽창계수: $\frac{\Delta L}{L} = \alpha \Delta T$ (α는 선팽창계수)

부피팽창계수: $\frac{\Delta V}{V} = \beta \Delta T$ (β는 부피팽창계수)

이상 기체

(12.3절) **이상 기체**는 분자 간 힘을 무시할 수 있을 정도로 농도가 낮다. 이상 기체의 압력은 기체 분자와 용기 벽 사이의 충돌로 인해 발생한다.

이상 기체 법칙은 기체의 **상태 변수**, 압력, 부피, 온도 및 양과 관련이 있다. 후자는 분자의 수 N 또는 **몰 수** n으로 나타낸다.

몰과 분자: $N = N_A n$ (1몰 = 아보가드로 수), $N_A = 6.022 \times 10^{23}$

이상 기체 법칙: $PV = nRT$ 또는 $PV = Nk_B T$

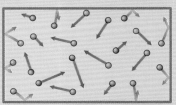

기체의 운동론

(12.4절) **기체의 운동론**은 기체의 거시적 특성과 미시적 특성을 연결한다. **제곱-평균-제곱근 속력**은 분자의 평균 속력을 의미한다.

온도에 비례하는 이상 기체 분자의 평균 운동 에너지와 같이 기체의 **총 열에너지** 또한 온도에 비례하여 선형적으로 증가한다. **맥스웰-볼츠만 분포**는 이상 기체의 분자 속력 분포를 설명한다. 기체 분자는 **확산**이라는 과정을 통해 퍼진다.

이상 기체의 압력: $P = \frac{Nm\overline{v^2}}{3V}$

기체 분자에 대한 평균 운동 에너지: $\overline{K} = \frac{3}{2}k_B T$

총 열에너지: $E_{th} = N\overline{K} = \frac{3}{2}Nk_B T$

맥스웰 속력 분포: $F(v) = 4\pi \left(\frac{m}{2\pi k_B T}\right)^{3/2} v^2 e^{-\frac{mv^2}{2k_B T}}$

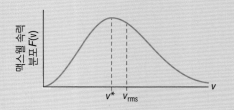

12장 연습문제

문제의 난이도는 •(하), ••(중), •••(상)으로 분류한다. BIO로 표시된 문제는 생물학적 또는 의학적인 문제이다.

개념 문제

1. 상온에서 화씨 온도, 섭씨 온도, 켈빈 온도를 큰 순서대로 나열하여라.

2. 열에너지와 운동 에너지는 모두 운동과 관련이 있다. 이 두 가지 형태의 에너지는 어떻게 다른가?

3. 중앙에 구멍이 뚫린 금속 블록을 가열하면 구멍이 커지는가, 작아지는가?

4. 콘크리트 구조물을 보강하기 위해 **철근**이라는 강철을 콘크리트 곳곳에 삽입한다. 열팽창이 발생할 때, 이 두 가지 다른 물질을 사용하는 것이 문제가 있는가? (힌트: 표 10.2 참조)

5. 대부분의 일반적인 기체는 기본적으로 상온 및 대기압에서 이상적이다. 기체가 끓는점까지 냉각되면 이상적으로 행동하지 않는 이유는 무엇인가?

6. 스쿠버 다이버가 공기 방울을 내뿜는다. 기포가 상승하면서 기포의 부피는 어떻게 변하는가?

7. 똑같은 방 2개가 열린 문으로 연결되어 있다. 햇빛을 마주하고 있는 방 하나가 더 따뜻하다. 어느 방에 공기 분자가 더 많겠는가?

8. 공기의 주요 성분인 질소, 산소, 아르곤, 수증기의 상온에서 rms 속력을 큰 순서대로 나열하여라.

객관식 문제

9. 질소는 77 K에서 끓는다. 이 온도와 섭씨 온도로 가장 가까운 값은 무엇인가?
(a) $-162°C$　(b) $-179°C$　(c) $-187°C$　(d) $-196°C$

10. 상온에서 시작하여 강철봉의 길이를 1% 증가시키기 위한 온도는 얼마인가?
(a) 약 $650°C$　　(b) 약 $850°C$
(c) 약 $1,050°C$　(d) 약 $1,250°C$

11. 물의 밀도가 가장 큰 온도는 얼마인가?
(a) $0°C$　(b) $4°C$　(c) $8°C$　(d) 100

12. 밀폐된 풍선이 1.00기압에서 130 cm^3를 차지한다. 온도 변화 없이 110 cm^3의 부피로 압축할 경우, 이 풍선의 압력은 얼마이겠는가?
(a) 0.85 atm　　(b) 1.00 atm
(c) 1.09 atm　　(d) 1.18 atm

13. 273K에서 질소(N_2) 분자의 rms 속력은 얼마인가?
(a) 465 m/s　(b) 492 m/s　(c) 510 m/s　(d) 560 m/s

연습문제

12.1 온도와 온도계

14. • 어느 추운 아침의 기온은 $-15°F$이다. 섭씨 온도로 몇 도인가?

15. • 다음 물질의 섭씨 온도를 화씨 온도와 켈빈 온도로 나타내어라.
(a) 질소의 끓는점 $-196°C$　(b) 납의 녹는점 $327°C$

16. • 기후학자들은 21세기 지구의 기온이 $3°C$ 전후로 상승할 것으로 예상하고 있으며, 이는 주로 인간의 온실 기체 배출로 인한 것이다. 상승 온도를 화씨 온도로 나타내어라.

17. • 대기 중의 수증기와 이산화탄소로 인한 **자연 온실 효과**는 그렇지 않은 경우보다 지구 표면을 약 $33°C$ 더 따뜻하게 유지한다(연습문제 16번의 온도 상승은 이러한 자연 효과에 추가된 것이다). 물음에 답하여라.
(a) 자연 온실 효과를 °F 단위로 나타내어라.
(b) 지구의 평균 기온이 $15°C$라 할 때, 자연 온실 효과가 없었다면 지구의 평균 기온은 몇 도였겠는가? 섭씨 온도와 화씨 온도로 답하여라.

18. BIO • **발열!** $38.8°C$의 열이 날 때 유럽 여행을 하게 되었다. 화씨 온도로 몇 도인가?

19. •• 다음 물음에 답하여라.
(a) 어느 시점에서 화씨 온도와 섭씨 온도가 같은가?
(b) (a)에서 구한 온도가 켈빈 온도로는 얼마인가?

12.2 열팽창

20. • 50.00 m 길이의 강철 줄자가 $20.0°C$에서 사용할 수 있도록 보정되어 있다. 다음 조건에서 줄자의 길이는 얼마인가?
(a) $T = 35°C$인 더운 날

(b) $T = -10°C$인 추운 날

21. BIO ▪▪ 뼈 뼈는 팽창계수가 방향에 따라 다르기 때문에 **이방성 물질**이다. 한 실험 측정에서 선팽창계수는 뼈의 긴 치수를 따라 $8.9 \times 10^{-5}°C^{-1}$이고, 짧은 치수를 따라 $5.4 \times 10^{-5}°C^{-1}$로 측정되었다. 사람의 대퇴골은 일반적으로 길이가 43.2 cm, 지름이 2.75 cm이다. 한 사람이 104.5°F의 열이 날 때, 각 치수의 변화를 구하여라.

22. BIO ▪▪▪ 저체온증 생물학적 세포는 대부분 물로 이루어져 있다. 한 종류의 세포는 정상 체온인 37.0°C에서 직경이 $5.0 \mu m$이다. 저체온증 환자의 체온이 32°C까지 떨어지면 세포 지름은 어떻게 변하는가? 표 12.1에서 대략적인 팽창계수를 이용하여라.

23. ▪▪▪ 진자 시계는 시계가 완벽하게 보정되었을 때 1.2 m 길이의 알루미늄 막대에 달린 시계추를 가지고 있다. 온도가 5°C 증가한다면 시계가 빨리 작동하겠는가, 느리게 작동하겠는가? 하루 동안 몇 초나 느려지는가? 이때 알루미늄 막대의 질량이 진자 추에 비해 무시할 수 있는 간단한 진자라고 가정한다.

24. ▪▪ 엔진 블록의 실린더와 같은 금속에 원형 구멍이 있다고 상상해 보자. 온도가 상승하면 금속이 구멍 안으로 팽창하여 구멍이 작아지는가, 아니면 구멍이 바깥쪽으로 팽창하여 구멍이 커지는가? 이유를 설명하여라.

25. ▪▪ 구리 평판에 상온(20°C)에서 면적이 $0.250 m^2$인 구멍이 있다. 500°C까지 가열하면 구멍의 새로운 면적은 얼마가 되는가?

12.3 이상 기체

26. ▪ 다음 분자의 질량을 구하여라.
(a) 아르곤(Ar) 1몰   (b) 이산화탄소(CO_2) 0.25몰
(c) 네온(Ne) 2.6몰   (d) 육불화우라늄(UF_6) 1.5몰

27. ▪ 1기압, 22°C를 가정할 때, 8.0 m × 7.0 m × 2.8 m 크기의 교실에 공기 분자 수는 얼마인가?

28. ▪▪ 반지름이 10.0 cm의 구형 풍선이 1.05기압의 기체를 포함하고 있다. 풍선을 1.75기압의 챔버(고압)에 넣는다. 풍선의 온도가 일정하게 유지된다고 가정하자. 물음에 답하여라.
(a) 풍선의 크기가 증가하는가, 감소하는가?
(b) 새로운 반지름을 계산하여라.

29. ▪▪ 다음 물음에 답하여라.
(a) $T = 25°C$, $P = 1$기압에서 (주기율표의 마지막 열에 헬

륨으로 시작하는) 불활성 기체의 각 밀도를 계산하여라.
(b) (a)에서의 불활성 기체 중 어느 것이 공기보다 가벼운가?

30. ▪▪ 추운 아침(-5°C)에 220 kPa 게이지 압력으로 타이어에 공기를 채운 후 38°C의 사막에서 운전을 한다. 물음에 답하여라.
(a) 타이어 내 공기량이 일정하게 유지된다고 가정할 때, 새로운 게이지 압력은 얼마인가?
(b) 부피가 3% 팽창한 경우, 게이지 압력은 얼마인가?

31. ▪▪ 부피가 $3.1 \times 10^{-4} m^3$인 자전거 타이어는 550 kPa의 압력을 필요로 한다. 하지만 현재 압력은 250 kPa에 불과하다. 물음에 답하여라.
(a) 지정된 압력에 도달하기 위해 추가해야 하는 공기량은 얼마인가? 공기가 주입되는 동안 온도가 변하지 않는다고 가정하자.
(b) 타이어에 공기를 주입해 본 적이 있다면 그 과정에서 타이어가 따뜻해진다는 것을 알고 있을 것이다. 이 경우 공기 온도가 15°C에서 22°C로 상승한다고 가정하자. 이제 지정된 압력에 도달하는 데 필요한 추가 공기량은 얼마인가?

32. ▪▪▪ 스쿠버 다이버가 해수면 아래 11.0 m에 있고, 바닷물의 밀도는 1,030 kg/m³이다. 다이버는 $25.0 cm^3$의 기포를 내뿜는다. 표면에 도달할 때 거품의 부피는 얼마인가? 수온이 균일하다고 가정한다.

33. ▪▪▪ 1937년 뉴저지의 한 비행장에 정박하면서 대폭발한 독일의 유명한 비행선인 **힌덴부르크**는 부력을 위해 $2.12 \times 10^5 m^3$의 수소(H_2)를 싣고 있었다. 물음에 답하여라.
(a) 힌덴부르크 수소의 질량은 동일한 조건에서 같은 부피의 비가연성 헬륨(He)의 질량과 어떻게 비교되는가?
(b) 기체 압력이 $1.05 \times 10^5 Pa$이고 온도가 10°C인 경우, 힌덴부르크 수소의 총 질량은 얼마인가?

12.4 기체의 운동론

34. ▪ 293 K, $P = 1$ atm에서 다음 이상 기체 분자에 대한 rms 속력을 구하여라.
(a) 질소(N_2)   (b) 이산화탄소(CO_2)   (c) 라돈(Rn)

35. ▪ 다음 물음에 답하여라.
(a) -10°C에서 헬륨(He)의 rms 속력을 구하여라.
(b) 온도가 20°C로 증가할 때, rms 속력의 변화는 얼마인가?

36. •• 273 K에서 공기의 주성분 N_2와 O_2의 rms 속력의 비를 계산하여라.

37. • $T = 273$ K에서 다음 분자의 분자당 평균 운동 에너지는 얼마인가?

(a) 헬륨   (b) 산소

38. • 금성의 대기는 대부분 이산화탄소이다. 금성 표면의 이산화탄소 분자의 rms 속력이 652 m/s일 때, 금성의 온도는 얼마인가?

39. •• 식 12.7에 따르면 분자 N개로 이루어진 단원자 기체의 열에너지는 $E_{th} = \frac{3}{2}Nk_BT$이다. 이 식은 기체의 운동 에너지를 사용하여 도출되었으며 중력 에너지는 무시되었다. 이것이 왜 합리적인지 알아보기 위해 293 K에서 기체 내 단원자 분자의 평균 열에너지를 계산하여라. 그다음 방 천장에서 바닥까지 4.8 m인 높이에서 떨어진 아르곤 분자 ($m = 6.64 \times 10^{-26}$ kg)의 중력 위치 에너지 변화를 계산하여라.

12장 질문에 대한 정답

단원 시작 질문에 대한 답

최근 해수면 상승의 대부분은 얼음이 녹는 것 때문이 아닌 바닷물의 열팽창이 원인이다.

확인 질문에 대한 정답

12.1절 (d) 물의 어는점 > (b) > −2.0°C (a) 270 K > (c) 25°F

12.2절 (d) 56°C

12.3절 (e) 네 배 증가

12.4절 (d) 아르곤(Ar) < (b) 산소(O_2) < (a) 질소(N_2) < (c) 헬륨(He)

열
Heat

▲ 2005년 위성 사진에서 허리케인 카트리나가 걸프만에 접근하고 있다. 허리케인을 움직이는 에너지원은 무엇인가?

이 장에서는 온도 차이로 인한 열에너지의 전달인 열에 대해 다룬다. 열 흐름이 온도 변화를 일으키는 방식을 결정하는 양인 열용량과 비열에 대해 알아보고, 열량 측정법이 이러한 양을 측정하는 데 어떻게 사용되는지 살펴볼 것이다. 다음으로 고체, 액체, 기체 상 사이의 전이를 알아보고, 상전이가 일어나는 조건 및 상전이와 관련된 에너지에 대해 살펴본다. 마지막으로 세 가지 중요한 열전달 메커니즘인 전도, 대류, 복사를 탐구할 것이다. 열전달을 이해하면 집을 따뜻하게 유지하는 것과 같은 실용적인 문제, 별의 온도와 같은 과학적인 질문, 기후 변화의 시급한 문제를 해결하는 데 도움이 된다.

13.1 열과 열에너지

'열'은 '난로에서 열이 많이 난다'와 같이 일상적인 말에서 사용되는 단어이다. 속도, 힘, 에너지 등 일반적으로 사용하는 과학 용어와 마찬가지로 열에 대한 정확한 정의가 필요하다.

> **열**은 두 물체 사이의 온도 차이로 인해 한 물체에서 다른 물체로 전달되는 에너지이다.

열을 다른 유형의 에너지와 구별하기 위해 기호 Q를 사용한다. 열은 전달되는 에너지이므로 물체가 어느 정도의 열을 '포함하고 있다'라고 얘기하는 것은 말이 되지 않는다. 12장에서 살펴본 것처럼 물체가 가지고 있는 **열에너지**, 즉 무작위 분자 운동의 에너지에 대해 이야기할 수 있다. **열**(heat)과 **열에너지**(thermal energy)를 같은 의미로 사용하면 안 된다. 두 용어는 동일하지 않기 때문이다. 물체는 열 흐름의 결과로 열에너지를 얻을 수 있지만, 열을 포함하지 않는 다른 방법으로도 열에너지를 얻을 수 있다.

열에너지의 일당량

영국의 물리학자 제임스 줄(James Joule, 1818~1899)은 일당량과 열에너지 사이의 관계를 처음으로 탐구했으며, 그 공로로 줄의 이름은 SI 단위의 에너지 측정 단위가 되었다. 줄은 그림 13.1에 표시된 장치를 개발하였다. 여기서 떨어지는 추의 무게가 물통에 있는 패들 휠을 돌리며 물을 휘젓게 된다. 휠에서 발생하는 교반은 수온을 상승시켜 궁극적으로 떨어지는 추의 무게의 중력 위치 에너지를 물의 열에너지로 전환한다.

줄은 물의 온도 상승이 낙하하는 무게의 위치 에너지 변화에 비례한다는 것을 발견하여 열에너지의 일당량을 확립하였다. 줄의 분석에 따르면 1피트 높이에서 817파운드를 갖는 추가 떨어지면 1파운드의 물의 온도가 1°F만큼 올라간다. SI 단위를 사용하면 4,186 J의 역학적 에너지가 물 1 kg의 온도를 1°C 상승시킨다고 한다.

줄의 실험은 열을 전혀 포함하지 않는다. 이것은 물을 따뜻하게 하는 에너지가 온도에 의한 에너지 흐름이 아니라 역학적인 교반에서 나오기 때문이다(패들 휠은 물보다 따뜻하지 않다). 그러나 줄은 물이 더 뜨거운 것과 접촉하면 따뜻해질 수 있다는 사실도 알고 있었기 때문에 전달되는 역학적 에너지가 열 흐름과 같은 효과를 낸다는 것을 보여 주었다. 이를 통해 **열의 일당량**(mechanical equivalent of heat)을 확립하여 열이 에너지의 전달이라는 생각이 신빙성을 갖게 되었다.

열에너지와 열에 대한 단위

많은 응용 분야에서 열에너지, 역학적 에너지 및 열에 SI 에너지 단위인 줄을 사용하는 것이 타당하다. 그러나 열에너지와 열에는 SI가 아닌 **칼로리**(cal)를 사용하기도 한다. 칼로리는 원래 1 g의 물을 1°C 데우는 데 필요한 에너지로 정의되었다. 오늘날 흔히 1 cal = 4.186 J을 사용한다(기술적으로 물 1 g을 14.5°C에서 15.5°C로 올리는 데 필요한 에너지이기 때문에 '15° 칼로리'라고 부른다). 설상가상으로 음식의 에너지 함량을 '음식 칼로리(약칭 Cal)'로 나타내기도 하는데, 이는 실제로는 킬로 칼로리(kcal)이다. 즉, 1음식 칼로리 = 1 Cal = 1 kcal = 1,000 cal = 4,186 J이다. 일반적으로 모든 형태의 에너지에 줄을 사용한다. 하지만 화학이나 생물학에서 사용하는 칼로리에 익숙할 수 있으므로 가끔은 이에 상응하는 칼로리를 사용하기도 한다. 많은 나라에서 음식 에너지가 킬로줄 단위로 측정되어 있다.

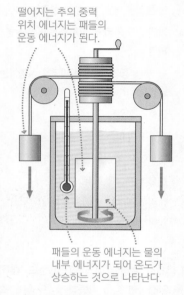

떨어지는 추의 중력 위치 에너지는 패들의 운동 에너지가 된다.

패들의 운동 에너지는 물의 내부 에너지가 되어 온도가 상승하는 것으로 나타난다.

그림 13.1 줄의 '열의 일당량' 측정 장치

▶ **TIP** 음식 '칼로리'는 칼로리가 아니라 킬로 칼로리, 즉 1,000cal를 의미한다.

예제 13.1   음식 칼로리

일반적인 사람은 하루에 약 2,000칼로리의 음식을 섭취한다. 평균 음식 에너지 소비량을 와트 단위로 나타내어라.

구성과 계획 1 W = 1 J/s이므로 2,000음식 칼로리를 J로, 하루(1일)를 s로 환산할 필요가 있다. 평균 에너지 섭취 비율은 하루에 섭취한 총 에너지를 하루의 시간(초)으로 나눈 값이다.

풀이 2,000음식 칼로리(Cal = kcal)를 줄로 환산하면 다음과 같다.

$$2000 \, \text{Cal} \times \frac{4186 \, \text{J}}{\text{Cal}} = 8.372 \times 10^6 \, \text{J}$$

1일을 초로 환산하면 다음을 얻는다.

$$1 \, \text{d} \times \frac{24 \, \text{h}}{\text{d}} \times \frac{60 \, \text{min}}{\text{h}} \times \frac{60 \, \text{s}}{\text{min}} = 8.64 \times 10^4 \, \text{s}$$

따라서 평균 에너지 섭취 비율은 다음과 같다.

$$\frac{8.372 \times 10^6 \, \text{J}}{8.64 \times 10^4 \, \text{s}} = 96.9 \, \text{W}$$

이것은 100 W 전구와 거의 같은 전력량이다!

반영 우리가 섭취하는 에너지는 운동 에너지, 혈류, 체온과 관련된 열에너지 등 다양한 형태로 변환된다. 우리 몸의 체온은 보통 주변 환경보다 높으며, 이로 인해 음식물을 대사할 때 상당한 에너지 손실이 발생하고 이는 어떻게 대체되는지 13.4절에서 살펴볼 것이다. 결과가 평균이라는 것에 주목하자. 자고 있는 시간의 약 3분의 1은 훨씬 적은 에너지를 필요로 한다. 수동적으로 앉아 있으려면 조금 더 많은 에너지와 격렬한 운동이 필요하다. 생리학과 운동 과학의 연구원들은 이러한 에너지 사용을 광범위하게 연구한다.

연결하기 이 예제의 답을 70 kg인 사람이 10초마다 1층(수직 4미터)의 비율로 계단을 오르는 데 필요한 에너지와 비교하여라.

답 중력 에너지(mgh)의 변화는 10초당 2,740 J, 즉 274 J/s = 274 W이다. 당연히 계단을 오를 때의 에너지 소모량은 평균 소비량보다 훨씬 크다.

13.2 열용량과 비열

뜨거운 커피는 식을 때까지 기다릴 수가 없어서 차가운 우유를 넣게 된다. 곧 혼합물은 균일한 온도에 도달한다. 그리고 나서 **열평형**(thermal equilibrium)이 된다. 미시적으로 볼 때, 더 빨리 움직이는 커피 분자들이 우유 속 분자들과 충돌을 통해 에너지를 공유하게 된다. 거시적으로 볼 때, 뜨거운 커피에서 차가운 우유로 열이 전달되었다. 14장에서 왜 열이 항상 뜨거운 곳에서 차가운 곳으로 흐르는지에 대해 많은 것을 논의할 것이다. 지금은 무엇이 평형 온도를 결정하는지 알아본다.

▶ **TIP** 열은 항상 뜨거운 곳에서 차가운 곳으로 흐른다.

열용량

물체가 열을 흡수하면 온도가 상승한다(그림 13.2)(녹는 것과 같은 상전이가 생기면 물체의 온도는 증가하지 않는다. 이 과정은 13.3절에서 설명할 것이다). 온도 변화 ΔT는 흡수된 열 Q에 비례한다.

$$Q = C\Delta T \quad \text{(열용량 } C\text{의 정의, SI 단위: J/K)} \tag{13.1}$$

여기서 상수 C는 물체의 **열용량**(heat capacity)이다. 식 13.1은 열용량의 SI 단위가 J/K임을 보여 준다. 열용량은 온도차를 포함하며, 켈빈과 섭씨 온도는 크기가 같기 때문에 열용량은 J/°C 또는 J/K로 동일하게 나타낼 수 있다.

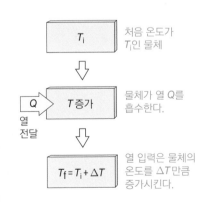

그림 13.2 열을 흡수하면 물체의 온도가 올라간다.

▶ **TIP** 기호를 사용할 때는 주의해야 한다. 열용량 C와 온도 단위 °C를 혼동하지 마라.

예제 13.2 열용량

금속 조각이 1.86 kJ의 열을 흡수하여 온도를 12°C 올린다. 다음을 구하여라.

(a) 열용량 (b) 온도를 60°C 올리는 데 필요한 열

구성과 계획 식 13.1은 흡수된 열과 온도 변화를 관련시킨다. 열용량 C에 대한 식을 풀면 온도 변화에 필요한 열을 구할 수 있다.

알려진 값: $Q = 1860$ J, $\Delta T = 12$°C

풀이 (a) 식 13.1을 C에 대해 풀면 다음이 성립한다.

$$C = \frac{Q}{\Delta T} = \frac{1860 \text{ J}}{12°C} = 155 \text{ J/°C}$$

(b) $C = 155$ J/°C를 이용하여 온도를 60°C 올리는 데 필요한 열을 구하면 다음과 같다.

$$Q = C\Delta T = (155 \text{ J/°C})(60°C) = 9300 \text{ J}$$

당연히 ΔT가 클수록 더 많은 열이 필요하다.

반영 식 13.1에서 볼 수 있듯이 필요한 열은 온도 변화에 비례한다. (b)의 온도 변화 60°C는 (a)의 온도 변화 12°C의 다섯 배이다. 따라서 필요한 열 Q도 다섯 배가 된다. 즉, $5 \times 1{,}860$ J $= 9{,}300$ J이다.

연결하기 좀 더 큰 동일한 물질인 시료의 열용량은 같은가 (155 J/°C), 아니면 더 큰가?

답 열용량은 1°C 상승할 때마다 필요한 에너지이다. 시료가 클수록 동일한 온도 상승에 더 많은 에너지가 필요하므로 열용량이 더 크다.

반대로 흐르는 열

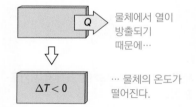

물체에서 열이 방출되기 때문에…

$\Delta T < 0$

… 물체의 온도가 떨어진다.

그림 13.3 열이 방출되면 온도가 감소한다.

예제 13.2의 금속 조각을 차가운 물에 담가 온도가 10°C 떨어진다고 가정하자. 이 경우 열 흐름은 어떻게 되는가? 식 13.1은 여전히 잘 작동하며, 이미 $C = 155$ J/°C를 구하였다. 여기서 온도가 떨어지므로 $\Delta T = -10$°C이다. 따라서 다음을 만족한다.

$$Q = C\Delta T = (155 \text{ J/°C})(-10°C) = -1550 \text{ J}$$

이때 음의 값은 열이 물체에서 주변으로 흐른다는 것을 의미한다(그림 13.3).

비열

지난번에는 중간 사이즈 커피를 주문했는데 오늘은 특대 사이즈이며 너무 뜨겁다. 당연히 커피를 식히려면 더 많은 우유를 넣어야 한다. 왜 그러한가? 미시적으로는 빠르게 움직여서 속도를 늦춰야 할 분자가 더 많기 때문이다. 거시적으로는 열용량이 질량에 비례하므로 식 13.2를 다음과 같이 쓸 수 있다.

$$Q = mc\Delta T \quad \text{(비열 } c \text{의 정의, SI 단위: J/kg·°C)} \quad (13.2)$$

여기서 m은 질량이고 c는 **비열**(specific heat)이다. 공식적으로 비열은 단위 질량당 물질의 온도를 상승시키는 데 필요한 에너지이다. 열용량 C는 특정 물질에 적용되는 반면, 비열은 물질의 고유한 특성으로 해당 물질의 모든 시료는 동일한 비열을 갖는다. 표 13.1은 일반적인 물질의 비열을 나열한 것이다. 비열은 소문자 c, 열용량은 대문자 C로 표시되어 있다. 정의(식 13.1과 13.2)에 따르면 이 둘은 $C = mc$로 관계

되어 있다.

비열의 SI 단위는 J/(kg·K)이며, 동등하게 쓸 수 있는 단위 J/(kg·°C)도 있다. 표 13.1에는 이러한 SI 단위와 다른 단위인 cal/(g·°C)가 나열되어 있다.

▶ **TIP** 비열은 단위 질량당 열용량이다.

표 13.1 여러 물질의 비열(별도 언급이 없는 한 $T = 20°C$이다.)

물질	비열 c, J/(kg·°C)	비열 c, cal/(g·°C)
알루미늄	900	0.215
베릴륨	1970	0.471
구리	385	0.092
에탄올	2430	0.581
인체(평균 $T = 37°C$)	3500	0.840
얼음(0°C)	2090	0.499
철	449	0.107
납	128	0.031
수은	140	0.033
은	235	0.056
물	4186	1.000
나무(보통)	1400	0.33
강철(보통)	500	0.12

예제 13.3　미지의 물질 확인

예제 13.2에서 시료의 질량은 403 g이다. 표 13.1의 물질 중 어느 물질인지 확인하여라.

구성과 계획 예제 13.2에서 열용량은 $C = 155$ J/°C이다. $C = mc$이므로 질량을 알면 비열을 알 수 있다. 그 결과를 표 13.1과 비교하여 물질을 식별할 수 있다.

알려진 값: $C = 155$ J/°C, $m = 403$ g $= 0.403$ kg

풀이 $C = mc$인 경우, 비열은 다음과 같다.

$$c = \frac{C}{m} = \frac{155 \text{ J/°C}}{0.403 \text{ kg}} = 385 \text{ J/(kg·°C)}$$

이는 표 13.1의 구리와 일치한다.

반영 비열은 물질의 특성을 파악할 수 있는 단서 중 하나일 뿐이다. 구리는 특유의 적갈색을 가지고 있기 때문에 이 경우 색상이 또 다른 좋은 열쇠가 될 수 있다.

연결하기 이 예제에서 구리와 동일한 열용량을 가진 알루미늄의 질량은 얼마인가?

답 알루미늄의 비열은 $c = 900$ J/(kg·°C)이다. $C = 155$ J/°C인 경우 $C = mc$에서 질량은 $m = C/c = 0.172$ kg으로 구리의 절반에도 미치지 못한다.

예제 13.4　물 혼합

욕조에 35 L의 물이 담겨 있지만 온도가 47°C로 너무 뜨겁다. 그래서 9.0°C의 차가운 물을 넣기 시작한다. 목욕하기 편하도록 물을 39°C까지 내리려면 찬물을 얼마나 넣어야 하는가?

구성과 계획 물이 균일한 온도가 될 때까지 열은 뜨거운 물에서 차가운 물로 전달된다. 열이 주변 환경에 손실되지 않는다고 가정하면 뜨거운 물에 의해 잃은 열과 차가운 물에 의해 얻은 열의 합은 0이다. 뜨거운 물과 차가운 물 모두 $Q = mc\Delta T$ (식 13.2)에서 Q_{cold}는 양이고 Q_{hot}은 음이다. 이를 통해 미지의 질량을 구할 수 있다.

물의 밀도는 1,000 kg/m³, 즉 1 L당 1 kg이다. 따라서 처음 뜨거운 물의 질량은 35 kg이다.

알려진 값: 표 13.1로부터 물의 경우 $c = 4186$ J/(kg·°C), $m_{hot} = 35$ kg, $T_{hot} = 47$°C, $T_{final} = 39$°C

풀이 뜨거운 물과 차가운 물 모두 $Q = mc\Delta T$이다. 뜨거운 물에 의해 잃은 열과 차가운 물에 의해 얻은 열의 합은 0, 즉 $Q_{hot} + Q_{cold} = 0$ 또는 $m_{hot}c\Delta T_{hot} + m_{cold}c\Delta T_{cold} = 0$이다. 미지의 m_{cold}에 대해 풀면 다음을 얻는다.

$$m_{cold} = -\frac{m_{hot}c\Delta T_{hot}}{c\Delta T_{cold}} = -\frac{m_{hot}\Delta T_{hot}}{\Delta T_{cold}}$$

이제 $\Delta T_{hot} = 39$°C $- 47$°C $= -8$°C, $\Delta T_{cold} = 39$°C $- 9$°C $= 30$°C가 된다. 따라서 다음이 성립한다.

$$m_{cold} = -\frac{m_{hot}\Delta T_{hot}}{\Delta T_{cold}} = -\frac{(35 \text{ kg})(-8\text{°C})}{30\text{°C}} = 9.3 \text{ kg}$$

밀도가 1 kg/L이면 차가운 물은 9.3 L이다.

반영 섞인 물의 최종 온도에 비해 추가된 물이 매우 차갑기 때문에 필요한 차가운 물의 양이 처음 뜨거운 물의 양보다 적다고 추측할 수 있다.

연결하기 62 kg인 사람이 욕조에 들어가면 물의 온도는 어떻게 될까? 사람의 정상 체온인 37°C에서 시작한다고 가정한다.

답 물의 질량은 44.3 kg이고 처음 온도는 39°C이다. 사람의 평균 비열은 (표 13.1로부터) 3.5 kJ/(kg·°C)이다. 이 예제의 절차에 따르면 사람과 물이 섞였을 때 최종 온도는 약 37.9°C이다. 이는 체온을 일정하게 유지하는 경향이 있는 신진대사 과정에서 방출되는 에너지를 무시한 것이다.

열량 측정법

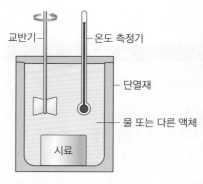

교반기 ─
온도 측정기 ─
단열재 ─
물 또는 다른 액체 ─
시료

그림 13.4 사용 중인 열량계

한 물질에서 다른 물질로의 열 흐름에 대한 실험을 통해 해당 물질의 특성을 알아낼 수 있다. 한 온도에서 미지의 고체를 다른 온도의 알려진 양의 물에 넣는 실험을 생각해 보자. 최종 온도를 측정하면 미지의 고체의 비열을 확인할 수 있다. 미지의 시료가 순수한 물질인 것으로 의심되는 경우, 계산된 비열을 알려진 값과 비교할 수 있다.

이러한 실험에 사용되는 방법을 칼로리의 이름을 딴 **열량 측정법**(calorimetry)이라 한다. 열량 측정이 성공하려면 모든 열을 고려해야 한다. 그림 13.4는 열량계의 작동 방식을 개략적으로 보여 준다. **열량계**(calorimeter)는 단열되어 있으며, 두 물질 (이 경우 금속과 물) 사이에서만 열 교환이 이루어진다고 가정할 수 있다. 다음은 이를 보여 주는 예제이다.

예제 13.5 실제 열량 측정

알루미늄으로 추정되는 115 g의 원통 금속이 있다고 가정해 보자. 80°C로 가열한 다음 처음에 20°C의 물 250 g이 들어 있는 열량계에 이 금속을 담근다. 최종 온도는 25.4°C이다. 이 금속은 알루미늄인가?

구성과 계획 앞의 예제와 같이 금속에 의해 잃은 열 Q_M과 물에 의해 얻은 열 Q_W의 합은 0이다. 즉, $Q_M + Q_W = 0$ 또는 식 13.2를 사용하면 $m_M c_M \Delta T_M + m_W c_W \Delta T_W = 0$이다.

알려진 값: $c_W = 4186$ J/(kg·°C), $m_M = 0.115$ kg, $m_W = 0.250$ kg, 처음 온도 $T_M = 80$°C와 $T_W = 20$°C

풀이 처음 온도와 최종 온도 T_f 차이를 ΔT라 하면 $\Delta T_M = T_f - T_M$, $\Delta T_W = T_f - T_W$이다. $m_M c_M \Delta T_M + m_W c_W \Delta T_W = 0$을 이용하여 c_M을 구하면 다음과 같다.

$$\begin{aligned}
c_M &= -\frac{m_W c_W \Delta T_W}{m_M \Delta T_M} \\
&= -\frac{(0.250 \text{ kg})(4186 \text{ J/(kg·°C)})(25.4\text{°C} - 20\text{°C})}{(0.115 \text{ kg})(25.4\text{°C} - 80\text{°C})} \\
&= 900 \text{ J/(kg·°C)}
\end{aligned}$$

표 13.1에서 알루미늄임을 확인할 수 있다.

반영 실제로 물의 온도가 상승할 때까지 기다려야 한다. 결국 T_f로 간주되는 최대치로 온도가 내려간다. 너무 오래 기다리면 열량계에서 주변으로 열손실이 일어나 측정값이 손상될 수 있다.

연결하기 원통 금속이 동일한 질량을 가진 은이었다면 최종 온도는 25.4°C보다 높았겠는가, 낮았겠는가?

답 표 13.1에서 은의 비열은 $c = 235$ J/(kg·°C)이며, 알루미늄보다 훨씬 낮은 수치이다. 즉, 은이 특정 온도 강하에서 끝나는 열에너지가 적다는 것을 의미한다. 그러므로 물은 그만큼 데워지지 않는다. 수치를 계산해 보면 최종 온도가 21.5°C임을 알 수 있다. 개념 예제 13.6은 이 점을 약간 다른 방식으로 설명한다.

개념 예제 13.6 **이용 가능한 열에너지**

질량은 같고 비열이 각각 c_1과 c_2인 서로 다른 두 물질의 시료가 있다. 여기서 $c_1 < c_2$이다. 서로 다른 온도에서 시료를 시작하여 열 접촉 상태로 둔다. 비열이 큰 시료와 작은 시료 중 어느 시료의 온도가 더 많이 변하는가? 처음에 어느 것이 더 뜨거운지가 중요한가?

풀이 처음에 $T_1 < T_2$라 하면 물질 2로부터 물질 1로 열이 흐른다(그림 13.5). 그러면 계의 순수한 열 흐름은 위 예제와 같이 $m_1 c_1 \Delta T_1 + m_2 c_2 \Delta T_2 = 0$이며, $\Delta T_1 > 0$과 $\Delta T_2 < 0$이다.

질량을 소거하면 $c_1 \Delta T_1 = -c_2 \Delta T_2$이다. 이 등식이 $c_1 < c_2$로 유지되려면 ΔT_1의 크기가 더 **커야** 한다. 처음 온도를 반대로 하면 $T_2 < T_1$이므로 분석 결과는 바뀌지 않는다. 여전히 비열이 작은 물질에서 더 큰 온도 변화가 일어난다.

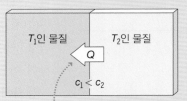

$T_1 < T_2$: 열은 뜨거운 물체에서 차가운 물체로 흐른다.

그림 13.5 비열이 다른 두 물질 사이의 열 흐름

반영 물질 1의 열용량 $C = mc$는 질량은 같지만 비열이 작기 때문에 더 낮다. 열용량은 단위 온도당 흡수되는 열이다. 열용량이 작다는 것은 동일한 양의 열이 더 큰 온도 변화를 일으킨다는 것을 의미한다.

기체의 비열

기체는 열용량과 비열을 가지고 있지만 고체나 액체와는 다르게 표현된다. 기체는 가열될 때 압력과 부피가 변할 수 있지만 고체와 액체는 이러한 변화가 훨씬 적기 때문이다.

기체가 가열되면 압력과 부피가 얼마나 변하는지에 따라 온도 변화가 달라진다. 이러한 이유로 기체의 비열은 일정한 부피와 일정한 압력에서 측정하는 두 가지 방법이 있다. 또 다른 차이점은 기체 비열이 일반적으로 단위 질량이 아닌 몰 단위로 주어진다는 것이다. 따라서 열 흐름 Q를 온도 변화와 연관시키는 식은 기체의 몰 수 n을 포함한다. 등적 과정의 경우 다음과 같다.

▶ **TIP** 비열은 고체와 액체의 경우 단위 질량당 열용량이고, 기체의 경우 몰당 열용량이다.

$$Q = nc_V \Delta T \quad \text{(등적에서 기체의 비열, SI 단위: J/(mol·°C))} \quad (13.3)$$

여기서 c_V는 등적 몰 비열(molar specific heat at constant volume)이다. 마찬가지로 등압 과정의 경우 다음과 같다.

표 13.2 여러 가지 기체의 몰 비열

기체	c_V, J/(mol·°C)	c_P, J/(mol·°C)
단원자 기체		
He	12.5	20.8
Ne	12.5	20.8
Ar	12.5	20.8
이원자 기체		
H_2	20.4	28.7
N_2	20.8	29.1
O_2	20.9	29.2
Air(대부분 N_2 와 O_2가 섞여 있음)	20.8	29.1

$$Q = nc_P\Delta T \quad \text{(등압에서 기체의 비열, SI 단위: J/(mol·°C))} \quad (13.4)$$

여기서 c_P는 등압 몰 비열(molar specific heat at constant pressure)이다. 표 13.2는 여러 기체에 대한 c_V와 c_P값을 보여 준다. 이때 두 비열의 단위는 J/(mol·°C)이다. 즉, n은 mol, ΔT은 °C이므로 열 Q의 단위는 J이다.

표에 나열된 값에서 공통점이 나타난다. 단원자 기체의 경우, 나열된 각 기체에 대해 $c_V = 12.5$ J/(mol·°C)인데, 곧 설명하겠지만 이것은 우연이 아니다. 이원자 기체의 경우, $c_V = 20.4$ J/(mol·°C)에서 $c_V = 20.9$ J/(mol·°C)까지 좁은 범위에서 변화한다. 그림 13.6은 이원자 기체의 비열이 단원자 기체의 비열보다 큰 이유를 보여 준다. 단원자 기체가 열을 흡수하면 에너지는 개별 분자의 병진 운동 에너지로 나타난다(그림 13.6a). 이원자 기체에서 에너지는 병진 및 회전 운동 에너지로 나타난다(그림 13.6b). 온도는 평균 병진 운동 에너지를 얻기 때문에 이는 단원자 기체와 비교하여 이원자 기체에서 동일한 온도 상승에 더 많은 열이 필요하다는 것을 의미한다.

등적에서 단원자 기체의 비열이 12.5 J/(mol·°C)의 일관된 값을 갖는 이유는 무엇인가? 단원자 기체의 경우, 모든 열 Q는 분자 운동 에너지가 되고, 식 12.7은 총 에너지 $E_{th} = \frac{3}{2}Nk_B\Delta T$로 주어진다. 따라서 열 Q를 가하면 열에너지가 $\frac{3}{2}Nk_B\Delta T$만큼 변화하므로 Q와 ΔT는 $Q = \frac{3}{2}Nk_B\Delta T$의 관계를 갖는다. 12장에서 분자 수 N은 nN_A이며, 여기서 N_A는 아보가드로수이고, 몰 상수인 $N_Ak_B = R$은 몰 기체 상수이다. 따라서 Q와 ΔT의 관계는 $Q = \frac{3}{2}Rn\Delta T$가 된다. 이를 식 13.3 $Q = nc_V\Delta T$와 비교하면 $c_V = \frac{3}{2}R$이다. $R = 8.315$ J/(mol·°C)이면 $c_V = 12.5$ J/(mol·°C)가 된다.

또한, 모든 기체에 대해 c_P가 c_V보다 크다는 점에 주목하자. $PV = nRT$를 만족하는 이상 기체에 대한 등적 과정과 등압 과정의 차이를 고려하면 이를 이해할 수 있다. 등적 과정에서 흡수된 열로 인해 개별 분자의 운동 에너지가 증가한다. 이렇게 증가된 분자 에너지는 온도 상승에 해당된다. 등압 과정에서는 온도 상승에 비례하여 기체 부피가 증가하며, 기체는 주변의 압력에 대해 팽창하면서 작동한다. 이러한 팽창에는 추가 에너지가 필요하다(그림 13.7). 즉, 등적 과정에 비해 주어진 온도 상승을 하려면 등압에서 더 많은 열을 공급해야 한다.

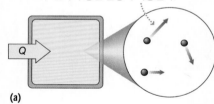

단원자 기체가 열을 흡수하면 그 에너지는 모두 원자의 병진 운동에 사용된다.

(a)

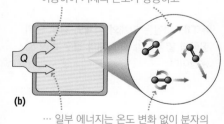

이원자 기체가 열을 흡수하면 일부 에너지는 병진 운동으로 이동하여 기체의 온도가 상승하고⋯

(b)

⋯ 일부 에너지는 온도 변화 없이 분자의 회전 운동으로 이동한다.

그림 13.6 단원자 기체와 이원자 기체에서 운동 에너지

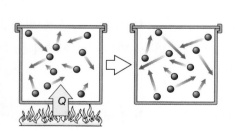

(a) 등적에서 열을 가하면 모든 에너지가 열운동으로 전환된다.

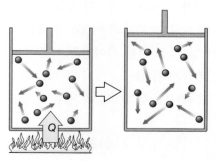

(b) 등압에서 열을 가하면 에너지의 일부는 열운동에, 일부는 용기를 팽창시키는 데 사용된다.

그림 13.7 등적 과정과 등압 과정의 차이

예제 13.7　차가운 숨결

0°C의 공기 4.0 L를 흡입하여 폐에 머금고 있다. 다음 수치를 일정하게 유지할 때, 37°C의 체온까지 공기를 데우기 위해 얼마나 많은 에너지를 공급해야 하는가?
(a) 폐의 부피　(b) 폐의 압력

구성과 계획 식 13.3과 식 13.4는 각각 등적 과정, 등압 과정이다. 표 13.2는 공기의 주요 구성 요소인 질소의 경우와 거의 동일한 두 가지 비열이 주어져 있다.

알려진 값: $V = 4.0$ L, $\Delta T = 37°C$

풀이 0°C와 1기압의 조건에서, 우리는 12장에서 이상 기체의 1몰이 22.4 L를 차지한다는 것을 알았다. 따라서 4.0 L의 호흡에는 4.0/22.4몰을 포함하며, $n = 0.179$몰이 된다. 따라서 등적 과정의 경우 다음과 같이 계산한다.

$$Q = nc_V \Delta T = (0.179 \text{ mol})(20.8 \text{ J/(mol·°C)})(37°C) = 138 \text{ J}$$

등압 과정의 경우 다음과 같다.

$$Q = nc_P \Delta T = (0.179 \text{ mol})(29.1 \text{ J/(mol·°C)})(37°C) = 193 \text{ J}$$

반영 등압 과정에서 더 많은 열이 필요하다. 그 이유는 에너지의 일부만 온도를 높이는 데 사용되고 나머지는 기체가 팽창을 돕기 때문이다.

연결하기 이 호흡을 따뜻하게 하는 데 얼마나 많은 음식 에너지가 소비되는가?

답 1음식 칼로리가 4,186 J이고 음식 에너지가 열로 완전히 전환된다고 가정하면 0.03에서 0.04칼로리만 소비할 것이다. 이는 체중 감량에 효과적인 방법이 아니다!

등분배

지금까지 단원자 기체의 부피 비열이 $\frac{3}{2}R$을 갖는 이유를 살펴봤다. **등분배 정리**(equipartition theorem)라는 원리를 통해 이 결과를 다른 기체에도 일반화할 수 있다.

> **등분배 정리:** (등적 과정에서) 물질의 몰 비열은 각 분자의 자유도에 대해 $\frac{1}{2}R$을 갖는다.

'자유도'란 무엇인가? 자유도는 분자가 에너지를 갖는 독립적인 방법이다. 수학적으로 분자의 운동 에너지 또는 위치 에너지에서 각 2차(평면)항은 자유도를 나타낸다. 예를 들어, 단원자 기체는 x축, y축, z축 방향으로 자유롭게 이동할 수 있으므로 운동 에너지는 $K = \frac{1}{2}mv^2 = \frac{1}{2}mv_x^2 + \frac{1}{2}mv_y^2 + \frac{1}{2}mv_z^2$이다. 따라서 세 가지 속도 성분과 관계된 세 가지 자유도가 있다. 등분배 정리는 이전 절에서 배운 것처럼 단원자 기체가 몰 비열 $c_V = 3 \times \frac{1}{2}R = \frac{3}{2}R$을 갖는다고 예측한다(표 13.2 참조).

이제 그림 13.8에 표시된 조잡한 모형인 2개의 구체(원자)가 고체 막대(분자 결합력)로 연결된 이원자 기체를 생각해 보자. 3개의 병진 자유도 외에도 2개의 회전 자유도가 있다. 따라서 총 $3 + 2 = 5$개의 자유도가 존재하며, 등분배 정리는 몰 비열 $c_V = 5 \times \frac{1}{2}R = \frac{5}{2}R = 20.8 \text{ J/(mol·°C)}$를 갖는다고 예측한다. 이 값은 표 13.2에 표시된 이원자 기체에 대한 결과와 거의 일치한다.

실험에 따르면 이원자 기체의 몰 비열은 $c_V \approx \frac{3}{2}R$이고, 끓는점 바로 위의 온도(그림 13.9)에 따라 달라진다. 이것은 양자역학적 효과이며, 회전은 온도가 높아질 때까지 '켜지지' 않음을 보여 준다. 대부분 이원자 기체의 경우 상온에서 $c_V \approx \frac{5}{2}R$로

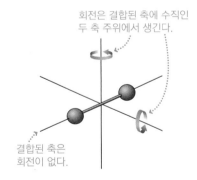

회전은 결합된 축에 수직인 두 축 주위에서 생긴다.
결합된 축은 회전이 없다.

그림 13.8 이원자 분자의 회전 운동

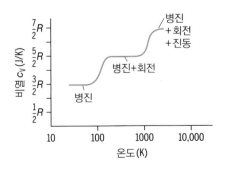

그림 13.9 수소(H_2)의 비열과 온도의 비교. 20 K 미만에서 수소는 액체 상태이고, 3,200 K 이상에서는 개별 원자로 해리된다.

이원자 분자의 원자는 용수철에 연결된 질량처럼 앞뒤로 진동한다.

그림 13.10 이원자 분자의 진동 모형

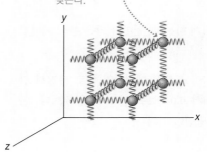

각 원자는 세 가지 방향 (x,y,z)으로 이동하고 각 방향의 운동에 대해 운동 에너지와 위치 에너지를 모두 갖는다.

그림 13.11 고체에서 원자 진동

병진과 회전이 모두 발생함을 보여 준다. 더 높은 온도에서는 비열이 다시 증가한다. 그림 13.10은 그 이유를 보여 준다. 이제 진동 운동이 '켜져' 관련 운동 에너지와 위치 에너지로부터 자유도가 하나씩 추가되었다. 따라서 자유도가 총 7개가 되어 $c_V = 7 \times \frac{1}{2}R = \frac{7}{2}R$이 된다. 그림 13.9에서 수소가 이 값에 가까워지는 것을 볼 수 있다. 하지만 완전히 도달하기 전에 열에너지는 분자를 개별 원자로 분해한다.

진동은 고체에서도 발생한다. 개별 원자는 자유롭게 병진하거나 회전할 수 없지만, 원자를 결합하는 '용수철'을 세 가지 독립적인 방향으로 진동자를 허용한다(그림 3.11). 각 방향에는 2개의 자유도(운동 + 위치)가 있으므로 총 자유도는 $3 \times 2 = 6$이다. 그러면 입방체의 예측 몰 열용량은 $c_V = 6 \times \frac{1}{2}R = 3R$이다. 많은 입방체(예: 구리)의 실제 몰 열용량은 이 값에 상당히 가깝다.

등분배가 되는 이유는 무엇인가? 미시적 수준에서 등분배는 매우 간단한 것을 설명한다. 무작위 충돌은 분자 간에 에너지를 공유하고 평균적으로 분자가 에너지를 가질 수 있는 모든 가능한 방법 사이에서 에너지를 동일하게 공유한다. 이러한 방법이 자유도이므로 각 자유도는 평균적으로 같은 에너지를 얻는다. 각 자유도는 열을 똑같이 흡수하므로 비열에 동일하게 기여한다.

▶ **새로운 개념 검토: 기체의 비열**

- 기체의 비열은 등적 비열(c_V) 또는 등압 비열(c_P)을 측정한다.
- 비열은 단원자 기체보다 이원자 기체에서 더 크다.
- 모든 기체의 경우, 기체를 팽창시키는 데 필요한 에너지 때문에 c_P가 c_V보다 R만큼 더 크다.
- 단원자 기체와 이원자 기체의 비열은 등분배 정리를 따른다.

확인 13.2절 이원자 기체의 몰 비열은 단원자 기체의 몰 비열보다 얼마나 더 큰가?
(a) $R/2$ (b) R (c) $3R/2$ (d) $2R$

13.3 상전이

뜨거운 음료를 식히는 또 다른 방법이 있다. 얼음을 넣는 것이다. 얼음이 이전에 시도했던 우유보다 몇 도 더 차갑지만 훨씬 더 시원해진다. 왜 그럴까?

변환열

얼음을 녹이려면 인접한 H_2O 분자와 결합을 끊는 에너지가 필요하다. 고체를 녹이는 데 필요한 단위 질량당 에너지는 **융해열**(heat of fusion) L_f이다. 따라서 질량 m의 시료를 녹이는 데 필요한 열 Q는 다음과 같다.

응용

봄 스키

겨울철 눈은 산에 쌓이지만 기온이 올라가도 오래 남는다. 물의 융해열 때문에 큰 눈덩어리가 녹는 데 몇 달이 걸릴 수 있다. 미국 서부의 많은 지역은 물과 수력 발전을 위해 눈을 녹여서 건조한 여름철에 이 녹인 물을 활용한다.

$$Q = mL_f \quad \text{(융해열, SI 단위: J/kg)} \tag{13.5}$$

마찬가지로 액체를 기체로 바꾸고 분자를 더 분리하는 데도 에너지가 필요하다. **기화열**(heat of vaporization) L_v는 단위 질량당 필요한 에너지이다.

$$Q = mL_v \quad \text{(기화열, SI 단위: J/kg)} \tag{13.6}$$

표 13.3은 총칭하여 **변환열**(heats of transformation)이라고 하는 L_f와 L_v의 몇 가지 값을 보여 준다. L_v가 L_f보다 훨씬 크다는 것을 알 수 있다. 다음 예제에서 이 사실의 물리적 중요성을 확인할 수 있다.

표 13.3 대기압(1 atm)에서 변환열

물질	녹는점(°C)	융해열 L_f(J/kg)	끓는점(°C)	기화열 L_v(J/kg)
구리	1084	2.05×10^5	2560	3.92×10^5
에탄올	−114	1.04×10^5	78	8.52×10^5
금	1064	6.45×10^4	2650	1.57×10^6
헬륨	N/A	대기압에서 고체 가 되지 않음	−269	2.09×10^4
납	328	2.50×10^4	1740	8.66×10^5
수은	−39	1.22×10^4	358	2.67×10^5
질소	−210	2.57×10^4	−196	1.96×10^5
산소	−218	1.38×10^4	−183	2.12×10^5
텅스텐	3400	1.82×10^5	5880	4.81×10^6
우라늄	1133	8.28×10^4	3818	1.88×10^6
물	0	3.33×10^5	100	2.26×10^6

융해 및 기화는 가역적이며 그에 상응하는 열의 양을 제거해야 한다. 이러한 이유로 변환열을 **숨은열**(latent heat)이라 하는데, 이는 융해되거나 기화되는 에너지가 새로운 상태에서 '숨어' 있고, 액체를 다시 얼리거나 고체를 응축하여 회복할 수 있기 때문이다. 습한 열대 공기에서 숨은열이 방출되면서 허리케인이 발생하게 된다.

▶ **TIP** 고체에서 액체로 또는 액체에서 기체로 상전이하려면 열이 있어야 한다. 반대 방향으로 상전이하려면 열을 제거해야 한다.

> **새로운 개념 검토: 변환열**

- 변환열은 융해(L_f) 또는 기화(L_v)를 통해 물질의 상을 변화시키는 데 필요한 단위 질량당 에너지이다.
- 질량 m을 융해 또는 기화시키는 데 필요한 열 Q는 융해의 경우 $Q = mL_f$, 기화의 경우 $Q = mL_v$이다.
- 냉각 또는 응축 상태에서 변환열은 물질에서 제거해야 하는 단위 질량당 에너지를 제공한다.

예제 13.8   얼음에서 수증기로

0°C에서 0.250 kg의 얼음 덩어리가 있다. 다음 상황에 필요한 에너지를 구하여라.

(a) 얼음을 녹일 때

(b) 액체 상태의 물을 0°C에서 100°C로 올릴 때

(c) 100°C에서 모든 물이 수증기가 될 때

구성과 계획 표 13.3은 융해열과 기화열을 보여 준다. 이를 통해 식 13.5와 식 13.6을 사용하여 상전이에 관련된 에너지를 구할 수 있다. 액체의 온도를 올리는 데 필요한 에너지는 식 13.2, $Q = mc\Delta T$, 표 13.1을 사용한다.

알려진 값: $m = 0.250$ kg

풀이 (a) 얼음을 녹이기 위해 $Q = mL_f$, $L_f = 333$ kJ/kg(표 13.3)을 대입하면 다음을 얻는다.

$$Q = mL_f = (0.250\ \text{kg})(333\ \text{kJ/kg}) = 83.3\ \text{kJ}$$

(b) 표 13.1에서 물의 비열은 4186 J/(kg·°C)이다. 그러면 온도

를 0°C에서 100°C로 올리는 데 필요한 열은 다음과 같다.

$$Q = mc\Delta T = (0.250\ \text{kg})(4186\ \text{J/(kg·°C)})(100°\text{C}) = 105\ \text{kJ}$$

(c) 표 13.3으로부터 $L_v = 2.26 \times 10^6$ J/kg를 대입하여 열에너지를 구하면 다음과 같다.

$$Q = mL_v = (0.250\ \text{kg})(2260\ \text{kJ/kg}) = 565\ \text{kJ}$$

반영 얼음을 녹이는 데는 액체 상태의 물을 0°C에서 100°C로 높이는 것과 거의 같은 양의 열이 필요하다. 물을 끓이는 데 필요한 열은 다른 두 값보다 훨씬 크다. 이는 우리의 경험과 일치해야 한다. 냄비에 물을 붓고 끓이는 데 몇 분이 걸리지만 냄비의 물이 마르기 전까지 오랫동안 끓는다.

연결하기 히터가 500 W의 비율로 물에 에너지를 공급한다. 세 가지 과정에서 각각 어느 정도의 시간이 걸리는가?

답 (a) 2.8 min (b) 3.5 min (c) 19 min

개념 예제 13.9   물의 변화 과정

0°C에서 250 g의 얼음 덩어리로 시작하여 500W의 일정한 비율로 전부 끓을 때까지 열을 가한다. 얼음/물/수증기의 온도 대 시간 그래프를 나타내어라. 시료 전체에 걸쳐 온도가 항상 일정하게 유지된다고 가정하자.

풀이 앞의 예제는 그래프를 그리는 데 필요한 사항을 알려 준다. 녹는 동안 얼음/물 혼합물은 0°C에서 2.8분 동안 유지된다. 그러고 나서 액체 상태의 물은 100°C가 될 때까지 3.5분 동안 꾸준히 데워지며, 이 시점에서 끓이는 데 19분이 걸린다. 그래프(그림 13.12)는 대부분의 시간이 물을 끓이는 데 소요된다는 것을 보여 준다.

반영 모든 물이 증발한 후에도 열을 계속 공급한다면 물의 온도는 100°C 이상으로 상승한다. 수증기의 비열은 액체인 물의

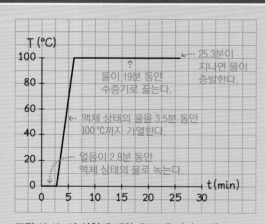

그림 13.12 이 실험에 대한 온도 대 시간 그래프

약 절반이기 때문에 0~100°C로 상승할 때보다 증가 비율이 더 빠르다.

예제 13.10   커피 식히기

300 g의 커피를 85°C 상태에서 마시기에는 너무 뜨겁다. 42 g의 얼음 덩어리(0°C)를 넣었다. 열평형에 도달한 후 혼합물의 최

종 온도는 얼마가 되는가? 커피의 비열은 본질적으로 물의 비열과 같다.

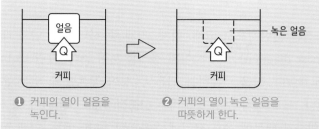

① 커피의 열이 얼음을
녹인다.

② 커피의 열이 녹은 얼음을
따뜻하게 한다.

그림 13.13 두 단계 과정: 얼음이 녹고, 녹은 얼음을 따뜻하게 한다.

구성과 계획 두 단계를 고려하자(그림 13.13). (1) 커피에서 얼음으로 열이 흐르면서 얼음이 녹는다. (2) 열은 평형에 도달할 때까지 커피에서 녹은 얼음으로 계속 흐른다. 1단계에서 얼음으로 전달되는 열은 $Q = mL_f$이고, 2단계에서 커피에서 물로 흐르는 열은 $Q = mc\Delta T$이다.

알려진 값: $m_c = 0.300$ kg, $m_i = 0.042$ kg 여기서 첨자는 각각 커피와 얼음을 나타낸다.

풀이 1단계에서 커피에서 얼음으로 흐르는 열은 다음과 같다.

$$Q = m_i L_f = (0.042 \text{ kg})(333 \text{ kJ/kg}) = 14.0 \text{ kJ}$$

이 열은 커피에서 흘러나오므로 $Q_c = -14.0$ kJ, $Q_c = mc\Delta T_c$인 경우 다음이 성립한다.

$$\Delta T_c = \frac{Q_c}{m_c c} = \frac{-14.0 \text{ kJ}}{(0.300 \text{ kg})(4.186 \text{ kJ/(kg} \cdot {}^\circ\text{C}))} = -11.1\,{}^\circ\text{C}$$

따라서 얼음을 녹이면 커피의 온도가 85°C에서 73.9°C로 낮아진다.

2단계에서는 커피에서 빠져나가는 모든 에너지가 결국 물에 포함된다는 점을 고려하여 13.2절의 절차를 따른다. 물의 온도는 0°C에서 최종 온도 T_f로 증가하고 커피는 73.9°C에서 T_f로 떨어진다. 수학적으로 $\Delta T_i = T_f - 0\,{}^\circ\text{C}$와 $\Delta T_c = T_f - 73.9\,{}^\circ\text{C}$이다. 이를 열 흐름식에 적용하면 $m_i c(T_f - 0\,{}^\circ\text{C}) + m_c c(T_f - 73.9\,{}^\circ\text{C}) = 0$이다.

물의 비열 c를 소거하고 T_f에 대해 풀면 다음을 얻는다.

$$T_f = \frac{m_c(73.9\,{}^\circ\text{C})}{m_i + m_c} = \frac{(0.300 \text{ kg})(73.9\,{}^\circ\text{C})}{0.042 \text{ kg} + 0.300 \text{ kg}} = 64.8\,{}^\circ\text{C}$$

반영 커피와 얼음의 질량을 고려할 때 이것은 합리적인 것처럼 보인다. 얼음을 녹이기에 충분한 에너지가 있다는 것을 어떻게 알았는지 궁금할 것이다. 하지만 최종 온도가 0°C보다 높다는 사실은 충분한 에너지가 있다는 것을 확인시켜 준다. 하지만 커피에 큰 얼음 덩어리를 넣으면 얼음 일부가 녹지 않은 채 0°C에 도달할 수 있다. 차가운 음료를 마시면 그렇게 된다.

연결하기 동일한 냉각 효과를 얻으려면 커피 300 g에 0°C의 물을 얼마나 넣어야 하는가?

답 물의 비열을 사용하면 98 g의 물을 넣어야 한다. 그렇게 하면 얼음 덩어리를 넣을 때보다 커피가 훨씬 더 희석될 것이다!

문제 해결 전략 13.1 **가열, 융해, 기화**

구성과 계획

- 개략도를 사용하여 상황을 시각화한다.
- 관련 물질을 식별한다.
- 온도 변화, 상전이 또는 둘 다 있는지 과정을 구별한다.
- 온도가 변하는 경우, 비열을 사용하여 온도 변화와 공급되는 열을 연관시킨다.
- 두 물질이 열평형을 이루는 경우, 두 물질의 최종 온도를 동일하게 사용하고, 한 물질이 잃은 열이 다른 물질이 얻은 열과 같다는 것을 식으로 작성한다.
- 단일 물질 상전이의 경우 적절한 변환열을 사용하여 관련된 질량과 열을 연관시킨다.
- 두 물질이 평형을 이루고 하나는 상전이를 겪는다. 먼저 상전이를 고려하고, 그다음에 추가적인 온도 변화를 고려한다. 최종 답이 최종 단계와 일치하는지 확인한다. 그렇지

않으면 최종 상태는 상전이 온도에서 두 상들을 모두 포함하는 혼합물이다.
- 질량, 온도 변화, 상전이와 같은 정보를 검토한다. 알려진 물질에 대한 비열과 변환열을 구한다. 이 정보를 사용하여 알 수 없는 문제를 해결하는 방법을 계획한다.

풀이

- 주어진 정보와 표로 표시된 값을 수집한다.
- 적절한 단위를 사용하여 미지의 양(들)에 대한 식을 결합하고 해결한다.

반영

- 답의 차원과 단위를 확인한다. 차원과 답이 합리적인지 살펴본다.
- 익숙한 문제와 관련이 있는 경우, 답이 타당한지 평가한다.

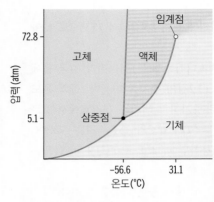

그림 13.14 이산화탄소에 대한 상 도표

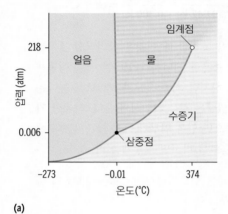

(b)

그림 13.15 (a) 물에 대한 상 도표 (b) 충분히 낮은 압력에서는 물이 상온에서 끓는다.

상 도표

주어진 온도와 압력에서 물질은 일반적으로 고체, 액체, 기체 중 하나이다. 압력 대 온도의 그래프인 **상 도표**(phase diagram)는 상 사이의 경계를 보여 준다. 그림 13.14는 이산화탄소에 대한 상 도표이다. 상을 구분하는 선은 두 상이 공존할 수 있는 온도와 압력의 조합을 나타낸다. 세 단계가 모두 공존하는 **삼중점**(triple point)이 하나 있다. 이는 고유 온도를 정의하기 때문에 온도 보정에 유용하다. 또한 액체-기체 선은 **임계점**(critical point)에서 끝난다. 여기서 액체와 기체는 밀도가 같고 압력이 높아지면 구별할 수 없게 된다. 온도가 상승함에 따라 액체와 기체가 급격하게 변화하는 대신, 점진적인 변화가 일어난다. 그림 13.14는 이미 알고 있는 내용도 보여 준다. 일반적인 조건($P = 1$ atm, $T = 20°C$)에서 이산화탄소는 기체이다. 우리는 숨 쉴 때마다 이산화탄소를 내뿜는다!

그림 13.15a는 물의 상 도표이다. 물의 삼중점은 낮은 0.006 atm에서 발생한다. 그 이상의 압력에서 물은 익숙한 세 가지 단계를 거친다. 1 atm에서 액체인 물로 시작하여 압력을 변경하지 않고 냉각하면 상 도표에서 왼쪽으로 이동하게 된다. 결국 고체 상(얼음)으로 넘어가게 된다. 마찬가지로 열을 가하면 도표에서 오른쪽으로 이동하여 기체 단계(수증기)로 넘어간다. 그러나 상 도표는 상전이에서 덜 친숙한 접근을 보여 준다. 물의 온도를 변화시키지 않고 압력을 낮추면 도표에서 아래로 이동하여 결국 기체 단계로 넘어간다. 즉, 압력을 낮추는 것만으로 상온에서 물을 끓일 수 있다(그림 13.15b). 기압이 낮은 높은 산에서 캠핑을 할 때 물이 더 낮은 온도에서 끓는 이유도 바로 이 때문이다. 반대로 압력이 높아지면 끓는점이 올라가므로 압력솥의 경우 100°C 이상에서 음식을 끓일 수 있다. 마지막으로 물의 상 도표에 있는 고체-액체 선에 주목하자. 이는 CO_2 및 대부분의 다른 물질과 반대 방향으로 진행한다. 이것은 12장에서 설명한 물의 비정상적인 열팽창과 관련이 있다.

개념 예제 13.11 드라이아이스

고체 이산화탄소를 드라이아이스라고 한다. −80°C의 냉동고에서 드라이아이스를 꺼내 상온의 테이블 위에 올려 놓으면 어떻게 되는가? 전체적으로 대기압이라 가정하자.

답 CO_2는 1기압, $T = −80°C$에서 고체로 시작한다. 등압에서 실온으로 가열하면 CO_2는 상 도표에서 **오른쪽**으로 이동한다. 상 도표(그림 13.16)를 다시 살펴보면 1기압에서 삼중점(5.2 기압)보다 훨씬 아래에 있음을 알 수 있다. 즉, 1기압에서는 액체 상이 존재하지 않으므로 이산화탄소가 따뜻해지면 고체에서 기체로 직접 이동하게 된다. 이 과정을 승화라고 한다.

반영 드라이아이스는 물 얼음보다 훨씬 차갑고 따뜻해져도 물이 고이지 않기 때문에(따라서 '드라이아이스'라고 부른다) 널리 사용되는 냉매이다. 그 결과 생성된 CO_2 기체는 소량으로 인체에 무해하다.

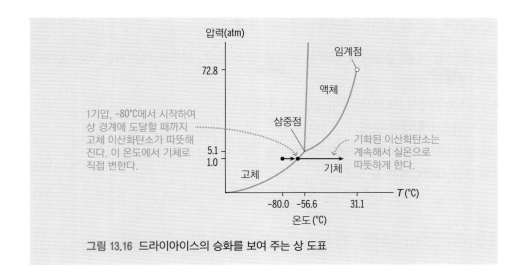

그림 13.16 드라이아이스의 승화를 보여 주는 상 도표

증발 냉각

액체를 기체로 바꾸려면 에너지가 필요하다. 이러한 이유로 증발은 생물학적 시스템과 역학적 시스템 모두에 냉각시키는 수단을 제공한다. 더운 날이나 활발한 활동 중에 땀을 흘리는 이유는 무엇인가? 그것이 바로 몸이 열을 주변 공기로 전달하는 방식이다. 땀 속의 수분을 증발시키면 피부가 시원해지고 염분은 그대로 남게 된다. 냉장고도 비슷한 원리로 작동하며, 적절한 온도−압력 거동을 위해 선택된 **작동 유체**를 증발시킨다.

표 13.3은 물의 기화열이 $100°C$에서 $L_v = 2.26\ MJ/kg$임을 보여 준다. 체온인 $37°C$에서는 이보다 약간 더 큰 $2.4\ MJ/kg$ 정도이다. 운동하는 동안 땀을 증발시켜 100 g의 수분을 잃었다고 가정해 보자. 여기에는 다음과 같은 에너지가 필요하다.

$$Q = mL_v = (0.10\ kg)(2.4 \times 10^6\ J/kg) = 2.4 \times 10^5\ J$$

보통 신체의 비열(표 13.1)인 $c = 3.5\ kJ/(kg \cdot °C)$를 이용하고 $Q = mc\Delta T = -2.4 \times 10^5\ J$인 경우, 70 kg인 사람의 체온은 다음과 같이 변할 수 있다.

$$\Delta T = \frac{Q}{mc} = \frac{-2.4 \times 10^5\ J}{(70\ kg)(3500\ J/(°C \cdot kg))} = -1.0\,°C$$

이 추정치는 몸에서 떨어지거나 옷에 흡수되는 땀을 무시한 수치이다. 또한, 다른 열 전달 메커니즘도 무시한 것이다. 열 전달에 대한 것은 다음 절에서 설명할 것이다.

개는 땀을 흘리지 않기 때문에 증발로 열을 식히기 위해 젖은 혀를 내밀게 된다. 또한, 헐떡이며 폐의 더운 공기를 빠르게 교환하여 시원하고 신선한 공기를 마신다. 이는 머리로 가는 주요 혈관의 혈액을 식히는 데 도움이 되며, 젖은 혀 위로 공기가 흐르면서 증발이 촉진시킨다.

물이 끓는점보다 낮은 온도에서 증발하는 이유는 무엇인가? 액체에서 빠르게 움직이는 분자가 공기 중으로 빠져나가고, 공기가 수증기로 **포화되지** 않는 한(즉, 습도가 100% 미만인 한) 액체를 떠나는 분자가 돌아오는 분자보다 더 많기 때문이다. 따라서 기체 상으로 변하는 액체의 순손실이 발생한다.

⋯⋯⋯⋯⋯⋯⋯⋯⋯⋯⋯⋯⋯⋯⋯⋯⋯⋯⋯⋯⋯⋯⋯⋯⋯⋯⋯⋯⋯⋯⋯⋯⋯⋯⋯⋯

확인 13.3절 다른 상들에서 질량이 동일한 물의 경우, 필요한 에너지를 작은 순서대로 나열하여라.

(a) −100°C에서 0°C로 얼음의 온도 올리기

(b) 얼음을 0°C에서 녹이기

(c) 물의 온도를 0°C에서 100°C로 올리기

(d) 물을 100°C에서 끓이기

⋯⋯⋯⋯⋯⋯⋯⋯⋯⋯⋯⋯⋯⋯⋯⋯⋯⋯⋯⋯⋯⋯⋯⋯⋯⋯⋯⋯⋯⋯⋯⋯⋯⋯⋯⋯

13.4 전도, 대류, 복사

▶ **TIP** 전도, 대류, 복사는 단독으로 또는 동시에 발생할 수 있다.

열은 온도 차이에 의해 전달되는 에너지이다. 여기에서는 전도, 대류, 복사의 세 가지 주요 열 전달 메커니즘을 소개한다.

전도

전도(conduction)는 물질이 직접 접촉할 때 발생한다. 미시적으로 전도는 뜨거운 물질에서 빠르게 움직이는 입자가 차가운 물질의 입자로 에너지를 전달하는 충돌에 인해 발생한다. 뜨거운 난로 위에 프라이팬을 올려놓으면 전도가 팬의 바닥으로 열을 전달한 다음 팬을 통해 음식으로 열이 전달된다. 겨울날 집 내부를 따뜻하게 하면 벽을 통해 외부로 열을 전달하는 전도가 발생하므로 난방비가 많이 든다. 그림 13.17은 물질의 온도 차이가 있을 때마다 전도가 일어난다는 점을 강조한다.

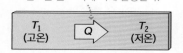

전도는 온도 차에 의해 발생한다.

그림 13.17 온도 차에 의한 열전도

물질마다 다른 비율로 열을 전달한다. 알루미늄 카누와 케블라 카누를 타 보면 알루미늄 카누가 훨씬 더 시원하게 느껴진다. 서로 다른 전도율은 분자와 원자 수준에서 발생하는데, 이웃과 어떻게 결합하느냐에 따라 열을 쉽게 또는 어렵게 전도한다. 빠르게 움직이는 자유전자는 열전도율을 크게 향상시킨다. 그렇기 때문에 전기 전도성이 좋은 금속은 열 전도성이 좋은 경향이 있다(17장에서 전기 전도성을 배우게 될 것이다). 알루미늄 카누가 더 시원하게 느껴지는 이유는 알루미늄이 몸에서 열을 더 빨리 전도하기 때문이다.

창문 유리를 통한 전도의 일반적인 예는 정량적 분석을 위한 모형을 제공한다(그림 13.18). 창이 클수록 열손실이 크기 때문에 열 흐름율은 창 넓이 A에 비례한다고 추측할 수 있다. 또한, 이 흐름율은 온도 차이 ΔT에 비례하는데, 이는 추운 날에 집이 더 많은 열을 잃거나 온도 조절기가 작동되는 것을 보고 알 수 있다. 마지막으로 열 흐름율은 창문 두께 Δx에 반비례하는데, 이는 얇은 창이 전도를 용이하게 하기 때문이다. 이러한 결과를 종합하면 열 흐름율 H는 다음과 같다.

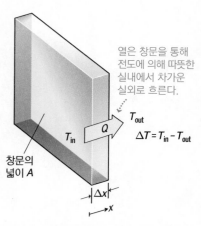

열은 창문을 통해 전도에 의해 따뜻한 실내에서 차가운 실외로 흐른다.

T_{out}

T_{in} Q

$\Delta T = T_{in} - T_{out}$

창문의 넓이 A

Δx

x

그림 13.18 창문을 통한 열 흐름. 열전도도를 설명하는 데 사용한다.

$$H = kA\frac{\Delta T}{\Delta x} \quad \text{(열 전도, SI 단위: W)} \tag{13.7}$$

에너지 비율과 관련된 다른 물리량과 마찬가지로 H는 초당 줄 또는 와트이다. 여기서 k는 전도성 물질(이 경우 유리)의 특성인 **열전도도**(thermal conductivity)이다. 열전도율이 클수록 k값이 크다(표 13.4).

표 13.4 열전도도

물질	열전도도 k (W/(°C·m))
금속	
알루미늄	240
구리	390
철	52
은	420
액체	
물	0.57
기체	
공기	0.026
수소	0.17
질소	0.026
산소	0.026
그 외 물질	
벽돌	0.70
콘크리트	1.28
섬유 유리	0.042
유리(보통)	0.80
오리털	0.043
신체(평균)	0.20
얼음	2.2
스티로폼	0.024
소나무	0.12

예제 13.12 난방비

총 표면적이 275 m²이고 1.0 cm 두께의 나무 벽이 있는 집이 있다. 내부는 19°C이고 외부는 1°C라고 가정할 때, 물음에 답하여라.

(a) 벽을 통한 에너지 손실률은 얼마인가?

(b) kWh당 107원의 에너지 비용에 대하여 하루 난방비는 얼마인가?

구성과 계획 식 13.7은 열 흐름율을 제공한다. 하루 동안 손실된 에너지는 24시간 = 86,400초이다. 1시간이 3,600초이므로 1 kWh는 3.6×10^6 J이다.

알려진 값: $A = 275$ m², $\Delta x = 1.0$ cm, $\Delta T = 18$°C, 표 13.4로부터 소나무의 열전도도는 0.12 W/(°C·m)이다.

풀이 (a) 주어진 매개변수를 사용하여 에너지 손실률을 구하면 다음과 같다.

$$H = kA\frac{\Delta T}{\Delta x} = (0.12 \text{ W/(°C·m)})(275 \text{ m}^2)\frac{18°C}{0.01 \text{ m}} = 59.4 \text{ kW}$$

(b) 하루 동안 잃어 버린 총 에너지는 다음과 같다.

$$Q = Ht = (5.94 \times 10^4 \text{ J/s})(86,400 \text{ s}) = 5.13 \times 10^9 \text{ J} = 5.13 \text{ GJ}$$

kWh당 107원으로 이 에너지 비용은 다음과 같다.

$$5.13 \times 10^9 \text{ J} \times \frac{1 \text{ kWh}}{3.6 \times 10^6 \text{ J}} \times \frac{107\text{원}}{\text{kWh}} = 157,528\text{원}$$

반영 그럴 리 없다! 이것은 단지 1.0 cm의 나무가 우리와 바깥 공기 사이에 서 있는 것이다. 다행히도 집은 그보다 훨씬 더 단열이 잘 되어 있다. 시멘트 벽, 섬유 유리나 발포 단열재, 나무 벽이 있다. 천문학적인 에너지 비용을 피하려면 이러한 단열이 매우 중요하다.

연결하기 예제의 목재와 동일한 단열 효과를 내는 유리 섬유의 두께는 어느 정도인가?

답 표 13.4에서 섬유 유리의 열전도도는 나무의 약 1/3배이므로 약 3 mm 두께의 유리 섬유만 있으면 된다. 물론 훨씬 더 두꺼운 것을 사용하게 된다. 국내 유리 단열재의 표준 두께 기준은 다양한 요인에 따라 달라질 수 있다.

대류

대류(convection)는 유체의 집단 운동을 통한 열 전달이다. 역학적 시스템에서 대류는 종종 열전달을 촉진하기 위해 강제로 팬이나 펌프를 사용하기도 한다. 많은 가정

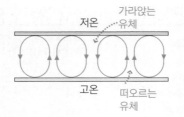

그림 13.19 (a) 서로 다른 온도에서 두 판 사이의 대류 (b) 실험에서 대류 셀을 위에서 본 모습. 유체는 셀의 중앙에서 상승하고 가장자리에서 가라앉는다.

용 난방로에 팬이 덕트를 통해 거실로 가열된 공기를 불어 넣는 강제 대류를 사용한다. 자동차의 냉각 시스템은 엔진을 통해 냉각수를 순환시켜 열을 흡수하고 라디에이터를 통해 공기 중으로 열을 전달한다. 인간을 포함한 동물들은 호흡할 때 강제 대류를 사용한다. 들이마시는 공기는 보통 내뿜는 공기보다 차가우므로 결과적으로 몸에서 순수한 열 전달이 일어난다. 특히 추운 날씨의 야외에서는 하루 동안 이러한 방식으로 많은 에너지를 잃을 수 있다.

대류는 데워진 유체가 밀도가 낮아지고 상승하면서 자연스럽게 발생한다. 이것은 집의 높은 층이 더 따뜻한 경향이 있는 이유이다. 야외에서는 햇빛이 지면을 따뜻하게 하고 따뜻한 공기가 대류(열)를 타고 상승하여 새와 행글라이더를 높은 고도로 운반할 수 있다.

대류는 액체에서도 발생한다. 냄비에 물을 담아 가열하면 바닥에 있는 물은 팬의 전도를 통해 데워진다. 이 따뜻한 액체는 밀도가 낮아지고 상승하며 위에서부터 더 차갑고 밀도가 높은 액체로 대체된다(그림 13.19a). 대류 셀이라고 하는 눈에 띄는 기하학적 모양이 가열된 액체에서 종종 나타난다(그림 13.19b). 바다에 있는 대류 셀은 표면의 해류를 담당하며, 호수의 계절에 따른 물의 순환에 기여한다. 지구의 액체 핵의 대류는 지구의 자성을 생성하는 데 도움이 된다(18장에서 자성에 대해 자세히 살펴본다).

복사

복사(radiation)는 전자기파에 의한 에너지 전달이다. 복사는 뜨거운 태양에서 차가운 지구로 에너지를 전달하여 모든 생명체에 필수적인 동력을 공급한다. 모닥불을 피워 마시멜로를 익히고, 이것은 태양으로부터 얻은 에너지를 우주로 되돌려 지구가 과열되는 것을 막는다.

전기 스토브 버너를 '높음'으로 돌리면 곧 붉은 주황색으로 빛나는 것을 볼 수 있다. 이는 가시광선 형태의 전자기 복사를 방출하고 있음을 나타낸다. 버너를 '낮음'으로 설정해도 복사열을 느낄 수 있다. 이는 가시광선과는 다르게 눈에 보이지 않는 적외선이지만 파장이 더 길다. 20장에서 전자기파를 배울 것이다. 여기에서는 파장에 의해 구별되는 넓은 스펙트럼의 전자기파가 있다는 것을 알게 될 것이다. 전자기파는 적외선과 가시광선뿐만 아니라 자외선, X-선, 감마선에 이르기까지 다양하다. 뜨거운 물체는 온도에 따라 다양한 파장을 방출한다. 온도가 높을수록 주 파장은 짧아진다. 태양은 5,800K로 소량의 자외선과 함께 가시광선의 절반과 적외선의 절반 정도를 방출한다. 난로의 버너는 태양보다 온도는 낮으므로 적외선으로 더 많은 양의 복사선을 방출한다. 우리 몸은 긴 파장의 적외선을 방출한다. 12장에서 설명한 귀 온도계는 적외선을 측정하여 온도를 추정한다. 어떤 별은 너무 뜨거워서 자외선이나 심지어 X-선을 주로 방출하고, 우주 전체는 평균 온도 약 2.7 K에서 주로 라디오파를 방출한다.

복사는 전도 또는 대류와 동시에 발생할 수 있다. 활활 타오르는 불 앞에 서 있으면 빛나는 석탄에서 나오는 가시광선과 적외선을 느낄 수 있다. 불은 또한 공기 중의 대류를 일으켜 실내를 따뜻하게 하지만, 많은 대류 열이 굴뚝으로 손실된다. 공기를 통한 전도도 있지만 공기의 낮은 열전도도가 이러한 효과를 제한한다.

여름에는 어두운 색 옷을 입는 것보다 밝은 색 옷을 입으면 더 시원하게 지낼 수 있다. 그 이유는 어두운 물체가 대부분의 복사선을 흡수하는 반면, 밝은 색은 입사 복사선의 대부분을 반사하기 때문이다. 특정 파장의 복사선을 잘 흡수하는 물질은 해당 파장의 복사선을 방출하는 물질이기도 하다. 모든 파장에서 모든 복사선을 흡수하는 완벽한 흡수체/방출체는 완전히 검은색으로 보이기 때문에 **흑체**(blackbody)라고 부른다.

스테판-볼츠만 법칙은 온도 T에서 물체가 복사 에너지를 방출하는 비율을 나타낸다.

$$P = e\sigma AT^4 \text{ (스테판-볼츠만 법칙, SI 단위: W)} \tag{13.8}$$

여기서 A는 물체의 표면적이고 e는 **방출률**(흡수기/방출기의 성능을 나타내는 척도)이다. 완전 흑체인 경우 $e=1$이고 완전 반사 표면의 경우 $e=0$이다. σ는 **스테판-볼츠만 상수**(Stefan-Boltzmann constant)이며, $\sigma = 5.67 \times 10^{-8}$ W/(m²·K⁴)이다. 식 13.8에서 온도는 켈빈이어야 하며, 절대 0도 이상의 모든 물체가 복사선을 방출한다는 것을 보여 준다. 또한, 물체는 주변 환경으로부터 복사선을 받으며, 알짜 방출 일률은 $P_{net} = e\sigma A(T^4 - T_e^4)$으로 주어진다. 여기서 T_e는 주변의 온도이다. 이는 물체의 주변 환경 전체가 환경 온도에 있기 때문에 물체의 전체 표면에 복사선이 입사된다고 가정한다.

우리가 알 수 있는 복사의 한 응용 프로그램은 **열화상**(thermogram)인데, 이것은 물체가 방출하는 적외선으로 물체의 표면 온도를 측정하여 매핑한 이미지이다. 의사는 암세포의 농도가 주변 조직보다 따뜻한 경향이 있기 때문에 비침습적으로 종양을 발견하기 위해 열화상을 사용한다. 에너지 절약 전문가는 건물의 열손실을 정확하게 파악하기 위해 열화상을 사용하며, 위성의 적외선 영상은 지구의 생태학적 상태를 분석하는 데 도움이 된다.

응용 지구의 기후

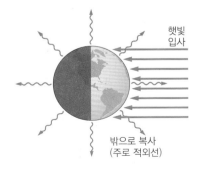

지구에 도달하는 태양 에너지는 제곱미터당 평균 240 W이다. 따뜻해진 지구는 식

13.8에 따라 적외선을 방출한다. 평균 온도가 일정하면 적외선이 **빠져나가는** 비율이 태양 에너지 입사 비율과 같아야 한다. $e\sigma T^4$을 240 W/m^{2}로 설정하면 지구 표면 온도를 대략적으로 추정할 수 있다. 이 간단한 그림은 대류 에너지 흐름과 이산화탄소 및 기타 기체에 의해 나가는 적외선이 흡수되는 현상인 온실 효과(greenhouse effect)로 인해 복잡해진다. 화석 연료를 태우고 이산화탄소를 더 많이 배출하면 적외선 흡수가 증가하여 스테판–볼츠만 법칙에서 더 높은 표면 온도 T가 요구된다. 따라서 식 13.8은 오늘날 가장 큰 환경 문제인 지구 기후 변화의 핵심이다.

예제 13.13 신체 복사

사람 몸의 표면적이 약 1.0 m^{2}이고 방출률은 0.75이다. 주변 온도가 20°C인 경우, 다음을 구하여라.
(a) 신체의 알짜 방출 일률
(b) 하루 동안 손실된 총 에너지

구성과 계획 알짜 방출 일률은 $P = e\sigma A(T^4 - T_e^4)$이다. 그러면 하루 동안 손실된 총 에너지는 24 h = 86,400 s의 시간과 일률의 곱이다.

알려진 값: $A = 1.0$ m^2, $e = 0.75$, 신체 온도 $T = 37$°C = 310 K, 주변 온도 $T_e = 20$°C = 293 K, 스테판–볼츠만 상수 $\sigma = 5.67 \times 10^{-8}$ W/(m$^2 \cdot$ K^4)

풀이 (a) 주어진 값을 이용하여 알짜 복사 일률을 다음과 같이 계산한다.

$$P_{net} = e\sigma A(T^4 - T_e^4)$$
$$= (0.75)(5.67 \times 10^{-8} \text{ W/(m}^2 \cdot \text{K}^4))(1.0 \text{ m}^2)((310 \text{ K})^4 - (293 \text{ K})^4)$$
$$= 79 \text{ W}$$

(b) 하루 동안 손실된 총 에너지는 다음과 같다.

$$Q = Pt = (79 \text{ J/s})(86,400 \text{ s}) = 6.8 \times 10^6 \text{ J}$$

반영 계산된 값이 적절한가? 보통 하루에 약 2,000칼로리(약 8.4×10^6 J)의 음식을 소비하므로 답은 타당한 것 같다. 하지만 이것은 여분의 에너지를 주지 않는다. 또한, 전도나 대류에 의한 손실도 있다. 옷은 이러한 모든 손실을 줄여 근육의 움직임과 뇌의 활동을 위한 충분한 에너지를 남겨 준다.

연결하기 30°C의 더운 날에 알짜 복사 일률에 대한 답은 어떻게 달라지는가?

답 복사 일률이 34 W로 떨어진다. 여기서 T^4의 지수는 큰 차이를 만든다.

개념 예제 13.14 보온병

보온병은 전도, 대류, 복사에 의한 열 전달을 어떻게 제한하는가?

풀이 대류가 가장 이해하기 쉽다. 병 상단 끝의 나사 형태(그림 13.20)는 단단히 밀봉하여 뜨거운 증기의 대류 손실을 방지한다. 전도를 제한하기 위해 내부 병과 외부 병 표면 사이에 진공 상태로 유지하여 열전도율을 거의 0으로 만든다. 마지막으로 병의 벽은 반사율이 높아 복사율이 매우 낮다. 이는 복사선에 의한 열 전달을 제한한다.

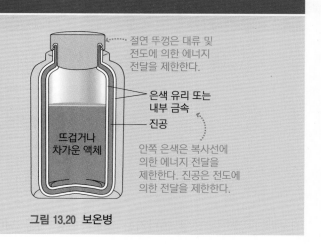

절연 뚜껑은 대류 및 전도에 의한 에너지 전달을 제한한다.

은색 유리 또는 내부 금속

진공

뜨겁거나 차가운 액체

안쪽 은색은 복사선에 의한 에너지 전달을 제한한다. 진공은 전도에 의한 전달을 제한한다.

그림 13.20 보온병

반영 과학자들은 액체 질소, 헬륨 및 정상 온도의 기체인 다른 물질들을 저장하기 위해 기본적으로 큰 병인 **듀어 플라스크**를 사용한다. 질소는 77K에서 끓고, 헬륨은 4.2K에서 끓는다. 고품질 듀어는 이러한 액체를 장기간 보관하며 비등으로 인한 손실은 거의 없다. 액체 질소와 액체 헬륨은 과학자들이 물질을 냉각하기 위해 사용하므로 저온 특성을 연구할 수 있다.

확인 13.4절 동일한 표면적 및 두께에 대해 다음 물질의 열 흐름율을 작은 순서대로 나열하여라.
(a) 공기 (b) 나무 (c) 유리 (d) 물

13장 요약

열과 열에너지

(13.1절) 열은 온도 차이로 인해 전달되는 에너지이다. SI 단위는 줄(J)이며, 일반적으로 칼로리와 음식 칼로리로 대체하기도 한다.

칼로리와 줄: 1 cal = 4.186 J

음식 칼로리: 1 음식 칼로리 = 1 Cal = 1 kcal = 1000 cal = 4186 J

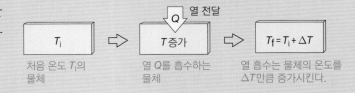

처음 온도 T_i의 물체 ⟹ 열 Q를 흡수하는 물체 ⟹ 열 흡수는 물체의 온도를 ΔT만큼 증가시킨다.

T증가

$T_f = T_i + \Delta T$

열 전달 Q

열용량과 비열

(13.2절) 열 접촉 중인 두 물체 사이에는 온도가 같아질 때까지 열이 흐른다. 그다음 **열평형 상태**가 된다.

열용량은 열 및 온도 변화와 관련이 있다. **비열**은 단위 질량당 열용량이다. 기체의 비열은 일정한 부피 또는 일정한 압력에서 측정된다.

등분배 정리는 일부 기체와 고체의 비열을 예측한다.

열용량: $Q = C\Delta T$ **비열**: $Q = mc\Delta T$

몰비열(기체, 등적): $Q = nc_V\Delta T$

몰비열(기체, 등압): $Q = nc_p\Delta T$

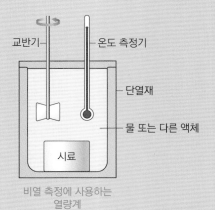

교반기 — 온도 측정기 — 단열재 — 물 또는 다른 액체 — 시료

비열 측정에 사용하는 열량계

상전이

(13.3절) **변환열**은 상전이에 필요한 단위 질량당 에너지, 즉 녹이기 위한 **융해열**과 기체를 만들기 위한 **기화열**을 설명한다.

융해열: $Q = mL_f$

기화열: $Q = mL_v$

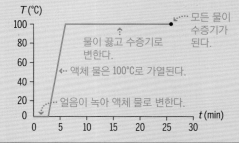

모든 물이 수증기가 된다.
물이 끓고 수증기로 변한다.
액체 물은 100℃로 가열된다.
얼음이 녹아 액체 물로 변한다.

전도, 대류, 복사

(13.4절) **전도**(conduction)는 직접 접촉에 의한 열 전달이며, 분자, 원자, 전자 간의 충돌을 포함한다.

열전도도는 물질의 열전도 능력을 정량화한다. **대류**는 열에너지를 전달하는 유체의 집단적 운동이다. **복사**는 전자기파에 의한 에너지 전달이다. 절대 0도 이상의 모든 물체는 **스테판-볼츠만 법칙**에 따라 주어진 일률로 방출한다.

열전도도: $H = kA\dfrac{\Delta T}{\Delta x}$

스테판-볼츠만 법칙: $P = e\sigma AT^4$

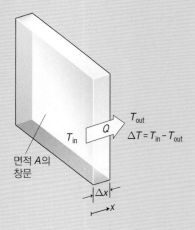

면적 A의 창문
T_{in}
Q
T_{out}
$\Delta T = T_{in} - T_{out}$

13장 연습문제

문제의 난이도는 •(하), ••(중), •••(상)으로 분류한다. BIO로 표시된 문제는 생물학적 또는 의학적인 문제이다.

개념 문제

1. 열과 온도의 차이를 설명하여라.

2. 물질이 어느 정도의 열을 포함한다고 말하는 것이 잘못된 이유는 무엇인가?

3. 동일한 질량의 알루미늄과 철에 같은 양의 열을 공급할 경우, 어느 물질이 온도가 크게 증가하는가?

4. 초여름의 더운 날에는 늦여름의 시원한 날보다 호수가 더 시원할 수 있다. 이유가 무엇인가?

5. 같은 물질로 만들어진 서로 다른 질량의 물체가 2개 있다. 두 물체의 처음 온도가 다른 경우, 열 접촉 시 어느 쪽의 온도가 더 많이 변하는가?

6. 드물지만 영하의 기온이 예상되는 날에는 플로리다 감귤 농장주들이 농작물에 물을 주는 경우가 있다. 이렇게 하면 과일을 보호하는 데 어떻게 도움이 되는가?

7. 기체의 온도를 빨리 높이려면 일정한 부피로 열을 가해야 하는가, 아니면 일정한 압력으로 열을 가해야 하는가?

8. 장거리 달리기 선수가 체온을 일정하게 유지하는 방법에 대해 논하여라.

9. 이중창이 단일 창보다 나은 이유는 무엇인가? 그리고 공기가 채워진 두 창 사이의 간격이 작은 것이 더 좋은 이유는 무엇인가?

10. 겨울철에 커튼을 치고 생활하면 에너지 손실이 줄어드는 이유는 무엇인가?

11. 체온계의 둥근 부분을 혀 밑에 놓고 체온을 잰다. 체온계 대부분이 입 밖으로 튀어나와 있지만 어떻게 체온계의 온도를 정확하게 읽을 수 있는가?

객관식 문제

12. 60 kg 등산객이 1,800 m 산을 오르기 위한 중력 위치 에너지를 공급하려면 얼마나 많은 음식 칼로리가 필요한가?
    (a) 219 Cal   (b) 253 Cal
    (c) 276 Cal   (d) 313 Cal

13. 200 cal의 열은 25 g의 물의 온도를 얼마나 상승시키는가?
    (a) 2500°C   (b) 8°C   (c) 4°C   (d) 1°C

14. 45°C의 물 2.0 kg과 10°C의 물 1.2 kg을 혼합할 경우 최종 온도는 얼마인가?
    (a) 32°C   (b) 34°C   (c) 36°C   (d) 38°C

15. 8.0 kJ로 얼음 덩어리를 완전히 녹일 경우, 100°C에서 동등한 양의 물을 완전히 기화시키는 데 필요한 에너지는 얼마인가?
    (a) 6.5 kJ   (b) 18 kJ   (c) 44 kJ   (d) 54 kJ

16. 온도가 7,200 K인 별의 반지름이 1.62×10^9 m이다. 이 별을 흑체로 취급하면 복사 일률은 얼마인가?
    (a) 5×10^{25} W   (b) 8×10^{25} W
    (b) 2×10^{26} W   (d) 6×10^{26} W

연습문제

13.1 열과 열에너지

17. • 350 Cal 캔디 바는 몇 줄(J)인가?

18. • 시속 90마일로 달리는 30,000 kg의 트레일러 트럭을 세울 때, 이 트럭의 브레이크에서 발생하는 열에너지를 구하여라.

19. •• 65 kg인 사람이 1,000 m을 달리는 데 4.5분이 걸리고, 보폭은 1.5 m이며, 한 보를 뛸 때마다 주자의 운동 에너지와 동일한 양의 에너지를 공급한다고 가정하자. 1 km를 달리는 데 필요한 에너지(음식 칼로리)는 얼마인가? 구한 답은 현실적인가?

20. •• 한 사람이 역도를 하며 칼로리를 소모하고 있다. 75 kg 바벨을 1.7 m 들어 올리고 20번 반복하면 (J과 Cal 단위로) 얼마나 많은 에너지를 소비하게 되는가?

13.2 열용량과 비열

21. • 천연가스는 종종 therm(1 therm = 10^5 Btu = 1,000 kcal) 단위로 판매된다. 가정에서 한 달에 92 therm을 사용한다면 해당하는 평균 일률은 얼마인가? 와트 단위를 사용한다.

22. • 금속 조각이 2.48 kJ의 열을 흡수하여 온도를 25°C 증가시킨다. 물음에 답하여라.

(a) 열용량은 얼마인가?

(b) 온도를 200°C 증가시키는 데 필요한 열은 얼마인가?

23. •• 25°C의 물 18 kg과 2.0°C의 물 10 kg을 혼합하면 최종 온도는 얼마가 되는가?

24. •• 55°C인 300 g의 커피를 마신다. 커피는 물과 비열이 같다. 커피 온도를 49°C로 낮추려면 20°C의 물을 얼마나 넣어야 하는가?

25. •• 13.1절에서 설명한 줄의 패들 휠 장치를 생각해 보자. 줄은 1피트 아래로 떨어지는 817파운드의 무게가 1파운드 물의 온도를 1°F 상승시키는 데 필요한 에너지와 같다고 주장했다. SI 단위로 유사한 결과를 설명하고자 할 경우, 1 m 높이에서 떨어지는 물체의 질량이 얼마나 되면 1 kg의 물의 온도를 1 K 올리는 데 필요한 에너지를 생성할 수 있는가?

26. •• 주전자의 전기 히터로 1,250 W 전력을 물에 공급한다. 처음에 실온(20°C)에서 1.4 L의 물이 들어 있는 경우, 물이 끓기 시작할 때까지 걸리는 시간을 구하여라.

27. •• 18°C의 물이 125 g 들어 있는 열량계에 34.5°C인 미지 물질 25.0 g을 떨어뜨리고 평형 온도가 22.9°C임을 측정하였다. 미지 물질의 비열을 구하여라.

28. •• 수은 온도계에는 0°C에서 2.30 mL의 액체 수은이 들어 있다. 온도계가 100°C에 도달하려면 얼마나 많은 열을 흡수해야 하는가?

29. •• 25°C에서 질소 기체 56 g과 45°C에서 헬륨 기체 24 g을 결합하면 혼합물의 평형온도는 얼마가 되는가?

30. ••• 바닥 면적이 210 m²이고 천장이 2.3 m인 집의 공기에 79%의 질소와 21%의 산소가 포함되어 있다고 가정하자. 물음에 답하여라.

(a) 집 전체의 공기 온도를 1°C 상승시키는 데 필요한 에너지는 얼마인가?

(b) 107원/kWh에서 이 공기를 1°C 가열하는 데 드는 비용은 얼마인가? (난방 시스템이 100% 효율적이지 않으므로 답은 비용을 과소 평가할 수 있다)

13.3 상전이

31. •• −25°C인 140 g의 얼음 덩어리를 녹이는 데 필요한 에너지는 얼마인가?

32. •• 3,000°C인 25.0 g의 금이 600°C에서 고체로 변하려면 얼마나 많은 에너지를 잃어야 하는가?

33. •• 20°C인 구리괴 52 kg을 120 kW 산업용 용광로에 녹이는 데 시간이 얼마나 걸리는가?

34. •• 11°C인 480 g의 물이 담긴 쟁반을 냉동실에 넣는다. −14°C에서 물을 얼음으로 바꾸려면 얼마나 많은 에너지를 잃어야 하는가?

35. •• −10°C에서 0.50 kg의 얼음을 1,000 W의 일정한 비율로 가열하기 시작하였다. 얼음이 모두 수증기가 될 때까지 온도–시간 그래프를 그려라.

36. •• 열량계에 30°C인 물이 250 g 들어 있다. 100°C에서 수증기를 넣으면 물이 응축된다. 열평형에 도달한 후 물의 온도는 42°C가 되었다. 수증기를 얼마나 넣었는가?

37. BIO •• **증발에 의한 냉각** 75 kg의 운동선수 몸에서 얼마나 많은 땀이 증발되어야 체온이 평균 1°C 낮아지는가?

13.4 전도, 대류, 복사

38. •• 반지름 1.0 cm, 길이 25 cm의 철제 실린더가 한쪽 끝은 280°C, 다른 한쪽 끝은 20°C로 고정되어 있다. 실린더를 통과하는 열 흐름율을 구하여라.

39. •• 예제 13.12에서 벽에 6.0 cm 두께의 스티로폼 단열재를 추가할 경우, 하루 난방비는 얼마가 되는가?

연습문제 40–41은 건설 및 가정 난방 공사에서 사용되는 절연 품질의 척도인 'R(저항을 나타내는 R) 값'과 관련이 있다. $R = \Delta x / k$로 정의되며, 여기서 k는 열전도율이고 Δx는 두께이다.

40. •• 다음 물질의 R 값을 계산하고 비교하여라. 두께는 모두 3.2 mm이다.

(a) 유리   (b) 나무   (c) 스티로폼

41. ••• 연습문제 40번의 결과를 이용하여 3.2 mm 두께의 유리창과 2.00 mm 간격의 이중창이 있는 R 값을 계산하여라. 표준 R-19 벽 구조와 비교하여라.

42. ••• (a) 태양이 기본적으로 반지름이 6.96×10^8 m, 표면 온도가 5,800 K인 구형 흑체라는 것을 고려할 때, 천문학적 데이터를 사용하여 지구 궤도의 단위 면적당 태양 복사 에너지율을 구하여라.

(b) 궤도를 도는 태양열 발전소가 20% 효율의 태양열 패널을 사용하여 (a)의 에너지를 포집할 경우, 1.0 GW 발전소를 대체하는 데 필요한 면적을 구하여라.

13장 질문에 대한 정답

단원 시작 질문에 대한 답

따뜻한 열대 바다에서 증발한 수증기는 응축되고 숨은열을 방출하며, 이는 차례로 허리케인의 강한 바람을 몰고 온다.

확인 질문에 대한 정답

13.2절 (b) R

13.3절 (a) < (b) < (c) < (d)

13.4절 (a) 공기 < (b) 나무 < (d) 물 < (c) 유리

열역학 법칙
The Laws of Thermodynamics

▲ 발전소는 전 세계에 전기 에너지를 공급한다. 하지만 연료에서 방출되는 대부분의 에너지는 거대한 냉각탑을 통해 폐열로 주위에 버려진다. 이 낭비는 단지 부실한 공학의 결과인가?

학습 내용

✔ 내부 에너지 정의하기

✔ 열역학 제1법칙이 내부 에너지, 열, 일과 어떻게 관련되는지 설명하기

✔ 다양한 열역학적 과정(등온, 등적, 등압, 단열)에 의해 행한 일 구하기

✔ 열역학 제1법칙을 사람의 신진대사에 적용하기

✔ 열역학 제2법칙을 몇 가지 다른 방법으로 표현하기

✔ 엔트로피와 열 흐름의 관계 및 제2법칙 설명하기

✔ 열기관의 에너지 흐름 설명하기

✔ 카르노 사이클과 카르노 사이클이 열효율에 미치는 한계에 대해 설명하기

✔ 냉동기의 에너지 흐름을 설명하고 COP 정의하기

✔ 확률, 무질서, 엔트로피 사이의 관계를 설명하기

열역학 법칙은 에너지를 위해 열 흐름에 의존하는 모든 계에 적용된다. 여기에는 주로 태양 복사를 에너지원으로 하는 지구와 거의 모든 지구의 자연 및 부속 계통, 즉 생명체, 날씨, 바람, 흐르는 물, 자동차, 비행기, 산업, 발전소 등을 구동하는 동력이 포함된다.

열역학 제1법칙은 에너지 보존에 관한 것이다. 이 법칙은 계에 포함된 에너지와 주변 환경과의 일 및 열 교환을 연관시킨다. 열역학 제2법칙은 질서 정연한 상태에서 무질서한 상태로 진행하는 경향을 설명한다. 열은 차가운 물체에서 뜨거운 물체로 자연적으로 흐르지 않는다는 것, 열에너지를 100% 효율로 역학적 일로 전환하는 기관을 만드는 것은 불가능하다는 것, 언제나 줄열이 동일하게 생성되는 것은 아니라는 것, 즉 에너지는 양뿐만 아니라 질의 의미도 갖는다는 것 등이 중요한 결론이다. 에너지의 질적 측정 방법으로 엔트로피의 개념을 소개할 것이다. 열역학 제2법칙과 에너지의 질이 현대 에너지 집약적 사회에 미치는 방법을 살펴본 후, 제2법칙과 엔트로피의 의미를 통계적으로 살펴보는 것으로 마무리할 것이다.

14.1 열역학 제1법칙

기체로 채워진 풍선에 13장에서 설명한 것처럼 열을 가해 기체에 에너지를 전달할 수 있다는 것을 알았다. 또 다른 방법은 풍선에 압력을 가해 눌러 기체에 대한 일을 하는 것이다. 이 일은 결국 기체의 열에너지가 된다. 열과 일이라는 두 가지 과정에

의한 에너지 전달이 바로 열역학 제1법칙 내용이다. 이 법칙을 다루기 전에 계에 포함된 에너지를 정확하게 정의할 필요가 있다.

내부 에너지

▶ **TIP** 이 장에서 U는 위치 에너지가 아닌 내부 에너지이다.

12장에서 열에너지를 단일 분자와 관련된 운동 에너지 및 위치 에너지로 정의하였다. 여기에서는 그 개념을 확장하여 **내부 에너지**(internal energy)를 상변화 중에 끊어지는 결합 에너지와 같이 분자 간의 상호작용과 관련된 모든 위치 에너지도 포함하도록 정의한다. 물리학자들은 보통 내부 에너지에 U를 사용한다. 이는 위치 에너지에 사용했던 것과 같은 기호이지만 두 가지 다른 의미가 한 맥락에서 함께 사용되지는 않으므로 혼동을 걱정할 필요는 없다.

제1법칙: 열과 일

풍선을 가열하거나 강하게 압력을 가하면 결과는 동일하다. 모두 내부 기체가 따뜻해져 내부 에너지가 증가했음을 보여 준다(그림 14.1). 이 사실은 **열역학 제1법칙**(the first law of thermodynamics)으로, 계 내부 에너지의 변화 ΔU는 계에 전달된 열 Q와 계에서 행한 일 W의 합이다.

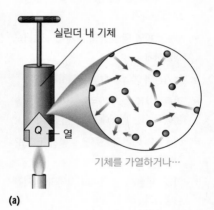

실린더 내 기체

Q ─ 열

기체를 가열하거나…

(a)

$$\Delta U = Q + W \quad \text{(열역학 제1법칙, SI 단위: J)} \quad (14.1)$$

제1법칙은 익숙한 에너지 보존 원칙을 내부 에너지와 열을 포함하도록 확장한 것이다. 이를 통해 에너지 보존 측면에서 많은 물리적 과정과 응용을 어떻게 이해할 수 있는지 알아보겠다.

대부분의 계에서 내부 에너지의 변화는 열에너지의 변화와 같다. 예를 들어, 12장에서 N개의 분자를 포함하는 단원자 이상 기체의 열에너지는 $E_{\text{th}} = \frac{3}{2} N k_B T$ (식 12.7)임을 배웠다. 이상 기체 분자는 서로 상호작용하지 않으므로 기체의 열에너지 변화는 내부 에너지의 변화와 같다. 따라서 다음이 성립한다.

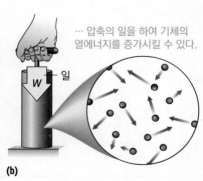

… 압축의 일을 하여 기체의 열에너지를 증가시킬 수 있다.

W ─ 일

(b)

그림 14.1 (a) 열로 기체에 에너지를 가함 (b) 일로 기체에 에너지 가함

$$\Delta U = \Delta E_{\text{th}} = \frac{3}{2} N k_B \Delta T \quad \text{(단원자 기체)}$$

이 식은 내부 에너지의 변화 ΔU가 온도 변화 ΔT에 직접적으로 대응한다는 것을 분명히 한다.

이원자 기체의 경우, 13장에서 이원자 분자는 회전 에너지와 병진 에너지를 모두 가지고 있기 때문에 주어진 온도에서 열에너지는 $E_{\text{th}} = \frac{5}{2} N k_B T$이고, 단원자 분자보다 더 큰 값을 가진다. 그러므로 이원자 기체의 내부 에너지와 온도 사이의 관계는 다음과 같다.

$$\Delta U = \Delta E_{\text{th}} = \frac{5}{2} N k_B \Delta T \quad \text{(이원자 기체)}$$

기체 압축

제1법칙은 계에 행한 일, W를 포함한다. 이 일의 세부 사항은 계가 고체인지 액체인지 기체인지에 따라 달라진다. 기체는 부피를 쉽게 변화시키지만 고체와 액체는 그렇지 않다. 일은 본질적으로 힘과 변위의 곱(5.1절)이므로 기체에서 가능한 변위가 크다는 것은 일반적으로 액체와 고체보다 기체에서 일의 크기가 더 크다는 것을 의미한다.

기체에 대한 일은 부피의 감소 또는 증가 여부에 따라 양일 수도 있고 음일 수도 있다. 그림 14.2는 이동식 피스톤이 있는 실린더 내 기체에 대해 이 점을 보여 준다. 5장에서 배운 것처럼 힘과 변위가 같은 방향일 때는 양의 일이 수행되었지만 힘과 변위가 반대 방향일 때는 음의 일이 수행되었음을 기억하여라. 이를 통해 적절한 부호를 부피 변화와 연관시킬 수 있다.

> **일에 대한 부호 규칙:** 기체가 압축되면 기체에 수행되는 일 W는 양이다. 기체가 팽창하면 기체에 수행되는 일 W는 음이다.

기체를 압축(또는 팽창)하는 데 얼마나 많은 일이 수행되는지에 대한 질문은 간단한 문제가 아니며, 관련된 과정에 따라 달라진다. 이상 기체 법칙 $PV = nRT$를 따르는 n몰의 기체를 고려한다. 압축/팽창 과정에서 부피 V, 압력 P, 온도 T는 모두 변화할 수 있다. 이 중 하나를 유지할 수도 있고 둘 다 변화할 수도 있다. 다음 절에서 이러한 가능성을 고려할 것이다.

제1법칙만으로도 기체가 압축되거나 팽창할 때 어떤 일이 일어날 수 있는지에 대한 통찰력을 얻을 수 있다. W에 대한 제1법칙(식 14.1)을 풀면 $W = \Delta U - Q$가 된다. 기체를 압축하면 $W > 0$이 된다. 제1법칙에 따르면 내부 에너지가 증가하거나($\Delta U > 0$) 열이 유출되거나($Q < 0$) 혹은 둘 다여야 한다. 다른 상황도 비슷하게 분석할 수 있다.

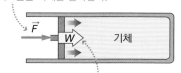

피스톤은 기체를 압축한다.

힘과 변위는 같은 방향이므로 피스톤은 기체에 양의 일을 한다.

(a) 기체 압축: 일은 양이다.

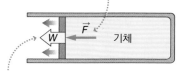

팽창된 기체는 피스톤을 민다.

기체는 피스톤에 양으로 작용하기 때문이다. 기체에 대한 일은 음이다.

(b) 기체 팽창: 일은 음이다.

그림 14.2 피스톤-실린더 계에서 기체에 한 일은 양이거나 음이다.

▶ **TIP** 압축은 일의 한 종류일 뿐이다. 열전달이 아닌 모든 에너지 전달은 일 W에 포함된다.

개념 예제 14.1 ΔT가 없는 열?

기체가 폭발한다. 열역학 제1법칙을 사용하여 기체의 온도를 변화시키지 않고도 어떻게 이런 현상이 일어날 수 있는지 설명하여라.

풀이 열역학 제1법칙에 따르면 $\Delta U = Q + W$이다. 이상 기체의 경우 내부 에너지 U는 온도에 비례한다. 따라서 $\Delta T = 0$은 $\Delta U = 0$을 의미하므로 이 과정에서 제1법칙은 $\Delta U = Q + W = 0$, 즉 $W = -Q$이다.

화염은 열을 전달하므로 $Q > 0$이고 따라서 $W = -Q < 0$이다. 기체가 팽창할 때 기체에 한 일은 음이다. 따라서 기체의 온도가 일정하게 유지되는 유일한 방법은 가열되는 동안 기체가 팽창하는 것이다.

반영 13장의 가열 과정에서는 고정된 크기의 용기를 가정하였다. 이 경우 $W = 0$이며, 제1법칙에 따르면 $\Delta U = Q$이다. 부피가 고정된 기체를 가열하면 온도가 상승한다.

예제 14.2 큰 풍선!

아주 큰 풍선이 우주 근처까지 무거운 짐을 운반한다. 풍선이 상승할 때 기압이 감소하면서 부피는 200배 이상 팽창한다. 350 kmol의 헬륨이 들어 있는 풍선은 팽창하면서 270 MJ의 일을 하며, 온도는 처음 10°C에서 목표 고도에 이를 때 −25°C까지 온도가 떨어진다. 풍선 안으로 들어오거나 밖으로 나오는 열을 구하여라.

구성과 계획 열역학 제1법칙 $\Delta U = Q + W$는 열, 일, 내부 에너지 사이의 관계를 제시한다. 풍선이 하는 일은 $W = 270$ MJ이다. 제1법칙에서 W는 계에 행한 일이기 때문에 $W = -270$ MJ로 한다. 단원자 이상 기체의 경우, $\Delta U = \frac{3}{2} N k_B \Delta T$이므로 몰로 표현하면 $\Delta U = \frac{3}{2} n R \Delta T$이다.

알려진 값: $n = 350$ kmol, $W = -270$ MJ, $\Delta T = -25°C - 10°C = -35°C$

풀이 제1법칙을 Q에 대해 풀면 다음과 같다.

$$Q = \Delta U - W = \frac{3}{2} n R \Delta T - W$$
$$= \frac{3}{2}(350 \times 10^3 \text{ mol})(8.315 \text{ J/K} \cdot \text{mol})(-35 \text{ K}) - (-270 \times 10^6 \text{ J})$$
$$= 120 \text{ MJ}$$

반영 열은 기체로 유입된다($Q > 0$). 기체는 너무 많은 일을 하기 때문에 온도가 더 낮아지는 것을 방지하기 위해 120 MJ이 추가로 필요하다. 온도 차를 다룰 때는 °C 대신 K을 사용해도 된다.

연결하기 열 흐름이 없다면 풍선의 온도는 얼마나 낮아지겠는가?

답 $Q = 0$인 경우, 제1법칙은 $\Delta U = W$가 된다. 이 경우 ΔT에 대해 풀면 $\Delta T = -62°C$, 최종 온도는 −52°C가 된다.

새로운 개념 검토: 열역학 제1법칙

- 내부 에너지 U는 분자 상호작용과 관련된 에너지뿐 아니라 분자 내 운동 및 위치 에너지를 포함한다.
- 열역학 제1법칙은 $\Delta U = Q + W$이다.
- $Q > 0$일 때 열이 계로 유입되고, $Q < 0$일 때는 열이 유출된다.
- 부피가 감소하면 $W > 0$이 되고 그 반대의 경우도 마찬가지이다.

확인 14.1절 이상 기체와 관련된 다음 상황에 대해 기체의 온도가 증가하는지, 감소하는지 또는 주어진 정보로 판단할 수 없는지 확인하여라.

(a) 기체가 팽창하는 동안 열이 전달되지 않는다.

(b) 기체가 압축되는 동안 기체에서 열이 배출된다.

(c) 기체가 팽창하는 동안 기체에서 열이 배출된다.

(d) 압축되는 동안 기체에 열이 유입된다.

(e) 기체가 팽창하는 동안 열이 유입된다.

14.2 열역학 과정

기체를 압축하거나 팽창시키는 과정은 온도 변화와 열 흐름에 따라 달라진다. 여기서 몇 가지 특정 과정에 초점을 맞추어 열역학 제1법칙을 사용하여 열과 일 사이의 관계를 살펴볼 것이다.

등압 과정

가장 이해하기 쉬운 과정은 그림 14.3과 같이 일정한 압력의 기체에 관한 것이다(이러한 과정을 **등압**(isobaric)이라 한다). 등압에서 기체에 한 일 W는 일차원에서 일정한 힘이 한 일의 정의(식 5.1)로부터 $W = F_x \Delta x$와 같다. 여기서 힘 F는 변위 Δx를 통해 피스톤을 이동시킨다. 압력은 단위 면적당 힘이므로 단면적이 A인 실린더의 경우 $F_x = PA$이다. 따라서 $W = F_x \Delta x = PA \Delta x$이다. 실린더의 부피는 $V = Ax$이며, 그림 14.3은 Δx가 양이면 부피가 감소하므로 $\Delta V = -A \Delta x$임을 보여 준다. 그러므로 기체에 대한 일은 다음과 같다.

일정한 힘이 가해지면 열이 빠져나가므로 기체가 압축될 때 압력이 일정하게 유지된다.

피스톤이 변위 Δx로 이동하면 행해지는 일은 $W = F_x \Delta x = PA \Delta x$이다.

그림 14.3 등압에서 압축

$$W = -P\Delta V \quad \text{(등압 과정에서 기체에 가해지는 일, SI 단위: J)} \quad (14.2)$$

여기서 음의 부호($-$)가 의미가 있는가? 그렇다! 기체가 압축되면 $V_f < V_i$이고 $\Delta V = V_f - V_i$는 음이 된다. 식 14.2는 기체가 압축되면 예상대로 기체에서 양의 일이 가해짐을 보여 준다. 반대로 기체가 팽창하면 ΔV는 양수이고, 이에 대한 일은 음이다.

예제 14.3　타이어 펌프 1

타이어 펌프가 22°C에서 0.0020 mol의 공기를 포함하고 있지만 호스가 막혀서 공기가 빠져나갈 수 없다. 펌프 핸들을 눌러 부피를 반으로 줄이면서 1기압을 일정하게 유지한다고 할 때, 다음을 구하여라.
(a) 처음 기체 양　(b) 기체가 한 일

구성과 계획 이상 기체 법칙 $PV = nRT$에서 부피를 구할 수 있다. 그다음 공기를 압축하는 일은 식 14.2 $W = -P\Delta V$에서 얻는다.

알려진 값: $n = 0.0020$ mol, $P = 1$ atm $= 1.013 \times 10^5$ Pa, 처음 온도 $T = 22°C = 295$ K

풀이 (a) 이상 기체 법칙을 V에 대해 풀면 다음과 같다.

$$V = \frac{nRT}{P} = \frac{(0.0020 \text{ mol})(8.315 \text{ J/(mol·K)})(295 \text{ K})}{1.013 \times 10^5 \text{ Pa}}$$
$$= 4.84 \times 10^{-5} \text{ m}^3$$

(b) 부피를 반으로 줄이면 $\Delta V = -V/2$이므로 다음이 성립한다.

$$W = -P\Delta V = -(1.013 \times 10^5 \text{ Pa})(-4.81 \times 10^{-5} \text{ m}^3/2) = 2.5 \text{ J}$$

반영 압축에 대해 예상한 대로 기체에 한 일은 양이다.

연결하기 이 과정에서 공기의 온도는 어떻게 되는가?

답 온도는 떨어진다. $PV = nRT$ 및 상수 P를 사용하면 부피와 마찬가지로 온도가 처음 값(켈빈)의 절반으로 떨어진다. 따라서 이 예제는 비현실적이다. 온도가 떨어져도 열이 계속 흘러나올 수 있도록 펌프를 매우 추운 곳에 놓아야 한다. 그렇지 않으면 압력이 상승하여 더 세게 밀어야 하는데, 이는 등압 과정이 아닐 것이다. 이다음 타이어 펌프 예제는 좀 더 현실적인 예시이다.

등온 과정

일정한 온도에서 일어나는 과정은 **등온**(isothermal)이다. 등온 과정을 달성하는 한 가지 방법은 피스톤–실린더 계를 물이나 기타 유체가 담긴 큰 저장고에 일정한 온도 T로 담그는 것이다. 피스톤을 천천히 움직여 기체가 유체와 평형을 유지하도록 하면

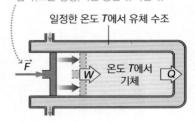

등온 과정에서 기체의 온도는 기체가 압축(또는 팽창)하는 동안 유지된다.

일정한 온도 T에서 유체 수조

$\vec{F}$ W   온도 T에서 기체   Q

그림 14.4 등온 압축

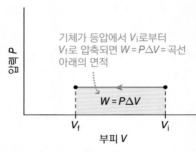

기체가 등압에서 V_i로부터 V_f로 압축되면 $W = P\Delta V =$ 곡선 아래의 면적

$W = P\Delta V$

V_f V_i

부피 V

(a) 등압에서 압축하는 경우

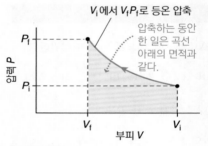

V_i에서 $V_f P_f$로 등온 압축

압축하는 동안 한 일은 곡선 아래의 면적과 같다.

P_f

P_i

V_f V_i

부피 V

(b) 등온 압축

그림 14.5 (a) 등압에서 기체의 압축 (b) 등온에서 기체의 압축

▶ **TIP** 압력-부피 그래프를 사용하여 이상 기체 과정을 설명하고 관련 일을 시각화하여라.

기체 온도가 일정하게 유지된다. 그러면 이상 기체 법칙 $P = nRT/V$에 따라 압력이 부피에 반비례하여 변화한다.

등온 과정에서 한 일은 무엇인가? 이 질문에 대한 답은 등온 과정에 대한 것이다. 일의 크기는 $P\Delta V$이다. 그림 14.5a는 이 일이 압력-부피 곡선(이 경우 수평선) 아래의 직사각형 영역임을 보여 준다. 같은 원리가 어느 과정에나 적용된다. 등온 과정에서는 압력-부피 곡선이 그림 14.5b와 같이 나타나고, **한 일의 크기는 곡선 아래의 면적과 같다.** 등온의 경우, 미적분학을 통해 다음 식을 얻는다.

$$W = nRT\ln\left(\frac{V_i}{V_f}\right) \quad \text{(등온에서 기체에 한 일, SI 단위: J)} \quad (14.3)$$

여기서 V_i와 V_f는 처음 부피와 나중 부피이다.

개념 예제 14.4   일: 양수 또는 음수?

등온 과정에서 한 일의 부호가 타당하다는 것을 보여라.

풀이 압축의 경우, $V_i > V_f$이다. 따라서 식 14.3의 부피 비율 V_i/V_f는 1보다 크며, 1보다 큰 수의 자연로그는 양수이다. n, R, T도 양수이므로 기체를 압축할 때 한 일은 양수이다.

$V_i < V_f$인 경우, $V_i/V_f < 1$이다. 1보다 작은 수의 자연로그는 음수이므로 등온 팽창일 때 기체에 한 일은 음이다.

반영 식 14.3의 분석에서 나온 이러한 결과는 압축 및 팽창에 대해 이미 알고 있는 것과 일치한다. 기체를 압축하려면 양의 일이 필요하지만 팽창할 때는 기체에 음의 일을 한다.

이상 기체에서 온도와 내부 에너지는 비례하므로 등온 과정에서 $\Delta U = 0$이다. 따라서 제1법칙에서 $Q + W = 0$과 식 14.3에 의해 다음과 같이 나타낼 수 있다.

$$Q = -W = -nRT\ln\left(\frac{V_i}{V_f}\right) \quad \text{(등온 과정)}$$

즉, 기체가 압축되면 $Q < 0$이고 기체가 팽창하면 $Q > 0$이다. 이는 기체가 압축되면 기체에 대한 일로 인해 온도가 상승하는 경향이 있다는 것을 의미한다. 온도를 일정하게 유지하려면 열이 빠져나가야 한다. 반대로 팽창하는 기체는 냉각되는 경향이 있으므로 온도를 일정하게 유지하려면 열이 유입되어야 한다.

예제 14.5   타이어 펌프 2

예제 14.3의 타이어 펌프를 다시 생각해 보자. 이번에는 2℃의 주변 환경과 평형을 유지할 수 있을 정도로 천천히 공기의 부피

를 절반으로 줄인다. 이제 얼마나 많은 일을 하는가?

구성과 계획 이것은 등온 과정이므로 식 14.3을 사용하여 일을

구한다. 부피가 반으로 줄어들어 $V_i/V_f = 2$가 된다.

알려진 값: $n = 0.0020$ mol, $T = 22°C = 295$ K, $V_i/V_f = 2$

풀이 식 14.3으로부터 다음을 얻는다.

$$W = nRT \ln\left(\frac{V_i}{V_f}\right)$$

$$= (0.0020 \text{ mol})(8.315 \text{ J/(mol·K)})(295 \text{ K})(\ln 2) = 3.4 \text{ J}$$

반영 이는 예제 14.3에서 확인한 등압 과정의 2.5 J보다 크다. 두 과정의 압력–부피 곡선을 비교하면(그림 14.6) 등온 과정에서 더 많은 일이 필요한 이유를 알 수 있다. 이 과정은 압력을 증가시켜 더 큰 힘이 필요하므로 더 많은 일이 필요하다.

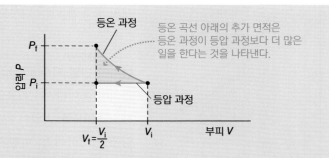

그림 14.6 등온 압축과 등압 압축

답 등온 과정에서 $Q = -W$임을 안다. 따라서 압축 중에 3.4 J의 열이 기체에서 빠져나간다.

연결하기 이 과정에서 열의 흐름을 논하여라.

등적 과정

13.2절의 열량 측정 실험과 같이 많은 과정은 고정된 부피의 밀폐 용기에서 진행된다. 일에는 변위($W = F\Delta x$)가 필요하므로 **등적 과정**(constant-volume process)에서 수행되는 일은 0이다. 그림 14.7은 이 과정에 대한 압력–부피 그래프 아래의 면적이 0임을 보여 준다. $W = 0$인 경우, 열역학 제1법칙은 등적 과정에 대해 $\Delta U = Q$임을 의미한다. 따라서 내부 에너지의 변화에는 열 흐름이 필요하다. 13장의 열량 측정 예제에서 보았듯이 계로 유입($Q > 0$)되는 열 흐름은 내부 에너지를 증가시키는 반면, 유출($Q < 0$)은 내부 에너지를 감소시킨다. 내부 에너지가 변화하면 온도 변화 또는 상변화가 일어난다.

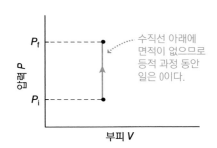

그림 14.7 등적 과정

단열 과정

단열 과정(adiabatic process)에서는 열 전달이 없다. 즉, $Q = 0$이다. 과정을 단열 처리하는 한 가지 방법은 계를 단열시키는 것이다(그림 14.8). 단열재가 없더라도 일부 과정은 매우 빠르게 진행하여 열 흐름이 일어날 시간이 없기 때문에 단열재가 있는 상황에 가깝다. 이러한 이유로 초당 수백 번 반복되는 자동차 엔진 실린더의 기체 압축 및 팽창 과정은 기본적으로 단열 효과가 있다.

단열 과정인 $Q = 0$의 경우, 열역학 제1법칙은 $\Delta U = W$이다. 다시 말해, 내부 에너지는 오로지 수행된 일로 인해 변화한다. 이상 기체의 경우 내부 에너지 변화는 온도 변화를 의미한다. 단열 압축은 온도를 높이고 단열 팽창은 온도를 낮아진다. 그림 14.9는 단열 과정에 대한 압력–부피 그래프이며, 동일한 부피 변화를 갖는 등온 과정에 대한 일보다 더 크다는 것을 보여 준다.

단열 과정에서 압력과 부피 사이의 정확한 관계는 다른 과정보다 더 복잡하며 기

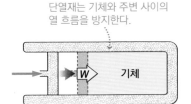

그림 14.8 단열 과정은 그림과 같이 단열 시스템에서 또는 갑자기 발생할 수 있으므로 열 흐름이 일어날 시간이 없다.

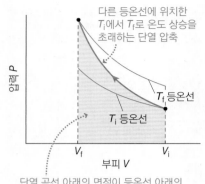

다른 등온선에 위치한 T_i에서 T_f로 온도 상승을 초래하는 단열 압축

T_f 등온선

T_i 등온선

V_f 부피 V V_i

단열 곡선 아래의 면적이 등온선 아래의 면적보다 크므로 단열 압축은 등온 압축보다 많은 일이 필요하다.

그림 14.9 단열 압축에 대한 압력-부피 그래프

▶ **TIP** 이원자보다 복잡한 기체 분자의 경우, 비열비 c_P/c_V는 실험적으로 결정된다.

체의 종류에 따라 다르다. 이 관계를 설명하는 일반적인 방법은 다음과 같다.

$$PV^\gamma = 일정 \tag{14.4}$$

여기서 **단열 지수**(adiabatic exponent) 또는 비열비는 $\gamma = c_P/c_V$이며 등적과 등압 비열의 비율이다. 이 비율은 많은 기체에 대해 알려져 있다. 예를 들어, 13장에서 단원자 기체의 몰 비열이 $c_P = 5R/2$, $c_V = 3R/2$이므로 단원자 기체의 비열비는 $\gamma = 5/3$임을 기억하여라. 마찬가지로 이원자 기체는 $\gamma = 7/5$이다. 미적분학으로부터 P_i, V_i에서 P_f, V_f로의 단열 과정에서 기체에 한 일은 다음과 같다.

$$W = \frac{P_f V_f - P_i V_i}{\gamma - 1} \quad (단열\ 과정에서\ 한\ 일,\ SI\ 단위:\ J) \tag{14.5}$$

자연에서 단열에 가까운 과정의 예로 구름 형성을 들 수 있다. 따뜻하고 습한 공기가 상승할 때, 공기의 밀도와 압력이 낮아지면 상승하는 공기가 팽창할 수 있다. 이 팽창은 단열재로 간주될 만큼 충분히 빠르다. 기체는 단열 팽창하는 동안 냉각되기 때문에 물방울로 응축되어 구름을 형성하는 온도에 도달할 수 있다.

예제 14.6   타이어 펌프 3

타이어 펌프를 매우 빠르게 압축하면 단열 압축 과정이 된다. 예제 14.3에서 설명한 타이어 펌프의 경우(다시 한 번 부피가 원래 상태에서 1/2로 감소한다고 가정한다), 다음을 구하여라.
(a) 나중 압력 (b) 나중 온도 (c) 기체가 한 일

구성과 계획 식 14.4는 단열 과정에 대한 압력-부피 관계이며, PV^γ의 처음 값과 나중 값 사이의 관계로 표현할 수 있다. 공기는 기본적으로 이원자이므로 $\gamma = 7/5$이다. 나중 압력을 알게 되면 이상 기체 법칙을 사용하여 온도와 일에 대한 식 14.5를 구할 수 있다. 처음 부피와 나중 부피도 필요하다. V_i는 예제 14.3과 $V_f = V_i/2$에서 확인하였다. 압력은 1기압에서 시작한다.

알려진 값: $P_i = 1$ atm $= 1.013 \times 10^5$ Pa, $V_i = 4.84 \times 10^{-5}$ m³ (예제 14.3), $V_f = V_i/2$

풀이 (a) 처음 값과 나중 값의 관점에서 식 14.4는 $P_i V_i^\gamma = P_f V_f^\gamma$이 된다. 그러므로 나중 압력은 다음과 같다.

$$P_f = P_i V_i^\gamma / V_f^\gamma = P_i (V_i/V_f)^\gamma$$

$V_i = 2V_f$이므로 다음이 성립한다.

$$P_f = P_i (V_i/V_f)^\gamma = (1.0\ atm)(2)^{7/5} = 2.64\ atm$$

즉, 2.67×10^5 Pa이다.

(b) 온도에 대한 이상 기체 법칙을 풀면 다음과 같이 계산된다.

$$T_f = \frac{P_f V_f}{nR} = \frac{(2.67 \times 10^5\ Pa)(2.42 \times 10^{-5}\ m^3)}{(0.0020\ mol)(8.315\ J/K \cdot mol)} = 389\ K$$

즉, 116°C이다.

(c) 단열 과정에서 기체에 한 일은 식 14.5로부터 다음과 같다.

$$W = \frac{P_f V_f - P_i V_i}{\gamma - 1}$$

$$= \frac{(2.67 \times 10^5\ Pa)(2.42 \times 10^{-5}\ m^3) - (1.013 \times 10^5\ Pa)(4.84 \times 10^{-5}\ m^3)}{7/5 - 1}$$

$$= 3.9\ J$$

반영 이는 예제 14.5에서 등온 과정에 대해 찾은 3.4 J보다 더 큰 값으로 그림 14.9의 예상과 일치한다.

⋯⋯⋯⋯⋯⋯⋯⋯⋯⋯⋯⋯⋯⋯⋯⋯⋯⋯

연결하기 이 기체를 단열적으로 부피가 2.42×10^{-5} m³에서 1.21×10^{-5} m³로 부피를 1/2로 줄이도록 압축하는 데 필요한 일은 얼마인가?

답 예제 14.6에 대한 풀이와 동일한 방법을 이용하면 필요한 일은 5.2 J이다. 압축할수록 더 어려워지는데, 그림 14.9에서 부피가 감소할수록 가파른 압력-부피 그래프가 나타나는 것과 일치한다.

▶ 새로운 개념 검토: 열 과정에서 열역학 제1법칙		
과정	**일 W**	**열역학 제1법칙** $\Delta U = Q + W$
등압 과정	$W = -P\Delta V$	$\Delta U = Q - P\Delta V$
등온 과정	$W = nRT\ln\left(\dfrac{V_i}{V_f}\right)$	$\Delta U = 0$ $Q = -W = -nRT\ln\left(\dfrac{V_i}{V_f}\right)$
등적 과정	$W = 0$	$\Delta U = Q$
단열 과정($Q = 0$)	$W = \dfrac{P_f V_f - P_i V_i}{\gamma - 1}$	$\Delta U = W = \dfrac{P_f V_f - P_i V_i}{\gamma - 1}$

대사 과정

제1법칙은 우주 전체의 열역학적 과정을 지배하는 일반적인 설명이다. 기체에 초점을 맞춘 이유는 압력, 부피, 온도와 같은 하나의 변수가 일정할 때 과정을 더 쉽게 이해할 수 있기 때문이다.

하지만 제1법칙은 우리 몸을 포함한 모든 곳에 적용된다. 5장에서 에너지와 신진대사율에 대해 배웠는데, 제1법칙은 그 논의를 확장한 것이다. 우리 몸에는 모든 분자의 에너지인 내부 에너지 U가 있다. 이 에너지 중 일부는 유용한 일로 전환되고, 일부는 열로 몸에서 빠져나간다. 우리는 내부 에너지를 보충하기 위해 음식을 소비한다.

우리 몸이 하는 일 중 일부는 근육을 움직여 걷고, 뛰고, 수영하고, 들어 올리고, 등산하는 것은 명확하다. 덜 가시적인 것은 혈액과 다른 액체를 몸 전체에 주입하기 위해 하는 일이다. 뇌는 신경계를 통해 전기 에너지를 보내는 중요한 일을 한다. 세포 내의 화학 반응은 운동 단백질이 세포 구성 요소를 끌어당기면서 내부 에너지를 작동하도록 전환하여 생명의 기본 과정을 수행한다. 제1법칙에 관한 한, 이 모든 과정은 일을 수반한다. 일반적으로 열이 아닌 것, 즉 더 뜨거운 곳에서 차가운 곳으로의 자발적인 에너지 흐름과 같은 것이 아닌 에너지 이동은 모두 일로 간주된다. 제1법칙에서 인간의 대사 작용을 설명할 때, W는 이러한 대사 과정이 음수라는 점에 주목해야 한다. 계에서 하는 일에 대한 경우 W를 양수로 정의했음을 기억하여라. 대사 과정은 계에 의해 수행되는 일로 구성되므로 제1법칙의 W는 음수이다. 다시 말해, $\Delta U = Q + W$로부터 일을 할 때 내부 에너지가 감소한다.

열은 어떠한가? 일반적으로 열은 주변 환경보다 따뜻한 우리 몸에서 흘러나온다. 운동을 하면 체온이 오르는 것을 막기 위해 열 유량이 증가한다. 열은 유출되기 때문에 일 W와 마찬가지로 열 Q는 신체의 제1법칙 셈법에서 음수가 된다. 음식 섭취에 따라 에너지를 소비할 수 있는 비율이 정해지며, 열로 손실되는 에너지는 일을 하는 데 사용할 수 없다.

전략 14.1   열역학 제1법칙

열역학 제1법칙은 다음과 같이 나타낸다.

$$\Delta U = Q + W$$

제1법칙 문제를 해결하려면 이 식에서 어떤 항이 변화하고 어떤 항이 변화하지 않는지 유추해야 한다.

이상 기체에서 등온(온도가 일정) 과정에 대해 내부 에너지 U는 일정하므로 $\Delta U = 0$이다.

등적 과정에서 한 일은 0이다($W = 0$).

단열 과정에서 열의 출입은 0이다($Q = 0$).

이 외 다른 과정에서는 $\Delta U = Q + W$의 양이 동시에 변화할 수 있다.

한 일은 과정 유형에 따라 다르지만 항상 압력-부피 그래프의 아래 영역의 면적과 같다. 일은 압축의 경우 양, 팽창의 경우 음이다.

확인 14.2절 다음 과정에서 계의 밖으로 내보내는 열 흐름인 것은 무엇인가?
(a) 단열 압축 (b) 등온 압축 (c) 등온 팽창 (d) 단열 팽창

14.3 열역학 제2법칙

뜨거운 커피를 부엌 식탁에 두면 한 시간 후에 실온으로 식어 버린다. 이것은 말이 된다. 열이 뜨거운 물체에서 차가운 물체로 흐른다는 것을 알고 있으며, 비열, 열전도도, 열역학 제1법칙과 같은 물리적 도구를 사용하여 이러한 열 흐름을 탐구하고 정량화하는 방법을 배웠다.

그러나 제1법칙은 열이 뜨거운 것에서 차가운 것으로 흘러가야 한다는 내용이 아니라 에너지가 보존된다는 내용만 담고 있다. 에너지 흐름의 방향은 뉴턴의 운동 제2법칙, 운동량 보존 및 에너지 보존을 포함한 고전 역학의 법칙으로는 예측할 수 없다. 그러나 역학적 계는 많은 과정에서 선호하는 방향을 가지고 있다는 것을 '알고' 있는 것처럼 보인다. 공을 떨어뜨린다. 이 공은 몇 번 튕기다가 바닥의 내부 에너지로 에너지를 전달한 후 정지한다. 에너지 보존만으로는 바닥이 공에 에너지를 다시 공급하여 자발적으로 위로 뛰어오르게 하는 것을 막을 수 없어 보이지만 그런 일은 결코 일어나지 않는다.

이러한 예는 물리학자들이 **시간의 화살**(time's arrow)이라고 부르는 개념, 즉 과정을 뒤집어도 다른 물리 법칙을 위반하지 않음에도 많은 과정에서 선호하는 방향을 가지고 있다는 개념을 설명한다. 여기서 집중할 '다른 물리 법칙'은 에너지 보존이다. 열 물리학의 많은 부분이 에너지 흐름과 일을 하기 위해 에너지를 이용하는 것이기 때문이다.

열역학 제2법칙(the second law thermodynamics)은 열 흐름을 포함한 많은 물리적 과정에서 선호하는 방향을 설정한다. 여기에서는 제2법칙을 탐구하고 이 법칙이 열에너지를 유용한 일로 전환하는 능력을 제한하는지 보여 줄 것이다. 이것은 사회가 겪고 있는 에너지 위기의 핵심이 되는 한계를 설명한다. 여러 방식으로 표현할 수 있다는 점에서 열역학 제2법칙은 특이한 물리 법칙이다. 서로 다른 제2법칙의 표현은 매우 상이해 보이지만 실제로는 동등하다. 각각의 표현은 다른 맥락에서 유용하다. 먼저 익숙한 열 흐름의 예로 시작하겠다.

열역학 제2법칙: 열은 뜨거운 물체에서 차가운 물체로 자발적으로 흐른다.

이는 익숙한 개념이므로 예를 들어 설명하지 않겠다. 나중에 제2법칙의 이 문구가 다른 표현과 어떻게 관련되는지 살펴볼 것이다.

엔트로피

열역학 제2법칙은 다소 정성적이고 부정확해 보일 수 있지만 **엔트로피**(entropy, S)라는 개념을 통해 정량적으로 나타낼 수 있다. 엔트로피는 12장에서 소개한 상태 변수이므로 상태 변수 T, P, V를 갖는 열역학 계도 엔트로피 S로 상태 변수를 갖는다. 12장에서 이미 소개한 용어이므로 상태 변수 T, P, V가 있는 열역학 계도 엔트로피 S를 포함한다. 엔트로피를 계산하는 것은 좀 어렵다. 여기에서는 엔트로피 계산을 요구하지는 않을 것이다. 더 중요한 것은 열이 흐를 때 일어나는 엔트로피의 **변화**이다. 이 변화는 다음과 같다.

$$\Delta S = \frac{Q}{T} \quad \text{(엔트로피 변화, SI 단위: J/K)} \tag{14.6}$$

여기서 Q는 절대 온도 T에서 계로 유입되는 열로, 0의 일을 한다. 절대 온도(K)가 항상 양수이므로 엔트로피 변화 ΔS는 열이 들어오는지($Q > 0$), 열이 나오는지($Q < 0$)에 따라 각각 양수 또는 음수가 될 수 있다.

식 14.6을 사용하여 엔트로피를 열역학 제2법칙과 연결할 수 있다. 큰 물체 2개가 열 접촉하고 있다고 가정하자. 하나는 $T_1 = 300$ K이고 다른 하나는 $T_2 = 400$ K라고 가정하자(그림 14.10). 열역학 제2법칙에 따르면 열은 뜨거운 물체에서 차가운 물체로 흐른다. 얼마 후 24 kJ의 열이 흘렀다고 하자. 두 물체 모두 충분한 열용량을 가지고 있어서 이 열 흐름이 온도를 크게 변화시키지 않는다고 가정할 것이다. 이 경우식 14.6에 대입하면 두 물체의 엔트로피 변화는 다음과 같다.

$$\Delta S_{\text{cool}} = \frac{Q}{T_{\text{cool}}} = \frac{24{,}000 \text{ J}}{300 \text{ K}} = 80 \text{ J/K}$$

뜨거운 물체로부터 열이 흘러나오므로 $Q = -24{,}000$ J이다. 즉, 다음이 성립한다.

열 Q는 따뜻한 물체에서 차가운 물체로 흐른다.

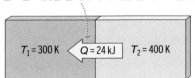

그림 14.10 엔트로피 변화를 계산하는 데 사용되는 서로 다른 온도에서 두 물체 사이의 열 흐름

$$\Delta S_{\text{hot}} = \frac{Q}{T_{\text{hot}}} = \frac{-24{,}000 \text{ J}}{400 \text{ K}} = -60 \text{ J/K}$$

따라서 전체 계의 알짜 엔트로피 변화는 다음과 같다.

$$\Delta S_{\text{total}} = \Delta S_{\text{cool}} + \Delta S_{\text{hot}} = 80 \text{ J/K} - 60 \text{ J/K} = +20 \text{ J/K}$$

이것은 일반적인 규칙, 즉 뜨거운 물체에서 차가운 물체로의 열 흐름은 계의 총 엔트로피를 증가시킨다는 것을 보여 준다. 서로 다른 온도의 두 물체에 식 14.6을 적용하면 어떤 온도를 사용하든 이러한 증가를 피할 방법이 없다는 것을 알 수 있다. 이것은 앞에서 설명한 것과 동일한 열역학 제2법칙의 또 다른 표현으로 이어진다.

> **열역학 제2법칙:** 열이 흐르면 우주의 엔트로피가 증가한다.

엔트로피가 비정상적인 양임을 느낄 수 있다. 에너지처럼 보존되지 않는 것은 분명하다. 우주의 엔트로피는 열이 흐를 때마다 증가하기 때문이다. 엔트로피가 시간의 화살 개념과 어떻게 일치하는지 주목하여라. 시간이 지남에 따라 엔트로피는 증가할 뿐 결코 감소하지 않는다. 이것은 제2법칙의 또 다른 표현으로 이어진다.

▶ **TIP** 엔트로피는 보존되는 양이 아니다.

> **열역학 제2법칙:** 자연적 과정은 최대 엔트로피 상태를 향해 진화한다.

엔트로피 예제(그림 14.10)는 열 흐름이 너무 작아서 온도가 크게 변하지 않는다고 가정했기 때문에 식 14.6을 각 물체에 적용할 수 있었다. 물론 물체들을 접촉시킨 채로 두면 결국 공통의 평형 온도에 도달할 것이다. 지속적으로 변화하는 온도에 따른 엔트로피 변화를 구하기 위해 미적분학을 써야 하지만 결과는 항상 엔트로피의 알짜 증가로 나타난다.

예제 14.7 녹는 얼음

20°C의 방에 0°C인 얼음 덩어리 40 g을 놓으면 녹는다. 얼음, 방 안의 공기, 그리고 계의 알짜 엔트로피 변화를 각각 구하여라(단, 녹은 얼음은 0°C, 공기는 20°C로 유지된다고 가정하자).

구성과 계획 13장으로부터 얼음이 녹는 데 필요한 열은 $Q = mL_{\text{f}}$이다. 여기서 m은 얼음의 질량이고 $L_{\text{f}} = 333$ kJ/kg은 융해열이다. 이 열은 공기에서 얼음으로 흐른다. 식 14.6을 사용하여 엔트로피의 변화를 구할 수 있으며, 여기서 Q는 얼음에 대해 양이고 공기에 대해 음이다.

알려진 값: $m = 40$ g, $L_{\text{f}} = 333$ kJ/kg, $T_{\text{ice}} = 0°C = 273$ K, $T_{\text{air}} = 20°C = 293$ K

풀이 열이 공기에서 얼음으로 흐르면 다음의 숨은열을 통해 열

에너지를 계산한다.

$$Q = mL_{\text{f}} = (0.040 \text{ kg})(333 \text{ kJ/kg}) = 13.3 \text{ kJ}$$

그러므로 얼음의 경우 $Q = +13.3$ kJ이고 얼음의 엔트로피 변화는 다음과 같다.

$$\Delta S_{\text{ice}} = \frac{Q}{T_{\text{ice}}} = \frac{13.3 \text{ kJ}}{273 \text{ K}} = 48.7 \text{ J/K}$$

공기의 경우 $Q = -13.3$ kJ이므로 다음을 얻는다.

$$\Delta S_{\text{air}} = \frac{Q}{T_{\text{air}}} = \frac{-13.3 \text{ kJ}}{293 \text{ K}} = -45.4 \text{ J/K}$$

따라서 알짜 엔트로피 변화는 다음과 같다.

$$\Delta S_{\text{net}} = \Delta S_{\text{ice}} + \Delta S_{\text{air}} = 48.7 \text{ J/K} - 45.4 \text{ J/K} = +3.3 \text{ J/K}$$

반영 다시 설명하면 열 흐름은 알짜 엔트로피 증가를 초래하며, 얼음의 엔트로피 증가는 따뜻한 공기로 인한 엔트로피 손실을 약간 초과한다. 이는 제2법칙과 일치한다.

연결하기 공기 온도가 30°C인 아주 더운 날의 경우, 답이 어떻게 달라지는가?

답 얼음을 녹이는 데 같은 양의 열이 필요하기 때문에 얼음의 엔트로피 증가는 동일하다. 그러나 공기의 온도가 높을수록 공기의 엔트로피 감소는 작아진다. $T = 303$ K, $\Delta S = Q/T = -43.9$ J/K 인 공기의 경우, 4.8 J/K의 알짜 엔트로피 변화를 갖는다. 열 흐름이 동일하더라도 온도 차이가 크면 엔트로피가 더 크게 증가한다!

개념 예제 14.8 얼고 있는 물의 엔트로피

위 예제의 결과를 사용하여 0°C의 물 40 g이 얼음으로 얼었을 때 엔트로피는 어떻게 변화하는가? 이것은 제2법칙을 위반하는 것인가?

풀이 위 예제에서 얼음을 녹이려면 얼음에 13.3 kJ의 열 흐름이 필요했고, 이로 인해 48.7 J/K의 엔트로피가 증가하였다. 동일한 양의 물을 얼리려면 13.3 kJ이 물 밖으로 흘러 나와야 한다. $Q < 0$이면 엔트로피가 감소한다. 즉, $\Delta S = -48.7$ J/K이다.

이 엔트로피 감소를 열역학 제2법칙과 어떻게 연관시킬 수 있는가? 제2법칙은 확실히 냉동기를 포함한 전체 계의 엔트로피 증가를 요구한다. 하지만 전기 에너지 없이는 냉동기가 작동하지 않으며, 냉동기는 작동 시 열이 발생하여 실내로 배출된

다. 이 열 흐름은 얼어붙은 물의 엔트로피 감소를 상쇄하는 것 이상으로 엔트로피를 증가시킨다.

반영 물질 또는 에너지의 유입이나 유출이 없는 닫힌계의 엔트로피가 증가하는 것은 바로 이 때문이다. 어떤 계도 진정으로 닫혀 있지 않으므로 궁극적으로 증가하는 것은 우주의 엔트로피이다. 엔트로피가 감소하는 것을 볼 때마다 이를 상쇄할 만큼의 엔트로피 증가가 다른 곳에서 발생한다는 것을 확신할 수 있다. 14.4절에서는 냉동기의 작동에 대해 논의할 것이며, 제2법칙이 냉동기의 작동을 어떻게 규정하는지 보다 정확하게 살펴볼 것이다.

확인 14.3절 100°C의 물 1 kg이 수증기로 변했을 때, 엔트로피 증가량은 얼마인가?

(a) 6.06 kJ/K (b) 8.37 kJ/K (c) 22.6 kJ/K (d) 2.26 MJ/K

14.4 열기관과 냉동기

자동차는 무엇으로 움직이는가? 이는 가솔린 분자에 내재되었다가 연소 시 방출되는 분자의 잠재 에너지로부터 유래한다. 뜨거운 연소 기체가 팽창하여 피스톤을 밀어낸다. 기어와 크랭크는 그 결과로 생긴 역학적 에너지를 바퀴에 전달하고 출발한다.

그러나 연소 시 방출되는 모든 열에너지가 역학적 에너지로 전환되는 것은 아니다. 뜨거운 배기가스는 열을 품고 배출된다. 냉각 시스템은 물을 기관에 순환시킨 다음 라디에이터로 주변 공기로 열을 전달한다. 열의 형태로 배출되는 에너지는 일로 쓸 수 없다. 결론은 가솔린의 에너지 중 일부만 자동차를 움직이고 나머지는 열로 손실된다는 것이다. 이것은 공학이 부실해서 생기는 문제가 아니다. 오히려 열역학 제2법칙에 의해 설정된 근본적인 한계이다. 자동차 엔진, 제트기 엔진, 발전소 등에 적용할 수 있는 **열기관**(heat engine)이라는 모형을 통해 이러한 한계를 탐구해 보겠다.

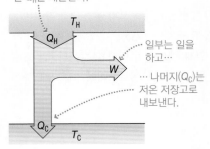

실제 열기관의 고온 저장고에서 열 Q_H를 배출한다.

일부는 일을 하고…

… 나머지(Q_C)는 저온 저장고로 내보낸다.

그림 14.11 열기관에서 에너지 흐름

그림 14.11은 열기관의 에너지 흐름을 보여 준다. 이 모형은 자동차의 엔진을 대략적으로 설명하는데, 뜨거운 물질(연소된 가솔린)에서 나오는 에너지의 일부는 역학적 일 W에 사용되고 나머지는 열 Q로 주변으로 배출된다. 또 다른 예는 발전소에서 열에너지로 물을 끓이고, 그 결과 발생하는 증기가 역학적인 일을 하며 발전기에 연결된 터빈을 회전시킨다(19장에서 자세히 설명한다).

단순한 열기관에는 고온 저장고가 있는데, 이 저장고는 예를 들어 화석 연료를 태우거나 우라늄 핵분열, 심지어 태양광을 집속시켜 생성되는 열에너지를 나타낸다. 또한, 보통 일반적으로 발전소를 냉각하는 데 사용되는 주변 공기 또는 바다와 같은 저온 저장고도 있다. 열 Q_H는 고온 저장고에서 기관 자체로 흐르며, 일부는 유용한 일 W로 전환되고 나머지 열은 저온 저장고로 흐른다. 에너지는 보존되므로 $W = Q_H - Q_C$이다.

기관의 효율 e는 기관이 한 일을 흡수한 에너지 Q_H로 나눈 $e = W/Q_H$이다. $W = Q_H - Q_C$인 경우, 효율은 $e = (Q_H - Q_C)/Q_H$, 즉 다음과 같이 나타낼 수 있다.

$$e = 1 - \frac{Q_C}{Q_H} \qquad \text{(열기관의 효율)} \qquad (14.7)$$

▶ **TIP** 식 14.7에서 그림 14.11에 정의한 대로 Q_H와 Q_C 둘 다 양수로 간주한다.

효율은 0과 1 사이이며, 1인 경우 열에너지가 일로 100% 전환되는 것을 나타낸다. 원자력 발전소의 일반적인 효율은 0.34로 연료에서 방출되는 열에너지의 34%만이 유용한 일로 전환된다는 것을 의미한다. 식 14.7은 효율이 최대가 되기 위해서는 Q_C가 가능한 한 작아야 함을 보여 준다.

예제 14.9 **연료를 많이 소모하는 차!**

자동차가 바퀴에 105마력을 전달하며, 이 기관의 효율은 24%이다. 다음을 구하여라.

(a) 매 초마다 연료에서 방출되는 에너지의 양

(b) 매 초마다 주변으로 방출되는 열의 양

구성과 계획 5장으로부터 1마력(hp)은 754.7 J/s이다. 자동차 바퀴에 전달되는 에너지는 역학적 에너지 W이고, 연료에서 방출되는 에너지는 Q_H이다. 효율 e를 알면 $e = W/Q_H$를 사용하여 Q_H를 구할 수 있다. 그러면 손실되는 열은 $Q_C = Q_H - W$이다.

알려진 값: $W = 105$ hp, $e = 0.24$

풀이 (a) 105 hp를 와트로 단위 환산하면 기관이 바퀴에 에너지를 공급하는 일률은 (105 hp)(754.7 W/hp) = 79.2 kW가 된다. 즉, 초당 79.2 kJ의 일이다. $e = W/Q_H$를 사용하면 매 초마다 가솔린을 태울 때 방출되는 에너지는 다음과 같다.

$$Q_H = \frac{W}{e} = \frac{79.2 \text{ kJ}}{0.24} = 330 \text{ kJ}$$

(b) 그러면 매초 주변으로 버려지는 열은 다음과 같다.

$$Q_C = Q_H - W = 330 \text{ kJ} - 79.2 \text{ kJ} = 251 \text{ kJ}$$

반영 자동차 기관의 효율은 24%가 일반적이다. 이는 연료 에너지의 4분의 3 이상이 낭비된다는 뜻이다! 수십 년에 걸친 공학 기술에도 불구하고 내연 기관은 여전히 현저하게 비경제적이다.

연결하기 연료에서 동일한 에너지를 사용한다고 가정할 때, 효율이 1% 향상하면 자동차의 일률은 얼마나 증가하는가?

답 25% 효율 및 동일한 연료 에너지 Q_H(330 kJ)로 3.3 kJ, 즉 4.2% 증가한 82.5 kJ의 일을 한다. 따라서 바퀴의 일률로서 105마력에서 109마력으로 증가한다.

카르노 기관

예제 14.9는 일반적인 자동차 기관의 효율이 약 25%임을 나타낸다. 마찰 손실을 포함하면 바퀴로 전달되는 에너지는 실제로 연료 에너지의 15% 정도에 불과하다. 마찬가지로 석탄 화력 및 원자력 발전소는 보통 30~40% 효율로 운영되는 반면, 최신 천연 가스 발전소는 60%에 육박한다.

왜 효율을 더 올릴 수 없을까? 200여년 전 최초의 증기 기관이 등장한 이래 과학자들과 공학자들은 더 효율적인 기관을 개발하기 위해 노력해 왔다. 19세기 초 프랑스 물리학자 사디 카르노(Sadi Carnot)는 **카르노 사이클**(Carnot cycle)이라 하는 4단계 과정에 따라 고온 T_H와 저온 T_C의 두 고정 온도 사이에서 작동하는 기관이 가장 효율적이라는 것을 증명하였다(그림 14.12).

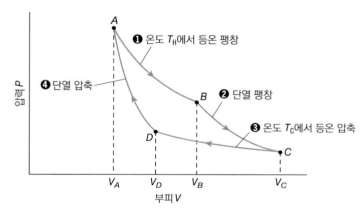

그림 14.12 카르노 사이클에 대한 압력−부피 그래프

카르노 사이클의 효율은 두 온도에 따라 달라진다.

$$e_{\text{Carnot}} = 1 - \frac{T_C}{T_H} \qquad \text{(카르노 효율)} \qquad (14.8)$$

식 14.8의 두 온도는 모두 절대 온도(켈빈)이어야 한다. 카르노 효율은 T_C와 T_H의 비율에 따라 달라진다. 두 값이 비슷하면 T_C/T_H는 거의 1에 가깝고 효율은 0에 가까워진다. 효율을 높인다는 것은 고온과 저온의 비율을 높이는 것을 의미한다.

주변 환경의 온도는 일반적으로 T_C이므로 효율을 높이는 방법은 T_H를 높이는 것이다. 그러나 T_H는 기관에 사용되는 재료와 연료의 특성에 의해 제한되므로 실제 기관은 열효율, 재료 특성 및 경제성 간의 절충된 온도이다. 저온 T_C는 통제할 수 없지만 계절적 변화는 일반적으로 추운 날씨에 기관이 더 효율적이라는 것을 의미한다. 특히 발전소는 여름보다 겨울에 발전 효율이 높아진다.

▶ **TIP** 실제 기관은 카르노 기관이 아니며 실제 기관의 효율은 항상 카르노 효율보다 낮다.

예제 14.10 태양열 발전

태양열 발전소(그림 14.13)는 포물면 반사경을 사용하여 햇빛을 집속시켜 유체를 393°C까지 가열한다. 이 유체는 증기 터빈 동력 시스템에서 끓는 물로 에너지를 전달한다. 시스템이 35°C에서 환경으로 열을 방출하는 경우, 최대 효율의 한계는 얼마인가?

구성과 계획 카르노 기관보다 큰 효율을 가지는 기관은 없으므로 효율 한계는 다음과 같다.

$$e_{Carnot} = 1 - T_C/T_H$$

알려진 값: $T_C = 35°C = 308$ K, $T_H = 393°C = 666$ K

풀이 주어진 값으로 효율을 계산하면 다음과 같다.

$$e_{Carnot} = 1 - \frac{T_C}{T_H} = 1 - \frac{308\,\text{K}}{666\,\text{K}} = 0.54$$

반영 이것은 이론적인 상한인 카르노 효율이며, 태양열 발전소의 실제 효율은 약 20~30%이다.

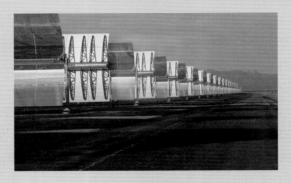

그림 14.13 캘리포니아의 태양열 발전소

연결하기 더 높은 효율을 위한 수단으로 냉동기를 사용하여 T_C를 낮추는 것은 어떠한가?

답 보다시피 냉동기는 역방향의 열기관에 불과하며, 역시 열역학적 한계에 노출되어 있다. 일반적으로 주변 환경을 가능한 한 낮은 T_C로 사용해야 한다.

카르노 기관은 개념적으로는 유용하지만 실용적인 장치는 아니다. 그 이유 중 하나는 그림 14.12의 네 단계가 충분히 천천히 진행되어야 기체가 평형에서 벗어나지 않기 때문이다. 반대로 실제 기관은 사이클을 매 초마다 여러 번 반복한다. 이상적인 카르노 사이클은 마찰로 인한 손실과 T_H를 효과적으로 낮추는 열 손실도 무시한다. 다시 말하지만 카르노 기관은 모든 열기관의 효율에 대한 상한선을 설정하는 이상적인 기관이다. 이제 제2법칙이 식 14.8의 카르노 한계에 따라 아무리 잘 설계되고 연료가 좋고 단열이 잘 된 기관이라도 완벽한 효율로 일할 수 없다는 것을 예측하는 방법을 살펴볼 것이다.

실제 기관과 제2법칙

모든 열기관의 효율은 식 14.7 $e = 1 - Q_C/Q_H$로 주어진다. 여기서 Q_H는 T_H인 고온 저장고로부터 기관으로 유입되는 열 흐름이고 Q_C는 T_C인 저온 저장고로 유입되는 열 흐름이다. 이러한 열 흐름은 고온 저장고에서 엔트로피를 Q_H/T_H만큼 제거하고 저온 저장고에 엔트로피를 Q_C/T_C만큼 추가한다. 열역학 제2법칙은 알짜 엔트로피 이득을 요구하므로 $Q_C/T_C > Q_H/T_H$이며, 이 부등식을 정리하면 $Q_C/Q_H > T_C/T_H$가 된다. 따라서 기관의 효율은 다음과 같이 나타낼 수 있다.

$$e < 1 - \frac{T_C}{T_H}$$

$1 - T_C/T_H$는 카르노 효율(식 14.8)이므로 카르노 기관보다 효율이 큰 기관은 없다. 마찰, 열손실, 열역학적 불균형은 모두 실제 기관이 카르노 한계에 도달하는 것을 방해한다. 열기관 효율에 대한 분석은 제2법칙의 또 다른 표현을 제시한다.

열역학 제2법칙: 열에너지를 완전히 일로 전환하는 것은 불가능하다.

이는 역학적 에너지와 열에너지가 일의 능력에 있어 동등하지 않다는 것을 의미한다. 예를 들어, 운동 에너지가 4J인 당구공은 다른 당구공을 탄성적으로 쳐서 4J의 에너지를 모두 전달할 수 있다(6장). 그러나 열기관은 4J의 열에너지를 모두 일로 전환할 수 없다. 제2법칙에 따르면 일부 에너지가 기관에서 열로 빠져나가기 때문이다. 그런 의미에서 역학적 에너지는 더 질 높은 에너지이다.

역학적 에너지와 열에너지 사이의 이러한 불평등은 시간의 화살과 관련이 있다. 역학적 에너지가 열에너지로 전환될 때마다 유용한 일을 할 수 있는 능력의 일부가 상실된다. 시간이 지날수록 우주의 에너지 중 더 높은 품질의 에너지가 줄어들고 더 많은 에너지가 열에너지로 전환된다. 먼 미래를 내다보면 우주는 모든 에너지가 열에너지로 저하되어 더 이상 일을 할 방법이 없게 되는 '열사(heat death)'를 겪게 될지도 모른다.

에너지는 엔트로피와 연관시킬 수 있다. 당구공이 굴러갈 때 당구공의 분자들은 공통된 병진 운동을 공유한다. 마찰로 인해 공의 속력이 늦어지고 결국 멈추면서 운동 에너지가 공 자체와 테이블에 열에너지로 전환한다. 이 열에너지는 무질서와 연관되어 있으므로 구르는 공의 운동 에너지보다 질서 정연하지 않다. 14.5절에서 배우겠지만 엔트로피는 무질서와 관련이 있다. 열역학 제2법칙에 따르면 우주의 엔트로피는 시간이 지남에 따라 증가한다. 따라서 엔트로피 증가는 에너지가 더 질서 정연한 형태에서 덜 질서 정연한 형태로 저하되는 것을 의미한다.

냉동기

열기관을 반대로 하면 **냉동기**(refrigerator)가 된다. 여기서는 에어컨과 열펌프를 포함한 모든 냉각기를 냉동기라고 부를 것이다. 그림 14.14에서 볼 수 있듯이 냉동기는 저온 저장고(냉동기 내용물)에서 열 Q_C를 끌어와 고온 저장고(공기)에 열 Q_H를 버린다. 하지만 이는 열이 자연스럽게 흐르는 방식이 아니다. 따라서 열 흐름을 유도하기 위해 일 W를 공급해야 한다. 이는 보통 전기 에너지에서 나오는데, 외부 에너지를 얻으려면 냉동기의 플러그를 꽂아야 한다.

냉동기 효율은 기관과 마찬가지로 에너지 비용에 대한 편익의 비율이다. 이 비율을 **성능 계수**(coefficient of performance, COP)라 한다. 편익은 냉각량인 Q_C이고 비용은 에너지 W이다.

$$\text{COP} = \frac{Q_C}{W} \quad \text{(성능 계수)} \tag{14.9}$$

응용

열병합 발전기

제2법칙에 따르면 기관은 연료 에너지의 일부를 열로 전환해야 하는데, 이를 '폐열'이라 한다. 주변으로 방출되는 열은 일을 할 수 없지만 이는 건물을 따뜻하게 할 수 있으므로 버릴 필요는 없다. 오늘날과 같이 에너지가 부족한 세상에서는 전기 발전소에서 나오는 폐열을 이러한 용도로 사용하는 것이 현명하다. 산업, 교육 기관 심지어 도시 전체가 이러한 **열병합** 발전을 사용하는 경우가 점점 많아지고 있으며, 이를 통해 연소 연료의 모든 에너지를 활용할 수 있다. 사진은 미들베리 대학의 난방 시설에 있는 600 kW 열병합 발전기이다.

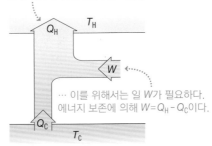

열이 저온에서 고온으로 흐르는데…

… 이를 위해서는 일 W가 필요하다. 에너지 보존에 의해 $W = Q_H - Q_C$이다.

그림 14.14 냉동기의 에너지 흐름

일반적인 냉동기 COP는 약 2~4이다. COP가 4라는 것은 냉동기가 1 J의 전기 에너지를 사용할 때마다 내용물에서 4 J의 열에너지를 제거한다는 것이다. 에너지 보존에 의해 $W = Q_H - Q_C$이므로 COP의 다른 표현은 다음과 같다.

$$COP = \frac{Q_C}{Q_H - Q_C} = \frac{1}{Q_H/Q_C - 1}$$

예제 14.11 최고의 냉장고

열역학 제2법칙을 사용하여 냉동기의 최대 COP를 온도 T_C와 T_H로 표현할 때, 20°C의 실내에서 4°C를 유지하는 냉동기의 성능 계수를 계산하여라.

구성과 계획 냉동기의 저온 내부에서 열이 제거되고 있으므로 엔트로피가 Q_C/T_C만큼 감소하고, 열이 고온인 실내로 버려지므로 엔트로피가 Q_H/T_H만큼 증가한다. 제2법칙은 알짜 엔트로피 증가를 요구하므로 $Q_H/T_H > Q_C/T_C$이다. 한편 COP는 다음과 같이 쓸 수 있다.

$$COP = \frac{1}{Q_H/Q_C - 1}$$

이 두 표현식을 결합하면 온도 측면에서 COP를 얻을 수 있다.

알려진 값: $T_C = 4°C = 277\ K$, $T_H = 20°C = 293\ K$

풀이 부등식을 정리하면 $Q_H/Q_C > T_H/T_C$가 된다. COP에 대입하면 다음을 얻는다.

$$COP < \frac{1}{T_H/T_C - 1} = \frac{1}{293\ K/277\ K - 1} = 17$$

반영 17인 COP는 환상적이지만 비현실적이다. 제2법칙이 허용하는 최대 COP는 카르노 사이클에서만 달성할 수 있으며, 실제 냉동기에는 카르노 사이클을 적용할 수 없다. 냉동 사이클을 구동하는 압축기는 효율이 완벽하지 않고, 벽을 통해 냉동기로 많은 열이 누출된다. 냉장고 문을 열면 평균 COP가 더욱 떨어진다. 하지만 오늘날 냉장고는 예전보다 개선되어 오늘날 평균 가정용 냉장고의 전력 소비량은 1970년대 모델의 3분의 1에 불과하다.

연결하기 −18°C를 유지하는 냉동 장치의 최대 COP는 얼마인가?

답 $T_C = -18°C = 255\ K$이므로 다시 정리해서 풀면 최대 COP는 6.7이다.

개념 예제 14.12 뜨겁고 차갑고!

냉장고의 COP는 처음 플러그를 꽂았을 때와 내부가 냉각된 후 중 어느 것이 더 높은가?

풀이 앞의 예제에서 가능한 최대 COP를 제공하였다.

$$COP < \frac{1}{T_H/T_C - 1}$$

처음 플러그를 꽂았을 때 두 온도가 같고 COP는 무한대이다. 기본적으로 처음에는 거의 스스로 냉각할 수 있다(압축기를 시동하는 데 약간의 에너지가 필요하기 때문에 '거의'라고 한다).

그러나 T_C가 감소하면 분모 $T_H/T_C - 1$이 증가하고 COP가 감소한다. 냉장고가 차가워질수록 더 많은 냉각이 필요하다.

반영 헬륨 냉장고는 헬륨을 4.2 K에서 액화시킨다. 실온 환경에서 최대 COP가 0.0145에 불과하므로 약간의 열을 이동시키는 데 많은 일이 필요하다. 정량적으로 1 J의 열에너지를 제거하려면 최소 69 J의 일이 필요함을 의미한다. 조금 더 냉각이 용이하게 하기 위해 헬륨을 77 K에서 액체 질소로 둘러싸면 최대 COP가 0.058로 높아진다.

실제 냉동기에서는 비등점이 낮은 유체가 닫힌계를 순환한다. 모터 구동식 압축기는 기체 상태를 고압으로 만든다. 그리고 액체로 응결되어 기화열을 주변 환경으로 방출한다. 그리고는 압력을 낮추며 팽창한다. 냉동기 내부와 맞닿은 코일을 통과해 기화된다. 필요한 에너지(기화열)는 냉동기의 내부에서 나온다. 그러면 기체가 압축기로 흐르며, 사이클이 반복한다. 순 효과는 냉동기 내부의 열을 주변으로 전달하는 것이다. 이 과정에서 기계적인 작동이 필요한데, 이 작동은 압축기 모터에 공급되는 전기 에너지로부터 발생한다.

냉매는 냉동기 외부의 코일에서 응축되어 기화열을 주변으로 방출한다.

냉매 흐름 · 압축기 · Q · W · 전기에너지는 냉매를 압축하는 데 사용된다.

팽창 밸브는 냉매 압력을 감소시킨다. · Q · 냉매는 열을 흡수하고 기화된다.

냉동기 내부

에어컨과 열 펌프

에어컨(air conditioner)은 건물 내부의 열을 제거하여 외부의 더 높은 온도 환경으로 배출한다는 점에서 냉동기와 유사하다. 냉동기와 마찬가지로 에어컨은 일 W를 필요로 한다. 사실상 저온 저장고는 냉각되는 공간이고 고온 저장고는 실외 공간이다. 또한, 에어컨은 냉동기처럼 더 큰 온도 차이를 유지하기 위해 더 많이 일해야 하므로 가장 더운 날에 가장 많은 에너지를 소비한다.

열 펌프(heat pump)는 에어컨이 거꾸로 돌아가는 것과 같다. 주변 환경에서 에너지를 제거하여 난방하려는 공간에 축적한다. 그림 14.15는 열 펌프의 이득을 보여 준다. 더 많은 양의 열 Q_H를 전달하는 데 에너지 W만 필요하다. 북부 기후에서 저장고 Q_C는 일반적으로 약 $10°C$의 지하수이며, 펌프는 장치를 작동하는 데 사용되는 전기 에너지 W 1 J당 3~4 J의 열을 전달할 수 있다. 열 펌프가 연료를 직접 연소하는 것보다 효율적인지는 전기를 생산하는 발전소의 효율에 따라 달라진다. 화석 연료나 핵 연료가 필요 없는 역학적 에너지원인 수력 발전과 풍력 발전의 경우, 열 펌프는 소량의 고품질 전기 에너지를 '활용'하여 더 많은 양의 열을 이동시킨다. 일반적인 효율이 30~50%인 화력 발전소의 경우, 생성된 전기 에너지 1단위당 2~3단위의 연료 에너지가 필요하기 때문에 열역학적으로 열 펌프가 적합할 수도 있고 아닐 수도 있다.

일반적으로 열 펌프의 COP는 에너지 소비 비용에 대한 편익의 비율을 나타낸다. 그러나 열 펌프의 목적은 냉각이 아닌 난방이므로 냉동기의 경우처럼 Q_C가 아니라 Q_H가 편익이다. 따라서 열 펌프의 COP는 Q_H/W이다. $Q_H = W + Q_C$를 사용하면 열 펌프의 경우 COP > 1임이 확실하다.

열펌프는 가역적인 연결로 만들 수 있으므로 겨울에는 집안으로 열을 가져오고 여름에는 열을 제거한다. 따라서 하나의 장치가 히터와 에어컨 역할을 모두 할 수 있다!

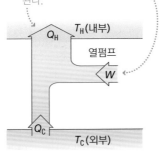

열 펌프는 에너지를 사용하여 실외에서 열 Q_C를 내보내고 실내에 열 Q_H를 축적한다. 에너지 보존에 의해 $Q_H = W + Q_C$가 된다.

Q_H · T_H(내부) · 열펌프 · W · Q_C · T_C(외부)

그림 14.15 열 펌프의 에너지 흐름

▶ 새로운 개념 검토: 열기관과 냉동기

- 열기관은 고온 저장고에서 열을 끌어와 저온 저장고로 열을 방출하는 방식으로 일을 한다.
- 열기관의 효율은 $e = 1 - \dfrac{Q_C}{Q_H}$이다.
- 카르노 사이클은 열기관의 이론적 효율을 극대화한다.

$$e_{\text{Carnot}} = 1 - \frac{T_C}{T_H}$$

- 냉동기는 열기관과 반대로 작동하며 성능 계수는 $\text{COP} = \dfrac{Q_C}{W}$이다. 열펌프의 경우 성능 계수는 $\text{COP} = \dfrac{Q_H}{W}$이다.

예제 14.13 **난방비 절감**

COP = 4.0인 가정용 열 펌프는 2.5 kW의 일률로 전기 에너지를 사용한다. 물음에 답하여라.

(a) 열 펌프는 얼마의 비율로 집에 열을 얼마나 공급하는가?

(b) 전기 요금이 107원/kWh인 경우, 열의 MJ당 비용은 얼마인가?

구성과 계획 열 펌프에 대한 고품질 에너지 유입(W)은 2.5 kW, 즉 2.5 kJ/s이다. COP $= Q_H/W$를 사용하면 전달되는 열을 구할 수 있다. 그러면 MJ당 가격을 정할 수 있을 것이다.

알려진 값: COP $= 3.2$, $W = 2.5$ kJ(초당)

풀이 (a) Q_H에 대해 풀면 다음과 같다.

$$Q_H = (\text{COP})W = (4.0)(2.5 \text{ kJ}) = 10 \text{ kJ}$$

즉, 초당 10 kW의 비율로 열을 전달한다.

　(b) 10 kJ/s에서 1 MJ을 전달하는 데 100초가 걸린다. COP = 4.0의 경우 소비되는 전기 에너지는 전달되는 열의 4분의 1이므로 펌프는 250 kJ를 사용하며 1 MJ의 열을 전달한다. 1 kWh =

3.6 MJ인 경우, 펌프는 0.25 MJ/(3.6 MJ/kWh) = 0.0694 kWh를 사용한다. 107원/kWh으로 계산하면 가격은 7.4원으로 10원도 안 된다.

반영 열 펌프로 얻는 절감 효과는 높은 초기 비용뿐만 아니라 발전소를 포함한 전체 열역학적 상황을 고려해야 한다. 그럼에도 비용 절감은 상당할 수 있다.

연결하기 전기 에너지가 33% 효율의 석탄 화력 발전소에서 나온 것이라 할 때, 방출되는 연료 에너지에 대해 전달되는 열의 비율을 구하여라.

답 33% 효율에서 생산되는 전기 에너지의 각 단위에는 3단위의 연료 에너지가 필요하다. 따라서 집에 1 MJ의 열을 공급하기 위해 열 펌프를 가동시키는 0.25 MJ의 전기를 생산하는 데 0.75 MJ의 석탄 에너지가 필요하다. 이는 1/0.75 = 1.3의 비율이다. 석탄을 직접 연소하여 얻을 수 있는 열 공급은 100% 효율의 연소를 가정해도 0.75 MJ이므로 열 펌프가 여전히 유리하다.

확인 14.4절 25°C와 300°C 사이에서 작동하는 열기관의 최대 효율은 얼마인가?

(a) 36%　(b) 48%　(c) 71%　(d) 92%

14.5 엔트로피의 통계적 해석

14.3절에서 엔트로피가 높을수록 무질서가 심해진다는 것에 주목하였다. 주관적인 특성으로 보이는 무질서가 엔트로피와 같은 물리량과 어떻게 연결되는가? 여기에서

는 엔트로피 증가와 열역학 제2법칙을 연결시켜 그 연관성을 확인해 볼 것이다.

이상 기체

어떤 상자에 동일한 분자 2개의 이상 기체가 들어 있는 경우를 생각해 보자. 이 계의 질서를 측정하는 한 가지 방법은 상자의 반쪽 영역들에 있는 분자를 각각 세는 것이다. 표 14.1에 표시된 것처럼 두 분자에 대해 LL, LR, RL, RR로 표시된 네 가지 구성이 가능하다. 각 분자는 오른쪽의 절반에 있을 확률과 왼쪽 절반에 있을 확률이 같으므로 네 가지 조합은 발생 확률이 모두 동일하다.

미시적 상태(microstate)라는 용어는 각 분자의 위치를 제공하는 특정 구성(LL, LR 등)을 설명하고, **거시적 상태**(macrostate)는 각 분자의 위치를 포함하지 않는 덜 상세한 설명이다. 여기서 거시적 상태 설명은 상자의 각 면에 있는 분자의 수를 0, 1, 2로 나열하는 것을 의미한다.

각 거시적 상태의 **확률**(probability)은 얼마인가? 일반적으로 이 확률은 왼쪽에 분자의 수가 있는 미시적 상태의 수를 전체 미시적 상태의 수로 나눈 값이다. 따라서 왼쪽에 분자가 2개인 거시적 상태의 확률은 1/4이다. 4개의 미시적 상태 중 LL을 갖는 것은 단 하나이기 때문이다. 마찬가지로 왼쪽에 분자가 하나도 없는 거시적 상태의 확률도 1/4이다. 반면, 두 개의 미시적 상태(LR과 RL)는 왼쪽에 분자가 하나씩 있다. 따라서 왼쪽에 분자가 하나 있는 거시적 상태의 확률은 2/4 = 1/2이다. 두 분자는 허용된 네 가지 미시적 상태 중 하나에 존재해야 하므로 모든 확률의 합은 1(= ¼ + ¼ + ½)이다.

다음으로 분자의 수가 4개로 증가하면 어떻게 되는지 생각해 보자. 왼쪽에 0, 1, 2, 3, 4개의 분자가 있는 5개의 거시적 상태가 있다. 표 14.2에는 각 거시적 상태를 구성하는 미시적 상태의 수가 나와 있다. 마지막 열은 거시적 상태의 확률을 보여 준다. 이는 여전히 왼쪽에 분자 수가 있는 미시적 상태의 수를 전체 미시적 상태의 수로 나눈 값으로 정의된다. 두 영역에 동일한 수의 분자가 있는 거시적 상태의 경우가 확률이 가장 높고, 상자의 한 영역에 모든 분자가 있는 거시적 상태의 경우가 확

표 14.1 두 분자 기체에 대해 가능한 미시적 상태 구성

미시적 상태 (상자의 두 반쪽에 있는 두 원자를 분배하는 방법)	거시적 상태 (각 반쪽의 원자 수)
LL	2 | 0
LR, RL	1 | 1
RR	0 | 2

표 14.2 4개의 입자 기체에 대한 미시적 상태 및 거시적 상태 구성

미시적 상태(총 16개)	거시적 상태	거시적 상태의 확률
	4 | 0	$\frac{1}{16}$ = 0.06
	3 | 1	$\frac{4}{16}$ = 0.25
	2 | 2	$\frac{6}{16}$ = 0.38
	1 | 3	$\frac{4}{16}$ = 0.25
	0 | 4	$\frac{1}{16}$ = 0.06

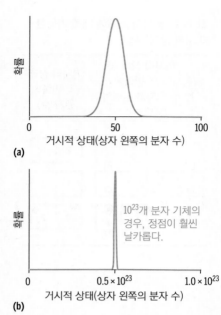

(a)

(b)

그림 14.16 (a) 100개 분자의 기체에 대한 확률 분포 (b) 10^{23} 분자의 기체에 대항 확률 분포

표 14.3 거시적 상태와 100개 분자 기체에 대한 확률

거시적 상태(왼쪽 면의 분자수)	거시적 상태에서 미시적 상태의 수	거시적 상태의 확률*
0	1	7.89×10^{-31}
1	100	1.73×10^{-29}
10	1.73×10^{13}	1.36×10^{-17}
40	1.37×10^{28}	0.011
50	1.01×10^{29}	0.080
60	1.37×10^{28}	0.011
90	1.73×10^{13}	1.36×10^{-17}
99	100	1.73×10^{-29}
100	1	7.89×10^{-31}

*거시적 상태의 확률 = 해당 미시적 상태의 수를 총 미시적 상태의 수(1.27×10^{30})로 나눈 값

률이 가장 낮다.

이제 분자를 100개로 늘려 보자. 101개의 거시적 상태(표 14.3에 표시된 것처럼 0, 1, ···, 99, 100)가 있다. 미시적 상태는 2^{100}가지이며, 이는 약 1.27×10^{30}이므로 이를 모두 나열할 수는 없다.

그림 14.16a는 이러한 확률을 그래프로 표시한 것이다. 그래프가 얼마나 급격하게 정점에 있는지 확인하여라. 가장 가능성이 높은 거시적 상태는 왼쪽과 오른쪽에 거의 동일한 수의 분자가 있는 상태이다. 한쪽에 분자 몇 개(예를 들어 10개 이하)만 있을 확률은 터무니없이 작으며, 거의 일어나지 않을 것이다. 10^{23}개 수준의 분자를 포함할 수 있는 실제 기체에서는 확률이 훨씬 더 첨예해진다(그림 14.16b). 이는 경험을 통해 확인할 수 있다. 기체 분자로 가득 찬 방에서 방의 한 부분에서 기체 밀도가 갑자기 떨어질 가능성은 매우 작기 때문에 걱정할 필요가 없다.

확률, 엔트로피와 질서

이러한 이상 기체의 예를 바탕으로 이제 무질서와 엔트로피를 연관시킬 수 있다. 19세기 후반에 루드비히 볼츠만(Ludwig Boltzmann)은 Ω개의 미시적 상태를 포함하는 거시적 상태의 엔트로피가 다음과 같음을 보였다.

$$S = k_B \ln \Omega \quad \text{(볼츠만 엔트로피 식, SI 단위: J/K)} \tag{14.10}$$

여기서 볼츠만 상수는 $k_B = 1.38 \times 10^{-23}$ J/K이다(12장에서 소개함).

볼츠만의 식을 100개 분자 기체에 적용하면(표 14.3) 그 결과는 놀랍다. 양쪽에 50개의 분자가 있는 상태의 엔트로피는 다음과 같다.

$$S = k_B \ln \Omega = \left(1.38 \times 10^{-23} \text{ J/K}\right)\ln\left(1.01 \times 10^{29}\right) = 9.22 \times 10^{-22} \text{ J/K}$$

왼쪽에 분자가 하나 있는 상태의 엔트로피는

$$S = k_B \ln \Omega = \left(1.38 \times 10^{-23} \text{ J/K}\right)\ln(100) = 6.36 \times 10^{-23} \text{ J/K}$$

이고, 모든 분자가 왼쪽에 있는 상태의 엔트로피는 다음과 같다.

$$S = k_B \ln \Omega = \left(1.38 \times 10^{-23} \text{ J/K}\right)\ln(1) = 0$$

엔트로피와 질서의 연관성은 다음과 같다. 분자의 혼합이 가장 큰 무질서한 상태일수록 엔트로피가 가장 높다. 대부분의 분자가 한쪽에 있는 질서 정연한 상태일수록 엔트로피가 낮다.

앞서 설명한 제2법칙에 대한 진술을 상기해 보자.

열역학 제2법칙: 자연적 과정은 최대 엔트로피 상태를 향해 진화한다.

그림 14.17은 제거 가능한 칸막이로 분리된 상자를 보여 준다. 칸막이를 놓은 상태에서 한쪽은 기체로 채우고 다른 쪽은 비워 둔다. 칸막이를 여는 순간 모든 분자가

한쪽에 있기 때문에 엔트로피는 0이다. 분자들은 빠르게 다른 쪽으로 이동하고, 짧은 시간 안에 계는 양쪽의 분자 수가 거의 같은 평형 상태에 도달한다. 이상 기체의 예는 이러한 분자의 재분배가 엔트로피 증가를 동반한다는 것을 보여 준다. 열역학 제2법칙에 따라 계는 낮은 엔트로피에서 높은 엔트로피로 진화하였다.

일단 평형 상태가 되면 역전될 가능성은 거의 없다. 모든 기체를 한쪽으로 되돌리기 위해서는 진공 펌프를 작동하는 것과 같은 외부 일이 필요하다. 펌프를 가동하면 분자 재배열과 관련된 엔트로피의 감소를 상쇄하는 또 다른 엔트로피 증가(예: 펌프 모터에서 주변으로 열이 흐름)가 발생한다. 14.3절에서 살펴본 것처럼 엔트로피 감소는 다른 곳에서 동일하거나 더 큰 엔트로피 증가를 동반해야 한다.

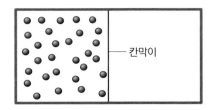
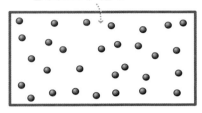

그림 14.17 칸막이를 열면 기체가 팽창하여 엔트로피가 증가한다.

엔트로피, 열 흐름과 제2법칙

이러한 통계적 아이디어를 열 흐름으로 확장할 수 있다. 이번에는 한쪽에는 고온의 기체가, 다른 쪽에는 저온의 기체가 있는 2개의 공간이 있는 상자를 다시 생각해 보자(그림 14.18). 12장에서 기체 분자의 속력은 맥스웰 분포를 따르며(그림 12.12) 고온의 기체는 저온의 기체보다 RMS 속력이 더 높다. 이제 칸막이를 열어 고온의 기체와 저온의 기체가 섞이도록 한다. 칸막이가 열리는 순간 계의 엔트로피는 낮아진다. 한쪽에는 더 빠른 분자가 있고, 다른 쪽에는 더 느린 분자가 있으므로 계가 잘 정돈되어 있기 때문이다. 일단 기체가 혼합되면 고온에서 저온 쪽으로 열이 흐르고, 곧 상자 전체의 온도는 중간 평형에 도달한다. 이제 빠르고 느린 분자들이 상자 전체에 분포한다. 계가 더 무질서해져서 엔트로피가 증가한다. 따라서 열 흐름은 14.3절의 예와 같이 엔트로피 증가를 초래한다. 다시 한번 말하지만 더 높은 엔트로피를 향한 진화는 제2법칙과 일치한다.

생명과 제2법칙

열역학 제2법칙은 보편적인 법칙이므로 살아 있는 유기체에도 적용된다. 단 하나의 세포도 고도로 질서화된 계이다. 제2법칙은 시간이 지남에 따라 계가 더 무질서해진다고 말한다. 그렇다면 생명체는 어떻게 수년 동안 생존하고 성장하며 살아갈 수 있을까?

다른 열역학 계와 마찬가지로 계의 한 부분의 엔트로피 감소는 다른 부분의 엔트로피 증가로 상쇄되어야 한다. 이것이 바로 우리가 생존하는 방식이다. 우리는 주변 환경으로부터 에너지를 얻고 그중 일부를 사용하여 일을 하고 우리 몸의 조직화된 구조를 구축한다. 하지만 일부 에너지는 열로 손실된다. 앞서 살펴본 것처럼 이러한 열 흐름은 엔트로피 증가를 초래하여 조직 증가와 관련된 엔트로피 감소를 상쇄한다.

우리가 섭취하는 식물성 식품과 동물성 식품은 저장된 에너지를 포함하는 고도의 질서 있는 분자로 구성되어 있다. 소화 후 에너지의 일부는 세포에 연료를 공급하여

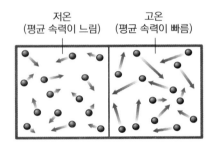
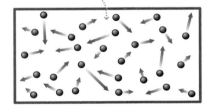

그림 14.18 고온 기체와 저온 기체가 섞이면 엔트로피가 증가한다.

세포가 질서를 유지하도록 돕는다. 그러나 결국 음식물은 처음 섭취될 때보다 더 무질서한 상태로 몸 밖으로 배출된다. 모든 음식 에너지는 햇빛과 궁극적으로 우리 자신의 엔트로피를 낮추는 조직에 기인하며, 심지어 우리 사회도 태양 핵의 핵융합과 관련된 엔트로피의 증가로 많은 것을 보상 받는다고 볼 수 있다.

인간과 다른 생명체는 경이롭게도 질서를 이루는 계이다. 하지만 우리는 열역학 제2법칙을 벗어날 수 없다. 생명과 사회를 유지하기 위해 노력할 수 있지만, 우주의 총 엔트로피는 계속 증가할 것이 분명하다.

14장 요약

열역학 제1법칙

(14.1절) 내부 에너지는 각 분자와 이들의 상호작용과 관련된 무작위 운동 에너지 및 위치 에너지이다. **열역학 제1법칙**은 내부 에너지(U), 열(Q), 일(W)과 관련이 있다. 열은 $Q > 0$일 때 계 안으로, $Q < 0$일 때 계의 밖으로 흐른다. 부피가 감소하면 $W > 0$, 부피가 증가하면 $W < 0$이다.

열역학 제1법칙: $\Delta U = Q + W$

계의 내부 에너지에서 변화 ΔU는 계로 전달되는 열 Q와 계에서 수행되는 일 W의 합이다.

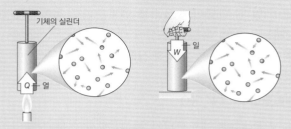

열역학 과정

(14.2절) 등압, **등온**, 등적과 단열 과정에 대한 일을 계산할 수 있다. **단열** 과정에서는 열 흐름이 없다.

대사 과정은 제1법칙으로 이해할 수 있다. 인간은 음식을 섭취하여 에너지를 보충하고, 그 에너지 함량은 몸의 내부 에너지로 전환된다. 우리는 그 에너지를 사용하여 일을 하고 열의 형태로 에너지를 방출한다.

등압에서 기체를 압축하는 일: $W = -P\Delta V$

등온에서 기체를 압축하는 일: $W = nRT\ln\left(\dfrac{V_i}{V_f}\right)$

단열 과정에서 수행된 일: $W = \dfrac{P_f V_f - P_i V_i}{\gamma - 1}$

등적 과정에서 기체에 한 일은 없다.

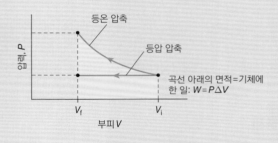

열역학 제2법칙

(14.3절) 열역학 제2법칙은 물리적 과정에 대한 **시간의 화살**을 설명한다. 열은 고온 물체에서 저온 물체로 자발적으로 흐른다.

엔트로피는 무질서의 척도이며, 열 흐름은 전체 엔트로피 증가를 수반한다. 자연적인 과정은 높은 엔트로피의 상태로 진화한다.

일정한 온도에서의 엔트로피 변화: $\Delta S = \dfrac{Q}{T}$

열기관과 냉동기

(14.4절) 열기관은 열에너지를 일로 전환하지만 100% 효율로는 전환할 수 없다. 기관의 효율은 열에너지 유입에 대한 일 출력의 비율이다. **카르노 기관**은 효율이 최대이다.

냉동기(와 에어컨 및 **열 펌프**)는 저온 물체에서 열을 이동하여 고온 물체로 옮기는데, 이를 위해서는 일이 필요하다.

열기관의 효율: $e = 1 - \dfrac{Q_C}{Q_H}$ **카르노 기관의 효율:** $e_{Carnot} = 1 - \dfrac{T_C}{T_H}$

냉동기의 성능 계수: $COP = \dfrac{Q_C}{W}$

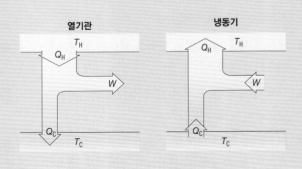

엔트로피의 통계적 해석

(14.5절) 엔트로피는 계의 거시적 상태에 대한 통계적 확률과 관련이 있다. 확률이 높을수록 엔트로피도 높아진다. **미시적 상태**는 분자의 특정한 구성에 대한 설명으로, 각 분자의 위치에 따라 다르다. **거시적 상태**는 개별 분자 각각에 대해 나타내지 않는다.

볼츠만 엔트로피: $S = k_\mathrm{B}\ln\Omega$

무질서한 상태일수록 엔트로피가 높고, 질서 있는 상태일수록 엔트로피가 낮다.

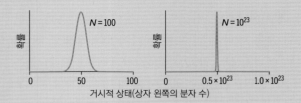

거시적 상태(상자 왼쪽의 분자 수)

14장 연습문제

문제의 난이도는 ▪(하), ▪▪(중), ▪▪▪(상)으로 분류한다. BIO로 표시된 문제는 생물학적 또는 의학적인 문제이다.

개념 문제

1. 다음 과정에서 압축할 때, 기체에 한 일을 비교하여라.
   (a) 등압 (b) 단열   (c) 등온

2. 다음 과정에서 기체의 온도가 반드시 동시에 상승하는가?
   (a) 기체가 압축되는 동안 열이 유입될 때
   (b) 기체가 팽창하는 동안 열이 유입될 때

3. 사람이 격렬한 운동을 하면 주변 환경에 일을 하게 된다. 즉, $W < 0$이다. 또한 주변에 열을 전달하므로 $Q < 0$이다. $W < 0$, $Q < 0$인 경우 왜 체온이 떨어지지 않는가?

4. 에어컨을 방 한가운데에 설치하지 않고 벽면에 있는 창문에 설치하는 이유는 무엇인가?

5. 냉장고 문을 계속 열어 두어도 실내를 시원하게 할 수 없는 이유는 무엇인가?

6. 고체 상태의 은 조각과 액체 상태의 은 조각 중 어느 쪽의 엔트로피가 더 높은가?

7. 14.5절의 2개의 영역을 갖는 상자에 각 영역에 50개의 분자가 있다고 가정하자. 분자들이 무작위로 움직이며 잠시 후 한쪽에는 48개, 다른 쪽에는 52개가 있다. 이 경우 제2법칙을 위반하는가?

8. 열역학 제1법칙은 만족하지만 제2법칙은 위반하는 예를 들어라.

객관식 문제

9. 단원자 이상 기체가 대기압에서 28 L를 차지하고 있다. 이때 내부 에너지는 얼마인가?
   (a) 2,300 J (b) 2,800 J (c) 3,100 J (d) 4,200 J

10. 단열 압축에서 기체의 온도는 어떻게 되는가?
    (a) 증가한다. (b) 감소한다. (c) 그대로 유지한다.
    (d) 주어진 정보로 결정할 수 없다.

11. 그림 MC 14.11과 같이 압력 대 부피 그래프의 순환 과정, 즉 기체가 처음 상태로 돌아오는 주기를 생각해 보자. 다음 중 기체에 한 일이 양수인 것은 무엇인가?
    (a) 경로가 시계 방향으로 순환할 때

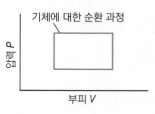

그림 MC 14.11

(b) 경로가 시계 반대 방향으로 순환할 때

(c) 항상 양수이다.

(d) 양수인 경우는 없다.

12. 0°C에서 물 65 g이 어는 동안 엔트로피 변화는 얼마인가?

(a) −59 J/K (b) −79 J/K (c) −99 J/K (d) −109 J/K

13. COP = 3.5인 냉동기는 800 W의 전력을 소비한다. 이 냉동기는 내부에서 열을 어느 정도의 비율로 제거할 수 있는가?

(a) 229 W (b) 2,000 W (c) 2,800 W (d) 3,600 W

연습문제

14.1 열역학 제1법칙

14. • 헬륨 기체 1.75 L를 100°C에서 가열했을 때, 내부 에너지 변화를 구하여라.

15. • 계가 185 W의 비율로 일을 하고, 내부 에너지가 45 W의 비율로 증가한다. 계에 들어가는 열 흐름을 구하여라.

16. •• 크립톤은 단원자 이상 기체이다. 293 K, 1기압에서 4.0몰의 크립톤이 있다고 가정하자. 1,830 J의 열을 흡수한 후 기체의 온도가 45°C 증가하였다. 물음에 답하여라.

(a) 이 과정에서 기체에 한 일은 얼마인가?

(b) 기체 부피는 증가하는가, 감소하는가?

(c) 동일한 열 흐름으로 온도가 15°C만 상승하는 경우에 대해 (a)와 (b)의 물음에 답하라.

17. •• 273 K, 1.0 atm에서 아르곤 4.0 mol의 내부 에너지를 구하여라. 기체 압력과 부피가 모두 두 배가 되면 내부 에너지는 어떻게 변화하는가?

18. •• 6.5 L의 질소로 채워진 풍선을 뜨거운 오븐에서 가열하면 860 J의 열을 흡수한다. 온도가 82°C 상승하면 기체에 대해 한 일은 얼마인가?

14.2 열역학 과정

19. •• 1.0 기압에서 풍선에 2.5 L의 산소 기체가 들어 있다. 부피가 10% 감소할 때까지 일정한 압력으로 풍선을 압축할 때, 다음을 구하여라.

(a) 감소하는 기체의 온도

(b) 기체를 원래 온도로 되돌리기 위해 필요한 열에너지

20. •• 풍선에 0.60몰의 헬륨이 들어 있다. 이 풍선은 처음 100 kPa의 압력에서 300 K의 온도를 일정하게 유지하면서 75 kPa의 높이까지 상승한다. 물음에 답하여라.

(a) 풍선의 부피는 어느 정도 증가하는가?

(b) 이 기체는 얼마나 많은 일을 하는가?

21. •• 디젤 기관은 압축을 통해 실린더 내 공기를 연료 점화 온도까지 상승시킨다. 특정 디젤 기관의 경우 처음 293 K, 1기압에서 0.60 L의 공기가 단열 압축되어 초기 부피의 20분의 1로 압축된다. 다음을 구하여라.

(a) 최종 압력 (b) 기체에 한 일 (c) 최종 온도

22. • 고정된 크기의 용기에 273 K에서 48 g의 헬륨이 들어 있다. 기체 온도를 두 배로 올리는 데 필요한 열을 구하여라.

23. •• 1기압, 273 K에서 1.00몰의 산소 기체가 들어 있는 팽창식 용기가 있다. 다음을 구하여라.

(a) 기체의 부피

(b) 기체가 이 부피의 두 배로 단열 팽창할 경우, 최종 압력과 기체에 한 일

24. •• 그림 P14.24와 같이 4단계 과정을 고려하자. 다음을 구하여라.

(a) 각 단계에서 한 일

(b) 한 순환 과정(A → B → C → D → A)에서 알짜 일

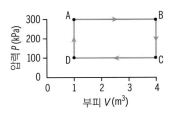

그림 P14.24

25. •• 그림 P14.25의 AB 경로를 따라 기체가 압축되고 있다. 물음에 답하여라.

(a) 이 과정에서 내부 에너지는 증가하는가, 감소하는가?

(b) 이 과정에서 기체가 한 일을 구하여라.

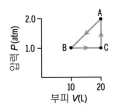

그림 P14.25

26. •• 고성능 가솔린 기관의 압축비는 10:1로, 실린더로 유입되는 공기는 피스톤이 상승할 때 부피의 10분의 1로 압축된다. 이 기관의 실린더에 300 K, 1기압의 공기가 들어올 때, 다음을 구하여라(단, 단열 과정으로 가정한다).

(a) 압축 후 압력

(b) 압축 후 공기의 온도

27. **BIO** •• **음식, 열, 일** 달리기 선수가 1킬로미터를 달리는 데 약 80 kcal의 내부 에너지를 사용한다. 물음에 답하여라.

(a) 선수가 1킬로미터를 달리는 동안 120 g의 땀을 흘린다면 이로부터 손실된 열은 얼마인가?

(b) 선수는 1킬로미터를 달리는 데 얼마나 많은 일을 하는가?

14.3 열역학 제2법칙

28. • 25°C의 물에 대하여 물음에 답하여라(단, 온도 변화는 무시해도 될 정도로 충분한 물이 있다고 가정한다).

(a) 1.50 kJ의 열을 흡수할 때 엔트로피 변화량을 구하여라.

(b) 1.50 kJ의 열을 잃을 때 엔트로피 변화량을 구하여라.

29. •• 0°C에서 얼음 100 g이 녹을 때 생성되는 엔트로피를 구하여라. 물 100 g이 100°C에서 끓을 때 생성되는 엔트로피와 비교하여라.

30. •• 0°C의 물 250 g을 −4°C 냉동실에 넣어 두었다. 모든 물이 얼음으로 변했지만 얼음의 온도가 여전히 0°C를 유지할 때, 알짜 엔트로피 변화를 구하여라.

31. ••• 13장의 표를 이용하여 질소 100 g이 대기압에서 끓을 때 엔트로피 증가량을 구하여라.

14.4 열기관과 냉동기

32. • 열기관이 650 J의 일을 하고 1,270 J의 열을 저온 저장고에 내보낸다. 효율은 얼마인가?

33. •• 원자력 발전소는 매 초마다 우라늄 연료에서 1,700 MJ의 열에너지를 방출하고 1,100 MJ의 폐열을 바다에 버린다. 물음에 답하여라.

(a) 효율은 얼마인가?

(b) 모든 일이 전기로 끝난다고 가정할 때, 전기 에너지는 얼마의 비율로 생성되는가?

34. • 1기압에서 물의 어는점과 끓는점 사이에서 작동하는 열기관의 최대 효율을 구하여라.

35. ••• 대체 에너지원 중 하나는 열대 바다의 표층수와 깊은 물 사이의 온도 차이이다. 25°C 표층수를 고온 저장고로 사용하고 4°C 심층수를 저온 저장고로 사용하는 기관을 가정하자. 물음에 답하여라.

(a) 이 기관의 최대 효율을 구하여라.

(b) 1,000 MW의 발전 능력을 가진 보통의 대형 발전소와 같은 전력을 생산하려면 매일 표층수에서 얼마나 많은 열을 빼내야 하는가?

36. • COP = 4.1인 냉동기가 600 W의 비율로 전기 에너지를 소비한다. 이 냉동기는 내부의 열을 어느 정도 제거할 수 있는가?

37. • 상온 22°C의 실험실에서 77 K로 질소를 액화시키는 냉장고에 대해 최대 COP를 구하여라.

38. ••• 사무실 건물의 겨울철 난방에는 평균 300 kBtu/h가 필요하다. 난방 시스템은 COP = 3.0인 열 펌프를 사용한다. 물음에 답하여라.

(a) 열 펌프에 공급되는 에너지가 118원/kWh이면 건물 난방 비용은 하루에 얼마인가?

(b) 석유에서 나오는 열이 갤런당 5540원인 것과 비교하여 하루에 절약되는 비용은 얼마인가? 이 오일은 갤런당 40 kWh이고 87%의 효율로 연소된다.

14.5 엔트로피의 통계적 해석

39. •• 표 14.2와 같이 5개 분자 또는 6개 분자에 대해 두 경우 모두 거시적 상태의 확률의 합이 1이 됨을 보여라.

40 ••• N개 분자 기체의 경우, 상자 왼쪽에 n개의 분자가 있는 미시적 상태의 수가 $N!/[n!(N-n)!]$임을 나타내어라(힌트: 2, 3, 5개 분자의 경우에 설정한 형태를 생각한다).

41. ••• 표준 카드 덱에는 52장의 서로 다른 카드가 들어 있다. 무작위로 선택된 5장의 카드 조합에 대해 총 몇 가지 조합이 가능한가?

14장 질문에 대한 정답

단원 시작 질문에 대한 답

공학이 잘못된 것이 아니다. 열역학 제2법칙에서 구현된 열에너지를 역학적 일로 전환하는 능력에 대한 근본적인 한계이다.

확인 질문에 대한 정답

14.1절 (a) 감소   (b) 결정 못함   (c) 감소
         (d) 감소   (e) 결정 못함
14.2절 (b) 등온 압축
14.3절 (a) 6.06 kJ/K
14.4절 (b) 48%

전하, 전기력, 전기장
Electric Charges, Forces, and Fields

학습 내용

✔ 전하의 기본 특성 배우기

✔ 쿨롱의 법칙을 사용하여 전하 사이의 힘 결정하기

✔ 전기장의 개념 이해하기

✔ 간단한 전하 분포에 대한 전기장 개략도를 작성하고 전기장 해석하기

✔ 전기장에서 대전 입자의 운동 설명하기

▲ 이 여객기는 낙뢰를 맞았지만, 승객은 다치지 않았고 여객기는 손상되지 않은 채 비행을 계속하였다. 왜 그럴까?

이 장은 전하에 관한 세 장 중 첫 번째 장이다. 중력과 달리 인력이나 척력을 가질 수 있는 전하와 전하 사이의 전기력의 기본적인 성질을 설명하는 것으로 시작할 것이다. 중력과 마찬가지로 전기력은 전하를 둘러싼 장으로 설명할 수 있다. 전기장의 개념은 시각적으로나 양적으로 전하가 어떻게 상호작용하는지 이해하는 데 도움이 된다. 따라서 전기장은 15~17장 전반에 걸쳐 중요한 역할을 할 것이다.

15.1 전하

전기는 요즘 세상을 움직이는 동시에 하나로 묶어 준다고 해도 과언이 아니다. 여러분이 앉아 있는 곳에서 전기를 사용하는 기계, 통신 장비 또는 엔터테인먼트 장치를 분명히 볼 수 있다. 아마도 다양한 전자 장치를 가지고 있겠지만 가장 눈에 띄는 것은 휴대폰일 것이다. 노트북 컴퓨터, 오디오 및 비디오 플레이어, 게임 및 장난감 등 휴대용 전자 장치는 어디에나 있다. 자동차, 비행기, 비즈니스 및 제조 분야를 포함한 많은 전자 시스템은 눈에 잘 띄지 않지만 필수적이다.

옛날부터 알고 있던 전하

고대 그리스 시대로부터 사람들은 전하에 대해 인지하고 있었다. 그리스어 전자

($\eta\lambda\epsilon\kappa\tau\rho o\upsilon$)와 라틴어 전자(electrum)는 천이나 모피로 문지르면 대전되는 화석화된 수지인 호박(amber)을 지칭한다. 이러한 대전된 물질은 **정전기**(static electricity)를 나타내는데, 물질의 전하가 쉽게 이동하지 않기 때문이다. 초기 관찰자들은 대전된 물질에 닿았을 때 약간의 충격이나 스파크를 느꼈고, 대전된 두 물질이 서로를 끌어당기거나 밀어내는 것을 알아 내었다.

1700년대까지 경쟁하는 두 전기 이론이 있었다. 벤자민 프랭클린(Benjamin Franklin, 1706~1790)이 발전시킨 **단일 유체**(single fluid) 이론에서는 전기력은 한 물질에서 다른 물질로 흐르는 전기 유체의 과잉 또는 결핍에서 비롯된다. 그다음 물질은 유체의 동일화 경향에 따라 끌어당기거나 밀어낸다. 과잉(플러스) 또는 결핍(마이너스)을 가진 두 물체는 서로 당기는 반면, 더 이상의 불균형을 피하기 위해 플러스는 플러스에 의해, 마이너스는 마이너스에 의해 밀려난다. 이 이론은 정확하지 않지만 플러스와 마이너스(또는 양(positive)과 음(negative)) 명칭을 그대로 유지하고 있다.

결국 더 정확하다는 것으로 판명된 경쟁 이론은 프랑스 과학자 샤를 뒤페(Charles Du Fay, 1698~1739)와 그의 동료들에 의해 발전하였다. 이 이론에 따르면 전하는 두 종류가 있으며, 같은 전하가 서로 밀어내고 반대 전하가 서로 끌어당긴다고 한다.

영국에서 스테판 그레이(Stephen Gray, 1696~1736)는 전기를 효과적으로 전달하는 **도체**(conductor)와 그렇지 않은 **절연체**(insulator)라는 두 종류의 물질을 구분하였다. 대부분의 물질은 이러한 범주 중 하나에 속한다. 최근에 다른 두 가지 범주가 등장하였다. 현대 전자 장치의 핵심으로 사용되는 **반도체**(semiconductor)는 절연체보다 전기를 훨씬 잘 전도하지만 도체만큼 잘 전도하지는 않는다. **초전도체**(super-conductor)는 저온에서 완벽한 전도체가 되는 물질이다. 17장에서는 반도체와 초전도체에 대해 알아볼 것이다.

전하와 물질

전하는 어디에나 있지만 보통은 잘 드러나지 않는다. 원자는 같은 양의 양전하와 음전하를 포함하고 있어 전기적으로 중성이기 때문이다. 양전하는 원자핵의 양성자에 존재한다(핵에 대해서는 25장에서 자세히 설명한다). 양성자는 중성 원자를 완성하기 위해 핵 주위로 몰려드는 같은 수의 음전하를 끌어당긴다.

1913년 닐스 보어(Niels Bohr)는 원자핵을 태양처럼, 더 가벼운 전자를 행성처럼 공전하는 소형 태양계와 유사한 원자 모형을 제시하였다(24장에서 보어 모형에 대해 자세히 설명한다). 15.2절에서 알게 되겠지만 양성자와 전자 사이의 힘은 뉴턴의 중력 법칙과 동일한 $1/r^2$ 거리 의존성을 가지므로 보어 모형에서 전자는 행성과 유사한 궤도로 설명한다. 보어의 모형은 양자역학으로 대체되었지만 원자를 설명하는 데 있어 합리적인 첫 단계였다.

전자는 매우 가볍기 때문에 이동성이 매우 뛰어나다. 원자는 하나 이상의 전자를 잃고 **양이온**(positive ion)이 되거나 하나 이상의 전자를 얻어 **음이온**(negative ion)이

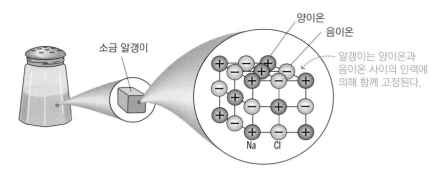

그림 15.1 소금(염화나트륨, NaCl)에서 전기력은 인접한 원자를 제자리에 고정시킨다.

될 수 있다. 그림 15.1은 인력에 의해 서로 반대 부호로 대전된 이온을 결합하여 소금을 형성하는 방법을 보여 준다.

반대 전하 사이의 인력은 NaCl과 같은 이온성 분자뿐만 아니라 모든 분자를 결합한다. **분자 결합**(molecular bond)은 궁극적으로 이웃한 원자에서 양전하와 음전하의 배열로부터 발생한다. 이는 개별 분자뿐만 아니라 고체에서도 마찬가지이며, 이웃한 원자 사이의 전기적 인력이 고체의 구조를 형성한다. 바닥에 서 있을 때 바닥에 있는 원자들의 전기력이 우리를 지탱하고 바닥이 무너지지 않게 한다. 이것이 4장에서 배운 수직항력의 근원이다.

전하 이동: 직접 해 보기

예를 들어, 그림 15.2에 나타낸 실험을 하면 두 가지 종류의 전하가 있다는 것을 쉽게 이해할 수 있다. 플라스틱 막대에 모피를 문지르면 전자가 모피에서 플라스틱으

실험 1

❶ 플라스틱 막대에 모피를 문지른다.

플라스틱은 모피에서 전자를 얻어 음전하를 띤다.

❷ 플라스틱 공에 막대를 댄다.

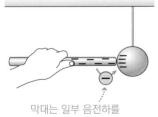

막대는 일부 음전하를 공에 전달한다.

❸ 공이 밀린다.

막대와 공은 머두 음으로 대전되어 서로 밀어낸다.

실험 2

❶ 유리 막대에 실크를 문지른다.

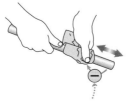

실크는 유리에서 전자를 흡수하여 막대가 양전하를 띠게 한다.

❷ 실험 1로부터 대전된 공이 막대에 끌린다.

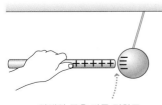

막대와 공은 다른 전하로 대전되기 때문에 서로 끌어당긴다.

그림 15.2 두 가지 전하가 있다는 것을 증명하기 위한 실험

로 이동하여 막대가 음전하를 띠게 된다. 플라스틱은 원래 중성이므로 문지른 곳에 여분의 전하가 존재한다. 막대를 실에 매달린 가벼운 플라스틱 공에 대면 전자가 공으로 이동한다. 이것은 **전도에 의한 대전**(charging by conduction)이다. 이제 막대와 공 모두 음전하를 띠게 된다. 막대를 공 가까이 가져가면 전하처럼 둘 사이의 반발력(척력)을 관찰할 수 있다. 이제 유리 막대에 실크를 문지른다. 이렇게 하면 전자가 유리에서 실크로 이동하여 막대가 양전하를 띠게 된다. 이 막대를 음전하를 띤 공 근처에 가져가면 반대로 전하 사이의 인력을 볼 수 있다.

대전되지 않은 공에 양전하로 대전된 막대를 사용하여 접근하는 등의 다른 실험을 해 보면 서로 다른 전하에는 인력이, 같은 전하에는 척력이 작용하는 두 가지 유형의 전하가 있다는 것을 확인할 수 있다.

분극과 전기 쌍극자

▶ **TIP** 분극된 분자는 여전히 알짜 전하가 없지만 전하가 균일하게 분포되지 않는다.

자세히 관찰하면 전하가 이동하기 전에 대전되지 않은 공이 대전된 막대에 약간 끌린다는 것을 알 수 있다. 그 이유는 **전하 분극**(charge polarization) 때문이다. 절연 공의 전자가 중성 분자 안에 갇혀 있지만 이러한 분자는 대전된 막대의 존재에 의해 **분극**되어 한쪽에는 양전하, 다른 쪽에는 음전하의 성질을 띠게 된다. 이들은 자유롭지는 않지만 방향을 바꿀 수 있는 **전기 쌍극자**(electric dipole) 역할을 한다(전기 쌍극자는 서로 다른 부호로 대전된 점 입자 쌍이며, 분극된 분자는 이상적인 것에 가깝다). 그림 15.3과 같이 양전하를 띤 막대를 가까이 가져가면 쌍극자의 음극 부분이 막대에 더 가까워진다. 양전하 막대가 모든 쌍극자에 미치는 알짜 효과는 약한 인력이다.

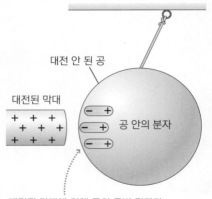

대전된 막대에 의해 공의 주변 전자가 전기 쌍극자가 된다.

그림 15.3 전하 분극으로 인한 인력

전하 분극은 흔한 현상이다. 마른 머리카락을 빗어 보면 대전된 빗이 대전되지 않은 작은 종이 조각을 끌어당긴다는 것을 발견할 수 있다. 스티로폼 덩어리를 부수면 작은 조각들이 성가시게 달라붙는다. 풍선을 문지르면 과도한 전하를 띠게 되고 손이나 벽에 붙는다. 이러한 예에서 종이, 벽, 몸, 옷은 모두 분극화되고 대전된 물체에 끌린다. 매일 마시는 물은 분극 분자인데, '일반용매'라고 부른다. 이것의 화학적 구조는 물 분자를 수소가 양이고 산소가 음인 영구적인 전기 쌍극자로 만든다. 분자 쌍극자는 고체를 용해시키는 것을 돕는 소금($NaCl$)과 같은 이온성 고체에 끌린다.

개념 예제 15.1 | **전기 쌍극자의 인력**

줄에 매달린 플라스틱 공 근처에서 플라스틱 막대를 들고 있다. 물음에 답하여라.

(a) 공이 대전되지 않고 막대가 음전하를 띠고 있다고 가정하자. 막대를 공 근처로 옮기면 어떻게 되는지 설명하여라.

(b) 공이 알짜 음전하를 띠고 있지만 막대는 대전되지 않는다고 가정하자. 막대를 공 근처로 옮기면 어떻게 되는가?

풀이 (a) 본문의 상황과 같지만 대전 상태가 바뀌었다. 그림 15.4a와 같이 공의 전기 쌍극자는 음전하 막대에 반응하며, 쌍극자의 양 끝은 막대를 향한다. 이로 인해 막대와 공 사이에 인력이 생긴다.

(b) 이제 공은 음전하를 띠고 있다. 플라스틱 막대는 전기 쌍극자를 포함하는 절연체이기도 하므로 그림 15.4b와 같이 쌍극

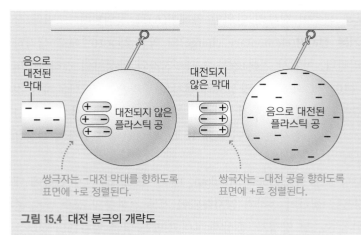

음으로
대전된
막대

대전되지 않은
플라스틱 공

쌍극자는 −대전 막대를 향하도록
표면에 +로 정렬된다.

대전되지
않은 막대

음으로 대전된
플라스틱 공

쌍극자는 −대전 공을 향하도록
표면에 +로 정렬된다.

그림 15.4 대전 분극의 개략도

자의 양 끝이 음전하 공에 끌린다. 그 결과 다시 공과 막대 사이에 인력이 생긴다.

반영 뉴턴의 운동 제3법칙은 여기서도 적용된다. (a)와 (b)의 두 경우 공은 막대가 공에 가하는 힘의 크기와 반대 방향으로 막대에 힘을 가한다. 막대와 손이 공보다 훨씬 더 무겁기 때문에 그 힘을 느끼지는 못한다.

대전하기

건조한 날씨에는 특히 과잉 전하가 자주 발생한다. 전형적인 경우가 카펫 위를 걸을 때이다. 신발은 절연 카펫에서 전자를 흡수하고, 절연 상태를 유지하면 이 전하가 갈 곳이 없다. 완벽한 절연체가 없기 때문에 전하가 서서히 방전된다. 하지만 과잉 전하 대부분이 중성 도체로 빠르게 흘러들어가 충격을 받는다.

공기가 습할 때 전하를 유지하는 것이 훨씬 더 어렵다. 물은 훌륭한 도체는 아니지만 과잉 전하를 운반하기에 충분한 전도성을 가지고 있다. 따라서 물의 약한 전도성 때문에 젖은 상태에서 전기 장비를 다루는 것은 위험하다.

정전기 방전으로 인한 충격은 불편할 수 있지만 대개는 심각하지 않다. 하지만 일부 상황에서는 주의가 필요하다. 차에서 내릴 때 시트를 통해 흐르는 전하가 발생할 수 있다. 이때 차량의 금속 부분을 만지면 충격을 받게 된다. 가스탱크에 연료를 채우다가 펌프 노즐 주위에서 방전되면 스파크가 연료에 점화될 수 있으므로 그림 15.5와 같은 경고가 나타난다.

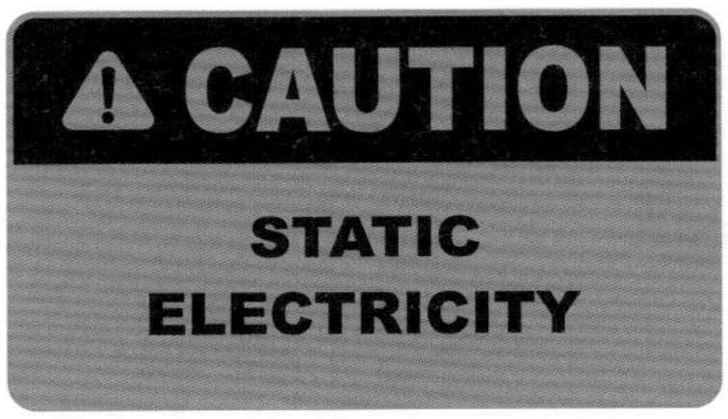

접지(grounding)는 말 그대로 도체를 땅에 연결하는 것으로, 방전 위험을 줄일 수 있다. 가연성 연료를 운반하는 유조선 트럭은 트럭을 지면에 고정시키는 체인을 끌리게 하기도 한다. 비행기에 연료를 주입하기 전에 연료 기술자는 비행기와 연료 탱크 사이에 전선을 연결하여 전기 스파크를 방지한다. 주유소에서 금속 가스통을 채울 때는 가스통을 차 뒤쪽에 두지 말고 바닥에 내려놓아 단단히 접지된 상태를 유지해야 한다. 컴퓨터 작업을 하는 기술자는 정전기 방전이 민감한 전자 부품을 손상시키지 않도록 스스로 접지한다.

그림 15.5 가스 펌프에 대한 경고

전하량 단위, 보존, 양자화

전하량은 길이, 질량, 시간처럼 특별한 물리량이다. 전하량의 SI 단위는 전하에 대한 힘 법칙을 발견한 프랑스 물리학자 샤를 오귀스탱 드 쿨롱(Charles Augustin de Coulomb, 1736~1806)의 이름을 딴 **쿨롱**(coulomb, C)이다(15.2절). 쿨롱은 18장에서

표 15.1 몇 가지 아원자 입자의 성질

입자	전하량	질량
양성자	$+e = +1.602 \times 10^{-19}$ C	$m_p = 1.673 \times 10^{-27}$ kg
중성자	0	$m_n = 1.675 \times 10^{-27}$ kg
전자	$-e = -1.602 \times 10^{-19}$ C	$m_e = 9.109 \times 10^{-31}$ kg

살펴보게 되듯이 전류의 단위인 암페어(A)로 정의된다. 그러나 쿨롱은 **기본 전하량**(elementary charge)의 약 6.25×10^{18}배로 생각하면 편리하다. 여기서 기본 전하량 e는 전자와 양성자의 전하량이며 1.602×10^{-19} C과 같다. 양성자와 전자의 질량은 매우 다르지만 정확히 같은 크기의 전하를 전달한다는 것은 주목할 만한 사실이다. 양성자는 $+e$이고 전자는 $-e$이다(표 15.1). 양성자와 중성자의 질량은 거의 같지만 전자는 훨씬 가볍다.

1911년 실험에서 로버트 밀리칸(Robert Millikan, 1868~1953)은 전자 전하에 대한 최초의 현대적 측정을 수행하여 전하가 **양자화**되어 기본 전하량의 정수 배로 존재한다는 것을 밝혀 냈다. 오늘날 양성자, 중성자 그리고 많은 다른 입자를 구성하는 **쿼크**(quark)에 $\pm\frac{2}{3}e$와 $\pm\frac{1}{3}e$라는 더 작은 단위의 전하량이 있다는 것을 알고 있었다.

실험 결과 전하량은 **보존되는**(conserved) 양으로 나타났다. 즉, 닫힌계에서 + 또는 −부호를 포함한 모든 전하량의 대수적 합인 알짜 전하량이 일정하게 유지된다. 전도에 의한 대전과 같이 전하를 이동시키고 한 물체에서 다른 물체로 전하를 전달할 수 있다. 그러나 어떤 고립계에서도 알짜 전하량은 변하지 않는다.

15.2 쿨롱의 법칙

1785년 쿨롱은 그림 15.6과 같은 비틀림 저울을 사용하여 다른 전하 사이의 힘을 정량적으로 측정하였다. 이 장치는 1798년 캐번디시가 중력을 측정하기 위해 사용한 장치와 유사하다(9장). 쿨롱은 두 전하 q_1과 q_2 사이의 힘의 크기는 각 전하량에 비례하고 두 전하 사이의 거리의 제곱에 반비례한다는 것을 발견하였다. 15.1절에서 배웠듯이 힘의 방향은 전하의 부호가 다르면 인력이고 부호가 같으면 척력이다. 쿨롱의 실험에 따르면 이 **정전기력**(electrostatic force)의 크기는 다음과 같다.

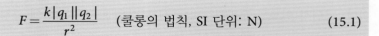

$$F = \frac{k|q_1||q_2|}{r^2} \quad \text{(쿨롱의 법칙, SI 단위: N)} \tag{15.1}$$

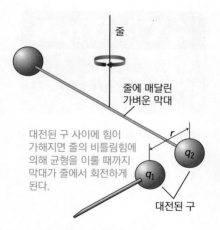

대전된 구 사이에 힘이 가해지면 줄의 비틀림힘에 의해 균형을 이룰 때까지 막대가 줄에서 회전하게 된다.

그림 15.6 쿨롱의 비틀림 저울

▶ **TIP** 힘은 크기와 방향을 갖는 벡터라는 것을 기억하여라.

여기서 k는 상수이고 r은 두 전하 사이의 거리이다.

식 15.1은 **쿨롱의 법칙**(Coulomb's law)의 스칼라 부분이다. 힘은 벡터이기 때문에 인력인지 척력인지에 따라 힘의 방향을 지정해야 한다. 15.3절에서는 힘의 크기와 방향을 벡터로 결합하는 방법을 보여 줄 것이다. 식 15.1은 전하의 절댓값(크기)을 사용하므로 이 식에 들어가는 모든 양이 양수이다. 이렇게 하면 벡터의 크기가 양수이어야 하므로 결과가 양수임을 알 수 있다.

엄밀히 말하면 쿨롱의 힘 법칙은 무시할 수 있는 크기의 전하 입자인 **점전하**에만 적용된다. 하지만 9장에서 중력에 대해 배웠듯이 역제곱 힘에는 특별한 점이 있다. 모든 구형 대칭 분포는 구의 중심에 있는 점 입자로 취급할 수 있다. 따라서 쿨롱 실험의 공과 같은 구형 전하 사이의 힘도 전하 분포가 구형 대칭이고, 구의 중심으로부터 거리 r을 측정하면 식 15.1로 주어진다.

상수 k와 ε_0

식 15.1의 양 k는 정전기력의 세기를 결정하며, 뉴턴의 중력 법칙(식 9.1)의 상수 G와 유사하다. SI 단위로 나타내면 다음과 같다.

$$k = 8.988 \times 10^9 \text{ N·m}^2/\text{C}^2$$

전하량을 쿨롱 단위로, 길이를 미터 단위로 하면 식 15.1의 힘은 뉴턴 단위이다. 물리학자들은 종종 나중에 명백해질 이유로 인해 상수 k를 **자유 공간의 유전율**(permittivity of free space)이라 불리는 또 다른 상수 ε_0으로 표기한다.

$$k = \frac{1}{4\pi\varepsilon_0}$$

여기서 $\varepsilon_0 = 8.854 \times 10^{-12} \text{ C}^2/(\text{N·m}^2)$이다. 최신 공학용 계산기에는 k, ε_0, 기본 전하 e 및 전자, 양성자, 중성자의 질량이 저장되어 있다.

예제 15.2	수소 원자의 정전기력

수소 원자 모형에서 전자는 반지름 5.29×10^{-11} m의 원에서 양성자 주위를 돈다. 물음에 답하여라.

(a) 이 거리에서 양성자와 전자 사이의 정전기력의 크기를 구하여라.

(b) 이 거리에서 양성자와 전자 사이의 중력의 크기를 구하여라.

(c) (a)와 (b)에서 구한 두 힘의 크기 비율을 구하여라.

구성과 계획 그림 15.7은 궤도를 그린 것이다. 힘의 법칙은 쿨롱의 법칙과 뉴턴의 중력 법칙이다. 양성자와 전자 사이의 거리는 알려져 있으며, 전하와 질량의 값은 표 15.1에 나와 있다. 정전기력은 식 15.1에 의해 다음과 같다.

$$F = \frac{k|q_1||q_2|}{r^2}$$

전하의 절댓값은 전자와 양성자 모두 $|q_1| = |q_2| = e = 1.60 \times$

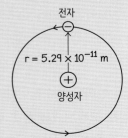

전자

$r = 5.29 \times 10^{-11}$ m

양성자

그림 15.7 예제 15.2에 대한 개략도

10^{-19} C으로 동일하다. 또한, 전자가 양성자에 의해 경험하는 중력은 뉴턴의 중력 법칙에서 표현된다.

$$F = \frac{Gm_\text{p}m_\text{e}}{r^2}$$

여기서 $m_\text{p} = 1.67 \times 10^{-27}$ kg, $m_\text{e} = 9.11 \times 10^{-31}$ kg이다.

알려진 값: $r = 5.29 \times 10^{-11}$ m

풀이 (a) 정전기력의 크기를 구하면 다음과 같다.

$$\begin{aligned} F_e &= \frac{k|q_1||q_2|}{r^2} \\ &= \frac{(8.99 \times 10^9 \text{ N·m}^2/\text{C}^2)(1.60 \times 10^{-19} \text{ C})^2}{(5.29 \times 10^{-11} \text{ m})^2} = 8.22 \times 10^{-8} \text{ N} \end{aligned}$$

(b) 정전기력과 유사하게 중력을 계산하면 다음을 얻는다.

$$\begin{aligned} F_g &= \frac{Gm_\text{p}m_\text{e}}{r^2} \\ &= \frac{(6.67 \times 10^{-11} \text{ N·m}^2/\text{kg}^2)(1.67 \times 10^{-27} \text{ kg})(9.11 \times 10^{-31} \text{ kg})}{(5.29 \times 10^{-11} \text{ m})^2} \\ &= 3.63 \times 10^{-47} \text{ N} \end{aligned}$$

(c) 두 힘의 크기 비율은 다음과 같다.

$$\frac{F_e}{F_g} = \frac{8.22 \times 10^{-8} \text{ N}}{3.63 \times 10^{-47} \text{ N}} = 2.26 \times 10^{39}$$

반영 정전기력은 중력의 대략 10^{40}배 정도이다. 이는 수소 원자뿐만 아니라 두 힘 모두 $1/r^2$에 의존하므로 (전자와 양성자에 대한) 이들의 비율은 거리에 관계없이 동일하다. 이는 태양계의 큰 천체들이 전기적으로 거의 중성화되어야 한다는 것을 암시한다. 그렇지 않으면 정전기력이 천체의 궤도에 영향을 미치게 되는데, 실제로는 거의 전적으로 중력에 의해 결정된다.

연결하기 지구와 달이 각각 같은 양전하 q를 가지고 있다고 가정하자. 이 전하가 얼마나 커야 둘 사이의 중력을 상쇄할 수 있는가?

답 쿨롱의 법칙과 뉴턴의 중력 법칙을 사용하고, 두 힘을 같게 놓으면 필요한 전하량은 약 6×10^{13} C이다. 이것은 거대하지만 지구 내부에 존재하는 모든 양전하와 비교하면 작은 양이다.

예제 15.3 떠 있는 먼지

마찰을 통해 먼지 입자가 $q = 3.4 \times 10^{-10}$ C의 과도한 전하를 흡수한다. 반지름이 $r = 5.0 \times 10^{-5}$ m이고 밀도가 $\rho = 3,500$ kg/m³인 구형 입자를 가정하자. 먼지 입자는 전하가 동일한 입자 바로 위에 있다. 이때 위쪽 입자가 전기력과 중력이 평형을 이룰 때, 두 전하 사이의 거리를 구하여라.

구성과 계획 그림 15.8a는 한 먼지 입자의 중심과 다른 먼지 입자의 중심 사이 거리가 d임을 보여 준다. 그림 15.8b의 힘 도표는 두 힘의 크기가 같아야 평형을 이룰 수 있음을 나타낸다.

쿨롱의 법칙인 식 15.1은 정전기력을 제공한다.

$$F = \frac{k|q_1||q_2|}{r^2} = \frac{kq^2}{d^2}$$

여기서 d는 미지의 거리이다. 중력은 먼지 입자의 무게와 같으며, 지구 근처에서 먼지 입자의 무게는 mg에 불과하다. 질량 m은 밀도×부피($m = \rho V$)이고, 반지름이 r인 구의 부피는 $V = \frac{4}{3}\pi r^3$이다.

알려진 값: $r = 5.0 \times 10^{-5}$ m, $q = 3.4 \times 10^{-10}$ C, $\rho = 3,500$ kg/m³

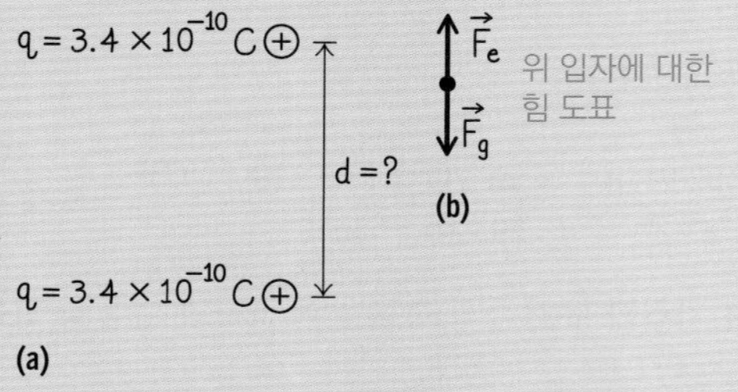

그림 15.8 예제 15.3에 대한 개략도

풀이 정전기력과 중력(무게)이 같으므로 다음과 같이 나타낸다.

$$\frac{kq^2}{d^2} = mg = (\rho V)g = \rho\left(\frac{4}{3}\pi r^3\right)g$$

위 식을 d에 대해 정리하면 다음과 같다.

$$d^2 = \frac{kq^2}{\frac{4}{3}\pi \rho g r^3}, \quad \text{즉} \quad d = \sqrt{\frac{kq^2}{\frac{4}{3}\pi \rho g r^3}}$$

이 식에 값을 대입하여 계산하면 다음을 얻는다.

$$d = \sqrt{\frac{kq^2}{\frac{4}{3}\pi \rho g r^3}}$$
$$= \sqrt{\frac{(8.99 \times 10^9 \text{ N·m}^2/\text{C}^2)(3.4 \times 10^{-10} \text{ C})^2}{\frac{4}{3}\pi (3,500 \text{ kg/m}^3)(9.8 \text{ m/s}^2)(5.0 \times 10^{-5} \text{ m})^3}} = 0.24 \text{ m}$$

반영 이 예제에서는 아주 작은 전하로도 중력의 평형을 맞추기에 충분하며, 정전기력과 중력의 상대적 힘을 다시 한번 보여 준다. 먼지 입자는 정전기력에 의해 쉽게 움직인다. 먼지 입자가 벽이나 옷에 얼마나 쉽게 달라붙는지 생각해 보자.

그렇다면 유효한 전하량은 얼마나 되는가? 질량, 길이, 시간과 달리 대전을 직관적으로 느낄 수 있는 방법은 아직 없다. 플라스틱 막대를 문지르거나 마른 카펫 위를 걸을 때 발생하는 과잉 전하는 일반적으로 나노 쿨롱(nC = 10^{-19} C) 정도이다. 축전기(16장)라고 하는 전자 장치는 피코 쿨롱(pC = 10^{-12} C)에서 쿨롱(C)에 이르는 전하량을 저장한다. 1 C에는 엄청난 수의 기본 전하량(거의 10^{19}개)이 포함되어 있다.

▶ **TIP** 전하량 단위와 함께 자주 사용되는 SI 접두사를 검토해 보자. μC, nC, pC으로 표현하는 전하량을 자주 볼 것이다.

복사기와 레이저 프린터의 작동에는 정전기 인력이 필수적이다. 이 장치들에는 빛을 받을 때만 전도성이 생기는 광전도성 물질로 코팅된 원통형 드럼이 들어 있다. 드럼이 처음에 대전되고 복사할 페이지의 이미지가 빛 또는 레이저를 통해 드럼에 초점을 맞춰 이미지를 '쓰기' 위해 스캔된다. 드럼의 어두운 부분은 전하를 유지하지만 빛을 받아 전도성이 있는 부분에서는 전하가 빠져나간다. 그다음 '토너'라고 하는 작은 플라스틱 입자를 드럼에 뿌려서 전하를 띤 부분에만 달라붙게 한다. 마지막으로 복사 용지는 드럼 위로 굴려 토너 입자를 집어 올린 다음 뜨거운 롤러를 통과시켜 플라스틱을 종이에 녹여 영구적인 복사본을 만들어 낸다.

확인 15.2절 다음 중 근거리에 놓인 두 전하 $q_1 = 2$ nC과 $q_2 = 4$ nC에 작용하는 힘에 대해 옳은 것은 무엇인가?

(a) 두 힘은 인력이고, q_1에 대한 힘은 q_2에 대한 힘보다 크다.

(b) 두 힘은 인력이고, q_1에 대한 힘은 q_2에 대한 힘보다 작다.

(c) 두 힘은 척력이고, q_1에 대한 힘은 q_2에 대한 힘보다 크다.

(d) 두 힘은 척력이고, 두 힘의 크기는 동일하다.

15.3 여러 개의 전하에 대한 쿨롱의 법칙

이 절은 그림 15.9와 같이 전하가 2개 이상인 상황을 분석하는 방법을 보여 준다. 전하 q_3에 작용하는 힘은 얼마인가? 다른 두 전하로 인한 힘의 합이라고 추측할 수 있다.

$$\vec{F}_{3net} = \vec{F}_{13} + \vec{F}_{23} \quad \text{(중첩의 원리)} \tag{15.2}$$

실험을 통해 이 추측이 옳다는 것이 증명되었다. 이렇게 간단한 방법으로 전기력을 합하는 것을 **중첩의 원리**(principle of superposition)라고 한다.

힘은 벡터이며, 식 15.2는 힘을 벡터로 더해야 한다는 것을 보여 준다. 모든 힘이 같은 방향이 아닌 한 단순히 힘의 크기를 선형적으로 더할 수 없다. 여기에서는 4장에서 소개한 벡터 표기법에 따라 'q_1이 q_3에 작용하는 힘'을 $\vec{F}_{13}$으로 표기한다.

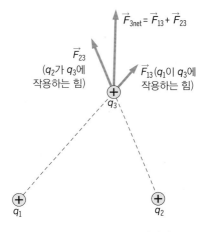

그림 15.9 여러 전하에 대한 알짜힘

알짜힘 계산

일반적으로 벡터를 성분 형태로 더하는 것이 가장 쉽다는 것을 배웠다. 예제 15.4는 정전기 상황에서 벡터로 구하는 방법을 보여 준다.

문제 해결 전략 15.1	여러 전하에 대한 알짜힘 구하기

구성과 계획
- 상황을 시각화하기 위해(문제풀이 전략 4.1 참조) 개략도를 그린다.
- 전하의 위치를 파악하고 부호를 표기한다.
- 힘을 계산할 전하를 정한다.
- 인력과 척력의 규칙에 따라 방향을 정하여 이 전하가 다른 전하로부터 받는 힘을 제

시하는 벡터를 스케치한다. 여기서 전하의 크기에 대해 걱정할 필요가 없다.

풀이

■ 쿨롱의 법칙을 사용하여 각 힘의 크기를 구한다.

■ 좌표계를 설정하고 각 힘의 성분을 구한다.

■ 벡터의 성분을 더하여 알짜힘을 구한다.

반영

■ 답(알짜힘)의 크기를 확인한다. 합산한 힘을 고려할 때 합리적인가?

■ 알짜힘의 방향을 찾고, 이 방향이 타당한지 확인한다.

예제 15.4 **평면에 놓인 세 전하**

xy평면의 원점 $(0, 0)$에 $q_1 = 86\,\mu$C, 점 $(2.5\,\text{m},\ 0)$에 $q_2 = 32\,\mu$C, 점 $(1.5\,\text{m},\ 2.2\,\text{m})$에 $q_3 = -53\,\mu$C의 세 점전하가 있다. q_1에 작용하는 알짜힘을 구하여라.

구성과 계획 쿨롱의 법칙은 다른 두 전하로 인해 q_1에 작용하는 힘을 제공한다. 그림 15.10a는 양전하 q_2가 양전하 q_1에 작용하는 힘이 척력(부호가 같다)이므로 왼쪽, 즉 $-x$ 방향을 가리킨다. 그러나 음전하 q_3이 양전하 q_1에 작용하는 힘은 인력으로 위쪽과 오른쪽을 가리키며 삼각법으로 성분을 구해야 한다. 두 힘의 크기는 다음과 같다.

$$F_{21} = \frac{k|q_1||q_2|}{r_{21}^2}, \quad F_{31} = \frac{k|q_1||q_3|}{r_{31}^2}$$

여기서 r_{21}은 q_1과 q_2 사이의 거리이고, r_{31}은 q_1과 q_3 사이의 거리이다. $\vec{F}_{31}$은 x축과 각 θ를 이루므로 이 벡터의 성분은 다음과 같다.

$$F_{31,x} = F_{31}\cos\theta, \quad F_{31,y} = F_{31}\sin\theta$$

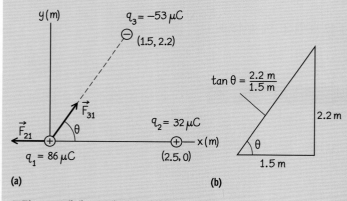

그림 15.10 예제 15.4에 대한 개략도

풀이 첫 번째 힘의 크기를 계산하자.

$$F_{21} = \frac{k|q_1||q_2|}{r_{21}^2}$$

$$= \frac{(8.99\times10^9\ \text{N·m}^2/\text{C}^2)(86\times10^{-6}\ \text{C})(32\times10^{-6}\ \text{C})}{(2.5\,\text{m} - 0\,\text{m})^2} = 4.0\ \text{N}$$

이 힘의 방향은 $\vec{F}_{21} = -4.0\ \text{N}\hat{i}$로 주어진다.

피타고라스 정리에 의해 $r_{13}^2 = (\Delta x)^2 + (\Delta y)^2$이고, 이를 이용하여 F_{31}을 계산하자.

$$F_{31} = \frac{k|q_1||q_3|}{r_{31}^2}$$

$$= \frac{(8.99\times10^9\ \text{N·m}^2/\text{C}^2)(86\times10^{-6}\ \text{C})(53\times10^{-6}\ \text{C})}{(1.5\,\text{m} - 0\,\text{m})^2 + (2.2\,\text{m} - 0\,\text{m})^2}$$

$$= 5.8\ \text{N}$$

그림 15.10b는 $\tan\theta = \dfrac{2.2\,\text{m}}{1.5\,\text{m}} = 1.47$이므로 $\theta = \tan^{-1}(1.47) = 55.8°$이다. 따라서 $\vec{F}_{31}$의 성분은 다음과 같다.

$$F_{31,x} = F_{31}\cos\theta = (5.8\ \text{N})\cos(55.8°) = 3.3\ \text{N}$$

$$F_{31,y} = F_{31}\sin\theta = (5.8\ \text{N})\sin(55.8°) = 4.8\ \text{N}$$

단위벡터로 나타내면 $\vec{F}_{31} = 3.3\ \text{N}\,\hat{i} + 4.8\ \text{N}\,\hat{j}$이다. 중첩의 원리에 따라 q_1에 작용하는 알짜힘은 다음과 같다.

$$\vec{F}_{\text{net}} = \vec{F}_{21} + \vec{F}_{31}$$

$$= -4.0\ \text{N}\,\hat{i} + (3.3\ \text{N}\,\hat{i} + 4.8\ \text{N}\,\hat{j})$$

$$= -0.7\ \text{N}\,\hat{i} + 4.8\ \text{N}\,\hat{j}$$

반영 벡터 성분을 계산한 후 최종 벡터 합을 구하는 것은 간단하다. 이 절차는 전하의 수가 많은 경우에도 적용된다. 즉, 합칠 힘이 더 생기는 것뿐이다. 또한, 최종 답변이 합리적인지 판단하기가 더 어렵다. 이 경우 (x축 위에 있는) q_1이 q_2보다는 q_3 쪽으로 끌린다는 것은 최종 답이 양의 y성분을 포함한다는 것과 일치한다.

연결하기 예제 15.4에서 q_1을 질량이 10^{-6} kg인 먼지 입자의 전하라고 가정하자. 입자의 가속도는 얼마인가?

답 힘과 가속도 관계는 $\vec{F} = m\vec{a}$이다. 따라서 $\vec{a} = \vec{F}/m = -7.0 \times 10^5$ m/s$^2\,\hat{i}$ + 4.8×10^6 m/s$^2\,\hat{j}$이다. 이 예제에서 알 수 있듯이 먼지 입자가 쉽게 가속되는 것은 당연하다. 15.5절에서 대전 입자의 가속 운동을 더 자세히 논의할 것이다.

이제 쿨롱의 법칙을 통해 여러 개의 전하로 인해 전하가 받는 알짜힘을 계산할 수 있다. 전하에 대한 알짜힘을 아는 것은 중요한데, 알짜힘이 전하의 운동(가속)을 일으키기 때문이다(뉴턴의 운동 제2법칙). 전하의 이동은 전자 장치가 작동하는 원동력이며 화학 반응의 핵심이기도 하다.

대전 입자는 일반적으로 매우 작으며, 종종 엄청난 수의 입자가 존재한다. 그렇다면 계산이 수백만 개의 힘 벡터를 계산해야 하는 지루한 작업이 되어야 한다. 그러나 다행히도 전기력의 개념은 전하가 다른 전하의 영향을 받아 어떻게 움직이는지 시각화하고 계산하는 데 도움이 되는 또 다른 개념인 **전기장**으로 자연스럽게 이어진다. 이 장의 나머지 부분은 전기장에 대해 설명한다.

새로운 개념 검토

- 전하들은 서로에게 힘을 가한다. 같은 전하는 반발하고, 다른 전하는 끌어당긴다.
- 전하 사이의 힘은 쿨롱의 법칙에 의해 결정된다.
- 다른 힘과 마찬가지로 정전기력도 크기와 방향이 있는 벡터이다.
- 여러 힘이 존재할 때, 어떤 전하에 대한 알짜힘은 다른 전하들로 인한 각각의 힘의 합이다. 이를 중첩의 원리라 한다.

확인 15.3절 그림과 같이 x축에 세 점전하가 있다. 가운데에 있는 전하에 작용하는 알짜힘의 방향은 어느 쪽인가?
(a) 0 (b) 왼쪽 방향 (c) 오른쪽 방향

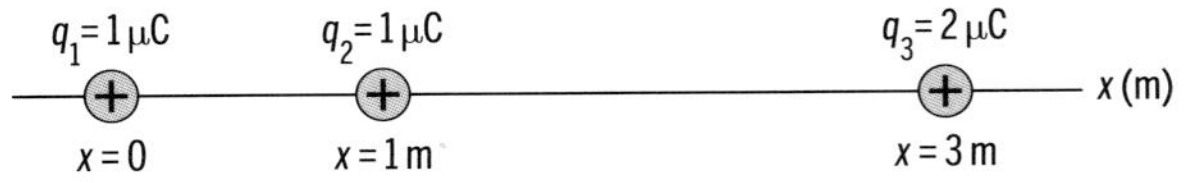

15.4 전기장

정전기력에 대한 힘의 법칙(쿨롱의 법칙)과 중력의 법칙(뉴턴의 법칙)이 얼마나 유사한지 살펴보았다. 둘 다 거리의 역제곱에 의존하며, 정전기력은 두 전하에 비례하고 중력은 질량에 비례한다. 하지만 중요한 차이점이 있다. 중력은 오직 인력만 작용하지만 정전기력은 인력 또는 척력이 작용한다는 것이다.

전하의 상호작용을 설명하기 위해 **전기장**(electric field)의 개념을 사용할 것이다. 이를 통해 쿨롱의 법칙만으로는 설명하기 어려운 상황을 이해하는 데 도움이 될 것이다. 물리학에서 장은 공간의 한 영역의 모든 점에서 정의되는 물리량이다. 온도와 같은 스칼라장일 수도 있고 전기장이나 중력장과 같은 벡터장일 수도 있다. 온도는 각 지점에 숫자 하나를 지정하여 부피 전체의 온도를 기술할 수 있으므로 스칼라장이다. 그러나 전기장과 중력장의 경우 각 지점에서 장의 크기와 방향이 모두 주어져야 한다.

중력장

여러분이 앉아 있는 방은 점들의 집합을 정의한다. **중력장**(gravitational field)을 방의 각 점에 있는 작은 물체의 중력 가속도($\vec{g}$)로 정의할 것이다. 중력 가속도 g는 방 안의 모든 곳에서 거의 동일하기 때문에 시각화하기 쉬운 장이다. 약 9.8 m/s²의 크기를 가지며 아래쪽을 똑바로 가리킨다. 방이 충분히 넓고 충분히 민감한 기기가 있다면 위로 올라갈수록 $\vec{g}$의 크기가 약간 작아진다는 것을 알 수 있겠지만 대부분의 경우 $\vec{g}$는 방의 모든 곳에서 동일하다고 할 수 있다. 그림 15.11a는 방문을 통해 들여다보는 중력장의 벡터를 보여 준다. 모든 벡터의 크기와 방향이 같기 때문에 이는 **균일한 장**(uniform field)이다.

연속 **역선**(field lines)을 사용하여 벡터장을 시각화하는 방법이 있다. 임의의 지점에서 시작하여 장의 방향으로 짧은 거리를 이동한다. 따라서 장의 방향을 다시 판단하고 (바꿀 수도 있지만) 새로운 방향으로 짧은 거리를 간다. 결과는 연속 역선이다. 다른 시작점으로 반복하면 전체 장이 표시된다. 그림 15.11b는 균일한 중력장에 대한 결과를 보여 준다.

지구 주변의 더 넓은 지역을 보면 중력장은 균일하지 않다. 어떻게 보이는가? 각 점에서 중력 가속도인 장 $\vec{g}$의 정의를 기억하여라. 즉, 각 벡터장이 지구의 중심을 가리킨다. 이 장의 크기 g는 9.1절에서 뉴턴의 중력 법칙을 사용하여 도출하였다.

$$g = G\frac{M}{r^2} \quad \text{(지구의 중력장 [크기], SI 단위: m/s}^2)} \tag{15.3}$$

이제 벡터장 $\vec{g}$를 그릴 수 있다. 이 벡터는 지구 중심을 가리키며 거리의 역제곱에 따라 크기가 감소한다. 그림 15.12a는 일부 벡터장을 보여 주고, 그림 15.12b는 이에 해당하는 역선 그림을 보여 준다.

일반적으로 역선 도표를 사용하는데, 이는 장의 방향과 크기를 모두 명확하게 보여 주기 때문이다.

- 역선의 임의의 점에서 벡터장의 방향은 역선에 접하며
- 장의 크기는 역선의 밀도에 따라 달라진다. 즉, 이웃하는 선이 서로 가까울수록 강한 장이고 멀어질수록 약한 장이다.

일반적으로 이 두 가지 사실이 그림 15.12의 중력장에 대해 타당하다는 것을 스스로

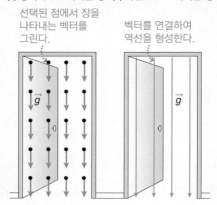

(a) 장벡터로 표시되는 장 (b) 역선으로 표시되는 장

선택된 점에서 장을 나타내는 벡터를 그린다.

벡터를 연결하여 역선을 형성한다.

그림 15.11 출입문에서 중력장을 표현하는 두 가지 방법

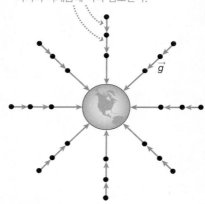

벡터장의 크기는 지구 중심으로부터 거리의 역제곱에 따라 감소한다.

(a) 벡터장으로 표현

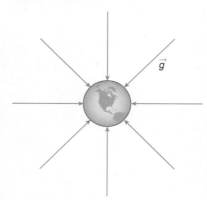

(b) 역선으로 표현

그림 15.12 지구의 중력장을 나타내는 두 가지 방법

확신해야 한다. 중력장은 장에 놓는 물체의 질량 m과는 무관한 지구의 특성이다. '시험 질량(test mass)' m이 아닌 지구의 질량 M만이 g에 나타난다는 것을 주목하여라. 중력장이 지구를 둘러싸고 질량 m의 시험 입자를 도입할 때까지 '대기'한다. 그러면 입자는 $\vec{F} = m\vec{g}$의 힘을 경험하게 된다. 시험 질량 m을 다른 위치로 이동하고 중력 $\vec{F}$를 측정한 다음 벡터장을 계산하여 실험적으로 장을 '그려낼(map)' 수 있다.

$$\vec{g} = \frac{\vec{F}}{m} \quad \text{(중력장 벡터, 시험 입자, SI 단위: m/s}^2) \qquad (15.4)$$

마지막으로 식 15.4는 중력장을 개념화하는 또 다른 방법을 제공한다. **중력장은 장에 놓인 시험 입자에 대한 단위 질량당 힘(N/kg)이다.**

정의된 전기장

벡터장을 도입하기 위해 익숙한 힘인 중력을 사용하였다. 중력과 전기력의 유사성으로 인해 비슷한 접근법을 사용하여 전기장을 정의하는 것이 합리적이다. 이번에는 양전하 q의 대전된 시험 입자를 사용하겠다. 공간의 각 지점에서 **전기장 $\vec{E}$는 시험 입자에 대한 단위 전하당 힘이다.** 즉, 다음과 같이 정의한다.

$$\vec{E} = \frac{\vec{F}}{q} \quad \text{(전기장, SI 단위: N/C)} \qquad (15.5)$$

N/C 단위는 식 15.5로부터 명확히 확인할 수 있다.

왜 전기장에 관심을 가져야 하는가? 다시 중력을 생각해 보자. 어떤 시점에서 중력장 $\vec{g}$를 안다면 질량이 m인 입자에 대한 힘 $\vec{F} = m\vec{g}$를 계산할 수 있다. 힘으로부터 가속을 얻으므로 입자가 어떻게 움직이는지 결정할 수 있다. 전기장도 마찬가지이다. 식 15.5로부터 전하 q를 가진 장에서 힘 $\vec{F} = q\vec{E}$를 갖게 된다. 이 힘이 전하 입자의 움직임을 결정한다.

예제 15.5 뇌우 속 전자

뇌운 아래에 1.5kN/C의 크기를 가진 균일한 전기장이 있으며, 아래쪽을 가리킨다. 다음을 구하여라.

(a) 전자에 가해지는 힘   (b) 전자의 가속도

구성과 계획 그림 15.13은 균일한 장과 장에 위치한 전자를 보여 준다. 전기장은 전하를 띤 전자에 힘을 가한다. 힘을 알면 가속도는 뉴턴의 운동 제2법칙을 따른다.

일반적으로 전하 q에 가해지는 힘은 식 15.5로부터 $\vec{F} = q\vec{E}$이다. 이 경우 입자는 전하 $q = -e$를 갖는 전자이므로 $\vec{F} = q\vec{E} = -e\vec{E}$

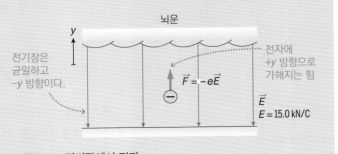

그림 15.13 전기장에서 전자

이다. 음전하를 띠면 힘은 전기장의 반대 방향으로 작용한다. 뉴턴의 운동 제2법칙 $\vec{F} = m\vec{a}$에 따르면 전자에 가해지는 힘을 알면 전자의 가속도 $\vec{a} = \vec{F}/m$를 알 수 있다.

알려진 값: $E = 15$ kN/C, 전자의 전하량 $e = 1.60 \times 10^{-19}$ C, 전자의 질량 $m_e = 9.11 \times 10^{-31}$ kg

풀이 (a) y축의 양의 방향을 위쪽으로 하여 좌표계를 설정한다. 전기장이 아래 방향을 가리키므로 $\vec{E} = -15.0$ kN/C$\hat{j} = -1.50 \times 10^4$ N/C$\hat{j}$와 같이 단위벡터로 표현한다. 따라서 힘은 다음과 같이 계산할 수 있다.

$$\vec{F} = -e\vec{E} = -(1.60 \times 10^{-19} \text{ C})(-1.50 \times 10^4 \text{ N/C}\hat{j})$$
$$= 2.40 \times 10^{-15} \text{ N}\,\hat{j}$$

(b) (a)로부터 가속도는 다음과 같이 계산된다.

$$\vec{a} = \frac{\vec{F}}{m_e} = \frac{2.4 \times 10^{-15} \text{ N}\,\hat{j}}{9.11 \times 10^{-31} \text{ kg}} = 2.63 \times 10^{15} \text{ m/s}^2\hat{j}$$

반영 전기장이 아래를 가리키지만 힘과 그에 따른 가속도는 위를 향한다. 이는 전자가 음전하이기 때문이다. 그림 15.14와 같이 $\vec{F} = q\vec{E}$는 음전하를 띤 입자에 대한 힘은 전기장의 반대 방향이고, 양전하를 띤 입자에 대한 힘은 전기장과 같은 방향으로

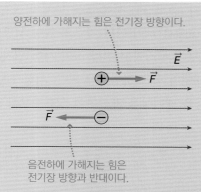

양전하에 가해지는 힘은 전기장 방향이다.

음전하에 가해지는 힘은 전기장 방향과 반대이다.

그림 15.14 양전하와 음전하 입자에 전기장에 의해 가해지는 힘

작용한다. 전자의 가속도는 10^{15} m/s^2 이상이다. 비현실적으로 보일 수 있지만 작은 질량으로 인해 아원자 입자는 쉽게 큰 가속도를 가질 수 있다.

연결하기 같은 전기장에서 양성자의 가속도는 얼마인가?

답 양성자의 전하량은 $+e$이고 전기력은 전자의 힘과 크기는 같지만 방향은 반대이다. 즉, $\vec{F} = +e\vec{E} = -2.40 \times 10^{-15}$ N$\hat{j}$이다. 따라서 (전자보다 큰) 양성자의 질량으로 힘을 나누면 양성자의 가속도는 $\vec{a} = -1.44 \times 10^{12}$ m/s$^2\hat{j}$이다.

점전하로 인한 전기장

이 전하 q의 전기장을 그리려면…

… 각 지점에서 q_0에 가한 힘을 주목하면서 시험 전하 q_0으로 주변 공간을 탐색한다.

(a) 시험 전하를 이용하여 q 주위 장을 그리기

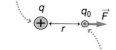

q는 양이다. 그래서 전기장은 시험 전하에 가한 힘과 같은 방향이다.

(b) 결정된 장 $\vec{E}$

그림 15.15 양으로 대전된 점 입자 주변에 전기장을 그린다.

전기장은 전하에 영향을 미친다. 역으로 전하는 전기장을 만든다. 가장 간단한 단일 점전하부터 시작하여 일부 전하 분포를 살펴본다.

점전하를 q라 하자. q를 양전하로 가정하지만 결과는 전하의 두 부호에 모두 적용된다. 쿨롱의 법칙에 따르면 점전하 q에 의해 양의 시험 전하 q_0에 작용하는 힘의 크기는 다음과 같다.

$$F = k\frac{qq_0}{r^2}$$

그러나 전기장의 정의(식 15.5)를 보면 전기장의 크기는 다음 식으로 표현된다.

$$E = \frac{F}{q_0} = k\frac{q}{r^2} \quad \text{(점전하로 인한 전기장, SI 단위: N/C)} \tag{15.6}$$

전기장의 방향은 어떠한가? 시험 전하가 양이므로 그림 15.15a와 같이 q에서 직접 떨어진 시험 전하의 힘과 같은 방향이다. 전기장을 그리기 위해 시험 전하를 이동시키면 그림 15.15b와 같이 장이 주어진다. 주어진 장은 전하 q에서 퍼져 나가며(방사) 식 15.6에 의해 주어진 크기를 갖는다.

이 결과는 식 15.3에 의해 주어지며 그림 15.12b에 표현된 점 질량의 중력장과 비교한다. 중력장은 지름 방향 안쪽을 가리키고 전기장은 지름 방향 바깥쪽을 가리킨다는 점을 제외하면 둘은 동일하게 보인다. 차이점은 중력은 인력뿐이지만 전기력은 이러한 전하에 대해 척력이 있다는 것이다. q를 음으로 하면 양의 시험 전하에 대한 인력은 그림 15.16과 같이 벡터장이 안쪽을 가리킨다는 것을 의미한다. 이와 같은 역선 도표를 '전기력선'이라고 한다. 이를 통해 전기장의 크기와 방향을 이해할 수 있다.

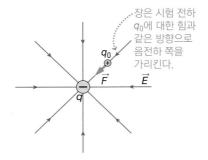

그림 15.16 음전하를 띤 점 입자의 전기장

표 15.2 점 입자 장의 요약

물체가 생성하는 장	장의 형태	장의 크기	장의 방향
질량 m	중력장	$g = G\dfrac{m}{r^2}$	안쪽
양전하 q	전기장	$E = k\dfrac{q}{r^2}$	바깥쪽
음전하 q	전기장	$E = k\dfrac{|q|}{r^2}$	안쪽

표 15.2는 점 질량의 중력장, 양전하와 음전하의 전기장 등 모든 점-입자 장을 간략하게 요약해 놓은 것이다. 이러한 장의 크기와 방향의 유사점과 차이점에 주목하여라.

중첩의 원리는 전기장에도 적용된다. 즉, 여러 점전하의 전기장을 구하려면 개별 전하의 전기장의 벡터 합을 구하면 된다.

예제 15.6 양성자의 전기장

양성자는 너무 작아서 대부분의 경우 점전하로 간주할 수 있다. 양성자로부터 거리만큼 떨어져 있을 때, 전기장의 크기를 구하여라.

(a) 5.29×10^{-11} m(수소 원자에서 양성자와 전자 사이의 거리)

(b) 1.0 m

구성과 계획 양성자의 전기장은 그림 15.15의 양 점전하와 같이 지름 방향으로 바깥쪽을 가리키며, 크기는 식 15.6에 의해 주어진다. 전하량은 $e = 1.6 \times 10^{-19}$ C이다.

두 경우 모두 전기장은 식 15.6 $E = k|q|/r^2$로 해결된다. 여기서 r은 양성자로부터의 거리이다.

풀이 (a) $r = 5.29 \times 10^{-11}$ m인 경우 다음과 같다.

$$E = k\frac{|q|}{r^2} = (8.99 \times 10^9 \ \text{N·m}^2 / \text{C}^2) \frac{1.60 \times 10^{-19} \ \text{C}}{(5.29 \times 10^{-11} \ \text{m})^2}$$
$$= 5.14 \times 10^{11} \ \text{N/C}$$

(b) $r = 1.0$ m에서 전기장의 크기를 구하면 다음과 같다.

$$E = k\frac{|q|}{r^2} = (8.99 \times 10^9 \ \text{N·m}^2 / \text{C}^2) \frac{1.60 \times 10^{-19} \ \text{C}}{(1.0 \ \text{m})^2}$$
$$= 1.44 \times 10^{-9} \ \text{N/C}$$

반영 원자 내부의 전기장은 10^{11} N/C 정도로 크다. 반면, 양성자의 전기장은 1.0m 거리에서 매우 작은 값으로 감소한다. 정정기력과 마찬가지로 전기장도 역제곱의 의존성을 가지고 있기 때문에 거리에 따라 빠르게 감소한다.

연결하기 우라늄 핵의 표면에서 전기장을 구하여라. 이때 전기장을 $+92e$의 전하량과 약 7.4×10^{-15} m의 반지름을 가진 구로 생각하고, 전하가 구 전체에 균일하게 분포되어 있다고 가정하자. 중력에 대해 배운 것과 유사하게, 균일한 전하 구 외부의 전기장은 모든 전하가 구의 중심에 집중된 것과 같다.

답 놀랍게도 결과는 2.4×10^{21} N/C이다. 전기장은 예제 15.6의 두 답 중 하나보다 크다. 이는 장을 형성하는 전하량이 더 크기 때문에(e 대신 $92e$) 전자가 궤도를 도는 곳이 아닌 핵 바로 옆에서의 전기장을 계산한 것이기 때문이다.

예제 15.7 전기 쌍극자

$x = -10.0$ cm에서 -2.5 nC 전하와 $x = +10.0$ cm에서 $+2.5$ nC 전하로 구성된 전기 쌍극자가 x축 상에 놓여 있다. 다음 위치에서 전기장을 구하여라.

(a) (20.0 cm, 0)   (b) (0, 10.0 cm)

구성과 계획 두 점전하의 전기장을 찾아 벡터 합을 구해야 한다. 각 전하에 대한 전기장의 크기는 식 15.6을 만족한다.

$$E = k\frac{|q|}{r^2}$$

양전하의 전기장은 양전하에서 멀리 떨어진 곳을 가리키고, 음전하의 전기장은 음전하를 가리킨다. 알짜 전기장은 이들 벡터의 합이다.

풀이 (a) 편의상 양전하로 인한 전기장의 크기를 $E_{(+)}$, 음전하로 인한 전기장의 크기를 $E_{(-)}$로 한다. 양전하에서 점 (20.0 cm, 0)까지의 거리는 $r_{(+)} = 10$ cm $= 0.10$ m이다. 마찬가지로 음전하에서 점 (20.0 cm, 0) 까지의 거리는 $r_{(-)} = 0.30$이다. 따라서 각 위치에서 전기장의 크기는 다음과 같이 계산된다.

$$E_{(+)} = k\frac{|q|}{r_{(+)}^2} = (8.99 \times 10^9 \text{ N·m}^2/\text{C}^2)\frac{2.5 \times 10^{-9} \text{ C}}{(0.10 \text{ m})^2}$$
$$= 2,250 \text{ N/C}$$

$$E_{(-)} = k\frac{|q|}{r_{(-)}^2} = (8.99 \times 10^9 \text{ N·m}^2/\text{C}^2)\frac{2.5 \times 10^{-9} \text{ C}}{(0.30 \text{ m})^2}$$
$$= 250 \text{ N/C}$$

$\vec{E}_{(+)}$는 양전하에서 멀리 떨어진 오른쪽을 가리키지만 $\vec{E}_{(-)}$는 음전하를 향해 왼쪽을 가리킨다(그림 15.17 참조). 단위벡터 $\hat{i}$의 관점에서 보면 다음과 같다.

$$\vec{E}_{(+)} = 2,250 \text{ N/C}\,\hat{i} \text{와 } \vec{E}_{(-)} = -250 \text{ N/C}\,\hat{i}$$

점 (20.0 cm, 0)에서 알짜 전기장의 합은 다음과 같다.

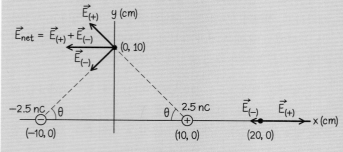

그림 15.17 두 전기장에 대한 개략도

$$\vec{E}_{net} = \vec{E}_{(+)} + \vec{E}_{(-)} = 2,250 \text{ N/C}\,\hat{i} + (-250 \text{ N/C}\,\hat{i})$$
$$= 2,000 \text{ N/C}\,\hat{i}$$

(b) 벡터가 같은 선을 따라 가리키지 않기 때문에 이 계산은 좀 까다롭다. $r_{(+)}$와 $r_{(-)}$에 대한 거리 식을 이차원으로 풀고, 전기장의 크기는 다음과 같이 계산한다.

$$E_{(+)} = k\frac{|q|}{r_{(+)}^2} = (8.99 \times 10^9 \text{ N·m}^2/\text{C}^2)\frac{2.5 \times 10^{-9} \text{ C}}{(0.10 \text{ m})^2 + (0.10 \text{ m})^2}$$
$$= 1,120 \text{ N/C}$$

$$E_{(-)} = k\frac{|q|}{r_{(-)}^2} = (8.99 \times 10^9 \text{ N·m}^2/\text{C}^2)\frac{2.5 \times 10^{-9} \text{ C}}{(0.10 \text{ m})^2 + (0.10 \text{ m})^2}$$
$$= 1,120 \text{ N/C}$$

그림 15.17과 같이 $-x$축 위의 각도 θ에서 $\vec{E}_{(+)}$의 방향은 위쪽과 왼쪽 방향이고 아래 삼각형에서 각도를 보면

$$\tan\theta = \frac{0.10 \text{ m}}{0.10 \text{ m}} = 1.00$$

이고 $\theta = 45°$이다. 따라서 $\vec{E}_{(+)}$의 x성분과 y성분은 다음과 같다.

$$E_{(+)x} = -(1,120 \text{ N/C})\cos 45° = -792 \text{ N/C}$$
$$E_{(+)y} = (1,120 \text{ N/C})\cos 45° = 792 \text{ N/C}$$

하나의 벡터로 결합하면 다음을 얻는다.

$$\vec{E}_{(+)} = -792 \text{ N/C}\,\hat{i} + 792 \text{ N/C}\,\hat{j}$$

음의 점전하로 인한 전기장의 크기는 같다. 하지만 동일한 45° 각도로 아래쪽과 왼쪽을 가리키므로 다음이 성립한다.

$$\vec{E}_{(-)} = -792 \text{ N/C}\,\hat{i} - 792 \text{ N/C}\,\hat{j}$$

두 점전하의 전기장을 합하면 (0, 10.0 cm)의 알짜 전기장이 주어진다.

$$\vec{E}_{net} = \vec{E}_{(+)} + \vec{E}_{(-)} = (-792 \text{ N/C}\,\hat{i} + 792 \text{ N/C}\,\hat{j})$$
$$+ (-792 \text{ N/C}\,\hat{i} - 792 \text{ N/C}\,\hat{j})$$
$$\vec{E}_{net} = -1.58 \times 10^3 \text{ N/C}\,\hat{i}$$

문제의 대칭성에서 예상할 수 있듯이 $+y$축 상의 알짜 전기장은 왼쪽 직선을 가리킨다.

반영 이러한 결과가 상당히 일반적이라는 것을 알아야 한다. 예를 들어, 양전하의 오른쪽에 있는 $+x$축의 점은 항상 양전하에 가깝기 때문에 이 전기장이 지배적이고, 따라서 알짜 전기

장이 오른쪽에 있다. y축의 점전하는 두 전하로부터 같은 거리에 있으므로 두 전하의 전기장의 크기는 같지만 두 전하의 방향이 다르기 때문에 양에서 음으로 일반적인 방향의 왼쪽을 가리키는 알짜 전기장이 만들어진다. 전기장은 전하에서 멀어질수록 감소한다.

연결하기 이 전기 쌍극자에 대해 원점 (0, 0)에서의 전기장을 구하여라.

답 전기장은 왼쪽을 가리키며 크기는 $E = 4.5$ kN/C이다.

원칙적으로 전기 쌍극자의 전기장은 어느 위치에서나 계산할 수 있다. 단, 축 대칭의 점에 대해서는 계산이 더 쉽다. 주축에서 벗어난 점의 경우, 컴퓨터를 사용하여 대표 지점에서 전기장을 계산하면 가장 쉽게 찾을 수 있다. 이러한 계산을 수행하면 그림 15.18에 표시된 전기장 그림이 만들어진다. 이 전기장의 대칭성을 주목하여라.

다른 점전하 분포의 전기장

쌍극자의 전기장(그림 15.18)은 다른 전하 분포의 전기장을 그리기 위한 몇 가지 원칙을 제시한다. 첫째, 각 전하에 가까울수록 전기력선은 대략 방사상으로 양전하에서 음전하를 향하고 있음을 알 수 있다. 전기장의 역제곱 의존성 때문에 전하에 가까이 있는 전기장이 강하다. 둘째, 전기력선은 항상 양전하에서 나와 음전하로 들어가며, 단일 양전하 및 음전하의 전기장과 일치한다(그림 15.15b와 15.16). 또한, 양전하에서 나오는 전기력선의 수는 음전하에서 끝나는 전기력선의 수와 같다. 이는 전기장의 밀도가 전기장의 크기에 비례한다는 원리에 의해 요구된다. 전기 쌍극자에서는 전하량이 같기 때문에 전기장은 두 전하를 중심으로 동일한 크기를 갖는다.

그림 15.19a는 동일한 두 양 점전하 주위의 전기장을 보여 준다. 전기장은 여전히 대칭이며 두 개별 전기장의 결합된 효과를 보여 준다. 반대로 그림 15.19b에 나타낸 양전하 $+Q$와 음전하 $-Q/2$ 주변 영역의 전기장을 살펴보자. 여기서 두 배의 전기력선이 양전하에서 나와 음전하로 들어가고, 전하의 크기와 각 전기장을 나타낸다. 양전하의 '여분'의 전기력선은 무한히 확장되며, 전하 분포에서 거리가 먼 곳에서는 전기장이 전체 분포의 알짜 전하인 점전하 $+Q/2$의 전기장과 유사해지기 시작한다.

균일한 평면 전하의 전기장

원칙적으로 중첩을 통해 모든 전하 분포의 전기장을 구할 수 있다. 다만 전하가 많으면 계산이 어려울 수 있다. 예를 들어, 무한 평면에 대한 전하 분포를 고려해 보자(그림 15.20a). 전하는 표면에 균일하게 분포하며, 표면 전하 밀도, 즉 단위 면적당 전하를 C/m² 단위로 나타내는 기호 σ(그리스어 소문자 시그마)로 나타낸다. 매우 미세한 규모에서는 전하는 물론 개별 전자와 양성자로 양자화된다. 그러나 표면에 과잉 전하가 충분히 있으며 전하 분포가 거시적 척도로 균일하게 나타나고 전하의 '입자'가 눈에 띄지는 않는다.

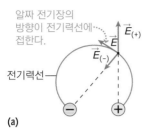

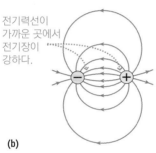

그림 15.18 전기 쌍극자의 전기장 (a) 각 위치에서 전기력선 방향은 알짜 전기장 $\vec{E}_{net} = \vec{E}_{(+)} + \vec{E}_{(-)}$ 방향이다. (b) 추적된 여러 전기력선은 전체 쌍극자의 전기장을 나타낸다.

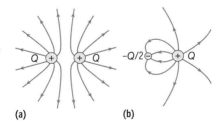

그림 15.19 (a) 동일한 두 양전하 주변의 전기장 (b) 동일하지 않은 크기의 양전하와 음전하 주변의 전기장

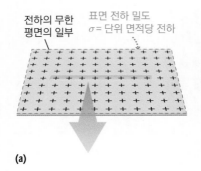

전하의 무한 평면의 일부

표면 전하 밀도
σ = 단위 면적당 전하

(a)

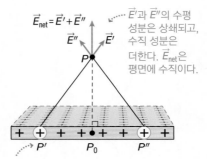

$\vec{E}_{net} = \vec{E}' + \vec{E}''$

$\vec{E}''$ $\vec{E}'$

$\vec{E}'$과 $\vec{E}''$의 수평 성분은 상쇄되고, 수직 성분은 더한다. $\vec{E}_{net}$은 평면에 수직이다.

P

P' P_0 P''

P'과 P''은 같은 거리에 있으며 전하량이 동일하다. P_0은 P 바로 아래에 있다.

(b)

그림 15.20 균일하게 대전된 평면의 전기장

균일한 평면 전하의 전기장은 얼마인가? 그림 15.20b는 평면 위의 점 P에서 전기장을 구하는 방법을 보여 준다. P′와 P″의 전하 영역에 의해 생성된 P 위치에서의 전기장을 살펴보자. 이 두 전하에서 전기장을 합하려면 평면에 평행한 전기장 성분은 상쇄되어 평면에 수직인 성분만 합하면 된다. 평면의 모든 전하를 고려할 때까지 이 과정을 반복하면 평면에 수직인 전기장 벡터가 되며, 이는 평면으로부터 멀어지는 쪽을 가리킨다.

전체 평면에 대해 합하는 것은 쉽지 않지만 그 결과는 P에서 전기장의 크기를 간단하게 표현할 수 있다.

$$E = \frac{\sigma}{2\varepsilon_0} \quad \text{(균일한 평면 전하의 전기장, SI 단위: N/C)} \quad (15.7)$$

여기서 ε_0은 자유공간의 유전율이다(식 15.7에서 상수 ε_0은 상수 $k = 1/4\pi\varepsilon_0$을 포함하는 점전하의 전기장으로 거슬러 올라갈 수 있다).

전기장의 크기가 점 P와 평면 전하 사이의 거리에 무관하다는 사실이 놀라울 수 있다. 그러나 이는 무한 평면에서만 사실이다. 따라서 유한한 평면의 경우 식 15.7을 근삿값으로 삼아야 하며, 이는 점 P와 평평하고 균일하게 대전된 표면에 가까운 경우에 유효하다. 여기서 '가깝다(close)'는 것은 표면의 선형 차원에 비해 작은 거리에 있다는 것을 의미한다. 그림 15.20의 대칭 인수가 유효하려면 점 또한 판의 중심 부근에 있어야 한다.

대전된 평행한 평면

대전된 평면을 예로 든 이유는 그 장에 대한 간단한 표현이기 때문만이 아니라 실질적으로도 중요하기 때문이다. 방금 살펴본 것처럼 대전된 평면의 전기장은 기본적으로 지구 근처의 중력장과 유사하게 넓은 공간에 걸쳐 균일하기 때문이다.

전하 밀도 ±σ를 전달하는 2개의 평행 평면을 사용하여 훨씬 더 균일한 전기장을 만들 수 있다(그림 15.21). 음전하 평면으로 인한 전기장은 양전하 평면과 동일한 크기($\sigma/2\varepsilon_0$)를 갖지만 전기장은 먼 쪽을 향하지 않고 평면을 향한다.

평면 사이에서 두 평면의 전기장 기여는 동일한 방향이므로 알짜 전기장의 크기는 이들 값의 합에 불과하다.

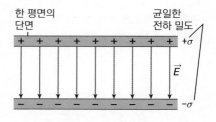

한 평면의 단면

균일한 전하 밀도

$+\sigma$

$\vec{E}$

$-\sigma$

그림 15.21 서로 다른 부호를 갖는 전하에 의한 평행 판 사이의 전기장

$$E_{net} = E_+ + E_- = \frac{\sigma}{2\varepsilon_0} + \frac{\sigma}{2\varepsilon_0} = \frac{\sigma}{\varepsilon_0}$$

$$E_{net} = \frac{\sigma}{\varepsilon_0} \quad \text{(대전된 평행한 평면 사이, 전기장, SI 단위: N/C)} \quad (15.8)$$

예를 들어, σ의 값이 $2.10 \times 10^{-9}\ \text{C/m}^2$인 경우 두 평행 판 사이의 전기장은 다음과 같다.

$$E_{\text{net}} = \frac{\sigma}{\varepsilon_0} = \frac{2.10 \times 10^{-9}\ \text{C/m}^2}{8.854 \times 10^{-12}\ \text{C}^2/(\text{N} \cdot \text{m}^2)} = 240\ \text{N/C}$$

단위를 조합하여 그 결과 전기장(N/C) 단위가 주어진다는 사실에 유의하여라.

따라서 한 쌍의 평행하고 대전된 판은 균일한 전기장을 생성하기 위한 훌륭한 장치(device)이다. 이 기하학의 두 번째 중요한 응용 분야는 **축전기**(capacitor)라는 전자 부품이다. 축전기는 서로 반대 부호로 대전된 한 쌍의 전도성 평행 판으로 구성되고, 전하와 에너지를 전기 회로에 저장한다(16.4절 참조).

> ### ▶ 새로운 개념 검토: 전기장

- 장(field)은 공간 영역의 모든 점에 대해 정의된 양이다.
- 전기장은 해당 지점에서 양의 시험 전하에 대한 단위 전하당 힘이다.
- 전기장 벡터와 전기력선을 사용하여 공간 전체에 걸쳐 장을 시각화할 수 있다.
- 전기력선은 양전하에서 나오고 음전하로 들어간다.

전기장과 도체

금속 도체는 원자당 하나 이상의 자유 전자를 많이 포함하고 있다. 이는 도체에 전기장과 관련된 몇 가지 흥미로운 특성을 부여한다. 도체에 과잉 전하가 주어지면 전하는 평형 상태에 도달한 후에야 이동을 멈춘다. 즉, 평형 상태에 있는 도체 내부의 알짜 전기장이 0임을 의미한다. 그렇지 않으면 도체의 자유 전자는 힘 $\vec{F} = q\vec{E}$에 의해 가속된다.

도체에 과잉 전하가 있으면 도체 표면으로 빠르게 이동한다. 역제곱 전기력의 정확한 특성에 따라 다르지만 유사 전하의 상호 반발 때문에 이를 예상할 수 있다. 일단 표면에 도달하면 과잉 전하는 상호 반발로 인해 즉각적으로 평형에 도달한다. 표면의 모든 전하가 정지한다는 사실은 표면에 평행한 전기장 성분이 없다는 것을 의미한다. 그렇지 않으면 전하가 계속 이동한다. 또한 도체 바로 바깥쪽의 전기장은 표면에 수직 방향이어야 한다.

외부에서 전기장을 인가한다고 해도 도체 내부의 알짜 전기장은 0이다. 이 경우 도체의 자유 전하는 내부 전기장을 0으로 유지하기 위해 스스로 재배열된다(그림 15.22). 민감한 전자 측정을 하는 실험자들은 종종 외부에 있는 전기장을 차폐하기 위해 소위 '패러데이 새장(Faraday cage, 금속 상자 또는 금속 망)' 안에서 측정을 수행한다.

상호 반발은 전하를 도체 표면으로 보내는 힘이다. 표면에 좁은 돌출부나 뾰족한 곳이 있으면 표면의 다른 전하로부터 멀리 떨어질 수 있기 때문에 전하가 그곳에 축적되며(그림 15.23), 이러한 분포는 도체 내부의 전기장을 0으로 유지한다. 이것이 바로 건물 위에 수직으로 놓인 금속 막대인 **피뢰침**의 물리학이다. 피뢰침 끝에는 전

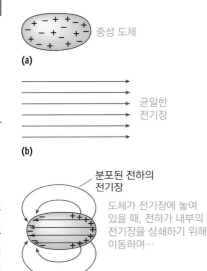

(a) 중성 도체

(b) 균일한 전기장

(c) 분포된 전하의 전기장 / 도체가 전기장에 놓여 있을 때, 전하가 내부의 전기장을 상쇄하기 위해 이동하며…

(d) … 결과적으로 알짜 전기장이 생기고, 도체 내부는 전기장이 없는 상태가 된다.

그림 15.22 균일한 전기장에 놓인 도체에서 전하의 재정렬

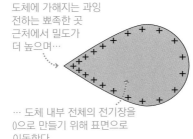

도체에 가해지는 과잉 전하는 뾰족한 곳 근처에서 밀도가 더 높으며…

… 도체 내부 전체의 전기장을 0으로 만들기 위해 표면으로 이동한다.

그림 15.23 도체의 과잉 전하는 뾰족한 부분에 집중한다.

하가 쉽게 생성된다. 이 전하가 대기 중으로 서서히 누출되어 갑작스러운 번개 방전을 방지하는 데 도움이 된다. 번개가 치면 전하가 대전된 피뢰침으로 빨려 들어가 방전된다. 굵은 철사가 피뢰침과 지면을 연결하여 건물에 피해를 주지 않고 번개로부터 오는 전하를 지면에 전달한다.

> **응용 전기뱀장어**

많은 어종은 일상적으로 최소 1,000 N/C 범위의 전기장을 일상적으로 생성하는데, 이는 어종에 따라 다르다. 사진과 같은 전기뱀장어는 큰 전기장을 생성하는 어류로 먹이를 감지하고 기절시키는 데 전기장을 사용한다. 또한 전기장은 탐색과 의사소통에 도움을 주기도 한다. 상어는 전기를 생성하지는 않지만 10^{-6} N/C 정도의 작은 전기장을 감지할 수 있는 고도의 능력을 가지고 있다. 상어는 이 능력을 사용하여 근육의 움직임을 통해 약한 전기장을 생성하는 근처의 먹이를 감지한다. 그러나 더 강한 전기장은 실제로 상어를 방해하여 그 지역을 떠나게 한다. 수영 선수용 전기장 발생기는 상어의 공격을 막는 데 효과적인 것으로 입증되었다.

전기장과 원격 작용

전기장의 개념을 통해 원격 작용 문제(전하가 어떻게 먼 거리에서 서로를 끌어당기고 밀어내는지에 대한 질문)에 대한 다른 접근법을 고려할 수 있다. 지금까지 전기장을 생성하는 전하('원천 전하')의 분포를 살펴보았다. 그다음 모든 전기장은 전기장 내에 놓인 다른 전하('시험 전하')에 힘을 작용한다. 쿨롱의 법칙의 역제곱 의존성에 따라 전기장은 원천 전하 주변의 공간을 채우고 무한한 거리까지 확장된다. 이 관점에서 보면 시험 전하를 그 자리에 놓았을 때 전기장을 느낄 수 있는 전하가 이미 그곳에 있기 때문에 힘이 어떻게 그토록 먼 거리까지 전달되는지를 물어볼 필요가 없다.

확인 15.4절 그림과 같이 x축 위에 점전하 4개가 놓여 있다. $x = 0$에서 전기장의 방향은 어디인가?

(a) 0 (b) 왼쪽 방향 (c) 오른쪽 방향

15.5 전기장 내 대전 입자

궁극적으로 전기장을 이해하는 것이 유용한 이유는 전기장이 대전된 입자에 힘을 가하여 이 입자가 운동을 하기 때문이다. 전기장의 정의로부터 전기장 $\vec{E}$에서 전하량이 q인 입자에 가해지는 힘은 다음과 같다.

$$\vec{F} = q\vec{E} \quad \text{(전기장에서 대전 입자에 가해지는 힘, SI 단위: N)} \quad (15.9)$$

식 15.9에 따르면 음전하에 가해지는 힘은 전기장과 반대 방향으로 작용하고, 양전하에 가해지는 힘은 전기장과 동일한 방향을 갖는다(그림 15.14). 여기에서는 전기장에 반응하는 대전 입자의 몇 가지 예를 고려할 것이다.

전하의 측정

1911년 미국의 물리학자 로버트 A. 밀리칸(Robert A. Millikan)이 전하(e)를 최초로 측정하였다. 밀리칸의 아이디어는 단순하였다. 대전 입자에 가해지는 아래쪽 중력과 수직 전기장에서 발생하는 위쪽 전기력의 평형을 맞추는 것이다(그림 15.24). 입자가 평형을 이루면 전기력은 입자의 무게와 같은 크기를 갖는다. 전기장과 무게를 알면 전하를 계산할 수 있다. 식 15.9에 따르면 다음과 같다.

$$q = \frac{F}{E} = \frac{mg}{E}$$

여기서 mg는 입자의 무게이다.

▶ **TIP** 대전 입자에 작용하는 전기력과 중력이 균형을 이루려면 전기장의 힘이 위로 향해야 한다.

밀리칸은 평행 전도 판 사이의 공간에 작은 기름방울을 분사하였다. 그 과정에서 일부 기름방울은 전하를 띠게 된다. 기름방울의 전하를 측정하면 전하 $\pm e$, $\pm 2e$, $\pm 3e$ 등과 같은 패턴으로 발견되므로 모든 데이터에서 e의 값을 계산할 수 있다.

대학 물리학 실험실에서 밀리칸 실험은 기름 대신 질량이 같은 작은 플라스틱 구를 사용한다. 밀리칸은 기름방울의 크기를 조절할 수 없었다. 대신 그는 전기장을 끄고 공기와의 상호작용으로 인해 기름방울이 최종 속력에 이를 때까지 떨어지도록 하

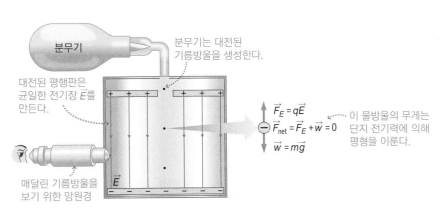

그림 15.24 밀리칸이 전자 전하를 측정한 방법

였다. 그는 유체 역학을 사용하여 종단 속력에서 기름방울의 크기와 질량을 계산하였다.

예제 15.8 기름방울 띄우기

밀도 $\rho = 927 \ kg/m^3$의 기름방울이 수직 위로 향하는 9.66 kN/C의 전기장에서 움직이지 않고 매달려 있다. 전기장이 제거된 후 기름방울이 떨어지고 유체 역학을 이용하여 기름방울의 반경이 $4.37 \times 10^{-7} \ m$인 것을 확인하였다. 이 기름방울의 전하량을 구하여라.

구성과 계획 기름방울이 매달려 있을 때(그림 15.25), 위쪽을 가리키는 전기력은 기름방울의 아래쪽 무게와 평형을 유지한다. 즉, qE와 mg의 크기가 같으므로 $qE = mg$에서 미지의 전하는 다음과 같다.

$$q = \frac{mg}{E}$$

질량은 밀도 ρ에 부피 V를 곱한 값이며, 반지름이 r인 구형 기름방울의 부피는 $V = \frac{4}{3}\pi r^3$이다.

알려진 값: $\rho = 927 \ kg/m^3$, $E = 9.66 \ kN/C$, $r = 4.37 \times 10^{-7} \ m$

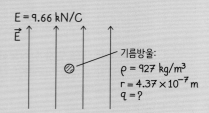

$E = 9.66 \ kN/C$
$\vec{E}$

기름방울:
$\rho = 927 \ kg/m^3$
$r = 4.37 \times 10^{-7} \ m$
$q = ?$

그림 15.25 예제 15.8에 대한 개략도

풀이 전하량을 밀도와 반지름으로 나타내면 다음과 같다.

$$q = \frac{mg}{E} = \frac{\rho V g}{E} = \frac{4\rho\pi r^3 g}{3E}$$

이 식에 값을 대입하여 계산하면 다음을 얻는다.

$$q = \frac{4\pi\rho r^3 g}{3E} = \frac{4\pi(927 \ kg/m^3)(4.37\times10^{-7} \ m)^3(9.8 \ m/s^2)}{3(9.66\times10^3 \ N/C)}$$
$$= 3.29\times10^{-19} \ C$$

마지막 단계에서 전하량의 단위가 C이 되는지 확인해야 한다. $1 \ N = kg \cdot m/s^2$임을 기억하여라.

반영 이 계산의 결과는 $2e$에 가까운 전하량을 보여 준다. 이 수치는 정확한 값 $2e(= 3.20 \times 10^{-19} \ C)$와 약간 차이가 나며, 이는 실험 오차 및 반올림 오차로 인한 차이이다. 이 경우 기름방울은 아마도 2개의 기본 전하를 초과할 것이다.

연결하기 이 예제에서 전하의 부호는 무엇인가? 반대 부호의 전하에 대한 실험에서는 어떻게 측정하는가?

답 전기장은 위쪽을 향하고 힘도 같은 방향이다. 따라서 양전하가 된다. 전하가 음이라면 전기장은 중력의 균형을 맞추기 위해 전기장이 아래쪽을 향하도록 전환하여 전기력이 여전히 위쪽을 향하도록 해야 한다.

밀리칸 실험의 입자는 전하가 너무 작아서 전기력과 중력이 비슷하기 때문에 부유할 수 있다. 물리학자들은 전하와 질량의 비율을 입자가 전기장에 얼마나 민감한지를 나타내는 지표로 사용하였다. 전하와 질량의 비율은 입자의 알짜 전하량의 절댓값을 질량으로 나눈 값이다. 위 예제에서 기름방울의 경우 전하와 질량의 비율은 다음과 같다.

$$\left|\frac{q}{m}\right| = \frac{2e}{4\pi\rho r^3} = \frac{2(1.60\times10^{-19} \ C)}{4\pi(927 \ kg/m^3)(4.37\times10^{-7} \ m)^3} = 3.29\times10^{-4} \ C/kg$$

이에 비해 아원자 입자의 전하와 질량의 비율은 훨씬 크다. 특히 양성자의 경우

$$\left|\frac{q}{m}\right| = \frac{e}{m_p} = \frac{1.60\times10^{-19} \ C}{1.67\times10^{-27} \ kg} = 9.58\times10^7 \ C/kg$$

이고, 전자는 다음과 같다.

$$\left|\frac{q}{m}\right| = \frac{e}{m_e} = \frac{1.60\times10^{-19}\ \text{C}}{9.11\times10^{-31}\ \text{kg}} = 1.76\times10^{11}\ \text{C/kg}$$

전하와 질량의 비율이 클수록 주어진 전기장에서 입자의 가속도가 커진다. 다음 예제에서 알 수 있듯이 몇 가지 중요한 실제 응용 분야가 있다.

예제 15.9   전자 현미경

주사전자 현미경(scanning electron microscope)은 균일한 전기장 15.0 kN/C을 사용하여 이미지 대상을 향해 전자를 수평으로 가속시킨다. 물음에 답하여라.

(a) 전자의 가속도 크기를 구하여라.

(b) 전자가 정지 상태에서 시작한다고 가정할 때, 5.0 cm를 이동한 후의 속력은 얼마인가?

구성과 계획 전자는 힘 $\vec{F} = q\vec{E}$를 받는다. 그림 15.26과 같이 음전하를 띠기 때문에($q = -e$) 힘은 전기장과 반대 방향이다. 가속도와 힘은 뉴턴의 운동 제2법칙 $F = ma$와 연관된다. 이는 등가속도의 경우로 운동 방정식(2장)을 사용하여 가속도가 알려진 전자의 속력을 구할 수 있다. 뉴턴의 운동 제2법칙에서 F에 대한 전기력을 사용하면 $eE = ma$가 되므로 가속도는 $a = eE/m$가 된다.

등가속도의 경우, 식 2.10에서 주어진 수평 거리 $x - x_0$ 이동 후 나중 속력은 다음과 같다.

$$v^2 = v_0^2 + 2a(x - x_0)$$

풀이 (a) 주어진 식에 알려진 값을 대입하면 다음을 얻는다.

$$a = \frac{eE}{m} = \frac{(1.60\times10^{-19}\ \text{C})(15.0\ \text{kN/C})}{9.11\times10^{-31}\ \text{kg}} = 2.63\times10^{15}\ \text{N/kg}$$

즉, $a = 2.63\times10^{15}\ \text{m/s}^2$이다.

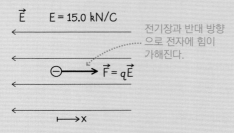

그림 15.26 예제 15.9에 대한 개략도

(b) (a)에서 구한 가속도의 값을 이용하여 전자의 나중 속력 v를 구하면 다음과 같다.

$$\begin{aligned} v^2 &= v_0^2 + 2a(x - x_0) \\ &= (0\ \text{m/s})^2 + 2(2.63\times10^{15}\ \text{m/s}^2)(0.050\ \text{m}) \\ &= 2.63\times10^{14}\ \text{m}^2/\text{s}^2 \end{aligned}$$

(양의) 제곱근을 취해 속력을 구하면 $v = 1.62\times10^7\ \text{m/s}$이다.

반영 가속도는 매우 크지만 아원자 입자에 대해서는 허용되는 수준이다. 속력은 빛의 속력의 5% 이상이다. 이보다 훨씬 빠르다면 아인슈타인의 특수 상대성 이론을 고려해야 할 것이다.

··

연결하기 전자가 5 cm를 이동하는 데 걸리는 시간은 얼마인가?

답 2장의 운동 방정식을 사용하면 시간은 약 6 ns에 불과하다.

개념 예제 15.10   중력이 중요한가?

위 예제에서 전자의 속력을 결정하는 데 중력이 얼마나 중요한가?

풀이 중력으로 인한 가속도는 9.8 m/s²인데, 이 값은 예제의 답보다 10^{14}배 이상 작다. 이를 살펴볼 수 있는 또 다른 방법은 약 6 ns의 비행 시간을 고려하는 것이다. 즉, 중력이 무시할 수 있을 만큼 작다는 것을 알 수 있다. 전자 빔이 수평인지 수직인지는 중요하지 않다. 어느 쪽이든 중력의 영향은 측정할 수 없을 정도로 작다.

반영 중력은 일반적으로 전기력이 작은 입자(특히 아원자)를 가속시킬 때 중요하지 않다.

예제 15.11 **주사전자 현미경에서 전자 편향**

예제 15.9에 설명한 전자 현미경에서 전자가 1.62×10^7 m/s의 속력으로 가속되는 경우를 다시 한 번 생각해 보자. 다음 단계는 전자가 시료를 가로질러 주사할 수 있도록 전자를 편향시키는 것이다. 따라서 전자 현미경으로 면밀하게 조사할 수 있다. 이를 위해 전자는 반대로 대전된 한 쌍의 평행판 사이로 향하며, 전자 빔에 수직인 6.42×10^3 N/C의 균일한 전기장을 생성한다. 이 전기장은 전자의 경로를 따라 3.5 cm까지 확장된다. 물음에 답하여라.

(a) 전기장으로 인한 힘의 방향은 어디인가?

(b) 전기장에서 빠져나올 때 전자의 속력은 얼마인가?

(c) 전자는 처음 경로를 기준으로 어느 방향으로 이동하는가?

구성과 계획 전자는 처음 방향에 수직인 힘으로 이차원 운동을 할 것이다. 전자가 원래 $+x$ 방향(그림 15.27)으로 이동하는 좌표계를 설정하고 전기장이 $-y$ 방향을 가리키도록 한다. 전기장과 전하를 고려하면 가속도를 구할 수 있다. 운동 방정식은 두 가지 속도 성분을 제공하며, 이로부터 편향 각도를 구할 수 있다.

전자는 원래 $+x$ 방향으로 이동하며, 속도 성분은 $v_x = 1.62 \times 10^7$ m/s이다. 힘은 $+y$ 방향이므로 v_x는 변하지 않는다. 그러나 v_y는 처음에는 0이지만 힘이 작용하므로 $F_y = ma_y = qE_y$와 같이 변화한다.

알려진 값: $q = -e$, $v_x = 1.62 \times 10^7$ m/s, $E_y = -6.42$ kN/C

풀이 (a) 전기장은 $-y$ 방향이고, 음의 전자에 $+y$ 방향의 힘이 주어진다.

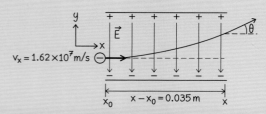

그림 15.27 예제 15.11에 대한 개략도

(b) 뉴턴의 운동 제2법칙인 $F_y = ma_y = qE_y$로부터 다음 가속도를 얻을 수 있다.

$$a_y = \frac{qE_y}{m_e} = \frac{(-1.60 \times 10^{-19}\text{ C})(-6.42 \times 10^3\text{ N/C})}{9.11 \times 10^{-31}\text{ kg}}$$
$$= 1.13 \times 10^{15}\text{ m/s}^2$$

속도 성분 v_y는 운동 방정식 $v_y = v_{y0} + a_x t$를 따른다. 전자의 처음 속도는 y 방향에 있었으므로 $v_{y0} = 0$이다. x 방향에서 속도 성분은 거리 $x - x_0 = 3.5$ cm $= 0.035$ m에 걸쳐 일정한 속력 $v_x = 1.62 \times 10^7$ m/s와 같다. 따라서 시간은 다음과 같이 계산된다.

$$t = \frac{x - x_0}{v_x} = \frac{0.035\text{ m}}{1.62 \times 10^7\text{ m/s}} = 2.16 \times 10^{-9}\text{ s}$$

v_y에 대한 식으로 다시 계산하자.

$$v_y = v_{y0} + a_y t$$
$$= 0\text{ m/s} + (1.13 \times 10^{15}\text{ m/s}^2)(2.16 \times 10^{-9}\text{ s})$$
$$= 2.44 \times 10^6\text{ m/s}$$

(c) 나중 속도 벡터 성분은 $v_x = 1.62 \times 10^7$ m/s와 $v_y = 2.44 \times 10^6$ m/s이다. 따라서 속도 벡터가 x축과 이루는 각도의 탄젠트 값은 다음과 같다.

$$\tan\theta = \frac{v_y}{v_x} = \frac{2.44 \times 10^6\text{ m/s}}{1.62 \times 10^7\text{ m/s}} = 0.151$$

여기서 각도는 $\theta = \tan^{-1}(0.151) = 8.6°$이다.

반영 편향 각도는 작지만 현미경의 길이에 따라 상당한 편향이 발생하기에 충분하다. 편향 장을 지속적으로 변화하면 빔이 이미지화되는 전체 개체를 주사할 수 있다.

연결하기 이러한 조건에서 전자의 이동 경로는 어떤 궤적인가?

답 3장에서 배운 포사체와 유사하게 x축 운동은 등속도인 반면, y축 운동은 등가속도이다. 따라서 포사체와 마찬가지로 궤적은 포물선이다.

개념 예제 15.12 **전기장에서 전기 쌍극자**

전기 쌍극자가 균일한 전기장 내에서 임의의 방향으로 배열될 때 어떻게 반응하는지 설명하여라.

풀이 전기 쌍극자는 고정된 거리로 분리된 $+Q$ 전하와 $-Q$ 전하로 구성된다. 두 전하에 대한 힘은 다음과 같다.

$$\text{양전하: } \vec{F}_{(+)} = +Q\vec{E}$$
$$\text{음전하: } \vec{F}_{(-)} = -Q\vec{E}$$

전기 쌍극자에 가해지는 알짜 전기력은 다음과 같다.

$$\vec{F}_{net} = \vec{F}_{(+)} + \vec{F}_{(-)} = +Q\vec{E} + (-Q\vec{E}) = 0$$

전기 쌍극자에 가해진 알짜 전기력이 0이므로 질량 중심은 움직이지 않는다. 그러나 두 힘이 질량 중심에서 멀리 떨어져서 작용하기 때문에 쌍극자에 돌림힘이 생긴다(8장). 그림 15.28은 이 돌림힘이 쌍극자를 전기장과 정렬되도록 회전시키는 방법을 보여 준다. 15.1절에서 설명한 것과 같이 절연체가 전기장에서 분극될 때 이런 일이 정확히 발생한다.

반영 실제 절연 물질에서 생각하면 여기서 모형화한 두 점전하는 극단적으로 단순화한 것이다. 실제로 일부 절연 물질은 한 쪽 끝으로 갈수록 양전하가 약간 더 많고 다른 쪽 끝으로 갈수

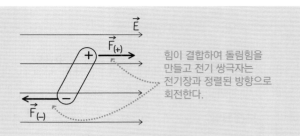

힘이 결합하여 돌림힘을 만들고 전기 쌍극자는 전기장과 정렬된 방향으로 회전한다.

그림 15.28 예제 15.12에 대한 개략도

록 음전하가 약간 많은 극성 분자를 포함하고 있으며, 분자 결합의 상대적 강도는 쌍극자 모형의 고정된 이격 거리와 일치한다. 다른 유형의 분자는 일반적으로는 분극되지 않지만 전기장이 있는 경우 분극될 수 있으며, 이 경우 전기장이 전하 분리를 결정한다.

응용 **겔전기영동**

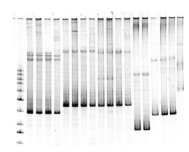

인간과 다른 동물의 DNA 분석은 전기장을 사용하여 다른 종류의 고분자(단백질 또는 핵산)를 분리하는 겔전기영동(gel electrophoresis)이라 하는 기술을 통해 가능하다. 특정 pH의 용액에 넣으면 이 분자들은 전하를 띠게 되어 전기장에 민감하게 반응한다. 시료 분자는 두꺼운 물질인 겔 안에 있어 장의 영향을 받아 매우 천천히 떠내려가는 것이다. 모양과 크기가 다른 분자는 전기장과 겔의 영향을 다르게 받으므로 그림과 같이 분리된다. 인간의 DNA에서 추출한 시료의 결과는 그 사람의 특징적인 '지문'을 제공한다. DNA 패턴은 유전적 이상을 확인하고 이해하는 데 사용할 수 있다. 범죄 수사관은 이러한 DNA 패턴을 사용하여 용의자의 DNA와 범죄 현장에 남겨진 세포에서 얻은 DNA가 일치 여부를 확인한다.

확인 15.5절 양성자와 전자가 동일한 전기장에 놓여 있다고 가정하자. 전자의 가속도와 관련하여 양성자의 가속도에 대해 옳은 것은 무엇인가?

(a) 0   (b) 방향은 같고 크기는 더 작다.   (c) 방향은 같고 크기는 더 크다.

(d) 방향은 반대이고 크기는 더 작다.   (e) 방향은 반대이고 크기는 더 크다.

15장 요약

전하

(15.1절) 전하의 부호가 같으면 척력, 전하의 부호가 다르면 인력이 발생한다.

전하량은 **보존된다**: 고립계 내에서 모든 양전하, 음전하를 합하면 일정하다.

전하량은 **양자화된다**: 자유 전하는 항상 기본 전하량 e의 정수 배를 갖는다.

아원자 입자의 전하량:

양성자: $+e = +1.602 \times 10^{-19}$ C   중성자: 전하량 $= 0$

전자: $-e = -1.602 \times 10^{-19}$ C

쿨롱의 법칙

(15.2절) 쿨롱의 법칙은 점전하 사이의 정전기력을 결정한다.

쿨롱의 법칙에 의한 힘의 크기: $F = \dfrac{k|q_1||q_2|}{r^2}$

여러 개의 전하에 대한 쿨롱의 법칙

(15.3절) 중첩의 원리에 의해 전하의 알짜 전기력은 다른 모든 전하로 인한 힘의 합이다.

중첩의 원리: 평면에 3개의 전하가 있는 경우 q_3가 경험하는 힘은 $\vec{F}_{3net} = \vec{F}_{13} + \vec{F}_{23}$이다.

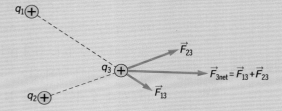

전기장

(15.4절) 전기장은 시험 전하에 작용하는 단위 전하당 힘으로 벡터장이다.

전기력선은 양전하로부터 나와 음전하로 들어간다.

전기장의 정의: $\vec{E} = \dfrac{\vec{F}}{q_0}$

점전하에 의한 전기장의 크기: $E = \dfrac{F}{q_0} = k\dfrac{|q|}{r^2}$

반대 부호로 대전된 한 쌍의 평면 사이의 전기장의 크기: $E = \dfrac{\sigma}{\varepsilon_0}$

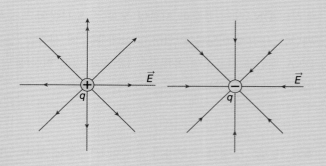

전기장 내 대전 입자

(15.5절) 대전 입자는 전기장 내에서 가속된다.

양전하를 띤 입자에 가해지는 힘은 전기장과 같은 방향이고, 음전하를 띤 입자에 가해지는 힘은 전기장과 반대 방향이다.

전기장에서 대전 입자에 힘을 가한다: $\vec{F} = q\vec{E}$

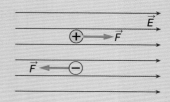

15장 연습문제

문제의 난이도는 •(하), ••(중), •••(상)으로 분류한다. BIO로 표시된 문제는 생물학적 또는 의학적인 문제이다.

개념 문제

1. 중입자는 각각 $\pm e/3$ 또는 $\pm 2e/3$의 전하량을 갖는 3개의 쿼크로 구성된 입자의 일종이다. 이 중입자에 대해 가능한 전하량은 얼마인가?

2. 긴 띠 모양의 투명 테이프를 떼어 낸 다음 한 손으로 수직으로 잡고 다른 한 손을 매달린 테이프 가까이 가져가면 테이프(전기적 중성)가 손에 끌리는 것을 확인할 수 있다. 이유를 설명하여라.

3. 쿨롱의 법칙과 뉴턴의 중력 법칙의 유사점 및 차이점을 나열하여라.

4. 전하량이 Q인 작은 공이 고정되어 있다. 동일한 두 번째 공(역시 전하량 Q)이 고정된 공 바로 위에 일정 거리 떨어진 곳에 놓여 있다. 물음에 답하여라.
(a) 두 번째 공이 수직선을 따라 진동하는지 논하여라.
(b) 이 진동은 단조화 운동을 하는지 설명하여라.

5. 전기장의 세기는 전기력선의 밀도에 비례함을 보여라(힌트: 점전하 주위의 전기장을 고려해서 서로 다른 반경의 두 동심원을 통과하는 전기력선을 살펴보자. 그다음 각 구의 표면을 따라 전기력선의 밀도를 비교하여라.

6. $-Q$인 점전하 쌍에 의해 생성된 전기력선을 그려라.

7. 두 점전하 $+Q$와 $-3Q$의 주변 영역의 전하 분포에서 멀리 떨어진 전기장에 대해 설명하여라.

8. 균일한 전기장 내에 놓인 전기 쌍극자가 단조화 운동으로 진동해야 하는 이유를 논하여라.

객관식 문제

9. 전자 3.5×10^{18}개의 알짜 전하량은 얼마인가?
(a) 0.035 C (b) 0.56 C (c) 3.5 C (d) 5.6 C

10. 한 양성자로부터 0.15 m 거리에 있는 양성자에 작용하는 힘의 크기는 얼마인가?
(a) 1.1×10^{-36} N   (b) 1.0×10^{-26} N
(c) 6.4×10^{-8} N   (d) 1.5×10^{-27} N

11. 두 대전 입자가 거리 d만큼 떨어져 있을 때 20 N의 힘을 받는다. 대전 입자가 40 N의 힘을 받을 때, 두 전하 사이의 거리는 얼마인가?
(a) $d/4$ (b) $d/2$ (c) $d/\sqrt{2}$ (d) $2d$

12. 10.0 μC의 동일한 전하 3개가 한 변의 길이가 0.25 m인 정삼각형의 꼭짓점에 놓여 있다. 각 전하에 작용하는 알짜힘의 크기는 얼마인가?
(a) 57.6 N (b) 28.8 N (c) 24.9 N (d) 14.4 N

13. 0.30 m 거리로 분리된 두 점전하 -5.0 nC과 $+5.0$ nC 사이의 중간 지점에서의 전기장은 어떻게 되는가?
(a) 0 (b) 1,000 N/C, 음전하 쪽으로 향한다.
(c) 2,000 N/C, 음전하 쪽으로 향한다.
(d) 4,000 N/C, 음전하 쪽으로 향한다.

14. 다음 중 전기장과 중력장이 공통적으로 만족하는 것은 무엇인가?
(a) 단위가 같다.   (b) 둘 다 질량에 의존한다.
(c) 둘 다 인력과 척력을 가진다.
(d) 둘 다 역제곱 거리에 의존한다.

연습문제

15.1 전하

15. • (a) 전자 1 kg에 얼마나 많은 전하량을 포함되어 있는가?
(b) 양성자 1 kg에 얼마나 많은 전하량을 포함되어 있는가?

16. •• 탄소 블록(중성) 2.0 kg에 존재하는 전자의 수를 계산하여라.

17. •• 전자와 양성자의 전하가 동일한 크기를 갖지 않고 10^{10}분의 1만큼 차이가 난다고 가정하자. 헬륨 기체 1.0 kg의 알짜 전하량은 얼마인가?

15.2 쿨롱의 법칙

18. • 대전된 2개의 작은 공이 0.85 m 거리만큼 떨어져 있을 때 척력은 0.12 N이다. 척력이 0.80 N이 될 때까지 공이 서로 가까이 이동할 경우, 거리는 얼마가 되는가?

19. •• 지구에서 모든 전자를 제거할 수 있다고 가정하자. 물음에 답하여라.

(a) 이 조건에서 지구 표면 위의 양성자에 가해지는 힘을 구하여라.

(b) (a)의 답을 양성자의 무게와 비교하여라.

20. •• 탁구공 2개의 질량이 각각 1.4 g이고 알짜 전하량은 0.350 μC이다. 탁구공 하나는 고정되어 있다. 두 번째 공을 고정된 공의 바로 위에 놓으려면 두 번째 공은 어느 높이에 놓아야 하는가?

21. • 전자에 가해지는 전기력이 전자의 무게와 같아지려면 전자는 양성자로부터 얼마나 떨어져 있어야 하는가? 결과의 중요성에 대해 설명하여라.

22. ••• 길이가 L인 동일한 진자 2개가 천장에 나란히 매달려 있으며, 매달린 물체(질량)가 흔들리며 접촉하고 떨어지면 두 물체는 동일한 전하량 Q를 갖는다. 문제에 주어진 다른 매개변수와 관련된 θ(그림 P15.22와 같이 각 진자 줄이 연직 방향과 이루는 각) 식을 구하여라.

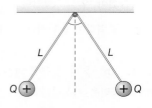

그림 P15.22

15.3 여러 개의 전하에 대한 쿨롱의 법칙

23. •• $-25\,\mu$C 및 $-75\,\mu$C의 두 점전하가 1.0 m의 간격을 두고 놓여 있다. 물음에 답하여라.
(a) 세 번째 전하를 어디에 놓아야 정전기력이 0이 되는가?
(b) 세 번째 전하량의 크기와 부호가 (a)에 대한 답에 영향을 주지 않는 이유를 설명하여라.

24. ••• 4.0 μC의 동일한 전하 3개가 한 변의 길이가 0.15 m인 정삼각형의 꼭짓점에 놓여 있다. 각 전하에 작용하는 알짜 전기력을 구하여라.

25. •• 6.8 nC의 동일한 점전하 4개가 한 변의 길이가 0.25 m인 정사각형의 모서리에 놓여 있다. 각 전하에 작용하는 전기력을 구하여라.

26. ••• 원점에 +6.5 μC의 점전하를 놓고, 두 번째 전하를 xy 평면 (0.35 m, 0.45 m)에 놓는다. 알짜 전기력이 0이 되도록 하려면 세 번째 전하를 어느 위치에 놓아야 하는가?

27. ••• 3개의 전하가 xy평면에서 원점 (0, 0)에 1.5 nC, (0.75 m,

0)에 2.4 nC, (0.1.25 m)에 −1.9 nC으로 고정되어 있다. 음전하에 작용하는 전기력을 구하여라.

15.4 전기장

28. • 전자에서 10 mm 떨어진 곳의 전기장을 구하여라.

29. •• 각 전하량이 15 μC인 두 양 점전하가 $x = -0.15$ m와 $x = +0.15$ m인 x축 위에 놓여 있다. 다음 위치에서 전기장의 크기를 작은 순서대로 나열하여라.
(a) (0, 0)   (b) (0.25 m, 0)
(c) (0.10 m, 0)   (d) (0, 0.10 m)

30. •• 예제 15.7에서 전기 쌍극자에 대해 다음 위치에서 전기장을 계산하여라.
(a) (−15 cm, 0),   (b) (0, −5 cm)

31. ••• 진자는 나사에 연직으로 매달린 0.155 kg의 공으로 구성된다. 공의 알짜 전하량은 235 μC이다. 진자가 1,250 N/C의 균일한 수평 전기장에 놓여 있다면(그림 P15.31) 계가 평형 상태일 때 진자 줄이 연직 방향과 이루는 각도를 구하여라.

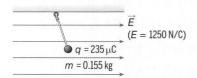

그림 P15.31

32. • 대전된 평면의 표면 전하 밀도가 -2.5×10^{-7} C/m²로 균일할 때, 한 변에 1.0 mm인 정사각형 평면에 얼마나 많은 전자가 존재하는가?

33. •• 한 쌍의 대전된 평행판을 사용하여 평면 사이에 균일한 전기장을 만든다. 두 평면의 전하 밀도는 크기는 같지만 부호는 반대이다. 두 평면 사이의 전기장의 크기가 5,000 N/C일 때, 각 평면에서 전하 밀도를 구하여라.

34. • 수소 원자가 양성자 주위 원형 궤도에 있는 전자로 구성되어 있고 궤도 반경은 5.29×10^{-11} m라 가정하자. 물음에 답하여라.
(a) 전자에 작용하는 전기장을 구하여라.
(b) (a)의 답을 사용하여 전자에 작용하는 전기력을 구하여라.

35. •• 두 점전하가 x축 위에 놓여 있다. $x = 0.25$ m에 놓인 전하의 전하량은 0.25 μC이고 $x = 0.75$ m에 놓인 전하의 전

하량은 0.16 μC이다. 전기장이 0인 위치를 구하여라.

36. •• 공간의 특정 영역에서 +x 방향으로 12.4 kN/C의 크기를 가진 균일한 전기장이 존재한다. 이제 이 전기장의 원점 (0, 0)에 $-1.0\ \mu$C의 전하가 놓인다. 물음에 답하여라.
(a) (0.50 m, 0)에서 알짜 전기장을 구하여라.
(b) (0, 0.50 m)에서 알짜 전기장을 구하여라.

15.5 전기장 내 대전 입자

37. • 질량이 3.5×10^{-15} kg인 작은 복사기 토너의 알짜 전하량이 $2e$이고 가속도는 0.75 m/s²이다. 가속을 일으키는 전기장의 크기는 얼마인가?

38. • xy평면에서 움직이는 전자는 x축 위의 30° 각도로 3.25×10^{13} m/s²의 가속도를 갖는다. 가속을 일으키는 전기장의 크기를 구하여라.

39. •• 밀리칸 기름방울 실험에서 밀도 940 kg/m³의 기름을 사용하여 11.5 kN/C의 전기장에서 $-4e$의 전하를 가진 액체가 중력과 평형을 이루었다. 다음을 구하여라.
(a) 전기장의 방향 (b) 기름방울(구형)의 크기

40. ••• 오실로스코프 관의 전자가 3.9×10^6 m/s의 속력으로 수평으로 이동하고 있다. 이 전자는 1,500 N/C의 크기로 위쪽을 향하는 전기장이 있는 2.0 cm 길이의 영역을 통과한다. 전자가 전기장 영역에서 나올 때 전자의 속도를 구하여라.

41. •• X-선 관에서 전자는 균일한 전기장에서 가속된 다음 금속 표적에 부딪힌다. 정지 상태에서 시작하는 전자가 수평 방향으로 2,150 N/C의 크기를 가진 균일한 전기장에서 가속된다고 가정하자. 전기장은 10.5 cm 폭의 공간 영역을 차지한다. 물음에 답하여라.
(a) 표적에 부딪힐 때 전자의 속력은 얼마인가?
(b) 비행 중 중력의 영향을 받는 거리는 얼마나 되는가?

42. •• 이동 방향과 평행한 균일한 전기장에 진입할 때 1.6×10^6 m/s의 속력으로 이동하는 전자가 있다. 9.2 cm 더 이동한 후 전자는 정지하였다. 물음에 답하여라.
(a) 전기장의 크기는 얼마인가?
(b) 전자의 원래 운동에 대한 전기장의 방향은 어디인가?

15장 질문에 대한 정답

단원 시작 질문에 대한 답

여객기의 전도성 금속 표면은 내부를 전기적으로 차폐한다. 금속 내의 자유 전하는 전기장의 침투를 방지하기 위해 외부 전하가 있는 상태에서 빠르게 재배치된다.

확인 질문에 대한 정답

15.2절 (d) 두 힘은 척력이고, 두 힘의 크기는 동일하다.
15.3절 (c) 오른쪽 방향
15.4절 (b) 왼쪽 방향
15.5절 (d) 방향은 반대이고 크기는 더 작다.

전기 에너지, 전위, 축전기 16
Electric Energy, Potential, and Capacitors

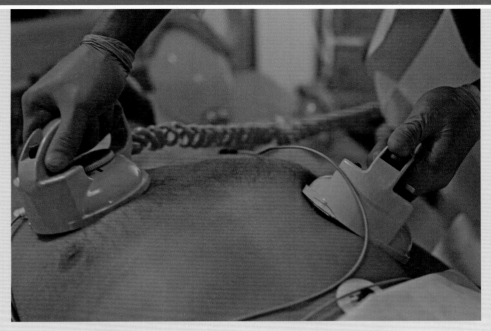

학습 내용

✓ 전기위치 에너지와 전위의 개념 이해하기

✓ 정전기학에 에너지 보존 적용하기

✓ 전위와 전기장을 수치와 그래프로 연관시키기

✓ 축전기를 전하와 에너지를 저장하는 장치로 이해하기

✓ 유전체에 대해 설명하고 유전체가 전기 용량에 어떤 영향을 미치는지 설명하기

▲ 생명을 구하는 제세동기의 충격은 짧은 시간에 많은 양의 에너지를 전달해야 한다. 이 에너지의 원천은 무엇인가?

이 장에서는 전기력 및 전기장과 관련된 **에너지**에 초점을 맞춘다. 전기 에너지는 기본적이고 실용적인 의미를 지니므로 기본 개념과 응용 분야를 살펴볼 것이다. 전기 에너지는 종종 전위의 관점에서 설명된다. 여기에서는 에너지와 전하를 저장하는 축전기의 용도에 대해 알아본다. 전위는 17장의 전기 회로를 이해하는 데 필수적인 개념이다.

16.1 전기위치 에너지

위치 에너지: 검토

5장에서 운동 에너지(K)와 위치 에너지(U)를 모두 소개하였다. 보존력을 갖는 것으로 보았던 **위치 에너지**(5.4절)는 뉴턴의 법칙을 명시적으로 사용하지 않고 운동 문제를 해결하기 위한 '지름길'을 제공한다는 것을 살펴보았다.

중력 위치 에너지에 대한 9.3절과 함께 5장을 간략히 복습하는 것이 좋다. 다음은 몇 가지 주요 내용이다.

1. 힘이 보존력일 때 계의 총 역학적 에너지 $E = K + U$는 일정하다(식 5.18).
2. 위치 에너지는 전적으로 입자의 위치에 따른 함수이다. 중력의 경우, 지구 근처의 질량 m을 가진 입자는 위치 에너지 $U = mgy$ (식 5.15)를 가지며, y는 기준

점에 대한 상대적인 높이이다.

3. 두 점 사이를 이동하는 입자의 위치 에너지 변화량은 운동 경로와 무관하다.

4. 거리 r만큼 떨어져 있는 두 질량의 중력 위치 에너지는 $U = -\dfrac{Gm_1m_2}{r}$ (식 9.5) 이다.

전기위치 에너지 계산

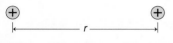

그림 16.1 거리 r만큼 떨어져 있는 두 점전하

두 점전하(그림 16.1)의 전기위치 에너지는 얼마인가? 이 문제는 뉴턴의 중력 법칙과 쿨롱의 법칙이 모두 역제곱 힘의 법칙이기 때문에 두 질량의 중력 위치 에너지를 구하는 문제(식 9.5)와 유사하다. 위치 에너지의 변화는 보존력에 의한 일에서 비롯하므로 힘의 법칙이 비슷하다면 위치 에너지의 함수 또한 비슷하다. 표 16.1은 이 비유를 요약한 것이다.

표 16.1 중력과 전기력에 대한 힘과 에너지

	힘의 법칙		위치 에너지
중력	$F = \dfrac{GMm}{r^2}$	(인력)	$U = -\dfrac{Gm_1m_2}{r}$
전기력	$F = \dfrac{k\lvert q_1\rvert\lvert q_2\rvert}{r^2}$	(인력 또는 척력)	$U = \dfrac{kq_1q_2}{r}$

거리 r만큼 떨어져 있는 두 점전하 q_1과 q_2의 전기위치 에너지는 다음과 같다.

$$U = \frac{kq_1q_2}{r} \quad \text{(두 점전하의 위치 에너지, SI 단위: J)} \tag{16.1}$$

여기서 r이 무한히 먼 거리인 경우($r \to \infty$) 위치 에너지는 0이다.

표 16.1의 표현은 익숙하다. 각각은 적절한 상수(중력의 경우 G, 전기력의 경우 k)를 포함한다. 힘은 둘 다 역제곱에 비례하고, 두 위치 에너지는 모두 $1/r$에 비례한다. 한 가지 차이점은 중력 위치 에너지의 부호가 음이라는 것이다. 중력은 인력만 작용하기 때문이다. 그러나 전기력은 같은 전하에는 척력이, 반대 전하에는 인력이 작용한다. 그림 16.1은 2개의 양의 점전하를 보여 주지만 식 16.1은 두 가지 가능성을 모두 다룬다. 전기위치 에너지 U는 반대 전하인 경우 음, 같은 전하인 경우 양이다. 양의 부호는 같은 부호의 전하 사이에는 척력이 작용한다는 사실을 의미하는 반면, 질량에 작용하는 중력처럼 반대 전하 사이에서는 인력이 작용한다는 사실을 반영한다. 예제 16.1은 이러한 물리적 의미를 보여 준다.

예제 16.1 **인력? 척력?**

전하 q_1은 원점에 고정되어 있고, 전하 q_2는 자유롭게 이동할 수 있다. 물음에 답하여라.

(a) 두 전하가 모두 양의 부호를 갖는다고 가정하자. 전하 q_2가 $+x$축에서 정지 상태에서 움직인다면 운동 에너지 K, 위

치 에너지 U, 총 에너지 E에 어떤 일이 일어나는지 설명하여라.

(b) 두 전하 q_1과 q_2의 부호가 서로 반대인 경우 (a)를 반복하여라.

풀이 쿨롱의 법칙을 통해 힘과 식 16.1의 전기위치 에너지를 구한다. 쿨롱의 법칙에 따르면 부호가 같은 전하에는 척력이, 부호가 다른 전하에는 인력이 작용한다. 식 16.1 $U = kq_1q_2/r$는 전하의 부호가 같든 다르든 그대로 적용된다. 보존계에서 총 에너지 $E = K + U$는 일정하다.

(a) 전하가 반발하므로 q_2는 오른쪽으로 힘을 느끼고 이 방향으로 가속된다(그림 16.2a). 처음에 운동 에너지 K는 0이다. q_1q_2의 곱이 양수이므로 전기위치 에너지 U는 양수이다. 따라서 총 에너지 E는 양수이고 q_2가 움직이기 시작한 후에도 일정하게 유지된다. 그러나 q_1이 가속됨에 따라 운동 에너지는 증가하고 위치 에너지는 감소하며 E는 일정하게 유지된다. $U = kq_1q_2/r$이고, q_2가 q_1에서 멀어질수록 r이 증가하기 때문에 이것은 타당하다.

(b) 부호가 반대인 전하에는 인력이 작용한다. q_1이 원점에 있을 때, q_2는 왼쪽으로 힘을 느끼므로 왼쪽으로 가속한다(그림 16.2b). q_2의 처음 운동 에너지 K는 0이지만 q_1q_2의 곱이 음이

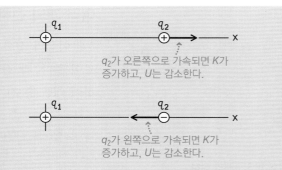

그림 16.2 (a) 부호가 같은 두 전하 (b) 부호가 반대인 두 전하

므로 전기위치 에너지 U는 음이 된다. 따라서 총 에너지 E는 음수이며, q_2가 이동을 시작한 후에도 일정하게 유지된다. 그러나 q_2의 K는 가속함에 따라 증가하므로 E를 일정하게 유지하려면 U가 음수가 되어야 한다. 이것이 거리 r이 감소하는 것과 일치하는가? 예: r이 감소할수록 $U = kq_1q_2/r$는 더 음수가 된다. 따라서 K가 증가함에 따라 U는 감소하고 총 에너지 E는 일정하게 유지된다.

반영 에너지 보존은 보존력인 전기력에 대해서도 성립한다. 전하의 부호가 같은지 다른지에 따라 전기위치 에너지는 양이 될 수도 음이 될 수도 있다.

식 16.1은 두 전하와 관련된 전기위치 에너지를 제공한다. 결과는 다른 형태의 에너지와 마찬가지로 줄(J) 단위로 나타낸다. 쿨롱 상수 k의 차원은 $\mathrm{N \cdot m^2/C^2}$이고 C를 전하량, m를 거리로 하면 식 16.1의 단위는 예상한 것처럼 다음과 같다.

$$\frac{\mathrm{N \cdot m^2}}{\mathrm{C^2}} \frac{\mathrm{C \cdot C}}{\mathrm{m}} = \mathrm{N \cdot m} = \mathrm{J}$$

예를 들어, 수소 원자에서 양성자와 전자(전하 $= \pm e = \pm 1.60 \times 10^{-19}$ C)는 5.29×10^{-11} m만큼 떨어져 있다. 식 16.1로부터 이들의 전기위치 에너지를 계산할 수 있다.

$$U = \frac{kq_1q_2}{r} = \frac{(8.99 \times 10^9\,\mathrm{N \cdot m^2/C^2})(1.60 \times 10^{-19}\,\mathrm{C})(-1.60 \times 10^{-19}\,\mathrm{C})}{5.29 \times 10^{-11}\,\mathrm{m}}$$
$$= -4.35 \times 10^{-18}\,\mathrm{N \cdot m} = -4.35 \times 10^{-18}\,\mathrm{J}$$

이 작은 에너지는 원자 내 전자가 갖는 전형적인 에너지이다. 24장에서는 전자가 원자 에너지 준위 사이를 뛰어오를 때 방출되는 빛을 이용하여 이러한 에너지를 결정하는 방법을 살펴본다. 이 위치 에너지는 작지만 양성자와 전자의 중력 위치 에너지인 $U = -Gm_1m_2/r = 1.9 \times 10^{-57}$ J보다 훨씬 크다. 이는 15장에서 살펴본 사실과 일치한다. 기본 입자 사이의 전기력이 그 사이의 중력보다 훨씬 더 강하다는 것이다.

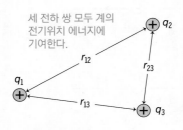

세 전하 쌍 모두 계의 전기위치 에너지에 기여한다.

그림 16.3 3개의 전하

여러 개의 전하

3개 이상의 전하의 전기위치 에너지는 무엇인가? 그림 16.3은 세 전하 q_1, q_2, q_3을 보여 준다. 각 전하 쌍은 식 16.1에 의해 주어진 전기위치 에너지를 갖는다. 이들 전하에 대한 총 전기위치 에너지는 세 쌍 모두를 합한 것이다.

$$U = \frac{kq_1q_2}{r_{12}} + \frac{kq_1q_3}{r_{13}} + \frac{kq_2q_3}{r_{23}} \quad \text{(세 전하의 전기위치 에너지, SI 단위: J)} \qquad (16.2)$$

네 번째 전하를 추가하면 전하 쌍의 수는 6개가 된다. 다섯 번째 전하를 추가하면 10쌍이 되고, 전하를 추가할수록 그 수는 엄청나게 많아진다. 대부분의 거시적 상황에서는 엄청난 수의 전하가 존재하며, 전하 쌍의 수는 훨씬 더 많다. 예를 들어, 뇌운의 전하가 번개의 에너지를 제공하는데, 이 에너지가 얼마나 되는지 알고 싶을 것이다. 모든 전하 쌍의 전기적 에너지를 합하는 것은 비현실적이다. 이 계산을 피하는 데 도움이 될 수 있는 개념인 **전위**(electric potential)를 소개할 것이다.

확인 16.1절 한 변의 길이가 0.10 m인 정삼각형의 꼭짓점에 1.0 μC의 전하 3개가 놓여 있다. 이 구성의 전기위치 에너지는 얼마인가?

(a) 0.09 J (b) 0.18 J (c) 0.27 J (d) 0.63 J

1.0 μC

0.1 m   0.1 m

1.0 μC ← 0.1 m → 1.0 μC

16.2 전위

15장에서 전기장을 단위 전하당 전기력으로 정의하였다. 여기에서는 유사한 접근 방식을 사용하여 **전위**(electric potential) V를 단위 전하당 전기위치 에너지로 정의한다 (표 16.2). 따라서 점전하 q로부터의 거리 r의 전위는 다음과 같다.

$$V = \frac{kq}{r} \quad \text{(점전하의 전위, SI 단위: V)} \qquad (16.3)$$

표 16.2 전기장과 유사하게 정의되는 전위

	거리 r만큼 떨어진 점전하 q와 q_0에 대한 힘과 에너지	전기장과 전위: 단위 전하 q_0당 힘과 에너지
전기력과 전기장	전기력 $F = \dfrac{kqq_0}{r^2}$	전기장 $E = \dfrac{F}{q_0} = \dfrac{kq}{r^2}$ (단위 전하당 힘)
전기위치 에너지와 전위	전기위치 에너지 $U = \dfrac{kqq_0}{r}$	전위 $V = \dfrac{U}{q_0} = \dfrac{kq}{r}$ (단위 전하당 전기위치 에너지)

전위는 공간의 모든 지점에서 어떤 값을 갖는다. 어떤 지점에서 전위값을 알면 주어진 전하가 그 지점에 놓였을 때 얼마나 많은 전기위치 에너지를 가질 수 있는지 알 수 있다. 전위 V는 단위 전하당 전기위치 에너지이므로 전하 q_0의 전기위치 에너지 U는 다음과 같다.

$$U = q_0 V \quad \text{(전위로부터 전기위치 에너지, SI 단위: J)} \quad (16.4a)$$

이는 전기장에서 대전 입자에 가해지는 힘($\vec{F} = q\vec{E}$)과 유사하다.

전위와 전기장 사이에는 한 가지 중요한 차이점이 있다. 전기장은 벡터이지만 전위는 스칼라이다. 이는 종종 전기장보다 전위를 계산하는 것이 더 쉽다는 것을 의미한다.

▶ **TIP** 전위는 양 또는 음이 될 수 있다. 양전하 근처에서 전위는 양이고, 음전하 근처에서 전위는 음이다.

전위차

5장에서 위치 에너지의 **차**만이 물리적으로 중요하다는 것을 살펴보았다. 비슷한 방식으로 **전위차**(potential difference)만이 의미가 있다. 식 16.3과 같이 어떤 지점의 전위에 대해 말할 때, 이는 실제로 그 지점과 $V = 0$을 취한 다른 지점과의 전위차를 의미한다. 식 16.3은 전하가 무한히 떨어져 있을 때 전기위치 에너지의 0을 취한 식 16.1에서 나왔다. 따라서 식 16.3은 무한대와 점전하 q로부터 거리 r 사이의 전위차를 설명한다. 다른 상황에서는 다른 점을 위치 에너지의 0으로 선택할 수 있다. 예를 들어, 전력 계에서는 종종 지면이 영점으로 선택된다. 전위차 관점에서 식 16.4a를 다음과 같이 쓸 수 있다.

$$\Delta U = q_0 \, \Delta V \quad \text{(전기위치 에너지 차, SI 단위: J)} \quad (16.4b)$$

볼트

전위의 SI 단위는 쿨롱당 1줄로 정의되는 **볼트**(volt, V), 즉 1 V = 1 J/C이다. '전압'이라는 용어를 자주 사용하지만 배수량에 '계량(meterage)'을 사용하거나 에너지에 '주라지(joulage)'를 사용하는 것처럼 불필요한 용어이다.

예제 16.2 번개 칠 때의 에너지

뇌우의 난류 운동은 전하 분리를 일으켜 구름과 지면 사이에 약 10 MV의 전위차를 발생시킨다. 번개가 치면 구름과 지면 사이에 약 50 C의 전하가 이동한다. 번개가 칠 때 얼마나 많은 에너지가 방출되는가?

구성과 계획 전위차는 단위 전하당 전기위치 에너지의 차이다. 식 16.4b는 전기위치 에너지 차이와 전위차와 관련이 있다

($\Delta U = q_0 \Delta V$). 여기서 q_0은 50 C이고 ΔV는 구름과 지면 사이의 전위차 10 MV이다(그림 16.4).

풀이 전하의 전기위치 에너지는 10 MV에 의해 전압 강하가 일어난다. 따라서 ΔU는 방출되는 에너지이다.

$$\text{방출되는 에너지} = \Delta U = q_0 \, \Delta V = (50 \text{ C})(10 \text{ MV})$$
$$= 500 \text{ MJ}$$

전위차
ΔV

구름의 알짜 전하는 구름과
지면 사이에 전위차를 만든다.

낙뢰에 의해 방출되는 에너지는
전달되는 전하와 전위차에
비례한다. $\Delta U = q\Delta V$

그림 16.4 낙뢰로 방출되는 에너지

반영 이것은 엄청난 에너지이다. 번개를 맞고 싶지 않은 이유를 설명해 준다. 이 에너지가 어떤 형태로 방출되는지 알 수 있는가?

전자볼트

식 16.4는 물리학자들이 원자 계에서 자주 사용하는 에너지 단위인 **전자볼트**(electron volt)를 제시한다. 1전자볼트(eV)는 1 V의 전위차를 통해 기본 전하량 $e = 1.60 \times 10^{-19}$ C과 관련된 에너지이다. 따라서 줄과 전자볼트 사이의 변환은 1 eV = 1.60×10^{-19} J이다. 수소 원자의 예(16.1절)에서 전기위치 에너지가 -4.35×10^{-18} J이면 다음과 같이 계산된다.

$$(4.35 \times 10^{-18} \text{ J})\left(\frac{1 \text{ eV}}{1.60 \times 10^{-19} \text{ J}}\right) = 27.2 \text{ eV}$$

관리하기 쉬운 이 수치 때문에 전하가 종종 $\pm e$ 값을 갖는 원자 및 아원자 준위에서 전자볼트가 사용되는 것이다.

예제 16.3 **전자의 에너지**

예제 16.2의 뇌우에서 구름에서 지면으로 이동하는 전자 1개에 대한 전기위치 에너지 변화량을 구하여라. 전자볼트로 답을 나타내어라.

구성과 계획 다시 식 16.4b가 적용되지만 이제 전하 q_0은 1기본 전하량 e이다.

풀이 1 eV는 1개의 기본 전하가 1 V의 전위차를 통해 이동할 때의 에너지 변화량이다. 전위차가 10 MV이므로 전자의 전기위치 에너지 변화량은 다음과 같다.

$$(10 \text{ MV})(1기본 전하) = 10 \text{ MeV}$$

반영 기본 전하와 전자볼트의 에너지로 계산하는 것은 쉽다. J을 원했다면 1 eV = 1.60×10^{-19} J을 사용해야 했을 것이다.

의료용 X-선

의학에서 사용하는 X-선은 수십 킬로전자볼트(keV)의 에너지를 가진 전자가 물질에 충돌할 때 생성된다. X-선관(그림 16.5a)은 전자를 '들뜨게' 하는 뜨거운 **음극**(cathode)과 일반적인 텅스텐의 **양극**(anode)을 포함하는 진공 구조이다. 양극과 음극 사이에 수십 킬로볼트(kV)의 전위차가 가해질 때 전자는 음극에서 방출된 후 양극으로 운동을 시작한다. 전자는 전위차를 통해 '떨어지면서' 운동 에너지를 얻고 전기위치 에너지를 잃기 때문에 전자의 총 에너지는 일정하게 유지된다(그림 16.5b). 그렇다면 양극에 도달했을 때 전자의 운동 에너지는 얼마인가? 예제 16.3은 이 계산이 얼마나 쉬운지 보여 준다. 예를 들어, X-선관에서 50 kV의 전위차를 가진 전자는 50 keV의 운동 에너지를 얻는다. 의료용 또는 치과용 X-선을 촬영할 때 방사선 전문의가 '킬로볼트(kV)'라고 표시된 컨트롤을 조정하여 전자 에너지를 설정하는 것을 볼 수 있는데, 이것은 X-선의 에너지를 변화시켜 투과도를 조절하는 것이다.

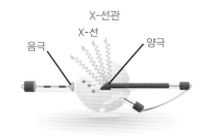

(a)

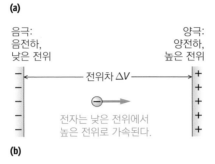

(b)

그림 16.5 X-선관에서 음극에서 양극으로 전자가 가속되는 모습

전위와 수명

이탈리아 의사 루이지 갈바니(Luigi Galvani, 1737~1798)는 척수에 전위를 가했을 때 개구리의 근육이 경련을 일으킨다는 사실을 발견하였다. 갈바니 이후의 연구는 전위가 생명에 얼마나 중요한지를 보여 주었다. 인간을 포함한 동물의 신경계는 전위의 변화를 이용하여 신체 전체에 정보를 전달한다. 갈바니가 관찰한 것처럼 전기신호는 근육 활동을 유발한다. 적절한 근육 기능을 위해서는 올바른 전위를 유지해야 한다.

응용 심전도

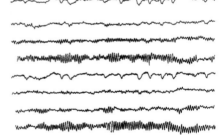

심장 전문의는 심장의 박동 주기 동안 전위를 기록하는 심전도(electrocardiogram, EKG)를 사용하여 심장 기능을 연구한다. 건강한 심전도 패턴에서 벗어나는 경우, 관상 동맥이 막힌 것과 같은 비정상적인 심장 상태를 진단하는 데 도움이 된다. 불규칙한 심전도는 신체가 규칙적인 심장 박동을 자극하는 데 필요한 전위를 제공하지 못한다는 신호일 수 있다. 인공 심장 박동기는 정확한 전위를 유지하여 규칙적인 박동을 보장한다.

뇌 역시 환자의 활동에 따라 패턴을 가진 전위를 생성한다. 뇌파(electro-encephalograms, EEGs)는 심전도의 1밀리볼트(10^{-3} V)에 비해 1마이크로볼트(10^{-6} V) 정도의 미세한 전위차를 보인다. 뇌파 패턴의 미묘한 차이는 뇌의 여러 영역의 전기적 활동과 연결되는데, 이를 통해 신체와 정신의 많은 기능이 특정 뇌 영역의 제어 센터를 추적할 수 있다. 한 부위에 기능이 부족하면 해당 부위에 종양이 있음을 나타낼 수 있다. EEG는 또한 뇌전증과 뇌수막염과 같은 신경계 질환을 진단하는 데에도 도움이 된다.

확인 16.2절 100 V의 전위차를 통해 정지 상태에서 가속된 전자의 운동 에너지는 얼마인가?

(a) 1.6×10^{-19} J (b) 3.2×10^{-19} J (c) 1.6×10^{-18} J (d) 1.6×10^{-17} J

16.3 전위와 전기장

전위는 힘과 가속도의 세부 사항을 고려하지 않고도 에너지 변화를 계산할 수 있는 '지름길'을 제공한다. 이러한 에너지 변화 뒤에는 전기장에서 발생하는 힘이 있다. 여기에서는 전위와 전기장 간의 관계에 대해 알아본다.

예: 평행한 도체판

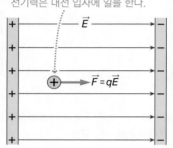

전기장에 의해 지속적으로 작용하는 전기력은 대전 입자에 일을 한다.

그림 16.6 균일한 전기장을 통해 움직이는 전하에 한 일

15장에서 서로 반대의 극성으로 대전된 평행한 도체판에 균일한 전기장이 생성되는 것을 보았다(그림 16.6). 이 균일한 전기장을 따라 전하 q가 이동하면 전하에 한 일은 전기력의 크기 $F = qE$(식 15.5)에 변위 Δx를 곱한 것과 같다.

$$W = qE\Delta x \quad \text{(균일한 전기장에서 전하에 한 일, SI 단위: J)} \quad (16.5)$$

일-에너지 정리(5장)에 의해 전하의 운동 에너지는 $\Delta K = W$만큼 변한다. 전기력이 보존적이기 때문에 전기위치 에너지에는 반대의 변화가 있다. 즉, $W = \Delta K = -\Delta U$이다. 그리고 전하의 전기위치 에너지의 변화는 전하와 전위차 ΔV의 곱과 같다. 따라서 다음이 성립한다.

$$W = -\Delta U = -q\Delta V \quad \text{(전위차로부터 일, SI 단위: J)} \quad (16.6)$$

식 16.5와 식 16.6에서 일에 대한 표현이 같으므로 다음과 같이 나타낼 수 있다.

$$\Delta V = -E\Delta x \quad \text{(전기장으로부터 전위차, SI 단위: V)} \quad (16.7)$$

식 16.7은 전위차와 전기장 사이의 관계를 나타내는 식이다. 이 식은 균일한 전기장 방향으로 움직이면 전위가 $E\Delta x$만큼 감소한다는 것을 보여 준다. 전기장의 방향에 반대로 움직이면 이 양만큼 전위가 증가한다. 그림 16.6의 전기장이 500 N/C이고 두 판 사이의 거리가 4.0 cm라고 가정하자. 그러면 식 16.7에 의해 판 사이의 전위차는 다음과 같다.

$$\Delta V = -E\Delta x = (500 \text{ N/C})(0.040 \text{ m}) = 20 \text{ N·m/C} = 20 \text{ V}$$

단위는 1 N · m = 1 J이므로 1 V = 1 J/C으로 정리할 수 있다.

전위로 전기장 구하기

식 16.7의 양변을 Δx로 나누면 다음과 같다.

$$E = -\frac{\Delta V}{\Delta x} \quad \text{(전위차로부터 전기장, SI 단위: V/m)} \quad (16.8)$$

이 식을 두 가지로 해석할 수 있다. 첫째, 전기장의 단위(15장에서 N/C으로 소개)는

V/m로 표현할 수 있음을 보여 준다. 전기력과 전기장의 관계에서는 N/C을, 전기장과 전위의 관계에서는 V/m를 사용하는 것이 더 바람직하다.

더 중요한 것은 식 16.8은 전위가 위치에 따라 변하는 비율에 따라 전기장이 달라짐을 보여 준다는 것이다. 전위가 빠르게 변화하는 곳에는 전기장이 강하고, 전위가 느리게 변화하는 곳에서는 전기장이 약하다. 식 16.8의 −부호는 중력 위치 에너지가 위로 올라갈 때 증가하는 것처럼 전기장에 반대 방향으로 움직일 때 전위가 **증가한다**는 것을 보여 준다.

등전위

등전위(equipotential)란 전위가 동일한 값을 갖는 표면을 말한다. 그림 16.7은 그림 16.6의 균일한 전기장에 대한 몇 가지 등전위 표면을 보여 준다. 등전위는 대전된 판과 평행한 평면이다. 전기장이 균일하기 때문에 전위는 위치에 따라 선형적으로 증가하므로 등전위 간격이 균일하다. 특정 영역에서는 자기장이 더 강하다면 등전위는 그 지점과 더 가까울 것이다.

등전위는 지형도의 등고선과 같으며(그림 16.8), 간격이 가까운 선은 가파른 경사를 의미한다. 지형도에서 가장 가파른 경사의 방향은 등고선에 수직인 방향이다. 마찬가지로 등전위도에서 전기장은 등전위 표면에 수직이며, 전기장의 방향은 높은 전위에서 낮은 전위로 향한다. 이는 그림 16.7에 표시된 균일한 전기장에 대해서는 분명하지만 실제로는 모든 전기장에서도 사실이다.

양 점전하의 전기장은 전하로부터 방사상으로 바깥쪽으로 확장된다. 등전위는 방사형 전기력선에 수직이므로 등전위 표면은 구이다. 그림 16.9는 점전하를 포함하는 평면을 이차원으로 보여 준다. 여기서 등전위는 원으로 나타난다. 그림 16.9의 등전위의 균일하지 않은 간격은 점전하의 불균일한 전기장을 반영한다. 등전위는 전기장이 강한 곳, 즉 전하 근처에서 밀접한 간격을 두고 있다.

그림 16.9에서 점전하 전위 $V = kq/r$를 사용하여 등전위를 그릴 수도 있다. 따라서 일정한 전위를 갖는 표면은 상수 r을 갖는다. 전기 쌍극자의 등전위(그림 16.10)

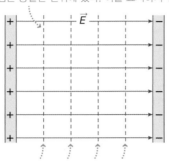

$\Delta V = -E\Delta x$이므로 판에서 등거리에 있는 모든 점은 동일한 전위에 있다. 이를 표시하기 위해…

… 같은 전위를 가진 점들을 연결하는 등전위선을 그린다. 이 선들은 전하를 띤 판들 사이에 동일한 전위의 평면을 나타내며, 전기장에 수직이다.

그림 16.7 등전위와 전기력선

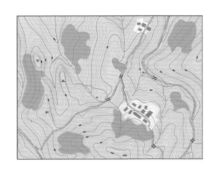

그림 16.8 지형도의 선은 동일한 고도를 가진 점들을 잇는 선이다. 선이 서로 가까울수록 경사가 가파르다.

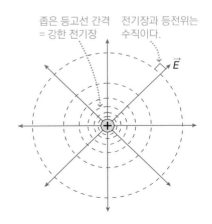

좁은 등고선 간격 = 강한 전기장

전기장과 등전위는 수직이다.

$\vec{E}$

그림 16.9 양 점전하 주위의 전기장(실선)과 등전위(점선)

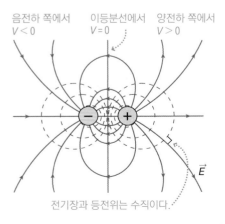

음전하 쪽에서 $V < 0$ 이등분선에서 $V = 0$ 양전하 쪽에서 $V > 0$

전기장과 등전위는 수직이다.

$\vec{E}$

그림 16.10 전기 쌍극자 주위의 전기장(실선)과 등전위(점선)

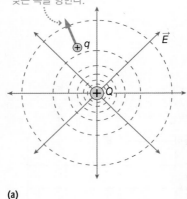

양전하에서의 힘은 전위가 낮은 쪽을 향한다.

(a)

음전하에서의 힘은 전위가 높은 쪽을 향한다.

(b)

그림 16.11 전위와 전기력의 관계

는 그리기 쉽지 않다. 여기서 전위는 전하 ±q의 두 점전하 전위의 합이다.

$$V = \frac{kq}{r_+} + \frac{k(-q)}{r_-} = \frac{kq}{r_+} - \frac{kq}{r_-}$$

여기서 r_+와 r_-는 양전하와 음전하로부터 각각 주어진 위치까지의 거리이다. 해당 선의 모든 점이 두 점전하로부터 같은 거리에 있기 때문에 등전위 $V = 0$은 도표의 중심을 따라 내려간다. 그림 16.10은 전기 쌍극자 등전위와 전기 쌍극자 전기장을 나타낸다. 항상 그렇듯이 이 둘은 모든 곳에서 직교한다.

전기장은 높은 전위에서 낮은 전위를 향하는 반면, 전기력 $\vec{F} = q\vec{E}$의 방향은 전하의 부호에 따라 달라진다. 따라서 양전하에 대한 힘은 높은 전위에서 낮은 전위를, 음전하에 대한 힘은 낮은 전위에서 높은 전위를 향한다. 그림 16.11a는 양의 점전하 +Q 주변의 등전위를 보여 준다. 점전하로부터 거리 r의 전위는 $V = kQ/r$이므로 전하에 가까운 위치일수록 전위가 높다. 그림 16.11a에 나타난 바와 같이, 두 번째 양전하 q는 높은 전위에서 낮은 전위로 가속되는 힘, 즉 +Q에서 멀어지는 힘을 받게 된다. 같은 전하끼리 척력이 작용하기 때문이다. 그림 16.11b는 같은 상황에서 음전하를 보여 준다. 즉, 낮은 전위에서 높은 전위로 이동하여 반대 전하 사이의 인력과 일치한다.

지형도의 비유를 생각해 보면 등전위 지도에서 양전하가 내리막길에서 굴러가는 공처럼 '내리막길'로 이동하는 것을 볼 수 있다. 반대로 음전하는 '오르막길'로 이동한다. 이상해 보이지만 이는 두 종류의 전하가 존재하기 때문에 생기는 결과일 뿐이다.

확인 16.3절 0.50 mm 간격의 두 평행판 사이의 전위차가 1,500 V 이다. 두 판 사이 영역의 전기장은 얼마인가?
(a) 1,500 V/m (b) 7,500 V/m (c) 1.5 MV/m (d) 3.0 MV/m

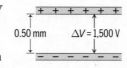

0.50 mm $\Delta V = 1,500$ V

▮ **새로운 개념 검토: 전기위치 에너지, 전위, 전기장**

- 모든 전하의 분포는 전기위치 에너지를 갖는다. 점전하 쌍의 전기위치 에너지는 $U = \dfrac{kq_1 q_2}{r}$ 로 주어진다.
- 전위는 단위 전하당 전기위치 에너지이고, 점전하에 대한 전위는 $V = \dfrac{kq}{r}$이다.
- 전기력선은 등전위선에 수직이고, 균일한 전기장에 $E = -\Delta V/\Delta x$가 주어진다.

16.4 축전기

축전기(capacitor)(그림 16.12a)는 전기 회로에서 전하와 에너지를 저장하는 중요한 부품이다. 여기에서는 축전기와 축전기의 용도에 대해 알아본다. 축전기는 서로 절연되어 있고 크기는 같지만 부호가 반대인 Q의 전하가 대전되어 있는 한 쌍의 도체로 구성된다(그림 16.12b). 도체가 절연되어 있지 않으면 전하가 한 도체에서 다른 도체로 흐르고 축전지가 **방전**(discharge)될 수 있으므로 도체를 절연시키는 것이 중요하다.

(a)

전기용량

축전기의 양쪽 면의 전하는 거의 순간적으로 평형에 도달하고, 그 이후에는 전하의 대량 이동이 일어나지 않는다. 그러면 축전기의 양쪽에 있는 도체는 각각 단일 전위에 있어야 한다. 그렇지 않다면 전기장이 도체 내의 개별 전하를 가속시킬 것이다. 하지만 반대 부호의 대전된 각 도체는 서로 전위가 다르기 때문에 이들 판 사이에 전위차 ΔV가 존재한다. 여기서 일반적으로 사용되지만 약간 간단하게 표기하여 전위차를 차이를 뜻하는 Δ를 빼고 V로 나타내겠다.

축전기의 **전기용량**(capacitance, C)은 다음과 같다.

(b)

그림 16.12 (a) 일반적인 축전기. 축전기의 모양과 크기는 매우 다양하다. 축전기 설계의 다양성 때문에 물리적 크기가 크다고 해서 반드시 전기용량이 큰 것은 아니다. (b) 평행판 축전기의 두 판에는 크기가 같고 부호가 반대인 전하가 대전되어 있다.

$$C = \frac{Q}{V} \qquad \text{(전기용량의 정의, SI 단위: C/V = F)} \qquad (16.9)$$

따라서 전기용량은 전위차의 크기에 대한 각 도체가 갖고 있는 전하 크기의 비율이다. 전기용량 C는 도체의 구성에만 의존하는 상수이다. 식 16.9는 전기용량이 일정할 때 저장된 전하량이 증가하면 전위차가 비례하여 증가하는 것을 보여 준다. 식 16.9는 또한 전기용량에 대한 SI 단위가 단위 전압당 쿨롱(C/V)임을 나타낸다. 이 단위는 **패럿**(Farad, F), 즉 1 F = 1 C/V으로 정의한다. 패럿은 영국 물리학자 마이클 패러데이(Michael Faraday, 1791~1867)의 이름을 따서 명명되었다.

평행판 축전기

가장 간단한 축전기는 2개의 평행 전도판으로 구성되어 있다. 개인용 전자제품 또는 실험실에서 볼 수 있는 축전기는 평행판으로 구성되어 있지 않지만 많은 축전기는 여전히 평행판을 사용한다. 일반적인 방법은 2개의 호일 사이에 절연체를 끼우고 전체를 실린더 모양으로 감는 것이다(그림 16.13).

그림 16.14의 평행판 축전기는 면적 A, 두 판 사이의 거리 d로 분리된 2개의 도체판으로 구성되어 있다. 이제 $C = Q/V$ 정의를 사용하여 전기용량을 구한다. 15장에서 대전된 평행판 사이의 전기장이 $E = \sigma/\varepsilon_0$이었으며, 여기서 σ는 도체의 표면 전하밀도이다. $\sigma = Q/A$이므로 축전기 전하 Q는 $Q = \sigma A = \varepsilon_0 EA$가 된다.

식 16.7 $\Delta V = -E\Delta x$는 전위차와 전기장에 관한 것이다. 여기에서는 오직 크기 V와 관련이 있으며, Δx의 경우 간격이 d이다. 즉, $V = Ed$이고 전기용량은 $C = Q/V = \varepsilon_0 EA/Ed$, 즉 다음과 같다.

그림 16.13 실린더에 끼워 넣기 위해 감은 평행판 축전기

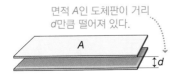

그림 16.14 평행판 축전기의 치수

$$C = \frac{\varepsilon_0 A}{d} \quad \text{(평행판 축전기의 전기용량, SI 단위: F)} \quad (16.10)$$

전기용량은 상수 ε_0과 크기와 관련된 A 및 d에만 의존한다. 이는 전기용량이 두 도체의 구성에만 의존한다는 이전의 설명을 확인할 수 있다.

예제 16.4 전기용량 계산

강의용 축전기가 2개의 평행한 원형 금속판으로 구성되어 있으며 각각의 금속판은 반지름이 12 m이다. 판의 간격은 조정 가능하다. 물음에 답하여라.

(a) 판이 0.10 m만큼 분리되었을 때의 전기용량은 얼마인가?

(b) 1.0 μF인 전기용량을 만들려면 판 사이의 거리를 얼마로 해야 하는가?

구성과 계획 평행판 축전기의 전기용량 $C = \varepsilon_0 A/d$는 판의 면적 A와 분리 거리 d에만 의존한다. (a)에서 이 양을 알고 있다. (b)에서 A와 C을 알고 있으므로 관계식으로부터 d를 구한다.

알려진 값: $r = 12$ cm, $d = 0.10$ m, $C = 1.0$ μF

풀이 (a) 원형판의 면적은 $A = \pi r^2$이다. 따라서 전기용량은 다음과 같다.

$$C = \frac{\varepsilon_0 A}{d} = \frac{(8.85 \times 10^{-12}\ \text{F/m}) \cdot \pi (0.12\ \text{m})^2}{1.0 \times 10^{-4}\ \text{m}}$$
$$= 4.0 \times 10^{-9}\ \text{F}$$
$$= 4.0\ \text{nF}$$

(b) d에 대해 풀면 다음을 얻는다.

$$d = \frac{\varepsilon_0 A}{C} = \frac{(8.85 \times 10^{-12}\ \text{F/m}) \cdot \pi (0.12\ \text{m})^2}{1.0 \times 10^{-6}\ \text{F}} = 4.0 \times 10^{-7}\ \text{m}$$

이는 매우 가까운 거리이며, 이 거리에서 약간의 전위차만 있어도 불꽃이 튀어 축전기가 방전될 수 있다!

반영 전기용량의 작은 값은 일반적으로 pF, nF, μF으로 나타낸다. 이것이 SI 접두어를 검토해야 하는 좋은 이유이다. 실제 축전기에서는 이 예제보다 더 작은 단면적 A를 예상할 수 있으며, 더 작은 전기용량이 주어지게 된다. 하지만 수 패럿(F) 이상의 축전기가 제작되기도 한다. 16.5절에서는 이러한 방법이 어떻게 가능한지 설명할 것이다.

연결하기 원형 평행판의 분리된 거리가 0.1 mm로 유지되는 경우, 1 μF 축전기를 만들기 위한 원형판의 지름은 얼마인가?

답 면적은 11.3 m²이고, 지름은 3.8 m이다. 이는 분명히 비현실적이다!

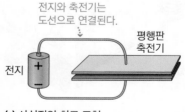

전지와 축전기는 도선으로 연결된다.

평행판 축전기

전지

(a) 사실적인 회로 표현

선이 긴 부분의 전위가 높다.

전지 표준 기호

축전기 표준 기호

(b) 회로도

그림 16.15 (a) 전지에 연결된 축전기 (b) 전지-축전기 연결의 회로도

회로도

축전기는 어떻게 충전하는가? 간단하다. 그림 16.15a는 실질적인 그림이고 그림 16.15b의 회로도처럼 두 도체를 배터리 또는 전원 단자에 연결하기만 하면 된다. 17장에서 전지에 대해 살펴볼 것이다. 지금은 전지가 본질적으로 일정한 전위차를 갖는다는 것만 알면 된다. 축전기의 판 사이에 전지의 전위차 V가 있는 경우, 이 판들은 Q의 전하를 띠며 식 16.9에 따라 $Q = CV$가 된다. 예를 들어, 0.22 μF인 축전기를 1.5 V 전지에 연결하면 저장된 전하량은 다음과 같다.

$$Q = CV = (0.22\ \mu\text{F})(1.5\ \text{V}) = 0.33\ \mu\text{C}$$

다시 말하지만 이 값은 각 판의 전하량을 의미한다. 한 판에 $+Q$가 있고 다른 판에는 $-Q$가 있으면 축전기는 전체적으로 중성을 유지한다.

15장에서 금속 도체는 이동이 자유로운 전자를 포함하고 있음을 상기하자. 따라서 그림 16.15에서 양극 전지 단자는 위쪽 축전기 판에서 전자를 끌어와 해당 판에 알짜 양의 전하를 남긴다. 한편, 전자는 음극 전지 단자에서 아래쪽 판으로 이동하여 그곳에 알짜 음의 전하를 축적한다. 두 판의 전하량은 $Q = CV$이며, 이 경우 V는 전지의 전위차이다.

축전기의 병렬연결

여러 개의 축전기(및 기타 전자소자)가 연결되는 경우가 많다. 그림 16.16a는 각 축전기의 한 판이 다른 판에 연결된 **병렬연결**(parallel combination)을 나타낸다. 이 병렬연결의 **등가 전기용량**(equivalent capacitance)은 얼마인가?(그림 16.16b)

그림과 같이 병렬연결 축전기를 전지에 연결한다. 이렇게 하면 각 축전기에 걸리는 전위차는 전지의 전위차 V로 같다. 그러나 각 축전기는 $C = Q/V$이므로 두 축전기의 전하량은 각각 $Q_1 = C_1 V$와 $Q_2 = C_2 V$이다. 병렬연결된 축전기를 하나의 축전기로 생각하면 총 전하량은 $Q_1 + Q_2$이다. 전지의 전위차 V에서 등가 전기용량은 다음과 같다.

$$C_p = \frac{Q}{V} = \frac{Q_1 + Q_2}{V} = \frac{Q_1}{V} + \frac{Q_2}{V}$$

마지막 두 항은 각 축전지의 개별 전기용량일 뿐이므로 다음과 같이 쓸 수 있다.

$$C_p = C_1 + C_2 \tag{16.11a}$$

따라서 **병렬연결 축전기의 등가 전기용량은 개별 전기용량의 합이다.** 예를 들어, 그림 16.16a의 두 축전기가 $C_1 = 2.0\ \mu F$와 $C_2 = 5.0\ \mu F$의 전기용량을 가지며, 전지의 전위차가 9.0 V라고 가정하자. 그러면 병렬연결의 등가 전기용량은 다음과 같다.

$$C_p = C_1 + C_2 = 2.0\,\mu F + 5.0\,\mu F = 7.0\,\mu F$$

두 축전기의 전하량은 각각 다음과 같다.

$$Q_1 = C_1 V = (2.0\,\mu F)(9.0\ V) = 18\,\mu F \cdot V = 18\,\mu C$$

$$Q_2 = C_2 V = (5.0\,\mu F)(9.0\ V) = 45\,\mu F \cdot V = 45\,\mu C$$

총 전하량 63 μC은 두 전하량을 합하거나 $Q = C_p V$로 직접 구할 수도 있다. 이때 등가 전기용량은 개별 전기용량보다 크다. 물리적으로 병렬연결은 판의 면적이 더 큰 축전기로 생각할 수 있으며, 이미 살펴보았듯이 더 큰 전기용량을 갖게 된다. 3개 이상의 병렬연결 축전기에서 전기용량은 다음과 같이 일반화할 수 있다.

$$C_p = C_1 + C_2 + C_3 + \cdots \quad \text{(병렬연결 축전기, SI 단위: F)} \tag{16.11b}$$

축전기의 직렬연결

그림 16.17은 **직렬**로 연결된 2개의 축전기를 보여 준다. 두 축전기가 직렬로 연결되

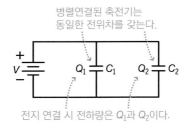

병렬연결된 축전기는 동일한 전위차를 갖는다.

전지 연결 시 전하량은 Q_1과 Q_2이다.

(a) 전지에 병렬로 연결된 축전기

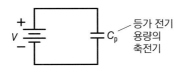

등가 전기 용량의 축전기

(b) 두 축전기는 등가 전기용량 C_p를 갖는 하나의 축전기로 대체된다.

그림 16.16 병렬연결한 두 축전기

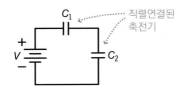

직렬연결된 축전기

(a) 전지에 직렬로 연결된 축전기

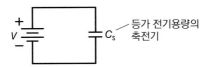

등가 전기용량의 축전기

(b) 두 축전기는 하나의 등가 전기용량 C_s로 대체된다.

그림 16.17 직렬로 연결된 두 축전기

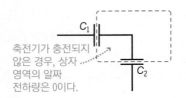

축전기가 충전되지
않은 경우, 상자
영역의 알짜
전하량은 0이다.

(a)

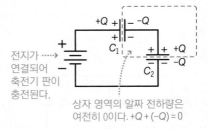

전지가
연결되어
축전기 판이
충전된다.

상자 영역의 알짜 전하량은
여전히 0이다. $+Q + (-Q) = 0$

(b)

그림 16.18 (a) 직렬연결된 두 축전기. 초기에는 충전되지 않음. (b) 전지가 연결되었을 때, 축전기의 전하량은 동일하다.

▶ **TIP** 큰 전기용량을 만들려면 축전기를 병렬로 연결하고, 작은 전기용량을 만들려면 축전기를 직렬로 연결한다.

어 있으면 첫 번째 축전기를 통과하는 전류가 두 번째 축전기를 통과할 수밖에 없는데, 그림에서 두 축전기가 이러한 경우임을 알 수 있다. 직렬연결의 등가 전기용량은 얼마인가?(그림 16.17b)

핵심은 직렬연결의 두 축전기가 동일한 전하량 Q를 전달한다는 것이다. 그 이유를 알아보려면 그림 16.18a의 점선 영역에 집중하여라. 전지를 연결하기 전에 두 축전기는 모두 충전되지 않았으므로 점선 영역의 알짜 전하량은 0이다. 전지를 연결하면 충전이 축전기 판 사이의 절연체를 뛰어넘을 수 없으므로 점선 영역의 알짜 전하량은 0으로 유지된다. 이로 인해 그림 16.18b에 표시된 전하 재배열이 발생한다.

각 축전기의 전하량은 동일하지만 $C = Q/V$로부터 $V = Q/C$이므로 C의 값이 다르면 V의 값이 다르다는 의미이기 때문에 두 축전기 간의 전위차는 일반적으로 같지 않다. 여기서 전지의 전위차 V는 직렬연결에 걸쳐 나타나므로 $V = V_1 + V_2$이다. 즉,

$$\frac{Q}{C_s} = \frac{Q}{C_1} + \frac{Q}{C_2}$$

이므로 분자의 전하량 Q를 소거하면 다음과 같이 전기용량에 대한 식을 얻을 수 있다.

$$\frac{1}{C_s} = \frac{1}{C_1} + \frac{1}{C_2} \tag{16.12a}$$

따라서 직렬연결 축전기의 경우, 등가 전기용량의 역수는 개별 전기용량의 역수의 합이다. 병렬 규칙과 마찬가지로 이 규칙은 직렬로 연결된 축전기 n개로 확장할 수 있다.

$$\frac{1}{C_s} = \frac{1}{C_1} + \frac{1}{C_2} + \frac{1}{C_3} + \cdots + \frac{1}{C_n} \quad \text{(직렬연결 축전기)} \tag{16.12b}$$

예제 16.5 **직렬연결 축전기**

전기용량이 각각 $C_1 = 6.0$ nF와 $C_2 = 3.0$ nF인 축전기 2개가 직렬로 연결되어 있다. 물음에 답하여라.

(a) 등가 전기용량을 구하여라.

(b) 9.0 V인 전지에 직렬연결할 때, 각 축전기의 전하량 및 전위차를 구하여라.

구성과 계획 회로도를 그리는 것으로 시작한다(그림 16.19). 직

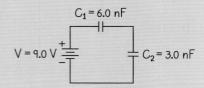

그림 16.19 예제 16.5에 대한 개략도

렬연결된 두 축전기의 경우 등가 전기용량은 식 16.12a를 따른다. 각 축전기는 동일한 전하량 $Q = C_s V$를 갖는다. Q의 값과 $V = Q/C$로부터 개별 전위차를 얻을 수 있다.

알려진 값: $C_1 = 6.0$ nF, $C_2 = 3.0$ nF

풀이 (a) 식 16.12a로 등가 전기용량을 구하면 역수의 규칙에 따라 다음이 성립한다.

$$\frac{1}{C_s} = \frac{1}{C_1} + \frac{1}{C_2} = \frac{1}{6.0 \text{ nF}} + \frac{1}{3.0 \text{ nF}} = \frac{1}{2.0 \text{ nF}}$$

따라서 $C_s = 2.0$ nF이다.

(b) 두 축전기의 전하량은 동일하다.

$$Q = C_s V = (2.0 \text{ nF})(9.0 \text{ V}) = 18 \text{ nC}$$

따라서 각 축전기에 걸리는 전위차는 다음과 같다.

$$V_1 = \frac{Q}{C_1} = \frac{18 \text{ nC}}{6.0 \text{ nF}} = 3.0 \text{ C/F} = 3.0 \text{ V}$$

$$V_2 = \frac{Q}{C_2} = \frac{18 \text{ nC}}{3.0 \text{ nF}} = 6.0 \text{ C/F} = 6.0 \text{ V}$$

반영 마지막 결과가 타당한지 확인해 보자. 전위차 V_1과 V_2를 합하면 전체 전위차가 되며, 실제로 9.0 V이고 이는 전지 단자 전체의 전위차와 같다.

이제 등가 전기용량이 개별 축전기의 전기용량보다 **작다**는

점에 유의하여라. 이는 **역수의 합**이기 때문이다. 이 예제에서 전기용량의 정의 $C = Q/V$를 반복적으로 적용하여 먼저 한 값을 풀고 다른 값을 푸는 방법에 주목하여라.

연결하기 예제의 직렬연결에 세 번째 축전기를 직렬로 연결한다. 등가 전기용량을 1.0 nF으로 만들려면 세 번째 축전기의 전기용량은 얼마이어야 하는가?

답 식 16.12a에 $1/C_3$을 더하면 등가 전기용량이 1.0 nF이므로 C_3에 대해 풀면 $C_3 = 2.0$ nF을 얻는다.

직렬연결과 병렬연결의 공식을 잘 알고 있으면 직렬연결과 병렬연결이 모두 포함된 회로를 다룰 수 있다. 문제를 작은 조각으로 나누고 각 조각의 등가 전기용량을 찾은 다음 병렬/직렬 공식을 사용하여 다시 결합하면 된다.

문제 해결 전략 16.1 축전기의 연결

구성과 계획

- 회로도를 그린다.
- 직렬연결 축전기와 병렬연결 축전기를 확인한다. 필요한 경우 회로도를 다시 그려 이를 명확히 파악한다.
- 알고 있는 정보를 검토하고 해당 정보를 사용하여 등가 전기용량을 구하는 방법을 계획한다.

풀이

- 병렬연결 및 직렬연결의 규칙에 따라 전기용량을 구할 때까지 한 번에 한 단계씩 회로도를 단순화한다.
- 축전기에서 전하량을 구해야 하는 경우 $Q = CV$를 사용한다. 이 식을 반복적으로 적용하여 Q에 대해 풀거나 V에 대해 풀 수도 있다.

반영

- 축전기 각각의 용량에 대해 등가 전기용량이 타당한가? 축전기를 병렬연결하면 전기용량이 증가하고 직렬연결하면 전기용량이 감소한다.

예제 16.6 등가 전기용량

그림 16.20a와 같이 3개의 축전기가 연결되어 있다. 물음에 답하여라.

(a) 등가 전기용량을 구하여라.

(b) 이 축전기 조합에 14 V의 전지를 연결하였을 때, 각 축전기의 전하량을 구하여라.

구성과 계획 이 문제는 축전기 연결과 관련되므로 병렬 규칙과 직렬 규칙을 모두 적용해야 한다. 병렬 규칙은 C_1과 C_2의 결합과 등가 전기용량을 제공한다. 이를 $C_4 = C_1 + C_2$라 하자. 이제 C_4가 C_1과 C_2를 대체한 회로를 다시 그린다(그림 16.20b).

이제 C_4와 C_3은 직렬이므로 등가 전기용량은 다음과 같다.

$$\frac{1}{C_s} = \frac{1}{C_4} + \frac{1}{C_3}$$

그다음 $Q = CV$를 이용하여 각 축전기의 전하량을 구한다.

풀이 (a) 병렬연결의 경우, 다음을 만족한다.

$$C_4 = C_1 + C_2 = 1.0\ \mu\text{F} + 4.0\ \mu\text{F} = 5.0\ \mu\text{F}$$

이제 $C_4 = 5.0\ \mu\text{F}$과 $C_3 = 2.0\ \mu\text{F}$은 직렬연결이므로 다음이 성립한다.

$$\frac{1}{C_s} = \frac{1}{C_4} + \frac{1}{C_3} = \frac{1}{5.0\ \mu\text{F}} + \frac{1}{2.0\ \mu\text{F}} = \frac{7}{10\ \mu\text{F}}$$

따라서 3개의 축전기 연결에 대한 등가 전기용량은 $C = 10/7\ \mu\text{F}$ $\approx 1.43\ \mu\text{F}$이다.

(b) 먼저 등가 전기용량에 대한 전하량을 고려하자. 회로에 14 V 전지를 사용한 경우 $Q = CV = (10/7\ \mu\text{F})(14\ \text{V}) = 20\ \mu\text{F} \cdot V$ $= 20\ \mu\text{C}$이다.

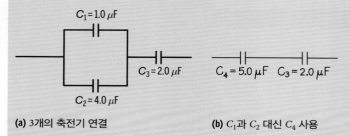

(a) 3개의 축전기 연결   (b) C_1과 C_2 대신 C_4 사용

그림 16.20 등가 전기용량 구하기

C는 실제로 병렬연결의 C_4와 직렬연결의 전기용량 $2\ \mu\text{F}$의 C_3으로 구성된다. 직렬 전기용량의 전하량이 동일하므로 $Q_3 = 20\ \mu\text{C}$과 $Q_4 = 20\ \mu\text{C}$이다. 이제 C_3의 전하량은 구했고, C_1과 C_2의 전하량을 구하려면 우선 전위차를 알아야 한다. 병렬연결 C_4의 경우, 다음과 같이 계산된다.

$$V_4 = \frac{Q_4}{C_4} = \frac{20\ \mu\text{C}}{5.0\ \mu\text{F}} = 4.0\ \text{V}$$

각 축전기에 걸린 전위차는 결합에 걸린 전위차와 같으므로 전하량은 다음과 같다.

$$Q_1 = C_1 V_1 = (1.0\ \mu\text{F})(4.0\ \text{V}) = 4\ \mu\text{C}$$

$$Q_2 = C_2 V_2 = (4.0\ \mu\text{F})(4.0\ \text{V}) = 16\ \mu\text{C}$$

반영 이 답은 합리적인가? 직렬 결합 및 병렬 결합의 경우로 구분하기 쉽지 않다. 등가 전기용량은 $2.0\ \mu\text{F}$ 직렬 축전기보다 작으므로 이 정도면 충분하다. 다시 $C = Q/V$를 사용하여 Q 또는 V를 번갈아 풀면서 회로를 '단순화'하여 개별 축전기의 전하량을 얻는 방법에 주목하여라.

연결하기 예제에서 $1\ \mu\text{F}$과 $2\ \mu\text{F}$ 축전기를 서로 바꾼다면 등가 전기용량은 증가하는가, 감소하는가? 그대로 유지하는가?

답 축전기를 바꿀 경우 등가 전기용량은 $6/7\ \mu\text{F}$으로 감소한다.

축전기에 저장된 에너지

축전기는 전하를 저장하기 때문에 에너지도 저장한다. 왜 그럴까? 전자를 한 금속판에서 다른 금속판으로 순차적으로 이동시켜 축전기를 충전한다고 생각해 보자. 그러면 한 금속판은 점점 음전하를 띠고 다른 금속판은 점점 양전하를 띠게 된다(그림 16.21a). 일단 금속판에 전하가 있으면 평행판 사이에 전위차가 있기 때문에 전하가 이동하기 위해서는 일이 필요하다. 작은 전하량 ΔQ를 이동시키는 데 필요한 일은 $V_q \Delta q$이다. 여기서 V_q는 전하가 q일 때 전위차이며, 전하가 증가하면 전위차도 증가한다. 따라서 그림 16.21b는 축전기를 충전하는 데 필요한 총 일이 $W = \frac{1}{2}QV$임을 보여 준다. 이 일은 저장된 전기위치 에너지 U와 같다. $V = Q/C$이므로 다음과 같이 저장된 에너지로 쓸 수 있다.

$$U = \frac{Q^2}{2C} \quad \text{(축전기에 저장된 에너지, SI 단위: J)} \qquad (16.13)$$

또는

$$U = \tfrac{1}{2}CV^2 \quad \text{(V로 나타낸 포함한 축전기 에너지, SI 단위: J)} \quad (16.14)$$

축전기는 저장된 에너지를 신속하게 방출하여 많은 양의 전력을 공급할 수 있다. 이러한 빠른 에너지 방출이 중요한 응용 분야가 있다. **제세동기**(defibrillator)(이 장의 앞부분에 있는 사진)는 전기 에너지를 전달하여 멈췄거나 불규칙하게 빠르게 뛰는 심실 세동을 겪는 심장이 다시 정상적으로 작동하도록 한다. 이 에너지를 공급하기 위해 수백 μF의 축전기를 약 1 kV까지 충전한 다음, 환자를 통해 신속하게 방전한다. 일반적인 값 $C = 500\ \mu$F, $V = 1.2$ kV의 경우 식 16.14는 저장된 에너지가 360 J임을 보여 준다.

고출력 레이저의 짧은 폭발은 핵융합 실험을 통한 여러 첨단 응용 분야에서 사용된다. 캘리포니아 리버모어에 있는 NIF(National Ignition Facility)의 가장 강력한 레이저는 약 1 ns에 2 MJ을 전달한다. 이는 인류 전체 에너지 소비율의 100배가 넘는 $2 \times 10^6\ \text{J}/10^{-9}\ \text{s} = 2 \times 10^{15}\ \text{W}$의 전력을 제공한다! 어떻게 이것이 가능한 일인가? 대용량 축전기를 천천히 충전하여 전체적인 전력 소비량을 낮춘다. 하지만 축전기를 빠르게 방전시키면 짧은 레이저 폭발의 놀라운 힘을 얻을 수 있다.

카메라 플래시도 이와 비슷하게 작동한다. 플래시는 소형 전지가 공급할 수 있는 속력보다 훨씬 빠르게 에너지를 사용하므로 에너지가 축전기에 저장된 다음 밀리 초 단위로 방출되어 플래시 전원을 공급한다. 축전기를 재충전하는 데 몇 초가 걸리므로 플래시 사진을 촬영하는 동안 기다려야 할 수도 있다.

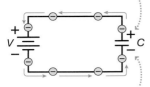

전지는 축전기의 이 판에서 전자를 끌어오고, 양전하는 남는다.

전지는 전자를 축전기의 이 판으로 보내 음전하가 쌓이게 한다.

(a) 축전기 충전에 일이 필요한 이유

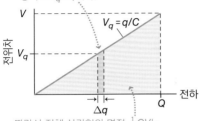

전위차가 V_q일 때 판 사이에 전하 Δq를 이동시키는 데 한 일은 색칠한 영역 $\approx V_q \Delta q$이다.

$V_q = q/C$

따라서 전체 삼각형의 면적 $\tfrac{1}{2}QV$는 축전기를 충전하는 데 필요한 총 일이다.

(b) 필요한 일 구하기

그림 16.21　축전기를 충전하는 데 필요한 일

▶ **TIP** 축전기는 에너지를 저장하는데, 저장된 에너지는 전하량의 제곱이나 전위차에 비례한다.

> **응용**　운송 분야의 울트라 축전기

샌프란시스코의 BART 고속 교통 시스템과 축전기를 이용하면 이동 속력이 빨라지고, 그 과정에서 엄청난 에너지를 절약할 수 있다. BART 전철이 역에 접근하면 전철 내 발전기가 열차의 운동 에너지를 전기 에너지로 변환하여 속력을 늦춘다. 이 에너지는 소위 울트라 축전기에 저장된다. 기차가 역을 떠나면 저장된 에너지가 전기 모터를 구동

하여 기차를 가속시킨다. 축전기에 에너지를 저장하면 BART 시스템은 매년 약 300 메가와트시의 에너지를 절약할 수 있다.

확인 16.4절 다음의 각 축전기는 동일하다. 등가 전기용량을 큰 순서대로 나열하여라.

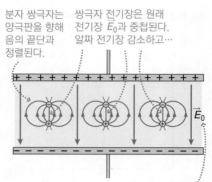

16.5 유전체

대부분의 축전기 판 사이에는 절연 물질이 있다. **유전체**는 판의 물리적 분리를 유지하며 절연체로서 전하가 판 사이로 이동하여 축전기가 방전되는 것을 방지한다. 전기용량은 분리도가 감소함에 따라 증가하므로 얇은 유전체를 사용하여 큰 전기용량을 제공할 수 있다. 유전체는 또한 판 사이의 전기장을 낮추는 다른 방식으로도 전기용량을 증가시킨다. 이제 어떻게 작동하는지 살펴보자.

유전체: 미시적 관점

유전체의 분자는 전기 쌍극자이다. 15장에서 보았듯이 쌍극자는 외부에서 작용하고 있는 전기장에 따라 정렬된다. 따라서 축전기의 유전체 쌍극자는 그림 16.22와 같이 양극을 향해 음의 끝단과 정렬되며 그 반대의 경우도 마찬가지이다. 쌍극자 자체에서 생성되는 전기장은 대전된 축전기 판의 전기장 반대쪽을 향한다. 따라서 쌍극자의 장은 판 사이의 전기장을 감소시킨다. 감소량은 유전체 물질에 따라 다르다.

유전체가 전기장을 감소시키는 인자를 **유전 상수**(그리스어 소문자 κ(카파))라고 한다. 표 16.3은 몇 가지 물질의 유전 특성을 나열한 것이다.

분자 쌍극자는 양극판을 향해 음의 끝단과 정렬된다.

쌍극자 전기장은 원래 전기장 $\vec{E}_0$과 중첩된다. 알짜 전기장 감소하고…

… 전하 Q는 그대로 유지되므로 전기장 $\vec{E} = \vec{E}_0/\kappa$이 감소하면 전위 $V = V_0/\kappa$이 낮아져 전기용량 $C = \kappa C_0$이 커진다.

그림 16.22 축전기 내 유전체의 분자 모양

▶ **TIP** 유전체는 전기 쌍극자가 들어 있는 절연 물질이다. 쌍극자가 인가된 전기장에 의해 정렬되어 유전체 내의 전계 강도가 감소한다.

표 16.3 몇 가지 물질의 유전 특성(20°C에서 측정)

물질	유전 상수 κ	유전 강도 E_{max}(MV/m)
진공	1(정확)	(정의되지 않음)
공기	1.00058	3.0
테플론	2.1	60
폴리스티렌	2.6	25
나일론	3.4	14
종이	3.7	16
유리(파이렉스)	5.6	14
네오프렌	6.7	12
타이타늄산	26	500
물	80	(순도에 따라 다름)
티탄 스트론튬	256	8.0

개념 예제 16.7 진공 및 완전 도체에 대한 유전 상수

물음에 답하여라.

(a) 진공에 대한 유전 상수 κ는 얼마인가?

(b) 완전 도체에 대한 유전상수 κ는 얼마인가? 축전기 판 사이에 있을 때 각각의 반응을 기준으로 설명하여라. 도체가 축

전기 판 사이의 공간을 거의 완전히 채우고 도체의 면이 축전기 판에 인접하지만 완전히 닿지 않는다고 가정한다.

풀이 (a) 진공은 문자 그대로 아무것도 아니므로(그림 16.23a) 전기장은 영향을 받지 않고 정확히 $\kappa = 1$이다.

(b) 도체 내 전하는 자유롭게 이동할 수 있으며, 그림 16.23b와 같이 도체 내부의 모든 전기장을 완전히 상쇄하기 위해 이동한다. 따라서 판 사이의 전기장은 본질적으로 0이 된다. 실제로 각 판과 도체 사이에 여전히 0이 아닌 매우 작은 영역이 있지만 이는 무시할 수 있는 수준이다. 따라서 도체의 유전 상수는 무한하다는 결론을 내릴 수 있다.

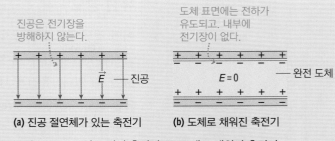

(a) 진공 절연체가 있는 축전기 진공은 전기장을 방해하지 않는다. $\vec{E}$ —진공

(b) 도체로 채워진 축전기 도체 표면에는 전하가 유도되고, 내부에 전기장이 없다. $E = 0$ — 완전 도체

그림 16.23 (a) 진공 절연 축전기 (b) 도체로 채워진 축전기

반영 진공과 완전 도체는 유전 상수의 두 극단적 값을 나타낸다. 대부분의 물질은 $1 < \kappa < \infty$ 범위의 유전 상수를 갖는다.

그렇다면 유전체는 전기용량에 어떤 영향을 미칠까? 축전기 판 사이의 전위차는 $V = Ed$임을 상기하자. 고정판 간격이 d인 경우, κ의 계수만큼 E가 감소하면 V도 같은 계수만큼 감소한다. V_0을 유전체가 없는 판 사이의 전위차라 하면 유전체가 있는 경우 $V = V_0/\kappa$이 된다. Q가 축전기의 전하량이면 유전체가 없는 축전기의 전기용량은 $C_0 = Q/V_0$이다. 유전체를 삽입해도 전하량 Q는 변하지 않으므로 유전체가 있으면 전기용량은 다음과 같다.

$$C = \frac{Q}{V} = \frac{Q}{V_0/\kappa} = \kappa \frac{Q}{V_0}$$

또는

$$C = \kappa C_0 \quad \text{(유전체를 사용한 전기용량, SI 단위: F)} \quad (16.15)$$

따라서 축전기 판 사이에 유전 상수 κ를 갖는 물질을 삽입하면 전기용량은 κ만큼 증가한다. 적절한 유전체를 선택하면 전기용량을 증가시킬 수 있다.

응용 스터드 파인더*

건축 및 주택 개량에 사용되는 전자 스터드 파인더는 실제로 전기용량 측정기이다. 표준 두께의 건식 벽체의 전기용량은 상당히 일관된 값을 가지며, 이 용량을 측정기 내에서 표시값으로 변화하여 표시한다. 나무 스터드는 공기 또는 절연체와 유전 상수가 매우 크기 때문에 미터기를 드래그하면 스터드 부근에서에 전기용량이 급격하게 변화하여 스터드의 위치가 확인된다.

* 건축에서 벽체의 판 사이에 세운 샛기둥을 찾는 장치. 주로 못을 박고자 할 때 샛기둥을 찾아야 한다.

유전 강도

어떤 절연체도 완벽하지 않으며, 충분히 강한 전기장은 원자에서 전자가 떨어져나가 물질을 전도시킨다. 축전기에서 이러한 현상이 일어나면 방전되어 영구적 손상이 발생할 수 있다. 유전체 내 전기장 E_{max}의 한계값은 표 16.3에 나타낸 것처럼 물질의 **유전 강도**(dielectric strength)이다.

표 16.3에서 공기의 유전 강도는 일반적인 절연체의 유전 강도에 비해 낮다는 점에 유의하자. 번개는 전기장이 공기의 유전 강도를 초과할 때 발생한다. 도체의 날카로운 끝(예: 항공기 날개 끝 또는 보트의 돛대) 근처의 강한 전기장은 항해사에게 성 엘모의 불꽃(St. Elmo's Fire)으로 알려진 **코로나 방전**(corona discharge)을 일으킬 수 있다. 이 효과는 레이저 프린터와 정전기 집진기로 알려진 오염 제어 장치에 잘 활용된다.

유전 강도가 유한하기 때문에 축전기 판 사이에 적용할 수 있는 최대 전위차가 있다. 축전기를 사용할 때는 전기용량을 아는 것만큼이나 이 양을 아는 것이 중요하다.

예제 16.8 전기용량과 유전체

평행판 축전기는 판 사이에 0.15 mm 두께인 테플론에 의해 분리되고, 이 판은 한 변의 길이가 1.1 cm인 정사각형 모양이다. 전기용량과 걸어 줄 수 있는 가능한 최대 전위차를 구하여라.

구성과 계획 전기용량은 축전기의 크기(16.4절)와 유전체라는 두 가지 요소에 따라 달라진다. 최대 전위차는 판 사이의 간격과 최대 전기장에 따라 달라진다. 후자는 유전 강도에 따라 결정된다.

유전체가 없는 경우, 평행판 축전기의 전기용량은 $C = \varepsilon_0 A/d$이며, 판의 면적은 A이고 판 사이의 거리는 d이다. 유전체를 삽입하면(그림 16.22) 전기용량이 κ배 증가하므로 $C = \kappa C_0 = \kappa \varepsilon_0 A/d$이다. 최대 전위차를 구하려면 평행판 축전기의 균일한 전기장에 대해 $V = Ed$임을 기억하자. 따라서 최댓값 V는 $V_{max} = E_{max}d$이며, 여기서 E_{max}는 유전 강도이다.

알려진 값: $A = (1.1\ \text{cm})^2$, $d = 0.15\ \text{mm}$

풀이 표 16.3에서 테플론에 대한 유전 상수는 $\kappa = 2.1$이다. 따라서 다음이 성립한다.

$$C = \kappa \frac{\varepsilon_0 A}{d} = (2.1)\frac{(8.85 \times 10^{-12}\ \text{F/m})(0.011\ \text{m})^2}{1.5 \times 10^{-4}\ \text{m}}$$
$$= 1.5 \times 10^{-11}\ \text{F}$$
$$= 15\ \text{pF}$$

표 16.3에서 테플론의 유전 강도는 60 MV/m로 주어진다. 따라서 축전기의 최대 전위차는 다음과 같다.

$$V_{max} = E_{max}d = (60 \times 10^6\ \text{V/m})(1.5 \times 10^{-4}\ \text{m})$$
$$= 9.0 \times 10^3\ \text{V}$$
$$= 9.0\ \text{kV}$$

반영 0.15 mm의 판 간격은 실제로 상당히 커서 작은 전기용량 C를 만들지만 동시에 큰 V_{max}를 만든다. 이 예제와 같이 큰 V_{max}로 작은 C를 갖는 축전지는 쉽게 만들 수 있다. 반면 전기용량도 크고 전위차가 큰 축전기를 만드는 것은 어려운 과제이다.

연결하기 동일한 크기의 공기 절연 축전기라면 전기용량이 더 큰가, 작은가? V_{max}는 클까, 작을까?

답 전기용량은 2.1배 작고 공기의 유전 강도가 낮다는 것은 동일한 판 간격의 경우 최대 전위차도 작다는 것을 의미한다.

에너지 저장

유전체는 축전기의 에너지 저장에 어떤 영향을 미치는가? 전기용량 C_0의 진공 절연 축전기에 전하량 Q가 주어진 다음, 충전 전지에서 분리되었다고 가정하자. 식 16.13 에 의해 에너지는 $U_0 = Q^2/2C_0$이다. 유전 상수 κ를 갖는 물질을 삽입해도 전하량은 변하지 않지만 전기용량은 κ배로 증가한다. 새로운 축전기는 $C = \kappa C_0$이고 에너지 는 다음과 같다.

$$U = \frac{Q^2}{2C} = \frac{Q^2}{2\kappa C_0}$$

즉, $U = U_0/\kappa$이다. 따라서 저장된 에너지는 κ배 감소한다.

전기위치 에너지

(16.1절) 2개 이상의 전하로 구성된 계는 전기위치 에너지를 갖는다.

전기위치 에너지는 입자의 위치만의 함수이다.

전기장에서 한 지점에서 다른 지점으로 이동하는 입자의 전기위치 에너지의 변화는 이동 경로와 무관하다.

두 점전하의 전기위치 에너지: $U = \dfrac{kq_1q_2}{r}$

전위

(16.2절) 전위는 단위 전하당 전기위치 에너지이다.

점전하의 전위: $V = \dfrac{kq}{r}$

전기위치 에너지와 전위: $U = q_0V$

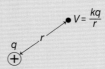

전위와 전기장

(16.3절) 전기력선은 등전위 표면에 수직이며 높은 전위에서 낮은 전위로 향한다.

전기장은 양전하를 높은 전위에서 낮은 전위로, 음전하는 낮은 전위에서 높은 전위로 밀어낸다.

전기장과 전위차: (균일한 전기장에 대해) $E = -\Delta V / \Delta x$

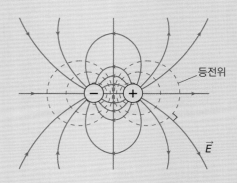

등전위

$\vec{E}$

축전기

(16.4절) 축전기는 절연된 두 도체로 구성된다.

축전기는 전하와 에너지를 저장한다.

전기용량은 전위차에 대한 전하량의 비율이다.

전기용량: $C = \dfrac{Q}{V}$

병렬연결 축전기의 전기용량: $C_p = C_1 + C_2$

직렬연결 축전기의 전기용량: $\dfrac{1}{C_s} = \dfrac{1}{C_1} + \dfrac{1}{C_2}$

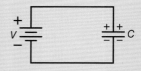

유전체

(16.5절) 축전기 판 사이의 **유전체**는 전기용량을 증가시키고 축전기가 더 많은 전하를 저장할 수 있도록 한다.

유전체가 있는 축전기: $C = \kappa C_0$

16장 연습문제

문제의 난이도는 ●(하), ●●(중), ●●●(상)으로 분류한다. BIO로 표시된 문제는 생물학적 또는 의학적인 문제이다.

개념 문제

1. 서로 다른 위치에 3개의 음의 점전하가 있다고 가정한다. 전기위치 에너지가 0보다 큰가, 작은가? 아니면 둘 다일 수 있는가?

2. 크기는 같지만 부호가 반대인 두 전하가 일정한 거리 d만큼 떨어져 있다면 전위가 0인 곳이 있는가? 설명하여라.

3. 번개는 엄청난 양의 전기 에너지를 전달한다. 이 에너지가 어떤 형태로 변환되는 것을 볼 수 있는가?

4. 두 등전위면이 교차할 수 있는가? 교차한다면 이유가 무엇인가?

5. 전기장이 0인 지점에서 전위도 반드시 0이어야 하는가? 이유가 무엇인가?

6. 그림 CQ16.6의 전위 지도에서 표시된 지점에 장 벡터를 그려라. 장 벡터가 올바른 방향을 가리키도록 하고 상대적 크기를 나타내도록 길이를 선택하여라.

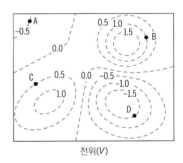

그림 CQ16.6

7. 전위차가 V인 평행판 축전기가 전지에 연결되어 있다고 하자. 판 간격을 늘릴 때, 다음 요소가 증가하는지, 감소하는지 아니면 동일한지 설명하여라.
   (a) 전기용량   (b) 판의 전하량   (c) 저장된 에너지

8. 판 사이 간격이 d인 공기가 채워진 평행판 축전기의 전기용량이 C_0이다. 그림 CQ16.8과 같이 유전 상수 κ, 두께 $d/2$인 유전체를 판 사이에 삽입할 때, 전기용량은 얼마인가? 유전체가 어느 한 판에 더 가까이 있는 것이 중요한지 설명하여라.

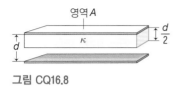

그림 CQ16.8

9. 공기가 채워진 평행판 축전기에 전하량 Q가 충전되어 있다. 그다음 유전체를 판 사이에 삽입한다. 유전체를 삽입하기 위해 외부에서 한 일은 양인지, 음인지, 0인지 설명하여라.

객관식 문제

10. 다음 중 전위에 해당하는 것은 무엇인가?
    (a) 단위 전하당 힘   (b) 단위 전하당 전기적 에너지
    (c) 단위 거리당 힘   (d) 단위 전하당 전기장

11. 헬륨 원자핵은 2개의 양성자($e = 1.60 \times 10^{-19}$ C)와 2개의 중성자(전하량 0)로 이루어져 있다. 양성자가 1.9×10^{-15} m 떨어져 있다고 가정하면 전기위치 에너지는 얼마인가?
    (a) 4.8×10^{-13} J   (b) 2.4×10^{-19} J
    (c) 3.4×10^{-11} J   (d) 1.2×10^{-13} J

12. 한 변의 길이가 5.0 mm인 정사각형의 세 모서리에 -7.1×10^{-9} C의 동일한 전하가 놓여 있다. 네 번째 모서리의 전위는 얼마인가?
    (a) 44,000 V   (b) $-44,000$ V
    (c) $-6,900$ V   (d) $-35,000$ V

13. 2개의 평행 도체판은 균일한 전하 밀도 $\pm 2.2 \times 10^{-11}$ C/m^{2}을 갖는다. 두 판 사이의 거리가 3.0 mm인 경우, 두 판 사이의 전위차는 얼마인가?
    (a) 830 V   (b) 1,250 V   (c) 66 V   (d) 130 V

14. 축전기의 전하량이 12 μC이고 전기용량이 380 nF일 때, 전위차는 얼마인가?
    (a) 200 V   (b) 32 mV   (c) 32 V   (d) 38 V

15. 전기용량이 각각 20 F, 40 F, 60 F인 3개의 축전기가 직렬로 연결되어 있을 때, 등가 전기용량은 얼마인가?
    (a) 0.18 F   (b) 11 F   (c) 22 F   (d) 60 F

16. 전하량 Q, 전위차 V인 축전기에 저장된 에너지는 얼마인가?
    (a) $2QV$ (b) QV (c) $\frac{1}{2}QV$ (d) Q/V

연습문제

16.1 전기위치 에너지

17. • 핵에 있는 2개의 양성자가 4.8×10^{-15} m 떨어져 있다. 이 양성자 쌍의 전기위치 에너지를 구하여라.

18. •• 지구와 달 모두 표면에 균일하게 퍼져 있는 동일한 알짜 전하량 Q가 있다고 가정하자. 물음에 답하여라.

 (a) 전기위치 에너지와 중력 위치 에너지의 크기가 같으려면 Q가 얼마나 커야 하는가?

 (b) 이 조건에서 지구 표면의 단위 면적당 평균 전하량은 얼마인가?

 (c) (b)의 결과에 대한 의견을 말하여라.

19. •• xy평면에서 (0.12 m, 0.45 m)에 위치한 전하 $q_1 = -3.6 \times 10^{-9}$ C과 (0.36 m, 0.55 m)에 위치한 전하 $q_2 = 1.6 \times 10^{-9}$ C의 전기위치 에너지를 구하여라.

20. •• 2.0 μC, 4.0 μC, 6.0 μC의 세 점전하가 각 변의 길이가 2.5 cm인 정삼각형을 이룬다. 이 분포의 전위를 구하여라.

21. •• 두 양성자가 정지 상태에서 15 mm 간격으로 방출된다. 물음에 답하여라.

 (a) 방출된 후의 움직임을 기술하여라.

 (b) 양성자가 매우 멀리 떨어져 있을 때 얼마나 빨리 움직이는가?

16.2 전위

22. • 점전하로부터 1.0 m 떨어진 위치에서 전위가 350 V이다. 물음에 답하여라.

 (a) 같은 점전하로부터 2.0 m 떨어진 거리에서의 전위는 얼마인가?

 (b) 전하의 크기와 부호를 구하여라.

23. • 건조한 카펫 위를 걷다가 손과 문손잡이 사이의 전위차 4,000 V가 생긴다. 손잡이 쪽으로 손을 뻗으면 스파크가 발생하면서 1.6 μJ의 에너지를 방출한다. 물음에 답하여라.

 (a) 이동된 전하량이 얼마나 되는가?

 (b) 모든 전하가 전자였다고 가정하면 전자는 몇 개인가?

24. •• 900 kg 전기차가 270 V 배터리 팩을 사용한다. 차량이 정지 상태에서 가속되면 배터리에서 400 C이 흐른다. 이 시간 동안 자동차가 도달할 수 있는 최대 속력은 얼마인가? (단, 마찰 및 기타 에너지 손실로 인해 실제 속력은 이보다 낮을 것이다.)

25. •• '매력 람다' 입자(Λ^+)는 질량이 4.1×10^{-27} kg이고 전하량이 $+e$인 아원자 입자이다. Λ^+를 정지 상태에서 3.0×10^6 m/s (빛의 속력의 1%)까지 가속시키는 데 필요한 전위차를 구하여라.

26. •• 물음에 답하여라.

 (a) 300 V 전위차를 갖는 이온은 9.6×10^{17} J의 운동 에너지를 얻는다. 이때 전하량은 얼마인가?

 (b) 같은 양의 운동 에너지를 잃은 이온의 전하량은 얼마인가?

16.3 전위와 전기장

27. • 평행한 두 도체판 사이의 전위차는 75 V이며, 두 판 사이의 거리는 3.2 cm이다. 판 사이의 전기장의 크기는 얼마인가?

28. •• 평행한 도체판 사이에 균일한 전기장 750 V/m가 생성되어 있다. 전자가 음극판으로부터 정지 상태로 방출되어 7.5 mm 떨어진 양극판에 충돌할 때, 얼마나 빠르게 이동하는가?

29. • 6.5 mm 간격으로 떨어진 두 평행판 사이에 250V의 전위차가 있다. 물음에 답하여라.

 (a) 두 판 사이의 전기장을 구하여라.

 (b) 이 전기장에서 전자에 가해지는 힘은 얼마인가?

30. • 구형 등전위면이 점전하를 둘러싸고 있다. 반경 0.75 m의 구에서 전위 −175 V가 발생할 경우, 전하량은 얼마인가?

31. • 기본 전하를 측정하기 위해 사용된 밀리칸 기름방울 낙하 실험(15장)에서 2개의 수평 평행판이 1.0 cm 떨어져 있다. 두 판 사이의 전위차가 180V일 때, 8.8×10^{-16} kg의 대전된 기름방울이 움직이지 않고 매달려 있다. 물음에 답하여라.

 (a) 윗 판이 더 높은 전위에 있을 경우 기름방울의 전하는 양인가, 음인가?

 (b) 이 조건에서 판 사이의 전기장은 얼마인가?

 (c) 기름방울의 전하량을 구하여라. 이것은 몇 개의 기본 전하(e)에 해당하는가?

16.4 축전기

32. • 250 pF인 평행판 축전기가 0.0875 mm 간격의 동일한 원형판 2개로 구성된다. 이 판의 반지름을 구하여라.

33. •• 0.25 F인 축전기와 0.45 F인 축전기가 병렬로 연결되어 있다. 물음에 답하여라.

(a) 등가 전기용량을 구하여라.

(b) 병렬연결에서 48 V 전지가 연결되었을 때, 각 축전기에 저장된 전하량과 총 전하량을 구하여라.

34. ••• 예제 16.6(그림 16.21a)의 세 축전기 회로에 12 V의 전지를 연결한다고 가정하자. 물음에 답하여라.

(a) 등가 전기용량을 사용하여 전지에 의해 공급되는 전하량을 구하여라.

(b) 전지에 의해 공급되는 전하량은 축전기 C_3의 전하량 Q_3과 같음을 주목하여라. 이 사실을 이용하여 C_3의 전위차 V_3을 계산하여라.

(c) 다른 두 축전기의 전위차를 계산하여라.

(d) (c)의 답을 사용하여 C_1과 C_2에 저장된 전하량을 구하여라(단, Q_1과 Q_2는 같지 않다).

35. • 병렬연결된 3개의 축전기의 전기용량이 각각 $3.0\,\mu\text{F}$일 때, 등가 전기용량은 얼마인가?

36. • 직렬연결된 3개의 축전기의 전기용량이 각각 $3.0\,\mu\text{F}$일 때, 등가 전기용량은 얼마인가?

37. •• 3개의 축전기 중 2개는 병렬연결이고 나머지 1개는 직렬로 연결되어 있다. 각 축전기의 전기용량이 $3.0\,\mu\text{F}$일 때, 등가 전기용량을 구하여라.

38. •• 전기용량이 각각 $C_1 = 45\,\mu\text{F}$, $C_2 = 65\,\mu\text{F}$, $C_3 = 80\,\mu\text{F}$인 3개의 축전기가 직렬로 연결되어 있고, 48 V의 전지가 연결되어 있다. 물음에 답하여라.

(a) 등가 전기용량을 구하여라.

(b) 각 축전기의 전하량을 구하여라.

(c) 각 축전기에 저장된 에너지를 구하여라.

(d) (c)에서 구한 총 에너지가 (a)에서 구한 등가 전기용량으로 각 축전기에 저장된 것과 동일함을 보여라.

39. BIO •• **제세동기: 에너지와 일률** 제세동기에 2,400 V까지 충전된 $250\,\mu\text{F}$ 축전기가 사용된다. 물음에 답하여라.

(a) 축전기에 저장된 에너지는 얼마인가?

(b) 축전기가 2.5 ms 내에 완전히 방전될 경우, 환자에게 전달되는 전력은 얼마인가?

40. •• 평행판 축전기의 판의 면적은 $2.5 \times 10^{-3}\,\text{m}^2$이고 판 사이의 거리는 0.050 mm이다. 물음에 답하여라.

(a) 전기용량은 얼마인가?

(b) 이 축전기를 75 V 전지에 연결할 때 전하량과 에너지를 구하여라.

41. •• 250 nF 축전기에 다른 축전기 하나를 연결하여 $1.50\,\mu\text{F}$의 등가 전기용량을 만들려고 한다. 추가한 축전기의 전기용량은 얼마이며, 어떻게 연결해야 하는가?

16.5 유전체

42. •• 면적이 $A = 3.25 \times 10^{-5}\,\text{m}^2$이고 판 사이 거리가 0.15 mm인 평행판 축전기가 있다. 두 판 사이에 종이 유전체를 삽입할 때, 다음을 구하여라.

(a) 전기용량

(b) 축전기 전위차가 12.0 V일 때, 각 판의 전하량

(c) 두 판 사이에 걸리는 가능한 최대 전위차

43. •• 0.45 nF인 평행판 축전기의 판 면적은 $A = 1.7 \times 10^{-4}\,\text{m}^2$이다. 유전 상수가 $\kappa = 4.8$인 유전체를 삽입하면 판 사이의 거리는 얼마인가?

44. •• 유전 물질 폴리스티렌이 삽입된 축전기의 전기용량이 $C = 220$ nF이다. 두 판 사이의 거리가 0.45 mm인 경우, 최대 전하량은 얼마인가?

16장 질문에 대한 정답

단원 시작 질문에 대한 답

에너지는 축전기 한 쌍의 전기장에 저장되며 필요할 때 제세동기를 통해 환자의 가슴으로 빠르게 전달된다.

확인 질문에 대한 정답

16.1절　(c) 0.27 J

16.2절　(d) 1.6×10^{-17} J

16.3절　(d) 3.0 MV/m

16.4절　(b) > (d) > (c) > (a)

전류, 저항, 전기회로

Electric Current, Resistance, and Circuits

▲ 이 '생체 임피던스' 장치는 체지방 함량을 결정하는 데 어떻게 도움이 되는가?

전류는 개인 전자제품부터 상호 연결된 전력망에 이르는 기술 분야와, 번개에서 세포막에 이르는 자연 현상에서 일어나는 일들을 가능하게 한다. 여기에서는 전류와 전류의 흐름을 제한하는 저항에 대해 배울 것 이며, 전지가 어떻게 작동하는지 알아볼 것이다. 그다음 저항기와 축전기를 통해 저항과 축전기의 회로를 분석한다. 반도체와 초전도체에 대해서도 배울 것이다.

17.1 전류와 저항

전류에 대한 소개

전류(electric current)는 전하의 흐름이다. 정량적으로는 전하들이 어떤 지점을 통과하는 흐름률이다. 전하 Δq가 Δt 동안 어떤 지점을 통과하면 이 지점의 전류는 다음과 같다.

$$I = \frac{\Delta q}{\Delta t} \quad \text{(전류, SI 단위: A)} \quad (17.1)$$

엄밀히 말하면 Δt가 0에 가까워지면 I가 순간 전류가 되므로 식 17.1이 극한값에 도달해야 한다. 전류가 일정하다면 이 차이는 중요하지 않다. 그러나 전류가 변화하는 경우 순간 전류를 정확하게 측정하려면 짧은 시간 동안 전하 흐름을 확인해야 한

도선의 자유전자는 낮은 전위에서 높은 전위로 이동하지만…

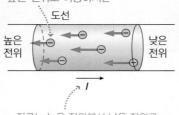

… 전류는 높은 전위에서 낮은 전위로 이동하는 것으로 정의된다. 따라서 전류는 전지의 양극 단자에서 나오며…

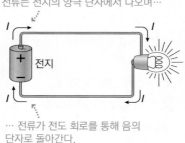

… 전류가 전도 회로를 통해 음의 단자로 돌아간다.

그림 17.1 (a) 전자 흐름은 전류 방향에 반대로 흐른다. (b) 회로의 전류 흐름

다. 시간에 따라 변화하는 전류의 예로는 19장에서 설명할 교류(AC)가 있다.

전류의 SI 단위는 **암페어**(ampere, A)로 1 C/s와 같으며, 프랑스 물리학자 앙드레 마리 앙페르(André Marie Ampère, 1775~1836)의 이름을 따서 명명되었다. 100 W 전구는 약 1 A의 전류를 사용하며 전동 공구, 진공청소기, 에어컨의 모터는 수 암페어를 사용한다. 소형 전자 장치는 훨씬 적은 밀리암페어(mA) 또는 마이크로암페어(μA)를 사용한다.

전자 흐름과 전류

식 17.1은 양전하가 움직이는 방향으로 전류가 흐른다는 것을 의미한다. 그러나 대부분의 전기 회로에서 음인 전자가 도선에 전류를 전달한다. 관례상 여전히 양전하가 흐르는 방향을 전류의 방향으로 정하지만 음전하와는 반대 방향이다(그림 17.1a). 이렇게 하면 회로 분석에서 특별히 음의 부호를 사용할 수밖에 없다.

16장에서 양전하가 높은 전위에서 낮은 전위로 이동하는 것을 보았다. 즉, 회로에서 양극 전지 단자에서 음극 단자로 흐르는 전류를 생각할 수 있다(그림 17.1b). 양전하가 양극에서 음극으로 이동하든 전자가 음극에서 양극으로 이동하든 전류는 양극에서 음극으로 동일하게 흐른다. 이것이 혼란스럽다면 현재 전자와 관련된 것으로 알고 있는 전하를 '음'으로 선택한 벤 프랭클린을 탓하여라! 전류가 한 방향으로만 흐를 때 직류(DC)라고 한다. 19장에서는 주기적으로 바뀌는 교류(AC)에 대해 배울 것이다.

예제 17.1 세포막을 통해

세포막은 살아 있는 세포의 내부와 주변을 분리한다. 소위 이온 통로라고 하는 것이 막을 통과하여 물질이 세포 안으로 들어오고 나갈 수 있게 한다(그림 17.2). 특정 통로가 1.0 ms 동안 열리고 이 시간 동안 1.1×10^4개의 단일 이온화된 칼륨 이온이 통과할 때, 이 통로에서의 전류는 얼마인가?

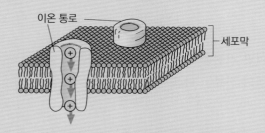

그림 17.2 이온이 이온 통로를 통과하고 있는 세포막

구성과 계획 전류는 주어진 위치를 지나는 단위 시간당 전하량 $I = \Delta q / \Delta t$이다. 여기서 각 이온의 전하량과 이온의 수를 알 수 있으므로 Δq를 구할 수 있고, 시간이 주어진다.

알려진 값: $\Delta t = 1.0$ ms, 1.1×10^4개의 이온은 이온당 기본 전하량 $e = 1.6 \times 10^{-19}$ C을 갖는 전하가 통과한다.

풀이 모든 이온에 대한 총 전하량은 다음과 같다.

$$\Delta q = (1.1 \times 10^4 \text{ ions})(1.6 \times 10^{-19} \text{ C/ion})$$
$$= 1.76 \times 10^{-15} \text{ C}$$

따라서 다음이 성립한다.

$$I = \frac{\Delta q}{\Delta t} = \frac{1.76 \times 10^{-15} \text{ C}}{1.0 \times 10^{-3} \text{ s}} = 1.8 \times 10^{-12} \text{ A} = 1.8 \text{ pA}$$

반영 이 값은 아주 작은 전류이지만 이와 같은 미시적인 계에서 흔히 볼 수 있는 전형적인 값이다.

연결하기 이온이 두 배로 이온화되면 전류는 어떻게 변하는가?

답 각 이온은 두 배의 전하를 전달하므로 다른 변수가 변화되지 않으면 전류는 두 배가 된다.

전류: 미시적 해석

금속은 원자에 결합되지 않은 자유 전자를 포함하고 있기 때문에 도체이다. 금속에 전위차를 적용하면 전기장이 이러한 **전도 전자**(conduction electron)에 평균 속력인 **유동 속력**(drift speed) v_{drift}로 전류를 발생시킨다. 전류는 금속의 미시적 성질과 어떤 관계가 있을까?

그림 17.3은 금속 도선을 이동하는 전자를 나타낸다. 도선의 일정 부피 내 전하 Δq는 다음과 같다.

$$\Delta q = \frac{\text{전하량}}{\text{부피}} \times \text{부피}$$

시간 Δt 동안 면적 A를 지나는 전자를 고려해 보자. 속력 v_{drift}로 이동하면 길이 $v_{\text{drift}}\Delta t$가 생기며, 따라서 부피는 $Av_{\text{drift}}\Delta t$이다. 부피당 전하량은 단위 부피당 전자의 **수밀도**(number density), 즉 전자당 전하량의 곱이다.

$$\frac{\text{전하량}}{\text{부피}} = \frac{\text{전자의 수}}{\text{부피}} \times \text{전자당 전하량} = ne$$

n은 수밀도로 각 금속 도체의 특성이다(표 17.1 참조). 각각의 전하는 전하 e를 운반한다(여기서 부호가 아닌 크기만 중요하다). 이 결과를 종합하면 다음과 같다.

$$\Delta q = \frac{\text{전하량}}{\text{부피}} \times \text{부피} = (ne)(Av_{\text{drift}}\Delta t)$$

마지막으로 전류의 정의로부터 다음이 성립한다.

$$I = \frac{\Delta q}{\Delta t} = neAv_{\text{drift}} \qquad \text{(전류와 유동 속력, SI 단위: A)} \qquad (17.2)$$

식 17.2는 측정하는 거시적 전류와 자유전자의 밀도, 전자 전하량 및 유동 속력과 관련이 있다. 전자가 빠를수록 전류가 많다는 것을 의미하기 때문에 전류와 유동 속력 사이에는 선형 관계가 성립한다.

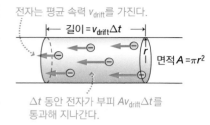

전자는 평균 속력 v_{drift}를 가진다.

Δt 동안 전자가 부피 $Av_{\text{drift}}\Delta t$를 통과해 지나간다.

그림 17.3 전류와 유동 속력

표 17.1 $T = 27°C$에서 몇 가지 도체에 대한 수밀도 n

도체	수밀도 $n\,(\text{m}^{-3})$
은	5.86×10^{28}
구리	8.47×10^{28}
금	5.86×10^{28}
철	1.70×10^{29}
니오브	5.56×10^{28}
알루미늄	1.81×10^{29}
주석	1.48×10^{29}
갈륨	1.54×10^{29}
아연	1.32×10^{29}
납	1.32×10^{29}

예제 17.2 구리에서 유동 속력

8게이지 구리 도선은 지름이 3.26 mm이고 최대 24 A의 전류가 흐를 수 있다. 이 최대 전류에서 전자의 유동 속력을 구하여라.

구성과 계획 유동 속력과 전류 사이의 관계는 본문에서 설명하였다. 도선에 따라 수밀도가 달라지므로 도선의 종류를 아는 것이 중요하다. 전류와 유동 속력 사이의 관계는 식 17.2에 의해 주어진다.

$$I = \frac{\Delta q}{\Delta t} = neAv_{\text{drift}}$$

이 식을 유동 속력에 대해 풀어야 한다. 표 17.1에서 구리의 수밀도는 $n = 8.47 \times 10^{28}$ m^{-3}이다. 단면적(그림 17.3)은 $r = d/2 = 1.63$ mm인 $A = \pi r^2$이다.

알려진 값: $I = 24$ A, $r = 1.63$ mm $= 0.00163$ m

풀이 식 17.2를 유동 속력에 대해 풀면 다음과 같이 계산된다.

$$v_{\text{drift}} = \frac{I}{neA} = \frac{24\ \text{A}}{(8.47 \times 10^{28}\ \text{m}^{-3})(1.60 \times 10^{-19}\ \text{C})\pi(0.00163\ \text{m})^2}$$
$$= 2.1 \times 10^{-4}\ \text{m/s}$$

반영 유동 속력의 단위는 분자에 있는 암페어(A)가 C/s이기 때문에 실제로 m/s로 환산된다. 수치상 결과는 정말 달팽이 속도처럼 느리게 보일 수도 있다. 하지만 이것은 전형적인 전자의 유동 속력이다. 양호한 도체의 전자 밀도가 너무 높아서 전자가 큰 전류를 흘리기 위해 매우 빠르게 움직일 필요가 없기 때문에 이 수치는 매우 작을 수 있다.

연결하기 이 예제와 동일한 전류를 전달하는 같은 크기의 도선이 있지만 수밀도 n이 더 큰 물질이라고 가정하자. 이때 전자 유동 속력은 빠른가, 느린가, 아니면 같은가?

답 다른 변수가 변화되지 않는 경우 n이 클수록 유동 속력이 느리다. 개념적으로 전도 전자가 많다는 것은 동일한 전류를 전달하기 위해 더 빨리 움직일 필요가 없다는 것을 의미한다.

유동 속력이 1 m/s보다 훨씬 낮은데 벽면 스위치를 켤 때 왜 거의 즉시 전등에 불이 켜지는지 궁금할 수 있다. 좋은 비유는 빨대로 밀크셰이크를 마시는 것이다. 유체는 빨대를 통해 전자 유동 속력과 비슷한 수 mm/s 정도로 매우 빠르게 이동하지 않는다. 그러나 빨대에 이미 밀크셰이크로 가득 차 있으면 바로 맛을 볼 수 있다. 도선은 꽉 찬 빨대와 같다. 자유 전자는 어디에나 있고, 전구로 이동할 준비가 되어 있다. 전자가 벽면 스위치에서 전구로 이동할 때까지 기다릴 필요가 없다.

열운동과 충돌

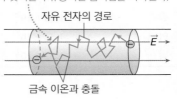

자유 전자는 마구잡이 운동에 의해 서로 부딪치면서 유동적인 움직임을 나타낸다.
자유 전자의 경로
금속 이온과 충돌

그림 17.4 전자의 유동 속력은 마구잡이 운동으로 중첩된다.

유동 속력의 논의는 전류가 흐르는 도선을 통해 전자가 느리고 안정적으로 이동하는 것을 의미한다. 하지만 사실 기체 내 분자의 열운동과 유사하게(12.4절) 전자는 10^5 m/s 정도의 열적 속력으로 주위를 지그재그로 움직인다. 전자는 임의의 방향으로 움직이기 때문에 이 열운동은 전류가 되지는 못한다. 하지만 도선에 전위차를 가하면 전기장에 의해 전자가 같은 방향으로 가속되어 알짜 전류를 만든다. 그림 17.4에서 알 수 있듯이 전자는 금속 이온과 자주 충돌하여 무작위 방향으로 튕겨 나간다. 그러나 전자는 다시 전기장에 의해 가속되며, 그 결과 전자는 도시 교통에서 자동차가 항상 가속과 제동을 반복하지만 일정한 평균 속력으로 진행하는 것처럼 평균 유동 속력을 얻게 된다.

저항, 전도도 및 옴의 법칙

전자와 금속 이온 사이의 충돌은 비탄성적인데, 이는 전자가 전기장에서 얻은 에너지의 일부를 포기한다는 것을 의미한다. 그 결과 도선의 안전 전류를 제한하는 도선의 열이 발생한다. 또한, 충돌은 평균 전자 속력, 즉 유동 속력을 감소시켜 전류를 제한한다. 충돌로 인한 에너지 손실은 **전기 저항**(electrical resistance)의 원인이다. 도체의 전기 저항 R은 도체에 가해진 전위차와 도체에 흐르는 전류의 비율이다.

$$R = \frac{V}{I} \quad \text{(전기 저항, SI 단위: Ω)} \tag{17.3}$$

식 17.3을 정리하여 $I = V/R$를 구하면 전위차 V가 고정된 경우 저항이 크면 전류가 거의 흐르지 않고 저항을 작게 하면 전류가 많다는 것을 알 수 있다.

저항의 SI 단위는 **옴**(ohm, Ω)으로, 1 Ω = 1 V/A로 정의되며 독일 물리학자 게오르크 옴(Georg Ohm, 1787~1854)의 이름을 따서 명명되었다. 많은 물질의 경우 저항 R은 전위차에 관계없이 거의 일정하다. 이러한 물질을 **옴성**(ohmic) 물질이라 하며, 이런 물질에 대해 식 17.3을 **옴의 법칙**(Ohm's law)이라고 한다. 옴의 법칙은 쿨롱의 법칙과 달리 기본적인 것이 아니라 많은 물질에 대해 대략적으로 적용되는 법칙이다. 비옴성 물질은 유용한 소재이고, 특히 반도체로 만들어진 전기적 소자는 비옴성 성질을 띠므로 나름대로 이점을 갖고 있다.

그림 17.5a는 옴성 물질의 전위차−전류 그래프를 보여 준다. $I = V/R$이므로 그래프는 직선이 된다. 기울기는 양의 V와 음의 V 모두에서 동일하며 옴성 물질이 양쪽 방향으로 전류를 동등하게 잘 전달한다는 것을 보여 준다. 그림 17.5b는 비옴성 소자를 보여 주는데, 이것은 사실적이지는 않다.

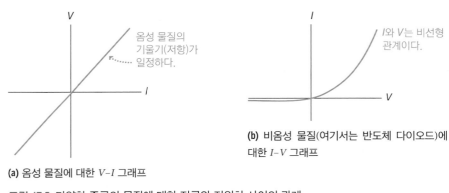

(a) 옴성 물질에 대한 V−I 그래프

옴성 물질의 기울기(저항)가 일정하다.

(b) 비옴성 물질(여기서는 반도체 다이오드)에 대한 I−V 그래프

I와 V는 비선형 관계이다.

그림 17.5 다양한 종류의 물질에 대한 전류와 전위차 사이의 관계

저항기

저항기(resistor)는 전기 회로에 사용하기 위한 특정 저항을 가진 소자이다. 상용 저항기는 수 옴에서 수백만 옴까지의 저항을 가진다. 일반적인 저항기의 오차는 5% 또는 10%이며, 이는 실제 저항이 오차 값의 ±5% 또는 ±10% 이내에 있음을 의미한다. 오차가 1% 정도인 미세한 저항기는 더 비싸다. 또한, 저항기는 과열 없이 다룰 수 있는 최대 전력이 유한하다.

저항기는 회로에서 전류 및 전위차를 설정하는 데 도움이 된다. 그림 17.6은 전지 전체에 연결된 단일 저항기 R을 보여 준다. 정상 상태에서는 전류가 모든 곳에서 동일해야 한다. 그렇지 않으면 전하가 축적되어 전위차가 커질 수 있다. 도선은 일반적으로 무시할 수 있을 정도로 저항이 낮기 때문에 중요한 저항은 R뿐이다. 따라서 저항 양단의 전위차는 전지의 전위차 V이므로 회로 내 전류는 $I = V/R$이다. 예를 들어, 1.5 V 전지와 20 Ω 저항을 사용할 경우, 전류는 다음과 같이 계산된다.

$$I = \frac{V}{R} = \frac{1.5\text{ V}}{20\text{ Ω}} = 0.075\text{ V/Ω} = 0.075\text{ A} = 75\text{ mA}$$

▶ **TIP** 옴성 물질의 저항은 일정하지만 모든 물질이 옴성인 것은 아니다.

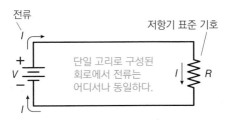

전류
I

저항기 표준 기호

단일 고리로 구성된 회로에서 전류는 어디서나 동일하다.

V

I

R

그림 17.6 회로에서 저항과 전류

주어진 전지 또는 전위차가 다른 전원의 경우, 전류는 저항에 반비례하여 저항이 높을수록 전류는 낮아진다. 따라서 저항기를 사용하여 회로의 전류를 제한하고 제어할 수 있다.

비저항과 전도도

저항은 저항기의 재료와 모양에 따라 달라진다. 길이 L과 단면적 A의 일반적인 원통형 저항기(그림 17.7)는 다음과 같은 저항을 갖는다.

$$R = \rho \frac{L}{A} \quad \text{(저항기의 저항, SI 단위: } \Omega \text{)} \quad (17.4)$$

여기서 ρ는 **비저항**(resistivity)이며, ρ가 높을수록 전도성이 나쁜 도체임을 의미한다. 식 17.4에서 비저항에 대한 SI 단위는 $\Omega \cdot m$임이 분명하다. 표 17.2는 여러 물질에 대한 비저항을 보여 준다.

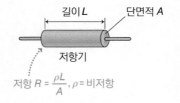

길이 L 단면적 A

저항기

저항 $R = \dfrac{\rho L}{A}$, ρ = 비저항

그림 17.7 원통형 저항기

표 17.2 20°C에서 측정된 여러 물질에 대한 비저항과 온도 계수

물질	비저항 $\rho(\Omega \cdot m)$	온도 계수 $\alpha(°C^{-1})$
은	1.59×10^{-8}	3.8×10^{-3}
구리	1.69×10^{-8}	3.9×10^{-3}
금	2.44×10^{-8}	3.4×10^{-3}
알루미늄	2.75×10^{-8}	3.9×10^{-3}
텅스텐	5.61×10^{-8}	3.9×10^{-3}
백금	1.06×10^{-7}	3.9×10^{-3}
납	2.23×10^{-7}	3.9×10^{-3}
니크롬	1.50×10^{-6}	4.1×10^{-3}
탄소	3.52×10^{-5}	-5.0×10^{-4}
저마늄	0.46	-4.8×10^{-2}
실리콘	640	-7.5×10^{-3}
유리	$10^{10} \sim 10^{14}$	
고무	10^{13}	
테프론	10^{14}	

식 17.4는 직관적으로 이해가 된다. 저항기를 늘리면 전자가 충돌할 기회가 더 많아진다. 그렇기 때문에 저항 R은 길이 L에 비례한다. 반면, 단면적 A를 늘리면 전자가 저항기를 통과할 수 있는 경로가 더 많아진다. 마치 고속도로를 넓히면 교통 흐름에 대한 '저항'이 감소하는 것과 같다. 그렇기 때문에 저항 R은 단면적 A에 반비례한다.

예제 17.3   비저항, 저항, 전류

니크롬은 상대적으로 저항이 크고 전류가 흐를 때 빠르게 가열되기 때문에 전기 토스터와 같은 가열 용도에 사용되는 니켈-크롬 합금이다. 지름 0.20 mm, 길이 75 cm의 니크롬 도선이 있다고 가정해 보자. 물음에 답하여라.

(a) 저항은 얼마인가?

(b) 도선의 양 끝단에 120 V의 전위차가 걸렸을 때, 전류를 구하여라.

구성과 계획 니크롬의 저항은 비저항(표 17.2)과 도선의 크기에 따라 달라진다. 식 17.4는 문제의 다른 매개변수에 의해 저항값 $R = \rho L/A$이 주어진다. 표 17.2에서 니크롬의 비저항은 $\rho = 1.50 \times 10^{-6}\ \Omega \cdot m$이다. 길이가 L이고 지름이 d일 때 면적은 $A = \pi r^2$이고, $d/2 = 0.10$ mm이다. 전류는 저항 및 전위차에서 비롯된다($I = V/R$).

알려진 값: $r = 0.10$ mm, $L = 75$ cm, $V = 120$ V

풀이 (a) 저항을 계산하자.

$$R = \rho \frac{L}{A} = (1.50 \times 10^{-6}\ \Omega \cdot m)\frac{0.75\ m}{\pi(0.00010\ m)^2} = 36\ \Omega$$

(b) 전위차 120 V에 대해 전류는 다음과 같다.

$$I = \frac{V}{R} = \frac{120\ V}{36\ \Omega} = 3.3\ A$$

반영 이는 회로 차단기가 일반적으로 15~20 A로 전류를 제한하는 가정용 회로에 적합한 수준이다.

연결하기 비슷한 크기의 구리 도선의 저항은 얼마인가?

답 표 17.2에서 구리의 비저항은 $\rho = 1.69 \times 10^{-8}\ \Omega \cdot m$이고 저항은 $R = 0.40\ \Omega$이다. 따라서 구리선은 저항이 작다.

저항과 온도

금속 도체의 비저항은 온도에 따라 증가한다. 온도가 증가하면 열운동이 빨라지고 전자-이온 충돌이 더 자주 발생하기 때문에 이러한 현상을 예상할 수 있다. 넓은 온도 범위에서 도체의 저항과 온도 사이의 관계는 상당히 선형적이다.

$$\rho = \rho_0[1 + \alpha(T - T_0)] \quad \text{(비저항-온도, SI 단위: } \Omega \cdot m) \quad (17.5)$$

여기서 ρ_0은 온도 T_0에서의 비저항이고 ρ는 온도 T에서의 비저항이다. 매개변수 α는 **비저항의 온도 계수**이며, 표 17.2에 나와 있다. 좋은 도체의 경우 α는 약 $4 \times 10^{-3}\ ^\circ C^{-1}$이다. 이는 비저항을 1% 높이려면 약 2.5°C의 온도 상승이 필요하다는 것을 의미한다.

탄소(C), 저마늄(Ge), 실리콘(Si)은 반도체이며, 표 17.2에서 α가 음의 값을 갖는 것을 알 수 있다. 따라서 비저항은 온도가 증가함에 따라 **감소**한다. 이는 전자-이온 충돌로 생기는 비저항의 형태를 따르지 않는다. 17.6절에서 보여 주는 것처럼 반도체는 다른 메커니즘을 갖는 것이다.

예제 17.4   온도와 저항

백금 도선이 실온(20°C)에서 저항 25 Ω을 갖는다. 많은 전류가 흐를 때 도선의 온도는 240°C까지 증가한다. 이 도선의 새로운 저항을 구하여라.

구성과 계획 식 17.5에 의하면 비저항은 온도에 따라 증가한다. 저항은 비저항에 비례하므로(식 17.4) 저항 R도 비슷한 식 $R = R_0[1 + \alpha(T - T_0)]$을 따른다.

알려진 값: 백금의 경우 $\alpha = 3.9 \times 10^{-3}\ ^\circ C^{-1}$

풀이 새로운 저항을 계산하면 다음과 같다.

$$R = R_0[1+\alpha(T-T_0)]$$
$$= (25\,\Omega)[1+(3.9\times10^{-3}\ {}^\circ C^{-1})(240{}^\circ C - 20{}^\circ C)] = 46\,\Omega$$

반영 새로운 저항은 거의 두 배로 증가했다. 백금의 저항은 온도에 따라 충분히 변화하기 때문에 저항으로 온도를 측정하는 장치인 **서미스터**(thermistor)로 자주 사용된다. 백금은 부식에 강해서 이 용도에 특히 좋다.

연결하기 동일한 백금 도선을 −196°C인 액체 질소에 담그면 저항이 어떻게 변화하는지 결정하여라.

답 온도가 내려가면 저항이 감소한다. 이 경우, R은 3.9 Ω으로 떨어진다.

인체의 지방 함량을 측정할 때 전기 저항을 실제로 적용할 수 있다. 이 장의 첫 페이지에 있는 사진과 같이 전극은 인체를 통해 작고 안전한 전류(1 mA 미만)를 보낸다. 전극 간에 측정된 전위차 V로부터 저항 $R = V/I$가 계산된다(이 맥락에서 저항을 **생체 임피던스**(bioelectrical impedance)라고 한다). 지방 조직은 살 근육보다 저항이 훨씬 높기 때문에 저항을 통해 신체의 지방 함량을 상당히 정확하게 측정할 수 있으며, 보통 3% 이내로 양호하다. 이 방법은 빠르고 통증이 없으며, 신체 밀도를 측정하기 위해 수중에서 체중을 측정하는 다른 방법과 달리 측정 장비를 휴대할 수 있다(10장).

새로운 개념 검토: 전류와 저항

- 전류는 전하 흐름율이다. $I = \dfrac{\Delta q}{\Delta t}$
- 전류는 유동 속력 v_{drift}와 전하 밀도 n에 의존한다. $I = \dfrac{\Delta q}{\Delta t} = neAv_{drift}$
- 저항은 전위차를 전류로 나눈 값이다. $R = \dfrac{V}{I}$
- 저항은 비저항 ρ와 단면적과 길이에 의존한다. $R = \rho\dfrac{L}{A}$
- 비저항과 저항은 온도에 의존한다. $\rho = \rho_0[1+\alpha(T-T_0)]$

확인 17.1절 그림과 같이 원통형 도선들이 모두 동일한 물질로 만들어져 있다. 전기 저항이 큰 순서대로 나열하여라.

17.2 전지: 실제와 이상

전지는 이탈리아 물리학자 알렉산드로 볼타(Alessandro Volta, 1745~1827)가 아연과 은 층으로 구성된 '볼타전지(Voltaic pile)'라고 부르는 간단한 전지를 개발한 이래로 사용되어 왔다. 산에 적신 종이를 층 사이에 끼워 전지가 전류를 구동할 수 있는 전위차를 만든다. 전위 또는 전위차에 대한 SI 단위인 볼트(V)는 볼타의 업적을 기리기 위해 붙인 것이다.

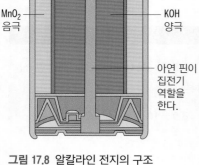

그림 17.8 알칼라인 전지의 구조

개념적으로 오늘날의 전지는 볼타전지와 비슷하다. 일반적으로 알칼리 전지(그림 17.8)는 볼타의 금속 대신 아연(Zn)과 이산화망간(MnO_2)을 사용한다. 수산화칼륨 (KOH)의 수성 페이스트가 둘을 분리한다. OH^- 이온은 아연 전극에서 반응하여 수산화아연과 자유전자를 생성한다. 전자는 외부 회로를 통해 이동하고 이산화망간 전극으로 돌아가 반응하여 삼산화망간(MnO_3)과 OH^- 이온을 생성한다. 이러한 반응으로 인해 두 전극 사이에 약 1.5 V의 전위차가 발생한다. 전지는 Zn과 MnO_2의 공급이 고갈되면서 소모되어 더 이상 전류가 흐르지 않게 된다.

다른 많은 종류의 전지가 있지만 기본 원리는 비슷하다. 아연-탄소 전지는 알칼라인보다 저렴하지만 오래가지는 못한다. 자동차의 전지는 강한 산 속에 들어 있는 납과 산화납을 사용한다. 이러한 셀은 2.0V의 전위차를 생성하며, 12 V 자동차 전지에는 6개의 셀이 직렬로 배치되어 있다. 대부분의 휴대용 전자 장치는 리튬 이온 전지를 사용하는데, 다른 일반적인 전지와 달리 내부 화학 반응을 반대로 해서 쉽게 재충전된다. 이러한 전지는 양극과 음극이 열화될 때까지 여러 번 사용하고 재충전할 수 있다.

기전력과 내부 저항

16장에서 전지가 일정한 전위차를 갖는다고 설명하였다. 일반적으로 전지를 **기전력** (electromotive force)의 원천 또는 emf라고 한다. 이는 힘의 물리학 개념과 간접적으로만 관련이 있기 때문에 구식이며 오해를 불러일으키는 언어이다. 전지의 emf (예: 손전등 전지의 경우 1.5 V)는 셀의 전위차를 의미한다. emf는 전기 에너지 공급원과 관련이 없는 전위차와 구별하기 위해 ε으로 표현한다. 이러한 전위차는 회로 조건에 따라 달라질 수 있지만 전지의 emf는 이상적으로는 화학적 특성에 따라 정해진다.

전지가 닫혀진 회로에 연결되면 회로에 전류가 흐른다. 전지 외부의 회로에는 **부하**(load)가 있다. 전구 또는 전기 에너지를 공급하려는 모든 것이 부하의 예이다. 이상적인 전지에서 전지 단자 사이의 전위차(단자 전압)는 단순히 전지의 기전력이며 부하와 무관하다. 그러나 실제 전지에서는 **내부 저항**(internal resistance)이 포함되어 있기 때문에 실제로는 그렇지 않다. **부하 저항**(load resistance) R과 구별하기 위해 내부 저항에 r을 사용한다.

키르히호프의 고리 법칙

그림 17.9a의 회로는 전지와 저항기 R로 구성되어 있다. 그림 17.9b는 전지의 내부 저항을 설명하는 동일한 회로의 모형으로, 전지는 고정된 기전력 ε과 내부 저항 r이 직렬연결되어 있다. 고정된 기전력, 내부 저항, 부하 저항의 세 요소 각각에 걸친 전위차를 고려하여 이 회로를 분석한다. 도선의 저항이 r 및 R과 비교할 때 무시할 수 있는 정도이면 연결된 도선 전체의 전위차는 없다고 가정한다.

▶ **TIP** emf는 힘이 아닌 전위차이다.

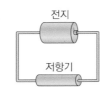

(a) 전지와 저항기로 구성된 회로

P와 같은 임의의 지점에서 시작하여 회로를 돌면서 각 구성 요소의 전위차를 주목하여라.

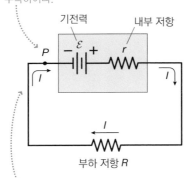

P로 돌아오면 모든 전위차의 합은 0이어야 한다.

(b) 키르히호프의 고리 법칙 적용

그림 17.9 (a) 전지에 연결된 저항기 (b) 키르히호프의 고리 법칙에 적용

세탁기든 컴퓨터든 모든 회로에서 알아야 할 중요한 것은 회로의 각 부분의 전류이다. 모든 장치가 작동하는 것은 전류(전하의 흐름) 덕분이다. 그림 17.9b는 전지와 저항기가 포함된 회로에서 전류를 구하는 데 사용할 수 있는 방법을 소개한다. 나중에 이 방법을 다른 구성 요소가 있는 회로로 확장하는 방법을 살펴볼 것이다.

그림 17.9b는 세 전위차의 합이 모두 0임을 보여 준다. 정상 상태 회로의 어느 지점에서도 전위가 변하지 않기 때문에 완전한 고리를 돌고 나면 같은 전위로 돌아가야 한다. 따라서 일반화된 규칙은 다음과 같다.

> 닫힌 고리 회로의 전위차 합은 0이다.

이것은 독일 물리학자 구스타프 키르히호프(Gustav Kirchhoff, 1824~1887)의 이름을 딴 **키르히호프의 고리 법칙**(Kirchhoff's loop rule)이다. 전기위치 에너지와 중력 위치 에너지의 유사성을 상기하는 데 도움이 될 수 있다(16.1절). 키르히호프의 고리 법칙에 해당하는 중력은 언덕을 오르내리며 출발점으로 돌아가는 것이다. 일단 돌아오면 같은 높이에 있게 되며, 출발할 때와 같은 중력 위치 에너지를 갖게 된다.

키르히호프의 고리 법칙은 그림 17.9b의 전지-저항기 회로에 적용된다. P에서 시작하여 시계 방향으로 이동하는 첫 번째 요소는 기전력 ε이다. 음에서 양으로 이동하기 때문에 전위차는 $+\varepsilon$이다. 다음으로 내부 저항 r을 통해 이동하면 전류가 저항을 통해 높은 전위에서 낮은 전위로 흐르기 때문에 전위가 Ir만큼 떨어진다. 따라서 전위의 변화는 $-Ir$이다. 마찬가지로 부하 저항을 통과할 때 변화는 IR이다(식 17.3 참조). 그다음 다시 P로 돌아왔기 때문에 전위 변화의 합을 0으로 설정한다. 즉, $+\varepsilon - Ir - IR = 0$이다. 전류 I에 대해 풀면 다음과 같다.

$$I = \frac{\varepsilon}{r + R} \quad \text{(키르히호프의 고리 법칙으로부터의 전류, SI 단위: A)} \quad (17.6)$$

전지의 내부 저항을 포함하면 전류가 내부 저항이 없을 때의 전류인 ε/R보다 작아진다.

내부 저항은 전지의 크기와 셀의 화학적 특성에 따라 달라진다. 식 17.6은 전지의 작용이 이상적인 수준에 가까워지려면 부하 저항 R을 내부 저항 r보다 훨씬 크게 유지해야 한다고 제안한다. 전지 제조 업체는 일반적으로 전지가 노후화됨에 따라 증가하는 내부 저항을 보고하지 않는다. 그러나 전지 전체에 알려진 부하 저항을 연결하고 전류를 측정하면 r을 구할 수 있다. 전지의 기전력을 알면 식 17.6을 r에 대해 풀 수 있다!

식 17.6은 실제 전지의 전위차가 부하 저항의 함수임을 보여 준다. 이상적인 전지의 경우, 단자 간 전위차는 전지의 기전력 ε에서 일정하게 유지된다. 실제 전지의 경우, 고리 분석을 통해 단자 간 전위차가 $\varepsilon - Ir$임을 알 수 있다. 다음 예제는 이상적인 전지와 실제 전지의 차이가 클 수 있음을 보여 준다.

예제 17.5   시동이 잘 안 걸려!

12V 자동차 전지는 시동 모터를 연결할 때 짧은 시간 동안 많은 전류를 전달할 수 있다. 특정 시동 장치의 저항은 0.058 Ω이며 161 A가 흐른다. 다음을 구하여라.

(a) 전지의 내부 저항

(b) 시동을 거는 동안 전지의 단자 사이의 전위차

구성과 계획 회로의 개략도(그림 17.10)를 그리고, 이를 통해 키르히호프의 고리 법칙을 사용하면 회로를 분석하기 쉬워진다. 내부 저항은 전위차, 부하 저항, 전류에서 발생한다. 그러면 전지 단자의 전위차가 전지 내 전위차의 합이 된다. 이 회로에 대한 키르히호프의 고리 법칙은 $\varepsilon - Ir - IR = 0$이다. 여기서 ε은 전지의 기전력, r은 내부 저항, R은 시동 저항이다. 전지 단자의 전위차는 기전력과 내부 저항의 전위차를 합한 것, 즉 $V_{terminals} = \varepsilon - Ir$이다.

알려진 값: $r = 0.058\ \Omega$, $I = 161\ A$, $\varepsilon = 12.0\ V$

풀이 (a) r에 대한 고리 식을 풀면 다음과 같다.

$$r = \frac{\varepsilon - IR}{I} = \frac{12.0\ V - (161\ A)(0.058\ \Omega)}{161\ A} = 0.0165\ \Omega$$

(b) 내부 저항을 알고 있는 경우, 단자 사이의 전위차는 다음과 같이 계산된다.

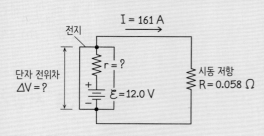

그림 17.10 시동 회로의 개략도

$$V_{terminals} = \varepsilon - Ir = 12.0\ V - (161\ A)(0.0165\ \Omega) = 9.34\ V$$

반영 시동의 낮은 저항과 관련된 높은 전류는 단자 전위차를 크게 줄인다. 전지가 방전되지 않고는 이렇게 고전류를 오래 공급할 수 없다. 다행히 납 축전기는 충전이 가능하다. 엔진이 작동할 때, 자동차의 발전기는 전지를 통해 역류하는 전류를 생성하여 전지를 충전한다.

연결하기 여러 번 시도해도 시동이 걸리지 않았다. 고전류가 시동 저항에 어떤 영향을 미치는가? 이는 즉시 시동을 걸기 위해 다시 시도하는 시동 전류에 어떤 영향을 미치는가?

답 고전류는 시동 모터의 온도를 상승시켜 저항 R을 증가시킨다. 저항이 클수록 전지는 전류를 많이 흘리지 못하여 시동의 효율을 떨어뜨린다. 냉각 시간을 가질 필요가 있다!

> **응용   하이브리드 자동차**

하이브리드 자동차는 가솔린 엔진과 전기 모터를 모두 사용한다. 가솔린 엔진으로 작동하는 발전기가 큰 전지를 충전하여 전기 모터만으로 차를 정지 상태에서 시속 24 km 정도로 가속시킬 수 있으며, 이때 가솔린 엔진이 켜지고 점점 속력이 빨라지면서 전기 모터보다는 엔진이 많은 동력을 공급한다. 하이브리드 자동차는 특히 에너지 효율이 좋다. 마찰 대신 전기 발전기가 감속하는 자동차의 운동 에너지를 전지에 다시 넣는 '재생 제동'을 사용하기 때문이다. GCM 시에라(사진 참조)에는 1.2 V 전지 250개가 있으며, 총 전위차는 300 V이다. 최근 개발된 '플러그인' 하이브리드는 전지를 전력망에서 직접 충전할 수도 있지만, 이 방식의 환경 건전성은 전기 에너지의 출처에 따라 달라진다.

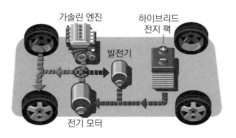

17.3 저항기의 연결

저항기의 직렬연결

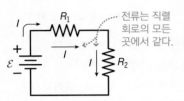

(a) 직렬로 연결된 저항기

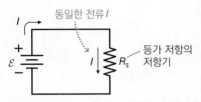

(b) 두 저항기는 등가 저항 R_s인 하나의 저항기로 대체된다.

그림 17.11 직렬연결된 저항기

그림 17.11a는 전지와 직렬로 연결된 2개의 저항기를 보여 준다. 전지의 내부 저항은 R_1과 R_2에 비해 충분히 작기 때문에 무시할 수 있다고 가정한다. 그림 17.11b와 같이 직렬연결한 두 저항 R_1과 R_2를 대신하고 회로에서 각 저항기에 흐르는 전류와 동일한 전류를 공급할 수 있는 단일 저항기 R_s는 얼마인가?

직렬 회로에서는 전하가 모이거나 손실되지 않기 때문에 전류는 모든 곳에서 동일하다. 전지에서 시작하여 그림 17.11a의 고리를 시계 방향으로 도는 키르히호프의 고리 법칙을 적용하면 전위차의 합은 $\varepsilon - IR_1 - IR_2 = 0$이며, 전류에 대해 풀면 $I = \varepsilon/(R_1 + R_2)$이다. 이제 그림 17.11b의 등가 회로에서 고리 법칙은 $\varepsilon - IR_s = 0$으로 주어지므로 $I = \varepsilon/R_s$이다. 이때 직렬연결에서 R_1과 R_2에 같은 전류가 흘러야 하므로 등가 저항은 다음과 같은 관계를 갖는다.

$$R_s = R_1 + R_2$$

이 예는 n개의 직렬연결된 저항기로 쉽게 확장할 수 있다.

$$R_s = R_1 + R_2 + \cdots + R_n \quad \text{(직렬연결된 등가 저항, SI 단위: Ω)} \qquad (17.7)$$

이것은 직렬연결된 저항기에 대한 공식이다.

직렬연결된 등가 저항은 각각의 저항의 합이다.

예를 들어, 저항기 3개 $R_1 = 200\ \Omega$, $R_2 = 250\ \Omega$, $R_3 = 350\ \Omega$을 직렬로 연결한다. 등가 저항은 $R_s = R_1 + R_2 + R_3 = 800\ \Omega$이다. 이 조합에 12 V 전지를 연결하면 회로 전체의 전류는 다음과 같다.

$$I = \frac{\varepsilon}{R_s} = \frac{12\ \text{V}}{800\ \Omega} = 0.015\ \text{A} = 15\ \text{mA}$$

저항기의 병렬연결

그림 17.12에서 병렬연결된 저항기의 등가 저항은 얼마인가? 각 저항기를 흐르는 전류는 얼마인가? 다시 '등가 저항'은 병렬 조합과 동일한 전류를 갖는 단일 저항을 의미한다.

핵심은 병렬 저항기가 서로 전지와 연결을 공유한다는 것이다. 따라서 각 저항기에 걸쳐 동일한 전위차 ε이 존재하며, 두 저항기 R_1과 R_2의 전류 $I_{1,2} = \varepsilon/R_{1,2}$은 서로 다를 수 있다. 그림 17.12a는 총 전류 I가 전지에서 흘러가는 것을 보여 준다. 회로에 전하가 축적되지 않으므로 전류는 P 지점에서 분류되어 일부 I_1은 R_1을 통과하고 나머지 I_2는 R_2를 통과한다. 대수적으로 나타내면 다음과 같다.

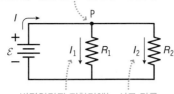

점 P에서 전류가 분류된다. 나가는 알짜 전류 $(I_1 + I_2)$는 들어오는 전류 I와 같다.

병렬연결된 저항기에는 서로 다른 전류가 흐른다.

(a) 저항기는 병렬로 연결된다.

$$I = I_1 + I_2 \quad \text{(키르히호프의 분기점 법칙, SI 단위: A)} \quad (17.8)$$

식 17.8은 **키르히호프의 분기점 법칙**(Kirchhoff's junction rule)의 예이다.

분기점으로 들어가는 알짜 전류는 분기점에서 나가는 알짜 전류와 같다.

키르히호프의 분기점 법칙은 전하 보존 법칙에서 직접적으로 유도된다.

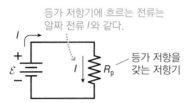

등가 저항기에 흐르는 전류는 알짜 전류 I와 같다.

등가 저항을 갖는 저항기

(b) 두 저항기는 등가 저항 R_p인 하나의 저항기로 대체한다.

그림 17.12 병렬연결된 저항기

각 병렬 저항기에서 동일한 전위차 ε을 갖는 저항기 전류는 $I_1 = \varepsilon/R_1$과 $I_2 = \varepsilon/R_2$이다. 그림 17.12b의 등가 회로의 경우, $I = \varepsilon/R_p$이다. 분기점 법칙에서 이러한 전류를 사용하면 다음과 같이 된다.

$$\frac{\varepsilon}{R_p} = \frac{\varepsilon}{R_1} + \frac{\varepsilon}{R_2}$$

분자의 ε을 소거하면 다음을 얻는다.

$$\frac{1}{R_p} = \frac{1}{R_1} + \frac{1}{R_2}$$

직렬연결 공식과 마찬가지로 이 공식도 병렬로 연결된 n개의 저항기로 확장할 수 있다.

$$\frac{1}{R_p} = \frac{1}{R_1} + \frac{1}{R_2} + \cdots + \frac{1}{R_n} \quad \text{(병렬연결된 등가 저항, SI 단위: 1/\Omega)} \quad (17.9)$$

따라서 병렬연결된 저항기의 등가 저항에 대한 일반적인 규칙은 다음과 같다.

병렬연결된 저항기의 경우, 등가 저항의 역수는 각 저항의 역수의 합이다.

일반적으로 차량의 브레이크 등의 세트 또는 축제 등불과 같은 단일 소스에 의해 구동되는 여러 조명의 장식은 병렬로 연결되어야 한다. 직렬로 연결하면 하나의 조명이 꺼지면 연결이 차단되고 전류가 흐르지 않아 모든 불이 꺼진다. 하지만 조명을 병렬로 연결하면 하나가 꺼져도 다른 조명에는 영향을 미치지 않는다. '줄'로 연결된 불빛들이 직렬로 연결된 것처럼 보일 수 있지만, 보통 그렇지 않다!

저항기와 축전기

16장에서는 직렬 및 병렬연결된 축전기를 소개하였다. 여기에서는 직렬 및 병렬연결 저항기를 살펴보았다. 어떻게 비교하는가? 단순하다. 규칙은 정반대이다. 직렬의 저항기와 병렬의 축전기는 대수적으로 합한다. 병렬의 저항기와 직렬의 축전기는 역수를 합한다. 저항기를 직렬로 연결하면 개별 저항보다 큰 등가 저항을 갖고, 저항기를 병렬로 연결하면 개별 저항보다 작은 등가 저항을 갖는다.

예제 17.6 병렬연결된 저항기

세 저항기 $R_1 = 100\ \Omega$, $R_2 = 150\ \Omega$, $R_3 = 300\ \Omega$이 병렬로 연결되어 있다. 물음에 답하여라.

(a) 등가 저항을 구하여라.

(b) 12 V 전지에 연결할 때 각 저항기에 흐르는 전류와 전지에 의해 공급되는 총 전류를 구하여라.

구성과 계획 그림 17.13과 같이 회로의 개략도를 그린다. 등가 저항은 병렬로 연결된 저항기에 대한 규칙을 따른다.

$$\frac{1}{R_p} = \frac{1}{R_1} + \frac{1}{R_2} + \frac{1}{R_3}$$

병렬연결된 각 저항기는 같은 전위차(12.0 V)를 가지며, 이는 각 저항기의 전류를 결정한다. 전지 전류는 세 저항기 전류의 합과 같다.

풀이 등가 저항은 다음과 같다.

$$\frac{1}{R_p} = \frac{1}{R_1} + \frac{1}{R_2} + \frac{1}{R_3} = \frac{1}{100\ \Omega} + \frac{1}{150\ \Omega} + \frac{1}{300\ \Omega} = \frac{1}{50\ \Omega}$$

따라서 $R_p = 50\ \Omega$이다.

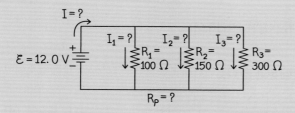

그림 17.13 예제 17.6에 대한 개략도. 병렬연결된 세 저항기

세 저항기의 전류는 다음과 같이 계산된다.

$$I_1 = \frac{\varepsilon}{R_1} = \frac{12.0\ \text{V}}{100\ \Omega} = 0.120\ \text{A} = 120\ \text{mA}$$

$$I_2 = \frac{\varepsilon}{R_2} = \frac{12.0\ \text{V}}{150\ \Omega} = 0.080\ \text{A} = 80\ \text{mA}$$

$$I_3 = \frac{\varepsilon}{R_3} = \frac{12.0\ \text{V}}{300\ \Omega} = 0.040\ \text{A} = 40\ \text{mA}$$

전지가 공급하는 총 전류는 각 저항기에 흐르는 전류의 합과 같다.

$$I = I_1 + I_2 + I_3 = 120\ \text{mA} + 80\ \text{mA} + 40\ \text{mA} = 240\ \text{mA}$$

반영 마지막 단계에 대한 좋은 '확인'이 있다. 전지 전류는 3개의 저항기 대신 단일 저항기 R_p에 연결된 경우와 같아야 한다. 확인해 보면 다음과 같다.

$$I = \frac{\varepsilon}{R_p} = \frac{12.0\ \text{V}}{50\ \Omega} = 0.240\ \text{A} = 240\ \text{mA}$$

총 전류 I는 어느 쪽 방법을 이용하든 동일하게 계산된다!

연결하기 동일한 전지를 R_1에 연결하였을 때 전지의 전류는 얼마인가? 전지를 R_1과 R_2에 병렬로 연결하면 전류는 얼마인가?

답 R_1에 의한 전류는 $I = 120\ \text{mA}$이고, 병렬연결된 두 저항기 (R_1, R_2)에 흐르는 전류는 $I = 120\ \text{mA} + 80\ \text{mA} = 200\ \text{mA}$이다. 더 많은 저항기를 병렬로 연결하면 항상 총 전류가 증가한다.

문제 해결 전략 17.1 저항기의 회로망

구성과 계획

- 개략도를 그린다.
- 저항기의 결합이 직렬연결인지 병렬연결인지 확인한다. 필요한 경우 개략도를 다시 그려서 이들 결합을 명확히 해야 한다. 일부 저항기는 두 가지 결합이 아닐 수도 있다.

풀이

- 전체 회로의 등가 저항을 구할 때까지 병렬연결과 직렬연결에 대한 규칙을 한 단계

씩 적용한다.
- 전류 또는 전위차를 구하려면 필요에 따라 옴의 법칙을 적용한다.

반영
- 각 저항을 고려했을 때 등가 저항이 합리적인가? (저항기를 병렬로 연결하면 등가 저항이 감소하고, 저항기를 직렬로 연결하면 등가 저항이 증가한다.)
- 계산한 전류 또는 전위차가 전지 기전력에서 공급되는 총 전류와 관련하여 의미가 있는가?

복잡한 저항기 회로망

직렬 및 병렬연결된 저항기에 대한 규칙을 알면 직렬과 병렬 결합을 모두 포함하는 더 복잡한 회로망을 처리할 수 있다. 다음 예제는 규칙을 순차적으로 적용하는 방법을 보여 준다. 매번 둘 이상의 저항기를 등가 저항으로 대체하여 회로를 단순화한다.

예제 17.7 저항기 회로망

그림 17.14a에 나타낸 5개의 저항기 $R_1 = 6\,\Omega$, $R_2 = 4\,\Omega$, $R_3 = 5\,\Omega$, $R_4 = 3\,\Omega$, $R_5 = 2\,\Omega$의 회로망을 고려해 보자. 회로 양쪽 끝 사이의 등가 저항을 구하여라.

구성과 계획 각 단계에서 필요한 것은 직렬 규칙 또는 병렬 규칙뿐이다. 직렬 및 병렬연결을 구별하고 저항이 하나만 남을 때까지 단순화한다. 회로를 단순화할 때마다 다시 그리는 것이 도움이 된다.

여기서 R_3, R_4, R_5의 세 저항기를 단순화할 수 있으며, 이것은 R_1, R_2와 직렬로 연결된다. 세 저항기에서 R_3, R_4는 직렬연결이고, 이 직렬 결합은 R_5와 병렬로 연결되어 있다.

풀이 R_3, R_4를 단일 저항 R_6으로 대체한다(그림 17.14b). 이는 직렬 규칙에 의해 다음과 같이 계산한다.

$$R_6 = R_3 + R_4 = 5\,\Omega + 3\,\Omega = 8\,\Omega$$

그다음 병렬 규칙을 사용하여 R_6과 R_5를 결합하고 그 결과를 R_7로 한다.

$$\frac{1}{R_7} = \frac{1}{R_6} + \frac{1}{R_5} = \frac{1}{8\,\Omega} + \frac{1}{2\,\Omega} = \frac{1}{1.6\,\Omega}$$

따라서 $R_7 = 1.6\,\Omega$이다(그림 17.14c). 이제 남은 것은 R_1, R_2와 R_7이 직렬로 연결된 것뿐이다. 이 회로의 등가 저항 R_{eq}는 다음과 같다(그림 17.14d).

$$R_{eq} = R_1 + R_2 + R_7 = 6\,\Omega + 4\,\Omega + 1.6\,\Omega = 11.6\,\Omega$$

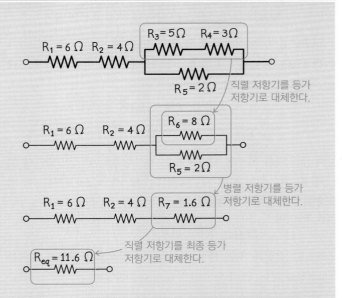

그림 17.14 (a) 5개 저항기의 회로망 (b) 첫 번째 중간 단계 (c) 두 번째 중간 단계 (d) 회로의 등가 저항

반영 회로가 직렬 및 병렬연결로 구성될 때마다 회로망을 단일 등가 저항으로 줄일 수 있다.

연결하기 회로의 양 끝을 전지에 연결하면 어느 저항기가 가장 전류를 많이 전달하는가? 가장 적게 전류를 전달하는 저항기는 무엇인가?

답 모든 전지 전류는 저항기 R_1과 R_2를 통과하므로 가장 많은 전류를 전달한다. 그다음 전류가 두 병렬 분기점에서 나누어진다. 두 분기점 중 위쪽은 저항이 더 크므로 아래쪽이 더 많은 전류를 전달한다. 그러므로 $I_1 = I_2 > I_5 > I_3 = I_4$이다.

예제 17.8 | 저항기 회로망: 재검토

앞의 예제의 회로에서 14.5 V의 전원을 연결할 때, 각 저항기에 흐르는 전류를 구하여라.

구성과 계획 각 저항기의 전류를 구하는 첫 번째 단계는 전원 공급 장치의 총 전류를 구하는 것이다(그림 17.15). 이것은 $I_{total} = \varepsilon/R_{eq}$이다. 병렬 분기점이 있을 때 각 분기점에 걸린 전위차 V는 동일하다. 전위차 V를 구하면 저항이 R인 분기점에서 전류 $I = V/R$를 전달한다는 것을 알 수 있다.

알려진 값: 전원 공급 장치 $\varepsilon = 14.5$ V

풀이 앞의 예제에서 등가 저항이 $R_{eq} = 11.6\ \Omega$이므로 전체 전류는 다음과 같다.

$$I_{total} = \varepsilon/R_{eq} = (14.5\ \text{V})/(11.6\ \Omega) = 1.25\ \text{A}$$

직렬연결된 두 저항기 R_1과 R_2에 이 전체 전류가 흐르므로(그림 17.15) $I_1 = I_2 = 1.25$ A이다. 두 저항기에 걸린 전위차는 다음과 같다.

$$V_1 = I_1 R_1 = (1.25\ \text{A})(6\ \Omega) = 7.5\ \text{V}$$

$$V_2 = I_2 R_2 = (1.25\ \text{A})(4\ \Omega) = 5.0\ \text{V}$$

두 전위차를 합하면 12.5 V이다. 키르히호프의 고리 법칙에 의해 R_3, R_4, R_5의 전위차는 14.5 V − 12.5 V = 2.0 V이다. 이 전위차로부터 직렬연결된 R_3, R_4의 전류를 구한다.

$$I_3 = I_4 = V/R = (2.0\ \text{V})/(8\ \Omega) = 0.25\ \text{A}$$

R_3, R_4 결합과 R_5는 병렬로 연결되어 있으므로 동일한 전위차 2.0 V를 갖는다. 따라서 전류 I_5는 다음과 같다.

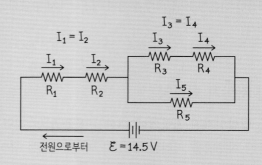

그림 17.15 회로에 흐르는 전류를 보여 준 예제 17.8의 개략도

$$I_5 = V/R = (2.0\ \text{V})(2\ \Omega) = 1.0\ \text{A}$$

반영 병렬 분기점에 흐르는 전류를 합치면 전원 공급 장치의 전류 1.25 A와 같기 때문에 구한 답은 타당하다. 즉, 1.0 A + 0.25 A = 1.25 A이다.

....

연결하기 회로망의 병렬연결 부분에 대한 일반적인 설명 '전류는 최소 저항의 경로를 따른다'에 대해 논의하여라.

답 저항 2 Ω의 분기에는 큰 전류(1.0 A)가 흐르고 8 W 분기에는 작은 전류(0.25 A)가 흐른다. 따라서 저항이 작은 분기에서 더 큰 전류가 흐른다. 정량적으로 전류의 비율은 저항의 비율의 역수이다. 이는 병렬 저항기에서 전위차가 동일하기 때문이다. '전류는 최소 저항의 경로를 따른다'라는 것은 모든 전류가 작은 저항을 통해 흐른다는 뜻이 아니라 저항에 따라 사용 가능한 경로로 전류가 나누어진다는 뜻이다.

개념 예제 17.9 | 동일한 전구

그림 17.16과 같이 동일한 전구 4개가 연결되어 있다. 이 회로가 전지에 연결되면 전류가 전구의 필라멘트를 가열하여 빛을 낸다. 전류가 클수록 전구는 더 밝아진다. 이때 온도에 따른 저항의 변화를 무시하고 전구의 저항이 일정하고 동일하다고 가정한다. 물음에 답하여라.

(a) 그림과 같이 전지를 연결한 상태에서 전구 4개의 밝기를 비

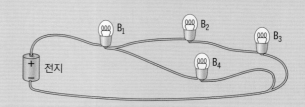

그림 17.16 전지와 4개의 전구

교하여라.

(b) 전구 B_1을 소켓에서 빼면 다른 전구들은 어떻게 되는가? 다른 3개의 전구가 제자리에 남아 있다고 가정하고 다른 전구에 대해 (a)를 반복하여라.

풀이 각 전구를 저항으로 나타내는 회로를 그리는 것이 유용하다(그림 17.17). 전구 B_1은 전지의 전류가 흐르기 때문에 전류가 가장 많고 가장 밝다. 그다음 전류가 분기점에 도달하면 전구 B_4와 직렬인 두 전구 B_2, B_3 쪽으로 전류가 나누어진다. 직렬은 저항이 크기 때문에 B_2, B_3을 통과하는 것보다 B_4를 통해 더 많은 전류가 흐른다.

결과는 각 전구의 전류(연속적으로 빛남)를 $I_1 > I_4 > I_2 = I_3$으로 정리할 수 있다.

(b) B_1을 뺄 경우: 전류가 다른 전구에 도달할 수 있는 경로가 없으므로 불이 들어오지 않는다.

B_2를 뺄 경우: 전류가 B_2와 B_3을 통과하지 못하므로 B_3에 불이 들어오지 않는다. 나머지 회로는 B_1과 B_4의 직렬연결이므로 똑같이 밝아야 한다. B_2를 빼기 전후에 각 전구의 등가 저항과 전류를 측정하면, B_2를 빼면 B_1이 원래보다 더 어두워지고 B_4가 더 밝아지는 것을 알 수 있다.

B_3을 뺄 경우: 이전의 경우(B_2를 뺀 경우)와 같은 상황이다. 위쪽 분기에는 전류가 흐르지 않고, B_1과 B_4는 똑같이 밝다.

B_4를 뺄 경우: 이제 아래 분기(B_4)를 통해 전류가 흐르지 않는다. 남은 것은 B_1, B_2, B_3이 직렬로 연결되므로 똑같이 밝아진다. 전구 3개를 직렬연결하면 전구 2개보다 등가 저항이 커서 전구 3개는 이전의 전구 2개보다 어둡다.

반영 전지와 전구의 연결을 분석하면 전류와 저항에 대한 감각을 키우는 데 도움이 된다. 다른 결합을 스케치하고 분석해 보자. 실험실에서 이 회로 중 몇 개를 만들어 보고 직감이 맞는지 확인해 보아라.

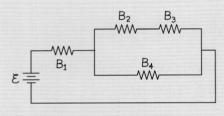

그림 17.17 전구를 저항으로 나타낸 회로

확인 17.3절 표시한 회로에서 모든 저항은 동일하다. 회로의 등가 저항을 큰 순서대로 나열하여라.

  (a)   (b)   (c)   (d)

17.4 전기 에너지와 전력

전류는 에너지의 흐름을 수반한다. 에너지가 전달되는 비율(전력)은 전지 구동 전자 장치의 밀리와트(mW)에서 장거리 전송선의 기가와트(GW)까지 다양하다. 여기에서는 전기 에너지와 전력의 기초를 다룰 것이다.

전지에서 공급되는 에너지

그림 17.18은 전지에 연결된 저항과 회로 주위에 흐르는 일정한 전류 I를 보여 준다. 전지는 궁극적으로 내부의 화학 반응에서 나오는 전기 에너지를 공급한다(17.2절). 회로 주위를 흐르는 양전하 Δq를 생각해 보자. 이 전하는 전지를 통과하면 양의 전위차가 ε인 전지의 기전력을 갖는다. 전위차는 단위 전하당 에너지의 변화량이므로 전하는 에너지 $\Delta U = (\Delta q)(\varepsilon)$를 얻는다. 이 에너지 이득이 시간 Δt에서 발생할 경

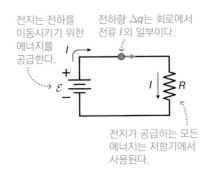

그림 17.18 전기 회로에서의 에너지 전달

우, 전력 P(전지가 에너지를 공급하는 비율)는 $P = \varepsilon \Delta q / \Delta t$ 이다. 그러나 $\Delta q / \Delta t$ 는 전류 I 이므로 전지 전력은 다음과 같이 나타낸다.

$$P = I\varepsilon \quad \text{(전지에서 공급되는 에너지, SI 단위: W)} \quad (17.10)$$

저항기에서 소모되는 에너지

17.1절에서 저항성 물질의 충돌이 전자의 에너지를 소모시켜 물질을 가열하는 방법을 살펴보았다. 이는 그림 17.18의 저항기에서 발생한다. 게다가 축전기나 다른 에너지 저장 장치가 없기 때문에 전지의 모든 에너지는 결국 저항기에서 소모된다. 따라서 저항기에서 소모된 전력은 $P = I\varepsilon$(식 17.10)이다. 그러나 저항기의 경우 $\varepsilon = IR$이므로 전력 소모는 $P = I(IR)$, 즉 다음과 같다.

$$P = I^2 R \quad \text{(저항기에서 소모되는 전력, SI 단위: W)} \quad (17.11)$$

식 17.11은 전류 I를 전달하는 모든 저항기에 대한 일반적인 결과이다. $I = V/R$이므로 저항기 전력에 대한 동등한 표현 식은 다음과 같다.

$$P = IV \quad \text{(전력, SI 단위: W)} \quad (17.12)$$

$$P = \frac{V^2}{R} \quad \text{(저항기에서 전력 소모, SI 단위: W)} \quad (17.13)$$

식 17.11과 식 17.13은 저항기에만 해당된다. 하지만 식 17.12는 전류 I가 흐르고 전위차 V가 걸린 저항기에서 전력이 열로 방출되는 모든 전기 부품에 적용된다. 다른 장치에서는 에너지가 모터의 역학적 에너지와 같은 다른 형태로 전환될 수 있다.

전기 에너지를 열로 전환하는 것이 반드시 나쁜 것만은 아니다. 전기 스토브나 토스터의 발열체는 많은 전력을 소모하는 저항기이다. 발열체의 도선은 전선보다 저항이 높아야 하므로 대부분의 전력 소모 $I^2 R$은 소자에서 발생하지만, 그 저항은 고전류를 통과할 수 있을 정도로 작아야 한다. 발열체는 전기 에너지를 열에너지로 전환하여 냄비 바닥을 통해 전달되어 음식을 조리한다.

예제 17.10 **전구**

전구가 75W의 비율로 에너지를 사용하며, 전위차는 120V이다. 물음에 답하여라.

(a) 전구의 텅스텐 필라멘트에 흐르는 전류와 필라멘트의 저항을 구하여라.

(b) 이 조건에서 필라멘트 온도는 약 2,300 K이다. 이 사실을

(a)의 답과 함께 사용하여 실온에서 필라멘트의 저항을 계산하여라.

구성과 계획 이 예제는 전력, 전류, 전위차, 저항 간의 관계를 포함한다. 금속인 텅스텐의 저항은 온도가 높아질수록 증가한다. 백열전구의 필라멘트는 실온에서보다 훨씬 높은 저항을 가

져야 한다.

저항기(이 경우 텅스텐 필라멘트)의 전력 소모는 $P = IV$이다. 따라서 전류는 $I = P/V$이고 저항은 $R = V/I$이다. 17.1절에서 저항 R의 온도 의존성(비저항 ρ에 비례)은 식 17.5 $R = R_0[1 + \alpha(T - T_0)]$을 따른다.

알려진 값: $P = 75$ W, $V = 120$ V, 표 17.2에서 $\alpha = 3.9 \times 10^{-3}$ °C^{-1}

풀이 (a) 먼저 필라멘트의 전류는 다음과 같이 구한다.

$$I = \frac{P}{V} = \frac{75\,\text{W}}{120\,\text{V}} = 0.625\,\text{W/V} = 0.625\,\text{A},\ \text{즉}\ 625\,\text{mA}$$

따라서 필라멘트의 저항은 다음과 같다.

$$R = \frac{V}{I} = \frac{120\,\text{V}}{0.625\,\text{A}} = 192\,\Omega$$

(b) 이 저항은 2,300 K이며, 실온 $T_0 = 293$ K (실온)에서의 저항은 R_0이다. 저항-온도 식을 R_0에 대해 풀면 다음을 얻는다.

$$R_0 = \frac{R}{1 + \alpha(T - T_0)}$$
$$= \frac{192\,\Omega}{1 + (3.9 \times 10^{-3}\,°\text{C}^{-1})(2{,}300\,\text{K} - 293\,\text{K})} = 22\,\Omega$$

반영 예상한 대로 필라멘트의 저항은 뜨거울 때 훨씬 커진다. 텅스텐은 녹는점이 높고 반복적으로 가열과 냉각을 견딜 수 있기 때문에 전구에 사용된다(필라멘트 전구는 현재 LED로 교체된 상태이다).

연결하기 100 W 전구와 75 W 전구 중 어느 전구의 전류가 더 큰가?

답 예제의 분석에 따르면 $I = P/V$이므로 동일한 전위차 V의 경우 100 W 전구에서 전류가 더 크다. 이는 가정용 전구가 동일한 전위차에서 작동한다고 가정한다.

전력 전송

전기 에너지는 화석 연료, 핵분열, 물, 바람을 포함한 다양한 원천에서 생성된다. 19장에서 발전기를, 25장에서 원자력을 논의할 것이다. 여기에서는 전기 에너지가 최종 사용자에게 어떻게 전달되는지 살펴본다. 발전소에서 생성된 전류 I는 송전선로를 통해 흐르며(그림 17.19), 송전선로 사이에는 전위차 V가 있다. 동일한 전력 $P = IV$를 큰 I와 작은 V로 전송하거나 그 반대로 전송할 수 있다. 어느 것이 더 바람직한가?

송전선에는 약간의 저항 R_w가 있다. 식 17.11에 따르면 전송 손실(P_{lost})은 $P_{\text{lost}} = I^2 R_w$이다. 물론 전력 손실을 최소화하려면 가능한 저항이 작은 송전선을 사용하는 것이 가장 좋지만 전선이 두껍고 비용이 많이 든다는 단점이 있다. 전력 손실이 전류의 **제곱**에 비례하므로 무엇보다 전류를 최소화하는 것이 좋다. $P = IV$이므로 두 도선 사이에 전위차를 높게 하면 전류를 낮출 수 있다. 식 17.11에서 전류에 $I = P/V$를 대입하면 다음을 얻는다.

$$P_{\text{lost}} = I^2 R_w = \left(\frac{P}{V}\right)^2 R_w$$

송전선은 일반적으로 최대 수백 킬로볼트의 전위차를 가지며, 장거리 전송의 경우 가장 높은 값을 갖는다. 전위차는 가정용 및 상업용으로 표준 120 V 또는 240 V까지 '단계적으로 감소'한다. 19장에서 보게 되겠지만 이는 교류(AC)가 대부분의 전기 시스템에서 사용되는 한 가지 이유이다.

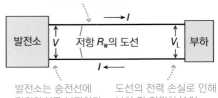

도선의 전력 손실은 저항 R_w 및 전류 I에 따라 달라진다.

발전소는 송전선에 전위차 V를 부과한다.

도선의 전력 손실로 인해 부하 간 전위차 V_L이 더 낮다.

그림 17.19 전력 손실은 I^2R이다. 따라서 송전선은 낮은 전류와 그에 상응하는 높은 전위차 V일 때 가장 효율적이다.

퓨즈 및 회로 차단기

전류가 흐르는 전선은 저항을 가지고 있기 때문에 열이 발생한다. 화재 위험을 줄이기 위해 **퓨즈**(fuse)와 **회로 차단기**(circuit breaker)는 안전 값을 초과하는 전류를 차단한다. 퓨즈는 전류가 퓨즈의 정격 전류를 초과하면 녹도록 설계된 얇은 도선이다. 전류를 복구하려면 퓨즈를 교체해야 한다. 회로 차단기는 동일한 보호 기능을 제공하지만 교체할 필요는 없다. 대부분의 차단기는 전류의 강도가 달라지는 전자석을 사용한다. 전류가 차단기의 정격을 초과하면 자석이 스위치를 당겨 전류를 차단하고 스위치는 열린 상태로 잠긴다. 전류를 복구하려면 차단기를 재설정해야 한다. 18장에서 전자석이 어떻게 작동하는지 볼 것이다. 지금 알아야 할 것은 전류가 높을수록 더 강한 자석이 된다는 것이다.

퓨즈와 회로 차단기는 원하는 전류에 걸리도록 제조할 수 있다. 실험실 멀티미터의 퓨즈 정격이 2 A이고 가정용 회로 차단기의 정격은 일반적으로 15 A에서 20 A이다. 대형 모터의 회로 차단기의 정격은 수백 암페어에 달할 수 있다.

예제 17.11 회로 차단기의 작동

같은 기숙사 방에 있는 여러 학생이 머리를 말리고 싶어 한다. 이들은 전기에 대해 잘 알고 있기에 헤어드라이어를 1,000 W의 '낮음'으로 설정했다. 표준 120 V 선을 가정할 때, 20 A 회로 차단기가 차단되지 않고 동시에 사용할 수 있는 헤어드라이어는 몇 대인가?

구성과 계획 총 전류가 차단기의 20 A 정격을 초과하지 않도록 해야 한다. 헤어드라이어 한 대에 사용되는 전류를 알면 드라이어의 수를 곱하여 총 전류를 구할 수 있다. 전위차가 V이고 전류 I를 전달하는 장치의 전력은 $P = IV$이다. 따라서 헤어드라이어에 흐르는 전류는 $I = P/V$이다.

알려진 값: $P = 1{,}000$ W, $\Delta V = 120$ V

풀이 120 V에서 1,000 W를 소비하는 헤어드라이어 한 대의 전류는 다음과 같다.

$$I = \frac{P}{\Delta V} = \frac{1000 \text{ W}}{120 \text{ V}} = 8.33 \text{ A}$$

최대 전류가 20 A인 경우 차단기가 작동되지 않게 하려면 두 대의 드라이어만 켤 수 있다.

반영 이 학생들은 물리학을 잘 알고 있다. 1,500 W의 '최대 전력' 등급을 선택했다면 각 헤어드라이어는 10 A 이상이 소비되므로 한 번에 한 대만 사용할 수 있었을 것이다. 전원에 연결된 기기는 모두 병렬로 연결되어 있으므로 전류를 합해야 하기 때문이다.

연결하기 1,500 W의 헤어드라이어 두 대가 얼마나 많은 전류를 소비하는가?

답 각각 12.5 A를 소비하므로 총 25 A이다.

확인 17.4절 60 W 전구의 전위차는 120 V이다. 이 전구의 전류와 저항은 각각 얼마인가?

(a) 0.5 A, 240 Ω (b) 1.0 A, 120 Ω (c) 0.5 A, 480 Ω (d) 1.0 A, 60 Ω

17.5 *RC* 회로

16장에서 축전기를 소개하였고, 이 장에서는 저항기를 소개하였다. 이들을 하나의 회로에 연결하면 어떤 일이 생길까?

간단한 **RC 회로**(*RC* circuit)는 전지(또는 전원 공급 장치), 저항기, 축전기를 직렬로 연결한 것으로 구성된다(그림 17.20a). 스위치를 닫아 회로를 완성하거나 스위치를 열어 전류를 차단할 수 있다. 축전기가 처음에는 충전되지 않은 상태라고 가정하자. 스위치가 닫히면 그림 17.20b와 같이 전류가 흐르기 시작한다. 이 전류는 저항기를 통해 흐르며 축전기를 충전하기 시작한다. I와 q로 나타내는 전류가 저항기를 통과하고 축전기를 충전한다. 키르히호프의 고리 법칙을 적용하면 이 단일 고리 회로에 무슨 일이 일어나는지 설명하는 데 도움이 된다. 전지에서 시작하여 고리를 시계 방향으로 돌린다. 그다음 전위차는 전지의 경우 $+\varepsilon$, 저항기의 경우 $-IR$, 축전기의 경우 $-q/C$이다(16장에서 축전기의 경우 $V = q/C$임을 상기하자). 따라서 키르히호프의 고리 법칙에 의해 다음과 같이 나타낸다.

$$\varepsilon - IR - \frac{q}{C} = 0 \quad \text{(RC 회로에 대한 키르히호프의 고리 법칙 식, SI 단위: V)} \quad (17.14)$$

스위치가 닫히는 순간($t = 0$) 세 구성 요소를 모두 고려하자. 전지의 전위차는 ε으로 고정되어 있고 축전기는 처음에 충전되지 않은 상태이다($q = 0$). 따라서 식 17.14 키르히호프의 고리 법칙에서 회로의 전류는 $I = \varepsilon/R$이다. 이는 적어도 처음에는 축전기가 도선일 때와 동일한 전류가 흐르게 된다는 것을 의미한다. 그러나 시간이 흐르면 축전기가 충전되기 시작하고 q/C가 증가한다. 그다음 키르히호프 고리 법칙은 축전기 전하 q가 증가함에 따라 전류가 감소해야 함을 보여 준다. 충분한 시간이 지나면($t \to \infty$) 축전기의 전하량이 최댓값에 가까워진다. 식 17.14에 의해 $I = 0$일 때 최대 전하량 $q = \varepsilon C$에 도달하므로 이들은 $t \to \infty$일 때 q와 I의 값을 갖는다.

시작과 끝 시간 $t = 0$과 $t \to \infty$ 사이에서 축전기 충전은 0에서 최댓값 $q_{max} = \varepsilon C$까지 지속적으로 증가하는 반면, 전류는 최댓값 $I_{max} = \varepsilon/R$에서 0으로 감소한다. 정확한 시간을 결정하는 것은 키르히호프의 고리 법칙을 따르지만 미적분이 필요하기 때문에 식을 유도하는 것은 생략한다. 그림 17.20b의 충전 축전기의 경우, 시간의 함수로서 축전기 전하량 $q(t)$는 다음과 같이 나타낸다.

$$q(t) = \varepsilon C(1 - e^{-t/RC}) = q_{max}(1 - e^{-t/RC}) \quad \begin{array}{l}\text{(시간의 함수로서}\\ \text{축전기 전하량, SI 단위: C)}\end{array} \quad (17.15)$$

전류 $I(t)$는 다음과 같다.

$$I(t) = \frac{\varepsilon}{R}(e^{-t/RC}) = I_{max}(e^{-t/RC}) \quad \begin{array}{l}\text{(시간의 함수로서}\\ \text{저항기 전류, SI 단위: A)}\end{array} \quad (17.16)$$

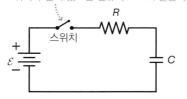

(a) 스위치 열려 있는 *RC* 회로

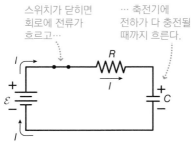

(b) 스위치가 닫힌 후

그림 17.20 축전기 충전에 이용하는 *RC* 회로 분석

▶ **TIP** 축전기의 충전을 빨리 하려면 직렬 저항 R을 감소시키고, 충전을 천천히 하려면 R을 증가시키면 된다.

이러한 식이 분석과 일치한다고 확신해야 한다. 좋은 방법은 그림 17.21과 같이 함수 $q(t)$와 $I(t)$를 그래프로 나타내는 것이다. 식 17.15와 식 17.16의 지수함수는 전하량 및 전류의 변화가 극한값에 점근적으로 접근함을 의미하며, 이는 고리 식만 보면 알 수 없는 사실이다.

시간 상수 RC

식 17.15와 식 17.16의 지수함수 $e^{-t/RC}$은 무차원 인수를 필요로 하므로 물리량 $-t/RC$는 무차원이어야 한다. 저항과 전기용량의 곱 RC는 시간 단위를 갖는다. 이를 확인하자. 1 Ω은 1 V/A이고 1 A = 1 C/s이므로 1 Ω = 1 V·s/C이다. 전기용량의 단위는 패럿이며 1 F = 1 C/V이다. 따라서 곱 RC의 단위는 시간의 SI 단위인 (V·s/C)(C/V) = s이다.

RC 값은 주어진 RC 회로의 특성인 특정 시간이다. 이 시간에 특별한 일이 있는가? 아니다. 그림 17.21은 시간에 따른 지수적인 변화를 보여 주며, $t = RC$일 때 급격한 변화는 없다. 오히려 RC의 중요성은 전하량 및 전류 식에서 나타나는 지수 인자 $e^{-t/RC}$에 있다. $t = RC$일 때 $e^{-t/RC} = e^{-RC/RC} = e^{-1}$이다. e^{-1}(약 0.368)의 값은 이 시간에 전류가 초깃값(최댓값)의 약 36.8%까지 떨어지고, 전하량은 약 1 − 0.368 = 0.632, 즉 63.2%까지 증가했음을 의미한다. 즉, 충전이 거의 3분의 2가 완료된 것이다. 이렇게 편리한 척도가 주어지기 때문에 RC는 회로의 **시간 상수**(time constant)라고 하며, 특수 기호 τ(그리스어 타우)로 나타낸다. 즉, $\tau = RC$이다.

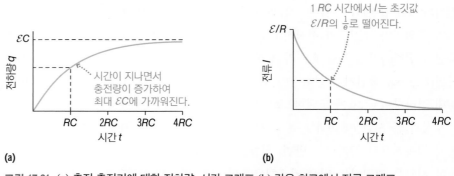

그림 17.21 (a) 충전 축전기에 대한 전하량–시간 그래프 (b) 같은 회로에서 전류 그래프

예제 17.12 축전기 충전하기

RC 회로(그림 17.20 참조)가 6.4 kΩ의 저항과 직렬로 연결된 2.0 mF의 축전기로 구성되며 회로에 12 V 전지를 연결하였다. 처음에는 스위치가 열려 있고 축전기가 충전되지 않은 상태이다. 물음에 답하여라.

(a) 스위치가 닫힌 후 회로 전류 및 축전기 전하량에 대한 최댓값은 얼마인가? 그리고 언제 발생하는가?

(b) 축전기가 최대 전하량의 절반에 도달하는 데 얼마나 걸리는가?

구성과 계획 그림 17.22에 적절한 수치로 회로의 개략도를 그려 놓았다. 최대 전류는 $t = 0$에서 발생하며 전지의 기전력과 저항에서 발생한다(그림 17.21 참조). 최대 전하량은 충분한 시간이

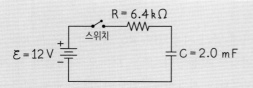

그림 17.22 예제 17.12에 대한 회로의 개략도

지난 후에 발생하며, 이는 전지의 기전력과 전기용량의 함수이다. 최대 전류는 $I_{max} = \varepsilon/R$이고, 최대 전하량은 $q_{max} = \varepsilon C$이다. 식 17.15는 임의의 시간에서 전하량 $q(t) = \varepsilon C(1 - e^{-t/RC})$을 제공한다. 이 식은 축전기에 저장된 전하 q가 있는 시간 t에 대해 풀 수 있다.

알려진 값: $R = 6.4\ k\Omega$, $C = 2.0\ mF$, $\varepsilon = 12\ V$

풀이 (a) 최대 전류:

$$I_{max} = \frac{12\ V}{6.4\ k\Omega} = 1.88\ mA$$

축전기 최대 전하량:

$$q_{max} = C\varepsilon = (2.0\ mF)(12\ V) = 24\ mC$$

(b) 전하량이 최댓값의 절반인 $q(t) = \varepsilon C/2$이므로 다음과 같다.

$$\varepsilon C/2 = \varepsilon C(1 - e^{-t/RC}), \quad \text{즉}\ \tfrac{1}{2} = 1 - e^{-t/RC}$$

식을 정리하면 $e^{-t/RC} = \tfrac{1}{2}$이다.

시간 t를 구하기 위해 양변에 자연로그(ln)를 취하여 정리하면 다음을 얻는다.

$$-\frac{t}{RC} = \ln\left(\frac{1}{2}\right)$$

시간 t를 구하면 다음과 같다.

$$t = -RC \ln\left(\frac{1}{2}\right) = -(6.4\ k\Omega)(2.0\ mF)(-0.693) = 8.9\ s$$

반영 최대 충전 전하량의 절반에 도달하는 데 필요한 시간은 시간 상수 $\tau = RC$보다 약간 짧다. q는 V에 비례하므로 전체적으로 전위차를 측정하여 이 충전 축전기를 추적할 수 있다. 마지막 계산에서 kW의 $k(10^3)$와 mF의 $m(10^{-3})$이 곱해져 소거되므로 답의 단위가 s가 되는 것에 주목하여라.

RC 회로는 충전이 아주 빠르게 일어난다. 예를 들어, $R = 100\ \Omega$, $C = 1.0\ \mu F(1.0 \times 10^{-6}\ F)$이면 $\tau = RC = (100\ \Omega)(1.0 \times 10^{-6}\ F) = 100\ \mu s$이다.

연결하기 이 예제에서 축전기가 최대 충전 전하량의 절반에 도달했을 때, 축전기와 저항기의 전위차는 얼마인가?

답 $q = 12\ \mu C$(최대 전하량 24 mC의 절반)일 때, $V = q/2 = 6.0\ V$이다. 전지 전체의 전위차가 12 V이므로 저항기의 경우 12 V − 6.0 V = 6.0 V가 된다. 충전이 최댓값의 절반인 경우 축전기의 전위차는 전지의 절반이고, 저항기의 전위차와 동일하다.

축전기의 방전

두 도체 판으로 연결된 축전기가 방전될 수 있다. 그러면 한쪽 판의 과잉 전자가 다른 판으로 흘러 각 판에 전하가 0이 된다(그림 17.23a). 도체에 약간의 저항이 있어서 전류를 제한하고 *RC* 회로에서 축전기를 충전하는 것처럼 방전이 점진적으로 이루어진다. 실제로 방전은 이전과 동일한 지수 인자를 포함한다.

$$q(t) = q_0\, e^{-t/RC} \quad \text{(축전기 방전, SI 단위: C)} \tag{17.17}$$

여기서 q_0은 축전기의 초기 전하량이고 $t = 0$은 그림 17.23a에서 스위치를 닫는 시간이다. 전하량은 지수적으로 감소하며(그림 17.23b), 시간 상수 $\tau = RC$는 시간의 척도로 설정한다. 이 경우 τ는 전하량이 초깃값의 $1/e$(1/3을 조금 초과함)로 떨어지는 데 걸리는 시간이다.

축전기에서 전하가 지수적으로 증가하거나 감소하는 것은 자연 과정에서 지수함수가 발생하는 한 예이다. 또 다른 예로 방사성 물질이 지수적으로 붕괴하는 것이 있다(25장).

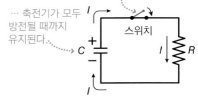

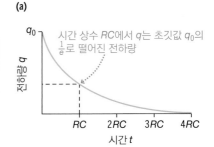

그림 17.23 (a) 스위치를 닫을 경우, 축전기는 방전된다. (b) 방전 축전기에 대한 전하량−시간 그래프

응용

RC 회로는 타이밍 애플리케이션에 널리 사용되며, *RC* 회로의 충전은 *R*을 변화시킴으로써 선택 가능한 시간에 스위치를 작동한다. 또는 오디오 시스템의 톤 제어와 같이 한 시간 척도를 다른 시간 척도보다 선호할 수 있으며, 저음 또는 고음을 증폭시키기 위해 *RC* 회로를 사용한다. 느린 *RC* 충전 회로는 전지나 다른 소스의 높은 전류 없이도 축전기에 에너지를 서서히 저장한다. 그러면 축전기는 낮은 저항을 통해 빠르게 방전될 수 있다. 카메라 플래시가 좋은 예이다. 의료용 제세동기도 마찬가지이다. 이 장치(16.4절 참조)는 *RC* 회로를 사용하여 축전기를 충전한 다음 환자의 가슴에 놓고 방전시킨다. 충전은 상당히 느리게 진행되며 30분 정도 걸릴 수 있다. 충전이 느리기 때문에 적당한 전지를 사용할 수 있다. 방전이 훨씬 더 빠른 이유는 심장을 재시작하거나 조절하는 데 필요한 갑작스러운 전류 충격이 생기기 때문이다. 또 다른 의료기기로는 **심장 박동 조절 장치**(pacemaker)가 있는데, 이 장치에서 축전기 방전이 주기적으로 심장에 전기 자극을 일으킨다.

확인 17.5절 다음 값을 *R*과 *C*로 갖는 *RC* 회로의 시간 상수를 큰 순서대로 나열하여라.

(a) 200 Ω, 1,500 μF (b) 1 kΩ, 1,000 μF (c) 100 Ω, 0.002 F (d) 500 Ω, 5,500 μF

17.6 반도체와 초전도체

에너지띠와 반도체

15장에서는 도체와 절연체를 소개하였다. 도체에서는 자유전자가 전기장에 반응하여 쉽게 이동하며 전류를 만들어낸다. 절연체에는 자유전자가 없으므로 전류를 전달할 수 없다. 도체와 절연체의 독특한 행동은 원자와 고체의 양자 이론에서 비롯된다. 원자에서 전자는 인력인 전기력에 의해 결합된, 양전하를 띤 핵 주위를 움직인다. 양자 이론(24장)은 전자가 **껍질**(shell)과 **궤도**(orbital)에서 어떻게 구성되는지 보여 준다. 가장 바깥쪽 껍질에 있는 전자는 약하게 결합되어 있고, 그 결합의 세부 사항은 물질의 전도 특성을 결정한다.

금속에서 가장 바깥쪽 전자는 매우 약하게 결합되어 있어 금속 전체에서 자유롭게 이동하는 전자의 '바다'를 구성한다. 전기장은 이러한 전자를 쉽게 가속하여 금속을 좋은 도체로 만든다. 반면, 절연체의 전자는 전기장이 원자에서 끌어낼 수 없을 정도로 단단히 결합되어 있어 이 물질들은 잘 전도되지 않는다. 이런 특성 사이에 **반도체**(semiconductor)가 있다. 표 17.2는 반도체의 저항이 도체와 절연체 사이에 있음을 보여 준다. 반도체는 음의 온도 계수를 가지고 있어 17.1절에서 설명한 금속의 전도 메커니즘과 다른 전도 메커니즘을 가지고 있음을 암시한다.

양자 이론에 따르면 고체에 있는 전자의 에너지는 **에너지띠**(energy band)라고 부르는 특정 범위로 제한된다. 전자가 차지하는 가장 높은 띠는 **원자가 띠**(valence band)이며, 그 위에 **전도띠**(conduction band)가 있다(그림 17.24). 금속에서는 이 띠들이 서로 겹치기 때문에 전자가 허용된 에너지의 연속적인 범위 내에서 더 높은 준위로 이동시키는 데는 아주 적은 양의 에너지만 필요하다. 이것이 바로 전자가 전기장으로부터 에너지를 얻을 수 있는 이유이자 물질이 전도체인 이유이다. 그러나 절연체와 반도체에서 **띠 간격**(band gap)은 원자가 띠와 전도띠를 분리한다. 원자가 띠의 전자가 에너지를 얻기 위해서는 띠 간격을 비어 있는 전도띠로 '점프'해야 한다. 절연체에서는 이런 일이 일어나지 않지만 반도체에서는 띠 간격이 충분히 작아 열에너지가 일부 전자를 전도띠로 전이시킬 수 있다. 따라서 이러한 물질은 전도성이 제한된다. 또한, 온도가 증가하면 열에너지가 증가하고 전도띠의 전자가 증가하여 비저항이 낮아지기 때문에 음의 온도 계수가 발생한다. 그림 17.24는 도체, 절연체, 반도체의 띠 구조를 비교한다.

반도체에 아주 적은 양의 불순물을 추가하는 과정(도핑)을 통해 공학자들은 이러한 다목적 재료의 띠 간격과 전도 성질을 조정할 수 있다. 그 결과 전류의 '한 방향 밸브' 역할을 하는 다이오드와 한 회로의 전류가 다른 회로의 큰 전류를 제어할 수 있는 트랜지스터를 포함하여 수많은 전자 장치가 탄생하였다. 트랜지스터는 현재 전자 공학의 핵심으로 오디오 장비와 계측기에서 증폭을 제공하며, '1' 또는 '0' 상태 사이의 전환은 컴퓨터의 기본 언어이다. 백열등을 빠르게 대체하는 발광 다이오드(LED)와 햇빛을 전기 에너지로 변환하는 태양광 전지 등 단순한 다이오드도 다양한 용도로 사용된다.

트랜지스터, 다이오드 및 기타 전자 부품은 작은 실리콘 칩으로 제조되며, 이를 상호 연결하여 완전한 회로를 만든다. 오늘날 이러한 **집적 회로**(integrated circuit)는 1960년대 이후 18~24개월마다 두 배씩 기하급수적으로 증가하는 수십억 개의 개별 부품을 수용할 수 있다. 이러한 이유로 작년에 산 컴퓨터는 이미 기술 또는 성능에서 뒤처진 구식이 된다!

그림 17.24 도체, 절연체, 반도체의 띠 구조

초전도체

초전도체(superconductor)는 놀랍다. 초전도체는 초전도 물질에 따라 달라지는 **전이 온도**(transition temperature) T_c(그림 17.25)에서 정확히 0의 저항을 나타낸다(표 17.3). 초전도체에서는 양자 역학적 전자 쌍이 형성되어 전자가 저항 없이 물질을 통과할 수 있게 된다.

초전도체는 1911년 네덜란드 물리학자 하이케 카메를링 오네스(Heike Kamerlingh Onnes, 1853~1926)가 초전도를 발견한 이후로 과학자와 공학자를 매료시켜 왔다. 저항이 없는 초전도체는 에너지를 방출하지 않으므로 상당한 에너지 절약 가능성을 제공한다.

초전도체는 많이 응용되고 있으며 더 많은 분야를 개발 중이다. 일반적인 응용 분야 중 하나는 고강도 전자석이다. 자기공명영상(MRI)으로 알려진 의료 진단 기술은

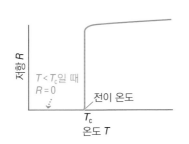

그림 17.25 일반적인 초전도체에 대한 저항-온도 그래프

표 17.3 몇 가지 초전도체 전이 온도

물질	형태	전이 온도 T_c(K)
수은	원소	4.2
납	원소	7.2
니오브	원소	9.3
Nb_3Ge	금속 간 화합물	23
$YBa_2Cu_2O_7$	세라믹	93
TlBaCaCuO	세라믹	110~125

그림 17.26 초전도체 위에 떠 있는 자석

환자를 감싸는 초전도 코일을 사용하고, 초전도 자석은 고에너지 물리학 연구에 사용되는 가장 큰 입자 가속기에서 대전 입자를 유도한다. 휴대전화 네트워크는 초전도 필터를 사용하여 인근 채널 간의 채널 분리를 선명하게 하고, 전력망의 초전도 장치는 정전을 방지하는 데 도움이 된다. 도시 지하 배전 시스템에서 초전도 케이블은 많은 공간을 차지하지 않고 용량을 증가시키는 데 도움이 된다.

초전도체는 또한 자기장을 배제한다는 특이한 특성을 가지고 있다. 이 영향으로 그림 17.26에 표시된 자기부상이 발생한다. 더 큰 규모에서 자기부상 운송 시스템(MAGLEV)은 초전도 전자석을 사용하여 차량을 가이드웨이에서 불과 몇 cm 떨어진 곳에서 들어 올려 시간당 수백 km의 편안한 지상 운송을 가능하게 한다.

초전도체는 자기에 매우 민감하기 때문에 작은 자기장을 감지하는 데 탁월하다. **SQUID**(superconducting quantum interference device)라고 부르는 장치는 지구 자기장의 10^{-8}배에 달하는 작은 변동을 감지하여 과학 연구부터 뇌 영상까지 다양한 분야에서 활용되고 있다.

초전도체의 최대 단점 중 하나는 초전도에 필요한 낮은 온도를 유지해야 한다는 것이다. 1986년 T_c가 77 K(저렴한 냉매인 질소의 끓는점) 이상인 새로운 종류의 세라믹 초전도체의 발견은 초전도체에 대한 관심을 다시 불러일으키며 새로운 초전도 장치의 개발로 이어졌다. 궁극적인 꿈인 상온 초전도체는 더 많은 응용을 가능하게 할 것이다.

전류와 저항

(17.1절) **전류**는 높은 전위에서 낮은 전위로 흐른다.

옴성 물질의 저항은 온도에 따라 변화하지만 전위차에 관계없이 일정하다.

비저항은 물질의 고유 성질로서 물질의 저항은 비저항뿐만 아니라 크기, 모양에 따라 변화한다.

전류: $I = \dfrac{\Delta q}{\Delta t}$

저항: $R = \dfrac{V}{I}$

비저항 또는 저항의 온도 의존성: $\rho = \rho_0 [1 + \alpha (T - T_0)]$

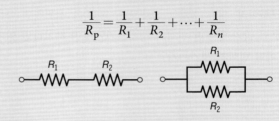

전지: 실제와 이상

(17.2절) **전지**는 고정 전위차(기전력)를 가지며 닫힌 회로에서 전류를 공급한다.

키르히호프의 고리 법칙에 따르면 닫힌 고리를 따라 돌면서 전위차의 합은 0이다.

저항기의 연결

(17.3절) 직렬연결된 저항기의 경우, 등가 저항은 모든 저항의 합이다.

직렬연결된 저항기의 등가 저항: $R_s = R_1 + R_2 + \cdots + R_n$

키르히호프의 분기점 법칙에 따르면 분기점에 들어가는 알짜 전류는 분기점에서 나가는 알짜 전류와 같다.

병렬연결된 저항기는 역수의 저항을 합한다.

병렬연결된 저항기의 경우, 등가 저항의 역수:

$$\frac{1}{R_p} = \frac{1}{R_1} + \frac{1}{R_2} + \cdots + \frac{1}{R_n}$$

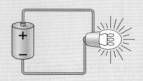

전기 에너지와 전력

(17.4절) 저항기는 전기 에너지를 소모한다.

에너지 소모 비율(전력)은 세 물리량 전위차, 전류, 저항 중 두 가지로 표현할 수 있다.

회로의 저항기에서 전력: $P = IV = I^2 R = \dfrac{V^2}{R}$

RC 회로

(17.5절) RC 회로에서 축전기는 **시간 상수** RC에 따라 점진적으로 충전된다.

방전하는 축전기에서 전하량과 전위차는 지수적으로 감소하며, 시간 상수는 RC이다.

RC 회로 충전: $q(t) = \varepsilon C (1 - e^{-t/RC})$

방전: $q(t) = q_0 e^{-t/RC}$

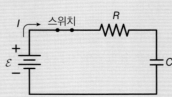

17장 연습문제

문제의 난이도는 ▪(하), ▪▪(중), ▪▪▪(상)으로 분류한다. BIO로 표시된 문제는 생물학적 또는 의학적인 문제이다.

개념 문제

1. 저항이 고체에서 전도 전자와 이온 간의 충돌로 인해 발생한다면 왜 저항은 온도에 따라 거의 선형적으로 증가해야 하는가? (힌트: 고체에서 이온의 진동에 대해 생각한다)

2. 열팽창(12장)이 온도의 함수로서 금속 도체의 저항이 어떻게 변화하는지에 대한 중요한 요소인가? 설명하여라.

3. $P = I^2R$과 $P = V^2/R$을 저항의 직렬연결과 병렬연결 중 어느 연결에 사용하는 것이 바람직한가?

4. 동일한 세 전구가 직렬로 전지에 연결되어 있다. 세 전구의 밝기를 비교하여라. 한 전구를 빼면 상대적 밝기는 어떻게 되는가?

5. 동일한 세 전구가 그림 CQ17.5와 같이 두 전구가 병렬이고 세 번째 전구가 직렬로 연결되어 있다. 이 전구들의 밝기를 비교하여라. 다른 전구는 그대로 두고 B_1을 제거하면 다른 전구의 밝기에 어떤 변화가 생기는가? B_2만 제거하면 밝기에 어떤 변화가 생기는가?

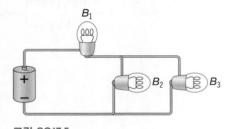

그림 CQ17.5

6. 조명 전구가 켜진 직후(필라멘트가 아직 차가울 때)와 나중에 필라멘트가 뜨거워진 후 중 소비되는 전력이 더 큰 시점은 언제인가?

7. 두 원통형 도선이 같은 물질로 만들어졌지만 하나는 지름이 더 크다. 각 도선이 같은 전지에 연결되어 있을 때, 어느 도선이 녹을 가능성이 더 높은가?

8. 새가 송전선 위에 앉는 것이 안전한 이유는 무엇인가? 여러 새가 옆으로 죽 앉아 있어도 안전할 수 있는가? (단, 송전선에는 전류가 흐른다.)

9. 가정의 전기 콘센트는 직렬로 연결되어 있는가, 병렬로 연결되어 있는가? 어떻게 알 수 있는가?

객관식 문제

10. 길이가 160 m이고 지름이 2.0 mm인 구리 도선의 저항은 얼마인가?
    (a) 860 Ω   (b) 0.86 Ω
    (c) 1.2 Ω   (d) 116 Ω

11. 3.0 V 전지에 연결했더니 전류가 1.5 mA가 흐른다면 저항은 얼마인가?
    (a) 20 Ω   (b) 30 Ω
    (c) 2.0 kΩ   (d) 3.0 kΩ

12. 내부 저항이 1.25 Ω인 1.51V 전지는 부하 저항에 0.125 A를 전달한다. 부하 저항은 얼마인가?
    (a) 5.4 Ω   (b) 7.9 Ω
    (c) 12.1 Ω   (d) 54 Ω

13. 두 저항기가 병렬로 연결되어 있는 경우, 다음 중 옳은 것은?
    (a) 각 저항기에 흐르는 전류가 같다.
    (b) 각 저항기에서 소비 전력이 같다.
    (b) 각 저항기에서의 전위차가 같다.
    (d) 답이 없다.

14. 240 Ω 저항기와 두 번째 저항기와 연결하여 200 Ω인 등가 저항을 만들려고 한다. 다음 중 옳은 것은?
    (a) 40 Ω 저항기와 직렬로 연결한다.
    (b) 40 Ω 저항기와 병렬로 연결한다.
    (c) 440 Ω 저항기와 병렬로 연결한다.
    (d) 1,200 Ω 저항기와 병렬로 연결한다.

15. RC 회로에서 $R = 350$ kΩ, $C = 200$ μF인 축전기의 시간 상수는 얼마인가?
    (a) 1.75 s   (b) 70 s
    (c) 700 s   (d) 7,000 s

16. 1.5 kΩ 저항기를 통해 60 μF 축전기를 방전시킬 때, 99.9%의 전하가 축전기로부터 빠져나가는 데 걸리는 시간은 얼마인가?
    (a) 0.62 s   (b) 0.09 s
    (c) 1.75 s   (d) 150 s

연습문제

17.1 전류와 저항

17. • 지름이 3.0×10^{-5} m인 주석으로 만들어진 얇은 철사에 0.15 mA의 전류가 흐른다. 전자의 유동 속력을 구하여라.

18. • 길이가 0.25 m, 지름이 1.0 cm인 알루미늄 도선 양 끝 사이의 저항을 구하여라.

19. • 40 ms 동안 지속되는 낙뢰에서 총 300 C의 전하가 지상으로 전달된다. 이때 평균 전류는 얼마인가?

20. • 길이가 1.0 m이고 지름이 다음과 같은 도선의 저항을 구하여라.
(a) 5.0×10^{-5} m   (b) 5.0×10^{-4} m   (c) 5×10^{-3} m

21. •• 상온에서 저항이 66.0 Ω인 백금 도선이 서미스터로 사용된다. 상온 부근의 범위에서 온도를 0.1℃ 이내로 측정하려면 도선의 저항을 얼마나 정밀하게 측정해야 하는가?

22. ••• 두 원통형 금속 도선 A와 B가 동일한 물질로 되어 있으며 질량이 같다. A 도선의 길이가 B 도선의 길이의 두 배일 때, R_A/R_B를 구하여라.

17.2 전지: 실제와 이상

23. •• (a) 부하를 통해 2.0 C의 전하를 이동시키기 위해 1.50 kΩ 부하 저항에 12.0 V 전지를 연결해야 하는 시간은 얼마나 되는가?

24. •• 130 Ω 부하 저항에 전지 18.0 V를 연결할 때, 전지 단자 사이의 전위차는 17.4 V가 된다. 내부 저항은 얼마인가?

25. •• 휴대폰의 리튬 이온 전지의 기전력(emf)은 3.6 V이며, 약 1,000회 충전이 가능하다. 제조 업체는 종종 전지를 mA-h 단위로 등급을 매긴다. 물음에 답하여라.
(a) mA-h가 충전 단위임을 나타내고, mA-h에서 쿨롱으로의 변환 계수를 구하여라.
(b) 2,500 mA-h 전지는 얼마나 충전할 수 있는가?
(c) 이 전지가 재충전 사이에 공급할 수 있는 총 에너지의 양은 얼마인가?

26. •• 전지가 230 Ω 부하에 연결되었을 때 15.5 mA, 160 Ω 부하에 연결되었을 때 22.2 mA가 흐른다. 전지의 기전력과 내부 저항을 구하여라.

17.3 저항기의 연결

27. • 450 Ω과 370 Ω의 두 저항기가 병렬로 연결되어 있다. 물음에 답하여라.
(a) 등가 저항을 구하여라.
(b) 이 회로에 12 V 전지를 연결했을 때, 전지에 공급되는 전류와 각 저항기의 전류를 구하여라.

28. •• 12 Ω, 15 Ω, 20 Ω, 35 Ω의 저항 4개가 직렬로 연결되어 있다. 물음에 답하여라.
(a) 등가 저항을 구하여라.
(b) 이 회로에 12 V 전지에 걸쳐 있을 때, 각 저항기의 회로 전류와 전위차를 구하여라. 네 저항기에 걸린 전위차의 합이 전지의 기전력과 같은지 확인하여라.

29. •• 10 Ω 저항기 상자를 받았을 때, 다음과 같은 등가 저항을 만드는 연결 방법을 구하여라.
(a) 2 Ω   (b) 35 Ω   (c) 7 Ω   (d) 19 Ω

30-31. 그림 P17.30의 회로를 이용하여 물음에 답하여라.

30. •• 모든 저항기의 저항이 같다고 가정하자. 전지의 기전력이 12 V이고 200 mA의 전류가 공급될 때, 각 저항을 구하여라.

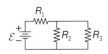

그림 P17.30

31. •• 세 저항기의 각 저항이 50 kΩ일 때, 회로에 전류가 1.0 mA가 공급된다면 전지의 기전력은 얼마인가?

32. •• 20 kΩ, 30 kΩ, 75 kΩ의 세 저항기가 전지와 병렬로 연결되어 있다. 20 kΩ 저항기에 흐르는 전류가 0.250 mA일 때, 다음을 구하여라.
(a) 전지의 기전력   (b) 다른 저항기에 흐르는 각 전류

17.4 전기 에너지와 전력

33. • 200 Ω 저항기를 24 V 전지에 연결하였다. 1분 동안 전지가 공급하는 에너지를 구하여라.

34. •• 탄소 저항기는 일반적으로 1/8 W, 1/4 W, 1/2 W, 1 W의 정격으로 제공되며, 이는 상온에서 저항기가 에너지를 소모할 수 있는 최대 비율임을 의미한다. 280 Ω 저항기의 정격이 1/2 W인 경우, 최대 전류는 얼마인가?

35. •• 헤어드라이어는 120 V 전원에 연결하였을 때 1,750 W를 소비한다. 물음에 답하여라.
(a) 헤어드라이어의 전류를 구하여라.

(b) 헤어드라이어가 10분 동안 얼마나 많은 에너지를 소비하는가?

(c) 킬로와트시당 207원의 비용으로 헤어드라이어를 매일 10분씩 사용할 경우, 월 비용을 계산하여라.

36. •• 200 W 투광 조명기 조합을 120 V 전기 콘센트에 병렬로 연결하여 실외 농구장을 밝히고 있다. 20 A 회로 차단기를 작동시키지 않고 사용할 수 있는 최대 조명기는 몇 개인가?

37. ••• 120 V에서 전기 난로에 7.25 A의 전류가 흐른다. 물음에 답하여라.

(a) 열을 공급하는 전력은 얼마인가?

(b) 난로의 에너지가 빈 방(3.0 m × 3.0 m × 2.5 m)에서 공기를 데우는 데 사용된다면 1분 안에 공기 온도가 얼마나 상승하는가? (단, 공기의 비열은 약 1.0 kJ/(kg·K)이다.)

17.5 *RC* 회로

38. •• 초기에는 충전되지 않은 300 pF 축전기가 175 MΩ 저항기와 직렬로 연결되어 있다. 그다음 이 회로에 9.0 V 전지를 연결한다. 다음과 같은 시간이 흐른 후, 축전기의 전하량을 구하여라.

(a) 1.0 ms 후 (b) 10 ms 후 (c) 100 ms 후

39. ••• 축전기가 다음에 도달하는 데 걸리는 시간을 구하여라.

(a) 최대 전하량의 절반

(b) 최대 저장 에너지의 절반

40. •• 550 μF 축전기(초기 전하 없음)와 12 kΩ 저항기로 구성된 직렬 *RC* 회로에 12 V 전지를 연결하였다. 다음을 구하여라.

(a) 3.0초 후 축전기의 전하량

(b) 3.0초 후 저항기에 흐르는 전류

41. **BIO** •• **제세동기** 제세동기에는 31 kΩ 저항을 통해 2.4 kV 전원으로 충전되는 210 μF 축전기가 포함되어 있다. 물음에 답하여라.

(a) 20초 후 축전기의 전하량은 얼마인가?

(b) (a)에서 가능한 최대 전하량의 비율은 얼마인가?

(c) 20초 더 계속하면 전하량이 얼마나 증가하는가?

17장 질문에 대한 정답

단원 시작 질문에 대한 답

이 장치는 피부에 부착된 전극 사이에 적은 전류를 통과시켜 신체의 전기 저항을 측정한다. 지방 조직은 군살 없는 조직(마른 조직)보다 저항이 높기 때문에 그 결과는 신체의 지방 함량을 나타내는 지표가 된다.

확인 질문에 대한 정답

17.1절 (b) > (a) = (d) > (c)

17.2절 (d) 4 Ω

17.3절 (a) > (c) > (d) > (b)

17.4절 (a) 0.5A, 240 Ω

17.5절 (d) > (b) > (a) > (c)

자기장과 자기력
Magnetic Fields and Forces

▲ 오로라가 주로 북위도와 남위도가 높은 곳에서 발생하는 이유는 무엇인가?

학습 내용

- ✔ 자극의 상호작용 구별하기
- ✔ 움직이는 대전 입자의 속도에 의존하는 자기력 이해하기
- ✔ 단순 자기장에서 입자의 궤적 결정하기
- ✔ 대전 입자에 작용하는 자기력의 응용 설명하기
- ✔ 전류가 흐르는 도선에 자기력이 어떻게 작용하는지 이해하기
- ✔ 전류에 대한 자기력을 사용하는 전기 모터 및 기타 장치의 작동 방식 설명하기
- ✔ 전류에 의해 자기장이 어떻게 생기는지 확인하기
- ✔ 자성 물질 이해하기

이 장에서는 자기를 소개한다. 막대자석과 자석 나침반과 같은 친숙한 예부터 시작하여 지구의 자기력에 대해 논의할 것이다. 이후 자기장이 움직이는 전하에 어떤 영향을 미치는지 보게 될 것이다. 다음으로 전류가 흐르는 도선에 존재하는 전하와 자기력을 사용하는 전기 모터와 같은 일반적인 응용 분야를 학습한다. 마지막으로 자성 물질에 대해 알아본다.

18.1 자석, 자극, 쌍극자

여러분은 자석을 일상적으로 사용하는 데 익숙하다. 자석은 냉장고에 메모지를 붙이고 자석 나침반은 방향을 표시한다. 하지만 자석은 그 이상이다! 자석의 성질은 전기와 밀접한 관계가 있는 기본적인 상호작용이다. 익숙한 자기의 측면부터 시작해서 점차 더 깊은 이해로 나아갈 것이다.

자극

북극(north pole)과 **남극**(south pole)이 있는 막대자석을 찾아보자. 두 번째 자석을 가까이 가져오면 전기 전하의 부호가 같거나 다를 때처럼 극성이 같으면 밀치고 극성이 다르면 끌어당기는 것을 발견할 수 있다. 더 많은 실험을 해 보면 자석이 가까울수록 힘이 더 강해진다는 것을 알 수 있다.

463

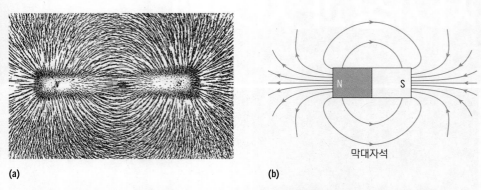

그림 18.1 (a) 철가루는 자기장에 맞춰 막대자석의 자기장을 추적한다. (b) 막대자석 주위의 자기력선

그림 18.1a는 막대자석 위의 종이 위에 철가루를 뿌렸을 때 발생하는 독특한 모양을 보여 준다. 각각의 철가루는 **자기장**(magnetic field)에 정렬되는 임시 자석이 되는데, 나중에 왜 이런 현상이 발생하는지 살펴볼 것이다. 철가루의 방향은 자기장의 방향을 나타낸다. 자기장에 기호 $\vec{B}$를 사용하겠다.

그림 18.1b는 15.4절에서 전기장에 대해 소개한 것과 유사하게 자기력선을 사용하여 막대자석 주변의 자기장을 나타낸다. 자기력선 모양에서 (a) 자기장의 세기는 자기력선의 밀도를 따르고 (b) 자기장의 방향은 어느 지점에서나 자기력선의 접선 방향임을 기억하여라.

자기 쌍극자와 자기 홀극

그림 18.1의 막대자석 자기장을 전기 쌍극자의 전기장과 비교하여라(그림 15.18). 둘다 **쌍극자** 장이기 때문에 비슷해 보인다. 전기 쌍극자는 양전하와 음전하로 분리되어 있다. 막대자석은 **자기 쌍극자**(magnetic dipole) 역할을 하며, 양전하와 음전하의 관계와 유사하게 막대 양 끝에 북극과 남극을 가진 것처럼 행동한다. 자기력선은 북극(N)에서 나와 남극(S)으로 들어간다.

하지만 전기 쌍극자와 자기 쌍극자 사이에는 큰 차이가 있다. 전기 쌍극자를 반으로 자르면 2개의 분리된 점전하를 갖게 된다. 막대자석을 반으로 자르면 그림 18.2에서 볼 수 있듯이 각각 북극과 남극이 있는 2개의 작은 막대자석을 얻을 수 있다. 계속 자른다 해도 북극과 남극이 절대 분리되지 않을 것이다. 그림 18.2는 자기의 기본적인 사실을 보여 준다. 분리된 극을 **자기 홀극**(magnetic monopoles)이라고 하며, 막대자석의 자기 홀극은 없다. 이 점은 18.5절에서 자세히 살펴볼 것이다.

자기 지구

고대 그리스인들은 현재 자철광(magnetite, Fe_3O_4)으로 알려진 철광석인 로드스톤이 작은 철 조각을 끌어당기는 것을 관찰하였다. 12세기에는 유럽과 중국 선원들이 항해에 자석 나침반을 사용하였다. 1600년 영국의 의사 윌리엄 길버트(William

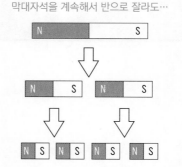

막대자석을 계속해서 반으로 잘라도…

… 각 반쪽에는 여전히 2개의 자극이 존재한다.

그림 18.2 막대자석을 반으로 자르면 자기 홀극이 아니라 작은 자석이 된다.

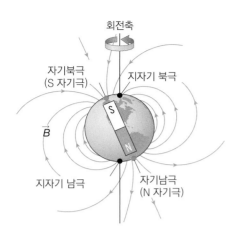

그림 18.3 지구의 자기장은 본질적으로 쌍극자의 자기장이다. 자기북극은 자석의 남극이다. 그래서 나침반의 북극이 자석 쪽으로 끌리게 되어 대략 북쪽을 가리키게 된다.

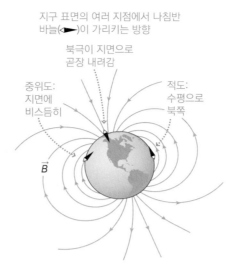

그림 18.4 자기 경위는 지구 표면을 따라 쌍극자 자기장의 모양 때문이다.

Gilbert, 1544~1603)는 자석에 대한 많은 실험을 보고하였다. 길버트는 자석을 반으로 자르면 극이 분리되지 않는다는 것을 발견하였다. 또한, 구형 자석을 사용하여 지구가 자기 쌍극자처럼 작동하는 방식을 설명하였다(그림 18.3).

  이제 지구와 다른 천체들이 자기장을 생성한다는 것을 알고 있다. 그림 18.3에서 볼 수 있듯이 지구의 쌍극자 장은 행성의 자전축과 정확하지는 않지만 거의 일치한다. 자북과 진북의 방향 사이의 차이를 **편위**(declination)라고 한다. 편위는 위치에 따라 다르므로 자석 나침반을 사용하여 길을 찾는 경우 이를 고려하는 것이 좋다. 그림 18.4는 지구 표면의 자기장에 수직 및 수평 성분이 모두 있으며, 수직 성분은 일반적으로 극으로 갈수록 증가한다는 것을 보여 준다. 자기장이 수평과 이루는 각도를 **경위**(inclination)라고 한다.

  게다가 지구의 자기극은 매년 실질적으로 움직이면서 돌아다닌다. 2020년 현재 북극은 캐나다 중부 북쪽 북극해에 있다. 북극은 지난 세기 동안 연평균 약 10 km의 비율로 북서쪽으로 이동해왔다. 19장에서 지구 자기의 근원을 탐구할 것이다.

▶ **TIP** 나침반 바늘은 지리적 북쪽이 아닌 자기 북쪽을 가리킨다. 편위는 나침반 바늘의 동서쪽 편차이고, 경위는 수직 편차이다.

18.2 움직이는 전하에 작용하는 자기력

지금까지 자석 사이의 상호작용에 대해 설명하였다. 하지만 기본적인 자기 상호작용은 움직이는 전하와 관련이 있다. 이것이 자석과 어떤 관계가 있는지 나중에 살펴볼 것이다. 여기에서는 움직이는 전하에 대한 자기력을 탐구한다.

새, 벌, 박테리아

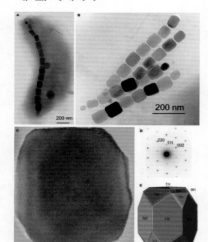

많은 새와 벌은 지구의 자기장을 이용해 항해한다. 이들의 머릿속에는 자기장에 반응하는 자철광 (Fe_2O_3)의 작은 입자가 있다. 새와 벌도 시각적 단서를 이용해 길을 찾지만 자석은 어두운 날이나 안개가 낀 날에도 길을 찾는 데 도움이 된다. 일부 박테리아에도 자철광이 있어 산소가 적은 환경으로 헤엄치게 된다. 과학자들은 이것이 어떻게 작동하는지 정확히 알지 못하지만 이것은 자기 경위를 감지하고 산소가 없는 진흙 속으로 수직으로 항해하는 것을 포함할지도 모른다.

자기력

그림 18.5a는 자기장 $\vec{B}$를 통과하며 속도 $\vec{v}$로 움직이는 양전하 q를 보여 준다. 이 움직이는 전하는 그림과 같이 자기력 $\vec{F}$를 받는다. 자기력은 자기장 방향이 아니며, 오히려 속도 $\vec{v}$와 자기장 $\vec{B}$ 모두에 수직인 점에 주목하자. 힘의 크기는 전하 크기 $|q|$, 속력 v, 자기장 크기 B, 벡터 $\vec{v}$와 $\vec{B}$ 사이의 각도에 따라 달라진다. 힘의 법칙을 정리하면 다음과 같다.

1. 자기력의 크기는 다음과 같다.

$$F = |q|vB \sin\theta \quad \text{(자기력 법칙, SI 단위: N)} \tag{18.1}$$

여기서 θ는 속도와 자기장 사이의 각도이다.

2. 힘의 방향은 오른손 규칙에 의해 속도와 자기장 모두에 수직이다(그림 18.5b에 표시된 이 오른손 규칙은 8.6절에서 사용한 돌림힘 계산과 동일한 규칙이다). 음전하의 경우 힘은 오른손 법칙 방향과 반대가 된다.

자기장의 SI 단위는 **테슬라**(tesla, T)이다. 식 18.1에서 SI 단위(전하 C, 속도 m/s, 자기장 T)를 사용하면 자기력은 뉴턴 단위가 된다. 식 18.1을 B에 대해 풀면 $B = F/|q|v\sin\theta$가 된다. 이는 $1\text{ T} = 1\text{ N}/(\text{C}\cdot\text{m/s})$ 또는 $1\text{ T} = 1\text{ N}/(\text{A}\cdot\text{m})$를 나타낸다. 1 T 자기장은 상당히 크다. 실험실의 강한 전자석은 5 T만큼 큰 자기장을 만들 수 있다. 이에 비해 지구 표면의 자기장은 약 50 μT이다. 식 18.1의 $\sin\theta$는 전하의 속도와 자기장이 수직일 때 자기력이 가장 크다는 것을 보여 준다($\sin\theta = 1$). 속도와 자기장이 같은 방향이면 $\sin\theta = \sin 0° = 0$이므로 힘이 없다. 마찬가지로 속도와 자기장이 반대 방향일 때 $\sin\theta = \sin 180° = 0$이고, 역시 힘이 없다.

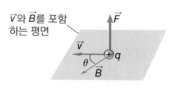

(a) 자기장 $\vec{B}$에 대해 θ 방향으로 움직이는 전하에 작용하는 힘

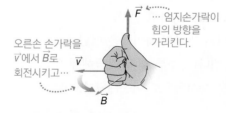

(b) 합력의 방향에 대한 오른손 규칙

그림 18.5 움직이는 전하에 대한 힘의 방향 결정하기

개념 예제 18.1 지구 자기장에서의 전하 운동

당신은 적도, 즉 지구의 자기장이 수평을 이루고 정북쪽을 가리키는 곳에 있다. 양전하를 띤 입자는 수평으로 움직이고 있다. 전하가 다음과 같은 방향으로 움직일 때, 전하에 작용하는 자기력의 방향을 구하여라.

(a) 북쪽   (b) 남쪽   (c) 동쪽   (d) 서쪽

풀이 그림 18.6은 각각의 상황을 보여 준다.

(a) 북쪽은 자기장 방향이므로 $\vec{v}$와 $\vec{B}$ 사이의 각도는 0이며 힘은 없다.

(b) 남쪽으로 움직이면 $\vec{v}$와 $\vec{B}$ 사이의 각도가 180°가 되며 역시 힘이 없다.

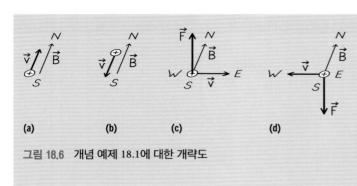

(a)   **(b)**   **(c)**   **(d)**

그림 18.6 개념 예제 18.1에 대한 개략도

(c) 동쪽으로 움직이면 $\vec{v}$와 $\vec{B}$ 사이에 90°의 각도가 주어지므로 힘이 0이 아니다. 오른손 규칙을 적용하면 힘이 수직 위쪽으로 향한다는 것을 알 수 있다.

(d) 다시 힘과 자기장 사이의 각도는 90°이며, 이제 오른손 규칙은 그 방향이 수직 아래쪽임을 보여 준다.

반영 전하가 음이면 어떻게 되는가? (a)와 (b)에서 힘은 전하의 부호에 관계없이 0이다. 일반적으로 음전하에 대한 힘은 양전하에 대한 힘과 반대이므로 (c)와 (d)의 답은 반대이다.

속도, 자기장, 힘 사이에 삼차원적인 관계가 있다는 것을 살펴보았다. 벡터를 이차원 종이에 그려야 할 때 삼차원 벡터를 시각화하는 것은 어려울 수 있다. 전략 18.1은 삼차원을 표현하는 한 가지 방법을 보여 준다. 벡터를 삼차원으로 설명할 때 이 기법을 자주 사용하게 될 것이다.

전략 18.1   삼차원에서 벡터 그리기

종이에 수직인 벡터를 표현하는 방법은 다음과 같다(그림 18.7).

1. 종이에 바로 들어가는 벡터에는 십자가(×)를 사용한다.
2. 종이에서 바로 나오는 벡터에는 점(·)을 사용한다.

이 기호는 벡터를 활에서 쏘는 화살이라고 생각하면 이해하기 쉽다. 화살이 우리 쪽에서 멀어지며 날아간다면 꼬리 깃털이 십자가를 형성한다. 화살이 우리를 향해 날아온다면 뾰족한 화살촉이 점으로 보일 것이다.

종이 안으로 들어가는 자기장   종이 밖으로 나오는 자기장

그림 18.7 종이에 수직인 벡터 자기장 나타내기

개별 벡터뿐만 아니라 자기력선에도 동일한 규칙이 적용된다. 여기에서는 서로 다른 두 균일한 자기장을 보여 준다. 하나는 종이 안쪽으로 들어가는 것을, 다른 하나는 종이 밖으로 나오는 것을 표현한다. 자기장이 균일한지 어떻게 알 수 있는가? 점과 십자가의 간격이 모든 방향에서 동일하기 때문이다. 이는 이차원 장에서 동일한 간격의 직선 자기력선을 보는 것과 같다.

예제 18.2 지구의 자기가 보호해 준다!

지구 자기장은 태양에서 나오는 고에너지 입자를 편향시켜 유해한 방사선으로부터 지구 생명체를 보호한다. 450 km/s의 속력으로 지구의 적도를 향해 곧장 이동하는 태양 전자를 생각해 보자. 이 전자는 지구 반지름의 약 10배 되는 상공에서 지구의 북쪽을 가리키는 자기장과 만나게 되는데, 이 자기장은 30 nT의 강도로 기본적으로 균일하다. 전자에 가해지는 자기력의 방향과 크기를 구하여라.

구성과 계획 자기장에서 움직이는 전하에 대한 자기력의 방향은 오른손 규칙을 따르며, 크기는 자기력 법칙인 식 18.1 $F = |q|vB\sin\theta$로 구할 수 있다. 여기서 입자는 전자이므로 전하량은 $q = -e = -1.6 \times 10^{-19}$ C이다. 또한 속도와 자기장 사이의 각도는 90°이다.

알려진 값: $v = 450$ km/s, $B = 30$ nT, $q = -e = -1.6 \times 10^{-19}$ C

풀이 그림 18.8은 태양계 위에서 바라본 상황을 보여 준다. 이 방향에서는 북쪽 방향 자기장은 점으로 표시되어 종이에서 벗어난다. 힘은 전자의 속도와 자기장에 수직이다. 전자가 지구를 향해 움직이고 자기장이 북쪽을 가리키면 힘은 동서 방향이어야 한다. 손가락부터 오른쪽($\vec{v}$)으로 시작하자. 그다음 엄지손가락이 동쪽을 향하도록 종이 밖으로 감는다($\vec{B}$). 전자는 음이므로 그림과 같이 힘은 서쪽을 향한다. 힘의 크기는 다음과 같다.

$$F = |q|vB\sin\theta = (1.60 \times 10^{-19}\text{ C})(4.5 \times 10^5\text{ m/s})(30 \times 10^{-9}\text{ T})$$
$$= 2.2 \times 10^{-21}\text{ N}$$

반영 이 나노 규모의 자기장에서도 자기력은 여전히 전자에 가해지는 중력보다 훨씬 크다. 일반적으로 전기력과 같이 아원자 입자에 가해지는 자기력은 보통 너무 커서 중력을 무시할 수 있다.

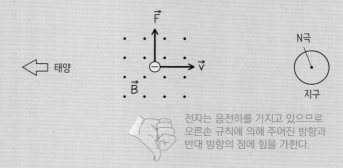

전자는 음전하를 가지고 있으므로 오른손 규칙에 의해 주어진 방향과 반대 방향의 점에 힘을 가한다.

그림 18.8 전자에 가해지는 힘의 방향 결정하기

이러한 태양 전자 중 일부는 지구 자기장에 갇혀 극 근처에서 아래로 향하게 된다. 전자는 대기 상층부의 질소 및 산소 분자와 충돌하여 분자를 더 높은 에너지 상태로 들뜨게 한다. 들뜬 분자는 에너지를 가시광선으로 방출한다. 빨간색과 초록색은 대부분 산소에서, 파란색과 보라색은 질소에서 나온다. 그 결과 북쪽의 오로라 보레알리스와 남쪽의 오로라 오스트랄리스라는 화려한 광경이 만들어진다(이 장의 첫 페이지에 있는 사진 참조). 오로라 활동은 11년의 태양 활동 주기가 최대일 때 절정에 이른다.

연결하기 이 예제에서 전자 가속도의 크기를 구하여라. 중력으로 인한 가속도의 크기와 비교하여라.

답 전자의 질량은 9.1×10^{-31} kg이다. $F = ma$이므로 가속도는 $a = F/m = 2.4 \times 10^9$ m/s²이다. 전자가 지구 반지름의 10배만큼 떨어져 있으므로 중력 가속도는 $g/10^2$, 즉 0.1 m/s²이다. 따라서 자기 가속도는 10^{10}배 이상이다! 하지만 차이점이 있다. 중력은 전자의 속도를 바꿀 수 있는 반면, $\vec{v}$에 수직인 자기력은 다음에 보면 알겠지만 방향만 바꿀 수 있다.

원형 궤적

예제 18.2에서 전자는 서쪽으로 가는 힘을 느꼈다. 그다음엔 어떻게 될까? 전자의 속도는 서쪽 성분을 얻으며, $\vec{v}$의 방향이 바뀌었으므로 자기력의 방향도 바뀐다(그림 18.9a). 그렇다면 전자의 궤적은 무엇일까?

전자가 이 균일한 자기장 안에 있는 한 그 궤적은 원이 될 것이다. 실제로 균일한 자기장에 수직으로 움직이는 대전 입자는 등속 원운동, 즉 일정한 속력을 갖는 원운동을 한다. 대전 입자의 자기력은 두 가지 이유로 여러분들이 등속 원운동에 대해 알고 있는 것과 일치한다.

1. 등속 원운동에서 입자에 가해지는 힘은 입자의 속도에 수직인 원의 중심을 향한다(4장).

2. 모든 힘에 의해 한 일은 $\cos \theta$에 비례하며, 여기서 θ는 힘과 변위 사이의 각도이다. 자기력은 항상 운동에 수직이므로($\theta = 90°$) 한 일이 없으며, 입자의 운동에너지나 속력에 변화가 없다.

따라서 자기장이 종이 밖을 가리키는 상태에서 보면 전자가 시계 반대 방향으로 원을 그리며 움직이는 것을 볼 수 있다(그림 18.9a). 같은 자기장에서 양의 입자는 반대 방향의 힘을 받으므로 시계 방향의 원운동을 그리게 된다(그림 18.9b).

대전 입자에 대한 원의 반지름 R은 전하량 q, 질량 m, 속력 v, 자기장 B와 관련이 있다. 4장에서 입자가 원운동을 유지하기 위한 알짜힘이 $F = mv^2/R$임을 보았다. 여기서 이 힘은 자기력이며, 식 18.1은 $F = |q|vB \sin \theta = |q|vB$이므로 자기력의 크기를 나타낸다(자기장에 수직인 평면에서의 운동을 고려하고 있으므로 $\sin \theta = 1$이다). 따라서 $|q|vB = mv^2/R$이므로 정리하면 다음이 성립한다.

$$R = \frac{mv}{|q|B} \qquad \text{(대전 입자의 원형 경로 반지름, SI 단위: m)} \qquad (18.2)$$

다음 절에서는 대전 입자가 자기장에서 원운동을 하는 몇 가지 응용에 대해 설명할 것이다.

> **▶ 새로운 개념 검토**

- 자기장을 통과하는 대전 입자는 자기장과 입자의 속도에 수직인 자기력을 갖는다.
- 균일한 자기장에 수직으로 움직이는 대전 입자는 원형 궤적을 갖는다.

───────────────────

확인 18.2절 다음 네 그림은 각각 균일한 자기장을 통과하는 양전하를 보여 준다. 자기력이 왼쪽을 향하는 것은 무엇인가?

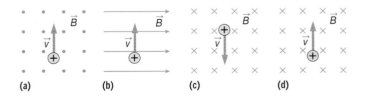

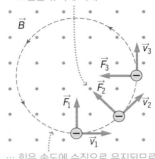

자기력이 전자의 운동 방향을 바꾸면서 힘의 방향도 바뀐다. 오른손 규칙에 의해…

… 힘은 속도에 수직으로 유지되므로 전자는 시계 반대 방향으로 원을 그리며 움직인다.

(a) 음전하의 운동

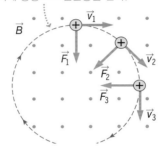

양전하에 자기력이 가해지면 시계 방향으로 원운동을 한다.

(b) 양전하의 운동

그림 18.9 균일한 자기장에서 전하의 운동

18.3 자기력의 응용

이제 움직이는 전하에 대한 자기력의 응용을 몇 가지 고려해 보자. 대부분은 식 18.2와 그림 18.9에 설명된 원운동과 관련이 있다.

예제 18.3 거품 상자

고에너지 물리학자들은 입자 가속기와 핵반응에서 생성되는 대전 입자를 연구하기 위해 액체 수소로 채워진 **거품 상자**(bubble chamber)를 사용한다. 빠르게 움직이는 대전 입자가 통과하면 입자는 상자의 경로를 따라 액체를 증발시켜 눈에 보이는 흔적을 남긴다. 상자는 자기장에 있으므로 그림 18.10처럼 입자 궤적이 곡선을 그리게 된다. 1.45 T의 균일한 자기장을 가진 거품 상자 실험에서 자기장에 수직으로 9.49×10^5 m/s로 움직이는 양의 파이온은 곡률 반경이 1.02 mm인 경로를 따른다. 물음에 답하여라.

(a) 이 데이터에서 파이온의 전하량과 질량의 비율은 얼마인가?
(b) 파이온의 전하량이 $+e$라면 질량은 얼마인가?

구성과 계획 식 18.2는 자기장에서 원운동을 하는 입자의 질량과 전하량을 포함한다. 식을 정리하면 $|q|/m$의 비율을 풀 수 있다. $|q|/m$를 알면 파이온의 질량 m은 전하량 $q = +e$를 사용하여 계산할 수 있다.

알려진 값: $v = 9.49 \times 10^5$ m/s, $B = 1.45$ T, $R = 1.02$ mm

풀이 (a) 전하량과 질량 비율에 대한 식 18.2를 풀면 다음이 성립한다.

$$\frac{|q|}{m} = \frac{v}{RB} = \frac{9.49 \times 10^5 \text{ m/s}}{(1.02 \times 10^{-3} \text{ m})(1.45 \text{ T})} = 6.42 \times 10^8 \text{ C/kg}$$

(b) 파이온의 전하량이 $q = +e = 1.60 \times 10^{-19}$ C이므로 질량은 다음과 같이 계산된다.

$$m = \frac{|q|}{|q|/m} = \frac{1.60 \times 10^{-19} \text{ C}}{6.42 \times 10^8 \text{ C/kg}} = 2.49 \times 10^{-28} \text{ kg}$$

반영 (a)에서 단위 C/kg을 확인할 수 있는가? 할 수 있다. 1 T =

그림 18.10 거품 상자 내에서 대전된 입자의 궤적

1 N/(A·m)이고 1 N = 1 kg·m/s²이다. 계산 결과 6.42×10^8 C/kg은 다음 예제에서 볼 수 있듯이 아원자 입자에 대한 비합리적인 전하량과 질량의 비율이 아니다. 아원자 입자 질량 표는 (b)의 결과를 반올림 오차 이내로 확인할 수 있다.

이 예제는 자기장이 입자에 대한 전하량과 질량의 비율을 측정하는 데 유용하다는 것을 시사한다. 이 접근법이 **질량 분석기**(mass spectrometer)에서 다시 사용되는 것을 볼 수 있다.

....

연결하기 동일한 자기장에서 같은 속력으로 움직이는 전자의 궤적과 파이온의 궤적은 어떻게 다른가?

답 전자의 전하량은 $q = -e$이고 질량은 9.11×10^{-31} kg이다. 질량이 작을수록 전자는 반지름이 작은 원을 그리며 움직인다. 또한, 전자의 음전하는 이 경로가 반대 방향으로 돈다는 것을 의미한다.

개념 예제 18.4 속도 선택기

속력 v로 수평으로 움직이는 대전 입자는 수직 아래로 향하는 균일한 전기장 E를 통과한다. 어떤 자기장 B의 크기와 방향으로 전하 입자가 편향되지 않고 동일한 영역을 통과하는 결과를 갖게 할 수 있는가? 입자가 중력을 무시할 정도로 빠르게 이동한다고 가정하자.

풀이 양전하 q의 경우, 전기장에 의한 힘(15장)은 $F = qE$로 아래쪽이다. 입자가 편향되지 않고 통과하려면 입자에 가해지는

알짜힘이 0이어야 한다. 따라서 자기력은 전기장에 수직인 위쪽을 향해야 한다(그림 18.11). 식 18.1에서 자기력은 $F = qvB$의 크기를 가지며, 이는 반대 방향의 전기력과 같아야 한다. 따라서 $qE = qvB$, 즉 다음과 같다.

$$B = \frac{E}{v}$$

반영 음전하인 경우 어떻게 되는가? 이제 전기력은 위로 향하

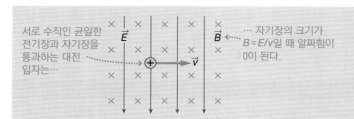

서로 수직인 균일한 전기장과 자기장을 통과하는 대전 입자는…

$\vec{E}$

$\vec{B}$ ··· 자기장의 크기가 $B = E/v$일 때 알짜힘이 0이 된다.

$\vec{v}$

그림 18.11 속도 선택기에서의 전기장과 자기장

고 자기력은 아래로 향해야 한다. 두 힘 모두 이전과 동일한 크기를 가지므로 입자는 편향되지 않는다. 이 장치를 **속도 선택기**(velocity selector)라 부른다. E와 B 중 어느 것이든 대전된 입자가 편향 없이 통과할 수 있는 속도는 $v = E/B$ 하나뿐이기 때문이다. 이 속도는 전하의 크기나 부호와 무관하다.

질량 분석기

질량 분석기(mass spectrometer)는 원자와 분자의 질량을 측정하여 구성 성분을 분석하는 장치이다. 그림 18.12와 같이 전하를 띤 입자에 대한 자기력에 의존한다.

먼저 원자나 분자는 이온화된 다음, 전위차를 통해 가속된다. 이들은 장 E와 B_1이 있는 속도 선택기를 통과하여 속력 $v = E/B_1$의 이온 빔을 생성한다. 다음으로 입자들은 균일한 자기장 B_2로 들어가서 식 18.2 $R = mv/|q|B_2$로 주어진 반지름을 가진 반원 궤적으로 기술된다. $v = E/B_1$이므로 이 식은 다음과 같이 나타낼 수 있다.

$$R = \frac{mE}{|q|B_1 B_2}$$

이온이 검출기에 부딪쳐서 나타내는 위치를 따라가면 경로의 반지름 R이 확인된다. 전하량과 질량의 비율은 다음과 같다.

$$\frac{|q|}{m} = \frac{E}{B_1 B_2 R} \quad \text{(질량 분석기에서 전하량과 질량의 비율, SI 단위: C/kg)} \quad (18.3)$$

이온의 전하량이 주어지면 질량이 결정된다. 동일한 전하량을 가진 입자는 질량에 따라 분리되며, 더 큰 질량은 큰 원을 나타낸다.

프랜시스 애스턴(Francis Aston)은 1919년에 질량 분석기를 발명하였다. 이 분석기는 즉시 핵 특성을 이해하는 데 중요한 단계인 동일 원소의 다른 동위원소를 분류

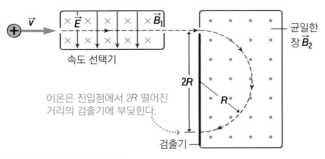

$\vec{v}$

$\times \vec{E} \times$ $\times$ $\times$ $\times$ $\vec{B_1}$

속도 선택기

이온은 진입점에서 $2R$ 떨어진 거리의 검출기에 부딪힌다.

$2R$

R

검출기

균일한 장 $\vec{B_2}$

(a) 질량 분석기의 작동 방법

이온 수

300,000

200,000

100,000

H_2

H_2O

N_2

O_2

CO_2

10 20 30 40

몰 질량 (g)

(b) 질량 분석기의 전형적 데이터. 곡선은 질량 함수로써 이온 수를 보여 준다.

그림 18.12 (a) 질량 분석기의 개략도 (b) 질량 분석기로부터 얻은 이온 수-몰 질량 그래프

하고 식별하는 데 유용한 도구가 되었다(26장). 화학자들은 미지의 원자와 화합물을 식별하기 위해 질량 분석기를 일상적으로 사용한다.

예제 18.5 동위원소 분리

질량 분석기를 사용하여 질량이 각각 5.01×10^{-27} kg과 6.65×10^{-27} kg인 헬륨 동위원소 ^{3}He과 ^{4}He을 분리하고 있다. 둘 다 $+e$의 전하로 이온화되어 있으며, 먼저 $E = 2,800$ N/C 및 $B_1 = 6.10$ mT의 속도 선택기를 통과한다. 질량 분석기에서 $B_2 = 1.20$ T이다. 다음을 구하여라.

(a) 이온의 속력   (b) ^{3}He과 ^{4}He 빔이 검출기에 충돌한 거리

구성과 계획 속도 선택기의 분석으로부터 이온 속력은 $v = E/B_1$이다. 따라서 식 18.3을 R에 대해 풀어 각 빔의 곡률 반지름을 알 수 있다.

그림 18.12a와 같이 각 이온 빔은 진입점에서 $2R$ 거리에 있는 검출기에 부딪힌다. 따라서 검출기에 부딪힌 위치의 차이는 두 이온 사이의 거리 $2R$ 값의 차이다.

알려진 값: $m(^3\text{He}) = 5.01 \times 10^{-27}$ kg, $m(^4\text{He}) = 6.65 \times 10^{-27}$ kg, $B_1 = 6.10$ mT $= 6.10 \times 10^{-3}$ T, $B_2 = 1.20$ T, $E = 2,800$ N/C

풀이 (a) 속도 선택기에 주어진 전기장과 자기장의 값을 이용하여 속력을 구하면 다음과 같다.

$$v = \frac{E}{B_1} = \frac{2,800 \text{ N/C}}{6.10 \times 10^{-3} \text{ T}} = 4.59 \times 10^5 \text{ m/s}$$

(b) R에 대해 식 18.3을 풀면 다음을 얻는다.

$$R = \frac{mE}{|q|B_1 B_2}$$

따라서 ^{3}He 동위원소에 대한 경로 반지름은 다음과 같이 계산된다.

$$R_3 = \frac{mE}{|q|B_1 B_2} = \frac{(5.01 \times 10^{-27} \text{ kg})(2,800 \text{ N/C})}{(1.60 \times 10^{-19} \text{ C})(6.10 \times 10^{-3} \text{ T})(1.20 \text{ T})}$$
$$= 0.0120 \text{ m} = 1.20 \text{ cm}$$

마찬가지로 ^{4}He에 대해 $R_4 = 1.59$ cm를 얻을 수 있다. 따라서 두 빔은 검출기에서 다음 거리만큼 떨어져 있다.

$$\Delta x = 2R_4 - 2R_3 = 0.78 \text{ cm}$$

반영 (a)에서 단위는 m/s이다. 이는 1 T $= 1$ N/(A·m), 1 N $=$ kg·m/s^{2}이기 때문이다. 결과 이온 속력은 아원자 입자에 적합하다. (b)에서 위치의 차이는 이 동위원소들이 쉽게 구별된다는 것을 의미한다.

연결하기 질량 분석기를 사용하여 질량이 1%밖에 차이가 나지 않는 두 동위원소를 구별하고 있다. 두 원소의 반지름은 몇 퍼센트만큼 차이 나는가?

답 반지름은 질량에 비례하므로 이 반지름은 1%밖에 차이가 나지 않아 구별하기 어렵다.

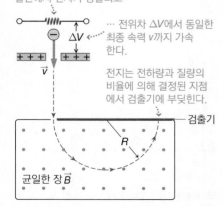

열선에서 전자가 방출되고…

… 전위차 ΔV에서 동일한 최종 속력 v까지 가속한다.

ΔV

$\vec{v}$

전지는 전하량과 질량의 비율에 의해 결정된 지점에서 검출기에 부딪힌다.

검출기

R

균일한 장 $\vec{B}$

그림 18.13 전자에 대한 전하량과 질량의 비율을 측정하는 데 사용되는 장치의 개략도

전자에 대한 전하량과 질량의 비율

질량 분석기와 유사한 장치를 사용하여 전자(가장 작은 비율을 갖는 아원자 입자)에 대한 전하량과 질량의 비율을 측정할 수 있다. 그림 18.13은 이 실험의 개략도를 보여 준다. 전자는 열선에서 방출되고 전위차 ΔV를 통해 가속되어 운동 에너지 $K = \frac{1}{2}mv^2 = e\Delta V$를 얻는다. 이 속력을 가진 전자가 자기장 B를 통과할 때, 식 18.2에 의해 다음이 성립한다.

$$v^2 = \frac{e^2 B^2 R^2}{m^2}$$

여기서 전자의 전하량은 $|q| = e$이다. v^2에 대한 두 식은 동일하다고 놓을 수 있으므로 다음과 같다.

$$\frac{e}{m} = \frac{2\Delta V}{B^2 R^2}$$

예제 18.6	전자에 대한 전하량과 질량의 비율

설명한 장치를 사용한 실험 결과는 다음과 같다. 43 V의 전위차를 통해 가속된 전자는 2.2 mT의 자기장을 통과한다. 전자 빔은 반경이 1.0 cm로 측정된 곡선을 그린다. 이 실험에서 전자에 대한 전하량과 질량의 비율은 얼마인가?

구성과 계획 본문의 분석에서 전하량과 질량의 비율은 다음과 같다.

$$\frac{e}{m} = \frac{2\Delta V}{B^2 R^2}$$

식의 우변에 있는 세 물리량은 실험에서 측정된다.

알려진 값: $\Delta V = 43$ V, $B = 2.2$ mT, $R = 1.0$ cm

풀이 측정된 물리량을 이용하여 계산하자.

$$\frac{e}{m} = \frac{2\Delta V}{B^2 R^2} = \frac{2(43 \text{ V})}{(2.2 \times 10^{-3} \text{ T})^2 (0.010 \text{ m})^2} = 1.8 \times 10^{11} \text{ C/kg}$$

반영 1 T = 1 N/(A·m), 1 V = 1 J/C, 1 N = 1 kg·m/s²을 사용하여 SI 단위로 정리하면 C/kg임을 보일 수 있다. 계산 결과는 2개의 유효숫자로 처리하였다.

역사적으로 전자에 대한 e/m 측정은 전자뿐만 아니라 원자를 이해하는 데 중요한 단계였다. 영국 물리학자 J.J. 톰슨(J.J Thomson)이 최초로 e/m를 측정했는데, 전자에 대한 전하량과 질량의 비율이 수소 이온(현재 양성자라 함)보다 1,000배 이상 작다는 것을 보여 주었다. 이는 전자가 원자 질량의 극히 일부분을 차지한다는 것을 나타낸다. 25장에서는 이 사실이 어떻게 가벼운 전자로 둘러싸인 양전하를 띤 무거운 핵으로 원자 구조를 지금처럼 이해하는 데 도움이 되었는지 알게 될 것이다.

▶ **TIP** 양성자가 전자보다 약 1800배 더 무겁다.

홀 효과

홀 효과(Hall effect)는 자기장에 의해 편향된 전하 이동의 또 다른 예이다. 그림 18.14a는 폭 a와 두께 b의 직사각형 금속 막대를 통해 흐르는 전류 I를 보여 준다. 대부분의 도체에서 이동하는 전하는 전자이며, 전자는 자기력에 의해 막대 한쪽으로 이동하고 다른 쪽에 양전하를 남긴다. 이러한 전하 분리는 전기장을 생성하고, 곧 반대 방향의 전기력과 자기력 사이의 균형을 이루며 평형을 이룬다(그림 18.14b). 전자의 경우, 전기력과 자기력의 크기는 각각 eE와 evB이며, 여기서 v는 17장에서 소개한 전자의 유동 속력이다. 평형 상태에서 $eE = evB$, 즉 $v = E/B$이다.

전기장과 관련된 것은 **홀 전위차**(Hall potential difference) ΔV_H이다(그림 18.14b). 전기장과 전위차는 $E = \Delta V_H/a$로 관련되므로 유동 속력 v를 다음과 같이 다시 쓸 수 있다.

$$v = \frac{\Delta V_H}{Ba}$$

식 17.2는 $v = I/neA$를 나타낸다. 여기서 A는 도체의 단면적이고 n은 전자수 밀도이다. 속력에 대한 두 표현식을 같다고 놓고 ΔV_H에 대해 풀면 $\Delta V_H = IBa/neA$를 얻는다. 도체 막대에서 $A = ab$인 경우 ΔV_H는 다음과 같다.

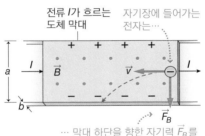

전류 I가 흐르는 도체 막대 　　자기장에 들어가는 전자는…

… 막대 하단을 향한 자기력 $\vec{F}_B$를 받는다. 막대 하단에는 음전하가, 상단에는 양전하가 모이게 된다.

(a)

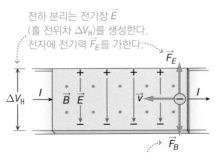

전하 분리는 전기장 $\vec{E}$ (홀 전위차 ΔV_H)를 생성한다.
전자에 전기력 $\vec{F}_E$를 가한다.

평형 상태에서 전기력과 자기력이 정확히 서로 상쇄된다.

(b)

그림 18.14 (a) 홀 효과의 기원 (b) 전하 축적의 결과는 홀 전위차 ΔV_H를 생성한다.

$$\Delta V_{\text{H}} = \frac{IB}{neb} \quad \text{(홀 전위차, SI 단위: V)} \tag{18.4}$$

식 18.4에 따르면 홀 전위차는 자기장 세기에 비례하므로 홀 효과는 자기장을 측정하는 수단으로 사용할 수 있음을 보여 준다. 그러나 금속 도체는 전하 캐리어 밀도가 높기 때문에(표 17.1과 같이 10^{28} m^{-3} 이상) 홀 전위차가 작다. 따라서 전하 캐리어 밀도 n이 더 낮은 반도체를 사용하면 실용적인 자기장 측정 장치를 만들 수 있다. 홀 효과의 또 다른 응용은 서로 다른 물질에 대한 전하 캐리어 밀도와 부호를 결정하는 것이다. 예를 들어, 홀 효과는 양전하 캐리어(정공) 또는 음전하 캐리어(전자)를 가진 다양한 반도체에 대한 17장의 설명을 확인시켜 준다.

사이클로트론과 싱크로트론

자기력의 중요한 용도는 입자 가속기에서 대전 입자를 '스티어링'하여 원형 경로를 따르도록 하는 것이다. 가속기는 물질의 기본 특성 탐색과 의료 진단을 위한 방사성 동위원소 생산과 같은 실용적인 응용 분야를 탐구하는 데 사용된다.

사이클로트론(cyclotron)은 1930년대 미국 물리학자 어니스트 오 로렌스(Ernest O. Lawrence, 1901~1958)가 개발한 입자 가속기이다(그림 18.15). 대전 입자 q는 사이클로트론의 중심 근처의 전원으로부터 주입된다. 이 입자는 저속으로 움직이기 시작하여 사이클로트론 자기장 내에서 원형 운동을 한다. 식 18.2에서 곡률 반경은 속력에 비례하므로 처음에는 원이 작다는 것을 기억하라. 사이클로트론 안에는 '디(dee)'라고 하는 2개의 속이 빈 D 모양의 금속 구조물이 있다. 이들 사이에는 전위차 ΔV가 존재하며, 입자가 디 사이의 틈을 통과할 때마다 운동 에너지 $\Delta K = |q|\,\Delta V$를 얻는다(16장 참조). 전위차는 주기적으로 극성이 바뀌기 때문에 입자가 틈을 통과할 때마다 전위차의 방향이 입자의 에너지를 증가시키는 역할을 한다.

여기에 특별한 부분이 있다. 식 18.2를 v에 대해 풀면 $v = |q|BR/m$이다. 또한, 원의 둘레 $2\pi R$을 원운동의 주기 T로 나누면 다음과 같이 나타낼 수 있다.

$$v = \frac{|q|BR}{m} = \frac{2\pi R}{T}$$

T에 대해 풀면 다음을 얻는다.

$$T = \frac{2\pi m}{|q|B}$$

사이클로트론 진동수(cyclotron frequency) f는 이 주기의 역수이다. 즉, 다음과 같다.

$$f_{\text{c}} = \frac{|q|B}{2\pi m} \quad \text{(사이클로트론 진동수, SI 단위: Hz)} \tag{18.5}$$

f_c는 반지름 R과 무관하므로 장치가 진동수 f로 디의 전위차를 교대로 바꾸는 한, 대전된 입자는 항상 디 틈을 통과할 때 에너지가 상승할 것이다. 입자가 에너지를 얻으면 점점 더 큰 원을 그리며 운동하지만 사이클로트론 진동수는 변하지 않는다.

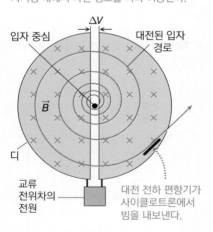

대전된 입자는 디 사이의 전위차 ΔV를 통과할 때마다 운동 에너지를 얻으므로 자기장 내에서 나선 경로를 따라 이동한다.

입자 중심 · ΔV · 대전된 입자 경로

$\vec{B}$

디

교류 전위차의 전원 · 대전 전하 편향기가 사이클로트론에서 빔을 내보낸다.

그림 18.15 사이클로트론의 작동

▶ **응용** **의료용 사이클로트론**

여기 보이는 워싱턴 대학교 사이클로트론은 암 치료에 사용할 양성자를 발생시킨다. '양성자 치료'는 현재 특정 종류의 암을 치료하는 인기 있는 방법이다. 빔은 주변의 건강한 조직에 대한 손상을 최소화하면서 암세포 덩어리에 초점을 맞출 수 있다. 사이클로트론은 의학 진단과 다른 종류의 암 치료에 사용되는 방사성 동위원소를 발생시키는 데 사용할 수도 있다.

예제 18.7 **의료용 사이클로트론**

PET 주사를 위한 방사성 동위원소를 생산하는 데 사용되는 사이클로트론의 지름은 54.0 cm이다. 알파(α) 입자(헬륨 핵, 전하량 +2e, 질량 6.64×10^{-27} kg)를 1.2 T의 균일한 자기장에서 가속시킨다. 물음에 답하여라.

(a) 사이클로트론 진동수를 구하여라.
(b) 중수소의 최대 속력과 운동 에너지를 구하여라.

구성과 계획 식 18.5는 사이클로트론 진동수를 제공한다. 입자는 사이클로트론의 바깥쪽 가장자리에서 최대 속력에 도달하며, 여기서 반지름 $R = 27.0$ cm의 원을 그리며 운동한다. 이 입자의 속력은 원운동의 운동학으로 구할 수 있다.

알려진 값: $R = 27.0$ cm $= 0.270$ m, $q = 2e = 3.2 \times 10^{-19}$ C, $m = 6.64 \times 10^{-27}$ kg, $B = 1.2$ T

풀이 (a) 주어진 값을 이용해서 사이클로트론 진동수는 다음과 같이 계산된다.

$$f_c = \frac{|q|B}{2\pi m} = \frac{(3.2 \times 10^{-19} \text{ C})(1.2 \text{ T})}{2\pi(6.64 \times 10^{-27} \text{ kg})} = 9.20 \times 10^6 \text{ Hz} = 9.20 \text{ MHz}$$

(b) 속력은 원의 둘레를 주기로 나누어 구한다. 즉, $v = 2\pi R/T$이고, $T = 1/f_c$이므로 속력을 풀면 다음을 얻는다.

$$v = 2\pi R f_c = 2\pi(0.270 \text{ m})(9.20 \times 10^6 \text{ Hz}) = 1.56 \times 10^7 \text{ m/s}$$

따라서 운동 에너지는 다음과 같다.

$$K = \tfrac{1}{2}mv^2 = \tfrac{1}{2}(6.64 \times 10^{-27} \text{ kg})(1.56 \times 10^7 \text{ m/s})^2 = 8.08 \times 10^{-13} \text{ J}$$

입자 에너지는 eV로 나타내기도 하며, 여기서 $K = 5.05$ MeV이다.

반영 전자 진동자에 적합한 진동수 단위는 MHz이다(20장 참조). 최종 속력은 광속의 5%로 상대성 이론을 고려하지 않고도 벗어날 수 있을 만큼 충분히 낮은 속력이다.

연결하기 이 사이클로트론이 양성자를 가속하는 데 사용된다면 답은 어떻게 달라지는가?

답 양성자는 알파 입자 전하의 절반을 가지고 있지만 질량은 알파 입자의 4분의 1이다. 따라서 사이클로트론 진동수와 속력은 모두 두 배가 된다.

상대성 이론은 입자 속력이 빛의 속력과 비교할 수 있을 때 적용되므로 뉴턴 분석이나 사이클로트론의 에너지가 매우 높은 입자에 대해서는 작동하지 않는다. 대안은 전하를 띤 입자가 고정된 반지름의 원형 고리 모양으로 움직이는 **싱크로트론**(synchrotron)이다. 입자 에너지가 증가하면 자기장을 조정하여 반지름을 일정하게 유지한다. 세계 최대 입자 가속기인 스위스/프랑스 국경에 위치한 CERN 시설에 있는 대형 하드론 충돌기는 양성자를 7 TeV까지 가속시키는 싱크로트론이다.

사이클로트론 진동수는 사이클로트론만을 위한 것이 아니다. 일상적인 응용 분야 중 하나는 전자레인지이다. 여기에서 전자들은 소위 **마그네트론**(magnetron)이라 하는 자기장에서 원운동을 한다. 이들의 운동은 물 분자를 흔들어 음식을 조리하는 마

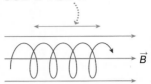

(a) 자기장에서 대전 입자의 나선 운동

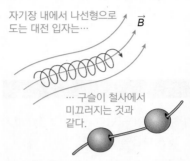

(b) 입자가 자기장에 '동결'되는 방식을 설명하는 그림

그림 18.16 자기장에 수직이고 평행한 속도 성분을 가진 대전 입자가 자기장을 통과하여 나선형으로 회전한다.

이크로파를 생성한다. 물 분자를 들뜨게 하는 데 특히 효과적인 2.45 GHz의 진동수를 제공하기 위한 자기장의 세기가 선택된다. 사이클로트론과 마찬가지로 필요한 진동수가 전자의 에너지와 무관하기 때문에 균일한 자기장이 작동한다.

삼차원 입자 궤적

지금까지 입자가 균일한 자기장에 수직으로 움직이는 것을 고려하였다. 그렇지 않은 경우, 운동을 자기장에 수직이고 평행한 성분으로 분해할 수 있다. 수직 성분은 이전과 마찬가지로 원운동을 한다. 그리고 자기장에 평행하게 움직이는 입자에는 자기력이 없기 때문에 평행 성분은 자기장의 영향을 받지 않는다. 그 결과 자기장에 대한 **나선 운동**(helix)을 한다(그림 18.16a). 이는 자기장이 균일하지 않더라도 거의 그대로 유지되며, 그 결과 전하를 띤 입자가 자기장에 효과적으로 '동결'되어 자기장을 따라 쉽게 이동할 수 있지만 자기장에 수직으로 팽팽한 원을 그리며 고정된다(그림 18.16b). 이 나선형의 '자기장 동결' 운동은 기술적 장치와 천체 물리학에서 중요하다. 예를 들어, 18.2절에서 논의한 오로라는 전하를 띤 입자가 지구 자기력선이 주로 극지방 근처에 있는 대기로 진입하기 때문에 고위도에서 발생한다.

확인 18.3절 싱크로트론에서 전자는 위에서 보았을 때 시계 반대 방향으로 움직인다. 전자를 고리 안에 유지하기 위한 자기장의 방향은 어디인가?
(a) 수직 위쪽   (b) 수직 아래쪽

18.4 도선에 작용하는 자기력

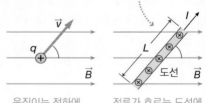

움직이는 전하에 대한 자기력
$F = qvB \sin\theta$

전류가 흐르는 도선에 대한 자기력
$F = ILB \sin\theta$

그림 18.17 (a) 자기장 내에서 움직이는 하나의 전하 (b) 전류가 흐르는 도선은 전하가 한 줄로 움직이는 것과 같다.

전하가 자기장을 통과할 때 어떻게 자기력의 영향을 받는지 살펴보았다. 전류는 많은 이동 전하로 구성되므로 자기장 속에서 전류가 흐르는 도선에는 상당한 자기력이 생길 수 있다.

그림 18.17a의 단일 양전하 q는 오른손 규칙에 의한 방향으로 힘을 받게 된다.

$$F = qvB \sin\theta$$

그림 18.17b는 전하 흐름으로 인해 발생하는 정상 전류 I를 가진 같은 자기장 내의 도선을 보여 준다. 길이가 L인 도선이 총 이동 전하 Q를 전달한다고 가정하자. 이 전하는 시간에 따라 거리 L에서 전하가 속력 $v = L/t$로 움직인다. 따라서 자기력은 다음과 같다.

$$F_{\text{on } Q} = QvB \sin\theta = \frac{QLB \sin\theta}{t}$$

전류 I는 단위 시간당 전하 흐름 Q/t이다. 자기력은 다음과 같다.

$$F = ILB \sin\theta \quad \text{(도선에 가해진 자기력, SI 단위: N)} \qquad (18.6)$$

식 18.6은 자기장 B를 통해 전류 I를 전달하는 직선 도선의 길이에 대한 자기력을 제공한다. 각도 θ는 도선이 자기장과 이루는 각도이며, 힘의 방향은 오른손 규칙을 따른다. 단일 전하의 경우 힘은 도선과 자기장 모두에 수직이다. 그림 18.17b에서 힘은 종이 안으로 들어가는 방향이다.

▶ **TIP** 전류가 흐르는 도선의 오른손 규칙은 전자 흐름이 아닌 양 전류의 흐름을 사용한다.

개념 예제 18.8 **직선 도선에 작용하는 자기력**

네 그림(그림 18.18) 각각은 자기장 내에서 표시된 방향으로 전류가 흐르는 직선 도선을 나타낸다. 각 경우 도선에 자기력이 있는지 확인하고, 방향을 구하여라.

풀이 식 18.6은 직선 도선의 자기력 $F = ILB \sin \theta$를 제공한다. $\theta = 0$ 또는 $\theta = 180°$이면 힘은 0이다. 그렇지 않으면 0이 아닌 힘이 있으며, 오른손 규칙에 의해 방향이 주어진다.

(a) 전류는 자기장과 같은 방향이다. 따라서 $\theta = 0$이며, 이 도선

의 자기력은 0이다.

(b) 도선과 자기장 사이의 각도는 90°와 180° 사이이므로 자기력이 있다. 힘은 도선과 자기장 모두에 수직이므로 종이에 수직이다. 오른손 규칙에 따르면 힘은 종이 밖으로 나오는 방향이다.

(c) 도선과 자기장 사이의 각도는 90°이다. 오른손 규칙을 적용하면 도선에 수직 위쪽으로 힘이 작용한다.

(d) 도선과 자기장 사이의 각도는 90°이다. 오른손 규칙에 의하면 오른쪽 아래 방향이며, 도선에 수직이다.

반영 도선과 자기장 사이의 각도를 먼저 확인하는 것이 중요하다. 각도가 0° 또는 180°이면 자기력은 0이다. 그렇지 않으면 오른손 규칙을 적용하여 힘의 방향을 구할 수 있다.

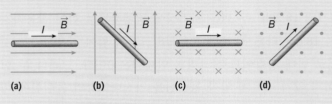

그림 18.18 자기장 내 도선에 흐르는 전류

예제 18.9 **중력을 거스르는 것?**

전류가 흐르는 도선의 자기력이 중력에 대해 도선을 공중에 띄울 수 있을 정도로 클 수 있는가? 이를 알아보기 위해 다음 과정을 거친다. 물음에 답하여라.

(a) 전류 I가 오른쪽에서 왼쪽으로 흐르는 수평 도선을 그려라. 이 도선에서 위로 향하는 최대 자기력을 생성하려면 자기장이 어느 방향을 가리켜야 하는가?

(b) 단면적이 2.00 mm²이고 밀도가 8,920 kg/m³인 14게이지 구리 도선을 고려하자. 이 도선의 길이는 3.5 cm이고 2.4 T 자기장이 단면에 수직으로 작용한다. 중력에 반하여 도선이 공중에 떠 있으려면 얼마나 큰 전류가 흘러야 하는가?

구성과 계획 최대 자기력은 자기장에 수직인 도선에서 발생한다. 그림과 같이 수직 자기력에 대한 자기장 방향은 오른손 규칙으로 판단한다(그림 18.19).

도선의 질량은 질량 = 밀도 × 부피, 즉 $m = \rho V = \rho A L$로 주어진다. 도선을 지지하려면 위쪽 자기력 ILB과 아래쪽 중력 mg 또는 $ILB = mg$와 평형을 이루어야 한다.

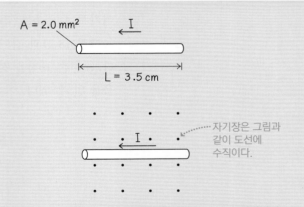

그림 18.19 도선을 매달기 위해 필요한 자기장을 결정한다.

알려진 값: $L = 3.5$ cm, $\rho = 8,920$ kg/m³, $A = 2.0$ mm² $= 2.0 \times 10^{-6}$ m², $B = 2.4$ T

풀이 (a) 오른쪽에서 왼쪽으로 전류가 흐르면 자기장이 종이 안쪽 또는 바깥쪽으로 수직이 되어야 최대 자기력이 생성된다. 오른손 규칙에 따르면 그림 18.19와 같이 정답은 종이 밖으로 나

오는 방향이다.

(b) 도선의 질량은 다음과 같다.

$$m = \rho V = \rho A L = (8{,}920 \text{ kg/m}^3)(2.0 \times 10^{-6} \text{ m}^2)(0.035 \text{ m})$$
$$= 6.24 \times 10^{-4} \text{ kg}$$

자기력과 중력이 같다고 놓으면 $ILB = mg$이고, 전류 I에 대해 풀면 다음을 얻는다.

$$I = \frac{mg}{LB} = \frac{(6.24 \times 10^{-4} \text{ kg})(9.80 \text{ m/s}^2)}{(0.035 \text{ m})(2.4 \text{ T})} = 0.073 \text{ A} = 73 \text{ mA}$$

반영 17장에서 73 mA는 이 크기의 구리 도선에 대한 합당한 전류이므로 띄우기가 쉽게 이루어진다. 이때 자기력이 중력과 같거나 초과할 수 있다는 예가 있다. 중력은 일반적으로 전기력과 자기력에 비해 작다는 또 다른 표현이다.

연결하기 다른 조건은 동일하게 유지하지만 도선의 지름이 두 배가 되면 필요한 전류가 어떻게 변하는가?

답 지름을 두 배로 하면 도선의 단면적(과 질량)은 네 배가 되므로 네 배의 전류가 필요하다.

전류 고리가 받는 돌림힘

이제 많은 응용 분야에서 볼 수 있는 구성인 전류 고리의 자기력을 고려해 보겠다. 그림 18.20a는 전류 I가 흐르는 직사각형 도선 고리를 보여 준다. 균일한 자기장에서 이 고리는 어떻게 될까?(그림 18.20b) 두 변은 자기장에 평행하므로 힘이 작용하지 않는다. 그림 18.20c와 식 18.6은 다른 두 변에 $F = IaB$ 크기의 힘이 작용한다는 것을 보여 준다. 이 힘은 서로 반대 방향이므로 고리의 알짜힘은 0이다. 그러나 두 힘은 같은 선을 따라 작용하지 않기 때문에 알짜 돌림힘을 가진다(8장의 돌림힘에 대한 논의를 상기하여라). 고리의 상단과 하단은 각각 회전축으로부터 $b/2$ 거리이므로 고리의 알짜 돌림힘은 다음과 같다.

$$\tau = \frac{b}{2}IaB + \frac{b}{2}IaB = IabB = IAB$$

여기서 $A = ab$는 고리의 넓이다.

그림 18.21과 같이 돌림힘은 방향이 정해질 때까지 고리를 회전시키는 경향이 있다. 오른손 규칙을 적용하면 도선의 각 변에 가해지는 힘이 고리의 중심을 향하고 있음을 알 수 있다. 이 방향에서 알짜힘과 알짜 돌림힘은 모두 0이다.

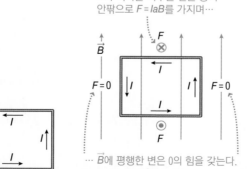

(a) 전류 도선 고리

$\vec{B}$와 직각을 이루는 변은 종이 안팎으로 $F = IaB$를 가지며…

… $\vec{B}$에 평행한 변은 0의 힘을 갖는다.

(b) 고리의 두 측면과 평행한 방향을 갖는 자기장에 놓였을 때 고리에 가해지는 힘

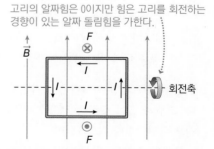

고리의 알짜힘은 0이지만 힘은 고리를 회전하는 경향이 있는 알짜 돌림힘을 가한다.

회전축

(c) 자기장에서 전류가 흐르는 도선은 돌림힘을 갖는다.

그림 18.20 자기장에서 전류가 흐르는 도선은 돌림힘을 갖는다.

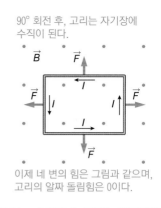

90° 회전 후, 고리는 자기장에 수직이 된다.

이제 네 변의 힘은 그림과 같으며, 고리의 알짜 돌림힘은 0이다.

그림 18.21 90° 회전 후, 고리는 자기장에 수직이 된다. 네 변의 힘은 그림과 같으며, 알짜힘과 알짜 돌림힘은 모두 0이다.

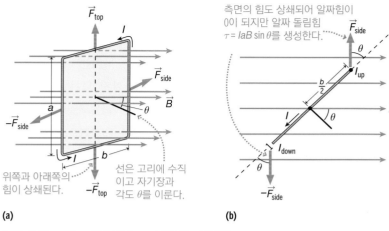

위쪽과 아래쪽의 힘이 상쇄된다.

선은 고리에 수직이고 자기장과 각도 θ를 이룬다.

측면의 힘도 상쇄되어 알짜힘이 0이 되지만 알짜 돌림힘 $\tau = IaB\sin\theta$를 생성한다.

(a)   (b)

그림 18.22 전류 고리에 직각으로 작용하는 돌림힘

고리가 회전할 때 돌림힘이 어떻게 변하는지 확인하려면 그림 18.22의 삼차원 그림을 고려하면 된다. 자기장과 고리 평면의 법선과 이루는 각도 θ가 있다. 돌림힘 계산 규칙(8장)에 따라 고리의 알짜 돌림힘은 $\tau = IAB\sin\theta$임을 알 수 있다. 직사각형 고리를 고려했지만 이 식은 넓이가 A인 모든 평면 고리에 적용된다. 고리를 여러 번 감은 촘촘한 코일로 만들면 돌림힘이 증가한다. N회 감긴 코일의 경우, 다음과 같이 나타낼 수 있다.

$$\tau = NIAB\sin\theta \quad \text{(전류 고리에 작용하는 돌림힘, SI 단위: N·m)} \quad (18.7)$$

자기 모멘트

전류 고리의 자기 모멘트 $\vec{\mu}$는 다음과 같이 정의되는 벡터이다.

* 전류 I가 흐르는 넓이 A인 N번 감긴 고리의 $\vec{\mu}$의 크기는 $\mu = NIA$이다. 따라서 자기 모멘트에 대한 SI 단위는 $A\cdot m^2$이다.
* $\vec{\mu}$의 방향은 다음 오른손 규칙에 따라 고리 평면에 수직이다. 고리 주위의 전류 흐름 방향으로 손가락을 구부린다. 그다음 엄지손가락이 자기 모멘트 $\vec{\mu}$의 방향을 가리킨다(그림 18.23).

I의 방향

그림 18.23 전류 고리의 자기 모멘트

자기 모멘트의 관점에서 전류 고리의 돌림힘(식 18.7)은 $\tau = \mu B\sin\theta$이고, θ는 자기 모멘트 $\vec{\mu}$와 자기장 $\vec{B}$ 사이의 각이다.

그림 18.20b와 그림 18.21의 전류 고리를 다시 생각해 보자. 그림 18.20b에서 자기 모멘트 $\vec{\mu}$는 종이 밖으로 나오는 방향이고 자기장 $\vec{B}$와 90°를 이룬다. 따라서 $\theta = 90°$이고 $\sin\theta = 1$로 최댓값이 된다. 그림 18.21에서 $\vec{\mu}$와 $\vec{B}$가 이루는 각도는 180°이므로 $\tau = \mu B\sin\theta = \mu B\sin(180°) = 0$이 된다. 이 예는 고리의 다른 부분에 대한 개별 힘을 고려하지 않고 자기 모멘트 벡터를 사용하여 전류 고리의 돌림힘을 분석하는 방법을 보여 준다.

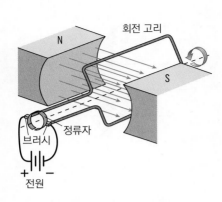

회전 고리

N

S

정류자

브러시

전원

그림 18.24 전기 모터의 개략도

전류 고리에 작용하는 돌림힘의 응용

그림 18.24와 같이 전류 고리의 돌림힘은 **전기 모터**(electric motor)를 작동시키는 원동력이다. 전기 모터는 세탁기에서 하이브리드 자동차, 지하철, 컴퓨터의 하드 드라이브에 이르기까지 모든 곳에 있다. **전기자**(armature)는 축에 감겨 있고 자석의 극 사이에 장착된 도선 코일이다. 코일에 전류가 흐르면 전기자를 회전시키는 돌림힘이 발생한다. 그림 18.24는 모터의 또 다른 핵심 요소인 **정류자**(commutor)를 보여 준다. 이 회전하는 전기 접점은 전기자가 180° 회전할 때마다 전류의 방향을 반대로 하여 동일한 방향으로 계속 회전한다. 정류자가 없으면 코일은 자기 모멘트가 자기장과 정렬된 상태로 멈출 것이다.

예제 18.10 세탁기 모터

세탁기 모터의 0.65 T 자기장에서 한 변이 8.0 cm인 사각 코일이 100번 감겨 있다. '스핀' 사이클 동안 코일은 5.5 A가 흐른다. 전기자에서 최대 돌림힘을 구하여라.

구성과 계획 식 18.7에 의해 전류 고리에 작용하는 돌림힘은 $\tau = NIAB \sin \theta$이다. 여기서 A는 사각 코일의 넓이로 64 cm²이다(그림 18.25). $\theta = 90°$일 때 최대 돌림힘이 발생한다. 즉, $\sin \theta = 1$이고 $\tau = NIAB$이다.

알려진 값: $A = 64 \text{ cm}^2 = 0.0064 \text{ m}^2$, $I = 5.5 \text{ A}$, $N = 100$, $B = 0.65 \text{ T}$

풀이 최대 돌림힘은 다음과 같다.

$$\tau = NIAB = (100)(5.5 \text{ A})(0.0064 \text{ m}^2)(0.65 \text{ T}) = 2.3 \text{ N·m}$$

반영 단위가 맞는지 확인한다. 1 T = 1 N/(A·m)인 경우, 돌림힘에 대한 단위는 A·m²·T = A·m²·N/(A·m) = N·m이고, 이는 돌림힘의 SI 단위이다.

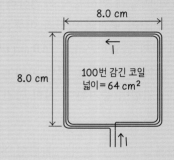

8.0 cm

8.0 cm

I

100번 감긴 코일
넓이 = 64 cm²

그림 18.25 세탁기 모터의 전기자 코일

연결하기 더 많은 돌림힘을 얻기 위해 전기자 코일을 원하는 만큼 크게 만들 수 없는 이유는 무엇인가?

답 전체 회전 코일은 자석 극 사이에 고정되어 있다(그림 18.24 참조). 극 사이의 거리가 멀면 자기장이 감소한다. 모터를 설계할 때는 전류와 자기장 세기를 모두 최대화해야 한다.

전기 모터는 전류 고리에 자기 돌림힘을 대규모로 적용하는 원리이다. 원자만큼 훨씬 더 작은 전류 고리도 있다. 그림 18.26은 핵 주위를 도는 전자가 전류 고리를 구성하여 자기 모멘트를 생성하는 방법을 보여 준다. 개별 전자는 또한 전자의 전하와 함께 고유한 자기 모멘트를 생성하는 '스핀'을 가지고 있다. 자기장에 있는 원자는 이러한 궤도와 스핀 자기 모멘트 때문에 돌림힘을 가진다. 물질에서 볼 수 있는 자기적 행동의 대부분은 스핀 자기 모멘트에 의한 것이다.

원자핵 역시 자기 모멘트와 함께 자기 돌림힘을 갖는다. 중요한 응용 분야는 **핵자기공명**(nuclear magnetic resonance, NMR)으로 물질의 구조를 연구하고 **자기공명영**

상(magnetic resonance imaging, MRI)이라 하는 의학 기술에 사용된다. 일반적인 MRI 이미지는 그림 18.27에 나와 있다. NMR/MRI에서 자기 돌림힘은 핵에 인가된 자기장과 궤도 전자와 관련된 자기장에 의존하는 진동수로 진행되게 한다. 자기장은 천천히 변화하며, 주변에 있는 핵은 서로 다른 자기장 세기에서 에너지를 흡수하게 되는데, 이를 '공명'이라 한다. 이러한 공명 진동수는 물질과 그 주변에 따라 크게 달라지므로 놀랍도록 선명한 MRI 이미지를 얻을 수 있다. 예를 들어, 뼈와 근육 조직, 정상 세포와 암 세포에서 공명은 상당히 다르다.

확인 18.4절 그림과 같이 코일이 회전하는 자기장 방향은 어디인가?
(a) 종이 바깥쪽 (b) 종이 안쪽 (c) 오른쪽 (d) 왼쪽
(e) 위쪽 (f) 아래쪽

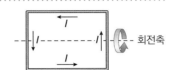

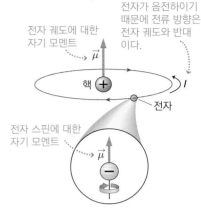

그림 18.26 원자는 전자의 궤도 운동으로 인한 자기 모멘트와 전자 스핀으로 인한 별도의 자기 모멘트를 가지고 있다.

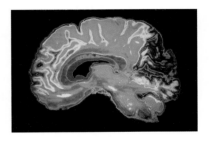

그림 18.27 자세하게 보이는 의료용 MRI 사진

18.5 자기의 근원

전기와 자기의 관계는 물리학의 기초이기 때문에 **전자기학**(electromagnetism)이라는 용어로 결합되어 있다. 지금까지 자기장이 움직이는 전하에 영향을 미친다는 것을 살펴보았다. 사실 움직이는 전하와 자기장 사이에는 상호 관련이 있어서 전하의 움직임은 자기장의 원천이기도 하다. 덴마크 물리학자 한스 크리스티안 외르스테드(Hans Christian Ørsted, 1777~1851)는 전류로 인해 근처 나침반 바늘이 휘어진다는 것을 발견하면서 이 사실을 처음으로 인식하였다. 움직이는 전하에서 발생하는 자기장을 계산하는 일반적인 규칙이 있지만 여기에서는 움직이는 전하가 직선 및 원형 고리의 전류와 관련된 특별한 경우를 고려할 것이다.

전자석(electromagnet)은 자기장을 생성하도록 특별히 설계된 전류 전달 코일이다. 오늘날 과학, 의학, 산업에 사용되는 대부분의 자석은 전자석이다. 이는 금속과 합금으로 만들어진 영구 자석의 자기장보다 더 크고 더 쉽게 제어할 수 있는 자기장을 생성하기 때문이다.

직선 도선의 자기장

그림 18.28은 일정한 전류 I를 전달하는 길고 곧은 도선을 보여 준다. 도선의 바깥쪽, 중심으로부터 거리 d에서 자기장은 다음과 같은 크기를 갖는다.

$$B = \frac{\mu_0 I}{2\pi d} \quad \text{(긴 직선 도선의 자기장, SI 단위: T)} \quad (18.8)$$

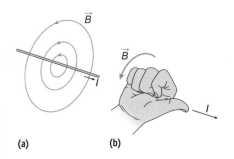

그림 18.28 (a) 자기력선은 직선 도선을 둘러싸고 있다. (b) 오른손 규칙에 의해 방향이 정해진다.

여기서 μ_0은 **자유 공간의 투자율**(permeability of free space)이라 하는 상수이고, 대략적인 값은 $4\pi \times 10^{-7}$ T·m/A이다. 전류는 암페어(A)이고 거리가 미터(m)일 때, 자

기장은 테슬라(T)이다. 자기장 선은 그림 18.28과 같이 원형이며, 오른손 규칙에 따라 방향이 정해진다.

> 전류의 방향을 따라 엄지손가락을 가리키고 다른 손가락을 구부린다. 구부린 손가락 방향이 자기장의 방향을 나타낸다.

도선에 상당한 전류가 흐르더라도 도선 주위에 생기는 자기장은 매우 작다. 10 A가 흐르는 도선의 중심에서 1cm 떨어진 거리에서 자기장은 다음과 같다.

$$B = \frac{\mu_0 I}{2\pi d} = \frac{(4\pi \times 10^{-7}\,\text{T·m/A})(10\,\text{A})}{2\pi(0.01\,\text{m})} = 2 \times 10^{-4}\,\text{T}$$

이것은 아주 작은 자기장이지만 지구의 자기장보다 조금 크기 때문에 나침반 판독을 방해할 수 있다.

개념 예제 18.11 한 쌍의 도선에 가해지는 자기력

2개의 긴 평행 도선에 각각 전류 I_1, 전류 I_2가 같은 방향으로 흐른다. 도선이 서로 힘을 가하는 이유를 설명하고 이러한 힘의 방향을 결정하여라.

풀이 전류 I_1에 의해 생성되는 자기장을 고려하자. 그림 18.28의 오른손 규칙을 사용하면 이 도선의 자기장($\vec{B}_1$)이 두 번째 도선의 근처를 가리키는 것을 알 수 있다(그림 18.29). 18.4절의 오른손 규칙을 통해 전류 I_2에 작용하는 이 자기장이 첫 번째 도선을 향한 힘 $\vec{F}_{12}$가 생기는 것을 알 수 있다. 첫 번째 도선의 힘은 그림과 같이 I_2의 자기장을 사용하여 유사한 추론에 따라 $\vec{F}_{21}$이다. 따라서 두 도선은 서로 끌어당기며(인력), 뉴턴의 운동 제3법칙을 만족한다.

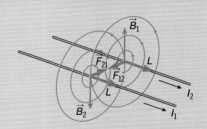

그림 18.29 같은 방향으로 전류가 흐르는 평행한 도선은 서로를 끌어당긴다(인력).

반영 두 도선에 서로 반대 방향으로 전류가 흐르면 이 두 도선은 서로 반발할 것이다(척력).

예제 18.12 평행한 두 도선에 작용하는 인력

앞의 예제에서 평행한 두 도선이 1.0 cm 거리로 분리되어 있으며 각각 20 A의 전류가 흐른다고 가정하자. 각 도선의 단위 길이당 힘을 구하여라.

구성과 계획 그림 18.29의 도선 1이 도선 2에 가하는 힘을 고려한다. 도선 1에는 전류 I_1이 흐르므로 식 18.8에 의해 두 도선 사이의 거리 d에서 $B = \mu_0 I_1/2\pi d$이다. 식 18.5는 전류 I_2가 흐르는 두 번째 도선의 길이 L에 작용하는 힘을 보여 준다. $F = I_2 LB \sin\theta = I_2 LB$이고, 여기서 자기장과 도선 사이의 각은 90°이다. 이를 종합하면 다음과 같이 나타낼 수 있다.

$$F = I_2 LB = \frac{\mu_0 I_1 I_2 L}{2\pi d}$$

단위 길이당 힘은 F/L이다.

알려진 값: $I_1 = I_2 = 20\,\text{A}$, $d = 1.0\,\text{cm}$

풀이 알고 있는 값을 대입하여 단위 길이당 힘 F/L를 구한다.

$$\frac{F}{L} = \frac{\mu_0 I_1 I_2}{2\pi d} = \frac{(4\pi \times 10^{-7}\,\text{T·m/A})(20\,\text{A})^2}{2\pi(0.010\,\text{m})} = 8.0 \times 10^{-3}\,\text{N/m}$$

따라서 1.0 m 길이의 도선에 작용하는 힘은 8.0 mN이며, 힘은 다른 도선을 향한다.

반영 이는 '연결하기'에서 알 수 있듯이 실제로 작은 힘이다.

연결하기 12게이지 구리 도선(지름 2.05 mm)은 이 예제의 20 A

전류를 안전하게 흘릴 수 있다. 도선의 단위 길이당 가해지는 자기력과 도선의 무게를 비교하여라. 구리의 밀도는 8,920 kg/m^3이다.

답 질량 = 밀도 × 부피이며, 반지름 r과 길이 L의 원통형 도선의 부피는 $\pi r^2 L$이다. 이는 자기력의 약 3.5배인 mg = 29 mN이다.

평행한 도선 사이의 힘은 SI 단위 암페어(A)를 정의하는 기준이 되기도 하였다(참고: 2019년 5월 변경). 동일한 전류가 흐르는 1 m 간격의 두 평행한 긴 도선 사이의 힘이 2×10^{-7} N인 경우 전류는 1 A로 정의된다. 암페어의 이 정의는 초(s)와 함께 쿨롱(C)을 1 C = 1 A·s로 정의한다.

원형 코일의 자기장

그림 18.30은 반지름이 r인 원형 도선 고리를 보여 준다. 고리에 전류 I가 흐른다면 고리의 중심에 있는 자기장은 $B = \mu_0 I/2r$의 크기를 갖는다. N번 감긴 코일의 경우 자기장은 N배만큼 증가한다.

오른손 손가락을 전류 방향으로 말아서 엄지손가락이 고리에 수직이 되도록 한다. 고리 중심의 자기장 $\vec{B}$는 엄지 방향이다.

그림 18.30 고리의 중심에서의 자기장의 방향 구하기

$$B = \frac{\mu_0 NI}{2r} \quad \text{(원형 코일 중심의 자기장, SI 단위: T)} \quad (18.9)$$

코일의 중심에 있는 자기장의 방향은 코일의 평면에 수직이며 그림 18.30에 표시된 또 다른 오른손 규칙에 의해 주어진다.

많이 감긴 코일은 큰 자기장을 만든다. 예를 들어, 10 A가 흐르는 반지름 1.0 cm 의 고리 중심에 있는 자기장의 크기는 다음과 같다.

$$B = \frac{\mu_0 I}{2r} = \frac{(4\pi \times 10^{-7}\,\text{T·m/A})(10\,\text{A})}{2(0.01\,\text{m})} = 6 \times 10^{-4}\,\text{T}$$

1,000번 감긴 코일을 같은 소형 크기로 감으면 자기장이 1,000배 증가하여 실질적으로 0.6 T가 된다. 일반적인 전자기 설계에서는 한 쌍의 코일이 같은 축을 따라 그 사이에 간격을 두고 장착된다(그림 18.31). 그 간격에서 두 자기장이 중첩되어 훨씬 큰 장을 형성한다.

지금까지 코일의 중심에 있는 자기장만 고려하였다. 그림 18.32는 코일을 둘러싼 자기장을 보여 준다. 이것을 막대자석의 자기장과 유사한 쌍극자 장으로 인식할 수 있다(그림 18.1). 이는 우연이 아니다. 막대자석의 거시적 자기장은 그림 18.26에서 본 것처럼(자세한 내용은 18.6절 참조) 작은 전류 고리로 생각할 수 있는 단일 원자들의 결합된 쌍극자 장에서 발생한다. 자기 홀극이 없다면 모든 자기장은 원자 수준

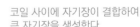

코일 사이에 자기장이 결합하여 큰 자기장을 생성한다.

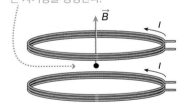

그림 18.31 평행한 코일은 코일 사이의 영역에서 강한 자기장을 형성한다.

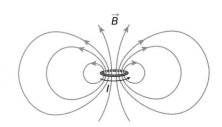

그림 18.32 원형 코일 주위의 자기장의 보다 완전한 모습

에서도 어떤 종류의 전류를 근원으로 하고 있다. 궁극적으로 이러한 전류는 도선이든 회전하는 전자에 의한 것이든 항상 닫힌 고리를 형성하므로 가장 기본적인 자기장은 쌍극자 장이다. 앙페르는 1822년 "자석은 축에 수직인 평면으로 흐르는 전류의 집합체로 간주해야 한다."라고 말하며 거시적/미시적 연결고리를 처음 만들었다. 앙페르는 원자의 개념이 형성되기 거의 1세기 전, 전자 스핀이 발견되기 1세기 전에 자기를 이 수준에서 이해했다는 점이 놀라운 일이다.

솔레노이드 내부의 자기장

소형 원형 코일을 길고 촘촘히 감은 원통형 코일로 늘린 것을 솔레노이드(solenoid)라고 한다(그림 18.33). 솔레노이드 내부에 생기는 자기장은 본질적으로 균일하고 축을 따라 뻗어가는 방향이며, 크기는 다음과 같이 나타낸다.

$$B = \mu_0 nI \quad \text{(솔레노이드 내부에서 자기장, SI 단위: T)} \quad (18.10)$$

여기서 n은 단위 길이당 감긴 횟수이다. 신기하게도 자기장은 솔레노이드의 반지름에 의존하지 않으므로 MRI 주사 장치로 몸을 감싸는 솔레노이드를 사용하는 것처럼 내부 반지름을 크게 만들 수 있다.

솔레노이드의 끝 근처에 있는 균일하지 않은 자기장은 철과 같은 자성 물질이 솔레노이드 안으로 당겨지게 한다. 따라서 솔레노이드는 직선 운동이 필요한 용도로 자주 사용된다. 세탁기에 물을 공급하는 밸브는 솔레노이드로 작동한다.

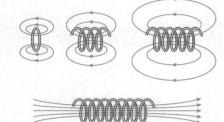

그림 18.33 더 많은 코일이 추가되면 내부 자기장이 균일하고 외부 자기장이 약해진다. 그 결과 솔레노이드의 중심에서 거의 균일한 자기장이 형성된다.

확인 18.5절 단일 원형 고리 도선의 반지름은 5.0 cm이다. 코일의 중심에 지구 자기장과 동일한 크기인 5×10^{-5} T의 자기장을 형성하려고 한다. 이때 필요한 전류는 얼마인가?

(a) 1.3 A (b) 2.0 A (c) 4.0 A (d) 12.6 A

18.6 자성 물질

그림 18.26에 표시된 원자 자기 모멘트는 철이나 자석과 같은 재료에서의 자성의 근본이다. 여기에서는 물질에서 관찰되는 몇 가지 일반적인 유형의 자성에 대해 논의할 것이다.

우리는 전자 스핀이 주로 물질의 자기적 특성에 관계한다는 것을 주목하였다. 다음은 원자에 대한 24장 논의를 미리 살펴본 것으로, 화학에서 이러한 아이디어를 본 적이 있을 것이다. 각 원자는 $n = 1, 2, 3, \cdots$이라는 번호의 서로 다른 **껍질**(shell)에 있는 전자로 둘러싸인 양의 핵을 가지고 있다. 껍질은 **버금껍질**(subshell)로 나뉘며, $n = 1$ 준위에 대한 하나의 버금껍질, $n = 2$ 준위에 대한 2개의 버금껍질 등이 있다. 버금껍질의 이름은 1s 및 2s, 2p 및 3s, 3p, 3d 및 4s, 4p, 4d, 4f 등으로 지정된다.

s 버금껍질은 최대 2개의 전자, p 버금껍질은 6개, d 버금껍질은 10개의 전자를 갖는다. 각 전자는 '위(up)'와 '아래(down)'라는 두 가지 가능한 스핀 방향 중 하나를 취한다. 그림 18.34는 각 버금껍질에서 전자 스핀을 시각화하기 위한 일반적인 개념도를, 그림 18.35는 헬륨과 철에 대한 두 가지 예를 보여 준다. 2개의 전자를 사용하는 헬륨은 1s 버금껍질로 채워진다. 스핀은 서로 반대여야 하므로 전자의 자기 모멘트는 상쇄된다. 마치 2개의 작은 막대자석이 서로 반대 방향을 가리키는 것과 같다. 반면, 철은 26개의 전자를 가지고 있으며, 그림과 같이 6개의 전자가 버금껍질을 채우고 3d 준위까지 채워진다. 대부분의 3d 전자는 동일한 스핀을 가지고 있다. 그 결과 철은 알짜 자기 모멘트를 가지므로 거시적 규모에서 자기적 거동을 갖는 좋은 후보가 된다.

강자성

철에서 원자 자기 모멘트는 수천 개의 이웃과 정렬하여 **자기 구역**(magnetic domain)을 형성하는 경향이 있다. 자기 구역의 크기는 다양하지만 일반적으로 현미경으로 볼 수 있을 만큼 큰 가로는 0.1 mm 정도이다. 인접 구역의 자기 모멘트는 보통 동일한 방향으로 정렬되지 않는다. 그러나 철의 경우 자기장을 인가하면 자기 구역들을 뒤집어 알짜 자기 모멘트를 갖는 같은 방향으로 정렬시킨다. 인가된 자기장이 제거되어도 자기 구역은 정렬된 상태로 유지되며, 이것이 바로 영구 자석의 좋은 예이다!

철은 실질적인 알짜 자기 모멘트를 가질 수 있는 **강자성**(ferromagnetic) 물질의 한 예이다. 강자성은 매우 드물며, 강자성 물질은 5개(Fe, Ni, Co, Gd, Dy)만 존재한다. 강자성체를 포함하지 않는 화합물을 포함하여 더 많은 화합물이 강자성체가 된다. 가장 강력한 강자성 화합물의 경우, 물질 표면의 자기장은 1 T를 초과할 수 있다.

강자성은 매우 질서정연한 상태이고 대부분의 자기 모멘트가 한 방향을 가리키기 때문에 희귀하다. 무작위 열운동은 이 고도로 정렬되거나 낮은 엔트로피 상태를 방해한다(14장에서 엔트로피는 무질서의 척도라는 것을 기억하여라). 따라서 강자성이 온도에 의존한다는 것은 당연한 일이다. 강자성은 소위 **퀴리 온도**(Curie temperature)에서 갑자기 사라진다. 이는 고체가 녹는 것과 유사한 상전이의 예이다. 표 18.1은 일부 퀴리 온도를 보여 준다(Keffer, 1966 및 Heller, 1967).

상자성과 반자성

채워지지 않은 d 버금껍질 및 f 버금껍질이 있는 대부분의 물질은 **상자성**(paramagnetic)이다. 상자성 물질은 인가된 자기장이 존재하는 경우에만 알짜 자기 모멘트를 갖는다. 이 알짜 모멘트는 자기장에 따라 정렬되며 인가된 자기장이 강해지면 크기가 증가한다. 결국 물질은 자기 쌍극자들이 최대한 정렬된 포화 상태에 도달하게 된다. 강자성과 마찬가지로 상자성은 온도에 따라 달라진다. 온도가 높아지면 쌍극자 정렬이 더 불규칙해지기 때문에 알짜 자기 모멘트가 감소한다. 상자성은 강자성보다

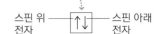

각 상자에는 한 쌍의 전자를 담을 수 있다. 스핀 위인 것과 스핀 아래인 것이 있다.

스핀 위 ──┤↑↓├── 스핀 아래
전자   전자

s 버금껍질 ↑↓

p 버금껍질 ↑↓ ↑↓ ↑↓

d 버금껍질 ↑↓ ↑↓ ↑↓ ↑↓ ↑↓

s, p, d 버금껍질에 각각 2, 6, 10개의 전자를 담을 수 있다.

그림 18.34 s, p, d 버금껍질에 어떻게 전자가 채워지는지 보여 준다.

헬륨은 전자가 2개뿐이며, 스핀은 상쇄된다.

1s 버금껍질 ↑↓

(a) 헬륨은 1s 버금껍질을 채운다.

채워지지 않은 철의 3d 버금껍질은 동일한 스핀을 가진 과잉전자를 가지기 때문에 철은 알짜 자기 모멘트를 가진다.

3d 버금껍질 ↑↓ ↑ ↑ ↑ ↑

(b) 철의 3d 버금껍질

그림 18.35 버금껍질의 전자 배치가 자기적 특성에 미치는 영향을 보여 준다.

표 18.1 여러 가지 강자성 물질의 퀴리 온도

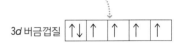

물질	퀴리 온도(K)
Fe	1,043
Co	1,388
Ni	627
Gd	293
Dy	85
$CrBr_3$	37
Au_2MnAl	200
Cu_2MnAl	630
Cu_2MnIn	500
EuO	77
EuS	16.5
MnAs	318
MnBi	670
$GdCl_3$	2.2

훨씬 약하다. 가장 강력한 상자성 물질 중에는 액체 산소가 있는데, 이는 자석의 극 사이에 매달릴 수 있을 정도이다.

전자 버금껍질이 채워진 헬륨과 같은 물질은 인가된 자기장에 거의 반응하지 않는데, 이 물질을 **반자성**(diamagnetic)이라 한다. 반자성 물질은 실제로 인가된 자기장과 반대 방향으로 작은 자기 쌍극자 모멘트를 갖는다. 반자성은 양자역학을 통해 가장 잘 설명할 수 있으므로 여기에서는 더 이상 설명하지 않을 것이다.

18장 요약

자석, 자극, 쌍극자

(18.1절) 자석에는 북극과 남극이 있다. 극이 서로 다르면 끌어당기고, 극이 서로 같으면 반발하다.

자기장은 **쌍극자 장**이며 **자기 홀극**은 없다.

지구의 자기 북쪽과 지리적 북쪽 사이의 차이를 **편위**라고 부른다. 자기장 벡터와 지구 표면 사이의 각도를 **경위**라고 한다.

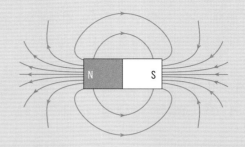

움직이는 전하에 작용하는 자기력

(18.2절) 자기장의 대전 입자는 자기장과 입자의 속도에 수직인 힘을 가한다.

균일한 자기장에 수직으로 움직이는 대전 입자는 원형 궤적을 따른다.

원 주위를 도는 대전 입자의 운동 방향은 자기장의 방향과 전하의 부호에 따라 달라진다.

$\vec{v}$와 $\vec{B}$를 포함하는 평면

자기력: $F = |q|vB\sin\theta$

원운동에서 대전 입자의 원의 반지름: $R = \dfrac{mv}{|q|B}$

자기력의 응용

(18.3절) **속도 선택기**에서 E와 B의 크기에 관계 없이 휘지 않고 통과하는 대전된 입자의 속도는 한 가지뿐이다.

질량 분석기는 입자에 대한 전하량과 질량의 비율을 측정할 수 있고 동위원소를 분리하는 데 사용한다.

홀 효과는 자기장 또는 전하 캐리어 밀도를 측정하는 데 사용한다.

사이클로트론과 **싱크로트론**은 아원자 입자를 높은 에너지로 가속하는 데 사용한다.

질량 분석기에서의 전하량 대 질량비: $\dfrac{|q|}{m} = \dfrac{E}{B_1 B_2 R}$

홀 전위차: $\Delta V_H = \dfrac{IB}{neb}$

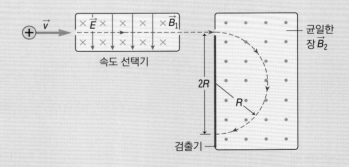

속도 선택기

균일한 장 $\vec{B}_2$

검출기

사이클로트론 진동수: $f_c = \dfrac{|q|B}{2\pi m}$

도선에 작용하는 자기력

(18.4절) 자기장 내에 전류가 흐르는 도선은 전류의 방향과 자기장에 수직인 자기력이 작용한다.

자기장 내의 전류 고리에는 돌림힘이 생기고 오른손 규칙에 의해 주어진 방향으로 **자기 모멘트**를 가진다.

원자 자기 모멘트를 이용하는 응용 분야 중 하나로 **핵자**

기공명(NMR)이 있고, 의료 진단 기술에 사용되는 **자기공명영상**(MRI)도 있다.

도선에 작용하는 자기력: $F = ILB\sin\theta$

전류 고리에 작용하는 돌림힘:

$\tau = NIAB\sin\theta = \mu B\sin\theta$

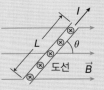

도선

자기의 근원

(18.5절) 움직이는 전하는 자기장의 근원이므로 전류는 자기장을 형성한다. 직선 도선의 자기장은 도선을 둘러싸고 있다.

전류 고리는 쌍극자 장을 형성한다.

솔레노이드는 내부에 거의 균일한 자기장을 만드는 긴 원통형 코일이다.

긴 직선 도선의 자기장: $B = \dfrac{\mu_0 I}{2\pi d}$

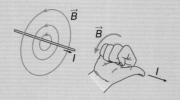

원형 코일의 중심에서의 자기장: $B = \dfrac{\mu_0 N I}{2r}$

솔레노이드 내부에서의 자기장: $B = \mu_0 n I$

자성 물질

(18.6절) 원자는 전자의 궤도 운동과 스핀으로 인해 자성을 갖는다.

철과 같은 **강자성** 물질은 많은 원자 모멘트가 **자기 구역**을 형성하기 위해 정렬된다.

상자성 물질은 인가된 자기장에 의해 알짜 자기 모멘트를 갖는다.

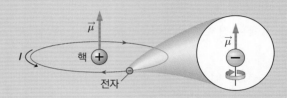

반자성 물질은 인가된 자기장 방향과는 반대 방향으로 자기 모멘트가 약하게 반응한다.

18장 연습문제

문제의 난이도는 •(하), ••(중), •••(상)으로 분류한다.

개념 문제

1. 캘리포니아에서 뉴욕까지 동쪽으로 이동할 때 자기 편위가 어떻게 그리고 왜 변할 것으로 예상하는지 설명하여라.

2. 강한 전자석의 자기장에 있는 나침반 바늘이 북동쪽을 가리킨다고 가정하자. 이 지점에서 장의 방향은 어떻게 되는가?

3. 음전하를 띤 입자가 수직 위쪽으로 향하는 자기장이 있는 영역에서 수평으로 움직이고 있다. 입자의 움직임을 설명하여라.

4. 대전 입자가 균일한 자기장 내에 들어간다. 입자의 속도와 자기장 사이의 각도가 45°일 때, 입자의 궤적에 대해 설명하여라.

5. 자기장이 없다면 대전 입자를 가속시키지 않는다는 것은 사실인가?

6. 대전 입자를 매우 높은 에너지로 가속하기 위해 사이클로트론이 아닌 싱크로트론을 사용하는 이유는 무엇인가?

7. 양전하 입자가 시계 방향으로 원을 그리며 움직이는 것을 내려다보고 있다. 그 결과 발생하는 자기 모멘트는 어느 방향인가? 음전하 입자가 같은 방향으로 움직인다면 어떻게 되는가?

8. 도선에 서쪽에서 동쪽(수평)으로 전류가 흐르고 있다. 자기장이 어느 방향을 가리켜야 도선에 가해지는 힘이 수직 아래쪽을 향하게 되는가?

9. xy평면의 전류 고리에 시계 방향으로 전류가 흐른다. 다음

의 균일한 자기장에 대해 고리의 회전 여부와 방향을 말하여라.

(a) $+x$ 방향의 자기장   (b) $+y$ 방향의 자기장

(c) $+z$ 방향의 자기장

10. 어떤 원소가 강자성체, 상자성체, 반자성체 각각에 적합한지 써라.

11. 길이가 L인 도선이 있고 자기장에서 최대 돌림힘이 작용하는 단일 고리를 만들고자 한다. 코일을 원형으로 만드는 것이 좋은가, 정사각형으로 만드는 것이 좋은가, 아니면 상관없는가?

객관식 문제

12. 북쪽으로 이동하는 음의 입자가 자기력에 의해 서쪽으로 편향된다. 이때 자기장의 방향은 무엇인가?

(a) 위쪽   (b) 아래쪽   (c) 남쪽   (d) 서쪽

13. $-50\,\mu C$ 전하가 75 m/s의 속력으로 수직 위쪽으로 이동하고 있다. 다음 중 15 mN의 남쪽 방향 자기력을 생성하는 자기장은?

(a) 2 T, 동쪽   (b) 2 T, 서쪽

(c) 4 T, 동쪽   (d) 4 T, 서쪽

14. 반지름이 0.35 m이고 균일한 0.14 T의 자기장을 가진 사이클로트론에서 알파 입자의 운동 에너지는 얼마인가?

(a) 750 eV   (b) 14 keV   (c) 42 keV   (d) 116 keV

15. 직선 도선에 0.25 A가 $+y$ 방향으로 흐른다. 다음 중 도선의 단위 길이당 힘이 $+z$ 방향에서 0.20 N/m가 되는 자기장은?

(a) 1.25 T, $-x$ 방향   (b) 1.25 T, $+x$ 방향

(c) 0.80 T, $-x$ 방향   (d) 0.80 T, $+x$ 방향

16. 지름 12 cm의 원형 도선 고리에 2.3 A가 흐른다. 고리 평면 안쪽 방향인 1.4 T 자기장에서 고리의 돌림힘은 얼마인가?

(a) 0   (b) 0.08 N·m

(c) 0.12 N·m   (d) 0.17 N·m

17. 50회 감긴 원형 코일에 4.2 A의 전류가 흐른다. 코일의 반지름이 3.5 cm인 경우, 코일의 중심에서 자기장의 크기는 얼마인가?

(a) 3.8×10^{-5} T   (b) 7.6×10^{-5} T

(c) 9.4×10^{-4} T   (d) 3.8×10^{-3} T

연습문제

18.2 움직이는 전하에 작용하는 자기력

18. • 0.950 T인 자기장이 북쪽을 가리키고 있다. 물음에 답하여라.

(a) 1.5 m/s로 서쪽으로 향하는 $+1.80\,\mu C$ 전하의 자기력의 크기와 방향을 구하여라.

(b) (a)와 같은 속도와 방향으로 이동하는 $-1.40\,\mu C$ 전하에 대한 자기력의 크기와 방향을 구하여라.

19. •• 1.5 T 자기장이 북동쪽을 가리키고 있다. 20 m/s로 다음 방향으로 이동하는 $+0.50$ C 전하에서 자기력의 크기와 방향을 구하여라.

(a) 북쪽   (b) 동쪽   (c) 남쪽   (d) 서쪽   (e) 남서쪽

20. •• 일리노이 주 피오리아 근처에서 자기 편위는 0이고 경위는 70°이다. 물음에 답하여라.

(a) 2.0×10^{5} m/s로 수평 북쪽으로 이동하는 양성자의 힘과 방향을 구하여라.

(b) 2.0×10^{5} m/s로 수평 북쪽으로 이동하는 양성자의 가속도를 구하여라.

18.3 자기력의 응용

21. •• 전자가 $-x$ 방향인 3.40 T의 균일한 자기장을 통해 2.5×10^{5} m/s의 속도로 $+y$ 방향으로 이동한다. 물음에 답하여라.

(a) 전자에 가해지는 자기력의 크기와 방향을 구하여라.

(b) 전자에 가해지는 알짜힘이 0일 때, 전기장의 크기를 구하여라.

22. •• $+y$ 방향으로 4.50 km/s로 이동하는 양성자가 $+z$ 방향으로 450 mT의 균일한 자기장 영역으로 들어간다. 양성자에 작용하는 알짜힘이 0이 되도록 하는 전기장을 구하여라.

23. • 뮤온은 전하가 $-e$인 아원자 입자이다. 뮤온은 1.5×10^{6} m/s 속도로 거품 상자를 통과하며 1.2 T 자기장에 수직으로 이동한다. 뮤온 경로의 반지름이 1.46 mm라면 뮤온의 질량은 얼마인가? 구한 질량을 전자 및 양성자의 질량과 비교하여라.

24. • 지름 15.0 cm의 사이클로트론이 400 kHz의 진동수로 작동한다. 물음에 답하여라.

(a) 이 사이클로트론은 알파 입자를 어느 정도의 속력으로 가속할 수 있는가?

(b) 사이클로트론의 자기장은 얼마인가?

25. ●● 양성자가 지름 14.5 m의 사이클로트론 주위를 한 바퀴 도는 데 85.0 μs가 걸린다. 사이클로트론의 자기장은 얼마인가?

26. ●● 1.25 T 자기장을 가진 거품 상자를 제작하고 있다. 1.0 keV의 운동 에너지를 가진 다음 입자의 완전한 원형 경로를 관찰하려면 얼마나 커야 하는가?
    (a) 전자   (b) 양성자   (c) 알파 입자

27. ●● 전자레인지의 마그네트론의 자기장의 세기는 얼마인가? (힌트: 18.3절의 전자레인지에 대한 설명 참조)

28. ●● 저마늄(반도체)의 전도 전자의 밀도는 2.01×10^{24} m^{-3}이다. 1.25 T의 자기장에서 0.150 mm 두께의 막대를 사용하여 저마늄에서 홀 효과가 관찰된다. 2.0 mV의 홀 전위차를 생성하기 위해 막대에 필요한 전류를 구하여라.

29. ●● 자기장을 측정하는 데 사용하는 홀 효과 장치에 2.00 μm 두께의 구리 막대를 제작하여 걸었다. 막대에 흐르는 전류가 500 mA인 경우, 홀 전위차가 다음과 같을 때 수직 자기장을 구하여라.
    (a) 1.0 μV   (b) 1.0 mV

18.4 도선에 작용하는 자기력

30. ●● 구리 도선의 지름이 0.150 mm이고 길이는 10.0 cm이다. 이 도선은 수평면에 있고 2.75 A의 전류가 흐른다. 중력에 대항하여 도선을 띄우기 위해 필요한 자기장의 크기와 방향을 구하여라.

31. ●●● 한 변의 길이가 20 cm인 정사각형 도선 고리가 xy평면에 놓여 있으며, 각 변은 x축과 y축에 평행하다. 고리는 15회 감겨 있고 고리 주위에 시계 방향으로 300 mA의 전류가 흐른다. 0.50 T의 균일한 자기장이 다음 방향을 따라 왼쪽 아래에서 오른쪽 위까지 있을 때, 고리에 작용하는 돌림힘을 구하여라.
    (a) +z축 방향   (b) +x축 방향   (c) 사각형의 대각선

32. ●●● 각 변의 길이가 10 cm, 10 cm, $10\sqrt{2}$ cm인 직각삼각형 모양의 닫힌 도선 고리가 있다. 고리는 xy평면에 있으며, 한 꼭짓점을 원점으로 잡고 x축과 y축을 따라 짧은 변을 둔다. 고리에는 시계 방향으로 250 mA의 전류가 흐른다. +z 방향에서 0.75 T의 균일한 자기장이 있을 때, 고리의 세 변에서 각각의 힘과 알짜힘을 구하여라.

33. ●● 지구 자기장의 크기가 5.0×10^{-5} T이고, 편위 0°, 경위 70°인 장소에 있다. 전류 1.8 A를 수평 방향으로 흐르는 1.0 m 길이의 도선에서 자기력을 구하여라.

    (a) 남쪽에서 북쪽   (b) 서쪽에서 동쪽

34. ● 지름 28 cm의 150회 감긴 원형 도선 고리에 1.5 A가 흐른다. 코일의 자기 쌍극자 모멘트를 구하여라.

35. ●● 1.50 m 길이의 도선이 있고 고리 전류가 650 mA일 때, 자기 쌍극자 모멘트가 9.70×10^{-3} A·m^{2}인 원형 코일을 만들려고 한다. 코일의 반지름과 감긴 횟수를 구하여라.

36. ●● 전기 모터의 전기자에 1,500회 감긴 지름 15.0 cm의 원형 코일이 있다. 코일의 전류가 12.0 A일 때, 최대 25.0 N·m의 돌림힘을 생성하는 데 필요한 자기장을 구하여라.

18.5 자기의 근원

37. ●● 간격이 가까운 2개의 평행한 도선에 서로 반대 방향으로 1.25 A와 1.75 A의 전류가 흐른다. 한 쌍의 도선으로부터 5.0 cm 떨어진 거리에서의 자기장을 구하여라.

38. ●● 2개의 긴 평행선에 서로 반대 방향으로 3.0 A가 흐르며, 두 도선 사이의 거리는 1.5 cm이다. 물음에 답하여라.
    (a) 도선 사이의 중심에서 자기장을 구하여라.
    (b) 한 도선으로부터 1.5 cm, 다른 도선으로부터 3.0 cm 떨어진 두 도선과 동일한 평면의 한 지점에서 자기장을 구하여라.
    (c) 도선 사이에 상호로 작용하는 힘은 인력인가, 척력인가?

39. ●● 8.6 mm 떨어져 있는 평행한 두 도선에 같은 방향으로 12 A의 전류가 흐른다. 각 도선에서 단위 길이당 자기력의 크기와 방향을 구하여라.

40. ●●● 한 변의 길이가 2.0 cm인 정사각형의 각 변에 4개의 긴 평행선이 놓여 있다. 각 도선에는 같은 방향으로 2.5 A의 전류가 흐른다. 물음에 답하여라.
    (a) 정사각형의 중심에서 자기장은 얼마인가?
    (b) 각 도선의 단위 길이당 자기력은 얼마인가?

41. ● 지름 8.0 cm의 원형 도선 고리 2개가 서로 바로 위에 놓여 있다. 각 고리에 다음과 같이 5.0 A의 전류가 흐를 때, 원형 고리의 중심에서 자기장을 구하여라.
    (a) 같은 방향   (b) 서로 반대 방향

42. ●●● 그림 P18.42에서 다음의 알짜 자기력을 구하여라.
    (a) 직사각형 고리
    (b) 직선 도선
    (c) 직사각형 고리에서 전류가 반대 방향으로 흐를 때, (a)와 (b)의 알짜 자기력

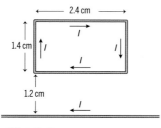

그림 P18.42

43. •• 길이가 20 cm이고 감긴 횟수가 4,000인 솔레노이드가 있다. 이 솔레노이드 내부에는 길이가 20 cm이지만 2,000회 감긴 두 번째 솔레노이드가 있다. 물음에 답하여라.

(a) 각 솔레노이드에 2.5 A 전류가 같은 방향으로 흐를 경우, 내부 솔레노이드의 내부 자기장은 얼마인가?

(b) 두 솔레노이드에 서로 반대 방향으로 2.5 A의 전류가 흐를 경우, 내부 솔레노이드의 내부 자기장은 얼마인가?

(c) (a)와 (b)의 각 경우, 두 솔레노이드 사이의 공간에서 자기장은 얼마인가?

18장 질문에 대한 정답

단원 시작 질문에 대한 답

오로라는 태양에서 온 전하를 띤 입자가 지구 자기장에 갇혀 있다가 대기권으로 들어올 때 발생한다. 오로라는 지구의 자기력선이 한 극에서 주로 나타나고 다른 극에서 지구로 돌아오기 때문에 발생한다.

확인 질문에 대한 정답

18.2절 (d)

18.3절 (a) 수직 위쪽

18.4절 (f) 아래쪽

18.5절 (c) 4.0 A

전자기 유도와 교류

Electromagnetic Induction and Alternating Current

학습 내용

✔ 전자기 유도를 정성적으로 설명하기

✔ 패러데이의 법칙을 이용하여 유도를 정량적으로 설명하기

✔ 렌츠의 법칙이 에너지 보존과 어떻게 관련되어 있는지 설명하기

✔ 패러데이의 법칙을 운동 기전력에 적용하기

✔ 발전기와 변압기 설명하기

✔ 인덕턴스와 유도기 이해하기

✔ 교류 회로에서 저항기, 축전기, 유도기의 동작 설명하기

✔ *RLC* 회로의 공명하는 동작 설명하기

▲ **cos ∅**는 무엇이며, 이것이 5천만 명의 사람들을 블랙아웃시킨 2003년의 정전과 무슨 상관이 있는가?
대체 질문: 교류가 전력 분배에 거의 보편적으로 사용되는 이유는 무엇인가?

이 장에서는 전기와 자기 사이의 근본적인 관계를 포함하는 전자기 유도 과정을 소개한다. 발전기, 변압기 및 유도기를 포함한 실제 용도를 알 수 있다. 유도기는 기본 회로 소자인 저항기 및 축전기와 함께 연결하여 사용한다. 교류(AC) 회로를 소개하면서 이 세 가지 회로 구성 요소 모두의 고유한 성질을 처음에는 개별적으로, 그다음에는 결합하여 보여 주며 이 장을 마무리하겠다.

19.1 유도와 패러데이의 법칙

18장에서 전기 현상과 자기 현상이 어떻게 밀접한 관련이 있는지 살펴보았다. 전류는 자기장을 발생시키고, 자기장은 움직이는 전하에 영향을 준다. 이러한 긴밀한 관계를 고려할 때, 또 다른 질문을 해 보는 것은 당연한 일이다. 전류가 자기장을 생성하면 자기장이 전류를 생성할 수 있는가? 답은 '그렇다'이며, 이 현상을 **전자기 유도**(electromagnetic induction)라 한다. 이 절에서는 유도가 어떻게 이루어지는지 살펴보고 유도의 몇 가지 결과와 응용 분야에 대해 알아보겠다.

전자기 유도는 1831년 영국의 마이클 패러데이(Michael Faraday, 1791~1867)와 미국의 조셉 헨리(Joseph Henry, 1797~1878)에 의해 관찰되었다. 두 사람 모두 자기가 전류에서 비롯된다는 외르스테드의 초기 연구 결과를 알고 있었고(18.5절), 자

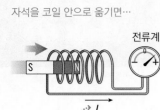

자석을 코일 안으로 옮기면…

… 코일에 전류가 발생한다.

(a)

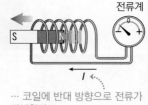

코일에서 자석을 꺼내면…

… 코일에 반대 방향으로 전류가 발생한다.

(b)

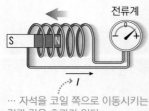

코일을 자석 쪽으로 옮기면…

… 자석을 코일 쪽으로 이동시키는 것과 같은 효과가 있다.

(c)

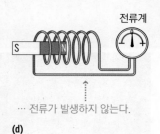

코일 안에 자석이 멈춰 있으면…

… 전류가 발생하지 않는다.

(d)

그림 19.1 자기 유도: 자석의 운동은 코일에 전류를 유도한다.

기장이 전류를 생성할 수 있는지 알아보고자 하였다. 패러데이의 연구는 더 광범위했고, 그가 먼저 발표하였기 때문에 그의 이름은 유도와 관련되어 자주 나온다. 헨리는 유도의 실용적인 용도를 연구하였으며 19세기 미국 물리학에서 가장 중요한 인물 중 한 명으로 꼽힌다. 헨리는 스미스소니언 협회의 첫 번째 총무였으며 국립 과학 아카데미의 창립 멤버였다.

전자기 유도의 설명

유도를 관찰하려면 자석, 도선 코일, 전류계만 있으면 된다. 코일을 통해 자석을 움직이면 코일에 **유도 전류**(induction current)가 흐르는 것을 확인할 수 있다(그림 19.1). 자석과 코일의 상대적인 움직임만 중요하며, 움직임이 반대일 때는 유도 전류의 방향이 반대이다. 자석과 코일의 상대적인 움직임이 없으면 유도 전류가 발생하지 않는다.

상대적인 움직임, 즉 보다 일반적으로 자기의 변화는 전자기 유도에 필수적이다. 그 이유를 이해하고 전자기 유도를 정량적으로 알아보기 위해 먼저 자기선속의 개념을 소개하겠다.

자기선속

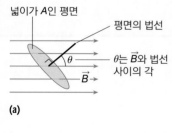

넓이가 *A*인 평면

평면의 법선

θ는 $\vec{B}$와 법선 사이의 각

$\vec{B}$

(a)

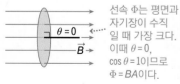

선속 Φ는 평면과 자기장이 수직일 때 가장 크다. 이때 $\theta = 0$, $\cos\theta = 1$이므로 $\Phi = BA$이다.

$\theta = 0$

$\vec{B}$

(b)

선속은 평면과 자기장이 평행할 때 0이다. 이때 $\theta = 90°$, $\cos\theta = 0$이므로 $\Phi = 0$이다.

$\theta = 90°$

$\vec{B}$

(c)

그림 19.2 자기선속

그림 19.2는 **자기선속**(magnetic flux)을 보여 준다. 자기선속은 면을 통과하는 벡터에 관한 개념으로, 자기장뿐만 아니라 전기장, 중력장, 유체 흐름의 흐름 속도에도 적용할 수 있다. 넓이 *A*의 평면을 통과하는 크기 *B*의 균일한 자기장의 자기선속은 다음과 같다.

$$\Phi = BA \cos\theta \quad \text{(균일한 자기장에서 자기선속, SI 단위: Wb)} \quad (19.1)$$

여기서 θ는 자기장과 평면에 대한 법선 사이의 각도이다(그림 19.2a). 'flux'는 라틴어 '흐르다'에서 따온 것이다. 평면을 통과하는 자기력선 수에 따라 자기선속을 시각화할 수 있다. 자기선속 식에 $\cos\theta$가 있는 이유가 바로 여기에 있다. 주어진 자기장의 경우, 자기장이 평면에 수직인 상태에서 자기선속이 최대이다(그림 19.2b). 이 경우 자기장과 평면에 대한 법선 사이의 각도는 0이며, $\cos \theta = = \cos(0) = 1$이고, 자기선속은 $\Phi = BA$이다. 자기장이 평면과 평행한 경우, $\cos \theta = \cos(90°) = 0$이고 자기선속은 0이다(그림 19.2c). 이는 평면을 통과하는 자기력선이 없기 때문이다.

예를 들어, 4.0T 자기장이 한 변이 0.10 m인 정사각형 평면에 수직으로 통과하면 자기선속은 다음과 같다.

$$\Phi = BA \cos \theta = (4.0 \text{ T})(0.10 \text{ m})^2 \cos(0) = 0.040 \text{ T·m}^2$$

자기선속의 SI 단위는 웨버(Wb)이며, $1 \text{ Wb} = 1 \text{ T·m}^2$이므로 답은 0.040 Wb로 나타낼 수 있다. 동일한 자기장이 법선과 45° 각도를 이루면 자기선속은 다음과 같이 감소한다.

$$\Phi = BA \cos \theta = (4.0 \text{ T})(0.10 \text{ m})^2 \cos(45°) = 0.028 \text{ T·m}^2 = 0.028 \text{ Wb}$$

▶ **TIP** 자기선속은 자기장의 세기, 평면의 넓이와 자기장과 법선 사이의 각도에 의존한다.

패러데이의 법칙

자기선속의 개념은 전자기 유도의 정량적 설명인 **패러데이의 법칙**(Faraday's law)에 사용된다. 그림 19.1의 자석과 코일을 다시 한 번 그려 보자. 패러데이의 법칙의 가장 간단한 표현은 코일에서 유도되는 기전력 ε과 코일을 통한 자기선속의 변화와 관련이 있다.

$$\varepsilon = -N \frac{\Delta \Phi}{\Delta t} \quad \text{(패러데이의 유도 법칙, SI 단위: V)} \qquad (19.2)$$

여기서 Φ는 감긴 코일을 통한 자기선속이고 N은 감긴 횟수이다. 기전력(emf)은 전위차와 비슷하며, 볼트(V)로 측정된다는 것을 기억하여라.

패러데이의 법칙에서 음의 부호는 매우 중요하다. 이는 유도 기전력이 자기선속의 변화에 반대한다는 것을 보여 준다. 이 사실은 **렌츠의 법칙**(Lenz's law)이라는 고유한 이름이 있을 정도로 중요하다. 그림 19.3은 렌츠의 법칙이 어떻게 작동하는지를 보여 주며, 전략 19.1은 이를 적용하는 데 도움이 된다.

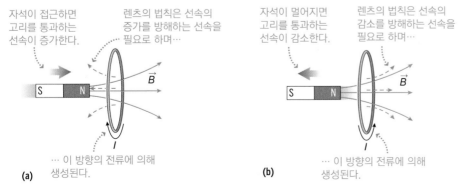

그림 19.3 유도 전류의 방향 구하기

패러데이의 법칙에 따르면 자기선속이 바뀔 때마다 기전력이 발생한다. 자기선속은 $\Phi = BA \cos \theta$의 세 가지 요인을 갖는다. 따라서 이러한 요소 중 하나라도 변하면 자속도 변한다.

- 자기장의 세기 B의 변화(증가 또는 감소)
- 넓이 A의 변화
- 각도 θ의 변화

이 장 전체에서 각 항목의 예를 볼 수 있다. 패러데이의 법칙은 기본적으로 기전력에 관한 것이다. 닫힌 회로가 존재하면 유도 전류가 흐른다. 이 값은 회로의 저항 R에 대해 $I = \varepsilon/R$(18장)로 주어진다. 전류의 크기를 구하는 경우, 패러데이의 법칙에서 음의 부호를 무시하고 전략 19.1을 사용하여 전류의 방향을 구할 수 있다.

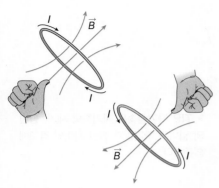

그림 19.4 전류 전달 코일로 인한 자기장 방향을 구하는 데 사용되는 오른손 규칙

전략 19.1 렌츠의 법칙 적용

렌츠의 법칙에 따르면 자기선속의 변화에 의해 유도된 전류는 자기선속의 변화에 반대한다. 18장에서 평면 코일에 흐르는 전류가 오른손 규칙에 따라 코일 평면에 수직인 자기장을 생성한다는 것을 기억하여라(그림 19.4). 이 유도 전류로부터의 자기선속은 자속의 원래 변화를 방해하는 것이다.

렌츠의 법칙을 적용하려면 먼저 자기선속이 증가하고 있는지 아니면 감소하고 있는지 확인한 후 다음을 따른다.

1. 자기선속이 증가하는 경우, 유도 전류는 원래 자기선속과 반대 방향으로 자기선속을 생성하여 증가를 상쇄한다. 유도 전류가 자기선속 증가를 방해하기 위해 유도된다고 생각한다(그림 19.3a).
2. 자기선속이 감소하는 경우, 유도 전류는 원래의 자기선속과 동일한 방향으로 자기선속을 생성하여 감소를 방지한다. 유도 전류가 잃게 되는 자기선속을 유지하려 한다고 생각한다(그림 19.3b).

개념 예제 19.1 렌츠의 법칙

원형 도선 고리에 수직인 자기장으로 그림 19.5에 나타낸 각 경우를 고려하자. 렌츠의 법칙을 사용하여 각 유도 전류의 방향을 구하여라.

풀이 (a) 자기장이 종이 안쪽으로 들어오는 방향이며, 증가하고 있다. 종이 안쪽으로 자기선속의 증가를 방해하기 위해 유도 전류는 시계 반대 방향으로 흐르게 되어 종이 밖으로 자기선속이 생성된다.

(b) 자기장이 종이 밖으로 나오는 방향이며, 감소하고 있다. 이러한 감소를 방지하기 위해 유도 전류는 시계 방향으로 흐르

며, 종이 안쪽 방향으로 자기선속을 생성하여 선속의 감소에 대응한다.

(c) 자기장이 종이 밖으로 나오는 방향이며, 증가하고 있다. 종

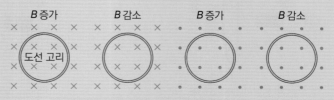

그림 19.5 렌츠의 법칙과 관련된 네 가지 상황

이 밖으로 자기선속이 증가하는 것을 방해하기 위해 유도 전류는 시계 방향으로 흐르며 종이 안쪽으로 자기선속이 생성된다.

(d) 자기장이 종이 밖으로 나오는 방향이고, 감소하고 있다. 종이 밖으로 자기선속 감소를 방지하기 위해 유도 전류는 시계

반대 방향으로 흐르며 종이 밖으로 자기선속을 생성하여 선속에 대응한다.

반영 유도 전류는 자기선속의 증가 또는 감소 여부에 따라 두 가지 방향으로 흐를 수 있다.

예제 19.2 유도 전류

15회 감긴 코일이 코일 평면에 수직인 1.25 T의 균일한 자기장 내에 놓여 있다. 코일의 저항은 7.40 Ω이고 넓이는 0.0120 m² 이다. 자기장이 3.50초에 걸쳐 2.85 T까지 일정하게 증가할 경우, 코일의 유도 전류는 얼마인가?

구성과 계획 개략도가 그림 19.6에 나와 있다. 유도 기전력 ε은 패러데이의 법칙(식 19.2) $\varepsilon = -N\Delta\Phi/\Delta t$에 의해 주어진다. 여기에서는 전류의 크기 $I = |\varepsilon|/R$에만 관심이 있다.

알려진 값: $R = 7.40\ \Omega$, $\Delta t = 3.50$ s, $A = 0.0120$ m², 처음 $B_0 = 1.25$ T, 나중 $B = 2.85$ T

풀이 패러데이의 법칙을 이용하여 전류를 구하면 다음과 같다.

$$I = \frac{|\varepsilon|}{R} = \frac{N\Delta\Phi}{R\Delta t}$$

자기선속은 $\theta = 0$, 즉 $\cos 0 = 1$이므로 $\Phi = BA\cos\theta = BA$이

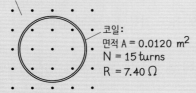

B는 1.25 T에서 2.85 T로 증가한다.

코일:
면적 A = 0.0120 m²
N = 15 turns
R = 7.40 Ω

그림 19.6 예제 19.2에 대한 개략도

다. 코일의 넓이는 변하지 않으므로 $\Delta\Phi = \Delta(BA) = A\Delta B$이다. 따라서 주어진 값을 대입하여 다음을 얻는다.

$$I = \frac{NA\Delta B}{R\Delta t} = \frac{(15)(0.0120\ \text{m}^2)(2.85\ \text{T} - 1.25\ \text{T})}{(7.40\ \Omega)(3.50\ \text{s})}$$
$$= 0.0111\ \text{A} = 11.1\ \text{mA}$$

반영 SI 단위를 일관되게 사용했기 때문에 단위는 암페어(A)가 되어야 한다. 만약을 위해 처음에는 단위가 m²·T/Ω·s로 표시된다는 점을 유의하여라. 이제 18장으로부터 1 T = 1 N/(A·m)임을 기억하여라. 이를 대입하면 다음과 같이 단위가 정리된다.

$$\frac{\text{m}^2 \cdot (\text{N}/(\text{A} \cdot \text{m}))}{\Omega \cdot \text{s}} = \frac{\text{N} \cdot \text{m}}{\text{A} \cdot \Omega \cdot \text{s}}$$

그러나 옴의 법칙에 따라 1 A·Ω = 1 V(17장), 1 N·m = 1 J(5장)을 사용하여 단위를 J/V·s로 고친다. 마지막으로 16장에서 1 V = 1 J/C이므로 예상한 대로 단위는 J/(J/C)·s = C/s = A가 된다.

연결하기 이제 자기장이 2.85 T에서 1.25 T로 감소하면 어떻게 되는가?

답 유도 전류는 동일한 크기를 가지지만 렌츠의 법칙에 따라 반대 방향으로 흐른다.

확인 19.1절 다음 네 고리를 통과하는 자기선속을 큰 순서대로 나열하여라.

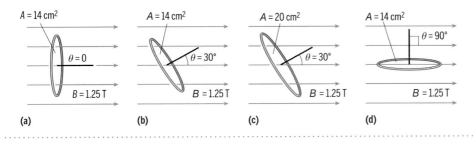

(a) A = 14 cm², θ = 0, B = 1.25 T
(b) A = 14 cm², θ = 30°, B = 1.25 T
(c) A = 20 cm², θ = 30°, B = 1.25 T
(d) A = 14 cm², θ = 90°, B = 1.25 T

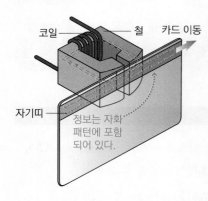

현재 많은 현대식 건물은 열쇠로 잠금 장치를 돌리는 대신 카드 판독기로 출입을 하는 도어 잠금 시스템을 사용하고 있다. 이 그림은 카드를 판독할 때 카드의 자기띠가 철심에 감긴 코일을 통과한다는 것을 보여 준다. 자화 패턴이 변경되면 코일에 유도 전류가 흐르고 전자 회로가 디코딩되어 자기대의 정보가 노출된다. 디코딩된 정보가 카드 홀더에 출입이 허가된 것으로 나타나면 전기 회로가 도어의 잠금을 해제한다.

19.2 운동 기전력

운동 기전력(motional emf)은 자기장을 통과하는 도체에서 유도되는 기전력이다. 그림 19.1d에서 자석 근처에서 움직이는 코일의 예를 이미 보았다. 여기에서는 다른 예제와 몇 가지 실용적인 응용 프로그램에 대해 설명한다.

유도 기전력, 전류 및 에너지 보존

그림 19.7은 L만큼 떨어진 병렬 전도 레일 2개가 저항 R에 의해 전기적으로 연결되어 있고, 레일은 슬라이드가 자유로운 도체 막대를 받치고 있다. 여기서 도체 막대는 v의 속력으로 오른쪽으로 이동한다. 균일한 자기장 $\vec{B}$는 레일 평면에 수직으로 종이 안쪽을 가리킨다.

도체 막대가 오른쪽으로 이동하면 닫힌 직사각형의 넓이가 증가하고, 따라서 회로를 통과하는 자기선속도 증가한다. 이는 유도 전류 $I = \varepsilon/R$을 구동하는 기전력 ε을 유도한다. 렌츠의 법칙에 따르면 유도 전류가 고리 주위를 시계 반대 방향으로 흐르면서 넓이 증가로 인한 자기선속 증가에 반대하는 자기선속을 생성해야 한다. 유도 전류는 자속의 변화율에 따라 달라지며, 자속의 변화율은 막대의 속력 v에 따라 달라진다. 도체 막대가 레일의 왼쪽 끝에서 거리 x만큼 떨어진 경우 자기선속은 $\Phi = BA = BLx$이다. 따라서 막대가 거리 Δx만큼 미끄러질 때 자속의 변화는 $\Delta\Phi = BL\Delta x$이다. 시간이 Δt만큼 걸린다면 패러데이의 법칙에 의해 다음이 성립한다.

$$\varepsilon = -\frac{\Delta\Phi}{\Delta t} = -\frac{BL\Delta x}{\Delta t} = -BLv$$

여기서 속력은 $v = \Delta x/\Delta t$이다. 따라서 유도 전류는 다음과 같다.

$$I = \frac{|\varepsilon|}{R} = \frac{BLv}{R} \quad \text{(운동 기전력에 대한 유도 전류, SI 단위: A)} \quad (19.3)$$

전류는 렌츠의 법칙에 따라 시계 반대 방향으로 흐른다. 따라서 그림 19.8a와 같이 이동하는 막대의 전류는 위쪽을 향한다. 18.4절에서 자기장 속에서 전류가 흐르는 도선은 힘을 받게 된다는 것을 기억하여라. 오른손 규칙에 따르면 그 힘은 왼쪽을 향하고, 그 힘의 크기는 식 18.6 $F = ILB$이다. 이때 전류 I는 식 19.3에 의해 주어진다. 이 왼쪽 방향의 힘은 동일한 크기의 오른쪽 방향의 힘으로 균형을 맞추지 않는 한 막대의 속력을 늦출 수 있다(그림 19.8b).

막대를 당길 때 소비하는 역학적 일률과 유도 전류와 관련된 전력을 비교하는 것이 유용하다. 5장(식 5.23)부터 힘 F가 속력 v의 물체에 작용할 때 사용되는 일률은 $P = Fv$이다. 여기서 $F = ILB$를 사용하면 다음을 얻는다.

$$P = Fv = ILBv = \frac{B^2L^2v^2}{R} \quad \text{(역학적 일률)}$$

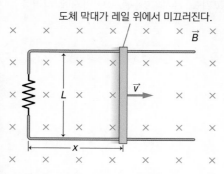

그림 19.7 운동 기전력 분석을 위한 미끄러지는 도체 막대 장치

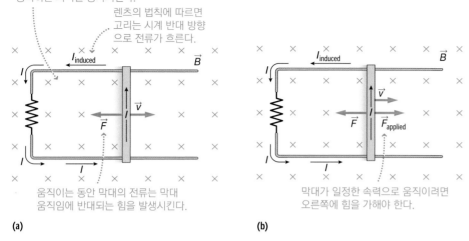

그림 19.8 막대의 힘 분석

여기서 전류 I에 대한 식 19.3을 사용하였다. 한편, 17장(식 17.11)으로부터 전력은 $P = I^2R$이므로 다음이 성립한다.

$$P = I^2R = \frac{B^2L^2v^2}{R} \quad \text{(전력)}$$

따라서 막대를 당기는 외력에 의해 공급되는 역학적 일률은 생성된 전력과 동일하다. 이는 우연이 아니다. 외부에서 도체 막대를 잡아당기는 일이 전기 에너지로 변환되고, 결국 저항기를 가열하게 된다. 여기 에너지 소모의 놀라운 예가 있다. 역학적 현상과 전자기적 현상을 연결하는 것이다. 이 예는 또한 전자기 유도가 전력을 생성하는 데 어떻게 유용할 수 있는지를 알려 준다. 19.3절에서 발전에 대해 자세히 알아보겠다.

예제 19.3 유도 전류, 힘, 일률

그림 19.7의 레일이 간격은 $L = 10$ cm이고 $R = 1.2\,\Omega$이며 장치가 균일한 2.2 T 자기장에 있다고 가정하자. 물음에 답하여라.

(a) 막대가 2.0 cm/s로 이동할 때 유도 전류를 구하여라.

(b) (a)의 속력으로 막대가 계속 움직이는 데 필요한 힘을 구하여라.

(c) (a)의 속력을 유지하는 데 필요한 역학적 일률과 전기 에너지가 생성되는 비율(전력)을 구하여라.

구성과 계획 상황에 대한 개략도가 그림 19.9에 나와 있다. 유도 전류는 식 19.3 $I = \varepsilon/R = BLv/R$를 따른다. 알려진 전류의 경우 필요한 힘은 $F = ILB$이다. 본문에서 설명한 것처럼 역학적 일률과 전기적 일률은 동일하며, 둘 다 $P = B^2L^2v^2/R$으로 주어진다.

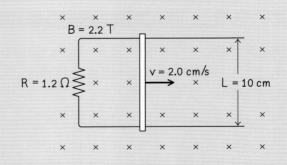

그림 19.9 예제 19.3에 대한 개략도

알려진 값: $R = 1.2\,\Omega$, $L = 10$ cm, $B = 2.2$ T

풀이 (a) 유도 전류는 다음과 같이 계산된다.

$$I = \frac{BLv}{R} = \frac{(2.2 \text{ T})(0.10 \text{ m})(0.020 \text{ m/s})}{1.2 \ \Omega} = 0.0037 \text{ A} = 3.7 \text{ mA}$$

(b) 힘은 다음과 같다.

$$F = ILB = (0.0037 \text{ A})(0.10 \text{ m})(2.2 \text{ T}) = 8.1 \times 10^{-4} \text{ N}$$

(c) 본문에서 보았듯이 역학적 일률과 전기적 일률은 둘 다 다음과 같이 계산한다.

$$P = \frac{B^2 L^2 v^2}{R} = \frac{(2.2 \text{ T})^2 (0.10 \text{ m})^2 (0.020 \text{ m/s})^2}{1.2 \ \Omega} = 1.6 \times 10^{-5} \text{ W}$$

반영 전력이 16 μW에 불과하다! 상당한 전력을 생산하려면 훨

씬 더 큰 장치나 좀 더 나은 설계가 필요하다. 19.3절에서 더 나은 설계를 확인할 수 있다.

··

연결하기 막대를 당기는 것을 멈추는 경우, 운동이 어떻게 변하는지 설명하여라.

답 유도 전류는 미끄러지는 레일에 왼쪽 방향의 힘을 생성하므로 속력이 느려진다. 이렇게 하면 유도 전류가 감소한다. 막대는 여전히 느려지지만 점점 더 느린 속력으로 서서히 완전히 정지한다.

운동 기전력의 응용

자기장 내로 이동하는 고체 전도성 물질은 자속의 변화를 갖게 되어 물질에 이른바 **맴돌이 전류**(eddy current)를 유도한다(그림 19.10). 전기 저항은 열을 발생시키며, 열에너지는 궁극적으로 물질의 운동에서 비롯된다. 예제 19.3의 '연결하기'에 있는 막대와 마찬가지로 이동하는 물질은 외력이 지속되지 않는 한 속력이 느려진다.

자기 브레이크(magnetic brake)는 이 원리를 활용하여 롤러코스터에서 원형 톱, 지하철 열차까지 다양한 장치를 감속시킨다. 일반적으로 맴돌이 전류는 브레이크가 따뜻해지면 운동 에너지를 임의의 열에너지로 전환한다. 전기 에너지를 포착하여 저장하는 것도 가능하다. 하이브리드 자동차를 제동할 때 운동 에너지가 배터리에 저장되는 전기 에너지로 전환되는 것이 바로 이런 방식이다. 일부 지하철 시스템은 동일한 접근 방식을 사용하는데, 열차가 역에 접근할 때 에너지를 포착하여 축전기에 잠시 저장한 다음, 열차가 역을 떠날 때 그 에너지를 사용하여 가속한다.

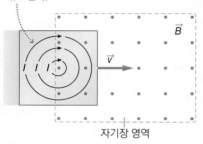

금속판이 자기장에 들어가면 판를 통과하는 자속이 증가하여 시계 방향으로 전류가 유도된다.

자기장 영역

그림 19.10 고체 금속판이 자기장에 들어갈 때 맴돌이 전류가 발생하여 운동 에너지가 감소한다. 렌츠의 법칙에 따르면 전류는 시계 방향으로 흐른다.

개념 예제 19.4 낙하하는 자석

고전적인 시연에서는 막대자석을 비자성 금속관에 떨어뜨렸다. 자석이 관을 통해 천천히 떨어지는 이유를 설명하여라. 자석의 방향이 중요한가?

풀이 이것은 그림 19.1과 본질적으로 동일한 유도 과정이지만 자석이 수직으로 움직인다. 자석이 떨어지면 관의 자속이 변화하여 전도성 관에 전류를 유도한다(그림 19.11). 렌츠의 법칙에 따르면 유도 전류는 떨어지는 자석에 위쪽으로 힘을 발생시키는 반대 자기장을 설정하여 운동을 지연시킨다. 어떤 극이 바닥에 있는지는 중요하지 않다. 어느 쪽이든 유도 전류는 자속 변화에 방대하여 위쪽으로 힘이 주어진다.

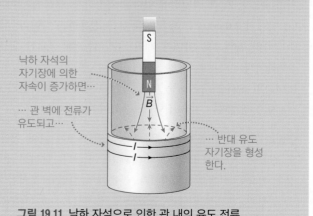

낙하 자석의 자기장에 의한 자속이 증가하면…

… 관 벽에 전류가 유도되고…

… 반대 유도 자기장을 형성한다.

그림 19.11 낙하 자석으로 인한 관 내의 유도 전류

반영 이것은 인상적인 시연이다. 강한 자석이 2m 길이의 관을 통해 떨어지는 데는 10초가 걸린다. 한 물체가 같은 거리를 자유낙하로 떨어지는 것은 1초도 걸리지 않을 것이다!

그림 19.7의 장치는 역학적 에너지를 전기 에너지로 전환한다. 그림 19.12와 같이 반대로 하면 전기 에너지를 역학적 에너지로 전환할 수 있다. 이것은 **선형 전기 모터**(linear electric motor)의 한 예이며, 더 발전된 버전으로 일부 연구용 고속 열차를 운전하는 예를 들 수 있다. 이 장치를 미끄러지는 막대에 가해지는 힘으로 오른쪽으로 가속시키는 **레일 건**(rail gun)으로 사용할 수도 있다. 이러한 장치는 달에서 채굴된 물질을 지구를 향해 다시 발사하기 위해 제안되었다. 그러나 가속은 제한된 시간 동안만 발생한다. 막대가 충분히 빠르게 이동하면 유도 전류가 배터리의 전류를 상쇄하고, 이때부터 막대의 속력은 일정해진다.

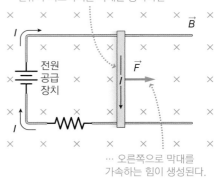

전원 공급 장치에서 시계 방향으로 흐르는 전류가 미끄러지는 막대를 통과하면…

… 오른쪽으로 막대를 가속하는 힘이 생성된다.

그림 19.12 선형 모터 또는 레일 건의 원리

▶ 새로운 개념 검토

- 자속이 변화하면 유도 전류가 흐르고 기전력이 유도된다(패러데이의 법칙).
- 유도 전류의 방향은 자속의 변화를 방해하는 역할을 한다(렌츠의 법칙).
- 운동 기전력은 자기장을 통과하는 도체에서 생성된다.
- 유도 과정은 역학적 에너지를 전기 에너지로 전환할 수 있다.

확인 19.2절 그림 19.7의 미끄러지는 레일이 왼쪽으로 이동한다고 가정하자. 고리에 유도되는 전류의 방향은 무엇인가?
(a) 시계 방향   (b) 시계 반대 방향   (c) 0

19.3 발전기와 변압기

유도는 전력 시스템에서 중심적인 역할을 한다. 여기에서는 유도가 모든 전력을 생산하고 장거리 전력 전송을 위해 전위차를 변환하는 방법을 살펴본다.

발전기

레일에 놓인 막대 장치는 역학적 에너지를 전기 에너지로 전환한다. 개념적으로 간단하고 에너지가 보존된다는 것을 직접적으로 보여 주기 때문에 이 예를 먼저 제시하였다. 그러나 이 장치는 실용적인 전기 발전기가 되지 않을 것이다. 계속해서 막대를 앞뒤로 밀어야 하기 때문이다. 그림 19.13은 더 나은 발전기 설계를 보여 준다. 여기서 역학적 에너지는 자기장에서 도선 코일을 회전시킨다. 역학적 에너지원에는 낙수 수력발전소, 화석연료의 증기터빈, 바이오매스, 원자력 발전소 등이 있다.

▶ 응용

금속 탐지기

보안에 응용되는 대부분의 금속 탐지기는 병렬 코일 2개로 구성된다. 하나는 알려진 시변 전류를 전달하며, 이는 두 번째 코일에 예측 가능한 전류를 유도한다. 금속이 코일 사이를 통과하면 맴돌이 전류가 금속에 유도되어 두 번째 코일을 통과하는 자속이 변화된다. 그 결과 두 번째 코일의 유도 전류가 변화하여 탐지기가 금속이 존재한다는 신호를 보낸다.

발전기는 어떻게 작동하는가? 패러데이의 법칙을 보면 유도 전류는 자속의 변화를 필요로 한다는 것을 알 수 있다. 균일한 자기장에서 식 19.1은 코일의 감은 수 각각을 통한 자속에 대해 $\Phi = BA\cos\theta$로 주어진다. 자기장 B와 넓이 A는 일정하지만 코일이 회전함에 따라 각도 θ는 변화한다. 코일이 등각속도 ω로 회전하면 8장에서 배웠듯이 $\theta = \omega t$이다. 따라서 패러데이의 법칙에서 유도 기전력은 다음과 같이 나타낼 수 있다.

$$\varepsilon = -N\frac{\Delta\Phi}{\Delta t} = -N\frac{\Delta(BA\cos\theta)}{\Delta t} = -NBA\frac{\Delta(\cos(\omega t))}{\Delta t}$$

여기서 N은 코일이 감긴 횟수이다. 미분법에서 순간변화율을 통해 이 식을 다음과 같이 정리할 수 있다.

$$\varepsilon = NBA\omega\sin(\omega t) \quad \text{(회전하는 코일의 유도 기전력, SI 단위: V)} \qquad (19.4)$$

따라서 그림 19.14와 같이 유도 기전력은 시간에 따라 사인 모양으로 변화하며 주기적으로 부호가 변화한다. 이로 인해 **교류**(alternating current, AC)가 발생하여 주기적으로 방향이 바뀐다. 전기 에너지는 송전선을 통해 소비자에게 전달된다. 19.5절과 19.6절에서 교류 회로를 살펴볼 것이다.

그림 19.13의 발전기는 그림 18.25의 전기 모터와 매우 유사하다. 실제로 장치 하나가 두 가지 용도로 사용될 수 있다. 전기 에너지가 역학적 에너지로 사용되면 이것이 모터이다. 역학적 에너지가 전기 에너지로 되는 것은 발전기이다. 일부 응용, 예를 들어 하이브리드 자동차에서는 동일한 물리적 장치가 때로는 발전기로 작동하고 때로는 모터로 작동할 수 있다.

자동차의 교류 발전기(alternator)는 차의 배터리를 충전하는 데 사용되는 작은 AC 발전기이다. 엔진에 연결된 벨트는 교류 발전기의 회전 코일을 회전시킨다. 배터리에는 직류(DC)가 필요하므로 정류기(rectifier)를 사용하여 AC를 DC로 변환한 다음 배터리를 통해 충전한다. 배터리에서 나오는 에너지는 자동차의 시동을 걸기도 하고, 조명과 전자 장치에 동력을 공급하며, 엔진에서 가솔린을 점화하는 스파크 플러그에 에너지를 공급한다. 재충전하지 않으면 이러한 에너지 수요로 인해 배터리가 곧 방전된다.

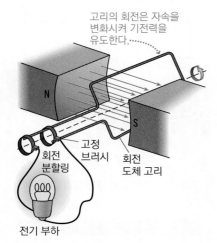

고리의 회전은 자속을 변화시켜 기전력을 유도한다.

그림 19.13 전기 발전기

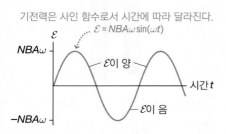

기전력은 사인 함수로서 시간에 따라 달라진다.
$\varepsilon = NBA\omega\sin(\omega t)$

그림 19.14 시간의 함수로서 회전 코일 발전기로부터 기전력

▶ **TIP** 교류는 일반적으로 사인 모양(사인 또는 코사인)의 시간 함수를 따른다.

예제 19.5 AC 전류 발생

북미의 표준 벽면 콘센트에서 사용할 수 있는 AC는 약 170 V의 최대 기전력과 진동수 60 Hz를 갖는다(대부분의 장치는 120 V에서 작동하도록 설계되어 있다. 이는 최댓값이 170 V일 때 한 주기 동안의 평균이다. 그 이유는 19.5절에서 확인할 수 있다). 0.15 T의 균일한 자기장에서 회전하는 넓이가 0.024 m² 인 코일에서 이 기전력을 생성하려면 코일에 몇 회의 도선이 감겨 있어야 하는가?

구성과 계획 식 19.4는 회전 코일의 기전력 $\varepsilon = NBA\omega\sin(\omega t)$를 제공한다. 최대 기전력(여기서 170 V)은 사인 함수가 최댓

값 $\sin(\omega t) = 1$일 때 발생한다. 8장에서 각속도 ω와 진동수 f는 $\omega = 2\pi f$로 관련되어 있다는 것을 기억하여라. 따라서 최대 기전력은 $\varepsilon_{max} = 2\pi NBAf$이다.

알려진 값: $\varepsilon_{max} = 170$ V, $A = 0.024$ m^2, $f = 60$ Hz, $B = 0.15$ T

풀이 감긴 횟수 N을 구하면 다음과 같다.

$$N = \frac{\varepsilon_{max}}{2\pi BAf} = \frac{170 \text{ V}}{2\pi(0.15 \text{ T})(0.024 \text{ m}^2)(60 \text{ Hz})} = 125$$

반영 여기서 SI 단위는 모두 상쇄되고, 감긴 횟수에 대한 단위는 무차원이 된다.

연결하기 자기장이나 넓이가 증가하면 코일의 감긴 횟수에 어떤 영향을 미치는가?

답 B와 A 모두 N에 대한 식의 분모에 있으므로 더 적게 감을 필요가 있다.

변압기

전자기 유도를 사용하는 또 다른 일반적인 장치는 그림 19.15에 나타낸 **변압기**(transformer)이다. **1차 코일**(primary coil)과 **2차 코일**(secondary coil)은 철심에 감겨 있으며, 각각 감긴 횟수는 N_p와 N_s이다. 시간에 따라 변하는 전류가 1차 코일을 통과할 때 코일의 유도 기전력은 $\varepsilon_p = -N_p \Delta\Phi/\Delta t$이며, 여기서 Φ는 1차 코일에서의 자속이다. 철심은 철에 자기장을 집중시켜 동일한 자속 Φ가 2차 코일을 통과하도록 한다. 그러면 2차 코일에서 유도된 기전력은 $\varepsilon_s = -N_s \Delta\Phi/\Delta t$이다. 1차와 2차 기전력은 모두 $-\Delta\Phi/\Delta t$를 포함하므로 기전력 비율 $\varepsilon_s/\varepsilon_p$는 감긴 횟수의 비율 N_s/N_p와 동일하다. 따라서 다음과 같이 나타낸다.

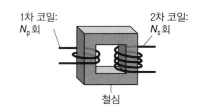

그림 19.15 변압기

$$\varepsilon_s = \varepsilon_p \frac{N_s}{N_p} \quad \text{(변압기 기전력, SI 단위: V)} \quad (19.5)$$

식 19.5에 따르면 코일 비율 N_s/N_p를 선택하여 교류 기전력을 '승압(step up)' 또는 '강압(step down)'할 수 있다. 콘센트의 120 V 기전력이 너무 높기 때문에 많은 장치에 변압기가 내장되어 있다. 예를 들어, 12 V 전원이 필요한 경우 $N_s/N_p = 1/10$의 강압 변압기를 사용할 수 있다.

전봇대 꼭대기에 있는 변압기를 본 적이 있을 것이다. 전력은 일반적으로 높은 전위에서 전송된 다음 가정과 사무실용으로 120 V까지 강압된다. 다음 예제에서 그 이유를 설명할 것이다.

개념 예제 19.6   높은 전위를 이용하는 이유

송전선은 일반적으로 전위가 킬로볼트 이상이다. 전력 송전에서 높은 전위의 이점은 무엇인가?

풀이 17장의 전력, 전류, 전위, 저항의 관계에서 답이 나온다. 가정에서 멀리 떨어진 발전소에서 전력 P를 얻는다고 가정해 보자. 전력을 전달하는 도선의 전류가 I이고 이들 사이에 전위

차 V가 있으면 $P = IV$이고 $I = P/V$이다. 어느 정도의 저항 R을 갖는 송전선 내에서 에너지는 $P_{lost} = I^2 R$의 비율로 소모된다. $I = P/V$임을 이용하여 다음과 같이 나타낼 수 있다.

$$P_{lost} = I^2 R = \left(\frac{P}{V}\right)^2 R = \frac{P^2 R}{V^2}$$

따라서 에너지 손실률은 $1/V^2$에 비례하므로 전위가 높을수록 손실이 감소한다. V를 10배로 늘리면 전송 손실은 100배만큼 줄어든다. 이 분석은 또한 손실된 전력이 송전선 저항에 비례한다는 것을 보여 주므로 저항이 낮은 도선을 사용하는 것이 가장 좋다.

반영 일반적으로 송전선의 길이 및 기타 요인에 따라 약 8%의 전기 에너지가 손실된다. 장거리 송전선은 345 kV 이상에서 작동하는 반면, 도시와 마을 내의 송전선은 일반적으로 3 kV와 115 kV 사이이다.

확인 19.3절 변압기의 1차 코일이 100회 감겼고, 기전력은 120 V이다. 2차 코일에 60 V의 기전력을 사용하려면 2차 코일의 감긴 횟수는 얼마이어야 하는가?
(a) 25 (b) 50 (c) 100 (d) 200 (e) 400

19.4 유도 계수

변압기에서 한 회로의 전류 변화는 다른 회로의 전류를 유도한다. 효과는 상호적이다. 회로 A가 회로 B에 영향을 미치면 회로 B는 회로 A에 영향을 미치므로 **상호 유도 계수**(mutual inductance)라 한다. 그러나 반드시 2개의 회로를 가질 필요는 없다. 그림 19.16에서 알 수 있듯이 회로는 자체적으로 전류를 유도할 수 있는데, 이것이 바로 **자체 유도 계수**(self inductance)이다. 여기에서는 자체 유도 계수를 이용하기 위해 특별히 설계된 소자인 **유도기**(inductor)를 살펴볼 것이다. 인덕터는 일반적으로 여러 번 감긴 도선 코일로 되어 있다.

먼저 유도기의 작동 방식을 정성적으로 설명하겠다. 외부 전원이 그림 19.16의 코일에 전류를 공급한다고 가정하자. 전류가 증가하면 코일을 통과하는 자기선속도 증가한다. 그러면 렌츠의 법칙에 따라 이 변화에 반대하는 유도된 기전력이 생긴다. 이 효과는 전류의 증가율을 낮추는 것이다. 반대로 외부 전류가 감소하면 자기선속도 감소한다. 이 변화에 대응하기 위해 유도된 기전력은 전류가 계속 흐르도록 '도와준다'. 두 경우 결과는 유사하다. 유도는 전류가 변화하는 비율을 제한한다.

자체 유도 계수

자체 유도 계수 L은 전류에 대한 자기선속의 비율로 정의한다. N회 감긴 코일의 경우, 다음이 성립한다.

$$L = \frac{N\Phi}{I} \quad \text{(유도 계수의 정의, SI 단위: H)} \quad (19.6)$$

여기서 Φ는 각 코일을 통한 자기선속이고 I는 코일 내 전류이다. 모양이 고정된 코일의 경우 자기선속은 전류에 비례하며, 전류를 두 배로 하면 자기선속도 두 배가 된

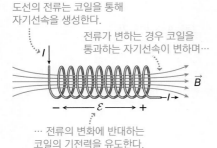

도선의 전류는 코일을 통해 자기선속을 생성한다.

전류가 변하는 경우 코일을 통과하는 자기선속이 변하며…

… 전류의 변화에 반대하는 코일의 기전력을 유도한다.

그림 19.16 자체 유도 계수

다. 따라서 자체 유도 계수 L은 상수이다. 유도 계수의 SI 단위는 조지프 헨리(Joseph Henry)의 이름을 딴 헨리(H)이다. 이것의 정의는 전류에 대한 자기선속의 비율인 유도 계수의 정의에서 따온 것이다.

$$1 \text{ H} = 1 \frac{\text{Wb}}{\text{A}} = 1 \frac{\text{T} \cdot \text{m}^2}{\text{A}}$$

패러데이의 법칙을 적용하여 유도기에서 유도된 기전력을 구할 수 있다. 식 19.6에서 코일을 통한 자기선속의 변화는 전류의 변화와 관련이 있다($N\Delta\Phi = L\Delta I$). 시간 Δt로 나누면 $N(\Delta\Phi/\Delta t) = L(\Delta I/\Delta t)$가 된다. 패러데이의 법칙(식 19.2)에 따르면 유도 기전력 ε에 대해 $N(\Delta\Phi/\Delta t) = -\varepsilon$이다. 따라서 다음이 성립한다.

$$\varepsilon = -N\frac{\Delta\Phi}{\Delta t} = -L\frac{\Delta I}{\Delta t} \quad \text{(유도기 기전력, SI 단위: V)} \qquad (19.7)$$

이제 유도 계수를 전류에 대한 자기선속의 비율(식 19.6) 또는 전류 변화와 관련된 상수(식 19.7)로 생각하는 두 가지 방법이 있다.

솔레노이드의 유도 계수

솔레노이드(18.5절)는 일반적인 유도기이다. 솔레노이드의 유도 계수는 물리적 특성인 단위 길이당 감긴 횟수 n, 단면적 A, 길이 d에 따라 달라진다. 식 18.10으로부터 전류 I가 흐르는 솔레노이드 내부의 자기장은 $B = \mu_0 nI$임을 기억하여라. 따라서 유도 계수의 정의로부터 다음과 같이 나타낸다.

$$L = \frac{N\Phi}{I} = \frac{NBA}{I} = \frac{N(\mu_0 nI)A}{I} = \mu_0 nNA$$

그러나 $n = N/d$에서 $N = nd$이므로 다음을 얻는다.

$$L = \mu_0 n^2 Ad \quad \text{(솔레노이드의 유도 계수, SI 단위: H)} \qquad (19.8)$$

솔레노이드의 유도 계수는 유도기 전류에 의존하지 않고 감긴 횟수(n)와 기하학적 요인 A와 d에 따라 달라진다. 솔레노이드의 유도 계수는 n^2에 비례하므로 감긴 횟수의 밀도가 두 배가 되면 유도 계수는 네 배 증가한다.

예제 19.7 MRI 솔레노이드

MRI에 사용되는 솔레노이드에 길이가 2.4 m, 직경이 94 cm, 초전도선이 1,200회 감겨 있다. 물음에 답하여라.

(a) 유도 계수를 구하여라.

(b) 전류가 0에서 작동 값인 2.3 kA까지 '상승(ramp up)'하는 데 걸리는 시간이 30초일 때, 솔레노이드에서 유도된 기전력의 크기를 구하여라.

구성과 계획 코일의 개략도가 그림 19.17에 나와 있다. 식 19.8은 솔레노이드의 유도 계수로 $L = \mu_0 n^2 Ad$이다. 따라서 패러데이의 법칙(식 19.7)에서 기전력은 $\varepsilon = -L(\Delta I/\Delta t)$이다.

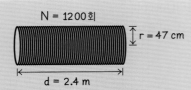

N = 1200회

r = 47 cm

d = 2.4 m

그림 19.17 예제 19.7에 대한 개략도

알려진 값: $d = 2.4\ m$, $N = 1,200$, $r = 47\ cm = 0.47\ m$

풀이 (a) 단위 길이당 감긴 횟수는 다음과 같다.

$$n = \frac{N}{d} = \frac{1,200\,회}{2.4\ m} = 500\,회/m$$

따라서 유도 계수는 다음과 같이 계산한다.

$$L = \mu_0 n^2 A d$$
$$= (4\pi \times 10^{-7}\ \text{T·m/A})(500\ \text{m}^{-1})^2(\pi(0.47\ \text{m})^2)(2.4\ \text{m})$$
$$= 0.5232\ \text{H}$$

(b) 유도 기전력의 크기는 다음과 같다.

$$|\varepsilon| = \left| -L\frac{\Delta I}{\Delta t} \right| = (0.5232\ \text{H})\frac{2.3 \times 10^3\ \text{A}}{30\ \text{s}} = 40.1\ \text{V}$$

반영 여기서 전류 변화는 전원 공급기의 손잡이를 돌려 달성할 수 있는 비율로 발생한다. 그러나 스위치를 닫거나 열거나 AC 전류를 사용하면 훨씬 더 빠른 변화를 얻을 수 있으며, 그에 따라 높은 기전력을 얻을 수 있다.

연결하기 사람들은 큰 유도기가 있는 회로에서 스위치를 열어 전기에 감전되기도 한다. 이유가 무엇인가?

답 스위치를 열면 전류가 빠르게 0으로 떨어지며, 이는 $|\Delta I/\Delta t|$가 크다는 것을 의미한다. L의 값이 크면 식 19.7은 위험할 정도로 높은 기전력을 제공할 수 있다. 회로의 배터리 또는 전원 공급 장치에 적당한 기전력이 있더라도 이 문제가 발생할 수 있다.

유도기 내에 에너지 저장

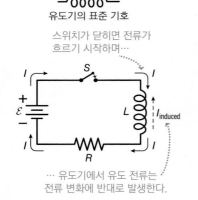

L

유도기의 표준 기호

스위치가 닫히면 전류가 흐르기 시작하며…

$I_{induced}$

… 유도기에서 유도 전류는 전류 변화에 반대로 발생한다.

그림 19.18 전류가 흐르기 시작하는 LR 회로

그림 19.18에서 배터리와 저항기를 인덕터와 직렬로 연결한 상태에서 스위치를 닫으면 어떻게 되는가? 전류의 급격한 변화는 $\Delta I/\Delta t$의 극한을 의미하므로 무한 유도기 기전력은 불가능하기 때문에 전류가 바로 흐르기 시작할 수 없다! 대신 전류는 점진적으로 증가하고 유도기의 기전력은 증가에 반대한다. 배터리는 유도기 기전력에 대항하여 전류를 축적한다. 미적분학에 따르면 유도 계수 L에서 전류 I을 설정하는 데 필요한 일이 $\frac{1}{2}LI^2$이다. 이 일은 어떻게 되는가? 저항기를 통해 전류를 강제로 전달하는 일(열로 방출)과는 달리 유도기에서 전류를 생성하는 일은 전류와 관련된 자기장에 **자기 에너지**(magnetic energy)로 저장된다. 따라서 유도기에 저장된 에너지 U는 다음과 같다.

$$U = \frac{1}{2}LI^2 \quad (\text{유도기 내에 저장된 에너지, SI 단위: J}) \tag{19.9}$$

예를 들어, 예제 19.7의 최대 전류에서 MRI 솔레노이드에는 $U = \frac{1}{2}LI^2 = \frac{1}{2}(0.523\ \text{H})(2.3 \times 10^3\ \text{A})^2 = 1.38\ \text{MJ}$의 에너지가 저장된다.

솔레노이드의 경우 자기장은 $B = \mu_0 n I$이고 유도 계수는 $L = \mu_0 n^2 A d$이다. 이러한 관계를 사용하여 저장된 에너지는 다음과 같다.

$$U = \frac{1}{2}LI^2 = \frac{1}{2}(\mu_0 n^2 A d)\left(\frac{B}{\mu_0 n}\right)^2 = \frac{B^2 A d}{2\mu_0}$$

에너지 밀도(u_B)는 단위 부피당 저장된 에너지이다. 솔레노이드의 부피는 Ad이므

로 $u_B = U/(Ad)$이다. 따라서 다음과 같이 표현할 수 있다.

$$u_B = \frac{B^2}{2\mu_0} \quad \text{(자기장 내에서 에너지 밀도, SI 단위: J/m}^3\text{)} \quad (19.10)$$

솔레노이드에 대해 이 식을 도출했지만 모든 자기장의 에너지 밀도에도 적용된다. 16장에서 배운 전기장의 에너지 밀도 $u_E = \frac{1}{2}\varepsilon_0 E^2$과 유사한 표현임을 알 수 있다. 각 경우 저장된 에너지는 장의 세기의 제곱에 비례한다. 이는 20장에서 전자기파를 배울 때 중요한 역할을 할 것이다.

결과는 유도기는 축전기와 유사하다는 것을 보여 준다. 16장에서 축전기는 충전 시 에너지는 전기장의 제곱에 비례하는 에너지를 저장한다는 것을 알 수 있다. 여기에서는 유도기가 전류의 제곱에 비례하는 에너지로 저장되는 것을 알 수 있다. 이는 표 19.1에 요약된 것과 같이 전기장 및 자기장에 저장되는 일반적인 에너지 저장의 예이다.

표 19.1 전기장과 자기장에 저장된 에너지

전기장	자기장
축전기에 저장된 에너지: $U = \dfrac{Q^2}{2C}$	유도기에 저장된 에너지: $U = \dfrac{1}{2}LI^2$
전기장 내 에너지 밀도: $u_E = \dfrac{1}{2}\varepsilon_0 E^2$	자기장 내 에너지 밀도: $u_B = \dfrac{B^2}{2\mu_0}$

예제 19.8　**MRI 솔레노이드 내부**

예제 19.7에서 솔레노이드 내부에 있는 MRI를 살펴보았다. 하지만 그 안에는 자기 에너지도 있다. 물음에 답하여라.
(a) 저장된 에너지 U를 솔레노이드의 부피로 나누어 에너지 밀도를 구하여라.
(b) 식 19.10을 이용하여 에너지 밀도를 구하여라.

구성과 계획 이미 저장된 에너지 $U = 1.384$ MJ을 알고 있다. 솔레노이드의 부피는 넓이와 길이의 곱이고 내부 자기장은 $B = \mu_0 nI$이다. 자기장의 값은 식 19.10에서 구한 u_B를 이용한다.

알려진 값: $d = 2.4$ m, $n = 500$ m^{-1}, $r = 47$ cm, $I = 2.3$ kA, $U = 1.384$ MJ

풀이 (a) 에너지 U를 솔레노이드의 부피로 나누어 에너지 밀도를 구한다.

$$u_B = \frac{U}{Ad} = \frac{U}{\pi r^2 d} = \frac{1.384 \times 10^6 \text{ J}}{\pi (0.47 \text{ m})^2 (2.4 \text{ m})} = 831 \text{ kJ/m}^3$$

솔레노이드에서 자기장은 다음과 같다.

$$B = \mu_0 nI = (4\pi \times 10^{-7} \text{ T·m/A})(500 \text{ m}^{-1})(2.3 \times 10^3 \text{ A}) = 1.445 \text{ T}$$

(b) 식 19.10에서 이 자기장을 사용하여 에너지 밀도를 구한다.

$$u_B = \frac{B^2}{2\mu_0} = \frac{(1.445 \text{ T})^2}{2(4\pi \times 10^{-7} \text{ T·m/A})} = 831 \text{ kJ/m}^3$$

반영 결과는 일치한다. 이 에너지 밀도는 커 보이지만 가솔린의 에너지 밀도인 34 GJ/m^{3}보다 훨씬 낮다.

연결하기 동일한 에너지 밀도가 되려면 얼마나 큰 전기장이 필요한가?

답 전기 에너지 밀도 $u_E = \frac{1}{2}\varepsilon_0 E^2$을 사용하면 $E = 1.4 \times 10^8$ N/C이다. 이는 공기 중에서 불꽃을 발생시키는 전기장의 50배이다!

RL 회로

그림 19.18은 전지, 저항기, 유도기가 모두 직렬로 연결된 ***RL* 회로**를 보여 준다. 스위치도 있는데, 이 스위치를 닫고 진행하겠다. 지금까지 살펴본 것처럼 유도기 내의 유도된 기전력은 유도기 전류의 변화를 방해하도록 유도된다. 그림 19.18에서 세 구성 요소는 모두 직렬이므로 동일한 전류가 각 구성 요소에 흐르고 유도기는 해당 전류의 변화를 방해하도록 작용한다. 결과적으로 전류는 점진적으로 저항 R에 걸쳐 기

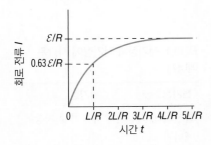

그림 19.19 RL 회로에서 전류 대 시간 그래프

▶ **TIP** RL 회로 시간 상수는 $\tau = L/R$이며, RC 시간 상수 $\tau = RC$와 유사하다.

전력 ε이 있는 전지에 대해 예상되는 값 ε/R까지 서서히 상승한다. 미적분학은 시간의 함수로서의 전류가 다음과 같음을 보여 준다.

$$I = \frac{\varepsilon}{R}(1 - e^{-Rt/L})$$

여기서 $t = 0$은 스위치가 닫힐 때이다. 그림 19.19는 시간에 따른 전류를 그래프로 나타낸 것이다.

그림 19.19의 느린 전류 상승은 유도기가 전류의 변화를 '억제'하기 때문이다. 이 효과는 17장의 RC 회로에 있는 충전 축전기와 유사하다. 축전기 전압의 큰 변화에 필요한 특징적인 시간 상수 RC를 알 수 있다. 유도기의 경우 전류의 상당한 변화에 대해 유사한 시간 상수 $\tau = L/R$이 있다. $t = \tau = L/R$일 때 지수 인자가 $e^{-Rt/L} = e^{-1} \approx 0.37$이므로 전류는 최종 값의 약 63%에 도달한다($1 - 0.37 = 0.63$). 유도 계수 L을 늘리면 유도 계수가 전류의 상승을 지연시키는 것에 대응하여 시간 상수 τ가 길어진다.

LC 회로

그림 19.20의 **LC 회로**는 축전기와 유도기로 구성된다. 전류를 구동할 전지는 없지만 축전기가 처음에 전하 Q_0을 갖고 있다고 가정하자(그림 19.20a). 이 시점에서 축전기는 '방전'을 통해 전류를 유도기에 밀어 넣는다. 하지만 살펴보았듯이 유도기는 전류의 변화를 방해한다. 따라서 축전기가 즉시 방전되지 않는다. 다시 전류는 서서히 증가한다(그림 19.20b).

축전기가 완전히 방전되면 유도기 전류가 최대가 된다(그림 19.20c). 이는 에너지 보존을 통해 이해할 수 있다. 완전히 충전된 축전기에는 저장된 에너지가 채워져 있었다. 회로에 에너지를 방출하는 저항이 없으므로 축전기가 방전되면 유도기에 해당 에너지가 있어야 한다. 전류가 유도기를 통해 계속 흐르면 축전기에 전하가 다시 축적된다. 축전기가 충전됨에 따라 저장된 에너지가 증가하므로 저장된 에너지는 $\frac{1}{2}LI^2$이므로 유도기 전류가 감소해야 한다. 결국 축전기는 원래 구성과 반대되는 극성으로 완전히 충전된다(그림 19.20e). 이 과정은 에너지가 손실되지 않는 한 무한히 반복된다.

그 결과 7장의 단조화 운동의 역학적 진동과 유사한 **전자기 진동**(electromagnetic oscillation)이 발생한다. 실제로 시간의 함수로서 축전기에 저장되는 전하량은 SHM의 위치와 유사하다.

$$Q = Q_0 \cos(\omega t) \quad \text{(LC 회로의 전하 진동, SI 단위: C)} \quad (19.11)$$

여기서 각진동수 ω는 역학적 진동자의 $\omega = \sqrt{k/m}$와 유사하게 $\omega = 1/\sqrt{LC}$이다. 전기회로의 '관성'은 유도기에 의해 공급되고 '힘'은 축전기에서 나온다. 이 비유는 이 장의 뒷부분에서 LC 회로에 저항을 추가할 때 유용하게 사용할 수 있다.

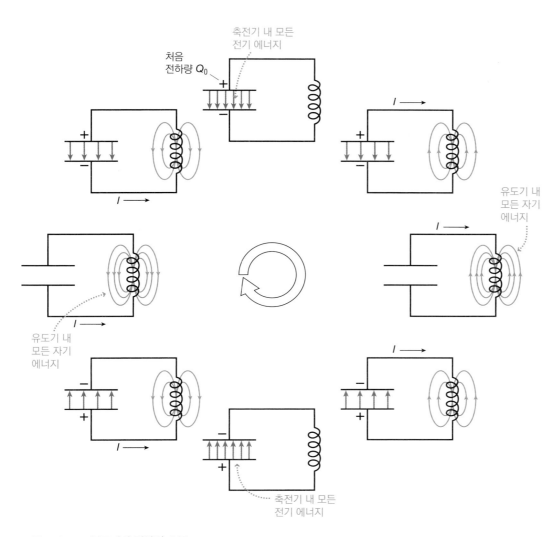

처음
전하량 Q_0

축전기 내 모든
전기 에너지

유도기 내
모든 자기
에너지

유도기 내
모든 자기
에너지

축전기 내 모든
전기 에너지

그림 19.20 LC 회로에서 전하의 흐름

　아날로그 다이얼로 조정하는 구형 라디오는 LC 회로를 사용하여 원하는 방송국을 선택한다. 일반적으로 고정 유도 계수와 가변 전기용량이 있으며, 다이얼을 조정하여 이를 변경한다. L의 값과 C의 범위는 원하는 대역에 맞게 선택된다(예: AM의 경우 540~1600 kHz, FM의 경우 88~108 MHz). 최신 라디오는 디지털 합성 신호를 사용하여 정밀한 조정을 쉽게 한다.

예제 19.9　**라디오 조정하기**

라디오에는 1.2 μH 유도기와 가변 축전기가 있다. FM 대역을 잡는 데 필요한 전기용량 범위는 얼마인가?

구성과 계획 LC 진동자의 각진동수는 $\omega = 1/\sqrt{LC}$ 이다. 진동수 f와 각진동수 ω는 $\omega = 2\pi f$의 관계를 갖는다. 언급한 것처럼 FM 대역은 88~108 MHz이다.

알려진 값: $L = 1.20\ \mu$H $= 1.20 \times 10^{-6}$ H

풀이 $\omega = 2\pi f = 1/\sqrt{LC}$ 에서 C를 구할 수 있다.

$$C = \frac{1}{4\pi^2 f^2 L}$$

FM 대역의 낮은 진동수의 끝부분에서 다음과 같이 구한다.

$$C=\frac{1}{4\pi^2 f^2 L}=\frac{1}{4\pi^2(88\times10^6\ \text{Hz})^2(1.20\times10^{-6}\ \text{H})}$$
$$=2.7\times10^{-12}\ \text{F}=2.7\ \text{pF}$$

$f=108\ \text{MHz}$인 경우 유사한 계산 과정으로 구하면 $C=1.8\ \text{pF}$이다. 따라서 전기용량은 1.8 pF와 2.7 pF 사이에서 가변적이다.

반영 FM 진동수 범위는 상당히 좁기 때문에 전기용량의 약간

의 변화만으로도 전체 대역을 커버할 수 있다.

연결하기 AM 라디오에서 큰 전기용량이 필요한가 아니면 작은 전기용량이 필요한가?

답 AM 진동수가 FM 진동수보다 낮다. 이 예제에서 알 수 있듯이 전기용량은 $1/f^2$에 비례하므로 같은 유도기를 사용하려면 더 큰 전기용량이 필요하다.

확인 19.4절 50 pF의 전기용량과 1.0 mH의 유도기를 갖는 LC 회로의 진동수는 얼마인가?

(a) 4,470 kHz　(b) 50 kHz　(c) 124 kHz　(d) 920 kHz　(e) 710 kHz

19.5 AC 회로

AC 회로(AC circuit)는 전위차와 전류가 사인파로 변화하는 회로이다. 여기에서는 AC 회로에서 저항기, 축전기, 유도기의 작동에 대해 배울 것이다.

저항기가 있는 AC 회로

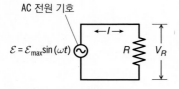

(a) AC 전원에 연결된 저항기

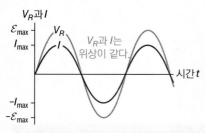

(b) 시간에 대한 함수로서 저항기에서 회로 전류와 전위차

그림 19.21 (a) AC 전원 회로와 단일 저항기 (b) 저항기에서 전류와 전위차는 위상이 같다.

그림 19.21a는 저항기 R에 연결된 AC 기전력을 보여 준다. 19.3절과 같이 $\varepsilon=\varepsilon_{\text{max}}\sin\omega t$로 설명하며, 여기서 ε_{max}는 기전력의 최댓값이다. 일반적으로 ω는 Hz인 진동수에 대응하는 각진동수 $\omega=2\pi f$이다. 저항기 양단의 전위차 V_R은 기전력과 같고, 저항기에 흐르는 전류는 옴의 법칙인 $V_R=IR$을 따른다.

$$I=\frac{\varepsilon}{R}=\frac{\varepsilon_{\text{max}}\sin\omega t}{R}=I_{\text{max}}\sin\omega t$$

여기서 $I_{\text{max}}=\varepsilon_{\text{max}}/R$는 전류의 최댓값이다. 이 식은 전류와 전위차가 최댓값에 함께 도달한다는 의미인 **같은 위상**(in phase)에 있음을 보여 준다(그림 19.21b).

17장에서 저항기에서 전력이 소모되는 것을 알았다($P=IV=I^2R=V^2/R$). AC 회로에서 일반적으로 높은 진동수에서 전류 및 전위차가 변하므로 여러 사이클에 걸쳐 평균 전력을 아는 것이 더 중요하다. $P=I^2R$을 사용할 경우 평균 전력은 $\overline{P}=\overline{I^2R}=I_{\text{max}}^2R\overline{\sin^2(\omega t)}$이며, 여기서 I_{max}는 최대 전류이다. 함수 $\sin^2$은 0에서 1 사이를 대칭적으로 이동하며, 하나 이상의 전체 주기에 대한 평균은 $\frac{1}{2}$이다. 따라서 $\overline{P}=\frac{1}{2}I_{\text{max}}^2R$이다. **제곱-평균-제곱근 전류**(root-mean-square current) I_{rms}를 정의하는 것이 편리하다(12장에서 제곱-평균-제곱근 속력과 비슷하다). $I_{\text{rms}}=\sqrt{\overline{I^2}}=\sqrt{I_{\text{max}}^2/2}=I_{\text{max}}\sqrt{2}$이므로 다음과 같이 나타낸다.

$$I_{rms} = \frac{1}{\sqrt{2}} I_{max} \quad \text{(rms 전류, SI 단위: A)} \tag{19.12}$$

이 정의에 따르면 평균 전력은 익숙한 I^2R과 같이 $\overline{P} = I_{rms}^2 R$이 된다. 마찬가지로 기전력의 제곱-평균-제곱근 값은 $\varepsilon = \varepsilon_{max} / \sqrt{2}$이며, 이는 전원이 평균 비율 $\overline{P} = I_{rms}\varepsilon_{rms}$을 공급함을 보여 준다. AC 장치에 나열된 전류 및 기전력은 rms 값임을 나타낸다. 대부분의 가전제품은 120 V rms이지만 일부는 240 V rms를 사용한다.

AC 전원은 종종 사이클의 1/3(120°)씩 시간 간격으로 분리된 3개의 고유한 사인파 방출선으로 공급된다. 이 3상 전력(three phase power)은 전류의 고저를 매끄럽게 하여 큰 전동기를 보다 원활하게 작동시키고 기계의 저항을 감소시켜 준다. 3상 전력은 산업 및 기관 환경에서 일반적으로 사용되는 반면, 대부분의 가정용 전력은 단상(single phase)이다.

예제 19.10　전류와 전원 사용

벽 콘센트에 기전력 $\varepsilon_{rms} = 117$ V인 AC 전원을 공급한다. 다음을 구하여라.

(a) 기전력의 최댓값

(b) 1,800 W 헤어드라이어의 rms와 최대 전류

구성과 계획 rms와 최대 기전력은 $\varepsilon_{rms} = \varepsilon_{max}/\sqrt{2}$의 관계를 갖는다. 1,800 W는 헤어드라이어의 평균 전력 소모이고, $\overline{P} = I_{rms}\varepsilon_{rms}$로 주어진다. rms와 최대 전류는 $I_{rms} = I_{max}/\sqrt{2}$의 관계를 갖는다.

알려진 값: $\overline{P} = 1,800$ W

풀이 $\varepsilon_{rms} = \varepsilon_{max}/\sqrt{2}$인 경우, 최대 기전력은 $\varepsilon_{max} = \sqrt{2}\,\varepsilon_{rms} = \sqrt{2}\,(117$ V$) = 165$ V이다. 1,800 W의 평균 전력인 경우, rms와 최대 전류는 다음과 같이 계산한다.

$$I_{rms} = \frac{\overline{P}}{\varepsilon_{rms}} = \frac{1,800 \text{ W}}{117 \text{ V}} = 15.4 \text{ A}$$

$$I_{max} = \sqrt{2}\,I_{rms} = 21.8 \text{ A}$$

반영 많은 가정용 회로 차단기의 정격은 20 A이다. 이 헤어드라이어가 20 A 차단기를 날려 버리는가? 아니다. 20 A 정격은 최댓값이 아닌 rms 전류에 대한 값이기 때문이다.

⋯⋯⋯⋯⋯⋯⋯⋯⋯⋯⋯⋯⋯⋯⋯⋯⋯⋯⋯⋯⋯⋯⋯⋯⋯⋯

연결하기 유럽을 여행 중에 이 헤어드라이어를 유럽의 규정 전압 240 V rms 콘센트에 연결한다. 헤어드라이어는 얼마나 많은 전력을 소모하는가?

답 rms 전류는 기전력에 비례하므로 전류가 두 배가 된다. 전류와 기전력 모두 두 배로 증가하면 평균 전력 $\overline{P} = I_{rms}\varepsilon_{rms}$는 네 배인 7,200 W가 된다. 그러면 어떻게 되는가? 드라이어가 아주 뜨거워지며 불이 날 수도 있다. 다행히도 유럽의 콘센트는 이러한 문제를 방지하기 위해 콘센트 구멍이 다르게 구성된 단자를 사용한다. 230 V 콘센트에 꽂아 안전한 120 V까지 기전력을 줄이는 변압기를 이용할 수도 있다.

축전기가 있는 AC 회로

그림 19.22a는 AC 기전력에 연결된 축전기를 보여 준다. 그림 19.21의 저항기와 마찬가지로 축전기 전체의 전위차 V_C는 전원 기전력과 같다. 그러나 전류와 전위차는 위상이 같지 않다. 그림 19.22b는 한 주기 동안 I와 V_C의 그래프를 나타낸 것이다. 축전기의 전위차 V_C는 $Q = CV_C$에 의한 전하 Q와 관련이 있다. 축전기 판 위와 밖으로 전하를 이동시키는 것은 전류이다. 전하가 가장 빠르게 변화할 때 전류가 최댓값을 가져야 한다. 그리고 전하량이 최댓값을 가지면 전류는 0이 된다. 이는 전위차

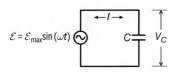

(a) AC 전원에 연결된 축전기

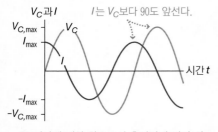

(b) 시간에 대한 함수로서 축전기에 걸린 회로의 전류와 전위차

그림 19.22 축전기에서 전류는 전위차보다 90° 앞선다.

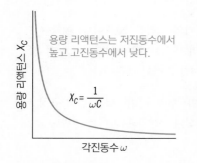

그림 19.23 용량 리액턴스는 진동수의 함수이다.

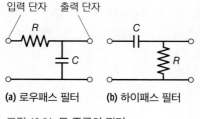

(a) 로우패스 필터　**(b)** 하이패스 필터

그림 19.24 두 종류의 필터

와 전류가 4분의 1 주기, 즉 90°만큼 위상이 어긋나는 이유를 설명한다.

축전기의 전위차와 전류 사이의 정확한 관계는 미적분을 사용하여 확인할 수 있다. 전위차 $V_C = V_{C,\text{max}} \sin \omega t$에서 전류는 $I = \omega C V_{C,\text{max}} \sin(\omega t + 90°)$이다. 이 식은 그림 19.22b의 그래프와 함께 축전기에 대한 중요한 사실을 반영한다.

축전기에서 전류는 전위차보다 90° 앞선다.

용량 리액턴스

사인함수의 최댓값이 1이므로 $I = \omega C V_{C,\text{max}} \sin(\omega t + 90°)$에서 최대 전류는 $I_{\text{max}} = \omega C V_{C,\text{max}}$이다. **용량 리액턴스**(capacitive reactance) X_C를 다음과 같이 정의하여 이 관계를 익숙한 관계 $I = V/R$처럼 만들 수 있다.

$$X_C = \frac{1}{\omega C} \qquad \text{(용량 리액턴스, SI 단위: Ω)} \qquad (19.13)$$

그러면 최대 전류는 $I_{\text{max}} = V_{C,\text{max}}/X_C$가 된다.

저항과 마찬가지로 리액턴스의 단위는 옴(ohm)이다. 그러나 리액턴스는 저항과 완전히 동일하지 않다. $I_{\text{max}} = V_{C,\text{max}}/X_C$를 사용하면 리액턴스는 전위차 및 전류의 **최댓값**과 관련된다. 이는 90° 위상차를 설명하지 않기 때문에 전체를 설명할 수는 없다. 따라서 $I_{\text{max}} = V_{C,\text{max}}/X_C$는 순간 값과 관련이 없다.

저항과 다르게 리액턴스는 진동수에 따라 달라진다. 그림 19.23은 각진동수 ω의 함수로서 용량 리액턴스를 표시한다. 리액턴스는 고진동수에서는 낮고 저진동수에서는 높다. 진동수가 0에 가까워질수록 리액턴스는 무한대에 가까워진다. 진동수가 0인 것은 일정한 전위차를 의미하기 때문에 축전기의 전하량 변화가 없으므로 축전기에서 전류가 흐르지 않는다.

필터(filter)는 진동수에 의존하는 리액턴스의 중요한 응용이다. 이러한 회로는 저진동수 또는 고진동수 중 하나를 우선적으로 통과시킨다. 그림 19.24a의 로우패스(low-pass) 필터는 리액턴스가 높기 때문에 저진동수에서 축전기로 흐르는 전류가 거의 없다. 따라서 저항기 전체에 걸쳐 전위차가 크지 않으므로 출력의 전위차는 입력과 거의 동일해진다. 진동수가 높아질수록 전류가 축전기로 흘러 저항 전체에서 전압 강하가 커져서 출력 단자에서 전위차가 낮아진다. 축전기가 저진동수를 효과적으로 차단하는 고역 통과(high-pass) 필터(그림 19.24b)에는 그 반대가 적용된다. 필터는 전기적 '노이즈'를 제거하는 데 널리 사용된다. 예를 들어, 고역 통과 필터는 고진동수 신호에 더 관심이 있는 회로에서 AC 전력 배선의 60 Hz 노이즈를 제거할 수 있다. 가변 저항을 가진 필터는 오디오 장비에서 저음과 고음 제어를 활성화한다. 마지막으로 저역 통과 필터와 고역 통과 필터를 조합하면 좁은 범위의 진동수를 선택할 수 있다.

위상자 분석

위상자(phasor)는 AC 회로에 대한 그래픽 접근 방식을 제공한다. 위상자는 전위차 또는 전류를 나타내는 벡터이다. 이 크기는 최댓값에 해당하며, 위상자는 AC 신호의 각속도 ω에 따라 시계 반대 방향으로 회전한다. 그림 19.25와 같이 전위차 또는 전류의 순간 값은 수직축에 위상자를 투영하는 것이다. 이 분석은 7장의 단조화 운동과 등속 원운동의 비교에서 등속 원운동을 축에 투영하면 단조화 운동이 나온다는 것을 상기시켜 준다.

그림 19.26a는 AC 기전력이 저항기 및 축전기와 직렬로 연결된 회로를 나타낸다. 모든 구성 요소가 직렬로 연결되어 있으므로 전류는 회로 전체에서 동일하다. 저항기에서 전위차와 전류는 위상이 같으므로 해당 위상은 같은 방향이다(그림 19.26b). 전류는 축전기에서 전위차보다 90°만큼 앞서 있으므로 축전기의 전위차를 나타내는 위상자는 전류 위상자보다 90°만큼 뒤에 있다. 이 90° 각도는 위상자가 회전할 때 고정된 상태로 유지된다.

키르히호프의 고리 법칙에 따르면 AC 전원의 기전력은 저항기와 축전기의 전위차의 합과 같다. 위상차 때문에 최대 전위차만 더할 수는 없다. 대신 그림 19.26c에서 볼 수 있듯이 벡터로 합해야 한다. 따라서 그림 19.26d와 같이 최대 전위차의 관계는 $\varepsilon_{max}^2 = V_{R,max}^2 + V_{C,max}^2$이다. 이제 저항기와 축전기에 대한 각각의 전위차는 $V_{R,max}^2 = I_{max}R$과 $V_C = I_{max}X_C$이므로 $\varepsilon_{max}^2 = I_{max}^2(R^2 + X_C^2)$으로 쓸 수 있다. 따라서 다음을 만족한다.

$$I_{max} = \frac{\varepsilon_{max}}{\sqrt{R^2 + X_C^2}}$$

이 전류에 R과 X_C를 곱하면 두 구성 요소 각각의 개별 전위차가 주어진다. 축전기의 경우, 결과는 다음과 같다.

$$V_{C,max} = I_{max}X_C = \frac{\varepsilon_{max}X_C}{\sqrt{R^2 + X_C^2}}$$

저진동수에서는 X_C가 크기 때문에 $V_{C,max}$가 ε_{max}와 매우 비슷하다고 확신할 수 있다. 하지만 고진동수에서는 X_C가 작아서 축전기 전체에서 전위차가 매우 낮다. 이것은 앞에서 논의한 저역 통과 필터의 정량적 분석이다.

위상자 도표(그림 19.26d)는 다른 것을 보여 준다. 직렬 회로의 전류는 전원 기전력를 앞서지만 90°까지는 앞서지 않는다. 그림 19.26d의 삼각형은 직각삼각형이므로 위상차는 $\tan^{-1}(V_{C,max}/V_{R,max})$이다. 축전기의 리액턴스와 V_C는 진동수에 따라 변하기 때문에 이 위상 관계도 변화한다.

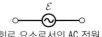
회로 요소로서의 AC 전원

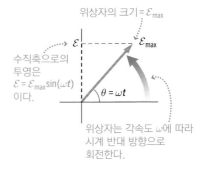
그림 19.25 AC 기전력의 위상자 설명

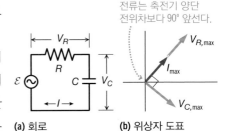
(a) 회로　　　**(b)** 위상자 도표

(c) ε_{max} 구하기

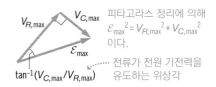
(d) ε_{max}의 크기와 위상각

그림 19.26 (a) AC 전원에서 직렬 RC 회로 (b)–(d) 직렬 RC 회로의 위상자 분석

예제 19.11　**트위터(고음용 스피커)**

오디오 스피커에는 저진동수 소리를 재생할 수 있는 큰 '우퍼(woofer)'와 고진동수 소리를 재생할 수 있는 '트위터(tweeter)' 가 있다. 직렬 축전기는 고진동수 전력을 트위터로 보내는 데 도움이 된다. 트위터를 8.0 Ω인 저항으로 간주하고 $C = 25\ \mu$F

을 사용한다. 기전력의 출력에서 최대 전위차가 50 V인 경우, 진동수가 다음과 같을 때 스피커의 최대 전류는 얼마인가?

(a) 5.0 kHz (b) 60 Hz

구성과 계획 회로는 그림 19.26a와 같으며, 트위터의 저항은 R이고 기전력원은 증폭기이다. 진동수 f와 각진동수 ω는 $\omega = 2\pi f$로 관련되어 있다. 위상자 분석 결과 최대 전류는 $I_{max} = \varepsilon_{max}/\sqrt{R^2 + X_C^2}$ 이고, 여기서 $X_C = 1/\omega C$이다.

알려진 값: $\varepsilon_{max} = 50$ V, $R = 8.0$ Ω, $C = 25$ μF, $f = 5.0$ kHz

풀이 (a) 용량 리액턴스는 진동수에 의존한다. 5.0 kHz에서 용량 리액턴스는 다음과 같다.

$$X_C = \frac{1}{\omega C} = \frac{1}{2\pi f C} = \frac{1}{2\pi(5.0\times10^3 \text{ Hz})(25\times10^{-6} \text{ F})} = 1.27 \text{ Ω}$$

따라서 5.0 kHz에서 최대 전류를 구하면 다음과 같다.

$$I_{max} = \frac{\varepsilon_{max}}{\sqrt{R^2 + X_C^2}} = \frac{50 \text{ V}}{\sqrt{(8.0 \text{ Ω})^2 + (1.27 \text{ Ω})^2}} = 6.2 \text{ A}$$

(b) (a)와 같은 방법으로 계산하면 다음을 얻는다.

$$X_C = \frac{1}{\omega C} = \frac{1}{2\pi f C} = \frac{1}{2\pi(60 \text{ Hz})(25\times10^{-6} \text{ F})} = 106 \text{ Ω}$$

$$I_{max} = \frac{\varepsilon_{max}}{\sqrt{R^2 + X_C^2}} = \frac{50 \text{ V}}{\sqrt{(8.0 \text{ Ω})^2 + (106 \text{ Ω})^2}} = 0.47 \text{ A}$$

반영 축전기가 제 역할을 수행하여 고진동수에서 더 높은 트위터 전류를 제공한다. 다음 절에서 유도기가 어떻게 저진동수 전력을 우퍼로 전달하는지 살펴보겠다.

연결하기 전기용량을 증가시키면 최대 전류에 어떤 영향을 미치는가?

답 전기용량을 증가시키면 리액턴스 X_C가 감소하여 전류가 커진다. 이 경우 5 kHz의 용량 리액턴스가 저항 R보다 이미 훨씬 작기 때문에 저진동수에서 효과가 두드러진다.

유도기가 있는 AC 회로

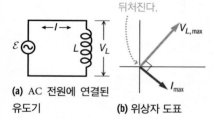

(a) AC 전원에 연결된 유도기 **(b)** 위상자 도표

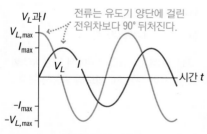

(c) 회로의 전류와 저항기 전체의 전위차를 시간의 함수로 나타낸다.

그림 19.27 전위차는 RL 회로에서 전류를 유도한다.

그림 19.27a는 AC 기전력에 연결된 유도기를 보여 준다. 19.4절에서 유도기의 유도 기전력이 자기선속의 변화에 반대한다는 것을 알 수 있다. 따라서 전류가 빠르게 변화할 때 유도 기전력이 가장 커지며, 전류가 변화하지 않을 때는 0이 된다. 위상자 도표(그림 19.27b)에 표시된 것처럼 전류는 전위차보다 90° 뒤처지게 된다. 그림 19.27c는 전류와 유도 기전력을 시간의 함수로 보여 준다. 수학적으로 다음과 같이 표현할 수 있다.

$$V_L = V_{L,max} \cos(\omega t)$$

$$I = \frac{V_{L,max}}{\omega L} \cos(\omega t - 90°)$$

그래프와 식 둘 다 다음을 보여 준다.

유도기의 전류는 유도기에 걸린 전위차보다 90°만큼 뒤처진다.

축전기와 유사하게 **유도 리액턴스**(inductive reactance) X_L을 다음과 같이 정의한다.

$$X_L = \omega L \quad \text{(유도 리액턴스, SI 단위: Ω)} \tag{19.14}$$

예를 들어, 표준 60 Hz AC 전원이 0.10 H 유도기에 연결된 경우, 유도 리액턴스는 $X_L = \omega L = 2\pi f L = 2\pi(60 \text{ Hz})(0.10 \text{ H}) = 38$ Ω이다. 유도 리액턴스를 고려하면 최대

전류와 전위차는 다음과 같은 관계가 있다.

$$I_{max} = \frac{V_{L,max}}{X_L}$$

유도 리액턴스는 진동수가 증가할수록 증가한다. 패러데이의 법칙을 고려할 때 이것은 타당하다. 진동수가 높을수록 유도기를 통한 자기선속의 더 **빠른** 변화를 의미하며, 주어진 최대 전류에 대해 더 큰 기전력을 유도한다.

확인 19.5절 다음 진동수에서 작동하는 축전기의 용량 리액턴스 값을 큰 순서대로 나열하여라.

(a) 60 Hz에서 $C = 25\ \mu F$ (b) 120 Hz에서 $C = 50\ \mu F$ (c) 90 Hz에서 $C = 30\ \mu F$

19.6 *RLC* 회로와 공명

19.5절은 위상자 분석을 포함한 기본 AC 회로를 소개하였다. 이제 배운 내용을 더 복잡한 *RLC* 직렬 회로에 적용해 보겠다(그림 19.28a). 그다음 이 회로의 중요한 실제 응용에 대해 논의한다.

다른 직렬 회로와 마찬가지로 *RLC* 회로의 전류는 주어진 순간에 모든 곳에서 동일하다. 또한, 직렬 회로의 경우 전원 기전력이 회로의 나머지 부분에 걸친 전위차의 합과 같다는 것을 알고 있다. 그러나 19.5절의 단일 축전기 회로와 마찬가지로 전류와 전위차의 위상은 다르다. 따라서 최대 전류를 구하기 위해서는 위상자 분석이 필요하다.

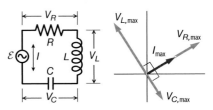

(a) 직렬 *RLC* 회로   **(b)** 위상자 도표

RLC 회로의 위상자 분석

그림 19.28b는 직렬 *RLC* 회로의 전류와 전위차 위상자를 보여 준다. 19.5절의 *RC* 위상자 도표와 비슷하지만 유도기에 대해 추가한 V_L 위상자가 있다. 이 위상자 벡터 합(그림 19.28c)은 $\varepsilon_{max}^2 = V_{R,max}^2 + (V_{L,max} - V_{C,max})^2$ 으로 주어진다. 여기서 $V_{L,max} > V_{C,max}$ 라 가정한다. 반드시 그런 것은 아니지만 $V_{L,max} - V_{C,max}$ 는 제곱되어 있으므로 분석에서는 중요하지 않다. 저항기, 축전기, 유도기의 전위차와 전류는 $V_{R,max} = I_{max}R$, $V_{C,max} = I_{max}X_C$, $V_{L,max} = I_{max}X_L$ 로 관계된다. 따라서 $\varepsilon_{max}^2 = I_{max}^2 R^2 + I_{max}^2(X_L - X_C)^2$ 이므로 최대 전류는 다음과 같이 나타낸다.

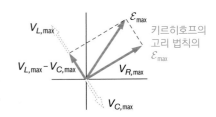

(c) ε_{max}는 각각의 전압의 벡터 합이다.

$$I_{max} = \frac{\varepsilon_{max}}{\sqrt{R^2 + (X_L - X_C)^2}}$$ (직렬 *RLC* 회로에서 최대 전류, SI 단위: A) (19.15)

임피던스와 위상

이 결과를 익숙한 $I = V/R$ 처럼 표현하기 위해 *RLC* 직렬연결의 **임피던스**(imped-ance) Z 를 $Z = \sqrt{R^2 + (X_L - X_C)^2}$ 으로 정의한다. 저항 및 리액턴스와 같이 임피던스

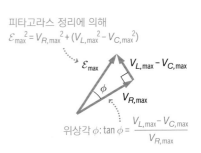

(d) ε_{max} 및 위상각의 크기

그림 19.28 직렬 *RLC* 회로의 분석. 다른 직렬과 마찬가지로 회로 요소의 순서는 서로 바꿀 수 있다.

도 Ω 단위로 측정한다. 임피던스 측면에서 최대 전류 $I_{max} = \varepsilon_{max}/Z$는 옴의 법칙을 따른다. 임피던스가 높을수록 전류가 낮다는 점에서 임피던스는 저항과 유사하다.

그림 19.28d는 전원 기전력과 전류 사이의 **위상각**(phase angle) ϕ를 보여 준다. 따라서 삼각법에 의해 $\tan \phi = (V_{L,max} - V_{C,max})/V_{R,max}$가 된다. 저항과 리액턴스를 사용하면 삼각법은 $\tan \phi = (I_{max} X_L - I_{max} X_C)/I_{max} R$, 즉 다음과 같이 정리된다.

$$\tan \phi = \frac{X_L - X_C}{R} \quad \text{(위상각, 직렬 } RLC\text{)} \tag{19.16}$$

식 19.16은 위상각이 $V_{L,max} > V_{C,max}$일 때 양의 위상각이고(그림 19.28d) $V_{L,max} < V_{C,max}$일 때 음의 위상각임을 보여 준다. 양의 위상각은 전류가 전원 기전력에 뒤처지는 것을 의미하고, 음의 위상각은 전류가 전원 기전력에 앞서는 것을 의미한다.

개념 예제 19.12 용량성 및 유도성 회로

본문에서 설명한 결과를 사용하여 다음을 구하여라.
(a) 축전기 C에 연결된 AC 기전력의 위상각과 최대 전류
(b) 유도기 L에 연결된 AC 기전력의 위상각과 최대 전류

풀이 (a) 축전기의 경우 $X_C = 1/\omega C$이다. 저항기 또는 유도기가 없으면 $R = X_L = 0$이다. 식 19.16에 의해 $\tan \phi = (X_L - X_C)/R = -\infty$이므로 $\phi = -90°$이다. 이는 19.5절의 분석과 일치한다. 이는 축전기에서 전류가 전위차를 90°만큼 앞선다는 것을 발견한 19.5절의 분석과 일치한다. 최대 전류는 $I_{max} = \varepsilon_{max}/Z$이다. 축전기 회로에서 $Z = X_C$이므로 $I_{max} = \varepsilon_{max}/X_C$는 19.5절의 축전기 회로에 대한 결과이기도 하다.

(b) 유도기의 경우 $X_L = \omega L$이고, $R = X_C = 0$이므로 $\tan \phi = (X_L - X_C)/R = \infty$, 즉 $\phi \to 90°$이다. 이제 전류는 19.5절의 유도기에 대한 결과와 같이 전위차보다 뒤처진다. 유도기에 대해 $Z = X_L$을 사용하면 최대 전류는 $I_{max} = \varepsilon_{max}/Z = \mathcal{E}_{max}/X_L$이며, 이는 다시 19.5절의 분석과 일치한다.

반영 이 예제는 임피던스와 위상각이 저항기, 유도기, 축전기의 모든 조합에 적용되는 일반적인 물리량임을 보여 준다. 이러한 구성 요소 중 하나만 있는 회로의 경우 19.5절의 간단한 결과가 적용된다. 직렬 RLC 회로와 같이 더 복잡한 회로는 위상과 최대 전류가 결합된 임피던스에 의해 결정된다.

AC 회로의 전력

축전기와 유도기의 리액턴스는 위상차로 인해 저항과 비슷하지만 같은 것은 아니다. 전위차와 전류가 90° 위상차가 나는 경우, 이러한 구성 요소의 전력 $P = IV$는 한 주기 동안 평균이 0이 된다(그림 19.29a). 따라서 저항기(그림 19.29b)와 달리 에너지를 소모시키지 않고 에너지를 번갈아 저장하고 방출한다. 일반적으로 회로의 전력 소모는 위상각에 따라 달라진다. RLC 위상자의 삼각형에서 $\cos \phi = V_{R,max}/\mathcal{E}_{max} = I_{max} R/I_{max} Z = R/Z$임을 보여 준다. 유일한 전력 소모는 19.5절에서 배운 것처럼 $\bar{P} = I_{rms}^2 R$이다. $\cos \phi = R/Z$가 주어질 때, R을 다음과 같이 풀어 전력을 나타낼 수 있다.

$$\overline{P} = I^2_{\text{rms}}Z\cos\phi \quad \text{(AC 회로에서 평균 전력, SI 단위: W)} \quad (19.17)$$

인자 $\cos\phi$는 **역률**(전력 인자(power factor))이다. 저항기가 없으면 개념 예제 19.12에서 $\phi = 90°$임을 확인할 수 있다. $\cos(90°) = \cos(-90°) = 0$이므로 축전기와 유도기 모두 전력 소모가 생기지 않는다. 반면, 평균 전력은 역률 $\cos\phi = 1$, 즉 $\phi = 0$일 때 최대화된다. 이는 $R = Z$일 때 발생하며, $Z = \sqrt{R^2 + (X_L - X_C)^2}$ 은 용량 리액턴스와 유도 리액턴스가 같아야 한다는 것을 의미한다($X_C = X_L$).

AC 회로는 역률이 1에 가까울수록 가장 효율적이다. 식 19.17은 역률이 낮을수록 주어진 전력을 공급하기 위해 더 높은 전류가 필요하며, 이는 송전선에서 더 많은 손실이 발생한다는 것을 의미한다. 전류와 전위차가 위상을 너무 벗어나 역률이 낮아지는 것은 정전 사고의 주요 원인이 되기도 하였다. 전력망의 전기용량을 조정하면 이러한 영향을 완화할 수 있다.

공명

$X_C = X_L$일 때 또 다른 일이 생긴다. 식 19.15의 분모는 최솟값을 취하므로 가능한 최대 전류가 생성된다. $X_C = 1/\omega C$, $X_L = \omega L$인 경우 이 조건은 $1/\omega C = \omega L$ 또는 다음과 같다.

$$\omega_0 = \sqrt{\frac{1}{LC}} \quad \text{(공명 진동수, SI 단위: Hz)} \quad (19.18)$$

식 19.18은 회로의 **공명 진동수**(resonant frequency), 즉 ω_0을 나타낸다. 그림 19.28a에서 전원의 진동수를 조정하면 공명 시 전류가 최대로 상승했다가 감소하는 것을 볼 수 있다(그림 19.30). 공명 진동수는 회로 저항과 독립적이지만 저항이 낮으면 최대 전류가 증가하여 공명 곡선이 가파르게 된다.

RLC 회로의 공명은 7장의 단조화 진동자의 공명을 떠올리게 할 것이다. 19.4절에서 *LC* 회로와 조화 진동자를 비유하였다. *RLC* 직렬 회로는 7.5절의 감쇠형 구동 진동기와 유사하다. 저항 R을 추가하는 것은 역학적 진동자에 마찰력을 추가하는 것과 같다. 둘 다 에너지를 소모시키기 때문이다. 진동을 계속 유지하려면 역학적 진동자에 외부 힘에 의해 공급되는 에너지가 필요하다. 마찬가지로 *RLC* 회로도 AC 기전력의 전원으로부터 에너지를 필요로 한다. 조화 진동자와 구동 *RLC* 회로 모두 감쇠되지 않는 자연 진동과 동일한 진동수에서 최대 반응을 가지며, 역학적 진동자의 경우 $\omega = \sqrt{k/m}$, 전기적 진동자의 경우 $\omega = 1/\sqrt{LC}$ 이다.

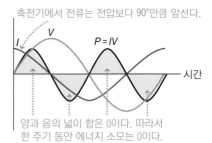

(a)

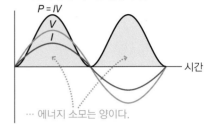

(b)

그림 19.29 (a) 축전기(또는 유도기)에서 평균 에너지 소모는 0이다. (b) 저항기에서는 항상 에너지 소모가 생긴다.

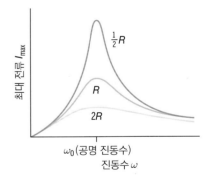

그림 19.30 서로 다른 세 저항에서 *RLC* 회로에 대한 공명 곡선

예제 19.13 모터 구동

모터가 120 V와 60 Hz에서 작동한다. 전기용량은 무시할 수 있는 수준이고 역률은 0.90이며 1,250 W의 전력을 사용한다. 다 음을 구하여라. (a) rms 전류 (b) 모터의 저항

구성과 계획 식 19.17는 $\overline{P}=I_{\text{rms}}^2 Z \cos\phi$ 에 의해 평균 전력과 rms 전류를 관계시킨다. 임피던스 Z는 $Z=\varepsilon_{\max}/I_{\max}=\mathcal{E}_{\text{rms}}/I_{\text{rms}}$, 즉 $\overline{P}=I_{\text{rms}}\varepsilon_{\text{rms}}\cos\phi$ 이다. $\overline{P}=I_{\text{rms}}^2 R$ 을 상기하면서 모터의 저항을 구한다.

알려진 값: $\varepsilon_{\max}=120\,\text{V}$, $f=60\,\text{Hz}$, $\overline{P}=1{,}250\,\text{W}$

풀이 (a) $\overline{P}=I_{\text{rms}}\varepsilon_{\text{rms}}\cos\phi$ 을 사용하여 rms 전류를 구하면 다음과 같다.

$$I_{\text{rms}}=\frac{\overline{P}}{\varepsilon_{\text{rms}}\cos\phi}=\frac{1{,}250\,\text{W}}{(120\,\text{V})(0.90)}=11.6\,\text{A}$$

(b) $\overline{P}=I_{\text{rms}}^2 R$ 로부터 모터의 저항을 구한다.

$$R=\frac{\overline{P}}{I_{\text{rms}}^2}=\frac{1{,}250\,\text{W}}{(11.6\,\text{A})^2}=9.3\,\Omega$$

반영 11.6 A는 역률 1의 1.25 kW 모터가 소비하는 전류보다 더 많은 전류이다. 모터에 공급되는 도선이 추가 전류를 전달하므로 전력 손실이 더 커진다.

연결하기 이 회로에서 유도 계수는 얼마인가?

답 전기용량이 없다고 했으므로 $\cos\phi<1$은 유도 계수가 있어야 함을 의미한다. $Z=R/\cos\phi=10.3\,\Omega$임에 주목하여라. $Z=\sqrt{R^2+(X_L-X_C)^2}$ 과 $X_L=\omega L$을 사용하여 L에 대해 풀면 $L=0.14\,\text{mH}$를 구할 수 있다. 이는 이 회로의 역률을 0.90으로 낮추기에 충분하다.

확인 19.6절 RLC 회로의 공명 진동수를 두 배로 늘리려고 할 때, 다음 중 유도 계수의 인자로 가능한 것은?
(a) 0.25　(b) 0.50　(c) 2　(d) 4

19장 요약

유도와 패러데이의 법칙

(19.1절) 전자기 유도에서 **변화하는 자기선속**은 패러데이의 **법칙**에 따라 기전력을 유도한다. 닫힌 회로가 존재할 경우 전류가 발생한다. **렌츠의 법칙**에 따르면 유도 전류는 자기선속의 변화를 방해한다.

자기선속: $\Phi = BA \cos \theta$

패러데이의 유도 법칙: $\varepsilon = -N \dfrac{\Delta \Phi}{\Delta t}$ (N회 감긴 코일)

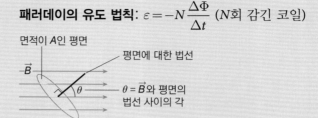

면적이 A인 평면
평면에 대한 법선
$\vec{B}$
θ
$\theta = \vec{B}$와 평면의 법선 사이의 각

운동 기전력

(19.2절) 운동 기전력은 도체와 자기장 사이에서 상대적인 운동을 할 때 유도되는 기전력이다. 도체가 고체이면 **맴돌이 전류**가 유도되고 에너지가 소모된다. 이 효과는 자기 브레이크 및 다른 응용의 기본이다.

닫힌 회로에서 운동 기전력에 의해 유도되는 전류:

$$I = \frac{|\varepsilon|}{R} = \frac{BLv}{R}$$

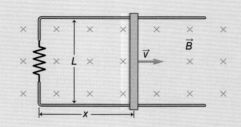

발전기와 변압기

(19.3절) 전기 발전기는 역학적 에너지를 전기적 에너지로 전환한다. **회전 코일 발전기**는 자기장에서 회전하는 도선 코일로 구성된다. 회전율과 같은 진동수로 교류 전류를 생산한다. **변압기**는 전자기 유도를 사용하여 AC 회로의 기전력을 변화한다.

회전하는 N회 감긴 코일에서 유도된 기전력: $\varepsilon = NBA\omega \sin(\omega t)$

변압기 기전력: $\varepsilon_s = \varepsilon_p \dfrac{N_s}{N_p}$

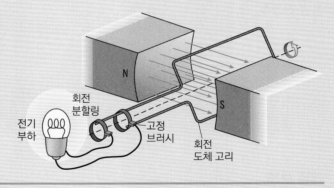

N
S
회전 분할링
전기 부하
고정 브러시
회전 도체 고리

유도 계수

(19.4절) 유도 계수를 통해 한 회로의 전류가 변하면 다른 회로에 전류가 유도된다. **유도기**는 유도 특성을 위해 설계된 코일이다. 두 회로 사이의 상호 효과를 **상호 유도 계수**라 한다. 도선 코일 하나가 **자체 유도 계수**를 통해 전류를 유도할 수 있다. 유도기는 자기장에 에너지를 저장한다. 유도기를 저항기가 있는 회로(RL 회로)에 연결하면 유도 계수는 회로에서 전류의 증가를 지연시킨다. 유도기가 축전기와 직렬로 연결되는 경우(LC 회로), 전하가 진동한다.

유도 계수의 정의: $L = \dfrac{N\Phi}{I}$

유도기에 저장된 에너지: $U = \frac{1}{2}LI^2$

자기장에서 에너지 밀도: $u_B = \dfrac{B^2}{2\mu_0}$

LC 회로에서 전하 진동: $Q = Q_0 \cos(\omega t)$

도선의 전류는 코일을 통해 자기선속을 생성한다.
전류가 변하는 경우 코일을 통과하는 선속도 변화하고…
I
$\vec{B}$
$-$ ←—— ε ——→ $+$
… 전류의 변화에 반대로 코일에 기전력을 유도한다.

AC 회로

(19.5절) 축전기에서 AC 전류는 축전기의 전위차보다 90° 만큼 앞선다.

유도기에서 AC 전류는 유도기의 전위차보다 90°만큼 뒤처진다. 축전기와 유도기는 **리액턴스**를 갖게 되며 저항처럼 행동하지만 전류와 전위차 사이에 위상차를 갖게 된다. 위상자를 사용하면 AC 회로를 그래프로 분석할 수 있다.

rms 전류: $I_{\text{rms}} = I_{\text{max}}/\sqrt{2}$

용량 리액턴스: $X_C = 1/\omega C$

유도 리액턴스: $X_L = \omega L$

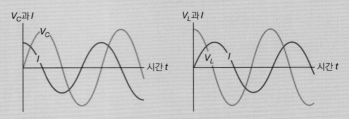

RLC 회로와 공명

(19.6절) *RLC* 직렬 회로는 DC 회로의 저항과 유사한 **임피던스** Z를 갖는다. **위상각** ϕ는 전류가 얼마나 기전력 앞 또는 뒤에 있는지 알려 준다. **공명**은 $X_C = X_L$일 때 발생하며 역학적 진동자에서의 공명과 유사하다.

RLC 직렬 회로에서 최대 전류: $I_{\text{max}} = \dfrac{\varepsilon_{\text{max}}}{\sqrt{R^2 + (X_L - X_C)^2}}$

공명 진동수: $\omega_0 = \sqrt{\dfrac{1}{LC}}$

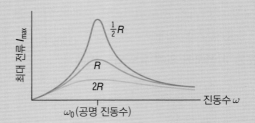

19장 연습문제

문제의 난이도는 ●(하), ●●(중), ●●●(상)으로 분류한다.

개념 문제

1. 패러데이의 법칙(식 19.2)의 우변에 SI 단위를 사용하면 기전력이 볼트로 나온다는 것을 보여라.

2. 수평 고리를 통과하는 자기선속은 적도와 북극 중 어느 쪽에서 더 큰가?

3. 낙하 자석의 시연(개념 예제 19.3)에서 자석은 원통 관에서 나올 때 운동 에너지가 매우 작다. 맨 위에서 가지고 있던 대부분의 중력 위치 에너지는 어떻게 되었는가?

4. 그림 19.7의 금속막대가 오른쪽이 아닌 왼쪽으로 이동한다고 가정하자. 유도 전류의 방향, 유도 기전력, 막대에 가해지는 힘의 방향을 구하여라.

5. *LC* 회로는 단조화 진동자와 어떤 점이 유사한가?

6. *RLC* 직렬 회로의 저항, 유도 리액턴스, 용량 리액턴스를 알고 있다고 하자. 회로의 총 임피던스가 이 세 가지 물리량의 합과 같은가? 이유를 설명하여라.

7. *RLC* 직렬 회로에서 유도기 또는 축전기에서 에너지 소모가 생기는지 설명하라.

8. *RLC* 회로의 역률이 0.90이다. 이 정보로부터 전류가 기전력을 앞서는지 아니면 기전력보다 뒤처지는지 알 수 있는가?

객관식 문제

9. 3.8 T 자기장은 한 변의 길이가 50 cm인 정사각형 고리와 60° 각도를 이룬다. 고리를 통과하는 자기선속은 얼마인가?
   (a) 0.24 T · m²   (b) 0.41T · m²
   (c) 0.48T · m²   (d) 0.82T · m²

10. 50회 감긴 원형 코일의 직경이 6.2 cm이고 0.75 Ω의 저항을 갖는다. 코일에 수직인 자기장이 0.50 T/s로 변화하고 있다. 코일에 유도되는 전류는 얼마인가?

(a) 10 mA (b) 30 mA (c) 100 mA (d) 300 mA

11. 발전기에 0.94 T 자기장에서 60 Hz로 회전하는 넓이 0.12 m^{2}의 코일이 있다. 발전기의 최대 기전력이 340 V일 때, 코일에 감긴 횟수는 얼마인가?

(a) 16 (b) 32 (c) 50 (d) 100

12. 320 mH의 유도기가 있다. 5.0 V 기전력을 유도하려면 몇 초 동안 유도기 전류를 6.0 A로 증가시켜야 하는가?

(a) 0.13 s (b) 0.26 s (c) 0.39 s (d) 0.52 s

13. AC 전원이 60 Hz에서 170 V 기전력을 생성한다. 이 전원이 연결된 480 Ω의 저항기에서 소모된 평균 전력은 얼마인가?

(a) 75 W (b) 60 W (c) 42 W (d) 30 W

연습문제

19.1 유도와 패러데이의 법칙

14. • 1.5 T 자기장이 직경 35 cm의 원형 도선 고리에 수직으로 놓여 있다. 이 고리를 통과하는 자기선속은 얼마인가?

15. •• 한 지점에서 지구 자기장은 수평에 대해 72° 만큼 기울어진 쪽으로 5.4×10^{-5} T의 크기를 갖는다. 32 m × 20 m의 크기를 갖는 수평 직사각형 지붕을 통과하는 자기선속을 구하여라.

16. •• 150회 감긴 원형 코일의 직경이 5.25 cm이고 저항은 1.30 Ω이다. 코일에 수직인 자기장이 1.15 T/s로 변화하고 있다. 코일에 생기는 유도 전류를 구하여라.

17. •• 한 변의 길이가 22 cm인 정사각형 도선 고리가 xy평면에 놓여 있다. 저항은 0.55 Ω이다. 자기장은 z축 방향이며 15 mT/s의 비율로 증가한다. 다음을 구하여라.

(a) 고리에서 유도 전류의 방향

(b) 고리에서 유도 기전력과 유도 전류의 크기

18. •• 저항이 1.4 Ω이고 넓이가 5.0×10^{-3} m^{2}인 원형 도선 코일이 2.0 T/s로 증가하는 자기장에 수직으로 놓여 있다. 유도 전류가 250 mA인 경우, 코일을 몇 회 감아야 하는가?

19.2 운동 기전력

19. • 그림 19.7에서 $B = 2.3$ T, $R = 2.3$ Ω, $L = 12$ cm를 가정하자. 막대가 **왼쪽으로** 0.80 m/s로 이동한다고 가정할 때, 물

음에 답하여라.

(a) 유도 전류의 크기와 방향을 구하여라.

(b) 전력은 얼마의 비율로 생성되는가?

20. •• 그림 19.7의 장치가 90° 회전하면 막대가 레일과 전기적 접촉을 유지하면서 수직으로 떨어진다. 레일 간격은 $L = 30$ cm이고, 자기장의 세기는 $B = 1.2$ T이다. 막대가 정지 상태에서 다음 시간 동안 떨어질 때, 유도 기전력의 크기를 구하여라.

(a) 0.5 s (b) 1.0 s

21. ••• 길이가 L인 수평 금속막대가 세기가 B인 수평 자기장을 통과하여 수직으로 떨어질 때, 물음에 답하여라.

(a) 막대가 속력 v로 낙하한다면 막대 끝에서 유도 기전력이 $\varepsilon = BLv$임을 보여라.

(b) $B = 0.50$ T, $L = 0.50$ m일 때, 막대가 정지 상태에서 떨어진 후 1.0 s 동안 유도 기전력은 얼마인가?

19.3 발전기와 변압기

22. • 넓이가 0.016 m^{2}인 20회 감긴 발전기 코일이 0.75 T 자기장에서 50 Hz로 회전한다. 물음에 답하여라.

(a) 최대 유도 기전력을 구하여라.

(b) 유도 기전력을 $t = 0$에서 $t = 40$ ms까지 시간의 함수로 그래프를 나타내어라.

23. •• 발전기에 150회 감겨 있는 한 변의 길이가 5 cm인 정사각형 코일이 있다. 이 코일이 다음 자기장에서 150 Hz로 회전할 때, 유도 기전력을 구하여라.

(a) $B = 5 \times 10^{-5}$ T의 지구 자기장

(b) 6.4 T의 강한 자기장

24. • 물음에 답하여라.

(a) 변압기의 200회 감긴 1차 코일에 120 V 기전력이 걸려 있다. 2차 코일에 30 V의 기전력을 생성하려면 코일을 몇 회 감아야 하는가?

(b) 변압기의 140회 감긴 1차 코일에 240 V 기전력이 걸려 있다. 2차 코일이 250회 감겨 있다면 유도 기전력은 얼마인가?

25. •• 일반적인 석탄 화력 발전소는 1,000 MW의 전기 에너지를 생산한다. 이 전력의 7%가 500 kV의 송전선에서 손실된다. 물음에 답하여라.

(a) 송전선의 저항은 얼마인가?(주의: 실제로 네트워크의 모든 병렬 송전선의 등가저항이므로 답은 매우 작아야 한다.)

(b) 송전선이 250 kV일 경우, 전력 손실은 얼마인가?

19.4 유도 계수

26. • 240 mH인 유도기가 있다. 6.0 V 기전력을 유도하려면 코일을 통과하는 전류를 3.0 A까지 어느 시간 동안 증가시켜야 하는가?

27. •• 솔레노이드의 직경은 5.0 cm이고 $n = 75$회/cm이며 길이는 23 cm이다. 다음을 구하여라.

(a) 유도 계수

(b) 솔레노이드가 0.50 J의 에너지를 저장할 때 전류의 크기

28. •• 48 V 전지가 스위치, 0.50 H 유도기, 10 Ω 저항기와 직렬로 연결되어 있다. 물음에 답하여라.

(a) 이 회로의 최대 전류는 얼마인가?

(b) 스위치를 닫은 후 $t = 0.10$ s에서 전류는 얼마인가?

(c) 전류가 최댓값의 절반에 도달할 때는 언제인가?

(d) 시간 $t = 2\tau$에서 전류는 얼마인가?

29. •• 10.0 mH 유도기가 200 nF에서 600 nF까지 변화할 수 있는 축전기와 직렬로 연결된다. 가능한 진동수의 범위를 구하여라.

30. •• 충전된 250 μF 축전기가 550 mH인 유도기에 연결되어 있다. 물음에 답하여라.

(a) 진동 주기는 얼마인가?

(b) 주기를 두 배로 늘리려면 전기용량을 얼마로 해야 하나?

31. •• 500 μF 축전기에 1.25 H 유도기를 연결한다. 특정 시점에서 축전기의 충전량은 0이고 전류는 0.342 A이다. 다음을 구하여라.

(a) 축전기의 충전량이 최댓값에 도달하는 시간

(b) 회로의 총 에너지

(c) 축전기의 최대 전하량

19.5 AC 회로

32. • AC 전원 공급기가 최대 기전력 340 V와 진동수 120 Hz로 작동된다. 4.25 kΩ 저항기를 이 전원 공급기와 연결하였다. 물음에 답하여라.

(a) rms 전류를 구하여라.

(b) 저항기에서 소모되는 평균 전력을 구하여라.

(c) 저항기를 통과하는 전위차와 전류를 시간의 함수로 그래프를 나타내어라.

33. •• 140 Ω 부하 저항을 통과하는 2.0 A rms 전류를 구동할

수 있는 AC 전원 공급 장치를 설계하려고 한다. 물음에 답하여라.

(a) 전원의 기전력의 rms 값은 얼마인가?

(b) 이 전원에서 에너지를 공급하는 비율을 구하여라.

34. ••• AC 전원 공급 장치는 120 V rms를 공급한다. 한 방향의 최대 기전력과 반대 방향 사이의 시간 간격은 10.2 ms이다. 물음에 답하여라.

(a) 최대 기전력을 구하여라.

(b) 진동수를 구하여라.

(c) 모든 적절한 값을 포함하여 시간의 함수로서 전원 공급기의 기전력에 대한 식을 써라.

35. • 물음에 답하여라.

(a) 100 μF 축전기는 어떤 진동수에서 50 Ω 용량 리액턴스를 가지는가? 진동수가 세 배가 되면 이 축전기의 용량 리액턴스는 얼마인가?

(b) 100 mH 유도기는 어떤 진동수에서 50 Ω 유도 리액턴스를 가지는가? 진동수가 세 배가 되면 이 유도기의 유도 리액턴스는 얼마인가?

19.6 *RLC* 회로와 공명

36. •• 솔레노이드의 저항은 13.5 Ω이고 유도 계수는 410 mH이다. 60 Hz인 전원 공급 장치에 연결할 때, 이 회로의 임피던스는 얼마인가?

37. •• *RC* 직렬 회로가 $R = 500$ Ω, $C = 200$ μF을 갖는다. 이 직렬 회로에 120 V(rms) 전원을 연결하였다. 진동수가 다음과 같을 때, 최대 전류를 구하여라.

(a) 60 Hz   (b) 120 Hz

38. ••• *RLC* 직렬 회로가 $R = 1.35$ kΩ, $L = 225$ mH, $C = 2.50$ μF을 가지며, 이 회로를 60 Hz 전원에 연결하였다. 물음에 답하여라.

(a) 축전기의 용량 리액턴스와 유도기의 유도 리액턴스를 구하여라.

(b) 임피던스를 구하여라.

(c) 이 회로를 공명 상태로 만들려면 전기용량의 값을 얼마로 해야 하는가?

39. •• $R = 150$ Ω, $L = 1.20$ mH, $C = 33.5$ μF인 *RLC* 직렬 회로에 120 V, 60 Hz인 전원을 연결한다. 다음을 구하여라 (단, 각 소자의 리액턴스 및 임피던스를 구하여 푼다).

(a) 위상각   (b) 역률   (c) 평균 소비 전력

40. ·· *RLC* 직렬 회로가 $R = 920 \, \Omega$, $L = 15.0 \, \text{mH}$, $C = 250 \, \mu\text{F}$ 을 갖는다. 물음에 답하여라.

(a) 공명 진동수는 얼마인가?

(b) 회로가 공명 진동수에서 100 V rms 전원에 연결된 경우, 평균 소비 전력은 얼마인가?

19장 질문에 대한 정답

단원 시작 질문에 대한 답

역률 $\cos \phi$는 AC 회로에서 전류와 전위차 사이의 위상차를 기술한다. 2003년 8월의 더운 한 주 동안 과도한 에어컨 부하는 역률을 낮췄고, 그 결과 주어진 전력을 공급하기 위해 정상보다 높은 전류를 발생시켰다. 높은 주변 온도와 큰 전류로 인해 송전선이 과열되어 처지면서 나무에 닿았다. 22개의 원자력 발전소를 포함하여 500개 이상의 발전기가 가동을 중단하는 등 피해가 확산되었다.

확인 질문에 대한 정답

19.1절　(c) > (a) > (b) > (d)

19.2절　(a) 시계 방향

19.3절　(b) 50

19.4절　(d) 920 kHz

19.5절　(a) > (c) > (b)

19.6절　(a) 0.25

전자기파와 특수 상대성

Electromagnetic Waves and Special Relativity

20

학습 내용

✓ 전자기파의 성질 설명하기

✓ 속력, 파장, 전자기파의 진동수를 연관 시키기

✓ 전자기파 에너지와 운동량 특성화하기

✓ 전자기 스펙트럼 기술하기

✓ 상대성 원리 설명하기

✓ 상대성 이론이 시간, 거리, 속도 측정을 어떻게 변화시키는지 설명하기

✓ 운동 에너지, 정지 에너지, 총 상대론적 에너지를 구별하고 에너지와 운동량을 상대론적으로 연관시키기

▲ 지구 너머 우주에 대한 거의 모든 정보는 하나의 물리적인 현상을 통해 얻을 수 있다. 그게 무엇인가?

이 장에서는 전자기학에 대한 지식을 전자기파에 적용한다. 가시광선과 다른 전자기 복사는 광범위한 파장과 진동수를 말하지만 이들은 모두 비슷하며 빛의 속력을 갖는다. 빛과 관련된 깊은 질문은 아인슈타인이 특수 상대성 이론을 이끄는 데 도움이 되었다. 상대성은 시간과 공간의 측정이 기준틀에 따라 다르다는 것을 보여 주며 에너지, 운동량, 질량 사이의 새로운 관계를 밝힌다.

20.1 전자기파

18장과 19장에서는 전기와 자기 사이의 깊은 연관성을 밝혀내었다. 전류는 자기장을 생성하고, 자기선속의 변화는 기전력과 전류를 유도한다. 여기서 **전자기파**(electro-magnetic wave)를 구성하는 진동하는 전기장과 자기장에서 전기와 자기 사이의 또 다른 연관성을 확인할 수 있다.

전자기파의 생성

그림 20.1에서 AC 전원 공급기는 금속막대를 따라 전하를 앞뒤로 이동시킨다. 금속막대는 전자기파의 원천이 되는 **안테나**(antenna) 역할을 한다. 어느 순간 금속막대의 전하가 쌍극자처럼 한쪽은 양전하, 다른 한쪽은 음전하를 띠게 된다. 이 전하 분

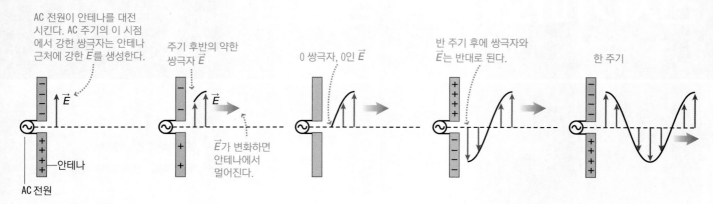

그림 20.1 안테나의 교류 전류에서 발생하는 전자기파

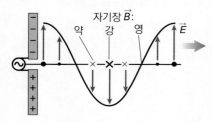

그림 20.2 파동의 자기장은 전기장에 수직이다. 사인파는 전자기파의 전기장을 나타낸다. 밝은 음영의 점과 십자가 표시는 약한 자기장을 나타내고, 어두운 음영의 점과 십자가 표시는 강한 자기장을 나타낸다.

포는 그림과 같이 인접한 공간에 전기장을 생성한다. 금속막대의 끝부분이 진동함에 따라 장이 변화한다.

1860년대 스코틀랜드의 물리학자 제임스 클러크 맥스웰(James Clerk Maxwell, 1831~1879)은 전자기파에 대한 이해를 이끈 심오한 통찰력을 가지고 있었다. 맥스웰은 변화하는 자기가 전류를 유도할 수 있다는 패러데이의 법칙을 알고 있었다 (19.1절). 전류는 궁극적으로 도체 내의 전기장에서 발생한다는 것을 알고 있다(17.1절). 따라서 맥스웰은 패러데이의 법칙이 변화하는 자기선속이 전기장을 생성한다는 것을 의미한다고 추론하였다. 맥스웰은 전기 현상과 자기 현상 사이의 대칭성을 기반으로 그림 20.2와 같이 변화하는 전기선속이 자기장을 생성해야 한다고 주장하였다. 이 자기장이 변화하고 있으므로 더 많은 전기장을 생성한다. 이렇게 변화하는 장은 서로 계속해서 재생성하며 전자기파가 되어 공간을 이동한다. 사실 안테나에서와 같이 전하가 가속할 때마다 전자기파가 생성된다.

전자기파의 성질

맥스웰은 전자기파의 존재를 예측했을 뿐만 아니라 전자기파의 성질도 알아냈다. 그림 20.2와 그림 20.3에서 볼 수 있듯이 파동의 전기장과 자기장은 서로 수직이다. 또한, 파동의 전파 방향에 수직인 전자기파는 **횡파**(transverse wave)이다(11.1절에서의 종파와 횡파의 구별을 상기하여라). 그림 20.3은 전기장, 자기장, 전파 방향 사이의 공간 관계를 명확하게 보여 준다. 이 그림은 또한 파동의 전기장과 자기장이 같은 위상에 있다는 것을 보여 준다. 즉, 같은 지점에서 최댓값을 갖는다. 마찬가지로 하나의 장이 0인 경우 다른 장도 0이다. 파동이 이동할 때 두 장이 위상에 고정된 상태로 유지된다.

맥스웰 이론의 핵심 예측은 모든 전자기파가 진공 상태에서 동일한 속력 c로 이동한다는 것이다.

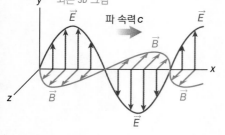

그림 20.3 전자기파의 삼차원 표현. 화살표는 장 벡터이며, 화살표의 길이는 공간에 있는 장의 크기 변화를 나타낸다. 물결파와 같은 역학적 파동의 높이를 나타내지는 않는다.

$$c = \sqrt{\frac{1}{\mu_0 \varepsilon_0}} \approx 3.00 \times 10^8 \text{ m/s} \quad \text{(진공에서 빛의 속력, SI 단위: m/s)} \quad (20.1)$$

식 20.1의 ε_0과 μ_0의 정확한 값을 사용하면 $c = 299792458$ m/s가 된다. 여기에 불확실성은 없다. SI 단위에서 c는 이 값을 갖는 것으로 정의된다. 1장에서 보았듯이 미터를 c로부터 정의한다.

맥스웰 시대에는 빛이 파동이라는 것이 분명했고, 빛의 속도의 측정 오차는 맥스웰의 이론적 예측의 약 1% 이내였다. 맥스웰의 전자기파 속력과 빛의 속력에 대한 측정값이 일치하는 이 우연은 빛이 전자기파임에 틀림없다는 것을 강하게 암시하였다. 물리학의 모든 부분에서 가장 많이 적용되는 물리량 중 하나인 맥스웰은 광학의 모든 과학을 전자기학에 의해 설명한다. 21~22장에서 광학과 빛에 대해 자세히 알아본다. 여기에서는 빛의 파동성에 대한 물리적 증거를 확인할 수 있다.

식 20.1은 진공 상태의 전자기파 속력을 나타낸다. 물이나 유리와 같은 다른 매질에서는 전자기파가 느리게 이동한다. 21장에서 서로 다른 매질의 빛의 속력이 한 매질에서 다른 매질로 지나갈 때 빛이 휘는, 즉 굴절과 어떻게 관계되는지에 대해 논의할 것이다.

속력, 파장, 진동수

전자기파의 성질을 더 잘 이해하려면 주기적 파동의 속력 v, 파장 λ, 진동수 f의 관계인 $v = \lambda f$를 생각해 보자(식 11.1). 전자기파는 진공 상태에서 $v = c$이므로 전자기파의 경우 다음과 같다.

▶ **TIP** 물에서 빛의 속력은 진공 상태에서 속력 c의 약 3/4이고, 보통 유리에서 빛의 속력은 c의 약 2/3이다.

$$c = \lambda f \quad \text{(전자기파 속력, 파장, 진동수, SI 단위: m/s)} \quad (20.2)$$

식 20.1의 빛의 속력 c는 파장이나 진동수에 의존하지 않는 상수이다. 따라서 식 20.2에서 파장이 긴 전자기파는 진동수가 낮고, 그 반대의 경우도 마찬가지임을 알 수 있다. 예를 들어, 가시광선의 파장은 $\lambda = 550$ nm $= 5.50 \times 10^{-7}$ m이며, 진동수는 다음과 같다.

$$f = \frac{c}{\lambda} = \frac{3.00 \times 10^8 \text{ m/s}}{5.50 \times 10^{-7} \text{ m}} = 5.45 \times 10^{14} \text{ s}^{-1} = 5.45 \times 10^{14} \text{ Hz}$$

맥스웰의 이론은 전자기파의 가능한 파장과 진동수에 제한을 두지 않는다. 20.2절에서는 광범위한 파장과 해당 진동수를 다루는 전자기 스펙트럼을 볼 수 있다.

전자기파에 대한 실험적 증거

1886년 독일의 물리학자 하인리히 헤르츠(Heinrich Hertz, 1857~1894)는 맥스웰의 아이디어를 확인하는 결정적인 실험을 수행하였다. 그는 송신기와 수신기를 제작하여 전자기파가 우주를 통해 전파되는 것을 증명하였다. 헤르츠의 송신기의 기본 구성 요소는 19.4절에서 설명한 *LC* 진동기로 100 MHz 정도의 진동수로 작동한다. *LC* 회로에는 그림 20.1의 안테나의 전하 진동과 유사하게 전하가 앞뒤로 튀는 불꽃 간격이 포함되어 있었다. 헤르츠는 몇 미터 떨어진 곳에 간극이 있는 수신기 고리를 배치했는데, 간극에서 불꽃이 발생하여 통과되는 파가 진동을 유도하는 것으로 나타났다. 헤르츠는 또한 이러한 전파가 훨씬 높은 진동수인 가시광선에 의해 나타나는 것과 동일한 반사, 굴절 및 기타 성질을 보인다는 것을 보여 주었다. 심지어 간섭에 의해 파동 속력이 빛의 속력과 일치한다는 사실도 밝혀냈다.

헤르츠 시대에는 '라디오'라는 용어가 존재하지 않았지만 헤르츠의 진동수와 파장은 현재 전자기 스펙트럼의 라디오 부분이라고 부르는 것과 정확히 일치한다. 라디오파는 보통의 유도 계수와 전기용량 범위에서 라디오 진동수 진동이 발생하기 때문에 전자 진동자를 사용하여 전파를 쉽게 생성할 수 있다. 헤르츠의 발견은 대단한 실용성을 가지고 왔다. 1895년 굴리엘모 마르코니는 통신 도구로서 라디오를 시연했고, 1901년에는 대서양을 가로질러 전파를 전송하였다. 20세기에는 무선 진동수를 사용하는 무선 통신이 광범위하게 발전하였다. 여기에는 AM 및 FM 라디오, 텔레비전, 레이더, 휴대폰, 무선 컴퓨터 네트워크, 무선 진동수 식별 태그 등이 포함된다. 지금 우리가 당연하게 여기는 이 모든 기술은 물리학의 법칙에 대한 헤르츠의 호기심에서 비롯된 것이다!

예제 20.1 **전자기파의 진동수**

헤르츠의 100 MHz 전파의 파장은 얼마인가? 무선 진동수 및 파장을 430 nm 파장의 보라색 빛과 비교하여라.

구성과 계획 식 20.2 $c = \lambda f$는 속력, 파장, 진동수를 관계시킨다.

알려진 값: $c = 3.00 \times 10^8$ m/s, $f = 100$ MHz(라디오파),
$\lambda = 430$ nm(보라색)

풀이 식 20.2를 라디오 파장에 대해 푼다.

$$\lambda = \frac{c}{f} = \frac{3.00 \times 10^8 \text{ m/s}}{100 \times 10^6 \text{ Hz}} = 3.00 \text{ m}$$

파장이 430 nm인 빛의 경우 진동수를 구한다.

$$f = \frac{c}{\lambda} = \frac{3.00 \times 10^8 \text{ m/s}}{430 \times 10^{-9} \text{ m}} = 6.98 \times 10^{14} \text{ Hz}$$

반영 가시광선의 진동수는 FM 라디오 대역의 중간에 있는 100 MHz 라디오파보다 약 700만 배 높고 파장은 700만 배 짧다. 20.2절에서 전체 전자기 스펙트럼이 훨씬 더 넓은 범위의 진동수를 갖는다는 것을 알 수 있다.

연결하기 가시광선에 대해 계산된 진동수와 가청 진동수(11장)를 비교하여라.

답 정상적인 청각 진동수 범위는 20 Hz~20 kHz로 빛의 진동수보다 훨씬 작다. 이는 또한 완전히 다른 종류의 파동이다. 소리는 빛보다 훨씬 느린 속력으로 공기를 통해 전달되는 역학적 종파이다. 빛은 진공을 통해 이동할 수 있는 횡파인 전자기파이다.

전자기파의 에너지와 운동량

파동은 에너지를 전달하며 전자기파도 예외는 아니다. 여기서 전자기파는 파동의 전기장과 자기장에 저장된 에너지이다. 19.4절에서 전기장과 자기장의 에너지 밀도가 각각 $u_E = \frac{1}{2}\varepsilon_0 E^2$ 과 $u_B = B^2/2\mu_0$임을 확인하였다. 맥스웰은 진공 상태의 전자기파에서 이러한 에너지 밀도가 동일하다는 것을 보여 주었으므로 $\frac{1}{2}\varepsilon_0 E^2 = B^2/2\mu_0$ 이다. 정리하면 $E/B = \sqrt{1/\mu_0\varepsilon_0}$이다. 그러나 식 20.1은 우변이 단지 빛의 속력 c임을 보여 준다. 그러므로 진공 상태에서 전자기파의 경우 다음과 같다.

$$c = \frac{E}{B} \quad \text{(전자기파의 전기와 자기장, SI 단위: m/s)} \quad (20.3)$$

전자기파는 에너지 외에도 운동량을 전달한다. 이는 놀라운 일이 아니다. 고전역학에서 속력 v로 움직이는 질량 m의 입자는 운동 에너지 $K = \frac{1}{2}mv^2$과 크기 $mv = \sqrt{2mK}$의 운동량을 가지고 있다. 전자기파는 입자 질량을 가지고 있지 않으므로 이들의 에너지 및 운동량 관계는 다르다. 에너지 U를 전달하는 파의 운동량 p를 다음과 같이 나타낸다.

$$p = \frac{U}{c} \quad \text{(전자기파 운동량, SI 단위: kg m/s)} \quad (20.4)$$

빛의 운동량은 일반적으로 작기 때문에 관찰하기 어렵다. 1901년 니콜스(E.F. Nichols)와 헐(G.F. Hull)에 의해 처음으로 정확한 측정이 이루어졌으며, 이는 식 20.4와 일치한다. 물체에 부딪히는 빛은 운동량을 전달하므로 뉴턴의 운동 제2법칙 ($F = dp/dt$)에 따라 힘을 가한다. 그림 20.4a는 검은색 표적에 흡수된 빛을 보여 주므로 전체 운동량이 표적에 전달되어 표적의 운동량 변화 $\Delta p = U/c$가 발생한다. 그림 20.4b의 반사 표적인 경우, 빛의 운동량은 반대가 되어 운동량 보존에 의해 표적으로의 운동량 전달은 두 배, 즉 $\Delta p = 2U/c$가 된다. 압력은 단위 넓이당 힘이기 때문에 빛이 표적에 압력을 가하는 것으로 생각할 수 있다. 따라서 일반적으로 전자기파가 표적에 **복사압**(radiation pressure)을 가한다고 말한다.

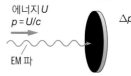

검은색 표적은 빛을 흡수한다.

운동량은 표적에 전달된다.

에너지 U
$p = U/c$

$\Delta p = U/c$

EM 파

(a)

거울 표적은 빛을 반사한다.

빛은 두 배의 운동량을 거울 표적에 전달한다.

$p = U/c$

$\Delta p = 2U/c$

$p = U/c$

반사된 빛

(b)

그림 20.4 검은색 표적은 모든 파의 운동량을 흡수한다. 반사 표적은 파동의 운동량을 역전시켜 그 과정에서 두 배의 운동량을 흡수한다.

▶ **TIP** 여기에서는 에너지와 전기장 E를 혼동하지 않도록 에너지에 E가 아닌 U를 사용하겠다.

예제 20.2   태양광 항해

행성 간 우주선을 위해 제안된 한 가지 추진 방식은 태양광의 복사압을 사용하여 우주선을 가속하는 것이다. 햇빛이 닿는 평균 세기가 $1.4\,\text{kW/m}^2$인 지구 궤도에 위치한 $A = 1.0\,\text{km}^2$의 넓이를 갖는 반사 태양 돛에 가해지는 힘을 구하여라.

구성과 계획 문제 상황에 대한 개략도가 그림 20.5에 나와 있다. 에너지 U를 갖는 반사광은 본문에 표시된 것처럼 $\Delta p = 2U/c$ 만큼 운동량 변화가 일어난다. 운동량 측면에서 뉴턴의 운동 제2법칙은 $F = \Delta p/\Delta t$이다. 여기서 빛의 세기, 즉 제곱 미터당 P의 일률을 알고 있다. 넓이를 곱하면 총 일률 또는 단위 시간당 에너지 U가 된다. 이로부터 $F = \dfrac{\Delta p}{\Delta t} = \dfrac{2}{c}\dfrac{\Delta U}{\Delta t}$ 를 구할 수 있다.

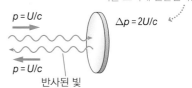

$I = 1.4\,\text{kW/m}^2$ $A = 1.0\,\text{km}^2$

$\Delta p = 2U/c$

$F = \Delta p/\Delta t$

그림 20.5 예제 20.2에 대한 개략도

알려진 값: $I = 1.4\,\text{kW/m}^2$, $c = 3.00\times10^8\,\text{m/s}$, $A = 1.0\,\text{km}^2 = 1.0\times10^6\,\text{m}^2$

풀이 세기는 $I = 1.4\,\text{kW/m}^2$이며 태양광 전달 에너지 비율은 $\Delta U/\Delta t = IA$이다. 따라서 힘은 다음과 같다.

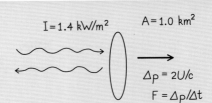

$$F = \frac{\Delta p}{\Delta t} = \frac{2}{c}\frac{\Delta U}{\Delta t} = \frac{2IA}{c} = \frac{(2)(1.4\times10^3 \text{ W/m}^2)(1.0\times10^6 \text{ m}^2)}{3.00\times10^8 \text{ m/s}^2}$$
$$= 9.3 \text{ N}$$

반영 이는 10 kg의 작은 우주선에 약 1 m/s²의 적당한 가속도를 줄 수 있을 정도로 작은 힘이다. 돛의 넓이가 제곱킬로미터임에도 불구하고 기존 로켓보다 훨씬 작다. 그럼에도 우주 공학자들은 '항해' 우주선을 개발하기 위해 적극적으로 노력하고 있

다. 지상 실험실에서는 고출력 레이저의 강렬한 광선이 작은 입자를 공중에 띄울 수 있다.

연결하기 돛이 반사되지 않고 검은색이라면 우주선의 가속도는 어떻게 되는가?

답 본문의 분석에 따르면 힘과 그에 따른 가속도는 절반으로 줄어들 것이다.

확인 20.1절 진공 상태에서의 전자기파 진동수를 파장이 낮은 순서대로 나열하여라.
(a) 550 nm   (b) 1.05 μm   (c) 434 nm   (d) 780 nm

20.2 전자기 스펙트럼

20.1절에서 맥스웰의 이론은 전자기파의 파장이나 진동수에 제한을 두지 않는다고 언급하였다. 알려진 파장의 범위는 일반적인 크기의 파장을 가진 라디오파에서부터 양성자의 1/10인 10^{-25} m보다 작은 파장을 가진 감마선에 이르기까지 다양하다. 그림 20.6은 이 거대한 **전자기 스펙트럼**(electromagnetic spectrum)을 보여 준다.

그림 20.6에서 전자기파의 여러 범주 사이에는 뚜렷한 경계가 없다. 모든 전자기파는 본질적으로 유사하지만 파장이 다르다는 것은 물질과 매우 다르게 상호작용한다는 것을 의미한다. 전자기파의 행동은 일반적으로 파장에 따라 점진적으로 변화하기 때문에 범주들은 관습의 문제이다. 따라서 1.1 mm의 '마이크로파' 및 0.9 mm의 '적외선파'는 1.1 mm의 파 및 1.3 mm의 파와 다를 바가 없다. 사람마다 인식하는 파장 범위가 조금씩 다르기 때문에 가시광선의 파장 400~700 nm 범위도 확실하지 않다.

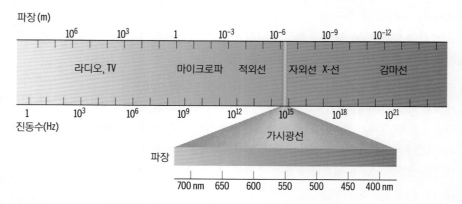

그림 20.6 전자기 스펙트럼. 진동수 및 파장에 대한 로그 눈금을 유의하여라.

라디오파

스펙트럼의 '라디오' 부분에는 AM 및 FM 라디오뿐만 아니라 텔레비전, 휴대폰 및 기타 형태의 무선 통신도 포함한다. (휴대 전화 신호가 TV 수신기를 방해하는 것과 같은) 방해 받지 않기 위해 각국 정부는 용도별로 할당된 파장을 규제한다. 상업 방송사와 통신사는 특정 좁은 파장 대역에서만 운영하도록 허가 받기 때문에 다른 사용자를 방해하지 않는다.

라디오파(radio wave)가 정보를 전달하는 두 가지 주요 방식은 **진폭 변조**(amplitude modulation, AM)와 **진동수 변조**(frequency modulation, FM)이다. AM은 해당 방송사(예: 1470 kHz 라디오 방송국)에 지정된 파장과 진동수를 갖는 순수 사인파인 '반송파 신호'로 시작한다. 그다음 방송할 소리가 반송파에 추가되어 진폭이 달라진다. 진동수 변조는 반송파 신호의 진동수 변화로 정보를 부호화한다. 이를 통해 FM은 전기 노이즈, 번개 및 유사한 소스로 인한 신호 진폭의 변화에 민감하지 않기 때문에 거의 정적 상태에 가깝다는 장점이 있다. 점점 더 많은 AM, FM 및 기타 변조 방식이 정보를 디지털로 부호화하는 데 사용되고 있다. 2009년에 미국의 모든 텔레비전 방송이 디지털로 전환되었고, 많은 라디오 방송국이 디지털 신호를 정규 통신파에 끼워서 송신한다.

▶ **TIP** 라디오파는 전자기파이지 음파가 아니다. 전자기파는 송신기에서 수신기로 정보를 전달하고 수신기의 전자 회로는 신호를 '복호화'하여 스피커에서 들리는 소리를 생성한다.

마이크로파

마이크로파(microwave)는 일반적으로 라디오파보다 파장이 짧지만, 라디오파와 파장이 긴 마이크로파, 적외선과 파장이 짧은 마이크로파 사이에 겹치는 부분이 있다. 마이크로파는 통신과 레이더에 널리 사용된다.

전자레인지에서 음식을 조리하는 마이크로파에 가장 익숙할 것이다. 물 분자는 강한 전기 쌍극자(15장, 16장 참조)이기 때문에 전기장에 쉽게 반응한다. GHz 범위의 진동수에서 진동하는 자기장은 물 분자를 앞뒤로 흔들고, 분자가 서로 밀치면서 전기장 에너지를 열로 변환한다. 대부분의 다른 분자는 강한 쌍극자가 아니기 때문에 거의 반응하지 않는다. 따라서 전자레인지를 사용하여 종이컵이나 도자기 머그잔에 물을 데울 수 있다. 전자레인지의 진동하는 전기장은 12 cm 정도의 파장에 해당하는 2.45 GHz의 진동수를 가진 마이크로파에서 발생한다. 전자레인지 벽에서 반사되면 마디가 $\lambda/2 = 6$ cm로 분리된 상태의 정상파를 생성한다. 그렇기 때문에 음식이 조리되는 동안 회전하지 않으면 음식에 익지 않은 부분이 남게 될 것이다.

개념 예제 20.3 전자레인지의 알루미늄

전자레인지 사용 설명서에는 알루미늄 호일로 덮인 음식 용기를 전자레인지에 넣지 말라고 경고한다. 전자레인지의 벽이 보통 알루미늄으로 되어 있음에도 불구하고, 왜 이런 경고가 표시되어 있는가?

답 알루미늄은 마이크로파의 좋은 반사체이다. 전자레인지의 알루미늄 벽이 정상파 파형을 형성하는 이유이다. 알루미늄으로 음식을 덮으면 마이크로파는 반사되어 음식에 닿지 않을 것이다. 또한, 15.4절에서 설명한 피뢰침처럼 호일이나 기타 금속의 날카로운 모서리에는 전하가 축적된다. 이 경우 불꽃이 발생하여 전자레인지가 손상될 수 있다.

반영 마이크로파가 유리문을 통해 빠져나가지 않는 이유가 궁금할 것이다. 만약 마이크로파가 빠져나온다면 분명히 해가 될 수 있다. 사람 몸 안에 있는 물이 효과적으로 작용하여 요리되듯이 해를 입을 수 있다! 22장에서 문의 금속 그물망이 마이크로파 누출을 최소화하는 방법을 알아볼 것이다.

적외선

적외선(infrared wave, IR) 복사는 라디오파나 마이크로파보다 파장이 짧으며, 가시광선 스펙트럼의 빨간색 끝인 700 nm에서 약 1 mm에 이르는 범위를 갖는다. 적외선은 원자와 분자가 높은 에너지 상태에서 낮은 에너지 상태로 전이될 때 발생한다(24장 참조).

지구의 일반적인 온도(약 300 K)에서 무작위 열운동으로 인한 분자의 충돌이 주로 적외선을 방출한다. IR 영상은 온도에 따라 방출률이 급격히 증가하여 주변 조직보다 따뜻한 경향이 있는 신체의 종양뿐만 아니라 건물에서 발생하는 열 손실을 감지하는 데 유용하다. 천문학자들은 적외선 망원경을 사용하여 차가운 별, 성간 기체 구름, 외계 행성을 탐사한다. IR을 사용하면 가시광선에 불투명한 은하 먼지 구름을 관찰할 수도 있다. 더 가까운 곳에서, 지구 자체가 적외선을 방출한다. 대기 중 **온실 기체**, 특히 이산화탄소와 수증기는 적외선의 일부를 흡수하여 행성 표면 온도를 높인다. 인간이 화석 연료를 태워서 대기에 이산화탄소를 배출함에 따라 대기 온도가 계속 상승하고 있다.

가시광선

표 20.1 가시광선의 색상에 대한 대략적인 파장 범위

색상	파장의 범위(nm)
보라색	400~440
파란색	440~480
초록색	480~560
노란색	560~590
주황색	590~630
빨간색	630~700

가시광선(visible light)은 약 400 nm에서 700 nm까지의 범위를 갖는다(그림 20.6, 표 20.1). 빛의 거동은 21장과 22장에서 다루는 **광학**(optics)의 주제이다. 또한, 원자와 분자에 대해 알고 있는 많은 지식은 전자기 스펙트럼의 다른 부분에서의 방출과 함께 가시광선 방출을 연구한 결과이다.

인간의 눈은 약 400 nm에서 700 nm까지만 볼 수 있지만 이는 태양 에너지 방출의 약 절반을 차지한다(나머지는 대부분 적외선이다). 따라서 인간은 이용 가능한 빛을 잘 활용하도록 진화해왔다. 일부 동물은 다른 파장 범위에 적응하기도 한다. 예를 들어, 주로 밤에 사냥하는 뱀은 적외선 영역까지 잘 볼 수 있다.

개념 예제 20.4 **시각과 청각의 범위**

인간이 볼 수 있는 파장(또는 진동수)의 범위를 인간이 들을 수 있는 소리 파장(또는 진동수)의 범위와 비교하여라.

풀이 진동수를 비교하든 파장을 비교하든 상관없다. $v = \lambda f$이므로 진동수가 두 배 증가하면 파장이 두 배 감소하는 것과 같다.

청각: 11장에서 정상적인 청각 범위는 20 Hz~20 kHz로 간주된다는 점을 기억하여라. 이는 진동수의 범위에 1,000배에 이른다. 옥타브의 경우(여기서 1옥타브는 진동수의 두 배), ($2^{10} = 1,024$이므로) 1,000배는 거의 10옥타브에 해당한다.

시각: 가시광선의 파장은 400 nm에서 700 nm까지 다양하다. 이는 2배 미만이거나 1옥타브 미만이다.

반영 이 비교는 귀가 눈보다 훨씬 더 광대역이라는 것을 의미하는 것으로 보인다. 반면, 시각적 이미지는 소리보다 훨씬 많은 정보를 담고 있다. DVD와 오디오 CD의 저장 용량의 차이를 생각해 보면 알 수 있다.

자외선

자외선(ultraviolet wave, UV)은 가시광선보다 파장이 짧으며 400 nm에서 약 1 nm의 범위를 갖는다. 자외선은 주로 원자의 전이로부터 나온다.

23장에서 전자기파가 **광자**라고 하는 '다발'에서 고에너지 광자에 해당하는 높은 진동수로 에너지를 전달하는 방법을 볼 수 있다. 이는 자외선의 광자가 가시광선의 광자보다 더 많은 에너지를 가지고 있음을 의미한다. 햇빛은 상당한 양의 자외선을 포함하고 있으므로 과도한 햇빛 노출을 피해야 한다. 선글라스의 자외선 차단 기능은 눈의 손상을 방지한다. 자외선이 피부에 닿으면 멜라닌 세포가 더 많은 색소를 생성하여 피부가 어두워진다. 또한, 피부 세포 DNA를 손상시켜 조기 노화와 암 위험을 증가시킨다.

대기 중 기체, 주로 오존(O_3)은 태양의 자외선으로부터 우리를 보호한다. 최근 수십 년 동안 클로로플루오로카본(주로 냉장 및 냉방에서 사용되는 'CFC')의 배출로 인해 보호 오존의 일부가 파괴되었다. CFC의 사용을 금지하는 국제 조약이 1989년에 발효되었고, 그 이후 오존층은 상당히 회복되었다.

X-선과 감마선

X-선(X-ray)과 감마선(gamma ray)은 자외선보다 파장이 더 짧다. X-선은 일반적으로 고에너지 전자가 물질과 상호작용할 때 발생한다. 전자가 갑자기 느려지거나 가속하면 X-선을 방출할 수 있다. 또한, 고에너지 전자는 원자에서 가장 안쪽에 있는 전자 중 하나를 때릴 수 있으며, 다른 원자가 전자는 빈 상태로 떨어지면 X-선이 방출된다. 23장에서 이 두 가지 메커니즘에 대해 설명할 것이다. 감마선은 X-선보다 파장이 훨씬 짧기 때문에 더 작은 시스템, 즉 원자핵(25장)의 에너지 전이에서 나온다는 것은 놀라운 일이 아니다.

X-선은 연조직을 투과하므로 의료 진단에 중요한 역할을 한다. 뼈 골절과 다른 구조적 질환을 발견하는 데 1세기 이상 사용되어 왔다. CT(컴퓨터 단층 촬영) 주사(scan)는 조직의 여러 층에서 X-선을 주사(scan)하는 새로운 기술이다. 결과 신호는 컴퓨터로 처리되어 단일 X-선 영상보다 훨씬 더 자세한 정보를 보여 준다. 의료인들은 X-선의 진단 가치를 의료인이 야기할 수 있는 손상과 비교하여 평가한다. X-선 노출은 세포를 교란시키고 암 위험을 증가시킨다. 반면, 고에너지 X-선과 감마선 빔

다양한 파장의 천문학

천문학자들이 전자기 스펙트럼 전반에 걸친 방출을 감지하는 방법을 알면서 20세기와 21세기에 걸쳐 우주에 대한 우리의 이해는 크게 확장되었다. 일반적인 별은 주로 적외선, 가시광선, 자외선을 방출하지만 블랙홀이나 중성자별과 같은 더욱 생소한 천체는 X-선과 심지어 감마선까지 방출한다. 이러한 단파장 전자기파는 지구의 대기를 통과하지 못하므로 현대 천문학의 일부는 우주에서 이루어진다. 이 사진은 동일한 물체인 은하 M101의 적외선, 가시광선, X-선 영상을 보여 주는 합성 이미지이다. 이 이미지에서 빨간색으로 음영 처리된 적외선은 스피처 우주 망원경으로 촬영한 것이다. 노란색으로 음영 처리된 가시광선은 허블 우주 망원경에서 나온 빛이다. 파란색인 X-선은 찬드라 X-선 천문대에서 촬영한 것이다.

은 주변 조직의 손상을 제한하면서 암세포를 표적으로 삼아 암을 치료한다.

> **새로운 개념 검토**

- 전자기파는 전기장과 자기장이 서로 수직이고 전파 방향에 수직인 횡파이다.
- 진공 상태에서의 전자기파 속력은 파장과 진동수에 관계없이 $c \approx 3.00 \times 10^8$ m/s 이다.
- 진공 상태에서 전자기파의 속력 c, 파장 λ, 진동수 f는 $c = \lambda f$로 관계된다.
- 에너지 U를 가진 전자기 복사는 운동량 $p = U/c$를 전달한다.
- 전자기 스펙트럼(그림 20.6)은 파장과 진동수의 범위가 아주 넓다.

....

확인 20.2절 가시광선의 진동수는 얼마인가?
(a) 10^{10} Hz   (b) 10^{12} Hz   (c) 10^{14} Hz   (d) 10^{16} Hz

....

20.3 기본 속력 c

19세기 말, 물리학자들은 빛의 속력을 실제 값의 1% 이내의 오차로 측정하였다. 맥스웰의 전자기 이론은 빛이 전자기파라는 것을 설득력 있게 보여 주었고, 이 이론은 측정된 속력을 정확하게 예측하였다. 22장에서 살펴보겠지만 빛의 파동은 회절, 간섭, 편광을 포함한 다른 광학 현상을 이해하는 데 사용되었다.

1900년까지 단 하나의 퍼즐만 남아 있었다. 알려진 모든 파동은 전파를 위한 매개체를 필요로 하는 것처럼 보였다. 예를 들어, 음파는 기체, 액체, 고체에서는 전파되지만 진공 상태에서는 전파되지 않는다. 그 이유는 기체, 액체, 고체 매개의 교란이 일어나기 때문이다. 마찬가지로 물의 파동은 물의 교란이므로 물이 없는 물의 파동을 생각하는 것은 말이 되지 않는다. 그러나 물리학자들은 전자기파를 매개로 하는 것이 무엇인지 알고 싶어 하였다. 이 매개체에 대해 알려진 것은 없지만 루미네랄(빛을 운반한다는 의미) 또는 단순히 **에테르**(ether)라는 이름이 붙여졌다.

에테르 검출 시도

에테르는 특이한 물질임에 틀림없다. 빛이 먼 별에서 우리에게 도달하기 때문에 모든 공간을 채워야 한다. 또한, 빛을 투과하는 유리와 같은 물질도 채워야 한다. 다른 파동은 밀도가 높은 매질을 통해 더 빠르게 이동하는 경향이 있으므로 에테르는 전자기파를 속력 c로 전달하려면 매우 밀도가 높아야 한다. 반면, 궤도를 따라 이동하는 행성은 저항이 미미한 상태에서 에테르를 통과해야 한다. 이는 이상한 속성의 조합이다.

1880년경 미국 물리학자 앨버트 마이켈슨(Albert A. Michelson)은 에테르를 통해 지구의 속력을 측정할 것을 제안하였다. 마이켈슨은 지구의 공전 속력이 약 30 km/s, 즉 $10^{-4}\,c$라는 것을 알고 있었기 때문에 지구의 공전 속력에 상대적으로 다른 방향으로 전파되는 빛의 속력을 다르게 측정해야 한다고 생각하였다. 그림 20.7은 지구를 움직이는 배로 나타내는 역학적 유추를 사용하여 이 개념을 설명한다. 이 비유에 따르면 지구의 공전 운동 방향으로 전달되는 광파는 $c+v$와 $c-v$의 속력이 달라야 한다. 여기서 v는 지구의 공전 속력이다. $v=10^{-4}\,c$이지만 마이켈슨은 작은 속력 차이를 감지하기 위해 파동 간섭을 사용하는 장치를 만들었다.

마이켈슨은 1881년에 처음 실험을 수행한 후 1887년에 훨씬 더 정밀한 장치를 사용하여 실험을 반복하였다. 이 실험은 유명한 **마이켈슨–몰리 실험**(Michelson-Morley experiment)으로, 에드워드 몰리와의 공동 연구로 인해 이름이 붙여졌다. 결과는 항상 같았다. 에테르에 대한 지구의 움직임은 감지할 수 없었다. 물리학자들은 20년 동안 이 결과에 의아해했다. 에테르는 탐지가 불가능해 보였지만 파동을 운반할 매개체가 없는 파동을 생각하기는 어려웠기 때문이다.

물리학자들은 다양한 해결책을 제안하였다. 한 가지 아이디어는 에테르를 통한 움직임이 어떻게든 장치의 크기를 바꾼다는 것이었다. 이 아이디어는 크기를 측정하는 데 사용되는 모든 장치가 비슷한 영향을 받기 때문에 확인이 불가능하였다. 또 다른 아이디어는 지구가 이웃한 에테르를 끌어당겨서 그 움직임을 가린다는 것이었다. 그러나 이 아이디어는 항성 수차라는 천문학적 효과에 의해 모순되었다. 20세기 초, 에테르에 대한 생각과 마이켈슨–몰리 실험의 결과는 서로 양립할 수 없는 것이었다.

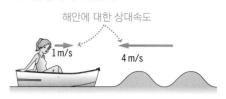

배에 탄 사람은 4 m/s+1 m/s=5 m/s로 다가오는 파도를 본다.

(a)

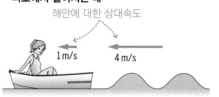

배에 탄 사람은 4 m/s-1 m/s=3 m/s로 다가오는 파도를 본다.

(b)

그림 20.7 파동의 겉보기 속력은 관찰자의 움직임에 따라 달라져야 한다.

아인슈타인의 상대성 이론

1905년 알버트 아인슈타인(Albert Einstein)은 스위스 베른에서 일하는 젊은 특허 사무원이었다. 그는 수년간 빛의 행동에 대해 고민하였다. 그리고 1905년에 자신의 아이디어를 완성하여 발표하였다. 그는 두 가지 간단한 가설로 시작하였다.

아인슈타인의 가설
1. 상대성의 원리: 물리 법칙은 모든 관성 기준틀에서 동일하다.
2. 빛의 속력의 불변: 빛의 속력 c는 광원의 상대 속도나 관측자의 속도에 관계없이 모든 관성 기준틀에서 일정하다.

4.2절에서 관성 기준틀(inertial reference frame)은 뉴턴의 운동 제1법칙(관성의 법칙)이 적용되는 기준틀임을 기억하여라. 관성틀은 정지해 있거나 일정한 속도로 움직이는 것으로 간주할 수 있다. 비관성틀은 곡선을 돌고 있는 자동차와 같은 가속틀이다. 여기에서는 아인슈타인의 1905년 논문처럼 관성틀에 국한하여 논의한다. 관성틀에 관한 아인슈타인의 이론은 **특수 상대성**(special relativity) 이론이다. 이후 아인슈타인은 가속 기준틀에도 적용할 수 있는 **일반 상대성**(general relativity) 이론을 연구하였다.

아인슈타인의 가설은 너무 단순해서 무의미해 보일 수도 있다. 하지만 이 가설은 심오하고 때로는 놀라운 결과를 가져왔다. 우선 두 번째 가설은 마이켈슨-몰리 실험 결과를 설명한다. 마이켈슨의 광선은 방향에 상관없이 $c+v$, $c-v$ 또는 다른 속력이 아닌 c의 속력을 갖는다. 따라서 빛의 광선이 이동하는 시간은 지구나 다른 어떤 것이 움직이는 방향과 상관없이 광선의 이동 방향에 의존하지 않는다. 왜 그러한가? 에테르가 없기 때문이다. 전자기파는 역학적 파동과 달리 매개체가 필요하지 않다.

아인슈타인이 두 가지 가설을 사용하여 상대성 이론을 도입했지만 두 번째 가설은 첫 번째 가설 안에 포함되어 있다고 생각할 수 있다. 아인슈타인은 맥스웰의 전자기학 이론이 옳다고 믿었다. 21세기에도 여전히 그러하듯이 아인슈타인의 첫 번째 가설인 상대성 원리는 맥스웰의 이론이 모든 관성 기준틀에서 유효해야 한다는 것을 의미한다. 맥스웰의 이론은 진공 상태에서 속력 c로 전파되는 전자기파를 예측하므로 모든 관성틀에서 이 결과가 참이어야 한다. 이것이 아인슈타인의 두 번째 가설이다.

지금까지는 이 모든 것이 간단하고 합리적으로 들린다. 그러나 빛이 광원과 관찰자의 움직임에 관계없이 같은 속력으로 이동한다는 개념은 상식에 어긋나는 것처럼 보인다. 그림 20.8a는 다음과 같은 비유를 보여 준다. 야구 투수 한 명이 지면을 기준으로 10 m/s로 달리는 트럭 뒤에 서 있다. 투수는 트럭에 상대적으로 30 m/s의 속력으로 트럭이 움직이는 방향으로 공을 던진다. 그러면 땅 위에 있는 사람은 공의 속력을 30 m/s + 10 m/s = 40 m/s로 측정해야 한다. 던지는 방향이 트럭의 움직임과 반대인 경우, 지면에 대한 공의 속력은 30 m/s − 10 m/s = 20 m/s가 되어야 한다. 이제 빛에 대한 유사한 실험(그림 20.8b)을 생각해 보자. 이는 설명한 것처럼 쉽게 할 수 없기 때문에 '사고 실험'이다. 지구를 향해 $0.2c$로 이동하는 우주선은 지구를 향해 빛을 보낸다. 야구공에 대한 여러분의 경험은 (상식적인 것은 말할 것도 없고) 지구에 있는 관찰자가 이 빛 신호의 속력을 $c + 0.2c = 1.2c$로 측정해야 하지만 실제로는 그렇지 않다. 상대성 이론과 일치하는 것은 지구에 있는 관측자가 빛의 속도를 c로 측정한다는 것이다. 이는 아인슈타인이 상대성 원리를 제안한 이후 1세기가 넘는 기간 동안 수많은 실험을 통해 검증되었다. $0.2c$로 갈 수 있는 로켓은 없지만 훨씬 빠르게 움직이는 기본 입자가 있으며, 이들은 상대성 이론을 정교하게 검증한다.

빛의 속력 c는 모든 관성틀에서 동일하다. 특수 상대성 이론에서는 c를 **불변량**(invariant quantity)이라 한다. 불변량은 상대성 이론의 진정한 절대성으로, 서로 다른 관찰자가 서로 상대적으로 움직이고 있더라도 모든 관찰자의 값은 동일하다. 다음에 살펴보겠지만 공간과 시간의 척도는 불변이 아니다.

지면에 대해 각 방향에서 공의 속력은 트럭 속력에 의존한다.

트럭 기준
30 m/s

지면 기준 10 m/s

공의 속력: 30 m/s + 10 m/s = 40 m/s

30 m/s

10 m/s

공의 속력: 30 m/s − 10 m/s = 20 m/s

(a)

지구의 관찰자에 대한 빛의 속력은 우주선의 속력에 의존하지 않는다.

$v = 0.2c$ $v = 0.2c$

c c

어느 방향이든 빛의 속력은 c이다.

(b)

그림 20.8 (a) 속력이 합쳐질 것으로 예측하는 방법 (b) 관찰자는 광원의 움직임에 관계없이 항상 속력 c로 빛을 받는다.

20.4 시간과 공간의 상대성

사건(event)은 특정한 위치에서 특정한 시간에 발생하는 물리적 사건(예: 출생)을 말한다. 사건은 상대성 이론에서 공간과 시간을 이해하는 열쇠이다. 서로 다른 관성틀에서 동일한 사건의 위치와 시간을 비교하면 공간 및 시간 측정값이 관성틀마다 어떻게 다른지 알 수 있다.

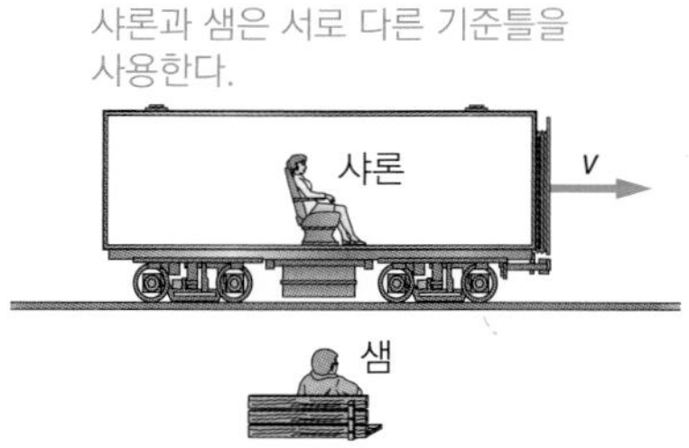

사건의 동시 측정

아인슈타인이 제안한 2개의 관성 기준틀을 포함하는 사고 실험으로 시작한다(그림 20.9). 한 틀에서 샘은 철로 옆 벤치에 앉아 있다. 샤론은 샘을 지나가는 열차의 중앙에 앉아 있다. 열차의 속력은 일정하므로 샘의 기준틀과 마찬가지로 샤론의 기준틀은 관성틀이다.

샤론이 샘을 지나갈 때 열차 차량의 앞쪽과 뒤쪽에 번개가 쳤다고 가정하자(그림 20.10). 시간을 측정하면 2개의 섬광이 동시에 샘에 도달한다. 섬광이 샘의 관성틀에서 동일한 속력 c로 같은 거리를 이동했기 때문에 샘은 두 번의 번개가 동시에 발생했다고 결론짓는다. 그러나 샤론은 상황이 다르다. 그림 20.10의 두 번째 틀에서 볼 수 있듯이 차량 앞쪽에서 나오는 섬광이 먼저 샤론에게 도달한다. 관성틀에서 샤론은 두 번의 번개로부터 같은 거리에 있었고, 상대성 이론에 따르면 샤론의 관성틀에서도 두 번의 섬광의 속력이 모두 c라고 주장한다. 따라서 샤론은 번개의 섬광이 자신에게 먼저 도달했기 때문에 차량 앞쪽의 번개가 먼저 발생했다고 결론을 내린다.

이 간단한 사고 실험은 다음과 같은 사실을 보여 준다.

> 하나의 관성틀에서 동시에 발생하는 별개의 사건은 다른 관성틀에서 동시에 발생할 필요가 없다.

이는 상식에 어긋나는 것처럼 보이지만 이는 아인슈타인의 상대성 원리를 따른 것이다. 상대성의 원리에서 시간과 위치의 측정은 절대적인 것이 아니라 관성틀에 따라 달라진다. 그림 20.10b에서 샤론의 지각은 샤론의 움직임에서 비롯된 착시라고 주장할 수도 있지만 그렇게 하면 샘이 인식하는 것이 정확하고 샤론의 인식은 착각이라는 점에서 샘의 기준틀에 특별한 무언가가 있다는 것을 의미한다. 이는 모든 관성 기준틀이 물리의 법칙 앞에서 평등하다는 상대성 원리를 정면으로 위반하는 것이다. 상대성 이론을 의심하게 될 때마다 하나의 기준틀이 실제로는 '옳은' 것이라는 개념에 집착하기 때문일 것이다. 상대성 이론은 특정한 기준틀을 선호하는 상황을 부정하기 때문에 그렇지 않다.

시간 팽창

하나의 관성틀에서 동시에 일어나는 사건이 다른 틀에서 동시에 발생하지 않는다면 다른 관성틀의 관찰자는 사건 사이의 시간이 일치하지 않을 것이다. 이를 살펴보기 위해 동일한 두 관성틀을 사용하되 빛 신호를 수평이 아닌 수직으로 보낼 것이다. 샤론은 바닥의 광원에서 거울까지 갔다가 다시 바닥으로 되돌아오는 빛을 사용하여 시

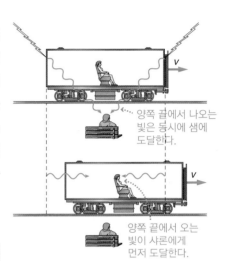

그림 20.9 샤론이 고속 열차를 타고 샘에게 접근하고 있다. 이 도표는 기준틀에서 보여 준다.

그림 20.10 샘의 기준틀에서 동시에 발생하는 사건이 샤론의 사건에서 동시 사건이 아닌 이유. 두 도표는 모두 샘의 기준틀에서 보여 준다.

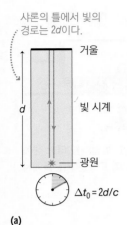

샤론의 틀에서 빛의
경로는 2d이다.

거울

d

빛 시계

광원

$\Delta t_0 = 2d/c$

(a)

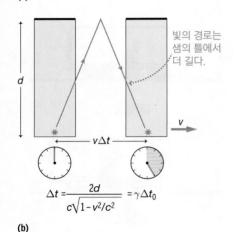

d

빛의 경로는
샘의 틀에서
더 길다.

v

$v\Delta t$

$\Delta t = \dfrac{2d}{c\sqrt{1-v^2/c^2}} = \gamma \Delta t_0$

(b)

시간 간격 $\Delta t/2$ 동안…

… 빛은 거리
$c\Delta t/2$를 가고

d

… 광원은 거리 $v\Delta t/2$를 간다.

(c)

그림 20.11 (a) 샤론의 기준틀(시계에 대해 정지 상태)에 표시된 광원과 거울로 구성된 빛 시계 (b), (c) (시계가 속력 v로 이동하는) 샘의 틀에 표시된 광원과 거울로 구성된 빛 시계

▶ **TIP** 시간 팽창은 추시계, 전자시계, 심지어 사람의 신진대사와 같은 어떤 종류의 시계를 사용하든 상관없이 적용된다. 시간을 측정하는 도구가 아니라 시간 자체에 관한 것이기 때문이다.

간을 유지하는 '빛 시계'를 가지고 있다(그림 20.11a). 샤론이 측정한 대로 Δt_0을 이 왕복 여행을 하는 데 걸리는 시간이라 하자. 이 관성틀에서 빛은 위아래로 직진하며, 총 거리는 $2d$이고 빛의 속력은 c이므로 시간은 다음과 같이 나타낸다.

$$\Delta t_0 = \frac{2d}{c}$$

샘 또한 빛 신호의 출발과 되돌아온 빛 신호를 본다. 열차가 속력 v와 함께 상대적으로 움직이기 때문에 샘은 빛 신호가 그림 20.11b의 대각선 경로를 따르는 것을 보게 된다. 그림 20.11c의 직각삼각형의 기하학적 구조로부터 피타고라스 정리는 다음과 같다.

$$\left(\frac{c\Delta t}{2}\right)^2 = \left(\frac{v\Delta t}{2}\right)^2 + d^2$$

이를 Δt에 관하여 풀면 다음이 성립한다.

$$\Delta t = \frac{2d}{c\sqrt{1-v^2/c^2}}$$

시간 간격 Δt_0에 대한 샤론의 측정을 샘의 Δt와 비교하면 다음을 얻는다.

$$\Delta t = \frac{\Delta t_0}{\sqrt{1-v^2/c^2}}$$

인자 $1/\sqrt{1-v^2/c^2}$은 상대성 이론에서 자주 등장하며, 기호 γ로 주어진다. 따라서 다음과 같다.

$$\gamma = \frac{1}{\sqrt{1-v^2/c^2}} \quad \text{(상대론적 인자 } \gamma, \text{ SI 단위: 무차원)} \qquad (20.5)$$

이를 통해 다음과 같이 나타낸다.

$$\Delta t = \gamma \Delta t_0 \quad \text{(시간 팽창, SI 단위: s)} \qquad (20.6)$$

물체의 경우, v는 항상 c보다 작으므로 $v \neq 0$의 경우 $\gamma > 1$이 된다. 따라서 $\Delta t > \Delta t_0$이고, 두 사건 사이에 샘은 샤론보다 더 많은 시간이 경과한다. 이 효과를 **시간 팽창**(time dilation)이라 한다.

빛 시계의 예는 다소 인위적으로 보일 수 있다. 시간이 실제로 팽창하는지, 다른 종류의 시계로 이를 측정할 수 있는지 궁금할 것이다. 상대성 원리, 즉 물리학의 모든 법칙은 모든 관성틀에서 동일하다는 것을 고려하자. 이는 다른 시계들도 빛 시계와 같은 시간을 유지해야 한다는 것을 의미한다. 빛 시계를 사용하든, 전자시계를 사용하든, 손목시계를 사용하든 상관없다! 이 효과는 실제하며, 다양한 시계에서 반복적으로 관찰되었다.

예제 20.5 **지구 시간, 우주선 시간**

25세기 우주선은 $0.8c$로 이동한다. 우주선을 타고 지구에서 태양까지 1억 5천만 km를 가는데 다음 두 사람이 측정한 여행 시간은 각각 얼마인가?

(a) 지구 관측자 샘   (b) 우주선에 탑승한 샤론

구성과 계획 지구에 있는 샘에게 시간은 단순히 거리를 속력으로 나눈 것이다. 우주선 기준 시계는 $\gamma = 1/\sqrt{1-v^2/c^2}$의 비율로 느리게 작동한다.

참고: 지구는 자전하기 때문에 지구 표면은 가속되므로 관성틀이 아니다. 그러나 이를 포함한 대부분의 응용 분야에서 이 가속도는 지구가 관성틀이라고 할 수 있을 정도로 충분히 작다.

알려진 값: 거리 $d_0 = 150$ Mkm $= 1.50 \times 10^{11}$ m, $v = 0.8c$

풀이 (a) 지구 기준 시계의 시간은

$$\Delta t = \frac{d_0}{v} = \frac{d_0}{0.8c} = \frac{1.50 \times 10^{11} \text{ m}}{0.8(3.00 \times 10^8 \text{ m/s})} = 625 \text{ s}$$

즉, 10.4분이다.

(b) 샤론의 우주선 시간 Δt_0은 인자 $1/\gamma$만큼 다르다(식 20.6). 따라서

$$\Delta t_0 = \frac{\Delta t}{\gamma} = \sqrt{1-v^2/c^2}\,\Delta t = \sqrt{1-0.8^2}\,(625 \text{ s}) = 375 \text{ s}$$

즉, 6.3분이다. 우주선의 시계에 따르면 여행은 4분 이상 더 짧아진다.

반영 아직 우주선이 이렇게 빨리 이동하지는 않지만 위성과 비행기의 정확한 시계를 사용하여 시간 팽창이 확인되었다. 위성 위치 확인 시스템(GPS)은 시간 팽창과 다른 상대론적 효과를 고려하지 않으면 위치를 몇 킬로미터씩 잘못 측정할 수 있다.

연결하기 시계의 시간이 지구에서 측정된 시간의 절반이 되도록 하려면 우주선이 얼마나 빨리 이동해야 하는가?

답 $\gamma = 2$이어야 하며, 이는 $v = \sqrt{3}c/2 \approx 0.87c$를 의미한다.

인자 γ는 상대론적 효과의 크기를 결정하는 데 모두 중요하다. 그림 20.12는 상대 속력 v의 함수로서 γ를 표시하고, 표 20.2는 일부 기준 속력에서의 수치를 보여 준다. γ는 일상적인 속력에서 1에 매우 가깝기 때문에 일반적으로 상대론적 효과를 인식하지 못한다. 또한, 상대성 이론의 많은 결과가 두 사건 사이의 시간에 대한 서로 다른 척도들과 같이 직관에 반하는 것처럼 보이는 이유이기도 하다. 우리가 c에 접근하는 속력으로 주변 환경과 상대적으로 움직이면서 자랐다면 상대성 이론은 분명하게 드러날 것이다. c에 접근하는 속도에서 γ는 커지며 상대론적 효과는 중요해진다. $0.4c$ 근처까지 가는 우주선은 없지만 아원자 입자를 광속의 99% 이상까지 쉽게 가속

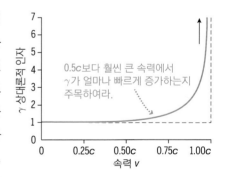

그림 20.12 상대론적 인자 γ는 저속에서는 1에 가깝지만 상대 속력 v가 c에 가까워질수록 빠르게 증가한다.

표 20.2 상대 속력 v의 함수로서 상대론적 인자 γ

속력(m/s)	속력(v/c)	$\gamma = \dfrac{1}{\sqrt{1-v^2/c^2}}$
300(제트 비행기)	1.0×10^{-6}	$1+5 \times 10^{-13}$
30,000(태양 주위를 도는 지구)	1.0×10^{-4}	$1+5 \times 10^{-9}$
3.0×10^6	0.01	1.00005
3.0×10^7	0.10	1.005
1.5×10^8	0.50	1.15
2.7×10^8	0.90	2.3
—	0.99	7.1
—	0.999	22.4

시킬 수 있다. 이러한 응용 분야에서 특수 상대성 이론의 효과가 분명히 드러나며 아인슈타인의 이론이 일상적으로 확인된다.

'느리게 달리기'

▶ **TIP** 많은 실용적인 용도에서 γ는 1을 크게 넘지 않기 때문에 0.1c까지의 상대 속력은 '비상대론적'으로 간주하고, 상대 속력 v가 0.1c를 초과하면 '상대론적'으로 간주한다.

'움직이는 시계는 느리게 달린다'라는 문구로 시간 팽창을 설명하는 것을 종종 들을 수 있다. 하지만 이는 오해의 소지가 있다. 모든 관성틀은 동일하기 때문에 어떤 관성 관찰자도 다른 관성 관찰자가 '정지 중'인 동안 '이동 중'이라고 주장할 수 없다. 오직 상대적인 움직임만이 중요하다. 그림 20.11을 사용하여 샘의 관성 기준틀에서 볼 때 샤론의 시계가 느리게 작동한다는 결론을 내렸다. 하지만 샤론도 관성틀에 있고, 샘은 샤론에 대해 상대적으로 v로 움직인다. 따라서 샤론은 샘의 시계가 같은 인자 γ만큼 느리게 돌아가는 것을 볼 수 있다.

예제 20.5에서 샤론이 지구에서 태양으로 이동하는 동안 샘은 지구에 남아 있다. 샘이 지구에 있기 때문에 샘이 '정말로' 정지해 있다고 주장하는가? 그럼 상대성 원리를 부정하는 것이다.

상대성 이론은 모든 관성 기준틀이 물리학을 이행하는 데 동등하게 유효하다는 것을 다시 한번 주장한다. 각 관찰자는 다른 사람의 시계가 '느리게 달리는' 것을 보지만 모순은 없다. 어떻게 그럴 수 있을까?

그림 20.13은 샘의 지구 기준 관점에서 지구-태양을 보여 준다. 두 관측자 모두 두 사건 사이의 시간을 측정한다. 사건 1은 우주선이 지구를 지나가는 것이고, 사건 2는 우주선이 태양에 도달하는 것이다. 샘의 기준틀에서 두 사건은 서로 다른 장소에서 발생하므로 샘의 기준틀에는 지구와 태양에 각각 하나씩 2개의 시계가 필요하다. 그러나 샤론의 틀에서 사건은 샤론에게 명백하게 **동일한** 장소에서 발생한다. 우주선에 앉아 먼저 지구가 지나가는 것(사건 1)과 태양이 지나가는 것(사건 2)을 지켜본 샤론에게는 그 시간이 더 짧다. 이 설명은 시간 팽창에 대해 보다 명확하게 설명하는 방법을 제공한다.

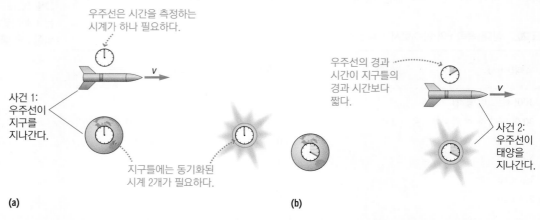

(a)   **(b)**

그림 20.13 두 사건 사이의 시간은 두 사건에 모두 있는 시계로 측정했을 때 가장 짧다. 따라서 이 예에서 우주선의 시계가 가장 짧은 시간을 측정한다.

시간 팽창: 두 사건이 동일한 위치에서 발생하는 기준틀에서 두 사건 사이의 시간이 가장 짧다.

이 최단 시간을 사건 사이의 **고유 시간**(proper time)이라고 하지만 그것이 '적절한' 시간이라는 것을 의미하지는 않는다. 모든 관성틀은 물리학을 수행하기에 동일한 게 좋으나 틀마다 사건 사이의 시간을 측정하는 방식이 다르기 때문에 사건 사이에 '적절한' 시간은 없다.

다른 위치에 있는 샘의 두 시계와 샤론의 두 시계 사이의 비대칭성은 그들의 실험이 동일하지 않다는 것을 의미한다. 샤론의 기준틀에 분리된 2개의 시계를 설치하고 샘이 시계가 자신을 지나가는 것을 지켜본다면 샘은 샤론의 첫 번째 시계, 두 번째 시계의 두 가지 사건에 대해 샤론보다 짧은 시간을 측정할 것이다. 한 가지 더 기억해야 할 것은 한 기준틀에서 동시에 발생한 사건은 다른 기준틀에서는 발생하지 않는다는 것이다. 즉, 그림 20.13의 두 시계는 샘과 샤론이 지구에서 일치할 때 $t = 0$으로 표시되지만 샤론에 대해서는 동기화되지 않는다. 결과적으로 샤론은 두 시계가 '느리게 달리는' 것을 볼 수 있으며 여전히 두 사건 사이의 경과된 시간이 샘에게 더 길다는 것을 알 수 있다.

길이 수축

예제 20.5의 지구-태양 이동은 지구 기준틀에서 625초가 걸렸지만 우주선 기준틀에서는 375초밖에 걸리지 않았다. 그러나 두 틀의 관측자는 상대 속력이 $0.8c$라는 것은 일치한다. 속력은 시간당 거리인데 어떻게 다른 시간을 측정할 수 있을까? 이는 거리도 다르다는 것을 의미한다. 지구 기준틀에서 지구-태양 거리는 $d_0 = 150$ Mkm이다(그림 20.14a). 상대 속력이 $0.8c$일 때, 속력 = 거리/시간에 의해 지구 기준틀에서 $\Delta t = 625$ s가 된다. 우주선의 기준틀에서 시간 $\Delta t_0 = 375$ s를 구하였다. 상대 속력이 주어지면 거리 = 속력 × 시간에 의해 $d = 90$ Mkm가 된다. 상징적으로 우주선은 지구 기준틀에서 측정된 시간 Δt에서 거리 d_0을 $d_0 = v\Delta t$로 쓴다. 그러나 우주선의 시간은 $\Delta t_0 = \Delta t / \gamma$이므로 우주선의 지구-태양 거리는 $d = v\Delta t_0 = v\Delta t/\gamma = d_0/\gamma$이다(그림 20.14b). 일반적으로 두 물체 사이의 거리 또는 단일 물체의 길이는 움직이는 물체를 관측자가 측정할 때 더 짧아진다.

$$d = \frac{d_0}{\gamma} \quad \text{(길이 수축, SI 단위: m)} \tag{20.7}$$

이것이 **길이 수축**(length contraction)이다. 수축은 γ에 따라 달라지며, 이는 상대 속력 v에 의존한다. 속력이 클수록 γ가 증가하므로 수축이 더 심해진다.

길이 수축의 개념은 종종 '움직이는 물체가 더 짧아 보인다'라고 요약된다. 그러나 어떤 관성틀도 '정지' 또는 '움직임'을 주장할 수 없기 때문에 상대성 원리를 과시하

지구 기준틀

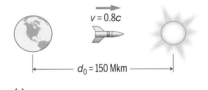

(a)

우주선 기준틀

(b)

그림 20.14 지구 기준틀과 우주선 기준틀은 지구-태양 거리에 대해 서로 다른 값을 측정한다.

는 것이다. 상대적인 움직임만이 중요하다. 좀 더 명확하게 말하면 물체는 정지 상태에 있는 기준틀에서 가장 길다. 이 틀의 길이는 **고유 길이**(proper length)이다. 다른 관성틀에서 측정된 동일한 길이 또는 거리는 인자 $\gamma = 1/\sqrt{1-v^2/c^2}$ 만큼 더 짧아진다. 여기서 v는 두 틀의 상대 속력이다. 지구에서 태양까지 이동하는 우주선의 고유 길이는 지구에서 관측자가 측정한 지구–태양 거리인 d_0이다. 이 거리는 우주선 관측자가 측정할 때 더 짧아진다.

예제 20.6   수축하는 우주선

예제 20.5에서 우주선의 고유 길이는 50 m일 때, $0.8c$로 태양을 향해 비행하는 동안 지구에 있는 관측자가 측정한 우주선의 수축 길이는 얼마인가?

구성과 계획 우주선은 지구 기준틀에 대해 상대적으로 움직이고 있으며 관측자는 $1/\gamma$ 인자에 의해 고유 길이보다 짧다고 측정한다. 즉, $d = d_0/\gamma$이다.

알려진 값: $d_0 = 50$ m, $v = 0.8c$

풀이 지구 관측자가 측정한 우주선의 수축 길이를 구한다.

$$d = \frac{d_0}{\gamma} = \sqrt{1-v^2/c^2}\, d_0 = \sqrt{1-0.8^2}\,(50.0\text{ m}) = 30\text{ m}$$

반영 여기서 수축 인자는 우주선 기준 관측자가 지구–태양 거리를 측정할 때 수축하는 계수와 동일하다. 예제 20.5와 예제 20.6을 함께 고려하면 공간과 시간의 측정값에 어떤 일이 일어나는지 알 수 있다. 거리와 시간이 같은 계수만큼 단축되므로 속력 = 거리/시간 관계는 유지된다.

연결하기 태양계를 고유 길이의 1/10로 축소해 보고 싶다고 가정하자. 필요한 속력은 얼마인가?

답 $\gamma = 10$이어야 하며, 이는 $v \approx 0.995c$를 의미한다.

시간과 공간에 대한 더 많은 정보

빛의 속력에 가깝게 이동하는 우주선은 상대론적 효과를 설명하기 위한 흥미로운 사고 실험을 제공하지만 실제 우주선은 그렇게 빨리 이동하지 않는다. 그러나 시간 팽창과 길이 수축을 확인할 수 있는 실험 데이터는 많다. 아원자 입자는 c에 가까운 속력으로 쉽게 가속되며 상대론적 효과를 가장 극적으로 보여 준다.

잘 알려진 효과는 태양의 고에너지 양성자가 지구 대기의 입자와 충돌할 때 생성되는 **뮤온**(muons)이라고 하는 아원자 입자와 관련이 있다. 뮤온은 방사성이므로 다른 아원자 입자로 붕괴된다(25장에서는 방사능에 대해, 26장에서는 다른 소립자와 함께 뮤온에 대해 논의할 것이다). 뮤온은 평균 수명이 약 2.2×10^{-6} s($2.2\ \mu$s)로 빠르게 붕괴한다. 상층 대기에서 생성되는 일반적인 뮤온의 속력은 약 $0.99c$이므로 붕괴하기 전에 $(0.99c)(2.2\ \mu$s$) = 650$ m의 거리를 이동해야 한다. 이는 지구 표면에 도달하기에 충분한 거리가 아니다. 그러나 지표면의 탐지기는 상당한 수의 뮤온을 탐지한다. 시간 팽창과 길이 수축이 이 차이를 설명한다.

지구에 부착된 관성틀에 비해 뮤온은 $0.99c$로 이동하고 있으며, 뮤온의 시간은 $1/\gamma = 1/7.1$의 비율로 느리게 진행하고 있다(표 20.2). 이는 지구의 기준틀에서 측정한 뮤온의 수명을 연장하여 평균 약 7.1배, 즉 약 4.6 km를 더 멀리 이동할 수 있게 한다. 이는 관측된 것만으로도 많은 뮤온이 지구 표면에 도달하기에 충분한 거리이다. 이제 뮤온의 관성계에서 생각해 보겠다. 이 틀은 특별한 것이 없기 때문에 뮤온은 평균 2.2 μs의 수명으로 붕괴한다. 하지만 이제 지구 표면까지의 거리는 1/7.1로 짧아졌다(그림 20.15). 거리가 짧아지면 많은 뮤온이 표면에 도달할 수 있다.

이 예제에서 지구는 고유 길이(뮤온의 이동 거리)를 측정하고 뮤온 시계는 고유 시간을 측정한다. 두 관성틀은 거리와 시간 측정이 일치하지 않지만 얼마나 많은 뮤온이 지구 표면에 도달하는지에 대한 현실에 대해서는 일치해야 한다. 한 관성틀의 시간 팽창은 다른 관성틀의 길이 수축과 일치하므로 결국에는 두 관찰자가 결과를 동의하게 된다.

그림 20.15 (a) 지구의 기준틀에서 본 뮤온의 이동 (b) 뮤온의 틀에서 본 뮤온의 이동

개념 예제 20.7 쌍둥이 역설

앨리스와 밥은 30세기에 살고 있는 쌍둥이다. 앨리스는 우주 비행사가 되어 근처의 항성계로 빠르고 일정한 속력으로 날아간다. 그녀는 흥미로운 것을 발견하지 못하고 즉시 지구로 돌아온다. 앨리스가 돌아왔을 때 쌍둥이의 나이를 비교하여라.

풀이 '움직이는 시계는 느리게 달리기' 때문에 앨리스가 더 어리다고 생각할 수 있다. 하지만 앨리스 관점에서 보면 밥이 앨리스에 비해 상대적으로 움직이기 때문에 더 어리다고 생각해야 한다. 하지만 쌍둥이가 재회했을 때 나란히 서서 누가 더 나이가 많은지 합의해야 한다. 그렇다면 어느 쪽 주장이 옳은 걸까? 아니면 둘은 실제로 같은 나이일까? 양립할 수 없는 해결책을 가진 이 상황을 **쌍둥이 역설**(the twin paradox)이라 한다.

밥이 '움직이는' 쌍둥이라는 앨리스의 주장을 부정하는 상황에는 비대칭성이 있다. 앨리스는 하나의 관성 기준틀에 머무르지 않는다. 정지하고, 돌고, 돌아오기 위해 앨리스는 가속을 겪게 되고, 그 가속은 서로 다른 관성틀, 즉 출발할 때와 돌아올 때의 관성틀을 분리한다. 반면, 밥은 항상 하나의 관성 기준틀에 머물러 있기 때문에 앨리스의 기준틀의 시간이 자신의 틀에 비해 '느리게 달리고 있다'라고 바르게 결론을 내린다. 자신의 관성틀에서 밥은 특수 상대성 이론의 개념과 방정식을 적용할 수 있다. 앨리스는 항상 관성틀이 아닌 그녀의 틀에서는 적용할 수 없다.

반영 이 효과는 나노 초 단위로 정확한 원자시계를 사용하여 검증되었다. 하나는 지구에 남아 있고 다른 하나는 비행기를 타고 날아간다. 시계가 다시 연결되면 '이동 중'인 시계는 경과 시간을 더 적게 표시한다. 특수 상대성 이론에서 움직임 그 자체는 무의미하기 때문에 누구도 '나는 멈춰 있고 당신은 움직이고 있다'라고 말할 권리가 없다. 그러나 특수 상대성 이론에서는 운동의 **변화**가 중요하며, 여행 중인 쌍둥이의 상황을 다르게 만드는 것은 앨리스의 운동 **변화**이다.

예제 20.8 쌍둥이 역설: 정량화

앨리스가 4.0×10^{16} m 거리인 알파 센타우루스 행성계로 날아간다고 가정하자. 앨리스는 왕복 0.8c의 속력으로 이동하며, 선회하는 시간은 무시한다. 앨리스와 밥이 측정한 왕복 시간을 각각 구하여라.

구성과 계획 밥의 시간 계산은 간단하다. 앨리스의 총 이동 거리를 속력으로 나눈 값이다. 그다음 앨리스의 시간은 식 20.6의 시간 팽창 현상을 따른다.

알려진 값: $d_0 = 4.0 \times 10^{16}$ m, $v = 0.8c$

풀이 지구에 있는 밥이 측정한 왕복 거리는 $2d_0$이다. 그러므로 밥의 왕복 시간을 다음과 같이 측정한다.

$$t = \frac{2d_0}{v} = \frac{2(4.0 \times 10^{16} \text{ m})}{(0.8)(3.0 \times 10^8 \text{ m/s})} = 3.3 \times 10^8 \text{ s} \approx 10.6\text{년}$$

앨리스의 경과 시간은 $1/\gamma$배만큼 짧다.

$$\Delta t_0 = \frac{\Delta t}{\gamma} = \sqrt{1-v^2/c^2}\,\Delta t$$

$v^2/c^2 = 0.8^2$에서 $v/c = 0.8$이므로 Δt_0을 구한다.

$$\Delta t_0 = \sqrt{1-v^2/c^2}\,\Delta t = \sqrt{1-0.8^2}\,(3.3\times10^8 \text{ s})$$
$$= 2.0\times10^8 \text{ s} \approx 6.3\text{년}$$

반영 이 빠른 상대 속력에서 나이 차이가 현저하게 난다. 이 예제는 밥의 관점에서 본 것이다. 앨리스의 관점에서 보면 앨리스의 시계는 정상적인 비율로 작동하지만 거리는 각각 $1/\gamma$배씩 짧아진다.

연결하기 앨리스의 기준틀에서 여행의 편도 거리는 얼마인가? 이 거리를 사용하여 앨리스의 왕복 소요 시간을 계산하여라.

답 거리가 $1/\gamma$만큼 단축되어 2.4×10^{16} m가 된다. 그러면 왕복 거리는 4.8×10^{16} m이며, 경과 시간은 거리를 2.4×10^8 m/s의 속력으로 나눈 값으로 2.0×10^8 s가 된다. 이는 이전 결과와 일치한다.

확인 20.4절 크리스는 빠른 우주선을 타고 새넌이 정지하여 앉아 있는 지구의 고정된 위치를 지나간다. 크리스와 새넌은 우주선의 머리에서 꼬리까지 이 위치를 통과하는 데 걸리는 시간을 측정한다. 다음 중 옳은 것은 무엇인가?

(a) 새넌이 크리스보다 짧은 시간을 측정한다.

(b) 크리스가 새넌보다 짧은 시간을 측정한다.

(c) 크리스와 새넌이 같은 시간을 측정한다.

20.5 상대 속도와 도플러 효과

관성계에 있는 관측자가 측정한 빛의 속력은 물질 물체에서 일어나는 것과는 대조적으로 광원의 움직임에 의존하지 않는다는 것을 보았다. 변화하는 것은 빛의 파장과 진동수이다. 이 두 가지 문제를 자세히 살펴보겠다.

속도 덧셈

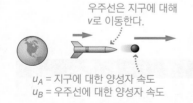

우주선은 지구에 대해 v로 이동한다.

u_A = 지구에 대한 양성자 속도
u_B = 우주선에 대한 양성자 속도

그림 20.16 상대 속도 덧셈

▶ **TIP** 서로 다른 속도를 혼동하지 않기 위해 두 관성틀의 상대 속도를 v로 지정하고 아래 첨자를 u로 하여 두 틀의 물체 속도를 나타낸다.

광원의 속도는 빛의 속도에 '더하는' 것이 아니다. 대신 빛의 속도는 모든 관찰자에게 동일하다. 하지만 속도 덧셈이 직관에 반하는 것은 빛뿐만이 아니다. 물체의 속도도 예상했던 것처럼 증가하지 않는데, 이러한 효과는 상대 속도가 높을 때 크게 나타난다. 그림 20.16은 우주선이 속도 v로 지구로부터 멀어지고 전방 방향으로 양성자 빔을 발사하는 것을 보여 준다. 우주선은 지구에 대해 상대적으로 움직이기 때문에 지구와 우주선의 관찰자들은 양성자의 속도를 다르게 측정한다. u_A를 지구 기준틀의 양성자 속도, u_B를 우주선 틀의 양성자 속도라고 하자.

고전 물리학과 상식에 따르면 $u_A = u_B + v$는 빛보다 빠른 속력으로 이어질 수 있는데, 이는 결코 일어나지 않는 일이다. 게다가 관성틀에 따라 시간의 측정값이 달라지는 것을 보았다. 이는 서로 다른 틀에서 측정된 속도를 단순히 더할 수 없다는 의미이다. 이를 도출하지 않겠지만 일차원 운동에 대한 정확한 상대론적 속도 관계는 다음과 같다.

$$u_A = \frac{u_B + v}{1 + u_B v/c^2} \quad \text{(상대 속도 덧셈, SI 단위: m/s)} \quad (20.8)$$

그림 20.16의 우주선이 $v = 0.8c$로 이동하고 있고, 양성자 빔이 우주선에 대해 $u_B = 0.9c$로 발사된다고 가정하자. 그러면 지구에 대한 양성자의 속도는 다음과 같이 계산된다.

$$u_A = \frac{u_B + v}{1 + u_B v/c^2} = \frac{0.9c + 0.8c}{1 + (0.8c)(0.9c)/c^2} = \frac{1.7c}{1 + 0.72c^2/c^2} = \frac{1.7}{1.72}c \approx 0.988c$$

속도 u_B와 v를 원하는 만큼 c에 가깝게 만들 수 있지만 세 번째 속도 u_A는 c를 초과할 수 없다. 이는 실험적인 사실임을 강조한다.

물체는 관성틀에 비해 상대적으로 c 또는 그 이상의 속도로 이동하지 않는다.

식 20.8은 속력이 아닌 속도를 더하기 때문에 방향을 고려한다. 이제 우주선이 측정한 대로 양성자 빔을 지구를 향해 $0.9c$로 발사한다고 가정해 보자(그림 20.17). 우주선의 속도의 방향을 양으로 잡는다($v = 0.8c$). 양성자는 반대 방향으로 가고 있으므로 $u_B = -0.9c$이다. 이제 식 20.8은 지구 기준틀에서 양성자의 속도를 다음과 같이 나타낸다.

$$u_A = \frac{u_B + v}{1 + u_B v / c^2} = \frac{-0.9c + 0.8c}{1 + (0.8c)(-0.9c)/c^2} = \frac{-0.1c}{1 - 0.72} = \frac{-0.1}{0.28}c \approx -0.36c$$

음의 부호는 지구의 관찰자가 $0.36c$로 접근하는 양성자를 본다는 것을 나타낸다.

u_B = 우주선에 대한 양성자 속도 = $-0.9c$
u_A = ?

그림 20.17 지구에 대한 양성자 속도는 얼마인가?

▶ **TIP** 속도는 속력과 방향을 포함한다. x축을 따라 운동하는 경우, 속도는 $+x$ 방향에서는 양이고 $-x$ 방향에서는 음이다.

예제 20.9 접근하는 우주선

두 우주선이 서로 반대 방향에서 $0.5c$와 $0.8c$의 속력으로 지구에 접근한다. 관찰자가 서로를 볼 때 각 우주선의 속력은 얼마인가?

$u_B = 0.5c$ 지구 $0.8c$

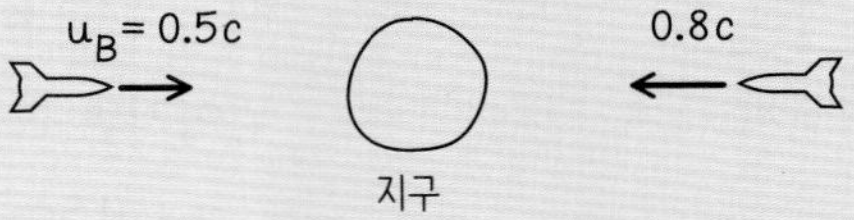

그림 20.18 지구 기준틀에서 본 예제 20.9에서 설명한 상황. 두 우주선이 반대 방향에서 지구에 접근하고 있다.

구성과 계획 속도 덧셈 법칙은 상대적인 움직임에 있는 두 관성틀을 포함한다. 그림 20.18은 지구 기준틀의 상황을 보여 준다. 오른쪽 우주선에 대한 왼쪽 우주선의 상대 속도 u_A를 원하므로 다른 기준틀은 오른쪽 우주선이다. 이 틀에서 지구는 속도 $v = 0.8c$로 오른쪽으로 이동한다. 지구의 틀에서 왼쪽 우주선의 속도는 $u_B = 0.5c$이므로 속도 덧셈 법칙으로 속도 u_A를 구할 수 있다.

알려진 값: $v = 0.8c$, $u_B = 0.5c$

풀이 식 20.8을 풀어 u_A를 얻는다.

$$u_A = \frac{u_B + v}{1 + u_B v/c^2} = \frac{0.5c + 0.8c}{1 + (0.8c)(0.5c)/c^2} = \frac{1.3c}{1 + 0.40} = \frac{1.3}{1.4}c \approx 0.93c$$

따라서 왼쪽 우주선은 오른쪽 우주선에 $0.93c$로 접근한다. 대칭적으로 오른쪽 우주선은 왼쪽 우주선에 $-0.93c$로 접근한다.

반영 예상대로 접근하는 우주선들의 속도는 지구에 대한 우주선의 상대 속도보다 더 큰 값을 가지고 있다. 그러나 속도 덧셈 법칙에 따라 상대 속도는 c 미만으로 유지된다.

연결하기 왼쪽 우주선이 지구를 향해 광선을 발사한다고 가정하자. 지구에서 측정한 빛의 속도는 얼마인가?

답 상대론적 속도 식 20.8은 여전히 적용되며, 이제 우주선과

지구의 상대 속도는 $v = 0.5c$, 빛의 속도는 $u_B = c$가 된다. 물론 빛은 모든 관성 기준틀에서 동일한 속력 c를 갖기 때문에 이 식은 v에 관계없이 $u_A = c$를 갖는다.

그림 20.8에서 10 m/s로 움직이는 트럭에 상대적으로 30 m/s로 던져진 야구공은 어떻게 될까? 역시 식 20.8을 따른다. 하지만 여기서 u_B와 v는 c에 비해 너무 작아서 분모가 본질적으로 1이 되므로 올바른 상대론적 결과는 $u_A = u_B + v$라는 상식적인 답과 구별할 수 없게 된다.

상대론적 도플러 효과

예제 20.9의 '연결하기'에서 왼쪽 우주선은 속력 c로 광선을 발사하였다. 우주선과 지구의 상대적인 운동에도 불구하고 빛은 c로 지구에 도달한다. 상대성 이론에 따라 두 기준틀에서 모두 같은 속도인 c로 지구에 도달한다. 그러나 파장은 다르다. 이것은 바로 11장에서 소리에 대해 논의한 **도플러 효과**(Doppler effect)이다. 그림 20.19a는 광원이 수신기에 접근하는 빛에 대한 도플러 효과의 근거를 보여 준다. 우주선은 연속적인 파면이 방출되는 시간 동안 어느 정도 거리를 이동한다. 따라서 파장은 광원이 정지해 있을 때보다 더 가깝고, 수신기는 감소된 파장을 측정한다. 반대로 멀어지는 광원의 경우, 수신된 파장은 증가한다(그림 20.19b). 빛에 대한 도플러 효과는 다음과 같으며, 따로 유도하지는 않겠다.

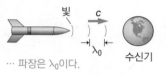

광원이 고정되어 있을 때…

… 파장은 λ_0이다.

(a)

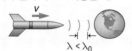

광원이 수신기 쪽으로 이동할 때…

… 파면이 서로 가까워진다. 즉, $\lambda < \lambda_0$이다.

(b)

광원이 수신기에서 멀어질 때…

… 파면이 멀리 떨어진다. 즉, $\lambda > \lambda_0$이다.

(c)

그림 20.19 (a) λ_0의 파장을 가진 고정된 광원에서 빛이 전송된다. (b) 접근하는 광원에 대한 도플러 효과 (c) 멀어지는 광원에 대한 도플러 효과

$$\lambda = \sqrt{\frac{1 \mp v/c}{1 \pm v/c}}\,\lambda_0 \quad \text{(빛에 대한 도플러 효과, SI 단위: m)} \qquad (20.9)$$

여기서 위쪽 부호는 광원이 수신기에 가까워지면 적용되고, 아래쪽 부호는 광원이 멀어지면 적용된다. 빛의 경우 $f\lambda = c$이므로 항상 그에 상응하는 진동수로 변화한다.

$v = 0.5c$로 지구에 접근하는 우주선이 파장 $\lambda_0 = 532$ nm의 녹색 레이저 빛을 방출한다고 가정하자. 그러면 지구에서 수신되는 빛의 파장은 다음과 같다.

$$\lambda = \sqrt{\frac{1 - v/c}{1 + v/c}}\,\lambda_0 = \sqrt{\frac{1 - 0.5}{1 + 0.5}}\,(532 \text{ nm}) = 307 \text{ nm}$$

이 경우 스펙트럼의 가시광선 영역에서 파장이 더 짧은 자외선으로 파가 변화한다.

빛에 대한 도플러 공식은 소리에 대한 공식과 다르다. 빛은 매개체가 없고 상대적 움직임만 중요하다는 사실을 반영한다. 그러나 파동 속력(c 또는 음파 속력)보다 훨씬 느린 속력의 경우 빛과 소리의 공식은 본질적으로 구분할 수 없게 된다.

도플러 효과의 응용

도플러 효과는 천체 물리학에 매우 중요하다. 20세기 초, 미국의 천문학자 애드윈 허블(Edwin Hubble)은 먼 은하에서 온 스펙트럼선이 **적색편이**(redshifted), 즉 더 긴 파장으로 이동한다는 것을 발견하였다. 이러한 관측을 통해 허블은 우주가 팽창하고 있다고 추론하였다. 26장에서 허블의 업적과 팽창하는 우주를 고려할 것이다.

기상학자들은 물방울에서 반사된 레이더 신호를 통해 구름과 강수의 이미지를 형성한다. 최신 '도플러 레이더(Doppler radar)' 시스템은 또한 기상 시스템 내의 풍속을 측정하여 공항 주변의 위험한 돌풍 또는 토네이도를 유발할 수 있는 소용돌이 운동을 감지한다.

레이더건에는 마이크로파 송신기와 수신기가 포함되어 있다. 다가오거나 멀어지는 물체는 반사하고, 더 높거나 낮은 진동수로 편이되는 것을 측정하여 물체의 속력을 알 수 있다. 경찰은 과속 운전자를 잡기 위해 레이더건을 사용하고, 야구공을 던지거나 테니스 서브와 같은 공의 속력을 측정하기 위해 운동 경기에서도 사용한다.

개념 예제 20.10 | **도플러 효과: 상대적이다.**

그림 20.19a의 상황에서 지구의 송수신기가 우주선을 향해 λ_0의 파장을 가진 빛을 보낸다고 가정하자. 우주선에서 수신되는 빛의 파장은 얼마인가?

풀이 그림 20.19의 우주선의 관점에서 볼 때 지구는 v의 속력으로 접근하고 있으므로 도플러 편이 식은 다음과 같다.

$$\lambda = \sqrt{\frac{1 - v/c}{1 + v/c}}\, \lambda_0$$

이는 그림 20.19a와 같이 우주선이 지구에서 수신한 신호에 대해 얻을 수 있는 결과와 동일하다. 따라서 우주선과 지구가 동일한 송신기를 가지고 있다면 각각 동일한 감소된 파장으로 상대방으로부터 신호를 수신하게 된다.

반영 이 예제는 상대성 이론의 진정한 '상대적' 특성을 다시 보여 준다. 지구 또는 다른 곳에 소속된 특별한 관성틀은 없다. 각 관성틀은 동일한 물리학 법칙을 따른다.

확인 20.5절 우주선이 0.6c의 속력으로 우주 정거장에 접근한다. 다른 우주선이 반대 방향에서 역시 0.6c로 우주 정거장에 접근한다. 각 우주선이 측정하는 상대방의 속력은 얼마인가?

(a) 0.6c 미만　(b) 0.6c　(c) 0.6c 초과 c 미만　(d) 1.2c

20.6 상대론적 운동량과 에너지

지금까지 상대성 이론이 공간과 시간 측정에 어떤 영향을 미치는지 살펴보았다. 이번에는 운동량과 에너지라는 중요한 두 물리량을 다룰 것이다. 상대성 이론은 이 두 가지에 대한 기존 개념을 수정하고, 고에너지 입자 가속기의 실험을 통해 에너지와 운동량에 대한 상대론적 개념을 검증한다.

상대론적 운동량

6장에서 운동량은 $p = mv$의 크기를 갖는 벡터량이라는 것을 배웠다. 어떤 물체도 c 이상의 속력으로 갈 수 없기 때문에 이 표현식은 운동량의 상한 mc를 의미한다. 그러나 입자가속기의 아원자 입자처럼 물체에 계속 힘을 가할 수 있으며, 뉴턴이 보여준 것처럼 힘은 운동량 변화를 초래한다. 따라서 $p = mv$라는 식은 상대성 이론 및 힘이 운동량을 변화시킨다는 규칙과 일치할 수 없다. 대신 그림 20.20에 제시한 것처럼 물체의 속력이 c에 가까워질수록 운동량은 무한히 증가해야 한다. 실제로 상대론적 운동량은 다음과 같이 주어진다.

$$p = \frac{mv}{\sqrt{1 - v^2/c^2}} = \gamma mv \quad \text{(상대론적 운동량, SI 단위: kg·m/s)} \quad (20.10)$$

식 20.10은 상대성 원리를 따르며 고에너지 입자에 대한 측정으로 확인되었다. 상대론적 인자 $\gamma = 1/\sqrt{1 - v^2/c^2}$ 은 움직이는 입자에 대해 항상 1보다 크고, 입자의 속력이 c에 가까워지면 γ는 커진다(그림 20.12). 이것이 입자의 속력이 c에 가까워질수록 운동량이 무한히 증가하는 이유이다.

여기서 '입자의 속력'과 '속력이 c에 접근'함에 따라 증가하는 운동량에 대해 이야기하면서 표현이 약간 엉성하였다. 상대적인 움직임만이 중요하기 때문에 항상 관성기준틀에 상대적으로 측정되는 속력을 의미한다. 서로 다른 관성틀에 있는 관찰자는 입자의 속력과 운동량에 대해 서로 다른 값을 측정할 것이다. 이는 고전 물리학에서도 마찬가지이다.

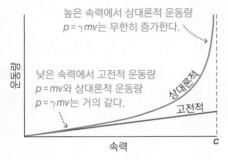

그림 20.20 속력 v의 함수로서 상대론적 운동량과 고전적 운동량

▶ **TIP** $\gamma \approx 1$은 c보다 훨씬 낮은 속력의 상대론적 인자이다. 비상대론적 한계에서 $p = \gamma mv \rightarrow mv$는 고전적 식과 일치한다.

상대론적 운동 에너지

운동량에 적용한 것과 동일한 추론은 고전적인 운동 에너지인 $K = \frac{1}{2}mv^2$ 이 상대적 속력에 대해 수정되어야 한다는 것을 보여 준다. 다시 말하지만 상대성 이론은 올바른 표현을 제공한다.

$$K = (\gamma - 1)mc^2 \quad \text{(상대론적 운동 에너지, SI 단위: J)} \quad (20.11)$$

입자의 속력이 c에 가까워질수록 γ는 무한히 증가하므로 그림 20.21에서 볼 수 있듯이 운동 에너지에는 극한이 없다. 식 20.11에서 c보다 훨씬 적은 속력에서 비상대론적 한계 $K = \frac{1}{2}mv^2$ 으로 감소한다는 것을 볼 수 있다. $v = 0$일 때 γ는 1이 되므로 정지 상태의 입자의 경우 상대론적 운동 에너지는 분명히 0이 된다. 이는 운동 에너지가 '운동의 에너지(energy of motion)'인 것과 일치한다.

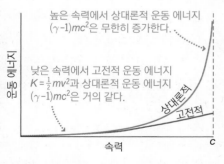

그림 20.21 속력 v의 함수로서 상대론적 및 고전적 운동 에너지

▶ **TIP** 운동 에너지 공식(식 20.11)은 비상대론적 한계 $v \ll c$에서 고전적 결과 $K = \frac{1}{2}mv^2$ 으로 감소한다.

정지 에너지와 전체 에너지

상대론적 운동 에너지를 쓰는 또 다른 방법은 $K = \gamma mc^2 - mc^2$이다. 여기서 두 번째 항인 mc^2은 속력과 무관하다. 아인슈타인은 **정지 에너지**(rest energy, E_0)라고 부르는 이 물리량의 중요성을 인식하였다.

$$E_0 = mc^2 \quad \text{(정지 에너지, SI 단위: J)} \tag{20.12}$$

질량 m을 가진 물체는 운동 여부에 관계없이 정지 에너지 mc^2을 갖는다. 질량 m과 빛의 속력 c는 모두 불변량이므로 정지 에너지도 불변이다.

아인슈타인은 식 20.12를 통해 질량과 에너지 사이의 밀접한 관계를 인식하였다. 계의 에너지가 손실되면 계의 질량이 감소하고 그 반대의 경우도 마찬가지이다. 예를 들어, 화학 반응이든 핵반응이든 에너지 방출 반응은 반응하는 입자의 질량에서 Δm을 감소시킨다. 에너지 등가 Δmc^2은 방출되는 에너지로 표시된다. 이 질량 손실은 관련된 에너지가 상대적으로 낮기 때문에 화학 반응에서 무시할 수 있을 정도로 작다. 질량 손실은 일반적으로 핵반응에서 반응 질량의 1% 미만에 불과하지만 아원자 입자와 관련된 상호작용에서는 극적일 수 있다. 예를 들어, 전자는 반물질인 양전자와 함께 소멸하여 결합된 에너지가 원래 입자의 전체 정지 에너지와 같은 감마선 광자 한 쌍을 생성한다. 이 과정에서 원래 입자 질량의 100%가 에너지로 전환된다.

전체 상대론적 에너지(total relativistic energy) E를 정지 에너지와 운동 에너지의 합으로 정의하는 것이 유용하다($E = K + E_0$). E에 대한 표현식은 식 20.11과 식 20.12를 따른다. 즉, $E = K + E_0 = (\gamma - 1)mc^2 + mc^2 = \gamma mc^2 - mc^2 + mc^2$ 또는 다음과 같다.

$$E = \gamma mc^2 \quad \text{(전체 상대론적 에너지, SI 단위: J)} \tag{20.13}$$

에너지 보존은 운동 에너지뿐만 아니라 정지 에너지도 고려할 때 상대성 이론이 유지된다. 일상적인 상호작용에서 정지 에너지는 상호작용 전과 후가 본질적으로 동일하기 때문에 무시할 수 있다. 하지만 전자–양전자 소멸의 예에서 알 수 있듯이 고에너지 상호작용에서는 정지 에너지가 크게 변할 수 있다. 이러한 반응에 대해서는 25장과 26장에서 자세히 논의할 것이다.

예제 20.11 도시를 운영하는 데 필요한 질량

한 중간 크기의 도시에서는 하루에 약 3×10^{14} J의 에너지를 소비한다. 이 에너지를 공급하려면 전자와 양전자가 소멸하는 형태의 질량이 얼마나 있어야 하는가?

구성과 계획 식 20.12는 질량 m의 에너지 함량을 제공한다 ($E_0 = mc^2$). 여기서 원하는 에너지를 알고 있으므로 질량을 구할 수 있다.

알려진 값: $E_0 = 3 \times 10^{14}$ J

풀이 식을 재정리하여 질량을 구한다.

$$m = \frac{E_0}{c^2} = \frac{3 \times 10^{14} \text{ J}}{(3 \times 10^8 \text{ m/s})^2} = 0.0033 \text{ kg}$$

반영 이는 건포도 3개 정도의 질량인 3.3그램에 불과하다! 실제 에너지 전환 방식은 정지 에너지를 방출하는 데 훨씬 덜 효율적이다. 천연 가스를 태우거나 우라늄을 핵분열하여 전력을 얻는 도시에서는 반응물(메탄, 산소, 우라늄)의 질량이 이처럼 3 g까지 줄어들겠지만 천연 가스 발전소는 이 과정에서 수 톤의 가스를 태울 것이고, 원자력 발전소는 약 3 kg의 우라늄을 핵분열시킬 것이다.

연결하기 전 세계의 연간 에너지인 약 4×10^{20} J의 수요를 공급하기 위해 필요한 물질-반물질 연료의 질량은 얼마인가?

답 예제 20.11과 동일한 방법을 사용하면 필요한 질량은 약 4,400 kg이다.

예제 20.12 **고에너지 전자**

전자가 800 kV의 전위차를 통해 정지 상태에서 가속된다. 운동 에너지, 전체 에너지, 속력, 운동량을 구하여라. 전자볼트(eV)와 주울(J)을 에너지 단위로 사용한다.

구성과 계획 정지 에너지는 $E_0 = mc^2$이다. 전자의 질량은 부록 D에서 알 수 있다($m = 9.11 \times 10^{-31}$ kg). 16장으로부터 전하 q가 전위차 ΔV를 통해 이동할 때 얻는 운동 에너지는 $K = |q\Delta V| = e\Delta V$이다. 전체 에너지는 운동 에너지와 정지 에너지의 합, 즉 $E = K + E_0$이다. 식 20.13은 전체 에너지와 속력으로 관계된 $E = \gamma mc^2$이고, 여기서 $\gamma = 1/\sqrt{1 - v^2/c^2}$이다. γ와 v를 모두 알면 식 20.10을 통해 운동량을 얻을 수 있다($p = \gamma mv$).

알려진 값: $m = 9.11 \times 10^{-31}$ kg, $\Delta V = 800$ kV, $e = 1.60 \times 10^{-19}$ C

풀이 전자의 정지 에너지는 다음과 같이 구한다.

$$E_0 = mc^2 = (9.11 \times 10^{-31} \text{ kg})(3.00 \times 10^8 \text{ m/s})^2$$
$$= 8.20 \times 10^{-14} \text{ J}$$

전자 1개의 전자볼트는 1.6×10^{-19} J이므로 정지 에너지는 513 keV이다. 전자볼트(eV)는 1 V의 전위차에서 기본 전하가 얻는 에너지로 정의되므로 eV의 운동 에너지를 계산하는 것이 가장 쉽다. 즉, $K = e\Delta V = (e)(800 \text{ kV}) = 800$ keV 또는 1.28×10^{-16} J이다.

전체 에너지는 다음과 같이 구한다.

$$E = K + E_0 = 800 \text{ keV} + 513 \text{ keV} = 1.31 \text{ MeV 또는 } 2.10 \times 10^{-13} \text{ J}$$

전자의 속력을 구하려면 상대론적 인자 γ가 필요하다. 전체 에너지는 $E = \gamma mc^2$이므로 다음을 얻는다.

$$\gamma = \frac{E}{mc^2} = \frac{1.31 \text{ MeV}}{0.511 \text{ MeV}} = 2.56$$

$\gamma = 1/\sqrt{1 - v^2/c^2}$ 이므로 v/c를 구하면 다음과 같다.

$$\frac{1}{\gamma^2} = 1 - \frac{v^2}{c^2}, \text{ 즉}$$

$$\frac{v}{c} = \sqrt{1 - \frac{1}{\gamma^2}} = \sqrt{1 - 0.153} = 0.920$$

그러므로 $v = 0.920c = 0.920(3.00 \times 10^8 \text{ m/s}) = 2.76 \times 10^8$ m/s 이다.

마지막으로 전자의 운동량을 구한다.

$$p = \gamma mv = (2.56)(9.11 \times 10^{-31} \text{ kg})(2.76 \times 10^8 \text{ m/s})$$
$$= 6.44 \times 10^{-22} \text{ kg·m/s}$$

반영 전자의 운동 에너지가 정지 에너지보다 크다는 것에 주목하여라. 이 전자가 상대론적이라는 확실한 신호이며 속력은 c에 가깝다. 오늘날의 입자가속기는 프랑스와 스위스 국경에 있는 대형 하드론 충돌기와 함께 아원자 입자를 훨씬 더 상대론적인 에너지와 속력으로 가져와 양성자와 반양성자의 충돌 빔에서 거의 7 TeV를 달성한다.

연결하기 같은 운동 에너지를 가진 양성자가 전자보다 더 빨리 움직이는가 아니면 더 느리게 움직이는가?

답 이 양성자는 전자보다 거의 2,000배 더 무겁다. 운동 에너지는 정지 에너지보다 훨씬 적을 것이며, 이 양성자는 더 느리게 움직일 것이다.

에너지-운동량 관계

고전 물리학에서 물체의 운동 에너지와 운동량 사이의 관계는 $K = p^2/2m$이다(6장). 상대성 이론에서 해당 관계는 운동량과 운동 에너지에 대한 상대론적 표현과는 다르며, 이 관계는 다음과 같다.

$$E^2 = p^2c^2 + E_0^2 = p^2c^2 + m^2c^4 \quad \text{(에너지-운동량 관계, SI 단위: J}^2\text{)} \quad (20.14)$$

물체의 속력이 증가하면 물체의 운동량 p와 전체 에너지 E가 모두 증가한다. 그러나 정지 에너지 $E_0 = mc^2$은 불변이다. 따라서 입자의 에너지와 운동량을 측정하면 식 20.14를 통해 입자의 정지 에너지와 질량을 구할 수 있다.

$$E_0 = mc^2 = \sqrt{E^2 - p^2c^2}$$

개념 예제 20.13 질량이 없는 입자

질량이 0인 입자에 대한 에너지-운동량 관계의 의미를 논의하여라. 결과를 전자기파와 관련시켜라(20.1절).

답 $m = 0$이므로 식 20.14는 $E^2 = p^2c^2 + m^2c^4 = p^2c^2$, 즉 $E = pc$가 된다. 따라서 질량이 없는 입자의 에너지는 운동량에 정비례한다.

20.1절(식 20.4)로부터 운동량 p를 갖는 전자기파의 에너지 U는 $U = pc$이다. 이러한 결과는 가시광선을 포함한 전자기 복사가 **광자**(photon)라고 하는 질량 없는 입자로 구성되어 있다는 생각과 일치한다. 23장에서 광자에 대해 배울 것이다.

반영 입자가 어떻게 질량이 없는데도 존재할 수 있을까? 입자는 빛의 속력으로 움직이고 있어야 한다. 광자가 실제로 관찰된 유일한 예인 질량이 없는 입자는 정확히 c의 속력으로 이동해야 한다. 이들은 어떤 관성 관측자에 대해서도 정지해 있을 수 없다.

확인 20.6절 양성자와 전자가 같은 운동량을 갖는다. 그러면 전체 에너지 E는 어떠한가?

(a) 양성자보다 더 크다.

(b) 전자보다 더 크다.

(c) 양성자 및 전자와 동일하다.

20장 요약

전자기파

(20.1절) 전자기파는 진동하는 전기장과 자기장이 서로 수직이고 파동의 전파 방향에 수직인 횡파이다. 전자기파는 빛을 포함하며 진공 상태에서 모든 전자기파의 속력은 **빛의 속력** $c = 299\,792\,458$ m/s이다. 전자기파는 에너지와 운동량을 운반하므로 물체에 **복사압**을 가한다.

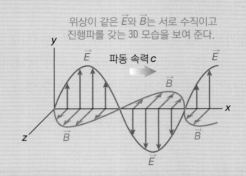

위상이 같은 $\vec{E}$와 $\vec{B}$는 서로 수직이고 진행파를 갖는 3D 모습을 보여 준다.

진공 상태에서 빛의 속력: $c = \sqrt{\dfrac{1}{\mu_0 \varepsilon_0}} \approx 3.00 \times 10^8$ m/s

속력, 파장, 진동수: $c = \lambda f$

EM파 운동량 p와 에너지 U: $p = \dfrac{U}{c}$

전자기 스펙트럼

(20.2절) 전자기 스펙트럼은 전자기파를 진동수 또는 파장에 따라 분류한다. 라디오파는 가장 긴 파장을 가지고 감마선은 가장 짧은 파장을 갖는다. 가시광선 파장의 범위는 400 nm에서 700 nm이다. 진동수는 파장의 역수이므로 가장 짧은 파장은 가장 높은 진동수를 갖는다.

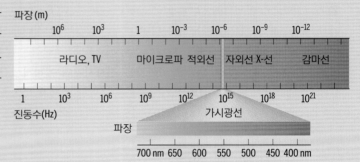

파의 형태	진동수(Hz)
라디오파	$10^6 \sim 10^9$
마이크로파	$10^9 \sim 10^{12}$
적외선	$10^{12} \sim 4.3 \times 10^{14}$
가시광선	$4.3 \times 10^{14} \sim 7.5 \times 10^{14}$
자외선	$7.5 \times 10^{14} \sim 10^{17}$
X–선	$10^{17} \sim 10^{20}$
감마선	$> 10^{20}$

기본 속력 c

(20.3절) 상대성 이론은 물리 법칙이 모든 관성틀에서 동일하다는 것을 명시한다. 진공 상태에서 전파하는 전자기파가 모든 관성틀에 대한 속력 c를 가지고 있다는 사실을 포함한다. 아인슈타인의 **특수 상대성** 이론은 이 원리에 기초하고 있다. 아인슈타인의 **일반 상대성** 이론은 가속 기준틀에 적용된다.

시간과 공간의 상대성

(20.4절) 한 관성틀에서 동시에 발생하는 개별 사건은 다른 관성틀에서 반드시 동시에 발생하는 것은 아니다. **시간 팽창**과 **길이 수축**은 서로 다른 관성 기준틀에서 사건 사이의 시간 측정과 물체의 길이가 어떻게 다른지 설명한다.

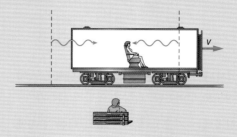

상대론적 인자 γ: $\gamma = \dfrac{1}{\sqrt{1 - v^2/c^2}}$

시간 팽창: $\Delta t = \gamma \Delta t_0$

길이 수축: $d = \dfrac{d_0}{\gamma}$

상대 속도와 도플러 효과

(20.5절) 속도는 상대론적 속도 덧셈 법칙을 사용하여 한 기준틀에서 다른 기준틀로 변환된다. 빛의 속도는 변하지 않지만 파장과 진동수는 광원과 수신기가 상대적으로 운동할 때 도플러 효과에 의한 변이가 생긴다.

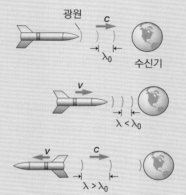

광원
수신기
λ_0
c
v
$\lambda < \lambda_0$
v
c
$\lambda > \lambda_0$

상대론적 속도 덧셈: $u_A = \dfrac{u_B + v}{1 + u_B v/c^2}$

도플러 효과: $\lambda = \sqrt{\dfrac{1 \mp v/c}{1 \pm v/c}}\, \lambda_0$

상대론적 운동량과 에너지

(20.6절) **상대론적 운동량**과 **상대론적 운동 에너지**는 물체의 속력이 c에 가까워질수록 무한히 증가한다. 물체는 질량에 비례하는 **정지 에너지**도 가지고 있다. 정지 에너지와 운동 에너지의 합은 **전체 상대론적 에너지**이다.

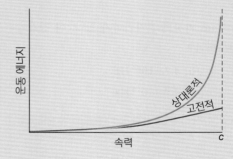

운동 에너지
속력
상대론적
고전적
c

상대론적 운동량: $p = \gamma m v$

상대론적 운동 에너지: $K = (\gamma - 1)mc^2$

정지 에너지: $E_0 = mc^2$

전체 상대론적 에너지: $E = \gamma mc^2$

에너지-운동량 관계식: $E^2 = p^2 c^2 + E_0^2$

20장 연습문제

문제의 난이도는 ●(하), ●●(중), ●●●(상)으로 분류한다.

개념 문제

1. 빛이 물속으로 입사되면 진동수는 그대로 유지되지만 속력은 c의 4분의 3 정도로 떨어진다. 파장은 어떻게 되는가?

2. 비틀림 진자는 한쪽에는 거울상 표적이 있고 다른 한쪽에는 검은 표적이 있다. 동일한 광원이 검은색과 거울상 양쪽을 모두 타격하면 비틀림 진자는 어느 방향으로 회전하겠는가?

3. '솔라 세일'로 추진되는 우주선에 넓은 돛 면적이 필요한 이유는 무엇인가?

4. 물속에서 빛의 속력은 약 $0.75c$이다. 전자가 물속에서 $0.9c$로 이동하는 경우, 이는 c보다 큰 속력에 대한 상대성 이론의 금지를 위반하는 것인가?

5. 빛의 속력이 3×10^6 m/s, 30,000 m/s, 300 m/s에 불과하다면 우리의 삶은 어떻게 달라지겠는가? 만약 속력이 무한하다면 어떻게 되는가?

6. 전자와 양성자의 전체 에너지가 E로 같을 때, 어느 쪽의 운동 에너지가 더 큰가? 어느 쪽의 운동량이 더 큰가?

객관식 문제

7. 진공 상태에서 640 nm 파장의 전자기파가 있다. 이 전자기파의 진동수는 얼마인가?
(a) 4.7×10^{11} Hz (b) 4.7×10^{12} Hz
(c) 4.7×10^{13} Hz (d) 4.7×10^{14} Hz

8. 파장이 1,360 nm인 전자기파는 전자기 스펙트럼의 어느 영역에 해당되는가?
(a) 마이크로파 (b) 자외선 (c) 가시광선 (d) 적외선

9. 고유 길이가 2.0 m인 막대가 x축을 따라 놓여 있고, $+x$축 방향으로 $0.8c$로 움직이고 있다. 이 막대의 길이는 얼마인가?
(a) 0.80 m (b) 1.2 m (c) 1.6 m (d) 1.8 m

10. 우주선이 지구의 시계로 측정한 결과, 태양까지 왕복 3억 km를 단 20분 만에 다녀온다. 우주선의 시계로 측정하면 얼마나 걸리는가?
(a) 20분 (b) 17분 (c) 14분 (d) 11분

11. $0.95c$로 지구에 접근하는 우주선이 지구를 향해 광선을 발사한다. 지구가 광선을 받는 속력은 어느 정도인가?
(a) $0.75c$ (b) $0.85c$ (c) $0.95c$ (d) c

12. $0.2c$의 태양계 외부로 향하는 우주선이 지구로 무선 신호를 보낸다. 우주선은 2.75 cm의 파장으로 송신한다. 지구에 수신되는 파장은 얼마인가?
(a) 3.37 cm (b) 3.75 cm (c) 4.13 cm (d) 5.50 cm

연습문제

20.1 전자기파

13. ● 헬륨–네온 레이저는 632.8 nm 파장의 빛을 방출한다. 진공 상태에서 이 빛의 진동수는 얼마인가?

14. ● 546 nm 레이저 빛이 진동수 배가 장치(frequency-doubling device)를 통과하면 새로운 파장은 얼마인가?

15. ●● 빛이 물속에서 $0.75c$의 속력으로 이동한다. 진공 상태에서 파장이 476 nm인 빛의 물속 파장은 얼마인가?

16. ●● 다음 물음에 답하여라.
(a) 최대 전기장이 250 N/C인 전자기파의 최대 자기장을 구하여라.
(b) 최대 자기장이 32 nT인 전자기파의 최대 전기장을 구하여라.

17. ●● 5.0 mW 레이저 빔의 단면이 지름 0.50 mm의 원형이다. 다음을 구하여라.
(a) 레이저가 거울 표면에 작용할 수 있는 최대 복사압
(b) 레이저가 검은 표면에 가할 수 있는 최대 복사압

20.2 전자기 스펙트럼

18. ● 진공 상태에서 파장이 다음과 같은 전자기파에 대해 진동수를 구하고, 각 전자기 스펙트럼 영역은 어느 영역에 있는지 구하여라.
(a) 4.0 km (b) 4.0 m (c) 4.0 mm
(d) 4.0 μm (e) 4.0 nm

19. ● 그림 20.6을 참조하여 전자기 스펙트럼의 마이크로파 부분의 진동수의 범위를 구하여라.

20. • 라디오 송수신용 안테나는 반파장 정도의 길이가 특히 효과적이다. 일반적인 FM 진동수로 100 MHz를 사용하는 FM 안테나의 적절한 길이는 얼마인가? (FM 수신기로 이러한 안테나를 사용했을 수도 있다.)

20.3 기본 속력 *c*

21. • 전자가 광원을 향해 0.999*c*로 직접 이동하고 있다. 전자의 기준틀에서 빛이 얼마나 빨리 접근하는가?

22. ••• 보트는 물에 대해 6.00 m/s로 이동한다. 2.0 m/s의 물살이 있는 강에서 보트와 강에 대하여 다시 보트가 출발점으로 돌아온다고 가정하고, 해류에 수직인 100 m 경로를 왕복하는 시간을 계산하여라.

20.4 시간과 공간의 상대성

23. •• 우주선이 지구에서 달까지 400,000 km 거리를 비행한다. 우주선의 속력이 다음과 같을 때, 지구와 우주선에 있는 시계에서 이 여행의 경과 시간을 구하여라.
(a) 0.01*c* (b) 0.5*c* (c) 0.75*c* (d) 0.99*c*

24. ••• 그림 20.11의 빛의 시계가 1.5 m 높이이고 0.5*c*로 움직인다고 가정하자. 물음에 답하여라.
(a) 열차에 있는 샤론이 측정한 빛의 왕복 경과 시간을 구하여라.
(b) 지상에 있는 샘이 측정한 빛의 왕복 경과 시간을 구하여라.
(c) 샘이 측정한 빛의 이동 거리는 얼마인가?
(d) (b)와 (c)를 이용하여 샘이 측정한 빛의 속력을 계산하여라.

25. •• 관성 기준틀에서 측정한 지속 시간에 비해 왕복 여행 시간이 1% 단축되는 속력은 얼마인가?

26. •• 미래의 우주선은 지구의 시계로 측정했을 때 달까지 왕복하는 데 1분밖에 걸리지 않는다. 우주선의 시계로는 시간이 얼마나 걸리는가? (부록 E에 나와 있는 지구-달 거리의 평균을 사용한다.)

27. • 선형 가속기는 아원자 입자를 빛의 속력에 가깝게 가속시킬 수 있다. 양성자가 가속기의 1 km 구간을 일정한 속력으로 이동한다. 이 구간이 양성자의 기준틀에서 길이가 50 cm에 불과한 경우, 양성자의 속력을 구하여라.

28. •• 아원자 입자가 자체 정지틀에서 480 ns의 수명을 갖는다. 이 입자가 0.980*c*로 실험실을 통과한다면 실험실에서 측정한 결과 붕괴하기 전까지 얼마나 멀리 이동하는가?

29. ••• 길이가 80 m인 상대론적 열차가 길이가 75 m인 터널을 통과한다. 물음에 답하여라.
(a) 열차의 속력이 0.45*c*라면 열차는 터널 안에 완전히 들어갈 수 있는가?
(b) 이 속력으로 열차에서 측정했을 때, 5,000 km를 횡단하는 데 얼마나 시간이 걸리는가?

20.5 상대 속도와 도플러 효과

30. • 0.73*c*로 지구에 접근하는 우주선이 0.94*c*의 속력으로 지구를 향해 입자 빔을 발사하였다. 지구는 어떤 속력으로 입자를 수신하는가?

31. •• 두 우주선이 각각 지구에 대해 0.75*c*의 상대 속력으로 서로 반대 방향에서 지구에 접근한다. 두 우주선이 각각 측정한 상대 우주선의 속력은 얼마인가?

32. • 610 nm의 빛을 방출하는 광원이 수신기를 향해 이동한다. 광원 속력이 다음과 같을 때, 수신 파장을 구하여라.
(a) 0.01*c* (b) 0.10*c* (c) 0.50*c* (d) 0.90*c* (e) 0.99*c*

33. •• 실험실에서 볼 때 양성자는 오른쪽으로 0.25*c*의 속력으로 이동하고 있다. 양성자가 왼쪽으로 0.25*c*의 속력으로 이동하고 있는 또 다른 기준틀의 속도(실험실에 대한 상대 속도)를 구하여라.

34. •• 광원이 속력 *v*로 수신기를 향해 이동한다. 광원이 진동수 f_0으로 빛을 방출한다면 수신된 신호의 진동수는 얼마인가? (힌트: 전자기파의 경우 $\lambda f = c$임을 기억하여라.) 0.4*c*의 속력으로 관측자를 향해 이동하는 25 nm 자외선의 광원에 대해 진동수를 계산하여라.

35. •• 우주 탐사선이 태양계를 0.20*c*의 속력으로 떠나 지구에서 멀어지고 있다. 이 탐사선은 분당 40회의 비율로 라디오 펄스를 방출한다. 지구에서 수신되는 라디오 펄스의 분당 비율은 얼마인가?

36. •• 입자가속기는 종종 빠른 입자가 서로 반대 방향에서 표적 챔버에 접근하는 충돌 빔 기술을 사용한다. 각 빔이 0.990*c*의 속력으로 챔버에 접근할 때, 각 빔의 상대 속력은 얼마인가?

20.6 상대론적 운동량과 에너지

37. •• 전자의 속력이 다음과 같을 때 운동량, 운동 에너지, 전체 에너지를 구하여라.

(a) 0.01*c*   (b) 0.10*c*   (c) 0.50*c*   (d) 0.99*c*

38. ▪▪ 양전자는 전자의 반입자로 질량은 같지만 전하량이 $+e$ 이다. 전자-양전자 쌍을 만드는 데 필요한 최소 에너지를 구하여라.

39. ▪▪ 입자의 운동 에너지는 정지 에너지와 같다. 이때 이 입자의 속력은 얼마인가?

40. ▪▪▪ 다음 물음에 답하여라.
(a) 운동량의 고전적 및 상대론적 값이 1% 차이가 나는 데 필요한 속력을 구하여라.
(b) 운동 에너지의 고전적 및 상대론적 값이 1% 차이가 나는 데 필요한 속력을 구하여라.

41. ▪▪ 고에너지 전자의 상대론적 인자가 $\gamma = 100$이다. 다음을 구하여라.
(a) 운동량   (b) 전체 에너지
(c) 전체 에너지에 대한 정지 에너지의 비율

42. ▪▪ 어느 양성자의 전체 에너지는 정지 에너지의 20배이다. 이 양성자는 얼마나 빨리 움직이는가?

20장 질문에 대한 정답

단원 시작 질문에 대한 답

지구 너머 우주에 대한 거의 모든 정보는 전자기파에서 나온 것이며, 천문학자들은 이제 (장 시작 사진에 있는 전파 망원경으로 수신되는) 라디오파에서 감마선에 이르는 스펙트럼에 접근할 수 있다.

확인 질문에 대한 정답

20.1절   (b) < (d) < (a) < (c)
20.2절   (c) 10^{14} Hz
20.4절   (a) 새넌은 크리스보다 짧은 시간을 측정한다.
20.5절   (c) 0.6*c* 초과 *c* 미만
20.6절   (a) 양성자보다 더 크다.

기하 광학
Geometrical Optics

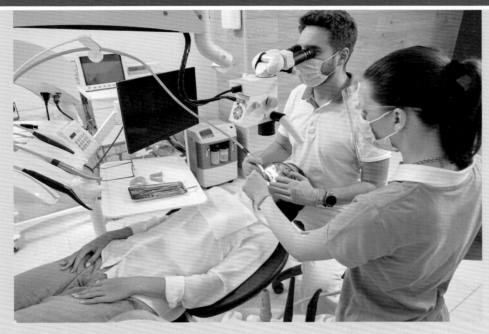

▲ 레이저 수술로 어떻게 영구 시력 교정이 가능한가?

이 장에서는 빛이 광선이라고 불리는 직선을 따라 이동하는 것을 고려하는 **기하 광학**을 탐구한다. 먼저 반사를 고려하여 거울이 어떻게 상을 형성하는지 보일 것이다. 다음으로 한 매질에서 다른 매질로 빛이 지나갈 때의 굴절에 대해 논의할 것이다. 렌즈에 의한 상의 형성은 굴절 때문이며, 이러한 상을 찾고 설명하는 방법을 알아낼 것이다. 마지막으로 현미경, 망원경 그리고 가장 민감한 광학 기기 중 하나인 사람의 눈을 포함한 광학 기기에 대해 살펴볼 것이다.

학습 내용

- ✔ 난반사와 정반사 구분하기
- ✔ 평면 거울과 구면 거울로 상 형성 기술하기
- ✔ 허상과 실상 구분하기
- ✔ 굴절과 스넬의 법칙 설명하기
- ✔ 전반사 설명하기
- ✔ 프리즘에서 분산 이해하기
- ✔ 수렴 렌즈와 발산 렌즈에서 상 형성 설명하기
- ✔ 복합 현미경 설명하기
- ✔ 반사 망원경과 굴절 망원경 설명하기
- ✔ 눈이 상을 형성하는 방법 설명하기
- ✔ 일반적인 시력 결함을 설명하고 결함이 교정되는 방법 설명하기

21.1 반사와 평면 거울

주변 대부분의 물체는 광원이 아니지만 이들 물체를 볼 수 있다. 물체는 태양이나 전등과 같은 광원으로부터 빛을 **반사**(reflect)하기 때문이다. 평면 거울과 곡면 거울을 살펴보면 알 수 있듯이 매끄럽고 광택이 나는 표면의 반사도 상을 형성하도록 해 준다.

광선

빛은 파동이지만 종종 빛의 파동 특성을 무시하고 빛이 일반적으로 **광선**(ray)이라고 부르는 직선으로 이동한다고 생각할 수 있다. 이는 **기하 광학**(geometrical optics) 근

▶ **TIP** 일반적으로 입사 광선과 반사 광선의 측정은 항상 표면이 아닌 법선을 기준으로 이루어진다.

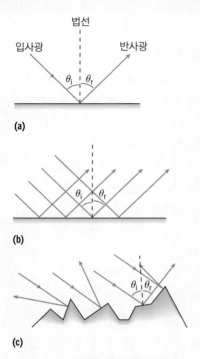

그림 21.1 (a) 반사각과 입사각은 같다. (b) 정반사에서 매끄러운 표면은 광선을 왜곡 없이 반사한다. (c) 표면이 거칠면 난반사를 한다.

사로, 빛의 파장보다 큰 물체와의 상호작용만 고려할 때 유효하다. 빛의 파장이 100만분의 1미터도 안 된다는 점을 감안하면 대부분 일상적인 상황에서 이는 사실이다. 빛은 한 매질에서 다른 매질로 이동할 때 직선 경로가 굴절하고, 위치에 따라 특성이 변하는 물질에서는 곡선 경로를 따를 수 있다. 그러나 파장이 무시할 수 있는 수준이라면 이러한 상황은 기하 광학으로 설명할 수 있다.

반사

광선은 어떤 각도에서든 표면에 부딪힐 수 있다. **입사각**(angle of incidence)은 입사광과 표면에 대한 법선(수직) 사이의 각도이다. 실험과 전자기학 이론에 따르면 반사광과 법선 사이의 **반사각**(angle of reflection) θ_r은 **입사각** θ_i와 같다(그림 21.1a).

$$\theta_r = \theta_i \quad \text{(반사의 법칙)} \tag{21.1}$$

평행 광선이 매끄러운 표면에서 반사되면 모든 광선은 같은 방향으로 나아간다(그림 21.1b). 이를 **정반사**(specular reflection)라고 하며, 거울이나 매끄러운 표면에서 발생한다. 그러나 대부분의 표면은 거칠기 때문에 빛은 기본적으로 여러 방향으로 반사된다. 이것이 그림 21.1c에 표시된 **난반사**(diffuse reflection)이다. 난반사는 빛을 여러 방향으로 보내기 때문에 어느 방향에서나 빛이 비치는 물체를 볼 수 있다. 대부분의 물체는 특정 파장의 빛을 다른 파장보다 더 많이 반사하기 때문에 색깔을 인식할 수 있다. 예를 들어, 빨간색 셔츠는 빨간색 빛을 반사하고 다른 대부분의 색깔은 흡수한다.

색의 선택적 흡수의 예는 태양 에너지를 사용하여 이산화탄소와 물에서 탄수화물을 생산하는 녹색 식물의 분자 **엽록소**에서 발생한다. 엽록소는 주로 파란색에 가까운 빛 자외선(350~450 nm)과 일부 빨간색 빛(650~700 nm)을 사용한다. 가시광선 스펙트럼의 중간 영역의 빛이 반사되어 많은 식물이 녹색으로 보인다.

평면 거울의 상

이 절에서는 **광선 추적**(ray tracing)을 사용하여 상이 어떻게 형성되는지 보여 줄 것이다. 첫 번째 예로 욕실에 있는 평면 거울을 생각해 보자. 물체 위의 각 지점에서 광선 2개를 그려 넣으면 해당 지점의 상을 찾기에 충분하다(그림 21.2a). 실제로는 일부 특수 광선을 사용하는 것이 더 쉽다. 그림 21.2b는 간단한 물체인 가로등의 머리와 꼬리에서 나오는 2개의 광선을 보여 준다. 각 광선에 대해 거울에 수직으로 부딪히는 한 개의 광선을 사용하여 왔던 길로 되돌아간다($\theta_r = \theta_i = 0$). 다른 광선은 비스듬히 부딪히며 반사의 법칙을 따른다. 이 광선을 거울 반대편으로 연장하면 한 점에서 만나게 된다. 거울을 보면 이 지점에서 빛이 나오는 것처럼 보인다. 그림 21.2b에서는 화살표의 머리와 꼬리의 상을 배치했으며 나머지 화살표의 상은 그 사이에 있다. 거울 뒤에서 나오는 빛은 없으므로 이는 **허상**(virtual image)이다.

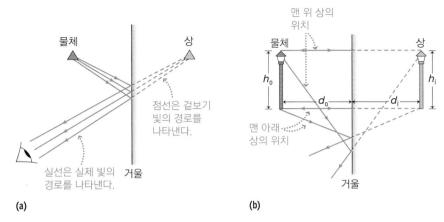

그림 21.2 광선 추적을 사용하여 평면 거울에서 상을 찾는다.

그림 21.2b는 **상 거리**(image distance) d_i(상이 거울 뒤에 있는 거리)가 **물체 거리**(object distance), 즉 물체가 거울 앞에 있는 거리와 같다는 것을 보여 준다($d_i = d_o$). 또한, 상과 물체의 높이는 같다($h_i = h_o$). **배율**(magnification) M은 물체의 크기에 대한 상의 크기의 비율로 정의한다.

$$M = \frac{h_i}{h_o}$$

평면 거울에서의 반사의 경우 $M = 1$이다. 곡면 거울과 렌즈를 사용하면 물체와 상의 거리 및 크기와 배율 사이에 1보다 크거나 더 작을 수 있는 덜 사소한 관계를 알 수 있다.

거울을 통해 자신을 바라보면 거울 반대편에 같은 크기의 상이 나와 같은 거리에 있는 것을 볼 수 있다. 이 가상 인물은 여러분과 똑같지만 반대로 보인다. 이것을 좌우 반전이라고 생각할 수도 있지만, 여러분과 상이 모두 거울을 향하고 있기 때문에 거울이 실제로 하는 일은 사물을 거울에 수직인 축을 따라 앞뒤로 반전하는 것이다. 그림 21.3은 그 결과를 보여 준다.

그림 21.3 오른손이 거울을 가리키고 있다. 상이 보이는 손도 마찬가지이다. 상이 왼손처럼 보이지만 여전히 오른손의 상임을 알 수 있다.

개념 예제 21.1 보는 지점

그림 21.2를 다시 참조하면 평면 거울에서 물체의 상의 크기와 위치는 보는 위치에 따라 달라지는가? 즉, 거울을 보는 여러 관찰자의 상 위치는 동일한가?

풀이 그림 21.2a는 눈으로 본 삼각형 상을 보여 준다. 그림 21.4와 같이 눈의 위치를 이동하고 광선 추적 도표를 다시 그린다. 반사된 광선은 여전히 같은 위치에 수렴하여 상이 움직이지 않았음을 보여 준다. 따라서 그림 21.2b와 같이 광선 추적 도표에 관찰자의 눈을 포함할 필요가 없다.

반영 그림 21.2a의 눈을 다른 위치로 이동하고 각 경우에 대해

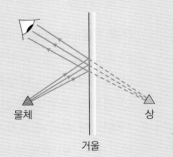

그림 21.4 다른 위치에서 보아도 상의 위치가 변하지 않는다.

광선 추적 도표를 그려 보자. 보는 사람에 따라 상이 같은 위치에 있음을 알 수 있다.

예제 21.2 충분히 큰 거울?

한 사람이 수직 벽에 부착된 거울 앞에 서 있다. 키가 h일 때, 전체 키를 볼 수 있는 거울의 최소 높이는 얼마인가?

구성과 계획 전신을 보려면 머리 위쪽과 발 밑에서 나오는 광선이 눈에 반사되어야 한다.

알려진 값: 키 = h

풀이 문제를 해결하려면 그림 21.5와 같이 키 높이 h를 바닥에서 눈 높이까지 h_1, 눈 높이부터 머리 위까지 h_2로 두 부분으로 분할한다. 즉, $h = h_1 + h_2$로 구한다.

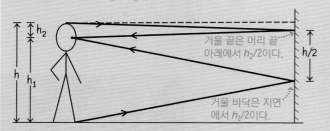

그림 21.5 거울 끝은 머리 끝 아래에서 $h_2/2$이다. $h/2$. 거울 바닥은 지면에서 $h_1/2$이다.

그림 21.5 키가 h인 사람의 전신을 보려면 $h/2$의 높이인 거울이 필요하다.

반사의 법칙에 따라 거울의 바닥은 그림과 같이 지면 위의 $h_1/2$만 있으면 된다. 마찬가지로 거울의 끝은 머리 끝에서 $h_2/2$ 아래에 있으면 된다. 그러면 전체 거울의 높이는 $h_1/2 + h_2/2 = (h_1 + h_2)/2$이다. 이때 $h = h_1 + h_2$이므로 총 거울의 높이는 $h/2$이다. 따라서 거울이 사람 키 높이의 1/2만 되면 전신을 볼 수 있다.

반영 최소 높이는 $h/2$이지만 이 크기의 거울은 표시된 그림과 일치하도록 신중하게 배치해야 한다. 대부분의 '전체 길이' 거울은 평균 키의 1/2보다 훨씬 길기 때문에 배치는 중요하지 않으며, 키가 큰 사람도 이 거울로 전체 상을 볼 수 있다.

연결하기 거울에 얼마나 가까이 서 있는지가 중요한가? 뒤로 물러나면 자신의 모습이 더 많이 보이는가 아니면 덜 보이는가?

답 이 예제의 분석과 도표는 거울과의 거리에 의존하지 않았다. 뒤로 물러나면 모든 각도가 달라지지만 최소 거울의 높이는 $h/2$로 유지된다.

21.2 구면 거울

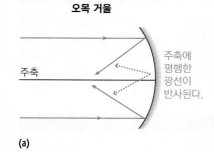

오목 거울

주축

주축에 평행한 광선이 반사된다.

(a)

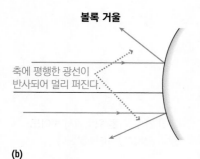

볼록 거울

축에 평행한 광선이 반사되어 멀리 퍼진다.

(b)

그림 21.6 (a) 구면 거울: 오목 거울 (b) 구면 거울: 볼록 거울

상이 확대된 거울을 본 적이 있을 것이고, 축소된 상이 반짝이는 공에 반사된 것을 본 적이 있을 것이다. 상의 크기를 바꾸려면 곡면 거울이 필요한데, 일반적으로 구를 잘랐을 때 작은 부분으로 만든 **구면 거울**(spherical mirror)이 가장 일반적이다. 그림 21.6은 구면 거울이 **오목**(convave)하거나 **볼록**(convex)할 수 있음을 보여 준다. 두 가지 유형 모두에 대한 상을 결정할 것이다.

오목 거울

오목 거울(concave mirror)을 **수렴 거울**(converging mirror)이라고 부르는 이유는 그림 21.7a에서 볼 수 있듯이 거울에 반사되는 평행 광선이 **초점**(focal point)을 향해 모이기 때문이다. 이상적으로는 모든 평행 광선이 초점에서 바로 만나야 하지만 구면 거울의 경우 그림 21.7b와 같이 거울의 주축에서 먼 빛들은 초점에 도달하는 광선에 대해 심하게 편차가 생긴다. 이 불량한 초점을 **구면 수차**(spherical aberration)라고 한다. 이 효과는 거울을 구의 작은 부분으로만 만들면 줄일 수 있다. 포물선 모양의 거울에는 구면 수차가 없지만 만들기 어렵다. 이 오목 거울은 망원경과 같은 중요한 응용 분야에 사용된다.

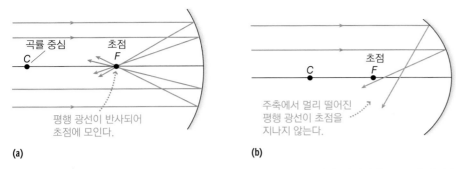

(a)   (b)

그림 21.7 (a) 주축에서 멀리 떨어진 광선은 $R/2$에 있는 초점을 통해 다시 반사된다. (b) 주축에서 멀리 떨어진 광선은 더 이상 잘 수렴하지 않는다.

그림 21.7a는 초점이 곡률 중심과 거울 표면의 중간 지점에 있음을 보여 준다. **초점 거리**(focal length) f는 거울에서 초점까지의 거리로 곡률 반경이 R인 거울은 $f = R/2$이다. 그림 21.7의 그림을 재현하는 광선 추적을 통해 이것이 어떻게 작동하는지 확인할 수 있다. 일단 컴퍼스를 사용하여 거울의 표면을 나타내는 호를 그린다. 그다음 그림 21.7과 같이 거울의 표면에 닿는 평행 광선을 그린다. 들어오는 광선이 거울에 닿는 각 지점에서 곡률 중심을 향하는 법선을 그린다. 그다음 $\theta_r = \theta_i$가 되도록 반사되는 광선을 그리면 그림 21.7a와 그림 21.7b와 같이 나타나는 것을 볼 수 있다. 주축에 가까운 광선은 초점이 잘 맞지만 주축에서 먼 광선은 그렇지 않다.

전략 21.1   오목 거울에 의한 상 형성

오목 거울을 비추는 평행 광선은 초점을 통해 반사된다. 이 사실을 반사의 법칙과 함께 이용하여 상점에서 만나는 반사 광선을 추적할 수 있다. 그림 21.8과 같이 네 가지 특수 광선 중에서 선택할 수 있다.

1. 주축에 평행한 광선을 그린다. 반사된 광선은 초점을 지난다.
2. 초점을 직접 통과하는 광선을 그린다. 대칭성에 의해 이 광선은 중심 축에 평행하게 반사된다.
3. 거울의 주축을 지나는 광선을 그린다. 반사의 법칙에 의해 반사된 광선은 주축의 반대쪽에서 동일한 각도($\theta_r = \theta_i$)로 나온다.
4. 곡률 중심을 지나는 광선을 그린다. 이 광선은 표면에 수직으로 거울에 부딪히므로 들어오는 광선과 같은 경로를 따라 직선으로 반사된다.

상을 찾으려면 이 네 광선 중 2개를 고려하면 충분하며, 일반

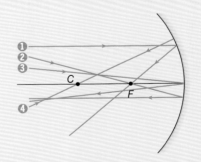

그림 21.8 오목 거울에 형성된 상을 구성하는 데 사용할 수 있는 네 가지 특수 광선

적으로 처음 2개를 사용한다. 그림 21.9는 이러한 광선을 사용하여 상을 찾는다. 두 반사 광선은 실상의 경우 현실에서, 또 허상의 경우 거울을 통해 확장될 때 상점에 모인다. 이 방법을 통해 상의 위치, 크기, 방향(정립 또는 도립)을 알 수 있다.

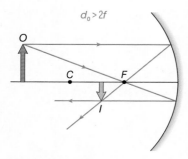

(a) 실상, 도립, 축소

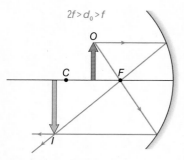

(b) 실상, 도립, 확대

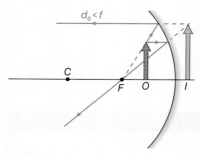

(c) 허상, 정립, 확대

그림 21.9 오목 거울로 형성된 상에 대한 광선 추적. 각각의 경우 O는 물체를, I는 상을 나타낸다.

표 21.1 오목 거울에서 형성되는 세 가지 상

물체 위치	상 방향	상 크기	실상 / 허상
$d_o > 2f$	도립	축소	실상
$2f > d_o > f$	도립	확대	실상
$d_o < f$	정립	확대	허상

평행 광선이 초점을 통해 반사된다는 것을 알면 광선 추적을 사용하여 오목 거울이 어떻게 상을 형성하는지 확인할 수 있다. 전략 21.1은 그림 21.8과 같이 물체에서 대표 광선을 그리는 절차를 간략하게 설명한다. 결과 상의 몇 가지 예는 그림 21.9에 나와 있다. 상의 유형은 초점에 대한 물체의 위치에 따라 달라진다. 이 경우 $d_o > 2f$, $2f > d_o > f$, $d_o < f$의 세 가지가 있다. 표 21.1에 이 경우에 대한 결과를 요약해 놓았다. 처음 두 경우(그림 21.9a와 그림 21.9b)에서는 광선이 상 위치를 통과하므로 눈은 실제로 상에서 나오는 빛을 인식한다. 이 상들은 **실상**(real image)을 만든다. 오목 거울을 사용하면 물체가 초점 뒤쪽에 있을 때마다 실상이 나타난다. 그림 21.9c에서 물체는 초점보다 거울에 더 가깝게 놓여 있고 광선은 갈라진다. 광선이 거울 뒤의 한 지점에서 오는 것처럼 보이므로 평면 거울과 마찬가지로 허상이 생긴다. 그러나 오목 거울을 사용하면 허상이 확대된다.

$d_o = 2f$와 $d_o = f$ 사이에 어떤 전환이 생기는가? $d_o = 2f$일 때 상은 도립이고 실상이며, 축소된 상과 확대된 상 사이의 전환이 나타난다. 따라서 상은 도립 실상이며 물체와 같은 크기가 된다. $d_o = f$일 때 광선 추적 도표는 어떤 일이 일어나는지 보여 준다(그림 21.10a). 이 경우 모든 반사 광선은 평행하다. 이들은 실상이든 허상이든 어떤 상도 형성하기 위해 수렴하지 않는다. 손전등, 자동차 전조등, 탐조등은 곡면 거울의 초점에 광원을 배치하여 평행 광선을 만들기 위해 이 상황을 활용한다(그림 21.10b).

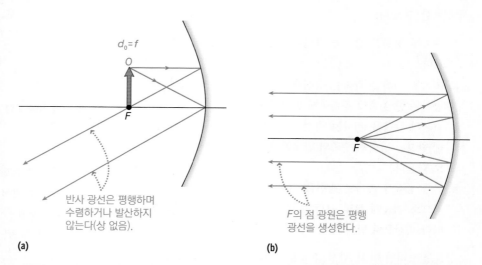

그림 21.10 (a) 초점에 물체가 놓이는 경우 상은 없다. 대신 초점을 맞출 수 없는 평행 광선이 나타난다. (b) 초점에 놓인 광원은 평행 광선을 생성한다.

개념 예제 21.3　화장대 거울

얼굴을 확대해서 보여 주는 손거울이 필요하다면 거울을 어떻게 만들어야 하는가?

풀이 오목 거울은 $2f > d_o > f$일 때 확대된 실상을 형성한다. 하지만 이 경우 상은 도립되어 물체 뒤에 나타난다. 이는 원하던 것이 아니다.

　$d_o < f$일 때 확대된 허상이 나타난다. 허상은 익숙한 것처럼 거울의 반대쪽에 있으며 정립되어 있기 때문에 원하던 것이다.

이것이 효과가 있으려면 얼굴이 초점과 거울 사이에 있어야 한다. 거울을 너무 가까이 대지 않는 것이 좋으며, 거리는 30 cm 정도가 적당하다. 즉, 초점 저리가 30 cm보다 커서 곡률 반경 $R = 2f$가 60 cm보다 커야 한다.

반영 거울이 아무리 크더라도 구면 수차로 인해 발생하는 상 왜곡을 최소화하려면 주축에 가깝게 서는 것이 좋다.

오목 거울: 정량화

오목 거울의 광선 추적 도표를 사용하여 초점 거리 f, 물체 및 상 거리 d_o와 d_i, 높이 h_o와 h_i 사이의 관계를 구해 보자. 그림 21.11a를 보면 한 쌍의 닮은 삼각형에서 다음 식이 성립함을 알 수 있다.

$$\frac{-h_i}{h_o} = \frac{d_i}{d_o}$$

여기서 역상을 나타내는 음의 상 h_i를 취하였다($-h_i$는 삼각형의 높이(양의 값)이다). 닮음인 두 삼각형을 사용하면 다음을 얻는다(그림 21.11b).

$$\frac{-h_i}{h_o} = \frac{f}{d_o - f}$$

$-h_i / h_o$에 대한 두 식을 같다고 놓고 정리하면 **거울 방정식**(mirror equation)을 얻는다.

$$\frac{1}{f} = \frac{1}{d_o} + \frac{1}{d_i} \quad \text{(거울 방정식, SI 단위: m}^{-1}) \qquad (21.2)$$

거울의 초점 거리를 알고 있는 경우, 식 21.2를 사용하면 선택한 물체 거리의 상 거리를 구할 수 있다.

　거울의 배율 M은 21.1절의 평면 거울과 마찬가지로 물체의 높이 h_o에 대한 상 높이 h_i의 비이다. 첫 번째 닮은 삼각형을 사용하여 다음을 얻는다.

$$M = \frac{h_i}{h_o} = -\frac{d_i}{d_o} \quad \text{(배율, SI 단위: 무차원)} \qquad (21.3)$$

식 21.2, 식 21.3은 오목 거울에서 반사되는 결과를 완전히 결정한다. 다음 부호 규칙을 따르면 세심하게 그린 광선 추적 도표와 동일한 결과를 얻을 수 있다.

- 초점 거리 f는 오목 거울의 경우 항상 양수이고 볼록 거울의 경우 음수이다.
- 물체의 거리는 항상 양수이다.

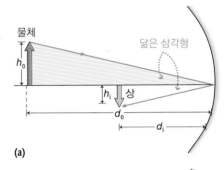

(a)

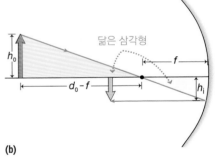

(b)

그림 21.11 닮은 삼각형을 사용하여 물체와 상 거리 및 높이를 연관시킨다.

- 상 거리 d_i는 물체와 거울의 같은 쪽에 있는 실상인 경우 양수이고, 물체와 거울의 반대편에 있는 허상인 경우 음수이다.
- 물체 크기 h_o는 항상 양수이다.
- 상의 크기 h_i는 상이 정립일 때 양수이고 도립인 경우는 음수이다.
- 배율 M은 상이 정립일 때 양수이고 도립일 때 음수이다.

예제 21.4 **오목 거울 분석**

오목 거울의 초점 거리가 20 cm이다. 거울에서 60 cm 떨어진 곳에 3.0 cm 높이의 물체를 놓으면 상은 어디에 있는가? 정립인가, 도립인가? 실상인가, 허상인가? 상의 크기와 배율은 얼마인가?

구성과 계획 알 수 없는 물리량은 d_i, h_i, M이다. 이 물리량은 식 21.2, 식 21.3과 관련이 있다.

$$\frac{1}{f} = \frac{1}{d_o} + \frac{1}{d_i}$$

$$M = \frac{h_i}{h_o} = -\frac{d_i}{d_o}$$

알려진 값: $f = 20$ cm, $h_o = 3.0$ cm, $d_o = 60$ cm

풀이 식 21.2를 d_i에 대해 푼다.

$$\frac{1}{d_i} = \frac{1}{f} - \frac{1}{d_o} = \frac{d_o - f}{fd_o}$$

따라서 다음과 같이 정리하여 구한다.

$$d_i = \frac{fd_o}{d_o - f} = \frac{(20\text{ cm})(60\text{ cm})}{60\text{ cm} - 20\text{ cm}} = 30\text{ cm}$$

그다음 식 21.3에 의해 배율 M을 구한다.

$$M = -\frac{d_i}{d_o} = -\frac{30\text{ cm}}{60\text{ cm}} = -0.5$$

즉, 상은 도립이고 크기는 물체의 1/2이 된다. 이 결과는 식 21.3을 사용하여 h_i를 구하는 것으로 확인된다.

$$h_i = Mh_o = (-0.5)(3\text{ cm}) = -1.5\text{ cm}$$

반영 이 예제의 값은 그림 21.9a의 광선 추적 도표의 눈금과 일치한다. 항상 식 21.2와 식 21.3의 수치 결과를 세심하게 그린 광선 추적 도표와 조화시킬 수 있어야 한다.

....

연결하기 동일한 거울과 물체를 이용해서 거울에서 30cm 거리에 물체를 놓을 때, 상을 설명하여라.

답 이는 식 21.2에서 d_o와 d_i를 맞바꾸는 것과 같으므로 $d = 60$ cm이다. 따라서 배율은 $M = -2$, 상의 높이는 $d_i = -60$ cm가 된다. 이는 광선 추적 도표에서 물체와 상을 교환한 것이다.

볼록 거울

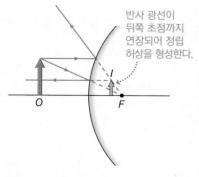

반사 광선이 뒤쪽 초점까지 연장되어 정립 허상을 형성한다.

그림 21.12 볼록 거울의 상 형성. 상은 항상 허상이며 정립이고 크기는 축소된다.

볼록 거울(convex mirror)은 거울에서 반사된 평행 광선이 계속해서 발산하기 때문에 발산 거울이다. 따라서 실상이 불가능하다. 그림 21.12와 같이 볼록 거울은 항상 거울의 반대편에서 허상을 형성한다. 다른 기하학적 구조에도 불구하고 여기에 표시된 광선은 전략 21.1의 규칙을 따른다. 차이점은 볼록 거울의 초점이 거울의 반대쪽에 있다는 것이다. 따라서 광선은 실제로 초점을 통과하지 않고 마치 그 지점에서 오는 것처럼 반사된다.

식 21.2와 식 21.3은 볼록 거울에도 적용되며, 초점 거리 f에 음의 부호 규칙이 추가되어 거울의 반대쪽에 초점이 있음을 나타낸다. 이 식을 적용하면 d_i는 항상 음수이며 절댓값이 1보다 작다는 것을 알 수 있다. 그러면 배율은 양수이지만 1보다 작아진다. 따라서 거울의 반대쪽에 축소된 정립 허상이 나타난다.

볼록 거울의 곡선 모양은 시야를 넓혀 주기 때문에 오목 거울은 자동차의 사이드 미러로 유용하다. 그러나 축소된 상은 뒤에 있는 자동차들이 원래 위치보다 더 멀리 있는 것처럼 착각을 불러일으킨다. 이것이 바로 자동차에 붙은 경고 라벨 "거울에 비친 물체가 실제보다 더 가까이 있습니다."가 붙은 이유이다.

볼록 거울은 운전자가 좁은 골목길이나 차도에서 번화가로 나오는 데 도움이 된다. 넓은 시야를 위해 전봇대와 큰 가로수 같은 장애물 주위에 설치한다.

새로운 개념 검토

- 반사의 법칙은 반사되는 광선의 방향을 결정한다.
- 평면 거울은 배율 1의 허상을 형성한다.
- 오목 거울은 초점에 대한 물체의 위치에 따라 다양한 배율로 실상과 허상의 다양한 상을 형성한다.
- 볼록 거울은 크기가 축소된 허상을 형성한다.

확인 21.2절 구면 거울의 초점 거리는 12 cm이다. 이 구면 거울에서 20 cm 떨어진 곳에 물체를 두면 다음 중 상의 형성으로 옳은 것은 무엇인가?

(a) 축소된 도립 실상   (b) 축소된 도립 허상   (c) 확대된 도립 실상

(d) 확대된 도립 허상   (e) 확대된 정립 실상   (f) 축소된 정립 실상

21.3 굴절과 분산

지금까지 반사에 의한 빛의 방향 전환을 살펴보았다. 여기에서는 한 매질에서 다른 매질로 통과할 때 빛이 휘는 **굴절**(refraction)에 대해 논의할 것이다. 그림 21.13은 공기와 물의 경계면에서의 굴절을 보여 준다. 입사 광선은 부분적으로 반사되고 나머지는 물속으로 투과된다는 것에 주목하여라. 반사와 굴절은 일반적으로 투명한 매질 사이의 경계면에서 발생한다.

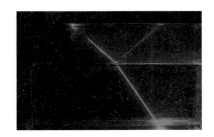

그림 21.13 공기에서 물로 통과하는 광선의 굴절. 경계에서 광선은 부분적으로 공기 중으로 반사되고 나머지는 물 속으로 굴절된다.

왜 굴절하는가?

굴절은 빛이 진공에서보다 투명한 물질에서 느리게 이동하기 때문에 일어난다. 예를 들어, 물에서는 빛의 속력이 c의 약 4분의 3이고, 대부분의 유리에서는 c의 약 3분의 2이다. 공기에서는 거의 c이지만 실제로는 그렇지 않다. **굴절률**(index of refraction) n을 주어진 매질에서의 속력에 대한 진공에서의 빛의 속력 c의 비율로 정의한다.

$$n = \frac{c}{v} \quad \text{(굴절률, SI 단위: 무차원)} \quad (21.4)$$

표 21.2는 몇 가지 굴절률을 나타낸 것인데, 빛은 진공보다 모든 물질에 느리게 진행하기 때문에 진공을 제외한 모든 굴절률은 1보다 크다. 굴절률 n의 매질에서

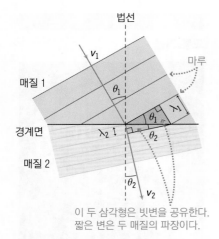

그림 21.14 굴절은 서로 다른 매질에서 파의 속력과 파장이 다르기 때문에 발생한다.

이 두 삼각형은 빗변을 공유한다. 짧은 변은 두 매질의 파장이다.

표 21.2 황색 나트륨 빛($\lambda = 589$ nm)에 대한 몇 가지 물질의 굴절률

물질	굴절률 n	물질	굴절률 n	물질	굴절률 n
고체		**유리(전형적인 값)**		**액체(20°C)**	
얼음	1.31	크라운	1.52	물	1.33
수정	1.54	수석(가벼움)	1.58	에틸 알코올	1.36
소금	1.54	수석(중간)	1.62	글리세린	1.47
지르콘	1.92	수석(응집)	1.66	오일(밀도 작음)	1.52
다이아몬드	2.42	란타늄 수석	1.80		

식 21.4는 $v = c/n$로 주어진다. 그러나 11장에서 보았듯이 모든 주기 파동의 경우 $v = \lambda f$이다. 진동수 f는 단위 시간당 주어진 지점을 지나는 파동의 수를 세는 것으로, 파동은 나타나거나 사라지지 않으므로 f는 매질과 무관하다. 굴절률 n의 매질에서 빛의 파장도 $1/n$만큼 작아진다. 즉, $\lambda = \lambda_0/n$이며 λ_0은 진공에서 파장이다.

그림 21.14는 이 속력과 파장의 변화가 어떻게 빛의 방향을 변화시키는지 보여 준다. 여기서 두 매질 사이의 경계면 양쪽에 있는 파장을 보여 준다. 파장은 속력과 파장이 변하는 동안 경계면에 걸쳐 연속적이어야 한다. 이러한 조건에서 그림 21.14는 파동 전파의 방향이 바뀐다는 것을 보여 준다. 그림에서 매질 2는 속력이 느리므로 전파 방향이 경계면에 법선 쪽으로 구부러진다.

그림 21.14는 공통 빗변을 가진 한 쌍의 삼각형을 보여 준다. 각 매질에서 이 빗변의 길이는 $\lambda/\sin\theta$이며, 여기서 λ와 θ는 매질에서 빛의 전파 방향과 법선 사이의 파장과 각도이다.

두 매질에서 공통 빗변에 대한 식은 $\lambda_1/\sin\theta_1 = \lambda_2/\sin\theta_2$로 주어진다. 이때 $\lambda_1 = \lambda_0/n_1$, $\lambda_2 = \lambda_0/n_2$이며, 이 결과를 빗변에 대한 식에 사용하여 정리하고 진공에서의 파장 λ_0을 소거하면 다음을 얻는다.

$$n_1 \sin\theta_1 = n_2 \sin\theta_2 \quad \text{(스넬의 법칙, SI 단위: 무차원)} \quad (21.5)$$

식 21.5는 물과 유리의 굴절을 연구하여 실험적으로 추론한 네덜란드 수학자 빌러브로어트 스넬(Willebrord Snell, 1580~1626)의 이름을 딴 **스넬의 법칙**(Snell's law)이라 한다. 반사와 마찬가지로 입사각과 굴절각은 법선에 대해 측정한다. 그림 21.15는 부분 반사각과 함께 이러한 각도를 보여 준다.

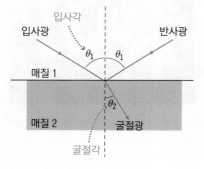

그림 21.15 스넬의 법칙의 정량화

예제 21.5 **유리창 통과**

공기 중에서 빛이 법선 방향으로 40°의 각도로 유리창($n = 1.52$)을 통해 입사된다. 빛이 유리창을 통과하여 반대편으로 나올 때 빛의 경로에 대해 설명하여라.

구성과 계획 스넬의 법칙 $n_1 \sin\theta_1 = n_2 \sin\theta_2$는 각 표면의 굴절에 적용된다. 굴절은 빛이 유리창에 들어올 때와 나갈 때 각각 굴절률 n이 변하기 때문에 발생한다. 스넬의 법칙은 두 굴절 과정을 따른다.

알려진 값: n_1(공기) = 1.00, n_2(유리) = 1.52, θ_1(공기) = 40°

풀이 스넬의 법칙으로 유리의 굴절각을 구한다.

$$\sin\theta_2 = \frac{n_1\sin\theta_1}{n_2} = \frac{(1.00)(\sin 40°)}{1.52} = 0.423$$

즉, 다음과 같다.

$$\theta_2 = \sin^{-1}(0.423) = 25.0°$$

창문의 표면은 평행하므로 빛은 창문 뒤 표면에 법선과 이루는 각이 25°로 같다(그림 21.16). 그다음 다시 공기로 빠져 나오는

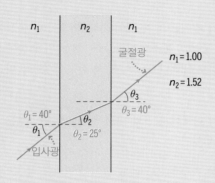

그림 21.16 유리창을 통과하는 빛에 적용된 스넬의 법칙

데, 이를 매질 3이라 하자. n_3(공기) = 1.00, θ_2 = 25.0°이고 다시 스넬의 법칙을 적용하면 다음이 성립한다.

$$\sin\theta_3 = \frac{n_2\sin\theta_2}{n_3} = \frac{(1.52)(\sin 25.0°)}{1.00} = 0.642$$

즉, 다음과 같다.

$$\theta_3 = \sin^{-1}(0.642) = 40°$$

빛은 유리에 입사된 각도와 동일한 각도로 유리를 빠져나간다.

반영 유리를 통과한 광선은 입사 광선과 평행하지만 약간 변위됨을 유의하여라. 변위는 유리의 두께에 따라 달라진다. 반대 방향에서 들어오는 빛은 동일한 경로를 따라가지만 그 반대이다.

연결하기 광선이 유리에서 법선과 만들 수 있는 가장 큰 각도는 얼마인가?

답 이것은 입사 광선이 90°의 각도에 가까워질 때 발생하므로 유리 표면을 거의 스쳐 지나간다. $\theta_1 \approx 90°$를 스넬의 법칙에 적용하면 θ_2 = 41.8°가 된다.

굴절의 효과

굴절은 다른 매질을 통해 보는 물체의 위치에 겉보기 변화를 일으킨다. 그림 21.17과 같이 물속에서 물고기를 본다고 생각해 보자. 굴절로 인해 물고기에서 나오는 빛이 눈으로 곧장 전달되지 않으므로 감지하는 위치는 물고기의 실제 위치가 아니다. 더 미묘한 예로 지구 대기의 굴절을 들 수 있는데, 굴절률은 우주 진공 상태에서는 1에서 지표면의 공기 중 가장 밀도가 높은 곳에서는 약 1.00029까지 증가한다. 이러한 굴절률의 변화는 빛의 경로에 점진적인 굴곡을 일으킨다. 그 결과 일출 직전과 일몰 후 태양의 실제 위치가 수평선 바로 아래에 있을 때 태양을 볼 수 있다. 도로나 사막과 같은 뜨거운 표면 바로 위의 온도에 따라 공기의 굴절률이 달라질 때도 비슷한 이유로 신기루가 발생한다.

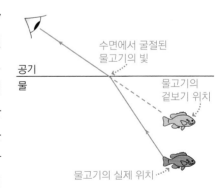

그림 21.17 물속의 물고기 관찰

| **예제 21.5** | **잃어 버린 열쇠!** |

2.0미터 깊이의 수영장에 열쇠를 떨어뜨렸다. 열쇠가 얼마나 아래에 있는 것처럼 보이겠는가?

구성과 계획 그림 21.18은 수영장 바닥에 있는 열쇠에서 올라오는 광선을 보여 준다. 공기로부터 입사된 빛은 스넬의 법칙

$n_1\sin\theta_1 = n_2\sin\theta_2$에 따라 법선으로부터 굴절된다. 열쇠는 표시된 겉보기 깊이에 나타나며, 이는 실제 수평 위치로 가는 직선 광선 경로에 해당한다. 표시된 두 가지를 분석하면 실제 깊이 d의 관점에서 겉보기 깊이 $d_{apparent}$를 알 수 있다.

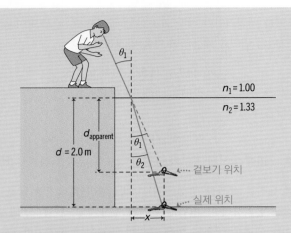

그림 21.18 열쇠는 실제보다 표면에 더 가깝게 보인다.

알려진 값: n_1(공기) = 1.00, n_2(물) = 1.33(표 21.1), d = 2.0 m

풀이 두 변이 x와 d인 큰 직각삼각형의 경우 $x = d\tan\theta_2$이고, 두 변이 x와 $d_{apparent}$인 작은 직각삼각형의 경우 $x = d_{apparent}\tan\theta_1$이다. 이 두 식이 x에 대해 같으므로 다음과 같이 계산된다.

$$d_{apparent} = d\frac{\tan\theta_2}{\tan\theta_1}$$

거의 똑바로 내려다보고 있으면 각도가 작고, 작은 각도의 경우

$\tan\theta \approx \sin\theta$이다. 따라서 근사적으로 다음과 같이 쓸 수 있다.

$$d_{apparent} = d\frac{\sin\theta_2}{\sin\theta_1}$$

이때 스넬의 법칙으로부터 다음이 성립한다.

$$\frac{\sin\theta_2}{\sin\theta_1} = \frac{n_1}{n_2}$$

따라서 겉보기 깊이는 다음과 같이 계산된다.

$$d_{apparent} \simeq d\frac{n_1}{n_2} = (2.0 \text{ m})\left(\frac{1.00}{1.33}\right) = 1.5 \text{ m}$$

반영 겉보기 깊이는 실제 깊이의 4분의 3이며, 굴절률이 큰 유리에서 더 극적인 효과가 나타난다. 책상 위에 놓여 있는 유리 블록을 똑바로 내려다보면 아래 책상이 실제보다 더 가깝게 보인다.

연결하기 이 예제에서 거의 바로 아래를 내려다보는 것이 중요한 이유는 무엇인가?

답 한쪽으로 치우친 경우에도 깊이의 변화를 볼 수 있지만, 이 예제의 계산은 작은 각도에 대한 근사치인 $\tan\theta \approx \sin\theta$에 따라 달라진다.

▶**TIP** 빛이 굴절률이 큰 매질로 입사될 때는 법선에 가까운 쪽으로 꺾이고, 굴절률이 작은 매질로 입사될 때는 법선에 먼 쪽으로 꺾인다.

내부 전반사

그림 21.19a와 같이 유리에서 공기로 통과하는 빛이 법선으로부터 멀어지는 것을 살펴보았다. 입사각 θ_2가 증가하면 굴절각 θ_1이 90°에 가까워진다(그림 21.19b). **임계각**(critical angle) θ_c는 θ_1 = 90°인 입사각이다. 입사각 $\theta_2 > \theta_c$의 경우 유리에서 공기로의 투과가 없다. 대신 그림 21.19c와 같이 **내부 전반사**(total internal reflection)가 발생한다. 여기에서는 유리와 공기를 고려했지만 굴절률이 큰 매질을 통해 전파되는 빛이 굴절률이 작은 매질과의 경계면에 도달할 때마다 내부 전반사가 발생할 수 있다.

스넬의 법칙으로부터 굴절률 n_2의 매질에서 굴절률 n_1의 매질로 이동하는 빛의

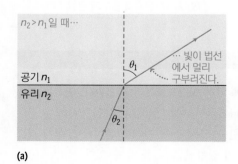

(a)

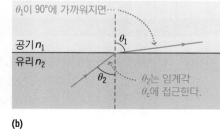

(b)

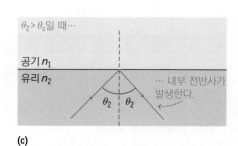

(c)

그림 21.19 내부 전반사

임계각을 구할 수 있다. 그림 21.19b는 θ_1이 90°에 도달할 때 θ_2가 임계각에 도달한다는 것을 보여 준다. 따라서 스넬의 법칙에 의해 $n_1 \sin 90° = n_2 \sin \theta_c$이다. $\sin 90° = 1$, $\sin \theta_c = n_1/n_2$로부터 다음이 성립한다.

$$\theta_c = \sin^{-1}\left(\frac{n_1}{n_2}\right) \quad \text{(임계각)} \tag{21.6}$$

예를 들어, 일반 유리($n = 1.52$)에서 공기로 나가는 빛의 경우 임계각은 다음과 같다.

$$\theta_c = \sin^{-1}\left(\frac{1}{1.52}\right) = 41.1°$$

따라서 입사각이 41.1°보다 크면 내부 전반사가 생긴다.

내부 전반사의 중요한 응용은 광섬유 통신이다. 그림 21.20은 광 신호가 유리 섬유와 이를 둘러싸는 클래딩 사이의 경계면에서 내부 전반사를 통해 광섬유 케이블을 따라 전파될 수 있음을 보여 준다. 광섬유는 통신, 특히 인터넷 데이터를 전송하는 전화, 텔레비전 및 광대역 회선에서 광범위하게 사용된다. 이들 대부분은 적외선을 사용한다.

광섬유 케이블에서 전파되는 빛은 케이블 표면에서 내부 전반사를 한다.

그림 21.20 광섬유에서의 내부 전반사

다이아몬드는 굴절률이 높기 때문에(표 21.2) 내부 전반사가 일어날 가능성이 높다. 완성된 다이아몬드의 구조는 빛이 돌아 나올 때 내부 전반사가 여러 번 일어나고 굴절이 크게 일어날 수 있도록 한다. 그 결과 여러 지점에서 동시에 굴절된 빛을 볼 수 있기 때문에 반짝이는 특성이 있다. 지르콘으로 만든 인공 다이아몬드는 천연 다이아몬드보다 굴절률이 다소 낮지만 유리보다는 굴절률이 높다.

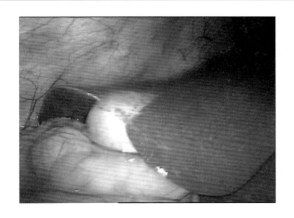

광섬유를 사용하면 최소한의 침습으로 신체 내부를 들여다볼 수 있다. 의사는 카메라가 부착된 광섬유 케이블을 삽입하여 상부 또는 하부 소화관에서 종양 및 기타 장애를 검사한다. 외과 의사는 광섬유 시스템을 사용하여 관절에 관절경 수술과 복부에 복강경 수술을 수행한다. 여기에 표시된 이미지에서 밝은 중심 물체는 담낭이고, 오른쪽에 있는 크고 어두운 물체는 간이다. 광섬유 케이블은 매우 얇기 때문에 외과 의사는 건강한 조직을 손상시키고 치유하는 데 훨씬 더 오래 걸리는 긴 절개 대신 몇 개의 작은 절개만 진행한다.

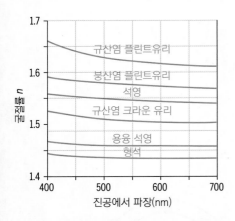

그림 21.21 파장의 함수에 따른 굴절률

▶ **TIP** 떨어지는 빗방울은 표면 장력으로 인해 흔히 묘사되는 '눈물방울' 모양이 아니라 거의 구형에 가깝다.

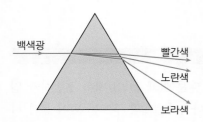

그림 21.22 프리즘에 의한 백색광의 분산

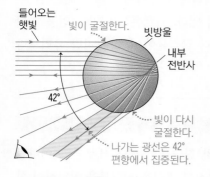

그림 21.23 무지개 형성

분산

일반적으로 프리즘을 사용하여 백색광이 가시광선 스펙트럼의 여러 색으로 퍼져 나오는 **분산**(dispersion)을 관찰한 적이 있을 것이다. 분산은 파장에 따른 굴절률의 미세한 변화에서 비롯되며(그림 21.21), 일반적으로 파장이 짧을수록 굴절률이 약간 더 높다. 프리즘에 들어오는 백색광은 유리에 들어갈 때와 나올 때 두 번 굴절된다(그림 21.22). 각 굴절은 짧은 파장의 빛을 많이 굴절시켜 보라색은 가장 많이 굴절되고 빨간색은 가장 적게 굴절된다. 각도 분리는 들어오는 백색광의 각도뿐만 아니라 프리즘의 모양과 굴절률에 따라 달라진다.

그림 21.23은 빗방울에 굴절, 반사, 분산이 결합되어 무지개가 만들어지는 과정을 보여 준다. 빛은 빗방울 안으로 들어가면서 굴절하고 물방울 뒤쪽에서 내부 전반사를 거쳐 물방울이 남았을 때 다시 굴절한다. 물의 굴절률과 물방울의 기하학적 구조로 인해 약 42°로 굴절된 광선이 뭉쳐진다. 분산이 없다면 무지개는 태양으로부터 보는 사람을 관통하는 선을 중심으로 42° 폭의 밝지만 무색의 호로 나타날 것이다. 분산은 색깔마다 약간씩 다른 각도의 편향을 일으키며, 보라색이 빨간색보다 많이 굴절된다. 따라서 무지개는 위쪽이 빨간색, 아래쪽이 보라색인 색깔이 있는 원호가 된다. 빛이 물방울 안에서 두 번 반사되어 색이 반전되면 더 희미한 2차 무지개가 만들어진다.

확인 21.3절 유리에서 물로 들어가는 빛은 어떻게 굴절하는가?
(a) 법선으로부터 가까운 쪽으로 휜다.
(b) 법선으로부터 먼 쪽으로 휜다.
(c) 전혀 굴절하지 않는다.

21.4 얇은 렌즈

렌즈(lens)는 수세기 동안 돋보기와 시력을 교정용으로 사용되어 왔다. 1609년 갈릴레오는 망원경을 만들기 위해 렌즈를 조합하여 천문학에 혁명을 일으켰다. 여기서 단일 렌즈가 어떻게 상을 형성하는지 볼 것이다. 그다음 21.5절에서 현미경과 망원경에 사용되는 렌즈의 조합을 고려할 것이다. 마지막으로 21.6절에서는 제조된 렌즈와 동일한 광학 특성에 의존하는 인간의 시력에 대해 논의할 것이다.

렌즈의 작동 방법

일반적인 렌즈는 그림 21.24a의 **구면 렌즈**(spherical lens)이다. 이 렌즈는 양쪽 렌즈 표면이 가운데에서 바깥쪽으로 휘어져 있기 때문에 **양면 볼록 렌즈**(biconvex lens)이다. **평면 볼록 렌즈**(plano-convex lens)는 한쪽은 평평하고 다른 쪽은 볼록하다. **볼록 렌즈**(convex lens)는 양면 볼록 또는 평면 볼록일 수 있다.

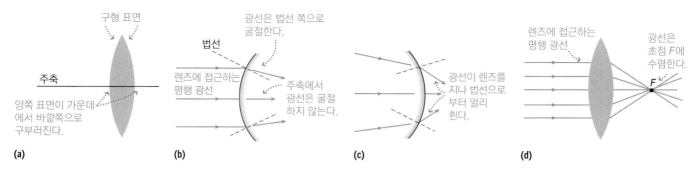

그림 21.24 수렴 렌즈의 굴절에 대한 세부 사항

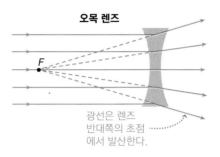

그림 21.25 발산 렌즈

　굴절은 빛이 렌즈에 들어갈 때와 나올 때 모두 발생한다(그림 21.24). 두 굴절의 결합된 효과는 평행 광선을 **초점**(focal point) F로 향하게 하는 것이다(그림 21.24d). 21.2절의 거울과 마찬가지로 초점은 결코 완벽하지 않으며 주축에서 멀리 떨어진 광선(구면 수차)의 경우 더 나빠진다. 그림 21.24d의 광선 추적은 각 표면에서 굴절의 세부 사항을 무시하고 대신 렌즈 중앙의 단일 굴곡을 표시한다. 이는 렌즈가 얇아서 두 굴절면이 가까운 경우에 유효한 **얇은 렌즈 근사**(thin-lens approximation)이다.

　그림 21.25는 안쪽으로 휘어진 **오목 렌즈**(concave lens)에 의한 굴절을 보여 준다. 여기서 평행 광선은 초점 쪽으로 수렴하지 않고 초점에서 발산한다. 각각의 굴절률에 따라 **볼록 렌즈**(convex)는 **수렴 렌즈**(converging lens)가 되고 오목 렌즈는 **발산 렌즈**(diverging lens)가 된다.

볼록 렌즈에 의한 상 형성

거울에서와 마찬가지로 광선 추적을 사용하여 렌즈의 상 형성을 살펴볼 것이다. 렌즈와 거울의 중요한 차이점 중 하나는 렌즈가 투명하다는 것이다. 빛은 어느 쪽이든 통과할 수 있으므로 렌즈의 각 면에 초점이 있다. 얇은 렌즈의 경우 두 렌즈 표면의 곡률이 같지 않더라도 초점까지의 거리는 각 면에서 동일하다.

　전략 21.2는 그림 21.27과 같은 결과로 두 대표 광선을 추적하는 절차를 간략하게 설명한다. 21.2절의 오목 거울에서 반사되는 경우와 마찬가지로 볼록 렌즈가 형성하는 상의 유형은 초점에 대한 물체의 위치에 따라 달라진다. 그림 21.27은 $d_0 > 2f$, $2f > d_0 > f$, $d_0 > f$의 세 가지 경우를 보여 주며, 표 21.3에 결과가 요약되어 있다. 상은 정립 또는 도립이고 확대 또는 축소될 수 있다. 물체가 초점을 벗어난 경우 상은

표 21.3 세 가지 경우의 결과 요약

물체의 위치	상의 방향	상의 크기	실상 / 허상
$d_0 > 2f$	도립	축소	실상
$2f > d_0 > f$	도립	확대	실상
$d_0 < f$	정립	확대	허상

실상이며 물체와 렌즈의 반대쪽에 있다. 실상에는 빛이 존재하기 때문에 영화나 컴퓨터 프로젝터처럼 화면에 투사할 수 있다. 그러나 물체가 초점 안에 있으면 굴절된 광선이 수렴하지 않고 상은 허상이 되어 렌즈의 같은 쪽에 나타난다. 허상을 보려면 렌즈를 사용자와 물체 사이에 고정시키면 된다. 이것은 돋보기 렌즈로 보는 것과 같아서 이 렌즈를 통해 보면 확대된 정립 허상을 볼 수 있다.

▶ **TIP** 실상은 렌즈의 반대쪽에만 형성되며 항상 도립이다.

렌즈를 유리로 만들 필요는 없다. 일반 상대성 이론에서 중력 자체는 빛을 굴절시킨다. 그러므로 거대한 물체 주변의 공간은 렌즈와 같은 역할을 한다. 거대한 은하단은 우주 망원경이 되어 지구에 있는 망원경만으로는 감지할 수 없을 정도로 먼 곳에 있는 물체를 볼 수 있게 해 준다. 다른 렌즈 은하는 멀리 떨어진 퀘이사의 다수 또는 왜곡된 상을 형성한다. 더 가깝게는 소위 '마이크로 렌즈'라고 하는 더 먼 별 앞을 지나갈 때 빛에 미치는 영향을 통해 보이지 않는 물체를 감지할 수 있다.

두 전이점 $d_o = 2f$와 $d_o = f$에서 어떤 일이 일어나는가? $d_o = 2f$일 때, 축소된 상과 확대된 상 사이의 전이를 나타낸다. 따라서 상은 도립 실상이며 물체와 같은 크기이다. $d_o = f$일 때, 그림 21.27d는 굴절 광선이 평행하게 나타나는 모습을 보여 준다. 이것들은 실상이든 허상이든 어떤 상을 형성하기 위해 모이지 않는다.

전략 21.2 ▌ 볼록 렌즈에 의한 상 형성

볼록 거울에 부딪히는 평행 광선은 초점을 통과하는 반면, 렌즈 중심을 통과하는 광선은 반대 효과를 갖기 때문에 굴절되지 않는다. 이 사실을 사용하여 상점을 결정하는 두 광선을 추적할 수 있다(그림 21.26).

1. 주축에 평행한 광선을 그린다. 굴절된 광선은 렌즈의 반대쪽 초점을 통과한다.
2. 굴절되지 않은 광선을 렌즈 중앙을 통해 반대편 직선으로 그린다.

그림 21.27은 이 광선이 어떻게 그려지고 둘 다 상점에서 어떻

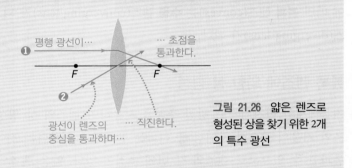

① 평행 광선이… … 초점을 통과한다.
② 광선이 렌즈의 중심을 통과하며… … 직진한다.

그림 21.26 얇은 렌즈로 형성된 상을 찾기 위한 2개의 특수 광선

게 수렴하는지 보여 준다. 이 방법을 사용하여 얻은 상은 상의 위치, 크기, 방향을 제공한다.

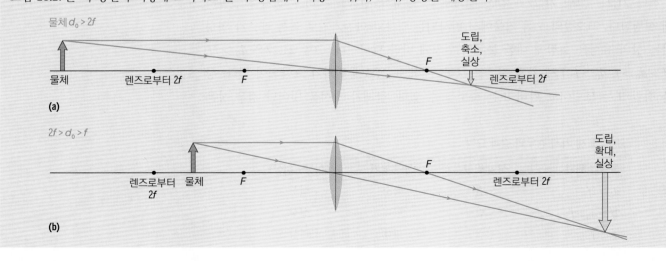

물체 $d_0 > 2f$
렌즈로부터 $2f$
물체
F
도립, 축소, 실상
렌즈로부터 $2f$
(a)

$2f > d_0 > f$
렌즈로부터 $2f$
물체
F
도립, 확대, 실상
렌즈로부터 $2f$
(b)

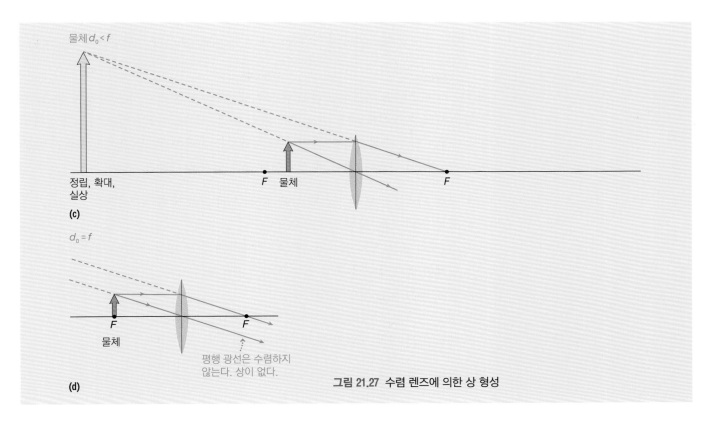

(c)

정립, 확대, 실상

물체 $d_0 < f$

F 물체

F

$d_0 = f$

물체

F

F

평행 광선은 수렴하지 않는다. 상이 없다.

(d)

그림 21.27 수렴 렌즈에 의한 상 형성

볼록 렌즈: 정량적

광선 추적 도표의 기하학적 구조를 보면 초점 거리 f, 물체와 상 거리 d_o와 d_i, 물체와 상의 높이 h_o와 h_i 사이의 정량적 관계를 알 수 있다. 그림 21.28a에서 렌즈 중심을 통과하는 광선은 2개의 닮은 삼각형을 만든다. 두 변의 비율을 같게 하면 $-h_i/d_i = h_o/d_o$이고, 여기서 h_i와 함께 음의 부호는 도립 상을 나타낸다.

거울과 마찬가지로 배율은 물체의 높이에 대한 상의 높이의 비율 $M = h_i/h_o$이다. 따라서 $M = h_i/h_o = -d_i/d_o$, 즉 다음 관계가 성립한다.

$$M = -\frac{d_i}{d_o} \quad \text{(배율, SI 단위: 무차원)} \tag{21.7}$$

한편, 그림 21.28b의 닮은 삼각형은 다음을 만족한다.

$$\frac{-h_i}{d_i - f} = \frac{h_o}{f}$$

이 식을 정리하면 다음을 얻는다.

$$\frac{h_i}{h_o} = -\frac{d_i - f}{f}$$

이를 h_i/h_o에 대한 이전 표현식과 같다고 놓고 재정리하면 **얇은 렌즈 방정식**(thin lens equation)이 주어진다.

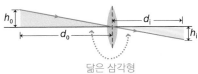

(a)

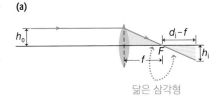

(b)

그림 21.28 닮은 삼각형을 사용하여 위치와 높이를 연관시킨다.

$$\frac{1}{f} = \frac{1}{d_o} + \frac{1}{d_i} \quad \text{(얇은 렌즈 방정식, SI 단위: 1/m)} \tag{21.8}$$

식 21.7과 식 21.8을 종합하면 볼록 렌즈가 형성하는 상에 대한 모든 것을 알 수 있다.

얇은 렌즈 방정식과 배율 식은 21.2절(식 21.2, 식 21.3)에서 해당 거울 방정식과 동일하다는 것을 주목하여라. 그러나 빛은 렌즈를 통과하지만 거울에 반사되기 때문에 부호 규칙이 다르다. 볼록 렌즈에 대한 부호 규칙은 다음과 같다.

- 초점 거리 f는 볼록 렌즈의 경우 양수, 오목 렌즈의 경우 음수이다.
- 물체 거리 d_o는 항상 양수이다.
- 상 거리 d_i는 상이 물체와 렌즈의 반대쪽에 있는 실상인 경우 양수이고, 상이 물체와 렌즈의 같은 쪽에 있는 허상인 경우 음수이다.
- 물체 크기 h_o는 항상 양수이다.
- 상 크기 h_i는 상이 정립일 때 양수이고 도립일 때 음수이다.
- 배율 M은 상이 정립일 때 양수이고 도립일 때 음수이다.

이 규칙은 그림 21.27의 광선 추적 도표와 일치한다.

예제 21.7 **얇은 렌즈를 사용한 상 형성**

연필이 초점 거리가 22.5 cm인 볼록 렌즈에서 60 cm 떨어져 있다. 연필의 상이 어떻게 형성되는지 보여 주는 광선 추적 도표를 그려라. 또한, 연필 상의 위치를 계산하고 배율을 구하여라.

구성과 계획 그림 21.29에 도표가 나와 있다. 이 경우는 그림 21.27a에 설명된 것과 유사하다. 상은 도립 실상이며, 크기가 축소되어 있다. 상의 위치는 얇은 렌즈 방정식(식 21.8)을 따른다.

$$\frac{1}{f} = \frac{1}{d_o} + \frac{1}{d_i}$$

식 21.7로부터 배율은 다음과 같다.

$$M = -\frac{d_i}{d_o}$$

알려진 값: $d_o = 60 \text{ cm}, f = 22.5 \text{ cm}$

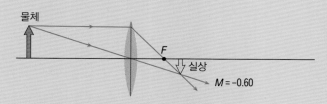

그림 21.29 예제 21.7의 개략도

풀이 얇은 렌즈 방정식을 상 거리 d_i에 대해 푼다.

$$d_i = \frac{1}{\dfrac{1}{f} - \dfrac{1}{d_o}} = \frac{fd_o}{d_o - f} = \frac{(22.5 \text{ cm})(60 \text{ cm})}{60 \text{ cm} - 22.5 \text{ cm}} = 36 \text{ cm}$$

볼록 렌즈의 부호 규칙에 따르면 이는 상이 물체와 반대쪽 렌즈에서 36 cm 떨어진 곳에 있음을 의미한다. $d_i = 36 \text{ cm}$인 경우 배율은 다음과 같다.

$$M = -\frac{36 \text{ cm}}{60 \text{ cm}} = -0.60$$

배율이 음수이므로 상이 도립되고 크기는 물체인 연필의 0.60 (3/5)이다.

반영 상 거리 및 배율에 대한 계산이 광선 추적 도표와 일치한다.

연결하기 이 예제에서 물체와 정확히 같은 실상을 보려면 연필을 어디에 두어야 하는가?

답 실상은 항상 음의 배율을 가지므로 이 경우 $M = -1$이다. 이 경우 $d_i = d_o = 2f = 45 \text{ cm}$이어야 한다.

예제 21.8   돋보기

앞 예제의 렌즈($f = 22.5$ cm)를 사용하여 정립이고 크기가 두 배인 상을 어떻게 만들 수 있는가? 이 상황에 대한 광선 추적 도표를 그려라.

구성과 계획 정립된 상은 항상 허상이다. 렌즈를 돋보기로 사용할 때 이와 같이 만들 수 있다. 원하는 배율은 정립, 두 배 크기의 상의 경우 $M = +2$이다. 배율 식과 얇은 렌즈 방정식에서 $M = +2$를 사용하면 물체 거리와 상 거리를 구할 수 있다.

알려진 값: $f = 22.5$ cm, $M = +2$

풀이 배율 식은 $M = -d_i/d_o = +2$, 즉 $d_i = -2d_o$로 주어진다. 얇은 렌즈 방정식에 배율 식을 대입하면 다음을 얻는다.

$$\frac{1}{f} = \frac{1}{d_o} + \frac{1}{d_i} = \frac{1}{d_o} + \frac{1}{-2d_o} = \frac{1}{2d_o}$$

$f = 22.5$ cm인 경우 d_o를 구하면 다음과 같다.

$$d_o = \frac{f}{2} = \frac{22.5 \text{ cm}}{2} = 11.25 \text{ cm}$$

따라서 연필은 초점보다 렌즈에 가깝게 위치해야 한다. 이렇게 하면 $d_i = -2d_o = -22.5$ cm의 상을 만든다. 부호 규칙에 따르

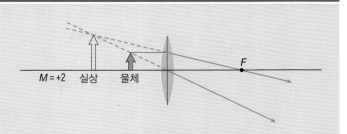

그림 21.30 예제 21.8에 대한 개략도

면 상은 렌즈에서 22.5 cm에 있으며, 물체와 같은 쪽에 있다.

초점 거리가 $f = 22.5$ cm일 때, 물체를 $d_o = 11.25$ cm에 배치하면 광선 추적 도표를 완성할 수 있다(그림 21.30).

반영 광선 추적 도표는 계산된 수치가 정확하고 상이 허상임을 다시 한 번 보여 준다.

연결하기 더 큰 배율을 얻으려면 렌즈를 물체에 가깝게 움직여야 하는가 아니면 멀리 움직여야 하는가?

답 배율 식 또는 광선 추적 도표를 사용하여 렌즈를 멀리 이동하되 초점 거리 내에 유지해야 함을 알 수 있다.

오목 렌즈

그림 21.25는 **오목 렌즈**(concave lens)에서 빛이 발산하므로 실상을 형성할 수 없음을 보여 준다. 그림 21.31과 같이 오목 렌즈는 항상 축소된 허상을 형성한다. 광선 추적은 오목 렌즈와 볼록 렌즈에서 동일한 방식으로 작동하지만, 초점으로 수렴하는 대신 평행 광선이 반대쪽 초점에서 발산한다는 점이 다르다. 그 외에는 광선 추적과 상 형성의 규약은 앞에서 배운 것과 동일하다.

배율과 얇은 렌즈 방정식(식 21.7, 식 21.8)은 오목 렌즈에도 여전히 적용되지만 부호 규약에 중요한 차이가 있다. 초점이 렌즈의 반대쪽에 있기 때문에 오목(발산) 렌즈에 대해서는 초점 거리가 음수이다. 초점 거리가 음수인 경우 식 21.7과 식 21.8을 통해 정량적 결과가 광선 추적과 일치함을 알 수 있다. 물체의 거리 d_o가 여전히 양수이면 f 값이 음수일 때 d_i가 음수이므로 상은 항상 물체와 렌즈의 같은 면에 나타나며 허상이 된다. 식 21.8은 또한 d_i의 절댓값이 f보다 작으므로 허상이 초점 거리 안에 있다는 것을 보장한다. d_i의 절댓값은 d_o의 절댓값보다 작으므로 배율은 양수이고 1보다 작다. 오목 렌즈에서는 물체의 위치에 관계없이 항상 정립 허상인 축소된 상이 표시된다.

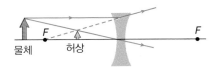

그림 21.31 발산 렌즈에 의한 상 형성

▶ **TIP** 오목 렌즈는 결코 실상을 형성하지 않는다.

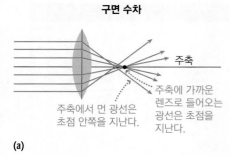

구면 수차

주축에서 먼 광선은 초점 안쪽을 지난다.

주축

주축에 가까운 렌즈로 들어오는 광선은 초점을 지난다.

(a)

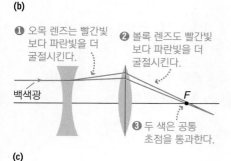

색 수차

백색광

파란빛

빨간빛

파란빛은 빨간빛보다 더 굴절되므로 초점 거리가 짧다.

(b)

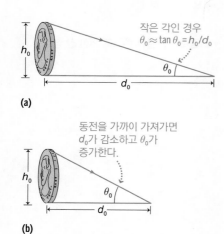

❶ 오목 렌즈는 빨간빛보다 파란빛을 더 굴절시킨다.

❷ 볼록 렌즈도 빨간빛보다 파란빛을 더 굴절시킨다.

백색광

F

❸ 두 색은 공통 초점을 통과한다.

(c)

그림 21.32 구면 수차와 색 수차

발산 렌즈를 실용적으로 사용할 수 있는가? 이 장의 뒷부분에서 현미경 및 망원경(21.5절)과 시력 교정(21.6절)에서 수렴 렌즈와 발산 렌즈가 어떻게 사용되는지 보여 줄 것이다.

렌즈의 수차

렌즈에는 현미경과 굴절 망원경에 영향을 미치는 두 가지 중요한 왜곡이 있다. 거울과 렌즈 모두에서 불완전한 초점을 일으키는 구면 수차를 언급하였다(그림 21.32a). 축에서 가장 먼 광선이 가장 큰 영향을 받기 때문에 렌즈의 바깥쪽 가장 자리를 막는 것은 구면 수차를 최소화하지만 상 밝기는 감소한다. 두 번째 왜곡은 **색 수차**(chromatic aberration)로 다른 지점에서 다른 색이 집중된다(그림 21.32b). 이는 파장에 따른 굴절률의 변화인 분산에 의해 발생한다(21.3절). 색 수차는 렌즈 조합을 사용하여 최소화할 수 있다(그림 21.32c).

확인 21.4절 볼록 렌즈로 확대된 실상을 만들기 위해서는 물체가 얼마나 멀리 떨어져 있어야 하는가?

(a) $d_o > 2f$　(b) $2f > d_o > f$　(c) $d_o < f$

21.5 현미경과 망원경

21.4절(예제 21.8)에서 단일 볼록 렌즈를 돋보기로 사용할 수 있는 방법을 확인하였다. 여기에서는 단일 렌즈 배율을 더 자세히 살펴보겠다. 그다음 렌즈 2개로 현미경을 구성하여 배율을 향상시키는 방법을 보여 줄 것이다. 마지막으로 멀리 있는 물체의 상을 볼 수 있는 망원경을 고려할 것이다.

배율과 근점

배율(magnification)을 물체 크기에 대한 상 크기의 비율로 정의하였다. 하나 이상의 렌즈를 통해 확대된 상을 볼 때 배율은 육안 상의 각도 크기와 확대된 상의 각도 크기의 비율로 간주하는 것이 적절하다. 이를 **각배율**(angular magnification)이라고 하며, m으로 표시한다.

작은 각인 경우 $\theta_0 \approx \tan\theta_0 = h_0/d_0$

h_0

θ_0

d_0

(a)

동전을 가까이 가져가면 d_0가 감소하고 θ_0가 증가한다.

h_0

θ_0

d_0

(b)

그림 21.33 서로 다른 거리에서 작은 물체를 볼 경우 각 크기가 달라진다.

동전을 팔 길이만큼 잡고 천천히 가까이 가져가는 상황을 생각하자. 동전이 눈에 가까워지면 시야에서 동전이 커지므로 더 큰 각도로 기울어진다(그림 21.33). 거리 d_o에서 본 크기 h_o의 물체의 경우 각 θ_o는 $\tan\theta_o = h_o/d_o$로 주어진다. 작은 물체의 경우 각 θ_o는 작으며, $\theta_o \approx \tan\theta_o$로 근사되고 이때 θ_o는 라디안이다. 따라서 $\theta_o = h_o/d_o$로 근사할 수 있다.

동전을 눈 가까이로 이동하면 d_o는 감소하고 h_o는 일정하게 유지된다. 따라서 각 θ_o가 증가하고 동전의 각도가 커진다. 하지만 동전을 너무 가까이 가져오면 눈이 동전에 초점을 맞출 수 없다. 동전의 각도는 계속 커지지만 동전을 명확하게 볼 수 없기 때문에 도움이 되지 않는다. 따라서 d_o가 눈이 초점을 맞출 수 있는 가장 가까운 지점에 도달할 때 θ_o을 측정한다. 이를 **근점**(near point, N)이라 한다. $N = d_o$에서 가장 큰 각도 크기는 $\theta_o = h_o/N$이다. 젊은 성인의 일반적인 근점은 약 25 cm이며, 이 거리는 나이가 들고 눈의 수정체(렌즈)가 덜 유연해짐에 따라 길어지는 경향이 있다(21.6절에서 인간의 시력에 대해 논의할 것이다). $h_o = 1.9$ cm인 동전의 경우, 근점 $N = 25$ cm에서 최대 각도 크기가 주어진다.

$$\theta_o = \frac{h_o}{N} = \frac{1.9 \text{ cm}}{25 \text{ cm}} = 0.076 \text{ rad} \approx 4.4°$$

단일 렌즈 배율

21.4절에서는 물체가 초점 거리보다 렌즈에 가까울 경우 볼록 렌즈가 돋보기 역할을 하는 것으로 나타났다(그림 21.34a). 그림 21.34b는 사이각 θ, 물체 높이, 물체 거리의 관계를 보여 준다.

$$\theta \approx \tan\theta = \frac{h_i}{d_i} = \frac{h_o}{d_o}$$

▶ **TIP** 관계식 $\theta \approx \tan\theta$는 θ가 라디안일 때만 성립하며, 여기서 $\theta \ll 1$이다.

따라서 각배율 m은 육안 각도 θ_o에 대한 확대 각도 θ의 비율로 다음과 같이 나타낸다.

$$m = \frac{\theta}{\theta_o} = \frac{h_o/d_o}{h_o/N} = \frac{N}{d_o}$$

얇은 렌즈 방정식으로부터 다음이 성립한다.

$$\frac{1}{d_o} = \frac{1}{f} - \frac{1}{d_i}$$

따라서 이를 $1/d_o$에 대입하면 각배율은 다음과 같다.

$$m = N\left(\frac{1}{f} - \frac{1}{d_i}\right) \quad \text{(단일 렌즈 각배율, SI 단위: 무차원)} \tag{21.9}$$

상을 보려면 상이 근점과 무한대 사이에 있어야 한다. 근점($d_i = -N$)에 있을 때, 다음이 성립한다.

$$m = 1 + \frac{N}{f} \quad \text{(최대 배율)}$$

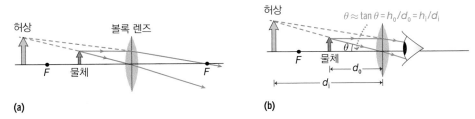

그림 21.34 단일 렌즈에 의한 배율

상이 무한대에 있을 때($d_i = -\infty$), $1/d_i = 0$이고 다음을 만족한다.

$$m = \frac{N}{f} \quad \text{(최소 배율)}$$

실제로 배율은 돋보기를 들고 상을 보기 편한 곳에 따라 이 두 극단 사이 어딘가에 위치한다. 식 21.9는 배율을 높이려면 초점 거리가 더 짧은 렌즈를 사용해야 한다는 것을 알려 준다. 예를 들어, $f = 3.0$ cm의 돋보기를 사용하여 벼룩을 본다고 가정하자. 근점이 $N = 25$ cm인 경우 최대 배율은 다음과 같다.

$$m = 1 + \frac{N}{f} = 1 + \frac{25\,\text{cm}}{3.0\,\text{cm}} = 9.3$$

벼룩의 겉보기 크기를 거의 10배까지 늘릴 수 있다.

복합 현미경

근점 거리 N과 돋보기의 초점 거리 f는 단일 렌즈로 달성할 수 있는 배율을 제한한다. **복합 현미경**(compound microscope)은 볼록 렌즈 2개로 이 한계를 극복한다. 첫 번째 **대물렌즈**(objective lens)는 물체의 실상을 형성한다. 이 중간 실상은 두 번째 렌즈인 **접안렌즈**(eyepiece)를 통해 볼 수 있다. 접안렌즈로 들여다보면 그림 21.35와 같이 대물렌즈에 의해 형성된 실상의 허상을 볼 수 있다.

실상을 크게 확대하려면 물체를 대물렌즈의 초점($d_o \approx f_o$) 바로 너머에 배치해야 한다. 따라서 접안렌즈의 물체 역할을 하는 중간 상이 접안렌즈의 초점 거리 바로 안에 있어야 하고, 접안렌즈의 배율을 최대화할 수 있다. 중간 상이 접안렌즈의 초점 근처에 있다는 사실은 현미경의 전체 배율에 대한 근사식을 구하는 데 사용할 수 있다. 중간 상은 식 21.7 $M_o = -d_i/d_o$에 주어진 배율 M_o를 갖는 실상이다. 그러나 접안렌즈의 초점 거리 바로 안쪽에 중간 상이 있으며 $d_o \approx L - f_e$이다. 여기서 L은 렌즈 사이의 거리이다. 따라서 배율 M_o는 다음 식과 같다.

$$M_o = -\frac{d_i}{d_o} \approx -\frac{L - f_e}{f_o}$$

그러면 접안렌즈는 돋보기 역할을 하므로 식 21.9에 따라 $d_i \approx \infty$, $m_e = N/f_e$이다. 전체 배율은 두 연속 배율의 곱으로 정의되고, 다음과 같이 나타낸다.

$$M = M_o m_e = -\left(\frac{L - f_e}{f_o}\right)\left(\frac{N}{f_e}\right)$$

따라서 다음을 만족한다.

$$M = -\frac{N(L - f_e)}{f_o f_e} \quad \text{(복합 현미경, SI 단위: 무차원)} \qquad (21.10)$$

식 21.10은 근사식이지만 분모의 곱 $f_o f_e$는 배율이 높은 현미경에는 초점 거리가 짧은 렌즈를 사용해야 함을 알 수 있다. 또한, 식 21.10의 음의 부호는 상이 물체에

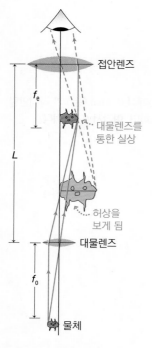

그림 21.35 복합 현미경

(그림 속 레이블)
접안렌즈
f_e
대물렌즈를 통한 실상
L
허상을 보게 됨
대물렌즈
f_o
물체

대해 도립됨을 보여 준다. 실제 물체 크기에 대한 상의 크기의 비율이기 때문에 식 21.10에서 M을 사용한다.

예제 21.9　복합 현미경 설계

현미경의 대물렌즈와 접안렌즈의 초점 거리가 각각 3.0 cm와 1.0 cm이다. 100배의 배율을 가지려면 렌즈를 얼마나 멀리 떨어져 장착해야 하는가? (근점 거리는 25 cm로 가정한다.)

구성과 계획 식 21.10은 복합 현미경의 배율을 제공한다.

$$M = -\frac{N(L - f_e)}{f_o f_e}$$

렌즈 사이의 거리인 L을 제외한 모든 양을 알고 있으므로 L에 대해 풀면 된다. 복합 현미경의 배율은 음수이므로 $M = -100$이다.

알려진 값: $f_o = 3.0$ cm, $f_e = 1.0$ cm, $M = -100$, $N = 25$ cm

풀이 L에 대한 배율 식을 풀면 다음을 얻는다.

$$L = -\frac{f_o f_e M}{N} + f_e = -\frac{(3.0 \text{ cm})(1.0 \text{ cm})(-100)}{25 \text{ cm}} + 1 \text{ cm} = 13 \text{ cm}$$

반영 $L = 13$ cm는 탁상용 현미경에 적합한 간격이다. 3 cm 렌즈를 단일 현미경으로 사용할 경우 본문에 표시된 9.3보다 10배 이상 높다는 것을 알 수 있다. 복합 현미경은 훨씬 더 큰 배율을 갖는다.

....

연결하기 동일한 간격 L을 가정할 때 대물렌즈를 초점 거리가 2 cm인 렌즈로 교체하면 배율이 얼마나 향상되는가?

답 배율은 $M = -150$이 된다. 일반적으로 현미경에는 사용자가 선택한 배율을 제공하기 위해 초점 거리가 다른 여러 대물렌즈가 있다.

굴절 망원경

굴절 망원경(refraction telescope)은 렌즈를 사용하여 멀리 있는 물체를 상으로 본다. 이 개념은 현미경과 동일하다. 대물렌즈를 사용하여 중간 상을 만들고 접안렌즈를 사용하여 중간 상을 확대하여 허상을 만든다. 그림 21.36은 굴절 망원경의 광선 추적 도표를 보여 준다. 현미경과 동일한 표기법을 사용하여 배율에 대한 근사식을 구할 것이며, θ_0는 육안으로 보는 물체의 각도 크기이고 θ는 망원경을 통해 보는 각도이다.

　먼 물체에서 나오는 광선은 거의 평행하므로 중간 상은 기본적으로 대물렌즈의 초점에서 형성된다. 현미경에서와 마찬가지로 최대 배율을 위해 접안렌즈의 초점 근처에 있는 중간 상을 원한다. 이렇게 하면 그림 21.36과 같이 두 초점이 거의 일치하게 된다. 이 그림은 각도 θ_0와 θ를 나타낸다. 이들은 작기 때문에 각도 자체로 접선을 근사할 수 있다. 따라서 $\theta_0 \approx h_1/f_o$, $\theta \approx h_1/f_e$이다. 여기서 h_1은 중간 상의 높이이다. 이 높이는 두 각도에 대한 표현식에서 공통이므로 각배율은 다음과 같이 근사된다.

$$m = -\frac{f_o}{f_e} \quad \text{(망원경 배율, SI 단위: 무차원)} \tag{21.11}$$

　식 21.11은 최대 배율을 제공하려면 접안렌즈의 초점 거리가 대물렌즈의 초점 거리보다 훨씬 작아야 함을 보여 준다. 다시 말해, 음의 부호는 최종 상이 도립된다는 것을 의미한다. 현미경과 달리 망원경의 확대 배율은 물체의 각도 범위가 증가하는

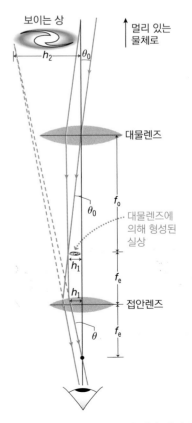

그림 21.36 굴절 망원경에 대한 광선 추적 도표

각배율(m)이다. 망원경은 확실히 배나 은하의 실제 크기를 확대시키지 않는다! 그림 21.36의 설계는 요하네스 케플러(Johannes Kepler)의 이름을 딴 **케플러 망원경**(Keplerian telescope)이다(9장의 케플러의 행성 운동 법칙을 기억하여라). **갈릴레이 망원경**(Galilean telescope)은 오목(발산) 렌즈를 접안렌즈로 사용한다. 이렇게 하면 상이 다시 도립되어 최종 상이 정립된다. 굴절 망원경은 해상용 소형 망원경이나 카메라 렌즈와 같은 응용 분야에서 지상파 시청에 사용된다. 하지만 앞으로 알게 될 이유 때문에 현대 천문학에서는 거의 사용하지 않는다.

반사 망원경

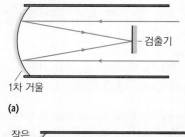

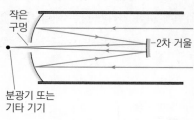

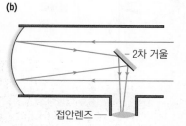

그림 21.37 반사 망원경

천체 망원경의 가장 중요한 특징은 집광하는 빛의 양인데, 이는 집광 요소의 면적에 달려 있다. 대형 렌즈는 빛을 차단하지 않도록 가장자리에서 가공해야 하기 때문에 제조가 어렵고 설치하기도 어렵다. 뒤에서 지지하는 대형 거울을 만드는 것이 훨씬 쉽다. 이러한 이유로 오늘날 천문학자들은 집광 요소가 거울인 **반사 망원경**(reflecting telescope)을 사용한다. 지금까지 만들어진 가장 큰 굴절 망원경은 지름 1 m의 렌즈를 사용했지만 오늘날 가장 큰 반사경은 10 m를 초과하여 가장 큰 굴절기의 100배가 넘는 집광 능력을 가지고 있다. 거울의 표면 전체가 빛의 파장 범위 내에서 설계된 모양과 일치해야 하기 때문에 이러한 거울을 제작하기 위해선 놀라운 정밀도가 요구된다.

욕실 거울과 달리 망원경 거울은 앞면이 은색이므로 빛이 유리를 통과하지 않아 색 수차가 발생하지 않는다. 또한, 포물면 거울의 경우 망원경 거울에는 구면 수차도 없다. 가장 자연스러운 상은 거울의 초점에 바로 배치된 감지기를 사용하므로(그림 21.37a) 빛은 1차 거울과만 만나게 된다. 다른 장치는 2차 거울과 종종 광섬유를 사용하여 분광기나 다른 도구들로 빛을 전달하거나(그림 21.37b) 소형 아마추어 망원경의 경우 접안렌즈로 빛을 전달한다(그림 21.37c). 가장 큰 망원경들은 거울을 분할하여(그림 21.38) 이 거울들의 개별 부분을 초점을 최적화하기 위해 조정하고 재구성할 수 있다. 이른바 적응형 광학 기술은 지구 대기의 다양한 왜곡을 보정하기 위해 실시간으로 이 작업을 수행한다.

대기 왜곡을 제거하는 또 다른 방법은 우주 기반 망원경을 사용하는 것이다. 지름 2.4 m의 허블 우주 망원경은 지상 기준으로는 크지 않지만 그럼에도 멋진 상을 만들었다. 이는 주요 거울에 심각한 수차가 있는 제조상의 오류에도 불구하고 우주 비행사가 추가 보정 광학 장치를 설치하여 오류를 수정한 결과이다. 허블은 1990년에 발사되어 계획된 수명을 훨씬 넘긴 2020년에도 여전히 작동하고 있다. 허블의 후속 우주선인 제임스 웹 우주 망원경(JWST)은 2021년에 발사되었다. 이것의 거울은 유효 지름이 6.5 m인 18개의 부분으로 구성되며, 파장 범위가 0.6~26 μm인 JWST는 적외선 관측에 최적화되어 있어 강하게 적색 편이된 천체를 관측할 수 있다(20.5절 참조). 지구와 태양 중력의 중첩으로 인해 궤도 주기가 정확히 1년인 지구에서 태양 쪽

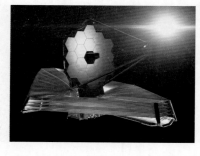

그림 21.38 2020년대 초 완공 예정인 제임스 웹 우주 망원경에 대한 예술가의 구상도. 18개의 망원경 부분을 결합하여 직경 6.5 m의 단일 거울과 동등한 해상도를 형성한다.

으로 150만 킬로미터 떨어진 태양 궤도에 배치될 예정이다.

> **▶ 새로운 개념 검토**
>
> ■ 빛은 굴절률이 다른 매질에 들어가면 굴절된다.
> ■ 렌즈는 굴절의 특성을 이용하여 실상 및 허상을 형성한다.
> ■ 렌즈의 조합은 현미경과 굴절 망원경에서 가까운 물체와 먼 물체를 확대하는 데 사용된다.
> ■ 현미경이나 굴절 망원경에서 대물렌즈는 중간 실상을 형성하고, 접안렌즈는 중간 상의 허상을 보는 데 사용한다.

확인 21.5절 케플러 망원경은 달을 8배로 확대한 상을 제공한다. 물체의 초점 거리가 16cm일 때, 접안렌즈의 초점 거리는 얼마인가?

(a) 32 cm   (b) 8 cm   (c) 4 cm   (d) 2 cm

21.6 눈과 시력

이번에는 가장 주목할 만한 광학 기기인 인간의 눈을 살펴본다. 먼저 기본적인 시력 기능을 설명하는 눈의 해부학과 광학에 대해 설명할 것이다. 그다음 근시, 원시, 난시 등 일반적인 시력 장애와 교정 렌즈로 시력을 회복하는 방법에 대해 논의한다.

눈의 해부학과 광학

그림 21.39a는 눈의 해부학적 구조를 보여 준다. 들어오는 빛은 **홍채**(iris)에 있는 개구인 **동공**(pupil)을 통과한다. 홍채는 변화하는 빛의 조건에 따라 동공의 크기를 조절하여 밝아지면 동공이 좁아진다. 빛은 **각막**(cornea)과 **수정체**(lens)에서 굴절되어 빛을 모아 **망막**(retina)에 실상을 맺는다(그림 21.40). 망막 수용체 세포인 **막대**(rods)세포와 **원뿔**(cones)세포(그림 21.39b)가 상을 감지하고 **시신경**(optic nerve)을 통해 뇌로 정보를 보낸다.

선명한 상을 보려면 눈은 보고 있는 모든 것으로부터 망막에 직접 빛을 집중시켜야 한다. 얇은 렌즈 방정식을 적용하면 다음이 성립한다.

$$\frac{1}{f} = \frac{1}{d_o} + \frac{1}{d_i}$$

이는 도전 과제를 제시하는데, 넓은 범위의 물체 거리 d_o에서 선명하게 보기를 원하기 때문이다. 수정체와 망막 사이의 거리 d_i는 고정되어 있기 때문에 눈은 다른 물체 거리를 보상하기 위해 초점 거리를 조절해야 한다. 이러한 조절을 **적응**(accommodation)이라고 하며, 유연한 수정체를 둘러싸고 있는 **연골 근육**(ciliary muscle)의 수축

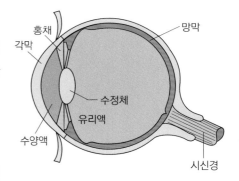

(a)

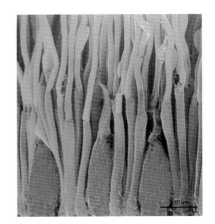

(b)

그림 21.39 (a) 인간 눈의 해부학 (b) 망막 막대세포와 원뿔세포를 보여 주는 주사 전자 현미경 사진

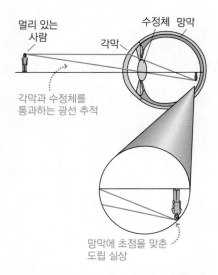

그림 21.40 각막과 수정체에서 굴절이 생기고, 망막에 상이 맺힌다.

과 이완을 통해 이루어진다. 멀리 있는 물체를 볼 때, 근육은 이완되어 수정체가 상대적으로 평평해지고 초점 거리는 상대적으로 길어진다. 가까운 물체를 볼 때는 초점 거리가 짧아야 하므로 연골 근육이 수축하여 수정체가 볼록해진다. 21.5절에서 눈이 선명한 상을 형성할 수 있는 최단 물체 거리인 근점을 소개하였다. 근점은 눈이 얼마나 짧은 초점 거리를 만들 수 있는지에 달려 있다. 나이가 들수록 수정체의 유연성은 떨어진다. 더 이상 초점 거리를 짧게 맞출 수 없게 되어 근점 거리가 증가한다. 이 상태를 **노안**(presbyopia)이라고 한다.

근시

눈의 다른 극단에는 망막에 선명한 상이 맺힐 수 있는 가장 먼 거리인 **원점**(far point)이 있다. 건강한 눈에서 원점은 본질적으로 무한대에 있다. 멀리 있는 건물과 산, 심지어 달의 디테일까지도 볼 수 있다. 멀리 있는 물체에 대한 시야는 그 크기에 의해서만 제한된다.

그러나 눈 자체가 너무 길면* 멀리 있는 물체의 상이 망막 앞에 맺힌다(그림 21.41a). 원점이 더 이상 무한대에 있지 않고 원점보다 먼 물체는 초점이 맞지 않는 것처럼 보인다. 이 일반적인 상태를 **근시**(myopia 또는 nearsightedness)라고 한다. 근시는 그림 21.41b와 같이 안경이나 콘택트 렌즈로 교정할 수 있다. 발산(오목) 렌즈를 사용하여 눈에 들어오기 전에 약간의 발산을 일으킨다. 이러한 발산과 수렴의 순 효과는 상을 망막에 바로 맺게 하여 선명한 시력으로 회복시키는 것이다.

원시

근시의 반대는 **원시**(hyperopia 또는 farsightedness)이다. 이 경우 눈이 너무 짧아 가까운 물체의 상이 망막 뒤에 초점을 맞출 것이다(그림 21.42a). 그림 21.42b와 같이

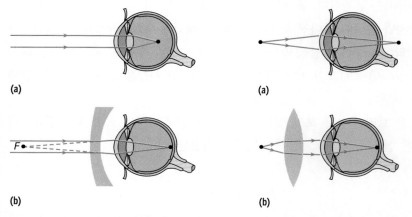

그림 21.41 (a) 근시인 경우 망막 앞에 상이 맺힌다. (b) 근시를 교정하려면 초점 F가 있는 발산 렌즈가 필요하다.

그림 21.42 원시인 경우 망막 뒤에 상이 맺힌다. (b) 원시를 교정하려면 수렴 렌즈가 필요하다.

---

* 안구의 전후 길이(안축장)가 길어진다는 뜻이다. 안구가 얇아지지 않으면 멀리 볼 수 없다.

안경이나 콘택트 렌즈에서 수렴 렌즈를 사용하면 이 문제가 해결된다. 또한, 수렴 렌즈는 노안이 있는 사람이 가까운 곳을 볼 수 있도록 도와주며, 눈의 근점을 효과적으로 줄여 준다.

굴절력(도수)과 렌즈 제작자 방정식

검안사와 안과 의사는 환자의 근시나 원시 정도를 교정하기 위해 특정한 초점 거리를 가진 안경이나 콘택트 렌즈를 처방한다. 그러나 실제 초점 거리를 교정하는 대신 다음과 같이 정의되는 **굴절력(도수)**(refractive power)을 사용하는 것이 일반적이다.

$$P_{\text{refractive}} = \frac{1}{f}$$

굴절력의 단위는 **디옵터**(diopter)이며, 1디옵터 $= m^{-1}$이다. 따라서 초점 거리가 25 cm인 수렴 렌즈의 굴절력은 다음과 같다.

$$P_{\text{refractive}} = \frac{1}{f} = \frac{1}{0.25\,\text{m}} = 4.0\,\text{m}^{-1} = 4.0\ \text{디옵터}$$

근시를 교정하는 데 사용되는 발산 렌즈는 초점 거리가 음수이므로 굴절력은 음이다. 따라서 초점 거리가 $f = -25$ cm인 렌즈의 굴절력은 −4디옵터이다.

예제 20.10 안경 도수

검안사가 근시 환자의 원점이 눈에서 44 cm밖에 떨어져 있지 않다고 판단한다. 안경이 눈에서 2.0 cm 떨어져 있다고 가정하여 이 문제를 교정하는 데 필요한 안경 렌즈의 굴절력(도수)을 구하여라.

구성과 계획 근시는 먼 곳에 있는 물체의 허상을 형성하는 보정 렌즈가 필요하다. 이 환자의 경우 원점은 눈에서 44 cm, 즉 렌즈에서 42 cm 떨어져 있다. 렌즈의 초점 거리, 물체 거리, 상 거리의 관계는 얇은 렌즈 방정식이다.

$$\frac{1}{f} = \frac{1}{d_o} + \frac{1}{d_i}$$

d_o와 d_i로 초점 거리 f를 구한 다음, 굴절력 $P_{\text{refraction}} = 1/f$을 사용하여 굴절률을 결정할 수 있다.

알려진 값: $d_o = \infty$(먼 곳의 물체), $d_i = -42$ cm(허상이므로 음수)

풀이 초점 거리에 대해 풀면 다음과 같다.

$$\frac{1}{f} = \frac{1}{d_o} + \frac{1}{d_i} = \frac{1}{\infty} + \frac{1}{-42\,\text{cm}} = -\frac{1}{42\,\text{cm}}$$

따라서 $f = -42$ cm이다. 굴절력은 다음과 같다.

$$P_{\text{refractive}} = \frac{1}{f} = \frac{1}{-0.42\,\text{m}} = -2.4\ \text{디옵터}$$

반영 이것은 적당히 근시인 환자에게 적합한 처방이다. 더 심한 근시 환자는 원점 거리가 짧고 그에 따라 더 큰 디옵터 보정 렌즈가 필요하다.

....

연결하기 콘택트 렌즈 상자에는 렌즈의 굴절력이 찍혀 있다. 여러분은 근시이고 룸메이트는 원시이다. 콘택트 렌즈를 혼동했는데 한 상자에는 −3.5, 다른 상자에는 +2.0이라고 적혀 있다. 어느 렌즈가 여러분의 것이고, 누가 더 심각한 시력 결함을 가지고 있는가?

답 발산 렌즈(음의 굴절력)는 근시를 교정하므로 여러분의 렌즈는 −3.5디옵터 렌즈이어야 한다. 디옵터 측정값의 크기가 더 크기 때문에 더 강한 도수를 처방 받게 된다.

예제 21.11 | **콘택트 렌즈**

예제 21.10의 근시 환자의 경우 콘택트 렌즈 처방이 어떻게 변경되는가?

풀이 다른 점은 안경과 눈 사이의 2.0 cm 간격이 사라졌다는 것이다. 그러면 상 거리는 $d = -44$ cm, 콘택트 렌즈 초점 거리는 -44 cm로 바뀐다. 즉, 굴절력은 다음과 같다.

$$P_{\text{refraction}} = \frac{1}{f} = \frac{1}{-0.44 \text{ m}} = -2.3 \text{ 디옵터}$$

반영 큰 차이가 없다. 대부분의 콘택트 렌즈는 0.25디옵터 단위로 제공되므로 -2.25디옵터 렌즈가 적합하다.

렌즈의 초점 거리는 렌즈 모양과 굴절률 n에 따라 다르다. 주어진 렌즈 모양에서 굴절률이 높을수록 수렴 렌즈와 발산 렌즈 모두 큰 굴절률을 의미한다. 구면 렌즈(그림 21.43)의 경우 안경사는 렌즈 제작자 방정식을 사용하여 적절한 곡률을 결정한다.

$$P_{\text{refractive}} = \frac{1}{f} = (n-1)\left(\frac{1}{R_1} - \frac{1}{R_2}\right) \quad \text{(렌즈 제작자 방정식,} \atop \text{SI 단위: m}^{-1}\,[= \text{디옵터}]\text{)} \tag{21.12}$$

얇은 렌즈 방정식과 마찬가지로 곡률 반경 R_1과 R_2에 대한 부호 규칙을 준수하는 것이 중요하다.

곡률 반경에 대한 부호 규칙: 곡률 반경은 곡률 C의 곡률 중심이 입사광의 측면에 있을 때 음($-$)이고 반대 측면에 있을 때 양($+$)이다.

렌즈 제작자 방정식은 렌즈의 각 면의 곡률 반경이 동일할 필요가 없다는 것을 보여준다. 이 방정식은 한 면이 평평한 경우에도 해당 반지름을 무한대로 간주하여 작동한다.

예를 들어, 그림 21.43과 같이 양면이 볼록하고 각 면의 곡률 반경이 0.50 m인 일반 유리 렌즈($n = 1.52$)를 생각해 보자. 그러면 부호 규칙에 의해 $R_1 = 0.50$ m, $R_2 = -0.50$ m이다. 렌즈의 초점 거리는 다음과 같다.

$$\frac{1}{f} = (n-1)\left(\frac{1}{R_1} - \frac{1}{R_2}\right) = (1.52-1)\left(\frac{1}{0.50 \text{ m}} - \frac{1}{-0.50 \text{ m}}\right) = 2.08 \text{ m}^{-1} = 2.08 \text{디옵터}$$

그러면 초점 거리는 $f = 1/P_{\text{refractive}} = 0.48$ m이다.

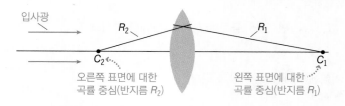

그림 21.43 렌즈 제작 방정식에 사용되는 기하학

　　볼록 렌즈의 경우 초점 거리와 굴절력은 양(+)으로 나온다. 곡률 반경이 동일한 오목 렌즈는 부호 규칙에 따라 두 반지름의 부호가 반대가 되므로 $P_{\text{refractive}} = -2.08$디옵터가 된다.

난시

난시는 수정체가 대칭이 아닐 때 발생한다. 예를 들어, 축구공처럼 긴 모양으로 변형된 농구공을 생각해 보자. 이는 서로 다른 지점에서 렌즈에 들어오는 광선의 초점 거리가 달라져 시야가 흐려진다는 것을 의미한다. 난시 교정 렌즈는 구형이 아닌 원통형이다. 많은 사람이 근시와 난시를 함께 가지고 있는데, 이 경우 구면이 아닌 음의 교정 렌즈가 필요하다.

굴절 눈 수술

이 장의 시작에 있는 사진과 같이 레이저로 각막의 모양을 바꾸어 근시를 교정할 수 있다. 현재 사용되는 기술은 **라식**(Laser Assisted In Situ Keratomileusis, LASIK)으로, 각막의 외부 층을 자르고 옆으로 넘긴 다음 레이저로 각막 아래 조직을 절삭하고 모양을 바꾼다. 라식은 원시에도 사용되지만 각막의 바깥쪽 가장자리의 두께를 줄여야 하기 때문에 더 어렵다.

21장 요약

반사와 평면 거울

(21.1절) 기하 광학은 빛이 일반적으로 **광선**이라고 부르는 직선으로 이동하는 근사이다. **난반사**는 거친 표면에 부딪힌 광선이 다른 여러 방향으로 반사될 때 발생한다. 거울처럼 매끄러운 표면을 비추는 광선은 **정반사**를 나타낸다. 빛은 항상 입사각과 동일한 각도로 반사된다.

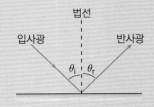

반사의 법칙: $\theta_i = \theta_r$

구면 거울

(21.2절) 광선 추적은 거울과 렌즈에 의해 형성된 상을 구한다. 평면 거울은 **허상**을 만든다. 구면 거울은 **오목**하거나 **볼록**할 수 있다. **오목 거울**은 물체 거리와 초점 거리에 따라 실상 또는 허상을 형성한다. **볼록 거울**은 항상 거울의 반대편에 허상을 형성한다.

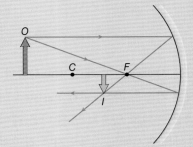

거울 방정식: $\dfrac{1}{f} = \dfrac{1}{d_o} + \dfrac{1}{d_i}$　　**거울 배율:** $M = \dfrac{h_i}{h_o} = -\dfrac{d_i}{d_o}$

굴절과 분산

(21.3절) 빛은 한 매질에서 다른 매질로 통과할 때 **굴절**되며 **굴절률**이 높은 매질에서 느리게 진행된다. **스넬의 법칙**은 굴절률을 정량적으로 설명한다. 입사각이 임계각보다 클 경우 굴절률이 낮은 매질에서 전파되는 빛이 굴절률이 높은 매질에 입사할 때 **내부 전반사**가 발생한다. 백색광이 프리즘을 통과할 때와 마찬가지로 **분산**은 굴절률이 다른 파장의 빛으로 인해 발생한다.

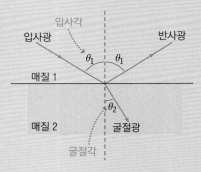

굴절률: $n = \dfrac{c}{v}$

스넬의 법칙: $n_1 \sin\theta_1 = n_2 \sin\theta_2$　　**임계각:** $\theta_c = \sin^{-1}\left(\dfrac{n_1}{n_2}\right)$

얇은 렌즈

(21.4절) 볼록(수렴) 렌즈는 물체의 거리와 초점 거리에 따라 실상 또는 허상을 형성한다. 볼록 렌즈에 부딪히는 평행 광선은 초점을 통과한다. **오목(발산) 렌즈**의 경우 평행 광선은 반대쪽 초점에서 발산하므로 오목 렌즈는 항상 허상을 형성한다.

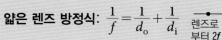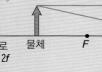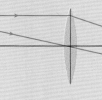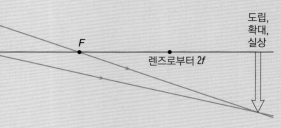

얇은 렌즈 방정식: $\dfrac{1}{f} = \dfrac{1}{d_o} + \dfrac{1}{d_i}$

렌즈 배율: $M = -\dfrac{d_i}{d_o}$

현미경과 망원경

(21.5절) 단일 렌즈 돋보기는 볼록 렌즈를 이용하여 허상을 형성한다. **복합 현미경** 및 **굴절 망원경**은 쌍을 이루는 렌즈(대물렌즈와 접안렌즈)를 이용하는 것을 특징으로 하며, 대물렌즈는 중간 실상을 형성하고 접안렌즈는 중간 상의 허상을 형성한다. **반사 망원경**은 대물렌즈를 포물면 거울로 대체하여 훨씬 더 큰 빛의 집광력을 허용하고 수차를 제거한다.

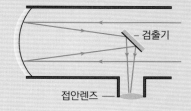

단일 렌즈 배율(각배율): $m = N\left(\dfrac{1}{f} - \dfrac{1}{d_i}\right)$

복합 현미경 배율: $M = -\dfrac{N(L - f_e)}{f_o f_e}$

망원경 배율(각배율): $m = -\dfrac{f_o}{f_e}$

눈과 시력

(21.6절) 눈으로 들어가는 입사광이 **동공**을 통과하여 **각막**과 **수정체**에 의해 굴절되고, 수정체는 **망막**에 실상을 형성하는 수렴렌즈와 같은 역할을 한다. 일반적인 굴절 장애로 **근시**, **원시**, **난시**가 있다.

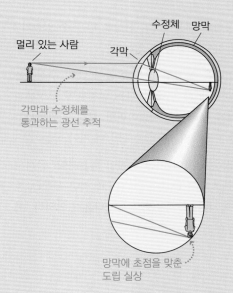

굴절력(도수): $P_{refractive} = \dfrac{1}{f}$

렌즈 제작자 방정식: $P_{refractive} = \dfrac{1}{f} = (n-1)\left(\dfrac{1}{R_1} - \dfrac{1}{R_2}\right)$

21장 연습문제

문제의 난이도는 •(하), ••(중), •••(상)으로 분류한다. BIO로 표시된 문제는 생물학적 또는 의학적인 문제이다.

개념 문제

1. 정반사와 난반사의 차이를 설명하여라.

2. 단일 평면 거울이 실상을 만들 수 있는가?

3. 파란색 벽에 파란색 빛을 비추면 어떻게 보이는가? 또 빨간색 빛을 비추면 어떻게 보이는가?

4. 구면 오목 거울의 표면을 나타내기 위해 원호를 주의 깊게 그려라. 입사 광선이 주축에 평행한 광선 추적 도표를 그리면 구면 수차는 주축에 가까운 광선에서는 문제가 되지 않지만 입사 광선이 축에서 멀어질수록 문제가 된다는 것을 보여라.

5. 2차 무지개의 색의 순서가 1차 무지개와 반대인 이유는 무엇인가?

6. 볼록 렌즈를 사용하면 배율이 1인 허상을 얻을 수 있는가? 배율이 1 미만인 허상을 얻을 수 있는가?

7. **BIO 동물의 눈** 인간을 포함한 많은 동물의 눈의 수정체는 구면 수차를 보정하는 데 도움이 되는 굴절률이 수정체의 중심과 가장자리에 따라 다르다. 이러한 보정을 위해서는 굴절률이 중심과 가장자리 중 어느 쪽이 더 커야 하는가?

8. 40세 이후에는 많은 사람이 이중 초점이 필요하다. 근시의 경우 이중 초점 렌즈의 주요 부분은 음이고, 작은 부분(보통 하단 근처)도 음이지만 주 렌즈보다 1~2디옵터 약하다. 이 설계의 목적은 무엇인가?

객관식 문제

9. 초점 거리가 50 cm인 오목 거울 앞 60 cm 위치에 물체가 놓여 있다. 상의 배율은 얼마인가?
   (a) 3.5   (b) 4.25   (c) 5.6   (d) 6.0

10. 확대된 허상을 비추는 손거울이 있다. 거울을 30 cm 떨어진 곳에서 잡았을 때 얼굴이 두 배로 보이게 하려면 거울의 초점 거리는 얼마여야 하는가?
    (a) 20 cm   (b) 40 cm   (c) 60 cm   (d) 80 cm

11. 공기 중에 전파되는 빛이 호수의 표면을 비춘다. 반사된 광선은 법선과 70° 각도를 이룬다. 물속에서 굴절된 광선이 법선과 이루는 각도는 얼마인가?
    (a) 40°   (b) 45°   (c) 50°   (d) 54°

12. 초점 거리가 18 cm인 볼록 렌즈에서 30 cm 떨어진 곳에 전구가 있을 때, 형성되는 확대된 상의 배율은 얼마인가?
    (a) 0.67   (b) 1.0   (c) 1.5   (d) 1.7

13. 망원경의 대물렌즈와 접안렌즈의 초점 거리가 각각 100 cm와 4.0 cm이다. 망원경이 형성하는 상의 각배율은 얼마인가?
    (a) 50   (b) 25   (c) 10   (d) 5

연습문제

21.1 반사와 평면 거울

14. •• 한 사람이 평면 거울에서 3.5 m 떨어진 곳에 서 있다. 이 사람의 상을 촬영하려면 카메라 렌즈의 초점을 어느 위치에 놓아야 하는가?

15. •• 수직 거울에서 2.0 m 떨어진 곳에 앉아 있는 개가 자신의 상이 다른 개라고 생각한다. 물음에 답하여라.
    (a) 개와 상 사이의 거리는 얼마인가?
    (b) 다른 개인지 확인하기 위해 개가 0.40 m/s의 속력으로 거울을 향해 직접 걸어간다. 개는 얼마의 속력으로 상에 접근하는가?

16. •• 그림 P21.16은 직각으로 붙여 놓은 두 거울을 나타낸다. 그림과 같이 빛이 한 거울에 30°로 입사된다. 물음에 답하여라.
    (a) 광선 추적 도표를 이어서 나타내고, 광선이 양쪽 거울을 거친 후 들어오는 광선과 평행함을 보여라.
    (b) 들어오는 광선과 나가는 광선 사이의 거리는 얼마인가?

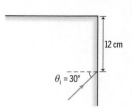

그림 P21.16

21.2 구면 거울

17. • 오목 거울의 초점 거리가 30 cm이다. 다음 위치에 상을 얻으려면 물체를 어디에 놓아야 하는가?

(a) 거울에서 50 cm 떨어진 곳

(b) 거울에서 1.0 m 떨어진 곳

18. •• 배율이 다음과 같을 때, 오목 거울에 형성된 물체 및 상을 포함한 광선 추적 도표를 그려라.

(a) $M = -1$　　　(b) $M = -0.5$

(c) $M = -3$　　　(d) $M = +1.5$

19. •• 거울에서 100 cm 떨어진 곳에 물체가 있고 거울 반대쪽 25 cm 높이에 있는 정립된 상이 있는 볼록 거울의 광선 추적도를 그려라.

20. • 초점 거리가 75.0 cm인 오목 거울의 앞에서 135 cm 떨어진 위치에 물체가 놓여 있다. 물음에 답하여라.

(a) 상이 있는 곳을 구하여라.

(b) 상은 실상인가, 허상인가?

(c) 배율은 얼마인가?

21. • 초점 거리가 28 cm인 오목 거울 앞에 작은 전구가 42 cm 앞에 있다. 전구의 상의 위치, 배율, 상 방향(도립 또는 정립)을 구하여라.

22. •• 오목 거울의 초점 거리가 50 cm이다. 이 거울이 물체보다 1.2배 큰 실상을 만들고자 한다. 물음에 답하여라.

(a) 물체를 어디에 두어야 하는가?

(b) 상의 위치를 광선 추적 도표로 그려라.

(c) 물체보다 1.2배 큰 허상을 만들려면 동일한 물체를 어디에 두어야 하는가?

23. ••• 지름 9.0 cm의 반사형 공을 보면 얼굴의 반 정도 크기가 보인다. 물음에 답하여라.

(a) 상은 정립인가, 도립인가?

(b) 상은 공의 중심을 기준으로 어디에 있는가?

(c) 얼굴은 공의 표면에서 얼마나 떨어져 있는가?

24. •• 구면 거울의 양면이 은빛으로 되어 있어 한쪽은 오목하고 다른 한쪽은 볼록하며, 한쪽에서 60 cm 거리에 있는 물체는 이 면에서 30 cm 거리에 실상이 형성된다. 물음에 답하여라.

(a) 곡률 반경을 구하여라.

(b) 동일한 물체를 거울 반대쪽에서 60 cm 떨어진 곳에 놓았을 때의 상에 대해 기술하여라.

21.3 굴절과 분산

25. • 표 21.2에서 빛이 가장 느리게 진행하는 물질은 어느 것인가? 이 물질의 속력은 얼마인가?

26. • 다음 물체에서 노란빛의 속력을 구하여라.

(a) 얼음　(b) 수정　(c) 에탄올　(d) 다이아몬드

27. •• 직사각형 유리 상자($n = 1.53$)가 물탱크 바닥에 잠겨 있다(그림 P21.27). 공기에서 빛이 물속으로 들어와 공기 중 법선과 20° 각도로 입사될 때, 다음을 구하여라.

(a) 물에서 법선과 빛이 이루는 각도

(b) 유리에서 법선과 빛이 이루는 각도

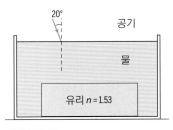

그림 P21.27

28. •• 겨울철 호수에 1.10 m의 물 위에 0.25 m 두께의 얼음 층이 있다. 위에서 오는 빛이 얼음 위의 한 지점에서 법선과 30° 각도로 비춘다. 이 지점에서 빛이 호수의 바닥을 비출 때 수평으로부터 거리는 얼마인가?

29. •• 허리 높이의 물 속에 서서 수면에서 0.52 m 위를 바라보고 있다. 물고기 한 마리가 수면 0.65 m 아래에서 헤엄치고 있으며, 물고기를 향한 시선은 수면과 45° 각도를 이루고 있다. 물고기는 관찰자로부터 (수평으로) 얼마나 멀리 있는가?

30. •• 다이아몬드에서 공기로 가는 빛의 임계각은 얼마인가? 이 값이 다이아몬드의 외관을 설명하는 데 어떤 도움이 되는가?

31. ••• 공기 중의 빛이 $n = 1.50$의 유리창에 부딪혀 법선에 대해 30° 각도를 이룬다. 물음에 답하여라.

(a) 빛은 유리의 법선과 얼마의 각도를 이루는가?

(b) 유리의 두께가 3.2 mm일 때, 유리에서 나오는 빛은 입사점에서 얼마나 떨어져 있는가?

21.4 얇은 렌즈

32. • 초점 거리가 50 cm인 볼록 렌즈의 경우, 렌즈로부터 다음 거리만큼 떨어진 물체에 대한 상 형성을 나타내는 광선 추적 도표를 그려라.

(a) 150 cm　(b) 80 cm　(c) 35 cm

33. • 볼록 렌즈의 경우 다음 배율의 경우에 대한 광선 추적 도 표를 그려라.

(a) $M = -0.5$ (b) $M = -1.0$ (c) $M = -2.0$

34. •• 25 cm 초점 길이의 볼록 렌즈를 사용하여 작은 전구를 상으로 만들려고 한다. 물음에 답하여라.

(a) 절반 크기의 실상을 얻으려면 전구를 어디에 두어야 하는가? 상은 어디에 있는가?

(b) 두 배 크기의 실상을 얻으려면 전구를 어디에 두어야 하는가? 상은 어디에 있는가?

35. •• 영사기가 하나의 렌즈를 사용하여 렌즈에서 6.0 m 떨어진 스크린에 실상을 투사한다. 영화 필름의 각 프레임의 높이는 3.0 cm이고 영상의 높이는 1.20 m이다. 물음에 답하여라.

(a) 렌즈는 오목해야 하는가, 볼록해야 하는가?

(b) 필름이 영사기에서 정립인가, 도립인가?

(c) 필름이 렌즈에서 얼마나 떨어져 있어야 하는가?

36. •• 4.0 mm 크기의 신문 활자를 읽기 위해 $f = +5.4$ cm의 볼록 렌즈를 사용하고 있다. 렌즈를 신문에서 다음 거리만큼 떨어진 곳에 잡으면 활자의 크기는 얼마나 커지는가?

(a) 1 cm (b) 3 cm (c) 5 cm

37. •• 곤충을 연구하기 위해 $f = 11.0$ cm의 볼록 렌즈를 사용하고 있다. 2.2배 확대된 정립상을 얻으려면 렌즈가 곤충으로부터 얼마나 멀리 떨어져 놓아야 하는가?

21.5 현미경과 망원경

38. • 초점 거리가 4.5 cm인 렌즈를 돋보기로 사용한다. 물음에 답하여라.

(a) 25 cm의 근점을 가진 사람의 최대 각배율은 얼마인가?

(b) $N = 75$ cm인 나이가 많은 사람의 최대 각배율은 얼마인가?

39. •• 근점이 25 cm인 사람이 0.85 mm 길이의 벼룩을 보고 있다. 물음에 답하여라.

(a) 근점에서 볼 때 벼룩의 각도는 얼마인가?

(b) 돋보기($f = 5.0$ cm)를 통해 보았을 때 상이 10배로 확대가 되는가?

40. •• 복합 현미경의 배율은 $M = -125$이고 대물렌즈의 초점 거리는 1.50 cm이다. 사용자가 30 cm의 근점을 가졌다면 접안렌즈의 초점 거리는 얼마인가?

41. •• 갈릴레이 망원경의 광선 추적 도표를 그려서 최종 상이 정립 상태임을 보여라.

42. ••• 다음 물음에 답하여라.

(a) 볼록 렌즈 2개를 사용하는 망원경의 길이가 렌즈의 초점 거리의 합과 거의 같아야 하는 이유를 설명하여라.

(b) 배율이 −40인 망원경에 렌즈 2개가 95 cm 간격으로 떨어져 있다. 두 렌즈의 초점 거리를 구하여라.

21.6 눈과 시력

43. •• 얇은 렌즈가 양쪽으로 볼록하고 곡률 반경이 한쪽은 40 cm, 다른 한쪽은 30 cm이다. 물음에 답하여라.

(a) 초점 거리를 구하여라.

(b) 어느 쪽으로 빛이 입사해도 답이 달라지지 않는 이유는 무엇인가?

44. •• 사람의 원점이 39 cm인 경우, 교정용 안경의 굴절력(도수)은 몇 디옵터여야 하는가? 안경이 눈에서 1.5 cm 떨어져 있다고 가정하자.

45. •• 데드우드(Deadwood) 교수는 책을 팔 길이(눈에서 65 cm)만큼 떨어진 위치에 잡고 선명하게 읽어야 한다. 이 거리를 더 편안한 30 cm로 줄일 수 있는 안경의 굴절력(도수)을 구하여라.

46. ••• **평면 볼록(plano-convex)** 렌즈는 한쪽이 평평하고 다른 한쪽이 볼록한 렌즈이다. 물음에 답하여라.

(a) 평면 볼록 렌즈의 굴절률 n과 볼록한 면의 곡률 반경 R에 대한 일반적인 표현식을 구하여라.

(b) $n = 1.65$인 경우, +5.0디옵터 렌즈에 필요한 곡률 반경을 구하여라.

21장 질문에 대한 정답

단원 시작 질문에 대한 답

레이저 수술은 각막의 굴절력을 변화시켜 눈의 망막에 상을 집중시키기 위해 각막의 모양을 바꾼다.

확인 질문에 대한 정답

21.2절 (c) 확대된 도립 실상

21.3절 (b) 법선으로부터 먼 쪽으로 휜다.

21.4절 (b) $2f > d_o > f$

21.5절 (d) 2 cm

파동 광학
Wave Optics

▲ 블루레이 디스크에 일반 DVD보다 5배 이상의 정보가 필요한 고화질 영화가 저장되는 이유를 빛의 파동 특성으로 어떻게 설명할 수 있는가?

학습 내용

✓ 보강 간섭과 상쇄 간섭 기술하기

✓ 마이켈슨 간섭계의 원리 설명하기

✓ 영의 이중 슬릿 실험을 기술하고 왜 그것이 빛의 파동성의 근거가 되는지 설명하기

✓ 회절이 발생하는 이유와 장애물의 크기 및 파장에 따라 회절 모양이 어떻게 변화하는지 설명하기

✓ 회절 격자가 빛을 구성하는 파장을 분리하는 원리 설명하기

✓ 회절이 어떻게 작거나 멀리 있는 물체를 이미지화하는 능력을 제한하는지 설명하기

✓ 편광에 대해 설명하고 빛이 2개 이상의 편광자를 통과할 때 어떤 일이 일어나는지 설명하기

✓ 대기 중의 빛의 산란 기술하기

빛이 파장과 비슷한 크기의 물체와 상호작용할 때, 더 이상 빛의 특성을 무시할 수 없다. 그렇다면 간섭과 회절 현상을 고려해야 한다. 여기에서는 간섭이 어떻게 매우 민감한 측정을 가능하게 하는지, 회절이 어떻게 파장으로 빛을 분리할 수 있는지 볼 것이다. 동시에 회절이 어떻게 작거나 먼 물체를 이미지화하는 능력을 제한하는지 알아볼 것이다. 또한, 암석의 구조부터 먼 우주에 이르기까지 모든 정보를 과학자들에게 제공하는 휴대폰, 미디어 플레이어, 텔레비전의 LCD 디스플레이 뒤에 숨어 있는 현상인 빛의 편광에 대해서도 살펴볼 것이다.

22.1 간섭

20장에서 빛이 전자기파라는 것을 알았다. 11.2절에서 설명한 다른 파동에 대해 설명했듯이 빛은 2개 이상의 파동이 같은 위치에서 만날 때 **간섭**(interference)을 한다. 다음은 간단히 검토해 본 것이다(그림 11.5, 그림 11.6 참조).

- 간섭은 **중첩의 원리**(superposition principle)를 따른다. 2개 이상의 파동이 간섭할 때, 알짜 파동은 개별 파동의 변위의 합과 같은 변위를 갖는다.
- 골과 골이 만나거나 마루와 마루가 만나면 결과적으로 **보강 간섭**(constructive interference)이 발생하여 개별 파동보다 더 큰 진폭의 파동을 만들어낸다.

광선은 서로를 통과한다.

그림 22.1 비간섭성 광선은 뚜렷한 간섭 없이 서로 지나간다.

▶ **TIP** 가청음의 파장은 1.7 cm~170 m인 반면, 가시광선은 400~700 nm임을 기억하여라.

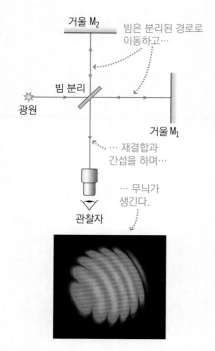

그림 22.2 마이켈슨 간섭계의 개략도 및 간섭 무늬 사진

- 골과 마루가 만나면 **상쇄 간섭**(destructive interference)이 발생하여 파동이 부분적으로 또는 완전히 상쇄된다.

그림 22.1은 빛의 간섭을 관찰하려는 간단한 실험을 보여 준다. 이 실험을 해 보면 손전등 빛이 뚜렷한 간섭 없이 서로를 통과하는 것을 발견할 수 있다. 물결파 또는 음파인 두 파원에 대한 유사한 실험(그림 11.4)에서는 보강 간섭 또는 상쇄 간섭의 형태가 나타나는데, 왜 이 실험에서는 효과가 없을까?

두 가지 이유가 있다. 첫째, 안정적인 간섭 형태를 위해서는 파원이 동일한 파장을 가지며 동일한 위상 관계를 유지하는 **간섭성**(coherent)이 필요하다. 그러나 손전등은 모든 가시광선이 혼합된 백색광을 형성하며(20.2절), 두 손전등의 파동 사이에 특정한 위상 관계가 없다. 특정 조건에서 백색광 간섭이 관찰되지만 광원이 **단색광**(monochromatic)으로 단일 파장의 빛을 생성하는 경우 간섭을 더 쉽게 볼 수 있다. 또한, 서로 다른 두 파원의 빛은 간섭을 일으키지 않으므로 한 광원에서 나오는 빛을 갈라서 2개의 간섭성 광원을 만들어야만 한다. 동일한 전기 신호로 스피커 2개를 구동하여 음파의 간섭성을 확인했지만 빛은 그렇게 하기 어렵다.

둘째, 가시광선의 경우 400~700 nm로 단파장이기 때문이다. 센티미터 단위의 파장을 가진 물결파나 센티미터에서 미터 단위의 파장을 가진 음파의 간섭은 쉽게 탐지할 수 있다. 그러나 빛의 파장은 10^{-6} m보다 작아서 간섭을 확인하려면 자세히 관찰해야 한다. 21장에서 간섭을 무시하는 기하 광학의 근사를 사용했는데, 빛의 파동성을 충분히 자세히 보지 않았기 때문이다.

마이켈슨 간섭계

20.3절에서 에테르를 통해 지구의 운동으로 인한 빛의 속력 변화를 감지하려는 마이켈슨(Albert A. Michelson)의 실험을 설명하였다. 그가 사용한 장치는 그림 22.2에 도표로 표시된 **마이켈슨 간섭계**(Michelson interferometer)이다. 마이켈슨은 에테르 감지 실험을 위해 이 장치를 발명했지만 마이켈슨 간섭계는 오늘날에도 정밀 측정을 위해 널리 사용되고 있다.

간섭계는 단색 광원으로 시작한다. 핵심 요소는 부분적으로 은으로 된 거울이다. 이 거울은 입사광의 약 절반이 통과하고 절반은 반사될 정도로 은으로 되어 있다. 따라서 **빔 분리개**(beam splitter)라고 부른다. 빔 분리개를 통과한 빛은 직선 경로를 따라 거울 M_1로 이동하고, 빔 분리개에 반사된 빛은 거울 M_2로 이동한다. 거울 M_1과 M_2은 빛을 다시 빔 분리개로 반사한다. 다시 말해, 각 빔에서 들어오는 빛의 절반은 반사되고 절반은 통과한다. 따라서 관측자에게 향하는 두 빔이 서로 다른 경로를 이동한 후 재결합한 것이다. 두 경로 길이가 같으면 재결합된 빔은 보강 간섭을 한다. 그러나 한 빔이 반 파장만 더 가면 위상이 맞지 않아 상쇄 간섭을 하게 된다. 빔이 약간씩 퍼지기 때문에 빛은 실제로 길이가 약간 다른 여러 경로를 이동하므로 보강 간섭과 상쇄 간섭이 번갈아가며 간섭 무늬 띠가 발생한다(그림 22.2에도 표시됨). 이 그림은 빛이 간섭한다는 중요한 증거이다!

마이켈슨이 광파의 매질로 추정되는 에테르를 기준으로 지구의 운동을 알아내려고 했던 것을 기억해 보자. 지구가 태양의 궤도를 돌 때 약 30 km/s로 움직이고 있으므로 마이켈슨은 최소한 이 정도 속력의 '에테르 바람'이 지구를 지나갈 것이라 추론했는데, 이는 자전거를 타고 공기를 통과할 때 느끼는 바람과 유사하다. 간섭계의 방향에 따라 두 경로를 이동하는 빛은 에테르 바람의 영향을 다르게 받을 것이다. 마이켈슨의 실험은 장치를 회전시키면서 간섭 무늬를 관찰하는 방식으로 구성되었다. 그는 에테르 바람의 방향이 변하면서 생기는 빛의 속력의 작은 변화로 인해 무늬가 바뀔 것이라고 예상하였다. 그의 장치는 이러한 변화를 감지할 수 있을 정도로 충분히 민감했지만 그러한 변화는 보이지 않았다. 마이켈슨은 지구 궤도 운동의 방향이 변하면서 일 년 내내 실험을 반복했지만 간섭 무늬의 변화는 나타나지 않았다. 20장에서 논의된 바와 같이 아인슈타인의 1905년 특수 상대성 이론에 의해 에테르가 허구이며, 진공에서 빛의 속력은 모든 관성 기준틀에서 동일하다고 선언함으로써 이 수수께끼가 해결되었다.

개념 예제 11.4 간섭계 측정

마이켈슨 간섭계는 작은 거리 변화를 측정하는 데 매우 정확한 도구이다. 거울 M_2가 약간 움직여 간섭 무늬가 바뀌면서 밝은 선이 인접한 어두운 선으로 이동한다고 가정하자. 거울은 얼마나 멀리 움직였는가? 간섭계는 단색광 640 nm 적색광을 사용한다.

풀이 밝은 선은 두 빔이 같은 위상으로 돌아와서 발생하며 보강 간섭이 된다. 인접한 어두운 선으로 변경하려면 M_2에서 돌아오는 빔은 M_1의 빔과 위상이 맞지 않아야 한다. 따라서 M_2에서 나온 빛은 $\lambda/2$의 추가 거리를 이동해야 한다. 빛이 M_2로 왕복하기 때문에 거울 자체는 $\lambda/4$만큼만 이동하면 된다(그림 22.3). 640 nm인 경우 이는 160 nm에 불과하다.

반영 M_2가 어느 방향으로 움직이든 $\lambda/4$를 이동하면 보강 간섭이 상쇄 간섭으로 변한다. 광학 간섭계는 작은 변화를 감지할

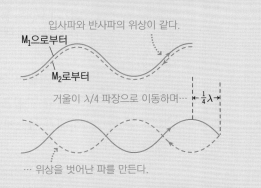

그림 22.3 보강 간섭에서 상쇄 간섭으로 변경하려면 반 파장의 이동이 필요하므로 거울을 $\lambda/4$만 이동시키면 된다.

수 있는 훌륭한 방법이다. 여기서 변화는 위치의 변화이다. 마이켈슨의 실험에서는 빛의 속력 차이로 인한 이동 시간의 예상된 변화이다. 어느 쪽이든 간섭계는 정교한 정밀도를 제공한다.

박막 간섭

비가 오는 날, 기름으로 얼룩진 주차장의 웅덩이에서 색 띠를 볼 수 있다(그림 22.4a). 이는 웅덩이 위에 떠 있는 기름막 때문에 생기는 **박막 간섭**(thin-film interference)이다. 이 간섭은 기름 위에서 반사되는 광파와 아래 기름–물 경계에서 반사되는 파동 사이에서 발생한다(그림 22.4b). 막의 두께가 적당하면 보강 간섭이 일어난다. 왜 다른 색이 보이는가? 색은 파장에 해당하며, 기름의 두께나 시야각에 따라

(a)

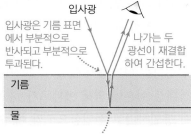

입사광은 기름 표면
에서 부분적으로
반사되고 부분적으로
투과된다.

입사광

나가는 두
광선이 재결합
하여 간섭한다.

기름

물

투과 광선은 기름-물 경계면에서 반사된다.

(b)

그림 22.4 (a) 백색광으로 비춘 기름 막에서의 간섭. 이 막의 두께는 바닥으로 갈수록 증가하여 여기서 보이는 불규칙한 무늬가 생긴다. (b) 물 위의 기름막에 대한 박막 간섭을 설명하는 그림

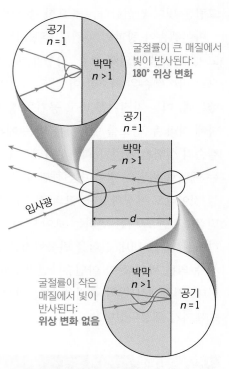

공기
$n = 1$

박막
$n > 1$

굴절률이 큰 매질에서
빛이 반사된다:
180° 위상 변화

공기
$n = 1$

박막
$n > 1$

입사광

d

박막
$n > 1$

굴절률이 작은
매질에서 빛이
반사된다:
위상 변화 없음

공기
$n = 1$

그림 22.5 두 매질의 상대 굴절률에 따라 (a) 위상 변화가 일어나거나 (b) 위상 변화가 일어나지 않는다.

다른 지점의 조건이 서로 다른 색으로 보강 간섭을 일으키기 때문이다.

박막 간섭을 정량적으로 분석하려면 물질 사이의 경계에서 반사에 대한 더 깊은 이해가 필요하다. 그림 22.5는 두 가지 반사 규칙을 설명하고 있다.

> 1. 굴절률이 작은 매질에서 진행하는 빛이 굴절률이 큰 매질에서 반사될 때, 반사파는 입사파와 위상이 180°만큼 차이 난다.
> 2. 굴절률이 큰 매질에서 진행하는 빛이 굴절률이 작은 매질과의 경계에서 반사될 때, 반사파는 입사파와 위상이 같다.

이러한 동작은 그림 11.8과 같이 줄의 끝이 고정되어 있거나 자유로울 때 줄에 파형이 반사되는 것과 유사하다.

이 규칙을 사용하면 그림 22.4와 같은 박막 간섭을 분석할 수 있다. 표 21.2에서 물의 굴절률은 1.33이며, 기름의 굴절률은 일반적으로 1.5 정도로 더 크다. 따라서 기름의 위쪽 표면에서 반사되는 빛은 180° 위상 차를 갖는 반면, 아래쪽 기름–물 경계에서 반사되는 빛은 위상 차를 갖지 않는다. 기름 두께를 $\lambda/4$라고 가정하자(그림 22.6a). 일부 빛은 기름 위에서 반사되는 반면, 일부는 기름 내부로 들어가 기름–물 경계면에서 반사된다. 일부 빛은 위쪽 표면에서 반사된 파동에 대해 왕복 거리 $\lambda/2$ 만큼 이동한 후 위쪽 표면에서 나온다. 이 추가 거리는 위쪽 계면에서의 180° 위상

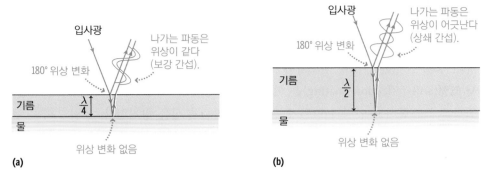

그림 22.6 (a) 보강 간섭을 일으키는 박막 간섭 (b) 상쇄 간섭을 일으키는 박막 간섭

차와 결합되어 두 파동이 같은 위상이 되기에 적합하며, 그 결과 보강 간섭이 발생한다. 반면, 기름 두께가 $\lambda/2$이면 기름의 왕복 거리는 λ가 된다. 그러면 180° 위상 차로 인해 두 파동의 위상이 반대가 되어 상쇄 간섭이 발생한다(그림 22.6b).

여기에 미묘한 점이 두 가지 있다. 첫째, 파장 λ는 기름에서의 파장이다. 20장에서 배운 것처럼 $\lambda_{oil} = \lambda_0/n_{oil}$으로 주어지는데, 여기서 λ_0은 진공에서의 파장이다. 보정된 파장 λ는 보강 간섭 또는 상쇄 간섭에 필요한 기름의 두께를 결정하는 파장이다. 둘째, 박막 두께의 기준을 유지하려면 빛이 기본적으로 표면에 수직으로 입사되어야 한다. 빛이 일정한 각도로 들어오면 왕복 경로가 두께의 두 배 이상 길어지고, 그렇기 때문에 보강 간섭과 상쇄 간섭 조건은 파장에 따라 다른 시야각에서 충족된다. 파장과 비교되는 것은 이 긴 경로이다.

예제 22.2 기름에 의한 간섭

적색광($\lambda_0 = 650\,nm$)은 일반적으로 물 위의 얇은 기름막($n = 1.52$)에 수직으로 입사된다. 물음에 답하여라.
(a) 보강 간섭을 일으키는 최소 기름막의 두께는 얼마인가?
(b) 보강 간섭을 일으키는 다른 두께는 얼마인가?

구성과 계획 기름 박막의 두께가 $\lambda/4$일 때 보강 간섭이 발생하는 것을 방금 살펴보았다. 기름 박막에서 빛의 파장은 $\lambda = \lambda_0/n$으로 주어진다.

알려진 값: $\lambda_0 = 650\,nm$, $n = 1.52$

풀이 (a) 최소 기름 두께는 $d = \lambda/4$이므로 계산하면 다음을 얻는다.

$$d = \frac{\lambda}{4} = \frac{\lambda_0}{4n} = \frac{650\,nm}{4(1.52)} = 107\,nm$$

(b) 이동 거리에 전체 파장을 더하거나 박막 두께에 반 파장을 더하면 위상이 바뀌지 않는다. 따라서 $\lambda/4 + \lambda/2 = 3\lambda/4$의 박막 두께도 간섭이 생긴다.

$$d = \frac{3\lambda}{4} = \frac{3\lambda_0}{4n} = \frac{3(650\,nm)}{4(1.52)} = 321\,nm$$

두께가 $\lambda/2$ 증가할 때마다 보강 간섭이 발생하므로 $d = \lambda/4$, $3\lambda/4$, $5\lambda/4$ 등은 보강 간섭을 일으킨다.

반영 물 위의 기름은 매우 얇은 층으로 퍼지기 때문에 최소 두께 107 nm에는 무리가 없다. $\lambda/2 = 214\,nm$의 두께는 이 파장에 대해 상쇄 간섭을 일으킨다. 그러나 백색광의 경우 해당 두께에서 다른 색에 대한 보강 간섭이 발생할 가능성이 높다. 이것이 바로 박막 두께나 시야각이 달라질 때마다 기름 박막에서 밝은 색상의 배열을 볼 수 있는 이유이다.

연결하기 430 nm 보라색 빛의 보강 간섭을 위한 최소 기름 박막 두께는 적색 빛보다 클까, 작을까? 얼마나 큰가, 아니면 작은가?

답 더 짧은 보라색 빛의 파장은 더 얇은 박막을 암시한다. 보라색 파장에 동일한 과정을 거치면 최소 두께가 71nm에 불과하다는 것을 알 수 있다.

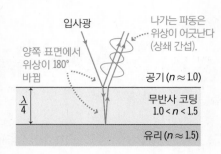

그림 22.7 무반사 코팅 작용 방법

입사광
나가는 파동은 위상이 어긋난다 (상쇄 간섭).
양쪽 표면에서 위상이 180° 바뀜
공기 (n ≈ 1.0)
무반사 코팅 1.0 < n < 1.5
$\frac{\lambda}{4}$
유리 (n ≈ 1.5)

무반사 코팅

박막 간섭은 매끄러운 기름이나 비눗방울처럼 예쁘긴 하지만 유용한가? 그렇다. 박막의 상쇄 간섭은 반사를 최소화하여 막 뒤의 물질로 빛의 투과를 극대화한다. **무반사 코팅**(anti-reflection coating)은 이 효과를 사용하여 카메라 렌즈와 태양 광전지의 집광을 극대화하고 안경과 망원경 광학 장치의 눈부심을 방지한다. 그림 22.7은 유리에 적용된 반사 방지 코팅을 보여 준다. 코팅의 굴절률은 공기보다는 크지만 유리보다는 작다. 따라서 각 표면에서 180° 위상 변화가 발생하므로 상쇄 간섭에 대해 총 경로 길이가 λ/2만큼 차이가 나도록 하여 박막 두께가 λ/4가 되도록 해야 한다. 전자기학 이론에 기반하면 $n_{coating} = \sqrt{n_{glass}}$ 와 같은 코팅 굴절률이 정확히 0 반사를 제공한다는 것을 보여 준다. 그러나 이는 박막 두께가 λ/4인 한 파장에만 해당되므로 실제 반사 방지 코팅은 가시광선 스펙트럼에 걸쳐 반사를 상당히 감소시키지만 완전히 감소시키지는 못한다.

뉴턴의 원 무늬

▶ **TIP** 아래쪽 유리가 평평하지 않거나 위쪽 유리가 구형 또는 다른 대칭 모양이 아닌 경우, 뉴턴의 원 무늬는 원형이 아닌 불규칙하게 보인다.

평면 유리 위에 곡면 유리 조각을 놓으면 그림 22.8과 같이 **뉴턴의 원 무늬**(Newton's ring)라고 부르는 간섭 무늬가 나타난다. 여기서 유리 표면 사이의 공기 간극은 다양한 두께의 박막처럼 작용한다. 곡면과 평면에서 반사된 빛 사이의 간섭은 그림 22.8b와 같이 보강 간섭과 상쇄 간섭이 교대로 무늬가 생긴다. 백색광을 사용하면 뉴턴의 원 무늬를 선명하게 볼 수 있으므로 단색광이 필요하지 않은 간섭의 한 예이다. 뉴턴의 원 무늬를 분석하면 렌즈의 모양과 반지름을 정밀하게 측정할 수 있다.

아이작 뉴턴은 빛이 파동이 아닌 입자로 이루어진다고 믿었고, 자신의 이름을 딴 원 무늬에 대한 만족스러운 설명을 찾기 위해 고군분투하였다. 빛의 입자와 파동 모형 사이의 논쟁은 뉴턴 시대 이후에도 계속되었다. 간섭 현상은 파동 모형을 확실하게 확인시켜 주지만 다음 장에서는 양자 물리학이 파동과 입자 모형의 구분을 어떻게 모호하게 하는지 살펴볼 것이다.

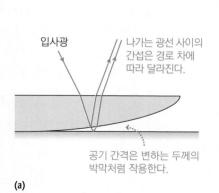

입사광
나가는 광선 사이의 간섭은 경로 차에 따라 달라진다.
공기 간격은 변하는 두께의 박막처럼 작용한다.
(a)

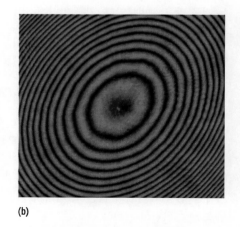

(b)

그림 22.8 (a) 평평한 유리판 위의 렌즈. (b) 뉴턴의 원 무늬는 두 광선의 경로 차에서 발생한다.

확인 22.1절 동일한 파장의 두 빛이 위상차 이동을 한다. 다음 중 보강 간섭이 발생하는 위상차는?

(a) $\lambda/2$ (b) 2λ (c) $3\lambda/2$ (d) 3λ (e) 4λ

22.2 이중 슬릿 간섭

1801년 영국의 의사 토마스 영(Thomas Young, 1773~1829)은 빛의 파동 특성에 대한 결정적인 간섭에 기반한 증거를 제시하는 실험을 수행하였다. 영의 실험은 개념적으로 간단하며, 오늘날 레이저를 사용하면 학부 물리학 실험실에서 쉽게 수행할 수 있다.

실험

현재 영의 실험은 그림 22.9a와 같이 단색 레이저 광과 좁고 긴 간격의 평행 슬릿 한 쌍을 사용한다. 영 자신도 햇빛과 얇은 카드를 이용하여 빛을 분리하였지만 순수한 효과는 비슷하였다. 그림 22.9a는 각 슬릿이 연못의 잔물결처럼 원형으로 퍼지는 광파의 파원 역할을 한다는 것을 보여 준다. 이는 22.3절에서 살펴볼 **호이겐스의 원리**(Huygen's principle)의 한 예이다.

퍼지는 빛은 슬릿 너머의 영역을 채우지만 각 슬릿의 빛은 일반적으로 주어진 지점에 도달하기 위해 다른 거리를 이동하므로 두 슬릿의 빛은 일반적으로 위상이 맞지 않게 만나게 된다. 한 가지 예외는 장치의 중간선으로, 빛이 각 슬릿에서 같은 거

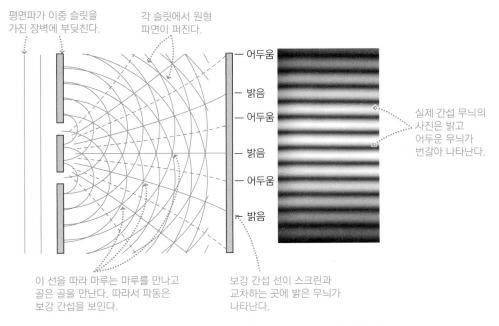

그림 22.9 단일 파원의 간섭성 빛이 좁은 슬릿을 통과할 때 이중 슬릿 간섭이 발생한다.

리를 이동하므로 위상이 같아 보강 간섭이 발생한다. 따라서 슬릿 너머에 놓인 스크린은 중간 지점에서 밝게 빛난다. 경로 차가 한 파장 또는 파장의 정수 배일 때 또한 보강 간섭이 발생하여 스크린에 다른 밝은 영역이 나타난다. 두 슬릿에서 나오는 빛의 경로가 반 파장 차이가 나면서 상쇄 간섭이 발생하는 지점에 해당하는 어두운 영역이 그 사이에 있다. 그림 22.9b는 보강 간섭과 상쇄 간섭의 영역을 나타내며, 스크린에서 밝고 어두운 띠가 교대로 나타나는 **간섭 무늬**(interference fringe)를 보여 준다. 개념 예제 11.2에서 스피커 한 쌍이 만드는 소리의 '사각지대(dead spot)'에 대한 탐구를 떠올릴 수 있다. 스피커는 빛 기반 실험의 슬릿과 유사하며, '사각지대'는 상쇄 간섭이 발생하는 지점이다. 그림 11.4에서 물결파에 대한 유사한 간섭 무늬를 보여 주었다.

정량적 분석

그림 22.10은 두 슬릿에서 점 P까지의 경로 길이의 차 Δr이 $\Delta r = d \sin \theta$로 주어지는 방식을 보여 주는데, 여기서 d는 슬릿 간격이고 θ는 중심선에서 측정한 P까지의 각도이다. Δr이 파장의 정수 배, 즉 $\Delta r = n\lambda$(n은 정수)일 때마다 밝은 무늬가 나타나는데 이는 보강 간섭의 조건이다. Δr에 대한 두 표현식을 같게 놓으면 다음을 얻는다.

$$n\lambda = d \sin\theta \,(n = 0, 1, 2, \cdots) \quad \text{(밝은 무늬에 대한 조건, SI 단위: m)} \quad (22.1)$$

정수 n은 간섭 극대의 **차수**(order)라 한다. 중앙 무늬는 $n = 0$에 해당하며, 양쪽에는 $n = 1$의 1차 극대 무늬, $n = 2$의 2차 극대 무늬 등이 있다.

각도 θ보다는 스크린 상의 위치 y를 측정하는 것이 더 쉽다. 그림 22.10과 같이 $y = L \tan \theta$이며, 여기서 L은 슬릿에서 스크린까지의 거리이다. 보통 $y \ll L$이면 θ는 매우 작다. 그러면 $\sin \theta \approx \tan \theta$의 매우 작은 각도 근사를 사용하는 것이 적절하므로 $y \approx L \sin \theta$이다. 그러나 식 22.1에서 $\sin \theta = n\lambda/d$이므로 다음과 같이 나타낼 수 있다.

$$y = \frac{n\lambda L}{d} \quad \text{(밝은 무늬의 위치, SI 단위: m)} \quad (22.2)$$

식 22.2는 근사식이지만 전형적인 이중 슬릿 실험에 적합하다. 거리 L은 보통 1미터 이상이고 슬릿 간격 d는 보통 1 mm보다 훨씬 작다. 따라서 $\theta \sim 10^{-3}$ 라디안이므로 작은 각 근사는 매우 정확하다.

그림 22.10에서도 어두운 무늬를 찾을 수 있다. 이제 상쇄 간섭을 원하므로 Δr은 파장의 홀수 배이어야 한다. $\Delta r = n\lambda/d$이고, n은 홀수의 정수로 제한한다. 그러면 식 22.1과 유사한 조건은 $n\lambda/2 = d \sin \theta$($n$은 홀수)가 된다. 작은 각 근사를 적용하면 어두운 무늬의 위치를 다음과 같이 나타낼 수 있다.

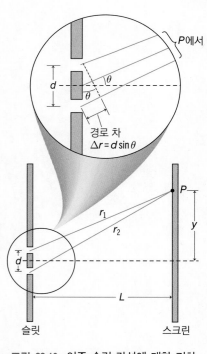

그림 22.10 이중 슬릿 간섭에 대한 기하학. 확대에서 $L \gg d$에 대한 P의 경로가 거의 평행하고 거리 $d \sin \theta$에 따라 다르다는 것을 알 수 있다.

$$y = \frac{n\lambda L}{2d} \ (n \text{은 홀수}) \quad (\text{어두운 무늬의 위치, SI 단위: m}) \qquad (22.3)$$

▶ **TIP** 간섭 차수 n과 굴절률 n을 혼동하지 마라. 두 기호를 같은 맥락에서 사용하지 않는다.

이 근사에서는 밝은 무늬와 어두운 무늬의 가장자리가 같은 간격으로 번갈아 나타난다.

예제 22.3   무늬 구하기

이중 슬릿 실험은 633 nm의 적색 레이저 빛과 0.125 mm 간격으로 분리된 슬릿을 사용한다. 간섭 무늬는 2.57 m 떨어진 스크린에 나타낸다. 처음 세 차수의 밝은 무늬의 위치를 구하여라.

구성과 계획 그림 22.11은 개략도이다. 식 22.2에 의해 중앙 극대에서 n차 밝은 무늬까지의 거리가 주어진다.

$$y = \frac{n\lambda L}{d}$$

처음 세 무늬는 $n = 1, 2, 3$에 해당한다.

알려진 값: $\lambda = 633$ nm, $d = 0.125$ mm, $L = 2.57$ m

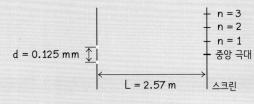

d = 0.125 mm

n = 3
n = 2
n = 1
중앙 극대

L = 2.57 m   스크린

그림 22.11 예제 22.3에 대한 개략도

풀이 1차 밝은 무늬는 $n = 1$에 해당하므로 다음과 같이 위치를 구한다.

$$y_1 = \frac{n\lambda L}{d} = \frac{(1)(633\times10^{-9}\,\text{m})(2.57\,\text{m})}{1.25\times10^{-3}\,\text{m}} = 0.0130\,\text{m} = 1.30\,\text{cm}$$

비슷한 계산으로 2차의 경우 $y_2 = 2.60$ cm, 3차의 경우 $y_3 = 3.90$ cm이며, 모두 중앙 극대에서 측정한 값이다.

반영 1차 무늬를 구했을 때, 작은 각도의 근사에서 높은 차수의 무늬의 간격이 균일하기 때문에 식 22.2가 실제로 필요하지 않다. 무늬 사이의 간격이 1.3 cm이므로 스크린에서 간섭 무늬를 쉽게 볼 수 있다.

연결하기 이 예제에서 첫 번째 어두운 무늬는 중앙 극대에서 얼마나 멀리 떨어져 있는가?

답 이 거리는 첫 번째 밝은 무늬까지의 거리의 1/2, 즉 0.65 cm에 불과하다. 식 22.3을 사용하여 $n = 1$로 계산할 수도 있다.

개념 예제 22.4   색과 간격

다음 조건에 대해 예제 22.3의 간섭 무늬가 어떻게 변하는지 설명하여라.

(a) 슬릿 사이의 거리를 줄일 때

(b) 원래 슬릿 간격을 유지하고 빨간색 대신 녹색 레이저 빛을 사용할 때

(c) 원래의 슬릿 간격과 빨간색 레이저를 유지하지만 스크린을 슬릿에서 멀리 이동할 때

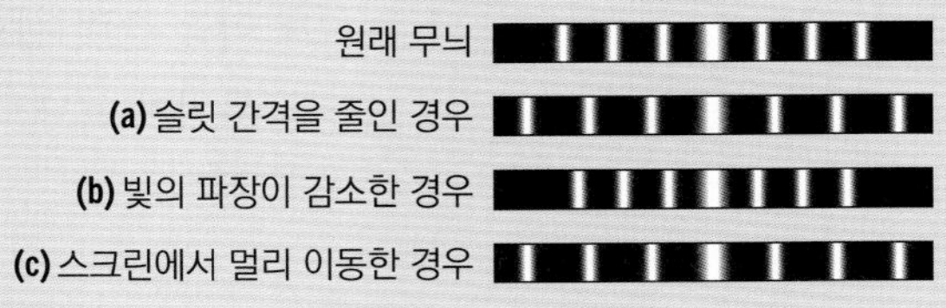

풀이 참조를 위해 두 슬릿 간섭 무늬 패턴을 그리는 것으로 시작하였다(그림 22.12). 그림 22.12의 나머지는 세 경우에 대한 답을 보여 준다.

(a) 식 22.2에 따라 슬릿 간격 d를 줄이면 모든 차수에 대해 거리 y가 증가한다. 간섭 무늬가 더 넓게 퍼지고 밝은 무늬 사

원래 무늬

(a) 슬릿 간격을 줄인 경우

(b) 빛의 파장이 감소한 경우

(c) 스크린에서 멀리 이동한 경우

그림 22.12 개념 예제 22.4에서 설명된 경우의 회절 무늬

이의 거리가 길어진다.

(b) 녹색 빛은 빨간색보다 파장이 짧다. 밝은 무늬 사이의 거리는 파장 비율에 따라 작아진다.

(c) 스크린을 멀리 이동시키면 무늬도 넓어지는데, y는 L에 비례하기 때문이다. 고정된 각 폭의 쐐기 안에서 바깥쪽으로 뻗어 나가는 보강 간섭 선을 생각할 수 있다. 스크린이 멀어질수

록 쐐기는 넓어진다.

반영 주어진 광원과 고정된 슬릿의 경우, 간섭 무늬를 확대하는

가장 쉬운 방법은 스크린을 움직이는 것이다. 하지만 너무 멀리 이동하면 무늬가 희미하고 흐릿해진다.

예제 22.5 **간섭계 측정**

슬릿 사이의 작은 거리는 측정하기 어려울 수 있지만 간섭 무늬를 사용하여 간격을 구할 수 있다. 589 nm의 노란색 나트륨 빛으로 슬릿을 비추고 1.75 m 떨어진 스크린에서 5.15 cm의 밝은 무늬 간격을 관찰한다고 가정하자. 슬릿의 간격은 얼마인가?

구성과 계획 식 22.2 $y = n\lambda L/d$는 밝은 무늬의 위치를 제공한다. 연속적인 무늬 사이의 거리는 일정하며 1차 위치 $y = \lambda L/d$와 같다. 그러면 슬릿의 간격 d를 찾을 수 있다.

알려진 값: $\lambda = 589$ nm, $y = 5.15$ cm, $L = 1.75$ m

풀이 다음과 같이 슬릿의 간격을 구한다.

$$d = \frac{\lambda L}{y} = \frac{(589 \times 10^{-9} \text{ m})(1.75 \text{ m})}{5.15 \times 10^{-2} \text{ m}} = 2.00 \times 10^{-5} \text{ m} = 20.0 \,\mu\text{m}$$

반영 예제 22.3의 간격과 비교해 보아라. 이제 스크린은 더 가까워지고 파장은 더 작아졌지만 무늬 사이의 거리는 예제 22.3보다 훨씬 더 커졌다. 이는 알게 된 것처럼 훨씬 더 작은 슬릿의 간격을 의미한다. 현미경 없이는 이 간격을 직접 측정하기 어려울 것이다.

연결하기 이 예제에서 1차 극대에 대한 각도 θ는 얼마인가? 작은 각도 근사가 정당한가?

답 $\theta = y/L$를 사용하면 $\theta = 0.0294$ rad $= 1.7°$이므로 작은 각도 근사는 정당하다. 이 수준에서는 θ(라디안), $\sin\theta$, $\tan\theta$ 사이에 사실상 차이가 없다.

새로운 개념 검토

- 광파가 간섭을 일으킬 때 보강 간섭으로 인해 밝기가 증가하고 상쇄 간섭으로 인해 밝기가 감소한다.
- 파동이 위상이 같을 때 보강 간섭이 발생한다. 위상 차가 생기면 상쇄 간섭이 발생한다.
- 이중 슬릿 실험은 이중 슬릿에서 발생하는 파동의 간섭을 사용하여 밝고 어두운 무늬가 교대로 나타나는 간섭 무늬를 만든다.

확인 22.2절 다음 세 가지 간섭 무늬 형태는 동일한 이중 슬릿 배열과 스크린을 통해 발생한다. 광원은 백색광이고 빨간색, 노란색, 파란색 필터를 사용하여 세 가지 형태를 얻었다. 다음 중 어느 무늬 형태가 어느 색깔의 빛에 해당하는가?

22.3 회절

회절(diffraction)은 파동이 장애물을 지나거나 구멍을 통과할 때 휘어지는 현상이다. 회절은 전자기 파동뿐만 아니라 역학적 파동에서도 발생하며, 물결파를 예로 들어 회절의 기본 원리를 소개할 것이다.

호이겐스 원리와 회절

연못에 조약돌을 떨어뜨리면 원형의 물결이 바깥쪽으로 퍼져나간다. 이는 한 지점에서 매질을 교란했기 때문이다. 연속 파면은 이러한 교란이 연쇄적이라 생각할 수 있고, 각각은 원형의 물결을 생성한다. 그림 22.13에서 볼 수 있듯이 일반적으로 개별 파동 사이의 간섭은 파면이 단순히 앞으로 전파되는 결과를 가져온다. 파면의 각 지점이 원형의 파원과 같이 작용한다는 아이디어는 빛의 파동 이론을 제시한 네덜란드 물리학자 크리스티안 호이겐스(Christian Huygens, 1629~1695)의 이름을 딴 **호이겐스의 원리**(Huygen's principle)이다. 이중 슬릿 간섭에서 각각의 좁은 슬릿을 원형의 파원으로 취급할 때 호이겐스의 원리를 적용한다.

그림 22.14a는 파동이 장벽의 틈을 통과할 때 어떤 일이 일어나는지 보여 준다. 가장자리 근처에는 인접한 파면이 없으므로 원형의 호이겐스 '잔물결'이 장벽 너머 옆으로 퍼져 파면이 구부러지는데, 이것이 회절이다. 그림 22.14a에서는 간격이 파장보다 훨씬 넓기 때문에 회절이 그다지 크지 않다. 그러나 그림 22.14b에서는 간격이 파장에 비해 작고 회절로 인해 간격 너머로 원형의 파동이 발생한다. 그림 22.14에서 알 수 있듯이 회절은 파동이 틈이나 구멍을 통과할 때 항상 발생하지만 틈의 크기가 파장과 비슷하거나 더 작은 경우에만 회절의 정도가 유효하다.

교실에 있는데 다른 사람들이 문 모퉁이 복도에서 이야기하고 있다고 가정해 보자. 문과 복도의 폭이 음성의 파장(300 Hz 소리의 경우 약 1 m)과 비슷하기 때문에 쉽게 들을 수 있다. 즉, 음파는 문을 통과할 때 쉽게 회절된다. 그러나 가시광선의 파장은 10^{-6} m 미만이므로 빛의 회절이 미미하기 때문에 복도에 있는 친구를 볼 수 없다.

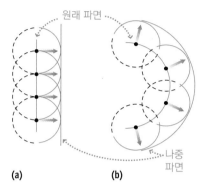

그림 22.13 파면의 각 점은 원형 '잔물결'의 파원처럼 작용한다. (a) 직선 파면의 전파 (b) 원형 파면의 전파

▶ **TIP** 회절과 굴절을 혼동하지 마라. 회절은 하나의 매질에서 발생한다. 굴절(21장)은 파동이 한 매질에서 다른 매질을 통과할 때 발생한다.

▶ **TIP** 일반적인 가청 진동수인 300 Hz 음파의 파장은 1 m가 조금 넘지만 빛의 파장은 1 μm 미만이다.

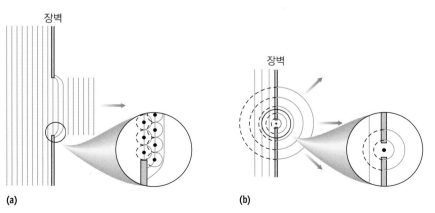

그림 22.14 간극을 통과하는 파동은 파장에 비해 (a) 간극이 크면 무시할 수 있는 회절을 나타낸다. (b) 간극이 작으면 상당한 회절을 나타낸다.

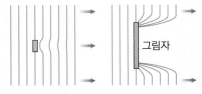

(a) 파장과 크기가
비슷한 장벽

(b) 파장보다 큰 장벽

그림 22.15 (a) 파동은 작은 물체 주변에서 쉽게 회절된다. (b) 큰 물체는 파동이 도달하지 않는 곳에 그림자를 드리운다. '작은'과 '큰'은 파장과 비교된다.

그림 22.15는 그림 22.14의 틈 상황과 반대로 고체 물체와 상호작용하는 파동을 보여 준다. 다시 말해, 회절은 물체의 가장자리에서 발생하며 물체의 크기가 파장과 비슷한 경우 회절은 물체 뒤쪽 영역을 '채운다'. 그러나 물체가 훨씬 크면 물체 뒤에 파동이 침투할 수 없는 '그림자'가 생긴다. 결과적으로 사용되는 빛의 파장보다 크기가 훨씬 작은 물체는 이미지화할 수 없다.

개념 예제 22.6 AM 대 FM

20장에서 AM 라디오는 540~1,600 kHz 범위의 진동수를 사용하는 반면, FM은 88~108 MHz를 사용한다는 점을 상기하자. 언덕이나 건물과 같은 장애물 주변에서 회절될 가능성이 있는 라디오 유형은 어느 것인가?

풀이 파동은 물체의 크기가 파장과 같거나 작을 때에만 물체 주변에서 크게 회절한다. 라디오파는 전자기파이며 파장은 $\lambda = c/f$이다. 이 식을 사용하면 AM 라디오와 FM 라디오의 파장 범위를 알 수 있다.

AM: 188~556m

FM: 2.8~3.4m

답은 명확하다. AM은 FM보다 파장이 길기 때문에 일반적으로 수십에서 수백 미터 높이의 언덕이나 건물 주변에서 쉽게 회절된다. 그러나 이러한 장애물은 FM 신호에 상당한 '그림자'를 드리우며, 인근 청취자의 수신을 차단하거나 약화시킬 수 있다.

반영 훨씬 높은 주파수를 사용하는 방송 TV의 경우 더 좋지 않을 것이다. 그렇기 때문에 케이블이나 스트리밍이 아닌 공중파를 통해 TV를 시청하는 경우 TV 안테나에서 방송국의 방송 안테나까지 직접 전파되는 전송선이 필요할 수 있다. 위성 라디오는 파장이 13 cm에 불과한 2.3 GHz 진동수를 사용한다. 위성의 위치(하늘 높이)로 인해 대부분 라디오 수신 경로가 유지되지만 때때로 높은 건물이나 언덕으로 인해 전파가 차단될 수 있다.

회절 격자

회절은 이중 슬릿 간섭에서 필수적인데, 각 슬릿에서의 회절은 간섭하는 원형 파면을 만들기 때문이다. 사실 이중 슬릿 간섭은 때때로 이중 슬릿 회절이라고 한다. 또한, 여러 슬릿에서 간섭이 발생하며, 여기서 회절이라는 용어가 일반적으로 사용된다.

회절 격자(diffraction grating)는 다중 슬릿 간섭을 위해 설계된 장치이다. 격자는 균일한 간격으로 밀접하게 배치된 수많은 평행선이 내접되어 있는 투명한 물질로 구성된다. 선 사이의 공간은 슬릿 역할을 하며, 빛은 이중 슬릿처럼 슬릿 사이를 통과한다. 그러나 이제 일반적으로 수백 또는 수천 개의 슬릿이 있다. 그림 22.10의 설명은 여전히 유효하며, 밝은 무늬를 형성하는 데 동일한 조건을 갖는다.

$$n\lambda = d \sin\theta \,(n = 0, 1, 2, \cdots) \quad \text{(회절 격자의 밝은 무늬, SI 단위: m)} \quad (22.4)$$

그러나 밝은 무늬는 여러 슬릿에서 나오는 빛을 포함하므로 이중 슬릿에서 나오는 빛보다 더 밝고 좁다. 밝은 무늬 사이에는 더 어두운 영역이 있으며, 약한 무늬는 부분적으로 보강 간섭으로 인해 발생한다. 슬릿의 수를 늘리면 주요 밝은 무늬는 더 선명하며 좁아지고 그 사이의 부분은 어두워진다(그림 22.16). 일반적인 회절 격자에 슬릿 수가 많으면 식 22.4에 주어진 각도에서 매우 좁고 밝은 무늬를 볼 수 있다.

식 22.4 조건은 파장에 의존하기 때문에 회절 격자는 다른 각도에서 다른 파장을 내보내어 빛의 구성 색으로 분리한다. 따라서 회절 격자는 방출되거나 흡수된 빛의 파장을 분석하여 물리적 과정을 연구하는 **분광학**(spectroscopy)에서 사용된다. 각 유형의 원자와 분자는 실험실에 있든 10억 광년 떨어진 은하계에 있든 이를 식별하는 파장의 특징적인 스펙트럼을 방출하고 흡수한다. 24장에서 원자의 스펙트럼이 원자 모형의 발전에 중요한 역할을 했다는 것을 알게 될 것이다.

격자 분광기(그림 22.17)에서 빛은 슬릿을 통과한 다음 회절 격자를 통과한다. 격자 뒤에는 각 각도로 입사되는 빛의 양을 기록하는 검출기가 있다. 격자 간격을 알면 존재하는 파장의 정확한 값을 알 수 있다. 이러한 파장을 알려진 표준과 비교하여 광원의 구성을 결정할 수 있다. 천문학에서 표준 파장과의 편차는 도플러 이동으로 인해 발생하며, 이를 통해 천문학자들은 멀리 떨어진 천체 물체의 움직임을 파악할 수 있다.

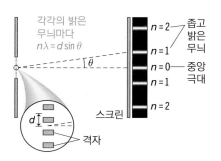

그림 22.16 회절 격자의 간섭무늬

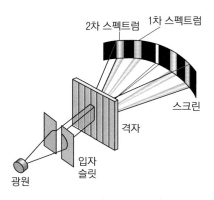

그림 22.17 격자 분광기의 필수 요소. 정밀 측정의 경우 일반적으로 스크린 대신 전자 탐지기가 사용된다.

예제 22.7 수소의 스펙트럼

수소는 가열되거나 방전될 때 434 nm(보라색), 486 nm(파란색–초록색), 656 nm(빨간색)의 세 가지 특정 가시광선 파장의 빛을 방출한다. 이 빛을 선 간격 $d = 1.20~\mu$m의 회절 격자를 통과시킨다. 어떤 각도에서 1차 무늬를 볼 수 있는가? 2차 무늬를 본다면 어떤 각도에서 볼 수 있는가?

구성과 계획 각도는 모두 식 22.4 $n\lambda = d \sin\theta$를 사용하여 계산할 수 있다.

알려진 값: $\lambda_\text{violet} = 434$ nm, $\lambda_\text{blue-green} = 486$ nm, $\lambda_\text{red} = 656$ nm, $d = 1.20~\mu$m

풀이 식 22.4를 $\sin\theta$에 대해 풀면 $\sin\theta = n\lambda/d$로 주어지고 $\theta = \sin^{-1}(n\lambda/d)$이다. 파장이 가장 짧으면 각도도 가장 작다. 1차 각도는 다음과 같다.

$$\text{보라색: } \theta_\text{violet} = \sin^{-1}\left(\frac{n\lambda_\text{violet}}{d}\right)$$
$$= \sin^{-1}\left(\frac{434\times10^{-9}~\text{m}}{1.20\times10^{-6}~\text{m}}\right) = 21.2°$$

$$\text{파란색–초록색: } \theta_\text{blue-green} = \sin^{-1}\left(\frac{n\lambda_\text{blue-green}}{d}\right)$$
$$= \sin^{-1}\left(\frac{486\times10^{-9}~\text{m}}{1.20\times10^{-6}~\text{m}}\right) = 23.9°$$

$$\text{빨간색: } \theta_\text{red} = \sin^{-1}\left(\frac{n\lambda_\text{red}}{d}\right) = \sin^{-1}\left(\frac{656\times10^{-9}~\text{m}}{1.20\times10^{-6}~\text{m}}\right) = 33.1°$$

$n = 2$일 때 비슷한 계산을 하면 보라색과 파란색–초록색의 각도는 각각 46.3°와 54.1°이다. 그러나 빨간색 파장에 대한 계산은 $\theta_\text{red} = \sin^{-1} 1.09$이다. 이 각도에서 사인 값은 1 이하이어야 하므로 빨간색 파장에 대해 2차 극대 무늬가 없음을 의미한다.

반영 3개의 1차 선 사이의 각도 간격은 쉽게 구분할 수 있을 정도로 충분히 크다. 게다가 1차 선과 2차 선 사이에는 중첩이 없어서 혼동이 생길 수 있다.

연결하기 이 격자로 3차 수소 선을 볼 수 있는가?

답 아니다. $n = 3$인 경우 가장 짧은 파장의 $\lambda_\text{violet} = 434$ nm도 $\sin\theta \leq 1$을 만족하지 않는다.

일부 동물은 자연 반사 격자를 갖고 있다. 예를 들어, 새의 깃털과 나비의 날개는 각도에 따라 다른 색을 반사하는 좁고 촘촘한 융기를 가지고 있다. 이 효과를 **무지갯빛(홍색)**이라고 한다. 일부 곤충과 조개류도 무지갯빛을 띤다.

기본적 회절 무늬를 보여 주는 단일 슬릿을 통과하는 레이저 빛

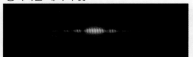

이중 슬릿 무늬. 회절 무늬 위에 간섭 무늬가 있는 것에 주목하여라.

그림 22.18 단일 슬릿 간섭 무늬

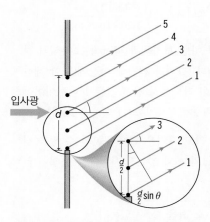

그림 22.19 단일 슬릿 회절의 기하학적 구조

반사 격자

지금까지 설명한 격자는 빛이 통과하기 때문에 투과 격자이다. **반사 격자**(reflection grating)는 비슷하지만 평행선으로 둘러싸인 반짝이는 표면으로 구성되어 있다. CD나 DVD의 밑면에서 빛이 반사될 때 색이 변하는 걸 본 적이 있을 것이다. 이는 디스크에 정보를 저장하는 약 1 μm 간격의 촘촘한 트랙에서 회절이 일어나기 때문이다. 디스크의 여러 영역을 볼 때 약간 다른 각도로 반사된 빛을 보게 된다. 각 각도는 투과 격자에서와 같이 각기 다른 색상에 대한 보강 간섭에 해당한다.

단일 슬릿 회절

그림 22.14a는 폭이 넓은 틈을 통과하는 빛은 큰 회절이 일어나지 않는 반면, 그림 22.14b는 폭이 $d \ll \lambda$인 좁은 틈이 원형 파동을 생성함을 보여 준다. 그러나 틈 폭이 파장과 같다면 어떨까? 그러면 틈은 다중 슬릿처럼 작용하며, 틈의 각 지점은 원형 파동의 파원이 된다. 합성된 파동이 서로 간섭하여 그림 22.18과 같이 **단일 슬릿 회절**(single slit diffraction)을 생성한다.

그림 22.19는 단일 슬릿 회절의 기하학적 구조를 보여 준다. 이 경우 상쇄 간섭이 발생하는 어두운 간섭 무늬를 찾기 더 쉽다. 슬릿 폭의 반으로 분리된 슬릿의 두 점을 생각해 보자(그림 22.19b). 호이겐스의 원리에 따르면 각 점은 원형 파동의 새로운 파원으로 작용한다. 이 파원에서 나오는 빛이 상쇄 간섭하려면 그림 22.19b에 표시된 최소 경로 차 $(d/2)\sin\theta$는 반 파장 $(d/2)\sin\theta = \lambda/2$ 또는 $\lambda = d\sin\theta$가 되어야 한다. 그러나 슬릿 내에서 반 파장 거리에 있는 모든 점은 동일한 기준을 충족한다. 따라서 $\lambda = d\sin\theta$ 관계는 일반적으로 첫 번째 어두운 간섭 무늬에 대해 참이다.

2차 무늬의 경우, $d/4$ 떨어져 있는 한 쌍의 점을 고려하자. 이 쌍에서 나오는 빛은 경로 차 $(d/4)\sin\theta$가 반 파장 $(d/4)\sin\theta = \lambda/2$ 또는 $\lambda = 2d\sin\theta$이면 상쇄 간섭을 한다. 다시 말해, 이는 $d/4$ 간격의 모든 점 쌍에 대해 유지되므로 n차 어두운 무늬에 대한 일반적인 표현이다. 연속된 차수에 대해 계속 진행하면 다음이 성립한다.

$$n\lambda = d\sin\theta \ (n = 1, 2, \cdots) \quad \text{(단일 슬릿으로부터 어두운 무늬, SI 단위: m)} \quad (22.5)$$

여전히 중앙 세기가 극대이므로 $n = 0$의 어두운 무늬는 없다.

단일 슬릿 회절에서 세기를 구하려면 슬릿의 모든 부분에서 나오는 광파의 전기장의 위상을 계산해야 한다. 그림 22.20은 슬릿 폭과 파장의 비율에 대한 결과를 몇 가지 보여 주고 있다. 슬릿이 좁아지거나 파장이 증가함에 따라 회절 무늬가 넓어진다. 이 효과가 멀리 있거나 작은 물체를 이미지화하는 능력을 어떻게 제한하는지 다음에 살펴볼 것이다.

회절의 한계

지금까지 직사각형 슬릿에 의한 회절을 고려하였다. 망원경, 현미경, 우리 눈에 빛을

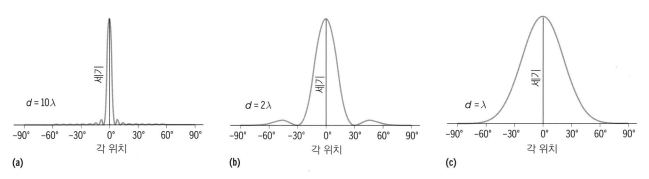

그림 22.20 세 개의 다른 슬릿 폭에 대한 단일 슬릿 회절의 세기

받아들이는 원형 구멍을 포함한 다른 모양에도 유사한 분석이 적용된다. 여기서 회절 무늬는 원판 모양의 중심 극대를 둘러싼 동심원 고리로 구성된다(그림 22.21). 식 22.5는 기하학적 원으로 볼 때 그다지 정확한 식이 아니다. 대신 지름 D의 원형 구멍을 통한 회절에 대한 1차 어두운 고리의 각도 위치는 다음과 같이 주어진다.

$$\sin \theta = 1.22 \frac{\lambda}{D}$$

회절은 우리의 눈, 망원경, 현미경으로 들어오는 빛을 '번지게' 하여 선명한 상을 형성하거나 가까이 있는 물체를 식별하는 능력을 제한한다. 서로 다른 두 물체에서 나오는 빛의 회절 무늬에서 중앙 극대가 겹치면 두 물체를 구분할 수 없을 것이다. 같은 물체 위의 두 지점에서 나오는 빛도 마찬가지이며, 이 경우 물체를 선명하게 이미지화할 수 없을 것이다. 그림 22.22a는 한 중앙 극대의 정점이 다른 상의 첫 번째 극소에 있다면 두 광원을 간신히 분해할 수 있다는 것을 보여 준다. 이를 영국의 물리학자 존 윌리엄 스트럿 경 레일리(John William Strutt Lord Rayleigh, 1842~1919)의 이름을 딴 **레일리 기준**(Rayleigh criterion)이라 한다. 레일리 기준은 일반적으로 매우 작은 각도를 다룰 때만 중요하다. 따라서 1차 어두운 무늬에 대한 식에서 $\sin \theta \approx \theta$이다. 각도 θ가 중앙 극대와 1차 어두운 무늬 사이의 간격이므로 지름 D의 구멍을 통해 분해할 수 있는 두 물체 사이의 최소 각 분리이기도 한다. 즉, 다음과 같이 나타낸다.

$$\theta_{min} = 1.22 \frac{\lambda}{D} \quad \text{(레일리 기준)} \tag{22.6}$$

한 쌍의 점 파원으로부터 발생하는 합성 회절 무늬는 그림 22.22에 나와 있다.

레일리 기준은 **회절 한계**(diffraction limit), 즉 분해할 수 있는 최소 각 분리를 설정한다(그림 22.23). 밤에 멀리서 다가오는 자동차를 보면 처음에는 불빛 하나만 보인다. 이는 전조등의 각 분리가 θ_{min} 미만이어서 눈으로 구분할 수 없기 때문이다. 자동차가 다가오면 각도가 커지고 결국 전조등 2개가 뚜렷하게 보인다. 멀리 있는 천체를 이미지화하는 천문학자들도 같은 문제에 직면하는데, 각도가 종종 θ_{min}보다 작은

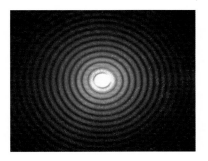

그림 22.21 원형 구멍에 의해 생성되는 회절 무늬

▶ **TIP** θ_{min}은 $\sin \theta_{min}$에 대한 근사이므로 여기서 각도는 라디안 단위이다.

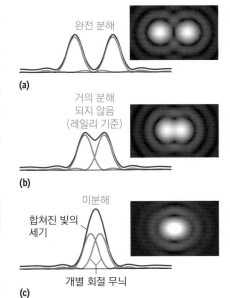

그림 22.22 두 광원은 회절 무늬의 중앙 극대가 너무 많이 겹치지 않는 경우에만 분해할 수 있다. 이 연속된 한 쌍의 광원이 각 분리가 변함에 따라 분해능이 어떻게 변화하는지 보여 준다.

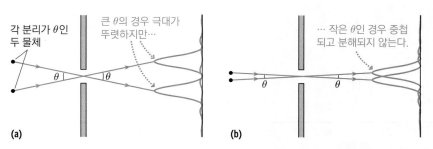

그림 22.23 서로 다른 각도 위치에 있는 먼 광원은 중심 극대가 파원과 같은 각 분리 θ를 갖는 회절 무늬를 생성한다.

경우가 많다. 이때 지름 D가 큰 망원경을 사용하면 도움이 된다. 회절 한계는 멀리 있는 별을 직접 이미지화할 수 없는 이유 중 하나이지만 일반적으로 지상에 있는 망원경에서는 대기 왜곡이 큰 문제이다. 그러나 허블 망원경과 다른 우주 기반 망원경은 회절의 한계가 있다. 파장을 증가시키는 것도 도움이 되므로 전파 망원경은 광학 기기보다 더 세밀하게 분해된다. 또한, 일부 전파 망원경은 여러 접시 안테나로 구성되어 있으며, 일부는 수천 킬로미터씩 떨어져 있어 D의 유효 값이 매우 크다.

레일리 기준은 일부 동물이 다른 동물보다 시력이 좋은 이유를 설명하는 데 도움이 된다. 높이 날아다니는 맹금류는 지상의 작은 동물을 식별하기 위해 뛰어난 시력이 필요하다. 이들은 상대적으로 큰 동공을 가지고 있으며, 식 22.6은 눈이 더 큰 분해능을 제공하는 작은 θ_{min}의 결과를 보여 준다.

때로는 회절 한계가 도움이 될 수 있다. 컴퓨터나 TV 화면에 너무 가까이 다가가면 눈이 개별 픽셀을 분해한다. 그러면 큰 그림에서 시야가 분산될 수 있다. 보다 편안한 거리에서는 화소 간의 각도 간격이 레일리의 θ_{min}보다 작으므로 픽셀이 섞여 연속된 그림처럼 보인다.

예제 22.8 픽셀화(pixelation)

노트북 화면의 픽셀 간격이 0.20 mm이다. 눈의 동공 직경이 3.0 mm인 경우 650 nm 적색광을 방출하는 개별 화소가 눈에 들어오기 전에 화면에 가장 가까이 다가갈 수 있는 눈과의 거리는 얼마인가?

구성과 계획 최소 거리는 시야각이 레일리 기준, $\theta_{min} = 1.22\,\lambda/D$를 만족하고 동공 직경이 D일 때 발생한다. 그림 22.24는 픽셀 사이의 각 분리가 픽셀 간격 s와 시야 거리 r에 대해 $\theta = s/r$에 근사하는 것을 보여 준다. 이 양을 식 22.6의 θ_{min}과 같게 놓으면 시야 거리를 구할 수 있다.

알려진 값: $\lambda = 510$ nm, $D = 3.0$ mm, 픽셀 간격 $s = 0.20$ mm

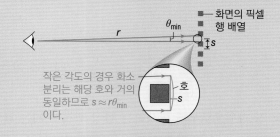

그림 22.24 개별 화면 픽셀을 분해한다.

풀이 레일리 기준은 θ_{min}을 제공한다.

$$\theta_{min} = 1.22\frac{\lambda}{D} = (1.22)\left(\frac{650\times10^{-9}\ \text{m}}{3.0\times10^{-3}\ \text{m}}\right) = 2.64\times10^{-4}\ \text{rad}$$

따라서 화면 거리는 다음과 같다.

$$r_{min} = \frac{s}{\theta_{min}} = \frac{2.0 \times 10^{-4} \text{ m}}{2.64 \times 10^{-4} \text{ rad}} = 0.76 \text{ m} = 76 \text{ cm}$$

반영 이 답은 합리적이다. 직접 시도해 보자. 픽셀을 보려면 조금 더 가까이 가야 할 수도 있으며, 원시인 경우 초점을 맞추는 어려움을 겪을 수 있다. 이 예제에서 계산된 거리는 완벽한 광

학을 가정한 이론적 최소 거리이다.

연결하기 파란색 화소는 빨간색 픽셀보다 분해가 더 쉬운가, 더 어려운가?

답 파장이 짧으면 θ_{min}이 작아지므로 더 먼 거리에서 파란색 픽셀을 분해할 수 있다.

X-선 회절

빌헬름 뢴트겐(Wilhelm Rontgen, 1845~1923)은 1895년에 X-선을 발견하였다(23장에 X-선에 대해 자세히 설명한다). 1912년 독일의 물리학자 막스 폰 라우에(Max von Laue, 1879~1960)는 고체에 원자가 일정한 간격으로 배열된 것이 X-선의 회절 격자 역할을 해야 한다고 제안하였다. 라우에는 X-선 파장(~1 nm)은 고체 내의 원자 간격과 비슷하고, 격자 크기가 파장과 비슷할 때 회절이 가장 명백하게 발생한다는 것을 알고 있었다. 그림 22.25는 X-선 회절의 원리를 보여 준다. 오늘날 X-선 회절은 분자와 고체의 구조를 결정하는 데 널리 사용된다. 중요한 역사적 예로 영국의 화학자 로잘린드 프랭클린(Rosalind Franklin)이 회절 무늬를 처음으로 얻은 DNA가 있다. 1953년 프란시스 크릭(Francis Crick)과 제임스 왓슨(James Watson)은 프랭클린의 결과를 사용하여 DNA의 이중 나선 구조를 확립하는 데 도움을 주었다. 또 다른 생물학적 응용 사례는 그림 22.26에서 볼 수 있듯이 X-선 회절 무늬인 암탉 알에서 추출한 단백질 결정체이다.

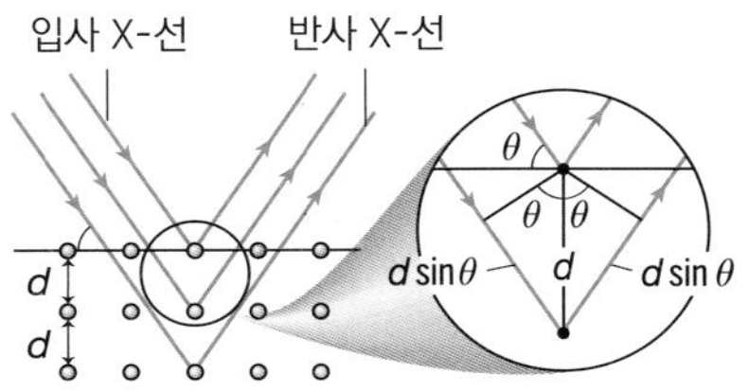

확인 22.3절 1차 가시광선 스펙트럼(400~700 nm)을 전부 볼 수 있는 최소 회절 격자 간격은 얼마인가?

그림 22.25 (a) X-선은 결정 고체의 원자 평면에서 반사된다. (b) 경로 차 $2d \sin\theta$가 X-선 파장의 정수 배일 때 보강 간섭이 일어난다.

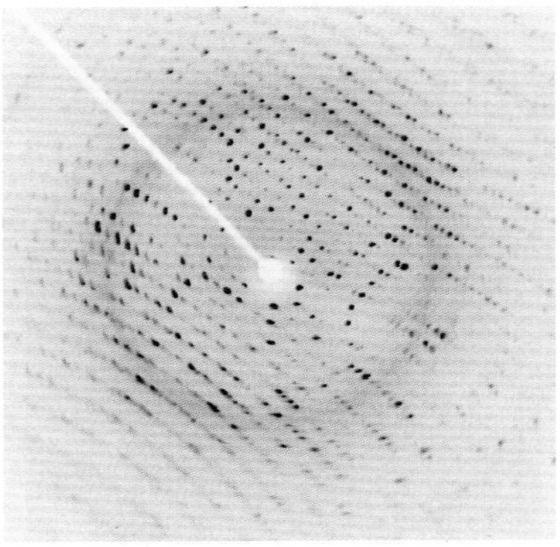

그림 22.26 단백질 결정에 의해 형성된 X-선 회절 무늬

22.4 편광과 산란

도로나 기타 표면의 눈부심을 줄여 주는 편광 선글라스를 가지고 있을 수 있다. 편광은 빛의 또 다른 파동 특성이다. 여기서 편광의 기본 물리학을 탐구하고 편광의 수많은 응용 분야 중 일부를 살펴볼 것이다.

빛의 편광

그림 20.3과 같이 전자기파는 전기장과 자기장이 서로 수직이고 전파 방향으로 교차한다는 것을 기억하여라. 그림 20.3의 파동은 **선형 편광**(linearly polarized)이며, 이는 전기장이 고정된 축을 따라 놓여 있다는 것을 의미한다. 자기장도 마찬가지이

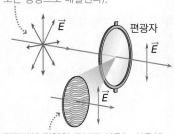

비편광 입사광 ($-\vec{E}$는 모든 방향으로 배열된다).

편광자

$\vec{E}$

$\vec{E}$

$\vec{E}$

편광자에 평행한 고분자 섬유는 섬유에 수직인 E의 성분만을 투과한다.

그림 22.27 편광은 전자기파의 전기장을 단일축으로 제한한다.

▶ **TIP** 선글라스 2개로 실험해 보자. 직각으로 배치했을 때 빛을 차단한다면 둘 다 편광된 것이다. 그렇지 않다면 하나 또는 둘 중 편광되지 않은 것이다.

꿀벌의 비행

햇빛과 지구 대기의 상호작용으로 인해 약간의 편광이 발생한다. 편광 선글라스를 하늘을 향해 회전하면 편광을 확인할 수 있다. 빛의 강도가 약간 변하는 것을 볼 수 있는데, 이는 편광이 약간 발생했음을 나타낸다. 꿀벌은 이 편광을 감지하여 날아갈 곳을 찾는다.

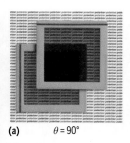
(a)　　　　$\theta = 90°$

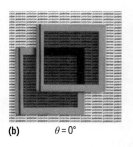
(b)　　　　$\theta = 0°$

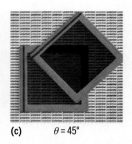
(c)　　　　$\theta = 45°$

그림 22.28 한 쌍의 편광 시트의 효과 (a) 투과축이 직각인 경우 빛이 통과하지 않는다. (b) 투과축이 평행할 때 최대 투과에 도달한다. (c) 중간 각도에서는 부분 투과가 일어난다.

지만 두 장은 항상 수직이므로 편광을 논의할 때 전기장만 언급하는 것으로 충분하다.

대부분의 빛은 **비편광**(non-polarized)이며, 임의의 편광 축을 가진 많은 전자기파로 구성되어 있다. 선글라스 렌즈와 같은 편광 필터는 선형으로 배향된 긴 유기 폴리머로 되어 그림 22.27은 분자들이 길게 늘어선 선에 평행한 전기장 성분을 차단하는 것을 보여 준다. 빛은 수평으로 편광된 수평 표면에서 반사되는 경향이 있으므로 그림 22.27과 같이 선글라스는 이러한 눈부심을 차단한다.

편광자를 통과하는 전기장 방향을 **투과축**(transmission axis)이라고 한다. 연속 편광자 2개를 함께 사용하면 어떻게 되는지 생각해 보자(그림 22.28). 축이 평행하면 첫 번째 편광자를 통과하는 모든 빛이 두 번째 편광자도 통과한다(그림 22.28b). 한 편광자를 다른 편광자에 대해 회전시키면 중간 정도의 빛이 통과한다(그림 22.28c). 투과축이 수직인 편광자 2개를 연속으로 사용하면 첫 번째 편광자는 두 번째 편광자를 통과할 수 없는 편광의 빛을 생성하므로 모든 빛이 차단된다(그림 22.28a).

전기장과 자기장은 장의 세기의 제곱에 비례하는 에너지를 전달하며, 전자기파에서 E와 B는 비례하므로 파동의 세기(단위 면적당 힘)는 전기장의 제곱에 비례한다는 것을 기억하여라. 편광자를 통해 편광된 빛을 보내면 편광자의 투과축에 평행한 전기장 성분만 통과한다. θ가 파동의 전기장과 투과축 사이의 각도라면 투과되는 전기장은 $\cos\theta$의 배수만큼 감소한다. 세기 I는 전기장의 제곱에 비례하므로 다음과 같이 나타낸다.

$$I = I_0 \cos^2\theta \quad \text{(말뤼스의 법칙, SI 단위: W/m}^2\text{)} \qquad (22.7)$$

여기서 I_0은 편광자에 입사하는 세기이고, I는 통과하는 빛의 세기이다. 평행한 축을 가진 편광자의 경우 $\theta = 0$, $\cos^2\theta = 1$이므로 빛은 감소하지 않은 상태로 통과한다. 그러나 교차 편광자의 경우 $\theta = 90°$, $\cos^2\theta = 0$이므로 빛이 통과하지 않는다. 식 22.7은 프랑스 과학자 에티엔 루이 말뤼스(Etientist-Louis Malus, 1775~1812)의 이름에서 딴 것으로, 그는 이 관계를 간단하게 설명하기 훨씬 전에 발견하였다.

편광 선글라스를 통해 편광되지 않은 빛을 보더라도 여전히 세기가 감소한다. 편광되지 않은 빛은 임의의 편광을 포함하므로 **말뤼스의 법칙**(Malus's law)에서 θ는 $0°$

에서 90°까지 무작위로 변한다. 따라서 $\cos^2\theta$는 0에서 1까지 다양하며, 평균값은 1/2이다. 따라서 편광 선글라스는 편광되지 않은 세기를 반으로 줄인 것이다.

예제 22.9   세기 대 각도

두 편광자 사이의 각도는 어느 정도여야 다음 양이 통과할 수 있는가?

(a) 입사한 빛의 1/2   (b) 입사한 빛의 1/4

구성과 계획 말뤼스의 법칙 $I = I_0\cos^2\theta$는 전달된 빛의 세기를 제공한다. 따라서 입사 세기에 전달되는 비율은 $I/I_0 = \cos^2\theta$이다.

풀이 $I/I_0 = 1/2$, $\cos^2\theta = 1/2$에 대해 다음이 성립한다.

$$\cos\theta = \sqrt{1/2} = 0.707,\ \text{즉}\ \theta = \cos^{-1} 0.707 = 45°$$

마찬가지로 $I/I_0 = 1/4$, $\cos^2\theta = 1/4$에 대해 $\cos\theta = \sqrt{1/4} = 1/2$이다. 따라서 $\theta = \cos^{-1}(1/2) = 60°$이다.

반영 각도가 0°에서 90°까지 증가함에 따라 빛의 전달 강도가 떨어진다. 그러나 예제에서는 코사인 제곱 함수 때문에 변화가 선형이 아님을 보여 준다.

연결하기 두 번째 편광자에 입사되는 세기의 10%까지 투과되는 강도는 어느 각도인가?

답 동일한 과정으로 계산하면 71.6°가 된다.

개념 예제 22.10   세 편광자

교차된 편광자 2개가 빛을 통과시키지 않는다. 그러나 교차된 편광자 사이에 다른 편광자를 삽입하면 일부 빛이 투과된다(그림 22.29). 이유는 무엇인가? 처음에 편광되지 않은 입사광이라고 가정할 때 마지막 편광자에서 나오는 세기는 얼마인가?

풀이 첫 번째 편광자와 중간 편광자의 투과축 사이의 각도가 θ라고 가정하자. $\theta \neq 90°$인 한, 일부 빛은 중간 편광자를 통과하여 해당 편광자의 방향 θ를 전달한다. 중간 편광자와 마지막 편광자 사이의 각도는 $90° - \theta$이므로 중간 편광자에 의해 편광된

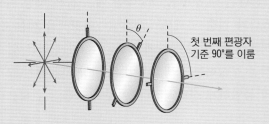

그림 22.29 세 편광자의 순서

빛은 마지막 편광자를 통과할 수 있다.

편광되지 않은 빛이 하나의 편광자를 통과할 때 세기가 반으로 줄어드는 것을 보았다. 따라서 I_0이 첫 번째 편광자에 입사한 세기라면 $I_1 = I_0/2$이 나온다. 말뤼스의 법칙에 따르면 중간 편광자 이후의 세기는 $I_2 = I_1\cos^2\theta = (I_0/2)\cos^2\theta$이다. 그러면 마지막 편광자에서 나오는 빛은 다음과 같이 계산된다.

$$I_3 = I_2\cos^2(90° - \theta) = \frac{I_0}{2}\cos^2\theta\cos^2(90° - \theta)$$

$\cos(90° - \theta) = \sin\theta$와 $\sin 2\theta = 2\sin\theta\cos\theta$이므로 이 식을 간단히 정리하면 다음을 얻는다.

$$I_3 = \frac{I_0}{8}\sin^2 2\theta$$

반영 전달 세기는 $\theta = 45°$일 때 최대이다. 극단적인 각도(0° 또는 90°)에서 근본적으로 전달 세기가 0인 교차 편광자 한 쌍에 불과하다.

액정 디스플레이

교차 편광자의 일반적인 응용 분야는 계산기부터 시계, 휴대폰, 미디어 플레이어, 컴퓨터 디스플레이, TV에 이르기까지 모든 것에 사용되는 **액정 디스플레이**(liquid crystal display, LCD)이다. 그림 22.30은 기본적인 LCD 작동을 보여 준다. 편광되

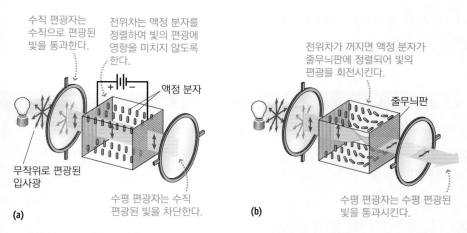

수직 편광자는 수직으로 편광된 빛을 통과한다.

전위차는 액정 분자를 정렬하여 빛의 편광에 영향을 미치지 않도록 한다.

액정 분자

무작위로 편광된 입사광

수평 편광자는 수직 편광된 빛을 차단한다.

(a)

전위차가 꺼지면 액정 분자가 줄무늬판에 정렬되어 빛의 편광을 회전시킨다.

줄무늬판

수평 편광자는 수평 편광된 빛을 통과시킨다.

(b)

그림 22.30 편광은 액정 디스플레이의 작동에서 중요한 역할을 한다. 위에서 보여 준 하나의 픽셀을 여러 개(TV나 컴퓨터 화면에서는 수백 만개)로 배열한 LCD 스크린 상에 개개의 픽셀이 나타나게 한다.

지 않은 빛은 먼저 하나의 편광자를 통과한다. 그 결과 편광된 빛은 액정 셀을 통과한다. 액정에 전위차 V가 가해지면 빛은 편광이 변하지 않은 상태로 액정 셀을 통과하게 된다. 그다음 빛은 첫 번째 편광자와 90°로 배향된 두 번째 편광자를 만나 차단된다. 그 결과는 디스플레이에 어두운 부분이 생긴다.

전위차가 꺼진 상태에서 액정의 분자는 편광을 90°만큼 회전시켜 두 번째 편광자와 정렬된다. 그 결과 디스플레이에 밝은 점이 나타난다. 계산기와 같은 간단한 디스플레이는 다양한 숫자를 표시하도록 구성된 몇 개의 액정 셀을 켜거나 끈다. 반면, 고화질 TV에는 수백만 개의 픽셀이 있으며 각각 그림 22.30의 축소판이다. 디스플레이 앞에서 편광 선글라스를 돌리면 LCD의 편광 특성을 확인할 수 있다.

빛의 대기 산란

햇빛은 모든 가시광선 파장이 혼합된 백색이다. 그렇다면 왜 구름은 항상 흰색인 반면, 하늘은 평소에 파란색이었다가 일출 및 일몰 무렵에는 주황색을 띠는 것일까? 그 해답은 공기 중의 입자에서 나오는 빛의 산란에 있다. 이러한 산란은 입자의 크기에 따라 크게 달라진다. 구름을 구성하는 물방울은 빛의 파장보다 훨씬 크기 때문에 모든 가시광선 파장을 거의 동일하게 산란시킨다. 이것이 구름이 흰색으로 보이는 이유이다.

산란 입자가 빛의 파장보다 훨씬 작을 때는 상황이 매우 달라진다. 건조한 공기의 약 99%를 구성하는 질소(N_2)와 산소(O_2) 분자가 이에 해당한다. 광파의 전기장은 이러한 분자의 원자가 전자와 상호작용하여 파장에 크게 의존하는 약한 산란을 일으키며, 산란된 빛의 세기는 $1/\lambda^4$에 비례한다. 따라서 파장이 짧은 파란색과 보라색이 우선적으로 산란된다(그림 22.31). 이 효과를 **레일리 산란**(Rayleigh scattering)이라고 한다. 하루 중 대부분의 시간 동안 위를 보면 직사광선으로부터 산란된 파란색 빛이 보인다. 하지만 일출이나 일몰 무렵에는 빛이 더 많은 대기를 통과해야만 우

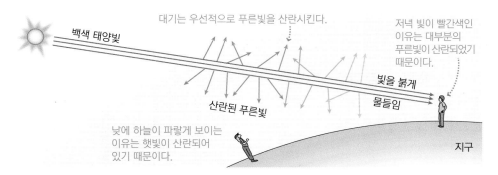

대기는 우선적으로 푸른빛을 산란시킨다.

백색 태양빛

저녁 빛이 빨간색인
이유는 대부분의
푸른빛이 산란되었기
때문이다.

빛을 붉게
물들임

산란된 푸른빛

낮에 하늘이 파랗게 보이는
이유는 햇빛이 산란되어
있기 때문이다.

지구

그림 22.31 레일리 산란은 대부분의 관측자에게는 파란 하늘을, 해질녘에는 붉은 하늘을 만들어낸다.

리에게 도달할 수 있다. 파란색이 시야에서 더 많이 산란되어 주황색과 빨간색이 주로 보인다.

확인 22.4절 입사된 빛의 세기가 동일하다고 가정하자. 각 편광자 쌍을 통과하는 빛의 세기를 큰 순서대로 나열하여라.

30°

(a)

10°

(b)

90°

(c)

60°

(d)

22장 요약

간섭

(22.1절) 광파의 간섭은 더 밝은 빛을 만들어내는 **보강 간섭**이거나 어두운 영역을 만들어내는 **상쇄 간섭**일 수 있다. 마이켈슨 간섭계는 빛의 간섭을 사용하여 빛의 거리와(또는) 이동 시간의 변화를 정밀하게 측정한다. **박막**은 상단과 하단 표면에서 반사되는 광파 사이에 간섭을 일으킨다. 굴절률이 큰 물질과의 계면에서의 반사는 180° 위상 변화를 갖는다.

박막 간섭으로 보정된 파장: $\lambda = \dfrac{\lambda_0}{n}$

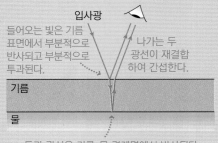

입사광

들어오는 빛은 기름 표면에서 부분적으로 반사되고 부분적으로 투과된다.

나가는 두 광선이 재결합하여 간섭한다.

기름

물

투과 광선은 기름-물 경계면에서 반사된다.

이중 슬릿 간섭

(22.2절) **영의 이중 슬릿 실험**에서 이중 슬릿을 통과하는 빛은 보강 간섭과 상쇄 간섭을 일으켜 멀리 떨어진 스크린에 밝고 어두운 무늬가 번갈아 나타나는 간섭 무늬를 만든다.

밝은 무늬에 대한 조건: $n\lambda = d\sin\theta\,(n = 0,\ 1,\ 2,\ \cdots)$

중앙 극대로부터 밝은 무늬까지의 거리: $y = \dfrac{n\lambda L}{d}$

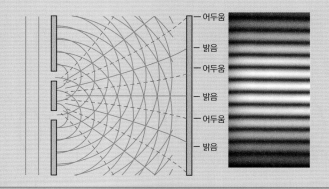

어두움
밝음
어두움
밝음
어두움
밝음

회절

(22.3절) **회절**은 파동이 장애물이나 구멍을 통과할 때 굴절되는 현상이다. 회절은 빛의 파장과 비슷한 크기이거나 더 작은 장애물이나 구멍이 있을 때 더욱 두드러진다. **회절 격자**는 빛을 구성하는 파장으로 정확하게 분리하는 다중 슬릿과 같다. **단일 슬릿 회절**도 슬릿의 다른 부분에서 나오는 파동이 간섭하므로 밝고 어두운 무늬를 생성한다. 고체에서 규칙적인 간격으로 배열된 원자는 X-선의 회절 격자 역할을 한다.

회절 격자로부터의 밝은 무늬: $n\lambda = d\sin\theta\,(n = 1,\ 2,\ \cdots)$

단일 슬릿의 어두운 무늬: $n\lambda = d\sin\theta\,(n = 1,\ 2,\ \cdots)$

레일리 기준: $\theta_{min} = 1.22\dfrac{\lambda}{D}$

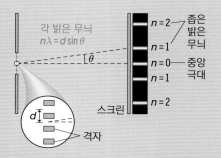

각 밝은 무늬
$n\lambda = d\sin\theta$

$n=2$ 좁은 밝은 무늬
$n=1$
$n=0$ 중앙 극대
$n=1$
$n=2$

스크린

d

격자

편광과 산란

(22.4절) 빛은 전기장이 단일 축을 따라 진동할 때 **편광**된다. **편광자**는 빛을 특정 편광으로 통과시킨다. **말뤼스의 법칙**은 편광자를 통과하는 빛의 세기를 편광 방향의 함수로 설명한다. 빛의 **대기 산란**은 짧은 파장의 산란을 선호하는 레일리 산란에 의해 나타난다.

말뤼스의 법칙: $I = I_0\cos^2\theta$

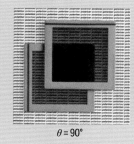

$\theta = 90°$

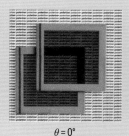

$\theta = 0°$

$\theta = 45°$

22장 연습문제

문제의 난이도는 •(하), ••(중), •••(상)으로 분류한다. BIO로 표시된 문제는 생물학적 또는 의학적인 문제이다.

개념 문제

1. 빛보다 소리로 간섭을 관찰하는 것이 더 쉬운 이유는 무엇인가?

2. 군용기의 날개를 코팅하여 8 GHz 레이더파를 반사하지 않도록 하는 것은 얼마나 쉬운가?

3. 두 유리 표면이 맞닿은 곳에 형성되는 뉴턴의 원 무늬의 중심점은 항상 어둡다. 이유가 무엇인가?

4. 이중 슬릿 실험에서 슬릿과 스크린의 거리를 세 배로 늘리면 무늬 모양에 어떤 영향이 있을까?

5. FM이나 위성 라디오에 비해 AM 라디오 신호가 건물이나 언덕과 같은 장애물을 쉽게 통과하는 이유는 무엇인가?

6. 회절 격자를 통해 백색광을 본다면 무엇을 볼 수 있을까?

7. 선글라스의 편광 여부를 확인하기 위해 수행할 수 있는 두 가지 테스트에 대해 설명하여라.

객관식 문제

8. 적색광($\lambda = 660$ nm)이 물웅덩이 위에 떠 있는 기름막($n = 1.50$)에 입사한다. 반사가 일어나지 않는 기름막의 최소 두께는 얼마인가?

(a) 660 nm   (b) 440 nm   (c) 330 nm   (d) 165 nm

9. 두께가 120 nm인 비눗방울 막($n = 1.33$)은 양쪽에 공기가 있는 기포를 형성한다. 이 기포에서 가장 많이 반사되는 가시광선의 파장은 얼마인가?

(a) 420 nm   (b) 480 nm   (c) 560 nm   (d) 640 nm

10. 빨간색 레이저 빛($\lambda = 632.8$ nm)이 한 쌍의 슬릿을 통과하여 3.60 m 떨어진 스크린에 간섭 무늬를 만든다. 스크린의 중심 극대에서 3차 극대까지의 거리가 1.10 cm일 때, 슬릿의 간격은 얼마인가?

(a) 0.20 mm   (b) 0.31 mm   (c) 0.42 mm   (d) 0.62 mm

11. 파장이 480 nm인 단색광이 1.4 μm 간격의 회절 격자를 통과한다. 1차 극대선이 관찰되는 각도는 얼마인가?

(a) 10°   (b) 20°   (c) 30°   (d) 45°

12. 두 편광자가 서로 35°의 투과축을 가지고 있다. 첫 번째 편광자에서 두 번째 편광자를 통과하는 빛의 분배량은 얼마인가?

(a) 0.67   (b) 0.72   (c) 0.82   (d) 0.88

연습문제

22.1 간섭

13. • 가시광선이 물웅덩이의 기름막($n = 1.60$)에 입사한다. 다음 색상에서 반사를 극대화하는 최소 기름막의 두께를 구하여라.

(a) 파란색(460 nm)   (b) 노란색(580 nm)

(c) 빨간색(640 nm)

14. •• 물에 약간의 기름을 붓고 아래를 내려다보면 440 nm의 보라색 빛이 반사되는 것을 볼 수 있다. 기름의 두께를 다음과 같이 늘리면 어떤 색의 빛을 볼 수 있는지 구하여라.

(a) 두 배   b) 세 배

15. •• 거품으로 구성된 비눗방울 막의 두께는 102 nm이고 굴절률은 1.33이다. 이 거품에서 가장 잘 반사되는 가시광선의 파장은 얼마인가? 거품 내부와 외부에 공기가 있고 시야각은 거품 표면에 수직이다.

16. BIO •• **눈 보호** 백색광 조명을 받으면 반사 선글라스 한 쌍이 파란색으로 보이며 480 nm에서 최대치를 갖는다. 굴절률이 1.36인 경우 반사 코팅의 두께는 얼마인가?

17. •• 마이켈슨 간섭계는 589 nm의 노란색 나트륨 빛을 사용한다. 간섭 무늬가 15줄만큼 이동하려면 거울 하나를 얼마나 멀리 움직여야 하는가?

22.2 이중 슬릿 간섭

18. •• 파장이 589 nm인 노란색 빛이 0.46 mm 간격으로 떨어져 있는 한 쌍의 슬릿을 통과한다. 다음 거리만큼 떨어진 스크린에서 밝은 선 무늬 사이의 거리를 구하여라.

(a) 2.0 m   (b) 3.0 m

19. •• $\lambda = 540$ nm의 녹색광이 0.065 mm 떨어져 있는 한 쌍의 슬릿과 부딪힌다. 물음에 답하여라.

(a) 중심 극대에 대한 처음 세 무늬 각각의 각도 편차를 구하여라.

(b) 작은 각도 근사가 정당한가?

20. ▪▪ 파장을 알 수 없는 단색광이 0.12 mm 간격으로 떨어진 이중 슬릿을 통과하여 1.55 m 떨어진 스크린에 간섭 무늬를 생성한다. 중앙 극대와 첫 번째 어두운 무늬 사이의 거리가 3.40 mm인 경우, 단색광의 파장은 얼마인가?

21. ▪▪ 백색광이 원적색 필터를 통과하면 680 nm의 빛이 이중 슬릿을 통과하여 먼 스크린에 17줄의 밝은 무늬를 생성한다. 빨간색 필터를 보라색($\lambda = 440$ nm)으로 교체하면 스크린에 몇 개의 밝은 색 무늬가 표시되는가?

22. ▪▪ 백색광과 $\lambda = 480$ nm, $\lambda = 580$ nm의 두 가지 필터가 있다. 더 짧은 파장을 사용할 때 이중 슬릿의 1차 밝은 무늬는 중앙 극대로부터 9.0 mm의 거리에 생겼다. 더 긴 파장인 경우, 해당 거리는 얼마인가?

23. ▪▪ 한 쌍의 슬릿에서 0.80 m 떨어진 X-선 검출기를 사용하여 X-선으로 이중 슬릿 실험을 시도하고 있다. 검출기가 0.15 mm로 분리된 극대로 분해할 수 있는 경우, 슬릿의 폭은 얼마인가?

22.3 회절

24. ▪▪ 회절 격자의 간격이 1.35 μm이다. 물음에 답하여라.

(a) 26.1° 각도를 통해 회절되는 파장은 얼마인가?

(b) (a)의 파장은 가시광선의 2차 극대인가? 그렇다면 회절 각도는 얼마인가?

25. ▪▪ 적외선, 가시광선, 자외선을 통과하는 1.40 μm 간격의 회절 격자가 있다. 다음 파장의 1차 회절 각도를 구하여라.

(a) 자외선 300 nm　　(b) 가시광선 550 nm

(c) 적외선 900 nm

26. ▪▪ 회절 격자의 간격이 1.0 μm이다. 다음 차수는 가시광선 스펙트럼의 어느 파장 영역에 해당하는가?

(a) 1차　　(b) 2차　　(c) 3차

27. ▪▪ 나트륨 스펙트럼에서 밝은 노란색의 나트륨 선은 실제로 589.0 nm와 589.6 nm에서 간격을 가깝게 둔 한 쌍의 선이다. 1,100 nm 간격의 회절 격자를 사용하여 나트륨 스펙트럼을 관찰할 때, 다음 차수에서 두 나트륨선의 분리 각도를 구하여라.

(a) 1차　　(b) 2차

28. ▪▪ 단일 슬릿 회절 무늬에서 4차 극소는 중심으로부터 1.5°이다. 다음 파장에서 갖는 경우 슬릿 폭을 구하여라.

(a) 450 nm　　(b) 650 nm

29. ▪▪ 파장이 $\lambda = 580$ nm인 단색광이 핀 구멍을 통해 비추어 1.75 m 떨어진 벽면에 회절 무늬를 생성하였다. 2차 어두운 고리의 반지름이 2.50 mm인 경우, 핀 구멍의 지름은 얼마인가?

30. ▪▪▪ 하늘에서 가장 밝은 별은 시리우스로, 실제로 지구에서 8.6광년 떨어진 한 쌍의 별이며 서로 약 3.0×10^{12} m 떨어져 있다. 파장이 550 nm인 빛의 두 별을 분해하기 위해 필요한 최소 망원경 지름은 얼마인가?

31. ▪▪▪ 허블 우주 망원경에 지름 2.4 m의 거울이 있다. 물음에 답하여라.

(a) 500 nm 파장의 빛을 사용하는 허블의 최소 각도 분해능은 얼마인가?

(b) 허블은 가까운 별의 궤도를 도는 행성을 찾는 데 사용된다. 별이 10광년 떨어져 있다면 별과 행성 사이의 최소 거리는 얼마인가? 구한 답을 지구에서 태양까지의 거리와 비교하여라.

32. ▪▪ 수소에서 나오는 3개의 주요 스펙트럼 선의 파장은 434 nm, 486 nm, 656 nm이다. 나트륨의 주요 선은 589 nm에 있다. 회절 격자를 보정하는 데 사용되는 나트륨 빛은 중심 극대로부터 30°에 1차 나트륨 선을 표시한다. 가장 짧은 파장의 두 수소선 사이에 10° 분리 각을 만드는 회절 격자의 간격은 얼마인가?

22.4 편광과 산란

33. ▪ 두 편광자의 투과축이 45°이다. 첫 번째 편광자에서 나오는 빛의 몇 퍼센트가 두 번째 편광자를 통과하는가?

34. ▪▪ 10 mW의 무편광 레이저 빛이 두 편광자 사이를 통과하며, 두 편광자의 투과 축은 30°만큼 차이가 난다. 물음에 답하여라.

(a) 두 편광자 사이 영역에서 빛의 일률은 얼마인가?

(b) 두 번째 편광자를 통과한 후 빛의 일률은 얼마인가?

35. ▪▪▪ 교차하는 두 편광자 사이에 한 편광자가 끼워져 있다. 처음 두 편광자의 투과축 각도가 다음과 같은 경우, 첫 번째 편광자에서 마지막 편광자를 통과하는 빛의 비율을 구하여라.

(a) 30°　　(b) 60°　　(c) 89°

36. ••• 세 편광자가 차례로 0°, 45°, 90°의 투과축을 가지고 있다. 물음에 답하여라.

(a) 첫 번째 편광자에서 세 번째 편광자를 통과하는 빛의 비율은 몇 퍼센트인가?

(b) 처음 두 편광자를 서로 바꾸면 상황은 어떻게 변하는가?

22장 질문에 대한 정답

단원 시작 질문에 대한 답

빛의 파동 특성은 빛의 파장보다 작은 물체는 분해능이 떨어지기 때문에 DVD나 블루레이 디스크에 광학적으로 코딩된 정보 비트는 너무 가까울 수 없다. 일반 DVD는 0.74 μm의 비트 간격과 4.7 GB의 정보 내용을 담고 있는 650 nm 적색 레이저광을 사용한다. 저렴한 청색 레이저의 발명으로 405 nm 빛과 0.32 μm의 비트 간격을 사용하는 블루레이 기술이 가능해졌다. 이 기술 및 기타 개선 사항 덕분에 블루레이 디스크는 고화질 영화에 충분한 25 GB의 정보를 저장할 수 있게 되었다.

확인 질문에 대한 정답

22.1절 (a) $\lambda/2$ (c) $3\lambda/2$

22.2절 (a) 파란색 (b) 빨간색 (c) 노란색

22.3절 700 nm

22.4절 (b) > (a) > (d) > (c)

현대물리

Modern Physics

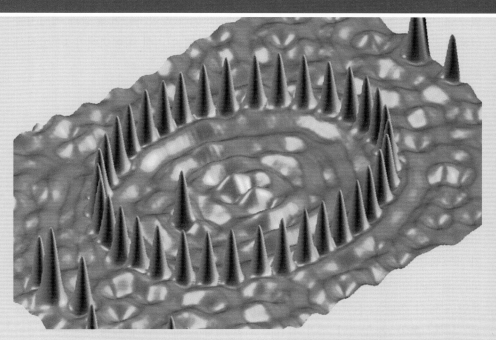

학습 내용

- ✓ 양자화를 설명하고 전하와 질량의 양자화에 대한 증거 제시하기
- ✓ 흑체 복사를 설명하고 빈의 법칙과 스테판-볼츠만 법칙을 사용하여 정량화하기
- ✓ 플랑크 상수의 중요성 설명하기
- ✓ 광전 효과를 설명하고 빛에너지의 양자화를 어떻게 보여 주는지 설명하기
- ✓ 콤프턴 효과를 설명하고 전자기파 에너지의 양자화를 어떻게 설명하는지 설명하기
- ✓ 쌍생성과 쌍소멸 설명하기
- ✓ 물질의 파동 특성을 설명하고 입자의 파장과 운동량이 어떻게 관련되어 있는지 설명하기
- ✓ 물질의 파동 특성에 대한 실험적 증거 설명하기
- ✓ 하이젠베르크의 불확정성 원리 설명하기

▲ 이 주사 터널 현미경 이미지는 구리 표면에 있는 코발트 원자의 '양자 울타리'를 보여 준다. 어떤 특이한 양자 현상이 이런 분광학을 가능하게 하는가?

이 장에서는 양자물리학의 핵심 아이디어, 즉 물리량의 양자화를 소개한다. 광자라고 부르는 입자와 같은 묶음으로 에너지가 나오는 빛과 다른 전자기 복사의 양자적 특성을 강조할 것이다. 뜨거운 물체에서 방출되는 전자기 복사는 양자화의 초기 증거를 제공하였다. 직접적인 증거는 광자가 금속에서 전자를 방출하거나(광전 효과) 전자에서 당구공처럼 산란(콤프턴 효과)하는 실험에서 나왔다. 따라서 전자기파인 빛도 입자의 특성을 나타낸다. 이러한 파동-입자 이중성은 전자기 복사뿐만이 아니라 물질 자체도 갖고 있다. 물질 입자는 운동량과 관련된 파장과 함께 파동 특성을 나타낸다. 파동-입자 이중성은 유명한 하이젠베르크의 불확정성 원리로 이어진다. 또한, 여러 종류의 전자현미경을 포함한 실용적인 장치로 이어진다.

23.1 양자화

동전이 담긴 통에 손을 뻗어 한 웅큼 집어 보아라. 27개가 들어 있을 수 있다. 32개일 수도 있지만 28.3이나 $\sqrt{59}$개는 아닐 것이다. 26, 27, 28 등 정수로만 제한되기 때문이다. 이것이 바로 **양자화**의 기본 개념이다. 양자화된 무언가는 나눌 수 없는 가장 작은 기본 단위(**양자**(quantum))를 가지며, 이 단위의 정수 배만 가질 수 있다. 동전을 조각으로 자를 수 있다고 주장할지도 모른다. 사실이지만 그렇게 되면 더 이상 동전이라 할 수 없을 것이다. 조각을 훨씬 더 작게 만들면 결국 물질의 기본 양자에 도달할 것이다. 이 기본 양자는 동전 크기가 아니라 눈에 보이지 않을 정도로 너무 작다. 이것이 양자화가 명확하지 않은 이유이고, 수 세기에 걸쳐 실험적 증거를 축적하면서 아이디어가 발전한 것이다. 여기에서는 역사적 발전 과정을 간략히 살펴보고 몇 가지 양자화된 물리량을 소개할 것이다. 양자화는 물리학자들이 물질과 에너지를 이해하는 데 기본이 되기 때문에 이 장에서 26장까지 이러한 아이디어가 더 발전하는 것을 볼 수 있다.

초기 역사

양자화 개념은 고대로 거슬러 올라간다. 기원전 5세기, 그리스 철학자 데모크리토스(Democritus)는 그의 스승 레우키푸스(Leucippus)와 함께 나눌 수 없다는 뜻의 아토포(atomos)라고 부르는 작은 입자의 존재를 제안하였다. 오늘날 원자라고 부르는 것(예: 산소 원자)은 나눌 수 있지만 데모크리토스는 양자화 개념을 이미 파악하고 있었다. 또한, 기원전 5세기에 그리스 철학자인 엠페도클레스(Empedocles)는 지구, 공기, 물, 불의 네 가지 기본 유형의 원자에 대한 개념을 개발하였다. 초기 원자 이론은 모든 물질이 이 네 가지 기본 '원소'의 조합이라고 주장하였다. 4원소 이론은 수세기 동안 다양한 형태로 전해졌다. 오늘날 기준으로는 이 이론이 그다지 과학적이지 않은 것처럼 보일 수 있지만 초기 기원을 보면 서양 문화 전반에 걸쳐 양자화 개념이 깊게 뿌리내리고 있음을 보여 준다.

화학적 증거

18세기와 19세기 초 화학이 크게 발전하면서 과학자들의 양자화에 대한 이해가 높아졌다. 샤를(Charles), 보일(Boyle), 게이–루삭(Gay-Lussac)의 이상 기체에 대한 연구(12장)는 기체가 본질적으로 원자라는 증거를 제시한다. 1800년경 프랑스 화학자 조세프 프로스트(Joseph Proust)는 일정 성분비 법칙(law of definite proportions)을 개발하였다. 주어진 화학 반응에서 각 참여 원소의 질량 비는 항상 동일하다. 예를 들어, 물의 형성에서 수소에 대한 산소의 질량 비는 항상 8:1이다.

비슷한 시기에 영국 화학자 존 돌턴(John Dalton)은 수소, 산소, 질소 등 특정 유형의 모든 원자가 동일하다는 최초의 현대 원자 이론을 제안하였다. 동일한 원자 질량의 아이디어는 일정 성분비 법칙을 설명하는 데 도움이 된다. 1811년 이탈리아 화학자 아메데오 아보가드로(Amedeo Avogadro)는 새로운 원자 이론을 바탕으로 원자가 결합하여 분자를 형성할 수 있으며, 각 분자 유형(예: O_2, CO_2, H_2O)에 대해 일정한 비율의 원자가 결합할 수 있다고 설명하였다.

1830년대에 마이클 패러데이(Michael Faraday)(패러데이의 유도 법칙도 개발한 과학자, 19장)는 전류를 이용하여 분자를 분해하는 **전기분해**(electrolysis) 실험을 하였다. 패러데이의 결과는 돌턴과 아보가드로의 생각과 일치하였다. 예를 들어, 물의 전기분해에서 생성되는 수소의 부피는 항상 산소의 두 배이다. 패러데이는 다양한 물질에 대한 전기분해를 수행하여 많은 분자의 화학적 구성을 확립하였다.

질량과 전하의 양자화

패러데이의 전기분해 실험은 물질이 원자로 구성되어 있다는 생각을 더욱 확고히 하였다. 게다가 패러데이는 전기분해에서 방출되는 특정 원소의 질량이 공급된 총 전기 전하(전류 × 시간)에 따라 달라진다는 사실을 발견하여 전하 양자화에 대한 힌트를 얻었다. 1897년 J.J. 톰슨(J.J. Thomson)은 전기분해를 사용하여 전자의 전하 대 질량 비가 이온화된 수소 원자의 전하 대 질량 비보다 1,000배 이상 크다는 것을 보여 주었다(18.3절). 수소 원자는 전기적으로 중성이므로 전자의 전하는 수소 이온의 전하와 정확히 반대여야 한다. 톰슨의 결과는 전자의 질량이 수소 이온의 질량보다 약 1,800배나 훨씬 작다는 것을 시사한다. 24장에서 이것이 원자 구조에 중대한 영향을 미친다는 것을 알게 될 것이다.

1913년 로버트 밀리컨(Robert Millikan)의 실험을 통해 전하 양자화가 확고히 확립되었다(15.5절). 기본 전하 e와 전하 대 질량 비 e/m를 알면 전자의 양자화된 질량을 얻을 수 있다. 이 질량에 대한 현대적 가치는 약 9.11×10^{-31} kg으로 수소 원자의 질량보다 1,800배 이상 작다.

이온화된 원자는 항상 기본 전하량 $e \approx 1.602 \times 10^{-19}$ C의 정수 배인 알짜 전하량을 갖는다. 이는 원자에서 발견되는 모든 전하(양전하와 음전하)가 e의 배수이며, 이 전하가 기본 단위로 양자화되었음을 강하게 시사한다. 지난 세기 동안 발견한 다양한 아원자 입자는 모두 e의 정수 배인 전하를 가지거나 중성이다. 현대 입자 이론에 따르면 양성자와 중성자를 포함한 많은 입자는 $\pm 2e/3$ 및 $\pm e/3$의 전하를 운반하는 3개의 **쿼크**(quark)로 구성된 합성물이다. 양성자를 형성하는 세 쿼크는 알짜 전하량 $+e$에 대해 $2e/3$, $2e/3$, $-e/3$를 가지고 있다. 중성자를 형성하는 쿼크의 전하량은 $2e/3$, $-e/3$, $-e/3$이며, 알짜 전하량은 0이다. 그러나 개별 자유 쿼크는 관측되지 않으므로 대부분의 실용적 목적에서는 전하량이 $\pm e$ 단위로 양자화된다고 가정할 수 있다. 26장에서 쿼크와 다른 기본 입자에 대해 논의할 것이다.

선 스펙트럼

나트륨 증기 가로등의 특징적인 노란색 빛과 네온사인의 화려한 빨간색 빛을 본 적이 있을 것이다. 나트륨, 네온 등 각 유형의 원자는 해당 원소 고유의 **특성 스펙트럼**(characteristic spectrum)을 방출한다. 방출은 회절 격자를 사용하여 파장별로 쉽게 분리할 수 있다(22.3절). 그림 23.1은 일부 원자 스펙트럼을 보여 준다. 태양 대기에서 나오는 빛의 낮선 스펙트럼 선 무늬를 관찰한 결과, 지구에서 분리되기 전에 태양에서 확인된 원소인 헬륨이 발견되었다.

19세기 후반의 물리학자들은 원자 스펙트럼의 파장 무늬를 이해하기 위해 고군분투하였다. 그들이 놓친 것은 파장과 에너지 사이의 연관성인데, 이 부분은 23.2절에

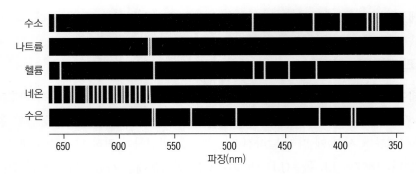

그림 23.1 몇 가지 원소의 방출 스펙트럼

서 설명할 것이다. 그림 23.1의 선 스펙트럼과 특정 파장에서의 방출은 원자가 특정한 불연속적인 양으로만 에너지를 방출한다는 것을 보여 주며, 이는 원자 내의 에너지가 양자화되어 있음을 시사한다. 24장에서는 20세기 초 물리학자들이 이 정보를 질량 및 전하 양자화와 함께 원자의 모형을 개발하는 데 어떻게 사용했는지 살펴볼 것이다.

확인 23.1절 다음 이온의 전하 대 질량 비가 큰 순서대로 나열하여라.
(a) H^+ (b) He^+ (c) He^{+2} (d) Na^+

23.2 흑체 복사와 플랑크 상수

그림 23.1의 불연속 스펙트럼 선의 무늬는 원소마다 고유하며 원소가 불활성 기체 상태일 때 생성된다. 이와 대조적으로 그림 23.2는 가시광선 파장부터 적외선과 자외선까지 모든 범위를 포함하는 **연속 스펙트럼**(continuous spectrum)을 보여 준다. 이러한 유형의 스펙트럼은 뜨겁고 빛나는 물체(이 경우 일반적인 백열전구)에서 나타난다. 모든 가시광선 파장에서 방출이 동일하게 강하지는 않지만 각각의 색을 다 가지고 있어서 빛이 하얗게 보인다. 따라서 그림 23.2의 스펙트럼을 **백색광 스펙트럼** (white light spectrum)이라 부르기도 한다.

그림 23.2의 연속 스펙트럼은 13.4절에서 소개한 **흑체 복사**(blackbody radiation)의 한 예이다. 뜨거운 물체에서 밀접한 간격을 가진 원자와 분자의 열적 동요는 연속적인 파장 영역을 가진 전자기파 복사를 생성한다. 전구 필라멘트 외에도 흑체 복사의 다른 친숙한 예로 전기난로의 빛나는 버너, 장작불의 뜨거운 석탄, 태양과 지구가 있다.

흑체 복사의 실험적 연구

19세기 후반 흑체 복사를 연구하는 물리학자들은 흑체의 온도와 방출되는 파장의 분포 사이의 연관성을 발견하였다. 약 3,000 K의 전구 필라멘트는 사람이 인식하는 백

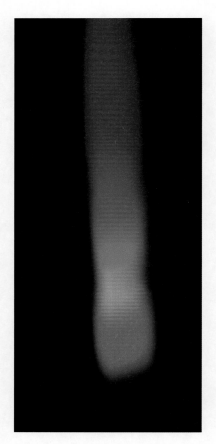

그림 23.2 백색광원의 연속 스펙트럼

색광을 방출한다. 난로의 붉은 오렌지 빛은 1,000 K 이하의 낮은 온도를 나타낸다. 약 5,800K의 태양은 전구보다 더 하얀 빛을 방출하는 반면, 약 300 K의 지구는 거의 전적으로 적외선을 우주로 방출한다. 그림 23.3은 일부 흑체 온도에 대한 다양한 파장에서의 복사량을 보여 준다. 온도가 높아짐에 따라 최대점(peak)이 짧은 파장으로 이동하는 것을 주목하여라. 최대 파장 λ_{max}와 온도 T 사이의 관계는 1893년에 제안한 독일 물리학자 빌헬름 빈(Wilhelm Wien, 1864~1928)의 이름을 딴 **빈의 법칙**(Wien's law)에 의해 주어진다.

$$\lambda_{max} T = 2.898 \times 10^{-3} \text{ m·K} \quad \text{(빈의 법칙, SI 단위: m·K)} \quad (23.1)$$

'최대 파장(peak wavelength)'을 말하지만 식 23.1의 λ_{max}는 단위 파장 간격당 세기가 정점에 도달하는 파장임을 강조한다. 단위 진동수 간격당 세기를 똑같이 잘 나타낼 수 있고, 다른 파장에서 최대를 얻을 수 있다. 더 의미 있는 양은 중앙 파장(median wavelength)이며, 그 아래(또는 그 위)에서 광출력의 반은 복사된다.

$$\lambda_{med} T = 4.107 \times 10^{-3} \text{ m·K} \quad \text{(중앙 파장, SI 단위: m·K)} \quad (23.2)$$

그림 23.3은 또한 온도가 증가하면 모든 파장에서 많은 복사가 발생함을 보여 준다. 따라서 방출되는 총 출력은 온도에 따라 증가한다. 13장에서 본 것처럼 온도 T에서 표면적 A를 가진 물체가 복사하는 출력은 **스테판–볼츠만 법칙**(Stefan-Boltzmann law)에 의해 주어진다.

$$P = e\sigma A T^4 \quad \text{(스테판–볼츠만 법칙, SI 단위: W)} \quad (23.3)$$

여기서 방출률 e는 물체가 얼마나 효율적으로 방사선을 흡수하고 방출하는지 측정한다. 완벽한 흑체(입사하는 모든 방사선을 흡수하여 검은색으로 보이기 때문에 붙여진 이름)는 방출률이 1이다. 반면, 완벽하게 반사되는 표면은 $e = 0$이다. σ는 스테판–볼츠만 상수 $\sigma = 5.67 \times 10^{-8} \text{ W/(m}^2 \cdot \text{K}^4)$이다.

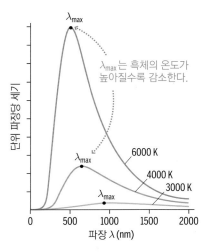

그림 23.3 서로 다른 온도에서 흑체가 방출하는 단위 파장당 세기. 높은 온도에서 많은 방사선이 방출되고 '빈 최대' λ_{max}는 짧은 파장으로 이동한다.

▶ **TIP** 빈의 법칙과 스테판–볼츠만 법칙에서는 절대온도(SI 단위: K)를 적용해야 한다.

예제 23.1 별에서 귀로

완벽한 흑체라고 가정할 때, 다음 중간 파장을 사용하여 각 물체의 표면 온도를 구하여라.

(a) $\lambda_{med} = 572$ nm의 별
(b) $\lambda_{med} = 4.43$ μm의 전기난로 버너
(c) $\lambda_{med} = 13.21$ μm의 인간 고막

구성과 계획 식 23.2 $\lambda_{med} T = 4.107 \times 10^{-3}$ m·K은 중앙 파장과 표면 온도를 연관시킨다. 즉, λ_{med}가 주어지면 온도 T를 구할 수 있다.

풀이 (a) $\lambda_{med} = 572$ nm의 별에 대해 온도를 구한다.

$$T = \frac{4.107 \times 10^{-3} \text{ m·K}}{\lambda_{med}} = \frac{4.107 \times 10^{-3} \text{ m·K}}{572 \times 10^{-9} \text{ m}} = 7{,}180 \text{ K}$$

(b) 전기난로 버너에 대해 온도를 구한다.

$$T = \frac{4.107 \times 10^{-3} \text{ m·K}}{\lambda_{med}} = \frac{4.107 \times 10^{-3} \text{ m·K}}{4.43 \times 10^{-6} \text{ m}} = 927 \text{ K}$$

(c) 귀에 대해 온도를 구한다.

$$T = \frac{4.107 \times 10^{-3} \text{ m·K}}{\lambda_{med}} = \frac{4.107 \times 10^{-3} \text{ m·K}}{13.21 \times 10^{-6} \text{ m}} = 310.9 \text{ K}$$

반영 귀 온도가 37.75°C로 약간의 열이 있음을 나타낸다(정상 체온은 37.0°C이다). 이 예는 어떻게 복사가 흑체로 복사되는 물체에 '온도계' 역할을 하는지 보여 준다. 실제로 이 기술을 사용하는 온도계는 일반적으로 빈 최대 또는 λ_{med} 대신 흑체 곡선의 두 점을 측정한다. 적외선 감지 귀 온도계는 구강 체온계보다 빠르고, 천문학적 분광법은 멀리 떨어진 별의 온도를 알려주는 등 활용 범위가 방대하다.

연결하기 이 별의 중앙 파장은 태양의 파장과 어떻게 비교되는가?

답 태양이 5,800 K의 흑체라는 것에 주목하면 식 23.2에 의해 $\lambda_{med} = 708 \text{ nm}$로 주어진다. 이는 가시광선과 적외선 경계에 매우 가까운 반면, 더 뜨거운 별의 중앙 파장 552 nm는 가시광선 영역의 중간 부분에 있다.

개념 예제 23.2 별 색깔

밤하늘의 별을 자세히 보면 어떤 별은 더 파랗게, 어떤 별은 더 붉게 보이는 것을 알 수 있다. 이것은 무엇을 의미하는가?

풀이 뜨거운 물체의 색은 방출하는 복사의 파장 분포를 대략적으로 보여 주는 지표이다. 파란색은 중앙 파장이나 빈 최대 파장이 짧고 따라서 높은 온도에 해당한다. 반대로 빨간색은 긴 파장에서 더 많은 복사가 방출되고 따라서 낮은 온도에 해당한다. 무엇보다 높고 낮은가? 태양은 황백색으로 보이기 때문에

좋은 비교 대상이 된다. 뚜렷하게 빨간색으로 보이는 별은 태양보다 차갑고, 푸른빛이 도는 별은 태양보다 뜨겁다.

반영 태양의 중앙 파장은 708 nm로, 적외선에서 약 절반의 복사를 방출하고 자외선이 약간 있기 때문에 가시광선에서는 절반에 약간 못 미치는 것으로 나타났다. 그럼에도 태양은 가시광선에서 꽤 밝다. 즉, 색깔은 온도의 상대적인 지표일 뿐이다.

예제 23.3 태양의 일률

태양이 반지름이 $R = 6.96 \times 10^8$ m인 구형 흑체라고 가정하여 태양이 방출하는 총 일률을 구하여라. 이 답을 사람의 연간 에너지 소비율인 4.2×10^{20} J과 비교하여라.

구성과 계획 총 복사 일률은 스테판-볼츠만 법칙 $P = \sigma A T^4$에 따라 결정되며, 흑체의 경우 $e = 1$이다. 구면 태양의 경우, $A = 4\pi R^2$이다. 태양의 표면 온도가 약 5,800 K이라는 것을 확인하였다.

알려진 값: $\sigma = 5.67 \times 10^{-8}$ W/(m²·K⁴), $R = 6.96 \times 10^8$ m, $T = 5,800$ K

풀이 이 값을 스테판-볼츠만 법칙에 대입해서 계산하자.

$$P = \sigma A T^4 = (5.67 \times 10^{-8} \text{ W/(m}^2 \cdot \text{K}^4))(4\pi(6.96 \times 10^8 \text{ m})^2)(5,800 \text{ K})^4$$
$$= 3.9 \times 10^{26} \text{ W}$$

1 W = 1 J/s이므로 이는 $(3.9 \times 10^{26} \text{ J/s})(3.15 \times 10^7 \text{ s/y}) = 1.2 \times 10^{34}$ J/y과 동등하다. 이는 사람의 에너지 소비율의 10^{13}배 이상인 양이다!

반영 태양 에너지의 극히 일부만 지구에 도달하지만 이는 여전히 인간이 소비하는 에너지의 약 10,000배에 달하는 양이다.

연결하기 태양은 동일한 에너지 출력을 유지하면서 약간 팽창했다고 가정하자. 표면 온도는 어떻게 되는가?

답 스테판-볼츠만 법칙에 따르면 면적 A가 클수록 일정한 일률 P는 온도가 낮다는 것을 의미한다. 따라서 태양의 표면이 식을 것이다.

별은 진화하며 에너지 출력과 반지름이 변함에 따라 색이 변한다. 태양과 같은 질량을 가진 별은 100억 년 수명의 대부분 동안 거의 같은 모습을 보인다. 그러나 마지막에 태양은 거대하고 차가운 붉은색 거대 항성으로 진화하고 결국에는 뜨거운 백색

왜성으로 줄어들 것이다. 천문학자들은 색과 스펙트럼을 관찰하여 별의 대략적인 질량과 나이를 알아낼 수 있다.

플랑크의 양자 이론

빈의 법칙과 스테판-볼츠만 법칙은 처음에 실험적으로 추론되었다. 1884년 볼츠만은 고전 열역학에서 스테판-볼츠만 법칙을 유도하였다. 그러나 흑체 곡선(그림 23.3)과 빈의 법칙을 이해하려는 유사한 시도에서도 이론적인 설명이 나오지 않았다.

1900년 독일의 물리학자 막스 플랑크(Max Planck, 1858~1947)가 이를 해결하였다. 플랑크는 흑체의 원자를 단조화 진동자로 모형화하고, 흑체가 원자 진동자 전체로부터 복사를 만들어내는 방식을 예측하였다. 플랑크는 그림 23.3에서 실제 흑체 곡선을 재현하는 유일한 방법은 해당 곡선을 설명하는 방정식을 변경하는 것임을 발견하였다. 플랑크의 연구에 담긴 깊은 의미는 원자 진동의 에너지가 양자화되고 에너지 E는 진동수 f에 비례한다는 것이다. 수학적으로 보면 다음과 같다.

$$E = hf \quad \text{(플랑크의 에너지 양자화, SI 단위: J)} \qquad (23.4)$$

여기서 h는 **플랑크 상수**(Planck's constant)이며, 대략적인 값은 $h = 6.626 \times 10^{-34}$ J·s이다. 플랑크의 h는 자연의 기본 상수이다. 플랑크는 양자화 조건으로 그림 23.3의 실험 결과를 성공적으로 재현하였다. 또한, 빈의 법칙을 도출하여 흑체 복사에 대한 이론적 근거를 제공하였다.

플랑크의 결과는 놀라웠고, 물리학자들은 이를 어떻게 해석해야 할지 몰랐다. 고전적으로는 진동 에너지에 제한이 없어야 하지만, 흑체 스펙트럼을 설명하기 위해 양자화가 필요한 것처럼 보였다. 플랑크 상수의 아주 작은 크기인 SI 단위 6.626×10^{-34} J·s는 에너지의 단일 양자가 매우 작다는 것을 나타낸다. 그렇기 때문에 양자 효과가 일상 세계에서는 명백하지 않으며 1900년경 플랑크와 다른 물리학자들에게도 명백하지 않았다. 다음 예제가 이 점을 잘 보여 준다.

예제 23.4 물체-용수철 계의 양자화

일반물리학 실험실에 있는 물체-용수철 계가 용수철 상수 $k = 120$ N/m의 용수철에 질량 1.0 kg의 물체로 구성되어 있으며 진폭 14 cm로 진동하고 있다. 에너지가 양자화되어 있다고 가정하고 플랑크의 공식에 따라 양자 에너지의 크기와 실제 에너지를 비교하여라.

구성과 계획 식 23.4 $E = hf$는 양자 에너지를 제공한다. 7장에서 물체-용수철 진동자를 공부했으며, 식 7.3 $\omega = \sqrt{k/m}$는 진동의 각진동수이다. 따라서 진동수 f는 $f = \omega/2\pi$이다. 계의 에

너지는 최대 변위에서 용수철의 위치 에너지 $U = \frac{1}{2}kx^2$과 같다.

알려진 값: $h = 6.626 \times 10^{-34}$ J·s, $m = 1.0$ kg, $k = 120$ N/m, $x = 25$ cm (최대 변위)

풀이 용수철 진동 진동수는 다음과 같다.

$$f = \frac{\omega}{2\pi} = \frac{1}{2\pi}\sqrt{\frac{k}{m}} = \frac{1}{2\pi}\sqrt{\frac{120 \text{ N/m}}{1.0 \text{ kg}}} = 1.74 \text{ Hz}$$

양자 에너지는 다음과 같다.

$$E = hf = (6.626 \times 10^{-34} \text{ J·s})(1.74 \text{ Hz}) = 1.2 \times 10^{-33} \text{ J}$$

따라서 다음 실제 에너지를 얻는다.

$$\frac{1}{2}kx^2 = \frac{1}{2}(120 \text{ N/m})(0.14 \text{ m})^2 = 1.2 \text{ J}$$

반영 실제 에너지는 양자 에너지보다 10^{33}배 크다. 그렇기 때문에 일상생활에서 양자화를 느끼지 못하는 것은 당연하다.

연결하기 $k = 0.98$ N/m이고 진폭이 0.67 nm인 '용수철' 분자에 대해 전자에 대한 양자 에너지와 실제 에너지를 비교하여라.

답 같은 방법으로 계산하면 양자 에너지는 $hf = 1.09 \times 10^{-19}$ J 이고 실제 에너지는 이 에너지의 두 배이다. 여기서 양자 에너지 hf는 유효하고 계의 에너지는 양자의 정수 배이다. 또한, hf 의 값은 원자 계의 전형적인 값이며, 이는 물리학자들이 종종 원자 에너지를 전자볼트($1 \text{ eV} = 1.6 \times 10^{-19}$ J)로 측정하는 이유이다. 여기서 $hf = 0.68$ eV이다.

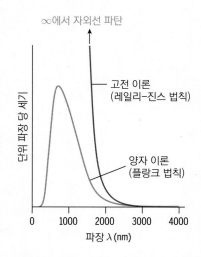

그림 23.4 5,000 K 흑체에 대한 단위 파장당 세기. 고전 이론과 양자 이론의 차이를 보여 준다.

플랑크의 양자를 사용하지 않고 흑체 곡선을 이해하려는 주목할 만한 시도는 1905년 영국의 물리학자 존 윌리엄 스트럿(John William Strutt)(레일리 경(Lord Rayleigh))과 제임스 진스 경(Sir James Jeans)에 의해 이루어졌다. 이들은 조화 진동자에 의한 방출도 고려했지만 에너지 양자화는 고려하지 않았다. 그림 23.4는 레일리–진스 법칙(Rayleigh-Jeans law)으로 알려진 이들의 결과를 나타낸 것이다. 레일리–진스 법칙은 긴 파장에서의 실험 결과(및 플랑크의 이론)와 일치하지만 실질적으로 짧은 파장에서는 크게 벗어난다. 물리학자들은 단파장에서의 불일치를 **자외선 파탄**(ultraviolet catastrophe)이라고 부른다. 이 파탄은 플랑크의 양자를 물리적 실체의 한 측면으로 받아들여야 한다는 것을 보여 준다. 다음 절에서는 에너지 양자화를 전자기 복사 자체로 확장하는 추가 실험을 고려할 것이다.

> **새로운 개념 검토**
>
> - 기본 입자의 질량과 전하 등 많은 물리량이 양자화된다.
> - 흑체 복사는 빈의 법칙(또는 중앙 파장)과 스테판–볼츠만의 법칙으로 설명할 수 있다.
> - 플랑크는 고체의 원자 진동이 $E = hf$에 따라 양자화된 에너지를 갖는다는 의미로 상수 h를 도입하여 흑체 관측을 설명하였다.

23.3 광자

1880년대에 하인리히 헤르츠(Heinrich Hertz)는 진공에서 금속 표면에 입사된 자외선 빛이 금속에서 전자를 방출한다는 것을 발견하였다. 이 **광전 효과**(photoelectric effect)는 나중에 플랑크의 양자화 아이디어를 확장하는 데 중요한 역할을 하게 된다.

광전 실험

헤르츠의 전 조수 필립 레너드(Phillip Lenard)는 1898~1902년에 광전 효과를 더 깊이 탐구하였다. 그림 23.5는 전형적인 광전 실험을 보여 준다. 입사광이 진공관 내부의 금속 표면인 음극(cathode)을 때린다. 여기서 **광전자**(photoelectrons)라고 부르는 전자는 음극에서 방출되어 또 다른 금속 전극인 양극(anode)으로 이동할 수 있다. 가변 전원 장치와 전류계는 외부에서 양극과 음극을 연결하여 닫힌회로를 형성한다. 전류계는 회로 전류를 읽는데, 이는 음극에서 양극으로 흐르는 전자가 전달하는 **광전류**(photocurrent)와 같다. 외부 회로에 저항이 거의 없기 때문에 양극과 음극 사이의 전위차 ΔV는 기본적으로 기전력 ε과 동일하다. 그다음 ΔV를 조정하면 광전류가 변화한다. 음극에 비해 양인 ΔV는 광전자를 양극으로 끌어당겨 광전류를 최대화한다. ΔV가 음이면 전자가 양극에서 반발하여 광전류가 감소한다.

그림 23.6a는 단색광을 사용한 실험의 전형적인 결과를 보여 준다. 고정된 ΔV에서 빛의 세기가 커지면 광전류가 증가하여 음극에서 많은 전자가 방출되는 것을 볼 수 있다. 극성을 바꾸면 전자의 흐름을 뒤로 밀어내는 전기장이 형성되어 광전류가 감소한다. $\Delta V = -V_0$일 때 광전류는 0에 도달하는데, 여기서 V_0을 **정지 전압**(stopping potential)이라 한다. 그림 23.6a에서 정지 전압은 빛의 세기와 무관하다는 것에 주목하여라. 그러나 정지 전압은 빛의 진동수 또는 파장에 따라 달라진다(그림 23.6b). 정지 전압 V_0을 빛의 진동수 f의 함수로 보면 그림 23.7과 같은 관계가 나타난다. 정지 전압은 진동수에 따라 선형적으로 증가하는 것이 분명하다. 그림 23.7에서 볼 수 있듯이 광전자 방출을 위해 **문턱 진동수**(threshold frequency)라고 하는 최소 진동수 f_0을 가지며, 문턱 진동수는 금속마다 다르다.

고전물리학으로 관찰된 효과의 일부를 설명할 수 있다. 전자기파의 진동하는 전기장이 금속의 전자와 상호작용할 때 광전자가 방출될 수 있다. 또 다른 가능성은 빛이 전자 방출의 원인이 되는 열에너지와 함께 금속 표면을 가열한다는 것이다. 이 두 가지 설명 중 하나는 빛의 세기와 광전류 사이의 관계와 일치한다(그림 23.6a).

그러나 그림 23.6a는 고전물리학에도 문제를 제기한다. 왜 정지 전압이 빛의 세기와 무관해야 하는가? 강력한 파동은 더 많은 에너지를 가진 광전자를 생성하여 더

▶ **TIP** 음극에 부딪치는 빛은 반드시 가시광선일 필요는 없으며 자외선이나 적외선일 수도 있다.

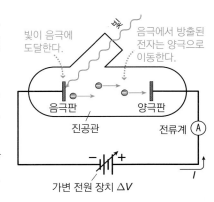

그림 23.5 광전 효과를 연구하기 위한 장치

▶ **TIP** 진동수와 파장은 반비례한다는 것을 기억하여라. 즉, 진동수가 높을수록 파장은 짧아진다.

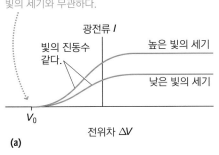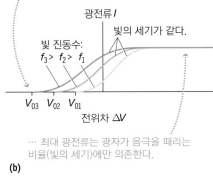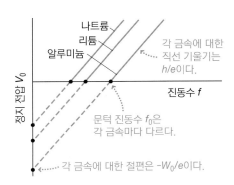

그림 23.6 (a) 진동수(또는 파장)는 고정되어 있지만 세기가 다른 광전류 대 전위차. 정지 전압은 빛의 세기와 무관함을 보여 준다. (b) 정지 전압이 광진동수(또는 파장)에 따라 달라지는 것을 보여 주는 광전자 데이터

그림 23.7 세 가지 금속에 대한 정지 전압 대 진동수

높은 정지 전압을 필요로 하지 않을까? 그리고 그림 23.6b와 그림 23.7에서 분명히 알 수 있듯이 빛의 진동수가 중요한 이유는 무엇일까? 게다가 광전자 방출은 빛의 세기나 진동수에 관계없이 빛이 있을 때 거의 즉각적으로 발생한다. 엄밀히 말하면 작은 세기의 빛은 전자가 금속을 빠져나갈 수 있는 충분한 에너지를 제공하는 데 더 많은 시간이 필요하다. 이러한 문제들로 인해 물리학자들은 광전 효과를 설명하는 데 어려움을 겪었다.

광전 효과에 대한 아인슈타인의 설명

1905년 아인슈타인은 플랑크의 양자적 개념을 빛 자체로 확장하여 광전 결과를 설명하였다. 플랑크에 대해 진동하는 원자의 에너지는 기본 양자인 $E = hf$의 배수이며, 여기서 f는 진동수이다. 아인슈타인은 전자기파의 에너지에도 동일한 관계가 성립한다고 제안하였다. 전자기파의 진동수와 파장은 $c = f\lambda$의 관계를 갖기 때문에 다음과 같이 표현한다.

$$E = hf = \frac{hc}{\lambda} \quad \text{(전자기파 에너지의 양자, SI 단위: J)} \quad (23.5)$$

아인슈타인의 양자화 조건은 전자기파 에너지가 입자처럼 '다발(bundles)'로 존재한다는 것을 의미한다. 1920년대 물리학자들은 이러한 다발에 대해 **광자**(photon)(말 그대로 '빛 입자')라는 용어를 만들었다.

예제 23.5 **위험한 광선!**

650 nm 적색광 및 300 nm 자외선-B(UVB, 중파장 자외선)와 관련된 양자 에너지를 구하여라.

구성과 계획 파장 입장에서 양자 에너지는 $E = hc/\lambda$이다(식 23.5).

알려진 값: $h = 6.626 \times 10^{-34}$ J·s, $c = 3.00 \times 10^8$ m/s, $\lambda = 650$ nm (적색), $\lambda = 300$ nm(중파장 자외선)

풀이 650 nm 파장의 경우

$$E = \frac{hc}{\lambda} = \frac{(6.626 \times 10^{-34} \text{ J·s})(3.00 \times 10^8 \text{ m/s})}{650 \times 10^{-9} \text{ m}} = 3.06 \times 10^{-19} \text{ J}$$

즉, 1.91 eV이다. 300 nm UVB에 대해 같은 방법으로 계산하면 6.62×10^{-19} J, 즉 4.14 eV이다.

반영 가시광선은 해롭지 않지만 자외선에 있는 고에너지 광자는 피부 세포의 DNA를 손상시켜 암을 유발할 수 있다. 다행히도 이보다 더 에너지가 높은 UVC 복사선($\lambda < 280$ nm)은 지구 대기권의 오존에 의해 대부분 차단된다.

연결하기 전자레인지 복사선은 건강에 해로울 수 있다. 그렇다면 전자레인지의 광자가 DNA를 직접 손상시킬 수 있는가?

답 아니다. 전자레인지는 가시광선보다 훨씬 긴 파장을 가지고 있다. 가시광선은 DNA를 손상시킬 만큼 에너지가 높지 않기 때문에 훨씬 낮은 에너지를 가진 전자레인지 광자도 에너지가 훨씬 낮다.

아인슈타인의 제안은 광전 효과를 간단하게 설명한다. 입사광에서 나오는 단일 광자는 금속 표면에서 전자 한 개를 방출한다. 문턱 진동수 f_0을 다루는 이유는 속박된

전자가 금속을 빠져나오기 위해 최소 에너지 hf_0이 필요하기 때문이다. 광자의 에너지가 hf_0을 초과하면 초과 에너지는 광전자의 운동 에너지가 된다. 따라서 광전자의 최대 운동 에너지는 $K_{max} = hf - hf_0$ 또는 $K_{max} = hf - W_0$이며, 여기서 $W_0 = hf_0$은 금속의 **일함수**(work function)로 전자를 탈출시킬 수 있는 최소 에너지와 같다. 표 23.1은 여러 금속에 대한 일함수를 나타낸다.

음의 양극은 전자의 운동 에너지를 감소시켜 전자의 속력을 늦춘다. 16.2절에서 전위차는 단위 전하당 에너지를 포함하므로 전자(전하 $-e$)는 크기 V의 음의 전위차에 맞서 움직이는 eV와 같은 운동 에너지를 잃는다. 전자는 eV가 최대 전자 운동 에너지 K_{max}와 같을 때 완전히 정지하여 광전류를 차단한다. 대응하는 V가 정지 전압이므로 $K_{max} = eV_0$이다. 결과를 종합하면 광전자량과 관련된 **아인슈타인의 방정식**(Einstein's equation)이 된다.

$$eV_0 = K_{max} = hf - W_0 \quad \text{(아인슈타인의 방정식, SI 단위: J)} \quad (23.6)$$

식 23.6은 그림 23.7의 실험 결과와 일치하는 정지 전압과 진동수 사이의 선형 관계를 표현한다. 아인슈타인에 따르면 광전자의 운동 에너지는 빛의 세기가 아니라 진동수에만 의존해야 한다. 하나의 광자는 하나의 전자를 방출하기 때문에 낮은 빛의 세기에서도 광전자를 얻을 수 있다. 빛의 세기에 따라 달라지는 것은 주어진 시간 동안 방출되는 광전자의 수이므로 광전류는 빛의 세기에 따라 달라진다.

그림 23.7의 실험 결과를 살펴보면 진동수 f의 함수로서 정지 전압 V_0을 볼 수 있다. 아인슈타인의 방정식에 따르면 이 함수는 다음과 같다.

$$V_0 = \frac{hf}{e} - \frac{W_0}{e}$$

V_0을 f의 함수로 생각하면 이는 기울기가 h/e이고 절편이 $-W_0/e$인 직선의 방정식이다. e를 알면 실험 그래프의 절편으로부터 일함수를 얻을 수 있다. 근본적으로 그래프의 기울기가 플랑크 상수 h를 결정한다. 레너드와 동료들의 광전 데이터는 플랑크가 흑체 복사를 설명하는 데 필요한 값과 상당히 잘 일치하는 h 값을 제공하였다. 역사적으로 광전 효과에 대한 아인슈타인의 해석은 양자화 개념에 강력한 지지를 보냈다. 24장에서는 플랑크-아인슈타인 양자 개념이 어떻게 현대 원자 이론의 기초가 되는 원자의 양자화된 에너지 상태로 이어졌는지 살펴볼 것이다.

개념 예제 23.6 문턱 파장

각 금속의 문턱 진동수에 대응하는 문턱 파장은 무엇인가? 문턱 파장의 물리적 의미는 무엇인가?

풀이 전자기파의 경우, 진동수와 파장은 $f\lambda = c$, 즉 $\lambda = c/f$의 관계를 갖는다. 이때 문턱 진동수는 $f_0 = W_0/h$이므로 문턱 파장은 다음과 같다.

응용

태양광 발전 에너지

태양광 전지는 태양 광자의 에너지를 이용하여 전기를 생산한다. 태양광 전지는 금속 음극 대신 태양 광자를 효율적으로 포착할 수 있도록 설계된 반도체 접합을 사용한다. 일부 태양광 전지는 서로 다른 반도체를 층층이 쌓아 태양 스펙트럼 전체에 걸쳐 서로 다른 파장대의 에너지를 흡수한다. 21세기 들어 전력을 생산하는 태양광 전지의 사용은 계속 증가하고 있다. 태양 에너지가 인류 에너지 소비량의 약 1만 배에 달한다는 점을 고려하면(예제 23.3) 태양광 시스템은 청정에너지 발전에 큰 잠재력을 가지고 있다.

표 23.1 몇 가지 금속의 일함수

금속	일함수 W_0(J)
나트륨	3.78×10^{-19}
리튬	4.69×10^{-19}
알루미늄	6.73×10^{-19}
납	6.81×10^{-19}
아연	6.91×10^{-19}
구리	7.18×10^{-19}
은	7.43×10^{-19}
철	7.48×10^{-19}
백금	9.04×10^{-19}

$$\lambda_0 = \frac{c}{f_0} = \frac{c}{W_0/h}$$

또는

$$\lambda_0 = \frac{hc}{W_0}$$

문턱 진동수는 광전 효과에 필요한 빛의 최소 진동수이다. 파장과 진동수가 반비례하므로 문턱 파장은 광전 효과의 최대 파장이다. 짧은 파장은 모두 광전자를 생성하지만 더 긴 파장은 광전자가 방출되지 못한다.

반영 이것은 실제 효과이며 눈에 띄는 효과이다. 가시광선과 색 필터가 있다면 더 짧은 파장에서는 광전 효과를 관찰할 수 있지만 더 긴 파장에서는 관찰할 수 없다. 그러나 많은 금속의 경우 문턱 파장은 자외선에 있으며 가시광선 파장으로는 광전자가 방출되지 못한다.

예제 23.7 나트륨의 광전 효과

다음 물음에 답하여라.
(a) 나트륨에 대한 문턱 진동수와 파장은 얼마인가?
(b) 400 nm인 자외선을 사용한 나트륨의 정지 전압은 얼마인가?

구성과 계획 개념 예제 23.6에서 문턱 진동수는 $f_0 = W_0/h$이고 문턱 파장은 $\lambda_0 = c/f_0$이다. 주어진 일함수를 갖는 금속의 경우 정지 전압은 아인슈타인 방정식을 따른다.

$$eV_0 = K_{max} = hf - W_0$$

나트륨의 경우, 표 23.1에서 $W_0 = 3.78 \times 10^{-19}$ J이다.

알려진 값: $W_0 = 3.78 \times 10^{-19}$ J, $c = 3.00 \times 10^8$ m/s, $\lambda = 400$ nm, $h = 6.626 \times 10^{-34}$ J·s

풀이 (a) 나트륨에 대한 문턱 진동수는 다음과 같다.

$$f_0 = \frac{W_0}{h} = \frac{3.78 \times 10^{-19} \text{ J}}{6.626 \times 10^{-34} \text{ J·s}} = 5.70 \times 10^{14} \text{ Hz}$$

문턱 파장은 다음과 같이 계산된다.

$$\lambda_0 = \frac{c}{f_0} = \frac{3.00 \times 10^8 \text{ m/s}}{5.70 \times 10^{14} \text{ Hz}} = 5.26 \times 10^{-7} \text{ m} = 526 \text{ nm}$$

526 nm 이상의 파장을 가진 광자는 나트륨에서 광전자를 방출 할 수 없다.

(b) 400 nm의 광자 파장의 경우 정지 전압은 아인슈타인 방정식을 따른다.

$$V_0 = \frac{hf}{e} - \frac{W_0}{e} = \frac{hc}{e\lambda} - \frac{W_0}{e}$$

이제 주어진 값을 대입하면 다음을 얻는다.

$$V_0 = \frac{hc}{e\lambda} - \frac{W_0}{e}$$
$$= \frac{(6.626 \times 10^{-34} \text{ J·s})(3.00 \times 10^8 \text{ m/s})}{(1.60 \times 10^{-19} \text{ C})(4.00 \times 10^{-7} \text{ m})} - \frac{3.78 \times 10^{-19} \text{ J}}{1.60 \times 10^{-19} \text{ C}}$$
$$= 0.74 \text{ V}$$

반영 정지 전압은 작다. 빛의 파장이 문턱 파장을 크게 밑돌지 않기 때문에 광전자의 운동 에너지가 크지 않고 따라서 쉽게 멈춘다.

연결하기 빛의 파장이 460 nm로 바뀌면 정지 전압이 증가하는가, 감소하는가? 아니면 그대로 유지하는가? 파장이 560 nm인 빛에서는 어떻게 되는가?

답 파장이 460 nm인 빛의 경우 정지 전압이 감소한다. 파장이 560 nm인 빛은 문턱 파장 이상이므로 광전자를 방출하지 않는다.

광자 성질

광전 효과에 대한 아인슈타인의 해석은 빛의 양자적 성질에 대한 설득력 있는 증거를 제공하였다. 이 연구와 상대성 이론(20장)은 모두 아인슈타인의 '마법의 해'였던 1905년에 발표되었다. 20장에서 배운 빛에 대한 내용은 광자의 본질에 대한 추가적인 통찰력을 제공한다. 먼저 빛에 대한 에너지와 운동량 사이의 관계 $E = pc$를 생각해 보자(20장에서는 전기장 E와 혼동을 피하기 위해 에너지에 E가 아닌 U를 사용하였다. 여기서는 에너지를 다시 E로 쓰기로 한다). $E = pc$와 에너지의 양자화를 결합하면 다음을 얻는다.

$$\lambda = \frac{h}{p} \quad \text{(광자 파장-운동량 관계, SI 단위: m)} \qquad (23.7)$$

다음으로 상대론적 에너지–운동량 관계 $E_0 = mc^2 = \sqrt{E^2 - p^2 c^2}$을 생각해 보자. 여기서 m은 입자의 질량이고 E_0은 정지 에너지이다. 광자의 경우 $E = pc$를 사용하면 광자 정지 에너지는 다음과 같다.

$$E_0 = mc^2 = \sqrt{E^2 - p^2 c^2} = \sqrt{E^2 - E^2} = 0$$

따라서 다음 사실이 성립한다.

광자의 질량은 0이다.

광자가 질량이 없다는 사실은 광자가 빛의 속력 c로 이동한다는 사실과 관련이 있다. 이것이 어떻게 작동하는지 알아보려면 에너지와 속력 사이의 상대론적 관계를 고려해야 한다(식 20.11).

$$E = \gamma mc^2 = \frac{mc^2}{\sqrt{1 - v^2/c^2}}$$

속력이 c에 가까워질수록 분모 $\sqrt{1 - v^2/c^2}$은 0에 가까워진다. 입자가 유한한 에너지를 가지므로 질량도 0에 가까워져야 한다. 따라서 빛의 속력으로 이동하는 입자는 질량이 0이다.

광자는 질량이 없지만 운동량과 에너지를 전달한다. 고전물리학 관점에서는 이상하게 보일지 모르지만 특수 상대성 이론의 주요 결과 중 하나이다. 이 절의 나머지 부분에서 빛이 광자라는 질량이 없는 입자로 구성되어 있다는 사실을 통해서만 이해할 수 있는 다른 실험에 대해 논의할 것이다.

콤프턴 효과

1920년대 초 미국의 물리학자 아서 콤프턴(Arthur Compton, 1892~1962)은 고체에서 산란된 X–선이 입사된 X–선보다 긴 파장을 가진다는 것을 발견하였는데, 이 결과를 **콤프턴 효과**(Compton effect)라고 명명하였다. 이 결과를 고전적으로 이해할 방법이 없었기 때문에 콤프턴은 그림 23.8에 제시된 해결책을 제안하였다. 콤프턴은 X–선이 전자기파이기 때문에 가시광선처럼 에너지가 hf 단위로 양자화되어야 한다고 주장하였다. 이러한 이유로 그는 그림 23.8과 같이 고체에서 광자와 전자 사이의 당구공과 같은 충돌을 묘사하였다.

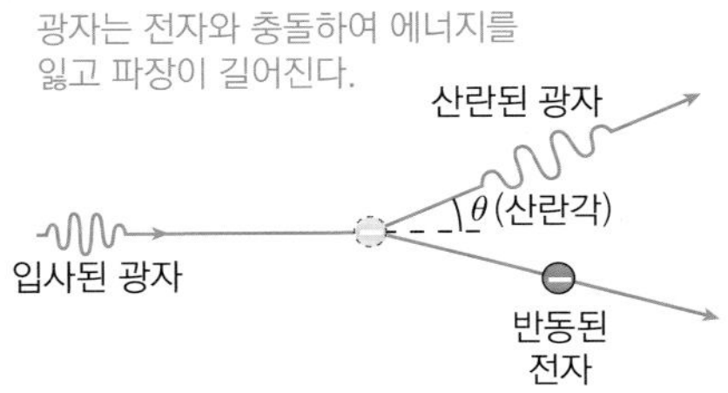

그림 **23.8** 콤프턴 효과

6장에서 탄성 충돌에 대해 살펴본 것처럼 콤프턴은 운동량과 에너지 보존을 기반으로 충돌의 역학을 계산하였다. 콤프턴은 고전적 운동량($p = mv$)과 에너지 ($K = \frac{1}{2}mv^2$)를 사용하는 대신 상대론적 표현을 사용하였다. 식 23.7에서 광자의 운동량은 파장에 반비례한다는 것을 알 수 있다. 질량이 m인 전자의 경우, 콤프턴은 상대론적 에너지–입자 관계(식 20.15) $E^2 = p^2c^2 + m^2c^4$ 을 사용하였다. 그다음 전자가 처음에 본질적으로 정지 상태라고 가정하고 운동량과 에너지 보존을 적용하였다. 운동량은 벡터이기 때문에 분석이 길어진다. 결과는 다음과 같다.

$$\Delta\lambda = \lambda - \lambda_0 = \frac{h}{mc}(1-\cos\theta) \quad \text{(콤프턴 효과, SI 단위: m)} \tag{23.8}$$

여기서 θ는 그림 23.8과 같이 원래 운동에 대한 광자의 산란각이다. 광자의 파장은 산란 전에는 λ_0이고 산란 후에는 λ이다. 식 23.8은 산란된 광자의 파장을 예측하는데, 이는 콤프턴이 관측한 것과 같다. 이는 충돌 시 광자가 전자에게 에너지 일부를 전달하기 때문이다. 즉, $E = hc/\lambda$이므로 에너지가 낮을수록 파장이 길다는 것을 의미한다.

양 h/mc는 길이의 차원을 가지며 **콤프턴 파장**(Compton wavelength) λ_C라 한다. 플랑크 상수, 빛의 속력, 전자 질량의 값을 이용하여 전자의 콤프턴 파장을 얻는다.

$$\lambda_C = \frac{h}{mc} = 2.43 \times 10^{-12}\ \text{m} = 2.43\ \text{pm}$$

콤프턴 파장을 알면 식 23.8을 적용하여 산란 전후의 광자 파장을 연관시키는 것이 용이하다. 전자의 콤프턴 파장은 가시광선의 파장보다 훨씬 작으며, 이것이 콤프턴 효과가 X–선으로 가장 쉽게 관찰되는 이유이다. 양성자와 같은 다른 입자는 질량이 더 크므로 콤프턴 파장이 더 짧다. 콤프턴의 연구는 양자화 개념이 가장 높은 진동수의 전자기파까지 확장된다는 것을 보여 주었다. 또한, 이 연구는 전자기 복사가 입자처럼 행동한다는 설득력 있는 예를 제공하였다.

콤프턴 효과의 한 가지 응용은 뼈의 칼슘 손실(골다공증)을 진단하는 것이다. 콤프턴 산란 X–선 또는 감마선 광자의 세기는 산란 전자의 수에 따라 달라지며, 이는 골밀도에 비례한다. 따라서 산란 광자의 세기가 낮으면 골밀도가 낮음을 알 수 있다.

예제 23.8 흑연의 콤프턴 효과

콤프턴은 초기 실험에서 흑연을 X–선 표적으로 사용하였다. 파장이 6.25 pm인 X–선이 흑연에 입사한다고 가정해 보자. 다음 각도로 산란된 X–선의 파장은 얼마인가?

(a) 45°   (b) 90°

구성과 계획 식 23.8로 파장의 변화를 알 수 있다.

$$\Delta\lambda = \lambda - \lambda_0 = \frac{h}{mc}(1-\cos\theta)$$

따라서 산란된 X–선의 파장은 다음과 같다.

$$\lambda = \lambda_0 + \frac{h}{mc}(1-\cos\theta)$$

알려진 값: 콤프턴 파장 $\lambda_C = h/mc = 2.43$ pm, $\lambda_0 = 6.25$ pm, $\theta = 45°$ 또는 $90°$

풀이 (a) $45°$ 각도로 산란된 경우, 파장은 다음과 같다.

$$\lambda = \lambda_0 + \frac{h}{mc}(1 - \cos\theta)$$
$$= 6.25 \text{ pm} + (2.43 \text{ pm})(1 - \cos 45°) = 6.96 \text{ pm}$$

예상대로 이 파장은 입사 파장보다 길다.

(b) $90°$ 각도로 산란된 경우, 같은 방법으로 계산하면 $\lambda = 8.68$ pm 이다. 이렇게 큰 각도로 산란하면 광자의 파장이 더 크게 증가한다. 이는 '정면' 충돌로 이루어지고 광자의 에너지가 전자에

더 많이 전달되기 때문이다.

반영 $90°$일 때 $\cos\theta = 0$이고 파장 이동은 콤프턴 파장과 동일하다. X-선이 반사되면 $\theta > 90°$이고 $\cos\theta$는 음(−)이므로 파장 이동은 더욱 커진다. 이 계산에서 모든 파장을 피코미터(pm)로 유지하여 미터로 변환할 필요가 없다는 점에 주목하여라.

연결하기 콤프턴 산란에서 가능한 최대 파장 변화는 얼마인가?

답 가장 큰 변화는 광자가 정면 충돌을 할 때 발생하며, $\theta = 180°$로 바로 후방으로 산란할 때 생긴다. 따라서 파장 이동은 $2\lambda_C = 4.86$ pm이다.

개념 예제 23.9 X-선과 가시광선

콤프턴 효과는 왜 보통 X-선을 사용하여 관찰하는가? 생성하고 감지하기 쉬운 가시광선을 사용하지 않는 이유는 무엇인가?

답 가능한 최대 파장 이동은 콤프턴 파장의 두 배라는 것을 방금 확인하였다. 즉, $\Delta\lambda_{max} = 2\lambda_C = 4.86$ pm $= 4.86 \times 10^{-12}$ m 이다. 식 23.8은 파장 이동이 입사 파장과 무관하다는 것을 보여 준다. 그러나 가시광선의 파장은 나노미터 단위로 약 10^5배 크다. 따라서 가시광선의 콤프턴 이동은 10^5분의 1 정도에 불과

하므로 검출하기 매우 어려울 것이다.

반영 이 분석은 콤프턴 파장보다 훨씬 긴 X-선 파장은 고체에서 산란할 때 크게 변하지 않음을 시사한다. 콤프턴 파장의 대부분인 100pm 정도의 파장은 X-선 회절에 사용된다(22.3절). 따라서 콤프턴 효과는 일반적으로 X-선 회절과 함께 관찰되지 않는다.

쌍생성과 쌍소멸

아인슈타인의 $E_0 = mc^2$은 에너지를 무거운 입자의 정지 에너지 또는 질량이 없는 광자 형태로 나타날 수 있다고 제시한다. 고전물리학에서 에너지는 운동, 열, 중력 등과 같은 다양한 형태를 취한다. 상대성 이론에서 $E_0 = mc^2$은 무거운 입자의 정지 에너지 또는 질량이 없는 광자 사이의 또 다른 에너지 변화를 제시한다. 실제로 광자 에너지를 정지 에너지로 변환하여 그 과정에서 새로운 입자를 생성하는 것이 가능하다. 질량이 작은 전자는 이러한 방식으로 생성하기 가장 쉬운 입자 중 하나이다. 그러나 광자는 중성이고 전자는 전하를 띠기 때문에 하나의 전자를 생성하는 것은 전하 보존에 위배된다. 대신 광자 에너지는 **전자−양전자 쌍**(electron-positron pair)을 만들 수 있는데, 양전자는 전자에 대한 소위 **반입자**(antiparticle), 즉 질량은 동일하지만 전자의 $-e$와 대조적으로 전하 $+e$를 갖는 입자이다. 이러한 **쌍생성**(pair production)에서 필요한 최소 광자 에너지는 두 입자의 총 질량(이 경우 $2m$)에 해당하며, 여기서 m은 전자(또는 양전자)의 질량이다.

$$E = 2mc^2 = 2(9.11 \times 10^{-31} \text{ kg})(3.00 \times 10^8 \text{ m/s})^2 = 1.64 \times 10^{-13} \text{ J}$$

이는 전자−양전자 쌍생성을 위한 최소 광자 에너지이며, $E = hc/\lambda$에서 광자 파장에

해당한다.

$$\lambda = \frac{hc}{E} = \frac{(6.626 \times 10^{-34} \text{ J} \cdot \text{s})(3.00 \times 10^8 \text{ m/s})}{1.64 \times 10^{-13} \text{ J}} = 1.21 \times 10^{-12} \text{ m}$$

이는 쌍생성을 시작할 수 있는 가장 긴 파장이다.

반대 과정은 **쌍소멸**(pair annihilation)이다. 전자와 양전자가 만나면 사라지고 광자 2개로 대체된다. 운동량을 보존하기 위해서는 2개의 광자가 필요하다. 전자와 양전자가 정지해 있으면 두 광자는 동일한 에너지로 반대 방향으로 방출된다. 총 에너지는 전자와 양전자 정지 에너지의 합, 즉 $2mc^2$이며 각 광자의 에너지는 다음과 같다.

$$E = mc^2 = (9.11 \times 10^{-31} \text{ kg})(3.00 \times 10^8 \text{ m/s})^2 = 8.20 \times 10^{-14} \text{ J}$$

▶ **TIP** 쌍생성 또는 쌍소멸에서는 운동량과 에너지를 모두 보존해야 한다.

즉, 511 keV이다. 특히 천체물리학적으로부터 511 keV 광자를 검출하는 것은 전자-양전자 소멸의 확실한 신호이다.

▶ 새로운 개념 검토

광자가 물질과 상호작용하는 여러 방법을 살펴보았다.

- 광전 효과는 광자가 금속 표면에서 전자를 방출시키는 현상이다.
- 콤프턴 효과는 전자로부터 산란된 광자에서 에너지를 잃고 파장을 증가시키는 것이다.
- 쌍생성은 광자 에너지가 입자-반입자 쌍을 생성하는 것이다.
- X-선 회절, X-선 광자가 고체의 결정면에서 반사하여 특성 간섭 무늬를 생성한다(22.3절).
- 원자에 흡수된 광자는 원자를 높은 에너지 상태로 유지시킨다(이 과정에 대해서는 24장에서 자세히 설명한다.)

▶ 응용 양전자 방출 단층 촬영(PET)

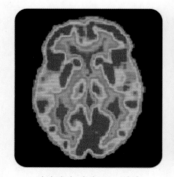
정상적인 뇌의 PET 영상

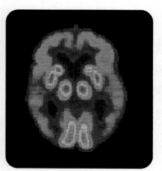
알츠하이머 뇌의 PET 영상

PET 스캔으로 알려진 의료 진단 방법에서 환자에게 구성 요소의 방사성 버전으로 '태그'된 일반적인 물질(예: H_2O, O_2)을 투여한다. 방사능 원자는 주변 조직의 전자와 함께 소멸하는 양전자를 방출하여 붕괴한다. 탐지기는 결과 쌍의 511 keV 광자를 기록하고 소멸 부위를 찾는다. 컴퓨터는 여러 탐지기의 입력을 사용하여 신체 내부를 이미지화한다. 다른 의료 영상 기술과 달리 PET는 뇌 및 기타 장기의 활성 과정을 밝힐 수 있으므로 장기 기능 연구와 의학 진단에 사용된다. 두 영상에서 왼쪽은 정상적인 뇌이고 오른쪽은 알츠하이머 환자의 뇌이다.

확인 23.3절 다음 종류의 복사 각각의 양자 에너지를 큰 순서대로 나열하여라.
(a) 가시광선 (b) 자외선 (c) 라디오파 (d) X-선 (e) 적외선 (f) 감마선

23.4 파동—입자 이중성

1920년대 초, 빛이 파동과 입자의 특성을 모두 지닌다는 사실이 명백해졌다. 물리학자들은 이 '이중성격'을 **파동—입자 이중성**(wave-particle duality)이라 한다. 22장에서 간섭, 회절, 편광은 빛을 파동으로 취급해야만 설명할 수 있다는 것을 배웠다. 이 장에서는 광전 효과와 콤프턴 효과가 어떻게 빛이 입자, 즉 광자처럼 행동하는지를 살펴보았다. 물리학자들은 특이한 이중성을 받아들이게 되었고, 빛에 대한 완전한 설명에는 파동과 입자 측면이 모두 포함된다는 것을 인식하게 되었다.

드브로이 파

1924년 프랑스의 물리학자 루이 빅토르 드브로이(Louis Victor de Broglie, 1892~1987)는 빛이 파동과 입자의 행동을 모두 보인다면 물질도 그래야 한다고 제안하였다. 그는 입자의 운동량과 관련 파장 사이의 관계를 정량적으로 제안하였다. 식 23.7 $\lambda = h/p$는 광자의 파장을 운동량으로 나타낸 것이다. 드브로이는 물질과 관련된 파동도 동일한 관계식으로 설명해야 한다고 생각하여 운동량이 p인 입자의 **드브로이 파장**(de Broglie wavelength)을 $\lambda = h/p$라고 정의하였다. 질량이 m이고 속력이 $v \ll c$인 입자의 경우 운동량은 $p = mv$이다. 따라서 드브로이의 식은 다음과 같다.

$$\lambda = \frac{h}{mv} \quad \text{(드브로이 파장, 비상대론적 입자, SI 단위: m)} \quad (23.9)$$

입자의 파장은 질량과 속력에 따라 매우 넓은 범위를 포괄한다. 4.3×10^6 m/s로 움직이는 전자(질량 9.11×10^{-31} kg)의 경우 원자의 크기 정도인 $\lambda = 1.7 \times 10^{-10}$ m이다. 60 m/s로 움직이는 45 g 골프공의 경우 상상할 수 없을 정도로 작은 $\lambda = 2.5 \times 10^{-34}$ m이다. 파동 효과는 파장의 크기가 비슷하거나 더 작은 계와 상호작용할 때만 나타난다는 것을 알 수 있다. 따라서 전자가 원자 크기로 파동의 거동을 보일 것이라고 예상하지만 골프공이나 다른 일반적인 물체에서는 파동의 거동을 관찰할 수 없다.

물질파의 증거

드브로이의 제안 직후, 미국의 물리학자 클린턴 데이비슨(Clinton Davisson)과 레스터 저머(Lester Germer)는 전자에서 파동 효과를 찾기 시작하였다. 방금 계산한 전자의 파장은 결정의 원자 간격과 비슷하며, 데이비슨과 저머는 22.3절에서 논의한 X-선 회절과 유사하게 전자도 고체로부터 회절을 보일 것이라고 추론하였다. 이

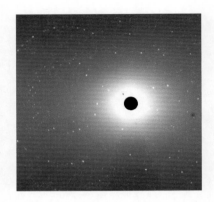

그림 23.9 중성자 빔이 물질을 통과할 때 회절 무늬가 형성될 수 있다. 회절 무늬는 중성자와 같은 파장의 X-선 빔을 사용하여 형성된 회절 무늬와 동일하다. 이 이미지는 위암과 관련된 효소를 발견하기 위해 중성자 결정학을 사용한 최근의 연구 결과를 보여 준다.

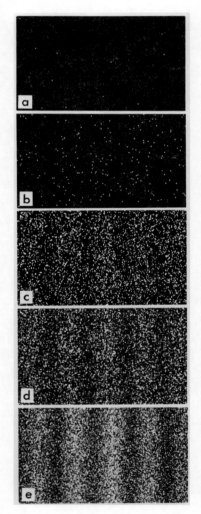

그림 23.10 전자에 대한 이중 슬릿 실험에서 간섭 무늬의 점차 변하는 모습

들은 전위차 $\Delta V = 54$ V를 통해 전자를 가속시켰는데, 16장으로부터 운동 에너지가 $K = e\Delta V$라는 것을 알고 있으며, $K = \frac{1}{2}mv^2$을 사용하면 해당 속력이 파장 계산에 사용된 속력인 $v = 4.3 \times 10^6$ m/s임을 알 수 있다. 1927년 실험에서 데이비슨과 저머는 니켈 표적에 X-선을 조사하였다. 그들은 약 1.7×10^{-10} m $= 0.17$ nm 파장에 해당하는 회절 무늬를 발견하였으며, 우리는 드브로이의 공식을 사용하여 계산하였다. 즉, 데이비슨-저머 실험은 입자의 파동 특성을 확인한 것이다. 첫 번째 실험 이후 많은 다른 실험에서 입자의 파동 특성을 입증하였다. 중성자의 회절(그림 23.9)은 결정학에서 널리 사용된다. 전자와 심지어 원자의 빔도 빛과 마찬가지로 이중 슬릿 간섭을 보인다.

여기서 설명한 실험은 입자가 빛과 동일한 파동 특성을 나타낸다는 것을 명확하게 보여 준다. 따라서 파동-입자 이중성은 물질과 빛 모두에 적용되는 보편적인 개념이다. 빛은 전자기파로 구성되어 있지만 일부 실험에서는 입자 특성을 나타낸다. 마찬가지로 물질 입자는 때때로 파동 특성을 나타낸다. 원칙적으로 움직이는 입자는 파장을 가지고 있지만 앞서 논의한 골프공과 같은 거시적인 물체의 경우 파장이 너무 작아서 알아차리기 어렵다. 파동-입자 이중성은 잘 정립된 자연의 근본적인 특성이다.

양자역학

현대 **양자역학**(quantum mechanics) 이론은 물질의 파동 특성을 기반으로 한다. 1920년대 오스트리아의 물리학자 에르빈 슈뢰딩거(Erwin Schrödinger, 1887~1961)와 독일의 베르너 하이젠베르크(Werner Heisenberg)가 두 가지 동등한 형태의 이론을 개발하였다. 슈뢰딩거의 이론은 위치와 시간에 따라 달라지는 파동 함수 Ψ를 사용하여 각 입자를 설명한다. 다른 파동과 마찬가지로 양자 파동 함수 Ψ는 공간의 한 지점에 국한되지 않으며, 따라서 해당 입자도 마찬가지이다. 파동 함수가 알려 주는 것은 특정 지점에서 입자를 찾을 **확률**이다. 구체적으로 그 확률은 해당 지점에서 발견할 파동 함수의 제곱인 Ψ^2에 비례한다.

양자역학은 신기하다! 고전적인 예측의 확실성을 확률로 대체한다. 예를 들어, 전자를 이용한 이중 슬릿 실험을 생각해 보자. 그림 23.10은 한 번에 한 전자씩 간섭 무늬가 점차적으로 전개되는 일련의 사진을 보여 준다. 하나의 전자가 슬릿을 향할 때, 스크린의 어디로 향할지 예측할 수 있는 방법은 없다. 양자역학이 알려 줄 수 있는 것은 전자가 특정 지점에 도달할 확률뿐이며, 가장 높은 확률은 가장 밝은 간섭 무늬에 해당한다.

전자(또는 광자)에 대한 이중 슬릿 실험은 파동-입자 이중성에 대한 더 깊은 통찰을 제공한다. 현 상태에서 간섭 무늬는 전자(와 빛)가 파동 특성을 가지고 있다는 것을 명확하게 보여 준다. 입자가 있으면 여러 간섭 무늬 형태가 나타나지 않고 두 슬릿의 반대편에 있는 두 영역에 입자가 축적될 것이라고 예상할 수 있다. 그렇다면 질문이 하나 생긴다. 개별 전자는 어느 슬릿을 통과하는가? 이는 전자가 입자처럼 행동한다고 명시적으로 가정한 질문이다. 각 슬릿의 뒤쪽에 전자 탐지기를 설치하여 이 질문에 답하려고 하면 놀라운 일이 일어난다. 간섭 무늬가 사라진다! 탐지기를 제거하면 슬릿에서 무슨 일이 일어나고 있는지 알 수 없게 되고 간섭 무늬가 다시 나타난다. 이상한 결론은 이것이다. 물질(또는 빛)을 입자로 구성된 것처럼 취급하면 입자와 같은 행동을 관찰할 수 있다는 것이다. 한 슬릿이나 다른 슬릿을 통과하는 전자(또는 광자)를 포착하려고 할 때 이런 일이 일어난다. 또한, 광전 효과와 콤프턴 효과에서 광자와 전자의 충돌을 관찰할 때 일어나는 일이기도 하다. 그러나 물질(또는 빛)은 내버려두면 두 슬릿 계에서 발생하는 간섭과 같은 파동 행동을 보인다. 그리고 여러 전자(또는 광자)가 어떻게든 상호작용하여 간섭 무늬를 만든다고 생각하지 마라. 전자 빔(또는 빛의 세기)을 낮추어 장치에 언제든 하나의 전자(또는 광자)만 있도록 하면 많은 전자(또는 광자)가 통과한 후에도 여전히 간섭 무늬를 얻을 수 있다.

그래서 빛과 물질은 파동과 입자 측면을 모두 나타낸다. 그러나 두 측면이 동시에 나타날 수 없기 때문에 모순은 없다. 입자의 행동을 찾으면 입자를 발견할 것이며, 그 과정에서 파동의 증거는 모두 제거된다. 파동의 행동을 찾다 보면 입자의 정확한 위치나 어떤 슬릿을 통과하는지와 같은 입자와 관련된 정보가 사라지는 것을 발견할 수 있을 것이다. 양자역학의 창시자 중 한 명인 덴마크 물리학자 닐스 보어(Niels Bohr)는 파동-입자 이중성을 묘사하기 위해 **상보성**(complementarity)이라는 용어를 사용하였다. 보어는 물질이나 빛에 대해 완전히 설명하기 위해서는 파동과 입자 측면 모두 필요하다고 주장하였다. 그러나 두 측면을 동시에 관찰할 수 없다. 따라서 물질과 빛이 모두 파동이자 입자라는 이상하게 들리는 진술은 틀린 말이 아니다. 파동과 입자 관점 중 어느 쪽이 우월한 것이 아니며 오히려 둘을 상호 보완적으로 이해하는 것이 필요하다.

하이젠베르크의 불확정성 원리

파동으로 설명되는 입자는 공간에 퍼져 있고 위치는 확률로만 결정되기 때문에 양자역학에는 약간의 모호함이 내재되어 있다. 하이젠베르크는 양자역학에 대한 연구에서 이러한 모호함을 정량화하는 데 성공하였다. 입자의 위치와 속도를 결정하고 싶다고 가정해 보자. 그러기 위해서는 입자와 어떤 식으로든 상호작용해야 한다. 가시광선(또는 다른 전자기 복사)으로 입자를 볼 수도 있다. 그림 23.11a와 같이 입자에서 적어도 하나의 광자를 튕기는 것이 포함된다. 그러나 들어오는 광자의 운동량은 $p = h/\lambda$이다. 광자가 입자 밖으로 흩어질 때 운동량이 변하고, 운동량 보존에 의해 입자의 운동량도 변한다. 따라서 관찰하는 행위는 측정하려는 입자의 운동을 방해한다. $p = h/\lambda$이므로 빛의 파장을 증가시키면 이러한 방해를 줄일 수 있다(그림 23.11b). 그러나 빛은 파장보다 훨씬 작은 한 지점에 집중될 수 없으므로 위치 측정의 정확도가 떨어진다. 입자의 운동을 정확하게 측정하면 입자의 위치에 대해 많은 것을 알 수 없다는 단점이 있다. 입자의 위치를 정확하게 측정하면 입자의 운동량에

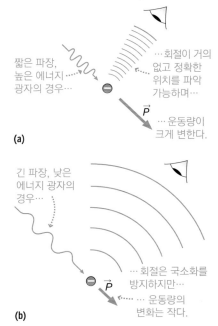

그림 23.11 하이젠베르크의 '양자 현미경' 사고 실험은 양자 불확정성의 기원을 보여 준다.

대한 정보를 잃게 된다.

하이젠베르크는 충돌 후 입자 운동량의 불확정성 Δp_x가 광자의 운동량 $p = h/\lambda$와 거의 같다고 추론하였다(여기에서는 운동량 성분 하나만 사용했지만 각 성분에 대해서도 동일하다). 또한, 빛이 파장보다 작은 지점에 집중될 수 없기 때문에 입자의 위치에는 $\Delta x \approx \lambda$의 불확정성 Δx가 존재한다. 이는 두 불확정성의 곱이 다음과 같음을 의미한다.

$$\Delta p_x \Delta x \approx \left(\frac{h}{\lambda}\right)(\lambda) = h$$

하이젠베르크는 양자역학의 수학을 사용하여 정확한 최소 불확정성을 알아냈고, 그 결과 **하이젠베르크의 불확정성 원리**(Heisenberg's uncertainty principle)로 알려진 결과를 얻었다.

$$\Delta p_x \Delta x \geq \frac{h}{4\pi} \quad \text{(하이젠베르크의 불확정성 원리, SI 단위: J·s)} \quad (23.10)$$

식 23.10은 입자의 위치에 대해 더 많이 알수록 입자의 운동량에 대해 더 적게 알 수 있고, 그 반대의 경우도 마찬가지라는 그림 23.12에서 명백히 드러나는 상충 관계를 정량화한다. 이러한 양자 불확정성은 일상적인 측정에서 발생하는 불확정성, 즉 더 정밀한 도구를 사용하여 줄일 수 있는 불확정성과는 다르다. 오히려 양자 불확정성은 현실의 근본적인 사실이며, 원칙적으로 위치와 운동량을 동시에 측정할 수 있는 정도를 제한한다. 이 절대적인 한계는 부등호 $\geq$의 $=$ 부분으로 표시된다. 완벽하지 않은 장비의 경우 최소 불확정성은 부등호의 $>$ 부분이 더 높다.

또 다른 불확정성 원리는 에너지 E와 그 측정에 필요한 시간 t를 포함한다. 이러한 양의 불확정성은 운동량 및 위치의 불확정성과 같은 방식으로 나타낸다.

$$\Delta E \Delta t \geq \frac{h}{4\pi}$$

예를 들어, 많은 들뜬 원자 상태는 짧은 시간 동안만 지속된다. $\Delta t = 10$ ps(10^{-11} s)일 때, 상태의 에너지는 다음과 같이 불확정성을 가져야 한다.

$$\Delta E \geq \frac{h}{4\pi \Delta t} = \frac{6.626 \times 10^{-34} \text{ J·s}}{4\pi (10^{-11} \text{ s})} = 5.3 \times 10^{-24} \text{ J}$$

즉, 3×10^{-5} eV이다. 이는 작아 보일 수 있지만 원자 상태의 에너지에 비하면 상당히 큰 수치이다.

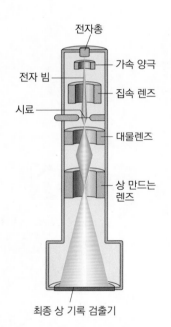

전자총

가속 양극

전자 빔

집속 렌즈

시료

대물렌즈

상 만드는
렌즈

최종 상 기록 검출기

그림 23.12 투과전자현미경(TEM)의 개략도

예제 23.10 불확정성 원리

전자가 1,000 m/s의 속력으로 움직이고 있다. 가시광선($\lambda = $ 550 nm)으로 전자의 위치를 알아내려고 하는데, 이로 인해 전자의 위치가 빛의 파장과 같은 불확정성이 발생한다고 가정한다. 물음에 답하여라.

(a) 전자의 운동량의 최소 불확정성과 그에 상응하는 속력의 불확정성을 구하여라.

(b) 적외선(λ = 5,500 nm)과 자외선(λ = 55 nm)을 사용하여 속력의 불확정성을 구하여라.

구성과 계획 하이젠베르크 원리는 불확정성을 다음과 같이 최소 불확정성으로 제공한다.

$$\Delta p_x \Delta x = \frac{h}{4\pi}$$

따라서 운동량의 최소 불확정성은 다음과 같다.

$$\Delta p_x = \frac{h}{4\pi \Delta x}$$

여기서 위치 불확정성 Δx는 빛의 파장 λ이다. 운동량, 질량, 속도는 $p = mv$와 관련이 있다.

알려진 값: λ = 550 nm, $m = 9.11 \times 10^{-31}$ kg, v = 1,000 m/s, $h = 6.626 \times 10^{-34}$ J·s

풀이 (a) 운동량에서 최소 불확정성은 다음과 같이 계산한다.

$$\Delta p_x = \frac{h}{4\pi \Delta x} = \frac{6.626 \times 10^{-34} \text{ J·s}}{4\pi (550 \times 10^{-9} \text{ m})} = 9.59 \times 10^{-29} \text{ kg·m/s}$$

$p = mv$이며, 이는 속력 불확실성에 해당하므로 다음과 같이 계산한다.

$$\Delta v = \Delta p/m = \frac{9.59 \times 10^{-29} \text{ kg·m/s}}{9.11 \times 10^{-31} \text{ kg}} = 105 \text{ m/s}$$

즉, 10%가 조금 넘는다.

(b) 파장(과 Δx)을 10배 증가시키면 운동량과 속도의 불확정성이 10배 감소하고, 파장(과 Δx)을 감소시키면 불확정성이 10배 증가하여 운동량과 속력을 100% 불확실하게 만드는 것이다!

반영 짧은 파장 빛을 사용하면 전자를 완전히 궤도에서 이탈시킬 정도로 에너지가 높은 광자를 사용하게 되므로 주의해야 한다.

연결하기 동일하게 1,000 m/s의 속력으로 움직이고 550 nm 빛으로 보는 중성자의 운동량과 속력 불확정성은 어떻게 달라지는가?

답 운동량 불확정성 Δp_x는 입자의 질량을 포함하지 않으므로 불확정성 Δp_x는 전자의 불확정성 $\Delta p_x = 9.59 \times 10^{-29}$ kg·m/s와 동일하다. 그러나 중성자는 질량이 크므로 불확정성의 비는 작다($\Delta p_x/p_x = 5.7 \times 10^{-5}$). 속력의 불확정성 비율은 운동량의 불확정성 비율 5.7×10^{-5}과 동일하다.

개념 예제 23.11 **골프공의 불확정성**

550 nm 가시광선의 광자로 볼 때 60 m/s로 움직이는 45 g 골프공의 상대적 운동량 불확정성은 얼마인가?

풀이 최소 불확정성 Δp_x는 골프공의 성질을 포함하지 않으므로 불확정성 Δp_x는 전자의 불확정성 $\Delta p_x = 9.59 \times 10^{-29}$ kg·m/s와 동일하다. 그러나 골프공의 실제 운동량은 $p = mv = 2.7$ kg·m/s로 훨씬 크다. 따라서 불확정성의 비율은 아주 작다.

$$\frac{\Delta p_x}{p_x} = \frac{9.59 \times 10^{-29} \text{ kg·m/s}}{2.7 \text{ kg·m/s}} = 3.6 \times 10^{-29}$$

반영 너무 작아서 알 수가 없다. 골프공에 사용하는 전자 실험용 저울과 포토게이트 타이머를 사용하면 이보다 훨씬 큰 오차가 발생할 수 있다. 골프공과 같은 거시적인 물체를 측정할 때 하이젠베르크 원리의 불확정성은 측정기의 불확정성보다 훨씬 작다. 그렇기 때문에 일상생활에서 불확정성 원리를 잘 느끼지 못한다.

현대 현미경

회절 실험에서 전자의 파동 특성이 어떻게 사용되는지 살펴보자. 이러한 파동 특성은 여러 종류의 최신 현미경에도 사용되며, 기존 현미경의 한계인 가시광선 파장보다 훨씬 작은 물체를 이미지화할 수 있다.

식 23.9는 입자의 속력을 선택하여 입자의 파장을 선택할 수 있음을 보여 준다. **전자 현미경**(electron microscope)은 이 사실을 이용하여 전자 빔으로 물체를 이미지화한다. 전자가 전위차 ΔV를 통해 정지 상태에서 가속되어 운동 에너지 $K = \frac{1}{2}mv^2 = e\Delta V$를 얻는다고 가정하자. 결과적인 운동량은 $p = mv = \sqrt{2mK} = \sqrt{2me\Delta V}$ 이다. 따라서 전자는 다음과 같은 파장을 갖는다.

$$\lambda = \frac{h}{p} = \frac{h}{\sqrt{2me\Delta V}}$$

이 식을 사용하면 가시광선보다 훨씬 작은 0.1 nm의 전자 파장은 쉽게 달성할 수 있는 150 V의 전위차를 필요로 한다는 것을 알 수 있다.

전자 현미경에는 **투과전자현미경**(transmission electron microscope, TEM)과 **주사전자현미경**(scanning electron microscope, SEM)이라는 두 가지 기본 유형이 있다. 그림 23.12에 개략적으로 표시된 TEM은 짧은 파장의 전자를 일련의 '렌즈'를 통해 찍은 다음, 시료 자체를 통과시켜(즉, 투과) 검출기에 상을 형성한다. 렌즈는 실제로 자석이며, 움직이는 전자에 가해지는 자기력(18.1절)이 빔을 집중시키는 역할을 한다. 렌즈 계의 수차는 더 짧은 파장의 전자에서도 일반적으로 0.5 nm 이하의 효과적인 분해능을 제공한다. 이는 광학 현미경의 수백 나노미터 분해능이 크게 개선된 것이다.

SEM은 시료에서 반사된 전자를 사용하여 상을 형성한다. 전자 빔은 표면에 천천히 주사되고 반사된 전자는 가까운 양극에서 수집된다. 반사된 전자의 위치와 강도는 1nm 정도의 분해능을 갖는 삼차원 상을 생성하는 데 사용된다(그림 23.13). SEM은 반사를 사용하기 때문에 시료는 더 두꺼운 물체가 될 수 있는 반면, TEM은 투과를 위해 얇은 시료가 필요하다. 그러나 SEM 시료는 전자를 반사할 수 있도록 금과 같은 전도체로 코팅해야 한다.

주사터널링현미경(scanning tunneling microscope, STM)은 **양자 터널링**을 활용한다. 터널링은 가시광선을 이용하여 설명할 수 있는 파동 효과이다(그림 23.14). 전자는 파동 특성을 가지고 있기 때문에 작은 틈을 통해서도 터널링할 수 있다. 이것이 그림 23.15에 개략적으로 표시된 STM에서 일어나는 일이다. STM의 날카로운 팁이 시료 표면을 통과할 때, 전자는 팁과 시료 사이의 틈을 터널링하여 간격에 극도로 민감한 전류를 생성한다. 피드백 메커니즘이 팁을 위아래로 움직여서 전류를 일정하

그림 23.13 SEM에 의해 생성된 곤충의 상

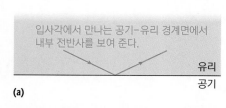

(a) 입사각에서 만나는 공기-유리 경계면에서 내부 전반사를 보여 준다.

유리
공기

그러나 빛이 파장의 길이와 비슷한 좁은 공기 틈을 만난다면…

유리
공기
유리

…그 틈을 가로지르는 빛의 일부가 '터널링'해서 통과된다.

(b)

그림 23.14 여기서 빛에 대해 나타낸 터널링은 파동이 작은 틈을 통과하도록 한다.

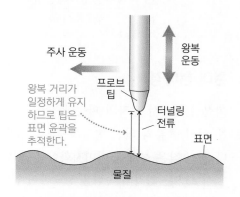

주사 운동
왕복 운동
프로브 팁
왕복 거리가 일정하게 유지하므로 팁은 표면 윤곽을 추적한다.
터널링 전류
표면
물질

그림 23.15 주사터널링현미경(STM)의 작동

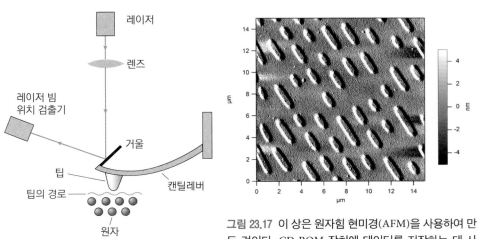

그림 23.16 원자힘 현미경(AFM)의 개략도

그림 23.17 이 상은 원자힘 현미경(AFM)을 사용하여 만든 것이다. CD-ROM 장치에 데이터를 저장하는 데 사용되는 정렬된 피트를 보여 준다.

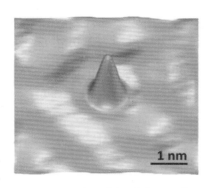

그림 23.18 코발트 원자 1개의 STM 상

게 유지한다. 따라서 팁의 움직임은 표면의 윤곽을 추적한다. STM은 이 장의 첫 번째 사진에서 '양자 울타리'와 같이 개별 원자를 보여 줄 수 있는 인상적인 상을 만들어낸다.

원자힘 현미경(atomic force microscope, AFM)은 STM과 비슷하지만 역학적으로 구성된다. 그림 23.16과 같이 프로브 팁은 작은 실리콘 캔틸레버에 부착되어 있으며, 이 캔틸레버는 팁이 시료 표면 위아래로 움직이면서 휘어진다. 캔틸레버 암에서 레이저 빛이 반사되고 광 다이오드가 반사된 빛을 감지한다.

이러한 새로운 형태의 현미경은 과학과 산업 분야에서 다양하게 활용되고 있다. 생명과학에서 STM과 AFM은 유기체의 아미노산, DNA, 단백질, 세포 클러스터의 구조를 조사한다. 현재 사용 가능한 영상 출력의 예로 그림 23.17은 CD-ROM 장치의 표면을 촬영한 AFM 상을, 그림 23.18은 단일 코발트 원자의 STM 상을 보여 준다.

....

확인 23.4절 입자 속력이 증가하면 드브로이 파장은 어떻게 되는가?

(a) 증가한다.　(b) 감소한다.　(c) 변함없다.

....

양자화

(23.1절) 양자화는 물리량이 가장 작은 기본 단위인 나눌 수 없는 **양자**를 갖는다는 것을 의미한다. 초기 화학 연구에서는 원자 수준에서 질량의 양자화에 대한 증거를 제시했고, 톰슨과 밀리컨은 전하의 양자화를 추가하였다.

전하량은 $\pm e$의 기본 단위로 양자화된다.

흑체 복사와 플랑크 상수

(23.2절) 흑체 복사는 뜨거운 물체에서 방출되는 전자기 복사이다. **빈의 법칙**의 변화는 중간 파장 λ_{med}와 온도 T와 관계하며, 여기서 λ_{med}는 흑체가 방출하는 에너지의 절반을 위아래로 방출하는 파장이다. **스테판-볼츠만 법칙**은 흑체에서 방출되는 총 일률이 온도에 따라 급격하게 증가한다는 것을 보여 준다. 플랑크는 흑체 복사를 설명할 수 있었지만 그의 설명은 새로운 상수 h를 도입하고 원자 진동자의 에너지가 양자화되었음을 암시하였다.

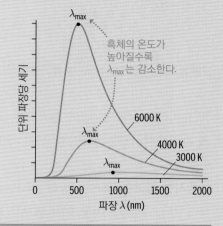

빈의 법칙: $\lambda_{max} T = 2.898 \times 10^{-3} \, \mathrm{m \cdot K}$　　**중앙 파장**: $\lambda_{med} T = 4.107 \times 10^{-3} \, \mathrm{m \cdot K}$

스테판-볼츠만 법칙: $P = e\sigma AT^4$　　**플랑크의 에너지 양자화**: $E = hf$

플랑크 상수: $h = 6.626 \times 10^{-34} \, \mathrm{J \cdot s}$

광자

(23.3절) 광전 효과에서 빛은 금속에서 전자를 방출한다. **문턱 진동수**는 사용된 특정 금속에서 광전자를 방출하는 데 필요한 최소한의 진동수이다. 아인슈타인은 빛이 현재 **광자**라고 하는 입자와 같은 에너지 다발로 구성되어 있다는 것을 암시하면서 **빛 에너지의 양자화**를 도입하여 광전 효과를 설명하였다. **콤프턴 효과**에서 광자는 입자처럼 전자와 상호작용하여 낮은 에너지와 긴 파장으로 휘어진다. 광자는 질량이 0이고 운동량은 파장에 반비례한다. **쌍생성**은 광자 에너지를 입자-반입자 쌍의 나머지 에너지로 변환한다. 반대 과정은 **쌍소멸**이다. 입자와 반입자가 만나면 입자는 사라지고 광자 2개로 대체된다.

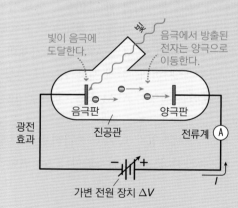

양자화된 광자 에너지: $E = hf = \dfrac{hc}{\lambda}$

아인슈타인의 방정식: $eV_0 = K_{max} = hf - W_0$

일함수 W_0은 특정 금속에서 전자를 방출하는 데 필요한 최소 에너지이다.

광자 운동량, 에너지, 파장: $p = \dfrac{E}{c} = \dfrac{h}{\lambda}$

콤프턴 효과: $\Delta \lambda = \lambda - \lambda_0 = \dfrac{h}{mc}(1 - \cos\theta)$

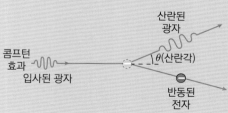

파동-입자 이중성

(23.4절) 파동-입자 이중성은 빛이 입자 행동과 파동 행동을 모두 나타낸다는 사실을 설명한다. 드브로이는 파동-입자 이중성이 물질에 적용된다고 제안하였으며, 회절 실험은 전자가 파동처럼 작용한다는 것을 보여 준다. **하이젠베르크의 불확정성 원리**는 입자의 운동량과 위치를 동시에 측정할 수 있는 정밀도를 제한한다.

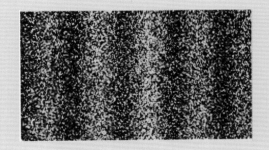

드브로이 파장: $\lambda = \dfrac{h}{p}$

하이젠베르크의 불확정성 원리: $\Delta p_x \Delta x \geq \dfrac{h}{4\pi}$

23장 연습문제

문제의 난이도는 ● (하), ●● (중), ●●● (상)으로 분류한다.

개념 문제

1. 태양에서 헬륨이 처음 관측된 이유는 무엇인가?

2. '자외선 파탄'이란 무엇인가? 어떤 의미에서 '파탄'인가?

3. 빨간색 레이저와 파란색 레이저가 같은 일률을 가지고 있다. 어떤 레이저가 초당 더 많은 광자를 방출하는가?

4. 금속의 '일함수'란 무엇인가? 금속마다 일함수가 다른 이유는 무엇인가?

5. 특정 금속을 녹색 빛으로 비추면 전자가 방출되지만 노란색 빛으로 비추면 전자가 방출되지 않는다. 이 금속에서 다음 색의 빛에 의해 전자가 방출될 것으로 예상하는가?

   (a) 주황색 빛   (b) 파란색 빛

6. 전자가 상대론적이지 않은 빠른 속력으로 움직이고 있다. 전자의 속력이 두 배가 되면 드브로이 파장은 어떻게 되는가?

7. 양성자의 수명은 최소 10^{36}년인 것으로 추정된다. 이는 양성자의 정지 에너지를 정확하게 알 수 있다는 것을 의미하는가? 아니면 근사적으로 알 수 있다는 것을 의미하는가?

8. 불확정성 원리가 과학의 객관성 개념에 어떤 영향을 미칠 수 있는지 설명하여라. 측정 결과에 불확정성이 항상 내재되어 있다면 과학자들은 객관적일 수 있겠는가?

객관식 문제

9. 30 mC에서 전하의 양자수는 얼마인가?
   (a) 3.8×10^{18} (b) 1.9×10^{17}
   (c) 3.8×10^{17} (d) 1.9×10^{18}

10. 흑체가 2,200nm의 중앙 파장으로 복사한다. 이때 온도는 얼마인가?
    (a) 975 K   (b) 1,050 K   (c) 1,850 K   (d) 3,020 K

11. 15 GHz 마이크로파 복사의 양자 에너지는 얼마인가?
    (a) 8.0×10^{-22} J   (b) 6.0×10^{-23} J
    (c) 9.9×10^{-24} J   (d) 8.0×10^{-25} J

12. 은의 일함수는 4.64 eV이다. 은에서 전자가 방출할 수 있는 가장 긴 파장은 얼마인가?
    (a) 535 nm   (b) 400 nm   (c) 361 nm   (d) 267 nm

13. 파장이 550 nm인 광자의 운동량은 얼마인가?
    (a) 3.2×10^{-26} kg·m/s   (b) 5.5×10^{-26} kg·m/s
    (c) 8.5×10^{-26} kg·m/s   (d) 1.2×10^{-27} kg·m/s

14. 모두 같은 속력으로 움직이는 다음 입자 중 가장 짧은 드브로이 파장을 갖는 입자는 무엇인가?

(a) 광자 (b) 중성자 (c) 전자 (d) 알파 입자

연습문제

23.1 양자화

15. • 다음 전하의 양자수를 구하여라.

  (a) 10 C (b) 10 μC

16. •• 2.50몰의 원자를 포함하는 고체 철(Fe)이 있다. 물음에 답하여라.

  (a) 철의 질량은 얼마인가?

  (b) 10^{12}개의 원자 중 하나에 전자 하나가 빠져 있다고 가정해 보자. 철의 알짜 전하는 얼마인가? 철을 만져 보면 이것을 알 수 있을까?

23.2 흑체 복사와 플랑크 상수

17. • 흑체에서 방출되는 복사는 1,150 nm에서 빈의 최대 파장을 갖는다. 이 흑체의 온도는 얼마인가?

18. • 빈 최대점이 375 nm에 가까운 자외선에 있는 별의 표면 온도를 구하여라.

19. •• 텅스텐 전구 필라멘트가 약 3,000 K에서 작동한다(텅스텐의 녹는점보다 아주 낮지는 않다). 물음에 답하여라.

  (a) 이 전구가 방출하는 중앙 파장은 얼마이며, 스펙트럼의 어느 영역에 속하는가?

  (b) 75 W 전구인 경우 필라멘트의 표면적은 얼마인가?

20. • 1960년대 천문학자들은 우주의 모든 곳에서 나오는 것으로 보이는 빈 봉우리가 1.06 mm인 흑체 복사를 발견하였다. 복사 물질의 온도는 얼마인가? (이 '우주 마이크로파 배경' 복사는 우주의 진화를 이해하는 열쇠이다.)

21. •• 800 K 흑체가 450 W의 복사량을 방출한다. 복사량이 900 W로 두 배가 될 때, 온도는 얼마인가?

23.3 광자

22. •• 납 표적에서 광전자를 방출하기 위한 문턱 진동수와 파장을 구하여라.

23. •• 다음 물음에 답하여라.

  (a) 은 표적에서 광자의 문턱 진동수와 파장은 얼마인가?

  (b) 105 nm 자외선에서 은으로부터 광전자의 정지 전압은 얼마인가?

24. •• 442 nm의 보라색 빛으로 나트륨 표적을 비추었다. 다음을 구하여라.

(a) 방출된 광전자의 정지 전압

(b) 광전자의 최대 속력

25. •• 금속 표적에서 방출된 광전자를 340 nm의 자외선으로 표적을 비추면 정지 전압은 1.20 V가 된다. 다음을 구하여라.

  (a) 260 nm 복사선에서 동일한 표적에 대한 정지 전압

  (b) 이 금속에 대한 일함수

26. ••• 플랑크 상수를 측정하는 실험에서 금속 표적에 자외선을 비춘다. 파장이 300 nm일 때 측정된 정지 전압은 1.10 V이고, 파장을 200 nm로 바꾸면 정지 전압은 3.06V가 된다. 물음에 답하여라.

  (a) 플랑크 상수의 값은 얼마인가? 허용된 h 값에서 오차 백분율은 얼마인가?

  (b) 실험값 h를 이용하여 이 금속의 문턱 진동수와 일함수를 구하여라.

27. • 다음 진동수를 갖는 마이크로파의 양자 에너지를 구하여라.

  (a) 10 GHz (b) 500 GHz

28. •• 반도체 레이저는 2.4 μm의 파장을 가진 20 W의 연속적인 빔을 생성한다. 다음을 구하여라.

  (a) 각 광자의 에너지 (b) 초당 방출되는 광자의 수

29. •• 햇볕 아래에 앉아 있는 동안 평균 파장이 310 nm인 UVB 복사선을 흡수한다. 물음에 답하여라.

  (a) 평균 UVB 광자의 에너지를 구하고 평균 가시광선 광자 ($\lambda = 550$ nm)와 비교하여라.

  (b) 각 파장에서 1 J의 에너지를 가진 광자는 몇 개인가?

30. ••• 예제 23.3에서 태양이 약 3.9×10^{26} W의 비율로 에너지를 방출한다는 것을 살펴보았다. 물음에 답하여라.

  (a) 부록 E의 천문 자료를 사용하여 지구에 떨어지는 에너지의 비율을 추정하여라.

  (b) 태양이 바로 머리 위에 있을 때, 지구 표면의 제곱미터당 에너지가 닿는 비율은 얼마인가? (대기에 의한 반사와 흡수는 무시한다)

  (c) (b)의 답이 태양 에너지 사용에 미치는 영향에 대해 논의하여라.

31. •• 콤프턴 파장과 동일한 파장의 X–선을 사용하여 콤프턴 산란을 연구하고 있다. 입사된 X–선의 두 배 파장의 X–선을 어떤 산란각으로 관찰할 수 있는가?

32. •• 5.0 pm 파장의 X–선이 전자로부터 산란하고, 8.2 pm 파

장으로 바뀐다. 산란각의 크기는 얼마인가?

33. •• 콤프턴 효과 측정기는 광자 파장의 4.0% 변화를 감지할 수 있다. 이 경우 최대 초기 파장은 얼마인가?

34. •• 다음 물음에 답하여라.

(a) 양성자–반양성자 쌍을 만드는 데 필요한 에너지를 구하여라.

(b) 정지해 있는 양성자와 반양성자가 소멸할 때 두 광자의 에너지를 구하여라.

23.4 파동–입자 이중성

35. • 다음 물음에 답하여라.

(a) 드브로이 파장이 1.5 nm인 전자의 속력을 구하여라.

(b) (a)의 속력을 가진 양성자의 드브로이 파장을 구하여라.

36. • 전자현미경은 드브로이 파장이 0.25 nm인 전자를 필요로 한다. 전자의 속력은 얼마인가?

37. •• 드브로이 파장이 0.40 nm인 다음 입자의 운동 에너지를 구하여라.

(a) 전자   (b) 중성자   (c) 알파 입자

38. ••• 실온(293 K)에서 공기 중 질소 분자(N_2)의 드브로이 파장은 얼마인가? 이 분자에서 회절 효과를 관찰할 수 있는 가능성은 얼마인가?

39. •• 다음 물음에 답하여라.

(a) 드브로이 파장이 500 nm인 전자의 운동 에너지는 얼마인가?

(b) (a)와 동일한 파장을 갖는 광자의 에너지와 비교하여라.

40. ••• 전자가 가로 0.10 nm, 세로 0.10 nm의 작은 원자 크기의 상자 안에 갇혀 있다. 물음에 답하여라.

(a) 전자의 운동량의 불확실성은 얼마인가?

(b) 운동량이 (a)에서 계산한 최소 불확정성 값과 같다고 가정하자. 전자의 에너지는 얼마인가? 또 어떤 파장의 광자가 같은 에너지를 갖는가?

41. •• 다음 속력으로 움직이는 전자의 드브로이 파장을 구하여라.

(a) $0.50c$ (b) $0.90c$ (c) $0.99c$

42. ••• 스탠포드 선형 가속기는 전자를 50 GeV의 운동 에너지로 가속시킬 수 있다. 이 전자의 드브로이 파장은 얼마인가? 약 2 fm의 양성자 지름과 비교하여라.

23장 질문에 대한 정답

단원 시작 질문에 대한 답

양자 터널링은 입자가 고전물리학에서 극복할 에너지가 충분하지 않다고 말하는 틈을 통과할 수 있는 능력이다.

확인 질문에 대한 정답

23.1절   (a) H^+ > (c) He^{+2} > (b) He^+ > (d) Na^+

23.3절   (f) 감마선 > (d) X–선 > (b) 자외선 >
  (a) 가시광선 > (e) 적외선 > (c) 라디오파

23.4절   (b) 감소한다.

원자물리
Atomic Physics

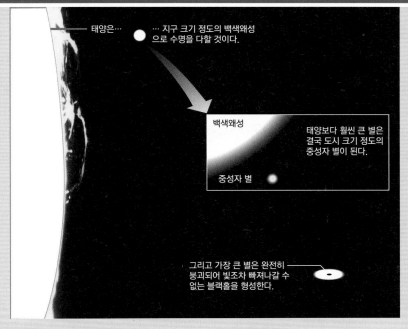

태양은…

… 지구 크기 정도의 백색왜성으로 수명을 다할 것이다.

백색왜성

태양보다 훨씬 큰 별은 결국 도시 크기 정도의 중성자 별이 된다.

중성자 별

그리고 가장 큰 별은 완전히 붕괴되어 빛조차 빠져나갈 수 없는 블랙홀을 형성한다.

▲ 원자 구조를 정하는 규칙은 어떻게 별의 운명도 결정하는가?

학습 내용

✔ 원자핵의 발견과 원자의 '태양계' 모형 설명하기

✔ 보어가 수소 원자와 그 스펙트럼을 설명하기 위해 양자 개념을 어떻게 도입했는지 설명하기

✔ 수소 원자의 상태를 설명하는 4개의 양자수를 나열하고 물리적 의미 나열하기

✔ 파울리의 배타 원리를 설명하고 이것이 원자 구조를 어떻게 지배하는지 설명하기

✔ 가장 안쪽의 원자 내 전자와 관련된 전이에서 X-선 방출이 어떻게 발생하는지 설명하기

✔ 자발 방출과 유도 방출의 차이 설명하기

✔ 레이저의 작동 원리 설명하기

이 장은 원자에 관한 내용이다. 20세기 초 실험에 따르면 원자의 거의 모든 질량은 양전하를 띤 작은 원자핵에 포함되어 있다. 음의 전자는 핵을 둘러싸고 있다. 그러나 고전물리학은 이러한 구조가 안정적일 수 없으며, 나아가 원자 스펙트럼을 설명할 수 없다고 암시하였다. 그 후 닐스 보어는 양자화 개념을 적용하여 최초로 성공적인 원자 모형을 개발하였다. 이후 원자 상태를 완전히 설명하는 4개의 양자수가 도입되는 등 원자에 대한 보다 완전한 양자 이론이 완성되었다. 이 이론이 어떻게 수소 원자를 완전히 설명하는지, 전자 수가 많은 원자와 원소의 주기율표의 많은 특성을 어떻게 설명하는지 살펴본다. 마지막으로 내부 전자와 관련된 전이에서 나오는 X-선과 레이저 작동에 필수적인 유도 방출을 포함한 원자 방출에 대해 설명한다.

24.1 핵 원자

1910년 물리학자들은 고전 동역학(2~11장), 열역학(12~14장), 전자기학(15~20장)을 아주 잘 알고 있었다. 특수 상대성 이론(20장)과 양자 이론(23장)의 기초도 확립되었다.

한 가지 남은 난제는 원자 구조였다. 화학은 수소, 탄소, 질소, 산소 등 소수의 원소가 존재한다는 것을 보여 주었다. 이러한 원소의 화학적 성질은 오늘날 알고 있는 표와 비슷하게 주기율표로 구성되어 있다(주기율표에 대해서는 24.4절에서 논의할 것이다). 지금까지 J. J 톰슨이 어떻게 전자를 음으로 대전된 원자 내 입자로 규정하고 전하 대 질량 비율을 측정했는지 알아보았다(23.1절). 하지만 물리학자들은 원자

그림 24.1 톰슨의 건포도–푸딩 원자 모형

가 전기적으로 중성이 되기 위해 필요한 원자의 양극 부분의 크기와 조성을 여전히 몰랐다. 당연히 원자의 양전하와 음전하는 서로 끌어당기지만 이들이 어떻게 서로 결합하여 안정적인 계를 형성하는지는 불분명하였다.

'건포도–푸딩' 원자

톰슨은 원자의 부피를 채우는 양의 덩어리(푸딩)와 더 작은 전자(건포도)가 '푸딩' 안에서 움직이는 것으로 구성된 '건포도–푸딩(plum-pudding)' 모형(그림 24.1)을 제안하였다. 이 모형은 전자와 완전한 원자의 상대적 질량을 기준으로 볼 때 의미가 있다. 가장 가벼운 원자(수소 1.67×10^{-27} kg)는 전자(9.11×10^{-31} kg)보다 거의 2,000배 무겁다. 그러나 톰슨은 이 모형을 사용하여 원자 스펙트럼을 만족스럽게 설명하지는 못했다.

핵의 발견

원자 구조를 이해하는 데 중요한 단계는 1909~1910년에 이루어졌다. 뉴질랜드 태생의 물리학자 어니스트 러더퍼드(Ernest Rutherford)는 캐나다 맥길 대학교에서 방사능을 공부하였다. 1907년 그는 영국 맨체스터 대학교로 자리를 옮겼다. 그곳에서 일부 방사성 붕괴에서 방출되는 전자 두 개가 없는 헬륨 이온 원자, 즉 알파 입자를 원자 구조의 측정기로 사용하려고 하였다. 러더퍼드의 공동 연구자인 한스 가이거와 학생 어니스트 마스덴은 알파 입자와 단일 금 원자 사이의 상호작용만을 보기 위해 얇은 금박에 알파 입자를 쏘아냈다(그림 24.2). 대부분의 알파 입자는 거의 편향되지 않고 금박을 통과하였다. 그러나 놀랍게도 일부는 큰 각도로, 심지어 바로 뒤로 반사되었다.

이 결과는 놀라웠다. 러더퍼드가 나중에 말했듯이, 금박에서 나오는 알파 입자가 후방으로 산란하는 것은 '마치 얇은 종이를 향해 15인치 포탄을 쏘면 그 포탄이 바

▶ **TIP** 알파 입자(헬륨 원자)는 전자 2개를 잃는다. 따라서 양전하 $+2e$가 남아 있다.

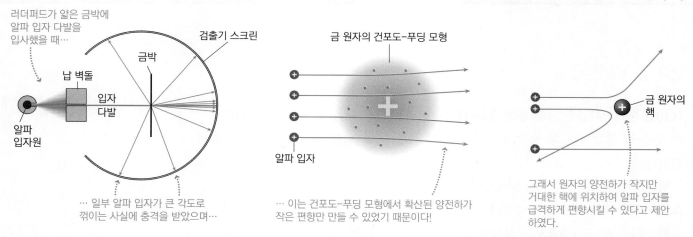

그림 24.2 러더퍼드–가이거–마스덴 알파 입자 산란 실험. 대부분의 알파 입자는 약간 편향되지만 일부 알파 입자는 상당히 편향된다. 러더퍼드의 핵 모형을 사용하면 핵에 가까이 접근하는 알파 입자만 큰 각도로 산란한다.

로 반사되어 되돌아온다는 것처럼 믿기지 않았다'는 것이다. 톰슨의 모형에서 확산된 양(+)의 '푸딩'이 알파 입자를 크게 편향시킬 만큼 충분한 힘으로 밀어내는 것은 불가능하다. 그러나 러더퍼드는 원자의 양전하가 작은 **핵**에 국한되어 있다면 그 힘은 알파 입자가 정면충돌 시 튕겨져 나오지만 핵과 밀착하지 않고 박막을 통과할 때는 거의 편향되지 않고 통과하기에 충분할 것이라는 사실을 깨달았다. 러더퍼드는 고전역학을 사용하여 금 핵과 알파 입자의 충돌을 분석하였다. 그의 계산은 핵이 반경 10^{-15} m의 구라는 전제 하에 실험 결과와 일치하였다. 핵 사이의 상대적으로 큰 거리($\sim 10^{-10}$ m)는 대부분의 알파 입자가 거의 편향되지 않고 박막을 통과하는 이유를 설명하고, 작은 핵에 집중된 전하와 질량은 아주 드문 후방 산란 현상을 설명한다.

▶ **TIP** 핵(nucleus)은 단수형이고, **핵자**(nuclei)는 복수형이다.

예제 24.1 알파 입자의 후방 산란

러더퍼드의 일부 실험에서 알파 입자(전하 $+2e$, 질량 6.64×10^{-27} kg)는 초기 운동 에너지 7.7 MeV를 가지고 있었다. 이 에너지를 가진 알파 입자가 $+79e$의 전하를 가진 금 핵을 향해 직접 발사되었다고 가정하자. 알파 입자는 방향을 바꾸기 전에 핵에 얼마나 가까이 다가갈 수 있는가?

구성과 계획 그림 24.3은 개략도이다. 이는 에너지 보존 문제이다(5장). 알파 입자의 전체 에너지는 운동 에너지와 퍼텐셜 에너지를 합한 것, 즉 $E = K + U$, $K = \frac{1}{2}mv^2$이다. 이 경우 전기적 퍼텐셜 에너지는 $U = kq_1q_2/r$(식 16.1)이고, 여기서 r은 금 핵과 알파 입자 사이의 거리이다. 핵에서 멀리 떨어져 있는 알파 입자의 에너지는 모두 운동 에너지이다. 가장 가까이 접근한 경우 순간적으로 정지해 있으므로 알파 입자의 에너지는 모두 퍼텐셜 에너지이다. 초기 에너지와 가장 근접한 에너지를 같게 하면 거리 r을 구할 수 있다.

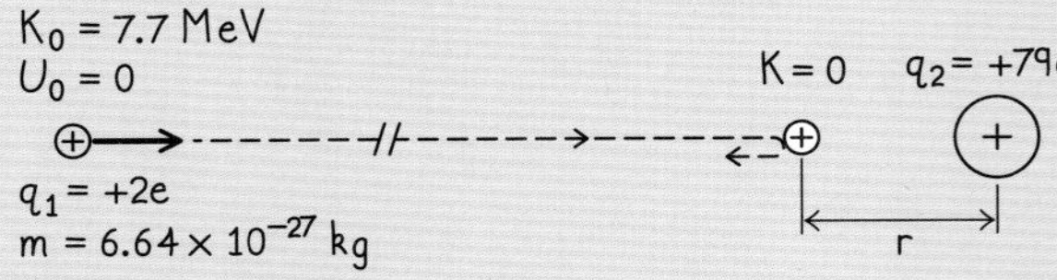

$K_0 = 7.7\ \text{MeV}$
$U_0 = 0$

$q_1 = +2e$
$m = 6.64 \times 10^{-27}\ \text{kg}$

$K = 0 \qquad q_2 = +79e$

그림 24.3 예제 24.1에 대한 개략도

알려진 값: $K_0 = 7.7$ MeV, $m = 6.64 \times 10^{-27}$ kg, $q_1 = 2e$, $q_2 = 79e$, $e = 1.60 \times 10^{-19}$ C, $k = 8.99 \times 10^9$ N·m²/C²

풀이 질량과 전하량은 SI 단위로 되어 있으므로 SI 단위의 에너지가 필요하다. $1 \text{eV} = 1.60 \times 10^{-19}$ J이므로 다음이 성립한다.

$$K_0 = 7.7 \times 10^6\ \text{eV} \times \frac{1.60 \times 10^{-19}\ \text{J}}{1\ \text{eV}} = 1.23 \times 10^{-12}\ \text{J}$$

초기 에너지와 전환점의 퍼텐셜 에너지를 같게 놓고($K_0 = kq_1q_2/r$) r에 대해 푼다.

$$r = \frac{kq_1q_2}{K_0} = \frac{k(2e)(79e)}{K_0} = \frac{158ke^2}{K_0}$$

$$r = \frac{158(8.99 \times 10^9\ \text{N·m}^2/\text{C}^2)(1.60 \times 10^{-19}\ \text{C})^2}{1.23 \times 10^{-12}\ \text{J}} = 2.96 \times 10^{-14}\ \text{m}$$

반영 실제로 금 핵은 반지름이 약 7×10^{-15} m로 이보다 작고 알파 입자는 더 작다. 따라서 이들을 점 입자로 취급하는 것이 타당하다.

연결하기 금을 알루미늄과 같은 가벼운 원소로 대체하면 계산이 어떻게 달라지는가?

답 알루미늄은 핵전하가 $13e$로 더 작다. 따라서 알파 입자는 방향을 바꾸기 전에 더 가까이 다가갈 것이다.

가이거와 마스덴이 실험을 수행했지만 실험을 제안하고 결과를 해석한 사람은 러더퍼드였기 때문에 이 효과를 **러더퍼드 산란**(Rutherford scattering)이라고 부른다. 러더퍼드-가이거-마스덴 연구의 놀라운 함축적 의미는 고체 물질이 대부분 빈 공간으로 구성되어 있다는 것이다. 핵 반경은 1 fm(10^{-15} m) 정도이고, 원자 반경은 약

100,000배 더 크다. 핵과 원자의 상대적인 크기를 이해하려면 핵을 지름이 약 8cm인 야구공 크기의 구로 만든 모형이라고 상상해 보자. 원자의 지름은 100,000배 더 큰 약 8 km로 중간 크기의 도시에 걸쳐 있을 것이다!

'태양계' 원자

크기가 작고 질량이 크며 양전하를 띠는 핵은 태양계의 태양처럼 원자의 중심에 자리 잡고 있다. 비유는 여기서 끝나지 않는다. 핵의 인력은 태양의 중력이 행성에서 작용하는 것처럼 음의 전자에 작용한다. 두 힘 모두 $1/r^2$만큼 떨어지므로 행성이 태양을 도는 것처럼 전자는 핵의 궤도를 돌아야 한다(그림 24.4). 그러나 고전적인 '태양계' 모형에는 문제가 있다. 우선 전자의 운동이 가속된다는 것이다. 20.1절과 같이 가속된 전하가 전자기 복사의 근원이다. 따라서 전자는 지속적으로 복사하고 빠르게 에너지를 잃어야 하며, 실제로 원자는 순식간에 붕괴된다! 하지만 원자는 안정적이며 일반적으로 에너지를 복사하지 않는다. 따라서 태양계 모형은 전자기력의 법칙과 일치하지 않는 것처럼 보인다.

또 다른 문제는 원자가 복사할 때 특정 파장, 즉 23장에서 언급한 이산 스펙트럼에서 짧은 복사 파열로 방출한다는 것이다. 그러나 태양계 모형은 연속적으로 복사하는 것으로 되어 있다. 게다가 전자기학은 복사 진동수가 궤도 운동의 진동수와 같아야 한다는 것을 보여 준다. 그러나 모든 궤도도 허용되어야 하므로 복사 진동수나 파장도 허용되어야 한다. 그 결과로 이산 스펙트럼이 아닌 연속 스펙트럼을 얻어야 한다. 이러한 난제는 오래 가지 않았지만 이를 해결하기 위해 양자 개념을 급진적으로 적용해야 했다.

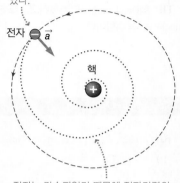

태양계 모형에서 전자는 인력에 의해 핵 주위의 '궤도'에 고정되어 있다.

전자 ⊖ $\vec{a}$

핵 ⊕

전자는 가속되었기 때문에 전자기력의 법칙에 따르면 전자는 연속적으로 복사하여 핵 안으로 나선형으로 핵 쪽으로 돌아 들어가야 하지만 그렇지 않다!

그림 24.4 양성자를 중심으로 원형 궤도를 도는 전자가 1개인 수소 원자의 '태양계' 모형

....

확인 24.1절 같은 에너지를 가진 알파 입자가 금 박막과 알루미늄 박막을 향한다. 다음 중 알파 입자와 핵 사이의 정면충돌에서 알파 입자의 가장 가까운 접근 거리를 갖는 표적은?

(a) 금 표적 (b) 알루미늄 (c) 둘 다 동일하다.

....

24.2 보어 원자

독특한 원자 스펙트럼은 설명이 필요했고, 동시에 원자 구조에 대한 단서가 필요하였다. 물리학자들은 가장 단순한 원자인 수소에 관심을 집중하였다.

발머 계열

과학자들은 19세기 초부터 원자 스펙트럼을 알고 있었고, 선스펙트럼의 배열에서 나타나는 무늬, 즉 수소의 가장 뚜렷한 모양에 흥미를 느꼈다(그림 24.5). 1885년 스위스의 교사 요한 발머(Johann Balmer, 1825~1898)는 수소에서 보이는 파장이 다음

식과 일치한다는 사실을 발견하였다.

$$\lambda = (364.56\,\text{nm})\frac{k^2}{k^2-4} \quad \text{(발머 공식, SI 단위: m)} \tag{24.1}$$

여기서 $k = 3, 4, 5, 6$이다. 그림 24.5의 파장을 통해 발머의 결과를 직접 확인할 수 있다. 예를 들어, $k = 3$인 발머 공식은 다음과 같이 나타낸다.

$$\lambda = (364.56\,\text{nm})\frac{3^2}{3^2-4} = (364.56\,\text{nm})\frac{9}{5} = 656.2\,\text{nm}$$

그림 24.5 수소 스펙트럼에서 보이는 부분

이는 빨간색 선스펙트럼에 해당한다(파장은 발머 시대 이후 더 정확하게 측정되었으며, 그림 24.5의 파장은 현대의 값이다). 다른 가시광선은 $k = 4, 5, 6$에 해당한다. 발머는 자외선에서 더 큰 정수에 해당하는 선스펙트럼이 관찰될 수 있다고 예측하였다. 이 중 첫 번째($k = 7$, $\lambda = 397\,\text{nm}$)는 사실 이미 발견되었다. 모든 k 값을 포함하는 선스펙트럼의 전체 집합을 **발머 계열**(Balmer series)이라고 한다.

　보다 일반적인 형태는 1890년 스웨덴의 물리학자 요하네스 뤼드베르그(Johannes Rydberg, 1854~1919)가 발견하였다.

$$\frac{1}{\lambda} = R_\text{H}\left(\frac{1}{j^2} - \frac{1}{k^2}\right) \quad (j < k) \quad \text{(뤼드베르그 공식, SI 단위: m}^{-1}\text{)} \tag{24.2}$$

여기서 j와 k는 정수이고 $j < k$이다. $R_\text{H} = 1.097 \times 10^7\,\text{m}^{-1}$는 수소에 대한 **뤼드베르그 상수**(Rydberg constant)이다. $j = 2$일 때 뤼드베르그 공식은 발머 공식이 된다. 다른 j 값에 해당하는 선스펙트럼은 20세기에 발견되었다. 곧 그 중요성에 대해 간단히 논의할 것이다.

▶ **TIP** 뤼드베르그 상수는 $R_\text{H} = 0.01097\,\text{nm}^{-1}$로 표기할 수 있다. $1/\lambda$은 nm^{-1} 단위이고 λ는 nm 단위이다. $j < k$의 조건은 양의 파장을 보장한다.

예제 24.2　뤼드베르그 공식과 발머 계열

뤼드베르그 공식을 사용하여 발머 계열 전체의 파장을 구체적으로 설명하여라.

구성과 계획 발머 계열은 뤼드베르그 공식(식 24.2)으로 구한다.

$$\frac{1}{\lambda} = R_\text{H}\left(\frac{1}{j^2} - \frac{1}{k^2}\right)$$

여기서 $j = 2$이다. $j < k$인 경우 이것은 k가 2보다 큰 임의의 정수일 수 있음을 의미한다.

알려진 값: $j = 2$, $k = 3, 4, 5, \cdots$, 뤼드베르그 상수 $R_\text{H} = 0.01097\,\text{m}^{-1}$

풀이 $k = 3, 4, 5, 6$은 그림 24.5의 네 가시광선에 해당하고, $k = 7$이 397 nm 자외선에 해당한다는 것을 이미 알고 있다. 뤼드베르그 공식을 이용하면 유효숫자 4개로 나타낸 파장은 다음과 같다.

- $k = 3$: $\lambda = 656.5\,\text{nm}$(빨간색)
- $k = 4$: $\lambda = 486.3\,\text{nm}$(파란-초록색)
- $k = 5$: $\lambda = 434.2\,\text{nm}$(보라색)
- $k = 6$: $\lambda = 410.3\,\text{nm}$(보라색)
- $k = 7$: $\lambda = 397.1\,\text{nm}$(자외선)

k가 커지면 선스펙트럼의 간격이 점점 좁아진다. 큰 k의 경우 $1/k^2$은 매우 작아지고 스펙트럼은 거의 연속적으로 나타난다. 계열에서 가능한 가장 짧은 파장은 $k \to \infty$일 때이다.

$$\frac{1}{\lambda} = R_\text{H}\left(\frac{1}{j^2} - \frac{1}{k^2}\right) = (0.01097\,\text{nm}^{-1})\left(\frac{1}{2^2}\right) = 0.0027425\,\text{nm}^{-1}$$

이는 λ = 364.6 nm에 해당하며, 이 계열에 대해 가능한 가장 짧은 파장이기 때문에 **계열 한계**(series limit)라고 부른다. 따라서 발머 계열 전체는 364.6 nm에서 656.5 nm 파장 범위를 갖는다.

반영 여기서 선스펙트럼 형태에 주목하여라. 파장이 긴 선스펙트럼 사이의 간격이 넓게 떨어져 있고 계열 한계($k \to \infty$)로 갈

수록 간격이 좁아지고 있다. j 값이 다른 계열에서도 비슷한 형태가 나타난다.

연결하기 $j = 7$인 경우, 가능한 k의 값은 어떻게 되는가?

답 k는 j보다 큰 정수여야 한다. 따라서 k의 허용 값은 8, 9, 10 등 무한하다.

보어의 이론

1912년 덴마크의 젊은 물리학자 닐스 보어(Niels Bohr, 1885~1962)는 영국의 러더퍼드를 방문하였다. 보어는 러더퍼드의 핵에 대한 증거를 사용하여 관측된 선스펙트럼을 예측할 수 있는 이론적 틀을 모색하였다. 보어의 모형은 고전적인 개념과 양자적인 개념이 혼합한 것으로 네 가지 가정을 바탕으로 만들어졌다.

> **보어의 가정**
> 1. 전자는 원자핵을 원 궤도로 공전한다. 그러나 특정한 궤도와 그에 상응하는 전자 에너지만 허용된다. 이는 소위 원자의 **정상 상태**에 해당한다.
> 2. 전자기 복사는 전자가 한 정상 상태에서 다른 정상 상태로 전이할 때만 방출된다. 상태 간 에너지 차 ΔE는 방출된 광자의 에너지로 나타난다($\Delta E = hf$).
> 3. 고전물리학은 정상 상태의 전자 궤도를 해석하지만 상태 간의 전이에는 고전역학의 규칙이 적용되지 않는다.
> 4. 각 정상 상태의 각운동량 L은 양자화되며, 구체적으로 $L = \dfrac{nh}{2\pi}$, $n = 1, 2, 3, \cdots$는 특정 궤도를 특징짓는 **양자수**(quantum number)이다.

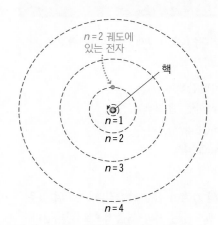

그림 24.6 보어 원자의 처음 네 궤도

그림 24.6은 수소의 보어 모형을 보여 준다. $n = 1$인 가장 낮은 궤도는 **바닥상태**(ground state)이고, 높은 궤도($n > 1$)는 **들뜬상태**(excited state)에 해당한다.

보어의 가정 4는 각운동량을 양자화하며, 가정 3과 함께 양자화된 전자 에너지로 직접 이어진다. 고전적으로 궤도를 도는 전자는 운동 에너지 $K = \frac{1}{2}mv^2$을 가지고 있는 반면, 원자의 퍼텐셜 에너지 U는 거리 r만큼 떨어진 전하 $+e$(핵)와 $-e$(전자)로부터 기인한다(식 16.1).

$$U = \frac{kq_1q_2}{r} = \frac{k(e)(-e)}{r} = -\frac{ke^2}{r}$$

따라서 보존되는 원자의 총 에너지는 다음과 같이 $E = K + U$이다.

$$E = K + U = \frac{1}{2}mv^2 - \frac{ke^2}{r}$$

그림 24.7에 자세히 나와 있듯이 궤도를 도는 전자에 대한 뉴턴의 운동 제2법칙은 $mv^2 = ke^2/r$으로 이어진다. 이 식을 원자의 총 에너지 E에 대입하면 다음과 같이 계

산된다.

$$E = \frac{1}{2}\frac{ke^2}{r} - \frac{ke^2}{r}$$

즉, 다음이 성립한다.

$$E = -\frac{ke^2}{2r} \quad \text{(수소 원자의 에너지, 보어 모형, SI 단위: J)} \quad (24.3)$$

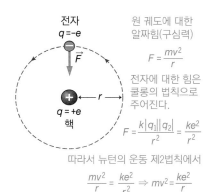

그림 24.7 전자의 운동을 이용하여 보어 원자의 에너지 구하기

총 에너지가 음(−)이라는 것에 주목하여라. 9장에서 위성 궤도에 대한 유사한 분석에서 다음 결과를 얻었던 것을 기억할 것이다.

$$E = -\frac{GM_E m}{2r} \quad (9.7)$$

여기서 r은 원형 궤도의 반지름, M_E는 지구 질량, m은 위성의 질량이다. 식 24.3과의 유사성은 우연이 아니다. 수소의 전자 궤도에 대한 고전적 분석은 각각의 궤도가 역제곱 힘으로 나타나기 때문에 중력 하에서의 원 궤도와 같다.

지금까지 고전물리학만 사용하였다. 이제 보어의 네 번째 가정을 사용하여 궤도를 양자화해 보겠다. 8장에서 각운동량은 $L = I\omega$이며, 여기서 I는 관성모멘트이고 ω는 각속도임을 기억하여라. 수소에서 전자는 본질적으로 점 입자이므로 질량이 m이고 궤도 반경이 r인 전자의 원운동의 경우 $I = mr^2$, $\omega = v/r$이다. 이 식을 보어의 네 번째 가정과 결합하면 양자화된 각운동량을 얻을 수 있다.

$$L = \frac{nh}{2\pi} = (mr^2)\left(\frac{v}{r}\right)$$

궤도 속력 v에 대해 풀면 다음과 같다.

$$v = \frac{nh}{2\pi mr}, \quad \text{즉} \quad v^2 = \frac{n^2 h^2}{4\pi^2 m^2 r^2}$$

이때 그림 24.7에서 $v^2 = \frac{ke^2}{mr}$이므로 v^2의 두 식을 같다고 놓는다.

$$v^2 = \frac{ke^2}{mr} = \frac{n^2 h^2}{4\pi^2 m^2 r^2}$$

그다음 허용되는 궤도 반지름을 구하면 다음과 같다.

$$r = n^2 \left(\frac{h^2}{4\pi^2 mke^2}\right)$$

괄호 안의 물리량은 길이 단위를 가지며, **보어 반지름**(Bohr radius) a_0이라 한다. 수치를 계산하면 다음과 같다.

$$a_0 = \frac{h^2}{4\pi^2 mke^2} = \frac{(6.626\times10^{-34}\ \text{J}\cdot\text{s})^2}{4\pi^2(9.11\times10^{-31}\ \text{kg})(8.99\times10^9\ \text{N}\cdot\text{m}^2/\text{C}^2)(1.60\times10^{-19}\ \text{C})^2}$$

$$= 5.29\times10^{-11}\ \text{m}$$

놀랍게도 이는 원자 크기와 거의 비슷하다! 일반적으로 n번째 양자 상태에서 수소 원자의 반지름은 다음과 같다.

$$r = n^2 a_0 \quad n = 1, 2, 3, \cdots \quad \text{(보어 원자의 반지름, SI 단위: m)} \quad (24.4)$$

식 24.4를 식 23.3에 대입하여 해당 에너지 E를 구할 수 있다.

$$E = -\frac{ke^2}{2r} = -\frac{ke^2}{2n^2 a_0} = -\frac{1}{n^2}\left(\frac{ke^2}{2a_0}\right)$$

여기서 괄호 안의 양은 에너지 차원을 가진 상수들의 조합이며 E_0으로 정한다. 이 에너지의 값은 $E_0 = 2.18 \times 10^{-18}$ J이다. 그러면 n번째 양자 상태의 에너지는 다음과 같이 나타낸다.

▶ **TIP** 원자 크기에서는 종종 전자볼트 단위의 에너지로 사용하는 것이 편리하기도 하다. 따라서 $E_0 = 13.6$ eV의 값을 사용하면 식 24.5의 에너지가 eV로 나온다.

$$E = -\frac{E_0}{n^2} \quad n = 1, 2, 3, \cdots \quad \text{(보어 원자의 에너지, SI 단위: J)} \quad (24.5)$$

새로운 개념 검토: 수소의 보어 모형

- 전자는 양(+)의 핵 주위를 원 궤도로 돌게 된다.
- 고전물리학은 궤도 동역학을 설명하지만 궤도는 보어 가정에 따라 양자화된다.
- 각 궤도는 정수 양자수 n으로 특징지어진다.
- n차 궤도의 반지름은 $r = n^2 a_0$이며, 여기서 $a_0 = 5.29 \times 10^{-11}$ m는 보어 반지름이다.
- n차 궤도의 에너지는 $E = -\dfrac{E_0}{n^2}$이며, 여기서 $E_0 = 2.18 \times 10^{-18}$ J 또는 13.6 eV이다.

개념 예제 24.3   에너지 및 궤도 반지름

수소 원자에 대한 양자수 n이 증가할 때 다음 물리량에 어떤 영향을 미치는지 구하여라.
(a) 원자의 반지름   (b) 원자의 에너지

풀이 (a) 식 24.4 $r = n^2 a_0$은 양자수 n의 제곱에 따라 반지름이 증가함을 보여 준다. 그림 24.6에서 보았듯이 궤도 간격은 n이 증가함에 따라 빠르게 증가한다.

(b) 식 24.5는 에너지를 $E = -E_0/n^2$, $E_0 = 13.6$ eV로 나타낸다. 역수 관계($1/n^2$)와 음의 부호로 인해 에너지를 분석하는 것이 다소 까다로워진다. n이 증가하면 $1/n^2$은 감소한다. 그러나 n이 증가하면 에너지는 음의 부호 때문에 음의 값에서 0에 접근하여 실제로 증가하게 된다. 이는 처음 몇 개의 에너지 준위를 계산하면 가장 잘 설명할 수 있다.

$$n = 1: E_1 = -\frac{E_0}{1^2} = -13.6 \text{ eV}$$

$$n = 2: E_2 = -\frac{E_0}{2^2} = -3.40 \text{ eV}$$

$$n = 3: E_3 = -\frac{E_0}{3^2} = -1.51 \text{ eV}$$

이 값은 n이 증가함에 따라 수소 원자의 에너지가 증가한다는 것을 보여 준다.

반영 큰 n의 한계에서 원자가 매우 커진다는 점에 유의하여라. 소위 '뤼드베르그 원자'라고 하는 이 원자는 $n \approx 300$에서 관측되어 원자의 지름이 약 5 μm가 된다. 이러한 원자의 경우 총 에너지 E는 0에 매우 가깝기 때문에 전자를 완전히 제거하는 데 그리 많은 에너지가 필요하지 않다.

보어 원자와 수소 스펙트럼

수소 원자에 대한 성공적인 이론은 발머 계열에서 볼 수 있는 선스펙트럼을 설명해야 한다. 보어 모형에서 원자는 한 양자 상태에서 다른 양자 상태로 전이할 수 있다. 높은 상태에서 낮은 상태로 떨어지면 원자가 잃은 에너지는 에너지 hf의 광자로 나타난다(보어의 가정 2). 높은 양자 상태에서 낮은 양자 상태로의 특정 전이는 항상 동일한 특정 에너지와 파장의 광자를 생성하므로 특정 파장만 관측되는 이유를 설명할 수 있다.

예를 들어, 수소 원자가 $n = 3$ 상태에서 $n = 2$ 상태로 전이된다고 가정하자. 개념 예제 24.3의 두 상태의 에너지를 이용하여 방출된 광자의 에너지를 계산할 수 있다.

$$E_{\text{photon}} = E_3 - E_2 = -1.51 \text{ eV} - (-3.40 \text{ eV}) = 1.89 \text{ eV}$$

즉, 3.02×10^{-19} J이다. 광자에 대한 $E = hc/\lambda$ (식 23.4)의 경우, 이 광자의 파장은 다음과 같다.

$$\lambda = \frac{hc}{E_{\text{photon}}} = \frac{(6.626 \times 10^{-34} \text{ J} \cdot \text{s})(3.00 \times 10^8 \text{ m/s})}{3.03 \times 10^{-19} \text{ J}} = 6.56 \times 10^{-7} \text{ m} = 656 \text{ nm}$$

이는 발머 계열의 빨간색 선스펙트럼과 정확히 일치한다.

관측된 다른 선스펙트럼이 수소의 양자화된 에너지 준위와 어떻게 관련이 있는지 알아보려면 **에너지 준위 도표**를 그리는 것이 좋다(그림 24.8). 발머 계열은 수소 원자가 $n = 2$ 준위로 끝나는 전이를 할 때 생성되는 모든 광자로 구성된다. 빨간색 선스펙트럼은 $n = 3 \rightarrow 2$ 전이에 해당하고, 다른 가시광선은 $n = 4 \rightarrow 2$(파란–초록색), $n = 5 \rightarrow 2$(보라색), $n = 6 \rightarrow 2$(보라색)에 해당한다.

보다 일반적으로 양자화된 에너지 준위는 뤼드베르그 식에 의해 예측된 모든 광자 파장을 설명하며, 허용되는 모든 값의 j와 k를 포함한다. 수소 원자가 더 높은 준위($n = k$)에서 낮은 준위($n = j$)로 전이한다고 가정하자. 그다음 식 24.5로부터 원자는 다음과 같은 에너지의 광자를 방출한다.

$$E_{\text{photon}} = E_k - E_j = -\frac{E_0}{k^2} - \left(\frac{E_0}{j^2}\right) = E_0\left(\frac{1}{j^2} - \frac{1}{k^2}\right)$$

$E_{\text{photon}} = hc/\lambda$를 사용하면 다음을 얻는다.

$$\frac{1}{\lambda} = \frac{E_{\text{photon}}}{hc} = \frac{E_0}{hc}\left(\frac{1}{j^2} - \frac{1}{k^2}\right)$$

이는 $R_{\text{H}} = E_0/hc$인 경우 뤼드베르그 식과 일치한다. 상수 E_0/hc을 수치적으로 계산하자.

$$\frac{E_0}{hc} = \frac{2.18 \times 10^{-18} \text{ J}}{(6.626 \times 10^{-34} \text{ J} \cdot \text{s})(3.00 \times 10^8 \text{ m/s})} = 1.097 \times 10^7 \text{ m}^{-1}$$

이것이 바로 뤼드베르그 상수이다! 따라서 보어의 수소 원자 이론은 뤼드베르그 식에 의해 예측된 파장을 정확하게 설명한다.

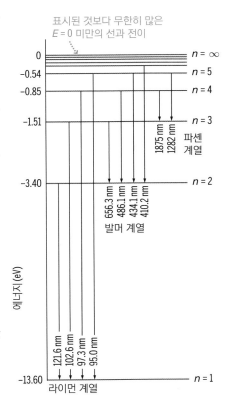

그림 24.8 보어 원자에 대한 에너지 준위 도표, 처음 세 선스펙트럼의 일부에 해당하는 전이를 보여 준다.

수소의 다른 스펙트럼 계열

발머 계열은 $n = 2$에서 끝나는 전이의 결과임을 살펴보았다. 보어의 이론과 수소 에너지 준위 도표는 종결 상태가 다른 추가적인 계열이 있어야 한다는 것을 암시한다. $n = 1$로 끝나는 전이는 어떠한가? 이 경우 **라이먼 계열**(Lyman series)의 선스펙트럼이 생긴다. 그림 24.8에서 $n = 1$ 준위로 전이를 나타내는 화살표가 $n = 2$로 전이를 나타내는 화살표보다 더 길다는 것을 알 수 있다. 이 긴 화살표는 더 큰 광자 에너지에 해당한다. 발머 계열은 가시광선을 통과하여 자외선까지 확장되므로 라이먼 계열이 단파장 자외선 광자에 해당하는 것은 놀라운 일이 아니다. 다음으로 $n = 3$으로 끝나는 전이인 **파셴 계열**(Paschen series)을 생각해 보자. 이 준위와 높은 준위 사이의 에너지 격차는 그리 크지 않으므로 화살표가 더 짧다. 이러한 전이에서 나오는 낮은 에너지 광자는 적외선에 있을 것이다.

가시광선 영역 밖의 스펙트럼 계열은 당연히 발머 계열의 가시광선 영역보다 탐지하기 어렵고, 일부는 보어가 원자 이론을 발표할 때까지 발견되지 않았다. 이러한 다른 계열의 발견(표 24.1)은 보어의 이론을 상당한 수준으로 확인해 주었다. 각각의 경우, 관측된 파장은 보어의 에너지 준위 사이의 해당 전이와 일치하였다. 물리학에서 가장 성공적인 이론의 특징 중 하나는 관측된 현상을 설명했을 뿐만 아니라 나중에 관측된 다른 현상도 예측했다는 것이다. 보어 원자는 극적인 예이다.

표 24.1 수소 스펙트럼 계열

발견자(연도)	파장 영역	$n = j$(나중 상태)	$n = i$(처음 상태)
라이먼(1916)	자외선	1	> 1
발머(1885)	가시광선, 자외선	2	> 2
파셴(1908)	적외선	3	> 3
브라켓(1922)	적외선	4	> 4
푼트(1924)	적외선	5	> 5

예제 24.4 라이먼과 파셴 계열의 영역

라이먼 계열과 파셴 계열의 파장 영역을 구하여라.

구성과 계획 이 계열은 뤼드베르그 식(식 24.2)의 $j = 1$(라이먼)과 $j = 3$(파셴)에 해당한다.

$$\frac{1}{\lambda} = R_H \left(\frac{1}{j^2} - \frac{1}{k^2} \right)$$

그러면 허용되는 k의 값은 $j + 1$에서 무한대까지이며, 이에 해당하는 파장 범위를 제공한다.

알려진 값: 뤼드베르그 상수 $R_H = 0.01097 \text{ nm}^{-1}$

풀이 라이먼의 경우 허용되는 k 값의 범위는 2에서 ∞까지이다. 최대 파장은 $k = 2$를 이용하여 구할 수 있다.

$$\frac{1}{\lambda} = R_H \left(\frac{1}{j^2} - \frac{1}{k^2} \right) = (0.01097 \text{ nm}^{-1}) \left(\frac{1}{1^2} - \frac{1}{2^2} \right) = 0.0082275 \text{ nm}^{-1}$$

$$\lambda = \frac{1}{0.0082275 \text{ nm}^{-1}} = 122 \text{ nm}$$

라이먼 계열의 한계인 가장 짧은 파장은 $k \to \infty$일 때이다.

$$\frac{1}{\lambda} = R_H \left(\frac{1}{j^2} - \frac{1}{k^2} \right) = (0.01097 \text{ nm}^{-1}) \left(\frac{1}{1^2} \right) = 0.01097 \text{ nm}^{-1}$$

즉, λ = 91.2 nm이다. 따라서 전체적으로 스펙트럼의 자외선 영역 안에 있는 라이먼 계열은 91.2 nm에서 122 nm까지이다. 파셴 계열의 경우 j = 3으로 비슷한 계산을 하는데, 가장 긴 파장은 k = 4로 시작하고, 계열의 한계인 경우 k = ∞이다. 그 결과 파장 범위는 820 nm에서 1875 nm로 전체적으로 적외선 영역에 해당한다.

반영 패턴은 다른 계열로 이어진다. 표 24.1에서 설명된 브라켓 계열 및 푼트 계열의 파장은 적외선으로 멀리 이동한다.

연결하기 j = 7인 계열에서 계열 한계는 어떻게 되는가?

답 예제의 방법을 사용하면 계열 한계는 4,466 nm, 즉 4μm이다. 이는 적외선 영역에 속한다.

방출 및 흡수 스펙트럼

일반적인 형광등과 비슷한 수소 기체 방전관에서 수소 발머 계열을 본 적이 있을 것이다. 전류에 의해 들뜰 때 수소는 가시적인 4개의 발머 파장이 혼합된 선명한 보라-분홍색으로 빛난다. 휴대용 회절 격자로 개별적인 선을 볼 수 있다. 이것은 **방출 스펙트럼**(emission spectrum)으로, 원자가 아래로 전이할 때 광자를 방출한다. 반대로 그림 24.9의 태양 스펙트럼은 **흡수 스펙트럼**(absorption spectrum)으로, 특정 파장이 없는 연속 스펙트럼이다. 여기서 태양 대기의 확산 기체(주로 수소)는 밀도가 높은 태양 표면에서 방출되는 연속 흑체 복사에서 특정 파장을 흡수한다. 이 파장은 원자 상태 사이에서 위로 전이를 일으키기에 적합한 에너지를 가진 광자에 해당하며, 아래로 전이가 일어날 때 나타나는 파장과 동일하다. 따라서 수소의 경우 흡수선은 발머와 기타 계열 파장에 있다. 이러한 에너지를 가진 광자를 연속 흑체 스펙트럼에서 제거하면 어두운 선스펙트럼을 볼 수 있다. 따라서 방출 스펙트럼과 흡수 스펙트럼 모두 보어의 이론을 잘 확인할 수 있다.

▶ **TIP** 태양 스펙트럼에는 헬륨과 같은 다른 원소의 증거도 나타나 있으며, 헬륨은 지구에서 알려지기 전에 태양에서 먼저 발견되었다(22장).

보어 원자에서 물질파

드브로이가 입자–파동 가설(23.4절)을 개발했을 때, 보어의 양자화된 궤도와의 연관성을 바로 알아차렸다. 그는 전자가 파동 특성을 가진다면 핵을 공전하는 전자는 그림 24.10과 같이 정상파로 모형화할 수 있다고 추론하였다. 드브로이는 고정된 정상파 형태, 즉 연속적으로 다시 닫히는 형태가 안정된 궤도에 해당한다고 제안하였다. 즉, 궤도 둘레(2πr)는 전체 파동 수(nλ)를 포함해야 하므로 nλ = 2πr이 된

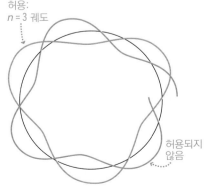

그림 24.10 보어 모형에서 허용되는 궤도는 드브로이 파장의 정수 배에 맞는 궤도이다.

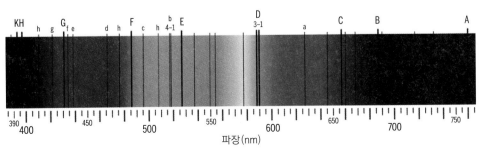

그림 24.9 태양 대기에 의해 파장이 제거되어 어두운 흡수선이 나타나는 태양 스펙트럼

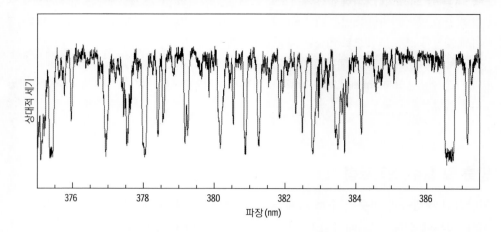

먼 은하의 흡수 스펙트럼은 수소, 헬륨, 나트륨과 같은 원소 선과 함께 태양 스펙트럼과 유사한 패턴을 보인다. 그러나 그 파장은 태양 스펙트럼보다 길다. 파장이 긴 것은 도플러 이동(20장)의 결과이며, 먼 은하가 빠른 속력으로 우리로부터 멀어지고 있음을 나타낸다. 이는 우주가 팽창하고 있다는 증거이다. 은하 간 매질에서 추가 흡수가 일어나며 이 극도로 희박한 기체의 존재를 확인하는 중요한 증거를 제공한다. 소위 '라이먼 알파 숲'은 빠른 속력으로 후퇴하는 은하 간 물질 구름에 의해 가장 긴 파장의 수소 계열 선이 흡수되어 가시광선 스펙트럼에서 흡수 선이 뒤섞인 것이다. 일반적으로 이러한 자외선들은 서로 다른 양으로 도플러 이동되어 가시광선, 즉 선의 '숲'으로 나타난다.

다. 드브로이의 가설 $\lambda = h/p$를 적용하면 이 식은 $rp = nh/2\pi$로 다시 정리할 수 있다. 물리량 rp는 궤도를 도는 전자의 각운동량 L이므로 $L = nh/2\pi$이다. 이는 바로 각운동량 양자화에 대한 보어의 가정과 같다. 따라서 정상파에 맞는 전자의 궤도를 그린 드브로이의 그림은 보어의 양자화와 동일하다. 물질파에 대한 다른 증거(23장에서 논의)를 고려할 때, 전자 파장과 보어 원자 사이의 이러한 대응은 보어의 양자화된 각운동량 가설을 정당화하는 데 도움이 되었다. 이후 전자를 파동으로 생각하는 것은 에르빈 슈뢰딩거와 다른 사람들이 수소 원자에 대한 보다 완전한 양자 이론을 개발하는 데 도움이 되었다. 이 장의 뒷부분에서 이 이론의 몇 가지 측면을 만나게 될 것이다.

보어 모형의 평가

지금까지 보어의 양자 이론이 수소의 스펙트럼을 성공적으로 예측했는지, 그리고 그것이 드브로이의 물질파와 어떻게 잘 맞는지 살펴보았다. 그러나 완벽하지는 않았다. 먼저 앞서 설명한 보어의 이론은 핵이 정지해 있다고 가정한다. 그러나 고전물리학에서는 핵과 전자가 공통 질량 중심을 공전해야 한다고 말한다. 그 효과를 보정하기 위해 필요한 것은 전자 질량 m을 다음과 같이 정의된 환산 질량(reduced mass) μ로 대체하는 것이다.

$$\mu = \frac{m}{1 + m/M}$$

여기서 M은 핵의 질량이다. 수소의 경우 $m/M \approx 1/1840$이므로 보정값이 작다. 그럼에도 보어의 반지름과 뤼드베르그 상수를 바꾸어 우리가 제시한 이론의 간단한 설명보다 더 정확한 결과를 제공한다. 이 보정을 확인하는 가장 좋은 방법은 수소와 그 동위원소인 중수소의 스펙트럼을 비교하여 핵의 질량이 약 두 배인 중수소를 비교하는 것이다. 환산 질량 보정은 수소와 중수소 스펙트럼 사이의 미세한 파장 차이를 정확하게 예측한다.

보어 원자 이론은 He^+와 같은 다른 단일 전자 원자에도 적용된다. 중성 헬륨은 전자가 2개이므로 He^+는 하나만 있다. 이 경우 더 큰 핵질량(수소의 네 배)뿐만 아니라 증가된 핵전하(헬륨의 경우 $+2e$)에 대해서도 보정이 이루어져야 한다. 일반적으로 주기율표의 원자 번호 Z의 핵은 전하 $+Ze$를 갖는다. 모든 보어 이론 계산에 핵전하 Ze를 사용하면 뤼드베르그 상수가 수소보다 Z^2배만큼 크다는 것을 알게 될 것이다. 이 보정은 관측된 He^+ 및 Li^{++}, Be^{+3} 등과 같은 다른 단일 전자 원자의 스펙트럼과 일치한다.

그러나 이 성공은 보어 이론의 주요 단점인 단일 전자 원자만을 설명한다는 점을 강조한다. 두 번째 전자(예: 중성 헬륨)를 추가하려면 동적 분석에서 전자–전자 반발력을 고려해야 한다. 이렇게 하면 분석이 너무 복잡해져 헬륨에서 관측된 에너지 준위를 예측할 수 없다. 다른 원소에 더 많은 전자를 추가하면 난이도가 더 높아진다. 보어의 모형으로는 다전자 원자에 대한 에너지 준위를 제공할 수 있는 방법이 없다. 그러나 이러한 원자에 대해 양자화된 에너지 준위는 분명히 존재하며, 이는 선 스펙트럼을 통해 알 수 있다(그림 23.2). 24.3절에서 다전자 원자에 대한 모형을 살펴볼 것이다.

예제 24.5 헬륨 이온의 스펙트럼

He^+의 전자가 $n = 3$ 준위에서 $n = 2$ 준위로 전이할 때 방출되는 광자의 파장을 구하여라. 환산 질량에 대한 보정은 무시한다.

구성과 계획 헬륨 이온 He^+는 단일 전자를 가지고 있으므로 보어의 이론이 적용된다. 방출된 파장은 다음 뤼드베르그 식을 따른다.

$$\frac{1}{\lambda} = R\left(\frac{1}{j^2} - \frac{1}{k^2}\right)$$

여기서 뤼드베르그 상수 R은 본문에서 설명한 것처럼 수소 뤼드베르그 상수 R_H의 $Z^2 = 4$배이다. 이 전이에서는 $j = 2$, $k = 3$이다.

알려진 값: 수소 뤼드베르그 상수 $R_H = 0.01097\ nm^{-1}$, $j = 2$, $k = 3$

풀이 뤼드베르그 상수 $R = 4R_H$를 대입하여 다음과 같이 계산한다.

$$\frac{1}{\lambda} = 4R_H\left(\frac{1}{j^2} - \frac{1}{k^2}\right) = 4(0.01097\ nm^{-1})\left(\frac{1}{2^2} - \frac{1}{3^2}\right)$$

$$= 0.0060944\ nm^{-1}$$

따라서 다음을 얻는다.

$$\lambda = \frac{1}{0.0060944\ \text{nm}^{-1}} = 164\ \text{nm}$$

반영 이 파장은 자외선 영역에 속하며, 수소에서 $n = 3 \rightarrow 2$ 전이의 파장인 656 nm의 1/4에 불과하다. 일반적으로 더 큰 원자의 전이와 관련된 큰 에너지(짧은 파장)를 기대할 수 있다. 이

는 23.4절에서 논의한 X–선 방출에 중요하다.

연결하기 656 nm에 가까운 파장을 가진 광자를 생성하는 He^+에는 전이가 있는가?

답 있다. $n = 6 \rightarrow 4$로 전이하면 정확히 해당 파장을 얻을 수 있다.

확인 24.2절 수소 원자가 다음과 같은 전이를 할 때, 방출되는 광자의 파장이 큰 순서대로 나열하여라.

(a) $n = 4 \rightarrow 2$ (b) $n = 2 \rightarrow 1$ (c) $n = 4 \rightarrow 1$ (d) $n = 8 \rightarrow 3$

24.3 양자수와 원자 스펙트럼

보어 원자 이론으로 수소는 설명했지만 다전자 원자는 설명하지 못하였다. 그러나 보어의 성공으로 다른 사람들이 모든 원자에 적용되는 개선된 양자 이론을 개발하게 되었다. 23장에서 에르빈 슈뢰딩거가 입자의 모든 속성을 파동 함수 Ψ에 포함하는 보다 완전한 양자 이론에서 물질파를 알아내는 방법을 설명하였다. 이 새로운 이론은 곧 수소와 다른 원자에 대한 깊은 이해로 이어졌다.

더 많은 양자수

슈뢰딩거의 파동 이론은 수소 원자에 적용되어 이전의 보어 이론과 동일한 에너지 준위 $E = -E_0/n^2$을 예측한다. 여기서 현재 **주양자수**(principle quantum number)라고 부르는 n은 다시 정수 1, 2, 3 등을 취한다. 새로운 양자 이론은 **궤도 양자수**(orbital quantum number) l과 **자기 궤도 양자수**(magnetic orbital quantum number) m_l이라는 2개의 양자수를 더 추가하였다. 수소에서 전자의 궤도 상태를 기술하려면 3개의 양자수 n, l, m_l이 필요하다.

　궤도 양자수 l은 전자의 궤도 각운동량 L과 관련이 있다. 고전물리학에서는 이 양이 어떤 값이든 가질 수 있지만 양자역학에서는 이 양의 크기가 다음 규칙에 따라 양자화된다.

$$L = \sqrt{l(l+1)}\,\frac{h}{2\pi} \quad \text{(궤도 각운동량, SI 단위: J·s)} \qquad (24.6)$$

양자수 l은 정수 값 0, 1, 2 등을 취할 수 있지만 $l < n$의 조건을 만족해야 한다. 따라서 수소의 바닥상태($n = 1$)는 $l = 0$을 필요로 한다. 들뜬상태($n > 1$)는 더 높은 값

의 l이 허용된다. 예를 들어, $n = 3$이면 l의 값은 0, 1, 2 중 하나이다. 이는 궤도 각운동량이 $L = nh/2\pi$였던 보어 모형과는 다르다. 실제로 식 24.6은 $l = 0$일 때 궤도 각운동량이 0이라고 예측하는데, 이는 보어의 원형 궤도와 일치하지 않는다. 식 24.6이 정확하며, 보어의 행성과 같은 궤도는 원자를 정확하게 묘사하지 않는다는 점을 강조한다.

자기 양자수 m_l은 0을 포함하여 $-l$에서 $+l$ 사이의 정수로 나타낸다. 예를 들어, 궤도 양자수가 $l = 2$이면 m_l의 가능한 값은 -2, -1, 0, 1, 2이다. 그림 24.11은 m_l의 물리적 의미를 보여 준다. 8.9절에서 배운 것처럼 각운동량 벡터는 오른손 규칙에 의해 주어진 방향으로 궤도에 수직이다(그림 24.11a). 그러나 양자역학은 **공간 양자화**(space quantization)라고 알려진 특징으로 해당 방향에 대해 허용되는 특정 값만 인정한다. 그림 24.11b는 각운동량 벡터의 허용 방향을 보여 주며 이는 서로 다른 m_l 값에 해당한다. 일반적으로 m_l과 각운동량 L_z의 z성분의 관계는 다음과 같다.

$$L_z = m_l \frac{h}{2\pi}$$

공간 양자화에는 어떤 축을 사용해야 하는가? 사실 어떤 축이든 가능하지만 공간 양자화는 축이 자기장 방향일 때 가장 중요하며, 이것이 바로 m_l이 자기 양자수인 이유이다.

전자는 궤도 각운동량 외에도 **스핀**(spin)이라고 하는 고유한 각운동량을 가지고 있다. 전자를 회전하는 작은 공이라고 생각하기 쉽지만 스핀은 순수한 양자역학적 효과라는 점을 강조한다. 전자가 된다는 것은 이렇게 고유한 각운동량을 갖는 것이지, 전자를 스핀 운동으로 설정하여 전자에 가해지는 것이 아니다. 모든 전자는 동일한 크기 S의 스핀 각운동량을 가지고 있다.

$$S = \sqrt{\frac{3}{4}} \frac{h}{2\pi}$$

전자 스핀(electron spin)에는 네 번째 양자수, 즉 **자기 스핀 양자수**(magnetic spin quantum number) m_s가 필요하다. 스핀 각운동량 벡터의 방향을 양자화하기 때문에 자기 궤도 양자수와 유사하며, L_z와 m_l의 관계와 비슷하다.

$$S_z = m_s \frac{h}{2\pi}$$

전자의 경우 m_s의 가능한 값은 $-1/2$과 $+1/2$이며, 물리학자들은 이 값을 각각 '스핀 다운(spin down)'과 '스핀 업(spin up)'이라 부른다. m_s의 값은 다른 세 양자수와 독립적이므로 n, l, m_l의 주어진 조합에서 네 번째 양자수 m_s는 $-1/2$ 또는 $+1/2$이 될 수 있다. 원자 전자의 상태는 표 24.2에 정리된 것처럼 4개의 양자수로 완전히 설명된다.

▶ **TIP** 다른 양자수와 마찬가지로 l은 무차원이다. 플랑크 상수 h는 각운동량 차원을 가지므로 식 24.6으로 적절한 단위를 구할 수 있다.

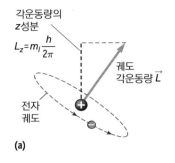

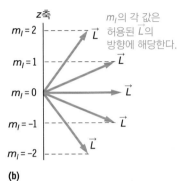

그림 24.11 (a) 각운동량 벡터는 전자의 궤도면에 수직이다. (b) $l = 2$인 경우, 각운동량 벡터는 허용되는 m_l의 값에 대응하는 다섯 가지 공간 방향을 갖는다.

표 24.2 원자 전자에 대한 양자수

이름	기호	허용된 값
주양자수	n	1, 2, 3, ⋯
궤도 각운동량 양자수	l	0, 1, 2, ⋯, $n-1$
자기 궤도 양자수	m_l	$-l$, ⋯, $-2, -1, 0, 1, 2, ⋯, l$
자기 스핀 양자수	m_s	$-1/2$ 또는 $+1/2$

개념 예제 24.6 $n=3$인 양자수

$n=3$ 준위의 수소에서 전자의 가능한 양자수의 조합은 무엇인가? 몇 가지 조합이 있는가?

풀이 $n=3$의 경우 l은 0, 1, 2를 가정할 수 있다. 각각의 l에 대해 범위는 $-l$에서 $+l$까지이다. 마지막으로 n, l, m_l의 각 조합에 대하여 m_s는 $\frac{1}{2}$이거나 $-\frac{1}{2}$이다. 표 24.3은 네 양자수의 가능한 조합 18개를 정리한 것이다.

반영 $l < n$ 조건이 있더라도 n이 증가함에 따라 가능한 조합의 수는 빠르게 증가한다. 양자수는 $n=1$의 경우 4개, $n=2$인 경우 8개(표에서 $l=0$ 또는 $l=1$인 모든 조합), $n=3$인 경우 18개의 조합만 존재한다는 점에 유의하여라.

표 24.3 $n=3$에 대한 양자수

양자수 l	양자수 m_l	(n, l, m_l, m_s)
$l=0$	$m_l=0$	$(3, 0, 0, 1/2)$ 또는 $(3, 0, 0, -1/2)$
$l=1$	$m_l=-1$	$(3, 1, -1, 1/2)$ 또는 $(3, 1, -1, -1/2)$
	$m_l=0$	$(3, 1, 0, 1/2)$ 또는 $(3, 1, 0, -1/2)$
	$m_l=1$	$(3, 1, 1, 1/2)$ 또는 $(3, 1, 1, -1/2)$
$l=2$	$m_l=-2$	$(3, 2, -2, 1/2)$ 또는 $(3, 2, -2, -1/2)$
	$m_l=-1$	$(3, 2, -1, 1/2)$ 또는 $(3, 2, -1, -1/2)$
	$m_l=0$	$(3, 2, 0, 1/2)$ 또는 $(3, 2, 0, -1/2)$
	$m_l=1$	$(3, 2, 1, 1/2)$ 또는 $(3, 2, 1, -1/2)$
	$m_l=2$	$(3, 2, 2, 1/2)$ 또는 $(3, 2, 2, -1/2)$

주양자수가 n인 전자의 경우, 양자수 l의 값은 0부터 $n-1$까지 n개이다. 각 l에 대해 m_l의 값은 $2l+1$이다. 결과적으로 임의의 양자수 n에 대해 n, l, m_l의 조합은 n^2개가 된다. 스핀 양자수를 포함하면 조합의 수가 $2n^2$으로 두 배가 된다. 이처럼 빠르게 증가하는 조합의 수는 다전자 원자의 전자 구조에서 중요하며, 이는 24.4절에서 다룰 것이다.

분광학적 표기

물리학자들은 양자수 n과 l에 기반하여 원자의 상태를 기술하기 위해 약자 표기법을 사용하였다. 서로 다른 l 상태는 각각 $l=0, 1, 2, 3$에 대해 s, p, d, f 문자로 지정한다 (이 문자는 원자 분광학에서 선스펙트럼을 기술하는 용어로 날카로운(sharp), 주된(principal), 확산된(diffuse), 기본적(fundamental)을 나타낸다). 예를 들어, 이 표기법에서 $n=3$, $l=2$ 상태는 $3d$ 상태이고 $n=2$, $l=0$ 상태는 $2s$ 상태이다.

자기장이 없을 때: 선스펙트럼 1개

자기장이 있을 때: 세 선스펙트럼으로 분리됨

그림 24.12 선스펙트럼 1개를 3개로 분리하는 제만 분리

제만 효과

궤도 양자수와 자기 양자수에 대한 증거는 원자가 강한 자기장 안에 있을 때 선스펙트럼이 쪼개지는 **제만 효과**(Zeeman effect)에서 볼 수 있다(그림 24.12). 이것은 그

림 24.13과 같이 m_l과 m_s에 대한 에너지(일반적으로 주어진 n과 l에 대해 거의 동일)가 자기장에서 상당히 다른 값을 취하기 때문에 발생한다. 왜 이런 일이 일어날까? 18장에서 배운 것처럼 궤도를 도는 전자는 자기장 안에서의 방향에 따라 약간씩 다른 에너지를 갖는 자기 쌍극자를 구성한다. 그러므로 그림 24.13과 같이 각기 다른 m_l 상태는 서로 다른 에너지를 가지고 있으며, 따라서 서로 다른 광자 파장을 가진 전이를 발생시켜 선스펙트럼이 분할되는 것이다.

에너지 준위의 복잡성(그림 24.13)을 고려할 때, 왜 선스펙트럼은 3개의 선으로만 나뉘는가? 이는 허용되는 전이를 $\Delta m_l = 0$ 또는 ± 1인 경우로 제한하는 소위 **선택 규칙**(selection rule)을 따른 것이다. 이 규칙과 다른 선택 규칙은 각운동량 보존과 관련이 있으며 슈뢰딩거의 양자 이론에서 이론적으로 도출할 수 있다. 다음은 원자 전자 전이에 적용되는 선택 규칙을 정리한 것이다.

- $\Delta n = $ 임의의 값
- $\Delta l = \pm 1$
- $\Delta m_l = 0$ 또는 ± 1
- $\Delta m_s = 0$ 또는 ± 1(즉, 무엇이든 허용됨)

예를 들어, 발머 계열에서 빨간색 선을 만드는 수소의 $n = 3$에서 $n = 2$로의 전이를 생각해 보자. 그림 24.13b와 같이 이 전이에서 궤도 각 양자수는 $l = 2$에서 $l = 1$로 1만큼 변해야 한다($3d$에서 $2p$로 전이). $l = 2$에서 $l = 0$으로의 전이는 $\Delta l = \pm 1$ 규칙에 의해 금지된다. 제만 효과는 $\Delta m_l = 0$ 또는 ± 1 규칙에 따라 달라진다. 따라서 전자는 $n = 3$, $m_l = 2$에서 $n = 2$ 또는 $m_l = 1$로 이동할 수 있지만 $m_l = 0$ 또는 $m_l = -1$로 이동할 수는 없다. 그림 24.13에서 표시된 전이 화살표는 선택 규칙에서 허용하는 유일한 화살표이다.

가해진 자기장이 없을 때도 선스펙트럼을 자세히 조사하면 **미세 구조**(fine structure)라고 부르는 매우 작은 쪼개짐을 볼 수 있다. 18장에서 보았듯이 움직이는 전하가 자기장의 원천이다. 전자가 핵 주위를 공전할 때 핵과 전자의 상대 운동으로 인해 발생하는 자기장을 '보게' 된다. 이 '내부' 자기장에서 업과 다운의 두 스핀 상태는 미세 구조의 쪼개기를 설명하는 약간 다른 에너지를 갖는다.

전자 구름

23장에서 설명한 바와 같이 양자 이론은 확률을 다루며, 슈뢰딩거의 파동 함수는 입자를 찾을 확률만을 제공한다는 점을 기억하여라. 원자 전자의 경우, 이는 전자를 찾을 가능성이 있는 영역을 나타내는 '구름(cloud)'으로 해석한다. 그림 24.14는 다른 양자 상태에 대한 전자 확률 분포를 보여 준다. s 상태는 구형 대칭인 반면, $l \neq 0$인 상태는 축 대칭만 성립하는 것을 알 수 있다. 또한, m_l 값이 다른 p 상태는 모양이 서로 매우 다르다. 이러한 확률 구름은 보어의 궤도와 전혀 다른 모습이다!

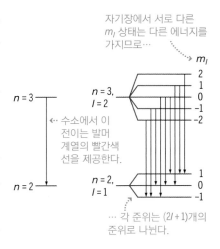

자기장에서 서로 다른 m_l 상태는 다른 에너지를 가지므로…

m_l

$n = 3$, $l = 2$
2
1
0
-1
-2

← 수소에서 이 전이는 발머 계열의 빨간색 선을 제공한다.

$n = 2$, $l = 1$
1
0
-1

… 각 준위는 $(2l + 1)$개의 준위로 나뉜다.

그림 24.13 제만 효과에 대한 에너지 준위 개략도

그림 24.14 수소의 여러 상태에 대한 전자 확률 분포

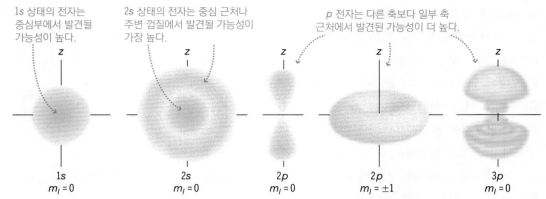

1s 상태의 전자는 중심부에서 발견될 가능성이 높다.

2s 상태의 전자는 중심 근처나 주변 껍질에서 발견될 가능성이 가장 높다.

p 전자는 다른 축보다 일부 축 근처에서 발견된 가능성이 더 높다.

$1s$
$m_l = 0$

$2s$
$m_l = 0$

$2p$
$m_l = 0$

$2p$
$m_l = \pm 1$

$3p$
$m_l = 0$

확인 24.3절 다음 중 수소에서 허용되는 전이를 모두 써라. 각 경우 표기는 원자 상태에 대한 양자수 (n, l, m_l, m_s)를 나타낸다.

(a) $(2, 1, 0, 1/2) \sim (1, 0, 0, -1/2)$ (b) $(5, 2, 1, 1/2) \sim (3, 2, 0, -1/2)$

(c) $(6, 2, -1, -1/2) \sim (2, 1, 0, -1/2)$ (d) $(2, 0, 0, 1/2) \sim (3, 1, -1, -1/2)$

24.4 다전자 원자와 주기율표

수소는 전자가 하나이므로 가장 단순한 원자이다. 보어와 슈뢰딩거의 이론은 20세기 초 물리학자들이 수소 원자에 대해 확실히 이해할 수 있도록 하였다. 두 이론 모두 다전자 원자에 대한 정확한 해결책을 제시하지 못하지만 수소에 대해 소개한 양자수와 전자 상태는 다전자 원자를 이해하는 기초가 된다.

파울리 배타 원리

원자 번호가 Z인 원소의 원자는 핵 안에서 $+Ze$의 전하를 띤다. 중성 원자 안에서 Z 전자는 핵을 둘러싸고 있다. 하지만 전자는 어떻게 분배되어 있는가? 수소와 마찬가지로 각 전자는 4개의 양자수 집합을 가지고 있다. 원자는 다른 물리계처럼 일반적으로 가능한 가장 낮은 에너지의 상태를 가정한다. 수소에 대해 알고 있는 지식으로 볼 때, 에너지가 가장 낮은 상태이므로 모든 전자가 $n = 1$ 상태에 있을 것이라고 예상할 수 있다. 하지만 실제로 그렇지는 않다. 그 이유는 1925년에 제안한 오스트리아의 물리학자 볼프강 파울리(Wolfgang Pauli, 1900~1958)의 이름을 딴 **파울리 배타 원리**(Pauli exclusion principle)에 잘 설명되어 있다. 파울리 원리는 전자와 다른 많은 일반적인 입자에 적용되는 양자 세계의 근본적인 특징이다.

> **파울리 배타 원리:** 한 원자 내에서 2개의 전자가 같은 양자 상태에 있을 수 없다. 전자의 양자 상태는 4개의 양자수로 지정되므로 어떤 두 전자도 같은 양자수 집합을 가질 수 없다는 것을 의미한다.

배타 원리가 다전자 원자를 어떻게 설명하는지 알아보기 위해 전자가 2개뿐인 헬륨부터 살펴보겠다. 가장 낮은 에너지의 경우, 첫 번째 전자는 $n = 1$ 준위에 있어야 한다. 그러면 l과 m_l 모두 0이 된다. 그러나 스핀 양자수 m_s는 $-1/2$ 또는 $+1/2$이 될 수 있다. m_s에는 두 가지 선택이 있으므로 두 전자가 반대 스핀인 경우(m_s의 반대 값), 두 번째 전자는 $n = 1$ 준위에 들어갈 수 있다. 따라서 헬륨의 두 전자는 $(1, 0, 0, -1/2)$ 및 $(1, 0, 0, +1/2)$과 같은 양자수 (n, l, m_l, m_s)를 갖는다.

원자 번호가 3인 원소 리튬의 첫 번째 두 전자는 헬륨과 마찬가지로 양자수 $(1, 0, 0, -1/2)$과 $(1, 0, 0, +1/2)$을 가지며, 이는 에너지가 가장 낮기 때문이다. 그러나 배타 원리는 $n = 1$이 서로 다른 두 스핀 상태에 대응하는 서로 다른 두 양자수 집합만을 수용하므로 $n = 1$ 준위에서 세 번째 전자를 금지한다. 따라서 세 번째 전자는 $n = 2$이어야 한다. 이 전자의 두 번째 양자수는 $l = 0$으로, 해당 상태가 $l = 1$보다 에너지가 약간 낮기 때문이다. 그림 24.14의 확률 분포를 통해 추측할 수 있는데, 여기서 핵으로부터의 평균 거리는 $2p$ 전자보다 $2s$ 전자의 경우 약간 더 작다. 따라서 리튬의 세 번째 전자는 양자수 $(2, 0, 0, -1/2)$ 또는 $(2, 0, 0, +1/2)$을 갖는다.

더 큰 원자에도 이 같은 일반적인 아이디어가 적용된다. 우선 다전자 원자에 사용되는 표기법을 소개한다. **껍질**(shell)은 주양자수 n을, **버금껍질**(subshell)은 n과 l을 모두 갖는 것을 특징으로 한다. 따라서 $n = 3$ 껍질과 $3s$, $3p$, $3d$ 버금껍질을 말할 수 있다. 원자의 **전자 배열**은 점유된 각 버금껍질을 나열한 것으로, 이 버금껍질의 전자 수는 위첨자로 표시한다. 지금까지 살펴본 원소의 전자 배열은 수소의 경우 $1s^1$, 헬륨의 경우 $1s^2$, 리튬의 경우 $1s^2 2s^1$이다. 이제부터 양자수의 집합을 모두 나열하는 대신 이 표기법을 사용할 것이다.

리튬 다음으로 전자가 4개인 베릴륨이 있다. 두 가지 스핀 방향이 가능하기 때문에 배타 원리에 따라 $2s$ 버금껍질에 두 번째 전자를 허용하므로 베릴륨의 전자 구성은 $1s^2 2s^2$이다. 다음은 전자가 5개인 붕소이다. $2s$ 버금껍질에 공간이 남지 않으므로 5번째 전자는 $2p$ 버금껍질로 들어가 붕소의 구성은 $1s^2 2s^2 2p^1$이 된다.

주기율표 채우기

껍질과 버금껍질을 채우는 방법은 주기율표의 다른 원소들의 전자 배열을 이해하기 위한 기초이다. 지금까지 본 것처럼 버금껍질이 꽉 차 있을 때, 다음 전자가 어떤 지점에서 더 높은 버금껍질로 들어가는지 아는 것이 중요하다. 버금껍질을 채우는 전자의 수는 양자수 l에 따라 달라지며, 버금껍질의 언어로 표현하면 s, p, d, f 버금껍질 중 어느 것인지에 따라 달라진다. s 버금껍질은 2개의 전자를 포함할 수 있다는 것을 보았을 것이다. p 버금껍질은 $l = 1$이며, 가능한 m_l의 값은 -1, 0, 1의 세 가지이다. 그러나 각 m_l 값은 서로 다른 두 m_s 값($-1/2$와 $+1/2$)을 가질 수 있다. 따라서 p 버금껍질은 $3 \times 2 = 6$개의 전자를 보유할 수 있다. 표 24.4는 각 버금껍질 종류에 대한 m_l 값과 전자 용량을 정리한 것이다. 최대 전자 수는 l이 증가함에 따라 커지며, $2(2l + 1)$과 같다는 것을 쉽게 알 수 있다.

표 24.4 각 버금껍질에 대한 전자의 최대 수

궤도 각운동량의 양자수 l	버금껍질의 분광 기호	허용된 m_l 값	전자의 최대 수 = (m_l 값의 수) × 2
0	s	0	2
1	p	$-1, 0, 1$	6
2	d	$-2, -1, 0, 1, 2$	10
3	f	$-3, -2, -1, 0, 1, 2, 3$	14

붕소($1s^2 2s^2 2p^1$) 다음 원소의 경우, 전자는 $2p$ 버금껍질이 가득 찰 때까지 계속 채워진다. 이 배열($1s^2 2s^2 2p^6$)은 총 10개의 전자가 있는 네온 원소로 이어진다. 그다음 나트륨은 마지막 전자가 $3s$ 버금껍질로 들어가야 한다. 따라서 나트륨의 배열은 $1s^2 2s^2 2p^6 3s^1$이다.

▶ **TIP** 그림 24.15의 주기율표는 바닥상태의 배열, 즉 가장 낮은 에너지의 상태를 보여 준다. 원자가 들뜬상태에 있을 때 하나 이상의 전자는 더 높은 버금껍질에 있다.

그림 24.15는 원소의 전체 주기율표에 대한 전자 배열을 보여 준다. 나트륨의 배열은 단순히 $1s^2 2s^2 2p^6 3s^1$이 아니라 $3s^1$로 간단히 표시되어 있다. 이는 네온을 넘어선 모든 원소가 $1s$, $2s$, $2p$ 버금껍질을 가지고 있으며, 나머지 전자는 더 높은 버금껍질에 남아 있기 때문이다. 따라서 전체 전자 배열을 나열할 필요 없이 가장 많이 채워진 껍질과 채워지지 않은 버금껍질만 나열할 수 있다. 편의상 주기율표의 각 행 왼쪽 앞에 가장 많이 채운 버금껍질을 나열하였다.

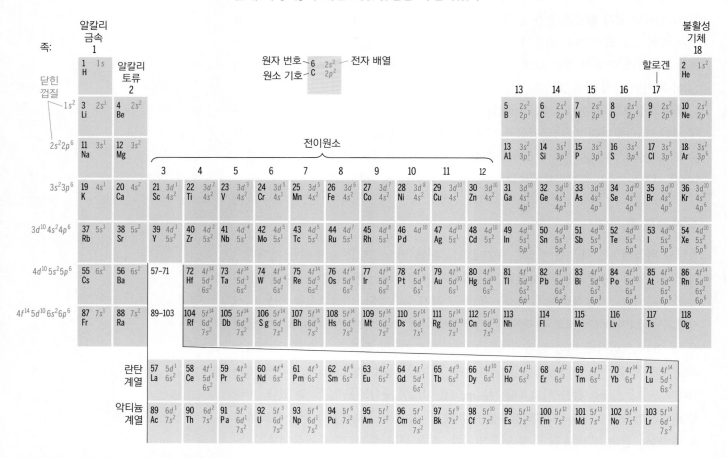

그림 24.15 각 원소의 바닥상태 전자 배열을 나타낸 주기율표

버금껍질이 채워지는 순서에 약간의 불규칙성이 있음을 알 수 있다. 아르곤($3s^2 3p^6$) 다음 원소(칼륨)의 마지막 전자가 $3d$ 버금껍질에 들어갈 것으로 예상할 수 있다. 그러나 $4s$ 버금껍질의 에너지는 실제로 더 낮기 때문에 칼륨의 배열은 $3s^2 3p^6 4s^1$이다. 다음은 칼슘($3s^2 3p^6 4s^2$), 그다음은 스칸듐($3s^2 3p^6 3d^1 4s^2$)이다. $3d$ 버금껍질이 계속 채워지지만 거의 가득 차면 특이한 일이 발생한다. 니켈($3s^2 3p^6 3d^8 4s^2$) 다음 형태는 다음 원소가 $3d$ 버금껍질에 9번째 전자를 추가해야 함을 나타낸다. 그러나 $4s$ 버금껍질에서 전자 하나를 제거하여 $3d$ 버금껍질을 완성하는 데 드는 에너지가 더 적기 때문에 다음 원소인 구리의 배열은 $3s^2 3p^6 3d^{10} 4s^1$이 된다. 큰 원소를 만드는 데도 이와 비슷한 이상 현상이 많이 발생한다.

화학적 성질

주기율표의 가로 행을 **주기**(period)라고 하며, 이를 통해 표의 이름을 알 수 있다. 세로 열은 **족**(group)이라고 하며, 그림 24.15와 같이 동일한 번호가 매겨진 족이다. 족 내의 원소들은 화학 반응에 참여하는 최외각 껍질의 전자 수가 같기 때문에 화학적 성질이 비슷하다. 일부 족은 **할로겐**(halogens), **알칼리**(alkalis), **불활성기체**(noble gases)와 같은 이름을 가지고 있다.

예를 들어, 불소($2s^2 2p^5$)의 거동은 염소($3s^2 3p^5$)와 비슷하고 둘 다 할로겐이다. 둘 다 p 버금껍질을 완성하려면 전자가 하나 더 필요하다. 버금껍질을 완성하는 데 상대적으로 적은 에너지가 들기 때문에 이러한 원소는 전자를 쉽게 얻어 음이온 F^-와 Cl^-를 형성한다. 반면, 나트륨과 칼륨 같은 I족의 원소는 단일 s 전자를 가지고 있다. 이 원소는 전자를 잃기 쉽고, 양이온 Na^+와 K^+를 형성하고 다시 채워진 외각 껍질을 남긴다. 화학에서는 이 양이온과 음이온이 결합하여 NaCl과 KCl 같은 일반적인 염류를 형성한다는 것을 배운다.

주기율표에서 **전이원소**(transition element)는 d 버금껍질을 채우는 과정에 있는 족으로 구성된다. 전이 금속은 강자성과 상자성의 자기적 성질을 나타내는 경우가 많다(18.6절 참조). 이 금속은 자기 양자수가 다른 d 버금껍질 전자의 스핀이 정렬되어 결과적으로 알짜 자기 모멘트가 발생하기 때문이다.

불활성기체는 버금껍질을 완전히 채운다. 따라서 전자를 얻거나 잃기가 어렵고, 그 결과 다른 원자와 결합하지 않는 경향이 있다. 그렇기 때문에 비활성(inert)인데, 이는 화학 반응을 쉽게 일으키지 않는다는 것을 의미한다(불활성기체는 비활성기체라고도 불렀지만, 질소와 같은 다른 기체는 일반적인 조건에서는 상당히 불활성이다). 그 결과 헬륨은 대기압에서 끓는점이 4.2 K로 모든 원소 중 가장 낮다.

유기화학은 탄소의 결합 특성에 의존한다. 배열 $2s^2 2p^2$의 경우, 탄소는 4개의 전자가 있어야 버금껍질을 완성할 수 있다. 따라서 화학자들은 그림 24.16과 같이 각 탄소와 인접한 원자 사이에 4개의 결합을 나타내는 탄소 화합물을 그린다. 탄소 화합물의 다양한 삼차원 기하학적 구조는 그림 24.14에 표시된 공간 분포와 함께 채워지지 않은 버금껍질이 p 버금껍질이라는 사실에서 비롯된다. 여기에서는 이 주제를 다루

할로겐램프

할로겐램프에는 일반 백열전구와 마찬가지로 텅스텐 필라멘트가 들어 있다. 필라멘트의 고온은 텅스텐을 계속해서 기화시킨다. 백열전구에서는 텅스텐이 유리에 침전되어 점차 검게 변하여 광 출력을 줄인다. 할로겐램프에서는 텅스텐 증기가 할로겐 증기(보통 브롬)와 결합하여 텅스텐이 필라멘트에 다시 침전된다. 이렇게 하면 램프의 수명이 크게 늘어난다. 할로겐램프는 자동차 전조등과 같은 많은 응용 분야에서 백열전구를 대체하였다.

두 분자에서 각각의 탄소는 4개의 결합을 가지고 있다.

메탄   에탄올

그림 24.16 메탄과 에탄올의 탄소 결합

지 않겠지만 유기화학이나 생물학 강의에서 배울 수 있을 것이다. 생명 자체는 탄소를 기반으로 하며 이 기하학적 다양성에 의존한다.

전자 배열은 17.6절에서 논의한 반도체에서도 중요하다. 실리콘($3s^2 3p^2$)은 많은 반도체 소자의 기본이다. 실리콘에 소량의 불순물을 '도핑'하면 전기적 성질이 크게 달라진다. 비소($3s^2 3p^3$)를 사용하면 여분의 전자가 도입되어 전도성 전자의 수가 크게 증가하여 전기 전도도가 높아진다. 반면, 인듐($5s^2 5p^1$)을 도핑하면 실리콘에 전자 결핍이 발생한다. 이로 인해 양전하 캐리어 역할을 하는 '정공'이 형성된다. 그 결과 전기 전도도가 증가한다. 공학자들은 도핑을 조정함으로써 현대 전자 소자의 심장을 형성하는 반도체 소자의 특성을 미세 조정한다.

러시아 화학자 드미트리 멘델레예프(Dmitri Mendeleev, 1834~1907)는 1869년 원자량 순서대로 약 60개의 알려진 원소를 배열한 최초의 주기율표를 만들었다. 멘델레예프는 여기서 설명한 족 거동의 많은 부분을 알아차렸으며, 몇몇 원소는 이상하게도 순서가 맞지 않는 것처럼 보였다. 이는 원자량과 원자 번호의 순서가 항상 같은 것은 아니기 때문이다. 버금껍질에 전자를 채우는 것은 원자 번호를 따르므로 주기율표를 순서대로 배열하는 것이 올바른 방법이라는 것을 살펴보았다. 24.5절에서 멘델레예프의 표가 어떻게 수정되었는지, 원자 번호에 대한 현재의 이해가 어떻게 발전하였는지 알아볼 것이다.

파울리 배타 원리는 원자에만 적용되는 것이 아니다. 핵연료가 고갈된 별처럼 양성자와 중성자뿐만 아니라 다전자로 이루어진 모든 구성에 적용된다. 중력에 대항하는 열 압력이 없으면 별은 원래 크기의 몇 분의 1로 붕괴된다. 태양의 경우, 생성된 **백색왜성**(white dwarf)은 태양 질량의 대부분이 지구 크기의 물체로 응축된다(이 장의 앞부분 참조). 전자가 너무 가까워져서 전체 구조가 같은 상태의 전자가 하나도 없는 거대한 원자처럼 행동한다. 따라서 10^{57}개의 전자 대부분은 결국 고에너지 상태가 되어 별이 더 이상 붕괴하지 않도록 유지하는 압력을 생성한다. 태양 질량의 1.4배 이상인 별의 경우, 전자 압력만으로는 충분하지 않아 별은 양성자와 전자가 결합하여 중성자를 형성하는 **중성자 별**로 붕괴한다. 이제 배타 원리는 중성자를 더 높은 상태로 만들어 다시 별이 붕괴하지 않도록 대비하고 유지한다. 그러나 태양 질량의 몇 배 이상인 별의 경우, 붕괴를 멈출 수 있는 힘이 없으며, 그 결과 **블랙홀**(black hole)이 된다.

개념 예제 24.7 구리, 은, 금

구리, 은, 금의 전자 배열을 조사하자. 이들 원소의 배열에서 관측된 특성은 어떻게 나타나는가?

풀이 이 세 원소는 주기율표의 같은 족에 속해 있다. 전자 배열도 비슷하다. 구리($3d^{10}4s^1$), 은($4d^{10}5s^1$), 금($5d^{10}6s^1$)은 모두 채워진 버금껍질의 바깥에 하나의 s 버금껍질 전자를 가지고 있

다. 결과적으로 이 전자는 매우 약하게 결합되어 있다. 그래서 전자는 거의 자유롭고 인가된 전기장에 쉽게 반응한다. 따라서 이 세 원소는 매우 우수한 전기 도체이며, 모든 원소 중 전도율이 가장 높은 세 가지 원소이다(표 17.3). 이 특성은 거의 제약받지 않는 s 버금껍질 전자에서 직접적으로 비롯된다.

반영 이러한 금속은 또한 빛이 난다. 금속 표면의 전도 전자는 빛의 전기장에 반응하여 빛을 다시 복사하는 진동을 일으키며, 결과적으로 반사한다. 일부 파장을 선택적으로 흡수하면 구리 와 금의 독특한 색이 나타난다.

확인 24.4절 다음 중 칼륨과의 결합에 가장 적합한 원소는 무엇인가?
(a) 네온 (b) 칼슘 (c) 철 (d) 요오드

24.5 원자로부터 복사

가시광선, 자외선, 적외선 스펙트럼을 통해 양자화된 원자 에너지 준위에 대한 증거를 확인하였다. 여기에서는 24.4절의 껍질 모형을 필요로 하는 원자 X−선 방출에 대해 알아보고, 레이저를 탐색하여 어떻게 원자 전이를 이용하여 강하고 결맞은 빛을 만들어내는지 알아볼 것이다.

X−선

치과용 X−선은 물론이고 의료용 X−선도 촬영해 본 적이 있을 것이다. 의료용 X−선 소스는 1895년 독일의 물리학자 빌헬름 뢴트겐(Wilhelm Röntgen, 1845~1923)이 X−선을 발견할 때 사용한 것과 기본 설계가 동일하다(그림 24.17). X−선은 진공관 내의 전자가 높은 전위차(kV에서 MV)를 통해 가속된 후 텅스텐과 같은 녹는점이 높은 금속으로 만들어진 표적에 부딪힐 때 발생한다. 고에너지 전자는 표적에서 빠르게 멈춘다. 고에너지의 일부는 열로 가지만 대부분의 에너지는 전자기 복사선을 생성하는 가속된 전하의 또 다른 예인 X−선 광자로 나타난다(그림 24.18). X−선은 전자의 속력이 느려져서 발생하기 때문에 이러한 형태의 X−선 생성은 '제동 복사(braking radiation)'라 하고 독일어로 **bremsstrahlung**(브렘스트랄룽)이라 한다.

그림 24.19는 몰리브덴 표적의 파장 대 X−선 세기를 나타낸 것이다. 파장의 크기

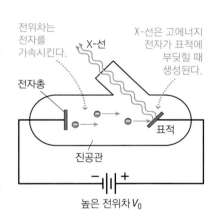

그림 24.17 X−선관

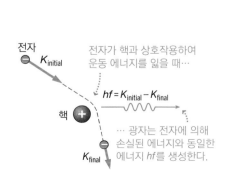

그림 24.18 제동 복사 과정

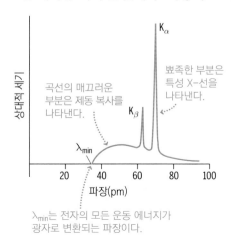

그림 24.19 몰리브덴의 X−선 스펙트럼

에 따른 연속 X–선 스펙트럼에 주목하여라. 하지만 최소 파장 λ_{min} 이하에서는 X–선이 생성되지 않는다. 이는 전자의 운동 에너지(식 16.6)가 $K = eV_0$이기 때문이다. 여기서 V_0은 전자를 가속시키는 데 사용되는 전위차이다. 전자는 표적에 부딪힐 때 운동 에너지의 일부 또는 전부를 잃기 때문에 연속 X–선 스펙트럼이 존재한다. 스펙트럼에서 가장 짧은 파장(λ_{min})은 전자가 모든 운동 에너지를 잃을 때 $K = eV_0$이 된다. 광자에 대해 $E = hc/\lambda$이므로 다음을 만족한다.

$$eV_0 = \frac{hc}{\lambda_{min}}$$

즉,

$$\lambda_{min} = \frac{hc}{eV_0} = \frac{hc}{e} \frac{1}{V_0}$$

hc/e의 값은 다음과 같다.

$$\frac{hc}{e} = \frac{(6.626 \times 10^{-34} \text{ J·s})(3.00 \times 10^8 \text{ m/s})}{1.60 \times 10^{-19} \text{ C}} = 1.24 \times 10^{-6} \text{ V·m} = 1,240 \text{ V·nm}$$

따라서 가속 전위차 V_0의 함수인 최소 X–선 파장은 다음과 같다.

$$\lambda_{min} = \frac{1,240 \text{ V·nm}}{V_0} \qquad \text{(드웨인–훈트 규칙, SI 단위: m)} \qquad (24.7)$$

식 24.7은 **드웨인–훈트 규칙**(Duane-Hunt rule)으로, 1915년에 이 규칙이 설명되면서 전자기 복사선이 양자화된다는 사실이 더욱 명확해졌다.

예제 24.8 가속 전위차

그림 24.19에서 X–선 스펙트럼을 생성한 전자를 가속시키기 위해 사용된 전위차를 구하여라.

구성과 계획 드웨인–훈트 규칙(식 24.7)은 최소 파장과 가속 전위차를 연관시킨다($\lambda_{min} = 1{,}240 \text{ V·nm}/V_0$). 그래프에서 최소 파장을 읽을 수 있으므로 V_0에 대해 풀 수 있다.

풀이 그래프에서 최소 파장은 약 3.6×10^{-2} nm = 0.036 nm로 나타난다. 따라서 드웨인–훈트 규칙으로 계산하면 다음과 같다.

$$V_0 = \frac{1{,}240 \text{ V·nm}}{\lambda_{min}} = \frac{1{,}240 \text{ V·nm}}{0.036 \text{ nm}} = 3.4 \times 10^4 \text{ V} = 34 \text{ kV}$$

반영 그래프를 더 정확하게 읽는 것이 어렵기 때문에 유효숫자 2개로 답을 반올림하였다. 의료 진단용 X–선의 경우 34 kV 전위차가 일반적이다.

....

연결하기 25 MV 전위차를 통해 가속된 전자에 의해 생성되는 암 치료에 사용되는 고에너지 X–선의 최소 파장은 얼마인가?

답 드웨인–훈트 규칙을 사용하면 $\lambda_{min} = 5.0 \times 10^{-5}$ nm = 50 fm, 즉 극도로 짧은 X–선의 파장이 된다.

X-선은 암의 방사선 치료에 사용된다. 이 응용은 매우 짧은 파장의 X-선과 그에 상응하는 고에너지로 환자의 피부와 하부 조직을 투과하여 암에 도달한다. X-선 전문가는 암 종류에 따라 25 MV만큼 높은 가속 전위차를 사용한다.

특성 X-선

연속 스펙트럼의 맨 꼭대기에서, 그림 24.19와 같이 특정 파장에서 X-선 세기가 급격히 상승한다. 이는 그림 24.20의 과정으로 발생하는 **특성 X-선**(characteristic X-ray)이다. 여기서 X-선관의 고에너지 전자는 원자 전자를 $n=1$ 껍질 밖으로 밀어내고 다른 전자가 $n=2$ 껍질에서 떨어져 그 자리를 차지한다. 비슷한 과정으로 전자가 $n=2$ 껍질에서 떨어져 나와 $n=3$ 껍질에서 대체되는 등의 과정을 거친다. 따라서 다양한 에너지와 파장을 가진 다양한 전환이 가능하다(그림 24.21). 역사적으로 $n=1, 2, 3, 4, 5$의 껍질은 K, L, M, N, O로 표시되었으며, 이 문자들은 해당 준위로의 전이에 의해 생성되는 X-선을 표시하고, 첨자 $\alpha, \beta, \gamma, \delta, \varepsilon$은 각 껍질에서 증가하는 에너지의 X-선을 나타낸다. 예를 들어, L 껍질에서 K 껍질로 전이되면 K_α X-선이 생성되고, M에서 K 껍질로 전이되면 K_β X-선이 생성된다.

1913~1914년 영국의 물리학자 해리 모즐리(Harry Moseley, 1887~1915)는 특성 X-선에 대한 체계적인 연구를 수행하였다. 그림 24.22에 K 껍질과 L 껍질 X-선에 대한 모즐리의 결과가 나와 있다. **모즐리 그래프**(Moseley plot)의 가장 큰 특징은 각 X-선 종류에 대한 X-선 진동수의 제곱근과 원자 번호 사이의 선형 관계가 드러

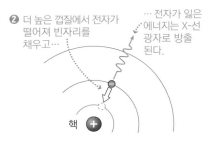

❶ 고에너지로 들어오는 전자는 내부 껍질에 있는 전자를 밀어낸다.

❷ 더 높은 껍질에서 전자가 떨어져 빈자리를 채우고⋯ ⋯ 전자가 잃은 에너지는 X-선 광자로 방출된다.

그림 24.20 특성 X-선의 생성. 실제 표적 물질은 더 많은 껍질을 가지고 있으며, 가장 안쪽 껍질 사이의 에너지 차이가 매우 커서 X-선이 방출된다.

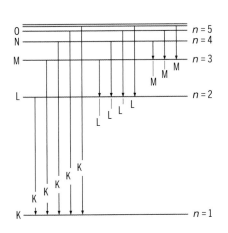

그림 24.21 특성 X-선의 생성을 보여 주는 에너지-준위 도표

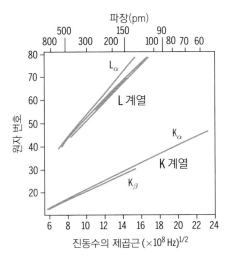

그림 24.22 특성 X-선에 대한 모즐리 그래프

난다는 것이다. 보어 원자론은 이 선형 관계를 설명한다. 24.2절에서 원자 번호 Z의 뤼드베르그 상수가 Z^2에 따라 증가함을 기억하여라. L 껍질에서 K 껍질로 떨어지는 전자는 궤도 내부에 전자 하나만 있기 때문에 유효 핵전하는 $(Z-1)e$이다. 따라서 K_α X-선의 에너지 E와 진동수 hf는 (뤼드베르그 식과 같이) 다음과 같다.

$$E = hf = (Z-1)^2 E_0 \left(\frac{1}{1^2} - \frac{1}{2^2} \right) = \frac{3E_0}{4}(Z-1)^2$$

따라서 X-선 진동수는 $(Z-1)^2$에 비례해야 하며, 이것이 바로 모즐리의 데이터가 나타내는 것이다. 보어 원자 이론은 일반적으로 다전자 원자에는 적용될 수 없지만, 이 경우에는 내부 껍질만 포함된 전이에서 바깥 껍질 전자를 무시할 수 있기 때문에 잘 적용된다는 점을 강조한다. 따라서 모즐리의 연구는 다전자 원자에서 양자화된 원자 에너지 준위와 껍질 구조를 확인하는 역할을 하였다. 게다가 모즐리의 연구는 주기율표가 원자 번호로 정렬되어야 하는지 아니면 원자 질량으로 정렬되어야 하는지에 대한 논쟁을 종결시켰다. 핵전하가 $+Ze$라는 것을 확인함으로써 모즐리는 원자 번호 Z가 올바른 순서임을 보였다. 이는 과학자들이 원자 번호와 원자 질량에 따라 순서가 다른 경우, 예를 들어 코발트와 니켈처럼 주기율표(24.4절)의 족 순서를 더 잘 이해하는 데 도움을 주었다. 마지막으로 모즐리는 자신의 데이터에 아직 발견되지 않은 세 가지 원소인 테크네튬($Z=43$), 프로메튬($Z=61$), 레늄($Z=75$)의 공백이 있다는 것을 발견하였다.

예제 24.9 **특성 X-선 파장**

구리 표적에서 K_α X-선의 파장을 예측하고, 그림 24.22의 모즐리 그래프와 결과를 비교하여라.

구성과 계획 K_α X-선은 L 껍질($n=2$)에서 K 껍질($n=1$)로의 전이에 의해 생성된다. 본문에서 설명한 것처럼 이 과정에서 방출되는 X-선 광자 에너지는 다음과 같다.

$$E = \frac{3E_0}{4}(Z-1)^2$$

주기율표에서 구리의 경우 $Z=29$이다. 광자와 마찬가지로 에너지와 파장 λ는 $E = hc/\lambda$로 관계된다.

알려진 값: $Z = 29$, $E_0 = 2.18 \times 10^{-18}$ J

풀이 X-선의 에너지를 계산하면 다음과 같다.

$$E = \frac{3E_0}{4}(Z-1)^2 = \frac{3(2.18 \times 10^{-18} \text{ J})}{4}(29-1)^2 = 1.28 \times 10^{-15} \text{ J}$$

따라서 파장은 다음과 같이 계산한다.

$$\lambda = \frac{hc}{E} = \frac{(6.626 \times 10^{-34} \text{ J·s})(3.00 \times 10^8 \text{ m/s})}{1.28 \times 10^{-15} \text{ J}} = 1.55 \times 10^{-10} \text{ m}$$

이는 0.155 nm 광자이며, 해당 진동수는 다음과 같다.

$$f = \frac{c}{\lambda} = \frac{3.00 \times 10^8 \text{ m/s}}{1.55 \times 10^{-10} \text{ m}} = 1.94 \times 10^{18} \text{ Hz}$$

그림 24.22의 그래프는 원자 번호 대 $\sqrt{f}$를 나타낸다. 여기서 이론적 값은 $\sqrt{f} = \sqrt{1.94 \times 10^{18} \text{ Hz}} = 1.39 \times 10^9 \text{ Hz}^{1/2}$로, K_α 계열의 구리에 대한 표시 값과 일치한다.

반영 모즐리 그래프의 다른 요소를 확인하면 원자 껍질 모형의 유용성에 대한 좋은 증거인 동일하고도 우수한 일치점을 발견할 수 있다.

연결하기 주어진 원자 번호에서 K_α X-선의 진동수보다 K_β X-선의 진동수가 약간 더 큰 이유는 무엇인가?

답 K_β X-선은 $n = 3 \rightarrow 2$ 전이에서 방출되며, 이는 K_α X-선과 관련된 $n = 2 \rightarrow 1$ 간격보다 약간 큰 에너지 간격을 갖는다.

개념 예제 24.10   특성 X-선

그림 24.19는 몰리브덴($Z = 42$)의 특성 X-선을 나타낸다. 텅스텐($Z = 74$) 표적으로 대체해서 사용한다면 특성 X-선이 더 긴 파장으로 나타나겠는가, 아니면 더 짧은 파장으로 나타나겠는가?

풀이 모즐리 그래프(그림 24.22)에 따르면 K 계열과 L 계열 모두에서 원자 번호가 증가함에 따라 X-선 파장이 짧아진다. 따라서 텅스텐에서 생성되는 파장은 몰리브덴에서 생성되는 파장보다 짧을 것이다. 이는 정량적 분석을 통해 확인할 수 있다. 예

를 들어, 텅스텐에서 $Z = 74$인 경우, 식 24.8에서 K_α X-선에 대해 에너지를 계산하면 8.71×10^{-15} J이다. 이는 그림 24.19에 표시된 몰리브덴의 K_α X-선 파장보다 훨씬 짧은 약 23 pm의 파장에 해당한다.

반영 모즐리 그래프에 나타나는 특성 파장의 엄청난 범위에 주목하여라. 이는 표적 선택에 따라 특성 X-선 파장을 선택한다는 의미이다.

레이저

레이저가 없는 현대 사회는 상상하기 어렵다. 슈퍼마켓 계산대에서 물건의 바코드를 인식하고, DVD와 블루레이 디스크의 비디오 정보를 읽고, 더 나은 시력을 위해 각막을 재구성하고, 금속 제품을 가공하고 경화시키며, 전동 공구를 안내하고, 전자우편을 광섬유를 통해 보내는 등 여러 방면으로 사용하고 있다.

많은 레이저에서의 빛 방출은 원자의 전자 전이에서 발생한다. 지금까지 전자가 아무런 도움 없이 더 낮은 에너지 준위로 떨어질 때 발생하는 **자발 방출**(spontaneous emission)만을 고려하였다. 이와 대조적으로 레이저는 그림 24.23과 같은 **유도 방출**(stimulated emission)을 사용한다. 유도 방출에서는 원자를 통과하는 광자가 방출을 유발한다. 방출된 광자는 원래 광자와 동일한 방향으로 이동하고 동일한 위상을 갖는다. 이것이 바로 22장에서 광원을 위상으로 설명하기 위해 소개한 용어인 레이저 빛의 간섭성이다. 레이저 빛의 간섭성은 기본 특성 중 하나이며 많은 레이저 응용 분야에서 중요하다. 레이저에서 유도 방출은 그림 24.24와 같이 거울 2개로 둘러싸인 공간에서 발생한다. 광자는 거울 사이를 앞뒤로 반사하여 점점 더 많은 유도 방출을 유발한다. 거울 하나는 부분적으로 은으로 되어 있어 일부 빛이 새어 나오는데, 이것이 바로 레이저의 출력이다.

레이저 작동에서 중요한 또 다른 개념은 원자 에너지 준위와 관련된 것이다. 레이저의 에너지는 궁극적으로 다른 광원의 전기 또는 원자를 들뜬상태로 '펌프(pump)'하는 화학 반응에서 비롯된다. 대부분의 들뜬상태는 수명이 짧고 자발 방출로 끝난다. 그러나 특정 **준안정 상태**(metastable state)는 1ms 정도 지속되는 반면, 일반적인 들뜬상태는 1ns 정도 지속된다. 보통 원자는 바닥상태에 있다. 그러나 레이저에서는 에너지를 준안정 상태로 끌어올려(펌핑하여) 바닥상태 원자보다 들뜬상태로 **밀도 반전**(population inversion)을 일으킬 수 있을 만큼 오래 지속된다. 따라서 유도 방출이 자발 방출로 이어질 가능성이 훨씬 높아진다.

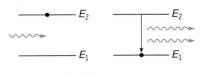

그림 24.23 자발 방출

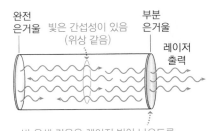

반 은색 거울은 레이저 빛이 나오도록 해 주며, 두 거울은 빛을 반사하여 유도 방출을 유지한다.

그림 24.24 레이저의 설계

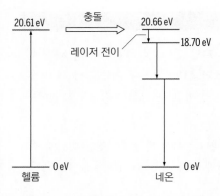

그림 24.25 헬륨-네온 레이저의 에너지 준위

헬륨-네온 레이저

그림 24.25는 실험용과 상업용에서 흔히 사용되는 헬륨-네온 레이저에 중요한 에너지 준위를 보여 준다. 대부분의 헬륨-네온 레이저는 0.01기압에서 약 90%의 헬륨과 10%의 네온을 포함하고 있다. 그림과 같이 레이저 관의 전기장은 바닥상태에서 20.61 eV 더 높은 들뜬상태로 헬륨 원자를 들뜨게 한다. 이는 네온의 20.66 eV 준안정 상태에 가깝다. 들뜬 헬륨 원자는 충돌을 통해 과도한 에너지를 네온으로 전달하여 네온 원자를 준안정 상태로 촉진시키고, 네온 원자는 유도 방출을 위해 충분히 길게 유지된다. 네온은 20.66 eV 상태에서 18.70 eV 상태로 떨어질 때 발생한다. 이 에너지 차이는 헬륨-네온 레이저의 친숙한 적색광인 632.8 nm 광자에 해당한다.

기타 레이저

최신 레이저는 기체나 다른 물질이 아닌 반도체를 소위 매질로 사용하는 경우가 많다. 반도체의 에너지 준위는 소량의 불순물을 도핑(17.6절, 24.4절)하여 설계할 수 있으며, 원하는 파장의 넓은 범위를 가진 레이저를 가능케 한다. 초기 반도체 레이저는 스펙트럼의 적외선 또는 적색 부분에서 작동했지만 최신 레이저는 더 짧은 파장을 생성하여 고화질 영화를 저장하는 블루레이 디스크를 가능하게 할 정도로 발전하였다(22.3절). 어떤 반도체 레이저는 온도에 따라 출력 파장을 조정할 수 있다.

홀로그래피

레이저 빛의 간섭성은 물체에서 나오는 경로를 따라 파면을 포착할 수 있도록 해 준다. 이를 통해 조명을 비추면 물체의 삼차원 이미지를 재현하는 **홀로그램**(hologram)이 만들어진다. 박물관이나 강의실에서 전송 홀로그램을 본 적이 있을 것이다. 전송 홀로그램을 들여다보면 3D 이미지를 볼 수 있다. 이와 대조적으로 화폐(사진 참조)와 신용카드의 보안 장치는 반사 홀로그램이다. 반사 홀로그램은 서로 다른 파장을 반사하는 레이어드 시트를 사용하여 백색광으로 비추면 이미지가 만들어진다.

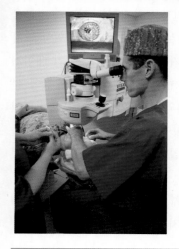

레이저는 근시 및 난시 교정을 위한 선택적 수술(라식, 21.6절 참조)에 가장 일반적으로 사용된다. 하지만 레이저는 망막 파열과 같은 심각한 질환도 치료할 수 있다. 망막의 바깥쪽 층은 외상이나 극심한 근시로 인해 아래 표면으로부터 떨어져 나올 것이다. 레이저 에너지는 두 조직을 융합하여 실명을 예방한다.

확인 24.5절 주어진 X-선관과 표적에 대해 다음 X-선 파장을 큰 순서대로 나열하여라.

(a) K_α (b) K_β (c) L_α (d) L_β

24장 요약

핵 원자

(24.1절) 알파 입자 산란으로 제시된 **러더퍼드의 원자핵 모형**에서는 양전하가 작은 핵에 국한되어 있다. 러더퍼드는 원자의 안정성과 이산 스펙트럼을 설명할 수 없었다.

러더퍼드 산란의 결과: 핵의 반지름 $\approx 10^{-15}$ m, 전체 원자의 반지름 $\approx 10^{-10}$ m로 약 10만 배 더 크다.

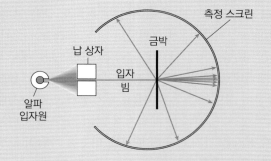

보어 원자

(24.2절) 보어의 모형은 수소 원자의 안정적인 궤도와 방출 스펙트럼을 설명하기 위해 고전적인 개념과 양자 개념을 결합한 것이다. 원자는 허용된 특정한 전자 궤도와 에너지에 해당하는 안정적인 **양자 상태**를 가지고 있다. 전자기 복사는 전자가 한 상태에서 다른 상태로 전이할 때만 방출된다. 보어는 수소의 양자화된 에너지 준위가 **뤼드베르그 식**에 의해 예측된 모든 광자 파장을 설명하고, 따라서 관찰된 스펙트럼에 대해 설명한다는 것을 보여 주었다.

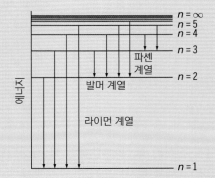

뤼드베르그 식: $\dfrac{1}{\lambda} = R_H\left(\dfrac{1}{j^2} - \dfrac{1}{k^2}\right)$ $(j < k)$

보어 원자의 반지름: $r = n^2 a_0$ $n = 1, 2, 3, \cdots$

보어 원자의 에너지: $E = -\dfrac{E_0}{n^2}$ $n = 1, 2, 3, \cdots$

양자수와 원자 스펙트럼

(24.3절) 수소 원자의 상태는 n, l, m_l, m_s의 네 가지 **양자수**로 설명된다. 상태 간 전이는 양자수가 전이 중에 어떻게 변할 수 있는지 알려 주는 선택 규칙에 의해 통제된다. 강한 자기장 내에서 발광하는 원자와 함께 발생하는 **제만 효과**는 궤도 양자수와 자기 양자수의 증거를 제공한다.

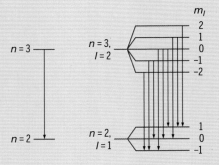

궤도 각운동량: $L = \sqrt{l(l+1)}\,\dfrac{h}{2\pi}$

다전자 원자와 주기율표

(24.4절) 파울리 배타 원리는 원자의 어떤 두 전자도 같은 양자 상
태가 될 수 없다는 것이다. 다전자 원자의 전자는 껍질(n 준위)과
버금껍질(n과 l의 조합) 안에 있으며, 준위는 가장 낮은 에너지에
서 가장 높은 에너지로 채워진다. 다전자 원자의 상태는 분광학적
표기법을 사용하여 설명하였다. **주기율표**에는 원자 번호 순서대로
원자가 나열되어 있으며, 원소는 채워지지 않은 가장 높은 버금껍
질에 같은 수의 전자를 가지고 있기 때문에 비슷한 화학적 특성을
보이는 족(표의 열)에 속한다.

l	버금껍질	m_l 값	전자의 최대 수
0	s	0	2
1	p	−1, 0, 1	6
2	d	−2, −1, 0, 1, 2	10
3	f	−3, −2, −1, 0, 1, 2, 3	14

원자로부터 복사

(24.5절) X-선은 고에너지 전자가 표적에 부딪힐 때 생성된다. 전
자는 운동 에너지를 잃거나(**제동 복사**) 표적의 원자에 원자 전이
를 일으킨다(**특성 X-선**). **레이저**는 **유도 방출**을 사용하여 전자기
복사의 간섭성을 갖는 빛을 만들어낸다.

드웨인-훈트 규칙: $\lambda_{min} = \dfrac{1{,}240 \text{ V} \cdot \text{nm}}{V_0}$

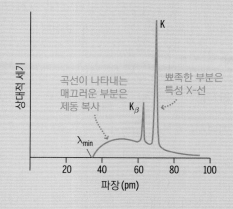

곡선이 나타내는
매끄러운 부분은
제동 복사

뾰족한 부분은
특성 X-선

24장 연습문제

문제의 난이도는 • (하), •• (중), ••• (상)으로 분류한다.

개념 문제

1. 톰슨의 건포도-푸딩 모형으로 러더퍼드 산란을 설명하지 못하는 이유는 무엇인가? 핵 원자는 후방 산란 현상을 어떻게 설명할 수 있는가?

2. 보어 원자의 전자가 더 큰 반지름의 궤도로 뛰어오를 때, 다음의 양은 증가하는가, 감소하는가? 아니면 동일하게 유지되는가?

(a) 총 에너지 (b) 운동 에너지

(c) 위치 에너지 (d) 전자 속력

3. $n = 3$에서 $n = 2$로의 전이는 수소 또는 중수소에서 더 긴 파장의 광자를 생성하는가?

4. 수소 원자의 상태를 설명하는 네 양자수에 대한 각각의 실험적 증거는 무엇인가?

5. 전자 배열을 바탕으로 나트륨과 염소의 이온화 가능성에 대해 논하여라. 이 원자들이 NaCl 형태로 결합하는 것이 유리한 이유를 설명하여라.

6. 다음 양자수의 물리적 의미는 무엇인가?

(a) m_l (b) m_s

7. 알루미늄은 구리, 은, 금과 같은 족은 아니지만 양도체이다. 왜 그러한가?

8. 모즐리가 실험실에서 만든 X-선의 파장을 어떻게 측정했다고 생각하는가? 그가 연구한 각 원소에 대해 K_α X-선, K_β X-선을 어떻게 알았는가?

객관식 문제

9. 수소 원자가 $n = 5$ 준위에서 $n = 2$ 준위로 전이될 때, 광자가 방출한 빛의 파장은 얼마인가?

(a) 410 nm (b) 434 nm (c) 486 nm (d) 656 nm

10. 헬륨 이온 He^+의 바닥상태 에너지가 수소의 들뜬상태 에너지와 같아지려면 수소의 바닥상태 에너지에 얼마를 곱해야 하는가?

(a) 4 (b) 2 (c) 1/2 (d) 1/4

11. 수소 원자가 $n = 4$ 준위에서 바로 $n = 1$ 준위로 전이하면 방출되는 광자의 스펙트럼의 어느 부분에 해당하는가?

(a) 마이크로파 (b) 적외선

(c) 가시광선 (d) 자외선

12. 다음 중 수소의 전자에 허용되지 않는 전이는 무엇인가?

(a) $4p$에서 $1s$ (b) $3d$에서 $2s$

(c) $3d$에서 $4f$ (d) $2p$에서 $4s$

13. 120 kV인 X-선관에서 생성되는 가장 짧은 파장의 X-선은 무엇인가?

(a) 1.0 nm (b) 0.10 nm

(c) 0.010 nm (d) 1.0×10^{-3} nm

연습문제

24.1 핵 원자

14. • 러더퍼드 산란 실험에서 알파 입자의 운동 에너지가 7.7 MeV였다. 이때 알파 입자의 속력을 구하여라.

15. •• 알루미늄 핵과 정면충돌하는 7.7 MeV 알파 입자의 가장 가까운 근접 거리를 구하여라. 구한 답과 예제 24.1에 주어진 금 핵에 대한 가장 가까운 근접 거리를 비교하여라.

16. •• 수소 원자가 반지름 1.2×10^{-15} m의 양성자로 구성되어 있고, 전자가 5.3×10^{-11} m 거리에서 양성자 주위를 돌고 있다고 가정하자. 원자를 전자의 궤도 반지름과 같은 반지름을 가진 구형이라고 가정하자. 물음에 답하여라.

(a) 원자의 부피와 핵의 부피는 각각 얼마인가?

(b) 원자의 밀도는 얼마인가? 물의 밀도 1,000 kg/m³와 비교하여라.

(c) 핵의 밀도는 얼마인가? (b)에서 구한 원자의 밀도와 비교하여라.

24.2 보어 원자

17. • 수소 원자의 에너지가 다음과 같을 때, 양자수 n의 값을 구하여라.

(a) 1.36×10^{-20} J (b) 2.69×10^{-21} J (c) 1.29×10^{-21} J

18. •• 푼트 계열의 수소 방출 스펙트럼에서 볼 수 있는 파장의 범위를 구하여라.

19. ▪▪ 수소 원자에서 전자가 $n = 3$ 상태에 있다. 물음에 답하여라.
   (a) 원자에서 전자를 완전히 방출시키려면 얼마나 많은 에너지가 필요한가?
   (b) (a)의 에너지를 가진 광자의 파장은 얼마인가?

20. ▪▪ 다음 물음에 답하여라.
   (a) 보어의 이론을 이용하여 $n = 1$ 준위를 도는 전자의 속력을 구하여라. 상대론적 계산을 사용해야 하는가?
   (b) $n = 2$에 대해 (a)를 반복하여라.

21. ▪▪▪ 정지해 있는 수소 원자가 $n = 5$ 상태에서 $n = 2$ 상태로 전이한다. 다음을 구하여라.
   (a) 방출된 광자의 파장   (b) 원자의 반동 속력

22. ▪▪ 수소 원자 내의 전자가 반지름이 $4a_0$인 궤도를 돌고 있다. 물음에 답하여라.
   (a) 반지름이 $16a_0$으로 증가하면 원자의 총 에너지는 어떻게 변하는가?
   (b) (a)의 과정은 광자의 방출 또는 흡수에 해당하는가? 광자의 파장은 얼마인가?

23. ▪ 직경 $0.750\ \mu m$ 이상의 수소 원자를 만드는 데 필요한 최소 양자수를 구하여라.

24. ▪▪▪ 광원이 400 nm에서 1,000 nm 범위의 연속 파장을 방출한다. 이 빛이 원자 수소 기체에 입사될 경우, 광자 흡수로 인해 발생할 수 있는 모든 전이를 구하여라.

25. ▪▪ 다음 원자의 바닥상태 에너지를 구하여라.
   (a) He^+ (b) Li^{++}

24.3 양자수와 원자 스펙트럼

26. ▪ 다음 전자 상태를 분광학적 표기법으로 나타내어라.
   (a) $n = 2, l = 0$ (b) $n = 4, l = 2$
   (c) $n = 4, l = 3$ (d) $n = 3, l = 2$

27. ▪▪ 다음 중 수소의 전자에 허용되는 전이는 어느 것인가? 허용된 각 전이에 대해 방출된 광자의 파장을 구하여라.
   (a) $3p$에서 $2s$ (b) $3d$에서 $2s$
   (c) $4f$에서 $3d$ (d) $3p$에서 $1s$

28. ▪▪ 수소의 $3p$ 상태에 있는 전자의 경우, 다음 물리량을 계산하여라.
   (a) 궤도 각운동량의 모든 허용 값
   (b) 궤도 각운동량의 z성분
   (c) 스핀 각운동량의 z성분

29. ▪▪ 수소 원자가 다음과 같은 전이를 할 때, 각운동량은 어떤 요인에 의해 변하는가?
   (a) $4d$에서 $2p$ (b) $3p$에서 $4d$ (c) $4f$에서 $3d$

24.4 다전자 원자와 주기율표

30. ▪ 다음 원자에 대한 바닥상태 전자 배열을 기술하여라.
   (a) 칼륨   (b) 철   (c) 금   (d) 우라늄

31. ▪ 바닥상태에 있는 아르곤의 경우, 다음을 기술하여라.
   (a) 전자 배열   (b) 전자 각각에 대한 4개의 양자수

32. ▪▪ 다음의 경우 어떤 유형의 과잉 전하 캐리어(전자 또는 정공)가 생성되는가?
   (a) 실리콘(Si)에 갈륨(Ga)을 도핑함
   (b) 저마늄(Ge)에 안티몬(Sb)을 도핑함

24.5 원자로부터 복사

33. ▪ 치과용 X–선원의 최소 파장은 0.028 nm이다. X–선관의 전위차는 얼마인가?

34. ▪ 스탠포드 선형 가속기에서 전자를 50 GeV의 에너지로 생성할 수 있는 광자의 가장 짧은 파장은 얼마인가?

35. ▪▪ 코발트 표적을 이용한 X–선관에서 K_α X–선을 생성하는 데 필요한 최소 전위차를 구하여라.

36. ▪ 532 nm 파장의 녹색 레이저를 만들기 위해 헬륨–네온 레이저를 제작하였다. 이 방출을 담당하는 네온의 에너지 준위 사이의 간격은 얼마인가?

37. ▪▪ 레이저는 바닥상태 위 2.33 eV에서 바닥상태로의 전이를 이용하여 초당 4.50×10^{18}개의 광자를 방출한다. 다음을 구하여라.
   (a) 레이저 빛의 파장   (b) 레이저의 출력

24장 질문에 대한 정답

단원 시작 질문에 대한 답

파울리 배타 원리는 원자 내 전자가 같은 상태를 점유하는 것을 금지함으로써 원자 구조를 형성한다. 배타 원리는 수명이 다한 붕괴된 별의 밀도 상태에서도 적용되며, 많은 전자가 고에너지 상태를 점유하도록 요구한다. 이 고에너지 전자는 별이 더 이상 붕괴되지 않도록 지탱하는 압력을 만들어낸다.

확인 질문에 대한 정답

24.1절　(b) 알루미늄

24.2절　(d) > (a) > (b) > (c)

24.3절　(a), (c), (d)

24.4절　(d) 요오드

24.5절　(c) > (d) > (a) > (b)

핵물리
Nuclear Physics

▲ 고고학자들은 발굴한 뼛조각의 연대를 어떻게 판단하는가?

이 장은 원자핵에 초점을 맞춘다. 핵의 구조와 중성자와 양성자를 결합하여 핵을 형성하는 힘부터 시작한다. 일부 핵의 경우 이러한 힘으로 인해 안정적인 배열이 이루어진다. 다른 많은 핵은 불안정하며 방사성 붕괴를 한다. 알파, 베타, 감마의 세 가지 주요 붕괴에 대해 배울 것이다. 각 방사성 물질의 붕괴 시간 척도를 설정하는 방사성 반감기를 소개할 것이다. 그다음 대량의 에너지를 방출하는 핵반응인 핵분열과 핵융합에 대해 알아본다. 핵융합은 태양과 다른 별에 동력을 공급하고, 핵분열은 인류가 사용하는 전기 에너지의 10% 이상을 공급한다. 그러나 핵분열과 핵융합은 핵무기에 사용되어 우리의 생존을 위협하기도 한다.

25.1 핵 구조

20세기 초 러더퍼드의 연구로 핵은 작고 거대한 원자핵이라는 개념이 확립되었다. 오늘날 핵이 중성자와 양성자로 구성되어 있다는 것을 알고 있으며, 이를 통칭하여 **핵자**(nucleon)라고 한다. 핵이 포함된 각각의 개수에 따라 핵을 분류한다. 여기에서는 핵자를 묶는 힘을 탐구하고, 어떤 핵은 안정적이지만 다른 핵은 방사성을 띠는 이유를 알아볼 것이다. 이 개념은 나중에 논의할 방사성 붕괴, 핵분열, 핵융합의 기초가 된다.

그림 25.1 중성자의 발견에는 다음이 포함된다. (a) 베릴륨 호일에 알파 입자를 충돌시켜 전기적으로 중성인 광선을 발생시킨다. (b) 광선이 납을 통과할 수 있다는 것은 광자가 아니라는 것을 보여 준다. (c) 새로운 입자가 파라핀에서 양성자를 밀어낼 수 있다는 것을 입증하여 입자의 질량이 양성자와 거의 같음을 보여 준다.

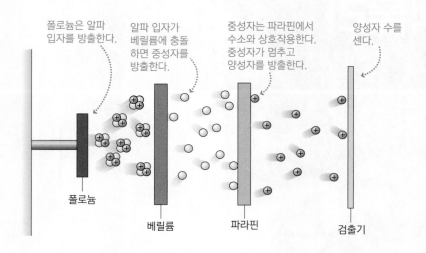

폴로늄은 알파 입자를 방출한다.

알파 입자가 베릴륨에 충돌하면 중성자를 방출한다.

중성자는 파라핀에서 수소와 상호작용한다. 중성자가 멈추고 양성자를 방출한다.

양성자 수를 센다.

폴로늄   베릴륨   파라핀   검출기

중성자의 발견

핵을 발견하고 보어의 원자 모형(24장)에 바로 적용한 후 수년 동안 핵을 이해하는 데는 상대적으로 진전이 없었다. 전하와 질량은 한 가지 난제를 제시하였다. 예를 들어, 헬륨은 왜 질량이 수소의 네 배인데 전하량은 두 배에 불과한가? 헬륨이 4개의 수소 원자핵과 2개의 전자로 구성되어 전하량이 $+2e$가 되는 것이라 생각하였다. 그러나 하이젠베르크의 불확정성 원리는 작은 핵에 갇힌 전자가 비현실적으로 높은 에너지를 가질 것이라는 것을 보여 준다(연습문제 19번 참조).

    1920년 러더퍼드는 **양성자**(proton)라고 부르는 수소 핵과 질량이 거의 같은 입자와 함께 정확히는 **중성자**(neutron)라고 부르는 입자, 즉 중성 입자의 존재를 제안하였다. 따라서 원자핵은 양성자와 중성자의 조합이 될 수 있으며, 양성자는 질량과 양전하를 공급하고, 중성자는 추가 질량을 제공한다. 1920년대 말과 1930년대 초, 베릴륨에 대한 알파 입자 충돌과 관련된 실험을 통해 러더퍼드의 중성자를 발견하였다(그림 25.1). 1932년 영국의 물리학자 제임스 채드윅(James Chadwick, 1891~1974)이 이 실험에서 양성자보다 질량이 약간 큰 중성 입자가 생성된다는 사실을 결정적으로 증명하면서 실험은 절정에 이르렀다. 이를 통해 중성자 발견의 공로를 인정받아 채드윅은 1935년 노벨 물리학상을 받았다. 표 25.1은 양성자, 중성자, 전자의 질량에 대한 현재의 값을 보여 준다. 양성자와 중성자 질량의 작은 차이에 주목하여라.

▶ **TIP** 중성자의 질량은 양성자보다 약 0.14% 더 크다.

표 25.1 입자의 전하량과 질량

입자	전하량	질량(kg)	질량(u)
양성자	$+e$	1.6726×10^{-27}	1.00728
중성자	0	1.6749×10^{-27}	1.00866
전자	$-e$	9.1094×10^{-31}	5.4858×10^{-4}

핵의 성질

채드윅의 발견으로 핵이 양성자와 중성자로 구성되어 있다는 것이 명확해졌다. 예를 들어, 일반 헬륨은 2개의 양성자와 2개의 중성자를 가지고 있어 $+2e$의 전하량을 가지고 있고 양성자의 네 배에 달하는 질량을 갖는다. 일반적으로 핵은 Z개의 양성자(**원자 번호**(atomic number))와 N개의 중성자(**중성자 번호**(neutron number))로 구성된다. 양성자와 중성자의 질량은 비슷하므로 **질량수**(mass number) A는 다음과 같이 정의된다.

$$A = Z + N \quad \text{(질량수, SI 단위: 무차원)} \tag{25.1}$$

이는 핵에 있는 핵자의 총 수이다. 표 25.1은 $1\,u = 1.66054 \times 10^{-27}\,kg$인 원자 질량 단위(기호 u)의 질량을 포함한다. 양성자와 중성자 질량은 각각 1u보다 약간 크며, 전자의 질량은 이 값보다 훨씬 작으므로 원자의 질량(단위: u)은 질량수에 가깝다. 예를 들어, 양성자 2개와 중성자 2개의 경우, 헬륨의 질량수는 $A = 4$이고 실제 질량은 4.0026 u(전자 포함)이다.

Z와 N의 조합은 그림 25.2에 설명된 것처럼 $^{A}_{Z}X$로 기호화된 **핵종**(nuclide)으로 구성된다. 그러나 원자 번호 Z는 화학 기호에 해당하므로 불필요하다(예: H의 경우 1, C의 경우 6, U의 경우 92). 따라서 일반적으로 화학 기호와 질량수 ^{A}X만 사용한다. 예를 들어, ^{23}Na에서 기호 Na는 나트륨 원소이며 원자 번호 $Z = 11$을 의미한다. 여기서 $A = 23$이므로 식 25.1에 의해 중성자 번호는 $N = A - Z = 23 - 11 = 12$이다. 보통 '나트륨-23'처럼 이름과 질량수로 핵종을 구별한다. 가끔 ^{23}Na 대신 나트륨-23 또는 Na-23과 같이 쓰여 있는 핵종을 볼 수 있을 것이다.

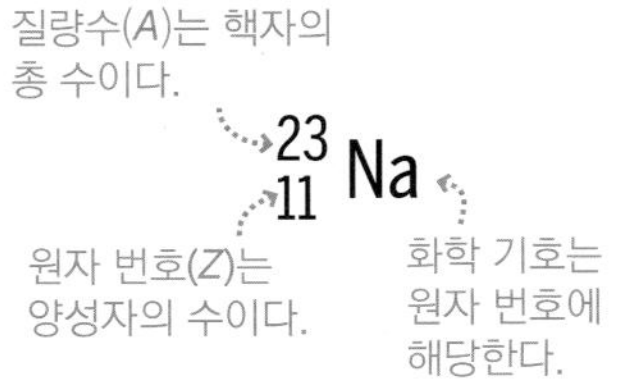

주어진 원소의 핵종은 원자 번호 Z가 같지만 중성자수가 달라서 번호가 다를 수도 있다. 서로 다른 핵종은 해당 원소의 **동위원소**(isotope)라 한다. 예를 들어, ^{12}C, ^{13}C, ^{14}C는 모두 탄소 동위원소이다. 어떤 동위원소는 안정적이고 어떤 동위원소는 방사성이어서 시간이 지나면 다른 핵종으로 붕괴한다. 대부분의 자연 발생 원소에는 안정 동위원소들이 섞여 있다. 예를 들어, 대기 중 산소의 99.98%는 ^{16}O이고 나머지는 거의 ^{18}O이다. 탄소의 99%는 ^{12}C이고 1%는 ^{13}C이다. 모든 원소는 방사성 동위원소도 가지고 있다. ^{15}O는 의료용 PET 스캔에 사용되는 짧은 수명의 동위원소이며, 우주 광선과 관련된 반응으로 대기 중에 형성되는 ^{14}C는 방사성 탄소 연대 측정에 사용된다(25.4절). 부록 D에는 몇 가지 중요한 동위원소가 나열되어 있다.

서로 다른 동위원소의 원자들은 같은 수의 양성자와 전자를 가지고 있기 때문에 화학적 성질은 비슷하다. 그러나 질량수의 차이가 나면 화학 반응 비율의 미묘한 변화가 생긴다. 작은 질량 차이와 방사성 동위원소의 극적인 다른 거동으로 인해 동위원소 분석이 과학의 많은 분야에서 중요한 도구로 사용된다.

예를 들어, 동위원소 분석은 기후 변화를 연구하는 데 사용할 수 있다. 지구 대기 중 이산화탄소가 증가하면서 기후 변화가 일어나고 있다. 한편, 대기 중 ^{13}C와 ^{14}C

▶ **TIP** 알파 입자는 헬륨 핵이다.

질량수(A)는 핵자의 총 수이다.

$^{23}_{11}$Na

원자 번호(Z)는 양성자의 수이다.

화학 기호는 원자 번호에 해당한다.

그림 25.2 핵 기호의 해부적 구조

는 ^{12}C에 비해 감소하고 있다. 방사성 ^{14}C의 감소는 새로운 탄소가 너무 오랫동안 대기와 접촉하지 않아 ^{14}C가 모두 붕괴되었다는 것을 암시한다. 식물은 더 가벼운 동위원소 ^{12}C를 선택적으로 흡수하므로 ^{13}C의 감소는 화산이 아닌 식물 물질이 땅 속 근원임을 암시한다. 종합하면 대기 중 혼합된 동위원소의 변화는 화석 연료의 연소로 인해 대기에 탄소가 추가되고 있다는 설득력 있는 증거이다.

또 다른 기후 변화 응용 분야에서는 가벼운 동위원소 ^{16}O가 우선적으로 증발하고, 무거운 ^{18}O가 쉽게 침전된다. 두 과정의 동위원소 균형은 온도에 따라 달라지므로 극지방 얼음 덩어리의 산소의 동위원소 구성은 장기적인 기후 추세를 보여 준다.

핵의 모양과 크기

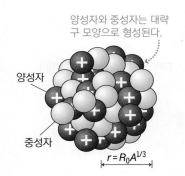

양성자와 중성자는 대략 구 모양으로 형성된다.

양성자

중성자

$r = R_0 A^{1/3}$

그림 25.3 양성자와 중성자가 공 모양으로 빽빽하게 채워진 핵 모형

▶ **TIP** fm은 SI 단위 '펨토미터(femtometer)'이다. 물리학자들은 핵물리학의 선구자인 엔리코 페르미(Enrico Fermi)의 이름을 따 이 단위를 '페르미(fermi)'라고 부르기도 한다.

그림 25.3은 양성자 Z개와 중성자 N개가 구형으로 결합된 핵 모형을 보여 준다. 이것은 조잡하고 고전적인 그림으로, 양자역학(23장)에 따르면 개별 핵자의 위치를 정확하게 파악할 수 없다. 하지만 간단한 모형을 사용하면 핵과 양성자와 중성자 사이의 상호작용을 시각화할 수 있다.

간단한 모형에서 핵자는 거의 동일한 부피를 가진 강체 구의 역할을 한다. 따라서 핵의 부피 $V = \frac{4}{3}\pi r^3$은 질량수 A에 비례하므로 핵반경은 $A^{1/3}$에 비례해야 한다. 핵 산란 실험은 이를 확인하여 대략적인 관계를 제시한다.

$$r = R_0 A^{1/3} \quad \text{(핵 반지름, SI 단위: m)} \quad (25.2)$$

여기서 $R_0 = 1.2 \times 10^{-15}$ m $= 1.2$ fm이다. 핵 반경이 $A^{1/3}$에 서서히 의존한다는 것은 핵반경이 10배 미만으로 변한다는 것을 의미한다. 가장 작은 핵인 ^{1}H는 $r = R_0 A^{1/3} = (1.2\text{ fm})(1)^{1/3} = 1.2$ fm이고, 가장 큰 자연 발생 핵인 ^{238}U는 $r = R_0 A^{1/3} = (1.2\text{ fm})(238)^{1/3} = 7.4$ fm이다. 따라서 모든 핵반경은 fm 내에 있다는 것을 알 수 있다.

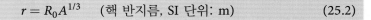

예제 25.1 핵 밀도

^{238}U 원자핵의 밀도를 계산하고, 물의 밀도 1,000 kg/m³와 비교하여라. 그 차이의 중요성에 대해 논하여라.

구성과 계획 밀도 ρ는 단위 부피당 질량 $\rho = m/V$이다. U-238의 원자 질량은 238 u이다(부록 D 참조). ^{238}U의 $r = 7.4$ fm를 알고 있으므로 $V = \frac{4}{3}\pi r^3$으로부터 부피를 구할 수 있다.

알려진 값: $m = 238$ u, $r = 7.4$ fm

풀이 SI 단위로 질량을 환산하면 다음과 같다.

$$m = 238\text{ u} \times \frac{1.66054 \times 10^{-27}\text{ kg}}{1\text{ u}} = 3.952 \times 10^{-25}\text{ kg}$$

따라서 핵의 부피는 다음과 같다.

$$V = \frac{4}{3}\pi r^3 = \frac{4}{3}\pi(7.4 \times 10^{-15}\text{ m})^3 = 1.70 \times 10^{-42}\text{ m}^3$$

주어진 밀도를 다음과 같이 계산한다.

$$\rho = \frac{m}{V} = \frac{3.952 \times 10^{-25}\text{ kg}}{1.70 \times 10^{-42}\text{ m}^3} = 2.3 \times 10^{17}\text{ kg/m}^3$$

핵 밀도는 물의 밀도보다 2.3×10^{14}배나 큰 수치이다! 원자는 대부분 빈 공간인 반면, 핵은 촘촘하게 핵자들로 구성되어 있기 때문이다.

반영 여러 핵종에 대해 이 계산을 반복하면 핵 밀도는 본질적으

로 질량수와 무관하다는 것을 알 수 있다. 이는 그림 25.3의 핵자가 **빽빽**이 들어찬 모형과 일치한다.

연결하기 U-238 반지름의 절반인 핵종의 질량수는 얼마인가?

이 질량수를 가지는 안정한 핵종을 확인하여라.

답 $r = R_0 A^{1/3}$에서 $r = 3.7$ fm를 사용하면 정수로 반올림하여 $A = 29$가 된다. $A = 29$인 안정한 핵종으로 ^{29}Si가 있다.

확인 25.1절 2개의 핵종 A와 B가 있고, B의 질량은 A의 두 배이다. 핵종 A의 반지름이 r_A일 때, 핵종 B의 반지름은 얼마인가?

(a) 1.26 r_A　(b) 1.41 r_A　(c) 2 r_A　(d) 2.82 r_A　(e) 4 r_A　(f) 8 r_A

25.2 강한 핵력과 핵의 안정성

핵을 하나로 묶는 힘은 무엇인가? 양성자는 정전기력을 통해 서로 밀어내고, 중성자는 전기적 인력이나 반발력을 겪지 않는다. 15장에서 보았듯이 중력은 핵을 결합하는 역할을 하기에는 너무 약하다. 따라서 여기에는 다른 힘이 작용하는 것이 틀림 없다. 이 맥락에서 **핵력**(nuclear force)이라고도 부르는 **강한 힘**(strong force)이 바로 그 힘이다. 핵력의 주요한 성질은 다음과 같다.

- 핵력은 양성자-양성자, 양성자-중성자, 중성자-중성자 등 모든 핵자 쌍에 대해 거의 동등한 세기를 가지며 항상 인력이다.
- 실질적으로 매우 강력하다. 표 9.1에서 알 수 있듯이 양성자 사이의 핵 인력은 정전기적 반발력보다 100배 정도 강하다.
- 매우 강력하지만 범위가 매우 짧아 약 3 fm 이상의 거리에서는 효과가 없다.

핵력의 범위가 매우 짧기 때문에 멀리 떨어진 양성자는 핵의 인력이 크게 느끼지 못하지만 더 긴 거리의 전기적 반발력은 여전히 강하다. 따라서 중성자는 핵을 결합시키는 '접착제' 역할을 하며 전기적 반발력을 일으키지 않고 핵을 결합하는 데 중요한 역할을 한다. 그림 25.4는 핵 구조에서 중요한 결과를 보여 준다. 이 그림은 안정핵과 방사성 핵에 대한 양성자 수 Z 대 중성자수 N을 나타낸다. 작은 핵의 경우 양성자와 중성자의 수는 거의 같지만, 큰 핵은 $N > Z$이다. 증명하지는 않겠지만 16.1절의 정전기적 에너지를 고려하면 핵의 반발 에너지가 Z^2으로 증가한다는 것을 알 수 있다. 따라서 원자 번호 Z가 높은 원자는 핵을 결합하는 데 점점 더 많은 중성자가 필요하다. 그러나 우라늄과 같은 일부 무거운 원소의 수명은 수십억 년 단위로 측정되지만 Z가 83을 초과하는 안정적인 핵은 존재하지 않는다. 그림 25.4에 표시된 반감기의 개념은 25.4절에서 논의할 것이다.

결합 에너지

부록 D의 원자 질량과 표 25.1의 입자 질량을 자세히 살펴보면 앞뒤가 맞지 않는 것

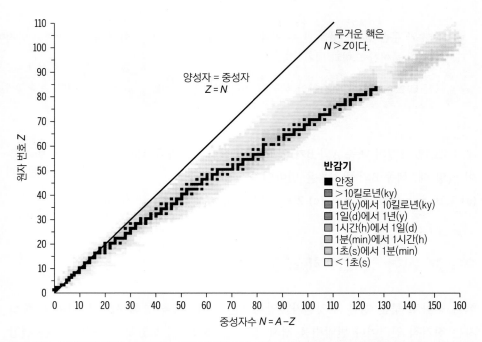

그림 25.4 안정선을 따라 놓여 있는 안정 동위원소와 반감기로 부호화된 방사성 동위원소를 보여 주는 핵종 도표

같다. 예를 들어, ^{12}C 원자의 질량은 12 u이다(이는 정확하며 원자 질량 단위 u를 정의하는 역할을 한다). 이 원자에는 양성자 6개, 중성자 6개, 전자 6개가 있다. 표 25.1을 사용하면 총 질량을 계산할 수 있다.

$$6 \text{ 양성자: 질량} = 6m_p = 6(1.00728 \text{ u}) = 6.04368 \text{ u}$$

$$6 \text{ 중성자: 질량} = 6m_n = 6(1.00866 \text{ u}) = 6.05196 \text{ u}$$

$$6 \text{ 전자: 질량} = 6m_e = 6(0.00054858 \text{ u}) = 0.00329 \text{ u}$$

$$\text{입자 질량의 합: } 12.09893 \text{ u}$$

따라서 원자 질량은 입자를 구성하는 입자들의 질량을 합친 것보다 작다. 이는 입자가 결합하여 결합 원자를 형성할 때 에너지가 방출되기 때문이다. 마치 돌을 바위에 떨어뜨릴 때 에너지가 방출되어 결합체인 암석과 지구가 되는 것처럼 생각하면 된다. 아인슈타인의 $E = mc^2$(20장)은 질량 감소와 관련되어 있고, 이는 더 낮은 원자 질량에 반영되어 있음을 의미한다. 질량 차이 Δm을 **질량 결손**(mass defect)이라 한다. 다시 말해, 원자와 원자핵의 결합을 끊으려면 $(\Delta m)c^2$에 해당하는 에너지를 공급해야 하는데, 이를 **결합 에너지**(binding energy) E_b라고 한다. 전자는 정전기력에 의해 느슨하게 결합되어 있으므로 원자핵 결합 에너지의 대부분은 핵에 있다.

중성 원자는 양성자 Z개, 전자 Z개, 중성자 N개를 가지고 있다. 따라서 동위원소 $^A X$ 원자의 결합 에너지는 다음과 같다.

$$E_b = (\Delta m)c^2 = (Zm_p + Nm_n + Zm_e - M(^A X))c^2 \quad \text{(결합 에너지, SI 단위: J)} \quad (25.3)$$

여기서 M은 전체 원자의 질량이다. 결합 에너지를 사용하는 경우 질량은 u로, 에너지는 MeV로 표현하는 것이 편리하다.

$$1\,u \cdot c^2 = (1.66054 \times 10^{-27}\,\text{kg})(2.9979 \times 10^8\,\text{m/s})^2$$
$$= 1.4924 \times 10^{-10}\,\text{J} = 931.5\,\text{MeV}$$

따라서 ^{12}C의 결합 에너지는 다음과 같이 계산한다.

$$(\Delta m)c^2 = 0.09893\,u \cdot c^2 = (0.09893)(931.5\,\text{MeV}) = 92.2\,\text{MeV}$$

이는 일반적으로 전자 결합 에너지가 eV 준위 에너지인 것과 비교하면 엄청난 수치이다. 이는 원자의 가장 바깥쪽 전자만 포함하는 핵반응과 화학 반응 사이의 방대한 에너지 차이를 암시한다.

예제 25.2 헬륨의 결합 에너지

부록 D의 데이터를 이용하여 ^{4}He 원자의 결합 에너지를 구하여라. 구한 값을 본문에서 계산한 ^{12}C의 결합 에너지와 비교하여라.

구성과 계획 식 25.3의 결합 에너지는 $E_b = (\Delta m)c^2 = (Zm_p + Nm_n + Zm_e - M(^A X))c^2$이다. ^{4}He 핵의 경우 $Z = 2$, $N = 2$이다. 또한, 부록 D에서 ^{4}He 원자에 대한 원자 질량 4.0026 u도 필요하다.

알려진 값: $M(^4\text{He}) = 4.0026\,u$, $m_n = 1.00866\,u$, $m_p = 1.00728\,u$, $m_e = 0.00054858\,u$, $Z = 2$, $N = 2$, $1\,u \cdot c^2 = 931.5\,\text{MeV}$

풀이 식 25.3에 알려진 값을 사용하여 계산한다.

$$E_b = ((2)(1.00728\,u) + (2)(1.00866\,u) + (2)(0.00054858\,u)$$
$$- 4.0026\,u)c^2 = 0.0304\,u \cdot c^2$$

$1\,u \cdot c^2 = 931.5\,\text{MeV}$이므로 다음을 얻는다.

$$E_b = 0.0304(931.5\,\text{MeV}) = 28.3\,\text{MeV}$$

반영 ^{12}C는 ^{4}He보다 양성자, 중성자, 전자를 세 배나 많이 포함하고 있기 때문에 결과는 ^{12}C 결합 에너지의 3분의 1에도 미치지 못한다. 다시 말해, 총 결합 에너지는 원자 내 전자의 eV 준위 에너지보다 훨씬 크다.

연결하기 핵에 양성자 1개와 중성자 1개를 포함하는 중수소의 결합 에너지는 얼마인가?

답 예제 25.2와 같은 방법으로 계산하면 2.22 MeV가 나온다. 이는 헬륨의 결합 에너지의 절반에도 훨씬 못 미치는데, 그 이유는 곧 간단하게 논의할 것이다.

핵자당 결합 에너지

^{12}C와 ^{4}He를 비교할 때 보았듯이 결합 에너지는 핵자의 수 A에 비례하여 증가하는 경향이 있다. 그러나 **핵자당 결합 에너지**(binding energy per nucleon)인 E_b/A를 계산하면 알 수 있듯이 일반적인 패턴에는 편차가 있다. 이 양의 그래프는 그림 25.5에 표시된 결합 에너지 곡선이다. 핵자당 결합 에너지는 일반적으로 A가 1에서 56으로 커짐에 따라 증가한다는 점에 유의하여라. ^{56}Fe 핵은 핵자당 결합 에너지가 가장 높으므로 가장 안정적인 핵종이며, 무거운 핵일수록 핵자당 결합 에너지가 점차 감소한다. 결합 에너지 곡선의 모양은 핵분열과 핵융합의 두 가지 핵에너지 방출 과정을 설명하는 데 중요하다. **핵분열**에서는 철보다 훨씬 무거운 핵이 가벼운 핵 2개로 쪼개진다. 핵자당 결합 에너지가 원래 핵보다 크므로 에너지가 방출된다. **핵융합**은 철보

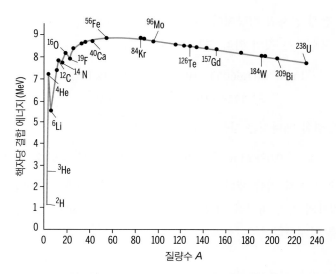

그림 25.5 ^{56}Fe 주변에 넓은 봉우리가 나타나는 핵자당 결합 에너지

▶**TIP** 모든 과정에서 에너지가 방출되며 마지막 상태는 결합 에너지가 더 높은 상태이다.

다 훨씬 가벼운 핵이 결합하여 무거운 핵을 형성할 때 발생한다. 다시 한 번 핵자당 결합 에너지가 증가하면 에너지가 방출된다. 25.5절과 25.6절에서 핵분열과 핵융합에 대해 논의할 것이다.

핵자당 결합 에너지가 증가하면 에너지가 방출된다는 사실이 의아할 수도 있다. 결합 에너지는 핵자를 분리하는 데 필요한 에너지, 즉 분리된 핵자가 모여 핵을 형성할 때 방출되는 에너지를 측정하기 때문이다. 식 25.3은 원자핵 $^A X$의 질량은 항상 그 구성 성분인 양성자와 중성자의 총 질량보다 낮으므로 $E = mc^2$에 의해 낮은 에너지를 의미한다. 25.5절과 25.6절에서는 방출된 에너지가 어떻게 태양의 에너지원이 되고, 핵발전을 가능케 하며, 핵무기의 파괴적인 잠재력으로 우리를 위협하는지 살펴볼 것이다.

예제 25.3   철과 우라늄

부록 D의 데이터를 이용하여 ^{56}Fe와 ^{235}U의 핵자당 결합 에너지를 계산하여라.

구성과 계획 A와 Z에서 $N = A - Z$를 구한 다음 결합 에너지는 앞의 예제와 같이 $E_b = (\Delta m)c^2 = (Zm_p + Nm_n + Zm_e - M(^A X)c^2$으로 계산한다. 핵자당 결합 에너지를 얻기 위해 핵자의 수 A로 나눌 것이다.

알려진 값: $M(^{56}\text{Fe}) = 55.93494$ u, $M(^{235}\text{U}) = 235.043923$ u, $m_n = 1.00866$ u, $m_p = 1.00728$ u, $m_e = 0.00054858$ u, $Z = 26$, $A = 56(^{56}\text{Fe})$, $Z = 92$, $A = 235(^{235}\text{U})$, 1 u$\cdot c^2 = 931.5$ MeV

풀이 총 결합 에너지는 다음과 같이 계산한다.

$$E_b = ((26)(1.00728 \text{ u}) + (30)(1.00866 \text{ u}) + (26)(0.00054858 \text{ u})$$
$$- 55.93494 \text{ u})c^2 = 0.52840 \text{ u} \cdot c^2$$

핵자당 MeV로 환산하면 다음을 얻는다.

$$E_b / A = \left(0.52840 \text{ u} \cdot c^2 \times \frac{931.5 \text{ Mev}}{\text{u} \cdot c^2} \right) \Big/ (56 \text{ 핵자})$$
$$= 8.79 \text{ MeV/핵자}$$

우라늄에 대해서도 비슷한 계산을 하면 총 결합 에너지는 1,784 MeV, 즉 7.59 MeV/핵자이다. 핵자당 값은 모두 그림 25.5와 일치한다.

반영 해당 질량 결손은 중요하다. ^{235}U의 경우 거의 2 u이며,

이는 거의 핵자 2개가 사라진 것과 같다! 질량 결손은 핵에서 명백하기 때문에 $E = mc^2$은 종종 핵물리학만의 문제로 잘못 알려져 있다. 예를 들어, 수소와 산소 원자가 결합하여 물 분자를 형성할 때도 질량 결손이 생긴다. 하지만 이는 MeV가 아닌 몇 eV에 해당하는 질량이므로 분자 질량에 비해 매우 작아서 눈에 띄지 않는다.

연결하기 핵자 수가 거의 같은 원자인 ^{56}Fe와 ^{55}Mn의 핵자당 결합 에너지를 비교하여라.

답 예제 25.3과 같이 계산하면 ^{55}Mn은 8.76 MeV/핵자가 나온다. 그림 25.5에서 예상할 수 있듯이 ^{56}Fe보다 약간 작은 값이다.

안정된 핵과 마법수

결합 에너지 곡선(그림 25.5)에서 핵종 ^{4}He과 ^{12}C와 같은 '뾰족한 것(spike)'에 주목할 수 있다. 이들 각각은 양성자와 중성자의 수 모두 짝수이다('짝수-짝수 핵'이다). 양성자-중성자와 중성자-중성자 쌍의 핵결합에 대해 약간 선호하는 것이 있는데, 이는 짝수-짝수 핵의 안정성이 더 높다는 것을 설명한다. 여러 이유가 있는데, 그중 하나는 양성자와 중성자가 파울리 배타 원리를 따르고 전자처럼 반정수 스핀을 가지고 있기 때문이다(24장). 따라서 두 양성자(또는 중성자)는 반대 스핀을 제외하고는 동일한 양자 상태로 '짝짓기(pair off)'를 할 수 있다.

양성자와 중성자수가 짝수-홀수 또는 홀수-짝수인 안정한 핵도 많이 있지만 홀수-홀수 핵은 드물며, 안정한 핵종은 단 네 가지 ^{2}H, ^{6}Li, ^{10}B, ^{14}N뿐이다. 이는 핵자와 같은 짝을 이루는 것을 선호함을 보여 준다.

^{4}He 및 ^{12}C와 같은 핵종의 높은 안정성은 원자물리학의 안정적인 불활성기체를 떠올리게 할 수 있다(23장). 닫힌 껍질을 선호하기 때문에 불활성기체가 화학적으로 반응하는 것은 어렵다. 핵자에도 비슷한 효과가 발생하지만 핵자에는 '보어 궤도'가 없다. 그러나 양자역학적 핵 **껍질 모형**(shell model)에서 양성자나 중성자의 수가 2, 8, 20, 28, 50, 82, 126일 때 채워지는 핵 껍질이 있다. 이러한 소위 **마법수**(magic number)는 그림 25.5의 뾰족한 것뿐만 아니라 드러나지 않은 미묘한 차이도 설명해 준다. 마법수의 또 다른 결과는 마법수 원자 번호($Z = 2, 8, 20$ 등)를 가진 원소는 다른 원소, 특히 홀수 Z를 가진 원소보다 더 안정한 동위원소를 갖는 경향이 있다는 것이다. 예를 들어, 칼슘($Z = 20$)은 안정한 동위원소가 6개이지만 칼륨($Z = 19$)은 2개, 스칸듐($Z = 21$)은 1개만 있다.

확인 25.2절 다음 핵종의 핵자당 결합 에너지를 순서대로 나열하여라.

(a) ^{235}U (b) ^{3}He (c) ^{208}Pb (d) ^{40}Ca (e) ^{56}Fe

▶ **새로운 개념 검토**

- 핵은 양성자와 중성자를 포함하고 있으며, 핵자 사이의 인력, 즉 강한 힘에 의해 결합되어 있다.
- 원소에는 핵 안에 있는 중성자의 수가 다른 여러 동위원소가 있을 수도 있다.

- 각 원소에는 몇 가지 안정 동위원소만 존재하며, 다른 동위원소는 방사성을 띠고 있다.
- 결합 에너지는 특정 핵을 결합시키는 인력의 알짜 강도를 나타내며, 핵자당 결합 에너지는 다른 핵의 상대적 안정성을 나타낸다.

25.3 방사능

그림 25.4는 안정한 핵보다 불안정한 핵이 훨씬 많다는 것을 보여 준다. 불안정한 핵은 방사성 붕괴를 하게 된다. 여기에서는 방사능에 대해 알아보고 알파, 베타, 감마의 세 가지 주요 붕괴를 소개할 것이다. 반감기 개념을 통해 방사성 붕괴를 정량화한 다음, 방사능의 몇 가지 응용을 고려하겠다.

방사능의 발견

1896년 프랑스의 물리학자 앙리 베크렐(Henri Becquerel, 1852~1908)은 우라늄 염을 덮은 사진판 근처에 놓으면 판에 안개가 낀 듯한 이미지가 생성되는 것을 발견하였다. 피에르(Pierre, 1859~1906)와 마리 퀴리(Marie Curie, 1867~1934)는 곧 다른 물질에서 이러한 **방사능**(radioactivity)을 발견하였다. 마리 퀴리는 많은 방사성 동위원소를 발견하고 특히 유용한 방사성 원소인 라듐을 분리하는 기술을 발견한 것으로 유명하다. 1898년 젊은 어니스트 러더퍼드는 우라늄원이 투과성이 낮은 **알파 방사선**(alpha radiation)과 투과성이 높은 **베타 방사선**(beta radiation)의 두 가지 종류의 방사선을 방출한다는 사실을 발견하였다. 1900년에는 프랑스 물리학자 폴 빌라르(Paul Villard)가 세 번째 방사선을 발견하였는데, 이는 투과성이 더 높은 **감마 방사선**(gamma radiation)이었다. 물리학자들은 점차 이러한 방사선의 본질을 이해하게 되었다.

- 알파 방사선은 헬륨-4 핵인 **알파 입자**(alpha particle, α)로 구성되어 있으며, 질량은 4.0015 u이고 전하는 $+2e$이다.
- 베타 방사선은 두 종류의 **베타 입자**(beta particle)인 전자(β^-)와 양전자(β^+)로 구성된다. 양전자는 전자와 질량은 같지만 반대 전하인 $+e$를 띠고 있다.
- 감마 방사선은 전자기 방사선이다. 각각의 감마 붕괴는 **감마선**(gamma ray, γ)이라 하는 광자의 방출을 초래한다. 감마선 광자는 전자기 스펙트럼의 고에너지 끝에 있으며 파장은 10^{-10} m 미만이다.

그림 25.6은 방사성 방출의 본질을 밝히는 실험을 보여 준다. 19장에서 양의 입자와 음의 입자는 자기장을 통과할 때 반대 방향으로 휘어진다는 것을 알아보았다. 따라서 그림에서 알파 입자는 위로, β^- 입자는 아래로 편향된다. 광자는 전하를 띠지 않으므로 감마선은 편향되지 않고 통과한다. 양 베타 입자(β^+)는 알파와 같은 방향

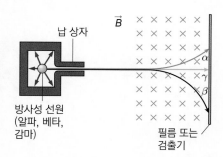

그림 25.6 알파, 베타, 감마 방사선의 구별

으로 편향되지만 β^+ 입자는 알파 입자보다 전하 질량비가 훨씬 크기 때문에 쉽게 구별할 수 있다.

알파 붕괴

물리학자들은 원래의 방사성 핵을 **어미핵**(parent nucleus), 붕괴 후에도 남는 핵을 **딸핵**(daughter nucleus)이라고 한다. 알파 입자가 $^4_2$He이므로 알파 붕괴를 하는 딸핵은 어미핵보다 양성자가 2개 적고 중성자가 2개 적기 때문에 원자 번호는 2, 질량수는 4만큼 더 작다. 화학 반응과 마찬가지로 반응 화살표의 왼쪽에 어미핵이, 오른쪽에 딸핵과 다른 입자가 있는 것으로 설명한다. 예를 들어, 라듐-226의 알파 붕괴에서 딸핵의 질량수는 226 − 4 = 222이고, 원자 번호는 라듐의 $Z = 88$보다 2 작은 86이다. 86번 원소는 라돈이므로 알파 붕괴는 다음과 같다.

$$^{226}\text{Ra} \rightarrow {}^{222}\text{Rn} + {}^4\text{He}$$

모든 형태의 방사능과 마찬가지로 알파 붕괴는 원자가 높은 에너지 상태에서 낮은 에너지 상태로 떨어질 때 광자가 자발적으로 방출되는 것과 유사하다(24장). 원자 과정처럼 알파 붕괴는 어미핵에 과잉 에너지가 있을 때 가능하다. 이 에너지는 반응 생성물의 운동 에너지로 나타나며, 알파 붕괴는 일반적으로 수 MeV이다.

> ▶ **TIP** 다른 맥락에서 전자와 양전자가 각각 e^-와 e^+로 나타내는 것을 흔히 볼 수 있다. 여기서 β^-와 β^+ 를 사용하면 입자의 근원이 핵의 베타 붕괴임을 알 수 있다.

개념 예제 25.4 알파 붕괴

^{208}Po와 ^{238}U가 알파 붕괴가 일어날 때 딸핵을 구하고, 각각의 경우에 전체 반응식을 나타내어라.

풀이 알파 붕괴에 의한 딸핵은 어미핵보다 양성자와 중성자가 2개씩 적어서 원자 번호는 2, 질량수는 4만큼 줄어든다. 폴로늄은 $Z = 84$이므로 ^{208}Po의 딸핵은 $Z = 82$(Pb)이고 질량수가 204인 납 동위원소이다. 따라서 반응식은 다음과 같이 주어진다.

$$^{208}\text{Po} \rightarrow {}^{204}\text{Pb} + {}^4\text{He}$$

또한, 어미핵 ^{238}U는 $Z = 92$와 $A = 238$을 갖는다. 따라서 딸핵은 $Z = 90$(Th)이고 $A = 234$인 동위원소이다.

$$^{238}\text{U} \rightarrow {}^{234}\text{Th} + {}^4\text{He}$$

반영 여기서 중요한 특징은 양성자의 총 수 Z와 중성자의 총 수 $A − Z$는 변하지 않는다는 것이다. 이는 기본 보존 법칙의 하나인 전하의 보존을 의미한다(20장). 그러나 질량은 정확히 보존되지 않는데, 이는 반응식에서 방출되는 에너지 E와 관련된 질량 변화 $\Delta m = E/c^2$ 때문이다.

많은 방사성 핵종은 알파 붕괴를 한다. 한 가지 이유는 그림 25.5에서 알 수 있듯이 ^{4}He가 다른 작은 핵에 비해 매우 안정적이기 때문이다. 이러한 이유로 알파 붕괴는 핵이 손실되는 것이 아니라 단일 양성자(예: ^{2}H, ^{3}He) 또는 다른 작은 핵을 잃는 것이다. 또한, 알파 붕괴는 주로 무거운 핵종에서 발생한다. 이러한 핵종에는 필요한 중성자 '접착제'를 제공하려면 $N > Z$이어야 한다는 점을 기억하여라. 알파 붕괴에서는 양성자 2개와 중성자 2개를 잃기 때문에 양성자 Z의 수를 비례적으로 더 많이 감소시켜 양성자에 대한 중성자의 비율을 더 좋게 만든다.

베타 붕괴

가장 일반적인 형태의 베타 붕괴에서 핵은 전자(β^-)를 방출한다. 핵은 전자를 포함할 수 없으므로 전하량 보존에 따르면 β^- 붕괴가 중성자가 양성자로 바뀌는 것을 의미한다. 따라서 딸핵은 어미핵보다 원자 번호가 1이 더 크다. 예를 들어, 동위원소 탄소-14의 베타 붕괴는 다음과 같다.

$$^{14}C \rightarrow {}^{14}N + \beta^-$$

전자의 질량은 핵자의 질량에 비해 작기 때문에 질량수는 변하지 않는다. 여기서 전하량이 보존된다. 즉, 탄소 핵의 전하량은 $+6e$, 질소의 전하량은 $+7e$, 전자의 전하량은 $-e$이다.

개념 예제 25.5 양전자 방출

산소-15는 양전자 방출 단층 촬영(PET scanning)(23장)에 자주 사용되는 방사성 동위원소이다. 이 동위원소는 양전자(β^+)를 방출하여 붕괴한다. 생성 핵을 구별하고 이 β^+ 붕괴를 나타내어라.

풀이 β^- 붕괴에서 기술한 ^{14}C의 붕괴와 마찬가지로 방출된 음전하를 보상하기 위해 원자 번호 Z가 1만큼 올라간다. 따라서 β^+ 방출에서 Z는 산소의 $Z = 8$에서 $Z = 7$로 1씩 감소해야 한다. 양전자(β^+)는 전자와 같은 질량을 가지므로 다시 질량수는 변하지 않는다. 따라서 최종적인 핵은 $Z = 7$, $A = 15$가 된다.

원소 7은 질소이므로 ^{15}O의 베타 붕괴는 다음과 같다.

$$^{15}O \rightarrow {}^{15}N + \beta^+$$

반영 ^{15}N은 질소의 두 가지 안정 동위원소 중 하나로, 천연 질소의 0.37%뿐이다. 나머지 99.63%는 일반적인 ^{14}N이다. 양전자 방출은 방출된 양전자가 곧 전자와 함께 소멸되어 반대 방향의 감마선 광자 2개를 방출하여 방출 부위의 위치를 확인해 주기 때문에 의료 영상 촬영에 유용하다.

베타 붕괴의 세 번째 형태는 **전자 포획**(electron capture)으로, 핵이 내부 껍질 전자를 포획하는 것이다. 이 과정은 양성자를 중성자로 전환시켜 원자 번호를 1만큼 떨어뜨린다. 이는 β^+ 붕괴(개념 예제 25.5)와 동일한 결과이므로 β^+ 붕괴를 겪는 핵종은 일반적으로 전자 포획에 의해서도 붕괴할 수 있다. 다른 베타 붕괴 과정과 마찬가지로 전자 포획은 질량수를 변하지 않게 한다.

대부분 방사성 핵은 베타 붕괴의 형태를 거치며, 이는 가장 흔한 방사성 붕괴이다. 원소는 일반적으로 몇 개의 안정 동위원소를 가지고 있다. 안정 동위원소보다 무거운 동위원소는 β^- 붕괴를 겪는 반면, 가벼운 동위원소는 β^+ 붕괴를 거쳐 전자를 포획하는 경향이 있다. 왜 이런 일이 일어나는지 생각해 보자. 특정 원소의 경우 원자 번호 Z는 고정되어 있고, 중성자수 N은 동위원소마다 다르다. 상대적으로 무거운 동위원소는 안정성을 위해 필요한 것보다 더 큰 N/Z을 가지고 있다. β^- 붕괴는 Z를 증가시키고 N을 감소시켜 작은 N/Z로 안정적일 가능성이 높은 핵종을 생성한다. 마찬가지로 β^+ 붕괴와 가벼운 동위원소에 의해 포획된 전자는 N/Z을 증가시켜 다시 딸핵을 더 안정적으로 만든다.

베타 붕괴와 중성미자

특정 β^- 붕괴에서 방출되는 전자는 원래 방사성 핵의 과잉 에너지와 관련된 특정 운동 에너지를 가질 것으로 예상할 수 있다. 그러나 그림 25.7에서 볼 수 있듯이 특정 핵종은 최댓값까지 광범위한 스펙트럼의 에너지를 가진 전자를 생성한다. 이 이상한 행동은 에너지 보존을 위반하는 것처럼 보였기 때문에 물리학자들을 혼란스럽게 하였다. 1930년 볼프강 파울리(배타 원리)(24장)는 감지되지 않은 어떤 입자가 에너지를 가져가야 하며, 이로 인해 전자는 가능한 최대 운동 에너지보다 적은 에너지를 가지게 된다고 제안하였다. 이 보이지 않는 입자는 **중성미자**(neutrino)로, '작은 중성입자'라는 뜻이다. 중성미자는 질량이 작고 중성 전하를 띠기 때문에 검출하기 매우 어렵고, 1956년에야 실험적으로 발견되었다.

물리학자들은 여전히 중성미자를 연구하고 있다. 오랫동안 이 입자는 질량이 0이고 빛의 속력으로 이동하는 것으로 여겨졌다. 이제 물리학자들은 중성미자가 작지만 0이 아닌 질량을 가지고 있다는 사실을 깨달았다. 26장에서 보게 되겠지만 중성미자는 기본 입자 물리학과 천체 물리학에서 중요한 역할을 한다.

감마 붕괴

핵 껍질 모형(25.2절)에서는 핵이 바닥상태와 높은 에너지의 들뜬상태를 갖는 것으로 간주한다. 방사성 붕괴나 다른 입자와의 충돌은 핵을 들뜬상태로 만들 수 있다. 핵이 들뜬상태로 떨어지면 과잉된 에너지는 감마선 광자로 나타난다. 예를 들어, ^{234}U의 알파 붕괴는 ^{230}Th의 들뜬상태로 붕괴한다.

$$^{234}U \rightarrow {}^{230}Th^* + {}^4He$$

여기서 별표(*)는 들뜬 딸핵을 나타낸다. 잠시 후 토륨은 바닥상태로 붕괴하여 감마선 광자를 방출한다.

$$^{230}Th^* \rightarrow {}^{230}Th + \gamma$$

다른 광자와 마찬가지로 감마선은 $E = hc/\lambda$ 관계를 따르며, λ는 광자의 파장이고 E는 에너지이다. 예를 들어, 특정 토륨 붕괴는 바닥상태보다 0.230 MeV $= 3.69 \times 10^{-14}$ J 높은 들뜬상태를 포함하며, 다음과 같은 파장의 광자를 생성한다.

$$\lambda = \frac{hc}{E} = \frac{(6.626 \times 10^{-34} \text{ J·s})(3.00 \times 10^8 \text{ m/s})}{3.69 \times 10^{-14} \text{ J}} = 5.39 \times 10^{-12} \text{ m}$$

방사성 붕괴 계열

방사성 붕괴는 핵이 불안정하기 때문에 발생한다. 딸핵 또한 불안정하기 때문에 종종 안정적인 생성물에 도달하기 전에 일련의 붕괴가 뒤따를 수 있다. 그림 25.8은 **붕괴 계열**(decay series)의 예를 보여 준다. 우라늄과 같은 무거운 핵종의 경우 ^{209}Bi보다 무거운 안정된 핵이 없기 때문에 긴 계열은 피할 수 없다.

응용

중성미자 검출

중성미자는 물질과 거의 상호작용하지 않기 때문에 검출이 어렵다. 중성미자 검출기는 상당한 수의 사건을 기록하기 위해 거대해야 한다. 중성미자는 때때로 물질과 반응하여 베타 입자를 생성하는데, 이 베타 입자는 직접 검출하거나 다른 관찰 가능한 반응을 유도할 때 감지할 수 있다. 중성미자 '망원경'은 종종 방사선 검출기에 둘러싸인 거대한 액체 덩어리이다. 사진은 중국 다야베이 반중성미자 검출기 내부의 광전자 증배관 배열이다.

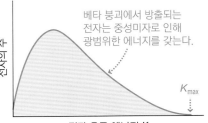

그림 25.7 전형적인 베타 붕괴의 에너지 스펙트럼. 방출된 전자는 어미핵과 딸핵의 질량에 의해 결정되는 최댓값 K_{max}까지 넓은 범위에 걸쳐 운동 에너지를 갖는다.

▶ **TIP** 알파, 베타, 감마는 방사성 붕괴의 일반적인 형태이다. 일부 핵종은 양성자, 중성자 또는 탄소 핵의 방출에 의해 붕괴하거나 자발적인 핵분열을 일으킨다.

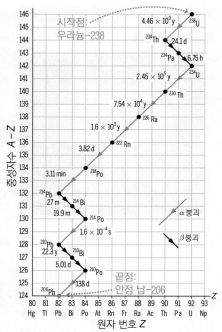

그림 25.8 ^{238}U의 붕괴 경로 중 가장 가능성이 높은 것은 안정 동위원소 ^{206}Pb로 끝난다. 시간은 반감기이다.

우라늄은 토양과 암석에서 흔히 발견되며, 붕괴 계열의 핵종(그림 25.8) 중 ^{222}Rn은 반감기가 3.2일인 방사성 기체이다(다음 절에서 반감기에 대해 자세히 설명한다). 지하실에 스며든 라돈은 농도가 낮다 하더라도 발암물질이다. 상업용 라돈 검출기를 사용하면 지하실의 라돈 농도를 확인할 수 있다. 많은 사람들에게 실내 라돈 노출은 의료 시술, 우주선, 원자력 발전소 및 기타 방사선원을 능가하는 주요 방사선원이다.

방사능과 생명

핵 방사선을 구성하는 고에너지 입자는 살아 있는 유기체에 해를 끼칠 수 있다. 방사선은 분자를 이온화하여 세포를 직접 손상시켜 세포 사멸을 일으킨다. 또한, DNA를 손상시켜 돌연변이를 유도하거나 암을 유발할 수 있다. 반면, 방사선은 빠르게 성장하는 세포를 선택적으로 손상시키기 때문에 암 치료에 사용된다(이것이 방사선이 태아와 성장기 어린이에게 특히 위험한 이유 중 하나이기도 하다). ^{89}Sr 및 ^{131}I와 같은 베타 방사체는 종양 근처에 이식되어 지속적인 방사선량을 제공하기도 한다. 요오드는 갑상선에 쉽게 흡수되므로 요오드 동위원소는 갑상선암 치료에 특히 유용하다.

감마선은 전하를 띠지 않기 때문에 일반적으로 알파선이나 베타선보다 투과율이 높으므로 매우 위험하다. 하지만 감마선은 의학에서 중요하게 사용된다. 소위 감마카메라는 환자에게 감마선을 방출하는 방사성 동위원소를 투여한 후 신체 내부 장기를 촬영한다. 테크네튬-99는 암세포가 가두는 경향이 있어 악성 종양을 보다 정확하게 식별할 수 있기 때문에 특히 유용하다.

방사선의 생물학적 영향은 방사선 유형과 에너지에 따라 다르다. **방사선 선량**(radiation dose)의 두 SI 단위가 관련이 있다. **그레이**(gray, Gy)는 흡수 물질 1 kg당 흡수되는 방사선 에너지 1 J과 같다. **시버트**(sievert, Sv)는 단위는 동일하지만 방사선 유형과 에너지에 따라 생물학적 영향에 가중치가 부여된다. 알파 입자는 체내로 들어가면 보통 감마선보다 더 해롭기 때문에 1 Gy의 알파 방사선이 1 Gy의 감마선보다 더 위험하다. 그러나 각각의 1 Sv는 거의 동일한 생물학적 효과를 가지고 있다.

높은 방사선량은 치명적이다. 예를 들어, 4.5 Sv는 인간의 약 50%를 사망에 이르게 하며, 그보다 낮은 선량은 방사선 질환, 탈모, 화상 및 기타 일반적으로 생존 가능한 효과를 유발한다. 일반적으로 암과 돌연변이 등의 위험은 선량에 따라 선형적으로 증가한다고 가정하지만, 약 0.1 Sv 미만의 선량은 잘 알려져 있지 않다. 통계적으로 1 mSv(0.001 Sv)의 1회 선량은 평생 동안 암 발생 위험 10,000분의 1과 관련이 있는 것으로 추정되는데, 이는 모든 원인에 의한 암 발생 위험 42%와 비교된다.

우리는 모두 자연 발생원과 핵 기술 모두에서 방사선에 노출되어 있다(그림 25.9). 미국에서는 평균 선량의 약 80%가 자연 방사선이며, 우주 방사선, 체내 천연 방사성 동위원소, 특히 실내 라돈이 발생원이다. 나머지는 의료 수술이 대부분을 차지하며, 원자력 발전소의 정상적인 운영으로 인한 영향은 평균적으로 무시할 수 있는 수준

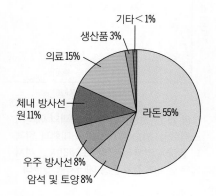

그림 25.9 평균적인 미국 거주자의 자연(회색) 및 인공(적색) 방사선원. 연간 배경 방사선량은 3.6 mSv이다.

이다. 소위 배경 복사는 거주 지역에 따라 달라지며, 고도가 높을수록 더 많은 우주 방사선(cosmic ray)을 의미하고 우라늄을 함유한 암석은 많은 라돈 및 기타 우라늄 붕괴 동위원소를 의미한다. 직업도 배경 복사에 영향을 미치는데, 원자력 산업 종사자, X-선 기술자, 높은 고도에서 일하는 항공 승무원은 우주 방사선의 평균보다 더 많은 선량을 받을 수 있다.

확인 25.3절 다음 중 핵종의 질량수가 변화하는 것을 있는 대로 골라라.
(a) α 붕괴 (b) β^- 붕괴 (c) β^+ 붕괴 (d) 전자 포획 (e) 어느 것도 해당되지 않는다.

25.4 방사능 및 반감기

특정한 방사성 핵의 붕괴는 무작위로 일어나는 사건이다. 하지만 주사위를 던질 때와 마찬가지로 통계적 패턴이 있다. 두 주사위를 던져 나온 눈의 합이 2가 된다고 가정해 보자. 그러면 각 주사위는 1의 눈이 나와야 하는데, 6개의 면을 가진 주사위의 경우 확률은 36분의 1이 된다. 이제 첫 번째로 던져서 눈의 합이 2일 수도 있고, 아니면 조금 더 걸릴 수도 있다. 그러나 여러 번 던지면 눈의 합이 2가 나올 확률은 대략 1/36 정도이다. 방사능 시료의 경우도 마찬가지이다. 개별 붕괴는 무작위적이지만 핵의 수가 많으면 전체 붕괴에는 분명한 패턴이 있다.

▶ **TIP** 이 절의 분석은 모든 형태의 방사성 붕괴(알파, 베타, 감마)에 적용되므로 붕괴 유형을 구분하지 않을 것이다.

방사능과 붕괴 상수

주어진 시간 동안 특정 방사성 핵이 붕괴될 확률이 있다. 핵이 2개라면 핵이 붕괴할 확률은 두 배로 증가한다. 따라서 **붕괴율**(decay rate), 즉 단위 시간당 붕괴 횟수는 핵의 개수 N에 비례한다. 이를 식으로 나타내면 다음과 같다.

$$\frac{\Delta N}{\Delta t} = -\lambda N$$

여기서 λ는 특정 방사성 핵종의 **붕괴 상수**(decay constant)이다. $-$ 부호는 시간이 지남에 따라 핵의 수가 감소하여 $\Delta N/\Delta t$이 음수가 됨을 나타낸다. **방사능**(활성도(activity), R)은 단순히 붕괴율의 절댓값이다.

$$R = \left| \frac{\Delta N}{\Delta t} \right| = \lambda N \qquad \text{(방사능, SI 단위: Bq)} \qquad (25.4)$$

방사능은 가이거 계수기(Geiger counter)나 이와 유사한 장치를 사용하여 방사능 시료에서 초당 붕괴를 세어 측정하는 것이다. SI 단위의 방사능은 베크렐(Becuerel, Bq)로 1 Bq = 1붕괴/s이다. 자주 사용하는 오래된 단위는 퀴리(Curie, Ci)로, 자연적으로 생성되는 라듐 1그램의 방사능은 약 3.7×10^{10} Bq, 즉 370억 붕괴/s로 정의한다.

가이거 계수기에는 도선과 관 사이에 고전위차(≈ 1 kV)가 있는 얇은 도선 전극이 포함되어 있다. 들어오는 알파, 베타, 감마선이 관의 기체를 이온화하여 이온의 전하가 검출된다. 결과 신호는 미터기와 스피커로 전송될 수 있고, 이에 따라 가이거 계수기의 특징적인 '딸깍' 소리를 낸다.

반감기와 방사능 붕괴 법칙

식 25.4에 미적분학을 적용하면 핵의 수 N은 시간 t에 따라 지수적으로 붕괴한다는 것을 알 수 있으며, 실험을 통해 이를 확인할 수 있다.

$$N = N_0 e^{-\lambda t} \quad \text{(방사능 붕괴)} \tag{25.5}$$

여기서 N_0은 $t = 0$에서 핵의 수이다.

변화율이 수량 자체에 비례하는 모든 수량은 지수적 증가(양의 비례성) 또는 감소(방사능과 같이 음의 비례성)한다. 예를 들어, 고정 이자를 받는 은행 돈, 페트리 접시에서 박테리아의 성장, 방사성 시료의 붕괴, 방전 축전기의 전하량, 전위차(17장) 등이 있다.

방사성 붕괴는 **반감기**(half-life) $t_{1/2}$로 설명하는 것이 편리하다. 반감기가 한 번 지나면 원래 시료의 절반이 남고($N_0/2$), 두 번의 반감기가 지나면 그 절반, 즉 $N_0/4$이 남는 식으로 감소한다(그림 25.10). 붕괴 상수 λ와 반감기 $t_{1/2}$ 사이에는 직접적인 관계가 있다. $t = t_{1/2}$일 때 식 25.5는 $(N_0/2) = N_0 e^{-\lambda t_{1/2}}$, 즉 $e^{\lambda t_{1/2}} = 2$가 된다. 여기서 N_0을 소거하고 $e^{-x} = 1/e^x$이라는 사실을 이용하였다. 지수함수의 역함수인 자연로그, 즉 $\ln(e^x) = x$로 식을 정리하면 다음을 얻는다.

$$\ln(e^{\lambda t_{1/2}}) = \lambda t_{1/2} = \ln 2$$

즉, 다음과 같다.

$$t_{1/2} = \frac{\ln 2}{\lambda} \quad \text{(반감기와 붕괴 상수, SI 단위: s)} \tag{25.6}$$

반감기는 특정 핵종이 얼마나 빨리 붕괴하는지 알려 준다. 표 25.2에 일부 방사성 핵종의 주요 붕괴 모드에 대한 반감기가 나열되어 있으며, 그림 25.4는 그래프로 나타낸 것이다. 몇 분의 1초 단위에서 수십억 년에 이르는 거대한 범위에 주목하여라. 부록 D에는 다른 많은 핵종의 반감기가 나열되어 있다.

기기에 방사성 동위원소를 사용하는 경우 반감기가 중요할 수 있다. 대부분의 연기 경보기에는 반감기가 433년인 알파 방출기 ^{241}Am이 포함되어 있다. 알파 입자가 공기 중의 질소와 산소 분자를 이온화하면 낮은 준위의 전류가 발생한다. 연기가 있으면 일부 알파가 연기 입자에 부착되어 이온 전류가 떨어지면서 경보가 울린다. 반감기가 길기 때문에 탐지기의 수명이 다할 때까지 새로운 방사성 물질이 검출될까봐 걱정할 필요가 없다.

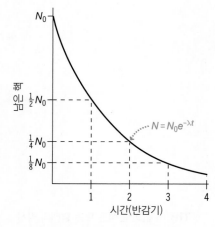

그림 25.10 방사성 시료의 지수적 붕괴. 남은 시료의 절반은 반감기마다 붕괴한다.

표 25.2 방사성 핵종에 대한 반감기

핵종	붕괴 모드(s)	반감기
^{214}Rn	α	270 ns
^{217}Ra	α	1.7 μs
^{12}N	β^+ 또는 EC	11 ms
^{17}F	β^+ 또는 EC	65 s
^{218}Po	α 또는 β^-	3.1 min
^{239}U	β^-	23.5 min
^{239}Np	β^-	2.36 d
^{222}Rn	α	3.82 d
^{131}I	β^-	8.0 d
^{73}As	β^+ 또는 EC	80 d
^{60}Co	β^-	5.27 y
^{90}Sr	β^-	28.8 y
^{14}C	β^-	5730 y
^{239}Pu	α 또는 자발 핵분열	24,110 y
^{235}U	α 또는 자발 핵분열	7.04×10^8 y
^{238}U	α 또는 자발 핵분열	4.47×10^9 y
^{50}V	β^-, β^+, 또는 EC	1.4×10^{17} y

예제 25.6 **^{18}F를 이용한 의료 영상 촬영**

동위원소 ^{18}F는 반감기가 110분으로 환자의 체내에 방사능이 너무 오래 머물러 있지 않기 때문에 의료 영상 촬영에 널리 사용된다. 물음에 답하여라.

(a) 환자에게 10.0 μg의 ^{18}F가 투여할 때, 초기 방사능 R의 값을 구하여라.

(b) 24시간 후 체내에 남아 있는 ^{18}F의 질량을 구하여라.

구성과 계획 식 25.4는 방사능 $R = \lambda N$을, 식 25.6은 반감기로 붕괴 상수 $\lambda = \ln 2/t_{1/2}$를 제공한다. 초기 방사성 핵의 개수 N_0은 선량과 ^{18}F의 몰질량 18 g/mol을 이용하여 구할 수 있으며, 식 25.5에 따라 남은 핵의 개수는 $N = N_0 e^{-\lambda t}$이다.

알려진 값: $t_{1/2} = 110$ min $= 6{,}600$ s, 질량 $m = 10.0$ μg, 몰질량 $= 18$ g/mol

풀이 (a) 초기 핵의 수는 다음과 같다.

$$N_0 = 1.0 \times 10^{-5} \text{ g} \times \frac{1 \text{ mol}}{18.0 \text{ g}} \times \frac{6.022 \times 10^{23} \text{ nuclei}}{1 \text{ mol}}$$

$$= 3.35 \times 10^{17} \text{ nuclei}$$

따라서 초기 방사능 R을 계산한다.

$$R = \lambda N_0 = \frac{\ln 2}{t_{1/2}} N_0 = \frac{\ln 2}{6{,}600 \text{ s}} (3.35 \times 10^{17}) = 3.52 \times 10^{13} \text{s}^{-1}$$

$$= 3.52 \times 10^{13} \text{Bq}$$

여기서 1 Bq $= 1$ s^{-1}이다.

(b) 24시간(86,400 s) 후 원래 시료의 핵의 수에 대한 남은 핵의 수의 비율은 다음과 같다.

$$\frac{N}{N_0} = e^{-\lambda t} = e^{-\ln(2)t/t_{1/2}} = e^{-\ln(2)(86{,}400 \text{ s})/6600 \text{ s}} = 1.15 \times 10^{-4}$$

따라서 남은 질량을 구하면 다음과 같다.

$$m = 1.15 \times 10^{-4} m_0 = (1.15 \times 10^{-4})(10 \times 10^{-6} \text{ g}) = 1.15 \times 10^{-9} \text{ g}$$

원래 시료의 약 1만 분의 1, 즉 나노그램 정도만 남아 있다.

반영 초기 방사능은 10^{13} Bq 정도로 진단 영상 촬영에 충분히 높은 수준이다. ^{18}F의 붕괴에서 나온 635 keV 양전자는 소멸하기 전에 조직에서 약 2 mm만 이동하므로 고해상도 영상이 가능하다. 생물학적 과정이 동위원소를 몸 밖으로 배출하는 데 도움이 되고, 소위 **생물학적 반감기**는 ^{18}F가 포함된 특정 화학 화합물에 따라 달라지기 때문에 24시간을 기준으로 한 계산은 과대평가된 것일 수 있다.

연결하기 24시간 후 ^{18}F의 방사능은 얼마인가?

답 방사능은 핵의 수에 비례하므로 방사능 또한 1.15×10^{-4}배 감소하여 4.05×10^9 Bq가 된다.

예제 25.7 **^{18}F의 붕괴**

앞 예제의 ^{18}F의 경우 처음 시료의 1%만 남을 때까지 얼마나 많은 시간이 경과하는가?

구성과 계획 남은 핵의 비율은 방사성 붕괴 법칙에 의해 시간과 관련이 있다. 식 25.5 $N = N_0 e^{-\lambda t}$은 방사성 붕괴를 기술한다. 여기서 앞의 예제와 같이 $\lambda = \ln 2/t_{1/2}$이다. 원래 시료의 1%가 남아 있어야 하므로 $N = N_0/100$을 대입한다.

알려진 값: $t_{1/2} = 110$ min $= 6{,}600$ s, $N/N_0 = 0.010$

풀이 1%의 핵이 남아 있는 경우 $N = N_0/100$이고, $e^{-x} = 1/e^x$, $e^{\lambda t} = 100$을 대입하여 푼다. 양변에 자연로그를 취하면 $\ln(e^{\lambda t}) = \lambda t = \ln 100$이고, t에 대해 풀면 다음을 얻는다.

$$t = \frac{\ln 100}{\lambda} = \frac{\ln 100}{\ln 2} t_{1/2} = \frac{\ln 100}{\ln 2} (6{,}600 \text{ s}) = 4.38 \times 10^4 \text{ s}$$

반영 반감기는 약 12시간으로, 이 짧은 반감기의 동위원소가 아주 오래 머물지 않는다는 또 다른 증거이다.

연결하기 방사능 시료의 방사능 활성을 초깃값의 1/1,000로 줄이려면 얼마나 많은 반감기가 필요하겠는가?

답 이 예제와 유사한 계산은 $t/t_{1/2} = \ln 1000/\ln 2 = 9.97$인데, 이는 천 배의 방사능을 줄이려면 반감기가 거의 10번이 걸린다는 의미이다. 더 빠른 접근 방법이 있다. 계산기로 $2^{10} = 1{,}024$를 확인할 수 있으며, 따라서 반감기가 10번 지나면 방사능은 약 1,000배 감소한다. 반감기가 10번 더 지나면 방사능은 백만 배 감소한다.

방사성 동위원소 연대 측정법

방사성 동위원소 연대 측정법(radioisotope dating)은 시료의 나이에 대한 확실한 정보를 제공하는 기술이다. 가장 잘 알려진 것은 ^{14}C를 이용한 **방사성 탄소 연대 측정법**(radiocarbon dating)이다. 대기 상층부에 충돌하는 우주 방사선은 중성자를 방출하는데, 중성자는 일반 대기 질소(^{14}N)의 핵과 반응하여 ^{14}C와 양성자를 생성한다($^1n + {}^{14}N \rightarrow {}^1p + {}^{14}C$). 탄소-14는 반감기가 5,730년인 β^- 방출자이다. ^{14}C는 보통 ^{12}C와 섞여서 탄소 순환에 합류된다. 식물은 광합성을 하고 동물은 ^{14}C를 섭취한다. 유기체가 죽으면 탄소 흡수가 중단된다. 동위원소 ^{12}C는 안정적이지만 ^{14}C는 붕괴된다. 따라서 ^{14}C/^{12}C 비율은 시간이 지남에 따라 감소하고, 과학자들은 고대 시료의 이 비율과 당시의 값(1.20×10^{-12})을 비교하여 시료의 나이를 결정할 수 있다.

탄소-14 연대 측정은 과거 생물체에 국한되며 대기와 직접적으로 상호작용하지 않는 수중 시료에는 사용할 수 없다. 방사성 탄소 연대 측정법은 ^{14}C 방사능이 너무 낮아져 신뢰할 수 있는 측정이 불가능한 약 50,000년까지만 가능하다. 또한, 대기 중 ^{14}C는 태양 방사능의 결과로 변화하지만 과학자들은 나이테나 특정 시기에 만들어진 것으로 알려진 유물과 같은 다른 연대 표시를 사용하여 이를 설명할 수 있다.

수명이 긴 동위원소는 수백만 년(My)에서 수십억 년(Gy) 전에 발생한 지질학적 사건의 연대를 측정하는 데 사용된다. ^{40}K($t_{1/2} = 1.28$ Gy)와 ^{238}U($t_{1/2} = 4.47$ Gy) 등이 더 유용하다.

예제 25.8 케네윅 맨(유골)

1996년 워싱턴주 케네윅 근처에서 고대 인류의 뼈가 발견되었고, 그 주인을 '케네윅 맨(Kennewick man)'이라 불렀다. 이 유골의 뼈를 분석한 결과 ^{14}C/^{12}C의 비율이 4.34×10^{-13}이었다. 케네윅 맨의 나이는 몇 살인가?

구성과 계획 현재 ^{14}C/^{12}C의 비율은 1.20×10^{-12}이다. ^{12}C는 안정적인 반면, ^{14}C는 붕괴되므로 ^{14}C에 대한 N/N_0의 비율과 동일한 비율로 ^{14}C/^{12}C의 비율이 떨어진다. 따라서 다음과 같이 계산된다.

$$\frac{^{14}C/^{12}C(옛날)}{^{14}C/^{12}C(현재)} = \frac{N}{N_0} = e^{-\lambda t}$$

비율을 알면 시간 t를 구할 수 있다.

알려진 값: ^{14}C에 대한 $t_{1/2} = 5,730$ y, ^{14}C/^{12}C의 비율(과거) = 4.34×10^{-13}, ^{14}C/^{12}C의 비율(현재) = 1.20×10^{-12}

풀이 두 ^{14}C/^{12}C의 비율을 사용하여 계산한다.

$$\frac{^{14}C/^{12}C(옛날)}{^{14}C/^{12}C(현재)} = \frac{4.34 \times 10^{-13}}{1.20 \times 10^{-12}} = 0.362$$

따라서 $0.362 = e^{-\lambda t}$이다. 양변에 자연로그를 취한다.

$$\ln(e^{-\lambda t}) = -\lambda t = \ln(0.362)$$

즉, 다음을 얻는다.

$$t = -\frac{\ln(0.362)}{\lambda} = -\frac{\ln(0.362)}{\ln(2)} t_{1/2} = -\frac{\ln(0.362)}{\ln(2)}(5730 \text{ y})$$
$$= 8400 \text{ y}$$

반영 변화하는 대기 중 ^{14}C 농도에 대한 보정을 통해 이 연령을 9,400 y로 수정하였다.

연결하기 뼈가 정말 9,400년 전의 것이라면 이는 현재와 비교했을 때 그 당시 대기 중 ^{14}C 함량에 대해 무엇을 나타내는가?

답 8,400년 된 시료에는 9,400년 된 시료보다 ^{14}C가 더 많이 포함되어 있으므로 현재보다 9,400년 전에는 대기 중에 ^{14}C가 더 많이 포함되어 있었을 것이다.

확인 25.4절 10,000개의 방사성 핵으로 시작한다면 625개의 핵이 남아 있을 때 얼마나 많은 반감기가 흘렀겠는가?
(a) 2   (b) 3   (c) 4   (d) 5   (e) 6

25.5 핵분열

핵반응은 한 원소를 다른 원소로 **변환하려는**(transmuting) 연금술사의 꿈을 실현하였다. 알파 붕괴는 원자 번호 Z가 2개 낮은 원소를 생성하고, 음의 베타 붕괴는 $Z \rightarrow Z+1$을 생성한다. 방사성 탄소 연대 측정법과 함께 도입한 우주 방사선의 상호작용은 질소를 탄소로 바꾸는 또 다른 예이다.

인공적 변환

1919년 러더퍼드는 질소에 알파 입자를 충돌시켜 최초의 인공적인 변환을 만들어냈다. 그 결과는 다음과 같다.

$$^{14}N + {}^{4}He \rightarrow {}^{17}O + {}^{1}p$$

여기서 ^{1}p는 양성자를 나타낸다. 모든 핵반응에서와 마찬가지로 여기에서도 전하량이 보존된다. 질량수는 보통 보존되지만 새로운 입자가 생성되는 극도의 고에너지 반응에서는 보존되지 않을 수 있다(26장에서 이러한 반응을 볼 것이다). 방사성 물질에서 나오는 알파 입자는 핵을 충돌시킬 수 있는 즉각적인 공급원이 되지만 양성자, 전자, 중성자 역시 핵분열을 유도할 수 있다. 특정 반응이 일어나려면 반응 입자가 생성물을 생성할 수 있는 충분한 질량 에너지가 있어야 한다. 여기에는 반응 입자의 운동 에너지뿐만 아니라 처음 입자와 나중 입자의 질량 차와 관련된 에너지 Δmc^2도 포함된다. 예를 들어, 러더퍼드의 반응에서 다음과 같은 것이 있다.

$$\Delta mc^2 = [M(^{14}N) + M(^{4}He)]c^2 - [M(^{17}O) + M(^{1}H)]c^2$$

여기서 양성자 대신 수소 원자 질량 ^{1}H를 사용하여 전자 질량이 상쇄되도록 하였다. 부록 D의 원자 질량을 사용하면 $\Delta mc^2 = -1.2 \text{ MeV}$를 구할 수 있다. 따라서 생성물(산소와 수소)은 반응물(질소와 헬륨)보다 질량이 더 크다. 이 반응에는 에너지가 부족할 수 있지만 러더퍼드가 사용한 폴로늄 원소는 각각 운동 에너지 7.7 MeV의 알파를 생성한다는 사실 덕분에 에너지는 충분하다. 이는 1.2 MeV의 결핍을 보충하는 데 충분하므로 이 변환은 잘 작동한다.

▶ **TIP** 여기서 Δm은 '나중−처음'이 아니라 '처음−나중'이므로 Δmc^2의 값이 양이면 반응에서 방출되는 에너지를 나타낸다.

핵분열의 발견

1932년 채드윅이 중성자를 발견한 이후(24장) 물리학자들은 중성자를 핵의 탐사에 사용하기 시작하였다. 양성자나 알파와 달리 전하를 띠지 않은 중성자는 전기적 반발이 일어나지 않기 때문에 핵 안으로 들어가기 쉽다. **중성자 충격**(neutron bombard-ment)의 선구자는 이탈리아 물리학자 엔리코 페르미(Enrico Fermi, 1901~1954)였다. 페르미와 그의 팀은 중성자가 변형을 유도할 수 있고, 중성자를 흡수하면 표적 원소의 새로운 방사성 동위원소가 생긴다는 것을 발견하였다. 예를 들어, 알루미늄에 중성자를 충돌시키면 다음 반응이 일어난다.

$$^{27}Al + {}^1n \rightarrow {}^{27}Mg + {}^1p$$

$$^{27}Al + {}^1n \rightarrow {}^{24}Na + {}^4He$$

또는 중성자 흡수를 위해

$$^{27}Al + {}^1n \rightarrow {}^{28}Al$$

로 계속하여 2.2분의 반감기를 갖는 ^{28}Al의 베타 붕괴가 이어진다.

$$^{28}Al \rightarrow {}^{28}Si + \beta^-$$

페르미는 자연적으로 발생하는 원소 중 가장 높은 원자 번호($Z = 92$)를 가진 우라늄에 중성자 충격을 가하였다. 그는 알루미늄 대 실리콘 반응과 유사하게 중성자 흡수에 이어 베타 붕괴가 일어나 새로운 원소 93번으로 변할 것으로 예상하였다. 페르미는 93번 원소라 믿었던 새로운 원소의 흔적을 보고하였다. 그러나 독일 화학자 아이다 노닥(Ida Noddack, 1896~1979)은 중성자 충격이 실제로 핵을 2개로 분열시킬 수 있다고 생각했고, 우라늄 중성자 충격의 부산물에서 더 가벼운 원소가 있는지 조사해야 한다고 제안하였다.

노닥의 아이디어는 적중하였다. 1938년 말, 독일에서 오토 한(Otto Hahn, 1879~1968)과 프리츠 스트라스만(Fritz Strassman, 1902~1980)의 실험에서 우라늄의 중성자 충격에 따른 바륨($Z = 56$)과 란탄($Z = 57$)의 증거를 발견하였다. 당시 나치 독일을 탈출한 그들의 전 동료 리제 마이트너(Lise Meitner, 1878~1968)는 한과 스트라스만의 연구를 분석하였다. 그녀는 핵분열에서 방출된 에너지가 $E = \Delta mc^2$을 통해 손실된 질량과 관련이 있다는 것을 보여 주었다. 따라서 마이트너는 우라늄이 더 작은 핵으로 분열되었다는 것을 증명하였고, 이를 **핵분열**(fission)이라고 이름 붙였다.

핵분열 과정

그림 25.11에 표시된 중성자에 의한 우라늄의 핵분열은 ^{235}U에서는 쉽게 일어나지만 더 일반적인 ^{238}U에서는 거의 일어나지 않는다. 이것이 바로 한과 스트라스만이 처음에 자신이 보고 있는 것이 무엇인지 확신하지 못했던 한 가지 이유이자 오늘날 우라늄 농축을 통해 ^{235}U 함량을 높이는 것이 지정학적으로 심각한 영향을 미치는 이유 중 하나이다. 그림 25.11은 닐스 보어가 개발한 핵 **물방울 모형**(liquid drop model)을 사용한다. 이 그림은 핵분열이 2개의 작은 핵과 여러 개의 중성자(보통 2~4개)를 생성한다는 것을 보여 준다. 2개의 **핵분열 생성물**(fission product)은 중간 크기의

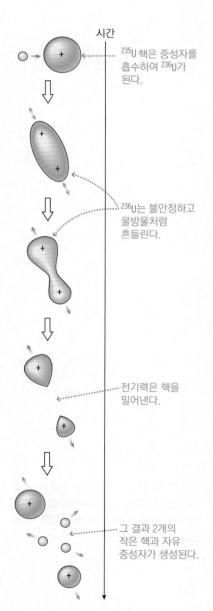

시간

^{235}U 핵은 중성자를 흡수하여 ^{236}U가 된다.

^{236}U는 불안정하고 물방울처럼 흔들린다.

전기력은 핵을 밀어낸다.

그 결과 2개의 작은 핵과 자유 중성자가 생성된다.

그림 25.11 물방울 모형에서 우라늄의 중성자 유도 핵분열

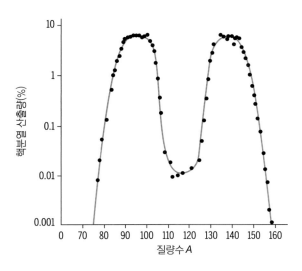

그림 25.12 ^{235}U 핵분열 생성물의 분포는 일반적으로 두 생성물 핵의 질량이 상당히 다르다는 것을 보여 준다. 로그 눈금에 주목하여라. 두 질량수를 더하면 거의 235에 가깝기 때문에 이 그래프의 각 정점 근처에는 일반적으로 하나의 생성물 핵이 나온다.

핵으로, 일반적으로 하나는 다른 하나보다 크다. 그림 25.12의 생성물 분포에서 알 수 있듯이 다양한 핵분열 결과가 나올 수 있다. 다음은 한 가지 예이다.

$$^1n + \ ^{235}\mathrm{U} \rightarrow \ ^{102}\mathrm{Mo} + \ ^{131}\mathrm{Sn} + 3\,^1n$$

이 특별한 반응이 중요한 이유는 주석-131(^{131}Sn) 베타 붕괴가 갑상선에 흡수되는 방사성 동위원소인 ^{131}I로 붕괴되기 때문이다. 원자력 사고로 핵분열 생성물에 노출된 사람들은 다량의 일반 요오드를 투여 받으므로 방사성 형태를 포함한 모든 요오드를 체내에서 빠르게 '배출한다(flush out)'.

핵분열로 인한 에너지

1938년 리제 마이트너는 핵분열 연구를 통해 핵분열이 일어날 때마다 약 200 MeV의 에너지가 방출되는 것으로 추정하였다. 이는 화학 반응과 관련된 eV 준위의 에너지보다 훨씬 큰 수치로, 핵에너지가 왜 그렇게 강력한지 보여 준다. 마이트너는 2개의 핵분열 생성물 핵의 정전기 에너지를 계산하여 200 MeV를 얻었다(식 16.1). 그녀는 질량 결손 Δm과 $E = \Delta mc^2$을 고려하여 이를 확인하였다. 결합 에너지의 곡선에서 볼 수 있듯이 모든 우라늄 핵분열에는 에너지 방출이 있다(그림 25.5). 두 중간 생성물 핵은 곡선 위에 있으므로 우라늄보다 더 단단히 결합되어 있다.

예제 25.9 핵분열 에너지

본문에 주어진 핵분열 과정에서 우라늄이 몰리브덴과 주석으로 쪼개질 때 방출되는 에너지를 구하여라. 관련 원자 질량은 $M(^{235}\mathrm{U}) = 235.0439$ u, $M(^{102}\mathrm{Mo}) = 101.9103$ u, $M(^{131}\mathrm{Sn}) = 130.9169$ u이다.

구성과 계획 질량 결손의 에너지 등가는 다음과 같이 계산한다.

$$\Delta mc^2 = [M(^1n) + M(^{235}\mathrm{U}) - (M(^{102}\mathrm{Mo}) + M(^{131}\mathrm{Sn}) + 3M(^1n))]c^2$$

u·c^2과 MeV 사이의 변환을 위해서는 주어진 질량 외에도 중성자 질량이 필요할 것이다.

알려진 값: $M(^1n) = 1.0087$ u, u·$c^2 = 931.5$ MeV

풀이 알고 있는 질량을 이용하여 계산한다.

$$\Delta mc^2 = [1.0087 \text{ u} + 235.0439 \text{ u} - (101.9103 \text{ u} + 130.9169 \text{ u} + 3(1.0087 \text{ u}))]c^2 = 0.1993 \text{ u} \cdot c^2$$

MeV로 환산하면 다음을 얻는다.

$$\Delta mc^2 = 0.1993 \text{ u} \cdot c^2 \times \frac{931.5 \text{ MeV}}{\text{u} \cdot c^2} = 186 \text{ MeV}$$

반영 이것은 마이트너의 추정치인 200 MeV에 가깝다. 실제 에너지는 특정 핵분열 생성물의 질량에 의존하지만 일반적인 결과이다. 대부분은 핵분열 생성물의 운동 에너지로 나타나고, 나머지는 중성자 운동 에너지와 감마선으로 나타난다.

연결하기 이 질량 에너지 방출로 표현되는 핵자 하나의 질량 중 에너지 방출로 전환되는 비율은 몇 %인가?

답 양성자 또는 중성자의 정지 에너지는 약 940 MeV이다. 핵분열 에너지 방출은 이 중 약 20%이다.

예제 25.10 **핵분열 에너지-엄청나다!**

우라늄-235 1 kg의 모든 핵이 핵분열을 일으킬 때 방출되는 에너지를 계산하여라.

구성과 계획 우라늄 핵이 핵분열할 때마다 약 200 MeV가 방출된다. 우라늄 1 kg에 들어 있는 핵의 개수를 구한 다음, 각 핵의 핵분열에서 방출되는 대략적인 에너지인 200 MeV를 곱하면 된다.

알려진 값: ^{235}U의 몰 질량 = 235 g/mol, 핵분열당 방출되는 에너지 = 200 MeV

풀이 우라늄 핵의 수를 계산하자.

$$핵의 수 = 1000 \text{ g} \times \frac{1 \text{ mol}}{235 \text{ g}} \times \frac{6.022 \times 10^{23} \text{ nuclei}}{1 \text{ mol}}$$
$$= 2.56 \times 10^{24} \text{ nuclei}$$

따라서 방출되는 에너지의 값은 다음과 같다.

$$E = 200 \text{ MeV} (2.56 \times 10^{24}) = 5.12 \times 10^{26} \text{ MeV}$$

이는 매우 큰 값이므로 J로 환산하면 다음을 얻는다.

$$E = 5.12 \times 10^{26} \text{ MeV} \times \frac{1.60 \times 10^{-13} \text{ J}}{1 \text{ MeV}} = 8 \times 10^{13} \text{ J}$$

반영 이 값은 여전히 큰 수이며, 2만 톤(2천만 킬로그램)의 화학 반응물과 관련된 화학 반응에서 얻을 수 있는 양과 비슷하다. 이 에너지를 한 번에 방출하면 폭탄이 된다. 실제로 1킬로그램은 제2차 세계 대전에서 사용된 우라늄 폭탄에서 방출된 우라늄의 양과 같다.

연결하기 평균 소비량이 1 kW라고 가정할 때, 하루 동안 집에 전력을 공급하는 데 필요한 ^{235}U의 질량은 얼마인가?

답 필요한 총 에너지는 1,000 W × 86,400 s = 9×10^7 J이다. 예제에서 ^{235}U의 1 kg에 대해 주어진 에너지는 8×10^{13} J이므로 $(9 \times 10^7 \text{ J})/(8 \times 10^{13} \text{ J/kg}) \sim 10^{-6}$ kg = 1 mg이 필요하다.

연쇄 반응

중성자는 ^{235}U에서 핵분열을 유도하며, 핵분열을 할 때마다 여러 개의 중성자를 방출한다. 평균적으로 이러한 중성자 중 하나 이상이 또 다른 핵분열을 일으키면 **연쇄 반응**(chain reaction)이 일어나고 핵분열 속도가 기하급수적으로 증가한다(그림 25.13). 연쇄 반응에 대한 개념은 핵분열이 확인되기 몇 년 전인 1933년 헝가리의 선구적인 물리학자 레오 질라드(Leo Szilard, 1898~1964)가 처음 주장하였다. 질라드는 연쇄 반응이 유용하고 통제된 방식으로 대량의 에너지를 방출하거나 무시무시한 폭발로 한꺼번에 방출할 수 있다는 것을 깨달았다. 두 가지 가능성은 곧 실현되었다.

핵분열은 제2차 세계 대전 직전에 발견되었고, 군사적 영향은 명백하였다. 전쟁

중 뉴멕시코주 로스앨러모스에서 일하던 물리학자들이 최초의 핵무기를 개발하였다. 한 설계에는 ^{235}U, 다른 설계는 ^{239}Pu를 사용하였다. 물리학자들은 우라늄 폭탄에 대한 확신이 너무 강해서 실험을 하지 않았고, 1945년 8월 6일 일본 히로시마를 파괴한 최초의 우라늄 폭탄이 전쟁에 사용되었다. 3일 후 나가사키를 초토화시킨 플루토늄 무기는 한 달 전에 뉴멕시코에서 실험된 적이 있었다. (^{238}U가 아닌) ^{235}U만이 쉽게 핵분열을 일으키기 때문에 과학자들은 테네시주 오크리지에 희귀 동위원소인 U−235의 비율을 크게 높여 우라늄을 농축하는 거대한 공장을 건설하였다. 또한, 플루토늄은 자연에 존재하지 않기 때문에 원자로를 이용하여 워싱턴주 핸포드에 플루토늄−239를 생산하는 시설도 건설하였다.

원자로

통제된 핵 연쇄 반응이 유용한 에너지를 제공할 수 있다는 질라드의 또 다른 예측도 실현되었다. 1942년 최초의 **원자로**(nuclear reactor)가 연쇄 반응을 일으켜 물리학자들이 핵무기로 가는 핵분열 과정을 이해하는 데 도움을 주었다. 원자로의 기본 개념은 핵분열이 일어날 때마다 평균적으로 정확히 하나의 중성자가 다른 핵을 핵분열시키는 통제된 연쇄 반응을 만드는 것이다. 그러면 이 반응은 일정한 비율로 에너지를 방출하며, 원자로가 **임계**(critical)된다고 말한다. 핵분열 비율이 폭발적으로 증가하는 **초임계**(supercritical) 반응이 되지 않도록 신중한 설계와 운영이 필요하다. 1986년 체르노빌과 2011년 후쿠시마에서 발생한 치명적인 원자로 사고는 바로 이렇게 폭발하는 연쇄 반응과 관련이 있었다.

그림 25.14는 일반적인 원자로 설계의 필수 요소를 보여 준다. 표시된 연료봉에는 일반적으로 약 4%의 U−235로 농축된 우라늄이 포함되어 있다. 핵분열로 방출되는 중성자의 속도를 늦추고 U−238에 흡수되지 않고 U−235에서 추가 핵분열을 유도할 가능성을 크게 높이는 **감속재**(moderator)(이 경우, 물)로 둘러싸여 있다. 중성자를 흡수하는 물질로 만들어진 **제어봉**(control rod)은 연료봉 사이를 오가며 반응 비율을 조절할 수 있다. 원자로가 초임계 상태가 될 위험이 있으면 추가 제어봉을 삽입하여 연쇄 반응을 차단한다. 완전한 원자력 발전소를 위한 가장 단순한 설계에서 그림 25.14의 원자로는 기존 발전소의 화석 연료 보일러를 대체한다. 더 복잡한 설계에서는 원자로 물이 끓지 않도록 압력을 유지한 다음, 뜨거운 물은 물이 끓어서 증기 터빈과 발전기를 구동하는 2차 시스템과 에너지를 교환한다(그림 25.15). 오늘날 전 세계는 전기의 10% 이상을 원자로에서 얻고 있으며, 미국의 경우 약 20%, 프랑스의 경우 75%에 달한다.

원자로에서 핵분열의 부산물 중 하나는 플루토늄 동위원소 ^{239}Pu이며, 이 역시 쉽게 핵분열을 한다. 농축에도 불구하고 원자로에 있는 대부분의 우라늄은 중성자를 흡수하는 ^{238}U이다.

$$^{238}\text{U} + {}^{1}n \rightarrow {}^{239}\text{U}$$

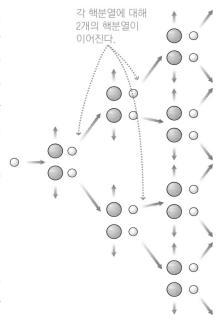

각 핵분열에 대해 2개의 핵분열이 이어진다.

그림 25.13 핵분열 연쇄 반응

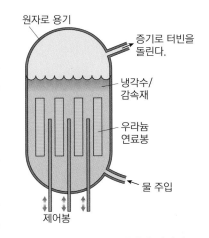

원자로 용기

증기로 터빈을 돌린다.

냉각수/감속재

우라늄 연료봉

물 주입

제어봉

그림 25.14 원자로 용기에서 생성된 증기가 터빈 발전기를 직접 구동하는 비등수 원자로

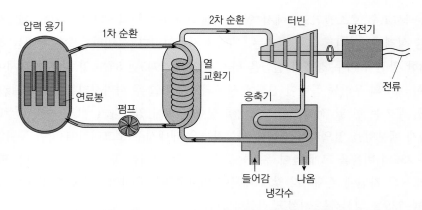

그림 25.15 미국에서 가장 일반적인 원자력 원자로 유형인 가압수형 원자로를 사용하는 완전한 발전소. 일부 에너지는 응축기를 통해 열역학 제2법칙에 따라 냉각수로 손실된다.

^{239}U는 방사성을 띠며 베타 붕괴를 한다.

$$^{239}\text{U} \rightarrow\, ^{239}\text{Np} + \beta^- \qquad (t_{1/2} = 23.45\text{분})$$

넵투늄–239도 역시 방사성을 띤다.

$$^{239}\text{Np} \rightarrow\, ^{239}\text{Pu} + \beta^- \qquad (t_{1/2} = 2.36\text{일})$$

^{239}Pu도 베타 붕괴를 하지만 반감기는 24,110년이다. 따라서 플루토늄은 연료봉 안에 축적된다. 일부는 핵분열을 하여 에너지를 추가로 공급하지만 대부분 남아 있으며 남은 우라늄과 핵분열 생성물로부터 화학적으로 분리될 수 있다. 이미 플루토늄은 핵무기에 연료를 공급할 수 있다는 것에 주목되었으며, 이는 지정학적, 과학적으로 핵전력과 무기 사이의 중요한 연결고리 중 하나이다. 또 다른 연결고리는 원자로 연료로 농축하여 무기급 물질을 만들 수 있는 우라늄–235이다.

원자로는 전력을 생산하고 선박을 추진하며, 플루토늄과 기타 위험한 방사성 동위원소를 생성하기도 한다. 핵분열의 부산물 또한 유용하다. 예를 들어, 과잉 중성자는 의료 시술을 위해 방사성 동위원소를 생성하는 데 사용된다. 중성자 활성화를 통해 방사능을 유도한다는 페르미의 원래 아이디어로 돌아가 보자. 이제 중성자는 과학 연구뿐만 아니라 인류의 건강에도 활용되고 있다.

확인 25.5절 다음 중 가장 쉽게 핵분열을 할 수 있는 핵종을 모두 골라라.
(a) ^{235}U   (b) ^{236}U   (c) ^{238}U   (d) ^{239}Pu   (e) ^{240}Pu

25.6 핵융합

결합 에너지의 곡선(그림 25.5)은 2개의 작은 원자핵이 결합할 때 에너지가 방출된다는 것을 보여 준다. 가벼운 핵의 핵융합은 태양의 동력이므로 태양은 거의 모든 생명체와 문명을 운영하는 대부분의 에너지를 담당한다. 여기에서는 무한에 가까운 에너지원을 활용하려는 시도를 포함하여 핵융합 에너지에 대해 알아보겠다.

핵융합 에너지

핵분열 및 기타 핵반응과 마찬가지로 핵융합에서도 처음 입자와 나중 입자 사이에 상당한 질량 차이가 있다. $E = \Delta mc^2$을 사용하여 에너지 방출을 계산할 수 있다. 예를 들어, 별에서 일어나는 핵융합 반응 중 하나는 다음과 같다.

$$^2H + {}^3H \rightarrow {}^4He + {}^1n$$

일반적으로 이 반응에서는 질량수와 전하가 보존된다. 방출되는 에너지는 다음과 같다.

$$\Delta mc^2 = [M(^2H) + M(^3H)]c^2 - [M(^4He) + M(^1n)]c^2$$

부록 D의 값을 사용하면 $\Delta mc^2 = 0.01888 \, u \cdot c^2$이고, $u \cdot c^2 = 931.5 \, MeV$로 환산하여 다시 계산하면 $\Delta mc^2 = 17.6 \, MeV$가 된다. 이는 핵분열과 마찬가지로 화학 반응에서 방출되는 에너지보다 훨씬 크다.

개념 예제 25.11   핵의 차이

이 핵융합 반응으로 방출되는 대략적인 에너지를 다음 반응과 비교하여라. 또한, 반응물 질량당 방출되는 에너지를 기준으로 두 반응을 비교하여라.

(a) 일반적인 핵분열 반응

(b) 4.1 eV를 방출하는 석탄 연소와 같은 화학 반응($C + O_2 \rightarrow CO_2$)

풀이 핵분열 반응으로 약 200 MeV를 방출하는 것을 알았다. 핵융합 반응의 에너지는 약 20 MeV이므로 핵분열 반응은 그 10배의 에너지를 방출한다. 그러나 핵분열 반응물(^{235}U와 중성자)의 질량은 약 236 u이고, 핵융합 반응물에는 5개의 핵자, 즉 5u가 포함되므로 단위 질량당 에너지는 핵분열의 경우 1 MeV/u(200 MeV/236 u) 미만이고, 핵융합의 경우 약 4 MeV/u(20 MeV/5u)이다. 따라서 핵융합은 질량당 약 네 배의 에너지를 방출한다. 두 핵반응 모두 화학 반응의 에너지 방출량보다 훨씬 더 많은 200 MeV/4 eV, 즉 반응당 핵분열은 5천만 배, 핵융합은 5백만 배의 에너지를 방출한다. ^{12}C와 $^{16}O_2$는 총 44 u의 질량을 가지므로 탄소를 연소하면 약 0.9 eV/u가 나오며, 핵분열의 질량당 생산량은 탄소 연소량의 약 10^7배이고, 핵융합의 생산량은 약 4×10^7배이다.

반영 결합 에너지의 곡선(그림 25.5)은 핵분열–융합 비교를 확인시켜 준다. 곡선의 왼쪽으로 가파르게 올라갈수록(핵융합) 핵자당 에너지 방출이 분명히 증가한다. $C + O_2 \rightarrow CO_2$ 반응의 비교는 핵연료가 왜 화학 연료보다 훨씬 더 강력한지 보여 준다. 원자력 발전소에는 1년에 한 번 트럭 몇 대 분량의 우라늄을 연료로 주입하는 반면, 석탄 발전소에는 매주 110량짜리 기차 한 대 분량의 석탄을 공급하는 이유가 바로 여기에 있다. 또한, 핵폭탄 하나(핵분열 또는 핵융합)가 도시 전체를 파괴할 수 있는 이유이기도 하다.

별의 핵융합

핵융합은 강력한 에너지원이라는 것을 알았다. 하지만 핵융합은 시작하기 쉽지 않고 정상적인 조건에서는 자발적으로 일어나지 않는다. 2개의 핵은 전기력에 의해 반발하므로 정전기적 반발력을 극복하고 가까워져서 단거리 핵력이 작용하여 핵융합할 수 있으려면 충분히 높은 에너지가 필요하다.

별의 내부는 핵융합이 일어나는 곳 중 하나이다. 이곳의 (10^7 K 정도로) 높은 온도는 정전기적 반발력을 극복할 수 있는 충분한 운동 에너지를 핵에 제공한다. 이 온도는 전자가 핵에 결합된 상태를 유지하기에는 너무 높기 때문에 물질은 **플라즈마** 또는 이온화된 기체이다. 별의 중심은 중력이 크기 때문에 밀도가 높아 핵과 핵 사이의 만남을 촉진하여 핵융합으로 이어진다.

태양과 같은 일반 별은 **양성자–양성자**(proton-proton) 순환이라고 부르는 일련의 핵융합 반응을 통해 수소를 헬륨으로 '연소'한다.

▶ **TIP** 핵융합에 필요한 높은 온도 때문에 핵융합 반응을 열핵반응이라고도 한다.

$$^1\text{H} + {}^1\text{H} \rightarrow {}^2\text{H} + \beta^+$$

$$^1\text{H} + {}^2\text{H} \rightarrow {}^3\text{He}$$

$$^3\text{He} + {}^3\text{He} \rightarrow {}^4\text{He} + 2\,{}^1\text{H}$$

처음 두 반응은 세 번째 반응이 일어날 때마다 두 번 일어나며, 최종 결과는 4개의 ^{1}H 원자핵(양성자)을 하나의 헬륨-4와 2개의 양전자로 변환하는 것이다.

$$4\,{}^1\text{H} \rightarrow {}^4\text{He} + 2\beta^+$$

첫 번째 반응에서 나오는 중성미자도 있지만, 이것을 보여 주고 있지는 않다. 각 핵융합 반응은 에너지를 방출하고 양전자는 전자와 함께 소멸하여 총 에너지를 합한다. 알짜 반응의 경우 24.7 MeV이다. 복사와 대류는 이 에너지를 태양의 중심부에서 태양 표면으로 운반하고, 에너지는 지구의 생명을 유지하는 햇빛으로 나타난다.

원소의 기원

우주를 시작한 빅뱅 사건 이후 처음 30분 동안 수소가 융합하여 헬륨과 미량의 중수소와 리튬을 형성하였다. 다른 모든 화학 원소는 별에서 형성되었다.

항성 핵융합이 계속되면서 수소는 감소하고 헬륨은 축적된다. 태양과 같은 별은 수명이 다하여 중심핵에서 탄소로 헬륨을 융합한다. 여러 반응이 수반되지만 알짜 효과는 다음과 같다.

$$3\,{}^4\text{He} \rightarrow {}^{12}\text{C}$$

이 시점 이후 태양에서 핵융합이 계속되지 않지만 더 무거운 별에서는 밀도와 온도가 충분히 높아서 철에 이르기까지 더 무거운 원소를 형성할 수 있을 정도로 핵융합이 계속된다.

예제 25.12 헬륨 연소

$3\,^4\text{He} \rightarrow\,^{12}\text{C}$ 반응에서 방출되는 에너지를 구하여라.

구성과 계획 일반적인 핵반응과 마찬가지로 처음 입자와 나중 입자 사이의 질량 차이는 $E = \Delta mc^2$을 사용하여 에너지 방출을 찾을 수 있을 정도로 충분히 크다.

알려진 값: $M(^4\text{He}) = 4.0026\ \text{u}$, $M(^{12}\text{C}) = 12.0000\ \text{u}$, $1\ \text{u} \cdot c^2 = 931.5\ \text{MeV}$

풀이 이 과정의 경우 다음과 같이 계산한다.

$$E = \Delta mc^2 = [3M(^4\text{He})]c^2 - [M(^{12}\text{C})]c^2$$
$$= [3(4.0026\ \text{u}) - 12.0000\ \text{u}]c^2$$
$$= 0.0078\ \text{u} \cdot c^2$$

즉, 에너지는 다음과 같다.

$$E = 0.0078\ \text{u} \cdot c^2 \times \frac{931.5\ \text{MeV}}{\text{u} \cdot c^2} = 7.27\ \text{MeV}$$

반영 각 헬륨 연소 반응은 양성자-양성자 반응보다 적은 에너지를 생산한다. 그러나 헬륨 연소는 더 빠른 비율로 일어난다. 태양이 헬륨 연소 단계를 시작하면 에너지 생산이 증가하여 별이 적색 거성으로 확장될 것이다.

연결하기 태양보다 훨씬 무거운 별에서 일어날 수 있는 탄소 연소 반응 중 하나는 $2\,^{12}\text{C} \rightarrow\,^{24}\text{Mg}$이다. 이 과정에서 방출되는 에너지는 얼마인가?

답 13.9 MeV

탄소를 이용할 수 있게 되면 다양한 핵융합 반응을 통해 철까지 모든 원소가 생성된다. 다양한 반응의 확률에 따라 화학 원소의 풍부도가 결정되며, 수소와 헬륨 다음으로 많은 양을 차지하는 것은 산소, 탄소, 네온, 철, 질소, 실리콘이다. 일반적인 핵융합 과정에서는 철보다 무거운 원소를 만들 수 없는데, 이는 철이 가장 단단히 결합된 핵이기 때문이다(그림 25.5). 매우 거대한 별에서는 중성자 포획 반응이 철보다 무거운 핵을 생성하며, 이러한 반응을 촉진하기 위해 사용 가능한 에너지를 사용한다. 그리고 가장 거대한 별이 초신성으로 폭발할 때, 폭발하는 동안 수많은 핵반응이 철보다 무거운 모든 범위의 원소를 만들어낸다. 충돌하는 중성자별도 무거운 원소를 생성한다는 사실이 2017년에 밝혀졌다.

이러한 과정은 바람 및 기타 다른 질량 감소 사건과 함께 새로 형성된 원소를 성간 공간으로 분산시킨다. 그곳에서 응축되어 새로운 별과 행성계를 형성하고, 결국 생명체와 우리 자신을 탄생시킨다. 그래서 우리는 문자 그대로 별똥으로 만들어진 것이다!

핵융합 무기

핵융합은 높은 온도와 밀도를 필요로 한다. 별의 엄청난 중력은 이러한 조건을 쉽게 제공하지만 지구에서는 이를 달성하기 어렵다. 게다가 양성자-양성자 사슬의 초기 반응은 낮은 확률로 일어나므로 항성 핵융합을 모방하기가 특히 어렵다. 핵융합의 유일하고 완전한 '성공'은 '수소 폭탄'이라고 부르는 **열핵 무기**(thermonuclear weapon)를 통해서이다. 이 장치는 중수소 동위원소(^2H)와 삼중수소(^3H)의 혼합물에서 폭발적인 핵융합을 일으키는 열과 압력을 발생시키기 위해 핵분열 무기를 사용한다. 삼중수소는 핵분열을 일으켜서 나오는 중성자를 사용하여 중성자 포획을 통해 생성된다. 단계적으로 일어나는 핵분열과 달리(그림 25.11) 전체 연료 질량의 핵융합은 거의 즉각적으로 일어나기 때문에 훨씬 더 큰 폭발을 일으킨다. 제2차 세계 대전에서 만들어진 핵분열 폭탄의 폭발력은 10^4톤(10킬로톤)에 달했지만 핵융합 무기는 10^7톤(10메가톤) 이상의 폭발력을 낼 수 있다.

핵융합로

수십 년 동안 과학자들은 에너지 생산을 위해 핵융합을 통제하려고 노력해왔다. 핵융합을 촉진하기 위해 필요한 고온과 충분한 밀도에 대해 각각 다른 접근 방식을 취하는 두 가지 주요 접근법이 개발 중이다. 두 가지 유형의 실험 장치가 제작되었지만 아직 어느 것도 장치를 작동하는 데 필요한 만큼의 핵융합 에너지를 생산하는 '손익분기점'에 도달하지 못하였다. 어떤 방식으로든 가장 즉각적으로 유망한 반응은 중수소–삼중수소(deuterium-tritium, D-T) 핵융합이다. 이는 $^2H + {}^3H \rightarrow {}^4He + {}^1n$이며, 17.6 MeV를 생성한다.

자기 구속(magnetic confinement)은 움직이는 전하에 자기력(19장)을 사용하여 뜨거운 핵융합 플라즈마를 구속한다. 그림 25.16은 가장 믿을만한 자기 구속 장치인 **토카막**(tokamak)을 보여 준다. 토카막의 모양은 기계의 플라즈마 챔버 안에 자기장을 유지시켜 대전 입자가 빠져나가는 것을 방지한다. 저항성 열과 중성 입자에 전파나 빔을 통해 주입된 에너지를 결합하면 온도가 태양 중심부보다 뜨거운 10^8 K 이상으로 상승한다. 미국, 영국, 일본의 토카막은 짧은 시간 동안 메가와트 수준의 핵융합 에너지를 폭발시켜 획기적인 손익분기점에 근접했지만, 실용적인 핵융합 동력원에는 못 미치고 있다. 국제 협력기구인 국제열핵융합실험로(ITER)로 프랑스에 토카막을 건설하고 있는데, 2025년경 가동을 시작하면 중형 발전소에 버금가는 500 MW의 핵융합 전력을 생산할 수 있을 것으로 예상된다.

통제된 핵융합에 대한 두 번째 접근법은 **관성 구속**(inertial confinement)이다. 여기서 완두콩 크기의 중수소와 삼중수소 펠릿이 강력한 레이저 빔에 의해 사방에서 발사된다. 그러면 펠릿이 압축되고 가열되어 핵융합을 시작하기에 충분한 압력과 온도가 만들어진다. 핵융합이 매우 빠르게 일어나기 때문에 핵융합 입자의 관성으로 인해 반응 부위를 벗어나지 못하므로 관성 구속이 발생한다. 현재까지 가장 진보된 관성 구속 실험은 캘리포니아 리버모어 국립 연구소의 국립 점화 시설(그림 25.17)에서 2009년부터 2012년까지 수행한 일련의 실험이다. 192개의 레이저 빔은 단 20나노 초 동안 세계 모든 발전소 출력의 몇 배인 500조 와트를 전달하여 연료 펠릿에서 핵융합을 일으키도록 설계되었다. 그러나 2012년에는 이 설계가 지속적인 에너지 방출로 진정한 '점화'를 일으키지 못한다는 사실이 밝혀지면서 이 시설은 재료 연구용으로 용도가 변경되었다.

언젠가 두 가지 핵융합 방식이 모두 성공한다면 연료는 문제가 되지 않을 것이다. 바닷물 1갤런당 휘발유 300갤런에 해당하는 에너지가 들어 있을 정도로 바다에는 천연 중수소(^2H)가 풍부하다!

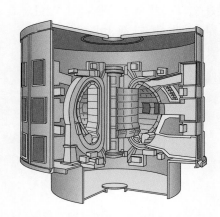

그림 25.16 ITER 토카막 핵융합 원자로의 단면도. D자형 구조가 토로이드 플라즈마 챔버이다.

▶ **TIP** 토카막은 러시아어로 '자기 코일의 토로이드 챔버'를 뜻한다.

그림 25.17 NIF 관성 핵융합 시설의 표적 챔버가 설치되었다. 챔버에는 레이저 빔을 모아들이는 입구 192개가 있다.

25장 요약

핵 구조

(25.1절) **핵**에는 **강력**에 의해 결합된 **양성자**와 **중성자**가 있다. 각 원소에는 서로 다른 동위원소를 가지고 있으며, 양성자의 수는 같지만 중성자의 수는 다르다. 핵은 대략적으로 구형이며, 핵자(양성자와 중성자)의 수가 증가함에 따라 커진다.

질량수: $A = Z + N$, 여기서 Z = **원자 번호**, N = **중성자수**

핵 반지름: $r = R_0 A^{1/3}$

양성자와 중성자는 대략 구 모양으로 이루어진다.

양성자
중성자
$r = R_0 A^{1/3}$

강한 핵력과 핵의 안정성

(25.2절) **강력**은 양성자–양성자, 양성자–중성자, 중성자–중성자 쌍 사이에서 작용한다. **결합 에너지**는 핵이 얼마나 단단히 결합되어 있는지를 나타낸다. 양성자 또는 중성자의 일정한 '**마법수**'를 가진 핵은 특히 안정적이다. 가장 안정적인 핵은 짝수의 양성자, 중성자 또는 둘 다 짝수를 갖는다.

결합 에너지: $E_b = (\Delta m)c^2 = (Zm_p + Nm_n + Zm_e - M(^A X))c^2$

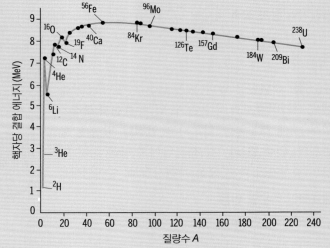

방사능

(25.3절) 방사성 붕괴의 주요 형태는 **알파**, **베타**, **감마**이다. 알파 방사선은 헬륨 핵인 **알파 입자**(α)로 구성된다. 베타 방사선은 전자(β^-)와 양전자(β^+)의 두 가지 유형의 **베타 입자**로 구성된다. 감마 방사선은 **감마선**(gamma)이라 부르는 고에너지 광자로 구성된 전자기 방사선으로 구성된다. 방사성 붕괴는 질량–에너지의 차이가 수반되며, 붕괴 생성물의 운동 에너지로 나타난다.

알파 붕괴: $^A_Z X \rightarrow {}^{A-4}_{Z-2} Y + {}^4_2 \text{He}$

베타(β^-) **붕괴**: $^A_Z X \rightarrow {}^{\ \ A}_{Z+1} Y + e^-$ (중성자는 표시되지 않음)

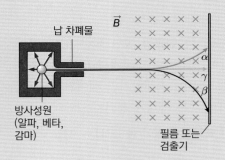

납 차폐물
$\vec{B}$
방사선원
(알파, 베타, 감마)
필름 또는 검출기

방사능 및 반감기

(25.4절) 각 방사성 **핵종**은 붕괴가 얼마나 빨리 진행되는지
알려 주는 **반감기**를 갖고 있다.

방사성 시료에서 단위 시간당 붕괴 횟수를 세는 **가이거 계
수기**나 유사한 장치를 사용하여 **방사능**을 측정한다. ^{14}C와
같은 방사성 동위원소는 고대 시료의 연대를 측정하기 위
해 **방사성 동위원소 연대 측정법**에 사용된다.

방사능: $R = \left| \dfrac{\Delta N}{\Delta t} \right| = \lambda N$

방사성 붕괴 법칙: $N = N_0 e^{-\lambda t}$

반감기와 붕괴 상수: $t_{1/2} = \dfrac{\ln 2}{\lambda}$

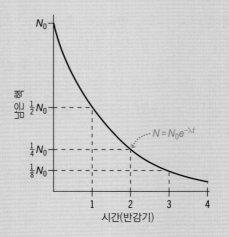

핵분열

(25.5절) 핵변환은 알파 또는 다른 아원자 입자를
핵에 폭격함으로써 유도될 수 있다. **중성자 폭격**은
일부 핵에 **핵분열**을 일으키고 엄청난 방출을 동
반한다. **연쇄 반응**은 각 핵분열에서 나온 하나 이
상의 중성자가 다른 핵을 분리시킬 때 일어난다.

대표적인 핵분열 반응:

$^{1}n + {}^{235}\mathrm{U} \rightarrow {}^{102}\mathrm{Mo} + {}^{131}\mathrm{Sn} + 3\,{}^{1}n$

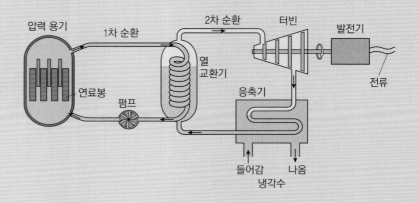

핵융합

(25.6절) 가벼운 원소의 **핵융합** 또한 많은 양의 에너지를
방출한다. 핵융합에는 극한의 압력과 온도가 필요하며, 이
러한 조건은 항성 내부에 존재하지만 제어된 핵융합을 통
한 순수한 에너지 방출은 아직 달성되지 않았다.

(별에서) 대표적인 핵융합 반응: $^{2}\mathrm{H} + {}^{3}\mathrm{H} \rightarrow {}^{4}\mathrm{He} + {}^{1}n$

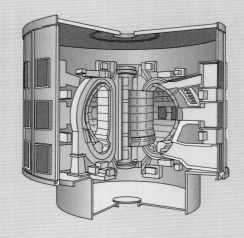

25장 연습문제

문제의 난이도는 •(하), ••(중), •••(상)으로 분류한다. BIO로 표시된 문제는 생물학적 또는 의학적인 문제이다.

개념 문제

1. 어떻게 핵종이 불안정하면서도 자연에서 여전히 존재할 수 있는가?

2. Sn과 Sb 중 어느 것이 더 안정적인 동위원소를 가질 것으로 예상되는가?

3. 핵종 ^{79}Br은 안정적이다. ^{75}Br이 안정적인가, 불안정적인가? 이유는 무엇인가?

4. $Z > N$의 안정한 핵은 왜 존재하지 않는 것 같은가? 이러한 안정한 핵이 있는가?

5. 특정 핵종이 알파 붕괴의 좋은 후보인지 어떻게 알 수 있는가? 원자 질량을 사용하여 이를 어떻게 증명할 수 있는가?

6. ^{14}C를 사용하는 방사성 탄소 연대 측정의 한계는 무엇인가?

7. 그레이(gray)와 시버트(sievert)는 모두 방사선량 단위로, 킬로그램당 흡수된 에너지 1줄(J)에 해당한다. 두 단위의 차이는 무엇인가?

8. 생성된 질량이 처음 입자의 질량을 초과하더라도 핵반응이 일어날 수 있는가?

객관식 문제

9. ^{194}Pt의 중성자수는 얼마인가?
(a) 116 (b) 118 (c) 120 (d) 122

10. ^{81}Br 핵의 지름과 ^{25}Mg의 핵의 지름의 비율은 대략 얼마인가?
(a) 1.4 (b) 1.6 (c) 1.8 (d) 2.0

11. 다음 네 가지 핵종 중 총 결합 에너지가 가장 큰 것은 무엇인가?
(a) ^{55}Mn (b) ^{66}Zn (c) ^{72}Ge (d) ^{84}Kr

12. ^{21}O의 β^- 붕괴로 생성되는 것은 무엇인가?
(a) ^{21}O (b) ^{20}F (c) ^{20}N (d) ^{21}F

13. 동위원소 ^{17}F의 반감기는 65초이다. 20 g의 ^{17}F 시료로 시작한다면 32.5초 후 남는 양은 얼마인가?
(a) 16 g (b) 15 g (c) 14 g (d) 13 g

14. 다음 핵분열 과정을 완성하여라.
$$^{1}n + {}^{235}U \rightarrow {}^{144}Ba + \underline{\hspace{1cm}} + 3n$$
(a) ^{88}Kr (b) ^{89}Kr (c) ^{90}Kr (d) ^{91}Kr

연습문제

25.1 핵 구조

15. • 다음 원자핵에 대한 동위원소 기호 ^{A}X를 써라.
(a) 양성자 24개와 중성자 25개
(b) 양성자 45개와 중성자 52개
(c) 양성자 82개와 중성자 108개

16. • ^{58}Ni와 ^{58}Co에서 양성자와 중성자의 수를 구하여라.

17. • 다음 핵의 반지름을 구하여라.
(a) ^{7}Li (b) ^{20}Ne (c) ^{133}Cs (d) ^{239}Pu

18. •• 핵 지름이 ^{27}Al 핵의 두 배에 가까운 핵종을 구하여라.

19. ••• 지름이 10 fm인 큰 핵을 고려하자. 물음에 답하여라.
(a) 전자가 핵 안에 갇혀 있다고 가정하자. 하이젠베르크의 불확정성 원리(23장)를 이용하여 전자의 최소 운동 에너지를 계산하여라.
(b) 베타 붕괴 시 방출된 전자의 운동 에너지는 보통 1 MeV 정도이다. 이 사실을 이용하여 전자가 핵 안에 갇혀 있을 수 없음을 설명하여라.

25.2 강한 핵력과 핵의 안정성

20. •• 핵종 ^{16}O와 ^{28}Si에 대하여 핵자당 결합 에너지를 계산하고, 그림 25.5의 자료와 비교하여라.

21. •• ^{4}He 원자핵에서 두 양성자의 중심이 약 2.8 fm 떨어져 있다고 가정하자. 양성자 사이의 반발력과 관련된 정전기 에너지를 구하여라. ^{4}He 원자핵의 결합 에너지와 비교하여라.

22. ••• 다음 물음에 답하여라.
(a) ^{32}S 핵에서 하나의 양성자를 제거하는 데 필요한 에너지를 구하여라.
(b) ^{32}S 핵에서 하나의 중성자를 제거하는 데 필요한 에너지를 구하여라.
(c) (a)와 (b)의 답의 차이를 설명하여라.

23. •• 다음 물음에 답하여라.

(a) 부록 E의 천문자료를 이용하여 지구-태양계의 결합 에너지를 구하여라.

(b) 지구가 태양계에서 완전히 벗어나려면 얼마나 많은 에너지가 필요한가?

(c) 지구가 태양계에서 벗어날 경우, 지구-태양계의 질량은 어떻게 변하겠는가?

25.3 방사능

24. • β^- 붕괴에 대한 전체 반응을 써라.

(a) ^{67}Cu (b) ^{85}Kr (c) ^{198}Au

25. • 다음 반응을 완성하여라.

(a) $^{158}Tm + \beta^- \rightarrow$ _____

(b) $^{178}Hf \rightarrow {}^{178}Lu +$ _____

(c) $^{216}Fr \rightarrow {}^{212}At +$ _____

(d) $^8Be \rightarrow$ _____ $+ {}^4He$

26. •• ^{220}Bi의 β^- 붕괴에서 방출되는 에너지를 구하여라.

27. •• EPA는 실내 라돈-222에 안전하게 노출될 수 있는 한계치를 공기 1 L당 4 pCi로 추정한다. 물음에 답하여라.

(a) 이 방사능은 Bq 단위로 얼마인가?

(b) 이 비율이라면 하루에 몇 개의 핵이 붕괴되는가?

28. •• 운동 에너지가 30 keV인 알파 입자와 β^- 입자가 1.5 T 자기장을 통과한다. 그림 25.6과 같이 입자는 자기장과 수직으로 움직인다. 각 입자의 궤적에 대한 곡률반경을 구하여라(힌트: 운동 에너지는 상대성 이론을 무시할 수 있을 만큼 충분히 작다).

25.4 방사능 및 반감기

29. BIO •• **PET 스캔** PET 검사에 사용되는 산소-15의 반감기는 2.0분이다. 병원 사이클로트론에서는 2.60 mg의 ^{15}O를 생성한다. 물음에 답하여라.

(a) 6.0분 후 진단 시설로 전달된다면 이 시간에 얼마나 남아 있는가?

(b) 4.0분이 더 지난 후 ^{15}O가 환자에 주입된다. 이 시점에는 얼마나 남아 있는가?

30. •• 방사능 ^{60}Co 시료의 측정값은 3.90×10^{11} Bq이다. 코발트-60의 질량은 얼마인가?

31. •• 밀폐 용기에 40 μg의 라돈-222가 들어 있다. 물음에 답하여라.

(a) 시료의 방사능은 얼마인가?

(b) 30일 후에 남아 있는 라돈의 양과 방사능을 구하여라.

32. •• 수소 동위원소인 삼중수소(^3H)는 핵무기의 중성자원으로 사용되기 때문에 군사비축용으로 지속적으로 생산된다. 삼중수소의 반감기는 12.3년이다. 현재 2,800 kg을 비축한 상태에서 삼중수소 생산을 중단한다면 100년 후 얼마나 남게 되는가?

33. ••• 태양계가 형성될 당시 우라늄 동위원소 ^{235}U와 ^{238}U는 거의 같은 양으로 존재하였다. 오늘날 0.72%만이 더 가벼운 동위원소이고 나머지는 U-238이다. 표 25.2와 반감기를 이용하여 태양계의 나이를 추정하여라.

25.5 핵분열

34. •• 다음 변환 과정을 완성하고, 각각의 변환에 대해 방출되거나 필요로 하는 에너지를 계산하여라.

(a) $^2H + {}^{16}O \rightarrow {}^{14}N +$ _____

(b) $^1n + {}^7Li \rightarrow {}^1H +$ _____

(c) $^4He + {}^{13}C \rightarrow$ _____ $+ n$

35. •• 다음 변환 과정을 완성하고, 각각의 변환에 대해 방출되거나 필요로 하는 에너지를 계산하여라.

(a) $^1n +$ _____ $\rightarrow {}^3He + {}^{17}O$

(b) $^4He + {}^{107}Ag \rightarrow {}^1H +$ _____

(c) $^2H + {}^{28}Si \rightarrow {}^{27}Al +$ _____

36. • 다음 핵분열 반응을 완성하여라.

(a) $^1n + {}^{235}U \rightarrow {}^{144}Ba +$ _____ $+ 3n$

(b) $^1n + {}^{235}U \rightarrow {}^{91}Br +$ _____ $+ 2n$

(c) $^1n + {}^{239}Pu \rightarrow {}^{142}Xe +$ _____ $+ 2n$

37. • 다음 핵분열 반응을 완성하여라.

(a) $^1n +$ _____ $\rightarrow {}^{146}Cs + {}^{90}Sr + 4n$

(b) $^1n + {}^{235}U \rightarrow {}^{97}Y + {}^{137}I +$ _____

(c) $^1n + {}^{239}Pu \rightarrow {}^{117}Ag +$ _____ $+ 3n$

38. •• 핵분열 원자로가 1,000 MW의 전력을 생산한다. 이 원자로가 30%의 효율로 작동하고 각 핵분열 시 평균 180 MeV의 전력을 생산한다고 가정하자. ^{235}U 연료의 소비율은 얼마인가?

39. •• 핵폭발로 방출되는 에너지는 화학폭발물 TNT의 동등한 질량으로 표기되며, 보통 수천톤(kt) 또는 메가톤(Mt)으로 표시된다. TNT 1 g을 폭발시키면 약 1,000 cal = 4.184 kJ의 에너지가 방출된다. 처음 핵분열 무기는 약 15 kt을 생산하

였다. 핵분열당 200 MeV를 가정할 때, 이 폭발적인 수율을 얻기 위해 얼마나 많은 우라늄-235가 핵분열을 해야 하는가? 처음 폭탄의 우라늄 총 질량인 약 50 kg과 비교하여라.

25.6 핵융합

40. •• 다음 핵융합 반응을 완성하고, 각각의 핵융합 반응에서 방출되는 에너지를 구하여라.

(a) $^4He + ^4He \rightarrow ^6Li + $_____

(b) $^4He + ^3He \rightarrow ^2H + $_____

(c) $^2H + ^3H \rightarrow ^1n + $_____

41. •• 다음 핵융합 반응에서 방출되는 에너지를 구하여라.

(a) $^3He + ^3He \rightarrow ^4He + 2^1H$

(b) $^1H + ^7Li \rightarrow 2^4He$

(c) $^3He + ^2H \rightarrow ^4He + ^1H$

42. ••• 자동차가 매년 500갤런의 휘발유를 사용하고, 각 갤런은 1.3×10^8 J의 에너지를 생산한다고 가정해 보자. $^2H + ^3H \rightarrow ^1n + ^4He$ 반응을 사용하는 핵융합 동력 자동차가 400갤런의 휘발유 대신 핵융합 연료를 사용한다면 얼마나 많은 질량의 연료가 필요한가?

25장 질문에 대한 정답

단원 시작 질문에 대한 답

방사성 탄소 연대 측정법으로 연대를 알 수 있다. 생물은 방사성 탄소-14의 안정적인 수준을 유지하지만 사망 시에는 ^{14}C가 예측 가능한 비율로 붕괴되는 반면, 안정적인 ^{12}C는 그렇지 않다. 따라서 $^{14}C/^{12}C$ 비율을 측정하면 정확한 연대를 알 수 있다.

확인 질문에 대한 정답

25.1절 (a) $1.26\,r_A$

25.2절 (e) $^{56}Fe >$ (d) $^{40}Ca >$ (c) $^{208}Pb >$ (a) $^{235}U >$ (b) ^3He

25.3절 (a) α 붕괴

25.4절 (c) 4

25.5절 (a) ^{235}U, (d) ^{239}Pu

입자들의 우주
A Universe of Particles

▲ 이 사진이 우주의 기원과 무슨 관련이 있는가?

이 장은 기본 입자의 세계에서 시작하여 전체 우주를 보는 것으로 마무리할 것이다. 그 사이에 수많은 아원자 입자와 그 분류 방법, 그리고 입자들이 서로 어떻게 상호작용하는지 배울 것이다. 입자 상호작용은 네 가지 기본 힘을 포함하며, 이러한 힘 자체가 입자 교환의 관점에서 어떻게 설명되는지 볼 것이다. 아원자 세계를 살짝 엿볼 수 있게 해 주는 입자 가속기도 살펴볼 것이다. 그다음 우주론(우주 전체 구조와 진화에 대한 연구)에 대해 간략히 알아볼 것이다. 현대 우주론과 입자물리학이 어떻게 밀접하게 관련되어 있는지 이해하게 될 것이다. 이런 식으로 가장 큰 규모와 가장 작은 규모의 물리학을 연결하여 마무리하겠다.

학습 내용

✔ 반입자의 성질 설명하기

✔ 입자 교환과 기본 힘 사이의 관계를 설명하고 각 힘과 관련된 교환 입자 확인하기

✔ 경입자와 강입자, 중간자와 중입자 구분하기

✔ 보존 법칙이 허용된 입자 반응을 어떻게 결정하는지 설명하기

✔ 여섯 종류의 쿼크 설명하기

✔ 쿼크가 어떻게 결합하여 중간자와 중입자를 형성하는지 설명하기

✔ 선형 가속기와 싱크로트론의 작동 방식 설명하기

✔ 입자물리학과 우주론이 우주의 초기 순간을 설명하는 데 어떻게 도움이 되는지 말하기

✔ 허블 팽창과 우주 마이크로파 배경이 빅뱅 이론을 확립하는 데 어떤 역할을 하는지 설명하기

✔ 우주의 세 구성 요소인 보통 물질, 암흑 물질, 암흑 에너지의 상대 존재비 설명하기

26.1 입자와 반입자

24장에서 기본 입자에 대한 개념은 고대 그리스까지 거슬러 올라간다고 언급하였다. 입자를 이해하는 데 있어 중요한 단계는 1887년 톰슨의 전자 발견이었다(18장). 그 후 양성자를 수소 핵으로 규명하고 1932년 채드윅이 중성자를 발견하였다(25장). 양성자, 중성자, 전자는 모든 원자의 구성 요소인 완벽한 기본 입자 집합을 형성하는 것처럼 보였다.

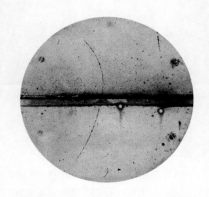

그림 26.1 1932년 칼 앤더슨의 안개상자에서 곡선 궤적은 균일한 자기장을 통과하는 양전자의 경로이다.

양전자

3개의 기본 입자에 대한 단순한 그림은 오래가지 않았다. 채드윅이 중성자를 발견한 지 불과 몇 달 만에 미국의 물리학자 칼 앤더슨(Carl Anderson)은 안개상자에서 양전자를 확인하였다(그림 26.1). 양전자는 **반입자**(antiparticle)의 한 예이다. 대부분의 반입자는 해당 입자와 질량이 같고 전하의 부호는 반대이다. 23.3절에서 전자–양전자 쌍이 광자의 에너지로부터 생길 수 있다는 것을 알았다. 25장에서는 양전자가 양(+) 베타 붕괴에서 자연적으로 발생한다는 것도 배웠다.

전자–양전자 쌍을 만들려면 에너지 $E = 2mc^2$이 필요한데, 전자–양전자 쌍의 총 질량이 $2\,m$이기 때문이다. 반대로 전자–양전자 쌍이 소멸하여 511 keV 감마선 광자 2개를 형성한다는 사실을 23.3절에서 살펴보았다.

$$e^- + e^+ \rightarrow 2\gamma$$

쌍생성과 쌍소멸은 아인슈타인의 질량–에너지 관계에 대한 확실한 입증 중 하나이다.

반양성자와 반중성자

▶ **TIP** 베타 붕괴 입장에서 양전자와 전자를 논의할 때, 기호 e^+는 양전자, e^-는 전자를 의미한다.

양전자 발견 이후 물리학자들은 다른 많은 반입자를 발견하였다. 1955년 에밀리오 세그레(Emilio Segre, 1905~1989)와 오웬 체임벌린(Owen Chamberlain, 1920~2006)은 질량이 $m = m_p = 1.67 \times 10^{-27}$ kg, 전하량이 $-e$인 **반양성자**(antiproton)를 발견하였다. 반입자는 일반적으로 보통 입자 기호 위에 선을 그어 표시한다. 즉, $\bar{p}$는 반양성자이다(예외적으로 양전자는 e^+ 또는 β^+로 나타낸다).

반양성자를 만드는 한 가지 반응은 두 양성자의 충돌이다.

$$p + p \rightarrow p + p + p + \bar{p} \tag{26.1}$$

질량이 같은 입자 2개로 시작하여 각각 같은 질량을 가진 입자 4개로 끝나기 때문에 보존 법칙을 위반하는 것처럼 보일 수 있다. 하지만 질량 m은 정지 에너지 mc^2과 관련이 있다는 것을 기억하여라. 반응식 26.1은 2개의 초기 양성자가 큰 운동 에너지를 가지며, 이 운동 에너지가 정지 에너지로 전환되기 때문에 작동한다. 이 반응은 양성자–반양성자 쌍을 만들어낸다. 이는 모든 입자 반응에서 보존되는 기본 양인 전하량을 보존하는 데 필요하다.

▶ **TIP** 전하량은 입자의 수에 상관없이 항상 보존된다.

또 다른 반입자는 **반중성미자**(antineutrino)이다. 25.3절에서 베타 붕괴 과정의 일부로 중성미자가 방출된다는 점을 기억하여라. 양전자 붕괴는 다음과 같은 중성미자(기호 ν, 그리스문자 'nu')의 방출을 수반한다.

$$^{55}\text{Fe} \rightarrow {}^{55}\text{Mn} + \beta^+ + \nu$$

전자(β^-)를 생성하는 베타 붕괴는 또한 반중성미자(기호 $\bar{\nu}$)의 방출을 수반한다.

$$^{14}\text{C} \rightarrow {}^{14}\text{N} + \beta^- + \bar{\nu}$$

베타 붕괴는 항상 중성미자 또는 반중성미자의 방출을 동반한다. 25장에서는 중성미자를 나타내지 않았지만 중성미자는 항상 존재한다.

중성미자와 같은 중성 입자가 어떻게 반입자를 갖는지 궁금할 것이다. 여기서 입자와 반입자는 전하량(0)과 질량이 같기 때문에 어떤 차이점이 있는지 명확하지 않다. 사실 더 미묘한 차이가 있으며, 이는 26.3절에서 확인할 수 있다. 마찬가지로 중성자와 반중성자는 둘 다 전하량이 0이지만 서로 다른 입자이다. 그러나 일부 입자는 그 자체로 반입자이며, 일반적인 예로 광자를 들 수 있다.

예제 26.1 반양성자 생성

서로 반대 방향으로 움직이는 두 양성자가 충돌하여 $p + p \rightarrow p + p + p + \bar{p}$ 반응을 일으킨다. 각 양성자의 최소 운동 에너지는 얼마인가?

구성과 계획 그림 26.2는 충돌 전후의 상황을 보여 준다. 처음 에너지가 최소일 때, 반응 후 운동 에너지로 남은 에너지가 없으므로 생성물은 정지해 있다. 운동량 보존을 위해서는 충돌하는 양성자의 속력이 같아야 하며, 따라서 운동 에너지가 같아야 한다. 질량이 m_p인 양성자와 반양성자를 만드는 데 필요한 에너지는 $E = m_{\text{total}} \, c^2 = 2m_p c^2$이다.

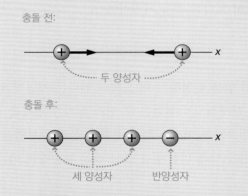

충돌 전:
두 양성자

충돌 후:
세 양성자　　반양성자

그림 26.2 양성자가 충돌하면 양성자-반양성자 쌍이 생성된다.

알려진 값: 양성자 질량 $m_p = 1.67 \times 10^{-27}$ kg, $c = 3.00 \times 10^8$ m/s

풀이 양성자 질량을 이용하여 필요한 에너지를 다음과 같이 계산한다.

$$E = 2m_p c^2 = 2(1.67 \times 10^{-27} \text{ kg})(3.00 \times 10^8 \text{ m/s})^2 = 3.006 \times 10^{-10} \text{ J}$$

입사된 양성자는 이 에너지를 똑같이 공유하므로 각각 운동 에너지 $K = 1.50 \times 10^{-10}$ J을 갖는다.

반영 각 입사 양성자의 운동 에너지는 양성자(또는 반양성자)의 정지 에너지와 같다. 이 양성자의 정지 에너지는 여기서 계산된 줄(J)의 값에 해당하는 약 938 MeV(25장 참조)를 가짐을 알 수 있다. 이 에너지는 거의 1 GeV의 입자 가속기가 갖는 상당한 운동 에너지이다.

연결하기 충돌하는 양성자의 운동 에너지가 여기서 구한 최소 운동 에너지보다 크면 어떻게 되는가?

답 과잉 에너지는 네 입자(양성자 3개와 반양성자 1개)의 운동 에너지로 나타날 수 있다. 에너지가 충분하면 반응은 입자-반입자 쌍을 추가로 만들 수도 있다.

기본 입자

이 절에서 소개한 입자는 알려진 수많은 입자 중 일부에 불과하다. 다른 입자들은 26.2절과 26.3절에서 소개할 것이다. 20세기 중반에 이르러서는 입자의 종류가 너무 많아져서 전체 집합체를 '입자 동물원(particles zoo)'이라고 불렀다. 물리학자들은 더 이상 쪼갤 수 없는 가장 작고 간단한 입자인 **기본 입자**(elementary particle)를 찾으려고 노력하였다. 둘 이상의 기본 입자로 구성된 입자는 **복합 입자**(composite particle)라고 한다. 1960년대와 1970년대에 걸쳐 물리학자들은 기본 입자와 복합 입

반수소 및 양전자

여기에 표시된 유럽 입자물리 연구소(CERN)의 낮은 에너지 반양성자 고리(LEAR)에서 물리학자들은 양전자와 반양성자를 결합하여 반수소 원자를 만드는 데 성공하였다. 이 원자에서 더 가볍고 양전하를 띤 양전자는 거대한 음전하를 띤 반양성자 주위를 돌고 있다. 역학은 일반 수소와 똑같이 작동하므로 보어 궤도를 따르고 전이하며, 반수소의 스펙트럼은 수소의 스펙트럼과 동일하다. 수소와 유사한 '원자'는 **포지트로늄**으로서 고전적으로 공통 질량 중심 주위를 돌고 있는 것이다. 포지트로늄은 불안정하여 양전자와 전자가 소멸하면 붕괴한다.

▶ **TIP** 운동량은 외력이 고립된 계에서 보존된다는 점을 기억하여라.

표 26.1 기본 힘의 상대적 세기

힘	상대적 세기
강력	1
전자기력	10^{-2}
약력	10^{-10}
중력	10^{-38}

자에 대해 더 잘 이해하게 되었고, 기본 입자에 대한 포괄적인 모델이 등장하였다. 26.2절과 26.3절에서 이러한 발전 과정을 살펴보겠다.

확인 26.1절 반입자와 관련하여 해당 입자에 대하여 옳은 것을 모두 골라라.
(a) 질량이 더 많다. (b) 질량이 같다. (c) 전하량이 더 많다.
(d) 전하의 부호가 반대이다. (e) 전하량이 0이다.

26.2 입자와 기본 힘

9.1절에서 중력에 대한 수학적 이론을 발전시킨 뉴턴은 중력이 기초 수준에서 어떻게 작용하는지 설명하는 데 어려움을 겪었다는 사실을 기억하여라. 물리학자들은 광활한 빈 공간에 중력이 작용하여 물리적 접촉이 없는 두 물체를 끌어당기는 것을 설명하기 위해 '원격 작용' 관점을 채택하였다. 전기력과 자기력에 대한 초기 관점도 비슷하였다. 16장에서 장 개념이 어떻게 다른 물체 근처에 중력, 전기장, 자기장을 생성하고 국소적인 장이 힘을 발생시키는 다른 관점을 제공하는지 배웠다. 장 개념은 유용한 도구이지만 이러한 힘이 실제로 어떻게 작용하는지에 대한 뉴턴의 원래 질문에는 여전히 답하지 못한다. 20세기 물리학의 위대한 발전 중 하나는 입자가 '원격 작용' 힘을 설명하는 데 중심 역할을 한다는 것을 이해하는 것이었다. 표 26.1에 상대적인 힘과 함께 네 가지 기본 힘이 있다는 것을 기억하여라.

강력과 유카와의 중간자

화학 전공 학생들은 입자 교환이 힘을 설명하는 데 도움이 된다는 개념에 익숙하다. 예를 들어, O_2와 같은 일반적인 분자의 공유결합은 두 산소 원자가 전자를 공유하기 때문에 발생한다. 그림 26.3은 힘으로 이어지는 입자 교환의 물리적 모델을 보여 준다. 친구에게 공을 던지거나 자신을 향해 던진 공을 잡는 것은 운동량의 이동을 수반

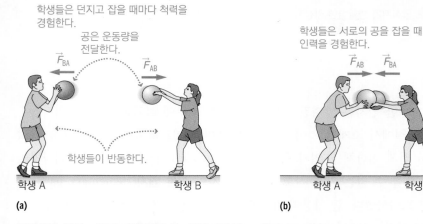

그림 26.3 입자 교환에 의해 설명되는 원격 작용력 (a) 척력 (b) 인력

하므로 6장에서 배운 것처럼 힘의 이동을 수반한다($\vec{F}_{net} = \Delta\vec{p}/\Delta t$). 중력이나 전자기처럼 연속적으로 작용하는 힘은 입자의 지속적인 교환이 필요하다. 그림 26.3은 척력이나 인력이 이런 식으로 설명될 수 있음을 보여 준다.

25장에서 강력은 양성자–양성자, 양성자–중성자, 중성자–중성자와 같은 어떤 한 쌍의 핵자 사이에서도 작용한다는 것을 기억하여라. 일본 물리학자 유카와 히데키(Hideki Yukawa, 1907~1981)는 입자 교환을 이용하여 강력을 설명하는 아이디어를 개발하였다. 물리학자들은 교환된 입자를 특정 힘의 **매개자**(mediator), 즉 매개 입자라고 부른다. 나중에 유카와가 상대론적 질량–에너지 관계(20장)와 불확정성 원리(23장)를 사용하여 매개 입자의 정지 에너지가 약 130 MeV가 되어야 한다는 것을 추론한 방법을 설명한다. 1935년 유카와가 이 아이디어를 제안했을 때 당시 알려진 입자 중 이 값에 가까운 정지 에너지를 가진 입자는 없었다. 강력을 매개하는 입자는 **파이 중간자**(pi-meson) 또는 **파이온**(pion, 기호 π)이라고 부르게 되었다. 파이온의 정지 에너지는 전자(약 0.5 MeV)와 핵자(약 940 MeV)의 중간이라는 것에 주목하자. 그래서 이 새로운 입자는 중간을 의미하는 그리스어 메소($\mu\epsilon\sigma o$, meso)에서 유래하여 **중간자**(meson)라고 부르게 되었다. 26.3절에서 다른 많은 중간자를 만나게 될 것이다.

1938년 칼 앤더슨이 이끄는 연구팀은 우주선에서 유카와 중간자의 유력한 후보로 보이는 입자를 발견하였다. 이 입자는 $-e$ 전하를 띠고 100 MeV가 조금 넘는 정지 에너지를 가졌다. 그러나 곧 이 입자는 핵자와 강하게 상호작용하지 않는다는 것이 밝혀져 강력의 매개자에서 배제되었다. 이제 이 입자를 **뮤온**(muon)이라 부르며, 26.3절에서 자세히 설명할 것이다.

유카와의 파이온은 1947년 영국 물리학자 세실 파월(Cecil Powell, 1903~1969)과 이탈리아 물리학자 주세페 옥치알리니(Giuseppe Occhialine, 1907~1993)에 의해 마침내 확인되었다. 실제로 세 가지 다른 파이온이 있다. 정지 에너지가 135 MeV인 중성 파이온 π^0과 각각 정지 에너지가 140 MeV이고 전하가 $\pm e$인 대전된 파이온 π^+와 π^-이다. 정지 에너지는 모두 유카와의 원래 추정치에 매우 근접하며, 이는 강력의 매개자인 파이온과 일치한다.

입자 교환은 미국 물리학자 리차드 파인만(Richard Feynman, 1918~1988)의 이름을 딴 **파인만 도표**(Feynman diagram)를 사용하여 설명한다. 그림 26.4는 두 핵자 사이의 강력을 매개하는 파이온을 보여 주는 파인만 도표이다.

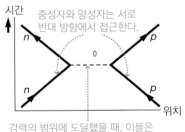

중성자와 양성자는 서로 반대 방향에서 접근한다.

강력의 범위에 도달했을 때, 이들은 중성의 파이온 π^0을 교환한다.

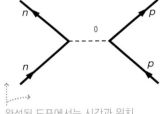

완성된 도표에서는 시간과 위치 축이 생략되었다.

그림 26.4 기본 입자 사이의 상호작용을 설명하는 데 사용되는 파인만 도표. 여기에서는 양성자와 중성자 사이에 작용하는 강력을 의미한다.

유카와의 방법

유카와는 파이온의 질량을 다음과 같이 추정하였다. 다른 힘 매개 입자에도 동일한 방법이 적용된다. 파이온의 질량을 가진 입자를 생성하려면 $E = m_\pi c^2$의 등가 에너지가 필요하다. 하이젠베르크의 불확정성 원리의 한 형태는 에너지와 시간의 불확정성과 관련이 있다.

$$\Delta E \Delta t \geq \frac{h}{2\pi}$$

23장에서 설명한 것처럼 절대 최소 불확실성은 $\Delta E \Delta t \geq h/4\pi$로 주어진다. 이와 같은 근사치에는 덜 제한적인 $h/2\pi$가 자주 사용된다. 에너지 불확실성은 파이온을 생성하는 데 필요한 에너지와 연결하면 다음과 같이 최소 시간을 결정할 수 있다.

$$\Delta t = \frac{h}{2\pi \Delta E} = \frac{h}{2\pi m_\pi c^2}$$

이 시간 동안 입자가 이동할 수 있는 최대 거리는 $R = c\Delta t$이다.

$$R = c\Delta t = \frac{h}{2\pi m_\pi c}$$

그러면 파이온의 질량을 구할 수 있다.

$$m_\pi = \frac{h}{2\pi Rc}$$

R을 약 1.5 fm의 강력의 평균 범위와 동일시한다. 알려진 값을 사용하면 다음과 같이 계산된다.

$$m_\pi = \frac{h}{2\pi Rc} = \frac{6.626 \times 10^{-34}\,\text{J·s}}{2\pi(1.5 \times 10^{-15}\,\text{m})(3.00 \times 10^8\,\text{m/s})} = 2.34 \times 10^{-28}\,\text{kg}$$

이 질량은 전자 질량(9.1×10^{-31} kg)과 핵 질량(1.7×10^{-27} kg)의 중간 생성물이다. 질량보다는 파이온의 정지 에너지가 주어지는 것이 일반적이다.

$$E_\text{rest} = m_\pi c^2 = (2.34 \times 10^{-28}\,\text{kg})(3.00 \times 10^8\,\text{m/s})^2 = 2.11 \times 10^{-11}\,\text{J} = 130\,\text{MeV}$$

방금 설명한 과정은 모든 교환 입자에 적용된다. 일반적으로 입자의 질량 m은 다음과 같이 상호작용 범위 R과 관련이 있다.

$$m = \frac{h}{2\pi Rc} \quad \text{(힘의 매개 입자 질량, SI 단위: kg)} \tag{26.2}$$

기타 힘 및 입자

강력과 파이온에 대한 이해를 바탕으로 다른 세 가지 기본 힘(전자기력, 약력, 중력)을 입자 교환의 관점에서 설명하는 것은 타당하다. 전자기력은 광자에 의해 매개된다. 20장에서 가속된 전하가 전자기 복사를 방출한다는 것을 알았으므로 이는 그럴듯한 설명이다. 그러나 광자는 방출되고 흡수되기 때문에 대전 입자 사이를 이동하는 광자를 관찰하는 것은 불가능하다. 따라서 전자기력을 매개하는 광자를 **가상 광자**(virtual photon)라고 한다. 그림 26.5a는 두 전자의 척력에 대응하는 파인만 도표이다.

약력은 베타 붕괴 과정(25.3절)을 따르는데, 여기에서는 중성자가 양성자, 전자, 반중성미자로 붕괴하는 과정을 포함한다.

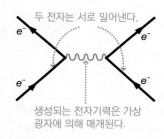

두 전자는 서로 밀어낸다.

e^- e^-

e^- e^-

생성되는 전자기력은 가상 광자에 의해 매개된다.

(a)

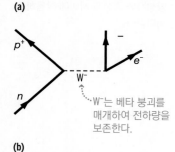

p^+ $-$ e^-

n W^-

W^-는 베타 붕괴를 매개하여 전하량을 보존한다.

(b)

그림 26.5 (a) 전자기력에 대한 파인만 도표 (b) 약력에 대한 파인만 도표

$$n \rightarrow p^+ + e^- + \bar{\nu}$$

1960년대에 물리학자들은 약력이 몇 가지 무거운 교환 입자에 의해 매개된다고 제안하였다. 1983년에 처음 관측된 입자는 W^+, W^- (전하 $+e$ 및 $-e$), 중성입자 Z^0으로 알려져 있다. W 입자의 경우 정지 에너지는 80.4 GeV이고 Z^0 입자의 경우 91.2 GeV로 매우 거대하다. 이에 비해 중성자와 양성자의 정지 에너지는 1 GeV보다 약간 작다. 그림 26.5b는 중성자 붕괴에 대한 파인만 도표이다.

그림을 완성하는 마지막 교환 입자는 중력을 매개하는 것으로 예측되는 **중력자**(graviton)이다. 중력자는 아직 관측되지 않았다. 중력은 다른 기본 힘보다 몇 배나 작기 때문에 중력자가 물질과 매우 약하게 상호작용해야 하기 때문이다. 표 26.2는 기본 힘과 이를 매개하는 입자의 주요 특성을 요약한 것이다.

표 26.2 기본 힘과 교환 입자

힘	상대적 크기	매개 입자(s)	매개자의 정지 에너지	힘의 범위
강력	1	π^0, π^+, π^-	135 MeV (π^0) 140 MeV ($\pi^\pm$)	3 fm 이하
전자기력	10^{-2}	광자	0	무한대
약력	10^{-10}	Z^0, W^+, W^-	91.2 GeV (Z^0) 80.4 GeV (W)	$\ll 1$ fm
중력	10^{-38}	중력자	0	무한대

개념 예제 26.2   광자 질량

전자기력이 무한한 거리에 걸쳐 작용한다는 사실을 이용하여 광자의 질량을 예측하여라.

풀이 식 26.2와 같이 매개 입자의 질량은 상호작용의 범위와 반대로 변한다.

$$m = \frac{h}{2\pi Rc}$$

여기서 m은 매개 입자의 질량이고 R은 범위이다. 전자기력의 경우 범위는 무한하므로 매개 입자(광자)의 질량은 0이어야 한다.

반영 이 예측은 관측된 것과 일치한다. 20장에서 광자의 질량이 0이라는 것을 알았다.

예제 26.3   약력의 범위

약력 매개 입자의 질량을 사용하여 약력의 범위를 추정하여라.

구성과 계획 식 26.2는 입자 질량 m과 상호작용 범위 R과 관계시킨다.

$$m = \frac{h}{2\pi Rc}$$

알려진 값: 정지 에너지 $m_{W^+}c^2 = m_{W^-}c^2 = 80.4$ GeV, $m_{Z^0}c^2 = 91.2$ GeV

풀이 먼저 정지 에너지를 질량으로 변환하여 SI 단위로 계산한다. 25장으로부터 환산 인자 1 u·c^2 = 931.5 MeV = 0.9315 GeV를 알고 있다. W^+와 W^-의 정지 에너지를 변환하면 다음과 같이 계산된다.

$$\frac{80.4\,\text{GeV}}{c^2} \times \frac{1\,\text{u}\cdot c^2}{0.9315\,\text{GeV}} \times \frac{1.661 \times 10^{-27}\,\text{kg}}{1\,\text{u}} = 1.43 \times 10^{-25}\,\text{kg}$$

따라서 W 입자에 의해 매개되는 약력의 범위는 대략 다음과 같다.

$$R = \frac{h}{2\pi mc} = \frac{6.626 \times 10^{-34} \text{ J} \cdot \text{s}}{2\pi (1.43 \times 10^{-25} \text{ kg})(3.00 \times 10^8 \text{ m/s})}$$

$$= 2.46 \times 10^{-18} \text{ m}$$

질량이 더 큰 Z^0 입자에 대해서도 비슷한 계산을 하면 범위가 약간 더 작아진다.

$$R = 2.16 \times 10^{-18} \text{ m}$$

반영 약력은 극도로 짧은 범위를 가지고 있다. 베타 붕괴가 단일 핵자(양성자 또는 중성자) 내에서 일어난다는 것을 고려하면 물리적으로 타당하다.

....

연결하기 이 예제의 데이터를 사용하여 약력이 발생하는 시간 간격을 결정하여라.

답 식 26.2로 이어지는 논의에서 매개 입자가 c보다 빠르지 않게 이동하는 것에 기초하여 $R = c\Delta t$를 구한다. 따라서 W의 경우 $\Delta t = R/c = 8.2 \times 10^{-27}$ s이고, Z의 경우 7.2×10^{-27} s이다. 이는 알려진 방사성 핵종의 반감기보다 훨씬 짧다.

....

확인 26.2절 네 가지 기본 힘을 매개하는 교환 입자의 질량이 큰 순서대로 나열하여라.
(a) 강력 (b) 전자기력 (c) 약력 (d) 중력

....

▎새로운 개념 검토

- 반입자는 해당 입자와 질량이 같고 전하가 반대이다. 더 미묘한 차이는 중성입자와 반입자를 구분한다.
- 기본 입자는 더 작은 입자로 나눌 수 없지만 복합 입자는 가능하다.
- 네 가지 기본 힘은 입자 교환을 통해 이루어진다.
- 파이온은 핵자 사이의 강력을 매개하고, W 입자와 Z 입자는 약력을 매개하며, 광자는 전자기력을 매개하고, 중력자는 관측되지는 않지만 중력을 매개하는 것으로 생각한다.

26.3 입자 분류

전자와 양성자, 중성자, 중성미자, 뮤온, 파이온, 광자, 그리고 약력의 매개자인 W와 Z의 많은 목록에 대해 소개하였다. 그러나 이는 일부에 불과하다! 20세기 들어 물리학자들은 훨씬 더 높은 에너지를 가진 가속기의 도움을 받아 이 목록을 크게 확장하였다. 이들은 비슷한 특성을 가진 입자들을 그룹으로 묶는 분류 체계를 개발하였다. 이 분류는 어떤 입자가 기본 입자이고 어떤 입자가 복합 입자인지 보여 준다. 또한, 입자 간의 반응을 이해하는 데 도움이 되는 보존 법칙으로 이어진다.

경입자

경입자(lepton)는 가장 가벼운 입자로, 작거나 얇다는 뜻의 그리스어 λεπτοζ(leptos)

에서 유래한 이름이다. 전자와 뮤온이 경입자이며, 가장 질량이 큰 **타우**(tau) 입자(또는 타우온(tauon))라는 세 번째 유형의 경입자가 있다. 전자, 뮤온, 타우는 모두 $-e$ 전하를 운반한다. 각각은 $+e$ 전하를 갖는 반입자를 가지고 있는데, 이러한 반입자 또한 경입자이다. 경입자와 다른 입자의 중요한 차이점은 경입자는 강력을 갖지 못한다는 것이다. 베타 붕괴에 관여하는 것에서 입증되듯이 이들은 약력뿐만 아니라 전자기적으로도 상호작용을 한다.

중성미자도 경입자이다. 26.1절에서 살펴보았듯이 베타 붕괴는 중성미자나 반중성미자의 방출을 동반하므로 전자와 전자의 중성미자 사이에는 밀접한 관계가 있다. 사실 전자, 뮤온, 타우에 해당하는 중성미자는 세 가지가 있다. 전자 중성미자 ν_e, 뮤온 중성미자 ν_μ, 타우 중성미자 ν_τ로 나타낸다. 각 중성미자에는 해당 중성미자와 같은 질량을 가진 반중성미자가 있다. 따라서 서로 다른 세 경입자와 세 중성미자가 있으며, 이 여섯 입자 각각에는 반입자가 있어 총 12개의 경입자가 있다.

표 26.3은 전자를 안정한 것으로 나타내지만, 나머지 두 경입자는 불안정하며 평균 수명이 1초보다 훨씬 짧다(한 입자의 평균 수명은 25장에서 소개한 붕괴 상수 λ의 역수이므로 반감기보다 $\ln 2$배 정도 작다). 이러한 입자는 붕괴할 때 여러 경입자를 생성한다. 예를 들어, 뮤온의 붕괴 모드는 다음과 같다.

$$\mu^- \rightarrow e^- + \nu_\mu + \overline{\nu}_e$$

나중에 경입자와 중성미자가 이런 방식으로 짝을 이루는 이유를 설명하는 보존 법칙을 소개할 것이다.

표 26.3에 세 중성미자의 수명이 나열되어 있지 않음에 주목하자. 중성미자는 더 작은 입자로 붕괴하지는 않지만 한 종류의 중성미자에서 다른 종류의 중성미자로 바뀌는 '진동'을 한다. 이 성질은 보존 법칙과 입자 반응에 대한 부분에서 더 자세히 논의할 것이다.

표 26.3 경입자와 성질

경입자 이름	기호	반입자	정지 에너지 (MeV)	평균 수명(s)	주요 붕괴 모드
전자	e^-	e^+	0.511	안정	
전자 중성미자	ν_e	$\overline{\nu}_e$	$< 2.2 \times 10^{-6}$		
뮤온	μ^-	μ^+	106	2.2×10^{-6}	$e^- \nu_\mu \overline{\nu}_e$
뮤온 중성미자	ν_μ	$\overline{\nu}_\mu$	< 0.17		
타우	τ^-	τ^+	1,780	2.9×10^{-13}	$\mu^- \nu_\tau \overline{\nu}_\mu, e^- \nu_\tau \overline{\nu}_e$
타우 중성미자	ν_τ	$\overline{\nu}_\tau$	< 15.5		

강입자

강입자(hadron)는 강력을 매개로 상호작용하는 입자이다. 전하를 띠는 강입자는 전자기력을 매개로도 상호작용한다. 이미 양성자, 중성자, 파이온 등 여러 강입자를 접해 보았다. 하지만 더 많은 강입자가 있으며, 그 중 일부가 표 26.4에 나열되어 있다.

표 26.4 강입자

입자 이름	기호	반입자	정지 에너지 (MeV)	평균 수명 (s)	주 붕괴 모드	스핀	중입자수 B	기묘도 S	맵시 C
중간자									
파이온	π^-	π^+	140	2.6×10^{-8}	$\mu^+\nu_\mu$	0	0	0	0
	π^0	자기 자신	135	8.4×10^{-17}	2γ	0	0	0	0
케이온	K^+	K^-	494	1.2×10^{-8}	$\mu^+\nu_\mu, \pi^+\pi^0$	0	0	1	0
	K_S^0	$\bar{K}_S^0$	498	9.0×10^{-11}	$\pi^+\pi^-, 2\pi^0$	0	0	1	0
	K_L^0	$\bar{K}_L^0$	498	5.1×10^{-8}	$\pi^\pm e^\mp \nu_e, 3\pi^0,$ $\pi^\pm \mu^\mp \nu_\mu,$ $\pi^+\pi^-\pi^0$	0	0	1	0
에타	η^0	자기 자신	548	5×10^{-19}	$2\gamma, 3\pi^0$ $\pi^+\pi^-\pi^0$	0	0	0	0
맵시의 D	D^+	D^-	1,870	1.0×10^{-12}	$e^+, K^\pm, K^0,$ $\bar{K}^0 +$ 기타 모드	0	0	0	1
	D^0	$\bar{D}^0$	1,865	4.1×10^{-13}	D^+와 같음	0	0	0	1
	D_S^+	$\bar{D}_S^-$	1,968	5.0×10^{-13}	여러 가지	0	0	1	1
바닥의 B	B^+	B^-	5,280	1.6×10^{-12}	여러 가지	0	0	0	0
	B^0	$\bar{B}^0$	5,280	1.5×10^{-12}	여러 가지	0	0	0	0
제이/프사이	J/ψ	자기 자신	3,097	10^{-20}	여러 가지	0	0	0	0
입실론	$\Upsilon(1S)$	자기 자신	9,460	10^{-20}	여러 가지	0	0	0	0
중입자									
양성자	p	$\bar{p}$	938.3	안정 (?)		$\frac{1}{2}$	1	0	0
중성자	n	$\bar{n}$	939.6	886	$pe^-\bar{\nu}_e$	$\frac{1}{2}$	1	0	0
람다	Λ	$\bar{\Lambda}$	1,116	2.6×10^{-10}	$p\pi^-, n\pi^0$	$\frac{1}{2}$	1	-1	0
시그마	Σ^+	$\bar{\Sigma}^-$	1,189	8.0×10^{-11}	$p\pi^0, n\pi^+$	$\frac{1}{2}$	1	-1	0
	Σ^0	$\bar{\Sigma}^0$	1,193	7.4×10^{-20}	$\Lambda\gamma$	$\frac{1}{2}$	1	-1	0
	Σ^-	$\bar{\Sigma}^+$	1,197	1.5×10^{-10}	$n\pi^-$	$\frac{1}{2}$	1	-1	0
크사이	Ξ^0	$\bar{\Xi}^0$	1,315	2.9×10^{-10}	$\Lambda\pi^0$	$\frac{1}{2}$	1	-2	0
	Ξ^-	Ξ^+	1,321	1.6×10^{-10}	$\Lambda\pi^-$	$\frac{1}{2}$	1	-2	0
오메가	Ω^-	Ω^+	1,672	0.82×10^{-10}	$\Lambda K^-, \Xi^0\pi^-$	$\frac{3}{2}$	1	-3	0
맵시 람다	Λ_C^+	Λ_C^-	2,286	2.0×10^{-13}	여러 가지	$\frac{1}{2}$	1	0	1

Review of particle physics, Particle Data Group, *Physics Letters B* **667**, 1 (2008).

강입자는 **중간자**(meson)와 **중입자**(baryon)의 두 가지로 분류된다. 표 26.4는 중간자와 중입자의 중요한 차이점을 보여 준다. 한 가지 분명한 차이점은 스핀(24장)인데, 중간자는 0이고 중입자는 1/2이다. 또한, 중입자는 **중입자수**(baryon number)가 1이며, 간단히 중입자라고 한다. 입자 반응에 대한 보존 법칙을 논의할 때 중입자수 역할을 설명할 것이다. 표 26.4에 나열된 모든 입자는 질량이 같고 전하의 부호가 반대인 반입자를 가지고 있다. 중입자수도 반대이며, 각 반입자는 중입자수 −1을 갖는다.

표 26.4에는 맵시와 기묘도라는 두 가지 성질이 나열되어 있는데, 어떤 강입자는 가지고 있고 어떤 강입자는 가지고 있지 않다. 1970년대 물리학자들은 관측된 모든 중간자와 중입자를 구별하기 위해 이 성질이 필요하다는 것을 발견하였다. 물리학자들은 강입자와 중입자가 기본적인 것이 아니라 복합적이라는 것을 알게 되었다. 이들은 쿼크로 구성되어 있으며, 그 중 2개는 매력적이고 기묘한 이름으로 명명되었고, 이것이 바로 이 특이한 이름의 양자수의 근원이다. 중입자는 쿼크 3개로 구성되며, 중간자는 쿼크 1개와 반쿼크로 구성되어 있다. 26.4절에서 쿼크에 대해 자세히 알아볼 것이다.

▶ **TIP** 중입자는 무겁다는 뜻의 그리스어 βαρύζ(baryos)에서, 중간자는 중간을 의미하는 그리스어 μέσο(meso)에서 유래하였다. 그러나 중간자 질량은 일반적으로 경입자와 중입자 사이에 있다. 표 26.4에서 볼 수 있듯이 일부 중간자는 상당히 무겁다.

보존 법칙과 입자 반응

중입자수, 맵시, 기묘도는 어떤 입자의 반응이 허용되고, 어떤 반응이 허용되지 않는지 설명하는 데 도움이 된다. 일반적으로 중입자수는 반응에서 보존된다. 기묘도와 맵시는 강력을 수반하는 반응에서는 보존되지만 약력을 수반하는 반응에서는 보존되지 않는다. 전하와 에너지는 모든 반응에서 보존된다. 여기서 중요한 것은 에너지에는 정지 에너지가 포함된다는 것이다.

예를 들어, 26.1절에서는 반응을 통한 반양성자의 생성을 고려하였다.

$$p + p \rightarrow p + p + p + \bar{p}$$

고에너지 양성자 2개가 충돌할 때 발생할 수 있다. 반응이 일어나기 전에는 단 2개의 중입자(양성자)만 존재하며, 알짜 중입자수는 1+1 = 2이다. 반응 후 중입자수는 몇 개인가? 반양성자는 중입자수가 −1이므로 알짜 중입자수는 1+1+1−1 = 2이며, 중입자수는 보존된다. 전하량도 보존되므로 충돌하는 두 양성자가 새로운 두 입자를 생성할 수 있는 충분한 에너지를 가지고 있다면 이 반응이 가능하다.

개념 예제 26.4 Λ 입자의 붕괴

람다(Λ) 입자(표 26.4)는 $\Lambda \rightarrow p^+ + \pi^-$와 $\Lambda \rightarrow n + \pi^0$ 반응을 통해 붕괴할 수 있는 대전되지 않은 무거운 중입자이다. 보존 법칙 관점에서 이 두 반응을 조사하여라.

풀이 보존 법칙을 한 번에 하나씩 고려하는 것이 가장 좋다. 에너지 보존을 위해 람다 입자의 질량이 양성자와 파이온 또는 중성자와 파이온의 총 질량보다 크다는 점에 유의해야 한다. 따라서 람다 입자는 이러한 붕괴를 위한 충분한 정지 에너지를 가지고 있다. 양성자와 π^-의 알짜 전하량은 $+e-e=0$이므로 전하량은 두 붕괴 모두에서 보존된다. 마찬가지로 중성자와 중성 파이온은 모두 전하를 띠지 않는다.

람다는 양성자와 중성자처럼 중입자수가 1이므로 각 붕괴에서 중입자수가 보존된다. 파이온은 중입자수가 0인 중간자이다. 따라서 두 반응의 양쪽에서 알짜 중입자수는 1이다. 어떤 입자도 맵시를 가지고 있지 않으므로 맵시 보존에는 문제가 없다. 람다 입자는 -1의 기묘도를 가지고 있지만 붕괴 생성물은 없다. 따라서 기묘도는 보존되지 않는다. 약력 반응에서는 기묘도가 보존될 필요가 없으므로 약력이 이 붕괴에 관여한다는 것을 나타낸다.

반영 이들은 람다 입자가 붕괴할 가능성이 있는 유일한 두 가지 모드임에 주목하자. 중입자 보존에 따르면 람다는 에너지를 보존하기 위해 람다보다 질량이 작은 다른 중입자로 붕괴해야 한다. 그러면 양성자와 중성자만 남게 된다. 양성자나 중성자의 정지 에너지만 있는 상태에서 정지 에너지로 생성될 수 있을 정도로 가벼운 중간자는 파이온뿐이다.

중입자수 보존은 양성자가 붕괴하는 것이 관측되지 않는 이유를 설명한다. 중입자수가 보존되려면 양성자가 다른 중입자로 붕괴해야 한다. 그러나 가벼운 중입자는 없기 때문에 양성자가 붕괴하여 에너지를 보존하는 것은 불가능할 것이다. 최근 몇몇 이론은 중입자수 보존이 절대적인 법칙이 아니므로 양성자가 붕괴할 수 있다고 주장한다. 실험에 따르면 양성자의 평균 수명은 10^{34}년보다 짧을 수 없으며, 양성자 붕괴가 발생하더라도 매우 드물다고 한다(우주의 나이는 10^{10}년 정도이다).

경입자수 역시 보존된다. 세 종류의 경입자에 대해 각각 다른 경입자수가 있다.

- 전자와 전자 중성미자는 전자 경입자수 $L_e = 1$을 갖는다.
- 뮤온과 뮤온 중성미자는 뮤온 경입자수 $L_\mu = 1$을 갖는다.
- 타우 입자와 타우 중성미자는 타우 경입자수 $L_\tau = 1$을 갖는다.

각 유형의 입자에 대해 서로 다른 두 경입자수는 0이다. 각 반입자는 경입자수 -1을 갖는다. 예를 들어, 양전자 e^+와 반중성미자 $\bar{\nu}_e$의 경입자수는 각각 $L_e = -1$이고, $L_\mu = L_\tau = 0$이다.

경입자 보존은 경입자를 포함하는 반응을 설명하는 데 도움이 된다. 예를 들어, 베타 붕괴를 고려해 보자.

$$n \rightarrow p^+ + e^- + \bar{\nu}_e$$

중성자와 양성자는 경입자수가 0인 강입자이다. 베타 붕괴는 경입자수가 $L_e = 1$인 전자를 생성한다. 경입자수가 보존되려면 붕괴 과정에서 $L_e = -1$인 입자가 생성되어야 하며, 총 경입자수가 처음과 같이 0이 되어야 한다. 반중성미자가 이러한 역할을 한다. 경입자수 보존의 또 다른 예는 23.3절에서 소개한 전자-양전자 쌍생성이다. 전자-양전자 쌍을 만드는 한 가지 방법은 감마선 광자의 에너지를 이용하는 것이다. 전자 하나를 만들면 경입자수 보존에 위배되지만 전자-양전자 쌍의 경입자수는 $+1$과 -1이므로 0이 된다. 전하를 보존하기 위해 양전하를 띤 다른 입자로 전자를 만들 수 있다고 주장할 수도 있지만 전자의 경입자수를 상쇄하려면 $L_e = -1$인 다른 입자가 필요하다. 양전자와 반중성미자만 $L_e = -1$을 갖는다.

개념 예제 26.5   뮤온 붕괴

보존 법칙 관점에서 뮤온 붕괴 과정 $\mu^- \rightarrow e^- + \bar{\nu}_e + \nu_\mu$를 조사하여라.

풀이 여기 입자는 모두 경입자이다. 뮤온과 전자 그리고 그에 상응하는 중성미자가 관련되어 있으므로 전자 경입자수 L_e와 뮤온 경입자수 L_μ를 모두 고려해야 한다. 적절한 수는 다음과 같다.

뮤온과 뮤온 중성미자: $L_\mu = 1$
전자: $L_e = 1$
전자 반중성미자: $L_e = -1$

따라서 뮤온 경입자수는 반응 전후 모두 $L_\mu = 1$이다. 전자 경입자수는 반응 전에는 0이고 반응 후에는 두 경입자수 L_e가 0이다. 그리고 두 경입자수는 모두 보존된다. 전하량도 보존되는데 중성미자는 전하를 띠지 않으므로 반응 전후 전하량은 $-e$로 같다.

반영 이 반응에서는 경입자만 포함하는 중입자수를 고려할 필요가 없었다. 전자는 뮤온보다 가볍고 중성미자는 거의 질량이 없기 때문에 에너지 보존에도 문제가 없다.

중성미자는 원래 질량이 없다고 여겨졌고, 만약 그렇다면 다른 경입자수에 대한 보존 법칙이 절대적으로 유지될 것이다. 그러나 이제 중성미자는 작지만 0이 아니라는 것이 명백해졌다. 이는 개별 경입자수의 보존 법칙이 때때로 위반된다는 것을 의미한다. 실제로 태양에서 생성된 중성미자는 지구로 오는 도중에 한 중성미자 유형에서 다른 유형으로 바뀌는 '진동'이 관찰되었다. 1998년에 처음 보고된 이 결과는 중성미자가 질량을 가지고 있다는 것을 확인시켜 주었다. 그러나 중성미자의 질량은 매우 작아서 이를 결정하는 실험에 따라 실험 값이 다소 달라진다. 또한, 관측된 진동으로 인해 각 중성미자 유형의 질량을 개별적으로 측정하기 어렵다. 현재 가장 좋은 추정치는 세 중성미자 정지 에너지 합이 1 eV보다 작아야 한다는 것이다.

확인 26.3절 다음 중 보존 법칙 위반에 근거하여 금지된 반응은?

(a) $\pi^- \rightarrow \mu^- + \nu_\mu$ (b) $\pi^- \rightarrow \mu^- + \nu_\mu$ (c) $\pi^+ \rightarrow \mu^+ + \nu_\mu$ (d) $\pi^+ \rightarrow \mu^+ + \bar{\nu}_\mu$

26.4 쿼크

이제 렙톤에 대해 알고 있다. 이들은 모두 기본 입자이며, 아름다운 체계에 잘 들어맞는다. 반면, 강입자는 다소 제어하기 어려워 보일 것이다! 그 이유는 강입자가 기본 입자가 아니라 **쿼크**(quark)라고 부르는 더 작은 입자로 구성되어 있기 때문이다. 쿼크 모형은 1963년 미국 물리학자 머레이 겔만(Murray Gell-Mann)과 조지 츠바이그(George Zweig)가 독자적으로 제안한 것으로, 강입자를 이해하는 데 매우 유용하다는 것이 입증되었다. 여기에서는 쿼크의 조합이 가능한 모든 강입자를 어떻게 설명하는지 살펴볼 것이다.

쿼크의 성질

표 26.5에는 6개의 쿼크와 가장 중요한 성질이 나열되어 있다. 쿼크의 분수 전하는 앞서 설명한 기본 전하 e의 배수이거나 중성인 전하량을 가진 입자와는 현저하게 차이가 있다. 그러나 하나의 쿼크를 분리하는 것은 불가능해 보이기 때문에 쿼크의 분수 전하를 직접 검출할 수는 없다. 각 쿼크는 대응하는 반대 전하를 띠는 **반쿼크**(antiquark)를 가지고 있다. 예를 들어, 위 쿼크(u)는 $2e/3$의 전하를 가지고 있고, 반 위 쿼크($\overline{u}$)는 $-2e/3$의 전하를 가지고 있다.

강입자의 구성은 다음 규칙을 따른다.

> 중입자는 반입자에 대해 3개의 쿼크 또는 3개의 반쿼크로 구성된다.
>
> 중간자는 쿼크와 반쿼크로 구성되어 있다.

예를 들어, 양성자는 위 쿼크 2개와 아래 쿼크 1개로 구성된 중입자이다(그림 26.6a). 쿼크 구성을 나타내는 표기법은 단순히 3개의 쿼크를 나열하는 것이다(uud). 이렇게 하면 양성자의 알짜전하가 예상대로 $2e/3 + 2e/3 + (-e/3) = +e$가 된다. 중성자의 쿼크 구성은 udd로, 알짜전하는 0이다(그림 26.6b). 반입자는 해당 반쿼크에서 생성된다. 따라서 반양성자는 $\overline{uud}$이고, 알짜전하는 $-2e/3 + (-2e/3) + e/3 = -e$이다. 반중성자는 $\overline{udd}$이다. 이것은 중성 입자가 어떻게 원래 입자와 다른 중성이지만 반입자를 가질 수 있는지 보여 준다.

각각 $\pm e/3$ 또는 $\pm 2e/3$ 전하를 갖는 쿼크 3개를 조합하면 대부분 $+e$, 0, $-e$ 전하

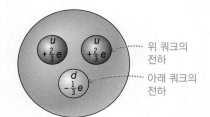

(a) 양성자

(b) 중성자

그림 26.6 (a) 양성자(uud)에 대한 쿼크 구성 (b) 중성자(udd)에 대한 쿼크 구성

표 26.5 쿼크의 성질

쿼크 이름	기호	질량 (GeV/c^2)	전하	중입자수	기묘도 S	맵시 C	바닥수 B	꼭대기수 T
위	u	0.0016~0.0030	$2e/3$	$\frac{1}{3}$	0	0	0	0
아래	d	0.0043~0.0053	$-e/3$	$\frac{1}{3}$	0	0	0	0
기묘도	s	0.090~0.10	$-e/3$	$\frac{1}{3}$	-1	0	0	0
맵시	c	1.25~1.30	$2e/3$	$\frac{1}{3}$	0	1	0	0
바닥	b	4.15~4.21	$-e/3$	$\frac{1}{3}$	0	0	-1	0
꼭대기	t	168~178	$2e/3$	$\frac{1}{3}$	0	0	0	1

반쿼크 $\overline{u}, \overline{d}, \overline{s}, \overline{c}, \overline{b}, \overline{t}$는 중입자수 S, C, B, T에 대해 반대 부호의 전하를 갖는다.

를 띠는 중입자가 생성된다는 것을 알 수 있다. 그러나 전하가 $2e/3$인 쿼크 3개를 결합하면 알짜전하가 $2e$인 중입자가 생성된다. 쿼크 구성이 uuu인 Δ^{++} 입자를 예로 들 수 있다.

중간자는 쿼크와 반쿼크의 조합이다. 파이온 π^+의 구성은 $u\bar{d}$이다(그림 26.7). 이 조합은 $2e/3 + e/3 = +e$이므로 정확한 전하량을 제공한다. 음 파이온 π^-는 $\bar{u}d$로 구성되며 π^+에 대한 반입자이다. 표 26.6은 여러 중간자와 중입자의 쿼크 구성을 보여 준다.

강입자와 관련된 반응과 붕괴를 기본적인 쿼크의 변환으로 이해할 수 있다. 중성자의 β^- 붕괴를 다시 고려해 보자.

$$n \rightarrow p^+ + e^- + \bar{\nu}_e$$

중성자의 쿼크 구성은 udd이고 양성자의 쿼크 구성은 uud이다. 전자와 중성미자는 경입자이므로 쿼크를 포함하지 않는다. 따라서 β^- 붕괴는 아래 쿼크 하나가 위 쿼크로 변환되는 것을 포함한다(그림 26.8).

파이 중간자 π^+

그림 26.7 중간자는 쿼크와 반쿼크로 구성된다. 여기에서는 쿼크 구성이 $u\bar{d}$인 π^+를 보여 준다.

개념 예제 26.6 양전자 붕괴와 전자 포획

양전자 붕괴와 전자 포획 과정에서 발생하는 쿼크 변환에 대해 논하여라.

풀이 25장에서 양전자 붕괴는 양성자가 중성자로 변하고 양전자의 방출을 동반하는 것으로 볼 수 있음을 기억하여라. 경입자 보존(26.3절)에 따르면 중성미자도 방출되므로 이 과정은 다음과 같다.

$$p^+ \rightarrow n + \beta^+ + \nu_e$$

양전자와 중성미자는 쿼크를 포함하지 않는다. 양성자를 중성자로 바꾸면 쿼크의 변화가 수반된다($uud \rightarrow udd$). 이는 위 쿼크가 아래 쿼크로 바뀐 것처럼 보인다. 마찬가지로 전자 포획은 다음과 같이 볼 수 있다.

$$p^+ + e^- \rightarrow n + \nu_e$$

여기서 경입자 보존에 의해 다시 중성미자가 필요하다. 쿼크 변환은 $uud \rightarrow udd$이며, 이는 다시 위 쿼크가 아래 쿼크로 변환한다는 것을 나타낸다.

반영 양전자 붕괴와 전자 포획이 동일한 기본 과정을 포함한다는 것은 놀라운 일이 아니다. 더 큰 규모에서는 둘 다 양성자에서 중성자로 변환되는 것을 포함하기 때문이다. 25장에서 이 두 과정은 상대적으로 양성자가 풍부하고 안정성에 접근하기 위해 양성자를 중성자로 바꿔야 하는 핵에서 일어날 가능성이 높다는 것을 배웠다.

표 26.6 몇 가지 중입자와 중간자의 쿼크 구성

중입자	쿼크 구성	중간자	쿼크 구성
p^+	uud	π^+	$u\bar{d}$
n	udd	π^-	$\bar{u}d$
Λ	uds	K^+	$u\bar{s}$
Σ^+	uus	K^0	$d\bar{s}$
Σ^0	uds	D^+	$c\bar{d}$
Ξ^0	uss	D^0	$c\bar{u}$
Ξ^-	dss	B^+	$u\bar{b}$
Ω^-	sss	B^0	$d\bar{b}$
Λ_C^+	udc	γ	$b\bar{b}$
Δ^{++}	uuu	J/Ψ	$c\bar{c}$
Δ^+	uud	B_S^0	$s\bar{b}$
Δ^0	udd	B_C^0	$c\bar{b}$
Δ^-	ddd	φ	$s\bar{s}$

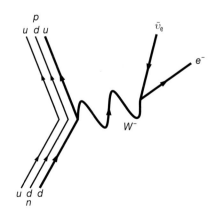

그림 26.8 베타 붕괴에 대한 파인만 도표. 이 과정에서 아래 쿼크가 위 쿼크로 변환되는 것을 보여 준다.

개념 예제 26.7　Λ 붕괴

개념 예제 26.4에서 람다 입자(중입자)의 붕괴 가능성 $\Lambda \to p^+ + \pi^-$를 살펴보았다. 이 붕괴와 그에 따른 붕괴에서의 쿼크 변환을 설명하여라.

풀이 표 26.6에서 Λ의 쿼크 구성은 uds이다. 양성자의 쿼크 구성이 uud이고 음의 파이온의 쿼크 구성도 $\bar{u}d$임을 알고 있다. 따라서 붕괴 $\Lambda \to p^+ + \pi^-$의 근본적인 변환은 uds에서 uud와 $\bar{u}d$로 변환된다. 이는 기묘 쿼크가 아래 쿼크로 변하고 한 쌍의 $u\bar{u}$가 생성되는 것으로 상상할 수 있다. 쿼크와 반쿼크가 만들어졌을 때 보존 법칙에는 아무런 문제가 없다. 보존된 (전하를 포함한) 모든 수가 제거되기 때문이다.

2차 붕괴는 표 26.4에서 볼 수 있는 파이온 붕괴이다.

$$\pi^- \to \mu^- + \bar{\nu}_\mu$$

흥미로운 점은 π^-(쿼크 구성 $\bar{u}d$)가 쿼크를 포함하지 않는 경입자로 대체된다는 점이다. (β^- 붕괴에서와 같이) 아래 쿼크가 위 쿼크로 바뀌고, 그 결과 $u\bar{u}$ 쌍이 소멸되는 것으로 생각할 수 있다.

반영 마지막 단계에서 소멸되는 $u\bar{u}$ 쌍은 원래 람다(Λ) 붕괴에서 이 쌍이 생성된 것과 반대라는 점에 유의하여라.

색

쿼크는 반정수 스핀을 가지므로 파울리 배타 원리를 따른다. 그렇다면 어떻게 양성자(uud) 안에 위 쿼크 2개가 존재할 수 있으며, 동일한 양자수 집합을 가질 수 있을까? 어떻게 중성자(udd) 안에 아래 쿼크가 2개나 있을 수 있을까? 답은 동일한 두 쿼크를 구별하는 또 다른 특성에 있다. **양자 색역학**(quantum chromodynamics, QCD)에 따르면 각 쿼크는 빨간색(R), 초록색(G), 파란색(B)으로 지정된 '색'을 가지고 있다. 이는 단지 이름일 뿐 시각적인 색깔과는 아무런 관련이 없다고 강조한다. 반쿼크는 반빨간색($\bar{R}$), 반초록색($\bar{G}$), 반파란색($\bar{B}$)의 세 가지 색깔로 나온다. 이 색깔 비유가 유용한 이유는 세 가지 색이 서로 상쇄되어 무색의 중입자가 남는데, 이는 백색광이 모든 색의 혼합으로 만들어지는 것과 유사하기 때문이다(20장). 모든 중입자는 세 가지 색의 쿼크를 포함하고 있으므로 각 중입자는 무색이다. 마찬가지로 중간자 안의 쿼크와 반쿼크는 같은 종류(예: $R\bar{R}$)이어야 하며, 이 또한 상쇄되어 무색의 입자가 형성된다.

양자 색역학은 쿼크가 결합하여 중간자와 중입자를 형성하는 것을 설명한다. 전하와 유사하게 같은 색의 쿼크는 반발하고 다른 색의 쿼크는 끌어당긴다. 이는 중간자에서 쿼크와 반쿼크의 결합과 중입자에서 세 쿼크의 결합을 설명한다. 쿼크 사이의 힘의 매개자는 **글루온**(gluon)이라는 입자이다. 강력 또는 핵력이라고 부르는 핵자를 묶는 힘은 사실 쿼크 사이의 색력이 남은 것으로 나타난다.

쿼크에 대한 이해는 지난 60년 동안 이론물리학과 실험물리학의 놀라운 성과이

다. 특히 개별적인 자유 쿼크는 관측할 수 없기 때문에 더욱 그렇다. 고에너지 입자
가 강입자에서 쿼크를 떼어낼 수 있을 것이라고 생각할 수도 있다. 하지만 쿼크 분리
가 증가함에 따라 쿼크 사이의 색력이 실제로 **강화되기** 때문에 불가능하다. 개념 예
제 26.7에서 본 것처럼 입자가 충분한 에너지를 가지고 있다면 새로운 쿼크-반쿼크
쌍이 생성될 수 있지만 쿼크 하나를 떼어낼 수는 없다. 이 실험적 사실을 **쿼크 구속**
(quark confinement)이라고 한다. 쿼크 구속에도 불구하고 고에너지 산란 실험을 통
해 쿼크의 특성이 밝혀졌다.

표준 모형

경입자와 쿼크 관점에서 물질을 기술하는 것을 **표준 모형**(standard model)이라 한
다. 표준 모형은 그림 26.9와 같이 6개의 쿼크와 6개의 경입자를 **계열**(family)과 **세
대**(generation)로 분류한다. 21세기의 '주기율표(periodic table)'에는 12개의 기본 입
자만 포함되어 있다. 물론 각 쿼크와 경입자의 반입자도 있다. 그리고 힘을 매개하는
입자, 즉 전자기력의 광자, 약력의 W 입자와 Z 입자, 색력의 글루온 입자가 있다. 중
력의 매개 입자로 중력자를 추측했지만 중력은 표준 모형에 포함되지 않는다. 중력
을 다른 힘에 적용하는 양자 기반 설명에 통합시키는 것은 물리학의 막강하고 지속
적인 과제이다.

쿼크 계열		경입자 계열		세대
u	d	e^-	ν_e	I
c	s	μ^-	ν_μ	II
t	b	τ^-	ν_τ	III

그림 26.9 쿼크와 경입자의 계열별, 세대
별 분류. 표의 각 입자에는 표시되지 않은
반입자가 있다.

　계열과 세대의 중요성을 이해하려면 표 26.3과 표 26.5에 나열된 입자 특성을 고
려해야 한다. 예를 들어, 첫 번째 계열 (u, c, t)의 쿼크는 모두 $+2e/3$의 전하를 가지
며, 다른 계열 (d, s, b)의 쿼크는 모두 $-e/3$의 전하를 갖는다. 두 경입자 계열은 비
슷한 전하 특성을 가지는데, 계열의 구성원인 e, μ, τ는 $-e$의 전하를 띠고 중성미자
는 중성이다. 다음 세대의 쿼크와 렙톤은 점점 더 거대해진다. 정상 물질은 1세대 입
자에서 완전히 만들어진다. 2세대와 3세대 쿼크와 경입자는 1세대 입자로 붕괴한다.
쿼크와 경입자 족은 쿼크가 항상 중입자나 중간자를 형성하는 조합에서 발견되는 반
면, 경입자는 항상 개별적으로 발견되며 다른 아원자 입자를 형성하기 위해 결합하
지 않는다는 사실로 구별된다.

확인 26.4절 다음 중 쿼크가 한 색에서 다른 색으로 변환하는 반응을 모두 골라라.

(a) $\mu^- \rightarrow e^- + \bar{\nu}_e + \nu_\mu$ 　　(b) $n \rightarrow p^+ + \beta^- + \bar{\nu}_e$
(c) $\Xi^+ \rightarrow \Lambda^0 + \pi^+$ 　　　　(d) $K^- \rightarrow \mu^- + \pi^0$

26.5 입자 가속기

이 장에서 설명한 대부분의 입자는 붕괴 시간이 짧다(표 26.4). 일부 입자는 고에너
지 우주선에 의해 잠깐 생성되기는 하지만 일반적으로 자연계에서는 발생하지 않으
며, 물리학자들은 이를 통해 입자와 입자의 상호작용을 연구할 수 있다. 입자물리학

의 주요 실험 도구는 아원자 입자를 고도의 상대론적인 에너지로 끌어올리는 가속기이다. 여기에서는 다양한 입자 가속기와 그 기능에 대해 설명할 것이다. 이미 다른 장에서 주요 유형의 입자 가속기를 설명한 적이 있으며, 이 설명을 바탕으로 진행할 것이다.

선형 가속기

가장 간단한 설계는 **선형 가속기**(linear accelerator, **linac**)이다(16.2절 참조). 전기장은 진공관을 따라 대전된 입자를 가속시킨다. 기본 전하 e를 가진 입자는 전위차가 발생할 때마다 운동 에너지 1 eV를 얻는다. 따라서 100 MeV 가속기는 100 MeV의 전자 또는 양성자를 생산할 수 있다. 즉, 입자는 각각 100 MeV의 운동 에너지를 갖는다. 가장 에너지가 높은 리낙(linac)은 스탠포드 선형 가속시 센터(Stanford Linear Accelerator Center, SLAC)로 길이가 약 3 km이고 50 GeV의 전자를 생산한다. 전자의 정지 에너지와 비교하면 엄청나지만 다른 종류의 가속기에서 생산되는 에너지에 비하면 그다지 높지 않다.

예제 26.8   높은 에너지 전자의 속력

SLAC의 50 GeV 리낙에서 전자의 속력은 얼마인가? 답을 빛의 속력으로 나타내어라.

구성과 계획 이 운동 에너지는 전자의 정지 에너지(0.511 MeV)보다 훨씬 높으므로 여기서 상대성은 필수적이다. 20장에서 유용한 상대론적 관계는 $E = K + E_0$와 $E = \gamma mc^2$이며, 여기서 상대론적 인자는 $\gamma = 1/\sqrt{1 - v^2/c^2}$이다.

알려진 값: 전자 정지 에너지 $mc^2 = 0.511$ MeV, K = 50 GeV

풀이 이 경우 $K \gg E_0$이므로 좋은 근사치는 $E = K + E_0 \approx K$이다. $E = \gamma mc^2$을 이용하여 상대론적 인자를 푼다.

$$\gamma = \frac{E}{mc^2} = \frac{5.0 \times 10^{10}\,\text{eV}}{5.11 \times 10^5\,\text{eV}} = 9.78 \times 10^4$$

이제 $\gamma = 1/\sqrt{1 - v^2/c^2}$을 v에 대해 풀면 다음을 얻는다.

$$\gamma^2 = 1/(1 - v^2/c^2)$$
$$v^2/c^2 = 1 - 1/\gamma^2 = 1 - \frac{1}{9.56 \times 10^9} = 0.999\,999\,999\,895$$
$$v = (0.999\,999\,999\,948)c$$

반영 이 값은 빛의 속력에 매우 가깝다!

연결하기 이 가속기에서 양성자의 속력은 전자보다 더 빠른가, 느린가? 아니면 같은가?

답 양성자는 전자보다 더 많은 질량(그리고 더 많은 정지 에너지)을 가지고 있기 때문에 같은 에너지가 주어졌을 때 더 느리게 이동한다. 하지만 아주 조금 느릴 뿐이다! 양성자 정지 에너지인 938 MeV로 다시 계산하면 $v = 0.99982c$가 된다.

사이클로트론과 싱크로트론

18.3절에서 **사이클로트론**(cyclotron)과 **싱크로트론**(synchrotron)에 대해 설명하였다. 둘 다 자기장을 사용하여 진공관의 원형 경로를 따라 대전된 입자를 '조종(steer)'하는 반면, 전기장은 입자의 에너지를 증가시킨다. 사이클로트론에서는 기계 전체에

자기장을 채워야 하므로 고에너지 기계는 실용적이지 않고 비용이 많이 든다. 기본적으로 사이클로트론은 입자의 원운동 진동수(식 18.5)와 입자 에너지가 무관하며, 비상대론적 에너지에만 해당된다. 사이클로트론은 의료 진단용 방사성 동위원소 생산과 같은 응용 분야에 유용하지만 고에너지 입자물리학을 생산하는 데는 실행 가능한 장비가 아니다.

싱크로트론에서는 고정된 반지름의 큰 고리가 대전 입자를 운반한다. 자기장은 장비 전체를 둘러싸고 있는 영역이 아니라 얇은 고리 자체 내에서만 필요하기 때문에 사이클로트론보다 고리를 훨씬 크게 만들 수 있다. 또한, 입자 에너지의 증가에 따라 자기장을 변화시키는 것이 쉽다. 일리노이에 있는 페르미 국립 연구소(Fermilab)에 잘 알려진 싱크로트론이 있다. 반경이 1.0 km인 이 장치는 양성자를 1 TeV(10^{12} eV)까지 가속시켰다. 1 TeV 에너지를 달성하자 이 장치는 '테바트론(tevatron)'이라고 불렸다. 테바트론은 1995년 꼭대기 쿼크를 식별하는 역할을 했으며, 2011년에 폐쇄되었다.

세계에서 가장 큰 가속기는 스위스와 프랑스 국경의 CERN 시설에 있는 싱크로트론인 LHC(Large Hadron Collider)이다. 반경이 4.3 km인 LHC는 양성자를 7 TeV까지 가속시킨다. 반대 방향의 양성자 빔이 충돌하여 14 TeV의 유효 충돌 에너지가 생성된다. 거대한 탐지기는 이러한 충돌에서 생성된 여러 입자의 에너지와 궤적을 측정한다. 컴퓨터는 매초 발생하는 10억 건의 충돌을 분석하여 새롭거나 특이한 현상을 찾는다. 2012년 물리학자들은 LHC를 사용하여 힉스 보손의 존재를 확인하였다.

정지 표적과 충돌 빔

초기 가속기는 고에너지 입자 빔을 정지된 표적에 충돌시켰다. 그러나 충돌하는 빔은 더 큰 유효 에너지를 갖는다. 충돌하는 두 입자의 운동 에너지가 각각 K라면 새로운 입자를 만드는 데 사용할 수 있는 총 에너지는 $2K$이다. 정지된 표적의 경우, 운동량 보존은 상호작용하는 입자의 질량 중심이 운동을 계속해야 하며, 이는 새로운 입자를 만들거나 반응을 시작하는 데 사용할 수 있는 에너지를 감소시킨다(그림 26.10). 상대론적 동역학을 이용하면 질량이 m_1, 운동 에너지가 K인 입사 입자가 질량이 m_2인 정지된 표적 입자에 충돌할 때 사용할 수 있는 에너지는 다음과 같다.

$$E = \sqrt{(m_1c^2 + m_2c^2)^2 + 2m_2c^2K} \tag{26.3}$$

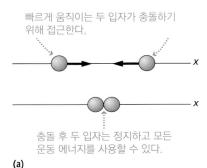

빠르게 움직이는 두 입자가 충돌하기 위해 접근한다.

충돌 후 두 입자는 정지하고 모든 운동 에너지를 사용할 수 있다.

(a)

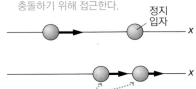

빠르게 움직이는 입자는 정지한 입자와 충돌하기 위해 접근한다.

정지 입자

입자는 충돌 후에도 계속 움직이므로 원래 운동 에너지의 일부만 사용할 수 있다.

(b)

그림 26.10 (a) 서로 마주 보는 충돌 과정 (b) 같은 방향으로의 충돌 과정

예제 26.9 정지 표적 대 충돌 빔

다음 두 경우에 1.0 TeV 양성자 가속기에서 사용 가능한 에너지를 비교하여라.
(a) 1.0 TeV인 양성자 2개가 정면으로 충돌할 때

(b) 1.0 TeV 양성자가 정지 표적에서 다른 양성자와 충돌할 때

구성과 계획 운동 에너지가 K인 입자를 각각 충돌시키는 경우, 사용 가능한 총 에너지는 $2K$이다. 정지된 표적 실험의 경우 에

너지는 식 26.3에 의해 주어진다.

$$E = \sqrt{(m_1c^2 + m_2c^2)^2 + 2m_2c^2K}$$

알려진 값: 양성자 정지 에너지 $mc^2 = 938$ MeV $= 0.938$ GeV, $K = 1.0$ TeV $= 1,000$ GeV

풀이 여기서 모든 에너지를 GeV로 표현하는 것이 편리하다. 충돌 빔의 총 에너지는 $2K = 2,000$ GeV이다. 정지 표적 실험 은 다음과 같이 계산한다.

$$E = \sqrt{(m_1c^2 + m_2c^2)^2 + 2m_2c^2K}$$

$$= \sqrt{(0.938 \text{ GeV} + 0.938 \text{ GeV})^2 + 2(0.938 \text{ GeV})(1,000 \text{ GeV})}$$

$$= 43.4 \text{ GeV}$$

반영 충돌하는 빔은 정지 표적 실험의 거의 50배에 달하는 에 너지를 제공한다.

연결하기 SLAC의 50 GeV 전자가 정지한 양성자와 충돌할 때 사용할 수 있는 에너지는 얼마인가?

답 식 26.3을 사용하면 답은 9.7 GeV이다.

▶ **TIP** 전자와 양전자처럼 반대로 대전 된 입자는 자기장에서 반대 방향으로 휘 어진다. 따라서 반대로 대전된 입자는 싱 크로트론 고리를 반대 방향으로 통과한다.

앞의 예는 충돌하는 빔이 더 많은 에너지를 만들어낸다는 것을 보여 준다. 반면, 입자 빔을 충돌시키는 것은 상당한 기술력을 필요로 한다. 서로를 향해 총알을 발사 하고 명중하기를 바란다고 상상해 보자. 싱크로트론은 대전 입자의 반대 방향 빔이 둘레가 수 킬로미터에 달하는 얇은 관 주위를 반복적으로 돌면서 단단히 뭉쳐 있기 때문에 그 자체로 놀라운 장치이다. 대부분 빔은 단지 서로를 통과하기만 하지만, 탐 지기 영역에서 통계적으로 의미 있는 결과를 얻을 수 있을 만큼 충분한 충돌이 발생 한다.

싱크로트론의 가장 큰 문제점은 입자가 전자기 복사에 의해 지속적으로 에너지를 잃는다는 것이다(20장). 소위 **싱크로트론 복사**(synchrotron radiation)는 원운동이 가 속도를 수반하고(3장), 가속된 전하가 전자기파를 방출하기 때문이다(20장). 어느 시 점이 되면 돌고 있는 전하는 가속기에서 얻은 만큼의 에너지를 방출하므로 운동 에 너지는 더 이상 증가할 수 없다. 선형 가속기는 손실이 크지 않기 때문에 물리학자들 은 0.5~1 TeV를 낼 수 있는 30~50 km 길이의 리낙(linac)인 국제 선형 충돌기(ILC) 를 제작할 것을 제안하였다.

26.6 입자와 우주

가속기는 아원자 입자와 그 상호작용을 조사한다. 이는 또한 '타임머신(time ma-chine)'으로서 우주의 시작을 알린 **빅뱅**(Big Bang) 사건 직후에 존재했던 조건을 재 창조한다. 지난 수십 년은 물리학자들이 극소량의 아원자 입자와 우주 전체 사이의 연관성을 밝혀내면서 우주와 우주 진화에 대한 연구인 물리학과 우주론에 있어 흥미 로운 시기였다.

우주가 급속한 팽창을 특징으로 하는 뜨겁고 밀도가 높은 상태, 즉 **빅뱅**에서 시작 되었다는 강력한 증거가 있다. 크게 보면 우주의 진화는 이러한 팽창과 그에 따른 냉 각에 관한 이야기이다. 처음에는 너무 뜨거워서 열에너지가 너무 높아 가장 단순한 복합 입자조차 형성할 수 없었다. 그러나 우주가 냉각되면서 양성자와 중성자, 핵, 원자, 별, 은하, 행성, 생명체, 의식이 있는 뇌 그리고 일상 세계의 다른 모든 것 등 훨씬 더 복잡한 구조가 생겨났다. 이러한 행성 중 하나 이상에 구축한 입자 가속기는 초기 우주에 만연했던 고에너지 조건을 재현하여 우주 초기의 모습을 엿볼 수 있게 해 준다. 이번에는 우주의 기원과 진화에 대한 현재의 이해를 검토할 것이다.

우주 팽창

20장에서 천문학자 에드윈 허블(Edwin Hubble)이 빛의 도플러 이동을 이용하여 우주가 팽창하고 있다는 결론을 내린 방법에 대해 주목하였다. 허블은 여러 은하에 대한 도플러 이동과 거리를 측정하여 먼 은하들이 거리에 비례하는 속력으로 멀어지고 있다는 사실을 발견하였다. 그림 26.11은 이 **허블 관계**(Hubble relation)의 현대적인 도표로, 간단한 방정식으로 표현된다.

$$\nu = HR \quad \text{(허블 관계)} \tag{26.4}$$

여기서 H는 우주가 팽창하는 10억 년 단위로 점진적으로 변하는 **허블 매개변수**(Hubble parameter)이다. 현재 값은 **허블 상수**(Hubble constant) H_0이며, 최근 측정된 값은 68~74 km/s/Mpc이다. 여기서 거리 단위는 3.26광년 또는 3.09×10^{22} m에 해당하는 메가파섹(Mpc)이다.

허블 팽창은 먼 은하계가 모두 우리로부터 멀어지고 있기 때문에 우리가 우주의 중심에 있다는 것을 암시할 수 있다. 그러나 다른 은하계의 관측자도 같은 것을 볼 것이다. 현재 대부분의 우주론자들이 생각하는 것처럼 우주가 영원히 확장된다면 '중심'이라는 문제는 없다. 우주가 유한하다면 일반 상대성 이론에 의해 우주가 풍선처럼 닫힌 이차원 표면의 사차원 유사체임을 알 수 있다. 그림 26.12는 풍선이 팽창함에 따라 은하계를 나타내는 각 점이 거리에 비례하는 속력으로 멀어지는 것을 보여 준다.

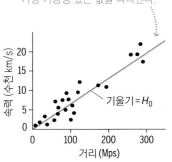

이 직선의 기울기는 허블 상수에 대한 가장 가능성 있는 값을 나타낸다.

기울기 = H_0

그림 26.11 많은 은하들의 거리 대 후퇴 속력을 보여 주는 현대의 허블 도표. 기호는 은하 거리를 측정하는 데 사용되는 다양한 기법을 나타낸다.

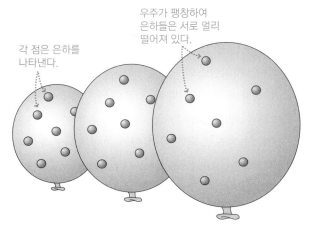

각 점은 은하를 나타낸다.

우주가 팽창하여 은하들은 서로 멀리 떨어져 있다.

그림 26.12 유한한 범위의 팽창하는 우주에 대한 비유. 풍선의 이차원 표면은 실제 우주의 사차원(x, y, z, t)을 나타낸다.

허블 상수의 일반적인 현재 값인 $H_0 = 71$ km/s/Mpc을 사용하여 우주의 나이를 년 단위로 계산하여라. 은하계가 항상 현재 속력으로 멀어지고 있다고 가정하자.

구성과 계획 빅뱅 이론에서 우주는 오늘날 관측 가능한 한 지점에서 시작된다. 허블 관계를 사용하여 그 시점이 언제인지 알아낼 수 있다. 속력이 변하지 않았다면 현재 거리 R만큼 떨어져 있는 두 은하는 빅뱅 이후로 $v = H_0 R (H = H_0)$인 허블 관계(식 26.4)의 속력으로 움직이고 있었을 것이다. 따라서 시간 $T = R/v$ 동안 움직였다. 허블 관계에 v를 대입하면 은하가 함께 있었던 이후의 시간에 대해 $T = 1/H_0$을 얻을 수 있다. 이 식에 R이 없으므로 어떤 은하 쌍에도 적용된다. 따라서 관측된 모든 우주는 이 시점에 동일한 지점에 있었을 것이므로 T는 우주의 나이에 대한 추정치이다. 혼합된 단위인 H_0을 사용하면 모두 SI 단위로 환산해야 한다.

알려진 값: $H_0 = 71$ km/(s·Mpc), 1 Mpc $= 3.09 \times 10^{22}$ m

풀이

$$T_{universe} = \frac{1}{H_0} = \frac{1 \text{ s·Mpc}}{71 \text{ km}} \times \frac{1 \text{ km}}{1,000 \text{ m}} \times \frac{3.09 \times 10^{22} \text{ m}}{1 \text{ Mpc}}$$
$$= 4.35 \times 10^{17} \text{ s}$$

1 year(y) $= 3.16 \times 10^7$ s이므로 다음을 얻는다.

$$T_{universe} = 4.35 \times 10^{17} \text{ s} \times \frac{1 \text{ y}}{3.16 \times 10^7 \text{ s}} = 1.38 \times 10^{10} \text{ y}$$

즉, 138억 년이다.

반영 이 값은 좋은 추정치이지만 정확한 것으로 간주하면 안 된다. 허블 상수와 우주의 나이 사이의 정확한 관계는 우주 팽창이 시간에 따라 어떻게 변하는지에 따라 달라진다.

연결하기 빛의 속력 c에 가까운 속력으로 움직인다고 가정할 때, 가장 먼 은하는 얼마나 멀리 있는가?

답 빛의 속력으로 움직이는 물체는 매년 1광년씩 간다. 계산에 따르면 138억 년 동안 움직이고 있으므로 이제 138억 광년 떨어져 있는 것이다. 이 거리는 우리가 볼 수 있는 우주의 가장자리를 정의한다.

우주 마이크로파 배경복사

20세기 중반까지 빅뱅은 우주 팽창을 포함하면서도 우주의 시작이 없다고 주장하는 대안 이론과 경쟁하였다. 하지만 1960년대의 한 발견으로 인해 이러한 대안 이론은 설득력을 잃고 현대 우주론의 견고한 토대를 마련하였다. 1963~1965년 벨 연구소(현재 노키아 벨 연구소)의 전파 천문학자 아르노 펜지아스(Arno Penzias)와 로버트 윌슨(Robert Wilson)은 모든 방향에서 오는 것처럼 보이는 약 1 mm의 파장을 가진 배경 신호를 발견하였다. 펜지아스와 윌슨은 이 신호를 전파 '잡음'으로 제거하려는 시도가 실패한 후, 이 신호가 우주 전체에서 온다는 결론을 내렸다. 인근 프린스턴 대학의 물리학자 로버트 디케(Robert Dicke)는 뜨거운 빅뱅에서 나온 고에너지 복사선이 우주가 현재 약 3K의 온도로 냉각될 것이라고 예측하였다. 디케의 예측은 관측된 **우주 마이크로파 배경복사**(cosmic microwave background, CMB)에 대한 설명을 제공하였다. 이는 원래 고온에 해당하는 짧은 파장을 가진 흑체 복사라고 생각할 수 있다. 이 복사는 우주가 팽창하면서 극심한 적색변이를 겪었고, 지금은 더 긴 파장의 마이크로파 복사로 나타난다.

정량적 증거가 이러한 생각을 뒷받침하였다. 23장에서 온도 T의 광원으로부터 단위 파장당 흑체 복사량은 빈의 법칙 $\lambda_{max}T = 2.898 \times 10^{-3}$ m·K에 의해 주어진 파장 λ_{max}에서 최대임을 알고 있다. 면밀한 측정 결과 우주 마이크로 배경복사의 파장은 $\lambda_{max} = 1.06$ mm로, 2.73 K의 온도에 해당하며, 이 온도에 대한 측정값과 흑체복사 곡선 사이의 적합성이 매우 뛰어나다(그림 26.13). 우주 마이크로 배경복사는 빅뱅이 일어난 지 약 38만 년 후 우주가 약 3,000 K로 냉각되었을 때 시작되었다. 그 시점에서 전자는 이전에 만연했던 높은 열에너지에서의 충돌을 통해 방해받지 않고 양성자와 결합하여 수소 원자를 만들 수 있었다. 원자의 형성은 우주가 처음으로 대부분 중성 입자로 구성되었다는 것을 의미하였다. 이전에 지배적이었던 대전 입자는 전자기파와 강하게 상호작용하므로 우주는 본질적으로 불투명하였다. 그러나 중성 원자가 형성되면서 우주는 투명해졌다. 그 당시 존재했던 광자는 이후 상호작용을 거의 하지 않고 우주 전체를 이동할 수 있게 되었다. 이제 더 긴 파장과 더 낮은 에너지로 이동한 광자들이 우주 마이크로파 배경복사를 구성한다.

　CMB는 모든 방향에서 나오며, 놀랍도록 균일하다. 가까운 은하단에 대한 우리 은하의 움직임을 빼면 CMB 흑체 곡선(그림 26.13)에서 추론된 겉보기 온도는 하늘의 방향에 따라 10만분의 1 정도밖에 차이가 나지 않는다. 그러나 이 작은 변화에는 CMB의 기원인 38만 년 전으로 거슬러 올라가는 초기 우주에 대한 풍부한 정보가 담겨 있다. 오늘날 관측하는 은하단, 성단, 초성단의 대규모 구조로 이어진 태초의 밀도 변동은 CMB 변형으로 암호화된다. 초기 우주를 통해 울려 퍼진 음파의 흔적도 마찬가지이며, 이를 통해 빅뱅 진화의 세부 사항을 추론하고 확인할 수 있다. 이러한 세부 사항 중에는 **인플레이션**(inflation)이라고 부르는 매우 빠른 팽창 주기가 있는데, 우주가 생긴 지 약 10^{-35}초 이후에 발생한 것으로 오늘날 우주의 몇 가지 필수적인 특징을 설명한다. 우주 마이크로파 배경복사에 대한 연구는 우주론을 모호한 과학에서 우주의 나이와 같은 수치를 몇 퍼센트 이내로 정확히 파악할 수 있는 정확한 과학으로 발전시켰다.

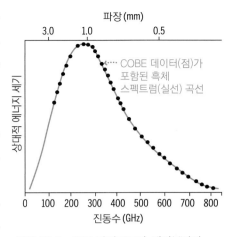

그림 26.13 우주 마이크로파 배경복사와 스펙트럼은 2.73 K의 흑체와 거의 완벽하게 일치한다. 데이터는 우주 배경 탐사선 (COBE)에서 나온 것이다.

입자물리학과 우주론

입자물리학을 다루는 장에서 빅뱅과 대규모 우주에 대해 이야기하는 이유는 무엇일까? 입자물리학은 허블 팽창 및 우주 마이크로 배경복사와 함께 우주의 진화를 이해하는 데 도움이 되는 현대 우주론의 '세 번째 다리(third leg)'이기 때문이다. 25장에서 이미 핵물리학이 우주의 전반전 동안 확립된 헬륨 대 수소 비율을 포함하여 화학 원소의 기원과 풍부함을 설명하는 방법을 살펴보았다. 입자물리학은 높은 열에너지가 가속기 실험에서와 같은 반응을 일상화했던 시대로 더욱 밀어낸다. 첫 마이크로초 이전의 조건에는 오늘날 우주에 존재하는 구조의 '씨앗(seed)'이 담겨 있었기 때문에 초기 순간의 입자 상호작용을 이해하는 것은 이후 우주의 진화를 도표로 작성하는 데 매우 중요하다. 예를 들어, 브룩헤이븐 국립연구소의 상대론적 중이온 충돌기 (Relativistic Heavy Ion Collider, RHIC)는 100 GeV 금 이온을 충돌시켜 쿼크들로 이루어진 수프와 이들을 묶는 힘을 매개하는 글루온인 '쿼크–글루온 플라즈마'를 만드는데, 이는 온도가 약 10^{12} K였을 때 불과 1마이크로초 정도밖에 되지 않는 우주의 특징이다. 이러한 실험과 다른 많은 입자물리학 실험은 빅뱅 진화에 대한 세부사항을 확인하고, 반대로 현대 우주론은 입자물리학을 조명한다.

입자물리학은 입자 자체에 관한 것만큼이나 입자 사이의 힘에 관한 것이기도 하다. 오늘날 네 가지 기본 힘이 있다고 하지만 물리학자들은 적어도 세 가지 힘, 즉 전자기력, 약력, 강력이 하나의 힘의 표현이며, 충분히 높은 에너지에서는 이 세 가지가 하나가 된다고 믿는다. 실제로 이러한 전자기력과 약력의 **통일**(unification)은 20세기 후반에 W 입자와 Z 입자의 발견을 통해 이론적으로나 실험적으로 입증되었다. '전기약력(electroweak)'과 강력의 통일에 대한 직접적인 증거는 현재 우리의 가능한 에너지의 수십 배를 필요로 하지만, 21세기 입자 가속기는 이러한 통일을 위한 간접적인 증거를 제공할 수도 있다. 그림 26.14는 기본 힘이 통일된 시기와 온도를 포함한 우주의 진화를 요약한 것이다.

중력은 또 다른 이야기이다. 아인슈타인의 일반 상대성 이론은 중력을 연속적인 시공간의 곡률로 설명한다. 이 그림을 양자물리학과 조화시키는 것은 대단히 어려운 일이었다. 중력을 다른 힘과 병합하려는 한 가지 시도는 **끈 이론**(string theory)으로, 자연의 기본 실체를 입자가 아닌 작은 끈 같은 고리로 취급한다. 고리의 진동은 알려진 입자와 일치해야 하므로 끈 이론은 입자가 질량을 갖는 이유라는 또 다른 난제를 설명할 수 있다. 그러나 끈 이론은 여러 가지이며, 그 중 어떤 이론도 우주를 설명할 수 있는지는 명확하지 않다. 게다가 현재로서는 실험적으로 검증할 수 있는 이론도 없다. 끈 이론이 기본 물리학에 대한 유익한 접근법인지 아닌지는 시간이 지나면 알 수 있다. 물리학자들은 일반 상대성 이론과 양자물리학의 궁극적인 통합을 통해 물

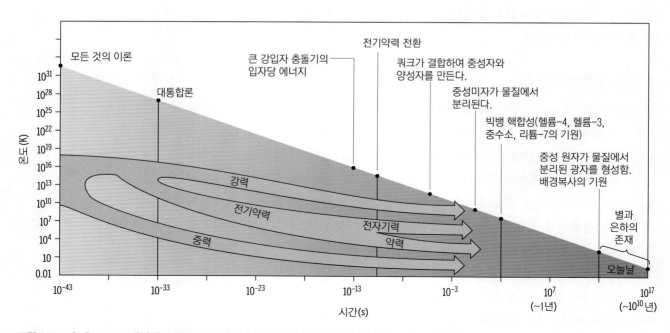

그림 26.14 높은 로그 스케일에 주목하여라. 가장 초기에 기본 힘의 통일을 보여 주는 우주의 진화

리 세계에서 일어나는 모든 일을 하나의 보편적인 상호작용으로 설명할 수 있는 **모든 것의 이론**(theory of everything)을 발견하기를 바라고 있다.

암흑 물질

광학 망원경은 천문학자들에게 먼 은하계의 별과 다른 가시적인 물질을 보여 주고, 적외선 망원경과 전파 망원경은 성간 가스 구름을 보여 준다. 그러나 도플러 측정에서 추론된 별의 움직임은 망원경이 볼 수 있는 것보다 훨씬 더 많은 중력을 가진 물질이 은하계에 존재한다는 것을 암시한다. 또한, 우주론적 모델에 따르면 우주의 전체 밀도는 관측하는 물질에서 추론하는 것보다 더 크다는 것을 암시한다. 따라서 눈에 보이지 않는 **암흑 물질**(dark matter)이 상당량 존재할 것이다.

입자물리학과 우주론은 놀라운 것을 알려 준다. 암흑 물질은 행성에서 가장 먼 별에 이르기까지 우리가 보는 모든 것을 구성하는 평범한 물질일 수 없다. 암흑 물질은 중력의 영향으로만 알고 있던 것들과 무언가 다른 물질이다. 특히 암흑 물질은 쿼크나 경입자가 아니라 지금까지 발견되지 않은 새로운 입자들로 구성되어 있다. 물리학자들은 여러 후보를 가지고 있으며, 암흑 물질 입자를 탐지하기 위해 적극적으로 노력하고 있다. 암흑 물질은 보통 물질과 극도로 약하게 상호작용하기 때문에 이 작업은 매우 어렵다.

암흑 물질에 대해 알고 있는 것은 암흑 물질이 우주 질량의 약 27%를 차지한다는 사실이다. 반면, 보통 물질은 단지 5%이다. 그렇다면 나머지는 무엇일까? 바로 훨씬 더 신비로운 **암흑 에너지**(dark energy)이다. 아인슈타인은 일반 상대성 이론을 처음 개발할 때 암흑 에너지와 비슷한 개념을 포함하였지만 곧 그 개념을 포기하였다. 20세기 내내 물리학자들과 우주론자들은 분리된 은하들이 서로의 중력에 반하여 작용하기 때문에 우주의 팽창이 느려지고 있다고 믿었다. 그러나 1988년 어떤 발견으로 이 생각은 뒤집혔다. 먼 초신성에 대한 연구 결과, 팽창이 느려지는 것이 아니라 가속하는 것으로 밝혀졌다. 이는 가장 큰 규모에서 작동하는 일종의 '반중력'을 의미한다. 암흑 에너지는 이러한 '반중력'의 근원이다. 암흑 에너지란 무엇인가? 암흑 물질이 무엇인지 아는 것만큼이나 잘 모른다. 하지만 암흑 에너지가 우주의 나머지 68%와 암흑 물질 27%, 보통 물질 5%를 구성하는 지배적인 '물건'이라는 것을 알고 있다(양성자와 중성미자는 무시할 정도의 양이다). 이 시점에 겸손한 마음이 들 것이다. 물리적 실체에 대한 과학인 물리학의 대부분을 다루는 이 책의 말미에서 우주의 95%를 구성하는 물질에 대해 무지하다는 것을 알게 된 것이기 때문이다!

26장 요약

입자와 반입자

(26.1절) 기본 입자는 더 작은 조각으로 분해될 수 없다. **복합 입자**는 기본 입자의 조합으로 구성된다.

반입자는 해당 입자와 질량이 같고, 부호는 반대인 전하를 갖는다.

반양성자 생성: $p + p \rightarrow p + p + p + \bar{p}$

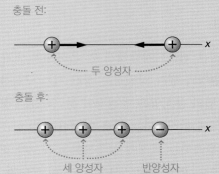

충돌 전:

두 양성자

충돌 후:

세 양성자   반양성자

입자와 기본 힘

(26.2절) 기본 힘은 상호작용을 **매개**하는 **교환 입자**를 통해 작용한다. 교환 입자의 질량은 힘의 범위에 반비례한다.

상호작용 범위의 함수로서 매개 입자의 질량: $m = \dfrac{h}{2\pi Rc}$

입자 분류

(26.3절) 경입자는 가장 가벼운 입자이며 기본 입자이다. **강입자**는 **중간자**(쿼크와 **반쿼크**로 구성)와 **중입자**(쿼크 3개로 구성)의 두 가지 종류가 있다.

각각 다른 종류의 입자는 보존 법칙이 적용되지만 **전하 보존**과 **에너지 보존**(정지 에너지 포함)은 모든 반응에서 유지된다.

뮤온 붕괴: $\mu^- \rightarrow e^- + \bar{\nu}_e + \nu_\mu$

쿼크

(26.4절) 6개의 쿼크와 6개의 반쿼크가 있다. 중입자는 반입자에 대해 3개의 쿼크 또는 3개의 반쿼크로 구성된다.

중간자는 쿼크와 반쿼크로 구성되어 있다.

양자 색역학(QCD)에 의하면 각 쿼크는 빨간색(R), 초록색(G), 파란색(B)의 '색'을 가지고 있다고 한다. 글루온은 쿼크의 다른 '색' 사이의 힘을 매개한다. 쿼크 사이의 힘은 거리가 클수록 증가하여 쿼크를 **제한한다**. 따라서 고립된 자유 쿼크는 존재할 수 없다.

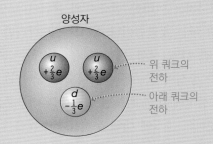

양성자

위 쿼크의 전하

아래 쿼크의 전하

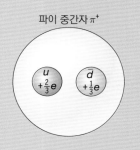

파이 중간자 π^+

입자 가속기

(26.5절) 선형 가속기 및 **싱크로트론**은 대전된 아원자 입자를 TeV 범위의 매우 높은 에너지로 가속시킨다.

충돌 빔 상호작용은 입자 빔이 **정지된 표적**에 부딪힐 때보다 더 유용한 에너지를 제공한다.

정지 표적 실험에서 사용 가능한 에너지:

$$E = \sqrt{(m_1c^2 + m_2c^2)^2 + 2m_2c^2K}$$

충돌 빔 실험에서 사용한 에너지: $E = 2K$

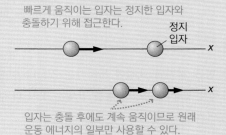

빠르게 움직이는 입자는 정지한 입자와
충돌하기 위해 접근한다.

정지
입자

입자는 충돌 후에도 계속 움직이므로 원래
운동 에너지의 일부만 사용할 수 있다.

입자와 우주

(26.6절) 다음 세 가지 증거는 우주가 뜨겁고 밀도가 높은 **빅뱅**에서 시작되었음을 가리킨다.

(1) 허블이 발견한 은하 적색편이는 은하들이 거리에 비례하는 속력으로 서로 멀어지고 있음을 보여 준다.

(2) **우주 마이크로파 배경복사**(CMB)는 전자와 양성자가 결합하여 수소 원자를 만들었던 태초로부터 38만 년 후의 잔해이다. CMB의 미묘한 불균일성은 초기 우주에 대한 풍부한 정보를 제공한다.

(3) 입자물리학은 천체물리학의 증거와 결합하여 쿼크와 경입자로 이루어진 보통 물질이 5%만 포함된 우주를 만들어낸다. 또 다른 27%는 알려지지 않은 **암흑 물질**이며, 나머지 68%는 '반중력' 효과가 우주의 팽창을 가속화하고 있는 **암흑 에너지**이다.

허블 관계: $\nu = HR$

현 시대에서는 $H = H_0 = 71$ km/s/Mpc이다.

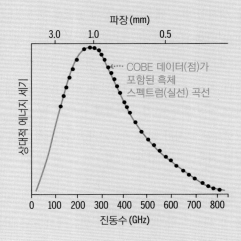

파장(mm)

COBE 데이터(점)가
포함된 흑체
스펙트럼(실선) 곡선

상대 강도(ΔI)

진동수(GHz)

26장 연습문제

문제의 난이도는 •(하), ••(중), •••(상)으로 분류한다.

개념 문제

1. 양성자 빔을 정지된 표적에 투사하는 것보다 양성자 빔을 충돌시켜 양성자-반양성자 쌍을 만드는 것이 더 쉬운 이유는 무엇인가?

2. 특정한 힘을 매개하는 입자의 경우, 입자의 질량과 힘의 범위 사이의 관계는 무엇인가?

3. 파이온과 뮤온의 유사점에 대해 논하여라. 뮤온이 처음 발견되었을 때, 물리학자들은 뮤온이 파이온이었을지도 모른다고 생각하였다. 왜 이런 혼동이 있었을까?

4. 12가지 기본 물질 입자(경입자 6개, 쿼크 6개) 중 복합 입자의 구성 성분으로만 볼 수 있는 것은 무엇인가?

5. 광자는 기본 물질 입자(경입자와 쿼크)와 어떻게 다른가? 광자는 어떤 점에서 이 입자들과 유사한가?

6. 싱크로트론 복사가 선형 가속기가 아닌 원형 입자 가속기의 특징인 이유는 무엇인가?

객관식 문제

7. 다음 중 새로운 입자를 생성하는 반응에서 보존되는 물리량은 무엇인가?
(a) 입자의 수   (b) 운동 에너지   (c) 전하량

8. 음의 파이온(핵력의 매개자 π^-)의 정지 에너지가 140 MeV이다. 파이온의 정지 에너지를 기준으로 할 때, 핵력의 범위는 얼마인가?
(a) 0.35 fm   (b) 1.0 fm   (c) 1.4 fm   (d) 1.8 fm

9. 다음 중 어떤 반응이 허용되는가?
(a) $\mu^- + p \rightarrow n + \bar{\nu}_\mu$ (b) $\mu^- + p \rightarrow n + \nu_\mu$
(c) $e^- + p \rightarrow n + \bar{\nu}_e$ (d) $\mu^- \rightarrow n + e^- + \bar{\nu}_\mu + \nu_e$

10. 중간자 4개의 쿼크 조성이 주어져 있다. 다음 중 기묘도가 −1인 것은 무엇인가?
(a) $u\bar{s}$ (b) $s\bar{s}$ (c) $s\bar{u}$ (d) $c\bar{c}$

11. 우주의 주된 구성 요소는 무엇인가?
(a) 보통 물질   (b) 암흑 물질   (c) 암흑 에너지

연습문제

26.1 입자와 반입자

12. •• 정지해 있는 전자와 양전자가 소멸하여 동일한 에너지를 가지며 서로 반대 방향으로 나오는 2개의 광자를 형성한다. 각 광자의 에너지와 파장을 구하여라.

13. •• 중성자 충돌 빔을 사용하여 중성자-반중성자 쌍을 생성한다고 할 때, 충돌하는 중성자의 최소 속력은 얼마인가?

14. •• TV 프로그램 스타트랙의 우주선 엔터프라이즈호는 물질-반물질 원자로에 의해 구동된다. 20,000톤의 우주선이 있고, 이를 0.01c로 가속하려고 한다고 가정해 보자. 100% 효율의 엔진을 가정할 때, 필요한 물질과 반물질의 총 질량은 얼마인가?

26.2 입자와 기본 힘

15. • 2012년 물리학자들은 다른 입자들이 왜 그런 질량을 갖는지 설명하는 **힉스 입자**를 발견하였다. 힉스의 정지 에너지가 125 GeV라면 힉스가 매개하는 힘의 범위는 얼마인가?

16. • 물리학자들은 정지 에너지가 782 MeV인 오메가 입자(ω)가 단거리 반발력의 매개체가 될 수 있다고 생각한다. 이 힘의 범위는 얼마인가?

17. •• 고에너지 입자를 다른 아원자 입자의 탐침에 사용하려면 탐침 입자의 드브로이 파장이 탐침되는 거리와 같아야 한다. 기본 입자를 약 2×10^{-18} m 거리 척도로 탐침하려고 한다고 가정하자. 다음을 구하여라.
(a) 이 거리 척도를 탐침하는 데 사용되는 양성자의 운동 에너지
(b) 이 거리 척도를 탐침하는 데 사용되는 전자의 운동 에너지

26.3 입자 분류

18. •• 다음 반응을 완성하여라.
(a) $\mu^- \rightarrow e^- +$ _____   (b) $\mu^+ \rightarrow e^+ +$ _____

19. •• 정지 상태의 μ^-와 μ^+는 소멸하여 2개의 감마선을 형성하고, 2개의 감마선은 서로 반대 방향으로 나온다. 각 감마

선의 에너지와 파장을 구하여라.

20. •• 다음 반응을 완성하여라.

(a) ＿＿＿＿＿$+p \rightarrow n+e^+$　(b) $K^+ \rightarrow \mu^+ +$＿＿＿＿＿

21. •• 다음 중 허용되는 붕괴 또는 반응은 선택하고, 허용되지 않는 것에 대해서는 왜 허용되지 않는지 설명하여라.

(a) $\Lambda \rightarrow p+\pi^-$　(b) $\pi^+ \rightarrow \mu^+ +n+\bar{\nu}_\mu$

(c) $p+\pi^- \rightarrow p+\Sigma^+$

22. •• Σ^+ 입자는 $\Sigma^+ \rightarrow p+\pi^0$ 반응을 통해 붕괴한다. 이 반응에 대해 전하, 질량 에너지, 중입자수, 경입자수, 스핀, 기묘도 등 보존 법칙이 어떻게 적용되는지 논하여라.

23. •• $\Omega^- \rightarrow \Lambda +K^-$ 반응을 통해 Ω^-의 붕괴를 생각하자. 물음에 답하여라.

(a) 오메가 입자가 원래 정지해 있었다면 두 생성물의 운동 에너지는 얼마인가?

(b) (a)의 생성물 중 어느 것이 더 많은 운동 에너지를 얻는가?

26.4 쿼크

24. • Ω^- 입자의 쿼크 구성은 sss이다. 이때 Ω^+ 입자의 쿼크 구성을 예측해 보아라.

25. •• D^0 중간자의 쿼크 구성은 $c\bar{u}$이다. 물음에 답하여라.

(a) $\bar{D}^0$의 쿼크 구성은 무엇인가?

(b) D^0과 반입자에 대해서 어떤 성질이 같고, 어떤 성질이 다른가?

26. •• 반양성자 Σ^0, Δ^+의 경우 전하, 중입자수, 기묘도, 맵시는 모두 구성 쿼크에 해당하는 수의 합과 같다는 것을 보여라.

27. •• $\Sigma^+ \rightarrow p+\pi^0$ 반응에서 쿼크의 진화와 변형 그리고 그에 따른 중성 파이온의 붕괴를 추적하여라.

28. •• 전하가 다음과 같은 중입자에 대해 가능한 쿼크 구성은 무엇인가?

(a) $2e$　(b) $-2e$

26.5 입자 가속기

29. •• 다음의 속력을 구하고 비교하여라.

(a) 2 GeV 전자　(b) 2 GeV 양성자

30. •• 뉴욕 브룩헤이븐 국제 연구소(Brookhaven National Laboratory)의 교류 기울기 싱크로트론(Alternating Gradient Synchrotron)은 양성자를 33 GeV의 운동 에너지로 가속시킨다. 양성자가 가속기의 원둘레 800 m를 통과하는 데 필요한 시간을 구하여라.

31. •• 다음 운동 에너지에 대해 충돌 빔과 정지 표적 실험 사이에 이용 가능한 에너지를 양성자–양성자 충돌과 비교하여라.

(a) 2.0 GeV　(b) 20 GeV　(c) 200 GeV

26.6 입자와 우주

32. • 대형 강입자 충돌기(Large Hadron Collider)의 입자 에너지인 7 GeV의 열에너지에 해당하는 온도를 구하여라.

33. • 우주 마이크로파 배경복사의 파장의 중간값은 1.504 mm이다. 식 23.2를 이용하여 해당 흑체 온도를 구하여라.

34. • 가장 멀리 관측된 은하는 지구에서 133억 9천만 광년 떨어진 GN-z11이다. 이 은하는 얼마나 빨리 지구로부터 멀어지고 있을까?

35. ••• 초기 우주에는 $e^- +p^+ \rightarrow n+\nu_e$ 반응을 통해 중성자를 생성할 수 있는 충분한 열에너지가 있었다. 물음에 답하여라.

(a) 이 반응을 시작하는 데 필요한 최소 에너지를 계산하여라.

(b) (a)에서 구한 에너지에 해당하는 온도를 구하고, 그림 26.13을 사용하여 우주의 역사에서 이 과정이 언제 일어났을 가능성이 가장 높았을지 추정하여라.

26장 질문에 대한 정답

단원 시작 질문에 대한 답

이 원은 세계에서 가장 큰 입자 가속기인 대형 강입자 충돌기(LHC)가 매설되어 있는 터널을 표시한 것이다. 물리학자들과 우주론자들에게 이 터널은 우주의 첫 마이크로초에 해당할 정도의 조건을 순식간에 재현하는 '타임머신(time machine)'과 같다.

확인 질문에 대한 정답

26.1절　(b) 질량이 같다. (d) 전하의 부호가 반대이다.

26.2절　(c) 약력 > (a) 강력 > (b) 전자기력 = (d) 중력

26.3절　(a) $\pi^- \rightarrow \mu^- +\nu_\mu$　(d) $\pi^+ \rightarrow \mu^+ +\bar{\nu}_\mu$

26.4절　(b) $n \rightarrow p^+ +\beta^- +\bar{\nu}_e$　(c) $\Xi^+ \rightarrow \Lambda^0 +\pi^+$

　　　(d) $K^- \rightarrow \mu^- +\pi^0$

수학
Mathematics

A

이차방정식

$ax^2 + bx + c = 0$이면 $x = \dfrac{-b \pm \sqrt{b^2 - 4ac}}{2a}$ 이다.

둘레, 넓이, 부피

여기서 $\pi \simeq 3.14159\ldots$

원의 둘레	$2\pi r$
원의 넓이	πr^2
구의 표면적	$4\pi r^2$
구의 부피	$\frac{4}{3}\pi r^3$
삼각형의 넓이	$\frac{1}{2}bh$
원통의 부피	$\pi r^2 l$

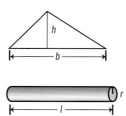

삼각비

각의 정의(라디안): $\theta = \dfrac{s}{r}$

한 바퀴 원에서 2π라디안

1라디안$\simeq 57.3°$

삼각함수

$\sin\theta = \dfrac{y}{r}$

$\cos\theta = \dfrac{x}{r}$

$\tan\theta = \dfrac{\sin\theta}{\cos\theta} = \dfrac{y}{x}$

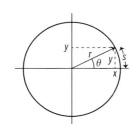

특수각의 삼각비

$\theta \rightarrow$	**0**	$\dfrac{\pi}{6}$ (30°)	$\dfrac{\pi}{4}$ (45°)	$\dfrac{\pi}{3}$ (60°)	$\dfrac{\pi}{2}$ (90°)
$\sin\theta$	0	$\dfrac{1}{2}$	$\dfrac{\sqrt{2}}{2}$	$\dfrac{\sqrt{3}}{2}$	1
$\cos\theta$	1	$\dfrac{\sqrt{3}}{2}$	$\dfrac{\sqrt{2}}{2}$	$\dfrac{1}{2}$	0
$\tan\theta$	0	$\dfrac{\sqrt{3}}{3}$	1	$\sqrt{3}$	∞

삼각함수의 그래프

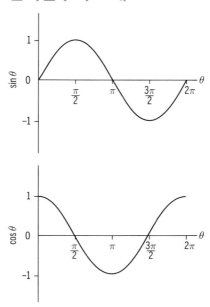

삼각항등식

$\sin(-\theta) = -\sin\theta$

$\cos(-\theta) = \cos\theta$

$\sin\left(\theta \pm \dfrac{\pi}{2}\right) = \pm\cos\theta$

$\cos\left(\theta \pm \dfrac{\pi}{2}\right) = \mp\sin\theta$

$\sin^2\theta + \cos^2\theta = 1$

$\sin 2\theta = 2\sin\theta\cos\theta$

코사인법칙과 사인법칙

여기서 A, B, C는 삼각형의 변이고 α, β, γ는 마주보는 변의 각

코사인법칙

$C^2 = A^2 + B^2 - 2AB\cos\gamma$

사인법칙

$\dfrac{\sin\alpha}{A} = \dfrac{\sin\beta}{B} = \dfrac{\sin\gamma}{C}$

지수와 로그

$$e^{\ln x} = x \qquad \ln e^x = x \qquad e = 2.71828$$

$$a^x = e^{x \ln a} \qquad\qquad \ln(xy) = \ln x + \ln y$$

$$a^x a^y = a^{x+y} \qquad\qquad \ln\left(\frac{x}{y}\right) = \ln x - \ln y$$

$$(a^x)^y = a^{xy} \qquad\qquad \ln\left(\frac{1}{x}\right) = -\ln x$$

$$10^{\log x} = x$$

근삿값

$|x| \ll 1$의 경우, 다음 식들은 함수에 대한 근삿값으로 주어진다.

$$e^x \simeq 1 + x$$

$$\sin x \simeq x$$

$$\cos x \simeq 1 - \tfrac{1}{2}x^2$$

$$\ln(1+x) \simeq x$$

$$(1+x)^p \simeq 1 + px \qquad \text{(이항 근삿값)}$$

표시된 형태가 없는 식은 종종 적절한 식으로 고친다. 예를 들어,

$$\frac{1}{\sqrt{a^2 + y^2}} = \frac{1}{a\sqrt{1 + \dfrac{y^2}{a^2}}} = \frac{1}{a}\left(1 + \frac{y^2}{a^2}\right)^{-1/2} \approx \frac{1}{a}\left(1 - \frac{y^2}{2a}\right)$$

$$y^2/a^2 \ll 1 \ \text{또는} \ y^2 \ll a^2$$

단위벡터 표시

임의의 벡터 $\vec{A}$는 성분 A_x, A_y, A_z와 길이가 1이고 x, y, z축을 따라 단위 벡터 $\hat{i}$, $\hat{j}$, $\hat{k}$로 나타낸다.

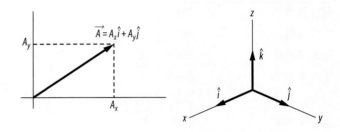

이 정보는 국제 도량형국(BIPM)의 웹 페이지(https://www. bipm.org/en/measurement-units/base-units.html)에서 가져 온 것이다.

길이(미터, m): 미터는 1/299 792 458초의 시간 간격 동안 진공 상태에서 빛으로 이동한 경로의 길이이다.

질량(킬로그램, kg): 킬로그램은 플랑크 상수 h, 빛의 속력 c, 초를 정의하는 진동수 표준에 따라 정의되었다.

시간(초, s): 초는 세슘-133 원자의 바닥상태의 두 초미세 준위 사이의 전이에 해당하는 복사의 9 192 631 770 동안 의 주기 시간이다.

전류(암페어, A): 암페어는 기본 전하량을 $e = 1.602\ 176\ 634 \times 10^{-19}$ C로 취함으로써 정의되며, 암페어는 $1/(1.602\ 176\ 634 \times 10^{-19})$초 동안 전하의 흐름과 같다.

온도(켈빈, K): 켈빈은 볼츠만 상수 $k = 1.380\ 649 \times 10^{-23}$ J/K 로 하여 정의되며, 켈빈은 $1.380\ 649 \times 10^{-23}$ J의 열에너지 변화를 초래하는 온도 변화와 같다.

물질의 양(몰, mole): 몰은 $N_A = 6.022\ 140\ 76 \times 10^{23}$개의 기본 실체를 포함하는 물질의 양이다.

광도(칸델라, cd): 칸델라는 진동수 540×10^{12} Hz의 단색 복사를 방출하고 스테라디안 (1/683)의 방향으로 복사 세 기를 갖는 원천 광도이다.

SI 기본 단위 및 부수적 단위

Quantity Base Unit	SI Unit Name	SI Unit Symbol
Length	meter	m
Mass	kilogram	kg
Time	second	s
Electric current	ampere	A
Thermodynamic temperature	kelvin	K
Amount of substance	mole	mol
Luminous intensity	candela	cd
Supplementary Units		
Plane angle	radian	rad
Solid angle	steardian	sr

SI 접두어

Factor	Prefix	Symbol
10^{24}	yotta	Y
10^{21}	zetta	Z
10^{18}	exa	E
10^{15}	peta	P
10^{12}	tera	T
10^{9}	giga	G
10^{6}	mega	M
10^{3}	kilo	k
10^{2}	hecto	h
10^{1}	deka	da
10^{0}	—	—
10^{-1}	deei	d
10^{-2}	centi	c
10^{-3}	milli	m
10^{-6}	micro	μ
10^{-9}	nano	n
10^{-12}	pico	p
10^{-15}	femto	f
10^{-18}	atto	a
10^{-21}	zepto	z
10^{-24}	yocto	y

특수한 이름을 갖는 여러 가지 SI 유도 단위

Quantity	SI Unit			
	Name	**Symbol**	**Expression in Terms of Other Units**	**Expression in Term of SI Base Units**
Frequency	hertz	Hz		s^{-1}
Force	newton	N		$m \cdot kg \cdot s^{-2}$
Pressure, stress	pascal	Pa	N/m^2	$m^{-1} \cdot kg \cdot s^{-2}$
Energy, work, heat	joule	J	$N \cdot m$	$m^2 \cdot kg \cdot s^{-2}$
Power	watt	W	J/s	$m^2 \cdot kg \cdot s^{-3}$
Electric charge	coulomb	C		$s \cdot A$
Electric potential, potential difference, electromotive force	volt	V	J/C	$m^2 \cdot kg \cdot s^{-3} \cdot A^{-1}$
Capacitance	farad	F	C/V	$m^{-2} \cdot kg^{-1} \cdot s^4 \cdot A^2$
Electric resistance	ohm	Ω	V/A	$m^2 \cdot kg \cdot s^{-3} \cdot A^{-2}$
Magnetic flux	weber	Wb	$V \cdot s$	$m^2 \cdot kg \cdot s^{-2} \cdot A^{-1}$
Magnetic field	tesla	T	Wb/m^2	$kg \cdot s^{-2} \cdot A^{-1}$
Inductance	henry	H	Wb/A	$m^2 \cdot kg \cdot s^{-2} \cdot A^{-2}$
Radioactivity	becquerel	Bq	1 decay/s	s^{-1}
Absorbed radiation dose	gray	Gy	J/Kg, 100 rad	$m^2 \cdot s^{-2}$
Radiation dose equivalent	sievert	Sv	J/Kg, 100 rem	$m^2 \cdot s^{-2}$

환산 인자
Conversion Factors

C

다음 목록은 SI가 아닌 단위의 SI 등가 단위이다. 표시된 단위에서 SI로 환산하려면 인수를 곱하고 반대로 환산하려면 나누어야 한다. SI 단위계 내의 변환에 대해서는 부록 B, 1장의 SI 접두어 표 또는 앞표지 안쪽을 참조한다. 정의상 정확하지 않은 환산은 많아야 최대 4개의 유효숫자까지만 제공된다.

길이

1 inch (in) = 0.0254 m

1 foot (ft) = 0.3048 m

1 yard (yd) = 0.9144 m

1 mile (mi) = 1609 m

1 nautical mile = 1852 m

1 angstrom (Å) = 10^{-10} m

1 light year (ly) = 9.46×10^{15} m

1 astronomical unit (AU) = 1.5×10^{11} m

1 parsec = 3.09×10^{16} m

1 fermi = 10^{-15} m = 1 fm

질량

1 slug = 14.59 kg

1 metric ton (tonne; t) = 1000 kg

1 unified mass unit (u) = 1.661×10^{-27} kg

영국식 힘의 단위가 질량에 (잘못) 사용되는 경우가 있다. 아래에 주어진 단위는 실제로는 킬로그램 수에 중력 가속도인 g를 곱한 것과 같다.

1 pound (lb) = weight of 0.454 kg

1 ton = 2000 lb = weight of 908 kg

1 ounce (oz) = weight of 0.02835 kg

시간

1 minute (min) = 60 s

1 hour (h) = 60 min = 3600 s

1 day (d) = 24h = 86,400 s

1 year (y) = 365.2422 d = 3.156×10^7 s

넓이

1 hectare (ha) = 10^4 m^2

1 square inch (in^2) = 6.452×10^{-4} m^2

1 square foot (ft^2) = 9.290×10^{-2} m^2

1 acre = 4047 m^2

1 barn = 10^{-28} m^2

1 shed = 10^{-30} m^2

부피

1 liter (L) = 1000 cm^3 = 10^{-3} m^3

1 cubic foot (ft^3) = 2.832×10^{-2} m^3

1 cubic inch (in^3) = 1.639×10^{-5} m^3

1 fluid ounce = 1/128 gal = 2.957×10^{-5} m^3

1 barrel = 42 gal = 0.1590 m^3

1 gallon (U.S.; gal) = 3.785×10^{-3} m^3

1 gallon (British) = 4.546×10^{-3} m^3

* 1년의 길이는 지구의 공전 주기의 변화에 따라 매우 천천히 변한다.

각도, 위상

1 degree (°) $= \pi/180$ rad $= 1.745 \times 10^{-2}$ rad

1 revolution (rev) $= 360° = 2\pi$ rad

1 cycle $= 360° = 2\pi$ rad

속력, 속도

1 km/h $= (1/3.6)$ m/s $= 0.2778$ m/s

1 mi/h (mph) $= 0.4470$ m/s

1 ft/s $= 0.3048$ m/s

1 ly/y $= 3.00 \times 10^8$ m/s

각속력, 각속도, 진동수, 각진동수

1 rev/s $= 2\pi$ rad/s $= 6.283$ rad/s (s^{-1})

1 Hz $= 1$ cycle/s $= 2\pi$ s^{-1}

1 rev/min (rpm) $= 0.1047$ rad/s (s^{-1})

힘

1 dyne $= 10^{-5}$ N

1 pound (lb) $= 4.448$ N

압력

1 dyne/cm$^2 = 0.10$ Pa

1 atmosphere (atm) $= 1.013 \times 10^5$ Pa

1 torr $= 1$ mm Hg at 0°C $= 133.3$ Pa

1 bar $= 10^5$ Pa $= 0.987$ atm

1 lb/in^2 (psi) $= 6.895 \times 10^3$ Pa

1 in H$_2$O (60°F) $= 248.8$ Pa

1 in Hg (60°F) $= 3.377 \times 10^3$ Pa

에너지, 일, 열

1 erg $= 10^{-7}$ J

1 calorie* (cal) $= 4.184$ J

1 electronvolt (eV) $= 1.602 \times 10^{-19}$ J

1 foot-pound (ft·lb) $= 1.356$ J

1 Btu* $= 1.054 \times 10^3$ J

1 kWh $= 3.6 \times 10^6$ J

1 megaton (explosive yield: Mt)

$\quad = 4.18 \times 10^{15}$ J

일률

1 erg/s $= 10^{-7}$ W

1 horsepower (hp) $= 746$ W

1 Btu/h (Btuh) $= 0.293$ W

1 ft·lb/s $= 1.356$ W

자기장

1 gauss (G) $= 10^{-4}$ T

복사

1 curie (ci) $= 3.7 \times 10^{10}$ Bq

1 rad $= 10^{-2}$ Gy

1 rem $= 10^{-2}$ Sv

연료의 에너지 함량

Energy Source	Energy Content
Coal	29 MJ/kg $= 7300$ kWh/ton $= 25 \times 10^6$ Btu/ton
Oil	43 MJ/kg $= 39$ kWh/gal $= 1.3 \times 10^5$ Btu/gal
Gasoline	44 MJ/kg $= 36$ kWh/gal $= 1.2 \times 10^5$ Btu/gal
Natural gas	55 MJ/kg $= 30$ kWh/100 ft^3 $= 1000$ Btu/ft^3
Uranium (fission)	
Normal abundance	5.8×10^{11} J/kg $= 1.6 \times 10^5$ kWh/kg
Pure U-235	8.2×10^{13} J/kg $= 2.3 \times 10^7$ kWh/kg
Hydrogen (fusion)	
Normal abundance	7×10^{11} J/kg $= 3.0 \times 10^4$ kWh/kg
Pure deuterium	3.3×10^{14} J/kg $= 9.2 \times 10^7$ kWh/kg
Water	1.2×10^{10} J/kg $= 1.3 \times 10^4$ kWh/gal $= 340$ gal gasoline/gal
100% conversion, matter to energy	9.0×10^{16} J/kg $= 931$ MeV/u $= 2.5 \times 10^{10}$ kWh/kg

*열화학 열량에 기초한 값으로, 다른 정의는 약간씩 다르다.

선택된 동위원소의 특성

Properties of Selected Isotopes

아원자 입자의 질량

Particle	Mass (u)	Mass (kg)
Electron	$5.48\,580 \times 10^{-4}$	9.1094×10^{-31}
Proton	$1.007\,276$	1.6726×10^{-27}
Neutron	$1.008\,665$	1.6749×10^{-27}
Alpha particle	$4.001\,506$	6.6447×10^{-27}

원자번호(Z)	원소	기호	질량수(A)	원자 질량* (u)	풍부 또는 붕괴 모드† (방사능이 있는 경우)	반감기(방사능이 있는 경우)
0	(Neutron)	n	1	1.008 665	β^-	10.6 min
1	Hydrogen	H	1	1.007 825	99.985	
	Deuterium	D	2	2.014 102	0.015	
	Tritium	T	3	3.016 049	β^-	12.33 y
2	Helium	He	3	3.016 029	0.00014	
			4	4.002 603	≈ 100	
3	Lithium	Li	6	6.015 123	7.5	
			7	7.016 005	92.5	
4	Beryllium	Be	7	7.016 930	EC, γ	53.3 d
			8	8.005 305	2α	6.7×10^{-17} s
			9	9.012 183	100	
5	Boron	B	10	10.012 938	19.8	
			11	11.009 305	80.2	
			12	12.014 353	β^-	20.4 ms
6	Carbon	C	11	11.011 433	β^+, EC	20.4 ms
			12	12.000 000	98.89	
			13	13.003 355	1.11	
			14	14.003 242	β^-	5730 y
7	Nitrogen	N	13	13.005 739	β^-	9.96 min
			14	14.003 074	99.63	
			15	15.000 109	0.37	
8	Oxygen	O	15	15.003 065	β^+, EC	122 s
			16	15.994 915	99.76	
			18	17.999 159	0.204	

cont'd.

원자번호(Z)	원소	기호	질량수(A)	원자 질량* (u)	풍부 또는 붕괴 모드†(방사능이 있는 경우)	반감기(방사능이 있는 경우)
9	Fluorine	F	19	18.998 403	100	
10	Neon	Ne	20	19.992 439	90.51	
			22	21.991 384	9.22	
11	Sodium	Na	22	21.994 435	β^+, EC, γ	2.602 y
			23	22.989 770	100	
			24	23.990 964	β^-, γ	15.0 h
12	Magnesium	Mg	24	23.985 045	78.99	
13	Aluminum	Al	27	26.981 541	100	
14	Silicon	Si	28	27.976 928	92.23	
			31	30.975 364	β^-, γ	2.62 h
15	Phosphorus	P	31	30.973 763	100	
			32	31.973 908	β^-	14.28 d
16	Sulfur	S	32	31.972 072	95.0	
			35	34.969 033	β^-	87.4 d
17	Chlorine	Cl	35	34.968 853	75.77	
			37	36.965 903	24.23	
18	Argon	Ar	40	39.962 383	99.60	
19	Potassium	K	39	38.963 708	93.26	
			40	39.964 000	β^-, EC, γ, β^+	1.28×10^9 y
20	Calcium	Ca	40	39.962 591	96.94	
24	Chromium	Cr	52	51.940 510	83.79	
25	Manganese	Mn	55	54.938 046	100	
26	Iron	Fe	56	55.934 939	91.8	
27	Cobalt	Co	59	58.933 198	100	
			60	59.933 820	β^-, γ	5.271 y
28	Nickel	Ni	58	57.935 347	68.3	
			59	58.934 352	β^+, EC	7.6×10^4 y
			60	59.930 789	26.1	
			64	63.927 968	0.91	
29	Copper	Cu	63	62.929 599	69.2	
			64	63.929 766	β^-, β^{+*}	12.7 h
			65	64.927 792	30.8	
30	Zinc	Zn	64	63.929 145	48.6	
			66	65.926 035	27.9	
33	Arsenic	As	75	74.921 596	100	

cont'd.

원자번호(Z)	원소	기호	질량수(A)	원자 질량* (u)	풍부 또는 붕괴 모드† (방사능이 있는 경우)	반감기(방사능이 있는 경우)
35	Bromine	Br	79	78.918 336	50.69	
36	Krypton	Kr	84	83.911 506	57.0	
			89	88.917 563	β^-	3.2 min
38	Strontium	Sr	86	85.909 273	9.8	
			88	87.905 625	82.6	
			90	89.907 746	β^-	28.8 y
39	Yttrium	Y	89	89.905 856	100	
43	Technetium	Tc	98	97.907 210	β^-, γ	4.2×10^6 y
47	Silver	Ag	107	106.905 095	51.83	
			109	108.904 754	48.17	
48	Cadmium	Cd	114	113.903 361	28.7	
49	Indium	In	115	114.903 88	95.7; β^-	5.1×10^{14} y
50	Tin	Sn	120	119.902 199	32.4	
53	Iodine	I	127	126.904 477	100	
			131	130.906 118	β^-, γ	8.04 d
54	Xenon	Xe	132	131.904 15	26.9	
			136	135.907 22	8.9	
55	Cesium	Cs	133	132.905 43	100	
56	Barium	Ba	137	136.905 82	11.2	
			138	137.905 24	71.7	
			144	143.922 73	β^-	11.9 s
61	Promethium	Pm	145	144.912 75	EC, α, γ	17.7 y
74	Tungsten	W	184	183.950 95	30.7	
76	Osmium	Os	191	190.960 94	β^-, γ	15.4 d
			192	191.961 49	41.0	
78	Platinum	Pt	195	194.964 79	33.8	
79	Gold	Au	197	196.966 56	100	
80	Mercury	Hg	202	201.970 63	29.8	
81	Thallium	Tl	205	204.974 41	70.5	
			210	209.990 069	β^-	1.3 min
82	Lead	Pb	204	203.974 044	β^-, 1.48	1.4×10^{17} y
			206	205.974 46	24.1	
			207	206.975 89	22.1	
			208	207.976 64	52.3	
			210	209.984 18	α, β^-, γ	22.3 y

cont'd.

원자번호(Z)	원소	기호	질량수(A)	원자 질량* (u)	풍부 또는 붕괴 모드† (방사능이 있는 경우)	반감기(방사능이 있는 경우)
			211	210.988 74	β^-, γ	36.1 min
			212	211.991 88	β^-, γ	10.64 h
			214	213.999 80	β^-, γ	26.8 min
83	Bismuth	Bi	209	208.980 39	100	
			211	210.987 26	α, β^-, γ	2.15 min
84	Polonium	Po	210	209.982 86	α, γ	138.38 d
			214	213.995 19	α, γ	164 μs
86	Radon	Rn	222	222.017 574	α, β	3.8235 d
87	Francium	Fr	223	223.019 734	α, β^-, γ	21.8 min
88	Radium	Ra	226	226.025 406	α, γ	1.60×10^3 y
			228	228.031 069	β^-	5.76 y
89	Actinium	Ac	227	227.027 751	α, β^-, γ	21.773 y
90	Thorium	Th	228	228.028 73	α, γ	1.9131 y
			232	232.038 054	$100; \alpha, \gamma$	1.41×10^{10} y
92	Uranium	U	232	232.037 14	α, γ	72 y
			233	233.039 629	α, γ	1.592×10^5 y
			235	235.043 923	$0.72; \alpha, \gamma$	7.038×10^8 y
			236	236.045 563	α, γ	2.342×10^7 y
			238	238.050 786	$99.275; \alpha, \gamma$	4.468×10^9 y
			239	239.054 291	β^-, γ	23.5 min
93	Neptunium	Np	239	239.052 932	β^-, γ	2.35 d
94	Plutonium	Pu	239	239.052 158	α, γ	2.41×10^4 y
95	Americium	Am	243	243.061 374	α, γ	7.37×10^3 y
96	Curium	Cm	245	245.065 487	α, γ	8.5×10^3 y
97	Berkelium	Bk	247	247.070 03	α, γ	1.4×10^3 y
98	Californium	Cf	249	249.074 849	α, γ	351 y
99	Einsteinium	Es	254	254.088 02	α, γ, β^-	276 d
100	Fermium	Fm	253	253.085 18	EC, α, γ	3.0 d

*이 표 전체에 주어진 질량은 Z전자를 포함한 중성 원자에 대한 질량이다.
†'EC'는 전자 포획(electron capture)의 약자이다.

E 천체 물리학 자료
Astrophysical Data

태양, 행성, 주요 위성

Body	Mass (10^{24} kg)	Mean Radius (10^6 m Except as Noted)	Surface Gravity (m/s²)	Escape Speed (km/s)	Sidereal Rotation Period* (days)	Mean Distance from Central Body† (10^6 km)	Orbital Period	Orbital Speed (km/s)	Eccentricity	Semimajor Axis (10^9 m)
Sun	1.99×10^6	696	274	618	36 at poles 27 at equator	2.6×10^{11}	200 My	250		
Mercury	0.330	2.44	3.70	4.25	58.6	57.9	88.0 d	48	0.2056	57.6
Venus	4.87	6.05	8.87	10.4	−243	108	225 d	35	0.0068	108
Earth	5.97	6.37	9.81	11.2	0.997	150	365.3 d	30	0.0167	149.6
Moon	0.0735	1.74	1.62	2.38	27.3	0.385	27.3 d	1.0		
Mars	0.642	3.38	3.74	5.03	1.03	228	1.88 y	24.1	0.0934	228
Phobos	10.6×10^{-9}	9–13 km	0.001	0.008	0.32	9.4×10^{-3}	0.32 d	2.1		
Deimos	1.48×10^{-9}	5–8 km	0.001	0.005	1.3	23×10^{-3}	1.3 d	1.3		
Jupiter	1.90×10^3	69.1	26.5	60.6	0.414	778	11.9 y	13.0	0.0483	778
Io	0.0888	1.82	1.8	2.6	1.77	0.422	1.77 d	17		
Europa	0.479	1.57	1.3	2.0	3.55	0.671	3.55 d	14		
Ganymede	0.148	2.63	1.4	2.7	7.15	1.07	7.15 d	11		
Callisto	0.108	2.40	1.2	2.4	16.7	1.88	16.7 d	8.2		
At least 75 smaller satellites										
Saturn	569	56.8	11.8	36.6	0.438	1.43×10^3	29.5 y	9.65	0.0560	1430
Tethys	0.0007	0.53	0.2	0.4	1.89	0.294	1.89 d	11.3		
Dione	0.00015	0.56	0.3	0.6	2.74	0.377	2.74 d	10.0		
Rhea	0.0025	0.77	0.3	0.5	4.52	0.527	4.52 d	8.5		
Titan	0.135	2.58	1.4	2.6	15.9	1.22	15.9 d	5.6		
At least 78 smaller satellites										
Uranus	86.6	25.0	9.23	21.5	−0.65	2.87×10^3	84.1 y	6.79	0.0461	2870
Ariel	0.0013	0.58	0.3	0.4	2.52	0.19	2.52 d	5.5		
Umbriel	0.0013	0.59	0.3	0.4	4.14	0.27	4.14 d	4.7		
Titania	0.0018	0.81	0.2	0.5	8.70	0.44	8.70 d	3.7		
Oberon	0.0017	0.78	0.2	0.5	13.5	0.58	13.5 d	3.1		
At least 23 smaller satellites										
Neptune	103	24.0	11.9	23.9	0.768	4.50×10^3	165 y	5.43	0.0100	4500
Triton	0.134	1.9	2.5	3.1	5.88	0.354	5.88 d	4.4		
At least 13 smaller satellites										

*Negative rotation period indicates retrograde motion, in opposite sense from orbital motion. Periods are sidereal, meaning the time for the body to return to the same orientation relative to the distant stars rather than the Sun.

†Central body is galactic center for Sun, Sun for planets, and planet for satellites.

데이터 표
Data Tables

물리 상수

Constant	Symbol	Three-Figure Value	Best Known Value*
빛의 속력	c	3.00×10^8 m/s	299 792 458 m/s (exact)
기본 전하량	e	1.60×10^{-19} C	$1.602\ 177\ 33(49) \times 10^{-19}$ C
전자 질량	m_e	9.11×10^{-31} kg	$9.109\ 3897(54) \times 10^{-31}$ kg
양성자 질량	m_p	1.67×10^{-27} kg	$1.672\ 623\ 1(10) \times 10^{-27}$ kg
중력 상수	G	6.67×10^{-11} N · m²/kg²	$6.672\ 59(85) \times 10^{-11}$ N · m²/kg²
투자율	μ_0	1.26×10^{-6} N/A² (H/m)	$4\pi \times 10^{-7}$ (exact)
유전율	ε_0	8.85×10^{-12} C²/N · m² (F/m)	$1/\mu_0 c^2$ (exact)
볼츠만 상수	k	1.38×10^{-23} J/K	$1.380\ 658(12) \times 10^{-23}$ J/K
기체 보편 상수	R	8.31 J/K · mol	8.314 41(26) J/K · mol
스테판–볼츠만 상수	σ	5.67×10^{-8} W/m² · K⁴	$5.670\ 51(19) \times 10^{-8}$ W/m² · K⁴
프랑크 상수	$h\ (= 2\pi\hbar)$	6.63×10^{-34} J · s	$6.626\ 068\ 21(90) \times 10^{-34}$ J · s
보어 반지름	N_A	6.02×10^{23} mol⁻¹	$6.022\ 136\ 7(36) \times 10^{23}$ mol⁻¹
	a_0	5.29×10^{-11} m	$5.291\ 772\ 49(24) \times 10^{-11}$ m

*괄호는 마지막 소수 자리의 불확실성을 나타낸다.

접두어

Power	Prefix	Symbol
10^{24}	yotta	Y
10^{21}	zetta	Z
10^{18}	exa	E
10^{15}	peta	P
10^{12}	tera	T
10^{9}	giga	G
10^{6}	mega	M
10^{3}	kilo	k
10^{2}	hecto	h
10^{1}	deca	da
10^{0}	—	—
10^{-1}	deci	d
10^{-2}	centi	c
10^{-3}	milli	m
10^{-6}	micro	μ
10^{-9}	nano	n
10^{-12}	pico	p
10^{-15}	femto	f
10^{-18}	atto	a
10^{-21}	zepto	z
10^{-24}	yocto	y

그리스 문자

	Uppercase	Lowercase
Alpha	A	α
Beta	B	β
Gamma	Γ	γ
Delta	Δ	δ
Epsilon	E	ε
Zeta	Z	ζ
Eta	H	η
Theta	Θ	θ
Iota	I	ι
Kappa	K	κ
Lambda	Λ	λ
Mu	M	μ
Nu	N	ν
Xi	Ξ	ξ
Omicron	O	o
Pi	Π	π
Rho	P	ρ
Sigma	Σ	σ
Tau	T	τ
Upsilon	Y	υ
Phi	Φ	ϕ
Chi	X	χ
Psi	Ψ	ψ
Omega	Ω	ω

환산 인자(부록 C의 추가 환산 인자)

Length	Mass, Energy, Force	Pressure
1 in = 2.54 cm	$1\ u = 1.661 \times 10^{-27}$ kg	1 atm = 101.3 kPa = 760 mm Hg
1 mi = 1.609 km	1 cal = 4.184 J	1 atm = 14.7 lb/in^2
1 ft = 0.3048 m	1 Btu = 1.054 kJ	
1 light year = 9.46×10^{15} m	1 kWh = 3.6 MJ	**Rotation and Angle**
	$1\ eV = 1.602 \times 10^{-19}$ J	1 rad = 180°/π = 57.3°
Velocity	1 pound (lb) = 4.448 N	1 rev = 360° = 2π rad
1 mi/h = 0.447 m/s	= weight of 0.454 kg	1 rev/s = 60 rpm
1 m/s = 2.24 mi/h = 3.28 ft/s		
	Time	**Magnetic Field**
	1 day = 86,400 s	1 gauss = 10^{-4} T
	1 year = 3.16×10^7 s	

지구 물리학 및 천체 물리학 데이터

Earth

Mass	5.97×10^{24} kg
Mean radius	6.37×10^6 m
Orbital period	3.16×10^7 s (365.3 days)
Mean distance from Sun	1.50×10^{11} m
Mean density	5.5×10^3 kg/m^3
Surface gravity	9.81 m/s^2
Surface pressure	1.013×10^5 Pa
Magnetic moment	8.0×10^{22} A · m^2

Sun

Mass	1.99×10^{30} kg
Mean radius	6.96×10^8 m
Orbital period (about galactic center)	6×10^{15} s (200 My)
Mean distance from galactic center	2.6×10^{20} m
Power output (luminosity)	3.85×10^{26} W
Mean density	1.4×10^3 kg/m^3
Surface gravity	274 m/s^2
Surface temperature	5.8×10^3 K

Moon

Mass	7.35×10^{22} kg
Mean radius	1.74×10^6 m
Orbital period	2.36×10^6 s (27.3 days)
Mean distance from Earth	3.85×10^8 m
Mean density	3.3×10^3 kg/m^3
Surface gravity	1.62 m/s^2

PERIODIC TABLE OF THE ELEMENTS

1 H 1.008																	2 He 4.003

Legend:
- 2 — Atomic number
- He — Symbol
- 4.003 — Atomic mass (u)*

Metals / Semimetals / Nonmetals

| 3 Li 6.941 | 4 Be 9.012 | | | | | | | | | | | 5 B 10.81 | 6 C 12.01 | 7 N 14.01 | 8 O 16.00 | 9 F 19.00 | 10 Ne 20.18 |

| 11 Na 22.99 | 12 Mg 24.31 | | | | | | | | | | | 13 Al 26.98 | 14 Si 28.09 | 15 P 30.97 | 16 S 32.07 | 17 Cl 35.45 | 18 Ar 39.95 |

| 19 K 39.10 | 20 Ca 40.08 | 21 Sc 44.96 | 22 Ti 47.88 | 23 V 50.94 | 24 Cr 52.00 | 25 Mn 54.94 | 26 Fe 55.85 | 27 Co 58.93 | 28 Ni 58.69 | 29 Cu 63.55 | 30 Zn 65.39 | 31 Ga 69.72 | 32 Ge 72.61 | 33 As 74.92 | 34 Se 78.96 | 35 Br 79.90 | 36 Kr 83.80 |

| 37 Rb 85.47 | 38 Sr 87.62 | 39 Y 88.91 | 40 Zr 91.22 | 41 Nb 92.91 | 42 Mo 95.94 | 43 Tc (98) | 44 Ru 101.07 | 45 Rh 102.91 | 46 Pd 106.42 | 47 Ag 107.87 | 48 Cd 112.41 | 49 In 114.82 | 50 Sn 118.71 | 51 Sb 121.75 | 52 Te 127.60 | 53 I 126.90 | 54 Xe 131.29 |

| 55 Cs 132.91 | 56 Ba 137.33 | 57–71 Lanthanide series | 72 Hf 178.49 | 73 Ta 180.95 | 74 W 183.85 | 75 Re 186.21 | 76 Os 190.2 | 77 Ir 192.22 | 78 Pt 195.08 | 79 Au 196.97 | 80 Hg 200.59 | 81 Tl 204.38 | 82 Pb 207.2 | 83 Bi 208.98 | 84 Po (209) | 85 At (210) | 86 Rn (222) |

| 87 Fr (223) | 88 Ra (226) | 89–103 Actinide series | 104 Rf (261) | 105 Db (268) | 106 Sg (266) | 107 Bh (272) | 108 Hs (277) | 109 Mt (276) | 110 Ds (281) | 111 Rg (280) | 112 (285) | 113 (284) | 114 (289) | 115 (288) | 116 (292) | | |

Lanthanide series:

57 La 138.91	58 Ce 140.12	59 Pr 140.91	60 Nd 144.24	61 Pm (145)	62 Sm 150.36	63 Eu 151.97	64 Gd 157.25	65 Tb 158.93	66 Dy 162.50	67 Ho 164.93	68 Er 167.26	69 Tm 168.93	70 Yb 173.04	71 Lu 174.97

Actinide series:

89 Ac (227)	90 Th 232.04	91 Pa (231)	92 U 238.03	93 Np (237)	94 Pu (244)	95 Am (243)	96 Cm (247)	97 Bk (247)	98 Cf (251)	99 Es (252)	100 Fm (257)	101 Md (258)	102 No (259)	103 Lr (260)

* Atomic mass is average over abundances of stable isotopes. For radioactive elements other than uranium and thorium, mass is in parentheses and is that of the most stable important (in availability, etc.) isotope.

A list of the elements is given in Appendix D.

연습문제 정답

Answers

1장

객관식 문제 정답

5. (b)
6. (c)
7. (a)
8. (c)
9. (a)

연습문제 정답

10. (a) 2.995×10^4 m;
    (b) 2.46×10^{-5} kg;
    (c) 3.49×10^{-8} s;
    (d) 1.28×10^6 s
11. 10^9 kg
12. (a) 1.083×10^{21} m^3
    (b) 5.51×10^3 kg/m^3, about 5.5 times the density of water
13. 1.389×10^{-3}
14. 31.29 m/s
15. 2.29 m
16. 5.08 m
17. (a) 30.14;
    (b) 11740
18. 1.993×10^{-26} kg
19. (a) 1 mi $= 1.609$ km;
    (b) 1 kg $= 10^9$ μg;
    (c) 1 km/h $= 0.278$ m/s;
    (d) 1 ft^3 $= 0.0283$ m^3
20. 7.842×10^3 m/s
21. (a) 0.385 AU;
    (b) 1.52 AU;
    (c) 5.20 AU;
    (d) 30.1 AU
22. (a) 4;
    (b) 8
23. (a) 1.283 s;
    (b) 449 s;
    (c) 9570 s
24. $T : \sqrt{m/k}$
25. $v : \sqrt{gh}$
26. (a) 1;
    (b) 3;
    (c) 3;
    (d) 5
27. 1.50×10^2 cm^2
28. 2.700 g/cm^3
29. 3×10^9
30. 0.1 mm

2장

객관식 문제 정답

8. (d)   9. (a)
10. (b)   11. (c)
12. (c)   13. (c)
14. (b)

연습문제 정답

15. $\Delta x = 0$, and s(total distance) $= 400$ m
16. (a) $\Delta x = 0$, $s = 960$ km;
    (b) $\Delta x = 160$ km, $s = 1120$ km;
    (c) $\Delta x = 80$ km, $s = 1200$ km.
17. 500 s or 8 min 20 s
18. 4.44 m/s
19. (a) 204 min $= 3.40$ h;
    (b) 485.3 km/h
20. $\vec{v} = 192$ km/h, $+x$; average speed is 780 km/h
21. 3.96 m/s
22. (a) -3.16 mi/h;
    (b) 55.38 s for each mile
23. 2.2 s
24. $0.755c$
25. $v(t) = -(55/12) + (5/3)t$
26. (i) $0-7.5$ s: 2.33 m/s^2;
    (ii) $7.5-12.5$ s: 0 m/s^2;
    (iii) $12.5-20$ s: -2.67 m/s^2

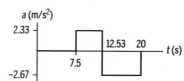

27. (a) a is greatest in the interval $0-7.5$ s;
    (b) a is smallest in the interval $12.5-20$ s;
    (c) a is zero in the interval $7.5-12.5$ s;
    (d) maximum: 2.33 m/s^2, min: -2.67 m/s^2
28. (a) 26.8 m/s;
    (b) 6.7 m/s^2
29. 7.8 m/s
30.

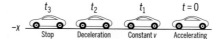

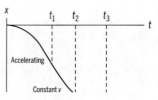

31. (a) -2.12 m/s^2;
    (b) 7.20 s; yes
32. (a) yes;
    (b) 0.332 m/s
33. (a) 25.28 m/s;
    (b) 27.27 s;
    (c) 386.5 m
34. (a) -9.61×10^5 m/s^2;
    (b) -9.36×10^5 m/s^2
35. 2.014 m/s^2
36. -3.71 m/s^2
37. (a) 9.58 m/s^2;
    (b) 37.56 m
38. 14.3 m/s
39. 2.286 s, 22.4 m/s
40.

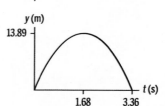

41. 3.60 m/s^2
42. (a) 0.948 s;
    (b)

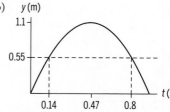

    (c) The player spends about 70% of the time at or above half of the maximum height. This gives the appearance that the player is "hanging" in the air.

43. (a) 172 m/s;
(b) 2450 m;
(c) −219 m/s;
(d) 50.9 s
44. $-4.95\ \text{m/s}^2$
45. $y = 20 + 4t - 4.9t^2$; $v_y = 4 - 9.8t$

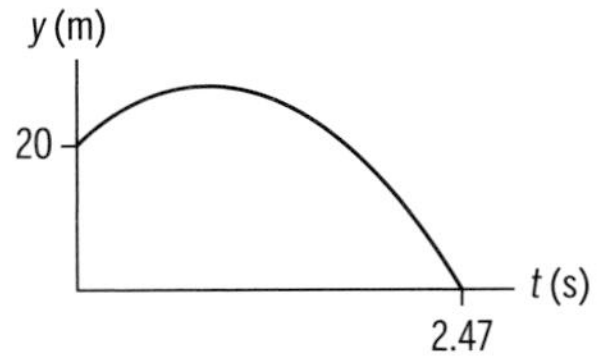

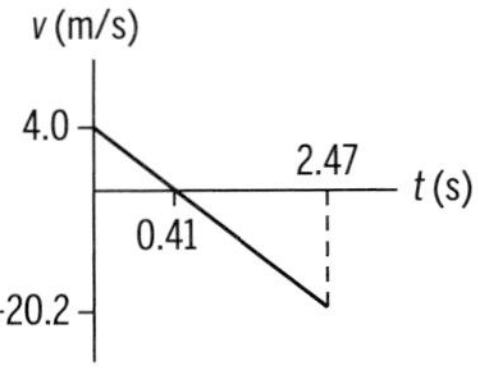

46. (a) 11.2 m/s;
(b) $-448\ \text{m/s}^2$

3장

객관식 문제 정답

8. (b)
9. (c)
10. (a)
11. (b)
12. (a)
13. (c)

연습문제 정답

14. 53.1°, 36.9°, 90°
15. 1.60 m
16. (a) 14.3 cm;
(b) 55.1°, 34.9°, 90°
17. 890 m
18. (a) 117.1°;
(b) 194.8°;
(c) −73.3°
19. (i) for $\vec{r}_1$, 5.61 m, -64.76°;
(ii) for $\vec{r}_2$, 3.69 m, 164.6°
20. $(5.95\ \text{m})\hat{i} - (6.05\ \text{m})\hat{j}$
21. 130.6°
22. (a) (0.80 m, 4.53 m);
(b) (21.7 m, 12.5 m);
23. $\vec{T} = \vec{R} + \vec{S} = (10.5\ \text{m})\hat{i} + (7.8\ \text{m})\hat{j}$;
24. $(58.52\ \text{m})\hat{i} - (2.93\ \text{m})\hat{j}$
25. (a) 20.94 m/s;
(b) $-(13.3\ \text{m/s})\cdot$;
(c) $(20.94\ \text{m/s})\hat{j}$
26. $(9.33 \times 10^{-4}\ \text{m/s})\hat{\boldsymbol{i}} +$
$(7.17 \times 10^{-4}\ \text{m/s})\hat{j}$, 1.18×10^{-3} m/s
27. $(3.54\ \text{m/s}^2)\hat{i} - (8.54\ \text{m/s}^2)\hat{j}$
28. (a) (245.9 m/s, 917.6 m/s);
(b) $(4.47\ \text{m/s}^2)\hat{i} + (16.68\ \text{m/s}^2)\hat{j}$
29. (a) $-(72\ \text{m/s})\hat{i}$;
(b) $-(9.60 \times 10^4\ \text{m/s}^2)\hat{i}$,
magnitude: $9.60 \times 10^4\ \text{m/s}^2$,
direction: $-\hat{i}$, opposite of the initial direction of the ball's velocity
30. (a) $(1.14\ \text{m/s}^2, -0.15\ \text{m/s}^2)$;
(b) $(11.4\ \text{m/s})\hat{i} - (1.5\ \text{m/s})\hat{j}$, speed: 11.5 m/s
31. (a) $\Delta\vec{v} = +(2.546\ \text{m/s})\hat{j}$
(b) $\Delta\vec{v}' = +(0.142\ \text{m/s})\hat{i} +$
$(2.403\ \text{m/s})\hat{j}$
32. (a) 111 m;
(b) 4.76 s;
(c) 27.8 m
33. (a) 1.23 m;
(b) 1.3 m
34. (a) 23.5 m;
(b) 1.392 s;
(c) $(16.9\ \text{m/s})\hat{i} - (13.64\ \text{m/s})\hat{j}$
35. 24.5 m
36. (a) 383.4 m/s;
(b) 55.3 s
37. 720 m
38. 9.073 m/s
39. Between 7.98° and 20.76°
40. Between 20.4° and 26.57°
41. $0.0250\ \text{m/s}^2$; the ratio is given by cos42°/cos0°=0.743
42. (a) At top of the loop, gravity provides the source of centripetal force, $mg = mv^2/$, so $a_r = g$;
(b) 8.46 m/s
43. (a) 2.51×10^{-5} s;
(b) $7.5 \times 10^{13}\ \text{m/s}^2$
44. $630.6\ \text{m/s}^2$
45. $4.74 \times 10^5\ \text{m/s}^2$
46. (d)

4장

객관식 문제 정답

9. (a)
10. (c)
11. (d)
12. (a)
13. (c)
14. (c) under the assumption of 25 m/s for the speed of the car.

연습문제 정답

15. 1.8 N to the left
16. $24.2\ \text{m/s}^2$, upward
17. 0.184 N, to the left
18. 0.105 N, 111.4°
19.

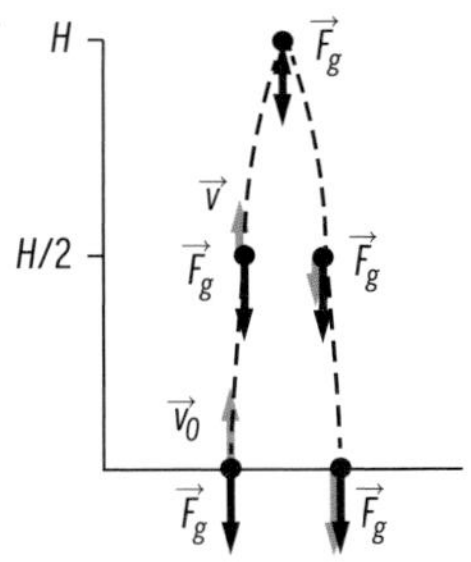

20. $3.28 \times 10^{-21}\ \text{m/s}^2$
21. 0.405 m/s
22. 7.9×10^5 N
23. 52.1 m/s
24. 15.77 kg
25. $(-156.1\ \text{N})\hat{i} + (108\ \text{N})\hat{j}$
26. 31.98 m/s
27. (a) 477.8 N on hand;
19.11 N on head;
54.9 N on each leg
28. $2.97\ \text{m/s}^2$
29. (a) 254 N;
(b) 1900 N
30. 7.82°
31. 113 N
32. (a) $12\ \text{m/s}^2$;
(b) 18 N, 12 N, 6.0 N;
(c) F_{12} =18 N, F_{23} =6 N
33. 9540 N
34. (a) 286.7 N;
(b) 296.8 N
35. $2.2\ \text{m/s}^2$
36. (a) $-0.588\ \text{m/s}^2$;
(b) 5.1 m
37 (a) $-0.051\ \text{m/s}^2$;
(b) 33.4 s;
(c) 0.0052
38. (b) 0.0868
39. (b) mg =22.1 N, f = 5.75 N,
n = 21.3 N
40. 427.9 m
41. (a) 39.37 m for both car and truck;
(b) 39.37 m for car going at 50 km/h;
157.47 m for car going at 100 km/h
42. (a) 116.7 N;
(b) 0.661
43. (a) 0.0711;
(b) the system remains at rest
44. (a)

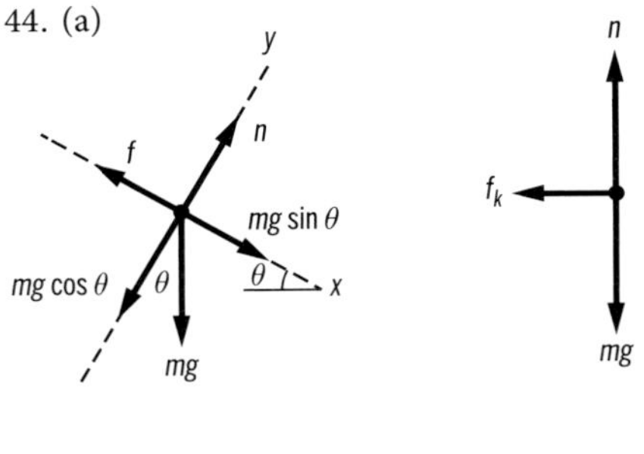

(b) 7.463 m/s;
(c) 47.36 m;
(d) 23.4 s
45. (a) $f_s = 966.4$ N $> F_{max} = 900$ N;
(b) 8.57°
46. (a) 3.72 m/s²;
(b) 2.94 m/s²
48. (a) 2.01×10^{20} N;
(b) 3.53×10^{22} N;
$$\frac{F_{\text{moon-Earth}}}{F_{\text{Earth-Sun}}} = 5.7 \times 10^{-3}$$
49. (a)

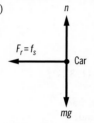

(b) 39.9 m/s
50. 224 days, very close
51. (a) 826.5 m;
(b) 2 mg
52. (a) 666 N;
(b) 2700 N;
(c) 1360 N
53. (a) $\frac{mv^2_{max}}{L} = mg \Rightarrow v_{max} = \sqrt{Lg}$;
(b) assuming $L = 1.2$ m, $v_{max} = 3.4$ m/s
54. (a) T cos θ

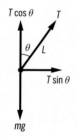

(b) $2\pi \sqrt{\dfrac{L\cos\theta}{g}}$;

(c) as $\theta \to 0, T \to 2\pi \sqrt{\dfrac{L}{g}}$

5장

객관식 문제 정답
8. (d)
9. (a)
10. (a)
11. (c)
12. (d)
13. (c)
14. (c)

연습문제 정답
15. 1540 J
16. (a) −2520 N;
(b) −555 kJ
17. −2.59 J
18. (a) 5.85 J;
(b) −5.85 J;
(c) 8.5 J
19. (a) 5500 J;
(b) −1810 J;
(c) 3690 J
20. (a) 3.17 N;
(b) 1.9 J;
(c) −1.9 J
(d) 0
21. (a) 3.92 m/s²;
(b) 0.294 J on mass 1, and 0.196 J on mass 2;
22. (a) 11.76 N/m;
(b) 0.833 m
23. 6.23×10^4 N/m
24. 6.0 J
25. (a) 1.75 J;
(b) 1.3125 J;
(c) 3.5 J;
(d) −1.75 J
26. (a) −20 J;
(b) 20 J;
(c) 80 J;
(d) 80 J;
(e) 20 J
27. 5.39 cm
28. (a) 0.0392 m;
(b) 0.0784 m;
(c) 0.136 m
29. (a) 3.97 kg;
(b) 1220 J;
(c) 76.25 J
30. (a) 1.64×108 J;
(b) 1.366×10^5 N;
(c) yes
31. (a) −15.3 J;
(b) −0.83 N
32. (a) 60.1 J;
(b) −60.1 J;
(c) 42.3 m;
(d) 61.8 J;
(e) 29.2 m/s
33. (a) 14 m/s;
(b) 7.5 m
34. 5460 N
35. (a) 9.19×10^4 J;
(b) 103 kJ
36. (a) 1.219 m/s;
(b) 1.716 m/s;
(c) 2.211 m/s
37. 2.80×10^6 J
38. 0
39. (a) 1.0 MJ;

(b) 0.14 glass
40. about 11,600 times; no
41. (a) 46.3 J;
(b) 44.9 m/s
42. (a) 5.54 m/s;
(b) 69 J
43. 11.38 m/s
44. 0.455 m
45. (a) 9.70 m/s;
(b) 3.6 m
46. (a) $−1.0 \times 10^4$ J;
(b) 2.1×10^4 J;
(c) 4.747 m/s
47. 1.014 m
48. 4.47 m/s
49. 2990 N/m
50. 2.55×10^5 J
51. 9.70×10^{12} W
52. (a) 2058 J on person, 603.68 on chair;
(b) 171.5 W
53. 22.5 m/s
54. 771 kJ
55. (a) 3.822 J;
(b) a straight line that starts at (0, 0) and ends at (0.728, 10.5);
(c) 3.82 J
56. (a) 95.2 J;
(b) 1.586 W;
(c) Blood is viscous and the passage through the blood vessels is much longer than the height of the person; some energy turns into thermal energy and is not recoverable.

6장

객관식 문제 정답
10. (a)
11. (b)
12. (d)
13. (a)
14. (d)
15. (c)
16. (b)

연습문제 정답
17. 236 N, 1890 kg·m/s
18. 467.2 kg·m/s ×
19. 10.687 kg·m/s
20. (a) 1 N·s = 1(kg·m/s²)·s = 1 kg·m/s;
(b) 53.57 m/s
21. (a) 0.2156 N;
(b) 2.59×10^{-4} kg·m/s;
(c) 2.59×10^4 kg·m/s
22. (a) (1.53 kg·m/s)$\hat{i}$ + (1.08 kg·m/s)$\hat{j}$;
(b) (2.02 kg·m/s)$\hat{i}$ + (1.31 kg·m/s)$\hat{j}$
23. (a) 49.6 kg·m/s and 149 kg·m/s;
(b) 820 J and 2460 J

24. (a) 576 kg·m/s;
    (b) 407 kg·m/s;
25. (a) Let $\vec{v}_i = v_i(\cos\theta\hat{i} - \sin\theta\hat{j})$,
    $\vec{v}_f = v_f(\cos\theta\hat{i} + \sin\theta\hat{j})$;
    $\Delta\vec{p} = (0.267 \text{ kg}\cdot\text{m/s})\hat{j}$;
    (b) $(-0.0346 \text{ kg}\cdot\text{m/s})\hat{i} +$
    $(0.247 \text{ kg}\cdot\text{m/s})\hat{j}$;
    (c) $(10.68 \text{ N})\hat{j}$ for (a) and $(-1.384 \text{ N})\hat{i} +$
    $(9.88 \text{ N})\hat{j}$ for (b)
26. (a) 1.5 kg·m/s for 0 to 0.5 s, and
    3.0 kg·m/s for 0.5 to 1.0 s;
    (b) 37.5 m/s
27. (a) 1.46 kg·m/s;
    (b) 919.3 kg
28. 0.60 m/s in the $-x$-direction
29. 17.33 m/s
30. 1.57 m/s
31. $-0.186\ v_0$ for 60-kg person, and 0.814
    v_0 for the 87.5-kg person (need to know
    v_0 to have numerical answers)
33. $v_f = v_i/2; K_i = \frac{1}{2}mv_i^2$, and
    $K_f = \frac{1}{2}(2m)v_f^2 = \frac{1}{4}mv_i^2 = \frac{K_i}{2} \neq K_i$,
    energy is not conserved
34. When the bullet hits the block; as the
    bullet + block system swings to height h.
35. (a) $mv/(m+M)$;
    (b) $\dfrac{M+m}{m}\sqrt{2gh}$
36. (a) 62.9 m/s;
    (b) 53%;
    (c) 62.2 m/s
37. Before: 9.70 m/s; after: -1.70 m/s
38. 0.551
39. 0.05 m/s, and 0.90 m/s
40. $(0.725 \text{ m/s})(\hat{i} + \hat{j})$
41. 15.4 m/s or 34.5 mi/h, which exceeds
    30-mi/h speed limit
42. One ball 1.167 m/s, 45° above x-axis;
    other ball 1.167 m/s, 45° below x-axis
43. $(8.2\times10^{-22} \text{ kg}\cdot\text{m/s})\hat{i} +$
    $(3.1\times10^{-28} \text{ kg}\cdot\text{m/s})\hat{j}$
44. $(2.75 \text{ m/s})\hat{i} - (23 \text{ m/s})\hat{j}$
45. 0.60 m
46. 7.42×10^8 m, outside Sun's radius
47. 2.31 m from the pivot
48. (a) 0.30 m/s;
    (b) velocities are exchanged;
    (c) the CM velocity remains the same
49. $(x_{cm}, y_{cm}) = (54.16 \text{ m}, 28.0 \text{ m})$
50. (a) 36.39 cm;
    (b) 12.55 cm;
    (c) your muscles contract, pulling the
    tendons

7장

객관식 문제 정답

9. (c)
10. (b)
11. (b)
12. (c)
13. (d)
14. (a)
15. (d)

연습문제 정답

16. (a) periodic;
    (b) 3.17×10^{-8} Hz
17. 0.375 s
18. (a) 6.25×10^{-5} s;
    (b) 1.01×10^5 rad/s
19. $T \sim \sqrt{m/k}$
20. 0.124 N/m
21. (a) 4.9 m;
    (b) 4.62 m;
    (c) 3.54 m
22. 107 N/m
23. 0.088 kg
24. $x(t) = (0.5 \text{ m})\cos(8.71t)$,
    with $T = 0.721$ s

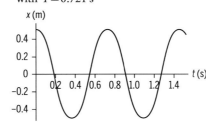

25. (a) $x(t) = A\cos(\omega t + \pi/2)$ (plot with
    $A = 1, \omega = 1$)

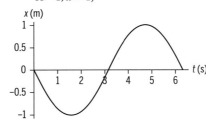

26. 0.268 m
27. (a) 0.733 s;
    (b) 0.0187 m
28. $T/8$
29. 0.42 m
30. (a) 14.74 J;
    (b) 4.89 m/s;
    (c) 0.203
31. (a) 10 s;
    (b) 20.3 kg;
    (c) $v_{max} = 0.47$ m/s, $a_{max} = 0.296$ m/s²
32. (a) 0.295 m;
    (b) 0.609 J;

33. 4.48 Hz
34. (a) 7.5 Hz;
    (b) 47.1 rad/s
35. (a) 4.17 m;
    (b) no change
36. (a) 1.28 s;
    (b) 0.407 m
37. $\theta(t) = (5°)\cos(2.556t)$

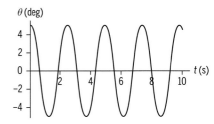

38. 2.16 s
39. 0.007 s
40. lightly damped since ω_{damped} is real
    and positive
41. (a) $\omega_{damped} = \sqrt{\dfrac{k}{m} - \left(\dfrac{b}{2m}\right)^2} =$
    6.778 rad/s > 0;
    (b) $T_{damped} = 0.927$ s, $T_0 = 0.91$ s;
    (c) Since $e^{-bT_{damped}/2m} = 0.3$, the am-
    plitude will damp below $A/2$ in one
    oscillation
42. 0.055 kg/s
43. (a) 196.5 N/m;
    (b) 21.6 s

8장

객관식 문제 정답

8. (d)
9. (b)
10. (c)
11. (a)
12. (d)
13. (c)
14. (c)
15. (a)

연습문제 정답

16. 1.267×10^4 m
17. 335 rad/s, about half that of the E. Coli's
    flagellum.
18. 245 rad/s= 2340 rpm
19. -4.12×10^{-22} rad/s²
20. 1757.4 turns
21. (a) -119.7 rad/s²;
    (b) 408 rev;
    (c) 241 m
22. -6.13×10^{-22} rad/s²
23. 4.78 rad/s
24. (a) 136 rad/s;　(b) 119 rad/s

25. (a) 16.82 m/s;
    (b) 0.128 rad/s^2
26. (a) 1.09×104 m;
    (b) 4.74 GB
27. (a) 1.047 rad/s;
    (b) 1.1 m/s
28. 2.57×10^{29} J
29. 16 J
30. (a) 7.94×10^{-5} kg·m^2;
    (b) trans: 35.1 J; rotation: 0.627 J;
    $K_{trans}/K_{rot} \approx 56$
31. 36.2 rad/s
33. 117 rad/s
34. $\dfrac{K_{trans}}{K_{tot}} = \dfrac{2}{3}, \dfrac{K_{rot}}{K_{tot}} = \dfrac{1}{3}$
35. 5.42 rad/s
36. $\dfrac{5}{7} g \sin\theta < g \sin\theta$
37. (a) 0.933 m; (b) the θ dependence cancels out (i.e, the ratio of the times taken to reach the bottom by the two objects does not depend on θ)
38. 25.2 N·m
39. 33.33 pN
40. (a) 123.3 N·m;
    (b) 0.438 rad/s^2
41. 61.67 cm
42. (a) 130.95 N;
    (b) 194.2 N
43. (a) 0.702 kg;
    (b) 10.9 N
44. 2.66×10^{40} kg·m^2/s, 10^6 times greater than that due to rotation
45. 2.36 rad/s
46. (a) 57.2 kg·m^2/s, into the page as viewed from above;
    (b) 5.72 N·m, out of the page, as viewed from above
47. $-z$-direction.
48. -5.96×10^{16} N·m, down along the axis of rotation

9장

객관식 문제 정답

9. (a)
10. (d)
11. (c)
12. (c)
13. (b)
14. (b)

연습문제 정답

15. 3.92×10^{-9} N
16. (a) 1.347×10^{26} N;
    (b) $F_{Earth\text{-}Sun} = 3.548 \times 10^{22}$ N,
    $F/F_{Earth\text{-}Sun} = 3.8 \times 10^4$

17. 3.63×10^{-47} N
18. Saturn: 11.1 m/s^2; Jupiter: 25.94 m/s^2
19. 6.48×10^{23} kg; very close to the given value of 6.42×10^{23} kg
20. (a) $F_g = 8.0 \times 10^{-11}$ N;
    (b) 1.36×10^{-11} N·m
21. (a) 3187 m;
    (b) 32090 m;
    (c) 3.446×10^5 m
22. 0.866
23. 2.12×10^{10} m
24. approximately 3.36×10^{18} m^3/s^2 for Mercury, Venus, and Saturn
25. $T_A/T_B = 2.828$
26. (a) 1.43×10^4 s;
    (b) $h = 2.175 R_E$.
27. 2.732 years
28. (a) -3.24×10^{35} J;
    (b) -5.27×10^{34} J; (a)/(b) = 6.15
29. (a) 443 m/s;
    (b) 4120 m/s;
    (c) 8747 m/s
30. 1.775×10^{32} J; 996 m/s
31. -3.04×10^{10} J
32. 2375 m/s
33. 6.71×10^7 m
34. 6160 s = 1.7 h
35. (a) 2439 m/s;
    (b) 1.9×10^8 m/s
36. 8.84×10^7 m = 51 R_{moon}
38. (a) 3.8×10^{28} J;
    (b) -7.6×10^{28} J;
    (c) -3.8×10^{28} J
39. (a) 4.0×10^{10} J;
    (b) 1478 kg;
    (c) 7360 m/s
40. 7060 s
41. 1.06×10^{12} m/s^2
42. (a) 3.44×10^{-5} m/s^2;
    (b) 3.22×10^{-5} m/s^2;
    (c) 2.2×10^{-6} m/s^2
43. 0.1796 m/s^2

10장

객관식 문제 정답

8. (d)
9. (b)
10. (c)
11. (d)
12. (c)

연습문제 정답

13. 1.24 m^3
14. 1.69
15. 0.657 L
16. 9.1×10^{-8} m
17. 6.15 kg

18. 3.9 mm
19. 10.34 m, not practical
20. (a) 3.68×10^7 Pa;
    (b) -2.30×10^{-4}
21. 20.1 m
22. 16.3 km
23. 0.898 m
24. 2860 kg
25. 2.11×10^6 N
26. $F_b = 0.836$ N; $W = mg = 686$ N, $F_b \ll W$
27. (a) 73500 N;
    (b) 7.28 m^3;
    (c) 0.904
28. 500 kg/m^3
29. 1033.4 kg/m^3
30. (a) 9.08 N;
    (b) 5.71 N
31. 17.2%
32. 0.082 m/s^2
33. 4.45×10^{-4} m^3/s
34. (a) 1.90×10^{-4} m^3/s;
    (b) 26.9 m/s
35. 6.0×10^{-5} m^3/s
36. 113.6 kPa
37. 4.95 m/s
38. 1800 N, outward
39. decreases by 2.6%
40. 111.4 Pa

11장

객관식 문제 정답

9. (b)
10. (b)
11. (b)
12. (b)
13. (b)
14. (d)

연습문제 정답

15. (a) 0.721 m/s;
    (b) 1.44 m/s
16. 288 km
21. 23.0 cm
22. (a) 235.2 m/s;
    (b) 8.86×10^{-4} kg/m
23. G: 392 Hz, 588 Hz; D: 588 Hz, 882 Hz; A: 880 Hz, 1320 Hz; E: 1318 Hz, 1977 Hz
24. (a) 192.96 m/s
25. 0.3 Hz
27. 681 m
28. (a) 12005 m;
    (b) 36.27 s.
29. 2.48×10^{-8} W
30. $\frac{1}{2}$
31. (a) 89.5 dB
    (b) 3.16%

32. (a) -6.02 dB;
   (b) -20 dB;
   (c) -40 dB
33. (a) 109 km;
   (b) 2.7 km
34. 5.01
35. 236.3 Hz
36. 19.94 Hz, 59.83 Hz, 99.71 Hz, 139.6 Hz
37. (a) 1.53 m;
   (b) 0.327 m;
   (c) 0.164 m;
   (d) 0.071 m
38. 2048 Hz
39. 6.82 m/s
40. (a) 247.3 Hz;
   (b) 238 Hz
41. 381.4 Hz
42. (a) 1.2×10^5 Hz, 2.86×10^{-3} m;
   (b) 603 Hz, 0.569 m
43. 343 m/s

12장

객관식 문제 정답

9. (d)
10. (b)
11. (b)
12. (d)
13. (b)

연습문제 정답

14. $-26°C$
15. (a) $-320.8°F$, 77.15 K;
   (b) $620.6°F$, 600.15 K
16. $5.4°F$
17. (a) $59.4°F$;
   (b) $-18°C$, $-0.4°F$
18. $101.8°F$
19. (a) $-40°C = -40°F$;
   (b) 233.15 K
20. (a) 50.0072 m;
   (b) 49.982 m
21. (a) 1.26×10^{-4} m; 4.87×10^{-6} m
22. -3.12×10^{-9} m
23. 5.2 s slower
25. 0.2540 m^2
26. (a) 39.95 g;
   (b) 11 g;
   (c) 52.47 g;
   (d) 528 g
27. 3.90×10^{27}
28. (a) Decrease;
   (b) 8.43 cm
29. (a) in order He, Ne, Ar, Kr, Xe, Rn: 0.164 kg/m^3, 0.818 kg/m^3, 1.635 kg/m^3, 3.426 kg/m^3, 5.37 kg/m^3, 9.08 kg/m^2;
   (b) only He and Ne

30. (a) 271.6 kPa;
   (b) 260.7 kPa
31. (a) 1.12 g;
   (b) 1.07 g
32. 52.4 cm^3
33. (a) less;
   (b) 1.9×10^4 kg
34. (a) 511 m/s;
   (b) 408 m/s;
   (c) 181 m/s
35. (a) 1281 m/s;
   (b) increase by 71 m/s
36. 1.07
37. 5.65×10^{-21} J (both the same)
38. 750 K

13장

객관식 문제 정답

12. (b)
13. (b)
14. (a)
15. (d)
16. (a)

연습문제 정답

17. 1.46×10^6 J
18. 2.43×10^7 J
19. 71.0 Cal
20. 25.0 kJ = 5.97 Cal
21. 3.74 kW
22. (a) 99.2 J/°C;
   (b) 19.84 kJ
23. 16.8°C
24. 62.1 g (or 62.1 mL)
25. 427 kg
26. 375 s or 6 min 15 s
27. 8841 J/(kg·°C)
28. 438 J
29. 38.6°C, at constant volume
30. (a) 4.18×105 J;
   (b) 25원
31. 5.39×10^4 J
32. -9780 J
33. 266 s
34. 196 kJ
36. 5.0 g
37. 109 g
38. 17.0 W
39. 608원
40. (a) 0.004 m^2 °C/W;
   (b) 0.0267 m^2 °C/W;
   (c) 0.133 m^2 °C/W;
      RSty > Rwood > Rglass
41. 0.085 m^2°C/W; smaller than R-19 which has a value of 3.346 m^2 °C/W
42. (a) 1387 W/m^2;
   (b) 3.6×10^6 m^2

14장

객관식 문제 정답

9. (d)
10. (a)
11. (b)
12. (b)
13. (c)

연습문제 정답

14. 90.8 J
15. 230 W
16. (a) 415 J;
   (b) volume decreases;
   (c) -1081.65 J, volume increases
17. 13.6 kJ; 40.9 kJ
18. -400 J
19. (a) 11.7 °C, assuming at room temperature initially;
   (b) 25.3 J
20. (a) 4/3;
   (b) 430 J
21. (a) 32.42 atm;
   (b) 258.6 J;
   (c) 791.7 K
22. 40.9 kJ
23. (a) 22.4 L;
   (b) 0.379 atm; -1370 J
24. (a) $W_{A \to B} = -9.0 \times 10^5$ J; $W_{B \to C} = 0$; $W_{C \to D} = +3.0 \times 10^5$ J; $W_{D \to A} = 0$;
   (b) $W_{net} = -6.0 \times 10^5$ J;
25. (a) decreases;
   (b) 1519.5 J
26. (a) 2.54 MPa;
   (b) 754 K
27. (a) 288 kJ;
   (b) 46.9 kJ
28. (a) 5.03 J/K;
   (b) -5.03 J/K
29. Melting: 121.98 J/K; boiling: 605.9 J/K
30. 4.6 J/K
31. 254.5 J/K
32. 0.34
33. (a) 0.353;
   (b) 600 MJ
34. 0.268
35. 1.23×1015 J
36. 2460 W
37. 0.353
38. (a) 83487원
   (b) 약 252421원 절약
41. $C(52, 5) = 2.6 \times 10^6$

15장

객관식 문제 정답

9. (b)
10. (b)
11. (c)
12. (c)
13. (d)
14. (d)

연습문제 정답

15. (a) -1.76×10^{11} C;
    (b) 9.58×10^7 C
16. (a) 6×10^{26} electrons
17. 4.8 mC
18. 32.9 cm
19. (a) 10^{10} N directed straight up;
    (b) The weight is 1.64×10^{-26} N, insignificant compared to the electrical force.
20. 28.3 cm
21. 5 m. This means that gravity can be ignored in atomic or quantum calculations.
22. $\tan\theta \sin^2\theta = \dfrac{kQ^2}{4L^2mg}$
23. (a) Between the charges, 36.6 cm from the smaller charge.
    (b) Both magnitude and sign of the third charge cancel out of the equations for the Coloumb force when those forces are set equal to each other.
24. 11.1 N directed away from the center of triangle.
25. 1.2×10^{-5} N directed away from the center of the square.
26. (1.78 m, 2.29 m)
27. $(9.92 \times 10^{-9}$ N$, -3.29 \times 10^{-8}$ N$)$
28. 1.4×10^{-5} N/C
29. a, d, b, c
30. (a) 8600 N/C in the $+x$-direction;
    (b) 3200 N/C in the $-x$-direction
31. 11°
32. 1.56×10^6
33. 4.43×10^{-8} C/m^2
34. (a) 5.15×10^{11} N/C;
    (b) 8.24×10^{-8} N
35. $x = 0.53$ m
36. (a) 23.6 kN/C in the $-x$-direction;
    (b) 38.0 kN/C at an angle 71.0° below the $+x$ axis
37. 8200 N/C
38. 185 N/C, 30° below the $-x$-axis
39. (a) Down;
    (b) $r = 584$ nm $(d = 1.17 \, \mu$m$)$
40. 4.13×10^6 m/s, 19.1° below horizontal
41. (a) 8.91×10^6 m/s;
    (b) 2.72×10^{-15} m. This is on the order of the diameter of a small nucleus.
42. (a) 79.1 N/C;
    (b) The same direction as the electron's original motion.

16장

객관식 문제 정답

10. (b)
11. (d)
12. (d)
13. (b)
14. (c)
15. (b)
16. (c)

연습문제 정답

17. 4.8×10^{-14} J
18. (a) earth: 4.4×10^4 C, moon: 546 C;
    (b) earth: 8.7×10^{11} C/m^2, moon: 1.4×10^{11} C/m^2
19. -1.99×10^7 J
20. 15.82 J
21. (b) 4.29 m/s
22. (a) 175 V;
    (b) 3.89×10^{-8} C, positive
23. (a) 4.0×10^{-10} C;
    (b) 2.5×10^9
24. 15.49 m/s
25. 1.15×10^5 V
26. (a) 3.2×10^{-19} C;
    (b) 3.2×10^{-19} C
27. 2.34×10^3 V/m
28. 1.41×10^6 m/s
29. (a) 3.85×10^4 V/m;
    (b) -6.15×10^{-15} N
30. -14.6 nC
31. (a) negative;
    (b) 1.8×10^4 V/m;
    (c) 4.8×10^{-19} C;
    (d) 3
32. 2.80 cm
33. (a) 0.70 F;
    (b) let $C_1 = 0.25$ F, $C_2 = 0.45$ F total Q: 33.6 C $Q_1 = 12$ C, $Q_2 = 10.8$ C
34. (a) 17.1 μC;
    (b) 8.57 V;
    (c) $V_1 = V_2 = 3.43$ V;
    (d) $Q_1 = 3.43 \, \mu$C, $Q_2 = 13.72 \, \mu$C;
35. 9.0 μF
36. 1.0 μF
37. 2.0 μF
39. (a) 720 J;
    (b) 2.88×10^5 W
40. (a) 443 pF;
    (b) 33.2 nC; 1.24 μJ
41. 1250 nF, in parallel
42. (a) 7.09 pF;
    (b) 85.1 pC;
    (c) 2400 V
43. 0.016 mm
44. 2.475 mC

17장

객관식 문제 정답

10. (b)
11. (c)
12. (c)
13. (c)
14. (d)
15. (b)
16. (a)

연습문제 정답

17. 8.96×10^{-6} m/s
18. 8.75×10^{-5} Ω
19. 7500 A
20. (a) 8.1 Ω;
    (b) 0.081 Ω;
    (c) 8.1×10^{-4} Ω
21. Within an uncertainty of $\Delta R = 0.0257$ Ω
22. 4
23. (a) 250 s;
    (b) 24 J
24. 4.48 Ω
25. (a) 3.6 C;
    (b) 9000 C;
    (c) 10.8 kJ
26. 3.6 V, 1.94 Ω
27. (a) 203 Ω;
    (b) 0.027 A (in 450-Ω resistor) and 0.032 A (in 370-Ω resistor)
28. (a) 82 Ω;
    (b) 146 mA, 1.75 V, 2.19 V, 2.92 V, 5.11 V
30. 40 Ω
31. 75 V
32. (a) 5.0 V;
    (b) let $(R_1, R_2, R_3) = $ (20 kΩ, 30 kΩ, 75 kΩ), $(I_1, I_2, I_3) = (0.125$ mA, 0.167 mA, 0.067 mA)
33. 173 J
34. 0.042 A
35. (a) 14.58 A;
    (b) 1.05 MJ $= 0.292$ kWh;
    (c) 1035원
36. 12
37. (a) 870 W;
    (b) 1.81°C
38. (a) 0.051 μC;
    (b) 0.47 μC;
    (c) 2.30 μC
39. (a) 0.693;

(b) 1.228
40. (a) 2.4 mC;
    (b) 0.635 mA
41. (a) 0.48 C;
    (b) 0.0229 C more

18장

객관식 문제 정답

12. (a)
13. (c)
14. (d)
15. (c)
16. (a)
17. (d)

연습문제 정답

18. (a) 2.57 μN, down;
    (b) 2.00 μN, up
19. (a) 10.6 N, vertically downward;
    (b) 10.6 N, vertically upward;
    (c) 10.6 N, vertically upward;
    (d) 10.6 N, vertically downward;
    (e) 0
20. (a) 1.50×10^{-18} N, west;
    (b) 9.0×10^8 m/s^2, west
21. (a) 0.136 pN, $-z$-direction;
    (b) 8.50×10^5 N/C, $-z$-direction
22. (2025 N/C), $-x$-direction
23. 1.87×10^{-28} kg; $m_\mu/m_p = 0.112$, $m_\mu/m_e = 205$
24. (a) 1.885×10^5 m/s;
    (b) 0.052 T
25. 0.77 mT
26. (a) 85.37 μm;
    (b) 3.655 mm;
    (c) 3.644 mm
27. 0.0876 T
28. 77.2 mA
29. (a) 54208 T;
    (b) 54.208 T
30. assuming current flows eastward, B=562 μT, north
31. (a) 0;
    (b) $-(0.09$ N·m$)\hat{j}$;
    (c) $(0.0636$ N·m$)(\hat{i} - \hat{j})$
32. $(0.01875$ N$)\hat{j}$ on segment along x, $(0.01875$ N$)\hat{i}$ on segment along y, and $-(0.01875$ N$)(\hat{i} + \hat{j})$ along diagonal; the net force is zero
33. (a) 84.6 μN, west;
    (b) 90 μN, 70° north of up;
34. 13.9 A·m^2
35. r=1.99 cm, 12 turns
36. 0.0768 T
37. 2.00 μT
38. (a) 133.3μT;

(b) 16.67 μT;
    (c) 83.33 N/m, repulsive
39. 3.35×10^{-3} N/m, toward each other, force attractive
40. (a) 0;
    (b) 1.326×10^{-4} N/m, toward the center of square
41. (a) 1.57×10^{-4} T;
    (b) 0
42. (a) $(8.6 \times 10^{-7}$ N), toward the wire;
    (b) $(8.6 \times 10^{-7}$ N), toward the loop;
    (c) $(8.6 \times 10^{-7}$ N), away from the wire;
    (d) $(8.6 \times 10^{-7}$ N), away from the loop
43. (a) 0.102 T;
    (b) 0.02356 T;
    (c) 0.0628 T in both cases

19장

객관식 문제 정답

9. (c)
10. (c)
11. (a)
12. (c)
13. (b)

연습문제 정답

14. 0.144 Wb
15. 0.0107 Wb
16. 0.2873 A
17. (a) Clockwise;
    (b) 1.32 mA; 0.726 mV
18. 35
19. (a) 96 mA, clockwise;
    (b) 21.2 mW
20. (a) 1.764 V;
    (b) 3.528 V
21. (b) 2.45 V
22. (a) 75 V
23. (a) 0.0177 V;
    (b) 2260 V
24. 50
25. (a) 17.5 Ω;
    (b) 280 MW
26. 0.12 s
27. (a) 31.9 mH;
    (b) 5.60 A
28. (a) 4.8 A;
    (b) 4.15 A;
    (c) 0.03475 s;
    (d) 4.15 A
29. Between 2050 and 3560 Hz
30. (a) 73.7 ms; (b) 1.0 mF
31. (a) 0.0393 s;
    (b) 0.0731 J;
    (c) 8.55 mC
32. (a) 56.6 mA;
    (b) 13.6 W

33. (a) 280 V;
    (b) 560 W
34. (a) 169.7 V;
    (b) 49 Hz;
    (c) $\varepsilon(t) = (169.7$ V$)\sin(308t)$
35. (a) 31.83 Hz;
    (b) 79.58 Hz, 150 Ω
36. 155 Ω
37. (a) 0.33929 A;
    (b) 0.33938 A
38. (a) Capacitive reactance: 1061 Ω, inductive reactance: 84.82 Ω;
    (b) 1666 Ω;
    (c) 31.27 μF
39. (a) $-27.7°$;
    (b) 0.885;
    (c) 75.3 W
40. (a) 516.4 rad/s;
    (b) 10.87 W

20장

객관식 문제 정답

7. (d)
8. (d)
9. (b)
10. (d)
11. (d)
12. (a)

연습문제 정답

13. 4.74×10^{14} Hz
14. 273 nm
15. 357 nm
16. (a) 0.833 μT;
    (b) 9.6 N/C
17. (a) 1.70×10^{-4} Pa;
    (b) 8.49×10^{-5} Pa
18. (a) 75 kHz, radio waves;
    (b) 75 MHz, radio waves;
    (c) 75 GHz, microwaves;
    (d) 7.5×10^{13} Hz, IR;
    (e) 7.5×10^{16} Hz, UV
19. $10^9 - 10^{12}$ Hz
20. 1.50 m
21. c
22. $t_{perp} = 35.36$ s; $t_{perp} < t_{parallel}$
23. (a) Earth; 133.3 s, ship: 133.3267 s;
    (b) Earth: 2.67 s, ship: 2.31 s;
    (c) Earth: 1.778 s, ship: 1.176 s;
    (d) Earth: 1.3468 s, ship: 0.190 s;
24. (a) 10 ns;
    (b) 11.547 ns;
    (c) 3.464 m;
    (d) 3×10^8 m/s
25. 0.141 c
26. 59.945 s
27. 0.999999875c

28. 709 m
29. (a) Yes, 771.442 m < 75 m;
    (b) 0.033 s
30. 0.990 c
31. 0.960 c
32. (a) 604 nm;
    (b) 552 nm;
    (c) 352 nm;
    (d) 140 nm;
    (e) 43.2 nm
33. 0.47 c, to the right
34. $f_0\sqrt{\dfrac{1+v/c}{1-v/c}}$; 2.29×10^{15} Hz
35. 32.7 per minute
36. 0.999949 c
38. 1.022 MeV
39. 0.866 c
40. (a) 0.14 c;
    (b) 0.910527 c
41. (a) 2.733×10^{-20} kg·m/s,
    $E = 51.1$ MeV;
    (c) 100
42. 0.99875 c

21장

객관식 문제 정답

9. (c)
10. (c)
11. (b)
12. (c)
13. (b)

연습문제 정답

14. 7.0 m
15. (a) 4.0 m;
    (b) 0.80 m/s
16. (a)

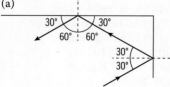

    (b) 24 cm
17. (a) 75 cm;
    (b) 42.9 cm
20. (a) 169 cm;
    (b) real;
    (c) −1.25
21. $d_i = 84$ cm; $M = -2.0$; image inverted
23. (a) Upright;
    (b) 1.13 cm behind the surface of the ball
    (c) 2.25 cm
24. (a) 40 cm;
    (b) image located at $d_i = -15$ cm, upright, reduced with M =0.25

25. Diamond with $n = 2.42$, $v = 0.413c$
    $= 1.28 \times 10^8$ m/s
26. (a) 2.29×10^8 m/s;
    (b) 1.948×10^8 m/s;
    (c) 1.27×10^8 m/s;
    (d) 1.24×10^8 m/s
27. (a) 14.9°;
    (b) 12.92°
28. 0.55 m
29. 0.93 m
30. $\theta_c = 24.4°$
31. (a) 19.5°;
    (b) 0.62 mm
34. (a) $d_o = 75$ cm, $d_i = 37.5$ cm
    (b) $d_o = 37.5$ cm, $d_i = 75$ cm
35. (a) Convex;
    (b) Inverted;
    (c) $d_o = 15$ cm
36. (a) 4.91 mm;
    (b) 9.0 mm;
    (c) 54 mm
37. 6.0 cm
38. (a) 6.56;
    (b) 17.67
39. (a) 0.195°;
    (b) 1.08°
40. 1.87 cm
43. (a) 29.6 cm;
    (b) Switching the two values with $R_1 = 20$ cm, and $R_2 = -40$ cm gives the same result.
44. −2.67 diopters
45. 2.03 diopters, assuming glasses 2 cm from eyes
46. (a) $f = \dfrac{R}{n-1}$;
    (b) 13 cm

22장

객관식 문제 정답

8. (d)
9. (d)
10. (d)
11. (b)
12. (a)

연습문제 정답

13. (a) 71.9 nm;
    (b) 90.6 nm;
    (c) 100 nm
14. (a) No violet light;
    (b) Violet light
15. 542.64 nm, green light
16. 176.5 nm
17. 4420 nm
18. (a) 2.56 mm;
    (b) 3.84 mm;

19. (a) 0.47°, 0.95° and 1.43°;
    (b) Yes
20. 526.45 nm
21. 25
22. 10.9 mm
23. 5.33 μm, with $\lambda = 1.0$ nm
24. (a) 594 nm;
    (b) yes, 61.6°
25. (a) 12.37°;
    (b) 23.13°;
    (c) 40°
26. (a) Entire visible spectrum;
    (b) 500−700 nm (green to violet);
    (c) No part of visible spectrum
27. (a) 0.037°;
    (b) second order not visible
28. (a) 68.76 μm;
    (b) 99.3 μm
29. 0.901 mm, using $\sin\theta_2 = 2.22\dfrac{\lambda}{D}$
30. 1.82 cm
31. (a) 2.54×10^{-7} rad;
    (b) 2.40×10^{10} m, or about 0.16 d_{SE}, the Earth-Sun distance
32. 549.7 nm
33. 0.50
34. (a) 5.0 mW;
    (b) 3.75 mW
35. (a) 0.1875;
    (b) 0.1875;
    (c) 3.045×10^{-4}
36. (a) 0.25;
    (b) 0

23장

객관식 문제 정답

9. (b)
10. (c)
11. (c)
12. (d)
13. (d)
14. (d)

연습문제 정답

15. (a) 6.25×10^{19};
    (b) 6.25×10^{13}
16. (a) 139.6 g;
    (b) 2.4×10^{-7} C, too small to be noticed
17. 2520 K
18. 7730 K
19. (a) 1369 nm, infrared;
    (b) 1.63×10^{-5} m^2
20. 2.73 K
21. 951 K
22. 1.028×10^{15} Hz, 292 nm
23. (a) 1.12×10^{15} Hz, 267.5 nm;
    (b) 7.20 V

24. (a) 0.448 V;
    (b) 3.97×10^5 m/s
25. (a) 2.32 V;
    (b) 3.926×10^{-19} J
26. (a) 6.272×10^{-34} J·s, -5.34%;
    (b) 7.2×10^{14} Hz, 4.5×10^{-19} J
27. (a) 6.63×10^{-24} J;
    (b) 3.32×10^{-22} J
28. (a) 8.28×10^{-20} J;
    (b) 2.41×10^{20}
29. (a) UVB: 1.56×10^{18}, visible: 2.77×10^{18}
30. (a) 4.53×10^{-10};
    (b) 1387 W/m^2
31. 90°
32. 108.5°
33. 121.5 pm
34. (a) 1876.5 MeV;
    (b) Each photon has an energy of 938.27 MeV
35. (a) 4.85×10^5 m/s;
    (b) 818 fm
36. 2.91×10^6 m/s
37. (a) 1.51×10^{-18} J;
    (b) 8.23×10^{-22} J;
    (c) 2.07×10^{-22} J
38. 27.82 pm, very unlikely
39. (a) 9.65×10^{-25} J;
    (b) 3.98×10^{-19} J
40. (a) 5.273×10^{-25} kg·m/s;
    (b) 1.526×10^{-19} J;
    (c) 1.3 μm
41. (a) 4.22 pm;
    (b) 1.18 pm;
    (c) 0.346 pm
42. 0.02478 fm, much smaller than the diameter of a proton

24장

객관식 문제 정답

9. (b)
10. (a)
11. (d)
12. (b)
13. (c)

연습문제 정답

14. 1.92×10^7 m/s
15. 4.86 fm with A1 target, much shorter than 29.6 fm found in Ex. 24.1 for Au target
16. (a) Atom: 6.236×10^{-31} m^3, nucleus: 7.238×10^{-45} m^3;
    (b) 2.68×10^3 kg/m^3, about 2.7 times the density of water;
    (c) 2.31×10^{17} kg/m^3, much greater than that found in atom for part (b)

17. (a) 13;
    (b) 28;
    (c) 41;
18. $2279 - 7458$ nm
19. (a) 1.51 eV;
    (b) 821 nm
20. (a) 2.19×10^6 m/s;
    (b) 1.09×10^6 m/s
21. (a) 434 nm;
    (b) 0.91 m/s
22. (a) 2.55 eV;
    (b) absorption;
    (c) 486 nm
23. 84
25. (a) -54.4 eV;
    (b) -122.4 eV
26. (a) $2s$;
    (b) $4d$;
    (c) $4f$;
    (d) $3d$
27. (a) Allowed, 656 nm;
    (b) Forbidden;
    (c) Allowed, 1875 nm;
    (d) Allowed, 102.6 nm
28. (a) $l = 1$;
    (b) $m_l = -1, 0, +1$;
    (c) $m_s = \pm \frac{1}{2}$
29. (a) $\dfrac{L_f}{L_i} = \dfrac{1}{\sqrt{3}}$;
    (b) $\dfrac{L_f}{L_i} = \sqrt{3}$;
    (c) $\dfrac{L_f}{L_i} = \dfrac{1}{\sqrt{2}}$
32. (a) Holes;
    (b) Electrons
33. 44.3 kV
34. 0.0248 fm
35. 6895 V
36. 2.33 eV
37. (a) 532 nm;
    (b) 1.68 W

25장

객관식 문제 정답

9. (a)
10. (b)
11. (d)
12. (d)
13. (c)
14. (c)

연습문제 정답

15. (a) ^{49}Cr;
    (b) ^{97}Rh;
    (c) ^{190}Pb;

16. For ^{58}Ni: $Z = 28$, $N = 30$;
    ^{58}Co: $Z = 27$, $N = 31$;
17. (a) 2.3 fm;
    (b) 3.26 fm;
    (c) 6.13 fm;
    (d) 7.45 fm
18. Any nuclide with A = 216 (e.g., ^{216}At)
20. (a) ^{16}O: 8.23 MeV;
    (b) ^{28}Si: 8.45 MeV;
21. 514 keV, much smaller than the binding energy
22. (a) 8.86 MeV;
    (b) 15.0 MeV
23. (a) 2.66×10^{33} J;
    (b) 2.66×10^{33} J;
    (c) 2.93×10^{16} kg
24. (a) ^{67}Cu $\rightarrow \beta^- + {}^{67}$Zn;
    (b) ^{85}Kr $\rightarrow \beta^- + {}^{85}$Rb;
    (c) ^{198}Au $\rightarrow {}^{198}$Hg $+ \beta^-$
25. (a) ^{158}Er;
    (b) β^+;
    (c) ^{4}He;
    (d) ^{4}He
26. ^{210}Bi $\rightarrow \beta^- + {}^{210}$Po, 1.16 MeV
27. (a) 0.148 Bq/L;
    (b) 1.28×10^4/L, assuming constant rate
28. Electron 0.389 mm; alpha 1.66 cm
29. (a) 0.325 mg;
    (b) 0.081 mg
30. 9.32 mg
31. (a) 2.28×10^{11} Bq;
    (b) 9.76×10^8 Bq, with 0.17 μg remaining
32. 9.99 kg
33. About 6.3×10^9 years
34. (a) 3.11 MeV released;
    (b) $Q = -10.4$ MeV, $K_{min} = 11.9$ MeV; 2.21 MeV released
35. (a) $Q = -4.3$ MeV;
    (b) $Q = -2.92$ MeV;
    (c) $Q = -6.09$ MeV (I simply give the Q value, and not K_{min})
36. (a) ^{89}Kr;
    (b) ^{143}La;
    (c) ^{96}Zr
37. (a) ^{239}Np;
    (b) 2n;
    (c) ^{120}Ag
38. 3.16 kg/day
39. 0.776 kg, much smaller than the 50 kg used in early bomb
40. (a) $Q = -22.37$ MeV;
    (b) $Q = -7.46$ MeV;
    (c) 17.6 MeV
41. (a) 12.86 MeV;
    (b) 17.35 MeV;
    (c) 18.35 MeV

42. 0.077 g of ^{2}H and 0.116 g of ^{3}H

26장

객관식 문제 정답

7. (c)
8. (c)
9. (b)
10. (c)
11. (c)

연습문제 정답

12. 0.511 MeV, 2.43 pm
13. 0.866c
14. 1000 kg total (500 kg of matter and 500 kg of anti-matter)
15. 1.58×10^{-18} m
16. 0.252 fm
17. 620 GeV for both particles
18. (a) $\mu^- \rightarrow e^- + \overline{\nu}_e + \nu_\mu$;
    (b) $\mu^+ \rightarrow e^+ + \nu_e + \nu_\mu$
19. 105.66 MeV, 11.7 fm
20. (a) $\overline{\nu}_e + p \rightarrow n + e^+$;
    (b) $K^+ \rightarrow \mu^+ + \nu_\mu$
21. (a) Allowed;
    (b) Not allowed, violation of baryon number conservation and muon lepton number conservation;
    (c) Not allowed, electric charge not conserved
23. (a) 62 MeV;
    (b) K^- gets more
24. $\overline{sss}$
25. (a) $\overline{c}u$;
    (b) Same mass and lifetime, different charm number and decay products
28. (a) uuu, ccc, ttt;
    (b) $\overline{uuu}$, $\overline{ccc}$, $\overline{uuu}$
29. (a) 0.999 999 967c;
    (b) 0.883c
30. (a) 2.668 μs
31. (a) Colliding beam: 4.0 GeV, with stationary target: 2.35 GeV;
    (b) Colliding beam: 40 GeV, with stationary target: 6.27 GeV;
    (c) Colliding beam: 400 GeV, with stationary target: 19.4 GeV
32. 5.42×10^{16} K
33. 2.73 K
34. 2.92×10^8 m/s
35. (a) 1.29 MeV;
    (b) 9.98×10^9 K; $<10^{-3}$ s after Big Bang

찾아보기

Index

필수 일반물리학 2판

2025년 3월 1일 인쇄
2025년 3월 5일 발행

원 저 자 ● ANDREW REX, RICHARD WOLFSON

역　　자 ● 일반물리학 교재편찬위원회

발 행 인 ● 조 승 식

발 행 처 ● (주)도서출판 북스힐
　　　　　서울시 강북구 한천로 153길 17

등　　록 ● 제 22-457 호

 (02) 994-0071

 (02) 994-0073

 www.bookshill.com
bookshill@bookshill.com

잘못된 책은 교환해 드립니다.

값 42,000원

ISBN 979-11-5971-656-0